时代教育·国外高校优秀教材精选

工 程 设 计

Engineering Design

（翻译版·原书第 5 版）

［美］　乔治 E. 迪特尔 （George E. Dieter）　　　著
　　　　琳达 C. 施密特 （Linda C. Schmidt）

于随然　张执南　丁为民
刘泽林　赵　萌　陈　超　　译

机 械 工 业 出 版 社

George E. Dieter, Linda C. Schmidt

Engineering Design, 5e

978-007-339814-3

Copyright © 2013 by McGraw-Hill Education.

All rights reserved. No part of this publication may be reproduced or transmitted in any form or by any means, electronic or mechanical, including without limitation photocopying, recording, taping, or any database, information or retrieval system, without the prior written permission of the publisher.

This authorized Chinese translation edition is jointly published by McGraw-Hill Education (Asia) and China Machine Press. This edition is authorized for sale in the People's Republic of China only, excluding Hong Kong SAR, Macao SAR and Taiwan.

Copyright © 2017 by McGraw-Hill Education and China Machine Press.

版权所有。未经出版人事先书面许可，对本出版物的任何部分不得以任何方式或途径复制或传播，包括但不限于复印、录制、录音，或通过任何数据库、信息或可检索的系统。

本授权中文简体字翻译版由麦格劳-希尔（亚洲）教育出版公司和机械工业出版社合作出版。本版本经授权仅限在中华人民共和国境内（不包括香港特别行政区、澳门特别行政区和台湾地区）销售。

版权 © 2017 由麦格劳-希尔（亚洲）教育出版公司与机械工业出版社所有。

本书封面贴有 McGraw-Hill Education 公司防伪标签，无标签者不得销售。

北京市版权局著作权合同登记　图字：01-2013-4789 号。

图书在版编目（CIP）数据

工程设计：翻译版：原书第 5 版/（美）迪特尔（Dieter, G. E.），（美）施密特（Schmidt, L. C.）著；于随然等译，—北京：机械工业出版社，2015.9

（时代教育·国外高校优秀教材精选）

书名原文：Engineering Design

ISBN 978-7-111-51363-6

Ⅰ. ①工… Ⅱ. ①迪…②施…③于… Ⅲ. ①工程—设计—高等学校—教材 Ⅳ. ①TB21

中国版本图书馆 CIP 数据核字（2015）第 197109 号

机械工业出版社（北京市百万庄大街 22 号　邮政编码 100037）
策划编辑：蔡开颖　责任编辑：蔡开颖　章承林　商红云
版式设计：霍永明　责任校对：陈延翔　张晓蓉
封面设计：张　静　责任印制：李　飞
北京振兴源印务有限公司印刷
2017 年 3 月第 1 版第 1 次印刷
184mm×260mm · 36.25 印张 · 971 千字
标准书号：ISBN 978-7-111-51363-6
定价：138.00 元

凡购本书，如有缺页、倒页、脱页，由本社发行部调换
电话服务　　　　　　　　　网络服务
服务咨询热线：010-88379833　机工官网：www.cmpbook.com
读者购书热线：010-88379649　机工官博：weibo.com/cmp1952
　　　　　　　　　　　　　　教育服务网：www.cmpedu.com
封面无防伪标均为盗版　金书网：www.golden-book.com

译 者 序

从"中国制造"走向"中国创造"，离不开创新驱动的转型发展。创新实现的根本途径在于设计。因此，制造业竞争的本质是设计的竞争，竞争的焦点是用更短的开发周期和更小的开发成本实现更大的附加价值。设计是为了实现特定要求，对与产品相关的信息逐渐详细化的决策过程。设计过程包括设计活动自身相关知识和设计对象相关知识。设计自身知识包括设计方法论、设计原理、设计方法和设计工具运用等，本书涵盖了这些内容。尽管作为设计活动主体的设计者（人）天生具备开展设计活动的能力，但由于设计对象和设计活动自身的复杂性，不经过系统的学习和训练难以完成复杂的设计任务。一本兼具系统性、实时性和实践性的设计著作，通过对设计知识较为完整的阐述将有助于设计者和拟从事设计工作的学生系统地学习设计知识及其获取方法，从而缩短设计训练周期。

本书在第 4 版的基础上根据设计学研究的最新进展增加了新的内容，并进行了修订。例如，增加了第 10 章，面向可持续性和环境的设计；对第 3、6、7 章进行了修订并增加了新的材料，包括贯穿这些章节的一个循序渐进的案例；第 16 章把经济决策的内容从网站移到了本书内；在第 17 章增加了质量成本的相关内容；增加了很多设计信息在互联网上的链接；更新和增加了很多关于设计手册的引用等。本书既可供高等院校低年级本科生使用（第 1 ~ 9 章），也可供高年级本科生使用（第 10 ~ 18 章）。本书还提供了关键的研究文献索引作为毕业生继续学习的有价值的资料。因此，本书可作为本科生学习设计知识的优选教材，也可供研究人员以及企业的产品设计者参考。

本书翻译工作历时一年。于随然、张执南、刘泽林、丁为民、赵萌和陈超等参与了原著的初译工作。其中，于随然翻译了第 1、2、3 和 4 章，张执南翻译了第 5、6、8、9、13、15 和 17 章，丁为民翻译了第 11、12 和 14 章，刘泽林翻译了第 10 章，赵萌翻译了第 7 章，陈超翻译了第 16 章。感谢黄志、陈卓、孙文焕、戴智武、丁泉惠、梁统生、毕杰明、姜艳萍和李雪萌对本书翻译工作的大力支持。本书的统稿和初校由于随然和张执南负责。

由于能力有限，书中不足之处在所难免，恳请读者批评指正。

于随然

于上海交通大学

第5版前言

本书第5版对第4版内容进行了重新编排和扩充。为了改善信息流和更易于学习，本书对第3章、第6章和第7章进行了较大的改编；增加了一个贯穿上述章节的循序渐进的新案例；新增了第10章。与其他内容宽泛的设计书籍相比，本书延续了更加注重材料选用、面向制造的设计以及面向质量的设计的这一传统。

本书试图结合一体化设计进阶项目，适合在低年级和高年级的工程设计课程中使用。设计过程的学习材料按顺序在第1~9章中给出，在马里兰大学的低年级课上使用上述材料来介绍设计过程。整本书适合高年级学生的综合项目设计课程，它包含了从选定目标市场到制作原型样机的完整设计项目。学生应该快速学习前9章，把重点放在第10~17章的学习上，以做出具体化设计决策。

我们希望学生能把本书作为一个有价值的专业藏书。为了实现这一目标，我们以增加实用性为出发点，在书中提供了关键参考文献和可以访问的有用网址。我们增加了许多新参考文献并在2011年6月验证了所有网址的有效性。Knovel. com上提供的许多设计手册和设计书籍都引用为参考文献并被补充到第5版中。我们还使用了ASM系列手册来扩展第11~15章中的主题。这些内容同样可以在knovel. com上找到。

第5版新增内容如下：

- 对第3、6、7章的内容进行了重新组织并补充了新内容，包括贯穿上述章节的一个循序渐进的案例。
- 新增了第10章，面向可持续性与环境的设计。
- 将网络文本中的"经济决策"一章添加到本书第16章。
- 在第17章中新增了质量成本一节。
- 提供了许多关于有用设计信息的网络链接地址。
- 包括手册链接地址在内的网址更新，新的参考文献可通过knovel. com获得。
- 为教师提供的PPT讲稿可通过McGraw-Hill高等教育获得。

感谢那些参加我们高级设计课程的学生们，他们允许我们使用他们研究报告中的内容作为本书的部分案例。感谢来自JSR设计团队的成员们，他们是Josiah Davis、Jamil Decker、James Maresco、Seth McBee、Stephen Phillips和Ryan Quinn。

特别感谢马里兰大学机械工程系的同事们，包括Peter Sandborn、Chandra Thamire和Guangming Zhang，他们愿意和我们分享知识。还要感谢百得公司的Greg Moores先生，他愿意我们分享他对某些议题的工业界观点。我们也必须感谢下面的审阅者，美国军事学院的Bruce Floersheim，密西根理工大学的Mark A. Johnson，加州州立大学富尔顿分校的Jesa Kreiner，威斯康辛大学普拉特维尔分校的David N. Kunz，路易斯安那州立大学的Marybeth Lima，罗德岛大学的BahramNassersharif，阿肯色大学小石城分校的Ibrahim Nisanci，肯塔基大学的Keith E.

Rouch，西弗吉尼亚大学理工学院的 Paul Steranka，路易斯安那州立大学的 M. A. Wahab，北俄亥俄大学的 John-David Yoder，克莱姆森大学的 D. A. Zumbrunnen，他们都提出了有帮助的意见和建议。

乔治 E. 迪特尔，琳达 C. 施密特
马里兰大学帕克分校
2012 年

作 者 简 介

乔治 E. 迪特尔（George E. Dieter）是马里兰大学 Glenn L. Martin 学院工程系教授，他在德雷塞尔（Drexel）大学获得学士学位，并在卡内基梅隆大学获得科学博士学位。在结束杜邦工程研究实验室短暂的工作后，他先后成为德雷赛尔大学冶金工程系负责人和工程系主任。之后，迪特尔教授调入卡内基梅隆大学，担任工程学教授和工艺研究所所长。他于1977 年到马里兰大学工作，任机械工程教授，并担任系主任直至 1994 年。

迪特尔教授是美国金属协会、美国工程教育协会、美国科学促进协会的会员。他获得了美国机械工程师学会矿物、金属和材料分会教育家奖、美国工程教育学会最高奖兰姆金质奖章。

迪特尔教授是美国工程院院士，曾担任工程系主任协会主席和美国工程教育学会主席。他还是《机械冶金学》的合著者，该书已经由 McGraw-Hill 出版公司发行了第 3 版。

琳达 C. 斯密特（Linda C. Schmidt）博士是马里兰大学机械工程系副教授，她的研究领域和公开发表的论文、论著涉及机械设计理论和方法学，概念设计中的概念产生系统，设计原理获取，以及学生在工程项目设计团队的高效学习等。

斯密特博士在卡内基梅隆大学获得基于语法的产生式设计（grammar-based generative design）的机械工程博士学位。她在爱荷华州立大学获得工业工程学士和硕士学位。由于在产生式概念设计方面的研究工作，美国国家自然科学基金 1998 年授予她学者教师奖（Faculty Early Career Award）。她还是一个暑期研究体验项目 RISE 的共同发起人，该项目获得了2003 年美国大学人力协会颁发的对高等教育进行学术支持的示范项目奖。

斯密特博士在工程设计研究、机械工程专业高年级本科生和研究生的工程设计教学方面表现活跃。她是一本工程决策教材和已出第 2 版的关于产品开发教材的合著者，并为教师开设了适合工程专业学生项目团队的团队训练课程。斯密特博士是美国机械工程师学会《Journal of Mechanical Design》（机械设计杂志）的副主编、《Journal of Engineering Valuation & Cost Analysis》（工程评估和成本分析杂志）的特邀编辑，以及美国机械工程师学会和美国工程教育学会会员。

目　　录

第 1 章　工 程 设 计

1.1　引言

什么是设计？如果想从文献中给这个问题找一个答案的话，将会发现设计的定义就像设计的物品一样多。其原因可能在于设计过程是人类非常平常的活动。韦伯词典中设计被解释为"计划后的制作"，这一解释却忽略了设计的本质在于创造新事物这一基本事实。当然，工程设计师是按上述定义进行设计的，而艺术家、雕刻家、作曲家、剧作家或社会中众多的从事创造性工作的人员也是如此。

因此，虽然工程师不是从事设计的唯一群体，但专业性的工程实践在很大程度上与设计有关却是一个不争的事实，所以人们常说设计是工程的本质。设计就是把新事物"拉到一起"或将现有物品以新的方式布置来满足社会认知需求。表示"拉到一起"的一个精准的词汇是综合（Synthesis）。我们将采用下面的描述作为设计的正式定义："设计是建立和确定以前尚未解决问题的相关结构和解决方案，或采用新方案来解决以前已经以不同途径解决过的问题。"[⊖] 设计能力包括科学和技能两方面。科学知识可以通过本书给出的技术和方法获得，而获得技能的最好方式就是做设计。鉴于此，设计体验必须包括一些真实项目的设计经历。

本节将重点放在新物品的创造上，而没有给读者过多的提示。本书的目的是为学习工程的学生提供训练指导，实现使学生具备熟练的设计能力这一目标。正如哥伦布发现美洲大陆或杰克·比尔发明第一个微处理器一样，"发现"是第一次看见或对某些事物的第一次了解和认识。人类可以发现已经存在但并不为其所知的事物，但设计则是规划和工作的产物。因此，不能混淆设计和发现。本章将在第 1.5 节中给出结构化的设计过程以帮助设计者完成设计。

需要指出的是，设计也可能涉及发明。合法获得一项专利或一项发明需要设计超越已有知识（超越现有技能）。有些设计的确是发明，但大多数则不是。

在词典中查"设计"这个词，它有名词和动词两个词性。作为名词的一个定义是"形态、零件或一个计划的某些细节"，例如，"我的新设计已经准备评审了。"常用的动词定义是"构思或形成计划"，例如，"我必须设计出产品的三个新款式，以满足三个不同的海外市场。"注意，英语中的动词 design 也可写成 designing。通常，"设计过程"用来强调设计的动词词性（Design）。理解这些差异并适当使用该词是很重要的。

好的设计既需要分析（Analysis）也需要综合（Synthesis）。求解复杂问题（如设计）的典型做法是将问题分解成可控的子部分。因为需要理解在工作条件下零部件是如何工作的，因此在零部件以真实物理形态存在之前，必须能够应用科学定律、工程科学和必要的计算工具来计算并尽可能多地获知零部件的期望行为。这就是分析。它常常涉及用模型来简化真实世界。综合常常涉及识别产品的设计要素、产品的分解，以及把可选部件组合成一个完整的工作系统。

⊖　J. E. Blumrich, *Science*, vol. 168, pp. 1551-1554, 1970.

在你当前的工程教育阶段，你可能更加熟悉和适应"分析"。你所学习的课程也都是学科性的。例如，你不能在材料力学课程中应用热力学和流体力学。课程中所选择的待解决问题能够展示和加深对这些原理的理解。如果能够建立合适的模型，问题往往就会迎刃而解。给出所需的输入数据和属性信息，那么利用模型就会得到正确的答案。然而，极少有简洁且易于表达的实际问题。所设计和希望解决的实际问题可能难以明确，通常需要应用很多技术学科（固体力学、流体力学和电磁理论等）的知识，以及非工程学科知识（经济学、金融学和法律等）来寻求解决方案。输入数据可能是非常零散的，项目的范围也可能会很大，对一个人来说几乎是不可能完成的任务。如果问题难度不大，设计也常常必须在时间和费用的严格限制下进行。同时，设计还会受到与环境和能源法案有关的社会法规限制。最后，在一个典型设计中，几乎无法知道正确的答案。希望的设计能够成功，但你的设计是最好的吗？是在给定条件下最有效的设计吗？只有时间能够证明一切。

希望上述内容已经使读者有了一些关于设计过程和设计所处环境的概念。概括设计情境所产生的挑战的一种方法是考虑设计的"4C"。目前，一个很清楚的事实是工程设计很好地扩展并超越了科学的边界。所扩展的领域和工程任务几乎为工程师创造了无限可能的机遇。在工程师的职业生涯中，他们有机会创造一系列的设计并因设计变为现实而获得满足感。"如果一个科学家的一生中能够对人类知识做出一次创造性的贡献，那么他就是幸运的，因为很多科学家没有这么幸运。科学家可以发现新星球，但不能制造一个星球。科学家只能请工程师为其制造星球。"⊖

设计的 4C

创造性（creativity）：需要创造未曾存在或未曾在设计师头脑中出现过的事物。

复杂性（complexity）：需要对很多变量和参数进行决策。

选择性（choice）：需要在很多可能方案之间，从基本概念到最小形状等细节的各个层次上进行选择。

妥协性（compromise）：需要平衡多个且时常冲突的需求。

1.2 工程设计过程

工程设计过程能够用来得到几个不同的结果。一个是产品的设计，无论是诸如冰箱、电动工具或 DVD 播放器等的消费品，还是像导弹系统或喷气式飞机一样的高度复杂的产品。另一个是复杂的工程化系统，例如电站或石化厂，还有建筑和桥梁的设计。然而，本书的重点是产品设计，因为它是很多工程师应用其设计技能的一个领域。更进一步的原因是产品设计领域的设计实例更容易掌握，而不需要更广泛的专门知识。本章将从 3 个方面对工程设计过程进行介绍。第1.3 节对比了设计方法和科学方法，并以包括 5 个步骤的问题求解方法学来展现设计过程。第1.4 节阐明设计的作用已经超越了满足技术性能的要求，并介绍设计必须最大化地满足社会需求的理念。第1.5 节描述了设计过程从摇篮到坟墓的路线图，展示了工程设计师的职责从设计的创造开始一直延伸到对环境安全的设计实体。第 2 章通过介绍像产品定位和营销等更面向商业化的问题，把工程设计过程扩展到产品开发这样更广泛的议题。

1.2.1 工程设计过程的重要性

在 20 世纪 80 年代，美国的公司首先开始深刻地体会到国外高质量产品的冲击，他们很自

⊖ G. L. Glegg, *The Design of Design*, Cambridge University Press, New York, 1969.

然地把重点放在通过自动化或将工厂转移到劳动力成本低的地区来降低制造成本上。然而，直到国家研究委员会（NRC）[一]一个重要研究报告的发表，公司才认识到具有世界竞争力产品的关键是拥有高质量的产品设计。这就激发了人们就如何更好地进行产品设计进行了大量的试验并分享了结果。工程设计曾经是一个相当乏味的过程，现在已经成为工程进展的前沿。本书将为读者提供深入了解当前最佳工程设计实践的机会。

图 1.1 很好地总结了设计的重要性。它表明，设计过程的成本仅占产品总成本的一小部分（5%），而其余 95% 的成本是由材料、资本和制造产品的劳动力构成的。然而，设计过程由很多决策的累积构成，这些决策产生的设计方案影响产品制造成本的 70% ~ 80%。换言之，设计阶段以外的决策仅仅能够影响 25% 的总成本。如果刚好在产品上市前证实设计有误，修改错误就会花费大量的费用。总之，设计过程中的决策成本仅占总成本来的很少的一部分，但却对产品成本有重要影响。

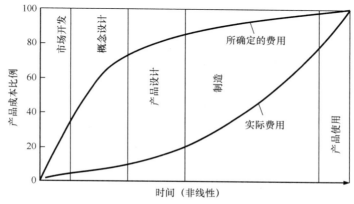

图 1.1　设计过程各阶段的产品费用（来自 Ullman）

设计产生的第二个主要影响是产品质量。传统概念上的产品质量是通过检验装配后的产品来获得的。现在，人们已经认识到实际的质量是设计到产品中去的。通过产品设计来获得质量将是本书提倡的主题。现在指出质量的一个方面是将产品性能和特征包括在产品之中，这些性能确实是购买产品的客户所期望的。另外，设计必须使产品没有缺陷，并以有竞争力的价格进行制造。总之，不能在制造中弥补设计阶段产生的缺陷。

工程设计决定产品竞争力的第三个方面是产品周期。产品周期是指新产品从研发到上市所需要的时间。在很多消费领域，产品常常通过最新的"噱头和卖点"来吸引消费者的眼球。新的组织方法、计算机辅助工程以及快速成型方法的应用都对缩短产品周期有贡献。上述方法不仅缩短了产品周期，增加了产品的市场可能性，而且还降低产品开发成本。更进一步说，产品上市时间越长，销售和利润也就会越大。总之，必须导入这样的设计过程，以尽可能在最短的时间内开发出质量和成本有竞争力的产品。

1.2.2　设计的类型

由于不同的原因，工程设计承担了不同的设计任务，有不同的设计类型。

- 原始设计，也称为创新设计。该设计类型位于设计层级的顶部，采用原创概念来实现一个需求。有时需求本身也是原创，但这种情况很少出现。真正的原始设计与发明有关联。

㊀　"Improving Engineering Design," National Academy Press, Washington D. C. , 1991.

很少出现成功的原始设计，但是一旦它们出现，通常会打破现有的市场格局，因为，它们开创了具有深远影响的新技术。微处理器的设计就是这样一个原始设计。

- 适应性设计。当设计团队应用已知的解决方案来满足不同需求时所产生的新设计应用，即为适应性设计。例如，把喷墨打印机的概念扩展为雾化黏合剂，使快速成型机上的粒子固定。

- 再设计。工程设计常常被用来改进或完善现有的设计。设计任务可能是针对产品中失效零件的再设计，也可能是再设计某个零件以降低加工成本。通常，再设计经常是在对原始设计的工作原理或设计概念未做任何改变的前提下完成的。例如，可以改变零件外形以降低应力集中，或者应用新材料以降低自重或成本。当再设计是通过改变某些设计参数实现时，通常被称为变型设计。

- 选择性设计。大多数的设计都会使用标准件，比如轴承、小型电动机或者泵等，它们由专门从事该标准件生产和销售的供应商来提供。因此，这类设计的任务是根据性能、质量和成本，从潜在的供应商目录中选择所需的零部件。

1.3 工程设计过程的思路

人们常常讨论"设计一个系统"。"系统"是指完成某些指定任务而必需的硬件、信息和人员的整体组合。系统可以是国家某区域电力分布网络，也可以是像航空发动机那样的复杂机器，或者是制造汽车零部件的生产工序的组合。大型系统通常被分为一些子系统，子系统又由组件或零件组成。

1.3.1 一个简单的迭代模型

不存在唯一公认的产生可行的设计步骤。不同的作者或设计师都指出，设计过程少则 5 个步骤，多则达到 25 个步骤。Morris Asimow[一]是首先对设计进行反思的学者之一。他认为设计的核心流程是由图 1.2 所示的要素组成的。如图 1.2 所示，设计是由很多设计操作组成的顺序流程。例如，设计操作有：①探索满足特定需要的备选概念；②构建系统最优概念的数学模型；③确定构成子系统的各个零件；④选择制造该零件的材料。每个操作的完成都需要信息，一些是来自基本的技术信息和商业信息，另一些则是用于产生一个成功的结果所需要的非常具体的信息。第二类信息的例子有：①微型轴承的制造商产品目录；②聚合物性能数据手册；③从观察新制造工艺过程中所获得的个人体验。获取信息在设计过程中是既重要又非常困难的步骤，但幸运的是，随着时间的推进，这个步骤将变得更容易（人们将此称为经验[二]）。信息来源的重要性在第 5 章将有更详细的介绍。

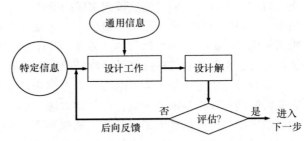

图 1.2　设计过程的基本模型

一旦具备了必需的信息，设计团队（如果任务很有限的话即为设计工程师）就可以通过使

⊖　M. Asimow, *Introduction to Design*, Prentice-Hall, Englewood Cliffs, N J, 1962.

⊜　经验可以简单地定义为普通事件的序列。

用合适的技术知识以及计算和/或试验工具来实施设计操作。在这个阶段，可能有必要构建一个数学模型，并且在计算机中进行零件性能的仿真。或者可能有必要建立一个全尺寸原型，并在试验现场测试到损毁。无论怎样，设计操作产生了一个或多个备选方案，同样备选方案可以有很多类型。记忆棒中可以存储30MB的数据，它是标注了关键尺寸的初步草图或三维CAD模型。在该阶段，必须对设计结果进行评估，通常由一个公正的专家团队来决定设计结果是否充分满足设计需要。如果设计结果充分满足了设计需要，设计师就可以继续进行下一个步骤了。如果评估中发现了设计缺陷，设计师就必须重复设计操作。第一次设计的信息与作为评估阶段产生的问题的新信息一起作为反馈信息输入到再一次的设计过程中，这就是迭代。

如图1.2所示，设计模块链的最终结果将是一个新的工作对象（常常称为原型）或工作对象组合成的一个新系统。然而，很多设计的目标并不是创造新硬件或系统。相反，目标可能是开发可以被组织中其他部门使用的新信息。需要认识到，并不是所有系统的设计是被完整实施的，当系统设计停下来时，其原因是已经很清楚项目目标在技术上和/或经济上是不可行的。不管怎样，系统设计过程产生的新数据需要以可再取得的形式保存下来，这些信息在未来将有使用价值，因为其代表了经验。

图1.2所示的基本模型阐明了一些设计过程的重要方面。首先，即便是最复杂的系统也可以被分解成一系列设计过程。每一个设计过程的输出都要评估，而且评估通常需要反复地试验或迭代。当然，拥有的知识越多，并将其应用到问题中，得到可接受的解决方案就越快。设计的反复迭代性需要人们努力去适应。必须对设计失败具有高度的忍耐力，要有执着的韧性和决心，用一种或其他的方法来攻克问题。

设计需要反复的本质特性为设计师提供了基于某个先前方案改进设计的机会。接下来，这又导致了对最优可能技术条件的搜寻。例如，用最小重量（或成本）获得最高性能。人们已经开发了很多用于优化设计的技术，其中的一些技术将在第15章中介绍。尽管优化方法在知识方面令人愉悦，在技术上令人兴奋，然而在复杂的设计情形下，其应用也常常受限。很少有设计师在某项设计任务上有充足的时间去做大量的工作，同样也没有充足的预算去创造一个最优系统。通常，工程师所选的设计参数是对一系列参数的折中。优化时所包括的全部变量如此之多，还要考虑诸如可用时间或法律限制等非技术因素，以至于我们必须进行折中处理。选定的设计参数只是接近而并非达到最优值。人们通常将这些参数称为近似优化值，即在系统的总体约束下所能获得的最佳值。

1.3.2 设计方法与科学方法

在学生接受科学和工程教育时可能已经听说过科学方法，科学方法是引导解决科学问题的一系列事件的逻辑进程。Percy Hill[一]比较了科学方法与设计方法间的关系（图1.3）。科学方法始于已有知识，这些知识是通过观察自然现象所获得的。科学家有着促使他们探究自然法则的好奇心；探究的结果是他们最终提出科学假设。假设服从于证明或否定它的逻辑分析结果。通常，分析可以揭示瑕疵或者不一致性，所以假设在迭代过程中必将发生改变。

最终，当新概念满足了提出者的要求时，还必须为同行的科学家所认同。一旦新概念被同行的科学家所接受，它就被传播到科学共同体中，扩充了现有知识，形成了知识环。

如果允许观点和哲理上的差异，那么设计方法与科学方法非常相似。设计方法也始于已有的知识。这些已有知识包括科学知识，也同样包含设备、零件、材料、制造方法和市场与经济条

　⊖　P. H. Hill, *The Science of Engineering Design*, Holt, Rinehart and Winston, New York, 1970.

件。相对于科学好奇心，社会的需求（通常通过经济因素来表示）为设计提供了原动力。需求一旦确定下来，就必须概念化为某种模型。模型的作用是在设计转变成物理形态后，帮助预测设计结果的性能。无论是数学模型还是物理模型，根据模型所得到的输出结果都必须进行可行性分析，而且总是要反复迭代，直到一个可接受的产品被设计出来或设计项目被终止。设计一旦进入制造阶段，就开始了技术领域的竞争。当产品作为当前技术的一部分被接受，而且促进了特定领域的技术进步时，设计循环就完成了。

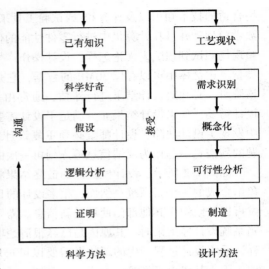

图 1.3　科学方法与设计方法的比较

科学和设计之间更大的哲学区别已经被诺贝尔经济学奖获得者 Herbert Simon[一]改进。他指出，科学侧重的是创造有关自然发生现象和物体的知识，而设计侧重的却是创造有关现象和人造物品的知识。这样，科学是基于观察的研究，而设计是基于功能、目标和适应性的人为概念。

在前面设计方法的简要归纳中，需求的确定需要精心细化。在企业和组织中，需求可从多方面进行识别。大多数组织都有开发部门来进行与组织目标相关观念的创建工作。学习需求的一个重要途径是公司出售服务和产品的用户。负责这方面输入管理的通常都是公司的营销组织部门。其他需求则根据政府机构、贸易组织或公众的态度或决议产生。需求通常源于对现有情况的不满。需求驱动可能是降低成本、增加可靠性或提高性能，或者仅仅是因为大众对现有产品感到厌倦而寻求改变。

1.3.3　问题求解的方法学

设计可以被视为一个待求解的问题。问题求解的方法学对设计非常有帮助，它由以下步骤组成[二]。

- 问题的定义。
- 信息的收集。
- 备选方案的生成。
- 方案评价与决策。
- 结果交流。

上述问题求解方法可用在设计过程的任何一个点上，无论是在产品概念设计阶段还是在零件的设计阶段。

1. 问题的定义

解决一个问题最关键的步骤是问题的定义或问题的表述。真正的问题往往与第一眼看到它的情形不同。因为这一步骤看起来在得到解决方案的总时间里所占的比例很小，所以它的重要性往往被忽视。图 1.4 所示给出了最终设计的形式强烈地依赖问题如何定义。

[一]　H. A. Simon, *The Science of the Artificial*, 3rd ed., The MIT Press, Cambridge, MA, 1996.

[二]　J. R. Dixon 提出了类似的称为引导迭代的方法，参见 J. R. Dixon and C. Poli, *Engineering Design for Manufacturing*, Field Stone Publishers, Conway, MA, 1995。一个不同但类似、使用全面质量管理工具的问题求解方法将在第 4.7 节中介绍。

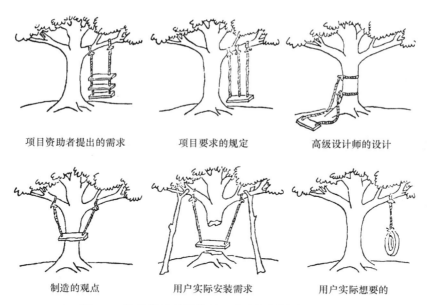

| 项目资助者提出的需求 | 项目要求的规定 | 高级设计师的设计 |
| 制造的观点 | 用户实际安装需求 | 用户实际想要的 |

图 1.4 注意设计结果依赖于定义问题的个人的视角

问题的形式应该从问题陈述被记录下来时开始。描述问题的文档要尽可能地表述问题。该文档应该包含目标和目的、当前的状态和希望的状态、解决方案的各种限制以及各种专门技术术语的定义。第 3 章将对设计项目中的问题定义这一步骤进行详细介绍。

问题定义通常被称为需求分析。在设计过程的最初阶段明确需求是非常重要的，然而需要理解的是除了常规设计以外，在其他设计中的设计初始明确需求是十分困难的。提出新需求是设计过程的本质，因为随着设计进程的推进新问题将出现。基于此观点，将设计类比为问题求解有些不太合适。只有当所有需求和备选方案的潜在问题都已知时，设计才是问题求解。当然，如果这些增加的需求要求对已完成设计的某些部分进行重新处理，就要在成本和工程进度方面得到相应惩罚。经验是对这方面设计问题的最好的补救方法之一，而现代基于计算机的设计工具可以帮助改善经验不足造成的影响。

2. 信息的收集

你在从事第一个设计项目时，也许最需要承受的挫折来自于信息的缺失或过剩。你承担的任务可能属于你没有技术背景的领域，同时很有可能你还没有关于这一问题的最基本的参考资料。另一个极端的情况是你可能拥有堆积如山的以前的工作报告，而你的任务则应避免淹没在这些文件中。无论何种情况，你的紧急要务都是明确所需的信息并找到或拓展这些信息。

需要认识到的重要一点是，设计所需的信息与通常出现在学院课程中的信息差别较大。教材和技术期刊发表的文章重要性通常较低。设计常常需要的是更专业和最新的信息。政府资助研发的技术报告、公司报告、行业杂志、专利、产品目录，以及手册、材料和设备开发商与供应商所提供的文献都是重要的信息来源。互联网是非常有用的资源。通常，缺失的一些信息可以从网络搜索获得，或者通过向重要的供应商打电话或发邮件来获得。与内部专家（通常在公司的研发中心）和外部顾问的讨论也可能是有益的方法。

以下是关于如何获得信息的一些问题：

我需要找出什么信息？

在哪里以及怎样才能获得这些信息？

这些信息的可信性和准确性如何？

针对我的特定需求，如何解释这些信息？

我什么时候才能获得足够的信息？

根据这些信息将做出哪些决策？

有关信息收集的一些建议将在第 5 章给出。

3. 备选方案的生成

备选方案或设计概念的生成，涉及创意激励方法的使用、物理原理的应用和定性推理，以及寻求和使用信息的能力。当然，经验在这项任务中起到了很重要的作用。生成高质量解决方案的能力对获得成功设计是至关重要的。这个重要的议题将在第 6 章概念生成中进行全面介绍。

4. 方案评价与决策

方案评价采用系统化方法在几个概念中选择最好的概念，而且通常需要面对不完整的信息。工程分析流程为工作性能的决策提供了基础。面向制造分析的设计（第 13 章）和成本评估（第 17 章）又提供了其他重要的信息。各种其他类型的工程分析也同样为决策提供了信息。用计算机模型进行性能仿真正在获得广泛应用。基于实验模型的工况模拟测试以及全尺寸原型的测试通常可以提供关键数据。没有这样的定量信息，想做有效的评价是不可能的。有关评价设计概念或其问题解决方案的几个方法将在第 7 章给出。

检查是设计过程中每一步（尤其是设计接近完成时）都要进行的重要活动。一般，有两种检查形式：数学检查和工程检查。数学检查侧重通过算法和方程式来发现分析模型中单位转换的错误。另外，由于马虎而出现数学计算的错误时有发生，应该在装订好的笔记上进行所有的设计计算。这样，当出现错误而必须回头校验时，就会找到重要的计算内容。在错误的部分画上一条线，然后继续检查。特别重要的是要保证每一个方程式在量纲上是一致的。

在工程意义上，检查与方案是否"看起来正确"有关。尽管直觉的可靠性随着经验而不断增加，但设计师还是要培养充分审视设计方案的习惯，而不是匆忙地进行下一步计算。如果计算得到的压力是 $10^6 \, \text{psi}$（$1 \text{psi} = 6895 \text{Pa}$），那么你就应该意识到出问题了！极限检查是工程校核一个很好的方式。让设计的关键参数接近极限（零、无穷大等），然后观察方程式是否成立。

前面已经强调过迭代是设计的本质属性。因此，旨在产生稳健设计（抵御水蒸气、温度、振动等环境因素的影响）的优化技术最应该被用来为关键设计参数选择最佳值（第 15 章）。

5. 结果交流

必须时刻牢记设计的目的是为了满足用户或顾客的需要。因此，已完成的设计必须要进行合适的信息交流，否则将可能失去其影响或重要性。交流通常采用向资助者口头汇报和书面设计报告的形式。调查明确显示，设计工程师 60% 的工作时间用于讨论设计方案和准备书面设计文档，而仅有 40% 的时间用于分析设计、测试设计和做具体设计。详细的工程图、计算机程序、三维计算机模型和工作模型是需要提交给客户的"交付物"。

特别需要强调的是，信息交流并不是项目结束后的一次性事件。对于一个管理良好的项目，项目负责人和客户之间需要进行连续不断的口头和书面交流。

注意，问题求解方法学不必按照上面列出的流程而进行。但是，尽早定义问题是十分重要的，随着团队向解决方案生成及其评价推进，团队对于问题的理解也随之不断深化。事实上，设计具有迭代的本质属性，将会在局部解决方案和问题定义间反复。这是设计与工程分析的明显区别，工程分析通常按照从问题设定到求解这一不变的套路进行。

在设计过程中，问题（领域）知识的积累与改进设计的自由度之间存在固有的悖论。当进行原始设计时，对该问题的解决方案知之甚少。而当设计团队开展工作后，就需要了解更多的相关技术知识和可能的解决方案（图 1.5）。团队遵循学习曲线。然而，随着设计过程的推进，设

计团队就必须对设计细节、技术途径做出决策，也许还要对所签订的交货时间长的设备合同等
问题做出决策。因此，如图1.5所示，团队的自由度随着新知识的获得而不断下降。在最初阶
段，设计者有做出改变而不用承担巨大成本损失的自由，但是对如何使设计更好却知之甚少。悖论源于这样一个事实，当设计团队最终掌握了问题时，他们的设计已经确定了，因为改变要付出高昂的代价。应对办法是设计团队应尽可能早、尽量多地学习与该问题相关的设计知识。这也强调团队成员在学习朝着共同目标进行独立工作前（第4章），要善于收集信息（第5章）以及擅长与团队成员交流相关知识。设计团队的成员必须要成为他们所学知识的管理者。图1.5同样指出了要把所做工作详细记录在案的重要性，只有这样，经验才能在未来的项目中为后续团队所使用。

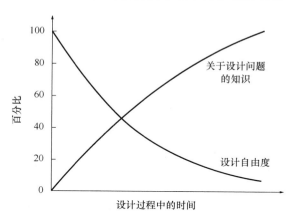

图 1.5　设计知识与设计自由度间的悖论

1.4　设计过程描述

Morris Asimow[一]是最早对完整的设计过程给出详细描述的人之一，他称之为设计形态学。图1.6给出了组成设计前三个阶段的各种活动：概念设计、实体设计和详细设计。该图形的目的是提醒读者注意从问题定义到详细设计之间设计活动的逻辑次序。

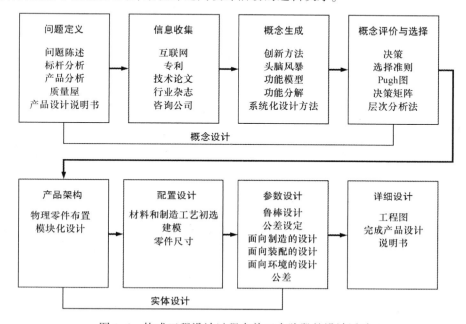

图 1.6　构成工程设计过程中前三个阶段的设计活动

　㊀　I. M. Asimow，*Introduction to Design*，Prentice-Hall，Englewood Cliffs，NJ，1962.

1.4.1　第一阶段——概念设计

概念设计是设计的开始阶段，主要提出一系列可能的备选方案，然后再减少到一个最佳概念。概念设计有时也称为可行性研究。概念设计需要极高的创造力，它涉及最大的不确定性，并需要协同商业组织间的多个功能部门。以下是在概念设计阶段需要考虑的不同活动：

- 客户需求识别：本活动的目标是完全了解客户的需求，并将其传达给设计团队。
- 问题定义：本活动的目标是给出一个陈述，它描述需要用什么来满足客户需求。具体包括竞争产品分析、目标规格的确定以及约束列表和需求权衡因素。质量功能配置（QFD）是一个将用户需求与设计要求联系起来的有效工具。产品要求的详细清单被称为产品设计任务书（PDS）。关于问题定义的全面阐述将在第 3 章给出。
- 信息收集：与工程研究相比，工程设计有特殊的信息获取需求，而且信息获取的范围相当广泛。这部分议题在第 5 章介绍。
- 概念化：概念生成包括产生一系列潜在的能满足问题陈述的概念。基于团队的创造方法与高效的信息收集相结合，是关键的设计活动。该议题将在第 6 章介绍。
- 概念选择：设计概念的评价、完善并演化成一个优选概念是该阶段的设计活动。这个过程通常也需要多次反复。这部分将在第 7 章介绍。
- 产品设计任务书的细化：在概念被选定后，产品设计任务书还需要细化。设计团队必须负责获得某些设计参数的关键值，通常被称为质量关键点（CTQ）参数，并在成本和性能之间进行权衡。
- 设计评审：在拨付资金进入下个设计阶段前，必须要进行设计评审。设计评审会议要保证设计在物理上能够实现，并在经济上值得投入。设计评审也会审查详细的产品研发进度。这就需要提出一个策略来最小化产品开发周期，并能确定完成项目所需的人员、设备和费用。

1.4.2　第二阶段——实体设计

为设计概念开发相应的结构出现在工程设计的这一阶段。这一阶段将为设计概念骨架添加血肉，着手解决产品所必须完成的全部主要功能的具体细节。在这个设计阶段，需要对强度、材料选择、尺寸、外形和空间相容性进行决策。过了这个阶段，较大的设计变更将产生很大的费用。这个阶段有时也称为初步设计。实体设计有三个主要任务，即产品架构、配置设计和参数设计。

- 确定产品架构：产品架构是将整个设计系统划分为子系统或模块。在这个阶段需要决定所设计的实际零件如何布置和组合，以获得所设计的产品功能。
- 零件和组件的配置设计：零件由诸如孔、加强筋、曲线和曲面等特征组成。零件配置指的是确定需要有什么样的特征，并对其空间的相互关系进行安排。虽然在此阶段可以通过建模和仿真来检查功能和空间约束，但是此阶段也仅能确定近似的尺寸来保证零件满足产品设计任务书（PDS）的要求。同样，这个阶段也要给出有关材料和加工的更多具体信息。用快速成型工艺来得到零件的物理模型是一个合适的方法。
- 零件的参数设计：参数设计从零件构形的信息开始，旨在确定零件准确的尺寸和公差。如果以前没有完成材料和加工工艺设计方面的决策，它们也要在该阶段完成。参数设计的重要一面是检查零件、装配件和系统的设计鲁棒性。鲁棒性是指零件在工作环境条件变化的情况下如何保证其性能的稳定性。这个由 Genichi Taguchi（田口玄一）博士提出的、获得鲁棒性和确定最佳公差的方法将在第 15 章讨论。参数设计同样涉及可能造成失效的设计方面的问题（第 14 章）。参数设计的另一项重要因素是用提升可制造性的方式进行设计（第 13 章）。

1.4.3 第三阶段——详细设计

在详细设计阶段要完成可测试和可制造产品的全部工程描述。每个零件的布置、外形、尺寸、公差、表面性能、材料和加工工艺所缺失的信息都将补充完整。这里也给出了专用件的规格以及从供应商那里购买的标准件的规格。在详细设计阶段，需要完成以下活动并准备相关文档：

- 满足制造要求的详细工程图。通常都是由计算机输出的图样，而且还常常包括三维 CAD 模型。
- 成功完成的原型验证测试，并提交验证数据。所有的质量关键点参数可以掌控。通常，对准备生产的几个备选样机要进行制造和测试。
- 还要完成装配图和装配说明，要完成所有装配体的物料清单。
- 准备好详细的产品规格，它包括从概念设计阶段开始所做出的设计变更。
- 对每个零件是在内部加工还是从外部供应商处购买做出决策。
- 根据所有前面的信息，给出详细产品成本预算。
- 最后，在决定将产品信息交付加工前，详细设计以设计评审结束。

设计的第一、二、三阶段将设计从可能性空间带到了可实现的现实世界。然而，设计过程不是将一系列详细工程图和任务书交付给制造企业后就结束了。还有很多其他的技术和商业决策需要确定才能达到将设计交付给客户的要求。上述问题的主要内容将在第 9.5 节中讨论，它们是关于产品如何制造、如何营销、如何进行使用维护、如何在生命周期终止时以环保方式报废等详细的计划。

1.5 优秀设计的考虑因素

设计是一个需要多方面考虑的过程。为了获得对工程设计更宽泛的理解，将多种优秀设计的考虑因素分为三类：①性能需求的实现；②生命周期事项；③社会与规章事项。

1.5.1 性能需求的实现

显然，要使设计可行必须达到要求的性能。性能衡量了设计的功能和行为，即设备能够多好地完成被确定的任务。性能需求可以被分解成主要性能需求和辅助性能需求。设计的主要要素是功能。一项设计的功能指的是它如何按照预期来工作。例如，设计可能是需要抓起一定质量的物体然后在 1min 内移动 50ft（1ft = 0.3048m）。功能需求通常是用能力量值来表达的，例如力、强度、变形，或者能量、输出功率或消耗。辅助性能需求侧重的是诸如设计的使用寿命、对工作环境因素的鲁棒性（第 15 章）、可靠性（第 14 章）、易用性、经济性与维护的安全性。像固有的安全特性以及工作时的噪声级别等事项也必须予以考虑。最后，设计还要服从所有法律要求和设计规范。

产品⊖通常是一些零件的组合。零件是不需要装配的单一件。当两个或更多的零件组合在一

⊖ 产品的另一个代名词是设备，是因特殊意图而构建的事物，如机器。

起时称为装配件。通常，大型装配件是由一些小的装配件组成的，这些小装配件称为子装配体。与零件类似的术语称为组件，这两个术语在本书中可互换，但是在设计文献中，组件这个词有时用于描述零件数量少的子装配体。例如普通球轴承，它由外圈、内圈、十个或更多个由尺寸决定的钢球，以及一个防止球之间发生摩擦的保持架组成。球轴承通常称为组件，尽管它也是由一些零件组成的。

设计中与零件功能联系最紧密的是它的外部形态。形态指的是零件看起来是什么样子，包括其形状、尺寸和表面粗糙度。这些都取决于零件所使用的材料以及采用的制造工艺。

在设计中为了得到零件的特征，必须要应用多种分析技术。特征是指特殊的物理属性，例如几何上的详细细节、尺寸和尺寸公差[⊖]。典型的几何特征有倒角、孔、壁和加强筋。计算机在这一领域有十分重要的影响，因为计算机提供了基于有限元分析技术的强大分析工具。这使得人们可以方便地对复杂几何体以及载荷情况进行压力、温度和其他领域的场变量的计算。当这些分析方法与计算机交互图形结合起来时，就会显示令人振奋的能力，即计算机辅助工程（CAE），参见第 1.6 节。注意，在设计过程初期，这些强大的分析能力为了解产品性能起到了非常重要的作用。

性能的环境需求涉及两个单独的方面。第一个方面考虑的是产品运行的工作环境。温度、湿度、腐蚀条件、灰尘、振动和噪声的极限必须进行预测，并在设计中予以满足。环境需求的第二个方面是考虑如何使得产品的行为能够保证环境的安全与清洁，即绿色设计。通常，政府法规强迫设计要考虑绿色问题，但是，随着时间的流逝，绿色设计已经成了常规设计事项。这些事项中有一项是在产品达到使用寿命后对其进行处置。面向环境的设计（DFE）的更多信息将在第 10 章详细讨论。

美学需求指的是"美的感觉"。它所关心的是客户如何根据产品的外形、色彩、表面肌理，还有平衡、统一和兴趣等因素看待产品。设计的这个方面通常是由工业设计师而不是由工程设计师来完成的。工业设计师是应用艺术家，产品外形的设计决策是设计概念的一个组成部分。对于人因工程进行充分的考虑是非常重要的，而人因工程应用生物力学、工效学和工程心理学来保障产品可以被人有效地操作。在设备和控制系统的视觉和听觉显示等设计特征方面，人因工程采用生理学和人体测量学数据。人的肌肉强度和反应时间也是人因工程所要考虑的。工业设计师同样要对人因工程负责。更多详细的信息见第 8.9 节。

由于材料选择或公司可用设备方面等因素对将要采用的制造工艺有所限制，因此制造技术必须与产品设计紧密集成。

最后一个主要的设计需求是成本。每个设计都有其经济性需求，包括生产研发成本、内部生产成本、生命周期成本、工具成本以及投资回报等事项。在很多情况下，成本是最重要的设计需求。如果初步的产品成本预测结果不理想，那么设计项目就可能永远不能启动。成本涉及设计过程的方方面面。

1.5.2　全生命周期

零件的全生命周期始于需求的概念，终止于产品的报废与处置。

材料选择是确定全生命周期的一个关键要素（第 11 章）。为某个应用领域选择材料，第一步就是服务条件的评价。然后，必须确定与服务要求最相关的材料性能。除大多数的情况外，工

⊖ 在产品开发中，特征具有与"产品方面或特性"完全不同的含义，称为特色。例如，一个钻床的产品特色可能是钻孔时钻头对中心的激光束附加。

作性能和材料性能之间从来就不是一个简单的关系。开始时，可能仅考虑静态屈服强度，但对难以评估的如疲劳、蠕变、韧性、延展性和耐蚀性等性能也不得不考虑。需要知道材料在工作环境条件下是否稳定。显微结构是否随着温度变化而变化，进而是否会改变材料性能？材料是否会缓慢腐蚀或以不可接受的速度磨损？

材料选择不能从制造性中分离出来（第 13 章）。设计和材料选择与加工工艺有着内在的联系。其目的就是在相互对立的最小成本和最大耐久性之间进行平衡。通过设计可以减少因腐蚀、磨损和断裂造成的材料老化从而提高耐久性。耐久性是产品的一般属性，通常按产品有效工作的月数和年数计算。耐久性与可靠性的内涵较为相近，可靠性是指产品无故障达到特定工作寿命的概率。有关能源保护、材料保持和环境保护的当今社会问题，对材料和制造工艺的选择产生了新的压力。以前曾一度被忽视的能源成本，现在已经是设计中需要考虑的最重要的因素之一。面向材料循环的设计也同样变成了设计中一项重要的考虑因素。

图 1.7 所示的材料循环表达了所有产品的生产和消耗的生命周期。这个过程从开采矿物或钻井开采石油或收割诸如棉花等农业纤维开始。这些原生材料必须通过提取或冶炼过程来获取块材（如铝锭），然后将块材进一步加工以获得精制的工程材料（如铝板）。此时，工程师设计出使用这些工程材料来制造的产品，零件也投入使用。最终，零件磨损或因市场上有了更好的零件而过时。这时，一种选择就是废弃该零件，并用某种方式对其进行处置，使材料最终回归地球。然而，社会正越来越重视自然资源的耗损以及固体废弃物的随意处理，因此，需要以经济的方式来回收废弃材料（如铝制饮料罐）。

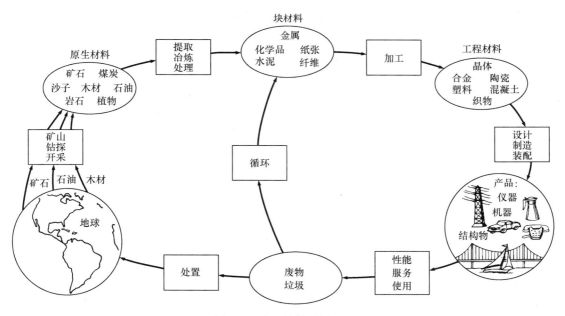

图 1.7　完整的材料循环链

1.5.3　法规与社会问题

规范和标准对于设计实践具有重要的影响。由诸如美国试验与材料协会（ASTM）和美国机械工程师协会（ASME）等团体制定的标准得到了工业界很多个体（用户和制造商）的自觉遵守。因此，它们常常发布最低或最少相同特性的标准。当优秀的设计需要的比这更多时，就有必要提出公司或机构自己的标准。另一方面，由于多数标准具有的普遍特性，标准有时需要制造商去满足对于设计某些特殊功能而言并非必要的要求。

所有专业工程协会的道德规范都需要工程师保护公众的健康和安全。为此已经通过了越来越多的立法，要求联邦机构对安全和健康的各个方面做出规定。随着时间的推进，要求联邦机构规范安全和健康的各个方面的法案被逐一通过。美国职业安全与健康管理局（OSHA）、消费品安全委员会（CPSC）、环境保护署（EPA）和国土安全部（DHS）对设计师在保护健康、安全和保证平安方面进行直接约束。CSPC 法案的一些方面对产品设计影响深远。尽管产品的正常用途通常是很明确的，但产品的非正常使用并不是很明显。在 CSPC 法案下，设计师有义务去预见尽可能多的非正常使用情形，然后以可预见的方式完善该产品的设计，以预防非正常使用的危险。如果非正常使用不能够被功能设计所避免，那么在产品上就要永久地附加上清晰、完整和没有歧义的警示。另外，设计师还需要监督所有与产品相关的广告宣传材料、用户手册和操作说明，以保证材料内容与安全操作流程一致，并且不对超出设计能力的性能给予承诺。

一项重要的设计考虑是对人因工程学的足够重视。人因工程学应用生物力学、人因学和工程心理学来保障设计可以被人类有效而又安全地操作。依据生理学和人体测量学数据，人因工程可以应用这些数据于仪器和控制系统的视觉和听觉显示设计中。人因工程同样关心肌肉力量和反应时间。有关人因工程学的更多的信息见第8.8节。

1.6　计算机辅助工程

大量的计算工作已经使得工程设计的实践方式产生了重大变化。工程师是最早用计算机满足他们需要的专业群体之一，其主要应用是使用 FORTRAN 之类的高级语言来进行大量的计算。早期的计算机应用批处理模式，代码写在穿孔卡上，通宵的忙碌很常见。后来，用终端远程访问大型主机变得普遍起来，同时工程师可以进行交互计算（如果速度还是很慢的话）。微处理器的发展，个人计算机的大量出现，以及与十年前的大型主机有着相同处理能力的工程工作站的普及，给工程师提出问题、完成问题求解和设计的方式带来了变革。

计算机辅助工程产生的最大影响是工程图。自动绘制二维工程图已经司空见惯。在新设计图的绘制中修改和使用已存储的以前设计的零件参数节省了大量的时间。三维建模变得非常普遍，因为它在台式机上也可以完成。三维实体建模为零件几何形状提供了完整的几何与数学描述。实体模型可以剖切开来，以观察内部细节，也可以方便地转换成传统的二维工程图。这类模型包含非常多的固有信息，所以它不但可以用于实际的设计，也同样可以用于分析、设计优化、仿真、快速成型和加工。例如，三维几何模型与广泛应用的有限元模型（FEM）紧密配合，三维几何模型使得在诸如应力分析、流体分析、机构运动学分析，以及用于数控加工中刀具路径生成等问题的交互仿真变成可能。虚拟现实是最佳的计算机仿真，在虚拟现实中，观察者感觉自己就是计算机屏幕上几何仿真的一部分。

计算机在几个方面扩展了设计师的能力。首先，通过组织和处理耗时及重复性操作，可以将设计师解放出来，使其专注于更复杂的设计任务。其次，它使得设计师可以更快、更完整地分析复杂问题。这两个方面使得进行更多的设计迭代成为可能。最后，通过基于计算机的信息系统，设计师可以快速与公司的同事分享信息，如与制造工程师、工艺师、刀具和模具师以及采购代理分享信息。计算机辅助设计（CAD）和计算机辅助制造（CAM）之间的联系非常重要。同时，利用互联网和卫星通信，这些人员可以身处十个时区以外的不同大陆。

波音 777

最大胆使用 CAD 的案例是波音 777 远程客机。1990 年秋开始，1994 年 4 月完成。这是世界上第一个完整的无纸化交通工具设计。采用 CATIA 三维 CAD 系统，该系统连接了波音公司所有的位于华盛顿的设计和制造小组，以及世界各地的系统和零件供应商。在最高峰时，CAD 系统服务了遍布世界各地 17 个时区的 7000 个工作站。

有多达 238 个设计团队同时工作。如果他们使用常规的纸质设计，那么就可能要面临很多硬件系统的冲突，需要高成本的设计更改和图样修订。这是复杂系统的设计过程中最主要的成本因素。通过集成的实体模型和电子数据系统，看到其他人在做什么的优点可以减少 50% 以上的设计变更指令，也就减少了同样数量的修改工作。

波音 777 有多达 130000 个独立的加工零件，如果将铆钉和紧固件计算在内，则可能有超过 300 万个独立的零件。CAD 系统所具备的干涉检测能力消除了建立飞机物理模型的需要。然而，这些交通工具的设计和制造经验表明，波音 777 的零件比其他早期商业飞机的零件匹配得更好。

由于计算机辅助工程的应用使得并行工程变得更加容易。并行工程是一个基于团队的方法，在该方法中，产品研发过程中各个方面的信息都提交给一个密切沟通的团队。团队成员以一种重叠和并行的方式来进行工作，以最小化产品研发的时间（第 2.4.4 节）。计算机数据库是一个非常重要的交流工具，其中的实体模型可以被设计团队中所有的成员访问，例如波音 777 的设计团队。在高度网络化的全球设计与制造系统中，在合适的网络安全下，人们越来越多地使用互联网把三维 CAD 模型下传给刀具设计人员、零件供应商，以及为加工做准备的数控程序员。

当个人工作站和后来的笔记本式计算机以可接受的成本达到足够强大的处理能力，以及设计工程师可以免受大型机的限制时，计算机辅助工程才成为一个现实。将大型机的处理能力移至设计工程师的桌面上，将为更富有创造性、可靠性和有成本效益的设计提供很多机会。

CAE 在两个主要领域得到了发展：计算机图形和建模，以及设计问题的数学分析和仿真。每个学习工程的学生都应具有三维建模的能力。在本科生层次上，最常用的建模软件有 AutoCAD、ProE 和 SolidWorks。从电子表格的计算到进行应力、热传导和流体分析的复杂的有限元模型，CAE 分析工具包含了其全部内容。

电子表格的应用对于工程专业学生而言可能看起来有些奇怪，但电子表格程序是非常有用的，因为它具备复合计算的能力，而不需要用户再次输入所有数据。电子表格矩阵的行列交叉处称为单元格。每个单元格的量可以是输入的数字，也可以是电子表格程序根据指定公式计算出的数值[⊖]。电子表格具有这种能力的原因是，当某些单元格输入新数据后，它能自动地重新计算结果。当一个或两个变量发生改变后，很容易就可以观察到它们对结果的影响，因此这个功能可以用作简单的优化工具。电子表格在成本评估方面的有效性是不言而喻的。大多数电子表格含有用于工程和统计学计算的内部数学函数。使用电子表格同样也可以解决数学分析问题。

用电子表格求解方程需要建立一个方程式，把未知项变换到等号的一侧。方程式通常可以用于求解任何一个变量。已经开发出了一系列适合于个人计算机的、小计算量的方程求解程序。其中，最著名的软件有 TK Solver、MathCAD 和 EES（工程方程求解器）。另一类型重要的计算工

⊖ B. S. Gottfried, *Spreadsheet Tools for Engineers*, McGraw-Hill, New York, 1996；S. C. Bloch, *Excel for Engineers and Scientists*, John Wiley & Sons, New York, 2000.

具是符号语言，用来处理表示公式的符号。最常用的有 *Mathematica*、*Maple* 和 Matlab。Matlab⊖ 在很多工程部门有着特殊的应用，因为它具有用户友好的计算机界面，可编程能力（因此取代了 Fortan、Basic 和 Pascal，成了编程语言），出色的图形能力，优秀的微分方程求解能力，以及超过 20 个用于不同领域的"工具箱"。

支持工程设计的专用程序正快速涌现。这些程序包括有限元分析、QFD、创造性提高、决策、制造工艺和统计建模等软件。该类型的有用软件包将在本书介绍相关主题时提及。

1.7　遵守法案与标准的设计

尽管人们常常提到设计是一个创造性的过程，但事实上，很多设计与过去已有的设计没有太大区别。如果最佳实践经验得以保存并供所有人使用，那么在节约成本和时间方面的利益是显而易见的。服从法案和标准的设计有两个主要方面：①使得每个人都可以使用最佳实践经验，以保证效率和安全性；②加强互换性和兼容性。对于第二点，任何一个经常在国外旅行的人，在想要使用小电器时，都会理解电源插头以及电压和频率的兼容问题。

法案是法律和规则的集合，法案可以辅助政府机构去履行其保障大众人身、生命及财产安全等普遍的义务。标准是人们对流程、准则、尺寸、材料或零件的普遍共识的规定。工程标准可以描述诸如螺栓和轴承等小型零件的尺寸和型号，材料的最低性能，或公认的测量像断裂韧度这样的性能的流程。

标准和规范两个术语有时是可以互换使用的。不同点是标准用于普遍情况，而规范用于特殊情况。法案告诉工程师需要做什么，在什么时候、什么环境下去做。法案通常是法律诉求，比如建筑法案或防火法案。标准告诉工程师怎样去做，通常被视是没有法律效力的建议。法案常以参考的方式把国家标准列入其中，这样的标准就具有法律强制性。

法案有两个主要形式：性能法案和指令性法案。性能法案用预期达到的特定需求来叙述，而对获得结果的方法不做指定。指令性法案用明确的特定细节来叙述，设计者没有任何自由决定权。法案的一种形式是政府规章，由政府机构（联邦或州）颁布，对模糊的成文法案进行清晰的解释。例如，美国劳工部门制定的"职业安全与健康法"（OSHA）条例，就是为了实施"职业安全与健康法"。

设计标准可以分为三类：性能、测试方法和技术规范。对很多产品都已发布了性能标准，比如座椅安全带、保险杠和汽车碰撞安全。测试方法标准宣布了用于测试性能的方法，例如屈服强度、热传导率或电阻率。这些标准大部分是由美国试验与材料协会（ASTM）制定和发布的。用于产品的测试标准的另一个重要形式是由保险商实验所（UL）制定的。技术规范对重复性技术问题给出详细的设计方法，比如管道的设计、热交换器和压力容器。这些规范很多是由美国机械工程师协会（ASME）、美国原子能机构和汽车工程师协会制定的。

公司也常为自己制定自用的标准，涉及尺寸、公差、外形、制造工艺和表面精饰等要求。在外部采购时，公司采购部门常使用企业内部标准。第一个层次的标准是相同工业领域里一些公司达成的业界公认的标准。这些通常是由工业贸易联盟发起的，例如美国钢结构协会（AISC）、门和五金协会（Door and Hardware Institute）。这些类型的工业标准要提交美国标准学会（ANSI），经过正式的评审过程、批准和发布。位于瑞士日内瓦的国际标准化组织（ISO）也扮演着类似的

⊖　W. J. Palm III, *Introduction to Matlab 7 for Engineers*, 2nd ed. , McGraw-Hill, New York, 2005；E. B. Magrab, et al, *An Engineer's Guide to MATLAB*, 2nd ed. , Prentice-Hall, Upper Saddle River, NJ, 2005.

角色。另一类重要的标准是由政府（联邦、州或地方）制定的规格标准。因为政府是大宗商品和服务的购买者，所以工程师获得这些规格标准是非常重要的。在高技术国防领域工作的工程师必须熟知军事标准和国防部手册。

除了保护大众以外，标准在减少产品和设计成本方面也具有重要的作用。使用标准件和标准材料可以在很多方面降低成本。当进行原创设计工作时，设计标准避免了对大量相同的重复问题的求解，可节省设计者的时间。此外，基于标准的设计能够为产品买卖双方的协商和更好的相互理解提供坚实的基础。如果在设计中未应用最新的标准，那么可能会使得产品责任问题复杂化（第 18 章）。

工程设计过程考虑的是如何平衡四个目标：合适的功能、优化的性能、足够的可靠性和较低的成本。最大的成本节约来源于对设计中现有零件的重新利用。主要的节约来源于在生产过程中消除对新型加工工具的需求，显著地减少维护服务所需备件的库存量。在很多新产品的设计中，仅有 20% 的零件是新设计的，大约 40% 是对现有零件的微小修改，另外的 40% 则是直接使用现有零件。

CAD-CAM 标准化的重要方面在于各种计算机设备与制造设备间的接口与通信。美国国家标准与技术研究院（NIST）在开发和发布 IGES（基本图形数据交换规范）代码以及最近出现的产品数据交换标准（PDES）方面，起到了至关重要的作用。这两个标准给出了用于不同 CAD 供应商的系统间进行几何数据转换的中性数据格式。建立数据交换标准是一个国家级标准化组织的典型职责。

1.8　设计评审

设计评审是设计过程的一个重要方面。它为不同学科的专家提供了一个质疑一些关键问题和交流重要信息的机会。设计评审是在相应的时间节点上对设计的反思性研究。它提供了一套系统化的方法，用于识别设计中存在的问题，确定未来的工作安排，启动任何问题领域的更改工作。

为了完成这些目标，评审小组的成员应该由设计、制造、营销、采购、质量控制、可靠性工程和现场服务的代表组成。评审小组的组长通常由具有广泛的技术背景和公司产品的相关知识的总工程师或项目经理担任。为了保证评审的自由和公正，设计评审组的组长应该与待评审项目没有直接责任。

根据产品的尺寸和复杂程度，在整个项目周期中设计评审应该进行 3~6 次。最基本的评审程序由概念评审、中期评审和最终评审组成。一旦概念设计（第 7 章）已经确定，就要进行概念评审。概念评审对设计的影响最大，因为很多设计细节仍未确定，并且在这个阶段可以用最低的代价做出相应改进。中期评审在实体设计已经完成，而且产品架构、子系统和性能特性以及关键设计参数确定后进行。它在确定子系统接口方面非常重要。最终评审在详细设计完成后进行，并且将最终确定设计是否可以交付制造。

每次评审要探究两个主要方面的问题，一方面是关注设计的技术要素，另一方面是关注产品的商业问题（第 2 章）。技术评审的核心是比较已经完成的设计和详细的产品设计任务书（PDS），PDS 是在项目的问题定义阶段确定的。PDS 是一个详细文档，它描述了设计必须达到的性能，指定的工作环境，以及产品寿命、质量、可靠性、成本和一系列其他设计需求。PDS 是产品设计和设计评审共同的基本参考文件。评审的商业层面考虑的是项目成本的追踪，预测设计如何影响产品的目标市场和销售，保障时间进度。评审的重要成果是为了获得合理的商业利益，需要对资源、人员和资金做出何种改变。必须认识到，任何评审都有一个可能结果是收回资源并终止项目。

正式的设计评审流程需要为已经做的工作制作出色的文档，并且愿意将这些文档送达所有参与项目的各方。评审会议备忘录应该清晰地记录所做出的决策，形成一个后续工作的"工作条款"清单。因为 PDS 是基本控制文档，所以要时刻注意文档的更新。

再设计

一种常见的情形是再设计。再设计有两种类型：改良设计与更新设计。改良设计是在产品投入到市场后没有达到预期性能要求而进行的设计改善。更新设计是产品生命周期的一部分，它是在产品投入市场前已经计划好的。更新设计可能是增加新的特征，提升产品性能或改善产品外观以保证产品的竞争力。

再设计最常见的情况是修改现有产品以满足新需求。例如，由于"臭氧层空洞问题"的出现，对使用氟利昂制冷的冰箱制定了禁令，需要对制冷系统进行大量的再设计。通常，再设计是由工作中的产品失效引起的。一个很简单的情况是，必须修改零件的一个或两个尺寸，以匹配用户对于零件的修改。当然还有另一种情况，就是为提高性能所进行的连续的设计进步。图 1.8 是一个非常经典的例子，目前的有轨机车车轮设计已经使用了将近 150 年。不管冶金学的进展和对应力的理解如何深入，轮子还是有每年 200 次的失效频率，这常常会造成灾难性的出轨事故。主要的原因是有轨车车闸系统造成的热累积。经过长期的研究，美国铁路协会改进了该设计。主要的设计改变出现在位于孔与轮缘间的板上，扁平的板被 S 形的板所取代。这种弧形使得金属板可以像弹簧一样，过热时就会发生弯曲变形，从而避免由刚性的扁平板所传递的应力累积。车轮的轮面也被重新设计了，从而延长了轮子的滚动寿命，车轮寿命达到了 20 万 mile（1mile = 1609.344m）。通常，在最初的 2.5 万 mile 的工作中，轮面和轮缘损失 30% ~ 40%，变成了新的形状。在上述的加速磨损结束后，就又回到了正常磨损。在新设计中，轮面和轮缘间的曲线下凹更小，与"磨损的"轮子的型线更像。新设计延长轮子的寿命达数千英里，滚动摩擦也更低，同时节省了燃油费用。

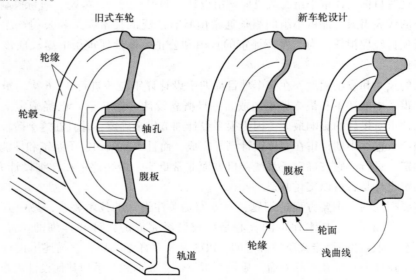

图 1.8　改进设计的例子：传统的有轨机车轮子与其改进的设计

1.9 工程设计应考虑的社会因素

在美国工程和技术认证委员会（ABET）的伦理法案中，基本准则的第一条是"工程师需要将大众的安全、健康以及福利摆在自己职业成绩的首位"。早在20世纪20年代的工程伦理法规也给出过类似的陈述，但毫无疑问，在这些年的时间里，社会对于工程师职业的认识发生了很大的改变。每天24h新闻循环和互联网使得公众在短短的几小时内，就可以了解到世界任何一个地方发生的事情。伴随着总体上更高的教育标准与生活水平，社会得到了发展，即人们有了高期待，对变革反应积极，并组织起来去抵制可感知的错误。与此同时，技术对每个公民的日常生活产生了重要的影响。不管是否喜欢，我们都已经与复杂的技术系统有了千丝万缕的联系，如电网、国家空中交通管制网，以及汽油与天然气传输网等。为人们日常生活方便所提供的物品，很多都在技术上过于复杂或实物过大，以至于普通公民无法理解。然而，我们的教育系统在培养学生如何理解他们所处的技术环境方面鲜有作为。

作为对真实或假设中弊端的回应，社会已经建立了机制，以抵抗一些弊端和/或减缓社会变革的速度。对工程设计有重要影响的主要社会压力有职业安全与健康、消费者权益、环境保护、核运动以及信息自由和信息公开运动。这些社会压力增加了很多商业和贸易方面的联邦法规（保护大众的利益），并对新技术风险投资的经济回报带来了巨大的改变。这些新因素对工程实践和创新速度有着深远的影响。

下面是增加的社会对技术的认知和后续法规影响工程设计实践的一些一般方法（途径）：

- 律师对工程设计具有更大的影响，常产生与产品责任相关的行动。
- 花费更多的时间用于计划和预测工程项目的未来影响。
- 更重视"防御性研究与开发"，这样做是为了保护公司远离可能出现的诉讼。
- 增加在环境控制和安全中的研究、开发与工程化的工作。

很明显，这些社会压力给了工程师的设计以更多的限制。同时，美国社会的诉讼案件日益增加，这就要求工程师更加清晰地了解与其相关的法律和伦理条款（第18章）。

当今最普通的社会压力来自环境保护运动。最初，政府法规用于清洁江河与溪水，改善烟雾状况，并减少运到垃圾掩埋场的固体废弃物。现在，人们更多地认识到需要将环境因素放在一个更高的优先权上（并非因为政府要求才做的），来代表睿智的经营。几个主要的原油生产商都公开表示，二氧化碳排放与全球气温升高有着显著的关系，并着手成为太阳能和生物能源等可再生能源应用的领跑者。一家大型化学品公司也将研发环境友好产品放在了重要的地位。其生物可降解除草剂使得残留在每亩土地上的除草剂降低了上百倍，大量减少了流入溪流的有毒物质。这种面向环境事宜的经营的重新定位，通常称为可持续发展或基于可再生材料和燃料的事业。

从末端的排放治理等环境问题到可持续发展的理念转变，使工程设计成了问题的核心。环境因素在设计中将具有更高的优先权。产品必须被设计成易于重用、循环或焚烧的，即常常所称的绿色设计⊖。绿色设计也涉及全生命周期中产品和各过程对环境影响的详细了解。例如，生命周期分析可用于确定纸质和塑料购物袋哪个对环境更加友好。表1.1给出了环境友好设计的主要方面。

⊖ Office of Technology Assessment，"Green Products by Design：Choice for a Cleaner Environment，" OTA-E-541，Government Printing Office，Washington，DC，1992.

显然，未来只可能牵涉更多的技术，绝不会更少，因此工程师所面对的是创新和技术上空前复杂的设计。虽然有些挑战产生的需求是将新科学知识转化为硬件，而其他一些挑战则是起源于解决"社会件"问题。社会件是指组织形式和管理模式，它们使硬件有效工作或运行[⊖]。这些设计不但要处理硬件产生的局限性，而且还要处理好任何系统中人的弱点，例如人的无知、失误、贪婪和自大。典型的例子是民航运输业，工程师会考虑现代喷气式飞机，把它所有的复杂性和高技术作为工作重点，然而只有综合考虑到机场、维修设备、空管员、航空救援、行李管理、燃料供应、餐食服务、炸弹检测、机组培训和气象监视等因素时，这样一个巨大的硬件才能满足社会需求。重要的是要认识到，几乎所有这些社会件的功能都是由联邦或地方法律和法规所确定的。因此，可以清楚地看到，工程师所要处理的绝不单单是技术问题。在系统工程学科中，已经提出了用于处理大型系统复杂性的技术。

表1.1　环境友好设计的特点
• 易于拆卸
• 能够被循环
• 包含可循环的材料
• 使用可识别和可循环的塑料
• 减少能源和自然资源在制造中的使用
• 制造中不产生危险废物
• 避免使用有害材料
• 减少产品的化学排放
• 减少产品能源消耗

另一个与人类网络交互的领域，是对风险、可靠性和安全性的考虑（第14章）。安全因素不再简单地以法案或标准的形式出现。工程师必须认识到，依赖于公共政策的设计要求与依赖于工业性能要求的设计需求一样多。这是一个政府影响变得逐渐强大的设计领域。

下面是政府与技术互动中的五个关键作用：

- 通过税收系统的改革，把免税作为激励。
- 通过影响利率以及改变对风险资金供给的财政政策，来控制经济增长。
- 作为高技术的主要用户，如军事系统。
- 作为研究和开发的基金来源（资助者）。
- 作为技术的管理者。

表1.2列出了工程与社会融合的未来趋势。

工程关注社会需求和/或希望解决的问题。本节的目的就是强调这一点，并希望能够告诉学习工程的学生，广泛的经济学和社会科学知识对于现代的工程实践是多么重要。

表1.2　工程与社会融合的未来趋势
• 未来将包括更多的技术，绝不会减少
• 由于任何技术都会产生副作用，技术系统的设计者将面临防止或至少减轻不良结果的挑战
• 创新能力、信息管理能力以及作为资源积累的知识也将统治经济领域，就像自然资源、资金和劳动力曾经统治经济领域一样。这就要高度重视设计素质，不仅仅是硬件，而是整个复杂的技术系统
• 全球化将快速推进，低技术含量的制造将向低工资国家转移
• 全球化将迫使发达国家转向关注创造和产品创新设计
• 社会利益分配将不再平均，贫富差距将拉大
• 当进入资源稀缺、全球经济竞争、能源成本上升、人口不断增加、相关政治的不稳定性以及对人类健康和环境的大规模威胁的时代，成功者和失败者之间的冲突将更加剧烈
• 由于技术的发展，伴随人口、资本、商品、信息、文化和污染的自由跨境流通，社会正朝着"同一世界"发展。但是，随着经济、社会、文化和环境边界溶解，政治的界限将被顽固地捍卫。美国将感受到重大的经济和地缘政治对其在技术方面世界领导地位的挑战
• 应对技术系统复杂性的日益增长和相互依赖，需要具备系统规划和安全运行管理的能力
• 由于相互联系的组织及其不同的动机的多元化和数量的增多，历史行为的破坏，以及人类秩序的不可预见性，决策将会更复杂

⊖　E. Wenk, Jr., *Engineering Education*, November, 1988, pp. 99-102.

（续）

- 在阐明争议、宣传技术困境，特别是涉及失去生命时，大众传媒将起到前所未有的重要作用。因为只有大众传媒才可以使每个相关的人被告知，所以在客观、勇敢的调查和报道这两个方面的特殊责任就落在了媒体肩上
- 由于技术如此复杂，专家、商业或政治精英对决策具有明显的话语权，因此公众感到更弱势和无助。公众利益的游说需要知道正在进行的可能影响人们生活或环境的规划，必须评估广泛的影响，权衡选择，并有机会通过合法程序介入
- 做出重要选择之前，在用技术产生满意结果时要非常重视道德洞察力和伦理规范的培养。对问责的要求将更热切

注：改编自 E. Wenk, Jr., Tradeoffs, Johns Hopkins University Press, 1986.

1.10   本章小结

工程设计是一个具有挑战性的活动，因为它需要解决大型的非结构化问题，而这些问题的解决对于满足社会需求是非常重要的。工程设计创造前所未有的东西，需要在很多变量和参数中做出选择，并且经常需要平衡多个时常矛盾的需求。产品设计是企业具有全球竞争力的真正关键因素。

设计过程的步骤如下：

第一阶段：概念设计

- 需求识别。
- 问题定义。
- 信息收集。
- 设计概念开发。
- 概念的选择（评价）。

第二阶段：实体设计

- 决定产品架构——物理功能的安排。
- 构形设计——零件材料、形状和尺寸的初步选择。
- 参数设计——进行鲁棒设计，并且选定最终的尺寸和公差。

第三阶段：详细设计——完成设计的所有细节以及最终的工程图和任务书

很多人认为工程设计过程进行到详细设计阶段就结束了，然而，在产品配送到消费者前，还要做很多工作。这些增加的设计阶段通常并入所称的产品开发过程，见第 2 章。

工程设计必须考虑很多因素，这些因素都记录在作为设计文档的产品设计任务书（PDS）中。这些因素中，最重要的是性能特性、使用环境、产品目标成本、使用寿命、维修与后勤保障、美学、目标市场和预定生产量、人机界面需求（工效学）、质量和可靠性、安全性和环境影响以及测试条件。

新术语和概念

分析	设计特征	人因工程
法案	详细设计	迭代
组件	实体设计	需求分析
计算机辅助工程	外形	产品设计任务书
构形设计	功能	问题定义
质量关键点	绿色设计	产品架构

鲁棒设计	子系统	全生命周期
规范	综合	使用寿命
标准	系统	

参 考 文 献

Dym, C.I. and P. Little, *Engineering Design: A Project-Based Introduction,* 2nd ed., John Wiley & Sons, New York, 2004.

Eggert, R.J., *Engineering Design,* Pearson Prentice Hall, Upper Saddle River, NJ, 2005.

Magrab, E.B. S.K. Gupta, F.P. McCluskey and P.A. Sandborn, *Integrated Product and Process Design and Development,* 2nd ed., CRC Press, Boca Raton, FL, 1997, 2010.

Pahl, G. and W. Beitz, *Engineering Design,* 3rd ed., Springer-Verlag, New York, 2006.

Stoll, H.W., *Product Design Methods and Practices,* Marcel Dekker, Inc., New York, 1999.

Ullman, D.G., *The Mechanical Design Process,* 4th ed., McGraw-Hill, New York, 2010.

问题与练习

1.1　一家制造雪地摩托的大公司想要通过开发新产品来确保其员工全年的工作强度。从你所知道的或你能找到的有关雪地摩托的信息开始，对这家公司的能力做出合理的假设。然后进行需求分析，给出该公司可能生产和销售新雪地摩托的建议，同时指出建议的优缺点。

1.2　从你的工程科学课程中选取一个问题，然后加入或减去一些信息，将其描述成一个工程设计问题。

1.3　欠发达国家对建筑材料有需求。一种获得建筑用砖（4in × 6in × 12in，1in = 25.4mm）的方法是加工压实的土坯。你的任务是设计一台制砖设备，生产能力为 600 块/天，该设备成本低于 300 美元。进行需求分析，完成明确的问题陈述，以及一个完成项目所需信息的收集计划。

1.4　货车的钢轮有三个基本功能：①起到闸鼓的作用；②支承车辆及其货物的重量；③引导货车在铁轨上运动。钢轮通过铸造或旋转锻造加工而成，要在具有动态的热应力和机械应力的复杂条件下工作。安全性是最重要的，因为脱轨会造成生命和财产的损失。对要改进的铸钢车轮的设计，提出一个普适的方法。

1.5　材料防护和成本下降的需求增加了人们对钢材的抗腐涂料的需求。对一侧涂有薄镍涂层的 12in 宽低碳钢板，提出几个设计概念，例如涂层厚度为 0.001in。

1.6　用气垫支承薄钢带是一个令人兴奋的加工和处理已涂装钢带的方法，对该概念进行可行性分析。

1.7　考虑铝制自行车架的设计。一个原型模型在 1600km 的骑行后出现了疲劳失效，而大多数钢车架可以骑行超过 60000km。描述解决该问题的设计项目。

1.8　（a）一个大的国家项目计划从煤炭中提炼合成燃料（液体或气体），讨论该项目对社会的影响［预计表明，供应量要达到从欧佩克（OPEC）进口量的同样水平，该项目就需要 50 个以上的装置，每套价值数亿美元］。

（b）你认为社会对于合成燃料项目的影响与对核能影响的认知相比有什么基本区别？为什么？

1.9　假设你是一名工作在天然气传输公司的设计工程师。你被指派到一个设计团队，该团队负责向国家公共事业委员会提出一个工厂建设项目建议书，该工厂可以接收远洋油轮上的液化天然气，并将天然气传送到本公司的天然气传输系统中。团队需要处理哪些技术和社会问题？

1.10　你是美国一家制造电动工具大公司的一名高级设计工程师。在过去的五年里，公司把很多零件的制造和装配外包给位于墨西哥和中国的工厂。尽管公司在美国本土仍有一些工厂，但是大多数生产在海外进行。作为产品开发团队的领导，你如何考虑工作的改变，因为公司已经做出了改变，并指出你的未来工作将如何演变。

1.11 BP 深水钻井平台的原油泄漏是世界上最重要的环境灾害之一。在三个月内，近乎 500 万桶原油流入墨西哥湾。作为项目组，开展一下研究工作：(a) 水深超过 1000ft 的原油钻探技术；(b) 油井泄漏原因；(c) 短期灾害对美国经济的影响；(d) 对美国的长期影响；(e) 对油井所有者，BP 国际的影响。

1.12 巴西已经快速发展成为世界上最活跃的经济体。巴西拥有大量的矿产资源，丰富的未开垦农业用地，自由流动的河流网络。为了发挥该国潜能，亟需扩建其交通运输网络和相当大的电力生产能力。上述扩建工作将主要发生在该国的欠发达的乡下地区，如亚马孙地区。请定义大规模发展存在的主要障碍并建议能够达成目标的最好技术。

第 2 章　产品开发过程

2.1　引言

本书强调消费品和工程产品的设计。在第 1 章中详细定义了工程设计过程，本章将介绍产品开发过程。虽然产品工程设计是该过程的关键部分，但产品开发的内涵远比设计广泛。公司负责产品开发并为所有者创造利益。有很多商业事项、期望的结果和相应的策略影响着产品开发过程（PDP）。除了工程性能以外，商业影响也将在产品开发过程中予以考虑。

本章给出了比第 1 章中所述的工程设计过程内容更为丰富的产品开发过程。本章还给出了设计和产品开发功能的组织结构，详细讨论了市场并分析了营销的至关重要的作用。因为大多数成功产品往往是创新性产品，所以本章以一些有关技术创新的思考作为结束语。

2.2　产品开发过程

图 2.1 给出了被普遍认可的产品开发过程模型。除了阶段 0（规划）以外，图中给出的 6 个阶段基本上与 Asimow 提出的设计过程（第 1.4 节）基本一致。

图 2.1　产品开发过程的阶段-关卡模型

注意，图 2.1 中的每个阶段都归结于一点，表示项目在流转到流程的下一个阶段前必须成功通过的"关卡"或评审。很多公司采用这种"阶段-关卡"式的产品开发过程，以实现快速的产品研发进程，并在大量费用投入前淘汰那些最没有希望的项目。用于研发项目的费用从阶段 0 到阶段 5 急剧增加。然而，用于产品开发的费用与因产品缺陷将其召回产生的费用以及品牌声誉受损相比是微乎其微的。因此，使用"阶段-关卡"流程的重要原因是确保"做正确的事"。

阶段 0 是产品开发项目获准前需要进行的规划。产品规划通常用两步完成。第一步是快速调查项目范围，以确定可能的市场以及产品是否与公司战略计划相一致。还要进行初步的工程评估以确定技术和制造的可行性。这种初步评估一般要在一个月内完成。如果在快速评估后发现其前景不错，规划工作将进入详细调查阶段，为项目建立企划方案。这需要几个月的时间，参与的人员来自于营销、设计、制造、经济甚至法律领域。在制定企划方案时，营销人员进行详细的市场分析，这些分析包括确定目标市场的市场细分、产品定位以及产品收益等。设计部门还需要更深入地挖掘以评估其技术能力，可能包括概念验证分析或验证初步设计概念的试验；而制造部门要确定可能存在的生产约束和成本，并考虑整个供应链策略。企划方案的一个关键部分是财务分析，该分析利用来自市场的销售额和成本估计来预测项目的收益率。典型的财务分析涉及用敏感性分析来进行折现的现金流分析，以反映出可能风险的影响（第 16 章）。位于零阶段最后的关卡是至关重要的，是否继续前进的决策是以一种正式的并经过深思熟虑的方式做出的，因为一旦项目进入第一阶段，费用就非常可观了。评审委员会要确认项目符合公司战略，以及所有必要的准则已经满足或超过。这里最重要的是使投资收益（ROI）超过公司的目标。如果决策是继续向前，就要成立一个多功能团队并指定团队负责人。产品设计项目就要正式展开了。

阶段 1，概念开发。该阶段考虑产品和每个子系统可以被设计成的不同方式。开发团队根据零阶段获知的潜在用户的相关信息并加入自己的知识，据此认真制定初步的产品设计说明书（PDS）。这个确定消费者需求和需要的过程，比在零阶段进行的初步市场调查要更详细。此时，可使用一些诸如调查和焦点小组、对标分析法和质量功能配置（QFD）等工具产生一系列产品概念。在产生可行性产品概念方案时，既需要激发设计者的创造性，也需要使用工具来辅助开发。在得到了一小部分的可行概念后，必须使用选择方法来确定哪个概念最适合应用到产品中。概念设计是产品开发过程的核心，因为如果没有出色的概念就没有办法获得非常成功的产品。概念设计的这些内容将在第 3 章、第 6 章和第 7 章进行介绍。

阶段 2，系统级设计。在这个阶段要探究产品的功能，并将产品分成不同的子系统。另外，要研究子系统在产品结构中的不同布置方式，识别并确定子系统之间的接口。整个系统的正常工作取决于对每个系统间接口的仔细研究。正是在第 2 阶段，产品的外形和特征开始形成，因此该阶段通常也被称为实体化设计⊖。这一阶段还要对材料和加工工艺进行选择，并确定零件的结构和尺寸。那些对产品质量起关键作用的零件也将被确定，并对其进行特殊的分析以确保设计的鲁棒性⊜。还需要认真地考虑产品与人的接口（人因工程学），可能根据需要来改变产品的外形。同样，确定产品风格的最终细节由工业设计师完成。除了产品完整的计算机几何模型以外，还要用快速成型方法建立重要零件的原型并进行物理测试。在该阶段，营销部门很有可能获得了足够的信息来确定该产品的目标价格。制造部门将签订供货周期长的工具的合同，并开始制定装配工艺。这时，法律部门将确定并解决专利授权事宜。

阶段 3，详细设计。该阶段设计将进入经过测试且可生产的产品的完整工程描述状态。而第 2 阶段缺失的布置、外形、尺寸、公差、表面属性、材料和加工工艺方面的信息将被添加到产品的每个零件上。这些信息确定了每个零件的加工要求，也确定了该零件是自己加工还是外包给供应商。与此同时，设计工程师将完成上述工作的所有细节，制造工程师将确定每个零件的工艺规划和设计用于加工这些零件的工具。制造工程师还要与设计工程师合作，以最终确定产品鲁棒性的相关事项，并定义获得高质量产品的质量保障流程。详细设计阶段的成果是产品的控制文档。文档包括采用 CAD 文件形式的产品装配图、每个零件的零件图及其工具图；也包括制造和质量保证的详细计划；还包括以合同和档案形式存在的保护知识产权的法律文件。在第 3 阶段结束时，要进行重要的评审，以决定是否适合签发工装的生产合同，尽管对某些供货周期长的工装，例如注塑模具的合同在这个日期前就已经签发了。

阶段 4，测试与改进。这个阶段考虑的是制作和测试多种批量生产前的产品版本。第一类（α）原型通常用于测试零件是否满足生产要求。构成这些产品工作模型的零件与产品制造版本具有同样的尺寸以及相同的材料，但是没必要采用实际的用于制造版本的工艺和夹具。这样可以快速获得零件，减少产品开发成本。第一类原型测试的目的是确定产品能否像设计的那样工作以及是否满足最重要的用户需求。第二类原型（β）测试是用实际加工工艺和夹具加工出来的

⊖ 实体化（Embodiment）是指对一个概念给出可感知的概况。
⊜ 鲁棒性在设计中不是指强壮，它是指设计的性能对制造中的变量不敏感方，或设计的性能在使用环境中基本保持不变。

零件装配起来的产品进行的测试。这些产品原型被广泛地应用于内部测试，以及选定用户在使用环境下的测试。这些测试的目的是解决所有对产品性能和可靠性的质疑，并且在产品被投放到大众市场前做出必要的工程修改。在这个阶段节点，只有出现完全的"不成熟设计"的情况，才会宣布产品失败，但是可能会因产品改进而推迟产品的发布时间。在第4阶段，营销部门的人员开始制作产品发布的宣传材料，而制造部门的人员则在微调结构和装配流程并训练制造产品的人员。最后，销售人员对销售计划进行最终的调整。

在阶段4结束时要进行重要的评审来确定工作是否以高质量方式完成，以及开发的产品与初始意图是否一致。因为，此后要投入大量资金，所以在为生产投入资金之前，要对财务评估和市场前景进行仔细地完善。

阶段5，生产增长阶段。在计划好的制造系统上，开始加工零件和装配产品。通常，在达到产品成品率和解决质量问题之前，都会经历学习曲线。在生产增长阶段，早期加工的产品通常提供给优先用户，仔细研究以找到任何潜在缺陷。生产能力通常逐渐增加，直到最大产能，然后发布产品，做好配送准备工作。对于重要的产品，肯定会有公告，通常还会有专用广告和用户宣传。在产品投放市场6~12个月后，将进行最后的重要评审。最新的有关销售、成本、收益、开发成本和投放时间的信息都将被评审，但是评审的主要焦点是确定产品开发过程中的强项和弱点，强调的是获得产品经验教训，以使下一个开发团队可以做得更好。

"阶段-关卡"式开发过程是成功的，因为它将时间进度、审查和授权制度引入到产品开发流程中⊖。该流程相对比较简单，每个关卡的要求很容易被管理者和工程师所理解。它并不是一个固定的系统，大多数公司都可以根据自己的环境而对其做出相应的修改。它也不一定遵循严格的顺序，虽然图2.1给人的印象是这样的。因为产品开发过程的团队是多功能的，所以尽可能多的活动都要同时进行。在设计师忙于设计、制造忙于制造任务的同时，市场部门也可以开展工作。然而，随着团队顺利通过各关卡，设计工作量将逐步降低，制造活动将逐渐增加。

2.2.1 成功的因素

在商业市场中，购买产品的成本是十分重要的。了解产品成本意味着什么以及它与产品价格的关系是十分重要的。更多有关成本计算的细节将在第17章介绍。成本与价格是两个完全不同的概念。产品成本包括材料成本、零件成本、制造成本和装配成本。会计师在计算生产一件产品的总成本时，还要考虑其他不显著的成本，例如按比例分配的资本设备成本（车间及其机器）、工具成本、开发成本、库存成本，还有可能包括保修费用。价格是消费者购买产品愿意支付的费用。价格与成本的差价就是每件产品的利润：

$$利润 = 产品价格 - 产品成本 \tag{2.1}$$

式（2.1）是工程中和商业中最重要的公式。如果公司无法获得利润，它很快就会破产，雇员就会失业，股东们就会损失他们的投资。公司的每个人在维持生产线的优势和活力的同时，都在寻求利润的最大化。对于提供服务而不是实体产品的行业而言也是如此。若企业想获得利润和成功，那么消费者为某项服务支付的价格必须要高于提供这种服务的成本。

市场上决定产品成败的关键因素有以下四个：

- 产品的质量、性能和价格。
- 产品全生命周期的加工成本。
- 产品开发成本。

⊖ R. G. Cooper, *Winning at New Products*, 3rd ed. , Perseus Books, Cambridge, MA, 2001.

● 产品投放市场所需时间。

首先讨论产品。产品是否有吸引力并且易于使用？产品是否耐久可靠？产品是否满足客户需求？产品是否比市场上现有产品更好？如果上述问题的回答都是绝对的"是"，那么只有当价格合适时，消费者才有可能会购买该产品。

式（2.1）针对具有成熟市场基础的现有产品线，给出了增加收益的两种方法，即通过增加特征或改进质量来提高产品价格，或通过改进生产线来降低产品成本。对于竞争激烈的消费品市场，后者比前者更为常用。

开发一个产品需要很多不同学科的人才，需要时间，同样需要很多费用。因此，如果能够降低产品开发成本，利润就会增加。首先，考虑开发时间。开发时间亦即上市时间，是指从产品开发过程开始到产品可以被购买（产品发布日期）之间的时间段。产品发布时间对于开发团队来说是非常重要的目标，因为最先出现在市场上会有很多显著的好处。对于拥有可以将产品更快推向市场的团队的公司而言，至少有三个竞争性优势。首先，产品生命周期延长了。开发进度中每减少一个月，就会在产品的市场寿命中增加一个月；相应从销售中获得一个月额外的收入和利润。图 2.2 展现了第一个出现在市场上的产品的收益优势。图中左侧两条曲线中的阴影部分是由于额外销售而增加的收入。

早些投放市场的第二个好处是增加了市场份额。第一个投放到市场的产品，其市场占有率是 100%，没有竞争产品。对于周期性推出已有产品的新款产品而言，普遍公认的是在不牺牲质量、可靠性、性能和价格的前提下，越早地让新款产品与旧款产品竞争，就会越有机会去获得并占有大量的市场份额。获得更大的市场份额对于销售收入的影响已在图 2.2 中表明，图形上部两条曲线间的阴影区域是由于增加的市场份额而增加的收入。

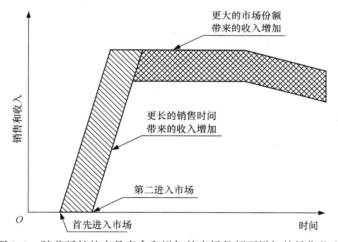

图 2.2　随着延长的产品寿命和增加的市场份额而增加的销售收入

缩短开发周期的第三个优势是更高的利润率。利润率是净利润与销售额之比。如果在竞争产品出现前投放新产品，那么公司就可以为产品定出更高的价格，这样会增加收益。随着时间流逝，竞争产品将进入市场并使价格降低。然而，在很多情况下，高利润率是可以维持的；与竞争者相比，先将产品投入市场的公司有更多的时间去学习降低制造成本的方法。他们同样可以学会更好的工艺技术，并且具有改进装配线和加工单元的机会，以缩短制造和装配产品的时间。如图 2.3 所示，当存在制造学习曲线的情况时，存在率先投放市场优势。制造学习曲线反映了流程、制造和装配时间成本的减少。这些成本的减少是由于大规模制造开始后，工人引入了多种改革方法的结果。随着经验的增加，降低制造成本是可能的。

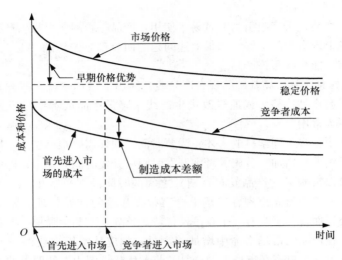

图 2.3 一个将产品投放市场的团队享受着初始价格优势和制造效率产生的成本优势

开发成本是公司投资的重要组成部分，包括研发团队成员的工资、承包商的费用、制造前的工具成本以及供应商和材料的成本。这些开发成本可能会很大，并且大多数公司都必须控制它们投资的开发项目数。投资的规模是可以估算的，作为估算参考新汽车的开发成本预算为 10 亿美元，而额外的用于大量制造的新设备的投资为 5 亿～7 亿美元。投资规模取决于新产品的特征，即便像电动工具这样的产品，开发成本也可以是一百万到几百万美元。

2.2.2 静态产品与动态产品

一些产品设计是静态的，静态产品的设计要经历很长的时间才需要逐步修改，而且修改是在子系统和零件级别上进行的。例如，汽车、冰箱和洗碗机等大多数消费品。而对于动态产品，例如数字移动电话、数字视频录像机和播放机以及软件，当基本技术改变时，动态产品的基本设计概念也要改变。

静态产品存在于用户不希望改变、技术稳定以及不易受时尚和风格影响的市场。其市场特征由数量稳定的制造商、价格竞争激烈和很少进行产品研究所决定。技术成熟稳定，竞争产品彼此相似。用户通常已经熟悉了该技术，不需要明显的改进。工业标准甚至会限制改进，而部分产品则是由其他制造商生产的组件装配而成的。出于成本重要性的考虑，与产品设计研究相比，更加注重制造研究。

对于动态产品，消费者愿意且有改进的需要。其市场特征由制造商多但规模小、积极的市场研究并努力缩短产品开发周期所组成。公司积极为新产品开发寻求新技术。动态产品具备高区分度、低工业标准化。与制造研究相比，企业更加注重产品研究。

保护产品免于竞争有很多因素。需要在制造中投入大量资金或需要复杂制造工艺的产品往往具有抗竞争能力。而在产品链的另一端，对强大的配送系统的需求也可能成为进入市场的阻碍[⊖]。强大的专利地位也可能使产品免于竞争，因为它可以加强品牌辨识度，并在一部分消费者中提高产品忠诚度。

⊖ 互联网使其更容易建立产品的直销系统。

2.2.3　系列产品开发过程的变量

在第 2.2 节开始时所描述的产品开发过程（PDP）是基于产品研发是对明确市场需求的反应这一假设的，即市场驱动情况。这是产品开发的常见情况，但是仍然需要认识到其实还有很多其他情况[一]。

与市场驱动相对应的是技术驱动。在这种情况下，公司从新技术所有权开始，在市场上寻求技术的应用。通常，成功的技术驱动型产品采用基础性材料或基础性工艺技术，因为其应用数以千计，因此找到成功应用领域的可能性也很高。杜邦公司发现了尼龙，并将其应用在数以千计的新产品中就是一个经典的例子。技术驱动型产品的研发首先假设新技术将被采用，这必将承担风险，除非新技术给用户提供一个清晰的竞争优势，否则产品将很难获得成功。

平台型产品建立在先前存在的技术子系统环境上。例如，Apple Macintosh 操作系统或 Black & Decker 的双绝缘通用电机就是平台型产品。平台型产品在技术有用性先验假设方面与技术驱动型产品相似。但与技术驱动型产品不同，平台型产品的技术已经在市场上被证明对用户是有用的，因此平台型产品将会降低未来风险。通常，当公司计划在其产品中应用某项新技术时，它们一般会策划做出一系列的平台产品。显然，这一策略可以帮助控制新技术开发的高额成本。

对于某些产品，制造流程对产品的性能有严格的制约，因此产品设计不能与制造流程分离。流程密集型产品的例子包括汽车钢板、食品、半导体、化学品和纸张。与离散产品制造相比，流程密集型产品的特点是大规模生产，通常具有连续的生产物流过程。对于此类产品，可能更典型的是采用给定的流程并在流程约束下设计产品。

用户定制型产品指的是结构变量和内容都按照用户的特定要求而制造的产品。通常用户定制一般考虑颜色或材料的选择，但是更多地也考虑内容，比如某人通过电话订购一台个人计算机或者订购新车的附件。用户定制需要使用模块化设计，并在很大程度上取决于将用户愿望传输给生产线的信息技术。在高度竞争的世界市场中，大规模定制已经成为主要的发展趋势之一。

2.3　产品与工艺周期

每个产品都有其生命周期，从诞生开始，进入成长期，而后进入相对稳定期，再后进入衰退期，最终生命期终止（图 2.4）。既然在新产品投入市场后任何时候都会出现挑战和不确定性，那么了解这些周期是非常有用的。

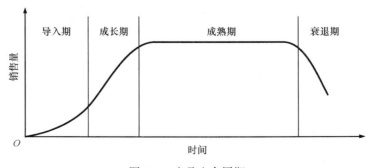

图 2.4　产品生命周期

〇　K. T. Ulrich and S. D. Eppinger, *Product Design and Development*, 3rd ed., pp. 18-21, McGraw-Hill, New York, 2004.

2.3.1　产品开发阶段

在产品导入期，产品是新的并且用户接受度低，所以销量也低。在产品生命周期的早期阶段，产品更新频率很快，管理人员为了提升用户接受度，不断尝试最大化产品的性能或独特性。当产品进入成长期后，产品的知识和它的性能已经吸引了不断增加的用户，实现了销量的加速增长。在这一阶段重点可能是强调客户定制产品，通过为用户稍微不同的需求定制附件来实现。在成熟阶段，产品被广泛地接受，销售量趋于稳定并与整个经济体的增长速率相同。当产品到了这个阶段后，可以尝试通过增加新特性、开发仍然较新的应用来为产品注入活力。成熟期的产品通常要遇到激烈的竞争，因此特别强调削减成熟产品的成本。在产品步入衰退期时，因为有新的更好的产品进入市场来满足同样的社会需要，所以销售量急剧下降。

在产品导入期，产量适中，因采用运营费用高但柔性的制造工艺，因此产品成本高。当进入产品市场份额增长期，更加自动化、更大规模的制造工艺可以降低单位成本。在产品成熟期，重点在于延长产品寿命，主要通过适度的产品改进和单位成本的显著降低。这可以通过将其外包给劳动力成本更低的地区来实现。

如果更仔细地研究产品生命周期，可以看到周期是由很多单独过程组成的（图2.5）。在这种情况下，周期被分为售前阶段和销售阶段。售前阶段要追溯到产品的概念阶段，包括使产品进入销售阶段的研发和营销研究。这基本上就是如图2.1所示的产品开发阶段。图2.5同时给出了创造产品所需的投入（负利润）和利润。沿着利润-时间曲线，数值随着产品生命周期过程而变化。注意，如果产品开发过程在进入市场前就被终止了，公司就必须吸收产品开发过程的费用。

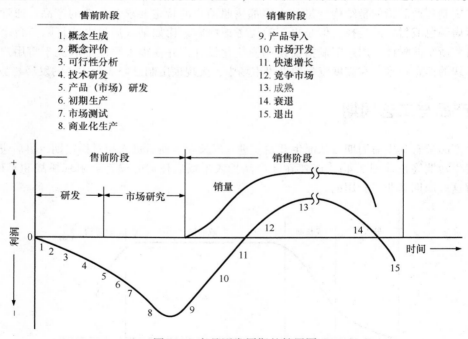

售前阶段	销售阶段
1. 概念生成	9. 产品导入
2. 概念评价	10. 市场开发
3. 可行性分析	11. 快速增长
4. 技术研发	12. 竞争市场
5. 产品（市场）研发	13. 成熟
6. 初期生产	14. 衰退
7. 市场测试	15. 退出
8. 商业化生产	

图2.5　产品开发周期的扩展图

2.3.2　技术开发和嵌入周期

如图2.6a所示，新技术的开发遵循S形的增长曲线，与产品销售量的增长曲线很相似。在新技术开发的早期阶段，技术进步往往受到缺少想法的局限。一个好想法可以衍生出其他几个可能的想法，想法产生速率呈指数级增长，正如性能的急剧上升，会出现相对平缓的 S 形增长曲线。在这个阶段，单个人或小团队可以对技术的发展方向起到明显的作用。渐渐地，当基本概念确定下来，并且技术进步考虑的是填补关键概念间的差距时，曲线的增长就趋于线性。在这个阶段，商业开发层出不穷。在一个没有成熟的领域内，特定的设计、市场应用和制造将快速发展。小型创业公司可以对市场造成很大的影响并且获得较大的市场份额。然而，随着时间推移，技术优势殆尽，产品的改进愈发困难。当市场趋于稳定，制造方法也确定了，更多的资金将投向如何来降低加工成本上。商业活动变成了资本密集型；重点放在发展生产的专用技术和金融专长上，而不是科学和技术专长上。制造技术进步缓慢，并且渐进逼近某个限制。这一限制可能来自社会因素，例如出于安全和燃料经济性的考虑而制定的汽车限速法规；限制也可能是真正的技术上的制约，例如螺旋桨飞机的速度极限超不过声速。

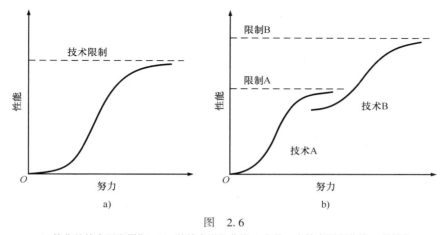

图　2.6

a）简化的技术开发周期　b）某技术增长曲线 A 向另一个技术研发曲线 B 的转化

对技术型公司，其成功在于能够认识到公司产品所依赖的核心技术何时将变得成熟，并通过积极的研发项目，将当前技术转化为另一个能提供更大可能性的技术研发增长曲线，如图 2.6b 所示。因此，公司必须跨越技术的不连续性（图 2.6b 中两条 S 形曲线的间距）必须用新技术取代现有的技术（技术嵌入）。技术的不连续性的例子有电子管变成晶体管，并且从三针金属封装变成二针金属封装。从一种技术变成另一种技术可能是困难的，因为它需要不同种类的科技技术，就像从电子管变成晶体管一样。

用一句话说就是要谨慎。要注意的是技术通常在利润封顶前开始成熟，在商业运转良好的情况下，考虑相关风险和成本，此时若转换成另一种新技术通常存在管理上的阻力。由于新技术可以带来更大的竞争优势，具有预见性的公司总是在寻求引入新技术的可能性。

2.3.3 工艺开发周期

本书的大部分重点是新产品或现有产品的开发。然而，如图 2.1 所示的产品开发过程不仅适合于产品，同样也能用来描述工艺的开发。与此类似，第 1.5 节描述的设计过程除了适用于产品设计外，也适用于工艺设计。但要注意，在涉及工艺而非实体产品时，术语上有很多不同点。例如，产品开发过程中的原型是指产品的早期物理实体，而在工艺开发中，则为试验工厂或中试工厂。

工艺设计与开发在材料工业、化学工业或食品加工业中是非常重要的。在这些行业中，销售的产品可能是加工成饮料罐的铝卷料或包含成百上千个晶体管和其他电路元件的硅芯片。制造这些产品的工艺流程创造了产品的绝大部分价值。

同样需要认识到，工艺研发常常使新产品成为可能。在典型情况下，工艺研发的作用是降低成本，以使产品在市场上更有竞争性。然而，革命性的工艺可以创造出非凡的产品，微机电系统（MEMS）就是一个杰出的例子，它通过集成电路来创造新的制造方法。

2.4　设计与产品开发的组织

商业企业的组织对如何高效地设计和开发产品有着重要的影响。组织业务的基本方式有两种：从功能的角度和从项目的角度。

图2.7给出了工程实践功能的简要清单。阶梯的顶部是研究，与学术经验关系最为紧密，当沿阶梯下行时，可以发现对于财务和行政事务的强调越来越多，而对严格的技术事项强调越来越少。很多工程学的毕业生发现，随着时间的推移，他们的职业生涯与该阶梯一样，从非常强调技术事宜到更多地强调行政和管理事务。

项目是为完成某确定目标的活动集合，例如将特定产品推向市场的业务活动包括：确定用户需求、创建产品概念、建立原型和制定制造工艺等。这些任务需要具备不同功能特性的人员完成。正如人们所能看到的一样，功能型或项目型这两种组织安排方式代表了两种应该如何管理专业人员才能的不同观点。

如何管理企业的一个重要方面与个体间的联系有关，这些联系如下：

图2.7　工程功能的范围图

- 汇报关系：下级关心他的上级是谁，因为上级影响其业绩评定、提薪、升职和工作分配。
- 财务安排：另一种联系的类型是预算。推进项目的资金来源，以及掌控这些资金的人，都是考虑的重点。
- 位置安排：研究表明如果办公室距离在50ft范围内，那么人际交流将得到加强。因此，位置布局，无论是共用的办公室、楼层或建筑，或是在相同的国家，都可以对邂逅及沟通质量有重要影响。高效沟通的能力对于成功的产品开发项目来说是至关重要的。

接下来，将讨论实施产品开发活动中最常见的组织类型，并探讨每个类型中的人际关系。

2.4.1　功能型组织结构

图2.8给出了一个中等规模制造公司的典型的组织结构，它是按惯用的归属关系排列的。所有的研究报告和工程报告都交予一个主管副总经理，所有的制造活动都由另一个主管副总经理负责。花些时间读一读每个副总经理主管下的功能部门，他们在中等规模的制造公司里都需要配置。注意，每个功能占据组织图的一列。这些报告链通常被称为"仓筒"或"炉管"，因为它们表示出不同功能间交流的障碍。功能型组织的主要特性是每个人只有一个上级。通过将具有共同专业背景的人集中在同一功能单元，形成规模经济效益，获得深度技术研发机会和清晰的职场规划。一般来说，人们能从与有相似专业兴趣的人共事中获得满足。组织联系主要出现在有相同行为的功能单元之间，所以不同功能单元之间的正式交流就要归到部门管理人员或更高级别管理层，例如工程部门和制造部门的正式交流。

将专业人才集中在单一的组织机构中可以产生规模经济效益，提供深入探究技术知识的机

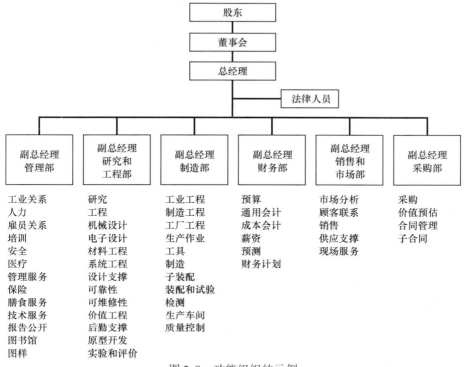

图 2.8 功能组织的示例

会。这样可以得到开发技术方案的高效组织，但是由于该组织中固有的交流问题的原因，这可能不是最好的高效产品研发组织结构。对于拥有一个狭窄、变化缓慢的产品线的企业来说，这是可以接受的；但是在动态的产品环境下，这种不可避免地产生缓慢与官僚主义的决策会使得这种类型的组织出现严重的问题。除非可以在工程部门、制造部门和市场部门间保持高效的交流，否则就不会得到成本效益高且面向用户的产品。

2.4.2 项目型组织结构

与功能型组织结构相对应的是项目型组织结构。在该类型结构中，具有不同能力的人员被组织起来并聚焦于开发特定产品或产品线（图 2.9）。通常，由来自公司功能部门的人员来完成任务分配。每个开发团队都向项目经理汇报，项目经理拥有绝对的权力并对项目的成败负全责。这样的项目团队是自治的单元，负责特定产品的研发。项目型组织结构的一个主要优势是，以项目目标来组织所需的人才，消除了功能专家所属的功能单元间的交流障碍。这样，决策的延迟最小化。项目型组织结构的另一个好处是，对于需要完成很多任务的设计，当瓶颈出现时，项目团队的成员愿意与团队其他专业领域的成员来共同完成相应的工作，他们不需要等待一些功能部门的专家来完成项目中正在处理的任务。因此，在项目型团队中工作可以扩展技术领域、提高管

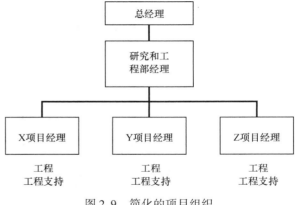

图 2.9 简化的项目组织

理技能。

项目型组织所开发的产品与功能型组织所开发的产品相比，在利用稀缺专门技术方面并没有节省。尽管自治的项目团队比功能团队能更快地开发产品，但通常情况下并不比功能型组织所完成的设计要好[一]。当项目团队真正意识到自己是一个独立的单元，并且忽视组织存在的现有知识基础时，问题就出现了。他们将趋向于"重新发明一个轮子（即无谓的重复劳动）"，而忽视公司准则，并且通常不会产生最大的成本效益和可靠的设计。然而，项目型组织结构在公司创建时非常普遍，实际上，这时项目组织与公司是同时存在的。

在大型的公司中，项目型组织结构通常具有时效性，一旦达成项目目标，人员就会被重新分配回他们的功能单元。这有助于阐述该组织类型的主要缺点：当技术专家过于强烈关注项目目标时，他们就易于失去专业能力的前沿性。

2.4.3 复合型组织结构

矩阵型组织结构是一种复合型组织结构，它结合了功能型组织结构和项目型组织结构的优点，是介于上述两种组织结构类型的中间形式。在矩阵型组织结构中，每个人与其他人既通过其所属功能部门，也通过项目进行联系。因此，每个人都有两个管理人员，一个是功能部门经理，而另一个是项目经理。尽管这种情况在理论上是可能的，但实际上只有一个经理占主导地位[一]。在小型项目型组织结构中，功能联系比项目联系更强（图 2.10a）。矩阵中功能专业沿 y 轴表示，各种项目团队沿 x 轴表示。项目经理按项目团队要求分配人员。项目经理负责进度安排、协调和组织会议，功能部门经理负责预算、人事以及性能评估。与功能明确的部门经理相比，项目经理全身心投入到所负责的项目任务中。虽然一个有能力的项目经理可以快速推动产品研发的进程，但实际上项目经理被赋予的权力与承担的责任并不匹配。小型项目的矩阵型组织形式对于所有可能出现的产品研发组织结构来说都是最差的，因为项目的最高管理部门可能被误导，认为他们正在尝试一种现代项目管理方式，而实事上他们在传统的功能方法中加入了一个官僚阶层[三]。

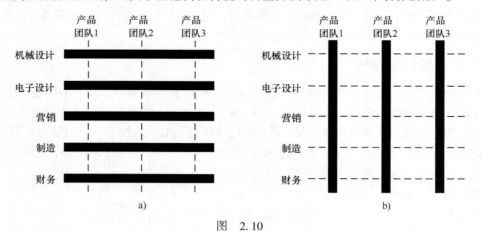

图 2.10

a）小型项目组织　b）大型项目组织

⊖　D. G. Reinertsen, *Managing the Design Factory*, the Free Press, New York, 1977, pp. 102-105.

⊜　R. H. Hayes, S. C. Wheelwright, and K. B. Clark, *Dynamic Manufacturing*: *Creating and Learning Organization*, The Free Press, New York, 1988, pp. 319-323.

⊚　P. G. Smith and D. G. Reinertsen, *Developing Products in Half the Time*, Van Nostrand Reinhold, New York, 1991, pp. 134-145.

在大型矩阵型组织结构中,项目经理有编制预算和对绝大多数资源的分配做出决策的权力,并且在人员绩效评定中扮演重要的角色(图 2.10b)。尽管每个参与人员都属于功能部门[一],实际上功能经理几乎没有控制项目和为项目做决策的权力。但是,他还要继续进行部门人员的绩效评定,因为项目团队人员在项目结束后仍要回到自己的部门。功能型组织结构或小型项目型组织结构在稳定商业环境中运行良好,特别是产品由于先进技术而主导市场的情况下。大型项目型组织结构在引进全新产品时有优势,特别是在开发速度是重要因素的情况下。一些公司采用了这样的项目组织管理形式,项目团队在公司中是相对独立的组织单元。通常,当公司计划进入与现有产品没有任何联系的全新产品领域时,可以采用这种形式。

之前已经提到过需要担心的问题,即被授权的产品开发团队可能会由于自由度的原因而采取过激行为,忽视公司的重要流程和策略而开发一种快速投入市场的产品,而这种产品在成本或可靠性等诸多方面都非最优。为了预防这种情况的发生,产品团队必须清楚地理解它的权力界限。例如,某个团队在工具成本上有一个限制,如果一旦超过要求,就需要团队之外的领导批准。或者,可以给团队经过审核的零件清单、测试要求或选择的外协厂商,任何例外都需要更高级别的批准[二]。在团队组建初期,定义团队权力的界限是非常重要的,这样团队会清楚地理解他们能做什么而不能做什么。另外,"阶段-关卡"式评审过程也对项目团队有威慑力,使他们有所忌惮而不会忽视公司的重要流程和政策[三]。

2.4.4 并行工程团队

传统的产品设计方法的所有步骤已经按顺序进行了介绍。这样,产品概念、产品设计和产品测试都优先于工艺规划、制造系统设计和生产。通常,这些按顺序的功能是在很少有交互的、不同的、分立的组织中完成的。因此,理解设计团队如何做出决策很容易,在没有足够的制造工艺知识时所做出的决策很多都需要修改,修改所花费的时间成本和费用成本很大。重新来看图1.1,它强调的理念是在概念设计阶段和实体化设计阶段,绝大多数的成本已经确定。大体上来说,做出修改的成本是:在产品概念阶段为 1 美元,在详细设计阶段为 10 美元,而在制造阶段则为 100 美元。顺序设计过程意味一旦需要修改,则要返回才能补救,而实际过程在本质上是螺旋上升的。

从 20 世纪 80 年代起,伴随着公司不断增长的竞争压力,演变出一种新的集成产品设计方法,即并行工程。其推动力主要来自于缩短产品研发时间的需要,但是还有一些其他驱动力,如质量的改进和产品生命周期成本的降低。并行工程是一种系统化方法,它集成了产品并行设计及其相关过程,包括制造和支撑条件。基于该方法,产品开发人员从一开始就考虑产品生命周期中的所有方面,从概念到报废,包括质量、成本、进度以及用户需求。并行工程的一个主要目标是为设计流程提供很多窗口和路径,以使得这些决策在产品开发周期的下游部分,比如制造和现场服务仍然有效。为了做到这一点,计算机辅助工程工具(CAE)是非常有用的(第 1.6节)。并行工程主要有三个要素:跨功能团队、平行设计和供应商参与。

在上面讨论的各种设计组织结构中,大型项目组织形式,通常被称为跨功能设计团队或集成产品与工艺产品开发(IPPD)团队,在并行工程中最常使用。团队所具备的不同功能领域的熟练技能使得决策变得容易快捷,并有助于功能部门间的沟通。为了跨功能团队能开展工作,

---

㊀ 有时,功能专家可以同时工作在不同的项目团队中。

㊁ D. G. Reinertsen, *op. cit.*, pp. 106-108.

㊂ 关于矩阵型组织的成功案例见 J. R. Galbraith, *Designing Matrix Organizations That Actually Work*, Jossey-Bass, San Franciso, CA, 2009.

团队的领导必须从各职能部门的主管那里获得授权以拥有决策权力。团队领导引导团队成员忠于团队，并远离他们归属的各职能部门是非常重要的。功能部门与跨功能团队必须为各自的需求和责任建立相互的尊重和理解。鉴于在当今的设计实践中，团队的重要性很明显，本书将在第4章深入探讨团队行为。

平行设计，有时也被称为同时工程，指的是每个功能领域都在尽可能早的阶段实施开展工作，大体上称为平行。例如，一旦确定产品的外形和材料，制造工艺开发团队就开展工作；一旦选定制造工艺，工具开发团队就开展工作。这些团队都将相应信息提供给产品设计任务书以及设计的早期阶段。当然，为了解其他功能部门正在做什么，功能部门和设计团队间的密切、连续沟通是非常重要的。这与传统的设计实践有本质的区别，传统方式需要在提交给制造部门前完成所有设计图和任务书。

供应商参与是并平行工程的一种形式，利用某些零件厂家的技术专长是跨功能设计团队的一部分。传统上，厂家在设计完成后进行竞标。在并行工程方法中，技术精湛、供货可靠和成本合理的关键厂家，都在设计初期、零件还没有被完全设计出来时就已被选定。一般来说，这些公司被称为供应商而不是厂家，来强调发生本质变化的关系。当供应商对于零件的设计和制造负责时就被称为战略合作伙伴。作为回报，供应商将在交易中占据主要的份额。比起简单的供应标准件，供应商可以与公司联合起来为新产品研制用户定制零件。供应商参与有几个优势，它降低了必须在公司内部进行设计的零件数量，把供应商关于制造的专门知识融入设计中，并且合作双方加强了互信与合作，实现零件供货时间的最小化。

2.5　市场与营销

营销考虑的是公司与客户间的关系。客户是购买产品的人或组织。然而，需要区分产品的客户和用户。就钢铁行业供应商而言，公司的采购代理部就是客户，因为他要就价格与合同条款进行谈判，而为钢材的高等级、焊接性制定技术指标的设计工程师才是最终用户（间接客户），还有装配车间的产品监管员也是用户。注意，咨询工程师或律师的客户通常被称为委托人。确认用户需要和要求的方法将在第3.2节中进行介绍。

2.5.1　市场

市场是由对购买或销售某类特定产品感兴趣的人或组织构成的，市场为他们提供了交易平台。通常认为股票市场是一个典型的市场。

快速回顾消费品的演变过程是理解市场的一个好方法。在工业革命初期，市场主要在本地，由联系紧密的消费者社区和制造企业中的工人所组成。由于加工企业是基于本地的，制造商和产品用户间的联系很紧密，所以可以很容易地获得用户的直接反馈。随着铁路和电话通信的出现，市场逐步扩大突破地域边界并很快成为全国市场。市场扩张创造了可观的经济规模，这时需要有将产品卖给用户的新方法。很多公司建立了面向全国的配送系统，通过在各个地方设立商店来销售其产品。其他公司则依靠零售商，零售商销售多家公司的产品，甚至包括直接竞争者的产品。特许经营权是创建本地所有权，并保留全国知名品牌和产品的途径。创建知名品牌是建立用户认知和忠诚度的一种方法。

随着产品制造能力的不断提高，产品市场开始向国外扩张。在这一情景下，公司开始思考如何在其他国家经营其产品的方法。福特汽车公司是第一家拓展海外市场的美国公司。福特采用的方法是在其他国家建立基本上独立的全资子公司。子公司负责针对所在国的市场特点，为该国市场进行产品设计、研发、制造和营销。该国消费者仅仅知道总公司是建在美国的，这就是跨国公司出现的开始。这种方法的优势是利润将会流回美国，但就业岗位和实际资产都将留在国外。

另一种跨国企业的形式是由日本汽车制造商创造的。这些公司在本国设计、研发和制造产品，然后通过在世界各地建立的销售处来销售产品。当滚装船使低成本运输成为现实后，像汽车一样的产品可以销往世界各地。这种销售方法为制造国带来了大量的利润，但是随着时间的推移，销售利润也会因消费国的失业问题而产生波动。同样，因为在研发团队和消费者之间存在着真实的文化背景差异，因此在远离目标市场处研发产品令满足消费者需求变得更加困难。最近，日本公司已经在其主要海外市场建立了设计中心和生产设施。

显然，我们现在面对的是全球化市场。由于中国和印度制造能力的提升，集装箱运输船的低成本，以及基于互联网的全球即时通信等原因，使得消费品在海外制造的部分大幅度增加。2010年，美国制造业岗位只占美国就业岗位的1/11，比1950年的1/3大幅降低。这已经不是新的趋势了。美国在1981年已经成为工业产品的纯进口国，但是近年，贸易赤字可能已经增长到不能持续稳定的阶段。由于美国制造领域劳动力人口比例的降低，使得大部分人转向依靠知识和创新的活动上，如创新产品设计。

2.5.2 市场细分

虽然产品的消费者因他们是相似的群体而被称为"市场"，但实际上并非如此。在开发产品时，清楚地理解产品对于计划投放到整个市场的哪个部分是非常重要的。细分市场的方法有很多种。表2.1列出了工程师进行产品设计开发活动时广泛使用的市场类型。

表 2.1 广义的工程产品的市场

产品市场类型	举 例	客户的工程参与度
一次性的大型设计	石化工厂，摩天大楼，自动化生产线	高：与客户密切协商。依据过去的经历和声望
小批量	典型的是每批量 10～100 件 机床，专用控制系统	中：大部分依据客户提出的任务书
原材料	矿石，石油，农业产品	低：采购商建立规范
成材（型材）	钢材，塑料，硅晶体	低：采购商的工程师提出的规格
大量的工业化产品	电机，微处理器，轴承，泵，弹簧，吸振器，仪表	中：厂家的工程师设计普通客户的零件
定制零件	完成产品功能的特殊设计	中：采购商的工程师设计，厂家投标
大量的消费品	汽车，计算机，电子产品，食品，服装	高：在最好的公司
奢侈品	劳力士手表，哈雷摩托车	高：依产品而定
维护和修理	可更换零部件	中：依产品而定
工程服务	专业咨询公司	高：工程师提供，并做技术工作

独一无二的设施通常是非常昂贵且复杂的设计项目，例如大型办公楼或化工厂。这种类型项目的设计和建造合同通常是分开的。通常，这些类型项目关注的基础是类似设施的成功设计记录、质量声誉和及时交货信誉。在设计团队和消费者之间通常是一对一的联系，以保证用户需求被满足。

对于小批量的工程产品，与用户交流的程度取决于产品的特征。像有轨机车这样的产品，设计任务书可能是用户的工程师与供应商广泛的、直接协商的结果。对于多数标准产品，诸如数控车床，可以认为它有现货销售，可以从区域供应商或厂家购置。

原始材料，比如铁矿石、碎石、谷物和石油等商品的性质是众所周知的。因此，采购工程师和销售商之间就联系得很少，只需制定商品的质量级别。大多数此类商品主要依照价格进行销售。

当原材料被转换成工艺材料时，诸如铁板或硅晶片的采购是基于工业质量标准，或极端情况下的特殊工程规范。购买者和销售工程师之间的联系很少，采购在很大程度上受到成本和质量的影响。

大多数技术产品包含标准件或子装配件（COTS——商务现货供应，或商业化成品），这些零件是大量生产的，可以从分销商或直接向制造商大量采购。供应这些零件的公司被称为厂家或供应商，而在自己的产品中使用这些零件的公司被称为原始设备制造商（OEM）。通常，采购工程师根据供应商提供的指标及其可靠性记录做出决策，所以他们与供应商的商讨也很少。然而，当接触一个新供应商时商讨将会很多，除非新供应商已经解决了产品质量问题。

所有产品都包含定制设计的零件以满足产品所需的一个或更多功能。依产品不同所生产的零件数量是变化的，可以有数千个到几百万个零件。通常，这些零件可通过铸造、金属冲压或塑料注塑来生产。这些零件要么在产品制造商的工厂中加工，要么在独立零件制造公司制造。通常，这些独立零件制造公司从事专门的制造工艺，比如精密铸造，并且它们越来越多地分布在世界各地。这就需要采购工程师与辅助采购代理进行大量的沟通，才能决定向哪个独立零件制造公司下订单，才能确保以低成本获得高质量零件的可靠交货。

奢侈消费产品是特例。通常，款式、材料质量以及工艺在建立品牌形象时起到主要作用。以高端跑车为例，工程师要与用户交流以保证高质量，但是在大多数此类产品中，款式和营销手段则扮演了主要角色。

售后维护和服务对于产品制造商来说可以是一个利润丰厚的市场。例如，喷墨打印机的制造商从更换墨盒中获得大部分利润。高度工程化产品，如电梯和汽轮机，其维护越来越多地由制造这些产品的公司来承担。随着时间的推移，这些工程工作的利润可以轻易地超过产品的初始成本。

20世纪90年代，公司开始精简他们的专家职员，迫使很多工程师组成了专家咨询团体。现在，他们不再仅仅为某一个组织服务，对于任何有需求并有能力付费的组织，他们都可以以其专业技能提供服务。工程服务的营销比产品营销更难。这在很大程度上取决于所具有的工程服务的业绩、及时的维护以及保持其优良业绩和遵守合同的能力。通常，这些公司在创新产品设计或在解决最难的计算机建模和分析方面享有盛誉。工程专业服务的一个重要领域是系统集成。系统集成包括把独立生产的子系统或组件组成一个工作系统，并使其成为一个互相联系、相互依赖的工程系统。

分析了工程产品的不同市场类型后，现在来考查细分这些市场的方法。市场细分认为市场并不是同质的，而是由购买产品的人所组成的，这些人中任何两个在其购买类型上都不相同。市场细分尝试将市场分解为几个群体，这样在每个群体中就有相对的同质性，而群体之间则有明显的不同。Cooper⊖认为以下四大类变量在细分市场时是有用的：

- 存在状态。
  a. 社会因素：年龄、性别、收入、职业。
  b. 工业产品：公司规模、工业分类（SIC法案）、购买团体的特性。
  c. 位置：城市、市郊、乡村，国内或世界范围。
- 心理状态——这里尝试描述潜在用户的态度、价值观和生活方式。

⊖ R. G. Cooper, *Winning at New Products*, 3rd ed., Perseus Books, Cambridge, MA, 2001.

- *产品使用——探讨产品如何购买或销售。*
  a. *大量使用者，少量使用者，无使用者。*
  b. *忠诚度：品牌忠诚，竞争者品牌忠诚，无忠诚度。*
- *利益细分——旨在辨别用户在购买产品中感知到的益处。这在导入新产品时尤为重要。在概念上确定了目标市场的这些利益后，产品开发人员就可以加入提供这些利益的特性。其实施方法在第 3 章介绍。*

关于市场细分方法的更多细节参见 Urban 和 Hauser 的教材[○]。

2.5.3 营销部门的功能

公司的营销部门负责建立和管理公司与客户的关系，是公司与客户联系的外部窗口。营销部门将客户的需要转化为产品需求，影响支撑产品和客户的服务的创建。营销部门了解人们如何做出购买决策，以及在设计、建造和销售产品中如何使用这些信息。营销部门不负责销售，销售由销售部门负责。

营销部门可以完成很多任务。首先是初步的市场评估，即在产品研发的早期快速确定潜在销售额、竞争和市场份额。这些任务包括对潜在用户进行面对面访谈，以确定他们的需求、想法、偏爱、喜好和嫌恶。这些任务在详细产品开发之前就需要完成，任务经常包括在产品使用的现场与用户见面，通常需要设计工程师的积极参与。完成该任务的另一种方法是焦点小组。该方法将特定产品或服务知识的一组人员组织在会议桌旁，调查他们对所研究产品的态度和感觉。如果精心挑选参会人员且焦点小组的主持人经验丰富，那么主办方将可以得到大量可用于决策潜在产品重要特性的信息和观点。

营销部门在将产品导入市场的活动中扮演着重要的角色。他们将完成以下工作：对产品进行用户测试或领域判定（β 测试），限定领域的试销计划，给出产品包装和警示标识的建议，准备用户说明手册和文档，完成用户指导规划以及广告宣传建议等任务。营销还负责提供备用零件的产品支持系统、服务代理和担保系统。

2.5.4 营销计划的构成

营销计划的制定基于市场细分始于目标市场识别。营销计划的另一个主要输入是产品策略，而产品策略是由产品定位以及产品为客户提供何种利益来确定的。确定产品策略的关键是用一两句话进行产品定位，也就是产品是如何被潜在客户所认知的。同样重要的还有能够传递产品价值。产品价值不是产品的特性，虽然这两个概念紧密相关。产品价值是从客户角度看到的主要利益的简洁描述。产品的主要特性将会从产品价值中获得。

例 2.1 某园艺工具制造商计划开发一种面向老年人的电动剪草机。人口统计学分析表明这个细分市场正在快速增长，而且这些老年人的可支配收入高于平均水平。产品将定位于老年人中有充足、可支配收入的高端用户。产品的主要益处是易于老年人使用。实现这个目标需要的主要特性有：助力转向，在清理刀片时能自动地安全闭锁，使老年人能接触到刀片的、易于使用的抬起剪草机的机构，以及一个无级变速器。

营销计划应包括以下信息：

- 市场细分的评估，对选择目标市场的原因做出清晰的解释。
- 竞争产品的识别。

○ G. L. Urban and J. R. Hauser, *Design and Marketing of New Products*, 2nd ed., Prentice Hall, Englewood Cliffs, NJ, 1993.

- 早期产品用户的识别。
- 产品给用户带来的益处的清晰解读。
- 以销售金额和销售台数评估的市场规模，以及市场份额。
- 确定产品线的宽度，以及系列化的产品种类。
- 预计产品寿命。
- 确定产品批量和价格的关系。
- 完成包括上市时间、成本和收入的十年预测等财务计划。

2.6 技术创新

目前，工程师开发的很多产品都是应用新技术的结果。技术"爆炸"始于20世纪40年代数字计算机和晶体管的发明，并在20世纪50年代和60年代得到发展。晶体管演变成微集成电路，而这些电路使得计算机的尺寸和成本得以缩小，成为我们现在所熟知的台式计算机。把计算机与通信系统以及诸如光纤通信协议结合起来，就为我们创造了互联网和廉价、可靠的世界范围内的通信。在历史的其他阶段，从没有过几种突破性技术结合在一起，完全地改变了人类所生活的世界。然而，如果技术研发的速度继续加速，那么未来的变化将会更大。

2.6.1 发明、创新和推广

大体上，技术的优势出现在以下三个阶段：
- 发明：概念构想、表达和记录的创造性活动。
- 创新：发明或概念的成功实现并获得经济价值的过程。
- 推广：成功创新的顺利、广泛的实现和应用。

毫无疑问，创新是三个阶段中最关键的、也是最难的。将一个概念变成一个人们可能购买的产品，需要大量的工作以及识别市场需求的技能。在社会中进行技术的推广对于保持创新的速度是很有必要的。一旦技术先进的产品投入应用，消费者使用时的技术难度就随之增加。这种不间断的用户群的教育，为更加复杂产品的应用铺平了道路。一个熟知的例子是条形码和条形码识别器的推广。

很多研究都表明，引进和管理技术创新的能力对于国家在世界市场中的领导力起到重要作用，并且在提高人们生活水平方面也起到主要作用。基于科学的创新在美国衍生了诸如喷气式飞机、计算机、塑料以及无线通信等关键工业。然而，与其他国家相比，美国在创新上所扮演的角色的重要性表现出了衰退趋势。如果这种趋势继续下去，那么它将影响我们的幸福。

同样，创新的本质也随时间发生了改变。留给独立发明者的机会已经变得相当有限了。有人指出，独立发明者在1901年获得了美国全部专利的82%，而到1937年，这个数字减少到50%，这表明公司成立的研究实验室数量正在增加。目前，独立发明者申报的专利仅占美国全部专利的25%，但是由于投资小公司变得流行，这一数字也开始呈现增长趋势。这种增长要归功于风险投资业，他们愿意把资金借给有希望的创新者，以及提供各种合作项目来支持小型技术公司。

图2.11给出了大体公认的技术创新型产品的模型。该模型与20世纪60年代描述的模型有所区别，它以创新链顶部的基础研究开始。基础研究的结果产生了可以直接进行后续商业开发的研究构想。为了保持新知识和新概念的储备，需要强大的基础研究。但是，普遍认同的是，响应市场需求的创新比面向技术研究机遇的创新具有更大的成功机会。对创新而言，市场拉动比技术驱动更强大。

图 2.11　市场拉动的技术创新模型

将新产品投放到市场上就像赛马一样，在概念初期阶段想要获得成功的概率一般为 5∶1 或 10∶1。实际中，投入到市场中的新产品失败的概率为 35%~50%。大多数产品由于没有克服市场障碍而失败了，例如没有考虑到用户接受新产品的时间⊖。另一个造成新产品失败的最常见原因是管理问题，而技术问题则是失败原因中最小的一个。

数字图像的案例表明，为达到某个目的进行基础技术研发可能在另一个产品领域有更大的潜力。然而，开始时的内部市场接受程度受到性能和制造成本的限制。基础技术的内部市场认可受到运行和制造成本的影响。然后，新市场得到开发，该市场的需求如此紧迫以至于大量资金将快速投入以攻克技术障碍，使创新产品在大众消费市场上获得了巨大的成功。在数字图像的例子中，从发明到市场广泛接受的产品创新阶段大约为 35 年。

数字成像技术的创新

数字照相机的核心技术是数字成像，对数字成像的创新历程进行回顾是十分有启发意义的。

在 20 世纪 60 年代后期，Willard Boyle 在贝尔实验室从事电子设备研究工作。当时，负责该部门的副总为磁泡着迷，磁泡是一种新的存储数字信息的固态技术。Boyle 的老板总是问，他在这项活动中都做了哪些贡献。

1969 年年底，为了宽慰自己的老板，Boyle 和他的合作伙伴 George Smith 坐了下来，用了 1h 的头脑风暴法来研究新型存储芯片的设计，他们称之为电荷耦合器件或 CCD。CCD 可以很好地存储数字数据，但是它很快又显著地表现出了俘获和存储数字图像的潜力，而这种能力在高速发展的半导体业界的技术中还没有理想的解决方案。Boyle 和 Smith 建立了一个仅有 6 个像素的概念验证模型，并申请了专利，随后就转向了其他感兴趣的研究。

尽管 CCD 是一个优秀的数字存储设备，但是它还从没有成为实际应用的存储设备，因为它的造价很高，所以很快就被各种拥有纤细磁性颗粒的磁盘所取代。最终是硬盘出现了并占领了数字存储市场。

与此同时，两种与空间相关的设备为 CCD 的开发创造了市场动力，即 CCD 阵列应用的关键点在于成为实用的数字影像设备。关键问题是降低捕获图像的 CCD 阵列的尺寸和成本。

对通过化学胶片来拍摄星体的照片，天文学家从来没有真正满意过，化学胶片对记录遥远空间发生的事件缺少灵敏度。早期的 CCD 阵列尽管笨重、体积大并且成本高，但是它的灵敏度很高。到了 20 世纪 80 年代末，它已经成为世界上天文台的标准设备。

更大的挑战源于军用卫星的出现。从太空获得的照片记录在胶片上，照片从太空发射回来然后由大气层之外的飞机获得或者从海洋中捞出，这两种操作都有很大的问题。当更深入的研发降低了 CCD 阵列的尺寸和重量并增加了它的灵敏度时，从太空传送数字信息成为可能，我们可以从图像的细节上看到土星的光环和火星上的风景。在 CCD 发明约 30 年后，这些应用领域的技术进步使得数字照相机和摄像机获得了巨大的商业成功。

2006 年，Willard Boyle 和 George Smith 得到了美国国家工程院的德莱柏奖，它是美国技术创新的最高奖项，并于 2009 年分享了诺贝尔物理学奖金。

摘自 G. Gugliotta, "One-Hour Brainstorming Gave Birth to Digital Imaging", *Wall Street Journal*, February 20, 2006, p. A09.

⊖　R. G. Cooper, *Research Technology Management*, July-August, 1994, pp. 40-50.

2.6.2 与创新和产品开发相关的业务战略

20 世纪 70 年代，波士顿咨询集团（BCG）提出了一个通用且形象的术语，用于描述创新和投资关系的经营策略。大多数公司都有一系列的业务，通常称为业务部门。根据波士顿咨询集团的分类方法，这些业务部门可以分为如下四个种类，这取决于它们对于销售增长和获得市场份额的期望值。

- "明星"业务：高销售增长潜力、高市场份额潜力。
- "问题"业务：高销售增长潜力、低市场份额。
- "现金牛"业务：低增长潜力、高市场份额。
- "瘦狗"业务：低增长潜力、低市场份额。

在这种分类方法中，高市场份额和低市场份额的分水岭是公司与最大竞争对手拥有相同份额的那个点。对于"现金牛"业务，其现金流将被最大化，而在研发和新工厂上的投资将是最少的。这些业务的资金应该被应用在"明星"业务和"问题"业务中，或者用于新技术项目上。"明星"业务需要大量的投资，这样才可以不断增加自己的市场份额。通过贯彻这种策略，"明星"业务随着时间推进将成为"现金牛"业务，并且最终变成"瘦狗"业务。"问题"业务需要大量资金才能变成"明星"业务。只有很有限的"问题"业务能够得到资助，结果是只有最优秀的业务才能够幸存下来。"瘦狗"业务不会得到投资，并且一有可能就会被卖掉或放弃。整个过程都是人为规定的，而且是高度程式化的，但是却很好地描述了商业活动中应如何将资金投放到产品领域或业务部门中。显然，创新工程师应该避免与"瘦狗"业务和"现金牛"业务发生关系，因为这些经济形式中创造性工作的动力太少。

还有一些其他的策略对工程设计中的工程师具有重要的影响。遵循领头羊策略的公司通常都是高科技创新公司。一些公司可能喜欢让其他的领头羊公司开拓市场，采取所谓的快速跟随策略，这种策略满足于小的部分市场份额，但避免了开拓者的高研发费用。其他一些公司可能强调加工工艺的研发，目标是成为大批量、低成本的制造商。还有其他一些企业选择成为几个主要用户关键供应商的策略，这些用户将产品投放到大众市场。

有积极研发计划的公司通常会储备更有潜力的产品，而不是产品研发所需的资源。出于发展的考虑，产品应该去满足当前没有得到充分满足的需求，或者处于供不应求的市场，或比现有产品更具优势（例如更好的性能、改进的外观、较低的价格）。

2.6.3 创新人才的特点

Roberts 关于创新流程的研究明确了致力于技术创新的产品团队所需的五种类型人才及其行为[○]。

- 想法提出者：具有创造力的个人。
- 企业家：担任领导职务并承担风险的人。
- 守护者：为产品开发组织从外部向内部提供技术交流的人。
- 项目管理员：不限制创造性的管理人员。
- 资助者：提供财务和精神支持的人，经常是高级管理人员或风险投资公司。

技术公司中 70% ~ 80% 的人员是常规问题的解决者，并不参与到创新中。因此，非常重要的是能够发现并培养有望成为技术创新的那一小部分人员。

○ E. B. Roberts and H. A. Wainer, *IEEE Trans. Eng. Mgt.*, vol. EM-18, no. 3, pp. 100-109, 1971；E. B. Roberts（ed.），*Generation of Technological Innovation*, Oxford University Press, New York, 1987.

创新者往往是来自某一技术组织的成员，他们对当前技术最为熟悉，并且与组织外部的技术人员有着良好的关系[⊖]。这些创新人员直接获得信息，并将信息传播到其他技术人员中去。创新者往往关注如何"用不同的方式做"，而不是怎样"做得更好"。创新者是新概念的早期接受者。他们可以处理不清楚或模糊的情况，而并不感到不适应。这是因为他们有高度的自主能力和自尊心。年龄不是成为创新者的决定性因素或障碍，组织中的经验也不是，只要有足够的信誉和社会关系就可以。对一个组织而言，能够发现真正的创新者，并为他们提供一个有助于研发的管理体制是非常重要的。创新者能很好地面对不同项目的挑战并且有很多与不同背景人员交流的机会。

成功的创新者对于需要做什么有一个条理清晰的描绘，虽然该描述未必详细。他们强调目标，而不是达到目标的方法。在面对不确定性时，他们不害怕失败，勇往直前。很多时候，创新者有先前失败的经历，而且知道失败的原因。创新者知道他或她自己需要什么信息和资源并能得到它们。创新者积极应对创新障碍，他们或是投入时间和精力攻克障碍，或者采用问题分解方法降低难度或绕过障碍。通常，创新人员不是按顺序，而是并行地解决问题的各个方面。

2.6.4 技术创新的类型

图 2.6 给出了基于技术的企业用新技术替代老技术的自然演变过程。新技术出现有如下两种基本方式：
- 需求驱动创新，开发团队努力填补产品性能或成本上的明显空白（技术拉动）。
- 根本性创新，引起广泛变革并且是全新的技术，源于基础研究（技术推动）。

大多数产品开发是属于需求驱动型的。这种类型的产品由很小的、基本觉察不到的改进组成，一段时间的改造集合起来形成主要的改进。如果能够为现有产品线申请专利保护，那么这些创新是很有价值的。这些改进的典型方法是，通过重新设计来增加易加工性或新特性，或用更便宜的零件替代早期设计中的零件。改变加工工艺以提高质量并降低成本也是重要的。实施持续产品改进的方法论将在第 4.6 节中给出。

基础创新基于超越常规思考范围的突破性创意[⊖]。与之前的想法相比，它是一个令人惊奇的和跳跃式的发明。突破性想法将创造一些新的东西，或者满足之前没有发现的需求，而且当转化成基础创新后，它们将能创造出新行业或产品线。一个非常好的例子是晶体管替代了真空管，并且最终使得计算和通信的数字化革命成为现实。

2.7 本章小结

产品开发包含的内容远远超过产品构思和设计。它包括产品的初步市场评估、与公司现有产品线的匹配，以及销售预估、开发成本及利润的评估。在允许进行概念开发前，就要完成这些工作，并且贯穿产品的整个开发过程，这样才能对开发成本和预期销售额进行更准确的评估。

创造成功产品的关键要素如下：
- 所设计的高质量产品具有客户期望的特征和性能，价格为客户所接受。
- 降低产品全生命周期的制造成本。
- 最小化产品开发成本。

⊖ R. T. Keller, *Chem. Eng.*, Mar. 10, 1980, pp. 155-158.

⊜ M. Stefik and B. Stefik, *Breakthrough: Stories and Strategies of Radical Innovation*, MIT Press, Cambridge, MA, 2004.

- 将产品快速投放市场。

产品开发团队的组织方式对于有效的产品开发有着重要的影响。为缩短上市时间，需要不同种类的项目团队。通常，有适当管理权的大型矩阵组织可以很好地掌控该工作。

营销是产品开发的重要活动。营销经理必须懂得市场细分、用户的需要与要求，以及如何宣传和分销以使得用户购买产品。产品根据市场可以分为如下几种类型：

- 市场拉动的产品或技术推动的产品。
- 使用产品核心技术并融入现有产品线的平台产品。
- 主要特性取决于加工工艺的工艺密集型产品。
- 按用户订单研发的、配置和要求由用户指定的定制产品。

当今的很多产品基于新的、快速发展的技术。技术有三个发展阶段：

- 发明——获得新奇概念的创造性活动。
- 创新——把发明引入到成功的实践中并产生经济效益的过程。
- 推广——对创新能力广泛了解的知识。

在这三个阶段中，创新是最难的、最耗费时间的，同时也是最重要的。尽管技术创新只存在于相关的少数发达国家，然而在 21 世纪创新正快速地出现在世界各地。

新术语和概念

品牌名称	小型矩阵组织	平台产品
并行工程团队	市场	利润率
控制文档	营销	项目组织
经济规模	市场拉动	产品定位
功能型组织形式	矩阵型组织形式	产品设计任务书
学习曲线	原始设备制造商	供应链
学习到的教训	产品开发周期	系统集成

参 考 文 献

Cooper, R.G., *Winning at New Products,* 3rd ed., Perseus Books, Reading, MA, 2001.
Otto, K. and K. Wood, *Product Design: Techniques in Reverse Engineering and New Product Development,* Prentice Hall, Upper Saddle River, NJ, 2001.
Reinertsen, D.G., *Managing the Design Factory,* The Free Press, New York, 1997.
Smith, P.G. and D.G. Reinertsen, *Developing Products in Half the Time: New Rules, New Tools,* 2nd ed., John Wiley & Sons, New York, 1996.
Ulrich, K.T. and S.D. Eppinger, *Product Design and Development,* 5th ed., McGraw-Hill, New York, 2011.

问题与练习

2.1 思考如下产品：（a）家用电动螺钉旋具；（b）桌面喷墨打印机；（c）电动汽车。以小组为单位，评价如下用于将每个产品投入市场的研发项目所需的因素：（i）年销售额；（ii）销售价格；（iii）研发时间、年限；（iv）研发团队规模；（v）研发成本。

2.2 列出三种由单一零件组成的产品。

2.3 通过如下因素讨论工程岗位的功能范围（图 2.7）：（a）高等教育的需求；（b）智力挑战与满

意；（c）经济报酬；（d）职业晋升的机会；（e）人与"物"的定位。

2.4 作为成功工程管理者的必要条件之一，是在本工程学科中有突出的业绩，那么其他的条件都是什么？

2.5 如果你继续接受某工程学科的硕士研究生教育，或为职业发展接受工商管理硕士教育，请讨论其优缺点。

2.6 在矩阵型组织结构中，详细地讨论项目管理者与功能管理者的角色关系。

2.7 列出技术导向的新产品开发的重要因素。

2.8 在第 2.6.2 节中，简要地给出了波士顿咨询集团（BCG）所建议的发展业务的四个基本策略。这些常被称为 BCG 份额增长矩阵。以市场增长潜力和市场份额为坐标画出该矩阵，并且讨论公司应如何使用这个模型来增长总体业务。

2.9 列出技术转化（传播）过程的关键步骤。哪些因素使得技术转化变得困难？信息转化的形式是什么？

2.10 某人绝对是计算机建模和有限元分析的奇才。产品开发团队非常需要这些技能。然而，他同样也是绝对的独来独往的人，他喜欢从下午四点工作到午夜，当要求他参加具体的产品研发团队时，他拒绝加入。如果命令他在某团队中工作，他基本上不会在小组会议上现身。作为团队领导，如何做才能获得并且有效地利用他的高超技能呢？

2.11 在大多数产品开发项目中，一件重要的事情是确保项目进度可以利用"机遇窗口"。使用图 2.6b 来解释这个概念的含义。

2.12 适合于航运、公路和铁路运输的钢制集装箱的出现，对世界经济产生了巨大影响。为何一个如此简单的工程产品会产生这样深远的结果？

2.13 请解释第 2.6.1 节中所讨论的电荷耦合器件（CDD）背后的原理。为什么 CCD 的发明使数字照相成为现实？

2.14 除集装箱外，还有哪些其他技术研发创造了如今的全球市场？解释每个技术是如何促进全球市场的。

2.15 对大多数可食用鱼类的需求都大于供给。尽管鱼可以在陆地池塘中或近海围栏中进行养殖，然而养殖的规模很有限。接下来的发展方向是海洋生物养殖，即在开放海域建立养鱼场。请为这个风险投资项目制定一个企划方案。

2.16 产品开发中的传统思维认为创新始于发达国家，如美国和日本。在那些人均收入较低国家的产品市场上常见的通常是美国已经用旧的、但仍可以使用的装备。一些美国跨国公司已经在印度和中国建立了研发实验室。这一做法的初衷是可以在上述国家以远低于美国本土的薪水雇佣本地受过良好教育的工程师。实践表明，所雇用的本土工程师擅于开发面向本土大众市场的产品。通常情况下，那些产品是美国本土产品的功能缩减版，但质量仍旧有保障。现在，这些美国公司开始面向低端市场细分，规划生产上述产品的低成本生产线。请检索商业文献为这类涓流式产品创新找个案例。请讨论这种新产品开发方法的优势与潜在风险。

第3章 问题定义和需求识别

3.1 引言

工程设计过程被描述为旨在开发出满足目标客户群体需求的新产品的潜在设计流。这股设计流沿直径逐渐缩小的管路流动,在关键节点处通过过滤器剔除没有什么价值的备选设计方案。在管路末端,就形成了一个近乎理想的设计(或小设计集合)。在设计评价过程中,过滤器代表关键决策点,在此处,业务部门负责审查产品开发的评审小组对各备选设计进行评估。当备选设计不符合业务部门的一个或多个工程或业务目标时,该设计会被否决。

备选的设计概念并不像储备在冰箱中的冰块一样,需要时可以一次取出一杯来。设计是一种更为复杂的行为,从一开始就需集中注意力,给出最终产品为具有一系列特殊需求的客户群提供什么样的服务的完整描述。一旦有了清晰的产品描述,并且得到了技术专家、商业专家及经理们的认可,设计过程才能进入下一阶段:概念生成。评审小组成员包括企业的研发人员,也可能包括企业中任意岗位上的员工,以及客户和关键供应商。必须审查新产品的构思,以判断其是否适合公司的技术和产品市场策略及其对资源的需求。一个资深的管理团队会审查由不同的产品经理支持的相互竞争的新产品发展计划,择优进行投资。新产品设计计划中涉及的问题已在第2章中的不同小节进行了讨论,它们分别是产品和流程周期、市场与营销及技术创新。甚至在工程设计过程开始之前,就对产品设计流程(PDP)做出了某些决策。第2章节指出了在设计问题定义开始前所必须完成的某些类型的开发工作和决策。

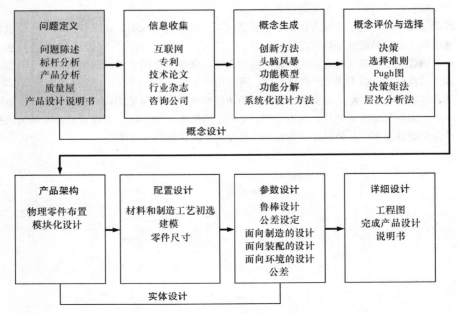

图3.1 工程设计过程中概念设计阶段的问题定义

产品开发起始于确定产品必须满足的需求。问题定义是在产品设计过程中最重要的步骤（图 3.1）。彻底了解每一个问题对达成一个出色的解决方案是至关重要的。这一原理适用于各种类型的问题求解，无论是数学问题、生产问题还是设计问题。对于产品设计，在市场中能否实现管理目标是对一个设计方案的终极检验，所以务必尽全力来理解并呈现出客户的需求。

本章强调问题定义的客户满意度，这种方法在工程设计中并不常用。该观点把问题定义过程转变为对客户或最终用户的产品预期的识别。因此，在产品开发中，问题定义过程主要是需求识别步骤。在本章中，需求识别方法大量吸收了全面质量管理（Total Quality Management，TQM）所引入和证明有效的程序步骤。TQM 强调客户满意度。本章还将介绍质量功能配置（Quality Function Deployment，QFD）的 TQM 工具。QFD 是一个用来识别客户声音（Voice of the Customer）的程序，并引导客户声音贯穿整个的产品开发过程。最普及的 QFD 方法是建立质量屋（House of Quality，HOQ），本章将对此做详细介绍。本章最后将给出产品设计说明书（Product Design Specification，PDS）的提纲，它是产品设计的统领性文件。在设计过程中的问题定义阶段，设计团队必须提出初步的 PDS 来指导设计的生成。然而，PDS 是一份不断完善的文件，直到 PDP 过程的详细设计阶段才会最终确定下来。

3.2 识别客户需求

为了提升全球范围内的竞争力，企业需要更加关注客户的需求。工程师和商人都在寻求这样一些问题的答案：客户是谁？客户想要什么？在获利的同时，产品如何才能使客户满意？

韦氏词典（Webster）定义"客户"为"购买产品或服务的人"。绝大多数人都想到这里的"客户"的定义是指"最终用户"，即购买了企业所售产品的人群和组织，因为他们要使用该产品。然而，工程师进行产品开发时，必须要扩展关于"客户"的定义以使其最有效。

从全面质量管理的角度，"客户"的定义可扩展为"接受或使用由个体或组织提供的产品和服务的任何人"，然而，并不是所有做出购买决定的客户都是最终用户。很明显，那些为孩子们购买玩偶、衣服、学习用品，甚至谷物早餐的父母虽不是最终用户，但仍对产品开发具有重要作用。向大多数的最终用户进行分销的大型零售商同样也具有日益增长的影响力。在"自己动手"（DIY）工具市场，家得宝（美国家居连锁店）（Home Depot）和洛斯公司（Lowes）也是客户，但却不是最终用户。因此，要请教客户和影响他们的企业来确定新产品必须满足的需求。

公司外部客户的需求对于制定新产品或改进产品的设计规格非常重要。第二种重要客户是内部客户，如公司自己的企业管理人员、制造人员、销售人员以及现场服务人员，他们的需求必须得到考虑。例如，一名设计工程师需要三种潜在可用材料的性能信息，那么他就是公司材料专家中的一个内部客户。

处于研发中的产品规定了设计团队必须考虑的客户范围。记住，"客户"这个词不仅仅意味着参与一次交易的人。通过提供高质量的产品和服务，每家大公司都努力将新的购买者转变成终生客户。客户群未必能用一个固定的人口范围来表示。市场营销专家积极适应客户群的变化，从而定义了产品改进的新市场，发现了产品创新的新目标市场。

3.2.1 客户需求的初步研究

在大型公司中，对于特定产品或新产品开发的客户需求的研究，是由不同业务部门采用许多形式化方法共同完成的。初始工作可由营销部门的专家或者由营销和设计专家组成的团队完成（第2.5节）。营销专家很自然地将焦点聚集在产品及类似产品的购买者身上；而设计专家则将焦点聚集在市场上还没有得到满足的需求上，聚集在与拟设计产品相似的产品上，聚集在满足需求的历史方法上，以及聚集在用来构建类似产品的技术方法上。显然，信息收集对于这个设计阶段十分关键。第5章概述了信息源以及获取现有设计信息的检索策略。设计团队同样还需要直接从潜在客户中收集信息。

Shot-Buddy：一个工科类学生团队所研发的产品

一个伟大的篮球运动员有能力从以篮筐为基准的各种距离和各种角度投篮。虽然迈克尔·乔丹可能因他出色的弹跳能力而闻名，但他的制胜球使得芝加哥公牛队赢得了七个NBA总冠军。一个运动员每天必须花费数小时成百上千次练习投篮来提高自身的弹跳和投篮能力。对于业余球员来说，在球从篮筐（或篮板）弹出后或者在落入篮网后将篮球捡回耗费了大量的练习时间。因此，有必要通过减少捡球时间来使球员投篮时间达到最大。

一个名为"JSR Design"的资深设计团队正在研发一个叫Shot-Buddy的产品，它是一个系统，在不需手动旋转投篮返回装置的情况下，具有将投出的篮球返回到投篮者位置的功能。在市场上，有旋转可调的篮球返回产品，但它们都需要手动调节，并且不会随着投篮者在场地内四处移动而自动变化。

高尔夫练习场之所以受人欢迎，是因为他们使高尔夫球手在不必找回或定位高尔夫球的情况下，能一个接一个地打几百杆球。这使得高尔夫球手将全部练习时间集中在技术方面。

与此相比，年轻篮球运动员练习跳投时通常只有一个篮球用来投篮。这意味着大部分练习时间不是用来投篮，而是用来捡回投进和投失的篮球。根据投篮者与篮筐距离的不同，投偏的球会以任意方向弹回，弹回速度与投出速度几乎相同。教练和专家估计几乎70%从两翼（或篮筐两侧）投出的篮球将弹回到弱侧（或相反的一侧）[一]。图3.2阐明了这一点。即使在投篮者成功投进篮球的情况下，仍需从篮筐下捡回篮球，捡球距离可达24ft之远。实际上，花费在捡球上的时间比投篮的时间还多。Shot-Buddy能使篮球运动员将更多的时间用在练习投篮技巧上。

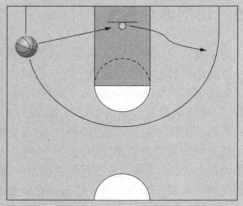

图3.2　在球场的"左翼"投篮

（改编自 Josiah Davis, Jamil Decker, James Maresco, Seth McBee, Stephen Phillips, Ryan Quinn, "JSR Design Final Report：Shot-Buddy," unpublished, ENME 472, University of Maryland, May 2010）

例3.1 确定市场。

JSR设计团队必须先确定他们的目标客户，以此作为Shot-Buddy产品研发的开端。

Shot-Buddy的市场将集中于（但不仅限于）10~18岁篮球运动员的父母。之所以选择10岁为下限，是因为JSR设计团队的成员认为在10岁时一个人通常已具备必要的力量和运动技能，从而可以开始接受篮球团队训练。更年幼的运动员尚未具备足够的上肢力量进行远距离投篮，因此不会关心远距离投篮造成无法预料的篮板球。10岁以下的儿童通常也不会意识到竞技体育的竞争性和严肃性，这意味着他们会有更少个人练习的需求。

[一] "Basketball Zone Defense-Rebounding out of the Zone", The Coach's Clipboard, n. d. , 8/15/2010 < www. coachesclipboard. net/ZoneRebounding. html >.

18 岁是上限，因为新的生活变化更为重要，许多年轻人将发生转变，对一个产品（如 Shot-Buddy）的需求会降低。在这个年龄段，学生们或者加入校队，或者更加专注于自己的事业和学术。如果他们加入校队，设施的改进和教练的增加使得这个产品的需求废弃了。然而，Shot-Buddy 对于那些为了娱乐继续打球和家中有篮筐的年轻人来说仍是一个有用的练习工具。

利用自己的经验是研发团队了解目标客户需求的一种方法。团队首先确定在他们感兴趣的领域中，现有产品不能满足而新概念产品应该能满足的那些需求。实际上，如果设计团队人员碰巧是所研发产品的最终用户，就再好不过了。那么，JSR 设计团队的成员就非常适合来描述一个篮球返回系统的性能和特征。

头脑风暴法是一种自然概念生产工具，可用于设计流程中的该时间点上。在第 4 章中将对头脑风暴法进行详细说明。下面是头脑风暴法实施过程的一个简单案例，它可以帮助设计者洞悉客户需求。

例 3.2 头脑风暴产品的性能和特征。

JSR 设计团队成员为了娱乐而打篮球。作为一个团队，他们可借助头脑风暴的指引来确定 Shot-Buddy 所必须提供的性能。在头脑风暴会议中，JSR 设计团队开展了以下问题陈述。

问题陈述：为 10 ~ 18 岁的运动员设计一个篮球返回装置，它能自动地将球返回到投篮者。

下面的列表是团队对于 Shot-Buddy 想法的子集。

1) 返回碰到篮筐的投失球。
2) 返回没有碰到篮筐或者篮板的投失球。
3) 追踪投篮者在场内的位置。
4) 将球返回到投篮者所在的位置。
5) 快速地返回球。
6) 不要阻碍投篮者将篮球投向篮筐。
7) 适合年轻运动员可能有的任何一种篮筐（例如：一个高度可调的篮筐）。
8) 容易安装在篮筐和场地上。
9) 适合家庭场地内的篮筐（例如：独立的直立系统和安装在车库或墙壁上的篮筐）。
10) 能够存放在狭小空间内。
11) 如果长时间安装在篮筐上，需要能承受恶劣天气。
12) 返回来自篮筐两翼（不仅仅在篮筐前面）的投球。
13) 有足够的能量将球返回到投篮者所在的如三分线那样远的位置。
14) 精准地将球返回——因此投篮者不必移动位置来获得篮球。

接下来，通过使用亲和图（第 4 章）将改进的想法集合在公共区域。实现该目标的一个好方法是将每一个想法写在便利贴上，并把它们随机放在墙上。然后，设计团队仔细审查这些想法，并把他们编排到逻辑组的列中。分组后，设计团队确定列的标题并将标题置于列的顶部。表 3.1 就是设计团队创建的一个对于改进想法的亲和图。

表 3.1 Shot-Buddy 设计改进的头脑风暴法的亲和图

捕获球区域	返 回 方 向	返 回 特 征	尺 寸 形 状	其 他
1	3	4	6	11
2		5	7	
6		13	8	
12		14	9	
			10	

表 3.1 中列出的五个产品改进类别源于团队内部的头脑风暴会议。这些信息有助于聚焦设计团队的设计范围。它们还能帮助设计团队确定更多研究（源于与客户的直接互动和团队内部的测试过程）所特别感兴趣的领域。

3.2.2　客户信息的收集

一般来说，产品开发的动因是客户的需求，而不是工程师对于客户应该想要什么的想象（这条规则的例外情况是，客户以前从未见过的技术驱动创新产品，见第 2.6.4 节）。客户需求的信息可以通过很多渠道获得[⊖]：

- 客户访谈：积极的营销和销售人员应该与现有和潜在客户有连续的会面。一些公司有客户团队，其责任是通过拜访主要客户来发现问题并培养和维持友好关系。他们汇报现有产品优缺点的信息，这些信息在产品更新换代方面将非常有用。一种更好的方法是设计团队采访在服役环境中使用产品的客户。需要问的关键问题是：你喜欢或不喜欢产品的哪些方面？当购买这个产品时你考虑了哪些因素？你想对产品做哪些改进？
- 焦点小组：焦点小组是由 6～12 个客户或产品目标客户参与的一个主持式讨论会。主持人用准备好的问题引导有关产品优点和缺点的讨论。为了尝试揭示客户意识中并不清楚的隐含需求和潜在需求，训练有素的主持人将跟踪任何令人惊奇的答案。
- 客户投诉：客户投诉法是一种获得产品改进需求的切实可行的方法。这些投诉来自于客户信息部、服务中心或维修部，以及大型零售点的退货中心，相应的部门通过电话、信件或电子邮件记录这些投诉。第三方的互联网站可作为获取客户体验信息的另一个来源。购物网站通常含有客户对产品的等级排序信息。懂行的营销部门会跟踪这些网站来获得产品和竞争产品的信息。
- 维修资料：产品服务中心和维修部门掌握大量重要的关于现有产品质量的数据资源。保修索赔的统计数据可明确指出设计缺陷。然而，总的返修退货数量可能会引起误导，一些被退货的商品没有明显的缺陷，这反映了客户不是对产品而是对花钱购买不满意。
- 客户调查：写好的调查问卷最适用于收集客户关于现有产品再设计或被大众充分理解的新产品的建议。实施调查的其他原因是：发现问题或排列其优先次序，评估某个问题的解决方案是否成功。调查的手段有信件、电子邮件、电话或面谈。

下面更详细地说明如何实施客户调查：

1. 建立调查方法

无论用什么方法从客户处获得信息，都需认真考虑建立调查方法[⊖]。创建有效的调查需要如下步骤。在这里，通过想象 JSR 设计团队怎样遵照程序收集来自 Shot-Buddy 的目标市场的信息来阐述调查步骤。

1）确定调查目的。写一小段话陈述调查目的以及怎样处理调查结果，由谁来处理。

2）确定需要哪些特定信息。每个问题都应有一个明确的目的，以诱导出对特定议题的回答。问题数量要最少化。对 Shot-Buddy（图 3.3）的抽样调查包含两部分问题。第一部分是问题 1 到问题 4，用来确定调查对象是不是篮球返回装置的目标客户。

⊖ K. T. Ulrich and S. D. Eppinger, *Product Design and Development*, 4th ed., McGraw-Hill, New York, 2007.

⊖ P. Slaat and D. A. Dillman, *How to Conduct Your Own Survey*, Wiley, New York, 1994 and "Survey Design," Creative Research Systems, n. d., www.surveysystem.com/sdesign.htm, accessed August 15, 2010.

篮球返回装置
产品设计调查

修读设计课程的高年级学生想要为 10 ~ 18 岁的篮球爱好者设计一款改进型的篮球返回装置。您对此问卷的回答将用于指导设计过程。

请抽出 10min 时间来完成此调查问卷。

对于这组问题，请在能准确反应答案的数字（1 ~ 5）上画圈	强烈不赞同（从不）		中性		强烈赞同（总是）
1. 我的家人在家里打篮球	1	2	3	4	5
2. 我的家人独自练习投篮技能	1	2	3	4	5
3. 我的家人拥有的篮球超过 1 个	1	2	3	4	5
4. 我认为练习篮球对我的家人很重要	1	2	3	4	5

如果你对上述问题的答案都是"1"，请将问卷交给工作人员，无需回答后面的问题。若不全为"1"，请继续回答下列问题

5. 我的家人是篮球队员	1	2	3	4	5
6. 我的家人希望提高自己的投篮技能	1	2	3	4	5
7. 我的家人应该在家里更多地练习篮球	1	2	3	4	5
8. 我愿意陪家人练习篮球以帮助他们进步	1	2	3	4	5
9. 我的家人经常送出或得到运动用品（礼物）	1	2	3	4	5

对于下列问题，请在 Yes 或 No 对应的框里打钩	Yes	No
10. 我家有一个固定在建筑物上的篮筐	☐	☐
11. 我家有一个独立式的篮筐	☐	☐
12. 我家有一个可调节高度的篮筐	☐	☐

附加问题

有一个自动篮球返回装置，可安装在任意标准篮筐上，能将篮球返回投篮者所在的位置。你愿意花多少钱购买它？（请在价格范围上画圈）

我愿意支付

50 ~ 100 美元　　　100 ~ 150 美元　　　150 ~ 200 美元　　　200 ~ 250 美元　　　超过 250 美元

假设你是一个潜在客户，你认为一个篮球返回装置的最重要特征是什么？

_____

_____

_____

受访者个人信息：　年龄_____　　性别_____

图 3.3　Shot-Buddy 的客户调查表

3）设计问题。每个问题都应是中立的、明确的、清晰且简洁的。问题有三类：①态度问题——客户对某事物的看法或思考；②知识问题——确定客户是否知道产品或服务的特性；③行为问题——通常包含像"多少次""多少"或"什么时候"等词组。书面的问题应该遵循以下一些基本原则：

- 不要使用术语或复杂的词汇。
- 每个问题都应该直接对准一个特定话题。
- 使用简单的句子。两个或更多简单句比一个复杂的复合句要好。

- 不要诱导客户回答出你想要的答案。
- 避免使用双重否定句式，因为这样可能引起误解。
- 在给受访者的选项中都应包括"其他"选项，并留有填入答案的空间。
- 通常都要有一个开放性问题。开放性问题可以揭示受访者的深刻见解和细微差别，并能从中得到你从未考虑过的问题的答案。
- 问题的数量要合适，确保在约15min（不要超过30min）内回答完毕。
- 设计合理的调查问卷格式，使制表和分析数据简单一些。
- 包含完成和回收的说明。

每个问题的答案可以有如下类型：

- 是—不是—不知道。
- 奇数评级的李克特式量表，例如：非常不同意—比较不同意—中立—比较同意—非常同意。在像这样的1~5个级别中，通常设置数字级别，高的数值意味着好的答案。提出的问题所对应评级量表必须有实际意义。
- 等级顺序——根据优先（或喜好）程度降序排列。
- 无等级选项——选择 b 而不选 d，或从 a、b、c、d、e 中选出 b。

答案的类型应以最具启发性的形式来引出应答，而不要给受访者过多压力。

4）合理安排问题的顺序，使它们合乎逻辑关系。根据主题来给问题分组，然后从简单的问题开始。在 Shot-Buddy 的调查里（图3.3），第二部分问题试图了解受访者对于在家练习篮球的态度，第三部分问题调查受访者所拥有篮筐的种类。

5）测试调查问卷。在将调查问卷分发给客户之前，通常进行小样本群体测试，并审查问卷信息。这将告诉你是否有问题表述不清或者产生歧义，是否等级标度不恰当，是否问卷太长。

6）调查管理。调查管理的关键是确保受访者能组成一个满足调查目的代表性样本，并确定得到显著统计结果所必需的样本大小。解决这些问题需要专业知识和经验。对于特别重要的情况，要咨询营销领域的顾问。

2. 评价客户调查

根据问题的类型和想要寻求的信息种类来评价一个调查问题。为了评价客户的回答，我们可以计算每个问题的平均分数（范围为1~5分）。那些得分最高的问题代表客户心中最看重的方面。或者，我们可以统计调查问卷中提到的一个设计特征或属性被选择的次数，然后除以被调查客户的总数来评价一个问题。对于图3.3中的调查问卷，我们可以用每个问题得到4分或5分的次数来评价它。

需要注意的是，此类调查问卷真正衡量的是需求的显著性，而不是需求的重要性。为了得到真实的需求重要性，有必要采用面对面访谈法或焦点小组法，并记录下受访客户所说的话，然后对这些回答进行深入研究。注意，受访者可能会忽略掉那些看似显而易见却最为重要的因素，安全性和耐久性就是很好的例子。还有，最终用户可能会忘记提及那些已经成为标准的产品特性。这一点将在第3.3.2节讨论。

在一项调查中，回答的频次可用柱状图或帕雷托图表示。在柱状图中，各问题回答频次的柱形按问题序号依次排列。图3.4显示了在"篮球返回装置"的调查中，对一组问题进行模拟回答的柱状图（没有做实际调查）。问题1~4和10~12也有类似的柱状图。在帕雷托图中，各问题回答频次的柱形按频次大小从左到右降序排列。帕雷托图清晰地表明了最为重要（关键少数）的客户需求。这些回答表明，篮球返回装置可作为一件送给家庭成员的好礼物，因此，受访群体的家庭成员就是此产品的目标市场。最重要的是，问题8的回答表明受访者想要一个能使他们摆

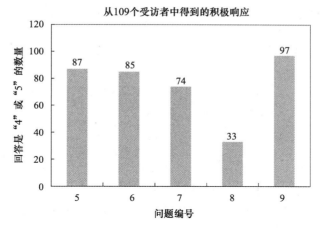

图 3.4　Shot-Buddy 调查问卷中针对问题 5 ～ 9 的模拟答案柱状图

脱与队友一起练习的篮球返回装置系统。此问题更加精确的问法是受访者在一次练习中捡篮板球的次数是多少。

3. 人种志学研究

对于已知问题，调查是收集答案的有效方法。然而，揭示客户与产品之间的交互关系通常要比在简短调查中问几个问题更加困难。客户是具有创造性的，从他们身上可以发现很多有用的信息。一种称为人种志学的方法可用于研究人们在正常环境里的行为方式[一]。

人种志学是对特定人群在特定环境下所表现出的行为的调查和记录过程。当研究群体处于目标环境中时，人种志学研究需要对他们进行密切观察，甚至是沉浸式观察。通过这种方法，观察人员可以获得对调研情景的综合完整的理解。一家公司支持这种类型的研究并不罕见，这样，产品研发团队的成员可以观察最终用户在他们的自然工作状态下的行为。

设计团队可以用这种方法来确定客户怎样使用（或误用）产品。产品的人种志学研究包括观察实际最终用户在典型环境下与产品的交互。在研究期间，团队成员收集相关的图片、草图、录像和访谈数据。设计团队还可以通过扮演典型最终用户角色的方法进一步探讨产品的使用（与研究扮演最终用户的学生相比，对几个最终用户进行详细访谈要更加有效）。

3.3　客户需求

设计者必须将客户所"需要和想要的东西"编辑成一份按序排列的清单。清单上罗列的"需要和想要的东西"通常称作客户需求。这些需求构成了最终用户对产品质量的意见。奇怪的是，客户在接受访谈时可能没有表达出对产品的所有需求。如果某项特性已经成为产品的一个标准，客户可能忘记提及它。为了弄清楚具体原因以及探索减少遗漏的方法，有必要思考客户是如何感知"需求"的。

从整体上说，我们应该认识到人类的个体需求是有层次的[一]。

- 第一层次：生理需求，诸如口渴、饥饿、性、睡眠、住所以及运动。这些需求组成了人体的基本需求。在得到满足之前，它们仍然是个人行为的首要影响因素。

⊝　H. Mariampolski, *Ethnography for Marketers: A Guide to Consumer Immersion*, Sage Publications, 2005.

⊝　A. H. Maslow, *Psych. Rev.*, vol. 50, pp. 370-396, 1943.

- 第二层次：安全保障需求，包括对于危险、损失以及威胁的防护。当生理需求被满足后，安全保障需求就凸显了出来。
- 第三层次：社会需求，即对来自他人的爱和尊重的需求，这些需求包括对群体归属感、群体认同和社会认可的需求。
- 第四层次：心理需求，即对自尊、自重以及对成就和赞誉的需求。
- 第五层次：自我实现需求，即对通过自我发展、创造力以及自我表达来挖掘出个人全部潜能的需求。

每当一个层次的需求得到满足后，人们会去追求更高层次的需求。一个 10 岁孩子的父母首要关心的是食物、住房和衣服。没有哪个父母会对孩子的体育用品感兴趣，除非他们的基本需求已得到满足。我们的设计问题应该关注人类的基本需求，其中一些基本需求可能如此明显，以致在现代科技社会中它们被认为是理所当然的。例如，在 Shot-Buddy 性能和特征的头脑风暴列表里，没有提及该装置的安全性。不过，安全性的需求总在工程设计者的考虑范围之内。

3.3.1　客户需求的不同方面

从设计团队的立场来看，客户需求广泛融入产品开发过程（PDP）需求，包括产品性能、上市时间、成本和质量。

- 性能：是指设计完成后产品在运行中的表现。迄今为止，设计团队并不会盲目地采纳客户提出的需求。然而，这些需求可作为设计团队行为的依据。其他因素可能包括内部客户（例如制造人员）或大型零售分销商的需求。
- 时间：涵盖设计的所有时间方面。当前，设计人员在尽力压缩新产品开发过程（PDP）周期时间（也称为新产品上市时间）[⊖]。对于许多消费产品来说，第一进入市场的优秀产品将占领市场（图 2.2）。
- 成本：涵盖设计的所有资金方面。成本是设计团队最重要的考虑因素，当所有其他客户需求大体相同时，成本决定了大多数客户的购买决策。从设计团队的角度出发，成本是很多设计决策的结果，并且常用于在产品特性和最后期限之间做出权衡。
- 质量：是一个具有多重内容和定义的复杂特性。对设计团队来说，质量的一个合理定义是：对于一件产品或服务，与满足明确或隐含需求的能力相关的特征与特性的总称。

除上述四种客户需求外，还有一种涵盖范围更广的需求——价值。价值是对产品或服务值得程度的衡量，可以用功能除以成本或质量除以成本来表示。对大型、成功公司的研究表明，投资回报与高市场份额和高质量密切相关。

Carvin[⊖] 指出了制成品的八项基本质量维度（表 3.2）。它们已经成为设计团队用来确定产品开发过程（PDP）中收集客户需求数据的完整性标准。并不是所有质量维度对每种产品都同等重要，有的质量维度不是关键的客户需求。有些维度突出了多学科产品开发团队的需求。设计中的美学属于工业设计师（也是艺术家）的研究范畴。影响美学的一个重要技术问题是人机工程学（设计适合人类客户的程度）。工业工程师必须掌握人体工程学这一门技能。对于设计团队来说，整合所有收集到的某一产品的客户需求并加以解释是一项挑战。必须将客户数据整合成一套易于管理的需求，以驱动设计概念的生成。在考虑上市时间或公司内部客户需求之前，设计团队必须清楚地确定客户需求的优先等级。

⊖ G. Stalk, Jr., and T. M. Hout, *Competing agasint Time*, The Free Press, New York, 1990.

⊖ D. A. Garvin, *Harvard Business Review*, November-December 1987, pp. 101-109.

表 3.2 Garvin 的八项质量维度

指 标	描 述
性能	产品的首要操作特性。该质量指标可以用可测量的数值来表达和客观地分级
特征	这些特性是产品基本功能的补充。产品特征按照客户的需求或品味定做个性化的产品
可靠性	产品在给定时间段内失效或故障的可能性,见第 14 章
耐久性	产品从获得到发生故障之前所使用的时间。此时替换比继续维修更好。耐久性是产品寿命的度量。耐久性和可靠性不同
服务性	故障之后维修的难度和维修时间。其他事项是维修人员的礼貌和竞争力,以及维修的成本和简易程度
一致性	产品满足客户期望与已知标准的程度。标准包括行业标准、政府规定、安全标准和环境标准
美学	产品看起来、感觉起来、听起来、尝起来和闻起来是什么样。客户对于该要素的反应来源于自身判断和个人喜好
感受质量	客对产品的判断在购买之前。这方面与拥有相似产品或者相同制造商产品的过去的经验相关。广告宣传试图促进该质量要素的提升

3.3.2 客户需求分类

并非所有的客户需求都是等同的,从本质上来说,客户需求对于不同的人有着不同的价值。设计团队必须区分出那些对产品在目标市场获得成功最为重要的需求,并且确保这些需求能通过产品得到满足。

对于有些设计团队成员来说,这很难区分,因为纯粹的工程观点是,在产品的所有方面获得尽可能最佳的性能。卡诺图是一件很好的工具,它能根据优先等级将客户需求直观地分类的。卡诺(Kano)认为客户需求有四个等级[⊖]:①期望型需求;②显性需求;③隐性需求;④兴奋型需求。

- 期望型需求:是客户期望在产品中看到的基本属性,例如标准特征。期望型需求通常易于衡量,常用于标杆分析中。
- 显性需求:是客户描述出来的他们在产品中想要的具体属性。由于客户是用这些属性来定义产品的,所以设计者一定愿意提供这些属性以满足他们。
- 隐性需求:是客户通常没有提到的产品属性,但是它们对于客户仍然很重要,不能被忽略。这些属性可能是客户忘记提及的、不想说的或仅仅是没意识到的。对设计团队来说,识别出隐性需求需要高超的技巧。
- 兴奋型需求:常称为愉悦型需求,是使得产品独一无二且可与竞争对手区分开来的产品属性。注意,缺少兴奋型需求不会让客户失望,因为他们并不知道到底缺少了什么。

卡诺图描述了预期客户满意度(y 轴)随着客户需求实现度(x 轴)的变化而变化的趋势。客户需求实现度也可以理解为产品性能。x 轴上的零点表示性能适当;y 轴右侧表示性能品质超出预期;y 轴左侧表示性能品质低于预期,直到没有所需要的性能为止。

图 3.5 描述了产品性能和客户需求之间的三种关系。曲线②是 45° 线,它从需求性能"缺失"、客户满意度最低(或者"厌恶")的区域开始,延伸至高品质性能、客户愉悦的区域。由于这是一条直线,所以它表示客户对产品预期功能的需求得到满足,客户最终获得愉悦的体验。曲线②表示期望型需求中的客户需求(Customer Requirements,CRs)。大多数显性需求也符合这

⊖ L. Cohen, *Quality Function Deployment*: *How to Make QFD Work for You*, Addison-Wesley, Publishing Company, New York, 1995.

条曲线。

图 3.5 中的曲线①从现有的但尚未充分实现的性能区域开始，逐渐上升逼近 x 轴正向。满足符合曲线①的客户需求永远不会有助于提升客户满意度，因为这些需求理所当然地蕴含在客户对产品的性能期望中。然而，不达成这些期望性能会显著降低客户对产品质量的感知。期望型需求符合曲线①。隐性需求也符合曲线①。

在曲线③上，任何有助于满足客户需求的产品性能都会加深客户对产品质量的印象。随着产品性能的提高，质量评级会急剧提升。这些是兴奋型需求中的客户需求。图 3.5 中的卡诺图表明，设计团队必须了解每项客户需求的本质，以知晓哪些是最重要的。为了确定设计团队优先努力的方向以及对性能权衡做出合理决策，有必要理解客户需求的本质。

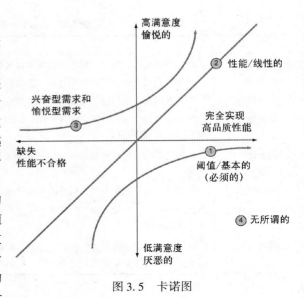

图 3.5　卡诺图

到目前为止，客户需求的所有信息都已经呈现，设计团队现在可以建立一个更加准确的客户需求优先表。该列表包括：

- 在对标杆分析过程中通过研究竞争对手的产品来发现的基本需求。
- 通过人种志学研究观察到的隐性需求。
- 从调查中获得的高等级的客户需求。
- 公司计划采用新技术而催生出的兴奋型需求或愉悦型需求。

最高等级的客户需求被称为质量关键点客户需求（CTQ CRs）。指定了 CTQ CRs 就意味着这些客户需求将成为设计团队工作的重心，因为它们将产生最大程度的客户满意度。

例 3.3　*Shot-Buddy* 客户需求。

JSR 设计团队一直在调研 Shot-Buddy 的市场和最终用户群的信息。以下就是他们得出的客户需求：

1）抗风雨。系统暴露在雨雪之中不易生锈，可以长时间置于使用位置。

2）投篮返回精准。当球离开投篮返回装置后，一个有效的篮球返回系统必须能够将球返回到投篮者所在的位置。

3）免工具安装。装配、拆卸或安装系统时不需要使用任何工具，包括手动工具或电动工具。该客户需求源于设计者希望该产品能节省客户的时间和精力。

4）五年使用寿命。包括能够承受环境影响因素和高处（最大使用高度为 12ft）坠落损伤的能力。

5）快速返回。Shot-Buddy 必须能迅速将球返回，即使是投失的球也不例外。实际上，投篮者可以有节奏地练习投篮以培养独有的手感。

6）能存放在车库中。系统应该能放进车库里且仅占用少量空间，或者能放进小屋里且不必大幅度调整屋中其他物品的位置。

7）与大多数篮筐配置兼容。篮球返回系统必须能可兼容地安装在任何品牌的篮筐上。

8）不堵塞。Shot-Buddy 必须能返回来自各个角度且具有不同速度的投篮，不能让球卡在系统里而导致返回失败。

9）能捕获大多数球（投进和投失的）。Shot-Buddy 必须在广泛投篮范围内有效，能捕获投进或投失的篮球。

10）不突兀。Shot-Buddy 不能有突出在空中或地面上的组件而妨碍投篮，不能限制投篮数量。

设计团队知道，不是所有客户需求对于决定客户对产品的态度都有相同的影响力。Shot-Buddy 能将球自动返回到投篮者所在位置的能力（2）是产品的创新点，此即是兴奋型需求。高等级客户需求包括不堵塞（8）、能捕获大多数球（9）、兼容性（7）。这两类的客户需求可视为质量关键点客户需求。剩下的客户需求包括提高产品质量（例如快速返回）以及那些隐性需求（例如免工具安装）。

3.4 获得既存产品信息

探索和理解性能是产品研发最早阶段的关键过程。通过进行直接观察、阅读产品和技术文献以及把物理和工程科学的原理应用到任务中去的方式来实现收集产品信息。

3.4.1 产品剖析

观察使用中的产品是最自然的信息收集方式之一，在第 3.3 节提到的人种志学研究也强调这一点。下一个合乎逻辑的产品调查步骤是拆开物体来看看它怎样工作。这个过程通常称为产品剖析（product dissection）和逆向工程（reverse engineering）。

产品剖析是对产品的拆解过程，旨在确定产品中零部件的选择和排布，并深入研究产品的制造工艺。实施产品剖析是为了从人工制品⊖本身来了解产品情况。产品剖析是工程设计学习过程的一个重要组成部分。在剖析过程中收集到的信息能帮助人们更好地理解生产商做出的设计决策。

产品剖析过程包括四项活动。在剖析过程中，每项活动都伴随着期待回答的重要问题。

1）发现产品的运行需求。产品是怎样运行的？产品正常运行需要哪些必要条件？

2）考察产品怎样执行其功能。产品为了产生所需的功能而使用了什么样的机械、电子控制系统或者其他装置？能量和力以什么样的形式流经产品？组件和元件的空间约束是什么？正常运行是否需要间隙？如果存在间隙，原因是什么？

3）确定产品零件之间的关系。主要的组件是什么？关键零件接口是什么？

4）确定产品的生产工艺和组装流程。每个零件是由什么材料和什么工艺制造的？关键零件的连接方法是什么？哪里用了紧固件？用了什么类型的紧固件？

发现产品的运行需求是唯一一项只针对完整产品的活动。为了完成其他活动，必须对产品进行拆解。如果没有产品的装配图，那么在首次拆解产品时最好画一张。除此之外，在这个阶段创建完整的文档也是至关重要的。文档内容可包括拆卸步骤的详细列表和零部件清单。

逆向工程这个术语通常用于产品剖析过程，其目的是了解竞争对手的产品。工程师通过逆向工程来发掘通过其他方式不能获取的信息。当仅仅为了盈利而采取逆向工程仿造他人的产品时，这一过程是十分乏味的。逆向工程可以帮助设计团队了解竞争对手做了什么，但不能给出为什么这么做的原因。在实施逆向工程时，设计者不要认为他们看到的是其竞争对手的最佳设计。除了获取最佳性能外，还有很多因素影响整个设计过程，而这些因素不会体现在产品的物理形态中。

⊖ 人工制品即为人造物品。

3.4.2 产品资料和技术文献

客户购买的大多数产品在其包装或标签上都附有产品信息，这些信息可能包括使用说明、警告、额定性能、资格证书和生产商的联系信息。对于简单产品，这些信息可能列在直接贴于产品的标签上；也可能会将信息印在产品外表面上，比如印在塑料上的回收利用标识。其他产品会将这些信息包含在产品附属的包装、数据表或者手册上。

对于一些产品，联邦法规（美国）对其标签有相应的要求。标准组织和政府机构对特定产品的标签内容有明确规定。联邦贸易委员会发布的第 16 号商业准则法令第 305 部分中有一节的标题为"根据《能源政策与节约法案》的要求而制定的关于披露若干家用电器和其他产品能源消耗量与水资源消耗量的规定"，该法令也称为《电器标签规定》。法令中的第 305.13 节规定了风扇标签的内容、尺寸、字体和放置位置⊖。该规定确保了任何人都能通过标签知道吊扇高速运转时的空气流量（ft³/min）、高速运转时的用电量（W）和额定功率。这个例子很好地说明：人们在购买产品时，能在产品的外表面、包装或附属文献资料里找到产品的信息。对产品法规的研究将在第 5 章中阐述。

制造商可能会选择向购买者提供比标签上更多的信息。许多产品（比如电子产品）会附带使用说明书。这些产品通常还会为没有阅读使用说明书的用户提供一份快速入门指南（Quick Start Guide）。许多更大的制造商会建立并维护客服网站，为产品用户和相似产品的研究人员提供产品手册下载服务。

1. 消费品的资料

有些私人的非营利机构专注于向消费者发布产品信息。其中之一便是美国消费者联盟（Consumers Union），即著名杂志《美国消费者报告》（Consumer Reports）的出版商。美国消费者联盟对产品进行自主测试和研究，并将结果通过出版物的形式告知读者，或将结果以在线的形式呈现给 ConsumerReports. org⊜的订阅用户。独立的立场和便捷的互联网使得美国消费者报告成为买家查询产品信息的首选。美国消费者报告提供从汽车、家电到电子产品、宠物饰品等广泛领域内的产品信息。

有许多关注特定领域消费品的印刷出版物和在线出版物。在 1966 年建立的埃德蒙兹公司（Edmunds, Inc.）是一个给汽车买家提供信息的公司⊜。该公司在 1994 年开通在线网络，是第一家关于汽车的在线信息提供商。埃德蒙兹公司提供的产品不仅覆盖新车和二手车，还为汽车提供贷款和保险服务。这是一个面向单领域产品的消费品信息数据库的例子。

产品资料的另一个子集是安全信息。美国消费品安全委员会（Consumer Product Safety Commission, CPSC）负责鉴别不安全的消费品。CPSC 关注那些倾向于在家庭内部或周边使用的产品以及儿童可能会用或滥用的产品。CPSC 维护一份管制产品的清单，并将不在 CPSC 监管范围内的管制产品链接到其他政府机构®。CPSC 在 2010 年 7 月采取的安全措施包括召回了有火灾隐患的某类型迷你自行车和卡丁车。在同一月份，CPSC 为了提高安全性而提出了新的婴儿床产品规定⑤。

⊖ 73FR 63068，Oct. 23，2008.

⊜ ConsumerReports，http：//www. consumerreports. org，accessed September 12，2010.

⊜ "Welcome to Edmunds. com，" Edmunds，http：//www. edmunds. com，accessed September 12，2010.

㉕ "Regulated Products，" Consumer Product Safety Commission，http：//www. cpsc. gov/businfo/regl. html，accessed September 12，2010.

⑤ "CPSC Proposes New Rules for Full-Size and Non-Full-Size Cribs，" *NEWS from CPSC*，Release # 10-301，U. S. Consumer Product Safety Commission，http：//www. cpsc. gov/cpscpub/prerel/prhtml10/10301. html，accessed September 12，2010.

2. 购物网站

网站可用于编辑特定产品的信息，竞争优势产品公司（Competitive Edge Products, Inc.）就是一个专业的网站[一]。该网站提供一系列篮球产品的信息，产品覆盖范围从篮筐、篮板支柱（埋地型和池边型）到像篮板防碎膜、支柱衬垫和篮球返回系统这样的附属设备。网站陈列了现有产品的相片、标签信息和说明书。在一些网站上，人们能找到购买者输入的客户评论。专业购物网站的客户需牢记网站提供的信息不一定是公正可靠的。

3. 技术文献

除了一些特殊兴趣的出版物之外，还有许多学术期刊发布质量研究信息。这些学术期刊先经同行专家评审，专家们认为其所提供的材料有助于丰富主题领域内的知识主体且具备出版价值，期刊才能得以出版。期刊文章可为市场上的新生技术提供重要信息。使用本书第 5 章"信息收集"所概述的检索方法，任何人都能检索到相关的学术期刊。例如，Shot-Buddy 的研发团队需要能够预测篮球在标准场地内投向篮筐时的运动规律。这里有 3 篇该团队感兴趣的文章：

1) H. Okubo and Hubbard, M.（2006），"Dynamics of the basketball shot with application to the free throw，" Journal of Sports Sciences，24：12，1303-1314.

2) Tran, C. M. and Silverberg, L. M.（2008），"ran, C. M. and Silverberg, L. M.（2008）throw in menand Silveball，" Journal of Sports Sciences，26：11，1147-1155.

3) H. Okubo and Hubbard, M.（2004），"Dynamics of basketball-rim interactions，" Sports Engineering，7：1，15-29.

4. 专利文献

不是所有的产品都有专利，但是专利文献的确包括已经成为成功产品的发明。专利是由美国专利商标局向新颖并实用装置的发明人颁发的一个资格证书。第 5 章将讨论美国专利系统（U. S. Patent System），其中部分章节将介绍如何通过分类标签来检索专利。如果知道专利号码，专利信息就很容易被检索出来。专利系统也是按应用类别来组织的，所以一旦得知正确的类别，就能很快找到推荐的发明信息（但不一定是完整的）。

例 3.4　找到与拟设计的 Shot-Buddy 相似的产品的专利。

美国 5540428[二]号专利是一个复合篮球回收装置的例子。如图 3.6 所示，这个装置通过利用布置在篮筐下面的一个张开成漏斗形的大网（78）把投进和投失的篮球引入装置底部的导轨（82），在重力和动量作用下，导轨将篮球返回给用户。回收篮球的漏斗形网要足够大，这样才能捕获到大部分弹离篮筐（36）或篮板（10）的球。捕捉网通过与篮筐和篮板支柱（74）相连得以固定。

该设计有两大优势：一是能回收大范围的投失球，二是始终能将球返回到导轨末端位置。该设计的缺点是：太大，需要固定支撑（74，76），只能将球返回到一个位置而不

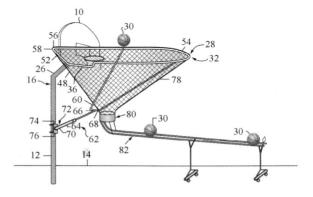

图 3.6　来自专利号 5540428 的篮球回收装置

[一]　"Lifetime Basketball Systems, Hoops, Goals, Backboards and Sports Accessories from Competitive Edge Products," http：//www. competitiveedgeproducts. com/basketballsystems. aspx, accessed July14, 2010.

[二]　John. G. Joseph, "Basketball Retrieval and Return Apparatus," Patent 5540428, July 30, 1996.

管投篮者在何处。最终，这个装置被设计用于支柱支撑的篮筐上（常见于篮球场或者家庭车道）。虽然它已经覆盖了大多数应用领域，但仍不能用于健身房和娱乐中心的篮筐，这些地方的篮筐通常采用更加复杂的支撑方式。

另一个有趣的篮球返回装置如图 3.7 所示⊖。

3.4.3 产品或系统的物理学

工程课程讲授像静力学、动力学、材料力学、电路学、控制、流体和热力学等学科的基本原理。课程会提出一些描述物理系统及其所处环境的应用题，学生们通过学习若干分析的、逻辑的、数学的和经验的方法来解决这些问题。在工程科学课程中，通常为学生们提供所有必要的细节，要求他们将对一个产品、装置或者系统的描述转化为评估其性能的问题。这个过程相当于建模并将模型用于评估的目的。

1. 工程模型

要想对一个产品和系统进行有效的分析，就需要对每个设计或系统选项有足够详细的描述，由此可以精确地计算出人们所感兴趣的性能。这些分析所需要的详细描述称为模型（models）。模型包括对产品或系统在物理方面的表达（例如草图或几何模型），设计细节的约束，控制其行为的物理定律和描述其行为的数学方程（请参考第 7.4 节获取更多关于开发模型的信息）。

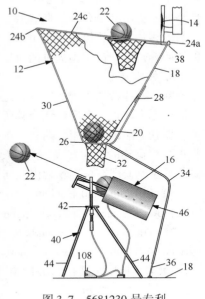

图 3.7　5681230 号专利的篮球返回装置

此处，通过实例来演示如何建立一个模型来描述设计系统的行为。为了让 Shot-Buddy 有效地工作，在使用时它必须能承受一定大小的力。

例 3.5　估算使用时的受力。

每次投篮击中篮球返回装置的力度大小各异。首先需确定计算最大冲击力所需的变量。为了评估篮球返回系统的受力，JSR 设计团队必须确定篮球击中装置时的速度和方向。图 3.8 是设计团队画的篮球在空中运动的示意图，篮球从三分线处（距离篮筐 6.02m，此处的投篮可能具有最大的冲击力）投出。JSR 设计团队假定投篮者在头部高度将球投出，其身高与八年级男孩的平均身高相同。该模型忽略了空气对球的阻力。设计团队根据篮球的初始条件和最终条件建立了一个联立方程组，并求出该方程组的数值解。由此确定了篮球在初始位置和最终位置的速度矢量分量以及篮球轨迹最高点的位置。改变投篮角度，重复上述计算。JSR 设计团队得出：以水平速度分量 6.5m/s(v_x)、斜向上 45°投出篮球，当击中篮筐下沿某点时的最终速度是 8.6m/s。在此点上，JSR 设计团队预计篮球与返回系统的接触时间为 0.1s(Δt)，利用动量定理（$p = mv$）来估计冲击力的大小。根据 JSR 设计团队的计算，当投篮角度为 30°时的冲击力是 55N。（注意，如果 JSR 设计团队已找到由 Tran 和 Silverberg⊖发表的技术文献，他们可以将其作为估算冲击力和其他变量的参考，而不需要做如此多的分析。）

为了验证他们的模型，JSR 设计团队阅读技术文献，找到了 Tran 和 Silverberg 为研究罚篮而建立的投篮模型（图 3.9）。Tran 和 Silverberg 报道了典型罚球的出手高度是高于投篮者头部 6in，

⊖　Harold F. Krings，"Automatic Basketball Return Apparatus," Patent 5681230，Oct. 28，1997.

⊖　C. M. Tran and L. M. Silverberg (2008)，"Optimal release conditions for the free throw in men's basketball," *Journal of Sports Sciences*，26：11，1147-1155.

因此他们没有将高度作为一个变量，而是用6ft 6in作为平均投篮高度。此正规模型和JSR设计团队的模型都包括具有投出角度的速度矢量，两组研究人员都认为角度会改变。正规模型还包括球的下旋角速度（ω）和另外两个角度变量。角β是速度矢量的侧角，角θ是投篮者身体矢状面与篮板法线之间的夹角。当投篮时，若投篮者不正对篮板，这两个角度才有意义。

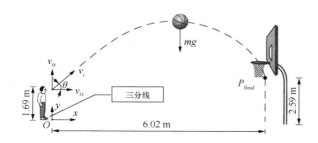 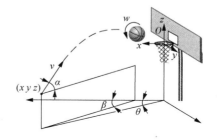

图3.8　由JSR设计团队研发的发射器模型　　　图3.9　由Tran和Silverberg设计的罚球模型

技术论文中的模型包含大量细节，然而在概念设计阶段这些细节并非必要。例如，专业篮球运动员总是对篮球施加下旋，球在碰到篮板后会向下反弹，更容易落入篮筐。之前引用的研究论文将下旋角速度设为3～4rad/s。JSR模型主要用来确定承受篮球返回装置的受力水平，因此合理地忽略了这一细节。

2. 分离体受力图

分离体受力图是一种探究产品物理特性（存在形式）和运行规律的工具。工程师学习通过创建模型来描述作用在物理对象（处于特定环境中）上的力和力矩。这种模型称作分离体受力图[⊖]。建模对象和施加在其上的所有力都以草图的形式呈现。建模对象必须处于静止状态，因此所有的力和力矩一定是平衡的。任何不平衡的力和力矩都将导致物体朝着合力的方向移动。

分离体受力图包括：一组由x、y、z轴组成的公开坐标系，已定义空间里对象的草图，在坐标空间里表示作用于对象上的力的标记箭头（例如，物体的重力一般地由标记"mg"的箭头表示，其中"m"代表物体的质量，"g"代表重力加速度），表示使对象绕x、y、z轴旋转的旋转力（扭矩）的标记圆弧。该模型名称之所以包含"分离"二字，是因为它"单独"绘制在草图中而不包括其他作用于其上的人或物（它们都用等效力来代替）。在一个正确的分离体受力图中，所有力之和为0，所有力矩之和也为0[⊖]。

分离体受力图可用于确定产品在运行时的受力状态。它也可用于描述产品内部的组件，帮助了解和估算在产品运行时作用于该组件上的力。

例3.6　篮板篮筐（Basketball Goal）的分离体受力图。

尽管篮球返回装置尚未设计完成，但是JSR设计团队需要知道篮球击中篮筐时力的传递关系。最简单方法是用分离体受力图来建模。图3.10是一幅分离体受力图，可用于估算篮球击中篮筐前沿时的篮筐受力。篮筐被简化为单端固定的悬臂梁，在固定端会受到力和力矩的作用。

⊖　建立分离体受力图的优秀例子，"Some Notes on Free-Body Diagrams" by Professor William Hallett, Dept. of Mechanical Engineering, University of Ottawa, 见网址 www.mhhe.com/dieter.

⊖　同上。

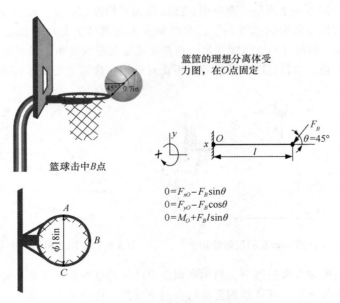

篮筐的理想分离体受
力图,在O点固定

篮球击中B点

$$0 = F_{xO} - F_B\sin\theta$$
$$0 = F_{yO} - F_B\cos\theta$$
$$0 = M_O + F_B l\sin\theta$$

图 3.10　例 3.6 的分离体受力图

3.5　建立工程特性

　　建立工程特性是撰写产品设计任务书的关键一步(第3.7节)。识别产品所必须满足的需求是一个复杂的过程。本章前面几节重点讨论了收集和理解客户对产品的期望。这个步骤的主要挑战是能做到在不预设前提的条件下倾听和记录客户的全部想法。例如,某个客户在谈论随身行李时可能会说:"我想让它易于携带"。工程师可能把这句话解释成:"把行李箱做得轻一些",因此将质量设定为应该最小化的设计参数。然而,客户可能只是想要一个能放进飞机座位上方行李舱架的手提行李箱。由于轮式行李箱的发明,易于携带这项任务早已解决。

　　仅仅知道客户或最终用户对产品的期望是不足以用来生成设计的。回想一下,一旦产品被描述得足够清晰并得到了技术专家、商业专家及经理们的认可,设计过程才能进入概念生成阶段。产品描述由一系列中性解决方案规范构成,这意味着此时的规范应该不够完善,还不能提出一个单一的设计概念或一类设计概念。

　　产品描述包含诸多工程特性,定义如下:
- 设计参数。参数是一系列的物理属性,参数值的大小决定了设计的形式和行为。参数包括由设计者决定的设计特征和用来描述设计性能的数值。注意,设计者为了获取特定的性能水平会做出许多选择,但在完成实体设计之前,他们不能保证这些选择会获得成功。
- 设计变量。设计变量是指需要设计团队进行选择的参数。例如,电动机主轴减速器的齿轮比就是一个设计变量。
- 约束。在设计过程中,一个数值被固定的设计参数就是一个约束。约束是对设计自由度的限制。约束可以是对一种特定配色方案的选择,或者是对一种标准紧固件的使用,或者是由设计团队和客户之外的因素决定的特定尺寸限制⊖。约束可以是对设计变量或性

　　⊖　例如,在商用飞机上的行李箱的尺寸限制。

能参数的最大值或最小值的限制，也可以表现为一系列数值的形式。

产品描述是一系列由诸多工程特性组成的中性解决方案规范，只有产品描述获得批准认可，产品开发过程（PDP）才能继续进行。这些工程特性包括设计参数（在设计过程之前就已确定）、设计变量和约束。这些中性解决方案是最终产品设计规格（产品设计说明书）最后集合的框架，但却不是最终的规格。

客户由于缺乏基础知识和专业经验，不能用工程特性来描述他们想要的产品。而工程和设计专业人员能够用中性解决方案的形式描述产品，因为他们可以想象出产生特定行为的物理零件和组件。工程师可以使用一种常用的产品开发工具——标杆分析法（benchmarking），来拓展和更新对类似产品的理解。

3.5.1　标杆分析概述与竞争性能标杆分析

标杆分析是一个将本公司与行业内外最佳的公司相比较以衡量本公司运营水平的过程[⊖]。该名称取自于测绘员测量海拔高度时所使用的基准（benchmark）或参考点。标杆分析可应用于企业的各个方面，是一种通过信息交流向其他企业学习的方法。

建立在互惠互利基础上（非直接竞争对手之间交流信息，相互借鉴对方的业务运作）的标杆分析最为有效。其他最佳实践来源有商业伙伴（如本公司的主要供应商）、在同一供应链上的企业（如汽车制造供应商）、合作伙伴或行业顾问。有时，贸易或专业协会可以促进标杆分析交流。更多的时候，需要保持良好的相互关系，并向对方提供对其有用的本公司信息。

一个公司可以在许多不同地方寻找标杆，包括自身组织机构内部。通过标杆分析确定公司内部的最佳实践（或相似业务部门的绩效差距）是提高公司整体绩效的最有效方法之一。

即使在开明的组织内，也会出现抵制新想法的情况。当管理者得知其他公司通过标杆分析取得成功后，他也会学习标杆分析，并把它引入到自己的企业中去。并非所有人员对标杆分析法都具有相同的认识水平和适应程度，所以实施团队会遇到阻力。以下就是在标杆分析中通常遇到的阻力：

- 害怕被视为抄袭者。
- 害怕信息被交换或共享后失去竞争优势。
- 自大。公司可能会认为在公司之外不会学到任何有用的东西，或者它可能认为自己就是标杆。
- 急躁。正忙于产品改进项目的公司通常想立即做出改变，而标杆分析只执行了改进项目的第一步——评估了公司目前在业内的相对地位。

为了克服标杆分析的障碍，项目负责人必须向所有相关人员清晰地传达项目的目标、范围、程序和预期效益。无论标杆分析的出发点是什么，所有标杆分析都开始于两个相同的步骤。

- 选择公司内需要标杆分析的产品、流程或职能范围。所选对象不同，需要测量和比较的关键性能指标也不同。从商业角度来看，这些指标可以是回头客所占的销售额、退回产品的比例或者投资回报。
- 为需要标杆分析的每个流程确定一流的标杆公司。一流公司是以最低流程执行成本获得最高客户满意度的公司，或占有最大市场份额的公司。

⊖　R. C. Camp, *Benchmarking*, 2nd ed., Quality Press, American Society of Quality, Milwaukee, 1995；M. J. Spendolini, *The Benchmarking Book*, Amacon, New York, 1992；M. Zairi, *Effetive Benchmarking*：*Learning from the Best*, Campman & Hall, New York, 1996.

最后，务必要认识到标杆分析不是一次性的努力。竞争对手同样会努力改进他们的运营流程。如果公司想要保持运营优势，就应把标杆分析视为持续改进流程中的第一步。

竞争性能标杆分析（competitive performance benchmarking）涉及以当前市场上的一流产品为标杆来测试本公司产品。对于设计对比和产品加工来说，这是重要的一步。标杆分析可用于为设置新产品功能预期提供必要的性能数据，还可用于划分市场竞争，找到真正的竞争对手。

竞争性能标杆分析程序可总结为如下八个步骤[⊖],[⊜]：

1）确定对最终用户满意度最为重要的产品特征、功能以及任何其他因素。
2）确定对产品技术成功重要的特征和功能。
3）确定会显著增加成本的产品功能。
4）确定将本方产品与竞争对手产品区别开来的产品特征和功能。
5）确定具有最大改进潜力的产品功能。
6）建立可以量化和评估最重要产品功能或特征的指标。
7）通过性能测试来评估本方产品和竞争产品。
8）生成标杆分析报告，总结从竞争对手的产品、收集到的数据结论中得到的所有信息。

3.5.2 确定工程特性

在工程设计中，有必要用工程特性语言将客户需求翻译成设计人员所感兴趣的参数。任何概念性设计方案的确定都需要设计团队或审批部门来规定细节水平，这些细节是唯一确定每个设计方案所必需的。这些细节就是一系列的工程特性（Engineering Characteristics, EC），包括参数、设计变量和约束。这些工程特性是由设计团队通过标杆分析和逆向工程等研究活动收集到的。设计团队对于什么是最重要的工程特性可能有一些初步认识，但只有在下一个活动——创建质量屋完成后，最重要的工程特性才能被确定下来。

例 3.7　Shot-Buddy 的工程特性。

JSR 设计团队一直研究市场中现有的篮球返回装置，并把他们与客户需求相对照，由此来建立能覆盖 Shot-Buddy 关键参数的工程特性。在列出可能的设计特性之前，JSR 设计团队必须做出某些高水准的设计决策。为了使篮球返回装置切实可行，有必要确定返回篮球的路线，如图 3.11 所示。返回路线是返回装置起动时投篮者所站的那条线。不同的设计可以具有不同数量的返回路线。

对于建立工程特性来说，不需要将设计方案确定下来。团队成员必须在充分理解问题的基础上创建描述系统行为的参数列表。在设计过程中，设计团队会修改工程特性（ECs）列表。下面的参数列表是由 JSR 设计团队经过数次迭代而得到的。

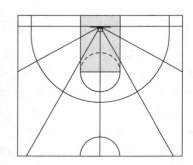

图 3.11　Shot-Buddy 的篮球返回路线（罚球区）
（改编自 Josiah Davis, Jamil Decker, James Maresco, Seth McBee, Stephen Phillips, and Ryan Quinn, "JSR Design Final Report: Shot-Buddy," unpublished, ENME 472, University of Maryland, May 2010）

⊖ B. B. Anderson and P. G. Peterson, *The Benchmarking Handbook: Step-by-Step Instructions*, Chapman & Hall, New York, 1996.
⊜ C. C. Wilson, M. E. Kennedy, and C. J. Trammell, *Superior Product Development*, *Managing the Process for Innovative Products*, Blackwell Business, Cambridge, MA, 1996.

这些参数如下：

1）捕捉区。围绕篮筐的区域，任何落入此区域的篮球都能返回到投篮者。

2）堵塞的概率。篮球引导通道的规格（开口大小、长度、弯数）决定了篮球卡住的概率。

3）返回精度。篮球返回到投篮者所在位置的次数的百分比。

4）平均返回时间。篮球从篮筐高度返回到投篮者所需的平均时间长度。

5）感应投篮者的位置。为了精准地引导篮球返回，Shot-Buddy 的一个关键功能是能确定投篮者在球场中的位置。

6）变线时间。篮球返回装置的对准子系统转至下一条路线所花费的时间。

7）路线跨度。返回路线以篮筐为圆心跨过的弧度数。

8）转动篮球返回子系统所需的能量或扭矩。Shot-Buddy 必须含有能转动的子系统，以便将篮球返回投篮者所在的位置。

9）重量。

10）安装系统的时间。业主组装并安放系统所需的时间长度。

11）材料刚性。系统中任何易受篮球撞击伤害的部分必须能在不产生永久变形的情况下承受一定的挠曲。

12）连接处的材料韧性。Shot-Buddy 需固定在篮筐或支柱等已有部件上，所有的接头必须能承受篮球的猛烈撞击。

13）耐风化性。Shot-Buddy 被设计安装在户外篮筐上，这意味着它必须能承受五年时间的自然环境。

这里列出的工程特性是物理特性和性能特性的结合。有些工程特性，如 No. 5 "感应投篮者的位置"，描述了系统的关键功能。对 Shot-Buddy 来说，可能会有多种不同的感应方法，每种方法都对应不同的设计。

例 3.7 中的工程特性列表描述了 Shot-Buddy 的物理特性和性能特性，它们都是设计团队需要确定的变量。每个工程特性都有助于决定 Shot-Buddy 的整体性能，但有些工程特性对于满足客户需求来说更为关键。在第 3.6 节介绍的质量功能配置（QFD）将帮助设计团队确定最为关键的工程特性。

3.6 质量功能配置

质量功能配置（QFD）是一种规划和团队问题求解工具，已被各类公司广泛采用，用于在整个产品开发过程中把设计团队注意力集中在满足客户需求上。质量功能配置中的"配置"（deployment）一词是指该方法能确定产品开发过程（PDP）中每一阶段的重要需求，并用这些需求来识别该阶段对满足客户需求贡献最大的技术特性。质量功能配置在很大程度上是一种图解法，它能辅助设计团队系统地识别产品开发过程中的所有要素，并为每一开发步骤创建关键参数间的关系矩阵。为了收集质量功能配置过程所需信息，设计团队必须得回答那些可能被非严格方法所掩盖的问题，并学习关于该问题尚未了解的知识。由于这是一种群体决策行为，所以会获得高度认同和对问题的一致理解。与头脑风暴法一样，质量功能配置是一种可用于多个设计阶段的工具。实际上，它是一个通过提供输入来指导设计团队的完整过程。

图 3.12 给出了完整的质量功能配置过程[⊖]。此处详细描述质量功能配置过程的三个方面。

⊖ S. Pugh, *Total Design*, Chap. 3, Addison-Wesley, Reading, MA, 1990.

第一，这里清楚地表明，为什么质量功能配置的各阶段（特别是第一阶段：产品规划）被称为屋（houses）。第二，质量功能配置过程由四个依次进行的阶段组成，它们串联成链，每个阶段的输出都是下一个阶段的输入。产品规划阶段称为质量屋（House of Quality，HOQ），将结果提供给零件研发阶段，零件研发阶段为工艺规划设计阶段提供输入，而工艺规划设计阶段将为生产规划阶段提供输入。例如，由质量屋确定的重要工程特性将变成零件设计屋的输入。第三，建立质量功能配置流程是为了将每个屋的输入需求转换或映射成该屋的输出特性。因为质量功能配置是一个串联的、有序的、转换的过程，最开始的输入将强烈影响所有的后续转换。因此，质量功能配置以作为把客户声音贯彻到整个设计过程的方法而著称。

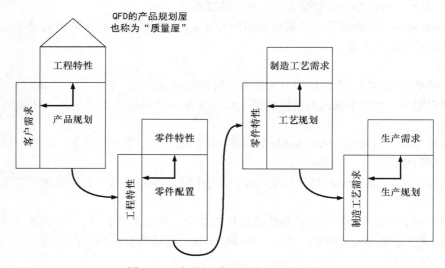

图 3.12　完整的质量功能配置过程图

在美国公司里，质量功能配置方法的实施通常被缩减到只使用第一个屋——质量屋。质量屋建立了客户对产品的需求与对满足这些需求最为关键的产品特征和整体性能参数之间的关系。质量屋将客户需求⊖转换成可量化的设计变量（称为工程特性）。这种用户需求和工程特性之间的映射影响后续的设计过程。当该阶段使用结构最完整的质量屋时，就可以识别出一系列必要的特征和产品性能指标，它们是设计团队需要实现的目标值。

质功能配置发展简介

　　质量功能配置是由日本在 20 世纪 70 年代早期发展建立起来的，首次大规模应用于三菱重工神户造船厂。它很快就被日本汽车工业所采用。到 20 世纪 80 年代中期，质量功能配置在美国的汽车、国防和电子工业中也普遍被采用。最近一份针对 150 个美国企业的调查显示，有 71% 的公司自 1990 年以来就使用质量功能配置。在这些公司中，有 83% 认为使用质量功能配置提升了其产品的客户满意度，有 76% 认为它有助于做出合理的设计决策。由于使用质量功能配置需要花费大量的时间和精力，更应牢记这些统计结果。大多数质量功能配置的用户认为，在质量功能配置上花费时间将为后期设计节省时间，特别是能把由于没有明确定义初始设计问题所造成的设计变更减少到最小。

⊖　通常把产品的期望特性称为“客户需求”（customer requirements），虽然在语法上应该用“客户需求”（customer's requirements）。

质量屋也可用来确定哪些工程特性应该被视为设计过程约束以及哪些工程特性可作为选择最佳设计概念的决策准则，质量屋的这项功能将在第 3.6.3 节中解释。因此，建立质量功能配置的质量屋自然成为撰写产品设计任务书的先驱（第 3.7 节）。

3.6.1　质量屋的结构

目前，工程师可找到许多不同版本的质量功能配置质量屋。和很多全面质量管理（TQM）方法一样，有数以百计的咨询人员专门培训人们如何使用质量功能配置。在互联网上搜索一下，很快就能找到概述质量功能配置和详细介绍质量屋的网站。有些网站使用的文字材料与本节引用的相同，其他网站开发和使用具有自主版权的材料。这些网站源自那些开发质量屋软件包和模板的团体或个人，包括咨询公司、私人顾问、学者、专业协会，甚至是学生。这些应用从简单的 Excel 电子表格宏命令到复杂得多版本软件[⊖]。显然，每个质量屋软件的创建者所使用的质量屋图结构和专业术语会略有不同。本书使用的质量屋结构汇集了产品开发团队使用的许多不同的质量屋术语。在充分理解质量屋基本要素的前提下，你可以轻易地认识到不同版本质量屋软件的侧重点。质量屋的主要目的都是相同的。

质量屋吸收设计团队给出的信息，并引导设计团队将其转换成对新产品生成更加有用的形式。本文使用了一种具有八个房间的质量屋，如图 3.13 所示。在所有质量屋的布局中，关系矩阵（图 3.13 中的房间 4）是实现将客户需求与工程特性联系起来这一目标的核心。客户需求经过质量屋的处理后，其影响力将遍及整个设计过程。质量关键点工程特性（Critical to Quality ECs）可通过房间 5 里的简单计算获得。房间 6 和房间 7（竞争产品评估）记录了通过审视竞争对手产品、标杆分析和客户调查结果而收集到的额外信息。

质量屋的视觉特性显而易见。注意，质量屋中所有水平排列的房间都是关于客户需求的。从识别客户和最终用户需求中得到的信息，以客户需求及其重要性等级的形式列入房间 1。显然，用来获取客户需求（或"Whats"）的最初工作是质量屋分析的驱动力。同样地，垂直对齐的房间是根据工程特性（或"Hows"）来排列的。工程特性的本质以及如何确定工程特性已在第 3.5.2 节中讲述。已经确定为约束的工程特性列在房间 2 中。如果你认为它们不是客户主要看重的质量方面，那么就有可能将它们忽略。例如家用电器的 110V 交流电就是一个这样的约束。

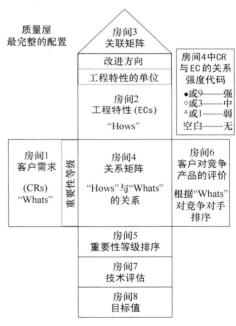

图 3.13　把客户声音（作为客户需求输入到房间 1 中）转换为工程特性目标值（在房间 8 中）的质量屋

质量屋的最终结果是一系列工程特性的目标值，它们流经质量屋并从屋子底部的房间 8 流出。这些目标值将用于指导选择和评估潜在设计概念。注意，质量屋的总体目标不仅限于确定目标值。创建质量屋需要设计团队收集、关联并考虑产品、竞争者、客户以及更多方面的信息。因

⊖　Three packages are QFD/Capture, International Techne Group, 5303 DuPont Circle, Milford, OH, 45150；QFD Scope, Integrated Quality Dynamics；and QFD Designer from American Supplier Institute.

此，通过创建质量屋，团队已对设计问题有了深刻的理解。

可以看出，质量屋用一张图汇总了大量的信息。房间 1 对"Whats"的识别驱动了质量屋分析。质量屋的结果，即房间 8 中"Hows"的目标值，驱动了设计团队执行概念评估和选择过程（第 7 章讨论的话题）。因此，质量屋将是设计过程中所创建的最重要的参考文件之一。像对待大多数设计文件一样，随着获取更多的设计信息，应及时对质量屋进行更新。

3.6.2 构建质量屋的步骤

不是所有的设计项目都需要建立图 3.13 所示的完整结构的质量屋（从房间 1 到房间 8）。

1. 改进型质量屋

从客户需求到工程特性的基本转换可以通过由 1、2、4、5 号房间构成的质量屋完成。图 3.14 所示就是改进型质量屋的结构。房间 5（即工程特性的重要性等级）的三个组成部分都附有额外细节。本节将一步步地描述改进型质量屋的构建，随后以例 3.1 中的 Shot-Buddy 设计项目为例说明改进型质量屋的构建。

房间 1：在房间 1 中，客户需求以行的形式列出。客户需求及其重要性等级是由设计团队收集的，第 3.3 节已对此做过介绍。通常，利用亲和图将这些需求按相关类别进行分组。同时，在该房间里辟出一列，用来表示每个客户需求的重要性等级。重要性等级用 1~5 表示。这些输入到质量屋里的客户需求包含但不局限于质量关键点客户需求。质量关键点的客户需求（CTQ CRs）是那些重要性等级为 4 和 5 的客户需求。

房间 2：在房间 2 中，工程特性以列的形式给出。工程特性是指那些被确定为能满足客户需求的产品性能指标和特征。本章第 3.5.2 节讨论了如何确定工程特性。一种确定工程特性的基本方法是针对某个客户需求回答如下问题："我能控制什么以满足客户需

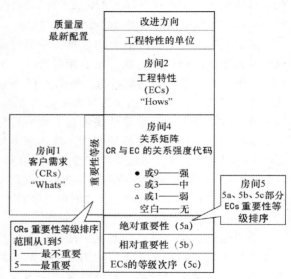

图 3.14　包含房间 1、2、4 和 5 的质量屋的最简单的模板

求？"典型的工程特性包括重量、力、速度、功耗以及关键部件可靠性。工程特性通常是可测值（与客户需求不同），并且其计量单位被列在靠近房间 2 顶部的地方。表示每个工程特性优先改进方向的符号位于房间 2 顶部的位置。符号↑表示工程特性值越大越好，而符号↓表示越小越好，有的工程特性也有可能没有改进方向。

房间 4：关系矩阵位于质量屋的中心。它是由客户需求行与工程特性列的交叉区域所形成的。矩阵的每一单元都用符号进行标记，用以表示该列工程特性与该客户需求之间的因果关系的强度。每个矩阵单元都用一系列表示指数范围的数字（如 9、3、1 和 0）符号⊖作为编码方案。为了系统性地完成关系矩阵，依次选取一个工程特性列，然后逐行分析列中的单元，确定该工程特性对满足该行客户需求的贡献度，显著记为 9，适度记为 3，轻微记为 1，若工程特性对客

⊖　在日本的第一次应用时，团队使用这样的编码符号，●表示强，○表示中等，△表示弱。它们来自于赛马中表示前三名的符号。

户需求没有影响则保持空白。

房间 5：工程特性的重要性等级排序。质量屋的主要贡献是确定哪些工程特性对于满足房间 1 中列出客户需求具有至关重要的作用。对那些具有最高等级的工程特性要给予特殊考虑（第 3.4.4 节），因为它们对客户满意度具有最大影响。

- 绝对重要性（房间 5a），通过两个步骤计算每个工程特性的绝对重要性。首先，把关系矩阵中每个单元的数值乘以对应的客户需求的重要性等级；然后，将每列的结果累加，将总和列入房间 5a 中。这些总和就是每个工程特性在满足客户需求上的绝对重要性。
- 相对重要性（房间 5b），是将每个工程特性的绝对重要性标准化到 0 至 1 之间，并以百分比表示。为此，先将绝对重要性的值求和；然后，用该和除以每个绝对重要性的值，再乘以 100。
- 工程特性等级次序（房间 5c），是指将工程特性按相对重要性从 1（房间 5b 中的最高百分比）到 n 排序，n 是指质量屋里工程特性的个数。通过这种排序，工程特性对满足客户需求的贡献度从高到低一目了然。

在接受房间 5 中工程特性的重要性等级排序之前，必须对质量屋的关系矩阵（房间 4）进行审核以确定一系列的工程特性和客户需求。下面是对房间 4 中可能出现的模式的解释⊖。

- 空行表示不存在用来满足客户需求的工程特性。
- 空列表示该工程特性与客户无关。
- 一个客户需求行与任意工程特性都不存在"强烈关系"，表示该客户需求难以实现。
- 一个工程特性列与各行存在太多的关系，表示这是一个关乎成本、可靠性或安全性的工程特性，不论它在质量屋中的等级排序如何，该工程特性必须始终得到考虑。这种工程特性可以认为是一个约束。
- 两个工程特性列与各行具有几乎相同的关系，表示这两种工程特性是相似的，可以结合在一起。
- 质量屋是一个对角矩阵（客户需求与工程特性一一对应），表示工程特性可能没有用合理的术语表达出来（质量需求很少能用单一的技术特性来表示）。

一旦出现上述一种或多种模式，就应该审视相关的客户需求和工程特性，如果可能的话要做出相应的改变。

构建这种质量屋需要把设计团队提出的客户需求和工程特性作为输入。质量屋的输入过程使得设计团队能够将一系列客户需求转换成一系列工程特性，并且可以确定哪些工程特性对于成功产品的设计最为重要。质量屋的输出见房间 5。基于这些输出信息，设计团队可以把设计资源分配到对产品成功最重要的产品性能或特征上。它们也可以被称为对质量十分关键的工程特性或质量关键点工程特性（CTQ ECs）。

例 3.8 改进型质量屋。

图 3.15 是根据房间 4 的说明而为 Shot-Buddy 构建的改进型质量屋。房间 1 列出的客户需求来自于例 3.3 中的列表。重要性权重因子是由 JSR 设计团队通过调查而确定的。房间 2（工程特性）列出了通过完成例 3.7 所述的活动而获得的工程特性。房间 4 列出了关系矩阵，矩阵单元里的数字表示实现该列标题所对应的工程特性对满足该行客户需求的贡献度的大小。

图 3.15 中的质量屋表明，Shot-Buddy 最重要的工程特性是捕捉区、低堵塞概率、耐风化性和感应投篮者的位置。它们是 Shot-Buddy 最重要的基本参数，可定义为质量关键点工程特性

⊖ 来自 S. Nakui，"Comprehensive QFD，" *Transactions of the Third Symposium on QFD*，GOAL/QPC，June 1991.

（CTQ ECs）。将耐风化性作为 Shot-Buddy 的一种质量关键点工程特性似乎有点奇怪，但深入考虑客户需求就会发现，安装在篮筐上的篮球返回系统要在室外环境中工作好几年，因此耐风化性对其非常重要。质量屋分析表明耐风化性对系统至关重要，JSR 设计团队之前可能忽略了这一点。这表明了质量屋的价值是将设计团队的注意力集中到真正对客户有价值的工程特性上。

客户需求	重要性权重因子	捕捉区	堵塞的概率	篮球返回的精准度	篮球返回的平均时间的	感应投篮者的位置	变轨时间	轨道跨度	能量或扭矩	质量	安装系统所用的时间	材料刚性	材料连接处的韧性	耐风化性
工程特性														
改进方向		↑	↓	↑	↓		↓	↓	↓	↓	↓	↑	↑	↑
单位		m²	%	m	s	n/a	s	rad	N	kg	min	MPa	MPa/㎜	n/a
抗风雨	4											1	3	9
投篮返回精准	4	3	9	9		9		9				3		
免工具安装	2	3								3	9	1		
五年使用寿命	4	1										3	9	9
快速返回	3		9	1	9	9	3	3	9					
能存放在车库中	3	9								3				
与所有篮筐配置兼容	4	1									9			
不堵塞	5	3	9		3							3		
能捕获大多数球	5	9												
不突兀	2	9												
初步评分（698）		131	108	39	42	63	9	45	27	15	54	45	48	72
相对权重%		18.8	15.5	5.6	6.0	9.0	1.3	6.4	3.9	2.1	7.7	6.4	6.9	10.3
等级次序		1	2	7	8	4	13	6	11	12	10	6	5	3

图 3.15　Shot-Buddy 的简化配置质量屋

（改编自 Josiah Davis, Jamil Decker, James Maresco, Seth McBee, Stephen Phillips, and Ryan Quinn, "JSR Design Final Report: Shot-Buddy," unpublished, ENME 472, University of Maryland, May 2010）

最不重要的工程特性是变轨时间、质量、转动能量或扭矩、篮球返回的精准度和篮球返回的平均时间。有趣的是这些特性大多涉及将篮球返回到准确位置上的功能，所以人们会认为它们至关重要。设计团队可以将两个或者更多工程特性合并成一个更加有意义的性能指标。例如，将"篮球返回精准度"与"篮球返回的平均时间"结合在一起，将创建出一个名为"篮球返回效能"（相对权重是 11.6%）的工程特性，这是一个重要性位居前三的工程特性。设计团队在严格审视质量屋后可以做出这样的改变。

质量屋的结果取决于执行这一过程的设计团队成员。具有相同设计任务的另一个设计团队可能会得到不同的结果。然而，若设计团队的知识和经验越相似，则他们得到的质量屋也越相似。

2. 关联矩阵或质量屋屋顶

可以为 Shot-Buddy 设计实例的质量屋建立图 3.16 所示的关联矩阵（correlation matrix，见房间 3）。房间 3 中的关联矩阵记录了工程特性之间可能存在的相互作用，这可用于后续的决策权衡。

房间 3：关联矩阵位于质量屋的屋顶，表示工程特性之间的依存度。最好能尽早识别出工程特性之间的这些关联性，以便能在实体设计阶段做出正确的权衡。图 3.16 中的关联矩阵表明，在这些工程特性中有四对具有强烈的正相关性（用"＋＋"表示）。其中之一就是捕捉区和篮球平均返回时间之间的关联性。这不难理解，因为随着捕捉区增大，所捕捉篮球的运行距离（从投丢的球到返回到投篮者所在位置）也增加。这提醒设计团队：如果要增加捕捉区总面积，就必须注意篮球平均返回时间的增加。图 3.16 也展示了另一种关联性——负相关性（用"－"表示），路线跨度和篮球返回精准度之间就具有负相关性。很明显，随着路线跨度（弧线弧度）增加，投篮后准确返回投篮者位置的概率也降低。关联矩阵也展示了其他相互关系。

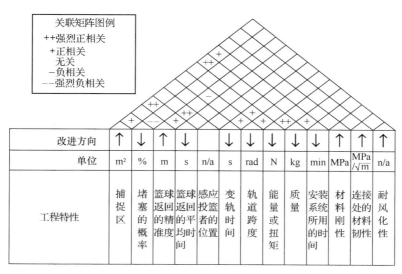

图 3.16 Shot-Buddy 设计的质量屋（房间 2 和房间 3）

（改编自 Josiah Davis, Jamil Decker, James Maresco, Seth McBee, Stephen Phillips, and Ryan Quinn, "JSR Design Final Report: Shot-Buddy," unpublished, ENME 472, University of Maryland, May 2010）

对于设计团队来说，若想确定工程特性之间关联性的强弱，需要有对所设计产品的使用知识和工程经验。此时没必要给出准确的关联性数据，只需给出相应的评价等级即可。在设计过程的后续阶段中（如第 8 章实体设计），该等级可作为设计团队的一个视觉提示。

3. 质量屋中竞争产品的评估

在加入产品标杆分析的结果后，质量屋中的可用数据将会倍增。标杆分析结果存在于两个不同的房间中。

房间 6：也称为竞争性评估（competitive assessment），是一张列出了顶级竞争产品在满足客户需求方面的评级表格。这些信息来自于直接的客户调查、产业咨询以及市场部门。从图 3.17 中可以看出，所有竞争对手的产品都能满足不发生堵塞的需求。这意味着 Shot-Buddy 不可能在发生堵塞的同时仍具有竞争性。Shot-Buddy 将致力于提高"篮球返回精准度"，具备将篮球返回到投篮者所在位置的能力，甚至当投篮者在移动的时候也具有这种能力。注意，设计团队掌握的关于竞争对手的数据并不均衡，对于一些竞争对手不甚了解，而对另一些竞争对手了解详细，这种情况并不罕见。某些竞争对手是新产品的竞争对象，因此相对于其他竞争对手应该进行更加详细的研究。

房间 7（图 3.13 中的完整质量屋）在质量屋中处于较低的位置，提供了另一个对比竞争产品的地方。房间 7 又名技术评估（technical assessment），位于关联矩阵的下方。技术评估数据可以置于房间 5 中重要性评级部分的上方或下方（回想一下，质量屋有很多不同的结构）。

房间 7：技术评估表示了竞争产品达到每个工程特性的建议等级的分数，这些工程特性位于关联矩阵上方的列。通常用 1～5（最佳的）代表。通常这些信息通过取得竞争产品并进行测试而获得。注意，这个房间中的数据与那些最接近的竞争对手的每个产品性能特点相比较。这与房

房间6
客户对竞争产品的评价

工程特性

客户需求

房间4
关联矩阵

竞争对手等级 1—差，3—良，5—优			
客户需求	Ballback® Pro①	The Boomerang②	Rolbak Net③
抗风雨	3	3	1
投篮返回精度	1	1	1
免工具安装	5	2	2
五年使用寿命	3	1	1
快速返回	4	3	5
能存放在车库中	5	1	1
与所有篮筐配置兼容	5	2	2
不堵塞	4	5	5
能捕获大多数球	3	2	4
不突兀	5	1	1

图 3.17　Shot-Buddy 的简化配置质量屋

① "Ballback® Pro（篮球返回系统）"，Sports Authority 运动用品店，http://www.sportsauthority.com/product/index.jsp?productId=2923，2010 年 10 月 27 日读取。

② "The Boomerang（篮球返回装置）"，www.boomerangbasketball.net/boomerang.html，2010 年 10 月 27 日读取。

③ "Rolbak Net（篮球返回装置）"，http://www.basketballgoalstore.com/goalrillaaccessories/rolbak-net.aspx，2010 年 10 月 27 日读取。

（改编自 Josiah Davis，Jamil Decker，James Maresco，Seth McBee，Stephen Phillips，and Ryan Quinn，"JSR Design Final Report：Shot-Buddy，" unpublished，ENME 472，University of Maryland，May 2010）

间 6 中的竞争性评估不同，房间 6 中比较的是实力最接近的竞争者如何很好地满足了客户的每个需求。

房间 7 中也可以包括技术难度等级，它表明每个工程特性获得的容易程度。基本上，这将归结到设计预测团队达到每个工程特性期望值的可能性。还是用 1 代表成功的最低可能性，5 代表成功的最高可能性。

4. 为工程特性确定目标值

房间 8：设定目标值是构造质量屋的最后一个步骤。已经知道了哪些工程特性（房间 5）是最重要的，了解了技术竞争（房间 6），对技术困难（房间 7）有敏锐眼光，团队就可以很好地为每一个工程特性设定目标值。在设计过程开始时，设定目标值为设计团队提供了一种方法，来衡量在设计推进中团队为满足客户需求所做的工作进展。

3.6.3　质量屋结果的解释

设计团队已经收集了关于该产品设计的大量信息，并对它进行完整的质量屋分析。质量屋的创建需要考虑产品的客户需求与团队给定参数之间的联系。这组参数构成产品的中性解决说明书并且在本章的第 3.4 节中定义。该产品设计的一系列参数已确定了，这些参数可以是启动该项目的授权单位决策的结果，或者是产品使用时的物理规律要求，以及由某标准化组织或管理部门的规定，已经成为约束或赋值的设计变量不需要列入质量屋中。

质量屋中最高等级的工程特性要么是约束要么是设计变量，其值可用作评估候选设计（第 7 章）的决策准则。如果高等级工程特性只有几个可用的候选值，那么把它作为约束更合适。一些设计参数只有少量的离散的值。如果情况如此，设计团队应该复审工程特性的可取值，确定哪个值对于满足相关联的设计工程特性目标值是最优的，然后仅使用选定的工程特性值来产生概念设计。

如果一个高等级的工程特性是一个可以选择很多值的设计变量，比如质量或输出功率，那么就应该使用工程特性作为比较概念设计的一个度量。因此，最高级别的工程特性可能成为你的一个设计选择准则。从质量屋中获得的结果作为指南，来帮助团队确定在评价设计时的选择标准。

质量屋中最低等级的工程特性对于设计的成功并不是关键的。这些工程特性给了设计过程以自由度，因为它们的值可以根据设计者或审批部门的优先选择进行确定。低等级的工程特性的值可以通过任何最有利于导向一个好的设计结果的方法来确定。它们可以通过诸如降低成本或保护设计团队的一些其他目的的方式来确定。只要低级别工程特性独立于质量关键点的客户需求，它们可以被迅速地确定，并且不需要大量的设计团队努力。一旦工程特性值被确定，它们就将记录到产品设计说明书（PDS）中。

3.7 产品设计说明书

设计过程规划的目标是识别、搜索并集合足够的信息来决定产品开发风险对于公司是否是一个好的投资，并且决定上市时间以及所需资源水平的多少。其结论性文件被典型地称为新产品市场报告。该报告的大小和范围可以是从描述单一产品的一页的备忘录到数百页的商业计划。该市场报告包括了商业目标、产品描述以及可用技术基础、竞争、预期销售额、营销策略、资金需求、开发成本及时间、预期收益和股东收益等细节。

在产品研发过程中，管控工程设计任务的设计规划过程的结果将被汇编成一套产品设计说明书（PDS）的形式。产品设计说明书是产品设计和制造的基本控制和参考文件。产品设计说明书包含与产品开发结果相关的所有事实的文件。它应该避免促使设计方向趋向于特定的概念和预测结果，但它也需要包含现实可行的约束。

产品设计说明书的创建完成了建立客户需求并确定优先需求，以及开始把这些需求纳入技术框架中以便于建立设计概念的过程。构建质量屋的群体思考及优先选择过程为产品设计说明书的撰写提供了出色的输入。但是，必须认识到，产品设计说明书会随着设计过程而变化进行。然而，在流程的最终阶段，产品设计说明书以书写的形式描述将被制造和销售的产品。

表3.3是产品设计说明书应包含要素的典型列表。这些要素按种类分组，一些种类包含了需要设计团队回答并用他们的决策进行替代的问题。不是每一个产品都需要考虑列表中的每个项目，但是很多项目都需要考虑。该列表展示了产品设计的复杂性。本章使用的 Shot-Buddy 设计案例将在表3.4所示的产品设计说明书中被再次使用。

表3.3 产品设计说明书模板

产品设计说明书（PDS）	
产品识别	**市场识别**
• 产品名称（型号或企业内产品系列版本号）	• 目标市场以及市场规模的描述
• 产品基本功能	• 预期市场需求（以年为单位）
• 产品特殊属性	• 竞争产品
• 关键性能目标（功率输出，效率，准确性）	• 品牌策略（商标、标志、品牌名称）
• 工作环境（使用条件，存储，运输，使用和误用）	新（或重新设计）产品的需求是什么？
• 需要的客户培训	新产品有多少竞争对手？
	与现有产品的关系是什么？

（续）

产品设计说明书（ PDS）

关键工程时间点
- 完成项目时间
- 项目关键时间节点（例如，评审日期）

物理描述
对新产品所需物理需求知道多少或有多少已确定？
- 在概念设计过程之前知道或确定的设计变量值（例如，外形尺寸）
- 确定已知边界条件对一些设计参数的约束（例如，可接受质量的上限）

财务需求
公司对于产品及其开发的经济状况有怎样的预期？
公司的获利原则是什么？
- 全生命周期的定价策略（目标制造成本、价格、预计的零售价格、折扣）

保修政策
- 预期财政业绩或投资回报率
- 所需资金总额等级

生命周期目标
产品整个寿命中应该为它的性能设定什么目标？（这与产品竞争有关）
公司的最新再循环政策是什么以及产品设计将如何反映这些政策？
- 使用时间和保质期
- 安装和使用费用（能源费用、所需人员数量等）
- 维修计划和地点（客户自行完成或服务中心维护）
- 可靠性（平均故障时间）：确定关键零件及其可靠性特定目标
- 退役策略（可再循环零件的比例和类型、产品的再制造、公司取回、升级策略）

社会、政治以及法规要求
产品上市的市场中有管理市场的政府机构、学会或规范委员会吗？
有为产品或其子系统申请专利的机会吗？
- 安全和环境法规。适用于所有目标市场的政府法规
- 标准。适用的相应产品标准（**Underwriters Laboratories，OSHA**）
- 安全性和产品责任。产品可预防的无意识使用，安全标识指南，适用的公司安全标准
- 知识产权。与产品相关的专利，技术关键部分的许可策略

制造说明
哪个零件或系统将在企业内生产？
- 制造需求。制造最终产品必需的过程和能力
- 供应商。确定已购买的零部件的关键供应商和采购策略

表 3.4　问题描述和需求分析结束后 Shot-Buddy 的产品设计说明书

产品设计说明书：Shot-Buddy	

产品识别
- 篮球返回装置——自动地将球返回到有效练习投篮的发射器
- 适用所有的结构安装和自主支撑、标准尺寸的篮筐
- 客户安装

特殊属性
- 发射器带有返回目标功能的传感器
- 可最远在三分线处瞄准目标

关键性能目标
- 返回所有投进和投不进的球
- 准确和迅速地将球返回到场地内的任何位置的使用者
- 由可充电电池驱动

市场识别
- 此产品的目标市场是初中和高中年龄使用者
- 最初启动：巴尔的摩——华盛顿市区
- 初始生产运行 2500 台
- 2～3 年：基于市场接受度在第 4 年扩大到全国市场
- 竞争产品：
  当前产品只能将篮球返回非常有限范围的场地
  产品没有涉及传感器技术
- 品牌名称：Shot-Buddy

财务需求
- 生命周期定价政策：
  目标生产成本：250 美元

（续）

产品设计说明书：Shot-Buddy

客户培训要求：无

服务环境

- 室外：$-20 \sim 120°F \left(1°F = \frac{5}{9}K\right)$
- 室内：$50 \sim 80°F$
- 湿度可达 100%

项目关键时间节点

- 6 个月完成设计
- 假期中投入广告

物理描述

- 外部尺寸：
  捕获球面积大约 4ft × 6ft
  控制空间范围大约 2ft 宽，2ft 长，10ft 高
  返回装置大约 2ft × 2ft
- 材料：待定

质量目标

- 球捕获设备 < 15lb（1lb = 0.45359237kg）
- 基本组件 < 15lb

制造说明

- 所有的框架和支撑组件在内部加工。其他组件用商用现货
- 供应商：待定

预估零售价：500 美元

- 保修政策：1 年保修
- 预期的财务业绩或投资回报率：待定
- 资本投资水平：待定

生命周期目标

- 使用寿命大于 5 年并且更多
- 维修计划：如果传感器和控制设备合理地存储，则不需维修
- 可靠性（平均故障时间）：5 年
- 退役策略：Shot-Buddy 整体循环回收，电池需要特殊处理

社会、政治以及法规要求

- 遵守安全和环境法规
- 标准：研究运动器材联邦法规
- 安全性和产品责任：Shot-Buddy 唯一安全的方面就是安装过程——用梯子从篮筐/篮板悬挂该装置
- 知识产权：调查相关专利

在概念生成过程的起始阶段，产品设计说明书应该尽可能完整地表达设计应该做什么。但是，它应该尽量少地描述这些需求如何被满足。任何可能的情况下产品设计说明书都应该用定量的属性进行表述，并且包括所有已知的可接受的性能范围（或极值）。比如，发动机的功率输出应该是 (5 ± 0.25)hp（1hp = 745.7W）。记住产品设计说明书是动态的文档。在设计最初使其尽可能完整的同时，也应随着知识积累和设计演变而毫不犹豫地修改它。产品设计说明书是一份总是最新的和反映目前设计状态的文件。

3.8 本章小结

工程设计流程中问题定义的形式是识别一个产品性能够满足客户的需求。如果需求不能被恰当地定义，那么设计努力就是徒劳的。这在花费大量时间和精力去听取和分析"客户声音"的产品设计中尤为正确。

收集客户对于他们需要什么的观点的方法有很多，例如市场部门的研究计划可以包括对现有客户以及目标客户的访谈，客户调查以及现有产品保修资料的分析。设计团队认识到客户的需求有很多种类，而且必须专心地学习研究数据以确定哪些需求会激发客户区选择一个新产品。一些客户需求被确定为质量关键点并被设计团队优先考虑。

设计团队用工程特性的方式描述产品：参数、设计变量以及约束，这些工程特性描述了客户的需求是如何被满足的。多于一个的工程特性有助于满足某个单一客户需求。工程特性由通过对竞争产品的标杆分析、相似产品的逆向工程求解以及技术研究发现。称为质量功能配置（QFD）的全面质量管理（TQM）工具，是一个定义明确的、可以引导设计团队将重要的客户需求转换成质量关键点的工程特性的过程。这种方法使产品研发团队可以将设计工作重点放在产

品的重要方面。

质量屋是质量功能配置的第一步，同时也是产品研发过程中最常使用的。质量屋有很多不同的结构。为了达到该方法的基本目标，最少"房间"数量的质量屋必须被完成。质量屋将提供工程特性的相对权重信息。使用这些数据的设计团队可以确定哪些工程特性是质量关键点（CTQ），而哪些应设置为概念生成的约束。质量屋的其他房间可以用来识别工程特性的关联性（房间 3）和评估竞争产品（房间 6）。

产品设计过程产生了一个设计文档，称为产品设计说明书（PDS），产品设计说明书是在产品开发过程（PDP）的每一个步骤中被逐步完善的一个动态文档。产品设计说明书是设计过程中一个最重要的文档，因为它描述了产品和产品将要满足的市场。

新术语和概念

亲和图	工程特性	质量功能配置
标杆分析法	人种志学调研方法	逆向工程
约束	焦点小组	调查方法
客户需求	质量屋	全面质量管理
设计参数	卡诺图	价值
设计变量	帕雷托图	客户声音

参 考 文 献

客户需要和产品定位

Mariampolski, H.: *Ethnography for Marketers: A Guide to Consumer Immersion,* Sage Publications, 2005.

Meyer, M. H., and A. P. Lehnerd: *The Power of Product Platforms,* The Free Press, New York, 1997.

Smith, P. G., and D. G. Reinertsen: *Developing Products in Half the Time: New Rules, New Tools,* 2nd ed., Wiley, New York, 1996.

Ulrich, K. T., and S. D. Eppinger: *Product Design and Development,* 4th ed., McGraw-Hill, New York, 2007, Chap. 4.

Urban, G. L., and J. R. Hauser: *Design and Marketing of New Products,* 2nd ed., Prentice Hall, Englewood Cliffs, NJ, 1993.

产品功能配置

Bickell, B. A., and K. D. Bickell: *The Road Map to Repeatable Success: Using QFD to Implement Change,* CRC Press, Boca Raton, FL, 1995.

Clausing, D.: *Total Quality Development,* ASME Press, New York, 1995.

Cohen, L.: *Quality Function Deployment,* Addison-Wesley, Reading, MA, 1995.

Day, R. G.: *Quality Function Deployment,* ASQC Quality Press, Milwaukee, WI, 1993.

Guinta, L. R., and N. C. Praizler: *The QFD Book,* Amacom, New York, 1993.

King, B.: *Better Designs in Half the Time,* 3rd ed., GOAL/QPC, Methuen, MA, 1989.

客户需求和产品设计说明书

Pugh S.: *Total Design,* Addison-Wesley, Reading, MA, 1990.

Ullman, D. G.: *The Mechanical Design Process,* 4th ed., McGraw-Hill, New York, 2009.

问题与练习

3.1　从某百货公司在线目录中选择 10 个家居产品（服装除外），并确定每个产品在马斯洛需求层次中满足了哪些需求。然后确定使产品对于你有吸引力的独有的产品特征。根据你的客户需求分成卡诺图描述的四个类别。

3.2 晶体管或微处理器是有史以来最具深远意义的产品之一，列出这些发明影响的主要产品和服务。

3.3 用 10min 独立写下生活中烦扰你的小事或你使用的产品的一些问题。你可以只写出产品的名字，最好给出"打扰你"的产品属性，尽可能写具体。你实际是在建立一个需求清单，将这些清单与你的设计团队中成员准备的其他清单结合在一起，也许会获得一个发明的想法。

3.4 写出一个确定客户对微波炉需求的调查。

3.5 列出一套完整的允许在泥地或草地上滑行的越野滑雪板客户需求。将客户需求列表分成"必须有的"和"想要的"。

3.6 假设你是一种称为直升机的新设备的发明者。通过描述机器的功能特性，列出其所期待满足的一些社会需求。这些需求中的哪些已经变成了现实？哪些还没有？

3.7 假设一个大学生组成的焦点小组被召集起来，展示给他们一个创新的 U 盘，并询问他们想要哪些特性。评论意见如下：
- 需要有满足学生需求的存储能力。
- 应该可与学生使用的任何一种计算机相连接。
- 必须有接近 100% 的可靠性。
- 应该有一些方法发出信号表示它正在工作。
- 把客户需求转化为该产品的工程特性。

3.8 完成用于取暖和空调设计项目的流线型质量屋（比如，房间 1、2、4、5）构建。客户需求是低使用成本，改进的现金流，控制能源使用，增加使用者舒适度，以及易于维护。工程特性是能源效率为 10，区域控制，可编程的能源管理系统，一年返修，以及 2h 备用零件运送。

3.9 产品设计团队在设计一个在家庭厨房中常见改进的翻转垃圾桶。问题陈述如下：
设计一个客户友好、持久的翻转盖垃圾桶，盖子的开启和关闭可靠。垃圾桶必须质量小且可防倾倒。它必须防臭，适合标准尺寸的厨房垃圾袋，并且对于家庭环境中的所有客户都安全。
使用这些信息，并在需要时进行一些研究和想象，构建该设计项目的质量屋（HOQ）。

3.10 写一个关于问题 3.9 所描述的翻转盖垃圾桶的产品设计说明书。

第 4 章　团队行为和工具

4.1　引言

　　工程设计是一项真正的"团体运动"。实际上,作为一名工程专业的学生,为完成设计项目需要学习大量的知识,而完成一个成功设计的方方面面所限定的时间又如此之少,因此成为一个高效团队的一员将受益匪浅。正如下段所述,在职场中,具备高效的团队工作能力会受到高度赞扬。团队提供了两个主要益处:①相对团队成员个体而言,成员们不同的教育经历和生活阅历的多样性会给团队带来一个更广泛的、常常更富有创意的知识基础;②团队成员分工不同、各负其责,使整个工作完成得更快。因此,本章有以下三个目的:

- 就如何成为有效的团队成员提供长期总结出的小窍门和建议。
- 介绍一系列有助于设计项目执行的问题求解方法,这些方法在日常生活中也同样有用。
- 强调项目规划对于成功设计的重要性,并提供在项目规划中如何提高个人技能的建议。

　　在《华尔街日报》的近期专栏中发表了一篇题为"工程正被再造为团体性运动"的文章。文章介绍,这些公司需要这样一些员工,他们既能在团队中协同工作,又能与对电路板设计或量子力学一无所知的普通人进行沟通。当向一些行业负责人征询工程设计课程体系需要做哪些调整的建议时,他们的一致反应就是要教会学生如何高效地参与到团队工作中。本书用一个章节的篇幅来介绍团队行为的更为重要的原因是因为本文介绍的工程设计内容主要集中在以团队为基础的项目上。一些教师经常在没有让学生真正了解如何使一个团队和谐地运作的情况下,就把学生放到团队中。虽然,许多时候项目结果尚可,但采用试错法寻求团队最佳合作途径时花费了额外的时间成本。事实上,在学习项目设计课程中,学生最大的抱怨就是这门课程花费了太多的时间。本章的目的就是为了让读者切实了解团队建设的过程,并介绍一些可以用到的工具。

　　团队由一些人组成,这些人拥有互补的技能,他们为达到共同的目的和绩效目标,使用同样的方法,共同承担责任[⊖]。通常有两种类型的团队:做实际项目的团队,如设计团队;另外就是咨询型团队。两种团队都很重要,但在此着重介绍前者。大多数人都曾在小组中工作过,但是一个工作小组并不一定就是一个团队。团队是一种高层次的集体活动,许多小组式的活动还没有达到这个水平,但这是一个值得努力达成的目标。

4.2　有效团队成员的含义

　　要想成为一个好的团队成员,你需要具备一系列良好的工作态度和工作习惯。首先,必须勇于承担帮助团队成功的责任 。如果做不到这点,团队将因你的加入而削弱;没有这个承诺,就不应该加入这个团队。

　　接下来,你必须履行承诺。也就是说,你能重视团队的需求,能够随时重新调整个人的工作

　　⊖　J. R. Katzenbach and D. K. Smith, *The Wisdom of Teams*, HarperCollins, New York, 1994.

以满足团队的需求。当遇到无法完成的任务时，必须做到尽快通知团队领导以便尽快安排其他人来完成工作。

许多团队活动都发生在团队会议上，其间团队成员会交流各自的想法。要学会做一个对讨论有贡献的人。贡献的方式包括询问相关观点的解释，引导讨论回到正题和汇总观点。

倾听并非我们都已掌握的一项技能。要学会全神贯注地倾听，并通过提出有用的问题来表现。为了注意力集中于讲话人，可以做笔记，不要做一些无关的事，如看不相关的资料、使用手机、随意走动或打断发言者。

要提高自己将信息顺畅传递给团队其他成员的能力。这就意味着，在发言前，要在脑海里简要地考虑要陈述的内容。表达时，声音要洪亮，吐字要清晰。要传递积极的信息，应避免给对方泼冷水或是冷嘲热讽。把精力集中在发言重点上，避免跑题。

要学会提供和接受有益的反馈。团队会议的价值在于从集体的知识和经验中受益，从而达成一致认可的目标。反馈有两种类型，一种是讨论过程的固有部分，另一种包含了对团队成员不当行为的纠正，而这一种反馈最好在会后私下提出。

以下是一个高效率团队的特征：

- 团队目标与个体目标同等重要。
- 团队成员理解目标并致力于实现目标。
- 团队成员用信任取代恐惧，并乐于承担责任。
- 团队成员普遍拥有尊重、协作和开放的精神。
- 团队成员乐于交流沟通，多样化的观点得到鼓励。
- 团队决议是通过成员的共识达成的，并得到大家的肯定与支持。

希望大家能够了解如何成为一个高效能的团队成员。本章的大部分内容也旨在帮助读者做到这一点。成为一个优秀的团队成员并非贬低了你的领导才能，相反，它是一种更高形式的集体领导。被认可为一个高效率团队的成员是一项卓越的才能。企业招聘人员说，他们在新晋的工程师身上所期望的特质是良好的沟通技巧、团队技能以及解决问题的能力。

4.3　团队的领导角色

在上一节讨论了一个优秀团队成员应具备的一些能力。在一个团队中，成员除了要在团队中保持积极的态度，还要承担不同的团队角色。下面的讨论将着眼于团队协作在工商业界是如何被实践的。然而，由学生组成的设计团队与工商业界中的团队有着以下几个方面的重大区别：①前者的成员大都年龄相仿且有着相近的受教育水平；②团队成员都是对等的，没有凌驾于其他团队成员之上的权威；③实际上，他们更喜欢在没有指定领导人、共担领导职责的氛围里工作。

团队的一个重要外部角色是团队的资助者，它对团队的表现有着至关重要的作用。资助者就是团队的管理者，他对团队的产出有相应的要求。他/她有权力选择团队领导，协商吸纳团队成员，提供团队所需的任何特定资源，并正式委任团队成员。

团队领袖通过有效的管理办法召集并主持团队会议（参见第 4.5 节）。他/她通过跟踪团队的工作进展来指导和管理团队的日常活动，帮助团队成员提高自己的技能，并向团队资助者汇报工作进展，努力消除工作中的障碍，及时解决团队内部的一些冲突。一般而言，有三种类型的团队领导类型：传统或专制型、被动型、促进型。表 4.1 列举了这三种类型团队领导的一些主要特征。显然，促进型的团队领导是我们所希望的现代型团队领导者。

表 4.1　三种团队领导的特征

传　统　型	被　动　型	促　进　型
直接领导	放任不管	营造开放的氛围
不需要疑问——只需要做	过多的自由空间	鼓励提出建议
保留所有的决定权	缺乏指导和方向	提供指导
不信任	过多的授权	拥有创造力
忽略投入	不介入	考虑所有的想法
专制	傀偏（有名无实）	坚持重点，权衡目标与标准

多数团队中都有一个受过团队动力学培训的协调人，他主要协助团队领导和团队通过团队技能训练、使用工具选择和数据收集等方面工作达成团队目标。在多数情况下，协调人主要起到普通成员的作用，然而在讨论过程中，他必须保持中立，并随时准备通过干预措施使团队获得高效率，保证团队成员都能参与到讨论中。在极端的情况下，协调人要及时解决团队中的纠纷。总之，协调人的关键作用就是使团队紧密围绕工作目标开展工作。当没有协调人时，团队领导必须承担这份职责。

本书还针对学生设计团队的组织架构以及团队成员应当共担的职责提出了建议。详情点击 www. mhhe. com/dieter 的 "Team Organization and Duties" 版块。

4.4　团队动力学

团队中的同学们已经注意到大多数团队的建设经历五个阶段[一]。

（1）定位阶段（组建期）　团队成员都是团队的新人，他们可能既渴望又兴奋，但不清楚他们的责任和要完成的任务。这是一个成员彼此理解、礼貌交流的时期，同时团队成员还进行角色定位、获取和交换信息。

（2）不满阶段（风暴期）　如何形成一个有凝聚力的团队已经成为现实的巨大挑战。工作、学习方式、文化背景、个性差异和可用资源（会议时间、会议场所、交通方式等）的问题不断涌现出来。分歧、甚至是冲突可能随时在会议中爆发。会议中会存在批评、中断、出席率低，甚至是敌对等不礼貌行为。

（3）问题解决阶段（常化期）　当团队成员建立了团队规范后，这些冲突就会消解，行为规范可以是口头的或者是书面的，用以指导工作进程并解决冲突，把大家集中在工作目标上。规范制定了议事规则，并积极推进建立良好的团队关系。团队进入解决问题阶段的主要标志是团队成员寻求更大的共识[二]，并坚定地致力于互相帮助和支持。

（4）工作过程（操作期）　这是期望的团队的发展阶段，团队和谐且鲜有中断地开展工作。团队成员热情高涨，并对成功充满自豪感，团队活动十分"快乐"。任务目标明确，工作绩效明显提高。

（5）工作终止（结束期）　当任务完成后，该团队就准备解散了。这段时间团队成员要共同思考该团队在多大程度上完成了任务以及团队的运行情况。除了要向资助者提交一份团队提案和工作总结报告外，还要对团队运作过程及动态进行及时总结，以供以后的团队负责人

[一]　R. B. Lacoursiere, *The Life Cycle of Groups*, Human Service Press, New York, 1980; B. Tuckman, "Developmental Sequence in Small Groups," *Psychological Bulletin*, no. 63, pp. 384-399, 1965.

[二]　一致同意意味着基本上同意，不需要 100% 同意。当然，51% 同意也不是一致同意。

参考。

对团队而言十分重要的是，能够认识到不满阶段是十分正常的和可以很快度过的。多数团队很快度过了这个阶段，并且未留下任何严重的后果。然而，若团队成员的行为存在严重问题，应尽快处理。

无论以何种方式，一个团队都需应对下列挑战：

- **安全感**：团队成员是否会免受人身攻击？他们是否可以畅所欲言而不会感受到任何威胁？
- **包容性**：团队成员应被给予平等的机会参加活动。团队中不搞论资排辈，鼓励新成员和老成员都平等地参与讨论。
- **适度的相互依赖**：是否能够做到团队成员的个人需要和团队需求之间的平衡？是否能够做到个人自尊和团队荣誉之间的平衡？
- **凝聚力**：团队是否能牢牢地将团队成员凝聚在一起？
- **信任感**：团队成员之间以及和负责人之间是否相互信任？
- **冲突消解**：团队是否有办法来解决冲突？
- **影响力**：作为一个整体，团队是否对全体成员有很大的影响力？如果没有，就没有办法来实施奖励、惩罚及有效地开展工作。
- **工作成绩**：团队是否能够完成任务和实现目标？如果不能，低落与不满的情绪会在团队内部积累，并最终导致冲突。

对于团队而言，制定一些准则来指导工作是非常重要的。团队准则主要针对不满意阶段，对于问题解决阶段也十分必要。团队应该在早期定位阶段就开始制定这些准则。团队准则主要在团队契约中体现，而团队契约则是由全体成员共同制定并同意签署的文书。在本书网址 www. mhhe. com/dieter 的第 4 章给出了团队契约的一个范例。

团队成员在团队活动中（例如团队会议）充当不同的角色。对于团队负责人和成员来说，了解表 4.2 中列举的各种行为是很有帮助的。团队负责人和调解人的任务是努力改变一些成员妨碍团队效率的行为，并鼓励团队成员扮演积极的角色。

表 4.2 团队中不同的角色行为

积极角色		妨碍角色
任务角色	**维持角色**	
激发：提出任务，定义问题	鼓励	支配：树立权威或优越权
寻找信息或观点	协调：努力排除分歧	弃权：不谈论也不参与
给出信息或观点	表述小组观点	避开：改变主题，经常缺席
分类	把关：保持联系渠道公开	无视：贬低他人观点，粗鲁地取笑他人
总结	折中妥协	不合作：背地里说话，嘀咕以及私人谈话
意见测试	标准建立和测试：检验小组是否对程序满意	

4.5 有效的团队会议

团队的大部分工作是在团队会议上完成的。正是在这些会议上，运用集体的智慧，一起来讨论问题并找到问题的解决方法。那些抱怨设计项目会耗费太多时间的学生，恰恰反映出了他们缺乏组织会议并高效利用时间的能力。

首先需要认识到，组织一次有效的团队会议必须有一个科学的会议规划。制定规划是会议主持人的责任。会议应准时开始，并控制在 90min 左右以确保参会者能够集中注意力。会议应当有书面的议程，议程应包括演讲人姓名、演讲题目及讨论时长。如果时间不够，经大家同意，讨论时间可以延长，或将该主题交由一个工作小组进一步研究，并在下一次会议上提交报告。在制定会议议程时，最重要的项目内容应放在议程的第一项。

团队负责人应引导会议但不控制讨论。会议议程上每个讨论的主题都由各个负责人对该主题进行详细阐述。只有每个参与者都了解之后，才可以开始讨论。由此可知，保持团队成员人数较少的原因之一就是能够让每一位成员都有机会参与讨论。常见的有效方式是全体成员围坐桌旁，轮流发言，每个人阐述自己的想法或解决方案，并把这些方案写在挂图或黑板上。讨论时，不应存在任何批评或评价，只能提出要求进一步澄清的问题。所有的想法经团队讨论形成决议。最重要的是，这是一个团队的行为，而不是首先提出问题的某个团队成员的个人行为。

团队做出的决定应该是协商一致的结果。当团队成员达成共识后，人们不只是简单地形成一个决议，而是要执行决议。达成一致的意见就意味着所有的与会者都充分地表达了他们的想法，并努力帮助团队成员克服不看好新想法的自然倾向。但是，如果是真诚的、有说服力的反对意见，应该了解他们真正的含义。这些反对意见中往往包含着重要的内容，只不过没用恰当的方式表达而不容易被理解。团队负责人要及时总结团队讨论形成的决议，并随着讨论的进行使共识不断扩大。最终，所有的问题和分歧都消失了，形成了大家都能接受的最终决议。

成功会议的规则

1）选择一个固定的开会地点，尽量不要变动。

2）地点选择要求：①地点要大家都同意，便于工作；②室内空气流通，空间足够大；③房间里有黑板和黑板擦；④房间温度适宜，比较安静。

3）比会议次数更重要的是确定会议时间。一旦选定会议时间，就要立即通过电子邮件通知大家。要灵活掌握会议时间和开会频率。会议时间要根据完成工作的实际需要而定。这就意味着，除课程或工作计划外，每个学生设计团队需要每周有 2h 的会议时间。

4）在首次会议之前需要给团队成员发送电子邮件进行会议提醒。

5）如果已经在会议前发放了材料，开会时一定还要多准备一些，以防有人忘记带材料，或者材料没有被及时送达。

6）会议要准时开始，最晚不得迟于预定时间的 5~7min。

7）会议开始时，要下发会议议程，并征询大家意见。每次会议都要明确"哪些内容是我们今天要讨论完成的"。

8）团队成员要轮流承担记录会议纪要的工作。会议纪要应记录以下内容：①会议时间和参加人；②会议讨论的题目（以大纲的形式记录）；③会议形成的决定、协议或达成的共识；④下次会议的日期和时间；⑤下次会议前要求团队成员完成的工作内容。一般情况下，会议纪要不应超过一页，除非是列出了大家的一些想法、建议等。会议记录人必须在会议结束后48h内将会议纪要分发给与会人。

9）要把会议内容通知给迟到、早退或缺席的成员。向他们询问是会议时间不方便还是有其他原因影响其参会。

10）开会时注意观察哪些人没有发言。在临近讨论结束时，直接询问他们对讨论题目的看法，并在会后了解他们的想法，以确保他们能够在下次会议中乐于参与到团队讨论中。

11）定期进行会议评价（大概在每两三次会议后进行一次），用以收集针对团队如何开展工作的匿名反馈意见。会议评价应汇总给团队调解人，由他进行总结，把结果分发给每个团队成员，并在下次会议上组织全体成员对会议评价和修改会议形式的建议进行简短的讨论。

12）没有获得团队的许可，不能随意吸收他/她人为团队成员。

13）应避免取消会议。如果团队负责人不能出席会议，要指定临时的讨论负责人。

14）每次会议结束时都要进行会议"检查"：①我们今天完成了什么讨论内容？②下次会议上我们讨论什么？③在下次会议之前，每个人应该完成哪些工作？

15）通知到每个未参加会议的成员，特别是那些没有事先通知的人。打电话告知他们会议的主要内容，把会议材料发给他们，并确认他们清楚团队下次开会的内容。

为确保团队工作运行顺利，还需要注意：

- 创建一个团队名册。要填写已确认过的团队成员的姓名、电话号码、邮寄地址、电邮地址等信息，以及团队赞助商的有关信息，并使用电子信箱的创建地址簿功能建立一个团队通信组。
- 管理好团队的重要资料，登入团队活页中，包括团队名册、团队章程、基本背景资料、重要日期以及其他关键事宜等。

一个运行良好的团队能在一个令人充满活力和热情的氛围里迅速、高效地达成目标。然而，认为团队工作总会顺利进行的想法是幼稚的。关于处理团队人事问题的建议可以在网址 www. mhhe. com/dieter 上找到。

4.6 解决问题的工具

在本节将给出一些非常有效的问题求解工具，无论是对于整体设计项目团队或其他业务项目团队，还是对于美国工程师协会学生分会的设计团队，这些工具尤其适合团队共同解决问题。运用这些工具只需掌握简单的常识，不需要特别复杂的数学运算，任何受过教育的人都可以很快学习并掌握。这些工具很容易学习，但它们必须通过实践锻炼才能真正掌握。这些工具都被编入了全面质量管理学科⊖。目前，已有许多问题求解的策略。我们发现其中很简单的"三阶段"方法是非常有效的⊖：

- 问题定义。
- 原因分析。
- 寻找解决方案并实施。

表 4.3 列出了在问题解决的各阶段应用最广泛的一些工具。下面的例子将描述大部分工具的使用方法，部分工具将在本书的其他章节中介绍。

我们认为问题定义是每个问题求解过程中的关键阶段。一个问题可以定义为当前状态和预期状态之间的差别。问题通常是由管理部门或团队资助者提出的，但直到团队重新定义它时，这个问题才算有了明确的界定。问题定义应根据以往的研究报告、调查或测试进行。团队可通过使用头脑风暴法和亲和图法来得到一个大家接受的问题定义。

⊖ J. W. Wesner, J. M. Hiatt, and D. C. Trimble, *Winning with Quality*: *Applying Quality Principles in Product Development*, Addison-Wesley, Reading, MA, 1995; C. C. Pegels, *Total Quality Management*, Boyd & Fraser, Danvers, MA, 1995; W. J. Kolarik, *Creating Quality*, McGraw-Hill, New York, 1995; S. Shiba, A. Graham, and D. Walden, *A New American TQM*, Productivity Press, Portland, OR, 1993.

⊖ Ralph Barra, *Tips and Techniques for Team Effectiveness*, Barra International, PO Box 325, New Oxford, PA.

表 4.3 问题求解工具

问 题 定 义	原 因 调 查	解决方案及实施
头脑风暴法（第 6.3.1 节） 亲和图法 帕雷托图	数据收集 　会谈（第 3.2.2 节） 　焦点小组（第 3.2.2 节） 　调查（第 3.2.2 节） 数据分析 　检核表 　直方图 　流程图 　帕雷托图 查找根本原因 　因果图 　Why-Why 分析图 　关联图	寻找解决方案 　头脑风暴法（第 6.3.1 节） 　How-How 分析图 　概念选择（第 7.9 节） 实施 　力场分析法 　撰写实施方案

　　原因调查阶段的目标是找出所有造成这一问题的可能原因，并逐渐缩小范围，最终找到可能的根本原因。这一阶段开始时，要收集数据和使用简单的统计工具来分析数据。数据分析的第一步是建立检核表，用以记录各种分类数据。数字数据比较适合用直方图来展示，而帕雷托图或简单条形图则适用于其他情况。趋势图可以展示数据与时间的关系，散点图是用来显示互相关联的重要参数。一旦问题可以用数据来理解，选择因果图、Why-Why 分析图和其他有效工具便是确定问题的可能原因的有效工具。此外，关联图法也是一个确定根本原因的有效工具。

　　根本原因确定以后，解决问题阶段的目标就是要产生尽可能多的关于如何消除这些根本原因的想法。在这里头脑风暴法起到了重要的作用，但是需要用 How-How 分析图来组织这一过程。概念选择方法将被用来选择有差异性的解决方案，如 Pugh 法（第 7.5 节）。最好的解决办法确定后，我们可以通过力场分析来确定该方法的优缺点。然后，需要确定执行解决方案并将其写入实施计划。最后将实施计划提交给团队资助者。

　　前面已经简要概述了问题求解的一些策略，这些策略工具往往与全面质量管理（TQM）有关[⊖]。这些策略有助于为技术的、商业的、组织或个人层面上的问题寻找解决方案。提出这些问题求解方法旨在解决在形成组织架构时可能会出现的问题。在例 4.1 中，将再次应用它们去解决技术问题。

步骤 1. 问题定义

　　（1）问题陈述　一个由工程专业优秀学生组成的团队[⊖]，将越来越多的高年级工程专业学生不愿意选择高级项目作为研究课题。尽管所有工程院系都开设了这门课程，但只有约 5% 的学生选择了这门课。为了正确定义问题，团队采取头脑风暴法来讨论这一问题："为什么选择做研究项目的高年级工程专业学生会如此之少呢？"

　　（2）头脑风暴法　头脑风暴法是一种在自由、轻松的氛围中产生创造性思维的创新方法。这是一项集体活动，与会者往往可以相互启发，使想象力得到充分发挥。该方法的目的是从团队的毫无约束的反馈中形成尽可能多的可供选择的想法。相较于普遍的问题，头脑风暴法应用到个别特殊问题的效果更为明显。该方法经常应用到问题求解的问题定义和解决方案阶段。

⊖　M. Brassard and D. Ritter，*The Memory Jogger*TM *II*，*A Pocket Guide o f Tools for Continuous Improvement*，GOAL/QCP，Methuen，MA，1994；N. R. Tague，*The Quality Toolbox*，ASQC Quality Press，Milwaukee，WI，1995.

⊖　学生包括 Brian Gearing，Judy Goldman，Gebran Krikor，and Charnchai Pluempitiwiriyawej。作者对结果进行了修改。

头脑风暴法有以下四个基本原则：

1）禁止批评。任何分析、拒绝和评价的尝试都在会议后进行，这个方法就是要营造一个有利自由思想的氛围。

2）提出想法后应听取其他团队成员的建议和意见。每个人应该看到别人提出意见的积极一面。团队应尝试建立相互影响的思维链以形成任何一个人都没有单独提出的最终想法，所有的建议都应是集体讨论的结果。

3）与会者应毫无保留地表达自己的想法。团队的所有成员应在开始前达成这样的共识，一个看似荒谬或不现实的想法往往可能是最终解决方案的基本想法。

4）一个关键目标是在相对短的时间内提供尽可能多的想法。在半小时的头脑风暴会上，通常能够产生 20～30 个想法。显然，这样得到想法只能是大致的描述，而没有细节。

召开头脑风暴会议需要一个协调人来引导各种想法并将其记录下来。首先，写上具体、清晰的问题描述。留给大家几分钟思考时间，然后就可以开始讨论了。在团队成员间轮流征询想法。任何人都可以跳过，但所有人都应被鼓励积极参与。更要大力提倡的是，在别人想法基础上提出新的想法，不要有任何质疑、讨论或批评的意见。通常来说，思路的构建比较缓慢，但一旦形成就要记录下来，否则转瞬即逝。当大家把所有的想法都表达之后，就可以停止了。一种很好的头脑风暴形式是：将所有想法写在大的便签条上并粘贴到所有成员都能看到的墙壁上，它们很有可能成为进一步构思的基石。这一程序也有利于执行问题定义的下一个步骤，画出亲和图。在一种被称为头脑写作或是 6-3-5 的头脑风暴形式里，想法被人们写下来而不是公开陈述（www. ifm. eng. cam. ac. uk/dng/tools/project/brainwrite/html）。

当学生团队进行头脑风暴时，他们获得了以下结果。

问题：为什么高年级工程专业学生选择做研究项目的会如此之少呢？

学生太忙。

教授从不谈论研究的机会。

学生正在考虑找工作的问题。

学生正在考虑结婚的问题。

他们正在进行工作面试。

他们不知道如何选择一个研究课题。

对研究不感兴趣，以后将要从事制造业工作。

不知道教授们的研究领域。

院系不鼓励学生做研究。

不知道研究需要做什么。

很难与教授接触。

不得不从事兼职。

有报酬才会做研究。

做研究很无聊。

实验室很难找。

教师只是把本科生作为廉价劳力来使用。

不知道有学生在做研究。

没有看到任何关于提供研究机会的通知。

参加研究工作有助于进入研究生院吗？

如果学校要求必须做就会做。

（3）亲和图法　亲和图法可以找到问题之间的共同点，该方法用于整理收集到的意见、事实或观点等资料形成同类分组。如果使用记事贴，最好将通过头脑风暴法获得的各种答案无序地粘贴在墙壁上。每一个想法都要拿出来"晒晒"，即每个人都解释他们写的想法，使每个团队成员都能正确理解他的想法。经常会发现不止一个卡片说明相同的想法，或者一个卡片上陈述了不止一个想法的情况。这时，就要用额外的卡片对其进行替换。把这些说明或卡片根据其内容和相互关系分为不同的小组。当一组卡片的内容比较接近时，可以放置标题卡来表示该组卡片的内容。此外，还可以添加一个"其他"标题卡，用来包括被排除在外的卡片。如果一个想法包含了两个组的内容，无法决定其归属，可以复制一张同样的卡片，并把它们分别放在这两个组内。

与头脑风暴法不同，要建立亲和图需要有足够的讨论时间以便于每个团队成员都明确所要讨论的议题。团队成员可能被要求解释自己的想法，或者建议将自己的想法放置在图的什么位置。建立同类组有几个目的：①它把一个问题分成几个主要问题，问题细分是解决问题的一个重要步骤；②在团队整理材料时能使大家进一步了解经过头脑风暴法提出的想法，通过澄清或不断组合，经常会产生新的想法；③还可以剔除那些显然不佳或无意义的想法。

团队将头脑风暴法获得的想法用亲和图法进行整理。在讨论时，一些想法被认为是不值得进一步考虑的，但并没有把它们从清单中去掉，而只是用方括号进行了标注，以表明这些想法无须再进行考虑了。这样，任何一个通过头脑风暴获得的想法都不会被遗漏了。

时间限制

学生太忙。

他们正在进行工作面试。

不得不从事兼职。

学校问题

教授从不谈论研究的机会。

院系不鼓励学生做研究。

很难与教授接触。

教师只是把本科生作为廉价劳动力来使用。

缺乏兴趣

学生正在考虑找工作的问题。

［学生正在考虑结婚的问题］。

对研究不感兴趣，以后将从事制造业工作。

［有报酬才会做研究］。

做研究很无聊。

如果学校要求必须做就会做。

缺乏信息

他们不知道如何选择一个研究课题。

不知道教授们的研究领域。

不知道研究需要做什么。

不知道有学生在做研究。

没有看到任何关于提供研究机会的通知。

参加研究工作有助于进入研究生院吗？

其他方面

实验室很难找。

为进一步明确问题，团队使用亲和图法对使用头脑风暴法获得的结果进行整理，把问题缩减为下表所列的 7 种（A～G）。清单中 4 个主要问题是使用亲和图法得到的，另外 3 个问题是团队认为有必要进一步进行分析、探讨的。

问　　题	Brain	Judy	Gebran	Charn	合　　计
A. 缺少研究课题的相关资料	3	3	4	4	14
B. 缺少对项目研究意义的理解	2	5		1	8
C. 缺少时间			5		5
D. 缺少对本科教学的研究传统					0
E. 缺少强制性研究课程	2				2
F. 学生兴趣缺乏				3	3
G. 缺乏激励	3	2	1	2	8

随后团队使用一种称为"多方投票"的方法来简化问题清单，每名队员有 10 票，可以在 7 个问题中分配他的选择权。其中，团队成员 Gebran 认为时间限制是主要问题，所以他的半数票都投到这个议题上了。而其他队员的票投得则很分散，投票后，就有 A、B、G 三个问题突显出来了。

第二轮的问题筛选采取了简单排列法，要求每名队员挑选其中的三个他们赞成的问题进行排序：①重要的；②比较重要的；③不重要。筛选结果如下：

想　　法	Brain	Judy	Gebran	Charn	合　　计
A. 缺少研究课题的相关资料	2	1	1	2	6
B. 缺少对项目研究意义的理解	3	3	3	3	12
C. 缺乏激励	1	2	2	1	6

经过第二轮的排名筛选后，团队的 4 名学生形成的初步意见是缺乏对研究项目的了解是大部分学生不愿参与研究型项目的原因。这个结果与早先的原因排名并不相符。然而，缺乏对研究项目的理解和研究项目信息的缺乏是信息调研的相关内容。因此，问题的描述如下：

修改后的问题陈述：

工程专业本科生由于对研究项目信息缺乏了解，其中包括对学院提供的研究机会的相关信息缺乏了解，才导致学生没有更好地参与到研究课程的选修过程中。

然而，这些数据仅仅来自 4 名学生，他们的想法可能会与众多的工程专业学生的想法有所不同。因此，团队认为必须抽取更多的样本数据，供原因分析阶段使用，来寻找解决问题的答案。

步骤 2. 原因调查

（1）问卷调查　制作了 100 份调查问卷分发给高年级工程专业本科生，这些问题是根据先前所列的问题 A～G 制作的，仅删除了问题 D。当学生被问及他们是否有兴趣做一个研究项目时，在返回的 75 份调查问卷中，竟有 93% 的人表示他们有兴趣做一个研究项目，其中 79% 的本科生认为缺乏参与研究工作的锻炼。对教师也进行了非常类似的调查。

（2）帕雷托图　通常用帕雷托图来展示调查结果。它是用柱形图来区分问题和原因的图表，图表中把发生频率最高的原因放置在左侧，依次列出了下一个出现频率。帕雷托原则指出重要的因子通常只占少数，而不重要的因子则占多数。这就是通常所说的 80/20 法则，即 80% 的问题是由 20% 的原因造成的，比如 80% 的利润来自 20% 的客户，80% 的税收收入来自 20% 的纳税人等。运用帕雷托图可以从复杂的矛盾中找到问题的主要矛盾，从而帮助人们去解决这个问题。

图 4.1 所示的帕雷托图显示了影响学生不做研究项目的各种因素所占的比例。"缺少研究课题的相关资料"取代了"缺少对项目研究意义的理解",排在了各因素的第一位。但是,如果仔细考虑这些因素将会得出这样的结论:"没有强制性规定选修研究课程"实际上是"缺少对项目研究意义的理解"的一个子集,所以这仍然是排名第一的因素。有趣的是,教师调查的帕雷托图表显示"设施和资金的缺乏以及激励措施的不完善"位于 1 和 2 的位置方向。否则,原因的排序将几乎相同。再来看看图 4.1,图中还包含了除相对重要性之外的另一条信息。沿右侧轴线是累积百分数,前 5 种原因(第 1~4 条已经做出了更正)包含了 80% 的问题。

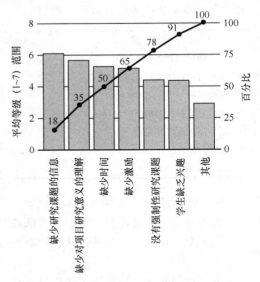

图 4.1　关于本科生为什么不做研究项目的原因分析帕雷托图(75 份问卷的统计)

(3)因果图　因果图又称鱼骨图(因为它类似鱼的骨架)或石川图(由石川提出的),是一种强有力的图示方法,用来提出问题,发现问题,并分析这些问题的成因和影响。这种方法一般是在团队收集到可能引起问题的各种因素之后,与头脑风暴法一同使用,用来整理和组织所有可能的原因,并找出问题最可能的根源因素。

构建因果图时,首先在图的右侧方框内写清楚要解决的问题(影响因素)。然后从方框向左横画出"鱼"的脊骨。问题的主要原因,即"鱼的肋骨",要与"鱼的脊骨"成一定角度引出,并在端点处做出标记。这些标记通常来自于亲和图并指向某一类问题,或是其他一般因素,如生产过程中涉及的方法、设备、材料、人员,以及政策、程序、工厂和生产过程中相关联的服务对象等。问问团队成员"是什么导致了这个问题?",并沿着一条肋骨记录问题的原因而不是症状。进一步征询刚才记录原因的起因,那么分支会变得更加详细,该图就逐渐开始像鱼的骨头了。一个好的鱼骨图应细化至三层。在记录运用头脑风暴法分析可能的原因时,应确保语法简明、意思明确。随着鱼骨图的建立,就可以寻找问题的可能根源。一种辨识根本原因的方法是寻找在一个种类内或跨种类间频繁出现的原因。

图 4.2 就是学生团队所绘制的,用来分析本科生较少参与研究项目原因的因果图。由于课程负担和兼职工作造成的时间压力是问题的根本原因之一,而其他原因则与缺乏对研究项目内容的了解以及学院缺乏对学生做研究的关注这两个因素有关。

(4)Why-Why 分析图　为了更进一步分析问题的根源,尝试使用 Why-Why 分析图。Why-Why 分析图与因果图可以互换使用,但在多数情况下,前者被用于从众多的可能原因中挖掘出相关性最高的一个。这是一个树状图,为了建立一个有主干和小分支的"树",开始会问一些基本问题,如"这种问题为什么会存在?"团队会继续提问"为什么"来完善"树干",直到完成树状图。"为什么树"的主要树枝上重复出现的原因会被定义为根本原因。Why-Why 分析图应扩展至四层,问题陈述是第一层。

帕雷托图显示缺乏对研究项目的了解是学生参与率低的最重要原因。因果图也表明这可能是一个根本原因。为进一步分析,画出图 4.3 所示的 Why-Why 分析图。首先要明确陈述问题,学生对研究项目缺乏了解包括两方面:院系不给学生提供沟通的机会和学生没有主动去了解它。团队通过问"为什么",得到了三个重要原因。接着,他们再对这三个原因问"为什么",并继续问直到第三次,这样就可以构建出由问题原因组成的树状图。这个阶段,开始看到原因情形会

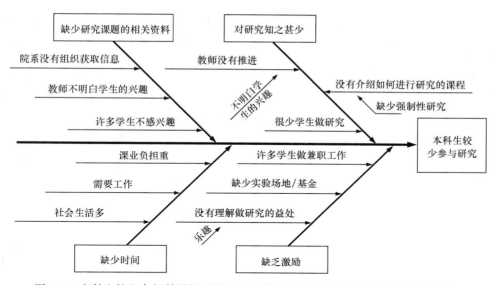

图 4.2　本科生较少参与科研的因果图（为简明起见省略了大多数第三级别原因）

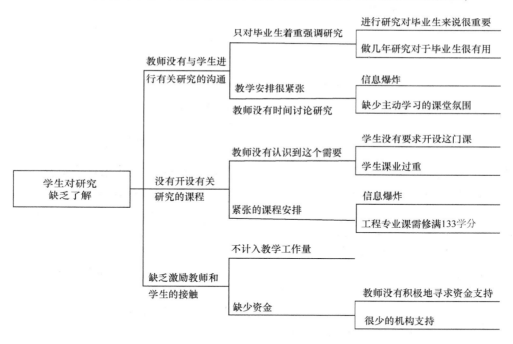

图 4.3　学生对研究缺乏了解的 Why-Why 分析图

出现在不同的树枝上，表明这些原因可能是问题的根源。它们是：

- 学生和课程负担过重。
- 信息爆炸是上述问题的主要原因。
- 院系没有认识到提供有关研究信息的需求。
- 院系认为学生对研究的兴趣低。
- 资源、资金和空间的缺乏限制了教师参与本科生研究。

下面将介绍用关联图筛选这一系列原因来发现问题的根本原因。

（5）关联图法　关联图用于建立问题及原因之间的关联关系，确定产生问题的根本原因。首先，进行清晰明了的问题陈述，在 IR 图中你所需要考虑的原因来源于在鱼骨图和 Why-Why 分析图中出现的共性原因或是其他被团队确定的重要原因。一般将可能的根本原因数量控制在 6 个。这些可能原因被排成一个大的圆形图案（图 4.4）。团队依次确定任意两两原因或因素之间的原因与影响关系。首先我们要问的是 A 和 B 之间是否存在因果关系，如果存在，是从 A 到 B 还是由 B 到 A，哪个因果关系更强一些？如果从 B 到 A 的因果关系更强，那么在这个方向上画一个箭头。下一步再探讨 A 和 C、A 和 D 等的关系，直到弄清所有因素之间的关系，但并不是所有的因素之间都存在因果关系。对于每一个原因或因素进出的箭头都要做好记录，大量射离的箭头表明这个原因或因素是问题的根源或驱动因素。有大量进入箭头的因素表明它是一项关键指标，应该被视作问题是否改善的指标。为了在确定关系时做好决策，需要写下每一项可能的根本原因的定义或者声明。一两个词的声明往往不够准确，还会导致在确定两个原因之间是否存在关系时的模糊决策。

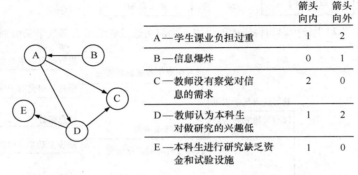

	箭头向内	箭头向外
A—学生课业负担过重	1	2
B—信息爆炸	0	1
C—教师没有察觉对信息的需求	2	0
D—教师认为本科生对做研究的兴趣低	1	2
E—本科生进行研究缺乏资金和试验设施	1	0

图 4.4　基于 Why-Why 分析图确定根本原因的关联图

图 4.4 表明，问题的根本原因是学生课业负担过重，以及教师认为本科生对做研究的兴趣低。关键起因是教师认为没有必要向本科生公布参与研究的相关信息。解决这个问题的关键在于减轻学生负担，增强对如何激发学生参与研究兴趣这一问题的认识。结论是，应该首先减少学生负担，然后再改变教师在学生对研究不感兴趣问题上的态度。

步骤 3. 解决方案规划和实施

这是解决问题的第三个阶段，它不会超过整体工作时间的 1/3。因为确定了真正的问题和问题的根源，离提出解决方案就不远了。问题求解的目标是针对"如何"消除问题的根源产生尽可能多的想法，可以首先采用头脑风暴法，然后使用多方投票法或其他评价方法得出最佳解决方案。概念选择及其他评估方法将在第 7 章讨论。

（1）How-How 分析图　该方法是一种有效地提出问题解决方法的技术。和 Why-Why 分析图一样，也是一种树状图，但它是先提出解决办法，然后再提出问题，如"我们如何做到这一点？"当使用头脑风暴法产生了解决方案，并通过分析评价已经把这些解决方案归纳到一个小子集后，就可以应用 How-How 分析图了。

How-How 分析图由"我们怎样才能减少学生负担？"的问题构成，头脑风暴法和多方投票法显示的主要事项如下：

- 课程体系改革。
- 学生时间管理。
- 学生和教师的财务问题。

针对这些问题的具体解决办法都记录在图 4.5 中。第一级解决方案包括三个方面，课程体系改革、帮助学生提高时间管理技能以及解决财务问题，这三个方面的研究表明，减轻学生负担过重问题的显著方案是进行课程体系改革。

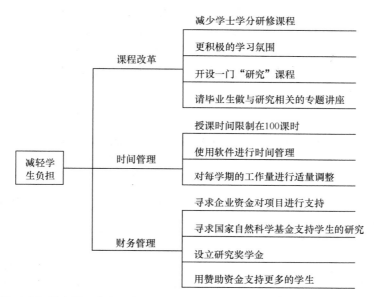

图 4.5　关于减轻学生课业负担，促进更多学生参加科研项目的问题识别 How-How 分析图

（2）力场分析法　力场分析法是一种用来确定那些同时推动事物发生变革（驱动）和试图保持原状（制约）的力量的技术方法。实际上，它是一个包含了解决办法的优点和缺点的图表，因此它有助于完善问题解决策略。这就要求团队成员要共同思考产生变化的各方面因素，并提倡对问题的根源原因及其解决办法进行真实反馈。幸运的是，力场分析图（图4.6）显示，该学院和高等教育的环境都有利于课程体系的改革。

构建力场分析图（图4.6）的第一步是在挂图上画一个大的 T 形。在 T 的顶部写上正要讨论解决的问题，在 T 的右侧稍远的地方写上想要得到的理想解决方案。与会者在左侧垂直线上列出各种内部和外部驱动力，把试图保持现状的制约力都列在右边的垂直线上。通常情况下，把驱动力分出优先顺序对于获得理想的解决方案具有重要意义。此外，确定了制约力，并把它们消除，就会很快达到目标。这一步是很重要的，因为通过消除障碍而不是简单地加强驱动力使事物发生变化。

图 4.6 表明，实现课程体系改革的关键是：在院长、系主任的帮助下改变教师不会做的做法。课程改革会因行政原因变得漫长，但它也是最可行的解决方法。

（3）实施计划　解决问题的过程应该在实施计划完善后结束。在这一过程中，要认真思考图 4.6，实现驱动力的最大化和制约力的最小化。对在 How-How 分析图上列出的具体行动，实施计划要按照一定的顺序给出具体的实施步

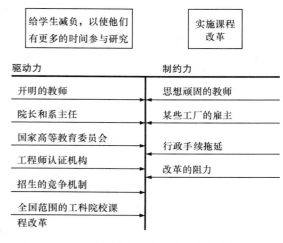

图 4.6　减轻学生课业负担的解决方案的力场分析图

骤，并对每项任务提出明确的要求，确定完成日期。实施计划还给出了解决问题所需的一些资源（如资金、人员、设施、材料等）。此外，它还规定解决问题过程中应采取的审查方式和频率。实施计划最后也是非常重要的一步就是列出衡量计划完成与否的具体指标。

图 4.7 展示的是通过制定新的课程体系来减轻学生负担的实施计划。院长组织成立了一个由教师和学生代表组成的课程改革小组。组长由一位被大家认可的对教学和研究有杰出贡献的老师担任。整个学院开展了一系列活动：用一天的时间研讨主动学习方法，并由研究生组成的研讨会为本科生提供熟悉研究过程的机会。仔细研究应采取的讨论方式，以使所有团体都能参与进来，如院系的工业咨询委员会。

问题陈述：提高本科生的科研参与度。

解决方法：在学校里组建一个由教师和学生组成的行动团队来实施主要的课程改革。将学士学位学分从 133 减为 123，引入更多的主动学习式教学，为本科生提供更多参与科研的机会。

具体步骤：

	负责人	完成日期
1. 创建课程改革行动团队	院长	2000/09/30
2. 与教师委员会/系主任探讨问题	院长	2000/10/30
3. 与本系教师讨论问题	团队	2000/11/15
4. 与学院工业咨询委员会讨论问题	院长/团队	2000/11/26
5. 与学生自治会讨论问题	团队	2000/11/30
6. 用一天时间进行"主动学习"培训	团队	2001/01/15
7. 系课程委员会开始工作	系主任	2001/01/30
8. 像荣誉研讨会一样教授"研究课程"	团队	2001/05/15
9. 组织"研究讨论会"，由研究生主讲	团队	2001/05/15
10. 系课程委员会初步汇报	院长/团队	2001/06/02
11. 课程改革微调	课程委员会	2001/09/15
12. 教师对课程投票	系主任	2001/10/15
13. 向校务委员会提交课程改革方案	院长	2001/11/15
14. 校务委员会对课程改革方案投票		2002/02/20
15. 实施新的课程方案	院长/系主任	2002/09/01

所需资源

预算：15000 美元，培训讲师的费用

人员：无特殊限制；有必要确立优先级

设施：学院会议室，每月第 1、3 周的周三下午 15:00—17:00

材料：已包括在预算中

评审要求

团队负责人和院长每月召开例会

项目成功完成的指标

学士学位学分从 133 减为 123

参与科研的本科生比例从 8% 提高至 20%

增加工程专业学生在 4 年内毕业的学生数量

增加本科毕业生读研的数量

图 4.7 建立课程改革体系的实施计划

（4）尾声 这不只是一个孤立的学生实践。在未来三年里，所有工程专业的学士学位课程都由 133 个学分减至 123 个学分。多数学生都适应了主动学习的教学模式。学校创建了一项基金来支持本科生进行项目研究，许多教师的研究计划也包含本科生在内。参与研究项目的学生数量倍增。

结构化的问题求解过程使得对问题的理解及其解决方案与原来的认知大不相同，认识到这一点很重要。无论是团队的头脑风暴法还是学生的调查都认为，造成问题的原因是缺乏对研究过程以及领域研究的信息。然而，对根本原因的分析表明，潜在的原因是过多的课程及学生负担过重使他们无法参与研究项目。最终解决方案是建立了一个全新的课程体系，减少了总学分和必修课程的设置，提供更多的选修课程，通过在大多数必修课程上设置"工作室学时"以强调主动学习。

在设计中应用问题求解工具

前面介绍的问题求解工具在设计中非常有用，但它们的适用范围却有所不同。客户访谈和调查对于商务工作和设计工作都是重要的，但是，工程设计中的问题定义经常是很严密的，有很多限定条件。要充分理解问题需要使用一些特定的工具，如第 3 章中描述的质量功能配置方法（QFD）。一般来说，很少有能适用于整个设计周期中从问题定义到问题求解的方法。目前，头脑风暴法在设计概念生成阶段被广泛使用（参见第 6 章），亲和图的使用要比头脑风暴法更具优势。原因调查工具被更加频繁地应用于寻找问题的根源，以提高产品质量（参见第 14 章）。在下面的例 4.1 中会介绍相关内容。

例 4.1 选择一组十几岁的孩子，对一种新款游戏机样机进行测试，经 3 周积极使用，100 台样机中有 20 台的指示灯无法工作了。

问题定义：SKX-7 游戏机的指示灯没有达到产品预期的耐久性。

失效的原因可以被归结为焊点不牢、灯泡破碎、插座松散、灯丝电流过大，这些原因都在帕雷托图（图 4.8）中列出。

1. 原因调查

帕雷托图显示焊点故障是指示灯失效的主要原因。可以非常确信的是，当重新设计电路时，电流过载问题很容易解决。这个任务安排在下一周。

指示灯只是印制电路板（PCB）上诸多部件中的一个零件，印制电路板是游戏机的核心部件。如果简单的指示灯电路都失效了，那么其他一些更关键的电路也会因焊接缺陷而失效，这就需要对印制电路板的生产制作过程进行详细调查。

印制电路板（PCB）是一块覆压铜箔的增强塑料板。诸如

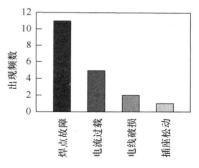

图 4.8　指示灯失效问题原因分析的帕雷托图

集成电路（IC）芯片、电阻、电容等电子元件被布置在该电路板上的指定位置，并用铜箔线路连接起来。铜箔是覆盖在整个板子上的，而在制造过程中，部分铜箔被蚀刻工艺处理掉，留下来的部分就变成网状的细小线路了，这些线路被用来连接印制电路板上的电子元件。

焊接是一种用低熔点合金把两个金属连接起来的工艺过程。一直以来，用铅锡合金来焊接铜导线，但由于铅是有毒金属，因此目前正在用锡银和锡铋合金来代替铅。锡膏是金属材料焊剂和塑料黏合剂混合而成的膏体，锡膏还包含熔合剂和润湿剂，熔合剂可以去除金属表面的氧化物或油脂，润湿剂会降低金属表面的张力，从而使焊接金属的熔合物溢出后黏合在一起。锡膏可以使用丝网和胶刮刷到印制电路板的预定位置上。要控制焊盘的高度，必须准确地控制隔板和印制电路板表面之间的距离。

（1）流程图　流程图用图形表示整个过程或某一部分过程中包括的所有步骤。由于图表可以让团队成员直观地了解影响问题的主要原因，所以流程图是在早期阶段用来寻找问题原因的

一个重要工具。图 4.9 所示为焊接工艺的简化流程图。

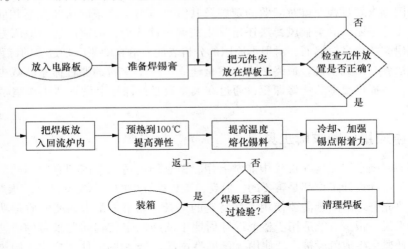

图 4.9　焊接工艺的简化流程图

　　流程图中的符号具有特殊的意义。流程的输入和输出项放在椭圆形框中。用矩形来显示流程中需要完成的任务或活动。判定点用菱形符号来表示，在这些判定点必须做出是或否的判断。进程方向用箭头来标明。

　　流程图显示：在焊材和部件被放置在电路板上后，需要将其放在加热炉内小心加热。第一步是馏出溶剂和激活熔合反应。然后，把温度提升到高于熔点，熔化焊剂和焊接部分，然后缓慢地冷却到室温，以防止由于焊接部分热收缩差异而产生应力，最后一步是仔细清理印制电路板上残留的焊剂，并目测检查板的缺陷。

　　（2）因果图　图 4.10 所示因果图通过可视化的方法组织和显示了可能导致焊接不良的原因。矩形框中列出了 5 个一般原因，更详细的原因在这些"主干骨"旁用线进行了标注。现在可以用这个图来分析问题产生的原因了。没有对焊点提供足够的锡膏是一般原因，包括：使用了

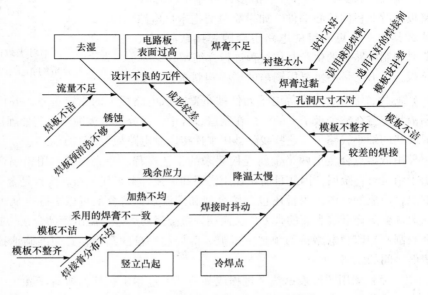

图 4.10　焊点缺陷产生原因的因果图

错误等级的锡膏或使用了过期的锡膏等。其他方面包括设计和模板的应用。焊接元件湿引线的失败是流量失效或湿润剂作用失效。其原因或是再次使用不适合的锡膏而导致的。竖立凸起是在印制电路板制造过程中形成的缺陷，即元件没有在板上平放而是滚动直立起来。如图 4.10 所示，这是由于温度变化不规则引起的表面张力或是在样板对齐时引起的。元件竖立是最后检查电路板时经常发现的问题。因为没有被发现，这点就没有被作为进一步看作问题的可能性的根源。当焊接物没有很好地与电路板上的器件和焊点接触时，会产生冷焊点。即在焊材还没有完全冷却时就移动了电路板，或是由于焊机维修不当而产生振动时，就会产生冷焊点。

（3）关联图　图 4.11 所示的关联图有助于减少可能的根本原因数量。通过检查图 4.10，可得到下列可能的根本原因。在制定这一列表时，应尽可能明确写下问题的原因，保证团队成员的想法不存在误解。

可能的根本原因

		输　入	输　出	
A	组件引线设计不良，或引线制造不合格	0	0	
B	主板清洗不当	2	0	
C	使用超出保质期的锡膏	1	2	
D	焊膏选择错误（锡膏/黏结剂/混合物）	0	3	根本原因
E	回流焊机操作或维护不当	1	0	
F	模板的设计或维护	2	0	

如前所述，每个可能原因的组合都要用提问法来检查，"这两个原因是否有关系，如果是的话，其中哪一个是主要原因？"通过上述提问法来完成图 4.11。据图可以判断，根本原因就是发出箭头数量最多的可能原因，换句话说，它会导致较多的其他原因。根本原因是没有正确选择焊膏。考虑到无铅焊接是新技术，这个结论并不让人惊讶。

2. 寻找解决方案并实施

在这个案例中，并未使用头脑风暴法来获得方案，而是应用了以往的工作经验。利用 How-How 分析图可以为找到一个较好的解决方法来组织信息。

How-How 分析图。How-How 分析图需要形成以一个解决方案为开端的树状图。How-How 分析图通过反复提问"我们怎样才能做到这一点？"这样的问题来完成，图 4.12 就是该方案的 How-How 分析图，它为在特定条件下选择合适的焊膏提供了检查清单。

还有其他两个问题求解工具，力场分析法和实施计划法都已经在前面例 4.1 进行了阐述。在设计或制造过程中，通常是找到一个可行的解决办法就会停止的。忙碌的工程师必须去解决另一个问题。

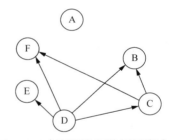

图 4.11　把问题的可能原因缩减到一个根本原因的关联图

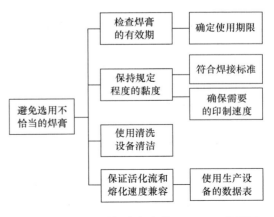

图 4.12　提供问题解决方案的 How-How 分析图

4.7 时间管理

时间是一件无价的、不可替代的商品。荒废的时间将永远无法恢复。针对年轻工程师的所有调查表明，对个人时间的管理是一个非常值得关注的问题。在校读书和工作期间，在时间管理方面最大的区别是，工作以后的时间很少出现重复和可预测性。例如，工作后，你不可能像在校大学生那样每天都做同样的事情。在这种情况下，你就需要制订一个个人时间管理系统，以适应更不确定的工作内容。记住，效果就是要做正确的事，而效率则是要用正确的方法在最短的时间内将事做正确。

一个有效的时间管理系统对于实现个人长期和短期的目标至关重要。它可以帮你从重要任务中区分出紧迫的任务，也是为个人赢取时间的唯一方法。每一个人都必须为自己制订出一个时间管理系统。以下是一些建立时间管理系统的经验[一]。

1）指定物品存放地点。这意味着应该有一个地方来整理存放专业工具（书籍、报告、数据文件、研究论文、软件手册等），需要制订一个资料存放守则，并坚持按守则操作，但这并不意味着你必须把接触到的每一张纸都保留下来。

2）制定工作规划。你不需要有精细的计算机化的工作安排系统，但需要一个工作安排系统。David Goldberg 教授建议准备三样东西：①一本月历，用来记录每天的工作和将要履行的承诺；②一本日记，用来记录谈话内容和已做过的事情（可以结合实验记录进行整理）；③一个待办工作表。他的这套系统很简单，只需要 $8\frac{1}{2}$in × 11in 的便条纸即可。所有任务被分为待办工作（未来两周内的工作）和悬而未决的工作（这些工作已进行了两个星期但尚未完成，或是"应该做得更好"）。

具体操作方法如下：每天早上列出一天的活动清单，包括须参加的会议或课程，需要发送的电子邮件，需要谈话的对象。当完成某项工作时，暗自庆祝一下，便可以将这项内容从清单上划掉。第二天早上对前一天的活动清单进行核查，并制订当天的活动清单。每周开始时，做出新的表格更新待办工作和悬而未决的工作清单。

3）小事情随时解决。学会权衡大小事务并迅速做出决定。必须认识到 80/20 规则，即 80% 的成果将来自 20% 的紧急而重要的活动。重要的事务，如报告或设计审查，应列入悬而未决的工作清单中，并给这些重大任务留出时间进行周密准备。小事情的处理非常重要，但太小往往会被错过或忽略，学会碰到小事就尽快处理。如果能够做到不让小事情堆积起来，在重大工作需要全身心投入时，就能制定明确的日程表来保证任务的完成。

4）学会说不。这需要积累一些经验后才能办到，特别是对那些不愿得到不合作评价的新成员而言。我们没有理由像导游或慈善机构一样提供志愿服务，没有必要为那些对你不理不睬的销售商花费时间，也不必接待每个潜在的客户，除非他们属于你的专业领域。更不要被垃圾邮件所困扰。

5）找到切入点并充分利用它。找到自己一天中最佳的时间段，在这段时间里，你的精力旺盛，创造力强，可以把工作中最艰巨的任务都安排在这段时间来完成。而把其他的，诸如回电话、写备忘录等简单的日常任务放到其他时间段来完成。有时，还要留出时间来反思如何改进自己的工作习惯和有创造性地思考自己的未来。

⊖ 改编自 D. E. Goldberg, *Life Skills and Leadership for Engineers*, McGraw-Hill, New York, 1995.

4.8 规划与进度安排

时间就是金钱是一句古老的商业格言。因此,规划好未来的工作并合理地安排好时间是工程设计过程的重要内容,因为这样可以减少延误并完成好任务。对于大型建筑项目和制造工程,必须有详细的规划和安排。在工程项目中,用计算机来处理大量的信息已司空见惯。然而,在各种规模的工程设计项目中,本章中讨论的简单规划和进度安排技术仍具有非常重要的作用。

刚刚毕业的年轻工程师最常见的缺点是,他们过分强调设计过程中技术完善的问题,而忽视了按时和在预算下完成设计。因此,本章中讨论的规划和进度安排方法值得关注。

在工程设计中,制定规划就是要确定一个项目的主要内容,以及明确各项内容的完成顺序。进度安排则是要对规划的内容制定具体的工作日程安排。一个项目的全生命周期中的主要决策包括以下四个方面:性能、时间、成本和风险。

- 性能:设计必须具有达到某个性能水平的能力,否则就是投入资源的浪费。设计过程必须提出令人满意的规格和要求以便测试原型和产品。
- 时间:项目早期的重点是要准确地估计完成各项任务所需要的时间,并进行合理的安排,以确保有足够的时间来完成这些任务。在生产阶段,时间参数更成为设定和满足生产率的重点,而使用阶段的重点则是可靠性、维修性和备件补给。
- 成本:在前面几章中已经强调了成本在确定工程设计可行性方面的重要性,把成本和资源限制在预算内是项目经理的主要职责之一。
- 风险:任何新的尝试都存在风险。项目的性能、时间和成本等参数必须建立在可接受的风险范围内,整个项目的进程中都必须监控风险。关于风险的问题将在第 14 章中进行详细讨论。

4.8.1 工作分解结构

工作分解结构(WBS)是将整个项目细分成便于管理的工作单元以确保整个工作内容能被更容易理解的一种方法。工作分解结构列出了所有需要完成的工作任务。最好是用成果(可提交的)而不是计划的活动来表示这些工作任务。由于在项目开始时,目标比活动更容易被准确地预测,因此可以用成果代替活动来表示具体的工作任务。此外,以目标而不是以活动为驱动可以为人们充分发挥聪明才智完成任务提供更大的施展空间。表 4.4 是一个小家电项目设计的工作分解结构。

表 4.4　某小家电设计的工作分解结构

1.0 小家电开发过程	时间/人·周
1.1 产品需求	
1.1.1 确定客户需求(市场调查,QFD)	4
1.1.2 进行标杆分析	2
1.1.3 建立和审批产品设计任务(PDS)	2
1.2 概念生成	
1.2.1 提出备选概念	8
1.2.2 选择最适合的概念	2
1.3 实体设计	
1.3.1 确定产品的结构	2
1.3.2 确定部件配置	5
1.3.3 选择材料,可制造性和可装配性的设计分析	2
1.3.4 质量关键点需求的鲁棒设计	4

（续）

1.3 实体设计	时间/人·周
1.3.5 使用失效模式与影响分析（FMEA）和根源分析法的可靠性和失效分析	2
1.4 详细设计	
1.4.1 子系统的整体检查，公差分析	4
1.4.2 完成详细图样和材料清单	6
1.4.3 原型测试结果	8
1.4.4 完善产品的不足之处	4
1.5 生产	
1.5.1 设计生产系统	15
1.5.2 设计工具	20
1.5.3 采购工具	18
1.5.4 完成工具的最后调整	6
1.5.5 试生产	2
1.5.6 制定配送策略	8
1.5.7 产能提升	16
1.5.8 产品的连续生产	20
1.6 生命周期跟踪	
全部时间（如果按顺序完成）	160

工作分解结构的制定分为三个层次：①项目总体目标；②项目的设计阶段；③每个设计阶段的预期成果。对于大型、复杂的项目，工作分解可以细至一个或两个以上的层次。当采取这种特别详细的分解层次（称之为"工作范围"）时，将会产生一份厚的报告，用叙述性的段落来描述所要完成的工作。注意，完成每项任务的时间用人·周表示，例如两个人工作两周的时间就是4人·周。

4.8.2 甘特图

甘特图是最简单和使用最广泛的进度安排工具，如图4.13所示。项目需要完成的任务按顺序在垂直轴上列出，任务的预计完成时间沿横轴标出。预计的完成时间是由开发团队凭借集体经验确定的。像建筑业和制造业等一些领域，可通过手册或计划表以及成本估算软件来确定有关数据。

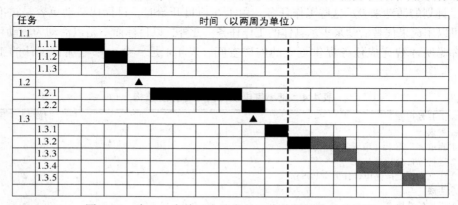

图4.13　表4.4中前三个阶段的工作分解结构的甘特图

水平方向表示任务的预计完成时间和预期成果。横条的左端代表任务的计划开始时间，右端代表预期完成时间。在任务开始后的20周处垂直的虚线表示当前日期。已经完成的任务涂黑，尚未完成的用灰色标明。任务1.3.2用黑色单元表示该团队已经提前完成任务并开始进行下一阶段的设计。大多数进度都是按顺序进行的，这表明并行工程原则在这个设计团队中应用得并不是很多。然而，为生产活动进行选材和开展面向制造的设计是在任务 1.3.2 前完成的。用符号 ▲ 代表里程碑事件，这些事件是设计评审，按计划在产品设计任务书和概念设计完成后进行。

甘特图的一个缺点是不易确定后续任务与先前任务的关系。例如，无法从甘特图上清晰地了解到先前任务的延期将对后续活动和工程总体期限产生的影响。

例 4.2 该项目的目标是在现有壳体的内部安装一个新的传热管原型，并检查新传热管的性能。甘特图如图 4.14 所示。需要注意的是，该设计进程沿着两条路径进行：①从壳体中移出内部材料并安装新的管道；②安装线路和器件。

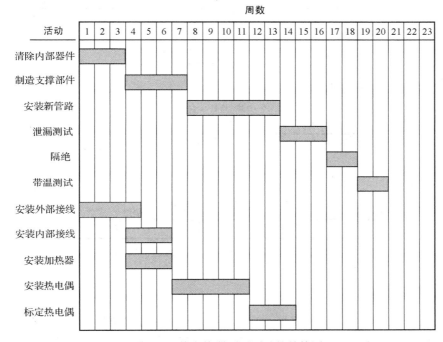

图 4.14 热交换器原型测试的甘特图

一个任务对另外一个任务的依赖性可以通过图 4.15 所示的网络逻辑图表示。该图清楚表明了各个任务之间的优先关系，但没有表明甘特图中所显示出的时间对应关系。

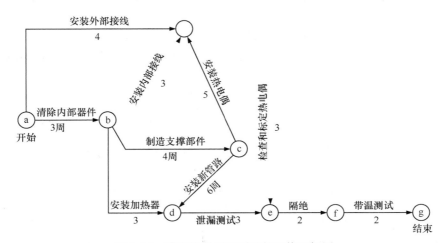

图 4.15 热交换器原型测试的网络逻辑图

通过观察可以发现从项目开始到测试结束的最长路径，也称为网络关键路径。由图 4.15 可知，完成 a－b－c－d－e－f－g 需要 20 周。从修改后的甘特图（图 4.16）底部可以看出关键路径。图中有时差的部分用虚线表示出来了，时差是在不影响项目最后完成时间的前提下，某活动可以推迟开始的最大时间量。例如，安装加热器时，在进行泄漏测试之前有 7 周的时差。因此，确定最长的任务一定要予以特别的注意，因为任何拖延都会使项目延期。相反，一些有自然时差的活动可能不会产生严重的后果，当然，这并不是说可以忽视有时差的活动。

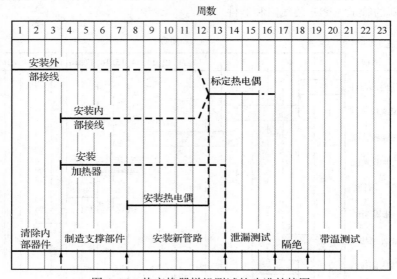

图 4.16　热交换器样机测试的改进甘特图

4.8.3　关键路径法

关键路径法（CPM）是一种网络图方法，它把重点放在确定项目计划的潜在瓶颈上。虽然在像图 4.15 所示的简单网络图中比较容易确定关键路径，但是大部分建筑工程或产品开发项目都是非常复杂的，需要像关键路径法这样的系统分析方法。关键路径法也是与图 4.15 相类似的带箭头的网络图。关键路径法的主要定义和制作规则如下：

- 活动是用来完成项目某一部分的耗时的工作。活动用带箭头的线段表示，箭头指向项目完成的进程方向。
- 事件是一项活动的结束点及另一个活动的起始点，事件是工作完成/决策的节点。但是假定事件没有消耗时间。圆圈用来代表事件。关键路径图中的每一项活动都被两个事件分开。

构建网络图的几点逻辑要求如下：

1）上一个事件没有响应，下一个活动就不能开始。若图为 A ⟶○⟶ B，A 没有结束前，B 就不能开始。同理，若图为 C ⟶○ ⟨D E，C 没有结束前，D 和 E 的活动就不能开始。

2）事件前的每一个活动都完成后，它才能进行，若图为 F G ⟩○ ⟶ H，F 和 G 必须在 H 开始之前完成。

3）虽然两个事件没有通过活动直接联系在一起，但是有时一个事件依赖于另一个先于它的事件。在关键路径图中，引入虚拟活动的概念来表示它们的联系，用------→表示。虚拟活动不需要时间及成本，如下面的两个例子所示：

若图为 A→○→C／B→○→D，活动 A 和 B 一定要在活动 D 之前完成，但 C 之前只需完成活动 A，而与活动 B 没有关系。

若图为 （图），A 必须在 B 和 C 之前完成，C 必须在 E 之前完成，B 必须在 D 和 E 之前完成，D 和 E 必须在 F 之前完成。

要找到最长的路径（关键路径）需要确定下面一些额外的参数：

- 活动时间（D）：每项活动的工期是完成活动的预计时间。
- 最早开始时间（ES）：最早开始时间是每项活动的最早可能开始的时间。采用正推法来计算 ES，从项目的最早一个活动开始计算，直至计算到最后一个节点的时间为止，如果有多个路径，就选择持续时间最长的一个。
- 最迟开始时间（LS）：最迟开始时间是指为了使项目在要求完工时间内完成，某项活动必须开始的最迟时间。采用逆推法来计算 LS，从项目的最后一个活动开始计算，直到计算到第一个节点的时间为止。如果有多个路径，就选择最长的持续时间。
- 最早结束时间（EF）：$EF = ES + D$，其中 D 是每一项活动的持续时间。
- 最迟结束时间（LF）：$LF = LS + D$。
- 总时差（TF）：最早开始时间和最迟开始时间之间的时差，$TF = LS - ES$。关键路径上的活动时差为零。

例 4.3 网络图 4.15 被重新画成关键路径图 4.17。活动用大写的英文字母来表示，该活动时间在线下面用周数来表示。为了便于用计算机来解决，节点处的事件用数字顺序编号。每一项活动尾部的节点数目必须小于头部的节点数目。第一个活动的开始时间(ES)为项目的开始时间，后续活动开始时间根据前面活动的开始时间加上前面活动的持续时间确定，具体见表 4.5。

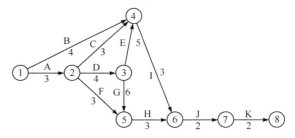

图 4.17 新热交换器样机测试的 CPM 图

表 4.5 根据图 4.17 的最早开始时间计算

事　　件	活　　动	最早开始对间	备　　注
1	A、B	0	起始点最早开始时间规定为零
2	C、D、F	3	$ES_2 = ES_1 + D = 0 + 3 = 3$
3	E、G	7	$ES_3 = ES_2 + D = 7$
4	I	12	在节点 4 是最大的 ES 与该节点各活动 D 的和
5	H	13	$ES_5 = ES_3 + 6 = 13$
6	J	16	$ES_6 = ES_5 + 3 = 16$
7	K	18	
8	—	20	

最迟开始时间(LS) 采用逆推法计算。从网络图终端向始端计算, 即完成时间减去持续时间。计算结果在表4.6 中列出, 对于计算最迟开始时间(LS), 从同一个事件开始的每一项活动可能有不同的 LS, 而从同一事件开始的所有活动都有同样的 ES。

表4.6　根据图4.17 的最迟开始时间（LS）计算

事　件	过　程	LS	事　件	活　动	LS
8	—	20	5 – 2	F	10
8 – 7	K	18	4 – 3	E	8
7 – 6	J	16	4 – 2	C	10
6 – 5	H	13	4 – 1	B	9
6 – 4	I	13	3 – 2	D	3
5 – 3	G	7	2 – 1	A	0

表4.7 列出了总结结果, 总时差(TF) 是由 LS 和 ES 的差值确定的。总时差是在不影响项目在最后期限前完成的前提下, 活动可以延期的最长时间。当 TF 为零时, 意味着该活动为关键路径。表4.7 中的关键路径包括活动 A – D – G – H – J – K。

每项活动的持续时间是在 CPM 里对完成该项活动所需时间的最可能估计值。所有的持续时间数都应采用同样的单位表达, 可以用小时、天或周。持续时间主要是根据类似的项目记录测算的, 同时考虑到涉及的人员和设备需求, 以及法规限制和技术因素。

PERT (计划评审技术) 和 CPM 的思想一样, 也是一种非常流行的项目管理方法。然而, PERT 能够对活动完成的时间进行可能性预测, 而不是采用最可能的完成时间。PERT 的详细内容可以参阅本章的参考文献。

表4.7　样机测试项目计划参数

活动	描　述	D/周	ES	LS	TF	活动	描　述	D/周	ES	LS	TF
A	清除内部器件	3	0	0	0	G	安装新管路	6	7	7	0
B	安装外部接线	4	0	9	9	H	泄漏测试	3	13	13	0
C	安装内部接线	3	3	10	7	I	检查热电偶	3	12	13	1
D	构建支撑部件	4	3	3	0	J	隔绝	2	16	16	0
E	安装热电偶	5	7	8	1	K	温度测试	2	18	18	0
F	安装加热器	5	3	10	7						

4.9　本章小结

本章讨论了如何成为一名高效率工程师的方法。本章涉及时间管理和日程安排等方面的一些内容, 主要针对个人的需要, 但是本章的大多数论述则旨在帮助读者更有效地在团队中发挥作用。本章涉及的内容可以分为两类：态度和技术。

对于态度方面, 本章强调：

- 兑现承诺和守时的重要性。
- 准备工作的重要性（会议准备、标杆分析实验等）。
- 提出和学习反馈意见的重要性。
- 使用的结构化问题求解方法的重要性。
- 管理时间的重要性。

对于技术方面，给出了以下内容：

团队进程：

- 团队准则。
- 成功会议的组织原则。

问题求解工具（全面质量管理，TQM）：

- 头脑风暴法。
- 亲和图法。
- 多方投票。
- 帕雷托图。
- 因果图。
- Why-Why 分析图。
- 关联图。
- How-How 分析图。
- 力场分析法。
- 实施计划法。

项目管理工具：

- 甘特图。
- 关键路径法（CPM）。

有关这些工具的详细信息可以在参考文献中查询，那里也给出了应用这些工具的软件包名称。

新术语和概念

共识	力场分析	多方投票
关键路径法（CPM）	甘特图	网络逻辑图
促进者	How-How 分析图	计划评审技术（PERT）
时差（在 CPM 中）	关联图	全面质量管理（TQM）
流程图	里程碑事件	工作分解结构（WBS）

参 考 文 献

团队方法

Cleland, D. I.: *Strategic Management of Teams,* Wiley, New York, 1996.

Harrington-Mackin, D.: *The Team Building Tool Kit,* American Management Association, New York, 1994.

Katzenbach, J. R., and D. K. Smith: *The Wisdom of Teams,* HarperBusiness, New York, 1993.

Scholtes, P. R., et al.: *The Team Handbook,* 3rd ed., Joiner Associates, Madison, WI, 2003.

West, M. A.: *Effective Teamwork: Practical Lessons from Organizational Research,* 2nd ed., BPS Blackwell, Malden, MA 2004.

问题求解工具

Barra, R.: *Tips and Techniques for Team Effectiveness,* Barra International, New Oxford, PA, 1987.

Brassard, M., and D. Ritter: *The Memory Jogger™ II*, GOAL/QPC, Methuen, MA, 1994.

Folger, H. S., and S. E. LeBlanc: *Strategies for Creative Problem Solving,* Prentice Hall, Englewood Cliffs, NJ, 1995.

Tague, N. R.: *The Quality Toolbox,* ASQC Quality Press, Milwaukee, WI, 1995.

计划和调度

Gido, J. and J. D. Clements, Successful Project Management, Southwestern, Mason, OH, 2009.

Mantel, S. J. and J. R. Meredeth, S. M. Shafer, M. M. Sutton, *Project Management in Practice,* John Wiley & Sons, Hoboken, NJ, 2008.

Rosenau, M. D. and G. D. Githens: *Successful Project Management,* 4th ed., Wiley, New York, 1998.

Shtub, A., J. F. Bard, and S. Globerson: *Project Management: Process, Methodologies, and Economics,* 2nd ed., Prentice Hall, Upper Saddle River, NJ, 2005.

调度软件

Microsoft Project 2010 是广泛应用于制作甘特图和确定关键路径的调度软件。该软件同时适用于分配任务资源和管理预算。该软件是 Microsoft Office 软件的一个组成部分。

Oracle 的 Primavera 提供了计划与调度套件，该套件可用于如十万个活动的为大型建筑开发项目中。根据所选软件，该软件可用于定义项目范围、规划和成本。该软件可以集成到企业资源管理系统（ERP）中。

问题与练习

4.1 在团队的第一次会议上，做一些团队活动以便于大家熟悉起来。

（a）问一系列问题，让每个人依次回答。首先问第一个问题，轮流回答后，再问下一个。典型的问题有：（1）你叫什么名字？（2）你的专业和班级？（3）你在哪里长大或住在哪里？（4）学校里你最喜欢什么？（5）学校里你最不喜欢什么？（6）你的爱好是什么？（7）你认为你会给团队带来什么样的特殊贡献？（8）你想从课程中学到什么？（9）你毕业后想做什么？

（b）采用头脑风暴法为团队取一个队名并设计一个队标。

4.2 使用头脑风暴法讨论旧报纸的用途。

4.3 团队和赞助商制定一个章程会对团队很有帮助，章程中应该包括哪些内容？

4.4 学习和使用第 4 章 4.7 节中介绍的全面质量管理工具，用大约 4h 的时间，针对学生比较熟悉、认为需要改进的一些问题，提出团队的解决方案，注意如何在项目中使用全面质量管理工具。

4.5 名义群体法（NGT）是人们在运用头脑风暴法和亲和图法来得出并组织关于问题定义的想法时所产生的一类变种方法，研究一下名义群体法，并把它作为本章中讨论方法的一个可用方法。

4.6 在进行头脑风暴时，有些粗心的人会说出一些短语（也称"杀手短语"）而限制了思想的自由交流。团队应列出 10～12 个"杀手短语"来提醒成员们在头脑风暴阶段不应该说什么。

4.7 经过约两个星期的小组会议后，邀请一个具备一定专业知识、没有利害关系的人以观察员身份参加团队会议，请他对发现的问题提出批评。两个星期后，再次邀请他参会，看看团队会议效果是否有所改善。

4.8 为团队会议的有效性制定一个评分体系。

4.9 记录下一周你的活动日程，每 30min 分成一段，这让你了解了时间管理技能的哪些知识？

4.10 下面是进度安排网络图的约束，判断网络图是否正确。如果不正确，请画出正确的网络图。

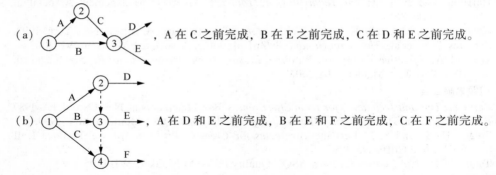

（a），A 在 C 之前完成，B 在 E 之前完成，C 在 D 和 E 之前完成。

（b），A 在 D 和 E 之前完成，B 在 E 和 F 之前完成，C 在 F 之前完成。

4.11 开发一个小的电子装置包括下表中的步骤，根据给出的信息，画出网络图，并使用关键路径法确定关键路径。

活动	描 述	时间/周	前序活动	活动	描 述	时间/周	前序活动
A	定义客户需求	4		H	设计和测试产品	5	A、B、D
B	评价竞争对手的产品	3		I	策划营销产品	4	C、F
C	定义市场	3		J	收集竞争对手的定价信息	2	B、E、G
D	准备产品规范文件	2	B	K	进行产品广告造势活动	2	I
E	生产销售预估	2	B	L	向分销商分发销售说明书	4	E、G
F	调查竞争对手的营销方式	1	B	M	制订产品价格	3	H、J
G	以客户需求来评价产品	3	A、D				

第 5 章 信息收集

5.1 信息的挑战

对信息的需求在工程项目的许多步骤中都非常重要。人们需要快速地找到所需信息并确认它们的可信度。例如，你可能需要查找具有特定扭矩和转速的小功率电动机的供应商和成本方面的信息。在对细节要求不高的情况下，可能还需要知道为该设计所选电动机安装架的几何形状。在另一个完全不同的层面上，设计团队可能还需要知道他们对新产品的命名是否侵犯了现有的商标，并进一步确认产品名称在用西班牙语、日语和汉语普通话发音时是否会导致文化问题。显然，工程设计所需要的信息要比进行项目研究所需要的信息更加多样化，也更不容易得到。公开的技术文献是信息的主要来源。把信息收集这一章放在本书前部，就是为了强调信息收集在设计中的重要性。

图 5.1 需要一些解释。信息需求贯穿工程设计或工艺设计的全过程。将信息收集放到问题定义和概念生成两个步骤之间，是为了强调获得创造性的概念方案对信息的迫切需求。此外，本章关于信息查找和信息来源的建议在实体设计和详细设计阶段也是同样有用的。你会发现当你进入这些设计阶段时，所需求的信息会逐渐专业化。当然，也同样关注完成问题定义所需的市场信息。

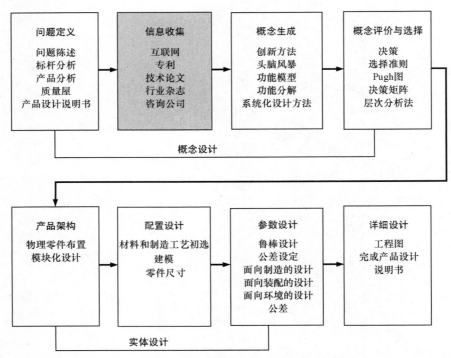

图 5.1 表明信息收集位置的设计过程

数据、信息和知识

人们常说美国和其他发达国家未来的发展繁荣将取决于其知识工作者，如工程师、科学家、艺术家和其他创新者的能力和水平，他们致力于设计和推出新产品、新服务，而这些产品和服务的制造环节已被转移到低收入的欠发达国家○。因此，应该去了解一下"知识"这个奇特的东西，并弄清楚它与人们看到的事物表象有什么不同。

数据是事件的一组离散的客观的事实。它们可以是对一种新产品进行试验观测的记录，也可以是市场研究中的销售数据。信息是经过某种方式处理的数据，用以传达消息。例如，销售数据可以通过统计方法进行分析，以根据客户的收入水平确定潜在的市场；产品测试数据可用来与其他竞争产品进行比较。信息的作用是改变信息接收者对某事的看法，即对他（她）的判断和行为产生影响。inform 这个单词最初的意思是"赋形于……"，information（信息）则意味着改变信息接收者的观点或洞见。

当数据被其创造者赋予意义后就成了信息，这可以通过以下几种方式完成○：

- 情景化：了解收集数据的目的。
- 归类化：了解分析的单元或数据的关键元素。
- 计算化：通过数学或统计学方法分析的数据。
- 校正化：消除数据误差。
- 简明化：以更简洁的形式对数据进行总结。

知识比数据或信息更广泛、更深入和更丰富。因此，知识的概念更难以定义。知识是经验、价值、相关信息以及专业视角的组合，它提供了评估和吸纳新经验、新知识的框架。创造知识是人类努力的结果。计算机可以从很大程度上帮助人类存储和传输信息，但在生成知识方面，人类几乎必须依靠自己的力量。新知识可以通过下面的过程来形成：

- 比较：把这种情况同已知的情况相比会如何？
- 影响：某条信息对做出决定和采取行动有什么影响？
- 联系：知识之间有什么联系？
- 交流：其他人会怎样考虑这条信息？

与数据和信息不同，知识包含判断。它好比是一个生命系统，它通过与环境的相互作用而发生变化和成长。知识增加过程中，一个重要的因素是要意识到什么是未知的。一个人拥有的知识越多就越变得谦虚。很多知识，尤其是设计知识，都是通过无科学依据的经验规则的形式被应用的。这些通过长期观察和试错获得的知识指导着我们的设计和解决已被有经验的工人解决了的相似的新问题的捷径。经验法则常被用于需要详细知识的领域，如面向制造的设计。

鉴于此，一个零件、一个规格或者材料数据表都是数据。由制造商所提供的包含轴承尺寸和性能数据的目录是信息。一篇刊登在工程技术杂志上介绍如何计算轴承失效寿命的文章是知识。设计评审会的结果是信息，而对在完成一些大型设计工程的过程中所总结的经验教训的深入反思更可能是知识。如果没有对所处环境的深入了解，就很难区分信息和知识。所以，在本书中，除了明显属于知识范畴的事物外，其他的一概称为信息。

○ T. L. Friedman, *The World Is Flat*, Farrar, Strauss and Giroux, New York, 2005.

○ T. H. Davenport and L. Prusak, *Working Knowledge*, Harvard Business School Press, Boston, 1998.

5.2　设计信息的分类

工程设计所需要的信息除了书面文字外还有多种类型和形式，如 CAD 文件、计算机数据文件、模型和原型等。表5.1 给出了设计所需要的广泛的信息形式。

表 5.1　设计信息的类型

客户	成本
调查和反馈	成本的历史记录
市场数据	目前的材料和生产成本
相关设计	**标准件**
以前各个版本产品的说明书和图样	供应商提供产品的可获得性和质量
竞争对手的相似设计（反求工程）	尺寸和技术数据
分析方法	**技术标准**
技术报告	国际标准化组织（ISO）
专业的计算机程序，例如有限元分析	美国试验与材料协会（ASTM）
材料	公司的具体要求
以往产品的性能（失效分析）	**政府法规**
属性	性能的规定
制造	安全性
工艺能力	**生命周期事项**
产能分析	维修/服务反馈
制造资源	可靠性/质量数据
装配方法	保修数据

5.3　设计信息源

正如在设计时需要多种类型的信息一样，可供寻找设计所需的信息源也多种多样，见表5.2。

如果要求当今的大学生去查询一些信息，他们总是首先想到搜索引擎。毫无疑问，万维网的快速发展给人们提供了很大便利。它提供了许多娱乐内容，在发达国家内几乎可以随处接入万维网。商业界已经发现利用网络加快沟通和提高生产率的许多方法。但是必须注意到，因特网上的许多资料都是"原始"的信息，即它们没有经过同行评审或编辑审稿，无法判定其正确性。因此与发表在信誉良好的技术或商业杂志上的文章相比，因特网上文章的可信度较低。另外，人们倾向于认为网络上一切资料都是目前最新的，但事实可能并非如此。很多材料发表在网上后，几乎从来不会更新。另一个问题是网页不会永远存在，当网络管理员更换工作或者对某个主题失去兴趣时，网页就会消失。随着因特网发布广告的数量越来越多，人们对网上信息客观性的关注也日益增加。所有这些都是聪明的读者在利用和享用这一快速发展的信息资源时所必须考虑的问题。

表5.2 完整地列出了各种设计信息的来源。在随后的章节，将简要讨论每一种信息源，让你从中判断并选择适用于你的信息资源。多数情况下，还将精心推荐一些参考资料和网站。

查看信息来源列表，可以将它们分为：①来自需要支付报酬才能获取帮助的人，如公司图书管理员或咨询顾问；②来自出于经济利益考虑愿意帮助你的人，如给你项目提供设备的潜在供应商；③来自出于职业责任或友谊来帮助你的人；④来自客户。

表 5.2　适用于工程设计的信息资源

图书馆	知识产权
词典和百科全书	国内和国际专利
工程手册	版权
教科书和专著	商标
期刊（技术期刊和杂志、报纸）	个人活动
因特网	通过工作经验和学习获得的知识积累
巨大的信息库，更多细节见第 5.6 节	与同事联系
政府	与专业人员的人际关系
技术报告	与供应商联系
资料库	与顾问联系
搜索引擎	参加会议和展览会
法律和法规	参观其他公司
工程专业协会和行业协会	客户
技术期刊和新闻杂志	直接参与
技术会议论文集	调查
某些情况下的法规和标准	保修付款和退换产品的反馈

　　所有的原材料和设备供应商都会提供介绍产品特征和操作规范的宣传品、目录和技术手册等。通常，可以通过附在多数技术杂志上的读者服务卡免费获得上述资料。大多数信息可以通过因特网得到。工程师们经常会建立起关于这些信息的档案。一般来说，希望在你的项目上获得大订单的供应商会尽可能提供其产品的完整技术资料，来帮助你完成设计。

　　为找到所需要的信息，人们自然会重点搜索已经发表出版的技术文献，但是不要忽视同事们现有的资源。如果你肯用恰当的方式向比你更有经验的工程师请教，他们的专业档案或工作笔记将会是你获得信息的金矿。但是，请记住，信息的流动是双向的，所以应乐于与他人分享你的信息，并将信息及时反馈给帮助过你的人。

　　应该牢记获得信息是要耗费时间和资金的。实际上，在某一领域内收集到的信息数量有可能大大超出智能设计决策的需要。此外，正如将在第 6 章所描述的，过多的信息还可能会阻碍创新设计概念的提出。但是，不要低估信息收集的重要性以及在此过程中所付出的努力⊖。尽管许多工程师认为这些工作不是真正的工程设计，但一项针对设计工程师如何使用时间的调查表明，他们用于信息收集的时间占总工作时间的 30%。概念设计与详细设计工程师所用的资料有着较大区别。前者使用的大量资料主要依赖于个人的收集和广泛的搜索。详细设计人员使用的信息较少，他们主要依赖于公司的设计准则和信息源，并在工程图样上和 CAD 模型中十分频繁地使用这些信息。

5.4　图书馆资源信息

　　在第 5.3 节中，考虑了各种各样的信息源，并主要讨论了在公司设计组织中可以获得的信息。在本节中，将主要讨论可以从图书馆获取的信息。对于希望快速提高自身专业知识的学生和青年工程师来说，图书馆是重要的信息来源。

　　当你在图书馆中搜索资料时，你将会发现一个信息源层次结构。你从哪里入手查阅取决于

⊖　A. Lowe, C. McMahon, T. Shah, and S. Culley, "A Method for the Study of Information Use Profiles for Design Engineers," *Proc. 1999 ASME Design Engineering Technical Conference.* DETC99 DTM-8753.

你对问题的了解程度和你所需信息的属性。初学者们有必要使用技术词典或阅读百科全书来宏观了解相关内容。而对于有经验的人，则只需要通过索引或摘要就可以找到所需的技术文章。

在有限的信息基础上，你应该先查询技术百科全书和图书馆的电子目录以寻找入门性的资料。当你逐渐成为这个领域的专家时，你应该选择更详细的专著和/或使用摘要和索引来找到合适的技术文献。阅读这些文章可以引导你去阅读更多文章（交叉索引）。获取重要设计信息的另一个途径是专利文件（第5.9节）。

把自己信息查询的需求转换成图书馆目录里的专业术语往往是比较困难的。相比于为工程设计提供所需信息，图书馆的目录更倾向于为传统学术和研究活动而开发，因此它们提供的信息远比工程设计所需要的要多得多。在工程设计活动中常常会遇到这样的问题，供应商提供的图形资料或信息比学术知识更为重要，这时使用网络浏览器进行快速搜索将对你初期的检索工作提供很大帮助。同时，密切关注所有摘要和技术文献上的关键词，它们会提供搜索信息的其他渠道。

5.4.1　词典和百科全书

在一个全新的技术领域内开始项目时，有必要先了解该技术领域的概况。你可能会发现一些专业用语较为生涩，这时你可以查阅技术词典。下面列出了两本有用的参考词典：

Davis, J. R. (ed.): *ASM Materials Engineering Dictionary*, ASM International, Materials Park, OH, 1992.

Nayler, G. H. F. : *Dictionary of Mechanical Engineering*, 4th ed. , Butterworth-Heinemann, Boston, 1996.

技术百科全书是为那些受过良好技术培训而要开始一个新课题的人准备的。因此，如果你对研究课题了解不多，通过阅览百科全书得到全局总览是一个良好的开端，它们可以使你快速概览相应知识。在使用百科全书时，应该花一些时间查看整卷索引以便发现一些没有注意的内容。下面列出了一些有用的技术百科全书：

McGraw-Hill, *Encyclopedia of Environmental Science and Engineering*, 3rd ed. , McGraw-Hill, New York, 1993.

McGraw-Hill, *Encyclopedia of Physics*, 2nd ed. , McGraw-Hill, New York, 1993.

McGraw-Hill Dictionary of Science and Engineering, 8th ed. , 20 vols. , McGraw-Hill, New York, 1997. Also available on CD-ROM.

5.4.2　手册

毫无疑问，在你接受工程教育的过程中，教授们告诫你要从"第一原理"出发来研究一个问题，而不要成为一个"手册工程师"。这是非常中肯的建议，但不应该低估手册的作用。手册汇编了有用的技术信息和数据，它们通常是由一个专家召集该领域的专家进行策划的，然后组成一个专家小组撰写各个章节。许多手册都描述了理论内容及实际应用，而另一些则集中收录详细的技术数据。恰当挑选的技术手册将是你的专业藏书的重要组成部分。

科学和工程手册数以百计，不可能一一列出。了解图书馆提供什么资料的一个好方法就是到参考书区去浏览一下书架上的书。要想得到图书馆中的手册清单，可以在电子目录中把"某某手册"作为检索词。于是，可以得到以下一些结果：

- 工程基础手册。
- 机械工程手册。

- 机械工程计算手册。
- 工程设计手册。
- 设计、制造及其自动化手册。
- 弹性力学手册。
- 应力和应变公式手册⊖。
- 螺栓和螺栓联接手册。
- 疲劳试验手册。

这意味着，几乎可以找到关于任何主题的工程手册，从基础工程科学到非常具体的工程细节和数据。通过交纳合理的费用，许多手册也可以从网络上获得，从而极大地提高了工程师利用计算机进行检索的能力。许多工程专业图书馆都向 knovel. com 网站订阅资料，该网站特别面向工程设计提供在线文献服务。Knovel 提供许多手册和专著的在线资料以及信息检索功能。

5.4.3 教科书和专著

新的技术书籍连续不断地出版。专著涉及的内容比教科书更细致、更深入。时刻掌握最新数据的方法之一是浏览专业协会月刊上刊登的即将出版的图书名录，或参加一个技术图书俱乐部。

5.4.4 查找期刊

期刊是定期出版物，周期为每月、每季度或每日（如报纸）。你感兴趣的主要期刊可以是刊登某个特定领域内研究结果的技术期刊，如工程设计、应用力学，也可能是具有较少的技术性而侧重于工业应用的行业杂志。

索引和摘要服务可以提供期刊文献的最新信息，更重要的是，通过它们可以查找曾经发表的文章。索引按题目、作者和参考文献收录文献。摘要服务也提供了文章内容的概要。虽然索引和摘要主要涉及期刊文章，但往往也会包括书籍和会议论文集，以及技术报告和专利。在数字化之前，摘要和索引都收录在厚厚的参考书中。现在可以通过你的图书馆接入端在个人计算机上查询了。表 5.3 列出了最常用的工程和科学摘要数据库。

在出版的文献里进行搜索就像解决一个复杂的谜题。检索者必须选一个起始点，虽然有的起始点比其他起始点好。一个好的策略⊖是使用最新的主题索引和摘要索引，并争取找到一篇最新的综述文章或概述性技术论文。该文所引用的参考文献，将有助于沿着"原始参考"的路线来发现当前知识的根源。然而，这种搜索方法容易错过被早期研究人员所忽略的文献资料。因此，下一步应该利用科学引文检索（SCI）找到"后续参考"。一旦选定感兴趣的文献，就可以进行引文检索以确定某年内引用该关键文献的所有参考文献。因为索引是在线的，所以搜索可以快速、准确地实现。这两种搜索策略可以得到关于该主题的尽可能多的资料。接下来就要确定关键文件了。方法之一是根据其被引用的次数，或者被本领域内专家认为特别重要的文章。参考文献一般需要 6 ~ 12 个月的时间才可以通过索引或摘要查到，因此这种方法不会得到最新的研究情况。最新的研究资料可以在当前目录中通过事先确定的关键词、主题领域、期刊名称和作者等内容查询获得。还要注意的是，很多工程设计需要的信息无法通过本策略获得，因为这些信息从未被列入科学和技术文摘的服务中。对于这类信息，因特网是一个重要的资源（第5.6节）。

⊖ 一本非常有用的参考手册是 *Roark's Formulas for Stress and Strain*，7th ed.，McGraw-Hill，也可以在 knovel. com 上获得。
⊜ L. G. Ackerson，*Reference Quarterly*（RQ），vol. 36，pp. 248-260，1996.

表 5.3　常用的工程文摘与索引数据库检索源

名　称	说　明
Academic Search Premier	收录了超过 7000 种期刊的摘要和索引，许多都有全文
Aerospace Database	收录了由 AIAA、IEEE、ASME 出版的期刊、论文集和报告
Applied Science & Technology	包括购买指南、论文集，很多应用信息
ASCE Database	收录了美国土木工程学会所有的文献
Compendex	工程索引的电子版
Engineering Materials	覆盖了聚合物、陶瓷、复合材料
General Science Abstracts	覆盖了美国和英国出版的 265 种重要期刊
INSPEC	覆盖了关于物理学、电子工程、计算机与信息技术的 4000 种期刊
Mechanical Engineering	覆盖了 730 种技术期刊和杂志
METADEX	覆盖了冶金和材料科学领域
Safety Science and Risk	覆盖了 1579 种期刊
Science Citation Index（Web of Science）	收录了 164 个科技领域的 5700 种期刊
Science Direct	收录了 1800 种期刊，其中 800 种为全文

5.4.5　目录、小册子和商业信息

目录、小册子和手册是一类重要的设计信息，它们包含了外部供应商的原材料和零件的信息。大多数工程师通过行业杂志中的反馈卡来获取贸易文献。参加商业展览可以很快熟悉供应商提供的产品。如果要找不熟悉的新零件或新材料的相关资料，可以从美国制造商托马斯注册网（www. thomasnet. com）开始查询，它汇集了北美地区工业产品供应商及其服务商的最全面的信息资料。

大多数技术图书馆会提供一些对于设计来说非常重要的企业或商业信息。美国联邦政府每年都会收集每个州的商品消费或销售额以及所制造的商品，这些数据可以在美国商务部编写的制造商统计中以及美国人口普查局编写的美国统计摘要中查询，这种类型的对于市场营销研究非常重要的统计资料可以通过商业渠道购买。这种数据是根据北美工业系统分类系统（NAICS）代码按行业分类的。NAICS 取代了前标准工业分类系统（SIC）代码。无论其业务规模大小，从事相同类型商业活动的企业都有相同的 NAICS 代码。因此，查询政府的数据库需要了解 NAICS 代码，在第 5.6.3 节中列出了一些可以查询商业信息的网站。

5.5　政府资源信息

联邦政府从事或资助了国内约 35% 的研发项目，并主要以技术报告的形式积累了大量的信息，这些研发企业主要集中在国防、航空航天、环境、医学和能源等相关领域。这是一个重要的信息来源，但所有的调查都表明，这些信息的利用并没有预想的那样充分。

政府赞助的报告只是信息专家了解的所谓灰色文献中的一部分，其他的灰色文献是贸易资料、初稿、会议论文集以及学术论文。这些所谓的灰色文献虽然大家知道它的存在，但很难定位和检索。撰写报告的组织团体会控制它们的传播。出于知识产权和竞争的考虑，这些组织和团体不像政府和学术组织那样乐于分享。

政府印刷局（GPO）是一个负责印制和分发联邦文件的政府机构。尽管它不是政府文件报告的唯一来源，但却是查询信息的良好起点，特别是对于联邦法规和经济统计。某些 GPO 出版物也可以以电子书的形式购买。

工业部门和大学里的研发组织编写的报告通常不能从政府印刷局获得，这些报告应该可从商务部的国家技术信息服务中心（NTIS）获得。国家技术信息服务中心是一个通过出售技术信息获取经费的独立机构，负责交换美国和外国的技术报告、联邦数据库和软件等。需要时可在网上访问该中心网页 www. ntis. gov。

在查询政府信息源方面，GPO 涵盖了比较广泛的来自政府的信息，而 NTIS 则重点提供技术报告类文献。然而，即使是这个庞大的 NTIS 收集到的信息中，也不能包含所有联邦政府赞助的技术报告。由美国国防部赞助的科学与技术信息办公室通过 www. osti. gov 网站提供来自能源部（DOE）、环境保护署（EPA）和国家标准与技术研究院（NIST）等部门的研究报告。

不同于政府出版物，学术论文的存在很大程度上取决于政府对从事研究的作者的支持。学位论文摘要数据库提供了超过 150 万份由美国和加拿大政府资助的博士和硕士论文的文摘，论文的副本也可以从这个数据库购买。

5.6 互联网上的设计信息

增长最快的传播媒介就是因特网⊖，它不仅使电子邮件通信成为个人和商务联系的首选形式，而且还正在迅速成为信息获取和建立商业渠道的资源。在 www. isoc. org/history/brief. shtml 里可以看到关于因特网是如何发展和运行的讨论。

5.6.1 一些有用的设计类网址

本节中列出了一些为工程设计提供技术信息的非常有用的网站。本节提及的网站主要涉及机械工程技术资料。第 11 章中的网站主要提供材料方面的资料，第 12 章中主要提供制造工艺方面的资料，第 5.6.2 节中的网站主要提供了对设计工作有用的商业信息。

1. 目录

目录是针对特定主题而收集的网址，如机械工程或制造工程。使用目录可以减少在使用搜索引擎时的网页访问量。目录可以直接给出信息的具体网站。此外，建立目录的信息专家会减少目录的内容以确保信息的质量。以下是机械工程信息一些目录。读者应该能够利用这些网址找到其他科学、工程或技术领域的类似目录。

WWW Virtual Library（万维网虚拟图书馆）：为美国大多数机械工程系和商业供应商提供了大量的网址。网址：http://vlib. org/Engineering。

Intute：是一个包含科学、工程和技术三个领域的大型网站，主要针对英国的资料。网址：www. intute. ac. uk/sciences/engineering/。

NEED（需求）：一个链接到工程领域在线学习材料的数字图书馆。网址：www. needs. org/needs/
Wikipedia. com（维基百科）是一款广受欢迎的在线百科全书。其中的文章由读者自行编辑上传，大多没有经过编辑审查。因此，它所提供的信息可能包含错误和带有偏见的内容。在研究技术问题方面，维基百科是一个了解某一新领域概貌的好地方，但当阅读政治或经济专题时，应格外小心，因为在这类专题的文章常常带有严重的个人偏见。

2. 技术信息

Knovel（http://knovel. com）提供基于互联网的可从很多工程图书馆获得的工程信息服务。它提供了可直接使用的数千种的工程设计手册和面向设计的经检索优化的专著。虽然我们需要

⊖ 一个著名的信息搜索网站是 http：//www. lib. berkeley. edu/TeachingLib/Guides/Internet/Find.

订阅来获得服务，但少数手册和数据库是免费提供的。

机械零件设计的在线教材，很好地讨论了设计创新、材料力学概述及零件设计，还有很好的问题和答案。http://www.mech.uwa.edu.au/DANotes。

搜索机械工程和机械设计杂志过期期刊，http://www.memagazine.org/index.html；http://www.machinedesign.com。

ESDU 工程数据服务，http://www.esdu.com，最早是作为英国皇家航空学会的一个单位，现在是美国最大的工程信息产品公司（IHS）的一个子公司。在订阅的基础上它提供关于空气动力学、疲劳、热转换、风力工程等方面的关于设计数据和流程的研究报告。

博文网：网站内容非常简单，但却很实用，配有关于机器和系统工作原理的插图和动画。http://www.howstuffworks.com。单击 "Science" → "Engineering" 获得关于一般工程设备的信息。

普通机械机构的工作模型，www.brockeng.com/mechanism；简单但非常生动的机械机构图片模型，www.flying-pig.co.uk/mechanisms；非常著名的运动学模型，http://kmoddi.library.cornell.edu。

eFunda，即工程基础，自称是为工程师提供网上参考资料。网址为 http://www.efunda.com。主要内容包括材料、设计数据、单位换算、数学和工程计算公式。提供工程科学课程中的多数方程式并加以简短的讨论以及详细的设计数据，如螺纹标准、几何尺寸和公差。这个网站大部分内容是免费的，但有部分内容需付费进入。

Engineers Edge 和 eFunda 有些类似，但它更侧重于机械设计计算和细节。此外，它还覆盖了面向大部分金属和塑料制造工艺的设计。网址为 www.engineersedge.com。

关于材料性能的网址信息参见第 11 章，关于制造工艺的网址信息参见第 13 章。

3. 获得供应商信息

当为你的设计项目样机寻找所需材料或设备的供应商时，要先联系当地的采购代理。他们知道当地供应商中谁能以合理的价格快速供货。对于一些特殊的物料项目，可能需要在网络上采购。有三个网上供货公司具有全国联网的仓库和全面的在线目录：

- McMaster-Carr Supply Co.　http://www/mcmaster.com
- Grainger Industrial Supply.　http://www.grainger.com
- MSC Industrial Supply Co.　http://www.mscdirect.com

可以在搜索引擎网页上搜索供应商，把产品或设备的名称输入搜索框中将出现一些供应商的名称和它们的网站。多年来，托马斯美国制造商名录（Thomas Register of American Manufacturers）已经成为设计工作室的标准配置，现在这些重要信息可以在网站上查询了，网址为 http://www.thomasnet.com。它的一个特点是有一个零件库（PartSpec），其中有超过 100 万个机械及电子零件图形和它们的规格，这些都可以下载到你的 CAD 系统中。供应商目录也可以在 eFunda 中或者机械设计杂志网 www.industrylink.com 和 www.engnetglobal.com 找到。请注意在这些目录中出现的公司基本上都是付费的广告客户。

5.6.2　设计和产品开发的商业网址

在本书中多次强调而且还会继续强调，设计远非学术性练习。如果设计工作不是为了谋取利润或至少是降低成本，那将没有任何实际意义。本书整理了一些对于产品开发过程有关的商业的网站，但这些都是收费的，所以最好还是通过你所在的大学或公司的网站进行查询。

1. 一般性网站

LexisNexis 网站（http://web.lexis-nexis.com）是世界上最大的收集新闻、公众记录、法律和商业信息的网站。主要的分类为：新闻、商业、法律研究、医疗、参考文献等。

General Business File ASAP 可以提供从 1980 年到现在的一般商业文库。

Business Source Premier 全文提供 7800 种学术和行业杂志上刊登的文章。它还收录了世界 10000 家最大公司的简介。

2. 市场营销

北美工业分类系统（NAICS）网站为 http://www.census.gov/epcd/www/naics.html。NAICS 代码在与下列营销数据库网站一起使用时很有用。

Hoovers（胡佛）提供了公司的详细背景资料，它提供的关键统计数据涉及销售额、利润、高层管理、产品线、主要的竞争对手。

Standard and Poors Net Advantage 提供了工业界的金融调查和近期预测。

IBIS World 提供美国 700 个行业和 8000 多家公司的市场调查报告。

RDS Business & Industry 是一个内容广泛的企业市场信息数据库，包含公司、行业、产品和市场方面的信息，它覆盖了国际范围的所有行业，它是美国 Thomson 公司旗下 Gale 集团的产品。

Dialog（www.dialog.com）是一个大型在线工商业技术信息系统。

3. 统计

我们可以从联邦政府的各个部门那里获取大量关于美国商业、贸易和经济的数据。以下讨论了一些最常用的信息来源。更多关于美国政府部门和司局的信息请参见 http://guides.ucf.edu/statusa。

美国商业部经济分析局（http://www.bea.doc.gov）网站上刊登的统计信息有美国经济概况、国内生产总值、个人收入、公司利润和固定资产以及贸易平衡。

美国商业部人口统计局（http://census.gov/）网站按年龄、地点和其他因素分类提供人口数据和未来人口计划。

劳工部劳工统计局（http://bls.gov）网站提供各类指数及其他统计资料，如消费价格指数、生产价格指数、收入估计、生产率因素以及劳动力的人口统计学数据。

圣路易斯联邦储备银行（http://www.stls.frb.org）网站提供了大量经济的历史数据，有很多联邦出版物的全文。

5.7 专业学会和贸易协会

专业学会是为了促进专业的发展和奖励业内杰出成就者而成立的学术性团体。工程学会通过以下工作推进专业建设：主办年会、会议和展览会、地方分会会议，出版技术期刊、杂志和书籍、手册以及资助短期继续教育课程。与其他行业协会不一样，工程学会很少去游说对会员有利的立法。一些学会制定了行业法案和标准，参见第 5.8 节。

美国第一个工程专业学会是美国土木工程师学会（ASCE），其次是美国矿冶及石油工程师协会（AIME）、美国机械工程师协会（ASME）、电气电子工程师协会（IEEE）、美国化学工程师学会（AIChE）。这五个协会被称为五大创始协会，它们都成立于 19 世纪后期和 20 世纪初。随着技术的飞速发展，又形成了新的学术团体，如美国航空航天学会、美国工业工程师学会、美国核学会，以及其他特殊的团体，如美国加热冷冻及空调工程师协会（ASHRAE）、国际光学工程学会（SPIE）、全美生物医学工程协会以及美国工程教育协会（ASEE）。有调查表明美国约有 30 个工程学会⊖，而其他的学会达到 85 个。这些资料应该作为在网络上查询工业学会的切入点。

⊖ http://www.englib.cornell.edu/erg/soc.php.

由于在工程领域缺少核心的学会，就像医药领域的美国医学协会那样，从而影响了工程行业在公众心目中的形象，也不利于代表行业与联邦政府的讨论。美国工程师学会联合会（AAES）作为参与联合全部团体的代表设在华盛顿，而一些规模较大的协会也在华盛顿设有办事处。联合会目前有 13 个学会成员，包括五大学会。美国工程院（NAE）是美国科学院（NAS）在工程方面的对应机构。它的存在旨在表彰杰出的工程师，以及向美国政府在影响美国的相关技术事项上提供建议。

行业协会代表了某工业领域公司的利益。所有行业协会都收集了该行业的业务统计数据，并印制了协会成员目录。大多数协会代表其成员游说政府进行进口管制和制定特殊税制。有些机构，如美国钢铁协会（AISI）和美国电力研究学会（EPRI）都赞助研究项目来推动其产业发展。像美国制造商协会这样的跨行业贸易组织面向国会和公众的教育规划，其他像钢罐产业协会这样的团体更关注于地面储罐检测标准这样的问题。

5.8 法案和标准

在第 1.7 节以及第 13.7 节中讨论了法案和标准在设计中的重要性。法案是执行某项任务的一套规则，如地方城市建筑法案或消防法案。而标准具有较弱的规范性，可视为技术定义和指针，它仅仅建立了一个用于比较的基础。许多标准描述了实现某个实验的最佳方法，这样测得的数据就可以与其他人得到的数据进行可靠的对比。规范是用来描述系统应该如何工作的，它通常比标准更具体、详细，但有时很难区分某文件到底是标准还是规范⊖。

美国国家标准机构是工业化国家中唯一一个不是由政府支持的国家标准机构。美国标准学会（ANSI）是美国自愿性标准体系的协调机构（www. ansi. org）。法案和标准是由来自专业学会或行业协会以及由大学教授和大众组成的工业专家委员会研究制定的。从而标准可能会由技术组织公布实施，但大多数也提交给美国标准学会。美国标准学会保证该标准制定过程的正确性，出版的文件作为国家标准。该机构也发起新标准的制定，它代表美国参加国际标准化组织委员会的国际标准化工作。在标准的制定发展进程中，美国政府没有实际的投入，但是一些志愿性组织和学术代表投入了大量的人力，主办单位承担了他们的工资和旅费。由于 ANSI 必须要承担出版成本和机构的运营经费，所以购买标准费用就相对较高，他们一般都不在网上免费提供。

美国政府制定标准的责任由美国国家标准与技术研究院（NIST）来承担，它隶属于美国商业部一个部门。NIST 的标准服务部（SSD）（http://ts. nist. gov/ts/ssd/index. cfm）是联邦政府机构和私营部门之间的标准化工作的协调中心。由于标准可能成为对外贸易的最大障碍，因此 SSD 密切关注国际进展，并支持美国国际贸易管理署的工作。SSD 还管理着国家实验室的认证程序。NIST 起源于美国国家标准局，保存了国际标准度量衡在美国的复制品，如千克、米的标准，并保有标定其他实验室仪器的程序。在需要的时候，NIST 的大量实验室还被用来研究开发和改进的标准。

美国试验与材料协会（ASTM）是编制材料、产品系统领域标准的主要组织，一半以上的 ANSI 标准是它制定的。大多数工程专业图书馆提供一系列 ASTM 标准的年度专辑（http://astm. org）。

美国机械工程师协会（ASME）撰写了众所周知的锅炉和压力容器法案，该法案已经和大多数州的法律相结合。美国机械工程师协会标准研究部还出版涡轮机、内燃机以及其他大型机械设备性能测试法案（http://asme. org/Codes/）。欲查看一份关于标准制定组织的清单，请在 http://engineers. ihs. com/products/standards 内单击"standards"。

⊖ S. M. Spivak and F. C. Brenner, *Standardization Essentials*: *Principles and Practice*, Marcel Dekkler, New York, 2001.

美国标准学会（ANSI）提供关于各类标准的教育网站（http://standardslean.org）。它列出了许多标准制定组织（SDO），一个内容丰富的标准教学以及一些能体现标准在设计过程中的重要性的范例。

美国国防部（DOD）是在制定标准和规范领域最为活跃的政府部门。DOD 制定了大量的标准，其中大多数出自三个分部：陆军、海军和空军。国防装备合约商必须熟悉并遵守这些标准。在努力通过制定普适标准以降低成本的过程中，DOD 成立了国防部标准化项目办公室（DSP）（www.dsp.dla.mil）。它成立的初衷之一是以使用标准化部件的方式，通过减少库存来降低生产成本。其他的主要目的是通过缩短物流链和促进联合部队的交互运作能力来提高部队的机动性。

其他一些致力于制定标准的重要的联邦机构有：
- 能源部（DOE）。
- 美国职业安全与健康管理局（OSHA）。
- 美国消费品安全委员会（CPSC）。

美国联邦事务服务总局（GSA）负责为政府提供办公场地和所需设施，采购通用物品如地板装饰、汽车和灯泡等。因此，它制定了 700 多个日用品的标准。这些标准可以在网上查询到，网址为 http://apps.fss.gsa.gov/pub/fedspecs/。快速检索可以找到如布匹耐磨性、石棉和涡轮发动机润滑油等标准。这些标准不能下载，必须通过购买获得。这些标准的链接可以在网页上查询，网址为 http://www.uky.edu/Subject/standards.html。

由于贸易全球化日益加大，国外的标准变得越来越重要，一些有用的网站有：
- 国际标准化组织（ISO），http://www.iso.org。
- 英国标准学会（BSI），http://www.bsi.global.com/index.xater。
- 德国标准化学会（DIN），德国标准组织的所有 DIN 标准都已被翻译成英文并且可以从 ANSI 在 http://webstore.ansi.org 上买到。
- 另外一个销售外国标准的网站是世界标准服务网，http://www.wssn.net。

一个用来搜索标准的重要网站是国家标准系统网（http://www.nssn.org）。这个网站是美国标准学会建立的，其数据库中的标准超过 25 万部。例如，搜索处理核废料标准时，可找到 50 条记录，包括由美国试验与材料协会、国际标准化组织、美国机械工程师协会、德国标准化学会、美国核学会（ANS）撰写的标准。

5.9　专利和其他知识产权

原创概念可以通过专利、版权和商标等形式来保护。这些领域的法律保护文件构成了知识产权法。因此，它们可以像房地产和工厂设备等形式财产一样被出售或出租。有几种不同类型的知识产权。专利是由政府授予的，给予其所有者免遭他人制造、使用或出售已被保护的发明的权利。因为在当今的技术时代，专利和专利文献十分重要，所以在本节给予重点关注。版权是赋予其所有者享有出版和销售文字作品或艺术作品的专有权。因此，它赋予其所有者防止其作品未经授权而被复制的权利。商标是用来与其他销售的产品或服务区分开来的商品名称、文字、符号或数字等。商标的使用权通过登记获得，并可以无限期使用。商业秘密包括公式、样品、仪器以及使企业超过竞争对手的信息资料。有时商业秘密中的内容也可以申请专利，但是公司不申请专利的原因是防止专利侵权很困难。由于商业秘密不受法律保护，因此必须对商业秘密信息保密。

5.9.1　知识产权

在高科技世界，知识产权日益受到重视。《经济学家》杂志上的一篇文章指出，美国上市公司多达 3/4 的价值来自无形资产，主要是知识产权[⊖]。在美国，通过授予技术方面的知识产权所获得的收入大约为 450 亿美元，而在世界范围内收入高达 1000 亿美元。与此同时，据估算，大约只有 1% 的专利获得了专利费，仅有约 10% 的专利运用到实际的产品中。大多数专利是为了防御目的而申请的，用来防止竞争对手在产品中使用你的想法。

几个广泛的行业趋势推动了高技术产业对专利更加重视。

- 信息技术和电信业务方面的技术已经如此的复杂，以至于企业愿意接受其他公司的创新成果。该行业已经从涉及产品或服务各个方面技术的纵向型企业变成大量专家仅涉及较小领域的专业公司。在授权给其他公司前，这些公司必须保护他们的知识产权。

- 由于技术发展太快，把前沿技术迅速转变为商品型企业成为一种趋势。在这种情况下，利润将会减少，但专利授权是改善公司盈利状况的途径之一。

- 客户需要共同的标准和系统之间的相互操作性。这意味着公司必须共同工作，这往往就需要使用很多专利或达成专利相互授权协议。

- 初创公司拥有专利是十分重要的，因为在公司运行状况不佳或倒闭的情况下，专利代表了可以销售的资产。在高科技领域，大公司往往是通过收购小型原创公司来获得它的知识产权及其人才的。

可以明显看到，从事专利开发工作的人日益增多，似乎每个人都在做这件事。IBM 大约拥有 4 万项专利，并以每年 3000 项的速度增加。惠普公司在创办初期没有进行其技术的专利保护，因为创始人 David Packard 认为这将有助于该行业不断创新，但最近该公司成立了一个由 50 名律师和工程师组成知识产权小组，仅用三年时间专利许可收入就从 5000 万美元增加到了 2 亿美元以上。

对此，一些观察家提醒这样的趋势会使各公司建立起冷战时期那样的保证相互摧毁情景："你建你的专利库，我也建立我的。"问题是知识产权的不断增加是否会阻碍技术创新。这当然意味着设计一个新的产品会变得更加困难，一不小心就会侵犯另一家公司拥有的专利。最糟糕的情况就是出现"专利诱饵公司"，律师组成的小型公司没有进行实践验证支持就撰写专利，或者买断关键技术专利，然后就声称解决此类技术问题的公司侵犯了他们的专利。

5.9.2　专利体系

美国宪法第 1 条第 8 款规定，"议会有权为促进科学和实用艺术的进步，在限定期限内对发明者给予专有权的保障"。由美国政府授权的专利给予专利权人在一定时间内以防止他人制造、使用或出售专利发明的权利。自 1995 年以来的专利申请文件，自授权之日起有长达 20 年的专利保护期。这使美国和其他大多数国家的专利保护期都是 20 年。实用新型专利是最常见的一种专利，对机器、工艺、制品或其组合的新颖性和有用性被授予专利。此外，新的装饰性设计被授予设计专利，植物专利授予新发现的植物。以前受版权法保护的计算机软件从 1981 年开始可以申请专利。1998 年，美国法院允许为商业惯例申请专利。此外，以上任何一类专利的新用途也可以申请专利。

自然规律和物理现象不能申请专利，数学公式和解决这些问题的方法也不能申请。通常，抽象的概念也不能申请专利。2010 年最高法院裁定购买对冲能源的商业方法因其太抽象无法专利保

⊖　"A Market for Ideas," *The Economist*, Oct. 20, 2005.

护。同时最高法院拒绝了下级法院关于仅仅机械和物理转化可以申请和辩护。一些专家对拓展合适的发明保护范围以适应信息时代而感到高兴。仅仅改变零件的大小或形状，或用一个更好的材料来代替低质材料的方法也不能被授予专利。艺术、戏剧、文学及音乐作品受版权法保护，不能申请专利。20 年前，计算机软件是受版权保护的，现在这种形式的知识产权受专利保护。

授予专利的三个标准：

- 发明必须是新奇或新颖的。
- 发明必须是有用的。
- 对专利所在领域的经验人士必须不是显而易见的。

专利的一个关键要求是新颖性，因此，如果你不是第一个提出想法的人，就不能指望获得专利。如果发明是在另一个国家发生的，但它在发明之前已经被了解或在美国使用了，这将不符合专利新颖性的标准。最后，如果发明已经在世界其他地方发表了，而发明者并不知道，这将违反专利的新颖性原则。实用性的要求是明显的。例如，发现一宗新的化合物（合成物质）并无用途，这样的申请不符合专利要求。最后一个要求是发明具有非显而易见性，它必须经历大量辩论，即根据发现时间的技术现状，必须对发明是否授权在进行逻辑判断后做出决定。如果两个人都致力于发明工作，他们俩都必须被列为发明者，即使实际工作造成了只有一人要求申请专利。如果没有做任何具体工作，资助者不能申请专利。由于现在大多数发明人都在公司工作，依据其雇佣合约专利权将被他们公司享有。希望公司适当奖励发明者的创造性工作。

专利的新颖性要求在提交一份专利申请前不要公开其内容。在填写专利申请一年以前，如果专利内容曾经在美国出版物或任何一个国际会议上披露过，专利局会自动拒绝其申请。应当指出的是，为了不被拒绝，公开的发明要给出适度的细节使该领域的人可以理解，并做出发明。另外，在专利申请前，已经在美国公开使用或销售了该发明一年或一年以上，就会被自动拒绝。专利法还要求努力实现实用化，如果发明工作中断了相当长的时间，尽管发明已经完成了，该发明可被认为是被放弃了。因此，一旦有了实际应用就应尽快提交专利申请。

在为一项特定的发明申请专利而竞争时，专利会授予给可以证明自己的想法是最早的发明人，并能证明通过合理的努力使该想法变成了现实⊖。通过有编号的实验记录本或有能理解该想法的目击证人，发明的日期可以在法庭上证明。从法律角度上说，发明的进一步证据要由能证实发明人所做的及发明产生的日期的人来提供。因此，发明公证并没有什么价值，因为公证人通常不能够理解一个技术性很强的发明。同样，自己发注册信也没有什么价值。

要想详细了解申请手续、起草以及进行专利申请的读者可以阅读这方面的参考资料⊜。

5.9.3 技术许可

可以通过签订授权协议来实现专利使用权转换。授权可以是独家授权，即不会再授权给第

⊖ 美国专利法和其他国家专利法的主要不同点是：美国将专利授权给第一个提出该发明的人，而其他国家将专利授权给第一个提出专利申请的人。在撰写本书时，美国国会正酝酿修改专利法使之与世界接轨。另一个不同点是：在除美国之外的其他国家，在专利申请前公开披露发明，将因缺乏新颖性而自动丧失专利权。而美国专利制度允许提供一份临时专利申请书，确定申请日期并给发明人一年的时间去决定是否提交一份正式的且更昂贵的专利申请。

⊜ W. G. Konold, *What Every Engineer Should Know about Patents*, 2nd ed., Marcel Dekker, New York, 1989; M. A. Lechter (ed.), *Successful Patents and Patenting for Engineers and Scientists*, IEEE Press, New York, 1995; D. A. Burge, *Patent and Trademark Tactics and Practice*, 3rd ed., John Wiley & Sons, New York, 1999; H. J. Knight, *Patent Strategy*, John Wiley & Sons, New York, 2001; "A Guide to Filing a Non-Provisional (utility) Patent Application, U. S. Patent and Trademark Office (available electronically).

三方，或非独家授权。授权许可协议也可能包含一些诸如地理范围等细节，如一方在欧洲得到授权，另一方在南美洲得到授权。有时，许可协议不涉及技术的全部，在商定的时期内，授权方要提供经常性的咨询服务。

有几种常见的金融支付形式。一种形式是全支付许可，即一次性支付全部费用。另外，常见的许可协议是同意支付利用了该项新技术的产品销售额的一定比例（通常为 2% ~ 5%），或根据许可程度确定费用额度。在签订授权协议之前，重要的是要确保转让行为符合美国反垄断法，或已获得了外国政府相应机构的许可。值得注意的是，与国防有关的技术转让是受出口管制法限制的。

5.9.4　专利文献

美国的专利系统是世界上最大的关于技术的信息体系。目前，该系统收录了超过 700 万项美国专利，而且数目还在以每年约 19 万项的速度增加。旧的专利对于追溯某工程领域设计思想的发展是非常有益的，而新专利描述了该领域正在发生的前沿技术。专利可以说是一个丰富的思想宝库。因为美国专利库中只有 20% 左右的技术可以在其他地方找到出版文献⊖，忽视了专利文献的设计工程师只能了解到信息的冰山一角。

美国专利和商标局（USPTO）已经实现了高度的计算机化，其官方网站（www. uspto. gov）包含了大量关于具体的专利和商标的信息、有关专利的法律和法规、关于专利的新闻。典型的专利搜索原因有：

1）你被要求就竞争者使用的专利发表评论。

2）你在为自己的设计改进寻找思路。

3）你想出了一个很棒的点子，想通过专利搜索来确定你的想法是否足够新颖，以保证准备专利申请所花费的代价是值得的。

4）你想继续在你感兴趣的某个技术领域提升自己的水平。

现在，让我们来看看如何能完成上述的第 1 个任务。启动专利检索网站，首先单击搜索，并决定是要搜索专利还是商标。如果知道专利号，单击专利号搜索，结果将给出专利持有人的名字、签发日期、专利的拥有者、申请日期、摘要、其他相关的专利的参考、索赔、专利类别和子类。一份带有图样的专利全文副本，可通过单击第一页上方的图片获得。这些整页的图片都是TIF 格式的⊖。

第 2 个任务有点难度。如果不知道具体的专利号码，可以使用快速搜索。像搜索技术文献的摘要和索引一样，输入关键字后，就获得了专利号码清单和按时间降序排列的标题。通过单击高级搜索，可以找到某公司或某个人所拥有的全部专利，请务必在使用搜索工具前阅读帮助说明网页。

第 3 个任务较其他任务而言更复杂。为了对自己的想法的新颖性有充分的把握，你必须在专利分类系统中进行一次彻底的搜索。美国专利已被整理成约 450 个类别，每一类又分为许多子类。分类手册中总共列举了 15 万个类别或子类。此分类系统能帮助我们在紧密相关的论题之间寻找专利。使用这一分类系统是查询一个重要专利搜索的第一步⊖。如果你已经找到相关专利，那么它们将会指向典型的类和子类。分类手册可以在 http://www. uspto. gov/go/classification 里找到。问题在于，快速扫过功能不能保证找到全部相关的专利，因为它们常常处在对于专利发明者陌生的目录下，但对于专利审查者而言又十分符合逻辑。较之科学，专利搜索更像是一门艺术，

⊖　P. J. Terrago, *IEEE Trans. Prof. Comm.*, vol. PC-22, no. 2, pp. 101-104, 1974.

⊜　另一个重要专利信息源是 worldwide. espacenet. com，为欧洲专利局网站，拥有来自 72 个国家的 5900 万项专利。

⊜　另一个优秀的在线专利分类系统来自 McKinney Engineering Library, University of Texas, Austin. http://www. lib. utexas. edu/engin/patenttutorial/index. htm.

尽管信息科学已经被应用于解决这个问题。

一旦合适的专利类与子类已经通过单击专利搜索工具（处在页面左下角，Links 的下面）得到，你就能进入相应的类别/子类。接着，系统会给出在此类别下的专利清单。

为了通过专利文献获得最先进的技术，你可以阅读每周发行的政府专利公报。公报的电子版本在 USPTO 的主页上可以找到。从 USPO 网站的第 2 页开始，单击专利公报，你可以按分类、发明人姓名、委托人姓名以及发明人所居住的州来浏览。最近 52 周的公报可以在网上阅读。在那之后，他们将被呈现在专利年度索引中。该索引有 DVD-ROM 和纸质两种版本，并在许多图书馆内可以找到。USPTO 已经建立一个全国性的专利收藏图书馆系统以提供专利的查阅和复印服务。许多这类系统存在于高校图书馆中。

很多人经历过从 USPTO 网站上的专利中打印图片的不便。一种用户体验更好的替代方法是使用搜索引擎的专利搜索功能。另一个提供专利的清晰下载版本的网站是 www.pat2pdf.org。

例 5.1 搜索通过粉末锻造制造零件的专利。

从网站 www.uspto.gov/go/classfication 开始，单击网页上方的美国专利分类系统索引，接着单击美国专利分类（USPC）索引。在 P 类下，找到粉/冶金/烧结，然后查询。因为锻造是一种金属成形工艺，系统给出了分类号 419/28，单击 28 将得到 696 项专利和标题，单击其中任何一个就会得到该专利的详细内容。

使用关键词"粉末锻造"进行快速搜索，得到了 94 项专利的搜索结果。

5.9.5 专利的阅读

因为专利是一种法律文件，所以它的组织方法和书写风格与通常的技术文件完全不一样。专利必须要进行详细描述并具有充分的公开性，允许公众在专利到期后使用该发明。每个专利都要有完整的阐述、解决问题的办法和发明的实际应用。

图 5.2 显示的是一个篮球回收装置美国专利文档的第一页。这一页包括了参考书目、审查过程信息、摘要和发明的示意图。在最上方，可以看到发明者姓名、专利号码和签发日期。线以下的左侧可以看到发明的名称、发明人姓名和地址、专利提交申请日期、申请编号。下面列出了美国和国际分类系统分类和子类编号。引用的参考部分专利审查员列出了此前的优秀专利。该页面上还有发明的详细摘要和关键图样，附加了图样后续页，每一个都是发明的关键描述。

专利的正文首先阐述了发明的背景，然后是发明的总结和图样的简要说明。大部分专利几乎通篇是优选方案的描述，包括采用法律术语和措辞对发明的详细描述和解释，这些词语工程师听起来很陌生。列举的例子尽可能表明如何应用发明、如何使用产品以及发明如何优于现有的技术。并非所有的例子都说明了试验实际上是如何运行的，但它们确实提供了发明者关于实现最好运行的讲解。专利的最后一部分是发明的索赔，这些都是发明权利的法律说明。最广泛的索赔通常放在第一位，更具体的索赔要求放在末尾。写专利的策略就是要获得尽可能广泛的索赔。但太过广泛的要求开始时往往不被允许，所以有必要采取相对狭窄的索赔要求，并不是所有的索赔都是不被允许的。

专利文件和技术文件有非常重要的区别。在写专利时，发明者和他的代理者有意扩大到包括所有材料、条件和程序，它们被认为是同样可能执行的测试和观察条件。这样做的目的是扩大索赔范围，这是一个完全合法的法律行为，但发明中描述的实体有不能在实际情况下实行的风险。如果出现这种情况，在法庭上辩驳时该专利就可能会被宣布无效。

专利文件和技术文件的另一个主要区别是，专利通常避免任何详细的理论讨论或发明的工作原理。回避这些议题可以尽量减少专利索赔的限制，这些限制产生于发现明显是来自于对理论的理解的争议。

United States Patent [19]

Joseph

[11] **Patent Number:** **5,540,428**

[45] **Date of Patent:** **Jul. 30, 1996**

[54] **BASKETBALL RETRIEVAL AND RETURN APPARATUS**

[76] Inventor: **John G. Joseph**, 3305 C.H. 47, Upper Sandusky, Ohio 43351

[21] Appl. No.: **393,351**

[22] Filed: **Feb. 23, 1995**

[51] **Int. Cl.^{6}** **A63B 69/00**

[52] **U.S. Cl.** .... **273/1.5 A**

[58] **Field of Search** .... 273/1.5 A, 396, 273/397

[56] **References Cited**

U.S. PATENT DOCUMENTS

4,786,731	11/1988	Postol	273/1.5 A
4,936,577	6/1990	Kington et al.	273/1.5 A
5,333,853	8/1994	Hektor	273/1.5 A
5,393,049	2/1995	Nelson	273/1.5 A

Primary Examiner—Paul E. Shapiro
Attorney, Agent, or Firm—George C. Atwell

[57] **ABSTRACT**

A basketball retrieval and return apparatus is used in combination with a pole-supported basketball backboard to collect shot basketballs that either ricochet off the backboard or fall through a rim attached to the backboard for returning the basketballs to the practicing player or players. The apparatus includes a bracket removably mountable to the lowest portion of the backboard, an elongated support bar pivotally mounted to the bracket, and a U-shaped ring bar attached to the support bar and which extends outwardly from and perpendicular to the backboard when the ring bar is pivoted from a non-use to a use position. In order to maintain the ring bar in its use position, a U-shaped support member is attached to the ring bar and pivots downward toward the level surface or ground so that a pole brace attached to the support member can have one end mounted to a pole bracket which is secured generally to the mid-point of the pole. When the U-shaped ring bar is disposed in its use position, a flexible, collapsibly-extensible netting attached to the ring bar encompasses the rim and net, collects the thrown basketballs, and directs the basketballs to a ball return structure located at the lowest part of the netting whereupon the basketballs can be retrieved by the players.

8 Claims, 5 Drawing Sheets

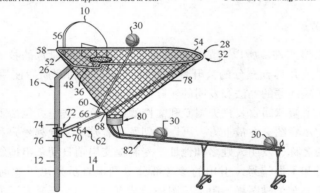

图 5.2　篮球回收装置美国专利文档的第一页

5.9.6　版权

版权是以数字化、印刷品、视觉和听觉形式发行文学、科学或艺术作品的专属法律权。版权所有者有权阻止未经授权的复制。在美国，版权有效期到所有者逝世后的 50 年止。没有必要为被保护的版权发布版权声明。一旦"作品"以"固定"形式发表于具体的媒体，版权保护即自动生效。为了达到最佳的版权保护效果，文件应标明类似 "© 2006，John Doe" 字样，并在美国国会图书馆美国版权局进行登记。与专利不一样，版权无须进行广泛搜索来确保其原创程度。

版权法的一个基本原则是公平使用原则，个人有权无偿使用受版权保护的材料用于个人学习、评论、新闻报道、教学、学术讨论或研究。不属于公平使用的复制需要向版权结算中心支付版权使用费。而美国版权法不直接界定合理使用的范围，但通常基于四个因素来判定$^{\ominus}$：

$\ominus$　D. V. Radack，*JOM*，February 1996.

- 使用的目的和性质，是商业性质还是非营利性的教育目的。
- 版权作品的性质，是一个富有创造性的著作还是惯例式的文件。
- 使用整个版权作品的量。
- 使用版权作品对其潜在市场价值的影响，通常这是最重要的因素。

5.10 以公司为中心的信息

在本章的开始时就提醒读者注意收集信息对设计工作的重要影响。然后介绍了来自图书馆和因特网上的每一个主要的工程信息来源，并提供了进行"信息寻宝"的很多值得信赖的地方。本节将介绍以公司为中心的信息，并强调通过网络向同事和专业组织获取信息的重要性。

人们可以区分信息的正规（显性）来源和非正规（隐性）来源，本章中提及的信息来源是正规信息来源，如技术文章和专利。非正规来源主要是那些来自个人层面上交换的信息，如你的一个同事记得 Sam Smith 曾经在 5 年前参与过类似的工作，并建议你去图书馆或档案室找到 Sam Smith 曾经写下的笔记或报告。

一个工程师到底使用哪种方法来查找信息取决于以下几个因素：

- 项目的性质。它更接近于学术论文还是一个需要马上就做的"救火"项目？
- 个人素质和脾气秉性。他是独来独往自己解决难题的人，还是一个有广泛的朋友圈并且愿意在任何时候都和他们一起分享经验的人？
- 交流有时对问题的解决很关键，在这样的环境中知识共享能够形成一个相互理解的团体，从而产生新的想法。
- 与知识产生和管理相关的企业文化。企业是否强调了信息共享的重要性，采用好的方法保留资深工程师的专业知识并使其容易获得。
- 或许一些信息大家都知道它是存在的，但它是涉密的，只能提供给那些需要知道的人。这就需要高级管理部门批准来获得所需的信息。

显然，动机明确且经验丰富的工程师将利用这两种信息来源，但每个人都会倾向于其中一种。

在设计工程师繁忙的工作中，相关性比什么都重要。能够回答特定应力分析问题所需的信息，可能比说明如何解决某类应力问题的资料更有价值，而且包含了可以扩展到实际问题的有益思路。书籍一般被认为是可靠性最高的，但往往是过时的信息。期刊可以满足信息及时的要求，但有一种期刊数量越来越庞大的趋势。在决定要详细阅读哪些文章时，许多工程师首先快速阅读文章的摘要，然后扫描文中的图形、表格和结论。

可在公司内获得的设计信息数量相当可观而且有许多种类，如：

- 产品规格书。
- 以往产品的概念设计。
- 以往产品的测试数据。
- 以往产品物料清单。
- 以往项目的成本数据。
- 以往设计项目的报告。
- 以往产品的市场营销数据。
- 以往产品的销售数据。
- 以往产品的保修报告。

- 制造数据。
- 为新员工编写的设计指南。
- 公司标准。

理想情况下，这些信息将集中在一个中心工程图书馆。它甚至有可能是通过精心包装、按产品分类的，但最有可能的是大部信息分散在该组织内不同的办公室。通常它需要从个人处获得。这正说明了同事之间良好的人际关系将会带来很大好处。

5.11 本章小结

收集设计信息不是一项无足轻重的任务，它需要具有广泛的关于信息来源领域的知识。这些信息来源按专业性升序排列如下：

- 万维网及其可访问的数字化数据库。
- 商业目录和其他行业文献。
- 政府的技术报告和商业数据。
- 公开的技术文献，包括行业杂志。
- 专业朋友的人际关系，可通过电子邮箱进行联系。
- 专业同事的人际关系。
- 公司顾问。

开始时，与公司或当地图书馆博学的馆员或信息专家成为朋友是明智之举，这将有助于你很快熟悉信息来源和信息的可获得情况。同时，应该制订一个计划为自己设计的产品逐步建立个人的信息资源，包括手册、教材、杂志上广告页、计算机软件、网站以及电子工文包。

新术语和概念

引文检索	关键字	TCP/IP 协议
版权	专著	技术期刊
灰色文献	专利	行业杂志
超文本标记语言	期刊	商标
知识产权	参考端口	网址
因特网	搜索引擎	万维网

参 考 文 献

Anthony, L. J.: *Information Sources in Engineering,* Butterworth, Boston, 1985. *Guide to Materials Engineering Data and Information,* ASM International, Materials Park, OH, 1986.

Lord, C. R.: *Guide to Information Sources in Engineering,* Libraries Unlimited, Englewood, CO, 2000 (emphasis on U.S. engineering literature and sources).

MacLeod, R. A.: *Information Sources in Engineering,* 4th ed., K. G. Saur, Munich, 2005 (emphasis on British engineering literature and sources).

Osif, B. A.: *Using the Engineering Literature,* CRC Press, Boca Raton, FL, 2006.

Wall, R. A. (ed.): *Finding and Using Product Information,* Gower, London, 1986.

问题与练习

5.1 准备写一份个人更新陈旧技术的计划，特别注意要列出打算做的事情及阅读的材料。

5.2 选择一个感兴趣的技术主题。

　　（a）比较在一般性的百科全书和技术的百科全书中关于这一问题的信息。

　　（b）在手册上寻找更具体的资料。

　　（c）找到 5 篇关于这一主题的教材或专著。

5.3 使用索引和文摘服务，获取至少 20 篇关于你感兴趣主题的参考文献，使用适当的索引，找到 10 个相关主题的政府报告。

5.4 搜索以下内容：

　　（a）处理核废物方面的美国政府出版材料。

　　（b）金属基复合方面的材料。

5.5 在哪里可以找到以下信息：

　　（a）动物标本的制作服务。

　　（b）关于碳纤维增强复合材料方面的咨询专家。

　　（c）X3427 半导体芯片的价格。

　　（d）铱的熔点。

　　（e）4320 钢的硬化方法。

5.6 查找和阅读 ASTM 中关于真空吸尘器空气流动特性方面的标准，列出与真空吸尘器相关的标准；撰写某标准中信息分类的简要报告。

5.7 查找一个感兴趣的美国专利，把它打印出来，并按照第 5.9.5 节中描述的方法确定每一项内容。

5.8 讨论在专利诉讼中优先权是如何建立的。

5.9 了解美国临时专利的更多信息，讨论其优点和缺点。

5.10 详细了解 Jerome H. Lemelson 的创造史，他拥有超过 500 项美国专利，并设立了 MIT Lemelson 创新奖。

5.11 在第 5.9.6 节中关于版权问题的讨论：

　　（a）术语"有形表达"的意义是什么？

　　（b）解释如下概念：对有版权保护的创意作品的合理利用。

　　（c）电子产品使用的便利性的提高如何影响了"合理利用"这一指导方针？这一方针在 1978 年便已设立，早于个人计算机和因特网的面世。

　　（d）针对修改版权法以适应数字化时代的需求，有哪些提议被提出了？

第6章 概念生成

最具创新性的产品不仅仅是应用了一些有用的设计概念成果，同时也应能有意识地应用其他领域中一些有前景的概念成果。优秀的工程师会用创造性思维和设计流程来综合前所未有的新概念。提高创造性思维的实用方法如发展于20世纪的头脑风暴法和合成法等，现在正逐步被拓展和采纳并作为生成设计概念的方法而推广和使用。

创意的产生是用直觉的方式得到一个可行的设计方案。然而，能够从产生创新想法的会议中找到一个或两个好的方案思路与在工程中生成一个可行的概念设计是不同的。工程系统通常很复杂，而且在设计过程的很多点上，工程系统的设计需要结构化的问题求解。这就意味着在设计过程中，工程师或设计师的各方面创造力要多次使用到，且在整体设计任务的一小部分中被用于生成可选的设计方案。因此，在概念设计阶段，所有提高创造力的方法对于工程设计人员来说都是很有价值的，如图6.1所示。

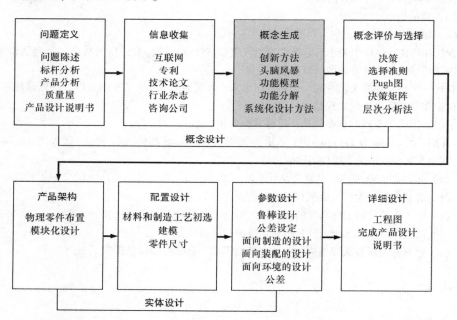

图6.1 产品开发过程图显示创造性方法形成于概念设计过程的第三阶段

创造性思维在很多领域都获得了高度评价，尤其是那些涉及问题求解的领域。很自然地，提高创造性的方法会被引入到工作的研讨会中，在新员工的招聘中，应聘者的创造力是一个具有很高参考价值的要素。本章的开始部分简述了人类的大脑如何进行创造性的工作，以及在一个成功的问题求解中创造性技能是如何体现的。对于在问题求解方面能够提高创造性结果的思维方法，已有不同领域的专家们对其进行了整理并使其成文，现介绍如下。

没有任何一种工程活动比设计更需要创造性。找到能够实现一个产品所需的某种特定功能的概念是一种具有创造性的工作。第6.3节将阐明为什么创造性方法和创造性的问题求解能力是工程设计师的基本技能。接着论述了产品开发过程中的概念生成方法及创造性思维技巧的融合。本章其余部分将介绍 3 种最常见的工程设计方法：功能分解与综合法（第 6.5 节）、形态学分析法（第 6.6 节）和发明问题解决理论（TRIZ）（第 6.7 节）。对每种方法的基本原理都引用实例来阐述该方法的核心思想。每一节都附有很具参考价值的文献，以供读者对这些设计方法能进行更深入的学习。

6.1 创造性思维的介绍

在美国发展的早期阶段，制造管理人员曾一度认为，一个产品开发组织只要拥有少部分创新的人员和大量从事详细工作的专业人员就能够成功。然而当今激烈的市场、新产品和工程主导的全球性竞争正在改变着这种想法。现如今，商业战略家们相信，只有具备能创造最具创新性和最先进的产品和工艺能力的组织才能够生存下来，更不用说繁荣了。因此，每一位工程师都应具有强烈的提高自己创新能力的驱动力，并将其应用到工程任务中去。

全社会对创造力的看法也随着时间的推移而不断地发生变化。在 19 世纪，创造力被披上了浪漫和神秘的面纱。有学者认为创造力是一个艺术家所与生俱来的一种无法解释的天赋。人们认为创造力不能被教授、复制或者模仿，个人的创造力是一种只有那些得到上天垂青的人才能培养和发展起来的天赋。20 世纪随着科学方法的逐渐普及，改变了人们对创造力的看法。创造力是可度量的，因此也是可控的。对于个人和团队来说，创造性思维是可学会的这种观点迅速发展。今天的管理人员认识到，对于基于生理学和心理学知识且产生艺术创造力的认知过程同样适用于缜密思考和问题求解。

6.1.1 大脑模型和创造性

可以把思维科学和具有更窄意义上的设计科学归类为人工科学[一]。探索自然的科学是在研究可被科学家们观测到的现象的基础上建立起来的。不幸的是，当一个具有创造性思维的人的大脑在解决问题或构思一个潜在的设计时，这些过程是不可观测和检验的。只能够研习这些进程（如解决方案或设计）的结果及其评注，这些评注是由设计师阐述或记录的研发过程[二]。

医学和技术的进步使得大脑的活动范围能实时地被观察和研究。现代神经学应用复杂的工具来观察大脑的活动，如功能性核磁共振成像（MRI）和正电子放射断层扫描（PET）。通过辨别大脑的哪一部分能控制哪些特定活动来揭示大脑的工作机制，在该领域正在取得很大的进展。当技术致力于帮助科学家研究大脑的物理活动方式时，认知科学家也在继续探究人类思维的活动方式，以便使人们能够从获得和学习到的最好思考技巧和思维方法中获益。

理解思考是认知学家和心理学家的研究领域[三]。通常来说，认知是人类思考的一种行为。思考是执行包括搜集、组织、寻找和应用知识等的认知过程。认知心理学是人类在活动中获取和应用知识的专业性研究。人类行为的心理因素能够帮助人们来更好地理解一个人的思想，因为人类的认知过程很自然地受一个人对知识的感知和表示的影响。开发创造性思维的技能来自于研究人类思考、行动和行为的科学。

[一] H. A. Simon, *Sciences of the Artificial*, 3rd ed., MIT Publishing, Cambridge, MA, 1996.
[二] 应用于特殊任务的个人思考过程称为元认知。
[三] M. M. Smyth, A. F. Collins, P. E. Morris, and P. Levy, *Cognition in Action*, 2nd ed., Psychology Press, East Sussex, UK, 1994.

1. 弗洛伊德的意识层次模型

关于大脑是如何处理信息和产生想法的，心理学家们已经提出了几种模型。西格蒙德·弗洛伊德提出的意识地形学模型分为以下三个层次：

- 意识（conscious mind）：当前的思维和注意目标发生的地方。你可描述你的潜意识活动并且你能进行逻辑性的思考。意识对于记忆中的信息存储来说只有相对很弱的能力。这种记忆可以被归类为瞬时记忆，只能持续几毫秒，而工作记忆能持续大约 1min。

- 前意识（preconscious mind）：长期记忆，能持续 1h 甚至是数年。前意识是基于过去经历和教育背景存储的，能存储大量的信息、想法和人际关系等。在这里存储的信息都不是有意识的，它们能够很容易地进入到意识。

- 潜意识（subconscious mind）：这个层面的内容是在意识之外的，因此潜意识和意识层面是相互独立的，它通过对某些符号的控制和倾向的产生使意识和前意识之间的关系发生扭曲。

弗洛伊德基于他自己对认知的培训、经历和理念提出了这个模型，用来解释人格类型及其行为。弗洛伊德研究工作的重要结论是，人的很多行为是潜意识直接驱动的，而不受意识支配。必须清楚的是，弗洛伊德的意识层次模型并不一定是大脑中的物理位置，它是一种用来解释大脑工作方式的模型，而且仅能通过观察人的行为来判断。

弗洛伊德的意识层次模型主要用来解释如何以创造性的方式解决问题。意识层面的活动用来收集任务的相关信息，而前意识和潜意识仍在怀疑某些随时间变化的信息，并把解决方案的瞬间灵感传送到意识层面去。

2. 脑优势理论

关于大脑的另一个重要模型是脑优势理论。诺贝尔奖获得者，美国科学家罗格·斯佩里（Roger Sperry）研究了左脑和右脑之间的关系。他发现左脑倾向于处理分析、理性、逻辑性和联系性的问题；而右脑则倾向于认识关系、集成和信息综合，得出直觉性见解。使用左脑半球的思维称为批判性或收敛性思维，也可称为分析性或纵向思维，这通常都与其在工程技术领域的教育背景有关。使用右脑半球的思维称为创造性或发散思维，也可称为关联性或横向思维，这通常都与其在艺术或社科领域的教育背景有关。这关于两种不同的思维方式的例子见表 6.1。

表 6.1 左脑思维和右脑思维的比较

批判性思维（左脑）	创造性思维（右脑）
逻辑性的、分析性的、判断的过程	产生的、未定的判断
线性的	相关的
仅产生一种方案	产生许多可能的方案
只考虑相关信息	考虑广泛的信息
以一种有序的、基于规则的方式运动	以一种更随机的方式运动
包含科学原理	受符号和影像影响大
严格的分类与标识	重新分类对象以形成想法
垂直的	横向的
收敛的	发散的

理解大脑的生理学性质对认知研究很有用。大脑生理学的研究表明，在大脑的两个半球和同一个半球之间都有着相互联系[⊖]。两个半球之间的连接数是因人而异的。通常女性大脑中半球

⊖ E. Lumsdain, M. Lumsdain, and J. W. Shelnutt, *Creative Problem Solving and Engineering Design*, McGraw-Hill, New York, 1999.

之间的交叉连接数目较多。这种差别可以被用来解释为何女性具有更强的同时处理多项任务的能力。在大脑同一半球中，允许思维中特定的领域之间进行更密切的连接。

研究者们如赫尔曼（Herrmann）提出了一种表征方法，该方法研究个体是如何根据大脑的不同区域的优先顺序进行思考的。赫尔曼所用的是一套标准化的测试工具，即赫尔曼大脑优势量表（HBDI）。在本质上它和科尔布（Kolb）的学习风格评定（Learning Style Inventory，LSI）或迈尔斯-布里格个性类型指针表（Myers-Briggs Type Indicator，MBTI）的个性分类工具是类似的。运用这些测试，工程师们通常被评定为左脑主导型、擅长以逻辑性、线性和收敛性的思维方式进行思考。这种思维方式对于分析性和演绎性的工作来说是理想的，但是对于创造性活动来说却不是很理想。

在一个人需要创造性思维时，左右脑分工模型似乎在提供具体步骤方面有所不足；然而，通过学习和实践，没有任何理由能够表明你不能同时运用左右脑。在解决问题时很多现存的训练方法鼓励使用右脑，比如由布赞（Buzan）提出的训练法⊖。脑优势理论模型也为一个具有不同思维方式的团队中需要通过创造和发明解决问题时提供支持。

6.1.2　产生创造性想法的思维过程

研究人员发现，一般来说，用来产生创造性想法的思考过程或心理活动与大脑日常活动所用的过程是相同的。关于创造性的一个好消息是，为了获得创造性思维的策略，可以通过有意地使用一些特定的技术、方法或者使用一些计算工具和软件程序来实现。

创造性的研究常常集中在创造者和创造的目标上⊖。创造性研究的第一步是研究那些被认为具有创造性的人和研究那些能体现创造性的发明过程。此处的假设是，通过研究这些具有创造性思维的人的思维过程，能够产生提高任何人创造性思维的步骤方法或流程。同样，研究一个具有创造性的人工物品的开发过程，可以揭示产生这个结果的关键决策或者决定性时刻。如果在每一个案例中这些过程都有很完备的记录，这会是一种很有前途的方法。

第一个研究策略会引导我们走向如第 6.2.1 节和第 6.3 节中所介绍的具有创造性过程的技术。研究创造物的第二种策略是发现制胜的关键特征，它们可以进行使用以前一系列的成功设计找到新设计灵感的技巧培养。基于类比的方法就属于这一类，一般化未来应用的原理也是此类方法，例如 TRIZ（第 6.7 节）。

6.2　创造性和问题求解

创造性思考者的非凡之处在于，他们有能力把想法和概念重新综合成为有意义的和有用的形式。一个富有创造性的工程师是能够产生很多有用想法的人。这些想法可能是被某个发现而激发的完全原创性构思，但更常见的是，创造性的想法是把现有的想法用新颖的方法组合在一起的想法。富有创造性的人擅长把问题求解任务进行分解，并能从新的角度对它的要素进行分析，或者能够把当前的问题和看起来没有关系的观察或事实相联系。

我们都喜欢被称为是"有创造性的"，但是我们中的绝大多数人都认为创造性只是少数有天赋的人才拥有的。普遍认为，创造性思维是如闪电一样的自然过程——电闪雷鸣。然而，研究创新过程的研究人员使我们确信大多数想法都产生于一个缓慢的、深思熟虑的过程，并且这个过

⊖　T. Buzan, *Use Both Sides of Your Brain*, Penguin Group, USA, New York, 1991.

⊖　K. S. Bowers, P. Farvolden, and L. Mermigis, "Intuitive Antecedents of Insight," in *The Creative Cognition Approach*, Steven Smith, Thomas Ward, and Ronald Finke (eds.), The MIT Press, Cambridge, MA, 1995.

程是可以通过学习和实践得到培养和提高的。

创造性过程的一个特点是起初的想法都是不被完全理解的想法。通常，具有创造性的人能感觉到的是整体构思，但起初仅能理解一部分有限的细节。其后伴随着缓慢的探索和清晰化整个思想才能逐步成形。整个创造性过程可以被视为从模糊的想法到结构完整的想法、从混乱的到有组织的、从不明显的到明显的动态过程。有天分和经过训练的工程师通常重视秩序和明晰的细节而拒绝混乱和模糊的概括。因此，我们要自我训练使自己能够接受创新过程的这些特征。明白了命令是不会产生创意流的，因此我们要善于发现有助于创造性想法的最有利条件。认识到了创造性想法是难以捉摸的，我们要注意捕捉和记录我们的创造性想法。

6.2.1 创造性思维的助手

科学界一些科研人员将通过思维过程和已有知识的成功应用产生的创意命名为创造性认知[⊖]。创造性认知使用有规律的认知行为以创新的方式来解决问题。提高可能获得良好结果的一种方式是把已发现的有效方法应用到其他方面。可以采用以下几个步骤来提高你的创造力：

1）培养富有创造力的心态。想要变得富有创造性，首先你必须培养自信心，相信自己能够提出解决问题的创新性方案。虽然在刚着手处理一个问题时，可能未必一下子就洞悉到完整的解决方案，但必须要自信，相信自己在期限内必定能提出解决方案。

2）放飞想象力。你必须重燃孩提时十足的想象力。要做到如此的一种方法是从开始反复提问，多问一些"为什么"和"如果……将怎样"，即使有时这会显得自己很幼稚。研究创新过程的学者已经开发设计了一些能够释放想象力和强化创新能力的思维游戏。

3）持之以恒。创造往往需要努力工作。很多问题都不会第一次就被攻克，它需要连续的努力。毕竟，爱迪生也是进行了 6000 多次灯丝材料试验，才成功发现了炭化竹丝能用来做白炽灯的灯丝。爱迪生有句名言是"发明源自 95% 的汗水和 5% 的灵感"。

4）开阔思路。具备开阔的思路意味着善于接受各种来源的信息。问题的解决方案通常都不是某一特定学科所独有的，同样也不是说只有拥有大学学历的人才能够解决问题。理想情况下，解决问题的方案不应受到公司政治的干预。但是受非我发明症（Not Invented Here，NIH）的影响，很多创造性的想法没能被选中和跟进。

5）不要过早下判断。没有什么能比对一个新思想的批判性判断更能妨碍创造性过程了。工程师天生具有批判精神，因此特别需要自制以避免在概念设计的早期阶段就做出判断。

6）设定问题界限。我们很重视对问题进行适当的定义，并将其视为问题方案解决的一个步骤。确定问题的边界是问题定义的必要组成部分。经验显示，恰当地定义问题边界，不宽也不窄，能对获得有创造性的解决方案起到至关重要的作用。

一些心理学家把创造性思维过程和问题求解用简单的四个阶段模型来描述[⊖]：

- 准备期（阶段 1）：检查问题的组成元素并研究它们间的相互关系。
- 酝酿期（阶段 2）：你"睡在问题上"。睡眠放松了大脑意识，允许你的潜意识自由地思考问题。
- 灵感期（阶段 3）：解决方案或通往解决方案的途径出现了。
- 验证期（阶段 4）：把来自灵感的方案与期望的结果进行校验。

⊖ Steven Smith, Thomas Ward, and Ronald Finke (eds.), *The Creative Cognition Approach*, The MIT Press, Cambridge, MA, 1995.

⊖ S. Smith, "Fixation, Incubation, and Insight in Memory and Creative Thinking," in *The Creative Cognition Approach*, Steven Smith, Thomas Ward, and Ronald Finke (eds.), The MIT Press, Cambridge, MA, 1995.

不应轻视准备阶段。在这一阶段中，设计问题应被阐明和定义，收集和消化信息，并在团队中讨论。通常，要完成这一阶段至少要开几次会议。在团队会议期间，潜意识在为问题提供新的方法和想法方面发挥作用，随后就进入了酝酿期。个人创造性的想法总是不期而至，或是在考虑其他事情一段时间之后产生的。通过观察着迷（fixation）和酝酿期之间的关系，史密斯（Smith）得到这样的结论，酝酿期是整个过程中的一个必要的停顿。酝酿期使得着迷程度减轻，以使思考过程能够继续[一]。其他的理论学家暗示，这段时间激活了思维模式，搜寻逐渐消失，在对问题重新考虑的过程中，会出现新的想法[二]。

提高创造性的一种建议就是，先将问题的相关情况"填入"大脑和想象，然后放松去考虑其他事情。就像当你在看或玩一个游戏时，大脑会释放一部分能量使你的前意识能用它来思考问题。往往存在有创新的"啊哈"经验，此时，前意识会传递给意识一幅可能的解决方案的图像。

顿悟是突然领悟解决方案的科学术语。对于顿悟是如何产生的有许多解释。创造性资讯顾问总是鼓励顿悟的产生，即使顿悟过程不是太容易被理解的。当大脑重新构思问题，以前阻碍得到解决方案的条件消除了，未能满足的约束条件突然得到了满足，顿悟就会产生。

由于没有词汇可以描述前意识，因此意识和前意识之间的交流只能通过图像或者符号。这也是为什么工程师有效地通过图样进行交流很重要的原因。如果在灵感期并没有像刚描述的那样突然到来，那么团队成员要想获得创新想法，就要通过更广泛的会议，采用本章所述的其他方法。最后，产生的想法必须使用第 7 章将讨论的评价方法进行有效性检验。

为了获得一个问题的真正的创新方案，必须要使用两种思维方式：收敛性思维和发散性思维。收敛性思维是通过很多工程课程来得到加强的一种分析思考过程，即就某思想做出一个肯定的决策后，按顺序推进。如果在该过程中的某一个点上做出了一个否定的决策，你必须沿着你的分析轨迹追溯到最初的概念陈述上。在横向思维过程中，你的思维可以指向很多不同的方向，把不同的信息组合成为新的信息模式（综合），直到几个解决方案的概念出现为止。

6.2.2 创造性思维的障碍

正确认识心理障碍是如何干扰创造性思维很重要[三]，心理障碍是一堵心理墙，阻滞了问题解决者正确地理解问题或构思解决方案。心理障碍是一种抑制了成功运用正常的认知过程得到解决方案的事件。它有很多类型。

1. 感知障碍

感知障碍与不正确的问题定义和没有组织解决问题所需要的信息直接相关。

- 心理定势：对事、人或处事方式采用常规或传统的方法进行考虑。大脑根据不同的标记对信息进行分类和存储，当新的信息被输入时，会和已经建立的分类进行比较并存储到相应的组中。这就会导致思维定式化，因为它强加了大脑中的前意识想法。结果，想要把一个明显不太相关的想法融到完全创新的设计方案中是很困难的。

- 信息过载：设计师被太小的细节所困扰，因而无法从问题的关键方面思考问题的解决方案。这种情况被称为"只见树木不见森林"。从认知角度，这种情况关注所有的短期记忆，以至于没有时间对长期记忆进行相关的搜索。

─── S. Smith, "Fixation, Incubation, and Insight in Memory and Creative Thinking," in *The Creative Cognition Approach*, Steven Smith, Thomas Ward, and Ronald Finke (eds.), The MIT Press, Cambridge, MA, 1995.

□ J. W. Schooler and J. Melcher, "The Ineffability of Insight," in *The Creative Cognition Approach*, Steven Smith, Thomas Ward, and Ronald Finke (eds.), The MIT Press, Cambridge, MA, 1995.

□ J. L. Adams, *Conceptual Blockbusting*, 3rd ed., Addison-Wesley, Reading, MA, 1986.

- 无必要的限制问题：充分描述一个问题有助于大脑产生大量的想法。
- 思维定势⊖：人们的思维易于被以往的经验和一些偏见所影响，以至于他们无法充分意识到其他的想法。因为发散性思维有助于产生大量的想法，所以必须认识到思维定式的缺点并克服它。被称为记忆阻碍的这种思维定式行为将在智性障碍一节讨论。
- 预先或规则暗示：如果思维过程始于给定的案例或者方案提示，那么整个思维过程将很难跳出预先提示所确定的解决方案的范围，这称为趋同性效应。一些高级设计项目的指导教师已经注意到，一旦学生找到解决设计问题的某个相关专利，那么他的很多新的概念都将遵循与之相同的解决原理。

2. 情感障碍

有很多障碍与个人的心理安全有关，这些障碍会减少你探索和推敲想法的自由，它们同样会很容易影响你进行概念化思考。

- 担心承担风险：担心提出的想法最终会被发现是不完善的，这种恐惧是在我们的教育过程中产生的。真正具有创造性的人必须乐于承担风险。
- 混乱下的不安：一般来说，人，特别是许多工程师会对没有高度结构化的情形感到不适。
- 不能或者不愿意酝酿新的想法：在忙碌的生活中，人们时常并没有留出给想法蛰伏的时间以使其能恰当地酝酿。在对想法进行评价之前，给足够的时间去酝酿这些想法是很重要的。关于创造性问题求解的策略研究表明，创造性的解决方案时常是由一系列小的想法汇集而成的，而不是源自于一蹴而就的想法。
- 动机：人们在寻找具有挑战性问题的解决方案时的动机是迥异的。这么做对于创造性比较高的人来说更多的是为了个人满足而不是奖励。然而，研究也表明，当人们被要求产生大量的想法时会更有创造性，这就说明动机不全是自我产生的。

3. 智性障碍

智性障碍主要源于不佳的问题解决策略，或者没有足够的背景和知识。

- 问题求解语言或问题表述的不佳选择：描述问题的"语言"对一个明智的决定是很重要的。问题可以通过数学、语言和视觉形式得到解决。通常一个问题如若不能通过语言描述来获得解决方案的话，可能换一种方式比如视觉描述就会很容易得到解决。把一个问题从最初的问题表述变换到另一新的表述（假设对于发现问题的解决方案更有用的话）被认为是培育创造力的一种方式⊖。
- 记忆障碍：记忆像解决方案本身一样，也具有寻求解决方案的战略和战术。因此，记忆搜索中的阻碍对于创造性思维是一个加倍严重的问题。一种常见的阻碍形式是一直按某个特殊的路径进行记忆搜索，其原因是对按这种记忆路径搜索能得到解决方案的错误认识。这种理念可能源于错误的暗示、对错误经验的依赖或者是其他原因，它扰乱了大脑正常的问题求解过程。
- 知识基础不足：一般来说，想法来源于个人的教育和经验。因此，即使存在一个更加便宜且简单的机械设计，电子工程师也会倾向于提议基于电子学的设计。这就是多学科团队协同工作的重要原因。一个收集信息的好方法是对问题有一个更好的理解，然后应用这些知识库来尝试构思出创造性的想法。更重要的是回溯并尽全力发展信息库，以对创

⊖ S. Smith, "Fixation, Incubation, and Insight in Memory and Creative Thinking," in *The Creative Cognition Approach*, Steven Smith, Thomas Ward, and Ronald Finke (eds.), The MIT Press, Cambridge, MA, 1995.

⊖ R. L. Dominowski, "Productive Problem Solving," in *The Creative Cognition Approach*, Steven Smith, Thomas Ward, and Ronald Finke (eds.), The MIT Press, Cambridge, MA, 1995.

造性的想法进行评价。

- 不正确信息：显然，运用不正确的信息会导致糟糕的结果。创造性过程的一种方式就是把原来本不相关的要素或者想法（信息）进行组合。如果信息中有一部分是错误的，那么整个创造性组合的结果就会有缺陷。例如，如果要获得结果而进行信息 5 个方面要素的配置，并且组合的顺序对于结果的好坏又有重要意义，那么就有 120 种不同的组合顺序。如果有一个是错误的，那么所有 120 种就都会是错误的；如果你只需要选择 5 个方面要素中的 2 个，那么就有 20 种不同的组合。在这 20 种组合中，有 4 个会导致错误的结果，因为它们包含了不正确的信息。组合的要素越多，就越难区分正确的组合和错误的组合。

4. 环境障碍

环境障碍是由直接物理环境或社会环境带来的。

- 物理环境：该因素对创造力的影响是因人而异的。有些人能够在各种干扰环境下开展有创造性的工作，而另一些人则需要严格安静和隔离的环境。确定自己能够开展创造性工作的最优条件，并努力去获得这样的工作环境对于每个人都是很重要的。同样，很多人如果在一天的某个时间段是最有创造性的，那么就应当利用这一点去安排好工作日程。
- 批评主义：不支持你想法的评论会对你个人的创造性造成伤害和损害。在设计课程甚至设计小组中，由于学生害怕批评，因此他们表达自己的想法时很犹豫是很正常的事情。这种缺乏自信来源于这样一个事实，就是对自己的想法是好还是坏没有比较的基础。随着阅历的增加，你就会越来越自信，你的创意也就能够承受善意且挑剔的评价。因此，团队中保持支持和信任的氛围是很重要的，尤其是在概念设计阶段。

6.3 创造性思维方法

提高创造性是一个平常的活动。在搜索引擎中搜索创造性方法（creative methods），将会出现 1.37 亿个链接，其中很多是关于提高创造性的书籍和课程。已有超过 150 种提高创造性的方法收入在目[一]，这些方法的目的是为了提高问题解决者以下几方面的特征。

- 敏感性：认识现存问题的能力。
- 流利性：对问题提供大量的备选解决方案的能力。
- 灵活性：对问题能多角度地提出解决方法的能力。
- 原创性：对问题能提供原创性解决方案的能力。

下面介绍一些最常用的创造性方法，其中许多提高创造力的方法直接消除了创造过程中普遍存在的心理障碍。

6.3.1 头脑风暴法

头脑风暴法是设计团队最常用的产生创意的方法。它是由亚历克斯·奥斯本（Alex Osborn）提出的[二]，其目的是为了激发杂志广告的创意性，但如今这种方法已经被广泛应用于诸如设计等其他领域。头脑风暴（brainstorming）一词在语言中已经被广泛用来表示产生各种想法。

头脑风暴是一个精心安排的过程。它充分利用整个团队中每个人的经验和知识。头脑风暴

——— www. mycoted. com.

——— A. Osborn, *Applied Imagination*, Charles Scribner & Sons, New York, 1953.

步骤的设定克服了限制团队成员创造性的很多心智阻碍，每个成员都可以独立产生创意。个人在积极参与产生想法的过程能够克服认知上的、智力上的和文化上的阻碍。人与人之间的心智阻碍很可能不同，因此通过共同参与，团队的综合想法产生过程就会很流畅。

　　一个好的头脑风暴会议是快速的、创意自由的和充满激情的会议。首次介绍头脑风暴过程是在第 4.7 节。在继续本章之前，请先复习这一节。为了使头脑风暴会议能够取得好的效果，在初始阶段认真定义问题是十分关键的。在该阶段花些时间能有效避免把时间浪费在对错误问题的方案求解上。在开始团队活动之前，给每个人一点时间让他们安静地思考这个问题也是很有必要的。

　　在头脑风暴会议上，参加者可以通过听取他人对同一个问题的想法，对自己的想法进行补充并形成新的想法。在受到启发下，成员做出不断修正想法的行为会揭示新的可能。对最近提出的想法进行细节性的补充或者采纳与之相关但不同方面的思想，一些新的想法就可能产生。这种建立在他人的想法基础上的行为可以称为"站在巨人的肩膀上"，也是一个成功的头脑风暴会议的标志。研究表明，前 10 个左右的想法都不会是最新鲜和最具创造力的，因此会议要至少形成 30~40 个想法。头脑风暴法的一个重要属性就是它能产生大量的想法，而这其中有一些是具有创造性的。

　　对所产生的想法的评估应该在头脑风暴会议后不久的某一天进行。这样可以消除批评或者评估迫近所带来的恐惧，也使头脑风暴会议的气氛比较宽松。而且，在产生想法会议之后的某天做评估，能有酝酿更多想法的时间，并对所提出来的想法进行反思。评估会议开始之初就应该把由团队成员在酝酿期后已了解的任何新的想法添加到原有的记录列表上。然后整个团队对每一个想法进行评估。希望把某些看似粗糙的想法能转化为现实的方案。评估方法将在第 7 章中讨论。

　　一种有助于头脑风暴法进行的方式是使用检核表来产生新想法，以打破常规思维定势。头脑风暴的创始人给出一种表格，埃伯利（Eberle）⊖把这种表格修改为 SCAMPER 检核表（表 6.2）。通常情况下，在头脑风暴活动中当想法开始减少时，SCAMPER 检核表可以作为一个激发器。在 SCAMPER 检核表中的提问可用如下方式应用于问题⊜：

- 大声朗读 SCAMPER 检核表中的第一个提问。
- 写下由这个提问所激发出来的想法或草图。
- 重述这个提问并把它应用到问题的其他方面。
- 继续使用这些提问直到停止产生想法。

　　因为 SCAMPER 检核表中的提问是概括性的，所以有时它们可能不适用于某个特定技术问题。因此如果某个提问不能唤起新的想法，那么快速转向下一个提问。要长期在某一个领域内做产品研发的团队应该尝试开发出自己的检核表提问来适应具体问题。

　　对团队环境下的概念产生来说，头脑风暴法是有益处的、适当的活动。然而，头脑风暴法并不能克服很多感情上和环境上的心理障碍。事实上，这个过程可能会增加团队中某些成员的心理障碍（比如混乱中的不安、害怕批评和永远存在不正确假说）。为了减轻这种阻碍对创造性的影响，一个团队可以在正式的头脑风暴会议之前进行默写式头脑风暴法⊜。

⊖　R. Eberle, *SCAMPER*: *Games for Imagination Development*, D. O. K. Press, Buffalo, NY, 1990.

⊜　B. L. Tuttle, " Creative Concept Development," *ASM Handbook*, vol. 20, pp. 19-48, ASM International, Materials Park, OH, 1997.

⊜　CreatingMinds, http: //creatingminds. org/tools/brainwriting. htm, accessed February 16, 2007.

表 6.2　辅助头脑风暴法的 SCAMPER 检核表

提出的变化	描　　述
替代	如果使用不同的材料、工艺、人员、动力、地点或方法，结果会如何呢？
组合	能够将部件、目标或者想法进行组合吗？
适应	还有其他类似的吗？其他的想法是怎样的？过去的经验能给出某些启发吗？能够复制什么呢？
修改、放大、缩小	可以增加新的办法吗？可以改变含义、颜色、运动、形式或形状吗？可以添加某些东西吗？能够变得更强、更高、更长或更厚吗？能减少某些东西吗？
用于其他用途	有没有其他的新途径能应用它？如果修改了它，它是否还有其他的用途？
消除	能否去除一个零件、功能或人员而不影响结果？
重新安排、逆向	是否能互换零件？能否用另一种布局或顺序？如果颠倒原因和结果会怎么样？是否能颠倒积极的和消极的？如果将它的前后、上下或者内外倒置会怎么样？

6.3.2　创意的提炼与评价

创新想法评价的目标不是把这些想法甄选到就剩下一个或几个解决方案。在概念生成阶段的提炼和评价的主要目的是：鉴别出创新、可行和实用的想法（这一过程收敛性思维占主导地位）。

在提炼创新想法时所用的思维方式比在创意生成时所用的发散性思维方式更加聚焦（设计团队经常运用技术手段来鼓励使用发散性思维，例如 SCAMPER 检核表）。在这里，用收敛性思维来明确概念，并得到物理上可实现的想法。

首先，根据在第 4.7 节中讨论的亲和图法，拣选出可行的类别。一种快速分类的方法是，设计团队根据对这些想法的可行性判断将其分为三类。

- 立即可行的想法（你会很乐意把它们拿给你的老板看）。
- 在经过更多的思考或研究后可能有潜力的想法（你不会想把这些想法拿给你的老板看）。
- 完全不可行想法且没有任何可能成为良好的解决方案。但是在抛弃这样的想法前要问：“是什么使得这个想法不可行？”和“要使这个想法变得可行，需要做出哪些改变？”。这种检验古怪想法的方法往往有助于对设计任务产生新的见解。

在设计过程中，检查概念创意的可行性是一个关键环节。时间是宝贵而又有限的，因此设计团队不可能把时间浪费在成功率较低的设计解决方案上。

选择合适的时间来剔除早期的设计概念是很难的。如果时间定得太早，团队成员们可能尚未有足够的信息来确定一些概念的可行性程度。设计任务要求越高，这种情况就越可能发生。成功的设计团队所用的有价值策略是把创意和依据归档，然后决定是否继续跟进。若这个文件是完备的，设计团队就可能冒一些风险快速地进行，因为设计团队可以通过已经记录的设计依据返回到以前的步骤。

另一个方案分类的策略是根据一般工程特征划分。例如，考虑篮球如何返回的不同创意。使用质量关键点的工程特性是有意义的，而且总会有一个类别可用于开放式想法。

接下来，设计团队检查每一类别的设计，一次检查一种类别。设计团队针对同一类别的概念进行讨论，其目的在于如何才能把这些概念组合或重组成更加完善的解决方案。

与原始的头脑风暴法会议强调创意的数量而尽量减少讨论不同，在这里讨论和质疑是受到鼓励的。

团队成员可以详细阐释想法，借鉴其他的想法，或强制把一些想法结合在一起从而形成一个新的想法。这种方法如图 6.2 所示，不同的符号表示不同的想法。首先，把想法分类（任务

1）。然后根据不同的类别把想法综合起来形成一个概念（任务2）。需要注意的是，这些组合起来形成一个概念的想法可以来自于任何以前的类别。有时强制组合会巩固想法（任务3）。总的目标是经过讨论产生出几个成熟的设计概念。

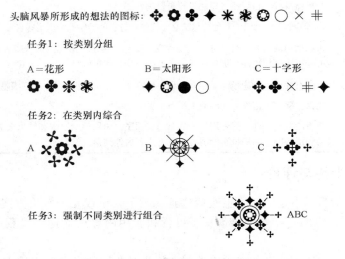

图6.2　创造性想法评价过程示意图

（引自 E. Lumsdaine and M. Lumsdaine, Creative Problem Solving, McGraw-Hill, New York, 1995, p. 226.）

上面的例子是理想化的。它只使用了视觉设计元素来代表想法，但是由于功能是概念生成时首要考虑的问题，因此机械设计会更为复杂。同样，表达形式的各个方面也必须适应设计概念。

要认识到评估会议与首次产生想法的会议同样重要。它不应该匆忙举行。而且通常需要花费2～3倍于第一次头脑风暴会议的时间，然而这是值得的。

6.3.3　头脑风暴法外的创意技术

头脑风暴法被视为创意生成的第一工具而被广泛应用。此外，还存在其他一些同样有效的工具和方法。本节给出了一些能够提高创造性思维的简单方法[一]，这些方法包括激励新的想法或者已阻隔的想法，通过提问来引导团队成员对问题或创新任务考虑新的见解。你将注意到表6.2中的问题和本节所阐述的方法有着同样的意图。

1. 六个关键问题（5W1H）

新闻系学生学过，要问六个简单的问题来确保它们包含了整个事件。这些问题也同样可以使你从不同角度来研究问题。

- Who（谁）？谁会使用它？想要它？得益于它？
- What（什么）？如果某事件发生，还会发生什么？什么导致了成功？什么导致了失败？
- When（何时）？是否可以加快或者减慢？早些好还是晚些好？
- Where（何地）？某事件会在哪儿发生？还可能在别的地方发生？
- Why（为何）？为什么要这么做？为什么那个特殊的规则、行为、解决方案、问题、失败会与其相关？

○ R. Harris, Creative Thinking Techniques, http：//www. virtualsalt. com/crebook2. htm.

- How（如何）？它能怎么做？它应该怎么做、预防、改进、变换或完成？

2. 五个为什么（Whys）

五个为什么的技巧是为了追溯一个问题的根源，它是基于仅仅问一个问题还不够的前提。比如：

- 这个机器为什么停下来了？因为风扇过载，熔丝断了。
- 为什么过载了？因为轴承润滑不足。
- 为什么没有足够的润滑？润滑油泵坏了。
- 润滑油泵为什么坏了？因为油泵的轴磨损而导致轴振动。
- 为什么那里磨损了？润滑油泵没有过滤器，致使碎屑进入了泵中。

3. 检核表

经常使用各种检核表来帮助激发创造性的想法。奥斯本是第一个推荐这种方法的人。表 6.3 是他在头脑风暴法中用来激发思想的原始检核表的修改版。请注意，检核表经常以一种完全不同的方式应用于设计中。在一个复杂操作中它们用于记录重要的功能和任务。例如，第 9 章中的设计终审检核表。表 6.3 是一个用来解决具体技术问题的检核表的示例。

表 6.3 技术延伸的检核表

（G. Thompson and M. London）

如果让条件趋近于极限，会发生什么？
温度，上升或下降？
压力，上升或下降？
浓度，上升或者下降？
杂质增加或减少？

注：本表来自 G. Thompson and M. London, "A Review of Creativity Principles Applied to Engineering Design," *Proc. Instn*, *Mech. Engrs.*, vol.213, part E, pp.17-31, 1999.

4. 幻想或愿望

创造性的一个很大的阻碍是人类大脑与现实的紧密联系。一个激发创造性的方法是诱使大脑进行天马行空式的幻想，希望能获得真正的创造性想法。为了能给想法的产生提供一种乐观的、积极的氛围，这种方法可以通过"邀请方式"的提问来实现。典型的问题是：

- 如果……那不会更好么？
- 我真正想做的是……
- 如果我不用考虑成本……
- 我希望……

使用邀请式的措辞是这种方法成功的关键。例如，与其说"这个设计太重了"，不如说"我们怎么才能把这个设计变得更轻些呢"会更好些。第一种说法暗示一种批评，而后者则是建议改进。

6.3.4 随机输入技术

爱德华·德·波诺（Edward de Bono）长期致力于创造性方法研究[⊖]。他强调思维模式的重要性，而且发明了横向思维这一术语，用来描述思维模式的跨越行为。横向思维的一个关键原则，是需要有一种激发性的行为使大脑从一种思考方式转变为另一种思考方式。通过引入一个新问题陈述，这种激发性事件打断了当前的思路，提供了记忆搜索的新的探查方式，或者导致了对解决方案的重构。

假设你正在思考一个问题并且需要一个新的创意，为了强迫大脑产生一个新的想法，你需要做的是引入一个新的随机词汇。这个单词可以是随意翻到字典中的某一页而找到的单词，比

⊖ E. de Bono, *Lateral Thinking*, Harper & Row, New York, 1970; *Serious Creativity*, Harper Collins, New York, 1993.

如随机决定找那一页上的第 9 个单词，或者随便找一本书翻到某一页，并随机选择一个单词。现在要做的是如何将被选择的单词和正在考虑的问题联系在一起。

例如[一]，考虑一群学生正在研究如何改变篮球规则才能使矮个子的球员（身高低于 5.9ft）有竞争力。单词"欺骗"被选中了，这个词让人想到的是"吝啬鬼"，进而让人想到"卑鄙的"，它又使人想到"粗暴的"，从而引出了"给予矮个子运动员更宽松的犯规规则"的想法。爱德华·德·波诺指出，来自随机单词的这种被动关联能起作用的原因是，大脑是一个擅长建立联系的自我组织的模式化系统，即使这个随意选择的单词和问题主题的联系相差甚远。他说，"单词联系太过遥远这种事情从没发生在我身上，相反，经常发生的是随机选择的单词总是和关注的问题密切相关，以至于只起到很少的刺激作用"。值得注意的是，随机输入技术不仅仅只应用于随机单词，它同样适用于物体和图片。通过阅读不是你自己领域中的技术期刊，或者是参与远离你所在领域的技术会议或贸易展览会，也可以激发新的想法。首要的原则是你有寻找非传统输入的意愿，并使用这些输入拓展新思路。

6.3.5 综摄法：基于类比的发明方法

像日常生活一样，设计中的很多问题都是通过类比来解决的。设计人员发现正在研究的设计和一个早已解决的问题之间存在着相似性。它是不是一个有创意的解决方案取决于类比的程度是否能导出一个新的与众不同的设计。基于类比的一种解决方案就是发现一个现存的产品及其设计规格和当前正在研究中的设计规格之间的相似性。这个设计可能不是具有创意的设计，也可能不是合法的设计，这取决于老产品的专利状况。

综摄法（来源于希腊的 synektiktein 一词，意思是把不同的事物结合到一起，形成统一的联系）是关于创造性的基于类比推理的一种方法论，它首先由戈登（Gordon）提出[二]。它假设：在创新过程中，对于产生新的创造性想法的创新过程，心理要素要比智力过程重要。这种理念在直觉上是与工科学生相违背的，因为他们主要在设计的分析方面受过传统的、良好的培训。

综摄法是由受过良好训练的引导者主持的按阶段进行的规范化过程。综摄法的第一阶段是理解问题。问题要从多角度进行探查，以实现"由陌生到熟悉"的目标。然而，在一定程度上用综摄法探查问题的所有方面，可能会阻碍一个人产生创造性解决方案的能力。因此，第二阶段的重点是通过本节将要讨论的类比的四种类型来寻找创造性的解决方案。其目的是为了用类比法使你的思想和问题之间的联系远一些，然后再在综摄法的最后一个阶段使思想和问题相结合。这是通过将类比产生的想法"强制定位"到问题的各个方面来实现的。在第 6.3.4 节里已经讨论了随机输入技术，看到了强制定位的例子。

综摄法因其类比应用的强大能力，在解决创造性问题方面得到使用。对于任何一个想对当前的问题产生新想法的人来说，知道如何应用综摄法中 4 种不同类型的类比是很有用的。综摄法中的 4 种类比类型为：①直接类比；②幻想类比；③个人类比；④符号类比。

- 直接类比：设计师寻找与现有的状况最类似的物理类比。在描述原子中原子核的电子运动时，常用的类比就是月亮围绕地球的旋转或地球围绕太阳的旋转。这个类比是直接的，因为在每一个系统中，都有相应的物理对象具有相同的运动形式——围绕中心体旋转。另一个直接的类比采取相似的物理行为（如前例）在几何图形或者功能上的类似。如果

[一] S. S. Folger and S. E. LeBlanc, *Strategies for Creative's Problem Solving*, Prentice Hall, Englewood Cliffs, NJ, 1995.

[二] W. J. J. Gordon, *Synectics: The Development of Creative Capacity*, Harper & Brothers, New York, 1961.

类比是在同一个领域的话，类比并不需要大脑模型对思考进行复杂的重构。对于新手来说，更倾向于寻找具有物理相似性的类比。为了分辨更抽象的特性（如功能相似性），则需要更多专业的训练。过去十年正逐渐兴起的仿生设计就是特殊类比的一种。仿生设计正是基于生物系统和工程系统之间的相似性。这一话题将会在本节进一步讨论。

- 幻想类比：设计师忽略了所有问题的极限性、自然法则、物体定律或理性，代之以设计师想象或期望能得到一个问题最完美的解决方案。例如，假设在一个寒冷、风雨交加的日子你进入到一个大的停车场，此时却发现你忘了把车停在什么位置了。在一个理想的完美世界里，你可能会希望你的车直接就出现在你的面前或在你召唤它的时候车子能自己起动并开到你现在所站的位置。这些都是很不切实际的想法，但它们还是很有实现潜力的。现在很多汽车在车钥匙链上都有一个芯片，它能够使车灯闪亮并给车主发送停车位置信号。也许该设计团队正是应用幻想类比法的某些方面解决了找不到车的问题。

- 个人类比：设计师想象他或她自己就是所设计的设备，把设备或工艺与自己的身体联系起来考虑。例如，在设计一个高质量的工业用真空吸尘器时，可以想象我们就是吸尘器本身，我们可以用橡皮管吸取脏东西，就像用吸管喝水一样。可以用手从一个光滑的地面上捡起脏东西或用手拿着一块厚的纤维材料去擦地，我们也同样可以用一种湿的、有摩擦力和有吸收能力的材料来清洁物体表面，就像我们舔蛋糕纸杯表层的结霜。

- 符号类比：这可能是运用最少的一种直觉方法。使用符号类比法时设计师用符号来代替问题的细节，然后通过对符号的处理来发现原始问题的答案。例如，有些数学问题是从一个符号域转换（映射）到另一个符号域从而简化处理。拉普拉斯变换就是一个典型的符号类比法的例子。在机构结构设计中有种方法是用图来代表机构中的关节和连杆，然后再把图转化为一系列方程求解[⊖]。

6.3.6 仿生设计

直接类比的一个特殊的起源是受生物系统启发的。这个学科称为仿生学，是一种模仿生物系统的学科。仿生学的一个众所周知的例子是尼龙搭扣的发明。它的发明者乔治·德·迈斯德欧（George de Mestral）想知道为什么在森林里走过之后裤子上会粘有苍耳。作为一个训练有素的工程师，他在显微镜下发现刺果钩状的针在他绒线裤子上粘了一个小圈。经过长时间的研究，他发现尼龙带可以被做成小而硬的钩带子和带有小环的环形带子，尼龙搭扣就这样诞生了。这个例子也说明了偶然发现的原理——很偶然地被发现，同时它也显示了这类发明也需要有好奇心，通常被称为"有准备的头脑"。在大多数的偶然发现中，想法来得很快，但是正如尼龙搭扣的例子一样，创新实现则需要很长时间的努力工作。

仿生设计包含了在设计中应用生物现象的知识来直接类比的原则。机械设计是基于满足对产品或系统的要求（如创造该设备所要实现的功能）而进行的。因此，为有效利用生物类比法，设计师应该设法找到生物系统的行为如何通过物理系统实现的方法。设计师受到的挑战主要来自以下两个方面：①工程设计师通常没有丰富的生物学方面的知识；②工程师用来描述行为的词通常与用来描述生物系统的词不匹配。机械系统的生物类比所带来的价值已在设计方面产生了丰富的文献。工程师能使用工具的一个例子如 Ask Nature[⊖] 网站，这是一个用来促进仿生学应

⊖　L . W. Tsai, *Mechanism Design*：*Enumeration of Kinetic Structures According to Function*, CRC Press, Boca Raton, FL, 1997.

⊖　"Ask Nature," The Biomimicry Institute, www. asknature. org, accessed July 19, 2011.

用的开源网站。不断增长的文献中包括很多仿生学的例子[○]。

6.3.7 概念图

对于通过联想产生想法、组织信息准备撰写一个报告而言，概念图[○]是一个很有用的工具，概念图和思维导图[◎]有着很密切的关系。概念图在头脑风暴法中对于产生和记录想法是很有用的。因为它以可视化的方式替代了文字描述，它激励左脑思维。因为它需要在各个想法之间实现关联映射，也因此激发出创造性思维。因而，它在产生解决方案的想法上也是很有帮助的。

概念图制作在一张很大的纸上。在这张纸的正中间写着关于问题或事件的一个简明的标签。然后要求整个团队思考与该问题有关的概念、想法和因素。

- 围绕着纸中央的问题标签，写下团队产生的想法。
- 将想法加下划线或者画圈，并把这些想法和中心处的问题连起来。
- 用箭头来表示各个问题之间的主从关系。
- 建立概念的新的主要分支来表示主要的子话题。
- 如果这个过程生成了一个附属的或分离的图，那么要标识这个图并且将它和其他图连起来。

构建概念图的过程建立了一个围绕中心问题或主题的关联网。通过把这些关联形成一个连贯的、有逻辑的图，这会激发新的想法。要注意的是这样一个过程也可能会很快产生一个混乱且难以读懂的图。避免这种问题的一个办法是，在画这个图之前，首先将你的想法写在卡片上或者即时贴上，然后在一个合适的平面上组织它们。颜色标记对于提高图的明晰度也是很有帮助的。图6.3是一个关于回收钢和铝废料项目的概念图[◎]。

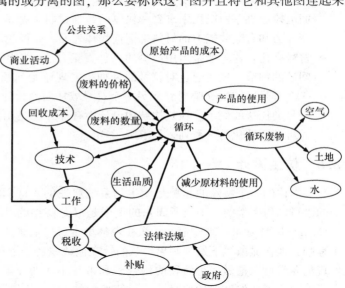

图 6.3　钢和铝等金属的循环利用概念图

○　T. W. D'Arcy, *Of Growth and Form*, Cambridge Univ. Press, 1961；S. A. Wainwright et al., *Mechanical Design in Organisms*, Arnold, London, 1976；M. J. French, *Invention and Evolution*：*Design in Nature and Engineering*, Cambridge Univ. Press, 1994；S. Vogel, *Cat's Paws and Catapults*：*Mechanical Words of Nature and People*, W. W. Norton & Co., New York, 1998；Y. Bar-Cohen, *Biomimetics*：*Biologically Inspired Technologies*, Taylor & Francis, Inc., 2006；A. Von Gleich, U. Petschow, C. Pade, E. Pissarskoi, *Potentials and Trends in Biomimetics*, Springer-Verlag, New York, 2010；J. M. Benyus, *Biomimcry*：*Innovation Inspired by Nature*, Harper Collins, New York, 2002；P. Forbes, *The Gecko's Foot*：*Bio-inspiration*：*Engineering New Materials from Nature*, W. W. Norton & Co., New York, 2005.

○　J. D. Novak and D. B. Gowan, *Learning How to learn*, Cambridge Univ. Press, New York, 1984.

◎　T. Buzan, *The MindMap Book*, 2nd ed., BBC Books, London, 1995.

◎　I. Nair, "Decision Making in the Engineering Classroom," *J. Engr. Education*, vol. 86, no. 4, pp. 349-356, 1997.

6.4　设计的创造性方法

在设计任务中应用任何一个创造性技术的目的是为了产生尽可能多的想法。在设计的初期阶段，主要鼓励粗犷的想法，数量比质量更重要。一旦备选的最初设计方案形成，就可以对这些方案进行筛选。此时筛选的目的是甄别出不切实际的方案。设计团队要发现可以发展成可行方案的较小概念集。

6.4.1　生成设计概念

形成工程设计的系统性方法是存在的。设计师的任务是在所有可能的候选方案中找出最适合设计任务的方案。衍生式设计是为给产品设计说明产生出许多可行的备选方案的理论构建过程。为了清晰地反映设计任务，产生的所有可能和可行设计可以表示在图 6.4 所示的包括状态的问题空间或者设计空间中。每个设计状态是一个不同的概念设计。设计空间有一个仅包括可行设计的边界，其中许多可行的设计并不为设计师所了解。

所有可能的设计集是一个 n 维超空间，称为设计空间。这个空间大于三维，因为空间里包含了可以给设计分类的很多特征（如成本、性能、重量和尺寸等）。设计空间类似一个稳定的太阳系，系统里的每个行星或恒星都互不相同。空间里的每个已知个体都是设计任务的潜在方案，同时还有很多的未知行星和恒星，它们代表目前还未发现的设计。对于一个设计空间来讲，浩瀚的外太空也是很好的类比。任何设计问题都有许许多多不同的方案。方案的数量可以高达 $n!$ 个，这里 n 相当于可以充分描述设计任务的不同工程设计特征的数量。

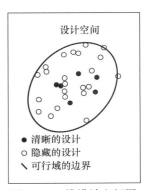

图 6.4　n 维设计空间图

在卡内基梅隆大学一起工作期间，艾伦·纽厄尔（Allen Newell）和赫尔伯特·西蒙（Herbert Simon）普及了设计解集的观点。解的设计空间在人工智能和认知心理学领域都是问题解决主流模型[⊖]。同样，对很多工程设计研究人员来说，解的设计空间对于一个给定的设计问题也是一个广泛认同的模型。

设计空间是离散的，即在不同的设计方案间有明显的可识别的差别。设计师的工作就是在所有可行的设计中找出最好的。在一个包含了所有可行方案的设计空间中，设计就变成了通过对设计空间的搜索，找到所有可行方案中适合设计任务的最优方案的过程。

由于可行的设计方案在很多方面都不同（例如分配的工程特征值），这使搜索设计空间变成了相当复杂的工作。没有一个普遍适用的指标来精确描述任何单个的设计。这样的假设是合理的：一旦发现了一个可行的方案，另外一个和此方案接近的方案就是相似方案，而这个几乎完全相同的方案只有一个或者极少数几个设计特征与第一个方案不同。因此，一旦设计师发现了一个可行的方案，就要通过对一个或几个设计特征的修改来搜寻附近的设计空间。如果第一个方案接近最优解，那么这种方法会有用；但是如果设计师从设计空间的不同部分抽样，并找出了一系列完全不同的方案的话，这种方法就毫无作用。设计创意产生方法可以帮助设计团队在设计空间的不同区域找到方案，但是不如工程设计要求的那么可靠。

对一个给定的设计任务，系统化设计方法可以帮助设计团队思考最广泛可能和可行的概念设计。当用设计空间模型来解释时，这些方法中的大部分都更容易理解。有些方法提高了设计空

⊖　J. R. Anderson, *Cognitive Psychology and Its Implications*, W. H. Freeman and Company, New York, 1980.

间的搜索效率，而另外一些则专注于缩小最优解可能存在的空间范围。同样，还有些系统化设计方法提供了这样的做法，即允许设计师从一个方案过渡到下一个最相近方案。

就像有些提高创造性的方法尝试直接克服创造性的障碍一样，一些概念设计生成方法直接应用以往已证明有助于生成备选设计方案的策略。例如，被称为 TRIZ（第6.7节）的方法使用了收录于成功的专利和其他国家相应数据库中的发明和解决问题原理的概念，建立矛盾矩阵从而达到创造性设计。功能分解与综合（第6.5节）的方法依赖的是在一个比较抽象水平上重构设计任务，由此来获得更好的潜在方案。

在设计中需要牢记的关键点是，用不同的方法来开发能完成预定功能的一系列备选方案，在几乎每一种情况下都是有益的。

6.4.2 设计的系统化方法

有些设计方法之所以被标记为系统化的，是因为产生设计解决方案过程中涉及了结构化的过程。本节将介绍六种最为流行的用来生成机械概念设计的系统化方法。前三种方法将在本章接下来的小节中做更详细的介绍。为了保持完整性，在这里对它们先做简要介绍。

功能分解与综合（第6.5节）：功能分析是描述一个系统或装置从最初状态到最终状态转变的一种逻辑化的方法。功能是按照物理行为或动作来描述的，而不是按照零件来描述的，这样可以用一般化方式对产品进行逻辑分解，进而常常会产生达到该功能的创新概念。

形态学分析法（第6.6节）：设计的形态学构图法，从了解必要零件结构的角度来产生备选方案。这样就能按预定的配置确定并按顺序加入零件图和目录。这种方法的目的是几乎完全列举出设计问题的所有可行解。通常情况下，形态学法被用于与其他生成方法的结合，例如，功能分解与综合法（第6.5.3节）。

发明问题解决理论（第6.7节）：TRIZ 是发明问题解决理论的俄语缩写，是一种特别适合于科学和工程问题的创新解决方法。1940 年左右，根里奇·阿奇舒勒（Genrich Altshuller）和他的同事们通过对 150 多万份的俄罗斯专利进行研究，总结出了技术问题的一般性特征，再现了发明的原理。

公理化设计[⊖]：该设计模型在"第一原理"语义下是合理，包括了徐先生（Suh）在公理化设计中明确阐述的设计独立公理和信息公理（即保持功能的独立性并且信息最少）[⊖]。该方法提供了一种把设计任务转化为功能需求（工程上相当于客户想要什么）的手段，以此来确定设计中的设计参数（设计的物理零件）。由此原理推出的定理和推论帮助设计师诊断候选设计方案，这些候选方案是用功能需求和设计参数以矩阵形式表示的。

优化设计（在 15 章讨论）：很多公认的强有力和流行的设计方法实际上是在设计空间上应用优化策略进行搜索的。设计规格一旦给定，这些算法就能预测设计的工程性能。此方法是把设计作为一个工程科学问题来处理的，在分析潜在的设计上是有效的。有许多有效的、得到验证的优化设计方法，这些方法可以从单目标和单变量模型到多目标和多变量模型，这些模型是用不同的分解和序列方法解决的。这些方法可以是确定性的或随机性的，也可以是两种设计方法的组合。

⊖ A section on Axiomatic Design can be found online at www.mhhe.com/Dieter.

⊖ Nam P. Suh, *Axiomatic Design*, Oxford University Press, New York, 2001; Nam P. Suh, *The Principles of Design*, Oxford University Press, New York, 1990.

基于决策的设计（DBD）：DBD 是考虑设计的一种先进的方法[一],[二]。基于决策的设计观点在两个方面不同于以往的聚焦问题解决设计模型。第一是把客户需求作为进程的驱动力；第二是把设计成果（最大的利润、市场份额的获得或高品质的形象等）作为良好设计的最终评价手段。

6.5 功能分解与综合

解决任何复杂任务或者描述任何复杂系统的一个常用策略是把它分解成更小的、更易于管理的单元。这种分解必须是要分解成能切实地代表原始实体的单元。分解的各单元对分解者而言必须是明显的。标准的分解规划要反映构成实体单元的自然分组或者与用户相互约定取得一致。本书把产品开发过程分解成为三个主要设计阶段和八个具体步骤。该分解对于了解设计任务和分配资源是有用的。在本节中定义的分解是指产品本身的分解，而不是设计过程的分解。机械设计是一个递推过程，既可应用到整个产品的相同设计过程也可以应用于产品的各个单元，且能重复直到取得成功的结果。

产品开发过程包括了应用产品分解的方法。例如，质量功能配置（QFD）的质量屋（HOQ），把一个待开发产品分解成有助于客户认识质量的工程特性。为便于设计，还有其他方法可对产品进行分解。例如，一辆汽车主要分解成以下系统：发动机、传动、悬挂、转向和车身，这是一个物理分解的例子，将在第 6.5.1 节中讨论。

在概念生成的早期阶段，功能分解通常是表达策略的第二种类型。这里的重点是确定完成最终用户所规定的整体行为所必需的功能和子功能。功能分解是一个自上而下的策略，即设备的总体描述被提炼成对功能与子功能更为具体的安排。功能分解图是关注设计问题的一个图。功能分解可以用标准化的表达系统来完成，该系统按照一般化的方式对设备进行建模。功能分解最初并不强调具体设计，而是为创造并产生大量的候选方案留下更大空间。功能分解方法的这一特征又被称为中性解。

6.5.1 物理分解

为了了解一个设备，大多数工程师本能地采取物理分解方式。草绘系统零件、一个组件或者一个物理部件是表达产品及开始获得产品的所有相关知识的一种方法。画出装配草图或示意图是斟酌设计而又不需要明确地考虑每个零件所要实现的功能的一种方法。

物理分解意味着直接把产品或者子装配体分离成为附属部件和零件，并准确描述这些零件是如何连接在一起来实现产品功能的。其结果用示意图来表示，图中有一些通过逆向工程获得的关联信息。图 6.5 表示标准自行车的部分物理分解。

分解是一个递推过程。如图 6.5 所示，实体"车轮"在更低层次的结构中被进一步分解。这种递推过程一直进行到实现产品整体功能所必不可少的单个零件为止。

建立图 6.5 所示物理分解框图的步骤如下：

1）从整体上给物理系统下一定义，并

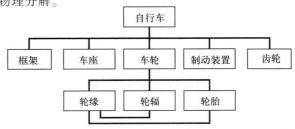

图 6.5　自行车车轮零部件的两层物理结构图

⊖　G. Hazelrigg, *Systems Enigeering*：*An Approach to Information-Based Design*, Upper Saddle River, NJ, 1986.
⊜　K. E. Lewis, W. Chen, L. C. Schmidt（eds），*Decision Making in Engineering Design*, ASME Press, 2006.

把它作为树状图的顶层框[一]。

2）识别并定义由顶层框所描述系统的第一个主要子装配体，并把它作为一个新的框画在顶层框的下方。

3）确定并画出子装配体之间的物理关系，这种物理关系是由分解图里新的功能框和结构图次高层所有功能框所表示的。这里必须至少有一个功能框连接到上一层，否则功能框就是被错放了。

4）确定并绘制在同层级上的子装配体和其他子装配体的物理关联。

5）在已经完成的分解图中审查第一主要子装配体的功能块。如果它可以分解为多个不同而有意义的零件，就把它作为根块，并返回到第2）步。如果审查后该框不能进行有意义的再分解，转向检查图里同一层中的其他功能框。

6）当在分解图的任何地方都没有功能块可以进行有意义的分解时，这一过程即告结束。一个产品有些部件对于其行为来讲是次要的，这些部件包括紧固件、铭牌、轴承和类似零件。

物理分解是一种自上而下的了解产品物理特性的方法。分解图不是中性解，因为它是基于现有设计的物理部件。物理分解会使设计师考虑已经在产品中使用的零件作为备选零件，这将限制备选设计方案的数量，即限制了在现存解的设计空间周围进行搜索。

功能分解的结果是产生了被称为功能结构产品的中性解表达。这种表达对于产生多种多样的设计解是有益的。本节的剩余部分将重点介绍功能分解的内容。

6.5.2 功能表达

系统化设计是20世纪20年代在德国发展起来的一种高度结构化的设计方法。该方法被格哈德·帕尔（Gerhard Pahl）和沃尔夫冈·拜茨（Wolfang Beitz）这两个工程师形式化。他们当时的目标是"为产品规划、设计和技术系统开发的所有阶段制定一个综合的设计方法学"[二]。他们著作的第一个英文翻译版本是在英国剑桥大学肯·华莱士（Ken Wallace）的巨大努力下于1976年出版的。这部著作受到了持续的欢迎，并于2007年出版了英文版的第3版[三]。

系统设计把所有技术系统作为与其外部联系的转换器。该系统通过转换能量流、物质流和信息流与用户和使用环境交互。技术系统以转换器为模型，是因为它在使用环境中采用已知的方式对各种流信息进行响应。

厨房水龙头模型就是一个改变厨房水槽的用水量和水温的转换器。人通过手动控制一个或者多个手柄来控制水的用量和温度。如果有人在水槽用冷水填满一个饮用玻璃水杯，他们可以将手放在水流中以确定水是不是冷得能够饮用。然后，他们就往玻璃杯中注入水并在旁边看着，等到玻璃杯中的水满了，他们就将杯子拿走并关闭水龙头使水流停止，这一切都发生在很短的时间内。使用者通过人的体力移动水龙头的手柄和玻璃杯来操纵这个系统。在整个过程中，使用者通过感官来收集所有的操作信息。对同一个系统，也可以设计成通过其他类型能量和控制系统来使之自动运作。无论哪种情况，厨房的水龙头模型都可以被描述为与使用者相互作用的能量流、物质流和信息流。

[一] 物理分解图并非真正的树形结构，因为同一层级的框之间可能也存在联系，也有可能是在不止一个高层级的框之间存在联系，这就好比一片叶子同时长在不同的树枝上。

[二] G. Pahl and W. Beitz, *Engineering Design：A Systematic Approach*, K. Wallace（translator）, Springer-Verlag, New York, 1996.

[三] G. Pahl, W. Beitz, J. Feldhusen, and K. H. Grote, *Engineering Design：A Systematic Approach*, 3rd ed., K. Wallace（ed.）, K. Wallace and L. Blessing and F. Bauert（translators）, Springer-Verlag, New York, 2007.

这种致力于规范功能语言的焦点研究工作起始于 1997 年[一]，该研究工作的目的是希望开发一个大的设计资源库，它包含数千个来自机械设计功能转换视图表达的装置。该项工作最终建立起了一个功能基[二]。扩展的流类型在表 6.4 中给出，功能清单在表 6.5 中给出。自然，Pahl 和 Beitz 的功能描述体系在研发这些功能基时所起的作用是很重要的。

表 6.4 标准流的种类和类型

流 的 种 类		
能 量	物 质	信 号
人体能	人体	状态
水力能	固体	• 听觉
气动能	气体	• 嗅觉
机械能	液体	• 触觉
• 位移	等离子	• 味觉
• 扭转	混合	• 视觉
电能		控制
声能		• 模拟
热能		• 离散
电磁能		
化学能		
生物能		

（来自 R. E. Stone，"Functional Basis"，*Design Engineering Lab Webpage*，designengineeringlab. org/FunctionCAD/FB. htm，accessed November 10，2011.）

表 6.5 标准功能名称

功能类	基本功能名称	基本功能可使用的措辞
分支	分离	脱离，拆解，分离，断开，抽取
	去除	切割，抛光，打洞，钻孔，车削
	分布	吸收，抑制，扩散，驱散，分散，移出，清空，抵抗，散布
	精制	清除，过滤，拉紧，净化
通道	输入	许可，捕获，输入，接收
	输出	排出，处理，输出，除去
通道	转移	
	运输	提升，移动
	传输	传导，输送
	引导	对准，变直，引导
	转化	
	转动	旋转，翻转
	允许自由度	约束，解除
连接	耦合	装配，附加，结合
	融合	增加，混合，联合，合并，包装
控制大小	启动	发起，开始
	调节	允许，控制，使能，限定，防止
	改变	调整，放大，减少，增强，加剧，增加，标准化，修正，减低，增减
	成形	压塑，挤压，破碎，贯通，塑造
	条件	准备，适应，处理
	停止	抑制，结束，停机，暂停，中断，制止，保护，防护
	抑制	防护，隔离，保护，抵抗

[一] A. Little，K. Wood，and D. McAdams，"Functional Analysis，"*Proceedings of the 1997 ASME Design Theory and Methodology Conference*，ASME，New York，1997.

[二] J. Hirtz，R. Stone，D. MaAdams，S. Szykman，and K. Wood，"A Functional Basis for Engineering Design：Reconciling and Evolving Previous Efforts，"*Research in Engineering Design*，vol. 13，pp. 65-82，2002.

（续）

功能类	基本功能名称	基本功能可使用的措辞
转换	转换	冷凝，区别，蒸发，集成，液化，加工，固化，变换形态
供应	储藏	容纳，收集，保存，获得
	供给（提取）	暴露，填充，提供，补充
信号	感觉	辨别，定位，察觉，认知
	指示	标记
	显示	
	处理	计算，比较，检查
支持	稳定	稳固
	保护	附加，牢固，保持，锁定，镶嵌
	定位	对准，定位，定向

（来自 R. E. Stone，"Functional Basis"，*Design Engineering Lab Webpage*，designengineeringlab. org/FunctionCAD/FB. htm，accessed November 10，2011. ）

标准流的类型和功能块的名称由更具体的基类组成的通用的类组织而成。这使得设计者可以在不同的抽象层描述系统及其部件。通过使用最通用的功能表达和功能类型名称，让读者用尽可能广泛的术语重新表达设计问题。这种抽象表达促进了概念设计阶段所需要的多样性思维。

系统化设计通过带有标记的功能块和其相互作用的流线抽象地描绘出机械零件。在表 6.6 中列出了三种标准的机械零件，其中功能流和类的名称用最为通用的术语表达。

表 6.6　抽象为功能模块的零部件

功能类	用功能块表达的机械零件	流 类 型　能量 →　物质 ---→　信息 ·····→
控制大小	流体流速A ---→ [增减流量] → 流体流速B　阀门	
转换	电能 → [传递] → 旋转能　电动机	
供应	位移能 → [储能]　线性螺旋弹簧	

系统化设计为描述整个设备或系统提供了一种通用方法。设备可以模型化为单一的元件实体，即把输入的能量、物质和信息转换成所需的输出量。图 6.6 表示的是把篮球返回过程抽象化为一个单功能框的模型图（功能结构黑箱图）。

6.5.3　实施功能分解

由功能分解产生的图称为功能结构图。功能结构图是用带箭头的指引线来标

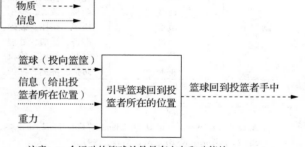

注意：一个运动的篮球总是具有方向和动能的。

图 6.6　篮球返回功能结构黑箱图

明功能块的关系、描述能量流、物质流和信息流的一个框图，见表6.6。功能结构通过功能块和流向的排列表示机械设备，用带箭头的流线表示方向，线上的标记表示连接功能块的流的类型（图6.7）。设计师在图中使用功能块来表示系统、装配或者零件所完成的转换，利用预先在表6.5中列出的转换动词通过选择功能名称来命名每个功能块。功能结构与产品的物理分解有很大不同，因为功能的实现是机械部件和它们的物理排列的组合行为。功能块和零件之间不存在一对一的对应关系。

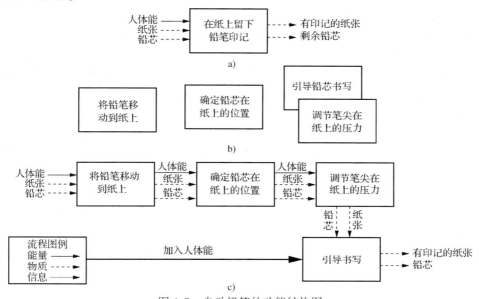

图 6.7　自动铅笔的功能结构图

a）铅笔功能结构黑箱图　b）描述铅笔行为的标准功能块图　c）铅笔的功能结构

最普通的功能结构是使用一个单一的功能块来描述设备，如图6.6所示的篮球返回模型。这种类型的功能结构（单一功能块）被称为用一个黑箱来表达一个设备。它必须列出设备的整体功能，并明确所有恰当的输入流和输出流。对于设计一种新的设备而言，用黑箱来开始设计工作是最合乎逻辑的。

可按如下步骤来简化建立功能结构图的过程。以铅笔为例：

1）确定用功能基本词汇描述的需要完成的整体功能，确定装置输入的能量流、物质流和信息流，并确定转换完成后装置输出的能量流、物质流和信息流。使用表6.4中标准流的类定义。通用的做法是使用不同线型的带箭头线条表示不同流型（能量、物质、信息）。用具体的文字作为每个流的名称。产品的"黑箱"模型（图6.7a所示的铅笔）表示了设计任务在最高层级功能的输入流和输出流。

2）用日常用语写出对每个功能的描述，这些功能是指完成图6.7a中铅笔的黑箱模型中描述的总体任务所需要的各种功能。铅笔最抽象的功能是使铅芯在纸面上留下印记。输入的物质流包括铅芯和纸张。由于需要人类使用铅笔，故能量流的类型是人。例如，用日常用语描述铅笔及其使用者所要完成的功能是：

- 引导铅芯移动到纸张的适当区域。
- 铅芯在纸张上移动而形成印记时，需要给铅笔施加足够但也不能太大的力量。
- 在适当时间抬起和落下铅芯来使之与纸接触。

以上陈述是用日常用语来描述传统的铅笔使用方式，这种陈述方式不是唯一的，还可以有不同的方式来描述铅笔书写的行为。

3）已经考虑了黑箱中描述的铅笔所要完成功能的细节，确定更精确的功能（从表6.5获得）并用中性解语言完成铅笔功能更详细的描述。此过程将创建一个更加详细描述铅笔的功能块，图6.7b所示为一组铅笔功能块的例子。

4）排列功能块使得它们能完成预期的功能。这种排列描述了功能需要的优先级。这意味着功能块的排列将包括平行、串联以及所有可能的组合。在这一过程中便签是一个很好的工具，特别是当基于团队共识做出决定时。有时重新排列也是有必要的。

5）在功能块之间添加能量流、物质流和信息流，从装置的黑箱表达中保存输入流和输出流，但并非所有的流都会通过每个功能块。要记住的是，功能结构只是一种可视化表达，而不是一个分析模型。例如，在功能结构中的流不符合系统热力学分析模型的守恒定律。表6.6中，线性螺旋弹簧的例子说明了这种不同行为，它可接受平动能量而不释放任何能量。铅笔功能结构的初步描述如图6.7c所示。

6）审查功能结构的每一功能块以确定是否有其他的能量流、物质流或者信息流对于功能的实现是必不可少的。在铅笔功能结构中，把额外的人体能量流输入到"引导书写"功能中的想法是强调使用者完成任务时需要第二类型的活动。

7）再一次审查每一个功能块，看看是否有必要再次进行完善。其目的是尽可能完善每个功能块。当一个功能块可以由一个实体或者动作的单一方案来完成，且细分层次足以满足客户需求时，细化完善工作就可以结束了。

通过检查铅笔的功能结构，发现了设计者未陈述的假设。这里所建立的功能结构假定用户可以直接握持和操纵一支铅笔。虽然我们知道实际情况并非如此，因为细长的铅芯需要在外面加个外壳。

功能结构不一定是唯一的，另一个设计师或设计团队可以创建一个稍微不同的描述铅笔的功能块，这也同时表明了功能分解与综合在设计中的潜在创造性。设计人员可选定部分的功能结构，用新的功能块来取而代之，只要功能的结果不变即可。

图6.8所示为一种篮球返回装置的功能结构图。这种功能结构是由图6.6所示的黑箱示意图

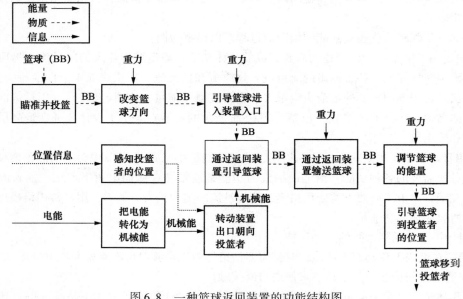

图6.8　一种篮球返回装置的功能结构图

发展而来的。这只是 Shot-Buddy 项目结构框图的某种可能的方案。其他设计师也可以使用不同的功能块来组织该图。比如 Shot-Buddy 项目原先所要实现的功能是设计一种能够捕捉射进网或靠近网的篮球的工具。在通道功能类里面的不同功能都会是合适的。图6.8中也显示了能量形式为重力的几个例子。这也表明了设计师主要关注的是篮球的自然下落力,可能是考虑把这种能量应用到设计中去。

功能分解并不是在所有情况下都容易实现的,它非常适合包含彼此相对运动零件的机械系统。但是在表示有抵制其他力作用的承重设备时,功能分解就不是一个好的方法了,例如书桌。

6.5.4 功能综合的优点和缺点

以一种形式独立且方案中性的方式对机械产品建模,可以对问题有更多抽象的思考,并能提高提出更多创新方案的可能性。带有流和功能的功能结构模型可以为决定如何将设备分解为系统和子系统提供线索。这就是所谓的确定产品构架。通过建立功能结构,流通过该装置时有了分离、开始、结束和转换。这可能对于有同一输入流的子系统和物理模块的功能结合是有利的。对流的描述提供了一种衡量系统、子系统或功能有效性的途径,因为流是可测量的。

功能分解与综合方法的优点来源于以下两个关键要素:

- 首先,建立功能结构迫使我们用一种对于处理机械设计问题有益的语言进行重新表达。
- 其次,借助功能结构来表达设计,把潜在解的元件冠以功能名,这些功能名为新的记忆搜索提供线索。

可再次看到,该方法运用了所建议的提高创造力的策略。功能分解的最大优势是该方法有助于检查很有可能未被考虑的方案,特别是当设计师快速选定了特定物理原理,或者更糟的是选定了特定硬件时。

简要地说,功能分解法有以下几项弱点:

- 有些产品比其他产品更适合使用功能分解和综合来表达和设计。如果产品包含了以特定功能排列的模块,该排列是指所有的物质流都按相同的路径流经产品,这样的产品最适合这种方法。例如复印机或胡椒碾磨器。某种物质流顺序通过的任何产品都非常适合于用功能结构进行描述。
- 功能结构是一个流程图,用流把该结构表示的产品所完成的不同分功能连接起来。在功能结构中,应用到流的每个功能作为功能块分别进行阐述,即使这种行为是在同一时间发生的。因此,功能结构黑箱图的顺序似乎意味着在时间顺序上、在描述设备的行为方面不一定准确。
- 在概念设计时使用功能结构法也是有弱点的,功能结构不是一个完整的概念设计,即使在完善功能结构后,仍然需要选择设备、机构或结构形式来完成功能。在德国技术文献中,也根本没有具体解决方案的详细目录。
- 设计者应及时地整合常见的功能块和流,否则功能分解就可能导致过多的零件和子系统。当这种方法太过于注重零部件而不是系统整体时,功能共享或利用新的行为就难了。
- 这种方法最后的劣势是所得的结果并不具有唯一性,这给想要得到可重复过程的研究人员带来了困扰。具有讽刺意味的是,许多经过这种方法训练的学生发现,由于需要在预先定义的范畴内表达功能,这种方法的限制性太强。

6.6 形态学方法

形态学分析是一种能够再现和探索多维问题所有联系的方法。形态学就是关于形状和形式的研究。形态学分析是一种创造新形式的方法，用形态学方法在科学领域进行枚举和分析最早可以追溯到18世纪。茨维基（Zwicky）将此方法发展成用来产生设计方案的技术[⊖]。在20世纪60年代中期，茨维基在一篇发表的论文中规范化了形态学方法应用到设计的过程，该论文在1969年被译成英文。

从一系列给定的零件中产生产品设计方案就是这样一个问题，有很多不同的零件组合都能满足同样的功能要求。检查每个备选设计是一个组合爆炸问题。但是会有人问：到底有多少伟大的设计因为设计者或者设计团队没有时间去探索而与它们失之交臂？形态学设计方法就是建立在能够帮助设计者发现新颖的、非常规的各个元素组合的策略之上的。形态学设计方法的成功应用，需要具有各种组件及其应用的广泛的知识，同时需要时间去检验它们。但也不大可能所有的设计团队都有充足的资源（时间和知识）去完整地搜索一个给定问题的设计空间，这就使得设计团队对形态学方法很感兴趣，这种方法在与其他方法相结合时显得尤为有用。

在第6.5节中讨论的那个设计的功能结构，就是一个通过检验已知部件的不同组合是否达到每个功能块的行为要求而产生设计选项的范例。当与功能分解相结合时，形态分析法对方案综合就显得非常有效率。这里提供的处理方案假设设计团队已经首先使用系统化设计方法对要设计的产品产生了一个精确的功能结构，现在需要生成一些可行性方案作进一步考虑。

6.6.1 形态学设计方法

形态学方法有助于构造以不同的零件综合完成相同功能的问题。通过获取零件目录，这个过程将变得更加简单。但是，这并不能取代团队中设计者之间的互动。在细化概念、交流和取得共识的过程中，团队至关重要。最好的方法就是让每个团队成员单独花几个小时去研究问题的子集，比如如何满足设计要求中的某个功能。形态学方法能够帮助团队将各成员的研究结果汇总到一个体系结构中，从而使整个团队能够共同处理这些信息。

一般形态学设计方法主要包括如下三个步骤：

1）将整个设计问题分解为简单的子问题。

2）提出每个子问题的设计方案。

3）系统化地将子问题的设计方案组合为不同的总体方案并进行评估。

形态学方法在机械设计中的应用始于功能分解，即将设计问题分解为详细的功能结构。下面以篮球返回设备的再设计作为例子来说明。功能结构本身就是一些小的设计问题或者子问题的描述，每个问题都是在较大的功能结构中找到替代功能块的解。如果每个子问题都被正确地解决了，那么这些子问题解的任何组合都能成为整体设计问题的合适答案。形态学表就是用来组织子问题解的工具。

一旦设计者或设计团队对问题有了准确的分解，他们就可以使用形态学分析方法了。这个过程始于一个形态学表（表6.7）。该表用来对子问题的解进行组织，表的列标题表示分解过程发现的每个子问题解的名称，行则表示相应子问题的解决方案。在表的每个单元填写对子问题解的描述性的语言或者简单的草图。形态学表格的列中的解决方案可能只有一个。这有两种可能的解释：设计团队可能做了基本假设，从而限制了子问题解决方案的可选范围；另一个原因可能是，已经给出了满意的物理实体，或是设计团队缺乏设计思路。我们称其为知识的局限性。

⊖ F. Zwicky, *The Morphological Method of Analysis and Consturction*, Courant Anniversary Volume, pp. 461-470, Interscience Publishers, New York, 1948.

表 6.7　**Shot-Buddy** 篮球返回系统的形态学表

子问题解决方案的概念				
引导运动中的篮球	改变篮球方向	感知投篮者的位置	引导篮球返回到装置输入口	旋转装置出口使之朝向投篮者
捕捉网	柔性材料板	投篮者穿戴的 RFID 标签	漏斗（网状或固体材料）	棘轮机构
铁丝骨架强化的塑料布	固体偏转板	运动传感器	一组轨道	无（依靠球的方向和重力）
手指形会聚式结构	成形泡沫	光学传感器	管网	凸轮机构
管道系统（部分开启或关闭）	桨柄	声学传感器	金属导轨（移动的或静止的）	齿轮轴

6.6.2　从形态学方法图表构思概念

形态学设计方法的下一步是将表 6.7 中列出的所有子问题的解组合起来得到所有总体的设计。一种可能的设计是将第一行中的每个子问题的解组合起来，另一种可能的设计则是随机从每一列中选择一个子问题的解，然后将其组合起来。从表格中产生的设计一定要检验其可行性，因为它可能是一个完全不可行的总体设计方案。建立形态学表的好处在于，它允许对很多可行的设计方案进行系统化的探索。

Shot-Buddy 的一种可能的篮球返回概念草图如图 6.9 所示。它是由表 6.7 所列出的每个标题下的第一个子问题的解所构成的。可以很容易理解这个概念是如何被改变的，其改变方式是通过使用其他类型的系统替换原来的概念来捕捉到投在网里面的篮球。当使用这一示例来展示的时候使用形态学方法的优势就变得比较清晰了。

表 6.7 只包含了篮球返回系统功能结构的 10 个功能块中的 5 个。尽管如此其所包含的可能组合集还是相当大的。如果使用同示例中所给出的 5 个功能块，那么就有 4 × 4 × 4 × 4 × 4 = 1024 种组合。很明显不可能对每种组合都进行详细的研究，有些构思明显不可行或者不切实际，需要注意的是不要太仓促地做出判断。另外，也应意识到有些构思可能能同时满足不止一个子问题。同样，有些子问题是相关的，而不是独立存在的。这就是说其解决方案必须与相关的子问题的解决方案一同来评估。

不要急于去评估设计方案。优秀的设计常常经过几次

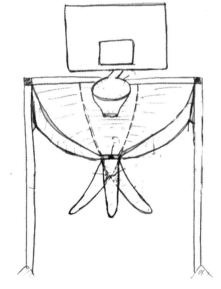

图 6.9　Shot-Buddy 概念的草图

迭代才逐渐演化而成，即组合形态学表中的子概念，并将其整合成一个整体的解决方案，这正是一个优秀团队的成功之处。

虽然在该阶段设计概念非常抽象，但通常使用一些草图还是很有帮助的，草图帮助我们把功能与形式相联系，草图有助于利用短期记忆来组合各部分设计。再者，设计日志中的草图是专利申请时记录产品开发过程的一种非常好的方法。

6.7　TRIZ：发明问题解决理论

发明问题解决理论（Theory of Inventive Problem Solving，TIPS），俄语首字母缩写为 TRIZ[一]，是专门用于为科学和工程问题提供创新解的问题求解方法。俄国发明家根里奇·阿奇舒勒（Genrich Altshuller），于 20 世纪 40 年代后期到 50 年代提出了这套理论。第二次世界大战以后，阿奇舒勒在苏联海军从事设计研究工作。他确信他可以提高工程师们的创造性，他开始深入研究综摄法，但并没有对此方法留下深刻印象。所以在 1946 年，阿奇舒勒开始了创立发明科学的新工作[二]。阿奇舒勒和他的几个同事开始研究作者证书，相当于苏联的专利证书。TRIZ 是基于这样一个前提，也就是通过研究发明专利得到的解决原理能够被编码，并应用到与之相关的设计问题中，然后产生创新解。阿奇舒勒和他的同事们构想出产生设计创造性解的方法学，并于 1956 年发表了关于 TRIZ 的第一篇论文。

为产生设计创新解，TRIZ 给出了以下四个不同的策略：

1）提高产品或者系统的理想度。

2）确定产品在进化到理想状态过程中的定位，强制推动下一步设计。

3）确定产品中关键的物理或技术矛盾，用创新原理修改设计来克服这些矛盾。

4）用物场分析建立一个产品或者系统的模型，并进行备选方案的完善。

阿奇舒勒提出了一种用于创造发明问题解决方法的步骤性流程，并将其称之为 ARIZ。

鉴于篇幅的考虑，在此只介绍冲突原理，并对 ARIZ 做简要介绍。这只是 TRIZ 的入门，它能对设计中的创新性和该领域的进一步研究起到重要的促进作用。注意，在本节中，按照 TRIZ 的习惯用法，用系统这个词指代被发明或者改进的产品、设备或者人工制品。

6.7.1　发明：提高理想度进化法则

阿奇舒勒对发明的检查使其发现系统存在他称之为理想度水平的良好性能，当为提高一个产品或系统的属性而进行改进时，发明就产生了。阿奇舒勒将理想度表示成数学公式，定义其为一个系统的有利因素和有害因素之比。像任何比值一样，当有害因素逐渐降低趋近于 0 时，理想度则将趋近于无穷大。

提高系统的理想度是 TRIZ 设计中一个策略。简单地说，为了提高系统的理想度，给出如下六个具体的设计建议：

1）剔除附属功能（通过合并或者减少某些附属功能需要）。

2）剔除现有系统中的元件（如子系统或零件等）。

3）确定自服务的功能（例如，通过寻找系统中能够满足另一必需功能的现有可变单元或系统来实现功能共享）。

4）替换系统中的元件或零件。

5）改变系统运行的基本原理。

6）使用系统和周围环境的资源。

为了提高理想度，TRIZ 所使用的策略比简单地遵循上面六个原则要复杂得多，但是本书的

[一]　TRIZ 是俄文 Teoriya Resheniya Izobreatatelskikh Zadatch 的首字母缩写。

[二]　K. Gadd, *TRIZ for Engineers：Enabling Inventive Problem Solving*, John Wiley & Sons, Incorporated, 2011；M. A. Orloff, *Inventive Thought Through TRIZ*, 2nd ed. , Springer, New York, 2006；L. Shulyak, ed. , *The Innovation Algorithm*, Technical Innovation Center, Inc. , Worchester, MA, 2000.

范围限制了内容的进一步介绍。

专利研究使得阿奇舒勒和他的同事们发现了另一种发明创新的策略。他们观察到工程系统长期以来的改进都是为了达到提高理想度的要求。系统的历史表明设计革新是具有连续性的。此外，驱使产品进入下一步的创新策略是很复杂的。TRIZ 中的再设计形式如下：

- 沿着提高动态性和可控性方向进化。
- 沿着由复杂系统到合并的简单系统进化。
- 沿着匹配的和不匹配的零件进化。
- 沿着微观级和增加应用领域进化（实现更多功能）。
- 沿着减少人工参与的方向进化。

阿奇舒勒相信，发明者可以利用上述建议其中之一来对现有系统进行有创造性的改进，从而使发明者具有竞争优势。

这些产生设计创新性的策略遵循阿奇舒勒提出的 TRIZ 创新理论。需要注意的是，通过研究发明而发展得到的指导原则与在一般问题求解过程中提高创新性的指导原则是类似的。和很多设计理论一样，TRIZ 已被示范但并没有得到证明。然而，这一理论背后的原理是明确的，给出了产生创意设计解的指导原则。

6.7.2 解决矛盾的创新

建立一个规范化和系统化设计方法，仅仅有源于经验的指导原则是很不够的。通过对获得作者证书的发明的持续检验，阿奇舒勒研究小组发现，在现有的设计系统中由发明者提出的系统变化类型是有差别的。这些变化类型即解决方案可以分为五级非常具体的发明水平。下面列出了各个创新级别并描述了它们各自的比例。

1 级（32%）：在系统技术领域，用熟知的方法得到的常规设计方案。

2 级（45%）：以行为方面的某些让步为代价，通过熟知的方法对现有的系统进行少量的改进。

3 级（18%）：利用相同的领域知识对现有系统做具有实质性的改进，解决基本行为的不足。这种改进主要是增加部件或者子系统。

4 级（4%）：基于应用新的科学原理来减少基本性能不足的设计方案，这种发明能够引起科技领域中范式的变化。

5 级（1% 或者更少）：基于科学和技术新发现的全新发明。

在 95% 的案例中，发明者通过应用与现有系统相同的技术领域知识来得到新设计。用更具创新性的设计方案改进了已被接受的原有系统的缺陷。有 4% 的发明是在该领域中运用新的知识来改进原有系统的缺陷。这些案例被称之为技术外的发明，且经常能够给一个产业带来革命性的变化。例如集成电路的发展代替了晶体管。另一个例子是在录音领域引入了数字技术，从而导致了光盘（CD）的出现。

在适当的技术领域中，坚持不懈地应用好的工程实践已使得设计师能够创新出 1 级和 2 级的发明。相反，驱动 5 级发明的先驱性科学的发现，在本质上是偶然的，不能用常规的方法实现。因此，阿奇舒勒把注意力集中在分析 3 级和 4 级的发明上，试图提出一种提高创造性的设计方法。

阿奇舒勒在他查看最初的 20 万份苏联作者证书样本中发现有大约 4 万份 3 级和 4 级发明。这些发明都是利用系统中存在的基本技术矛盾并对其进行了改进。这种情况存在于当系统中有两种重要的相关属性，一种属性的提升意味着另一种属性降低的时候。例如，在飞机设计中，就存在这样一对技术矛盾：即需要权衡是要加大机身厚度来提高防撞性还是要减轻机身重量。这些技术矛盾会导致系统内部产生设计问题，这些问题不能单独用某个优秀的工程实践来提出解决方案。在性能上做出让步通常是使用常规设计方法能取得的最好方案。若由发明家为这些问题提出的再设计真正具有创新性，那么就意味着这些方案解决了因应用传统科学技术而产生的基本矛盾。

和其他设计方法一样，把一个设计问题转化为通用术语是很有用的，这样设计师在寻找解决方案时就不会受到限制。TRIZ 需要一种用通用术语描述技术矛盾的方法。在 TRIZ 中，技术矛盾以中性解的形式、通过定义冲突的工程参数来表达关键技术问题，TRIZ 用 39 个工程参数（表 6.8）来描述系统的矛盾。

表 6.8 中的参数一目了然、内容广泛。这些术语看似普通，但它们却能用来准确地描述设计问题[⊖]。考虑飞机的例子，防撞性和轻质就是相互竞争的目标。增加机身材料的厚度会提高机身的强度，但同时也会对机身重量带来负面影响。在 TRIZ 的这些术语中，这种情况对应的技术矛盾是提高强度（参数 14）以增加运动物体的重量（参数 1）为代价。

表 6.8　TRIZ 中 39 个工程参数

TRIZ 中用于表示矛盾的工程参数		
1. 运动物体的重量	14. 强度	27. 可靠性
2. 不动物体的重量	15. 运动物体耐久性	28. 测量精度
3. 运动物体的长度	16. 不动物体耐久性	29. 制造精度
4. 不动物体的长度	17. 温度	30. 作用于物体的有害因素
5. 运动物体的面积	18. 亮度	31. 有害的负作用
6. 不动物体的面积	19. 运动物体的能耗	32. 可制造性
7. 运动物体的体积	20. 不动物体的能耗	33. 使用方便性
8. 不动物体的体积	21. 功率	34. 可维修性
9. 速度	22. 能量损失	35. 适应性
10. 力	23. 物质损失	36. 装置的复杂性
11. 张力，压力	24. 信息损失	37. 控制的复杂性
12. 形状	25. 时间损失	38. 自动化程度
13. 物体的稳定性	26. 物质的量	39. 生产率

6.7.3　TRIZ 创新原理

TRIZ 是基于这样一个想法，发明者清楚地知道设计问题中的技术矛盾，并能够用针对该问题的一种新的思路来克服这些矛盾。阿奇舒勒的小组研究了那些克服技术矛盾的发明，确定了每一案例的解决原理，并把它们归纳为 40 条独有的方案思路，即 TRIZ 理论的 40 条创新原理，见表 6.9。

创新原理表中的几个原理，如组合原理（第 5 个）和不对称原理（第 4 个），与有些增强创造性方法的提示类似，如 SCAMPER 检核表，这是不言自明的。其中还有一些原理是非常具体的，如第 29 个、第 30 个和第 35 个。其他原理，如曲面化原理（第 14 个），在使用之前需要更

⊖　关于 TRIZ 参数的切实描述请参考文献：Ellen Domb, Joe Miller, Ellen MacGran, and Michael Slocum," The 39 Features of Altshuller's Contradiction Matirx." The TRIZ Journal, http：//www.triz-journal.com, November, 1998.

多的说明[⊖]。表 6.9 中列出的许多创新原理阿奇舒勒都赋予了特定含义。

表 6.9　TRIZ 中 40 个创新原理

TRIZ 的创新原理			
1. 分割原理	11. 预先防犯原理	21. 快速跃过原理	31. 多孔材料原理
2. 抽取原理	12. 等势原理	22. 变害为益原理	32. 颜色改变原理
3. 局部质量原理	13. 反作用原理	23. 反馈原理	33. 均质性原理
4. 不对称原理	14. 曲面化原理	24. 中介物原理	34. 摒弃和再生原理
5. 组合原理	15. 动态性原理	25. 自服务原理	35. 物理或化学参数改变原理
6. 多用性原理	16. 不足或过量原理	26. 复制原理	36. 相变原理
7. 嵌套原理	17. 维度变化原理	27. 廉价替代物原理	37. 热膨胀原理
8. 重量平衡原理	18. 机械振动原理	28. 机械系统替代原理	38. 强氧化原理
9. 预先反作用原理	19. 周期性作用原理	29. 气压和液压使用原理	39. 惰性环境原理
10. 预先作用原理	20. 有效作用的连续性原理	30. 柔性壳体或薄膜原理	40. 复合材料原则

下面对五个使用频率最高的 TRIZ 创新原理做较详细的举例说明。

原理 1：分割原理。

a. 把一个物体分成几个互相独立的部分。

- 用个人计算机代替大型计算机。
- 用一个货车和拖车代替大货车。
- 对大的项目使用工作分解结构。

b. 使物体易于拆卸。

c. 提高分割和划分的程度。

- 用威尼斯百叶窗代替实木栅。
- 用粉末焊金属代替箔或者焊条来获得更好的焊点穿透性。

原理 2：抽取原理——从物体中去除干涉的零件或特性，或单独挑出必要的部分或特性。

a. 在使用空气的建筑物外安装有噪声的压缩机。

b. 用狗叫的声音（而不是真的狗）作为盗窃警报。

原理 10：预先作用原理。

a. 在需要（全部或者部分的）改变之前预先改变。

- 带胶的墙纸。
- 在一个密封的托盘中对所有手术会用到的器材进行消毒。

b. 提前安排物体的位置使得它们能够在最方便的位置进行处理而不浪费运送时间。

- 一个准时制工厂的看板（Kanban）安排。
- 柔性制造单元。

原理 28：机械系统替代原理。

a. 用传感（光学、声学、味觉和嗅觉）代替机械系统。

- 用声学上的笼子代替物理意义上的笼子来限制狗或猫的活动（动物可听到的信号）。
- 在天然气里添加一种难闻的化合物来警示泄漏，而不是用机械的或电子的传感器。

b. 用电场、磁场或者电磁场与物体相互作用。

c. 从静止场到运动场或者从非结构场到结构场的变化。

⊖　第 14 条原理，曲面化原理，是指用曲线或曲面代替直边元素，使用滚动的元素，考虑旋转运动或旋转力。

原理 35：转变特性。

a. 改变一个物体的物理状态（例如变为气态、液态或者固态）。

- 在糖果外层工艺前冻结中心部位的液体。
- 运送液态的氧气、氮气或者天然气，而不是气态，以减少体积。

b. 改变密度或者黏稠度。

c. 改变柔度。

d. 改变温度。

TRIZ 的 40 个创新原理有十分显著的广泛应用。然而要完全理解它们还需要做大量的研究。要想查看全部 40 个创新原理，可以查阅参考书[一]或登录 TRIZ 期刊网站，其上给出了 TRIZ 创新原理的解释和例子[二]。TRIZ 期刊也列出了适用于非工程领域的原理，例如商业、建筑、食品技术和微电子技术等。

6.7.4 TRIZ 矛盾矩阵

TRIZ 就是对设计任务进行重新构造的过程，这样就可以识别出主要矛盾，并应用恰当的发明原理来解决这些矛盾。TRIZ 使设计师把设计问题表达为系统内独立的技术矛盾。典型的冲突有：可靠性与复杂性、生产率与精度以及强度与韧性。通过查询以前的发明文件，TRIZ 就可以提供一个或多个过去已经成功解决该矛盾的发明原理。TRIZ 矛盾矩阵是选出正确的发明原理，并用它来找到解决矛盾的创新方法的重要工具。该矩阵是 39 阶的方阵，包含约 1250 个典型的系统矛盾，用较低的数量表达了工程系统的多样性。

TRIZ 矛盾矩阵指导设计师使用最有效的发明原理。可以回顾一下，一个技术矛盾是这样产生的：当改进系统的某个期望参数时，就会导致另一个参数恶化。所以为找到设计解，第一步就是推敲问题的陈述以揭示矛盾。在此情形下，要改进的参数就能确定下来，同时被削弱的参数也能确定下来。矛盾矩阵的行和列从 1 ~ 39 的编号与工程参数对应。显然，矩阵对角线为空白的。为解决参数 i 的改善与以参数 j 的恶化为代价的矛盾，设计师可以定位到第 i 行和第 j 列的矩阵单元。该单元中包括了其他发明家以前解决该矛盾所使用的一个或多个发明原理。

TRIZ 矛盾矩阵的参数 1 ~ 10 的矩阵表见表 6.10。交互式的 TRIZ 矛盾矩阵刊登在网站 http：//triz40.com，在此感谢 TRIZ 期刊的 Ellen Domb 和 SolidCreativity 出版社。

例 6.1 原先用气动的金属管道传送塑料颗粒[三]，现因工艺需要把塑料颗粒改为金属粉末。金属粉末需以较高的速率传送到管道末端，需要在不增加太多成本的前提下对传送系统进行改造。当金属粉末在 90°的弯管处转弯时，硬的金属粉末将引起管道内壁的腐蚀，如图 6.10 所示。

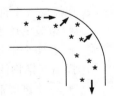

这个问题的传统解决方法包括：①使用耐磨的、表面硬度高的合金来增强弯管处内壁；②重新设计管道使其易损部分可以很容易地更换；③重新设计弯管形状以缓解或消除撞击情况。然而所有的这些方案都需要很大的额外成本。应用 TRIZ 可以找到一个更加有效且具有创意的解决方案。

图 6.10　金属粉末冲击管道弯曲处

弯道在系统中所起的作用是改变金属粉末流动方向。然而，还要在增加金属粉末通过系统

⊖　Genrich Altshuller with Dana W. Clarke, Sr., Lev Shulyak, and Leonoid Lerner, "40 Principles Extended Edition," published by Technical Innovation Center, Worcester, MA, 2006. Or online at www. triz. org.

⊜　"TRIZ 40 Principles", www. TRIZ40. com, Solid Creativity, 2004. accessed November 10, 2011.

⊜　Example adapted from J. Terninko, A. Zusman, B. Zlotin, "Step-by-Step TRIZ", Nottingham, NH, 1997.

的流动速度的同时降低能耗。为了把设计表述成用 TRIZ 矛盾陈述的一系列更小的设计问题，必须明确设计改进中的工程参数。在此有两个必须改善的参数：必须提高管道系统中金属粉末的速度，以及改进系统中的能耗，即减少所需能量。

表 6.10 部分 TRIZ 矛盾矩阵（参数 1~10）

TRIZ 矛盾矩阵 工程参数从 1~10		恶化的工程参数									
		运动物体的重量	不动物体的重量	运动物体的长度	不动物体的长度	运动物体的面积	不动物体的面积	运动物体的体积	不动物体的体积	速度	力（强度）
		1	2	3	4	5	6	7	8	9	10
改进的工程参数	1 运动物体的重量	+	−	15, 8, 29, 34	−	29, 17, 38, 34	−	29, 2, 40, 28	−	2, 8, 15, 38	8, 10, 18, 37
	2 不动物体的重量	−	+		10, 1, 29, 35		35, 30, 13, 2		5, 35, 14, 2		8, 10, 19, 35
	3 运动物体的长度	8, 15, 29, 34	−	+	−	15, 17, 4		7, 17, 4, 35		13, 4, 8	17, 10, 4
	4 不动物体的长度		35, 28, 40, 29	−	+	−	17, 7, 10, 40	−	35, 8, 2, 14	−	28, 10
	5 运动物体的面积	2, 17, 29, 4	−	14, 15, 18, 4	−	+		7, 14, 17, 4		29, 30, 4, 34	19, 30, 35, 2
	6 不动物体的面积		30, 2, 14, 18	−	26, 7, 9, 39	−	+	−		−	1, 18, 35, 36
	7 运动物体的体积	2, 26, 29, 40	−	1, 7, 4, 35	−	1, 7, 4, 17	−	+	−	29, 4, 38, 34	15, 35, 36, 37
	8 不动物体的体积	−	35, 10, 19, 14	19, 14	35, 8, 2, 14	−	−	−	+	−	2, 18, 37
	9 速度	2, 28, 13, 38	−	13, 14, 8	−	29, 30, 34	−	7, 29, 34	−	+	13, 28, 15, 19
	10 力（强度）	8, 1, 37, 18	18, 13, 1, 28	17, 19, 9, 36	28, 10	19, 10, 15	1, 18, 36, 27	15, 9, 12, 37	2, 36, 18, 37	13, 28, 15, 12	+

考虑增加金属粉末速度（参数编号 9）的设计目标。必须要对系统进行核查，以确定由于增加速度而降低的工程参数。通过查询 TRIZ 矛盾矩阵，就确定了发明原理。如果考虑增加金属粉末速度的设计，就要预想系统中的其他参数要降低，或者受到的其他不利影响。例如，增加速度就会增加金属粉末撞击弯管处内壁的力，腐蚀就会加重。提高的参数和其他降低的参数见表 6.11，在表中还包括了每一对矛盾参数所对应的发明原理。例如，要提高速度（9）而不希望增加力（10），可应用原理 13、15、19 和 28。

表 6.11 提高金属粉末速度的技术矛盾和消除矛盾的原理

提高速度（9）所降低的参数	参数编号	消除矛盾所用的原理
力	10	13, 15, 19, 28
耐久性	15	8, 3, 14, 26
物质损失	23	10, 13, 28, 38
物质的量	26	10, 19, 29, 38

接下来最直接的办法就是研究每一个发明原理及其应用范例，对所设计的系统，尝试使用相似的设计变更。

方案1：原理13，反作用原理，需要设计师以逆向或反向来研究问题。在本问题中，应该考虑金属粉末的下一步工艺，看一看什么解决方案可以直接把下一工艺所用的金属粉末送到指定位置。可以通过去除任何改变金属粉末流向的需求来消除矛盾。

方案2：原理15，动态性原理，建议：①允许物体特征变化使其对工艺更有益处；②使刚性或者非柔性物体可以运动或者适应。运用这一原理可以重新设计弯管处，使其壁厚更厚，这样内部表面受到侵蚀不会减弱弯管处的结构强度。另外一个方法可以使弯管区域具有弹性，把金属粒子的部分撞击能量转化为变形而不是腐蚀。也会有其他可能的解释。

使用 TRIZ 的另一个策略是，当交叉查看所有降低工程参数时能够确定哪些原理最为常用。根据所建议的发明原理的频数统计显示，有四个发明原理在提出的再设计策略中出现了两次，它们是：原理10——预先作用原理，原理19——周期性作用原理，原理28——机械系统替代原理，原理38——强氧化原理。

方案思路：

原理——28，机械系统替代原理的完整描述。

a. 用光学、声学或者味觉系统代替机械系统。

b. 采用电场、磁场或电磁场与对象交互。

c. 场的替代。例如，①从固定场到旋转场；②从稳定场到时变场；③从随机场到有组织的场。

d. 将场和铁磁离子组合使用。

原理28（b）建议在弯管处放一个磁铁，吸引并保持住一薄层粉末，这样可以起到吸收粒子通过90°弯角能量的作用，从而阻止对弯管内壁的侵蚀。但只有在金属粉末具有铁磁性时，它们才会被吸附到管壁上，这一方案才有效。

金属粉末通过管道输送系统改进的例子看起来简单。使用 TRIZ 矛盾矩阵产生三个不同的备选方案，采用非常规方法来消除陈述设计问题时的一对技术矛盾。本章的后面还要针对一个实际例子继续讨论设计解的产生过程。现在，TRIZ 的魅力和实施已经很清楚了，而且展示了矛盾矩阵的使用。

矛盾矩阵的作用是非常强大的，但它仅仅是使用 TRIZ 产生创新解的策略之一。ARIZ 是产生发明解的更完整、系统化的过程。ARIZ 是解决发明问题的算法的俄文首字母缩写。像帕尔和拜茨的系统化方法一样，ARIZ 算法是多阶段的，非常规范，用法精确，它应用了 TRIZ 的所有策略。有兴趣的读者可以在许多文献中找到该算法更为详细的说明，如阿奇舒勒的著作[○]。

6.7.5　TRIZ 的优缺点

TRIZ 提出了基于创新理论的一套完整的设计方法、描述设计问题的流程，以及解决设计问题的几个策略。阿奇舒勒的目的是使 TRIZ 在帮助设计师获得接近于理想的解决方案时，有一套系统化的理论。他同时也希望 TRIZ 具有可重复性且可靠，而不像其他提高设计创造力的方法（例如头脑风暴法）。

1. TRIZ 的优点

在学术界之外，TRIZ 设计方法广受欢迎，远胜于其他技术设计的方法。部分原因是 TRIZ 原

○　G. Altshuller, *The Innovation Algorithm*, L. Shulyak and S. Rodman（translators）, Technical Innovation Center, Inc., Worcester, MA, 2000.

理的应用和专利之间的联系。

- TRIZ 的核心原理是基于被认证为发明的设计，这些发明通过了发明者所属国家的专利系统的认证。
- TRIZ 的开发者仍然在最初 20 万个发明的基础上不断地扩大发明设计数据库。
- 潜心于 TRIZ 的用户团体（包括阿奇舒勒的学生们）一直在努力地扩展发明原理范例的范围，使得 TRIZ 范例能与时俱进。

2. TRIZ 的缺点

与其他的设计方法一样，TRIZ 也有缺点，主要是它同样依赖于设计师的理解，这些缺点包括：

- 创新原理是受到设计师理解所影响的指导原则。
- 设计原理在特殊的设计领域中的应用过于笼统，尤其是一些新兴的领域，比如纳米领域。
- 对于给定问题，即使有了相同技术领域应用的发明原理范例，设计师也必须自己提出类似的设计问题的解。因此人们就会质疑 TRIZ 原理应用的可重复性。
- 对于 TRIZ 概念的解释存在很多差异。例如，在 TRIZ 的一些处理中也描述了可以用来消除纯物理矛盾的四个分离原理的独立集。分离原理中的两个原理引导创新者在空间或时间上考虑分离出系统中存在冲突的元素。其余的两个分离原理则更加含糊。但有些 TRIZ 研究工作得出的结论却是，分离原理包含在发明原理中，所以它们也是多余的，可以不用提及。
- TRIZ 的有些方面缺乏直观性，很少有应用实例，或被过度忽视了。为了更好地理解和得到解决方案，TRIZ 可以使用图形化的方法来表示技术系统。这个策略被称为物-场分析（Su-Field Analysis）。阿奇舒勒创立了 72 个用物-场分析转化图表示的标准解。

本节内容介绍了 TRIZ 这一复杂设计方法及支撑该方法的基本原理。TRIZ 的矛盾矩阵和发明原理代表的是一种在工程界富有吸引力并将会变得越来越重要的设计方法理论。

6.8　本章小结

工程设计的成功需要有产生方案的能力，这种如何实现功能的能力应该是广泛的，但是是可能的。这要求设计团队的每个成员都应接受培训，并且愿意使用所有的工具。在解释该议题时，讨论了处理这些任务的态度和创新技能。

对创新性的最新研究表明，在寻找问题的创造性解决方案时，所有人都会自然地表现出基本的智力能力，这当然也包括设计问题。已经提出的许多方法，可以帮助一个或更多的设计师来寻找任何问题的创造性解决方案。设计师一定要开明地应用工作中呈现的各种方法。创造性思维的四阶段模型是：准备、酝酿、灵感和验证。进行创造性思维有很多障碍，包括正常思维过程中不同类型的障碍，也有一些技术来帮助人们冲破心理障碍。有些方法似乎遥不可及，如使用 SCAMPER 技术和幻想类比法，提出一系列普通问题，将随机想法融入设计概念中。然而，这些方法是有用的，可以用来增加高质量设计解决方案的数量，同时更少地将设计概念形式化。引入了充满备选方案的设计空间的这一概念，并将其视为概念设计问题的元模型。

本章介绍了几个产生概念设计方案的特定方法。每个方法具有一系列的步骤，这些步骤充分利用了在创造性问题求解方面的很有效果的一些技术。例如，综摄法是一个有目的查找各种类比的过程，每当设计师提供备选解决方案的原理时，都可以使用综摄法。

本章介绍了设计的三种正规的方法。正如使用物理分解法可适用于现有设计的生成一样，系统设计的功能分解过程也适用于预期行为。用标准功能和流的术语建立起来的功能结构可作为生成设计解决方案的模板。形态分析是一种与分解结构（如功能结构中提到的那样）配合很好的行之有效的方法，可用来指导设计师确定可以组合为备选设计概念的子问题解。如今，TRIZ 是最被认可并获得商业成功的设计方法之一。TRIZ 是从专利中萃取的创新设计方法，并由阿奇舒勒推广到发明原理中。对于设计创新，TRIZ 最流行的工具是矛盾矩阵。

新术语和概念

公理设计	功能分解	心理障碍
仿生学	功能结构	形态分析
概念图	衍生式设计	综摄法
创造性认知	智性障碍	技术矛盾
设计定制	横向思维	TRIZ
设计空间		

参 考 文 献

创造性

De Bono, E.: *Serious Creativity,* HarperCollins, New York, 1992.
Lumsdaine, E., and M. Lumsdaine: *Creative Problem Solving,* McGraw-Hill, New York, 1995.
Weisberg, R. W.: *Creativity: Beyond the Myth of Genius,* W. H. Freeman, New York, 1993.

概念设计方法

Cross, N: *Engineering Design Methods,* 3d ed., John & Sons Wiley, Hoboken, NJ, 2001.
French, M. J.: *Conceptual Design for Engineers,* Springer-Verlag, New York, 1985.
Orloff, M. A., *Inventive Thought through TRIZ,* 2d ed., Springer, New York, 2006.
Otto, K. N., and K. L. Wood: *Product Design: Techniques in Reverse Engineering and New Product Development,* Prentice Hall, Upper Saddle River, NJ, 2001.
Suh, N. P.: *The Principles of Design,* Oxford University Press, New York, 1990.
Ullman, D. G.: *The Mechanical Design Process,* 4th ed., McGraw-Hill, New York, 2010.
Ulrich, K. T., and S. D. Eppinger: *Product Design and Development,* 5th ed., McGraw-Hill, New York, 2011.

问题与练习

6.1 上网登录个人用品网页，随机从商品清单中选取两个产品，并把它们合并成一个有用的创新设计。对其关键功能进行描述。

6.2 在创新过程中消除障碍的一种技术就是用转换规则（通常以问题的形式）来处理现有的但不满意的解决方案。应用关键技术解决下面的问题：作为一名城市设计师，请你提出建议来解决人行道的积水问题。由当前的解决方案开始：等待积水蒸发。

6.3 通过一个团队的头脑风暴练习来创立一个追踪你的进展的概念图。向与会人员展示该图并记录他们的意见。

6.4 中心发电厂的操作员在考虑将现有燃料换成煤时发现，他们的设施周围缺少能够存放大量煤堆的空地。组织一个头脑风暴会来提出存放煤的新方法。

6.5 分析一个小装置并建立物理分解图；写一个附图说明来解释产品是如何工作的。

6.6 使用本章提供的功能基本术语，为问题 6.5 中被选定的装置建立合理的功能结构。

6.7 创建洗碗机的功能结构。

6.8 用形态箱（一个三维形态图表）的思想开发一款个人交通工具的新方案。以动力源、交通工具的工作介质和乘客的乘载方式为三个主要因素（立方体的轴线）。

6.9 草绘并标注你最喜欢的自动铅笔的爆炸分解图，为它创立一个功能结构，并使用功能结构来开发新的设计。

6.10 使用表 6.7 中子问题解决概念设计的形态学图表，生成两个新的篮球返回装置的设计概念；草绘并标注你的思路。

6.11 建立一个自动铅笔的形态学图表。

6.12 研究一下阿奇舒勒的个人历史，撰写一份关于他生平的简短报告。

6.13 在例6.1中，金属粉末通过弯管来输送。要改善的第二工程参数编号为19，使用 TRIZ 的矛盾矩阵来确定发明原理，形成问题的新方案。

第 7 章　决策和概念选择

7.1　引言

　　一些作者将工程设计过程描述为一系列在信息不充分条件下所进行的决策。当然，要做出明智的决策，体现获取信息以及把物理原理和工作原理结合的能力的创造性是很重要的。对做出明智决策同样重要的还有，心理学因素对于决策者的影响，做出不同选择时其内在的权衡本质，以及备选概念中内在的不确定性。就像对设计者那样对商业主管、外科医生和军事指挥官来说，理解明智决策背后的原理的需求都是同等重要的。

　　图 7.1 把概念的产生和选择过程描绘成一系列发散和收敛的过程。首先，将网络展开得尽可能宽泛以获取关于设计问题的所有的客户和工业信息，随后归结为产品设计说明书（PDS）。接下来，通过使用已收集的充足信息和激发创造性的方法，借助诸如功能结构分析和 TRIZ 等系统设计方法，用发散性思维清晰地表达出一组设计概念。设计概念在较高层次经过评估后，开始使用收敛思维。通常，设计团队通过新的概念组合和改造等方式产生新的概念——一种发散性步骤。针对评价概念可接受度标准，对这些概念进行再次评估。通过扩大可能的概念范围和排除明显不好的概念的步骤，直至留下一小组概念。

　　连续进行产生和选择概念的循环（图 7.1），如果在产生和排除概念时有适当的设计说明作为评判标准，将会产生一组改进的概念。如何产生适当的设计评价标准已在第 3 章中详述。产品或系统的设计选择标准是质量屋所产生的工程特征，这些工程特征是最重要的设计变量，其值不由约束决定。额外的设计选择标准可能源于随设计推进法规变化或市场竞争的不断要求对过程主管的咨询意见。

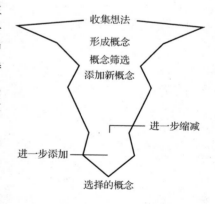

图 7.1　概念产生和选择，
交替的发散与收敛过程

　　在设计过程的任一阶段，从设计备选方案中做出选择需要：①一组设计选择标准；②一组被认为能满足设计标准的备选方案；③针对每个标准评估设计备选方案的方法。前面的章节提出了设定设计需求规格说明和设计标准的策略和方法。本章聚焦于设计策略的确定，使其同时适用于设计环境和设计过程的各个阶段，产生基于决策标准评估设计备选方案的模型；通过评估使备选方案减少至一个或几个最佳方案。使用这些方法，设计者或其团队产生一组好的设计备选方案后可以选定一个方案进入实体设计阶段。

　　本章所描述的评估、建模和决策方法首先用于在概念设计阶段选择备选方案。对于工程设计中任何阶段需要从备选方案中做决策的情况，本章的方法同样适用。它们的区别在于评估所需要的信息量，性能模型的细节和精确度，以及设计备选方案的细节。随着设计过程的推进，设计细节的数量不断增加。

7.2   决策

决策理论来源于很多不同的学科，包括纯数学、经济学（宏观的和微观的）、心理学（认知和行为）、概率和其他学科，例如，运筹学对决策理论的贡献。第二次世界大战时期，英国和美国的物理学家、数学家和工程设计师们一起运用技术才智，对军事行动中的问题[一]提出了创造性的解决方案，这就是运筹学的起源。这些想法中关于决策的部分将会在本章的第一部分予以论述。

下面将讨论备选方案的评价和选择的方法。如图 7.2 所示，经过这些步骤将完成设计过程中的概念设计阶段。

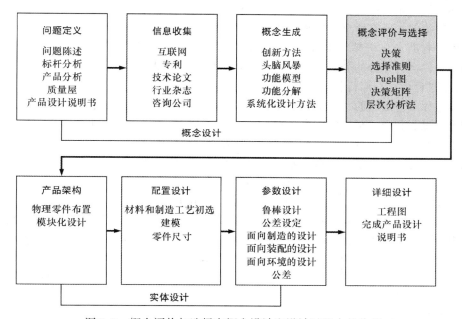

图 7.2   概念评价与选择在概念设计和设计过程中的位置

7.2.1   决策中的行为方面

行为心理学提供了对个人和团队承担风险的影响的理解[二]。对于大多数人来说，做决策是很有压力的，因为没有办法确定过去和预测未来信息。这种心理上的压力至少来源于两个方面[三]：第一，决策者总是关心可能由于选择的行为所引起的物质和社会损失；第二，作为优秀的决策者，决策者会意识到他们的名誉和自尊可能会受到威胁。同时由决策冲突所引起的严重的心理压力是造成决策失误的一个很重要的原因。人们在面对决策挑战时有以下五个最基本的形式。

1）非冲突的坚持。决定继续当前的行为并忽视关于损失的风险的信息。

2）非冲突的变动。采取不加鉴别的方式强烈推荐某个行动。

3）防御性规避。避免冲突的方式包括拖延、把责任转移给别人、对正确信息视而不见。

[一]   一个典型的问题是如何布置舰队中的舰船以最大程度地避免被潜艇击沉。

[二]   R. L. Keeney, *Value-Focused Thinking*, Harvard University Press, Cambridge, MA, 1992.

[三]   I. L. Janis and L. Mann, *Am. Scientist*, November-December 1976, pp. 657-667.

4）过度警觉。狂热地寻求一种直接解答问题的方法。

5）保持警惕性。在决策做出之前，努力搜寻并正确吸收相应信息，仔细地评价信息。

除最后一条之外，以上这些做出决策的方式都是有缺陷的。

决策的做出以已有事实为基础。应该尽力评估可能出现的偏见和事实的相关性。瞄准问题进行正确提问是十分重要的。重点是要避免对错误的提问得到正确的答案。当从下属那里获得事实时，防止对不利结果的选择性审查是重要的。切记，完全相同的一组事实可能有多于一个的解释。当然，资深专家的解释要尊重，但盲目听信专家的意见也会产生麻烦。

必须仔细地斟酌事实以便提炼出真正的含义：知识。在缺乏真正的知识时，我们必须寻求建议。将自己的观点和经验丰富的同事的观点进行相互核对是个好方法。有句格言说得好，经验不可替代，但是经验不必是你自己的经验。你应该努力从其他人的成功和失败中获益。遗憾的是，失败总是很少被记录和广泛报道。同时一个团队也不愿意对经验库进行适当的记录和归档。

在做出决策前，所有的事实、知识和经验都必须收集完备，并根据问题的情况进行评估。以前的经验将会有助于分析其与本次情况之间的不同点，从前的例子会起到一定的指导性作用。如果时间不允许进行充分的分析，决策将会依赖直觉，即未来可能正确的本能感觉（据理的猜测）。在评估过程中，与同行和同事的讨论是一个重要的帮助。

在决策过程中，最后的、也是最重要的要素是判断。好的判断是无法描述的，但它是一个人最基本的思维过程和道德标准的综合。判断是一种很高的能力，事实证明，它通常是包含在个人评价体系中的因素之一。判断是尤其重要的，因为大多数的评价情况是处于灰色地带的，而不是纯的黑或者白，好的判断的一个重要方面是能清晰地理解情况的现实性。

一个决策通常会导致一个行为，需要采取行为的情形可以有四种[一]：应该的、实际的、必需的、愿望的。"应该的"行为是指如果没有障碍来阻止行为发生，就应当做的行为。如果要达到组织目标，"应该的"就是所期待的执行标准。"应该的"与"实际的"相比较，"实际的"行为执行的是目前时间点正在发生的行为。"必需的"行为是行为可接受与否的分界线，是不可能折中的要求。"愿望的"行为是一个可以协商和谈判的要求。"愿望的"行为一般要排序和权衡，以给出优先顺序。虽然它不会给出绝对的限制，但是却会表达相对愿望。

为了总结决策的行为层面的讨论，在决策过程需要考虑的步骤顺序如下：

1）首先必须确定决策目标。

2）根据重要性对目标进行分类（"必需的"目标和"愿望的"目标）。

3）提出备选行为。

4）根据目标评估备选行为。

5）选择最有可能实现所有目标的备选行为以形成意向的决策。

6）探究意向的决策在未来可能出现的不利结果。

7）通过其他行动来阻止不利结果的产生并确信所采取的行为能够实施，据此控制最终决策的效果。

7.2.2　决策理论

在广义的运筹学学科中，一个很重要的领域是基于数学的决策理论的发展[二]。决策理论基于

⊖　C. H. Kepner and B. B. Tregoe , *The New Rational Manager*：*A Systematic Approach to Problem Solving and Decision Making*，Kepner-Tregoe, Inc. , Skillman, NJ , 1997.

⊜　H. Raiffa, *Decision Anaysis*，Addison-Wesley, Reading, MA, 1968；S. R. Watson and D. M. Buede, *Decision Synthesis*：*The Principles and Practice of Decision Analysis*，Cambridge University Press, Cambridge, 1987.

效用理论，而效用理论发展了价值和概率论来评价我们的知识阶段。决策理论首先应用于商业管理领域，现在在工程设计的研究中也很活跃[⊖]。本节的目的是使读者了解决策理论的最基本概念，并给出未来学习的参考资料。

决策模型包括以下六个基本要素：

1) 备选行为过程可以被标识为 a_1，a_2，$\cdots$，a_n。例如，在设计一个汽车挡泥板时，设计者可能会考虑用钢材（a_1）、铝材（a_2）或者是玻璃钢（a_3）。

2) 自然状态是决策模型的环境。通常，这些条件是不受设计者控制的。如果设计的零件是抗盐蚀的，那么这种自然状态可以被表达为 θ_1 = 不含盐，θ_2 = 低盐度等。

3) 输出是一个行为和一个自然状态结合的结果。

4) 目标是设计者想要达到目的的陈述。

5) 效用是设计者对每一个输出满意的程度。

6) 知识状态是能够与自然状态相吻合的确定程度，用概率表示。

根据知识状态，决策模型可以分为四类。

- 确定决策：每一个行为会引起一个已知结果，结果发生的概率是1。
- 不确定决策：每一个自然状态都有一个确定的发生概率。
- 风险决策：每一个行为可能会产生两个或者两个以上的结果，但是结果发生的概率是不知道的。
- 冲突决策：自然状态被竞争者采取的行为所改变，竞争者试图使其目标函数最大化。通常这种类型的决策理论称为博弈论。

在确定决策中，决策者拥有评估其所选结果的所有信息，同时他们拥有在不同条件下必须做出决策的信息。因此，决策者仅仅需要清楚认识决策发生的情形，查验所有可能选择的结果。这里的挑战是所需信息的可得性。这一决策策略如例7.1所示。

例7.1 确定性决策

为了降低汽车挡泥板遭受路面盐腐蚀的作用，要选择出最好的材料，在此为每一个结果构建一个效用表格。可能的自然状态是驾驶路面条件。它们是 θ_1：无盐；θ_2：微盐；θ_3：高浓度盐。效用可以被认为是一个广义的增益或者损益，所有的因素（如材料成本、制造成本或者耐蚀性等）都已经被转化到某个统一的度量。假设用损益的大小来表达效用。表7.1 显示了材料选择决策的损益表。注意，也可以选择增益来做出效用表，该表称为收益矩阵。在确定条件下的决策，只需要看表中列的数值就可以做出正确的选择。检查表7.1，可以得到结论，在没有盐时，a_1（钢材）是最好的材料（损益最低）；盐浓度适中时，a_2（铝材）是最好的材料；盐的浓度比较高时，a_3［纤维增强复合塑料（Fiber Reinforced Plastics，FRP）］是最好的材料。

表 7.1 材料选择决策损益表

备选行为	θ_1	θ_2	θ_3
a_1：钢材	1	4	10
a_2：铝材	3	2	4
a_3：FRP	5	4	3

⊖ K. E. Lewis, W. Chen, and L. C. Schmidt, eds. *Decision Making in Engineering Design*, ASME Press, New York, 2006.

对于不确定条件下的决策来说，每一个自然状态出现的概率必须是可以估算的。只有这样才能够确定每一个设计备选参数预期值的大小。

例7.2 不确定条件下的决策

效用自然状态的发生概率评估如下：

自 然 状 态	θ_1	θ_2	θ_3
发生的概率	0.1	0.5	0.4

一个行为的期望值 a_i 由下面公式给出

$$a_i = E(a_i) = \sum_i P_i a_i \tag{7.1}$$

因此，对于表7.1中的三种材料来说，预期的损益值为

钢材　　　　　$E(a_1) = 0.1 \times 1 + 0.5 \times 4 + 0.4 \times 10 = 6.1$

铝材　　　　　$E(a_2) = 0.1 \times 3 + 0.5 \times 2 + 0.4 \times 4 = 2.9$

FRP　　　　　$E(a_3) = 0.1 \times 5 + 0.5 \times 4 + 0.4 \times 3 = 3.7$

因此，将选择使用铝材来制造汽车的挡泥板，因为它是所有效用损益中数值最小的。

风险决策下的假设是，与可能结果有关的概率都是未知的。这时所应用的方法是建立一个用效用表达并基于各种不同决策规则的结果矩阵。例7.3和例7.4分别展示了最小化和最大化的决策规则。

例7.3 最小化决策规则

最小化决策规则是决策者应该选择所有选项中能使最小的回报率增大的选项，所以当处理效用损益时，应该选择能使最大损益最小化的选项。

参见表7.1，能够得到如下每一个选项的最大损益：

$$a_1: \theta_3 = 10 \qquad a_2: \theta_2 = 4 \qquad a_3: \theta_1 = 5$$

最小化规则要求选择铝材，即 a_2，因为它是最大损益中最小的，即最好的结果是选择能在最糟糕的条件下引起最小损失的选项。

例7.4 最大化决策规则

决策规则中另一个相反的极端是最大化决策规则。这个规则所要求的是，决策者应该选择所有选项中能使结果的最大价值最大化的选项，这是一个乐观的方法，因为它假设的是所有结果中的最好结果。对于损益表7.1来说，将会从最小的损益值中选择。

$$a_1: \theta_1 = 1 \qquad a_2: \theta_2 = 2 \qquad a_3: \theta_3 = 3$$

基于最大化规则的决策将会选择钢材，即 a_1，因为它拥有最好结果中最小的损益值。

最小化决策规则的应用意味着决策者是悲观的。另一方面，应用最大化规则的决策者是认为最大值以下的效用很少发生的乐观主义者。没有一个决策规则是特别具有逻辑性的。因为消极的人过于谨慎，而积极的人又过于大胆，所以想要一个介于两者之间的决策规则，而这个规则可以通过将两者合并而获得。通过应用乐观指数 α，决策者可以衡量合并起来的决策规则中的悲观和乐观元素的相对值。

例7.5 组合规则

将组合决策规则的乐观指数定为3/10，然后建立表7.2。在乐观的列中，写入每一个选项的最小损益，在悲观的列中写入每一种材料的最大损益，然后让每一个数值乘以 α 或 $1-\alpha$ 后再相加，就会获得表7.2中的总数。快速查看表，铝材 a_2 又一次被选中作为汽车挡泥板的材料。

表 7.2　组合型自然信息损益估计修正表（$\alpha = 3$）

备　选	乐　观	悲　观	全　部
钢材	0.3×1	$+ 0.7 \times 10$	$= 7.3$
铝材	0.3×2	$+ 0.7 \times 4$	$= 3.4$
FRP	0.3×3	$+ 0.7 \times 5$	$= 4.4$

如果条件不同的话，那么决策也会不同。表 7.1 表明，存在一种自然状态，可以根据其最佳结果来合理使用每一种材料。由于汽车使用的自然状态的不同，决策者必须确定选择挡泥板材料的策略。本节的几个例子展示的不同的决策规则（最小和最大）包括了决策者对不确定性和风险的考虑。

7.2.3　决策树

决策树是一种在不确定条件下支持决策的图形化和数学化方法。在必须连续做出一系列决策，并且每个结果的概率是已知或可估时，决策树结构是一种很重要的技术方法。图 7.3 给出了某电子公司就是否应该实施某新产品研发的决策树。该公司在电子制造方面有很多经验，是个大型联合企业，但是对于该新产品却没有直接的经验。在到目前为止已经完成的研究基础上，研究负责人预测，历时两年、耗资 4×10^6 美元的研发计划所提供的知识能将产品推向市场。

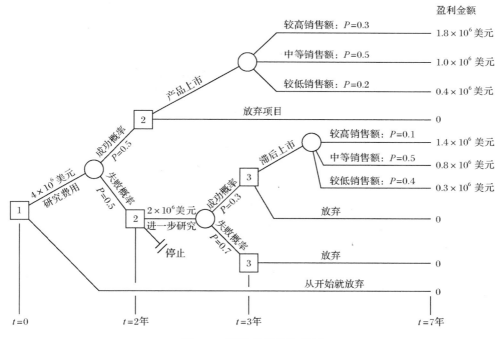

图 7.3　研发项目的决策树

决策树上的决策点用正方形表示，而圆则表示不由决策者控制的随机事件（自然状态）。虽然决策树描绘时间顺序，但决策树上点之间的线段长度与时间不成比例。

第一个决策点是在这个项目开始之前决定是实施这个 4×10^6 美元的研究项目还是放弃它。假设实施这个项目，那么研究负责人估计在两年的研究实施结束后，会有 50% 的机会将这个产品推向市场。如果这个产品被推向市场，预期它有五年的生命周期。如果这个研发失败，估计将再投入另外的 2×10^6 美元才能使研发团队用接下来的一年时间继续完成工作，且成功完成项目的机会是 30%。管理者认为因为存在太多的竞争者，如果一个产品不能在三年内成功进入市场，应该抛弃这个项目。另一方面，一个产品在三年后才进入市场，那么它只能有 10% 的机会有较高的销售额。

在每一个分支结束后，期望的回报金额在该分支的最右侧给出。美元的数额要通过时间价值折算技术折算到当前时期的数额（第 16 章）。在决策树中选择分支时，决策规则运用最大回报期望值（也可以使用其他的决策规则，如最小化）。

在这个问题上，最好是从每个分支的最后算起再往前推。概率事件的期望值如下：

- 对于按时实施的项目：$E = (0.3 \times 1.8 + 0.5 \times 1.0 + 0.2 \times 0.4) \times 10^6$ 美元 $= 1.12 \times 10^6$ 美元
- 对于在决策点 3 延期的项目：$E = (0.1 \times 1.4 + 0.5 \times 0.8 + 0.4 \times 0.3) \times 10^6$ 美元 $= 0.66 \times 10^6$ 美元
- 对于在决策点 2 延期的项目：$E = (0.3 \times 0.66 + 0.7 \times 0 - 2) \times 10^6$ 美元 $= -1.8 \times 10^6$ 美元

因此，对于返回到决策点 2 的延时项目分析表明，在决策点 2 以后继续实施项目会产生较大负面的预期回报。因此合适的决策是，如果这个项目在前两年内没有取得成功，就放弃。更进一步，在决策点 1 按时实施的项目的预期回报也是个很大的负值：

$$E = (0.5 \times 1.12 + 0.5 \times 0 - 4.0) \times 10^6 \text{ 美元} = -3.44 \times 10^6 \text{ 美元}$$

因此，要么是预期回报不理想，要么是研发成本太大而无法保证获得回报。所以基于以上对于回报、概率、成本等的评估，得到的结论是不应该实施该研发项目。

7.2.4 效用理论

最大化和最小化是决策时考虑了风险的态度的策略。前面章节所给出的例子是预先假定有能力确定每一个结果的效用。另一个更直接的方法是用效用理论来考虑问题模型。

在效用理论中，日常词汇都有精确的含义，这些含义和通常用法不同。定义如下：

- **价值**是一个选择的属性（例如，如果 A 和 B 之间，A 被选中了，那么 A 的价值一定比 B 大）。现在，货币是用来表示价值的交换媒介。一个买者在交换时，只有当他认为物（A）的价值大于货币（B）的价值时，才会用 B 去交换 A。
- **优先权**是决策者眼中一个相对价值的陈述。优先权是一个完全依赖于决策者自身的主观品质。
- **效用**是一个特殊用户对优先权序列的度量，效用与在市场中的交换价值不必等价。
- **边际效用**是效用理论中的一个重要概念，是在已有数量上增加一个单位量所得到的效用增量的本质认识。大多数的决策者都有一个与边际效用递减率相一致的效用函数[⊖]。

一组后备方案特定集合的效用通常用函数来表达，并且这个函数被假定为连续函数。当一个效用函数 $U(x)$ 给出后，就可以得到构建效用函数的人关于优先权的结论。首先，要确定两个不同量的事务的优先权顺序，然后就可以确定图 7.4 所示决策者对待风险态度的想法。这些效用函数曲线适合于风险规避和冒险的人。

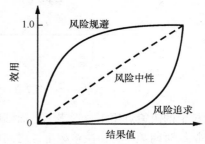

图 7.4 决策者风险容限的效用函数

[⊖] 直觉似乎是，多总是更好。然而，想想喜欢的甜点。在 1738 年伯努利（Bernoulli）证实了这样一个事实，金钱削弱了边际效用。一个人拥有的越多，下一个给决策者带来的价值就越少。

例 7.6 表 7.3 列出了与两个合同是否接受相关的各种结果的概率,这两个合同是已经提交给一个小的研发实验室的。如果只是应用期望值决策,决策者将会选择合同 I,因为合同 I 与合同 II 相比有更大的期望值。

$$E(\text{I}) = [0.6 \times 100000 + 0.1 \times 15000 + 0.3 \times (-40000)] \text{美元} = 49500 \text{美元}$$

$$E(\text{II}) = [0.5 \times 60000 + 0.3 \times 30000 + 0.2 \times (-10000)] \text{美元} = 37000 \text{美元}$$

表 7.3 说明效用的结果和概率

合同 I		合同 II	
结　果	概　率	结　果	概　率
+100 000	0.6	+60 000	0.5
+15 000	0.1	+30 000	0.3
−40 000	0.3	−10 000	0.2

在每一个结果的概率都已知并且决策者根据期望值的计算采取措施的条件下,例 7.6 中的决策直接明了。在决策过程中,当每个结果的概率未知或者决策者考虑的不仅仅是结果的期望值时,事情就变得复杂了。复查例 7.6 中,合同 I (49500 美元) 比合同 II (37000 美元) 有更高的预期值,然而合同 I 有 30% 的概率的相当大的损失 (−40000 美元),而合同 II 中只有 20% 的概率的比较小的损失。在这种条件下,如果决策者想要考虑最坏的情形而减小公司可能遭受的损失,他们将会选择合同 II。在这种情况下,分析期望值是不够的,因为它不包括决策者的最小损失值。

在这种情况下,所需要的就是进行期望效用分析,这样决策者对于风险的态度就成为决策过程的一部分。在预期效用理论指导下,决策者通常会选择能够使期望效用增大的选项。决策的规则就是:期望效用最大化。

为了建立效用函数,根据数字来排列结果, +100000、 +60000、 +30000、 +15000、 0、 −10000、 −40000。在此处 0 表示不会选择任何一个合同,因为效用函数的度量是随机的,设定上限和下限范围为

$$U(+100000) = 1.00, \quad U(-40000) = 0 \tag{7.2}$$

注意,在一般情况下效用函数在两个极限值之间不是线性的。

例 7.7 决策者选择某一个合同,收益为 60000 美元,要确定结果的效用值。为了建立与 +60000 美元相关的效用,决策者需要自己回答一系列问题。

问题 1:我会优先选择哪一个?

A:确定能获得 60000 美元;或者

B:有 75% 的可能性赚 100000 美元和 25% 的可能性损失 40000 美元。

决策者:我会选择选项 A,因为 B 的风险太大了。

问题 2:如果改变选项 B 的概率,我又会选择哪一个?

A:确定能赚 60000 美元;或者

B:有 95% 的可能性赚 100000 美元和 5% 的可能性损失 40000 美元。

决策者:在这种概率下我会选择选项 B。

问题 3:再一次改变选项 B 的概率,我又会选择哪一个?

A:确定能赚 560000 美元;或者

B:有 90% 的可能性赚 100000 美元和 10% 的可能性损失 40000 美元。

决策者:在此机会面前将会是在 A 和 B 之间难以定夺的选择。

上面的回答告诉我们，这个决策者看到了选项 A 的效用，并发现了选项 B 给出的确定等价机会。他认为选项 A 的确定性结果和选项 B 不确定性结果是等价的。

$$U(+60000) = 0.9U(+100000) + 0.1U(-40000) = 1.00$$

代入式（7.2）中的值得

$$U(+60000) = 0.9 \times 1.0 + 0.1 \times 0$$

$$U(+60000) = 0.9$$

例 7.7 告诉我们一种找到效用值的技术是改变选择的概率，直到决策者对于 A 和 B 的选择难以取舍。为建立其他点的效用，重复同样的步骤得到相应的结果值。这个过程中的难点是，很多人很难分辨小概率的差别，如 0.80 和 0.90 或 0.05 和 0.01 等。

期望效用中一个关键的概念是，它和预期值是不一样的。这通过重新评估在例 7.7 中决策者给出的问题 1 和问题 2 的回答来体现。在 B 选项中，对于问题 1 和问题 2 的预期值分别是 +65000 美元和 +95000 美元；但是在问题 1 中，决策者放弃了可能有 65000 美元期望值收益的选项，而选择了一个确定有 60000 美元收益的选项。在这里决策者是为了避免风险。一个更高可能性的回报才会使决策者愿意接受风险。问题 2 中的 B 选项有 +93000 美元的期望值。这相对于 +60000 美元收益来说有 +33000 美元的差值。

非货币价值的结果可以通过不同的方式转换为效用。很明显，设计性能的定量化方面，如速度、效率或者功率等，都可以如例 7.7 那样用美元来表示。而定性的性能可以按照顺序标度进行排序，例如从 1~10 表示从最不好到最好，通过上述提问的方式来评价可期望性。

设计变量两种常见的效用函数如图 7.5 所示。图 7.5a 所示的效用函数是最常见的。在设计值以上，该函数随着结果价值的增大，边缘价值在不断地减小。因变量（结果）具有任务书设定的最小设计值，当结果值降低到这个设计值以下，效用就会迅速地下降。城市供水系统的最小压力和涡轮的额定寿命就是例子。对于这类效用函数，合理的设计标准是选择最可能超过设计值的设计。图 7.5b 所示的是高性能

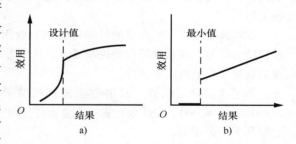

图 7.5　工程设计中效用函数的一般类型

情况的效用函数。这里考虑的变量是重要的参数，关心的是最大的性能。虽然存在一个最小值，并且低于该值的设计是没有用的，但低于这个最小值的概率很小。

在一个典型的工程设计问题中，多个独立变量对于设计都是很重要的，这就需要开发一个多属性的效用函数[⊖]。这些想法最初是应用于经济问题的，现在也应用于设计决策方法学，称为设计方案评估方法学（MEDA）[⊖]。在运用经典的效用理论的基础上，设计方案评估方法学扩展了常用的评估方法，从而能给设计者提供一种更好的评价属性性能水平的衡量标准，以及更准确的量化属性权重。在评价分析所需的资源中，价值会显著增加。

7.3　评价过程

我们已经知道，决策是确定可选方案以及每个可选方案结果，并把这些信息应用于合理的

⊖　R. L. Keeney and H. Raiffa, *Decisions with Multiple Objectives*, Cambridge University Press, Cambridge, UK, 1993.

⊖　D. L. Thurston, *Research in Engineering Design*, vol. 3, pp. 105-122, 1991.

决策过程。评价是根据一些标准首先评价备选方案的过程。通过比较根据这一标准确定的评分或排名，从而做出最优的决策。

图 7.6 回顾了概念产生（第 6 章）的主要步骤以及评价过程的步骤。注意，这些评价步骤并不局限于设计过程的概念设计阶段，它们可以应用、也应该应用到实体设计中，从而确定几个零件中哪个是最好的，或者在五个可用材料中选择哪种材料。图 7.7 展示了由 JSR 设计团队产生的篮球自动返还装置的五个概念。

在绝对比较中，概念是直接和诸如产品设计说明书（PDS）或者设计法规这样的固定且已知的需求进行比较。相对比较是在概念之间基于一定标准进行的相互比较。检查设计备选方案的重量是否在 PDS 规定的界限内，这是绝对比较的一个例子。另一方面，如果最优的可能设计应是最轻的，那么设计团队需要估算各备选方案的重量，然后比较结果。按重量衡量的最合适的备选方案是估算最轻的方案。这是相对比较。

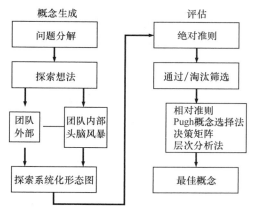

图 7.6　产生和评估概念的步骤

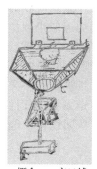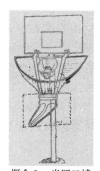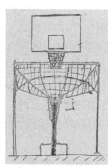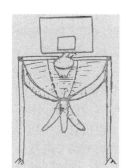

概念 1：方口捕捉网、蹦床、地基转轴系统　　概念 2：半圆口捕捉网，连接电动机系统的单一旋转槽　　概念 3：与地基旋转系统相连的斜口捕捉网　　概念 4：方形漏斗状非旋转导向器和多槽　　概念 5：斜口捕捉网，可转动单一导轨到多个方位

图 7.7　设计团队产生的"投篮伙伴"概念[一]

7.3.1　基于绝对准则的设计选择

如果显然或者很快就清晰地表明概念的某些方面不符合选择要求，那么针对这几个概念进行严格的评价是没有意义的事情。因此，最好一开始就对概念进行一系列的绝对比较来筛选[二]。

1）基于设计功能可行性判断的评价。最初的遴选是设计团队就每一个概念的可行性进行整体评价，概念分为以下三类：

（a）不可行概念（绝对不会工作的概念）。在抛弃一个观点以前，问一下"为什么这个概念不可行？"，答案也许会使你对该问题产生新的见解。

[一]　Adapted from Josiah Davis, Jamil Decker, James Maresco, Seth McBee, Stephen Phillips, and Ryan Quinn, "JSR Design Final Report：Shot-Buddy," unpublished, ENME472, University of Maryland, May 2010.

[二]　D. G. Ullman, *The Mechanical Design Process*, 4th ed., McGraw-Hill, New York, 2010.

（b）有条件可行概念。即在某条件下能够工作的概念。某条件可能是一项技术元素的进步，或者由于市场上新型微芯片的诞生提升了产品的某些功能。

（c）可行的概念。这是一个看起来值得进一步研究的概念。

这些判断的可靠性强烈地取决于设计团队的专门知识。在做这种判断时，除非有足够的证据能证明它不可行，否则最好接受这一方案。

2）基于技术准备评估的评价。除了在非正常的条件之外，设计中使用的技术必须足够成熟，使其在不用进行进一步研究的条件下就能应用到产品中。产品设计不是进行研发的合适的地方。对于产品技术的成熟性有以下标志：

（a）技术是否能用已知的制造工艺来完成？

（b）控制功能的主要参数是否已经确认了？

（c）参数的安全工作范围和灵敏度是否已知？

（d）失效模式是否确定了？

（e）是否有硬件存在能够给出以上四个问题的正面回答？

3）基于"是/否"甄别和工程特征的约束的阈值水平的评价。一个设计方案通过了第1步和第2步的筛选后，工作的重点就转移到判断它是否能满足问题的约束。这里的重点不是详尽的检核（这会在以后进行），而在于排除那些明显不能满足约束或达不到重要工程特征的最小可接受水平的设计概念。

例7.8 在第6.6.2节中，如图6.9所示，一个形态学图表用来产生JSR设计团队设计的篮球自动返还装置的概念。这一备选方案在图7.7中为概念5。它由安装在框架上的近似半圆形的投篮捕捉网组成，这个框架与地面的球场边界连接，并位于篮网下。捕捉网逐渐变细至篮球的尺寸，其末端是类似于倾斜的滑雪跳板弯曲的金属滑道，这样穿过篮筐或在篮筐附近的篮球下落时会沿着引导滑道的方向向下运动。假定篮球具有足够的动能，使得它可以按照跳板的引导方向回到投篮者。图6.9和图7.7不包括用于实现在图示的三个位置间旋转引导滑道系统的任何细节，也没有提供用于实现感应投篮者位置而决定引导滑道位置的机构。这是在早期设计中能提供的典型细节的量。

将功能可行性评价标准用于这个"投篮伙伴"概念。

问题：这个概念能把篮球返还给投篮者吗？

回答：如上所述，还缺少一些子系统，但是它们可以被具体化并发挥作用来控制滑道的位置。

问题：假设扩大这个设计，它是可行的概念吗？

回答：这个设计不可行。

- 捕捉网仅在侧面有支撑。还需要一些把网扩展出篮球场地的措施，然而这会妨碍比赛。
- 引导滑道看起来悬挂在捕捉网上。这不是一个刚性的位置，这样轨道引导篮球的运动的能力将受损。

总结和决策：这个图示的"篮球伙伴"概念在功能上不可行。①无法支撑需求规格说明所要求的捕捉网尺寸（表3.4）。②如果调整当前设计来提供改变篮球运动所需的物理条件，就违反了一个隐含的重要约束，即不能干涉投篮者的投篮动作。而尝试在固定的位置上安装引导机构的支点，可能是有价值的。

通过这种方式来筛选所有提出的概念。注意如果一个设计概念的答案中显示出的大多数为"是"和很少数量的"否"，那么这个设计概念就不应该被放弃。概念中的薄弱环节可以通过从其他概念中引入新的想法，或者通过这种"是/否"的分析来激发新的思路。

7.3.2　测量标度

对在几种不同设计中的一个设计参数进行排序是一种测量过程，因此需要理解在这类过程中使用的不同标度[一]。

- 名义标度是一个定义类似"厚或薄""黑或红"或者"是或否"的类，唯一能进行的比较是类别是否一样。以名义标度测量的变量称为类变量。
- 顺序标度是所有项目可以被按照第一、第二和第三……的排序度量。这些数字被称为序数，而这些变量被称为顺序变量或等级变量。项目之间的大小、是否相等可以通过这种方式比较，但是用这种标度不能进行加法或者减法运算。顺序标度不能给出项目间的差值信息，然而可以用该标度确定数据的众数（Pugh 概念选择法就是使用顺序标度）。

运用顺序标度进行排序需要基于主观选择的决策。基于顺序标度进行排列的一个方法就是用两两比较的方法。列出每一个设计准则，并且与其他的设计准则进行比较，每次比较为一对。在每一对的比较中，两个中更重要的被赋值1，不太重要的被赋值0。可能进行比较的总次数是 $N = n(n-1)/2$，此处 n 是所有考虑的准则的数目。

假设一个设计有五个备选方案，分别是 A、B、C、D 和 E。其中，在 A 和 B 的比较中，A 相对更重要，赋 A 值为 1（在建立矩阵过程中，1 代表行的目标，优于列的目标）。而在 A 和 C 的比较中，感到 C 更重要，所以 0 被记录在 A 行 C 列，而 1 被记录在 C 行 A 列。以此类推，即可完成整个表格。排列出来的顺序是 B、D、A、E、C。注意，相同概念的比较用无定论的形式表达，就像下面表格中列中所展示的一样。

设 计 准 则	A	B	C	D	E	总　　值
A	—	1	0	0	1	2
B	0	—	1	1	1	3
C	1	0	—	0	0	1
D	1	0	1	—	1	3
E	0	0	1	0	—	1
						10

因为等级评定是顺序值，所以无法说 A 有一个 2/10 的权重，因为除法在序数标度中不是一个有效的计算。换句话说，在表格中把数值型的值用作权重因数在数学上是不正确的。

- **等距标度**可以衡量 A 和 D 相比较的糟糕程度是多少。在等距标度测量中，任意成对的数值间差异的比较都有意义，但其零点是任意的。加法和减法都是可行的，但是乘法和除法却是不允许的。居中趋势（变量的值接近其平均值的趋势）可以用平均值、中位数或者众数来确定。

举例来说，我们可以把上面例子中的结果从 1 ~ 10 进行分配就得到一个等距标度。最重要的设计赋值为10，而其他设计的值相对应地给出。这一做法要求有额外的信息来量化各备选方案间的区别。

	C	E				A		D	B
1	2	3	4	5	6	7	8	9	10

⊖　K. H. Otto, "Measurement Methods for Product Evaluation," *Research in Engineering Design*, vol. 7, pp. 86-101, 1995.

- **比例标度**是一个由零点确定的等距标度。每一个数据点都用基数来表达（2，2.5 等），并且可根据某绝对点进行排序。所有的算术运算都可以进行。比例标度主要是为了建立有意义的加权系数。工程设计中大部分技术参数，如重量、力和速度都可用比例标度进行测量。

7.4 评价模型

在概念设计中分析性能是一个重要的步骤。评价竞争性概念时需要分析从各类模型中得到的信息。模型分为三类：图标模型、类比模型和符号模型。

图标模型是一个看起来像实物的以一定比例表示的物理模型。一般地，模型比例依据现实状况缩小，如风洞实验中的飞机比例模型。图标模型的优点是其比实物更小、更简单，所以其建造和测试更快，成本也更低。图标模型是几何表示。它们可能是二维的，像地图、照片或在工程图中的一样；或者是三维的，像被制造的零件一样。通常使用计算机对三维 CAD 模型进行分析和行为仿真。

类比模型基于不同物理现象间的类比或相似性。这一方法可以使基于一个物理科学学科的解决方案用于另一个完全不同的领域，如将电路用于热传递。类比模型通常用于比较不熟悉的事物与非常熟悉的事物。一张普通的格图实际上就是一个类比模型，因为距离代表每个轴上物理量的大小。因为格图描述了这些量之间的实际函数关系，它是一个模型。另一类类比模型是流程图。

符号模型是一个物理系统的重要的可定量组件的抽象，它使用符号表示实际系统的属性。数学等式用来表达系统输出参数对输入参数的依赖性，称为通用符号或数学模型。符号是速记标签，代表一类对象、一个特定对象、一个自然状态或仅仅一个数字。符号的价值在于其便捷性、有助于解释复杂的概念，以及增加情况的普遍性。解决问题时符号模型的适用性最大，所以符号模型可能是最重要的一类模型。使用符号模型解决问题需要分析、数学和逻辑能力。符号模型可以产生定量结果，这也是其重要性的一方面。当数学模型被简化为计算机软件时，我们可以使用模型研究设计备选方案，这种方式相对便宜。

概念设计中，使用图表和符号模型。使用简单的数学模型如自由体受力图和热平衡，可以帮助形式化一个概念，并提供用于设计评估工具中的数据，而不仅仅是意见。概念设计结束阶段会产生典型的概念验证原型。理想状况下，一系列模型，包括物理的和其他的草图，在建立最终模型前可以作为学习工具。在产品投入市场前，这仅是一系列原型（物理模型）中的第一个（第 8.11.1 节）。

选择合适的模型：你所处的设计过程的阶段不同，模型的类型、精细度和精确度也随之改变。

- **概念设计**：重点在于几何建模，使用多个徒手草图、附之于木制或泡沫板等制成的快速物理原型。基于你在工程科学课程中学到的概念的、简单的数学模型，应用于要求手工计算精确度的概念评估中。完成概念选择后，开发基于计算机的几何模型（CAD 模型）就结束了概念设计阶段。这一阶段用作概念验证原型，通常用来补充由快速原型过程制作的物理原型。

- **实体设计**：重点在于建立形状、尺寸和公差，数学和物理模型的细节增加。使用计算机工具，如 EXCEL、MATLAB 或者专门的软件程序通常有益于这一过程。有限元分析程序常用来确定具有复杂形状或对质量有重要影响的零件的应力。这一设计阶段的结束步骤是使用实际尺寸的、为产品选择的材料制作的零件测试概念验证原型。

- **详细设计**：可能进行更复杂的数学建模以优化一些产品特性或改进产品的鲁棒性。用于制造产品的完整的细节和装配图在这一阶段完成。测试概念验证原型使用的是将用于制造产品的材料和工艺。关于产品设计过程中所使用的一系列原型的更多细节，可参见第8.11.1 节。

7.4.1 数学建模的帮助

在像统计学、动力学、材料力学、流体学和热力学这样的工程课程中，教授的第一原则是通过描述物理系统及其即时环境，使用各种分析、逻辑、数学和经验的方法来解决复杂的问题。找到解决方案的关键是理解适合问题的数学模型。工程设计课程提供更多应用这些知识的机会。

1. 量纲分析

建模的一个有用工具是尺寸分析。通常量纲组要比问题中的物理量少，所以量纲组变为问题的实际变量。你很可能在流体力学[一]或传热学的课程中学到过量纲分析。量纲分析的重要性在于它能让你使用最少的设计变量表述问题。同样，用简洁的方式表述复杂现象能使复杂的问题易于理解。当尝试改进设计的鲁棒性，或者优化设计如最小质量等一些属性时，使用量纲分析的重要优点是它显著地减少了需要的细节数量[二]。

2. 相似模型

通常，在设计中使用相似模型的原因是其建模更快捷、更便宜。使用物理模型时，需要理解在哪些条件下可以认为模型与原型相似[三]。相似是指模型和原型的物理响应的条件相似。有几种形式的相似：几何相似、运动相似（相似的速度）和力学相似（相似的力）。几何相似是产品设计中最常遇到的形式。它的条件是放大或缩小的三维尺寸相同，即形状一致、对应角度或弧度相等，以及相关的对应线性尺寸的常比例因数或相似因子。

为了说明相似模型，考虑一个加载了拉力的棒。由轴向载荷产生的应力为

$$\sigma = P/A = P/(\pi D^2/4) \tag{7.3}$$

式中，P 为棒的轴向载荷；A 为直径为 D 的横截面面积。

如果等式（7.3）的左边被右边除，可得到

$$\frac{\pi \sigma D^2}{4P} = 1 \tag{7.4}$$

式（7.4）是无量纲的。这表明一个关系若是有效的相似度的表征，它必须是无量纲的。如果给模型指定下标 m，给原型指定下标 p，我们可以分别为 m 和 p 写出等式，并使它们相等，因为它们都是统一的。

$$\sigma_p P_m D_p^2 = \sigma_m P_p D_m^2 \tag{7.5}$$

测试模型并决定可以从中得知那些关于原型的表现情况。因为，对 σ_p 解等式（7.5），则

$$\sigma_p = \left(\frac{D_m}{D_p}\right)^2 \left(\frac{P_p}{P_m}\right)\sigma_m \tag{7.6}$$

[一] B. R. Munson, D. F. Young, and T. H. Okiishi, *Fundamentals of Fluid Mechanics*, 5th ed., John Wiley & Sons, Hoboken, NJ, 2006, pp. 347-369. For an advanced treatment see T. Szirtes, *Applied Dimensional Analysis and Modeling*, 2nd ed., Butterworth-Heonnerman, Boston, 2007. See Wikipedia at *Dimensional quantities* for a large collection of dimensionless numbers.

[二] D. Lancey and C. Steele, *Journal of Engineering Design*, vol. 17, no. 1, pp. 55-73, 2006.

[三] D. J. Schuring, *Scale Models in Engineering*, Pergamon Press, New York, 1977; E. Szucs, *Similitude and Modeling*, Elsevier Scientific Publ. Co., New York, 1977.

由式（7.6）可知从模型的测量压力的情况对原型的预期。答案取决于式（7.6）中出现的两个比例因子。如果模型是1/10比例，那么几何比例因子 $S = D_m/D_p$ 是1/10。第二个比例因子是负载比例因子 $L = P_m/P_p$。由于模型远小于原型，它不能承受和原型相同的负载。例如，$L = 1/3$ 可能是合适的负载因子。则式（7.6）可写作

$$\sigma_p = (S^2/L)\sigma_m \tag{7.7}$$

原型和模型间的比例关系的形式依物理情况而改变，但是方法和以上相同。例如，如果想对受轴向载荷的棒的变形 δ 进行建模，基于材料关系的强度，$\delta = PL/AE$，比例关系将包含三个选项，S、L 和 E，最后一项是弹性模量的比例因子。

7.4.2 数学建模的过程

数学模型有4个显著的特征，每个都分为两类：①稳定状态或临时状态（或动态状态）；②连续媒介或离散事件；③确定的或概率的；④集中的或分布的。稳定状态模型中，输入参数及其属性不随时间变化。动态（临时状态）模型中，参数随时间改变。基于连续媒介的模型，例如固体或流体，假定媒介传递应力或流矢量不包含空值或空洞，而离散模型处理分散的个体，例如交通模型中的汽车或无线传输中的数字包。

下面是建立数学设计模型所需的通用步骤：

步骤1　确定问题描述。

步骤2　定义模型边界。

步骤3　决定哪些物理法则与问题相关，并确认可用的支持建模的数据。

步骤4　确认假设。

步骤5　建立模型。

步骤6　计算和验证模型。

步骤7　模型有效性验证。

1. 问题描述

决定模型的目的、输入和预期输出。例如，模型的目的是决策备选的形状、决定一个关键尺寸的值或是改进整个系统的效率。写出你希望模型帮你回答的问题。这一步骤的重要任务是决定模型的预期输入和输出。在模型上所花费的资源数量取决于需要做出的决策的重要性。

2. 定义模型边界

定义模型边界与前一步骤紧密相关。设计问题的边界把模型部分与模型的环境区分开来。模型边界通常称为控制卷。控制卷可以是一个有限的控制卷，定义整个系统的行为，或者是一个系统在某点的微分控制卷。后者是建立一些模型的标准方法，例如某点的压力状态或传热流。

3. 决定哪些物理法则与问题相关，并确认可用的支持建模的数据

基于定义问题的所有想法，应该已经知道哪些物理知识域将用于表示物理情况。收集必需的教材、手册和课堂笔记以回顾建模所需的理论基础。

4. 确认假设

建模时要意识到模型是现实的抽象。建模是在简化与真实性之间的平衡。达到简化的一种方法是使模型中需要考虑的物理量的数量最少，从而使数学解决方案更容易得到。使用这一方法需要做出假设，忽略对任务影响较小的因素。因此，可能假定一个结构件是完全的刚体，只要它的弹性形变对问题而言影响很小。工程设计模型和科学模型的一个区别在于做出这类假设的愿望，只要能判断它们不会导致错误的结论即可。

建模通常是迭代的过程，开始时使用10以内的因子作为量级的模型来预测输出。然后确信

参数准确无误，它们的行为也被正确理解，就可以去掉一些假设来得到需要的精度。记住设计模型通常是必需的资源和需要的输出精度间的平衡。

一些通用的模型简化包括：①忽略物理和力学属性随温度的变化；②实际的三维问题以二维模型开始；③把参数的分布属性替换为块属性；④大多数现实世界行为是非线性的，假定为线性模型。

5. 建立模型

对建模有帮助的第一步是仔细绘制问题的物理元素的草图。尽量使草图按近似的比例画出，因为这有助于想象。接下来，用适当的物理法则建立物理量之间的关系。这些模型经过适当的修改，可以提供支配把输入量转变为期望输出的等式。通常，模型的分析描述开始于合适的守恒法则，如能量守恒定律，或者平衡等式，如力和冲量的和为 0。

6. 计算和验证模型

下一步是使用计算工具对建立的模型进行验证。对简单的模型，手工计算器就足够了，但是电子数据表通常非常有用。模型需要进行测试以确信它不包含数学错误，并能得出合理的答案。这一过程是模型验证。验证是确认模型的工作是否和预期相同。对于更复杂的涉及有限元分析的模型，模型的准备和验证需要更多的细节，也需花费更多的时间。

7. 模型有效性验证

有效⊖是指检查模型是否为真实世界的精确表达。检查模型有效性的一种通用方法是在较大范围内改变输入，尤其是在边界值上，观察模型的输出在物理上是否看起来合理。发现输出对输入的敏感度。如果某一个参数的影响较小，可以在模型中用常数替代它。完整的模型有效要求一组关键的物理测试以得知模型描述世界的真实性。

尽管工程设计模型的基础牢固地建立在物理法则上，但有时由于问题太复杂，没有足够的资源建立精确的数学模型，设计工程师必须使用实验测试数据建立经验模型。这种方法也是可接受的，因为设计模型的目标不是推进科学的理解，而是以足够的精度和分辨率预测实际系统的行为，从而支持决策。经验数据需要经过拟合曲线处理，把设计参数描述为高阶多项式。要注意经验模型的有效性仅限于实验参数的范围内。

7.4.3　投篮伙伴例子

JSR 设计团队设计的投篮伙伴用于捕捉落入篮筐或其附近的篮球，并把篮球返还给投篮者。要使投篮伙伴能有效地工作，它要能承受使用时受到的某些力。投篮伙伴也应提供足够大的捕捉区域，以捕捉那些没接触篮筐的球。回顾 JSR 设计的投篮伙伴概念（图 7.7），可以发现关键的挑战是球捕捉子系统的设计，它既要有足够大的区域以捕捉未进篮的球，又要足够的轻以能加装到篮板上（并且能便捷地打包）。这产生了一个常见的工程设计平衡问题：刚性对重量。例 3.5 提供了 JSR 设计用于估计投篮伙伴的预期最终用户施加的最大力的数学模型的概览。一个更正式的模型将在例 7.9 中展示⊜。

例 7.9　第一部分

为篮球施加在投篮伙伴上的力建立模型。这个模型用于决定零件必须承受的最大载荷。这个例子采用第 7.4.2 节所描述的过程。

⊖　D. D. Frey and C. L. Dym，*Research in Engineering Design*，vol. 17，pp. 45-57，2006.

⊜　Adapted from Josiah Davis, Jamil Decker, James Maresco, Seth McBee, Stephen Phillips, Ryan Quinn，"*JSR Design Final Report：Shot-Buddy*"，unpublished，ENME 472，University of Maryland，May 2010.

步骤1：确定问题描述。

这个模型的目的是决定投篮伙伴捕捉区域子系统支持框架在使用中所受的最大力。

这个问题的答案将有助于解决关于投篮伙伴概念表现随后的、更具体的问题，这些问题需要在实体设计中处理。

1）捕捉区域子系统的设计能否承受从三分线投出的未中投篮的直接影响？

2）捕捉区域子系统的估计重量是多少？

3）这一重量能否通过对篮板的简单连接件支撑？

步骤2：定义模型边界。

模型的边界是半个球场大小的矩形区域，延伸到篮筐后的直线，离地15ft高。

步骤3：决定哪些物理法则与问题相关，并确认可用的支持建模的数据。

恒定加速度的物体的位置和速度等于：

$$p = p_0 + v_0 t + \frac{1}{2} a t^2$$

$$v_t = v_0 + at$$

式中，t 为物体运动的时间；p 为位置向量，有 x 和 y 方向；v 为速度向量，有 x 和 y 方向；a 为加速度常向量，有 x 和 y 方向。

任何在常加速度（如重力）下的投射物体的运动都遵从抛物线轨迹，由其速度向量相对水平轴的初始速度和角度决定。

由冲量定理可知，产生的力可以由物体的冲量的改变计算得出。即

$$I = F \Delta t_c = m \Delta v_c$$

式中，F 为接触中产生的平均力（向量）；Δt_c 为接触中产生力的过程的持续时间；m 为物体的质量；v_c 为接触开始时物体的速度（向量）。

步骤4：确认假设。

1）投篮者身高1.69m。这一高度是基于8年级男生的平均身高。

2）投篮者使用标准篮球（$m = 0.624 \text{kg}$）。

3）球场上是标准高度篮筐，高度为3.05m。

4）投篮者在头部附近投出篮球。

5）投篮者从标准三分线出手，在 x 轴上离篮筐6.02m。球运动的平面由投篮者、球筐中心和安装的投篮伙伴决定。

6）投篮伙伴捕捉区域安装在6ft（1.83m）宽、4ft（1.22m）高的矩形区域。这些尺寸已在PDS中给出。

7）篮球一旦离手，只受到重力，忽略其他力（例如拉力、风、篮球旋转）。

8）篮球与投篮伙伴捕捉区域物体的碰撞使篮球失去速度。这一假设是基于系统被设计用来使篮球停止并滚回用户。篮球沿系统滑落时仍会有一些速度，但由于想假设最大冲击，假设篮球的动量降为0。这一动量传递给投篮伙伴。

9）为了计算的目的，假设所有的物体均为刚体。

步骤5：建立模型。

已知

• 对任何时间 t：

$$a_x = 0 \frac{\text{m}}{\text{s}^2}, \quad a_y = g, \quad g = -9.81 \frac{\text{m}}{\text{s}^2}$$

- 对任何时间 t：

$$v(t)_x = v(t)_0$$

- 时间 $t = 0$，球离开投篮者手时的角度为 θ，则

$$x_0 = 0$$
$$y_0 = 1.69$$

- 调整参考系，使球在 (0, 0) 处脱手，给定

$$x_0 = 0\text{m}$$
$$y_f = 1.36\text{m}$$

- 时间 $t = t_f$，球击中投篮伙伴框架的前端。

$$x_f = 5.33\text{m}$$
$$y_f = 1.36\text{m}$$

- 未知：$\theta(t)$，$v(t)$，t_f。

初始速度向量的大小和方向都未知时，找到球撞击投篮伙伴框架的球速度表达式。

$$x_t = x_0 + (v_0)_x t \tag{a}$$

$$y_t = y_0 + (v_0)_y t + \frac{1}{2}g\,t^2 \tag{b}$$

$$(v_t)_y = (v_0)_y + gt \tag{c}$$

$$\tan\theta(t) = \frac{(v_t)_y}{(v_t)_x} \tag{d}$$

设计过程中的这一点需要的只是好的估计。在篮球科学[⊖]的一般性研究中，从 6.10m（20ft）处投到篮筐的最小出手速度报告为 8.138m/s，推荐的最佳投射角度为与水平成 47.9°。已知道自由投篮的推荐最佳角度为 52°[⊖]，这一投篮是距目标 15ft（4.572m）。为了发现从三分线投篮的球撞击投篮伙伴框架的可能速度，将以 52° 和 8.138m/s 的速度矢量进行测试。

找到投射速度的 x 和 y 轴分量

$$(v_0)_x = \left(8.138\,\frac{\text{m}}{\text{s}}\right)\cos 52° = 5.232\,\frac{\text{m}}{\text{s}}$$

$$(v_0)_y = \left(8.138\,\frac{\text{m}}{\text{s}}\right)\sin 52° = 6.234\,\frac{\text{m}}{\text{s}}$$

步骤 6：计算和验证模型。

A. 计算时间 t_f，到达投篮伙伴框架的时间。

使用式（a）确定篮球经 5.33m 到达框架的时间。

$$t_f = \frac{x_f}{(v_0)_x} = \frac{5.33\text{m}}{5.232\,\frac{\text{m}}{\text{s}}} = 1.02\text{s}$$

⊖ S. L. Blanding and J. J. Monteleone，*The Science of Sports*，Barnes and Noble Books，New York，2003.

⊖ C. M. Tran and L. M. Sliverberg，"Optimal Release conditions for the free throw in men's basketball，" *Journal of Sports Sciences*，26：11，1147-1155，2008.

B. 使用这个结果计算篮球撞击框架的最终速度。

使用式（b），已知 $t_f = 1.02\text{s}$，得到 $(v_f)_y$。

$$y_f = y_0 + (v_f)_y t_f + \frac{1}{2}gt_f^2$$

$$(v_f)_y = \frac{y_f - y_0 - \frac{1}{2}gt_f^2}{t_f} = \frac{1.36\text{m} - \frac{1}{2}\left(9.81\ \frac{\text{m}}{\text{s}^2}\right)(1.02\text{s})^2}{1.02\text{s}} = -3.67\ \frac{\text{m}}{\text{s}}$$

负值符号表明篮球正在向投篮伙伴框架沿抛物线运动下降。

在 $t_f = 1.02\text{s}$ 时得到速度矢量的大小和方向。

$$|v_f| = \sqrt{(v_f)_x^2 + (v_f)_y^2} = 6.39\ \frac{\text{m}}{\text{s}}, \quad \theta(t_f) = -35°$$

C. 验证这个模型，假设生效：使用式（b）计算篮球在 t_f 时的垂直位置。

$$y_f = y_0 + (v_f)_y t_f + \frac{1}{2}gt_f^2$$

$$y_f = 0 + -3.67\ \frac{\text{m}}{\text{s}}(1.02\text{s}) + \frac{1}{2}\left(9.81\ \frac{\text{m}}{\text{s}^2}\right)(1.02\text{s})^2 = 1.36\text{m}$$

图 7.8 中投篮伙伴框架的中心坐标 $x = 5.33\text{m}$，$y = 1.36\text{m}$。找到速度的模型得到验证。

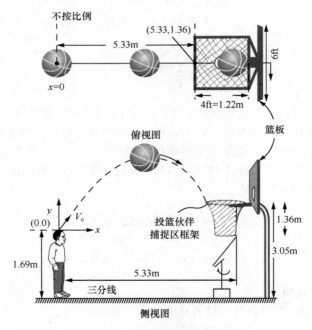

图 7.8　关键建模要素的草图

D. 使用冲击力模型得到作用于投篮伙伴框架上的力。

$$I = F\Delta t_c = m\Delta v_c \tag{e}$$

篮球撞击投篮伙伴框架时的速度在步骤 6B 部分中得到。标准篮球的质量是 0.624kg。假设框架在篮球弹回前使其静止，并且接触时间为 0.1s。

$$F = \frac{m[(v_f)_y - 0]}{\Delta t}$$

$$F = \frac{0.624\text{kg}\left(0 - 6.39\ \frac{\text{m}}{\text{s}}\right)}{0.1\text{s}} = 39.8\text{N}$$

步骤7：模型有效性验证。

很难进行力模型的有效性验证。假设与投篮伙伴捕捉区域框架碰撞所经过的时间，可以通过球与篮筐边缘碰撞的时间来估计。考虑到球的转向等，通过分析视频记录的经验时间可以估计接触时间。在概念设计中不需要这样的细节，但是在参数设计阶段决定投篮伙伴组件的尺寸时是需要的。

由于每一个设计概念都靠大的捕捉区域来把球送到返还装置中，概念设计中的一个主要决策是大的框架（6ft×4ft）能否制作得足够轻，从而能便捷地安装，同时足够牢固，能抵抗篮球撞击中部时的持久变形。

可能用来制作框架的材料是低碳钢、铝和挤压热塑性聚合物。首先研究碳钢，因为所有材料中其弹性模量和弹性极限最大。如果钢不能满足设计要求，那么设计概念要彻底更改。使紧固部分最小，以免阻碍球在捕捉区域的运动，这是所希望的；因此，由于框架的自重而产生的偏移是需要考虑的。继续例7.9，再次使用建立数学模型的方法。

例7.9 第二部分

步骤1：确定问题描述。

捕捉区域子系统的设计能否承受从三分线投出的未中篮筐的球的直接冲击？

步骤2：定义模型边界。

模型的边界是一个矩形体区域，包括篮球和投篮伙伴框架前端的棒。

步骤3：决定哪些物理法则与问题相关，并确认可用的支持建模的数据。

$$\delta = \frac{PL^3}{48EI} \tag{f}$$

式中，δ 为承受载荷的梁尖端的挠度；P 为简支梁中点的载荷；L 为梁的长度；E 为材料的弹性模量；I 为梁交叉部分的惯性矩。

步骤4：确认假设。

1）投篮伙伴捕捉区域框架将使用直径为1in的圆钢制作，带有专门的角连接器，使用户可以安装。钢的前端和后端是 $L=6$ft，侧面是4ft长。

2）框架侧面连接器终端可以看作简支梁，所以我们可以使用在梁的中段施加集中载荷的梁的挠度标准等式。

3）框架选用的低碳钢的拉伸极限（屈服强度）$\sigma_y = 50000$psi，弹性模量 $E = 30 \times 10^6$psi。

4）圆形截面的惯性转矩 $I = \pi r^4/4$。

步骤5：建立模型。

已知：投篮伙伴的前端建模为简支梁。

- $P = 40$N 或 9lbf（1lbf = 4.44822N）[一]
- $L = 6$ft
- $E = 30 \times 10^6$psi

步骤6：计算和验证模型。

A. 可以使用胡克定律计算弹性变形变为永久变形时的应变：

―――――――――――

$$e = \frac{\sigma_y}{E} = \frac{50 \times 10^3}{30 \times 10^6} = 0.00167$$

B. 使用式（f）得到挠度 δ，简支梁在中点受到压力 $P = 40\text{N}$ 或 9lbf：

$$\delta = \frac{PL^3}{48EI} = \frac{9 \times (6 \times 12)^3}{48 \times (30 \times 10^6) \times 0.0491}\text{in} = 0.0474\text{in}$$

其中，$I = \pi r^4/4 = 0.0491\text{in}^4$。

C. 使用下面的式（g），判断载荷产生的应变是否超过前面的棒的弹性极限。弹性弯曲梁纤维的应变等于其到中性轴的距离 y 与梁曲率 ρ 的比值。曲率的倒数是 M/EI，其中 M 是弯矩[⊖]。

$$e_x = \frac{y}{\rho} = \frac{My}{EI} = \frac{(PL/4)y}{EI} = \frac{9 \times 72 \times 0.5}{(30 \times 10^6) \times 0.0491} = 0.00022 \qquad (\text{g})$$

弯曲应变在弹性极限应变 0.00167 之下，表明梁是弹性变形。

D. 验证：结构静载荷是缓慢、持续地产生作用的。由于投篮伙伴受到的是冲击载荷，经典的梁理论对于这种情况是不精确的。当篮球撞击框架前面时，速度约为 6.39m/s 或 251.6in/s。假定这一动态载荷的作用时间小于 0.1s。

动态载荷放大了短时间内产生的作用力，并且挠度也大于由式（f）决定的静态值。使由下落物体释放的潜在能量与结构吸收的拉伸能量相等，可得动态挠度 δ_{dy} 与静态值 δ_{st} 之间的关系[⊜]。

$$\delta_{dy} = \delta_{st}\left(1 + \sqrt{1 + \frac{v^2}{g\delta_{st}}}\right) = \delta_{st}(\text{I. F.}) \qquad (\text{h})$$

式中，v 为撞击速度，g 为重力加速度（大小为 32.2ft/s^2 或 386.4in/s^2 或 9.80665m/s^2）；I. F. 为影响因子，它可以用于上述挠度，也可以用于力 P。

用式（h）计算 I. F. 得到其值为 60。

使用 60 的影响因子得出在前端棒的挠度为 2.84in，应变为 0.013。这一应变值大于式（g）得出的拉伸极限，表明钢棒在篮球的撞击下会产生塑性变形。工程推理对这一结论产生了怀疑。需要进一步的研究。

步骤7：模型有效性验证。

假设撞击物的所有能量都转移到静止物体上，得到式（h）。这得出了非常保守的结论，并且不适用于黏弹性变形的篮球。研究表明，篮球与框架碰撞，只有约15%的能量转移到框架上。[⊜]更实际的值是 I. F. $= 0.15 \times 60 = 9$，$\delta_{dy} = 9 \times 0.047\text{in} = 0.426\text{in}$。因此，计算表明用直径为 1in 的圆钢制成的框架能够无损伤地承受篮球的撞击。可以通过进一步的计算证明框架自身和尼龙网的自重产生的挠度可以忽略不计。

对投篮伙伴概念设计模型的分析指出了在实体设计中需要处理的问题。这些问题包括：①棒的材料、截面形状和使框架更轻更易打包、运输和安装所产生的成本之间的平衡；②设计坚固的支架把框架连接到篮板上；③使设计的支架具有足够的强度但又不会阻碍篮球的运动，因而在框架设计中可以选用铝或塑料。

⊖ F. P. Beer, E. R. Johnston, and J. T. DeWolf, *Mechanics of Materials*, 4th ed., McGrawHill, New York, 2006, p. 218.

⊜ R. C. Juvinall and K. M. Marshek, *Fundamentals of Machine Component Design*, 4th ed., John Wiley & Sons, Hoboken, NJ, 2006, pp. 269-279.

⊜ L. C. Silverberg, C. Tran, and k. Adcock, "Numerical Analysis of the Basketball Shot," *Journal of Dynamic Systems*, Measurement and Control, December 2003, vol. 125, pp. 531-540.

7.4.4 计算机几何建模

计算机几何建模是 20 世纪后期工程设计领域发展最迅速的领域。当计算机辅助设计（CAD）在 20 世纪 60 年代末被引入时，它本质上提供了二维绘图用的电子图版。整个 20 世纪 70 年代，CAD 系统得到了改进以支持三维线框图和表面建模。20 世纪 80 年代中期，几乎所有的 CAD 产品都有了真正的实体建模能力。开始，CAD 需要大型计算机或小型计算机来支持软件。现在，随着个人计算机能力的提高，实体建模软件通常在个人计算机上运行。

CAD 建模变得更重要的一方面是数据关联，即与其他应用（例如有限元分析或数控加工）共享数字设计数据，而不需要每个应用都必须翻译或传递数据。关联能力的一个重要方面是基础的 CAD 设计更新时，应用的数据库也能够更新。为了集成从设计到制造的数字设计模型，必须要有一定的数据格式和传递标准。主流的 CAD 零售商采用的首先是初始图形交换规范（Initial Graphics Exchange Specification，IGES），现在是产品数据交换标准（Standard for the Exchange of Product model data，STEP）。STEP 已经发展为一套复杂的连锁的标准和应用系统。STEP 也使得使用万维网或基于局域网的私有网络构建一个开放的工程信息交换系统成为可能。

计算机建模软件包含越来越多的分析工具用于制造过程的仿真（第 13 章）。实体建模软件可以处理包含上千个零件的大型装配。它能处理零件的关联和管理对这些零件随后的变更。越来越多的系统提供自上向下的装配建模功能，其中可以安放基础的装配件，随后用零件发布。

关于计算机实体产生和实体模型中特征的创建的更多细节可参考 www.mmhe.com/dieter 中的"Computer Modeling"部分。

7.4.5 有限元分析

多数经典模型把实体和流体当作连续的同质体，从而才能在平均的意义上预测出应力或热流量等属性。这是常常被现实否定的建模时的假设之一。从 20 世纪 40 年代开始，人们意识到如果连续体可以被划分为小的、良好定义的、有限的单元，那么就可能基于本地化得到场的属性。每个单元的行为由它的材料和几何属性决定，并与其附件的所有其他单元相互作用。这一理论是可信的，但是计算困难阻止了这一进步，因为要同时求解上千个联立方程。随着数字计算机的出现，有限元分析（FEA）的应用稳步增长，然而还主要限于大型工作站计算机。直到 20 年前 FEA 才在设计工程师的计算机上得以使用。

设计工程师可用的 FEA 应用几乎是无止境的：静态和动态的，线性和非线性的，应力和挠度分析；浸渍分析；自由和受迫振动；热传递；热传导应力和挠度；流体力学、声学、静电学和磁学。一个重要的进步是多体软件，它能够允许来自多个工程学科的模型与强大的计算机图形能力互动。

在 FEA 中，连续实体或流体被划分为小的单元。在节点处对未知变量的估计值和关于材料行为的物理定律（本构方程）可以描述每个单元的行为。确保各单元在边界的连接性，这样所有的单元被连接在一起。假设边界条件被满足，就可以得到大系统的线性代数等式的唯一解。

由于各单元是以虚拟的方式进行布置的，所以可以用来为非常复杂的形状建模。因此，不必要再寻找处理接近理想模型的分析解，也不必猜测模型的偏差如何影响原型。随着有限元方法的发展，更快和更便宜的计算机建模已经取代了大量基础的、昂贵的和尝试型实验。与通常要求使用复杂的数学分析方法不同，有限元方法基于线性代数方程。若要初步了解 FEA 背后的数学和单元类型的讨论，可参考 www.mhhe.com/dieter 中的"FEA Math and Element"部分。

有限元分析过程

有限元建模分为三个阶段：预处理、计算、后处理。然而，甚至在开始第一阶段前，一个谨慎的工程师也会进行初步的分析来定义问题。问题的物理知识是否已充分了解？基于简单的分析方法的近似解是什么？

1）预处理。在预处理阶段，完成的任务如下。

- 从 CAD 模型中导入几何零件。因为实体模型包含大量的细节，它们通常要删除小的非结构特征，并利用相似性减少计算时间。
- 把几何体划分为单元，常称作网格化。选择网格涉及知道使用哪种类型的单元，线性的、二次的或者三次插值函数，建立满足需要的精确度和效率的解的网格。多数 FEA 软件提供自动网格化的方法。
- 确定如何加载和支撑结构，或者在热学问题中确定初始温度。确保已理解边界条件。重要的是包含对位移足够的约束，从而阻止结构的刚体运动。
- 选择描述材料（线性、非线性等）的本构方程，把位移与张力相关，然后与应力相关。

2）计算。这一阶段的操作由 FEA 软件完成。

- FEA 程序对网格中的节点重新编号以最小化计算资源。
- 它为每个单元产生刚度矩阵，并把各单元安装在一起，从而维持连续性形成全局矩阵。基于载荷向量，软件产生外部载荷并应用位移的边界条件。
- 然后计算机为位移向量或任何问题中的独立变量求解大规模矩阵方程。约束力也得到确定。

3）后处理。这些操作由 FEA 软件完成。

- 在应力分析问题中，后处理采用位移向量并把它逐单元地转化为张力，然后使用合适的本构方程转化为应力场。
- 一个有限单元的解可以轻易地包含上千个场值。因此，需要后处理操作有效地阐释这些数字。典型的处理方式是把常应力的轮廓绘制在几何图形上。显示数据前，FEA 软件先要对其进行数学处理，例如决定有效压力分布云图。
- FEA 软件越来越多地与优化程序共同使用，在迭代计算中优化关键尺寸或形状。

实际应用有限元建模的关键是 FEA 软件与 CAD 集成，从而使 FEA 不离开 CAD 程序便可以执行。这意味着要使用实体建模、参数化的、基于特征的 CAD 软件。采用这种方式，不重要的几何特征可以被暂时忽略而不永久删除，不同的设计配置可以使用 CAD 模型的参数形式方便地检查。但多数案例中，网格化和单元选择的默认选择都是可以接受的，FEA 软件也提供定制设定的功能。

为了最小化成本，在保证所需精度的前提下，模型的单元数量应该最少。最佳的策略是使用迭代建模，粗略的、单元数较少的模型在模型的关键区域逐渐精细化。粗略的模型可以用梁和板面结构模型建立，忽略像洞和法兰等细节。一旦使用粗略模型找到整体结构特征，就可以使用精细的网格模型，在应力和挠度必须更精确定义的区域建立更多单元。随着自由度（DOF）数目的增加，精确度快速增加；DOF 定义为节点的数目乘以每个节点的未知数。然后，随着 DOF 增加，成本呈指数增长。

图 7.9 展示了 FEA 应用于货车框架的复杂问

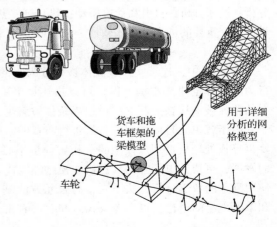

图 7.9 设计中有限元分析实例

题。首先建立"火柴棒图"或梁模型，发现挠度和定位高应力区域。一旦找到关键应力，就建立精细的网格模型来获得进一步分析。分析的结果是计算机产生的用应力作为轮廓线的零件图。

7.4.6 仿真

设计模型可以模拟系统或其一部分在某些条件下的行为。当对模型输入一系列值以获得所提出的设计在给定的一组条件下的行为时，就是在进行仿真。仿真的目的是探索可能来自真实系统的各种输出，仿真时模型受到需要更多了解的环境的约束。仿真模型由更大的系统的零件的独立模型建立而成。零件建模是通过逻辑规则和数学模型完成的，规则决定预定义的哪些行为会发生，数学模型计算行为的变量的值。零件模型通常依赖于概率分布来选择一个预定义的行为。正是对各模型的布置产生了整个系统，以便在研究中进行行为预测。

数据暂时没有时，仿真模型也可以用于理解已存在的系统。在这种情况下，行为模型通常由逻辑规则组成，所有组件的潜在输出的数学描述产生于系统的每个组件。模型是简化的，所以它只输出研究所需的特征。通过输入历史记录中的精确值，对照此前的数据，核对模型输出值来验证模型。通常仿真模型用于已存在系统，所以可以提出或测试设计变更。

7.5 Pugh 法

在产生的备选方案中识别出最有希望的设计概念的一个很有用的方法就是 Pugh 法[a, b]。Pugh 法针对每个准则把每个概念与一个参考或者基准概念进行比较，判断本概念是否更好、更糟或者一样。因此，这是一个相对比较方法。这种设计概念选择图是由团队创建的，通常要经过多轮迭代的考察和凝练。应用 Pugh 法选择的设计概念已经全部通过在第 7.3.1 节讨论的绝对遴选。由克劳辛（Clausing）给出的概念选择法步骤如下：

1）选择概念评价准则。选择准则由质量功能配置（QFD）开始。如果设计概念能够很好地生成，那么准则将基于质量屋列上的工程特征。

在形成最终准则清单时，要重点考虑每一个准则能够区分方案间的差异。一个准则可能很重要，但是每一个方案都能很好地满足这个准则，这个准则将无助于最后方案的选择，因此该准则应该放在概念选择矩阵之外。另外，有些团队想给每一个准则加一个权重，这应该避免，因为它增加了某种程度的细节，而概念阶段的信息还不能提供这些细节。但是应该将这些准则按优先权递减顺序列出。

2）构建决策矩阵。准则作为矩阵的行标题，概念作为矩阵的列标题。再强调一次，方案要在同一抽象概念下进行比较，这是非常重要的。如果一个方案可以用一个草图表达，那么应该放在矩阵首列。否则，每一个方案由文字定义，或者由独立的一系列草图来定义，如图 7.7 所示。

3）阐明设计概念。这个步骤的目的是使所有的团队成员对每一个概念达到一定层次上的共同理解。如果这一步做好了，它会建立团队对每一概念的"所有权"。这是很重要的，因为如果这些单一的概念保持和团队的不同成员相关，那么最终的团队决策可能会为政治协商所左右。

⊖ S. Pugh, *Total Design*, Addison-Wesley, Reading, MA, 1991; S. Pugh, *Creating Innovative Products Using Total Design*, Addison-Wesley, Reading, MA, 1996; D. Clausing, *Total Quality Development*, ASME Press, New York, 1994; D. D. Frey, P. M. Herder, Y. Wijnia, E. Subrahamanian, K. Kastsikopoulous, and D. P. Clausing, "The Pugh Controlled Convergence Method：Model-Based Evaluation and Implications for Design Theory," *Research in Engineering Design*, （2009）20，pp. 41-58.
⊜ Pugh 概念选择法也称为 Pugh 法、决策矩阵法。——译者注

一个关于概念的好的团队讨论往往是一种创造性经历。在讨论过程中，新的想法常常会涌现，被用来改进概念或者是提出全新的概念，并添加到概念集中。

4）选择基准概念。在第一轮，要选择出一个概念作为一个基准概念，这是其他所有概念必须与之比较的参考概念。在进行这些比较时，能从较好的概念中选择一个出来是非常关键的，而一个糟糕的基准选择会使所有概念都是正面的，从而引起不必要的获得解决方案的延迟。如果可能的话，最好选择市场上已有的领先产品。对于再设计来说，基准是提取出来的降低到和其他概念同一水平的设计。被选中作为基准概念的列将会相应地标出基准数据。

5）完成矩阵单元。现在是进行比较评估的时间了。每一个概念都要逐个与基准进行比较。采用三级标度，在每一次比较中，都问同样的问题，这个概念相对基准来说是优（+）、糟糕（-）、还是等效（S），然后把相应的符号填入矩阵的对应单元中。等效（S）意味着按照当前的评价标准判断该概念大约与基准相同。

在给矩阵中每一个单元填写分数时，应该进行简洁的富有建设性的讨论。在完成矩阵前，应该对概念进行研究或建模以估计一些性能的评价标准。发散性观点能够帮助整个团队对设计问题进行深入的思考。长时间的、延长的讨论通常是由于信息不充分引起的，应安排团队的某个成员来提供所需要的信息，以便尽早结束讨论。

再者，团队讨论总是能够激发新的想法，这些新想法又将导致额外的改进的概念。某个人会突然看到使用第 3 个概念的某个想法能够解决第 8 个概念中的不足，于是一个混合的概念就产生了。这样在矩阵中为新概念增加一列。Pugh 法的一个主要优势是能够帮助团队对更好地满足设计要求的特征类别进行深入理解。

6）评价分级。一旦比较矩阵完成后，对于每一个概念来说，+、- 的总和就确定了。对于这些评分不用太过定量。在没有进一步检查之前，对于是否要抛弃一个负值较多的概念，一定要谨慎小心。概念中的有点积极意义的特性可能真是一个能被其他概念应用的"胚胎"。对于总分比较高的概念要确定它们的优势和它们的劣势。在一系列概念中查找能够提高那些评分较低的项目。同时，如果对于同一个标准，很多概念都得到了同样的分数，就检查一下看看准则是否描述清楚了，或者各个概念之间是否被一致性地评价了。如果这是一个很重要的准则，那么需要花费更多的时间来生成更好的概念或者使准则更为清晰。

7）建立新的基准并返回到矩阵。下一步是建立一个新的基准，通常选择在第一轮评价中分数最高的概念作为新的基准，并重新通过比较填写该矩阵。在第二轮比较中，消除那些得分最低的概念。本轮的主要目的不是为了核实第一轮中的选择的有效性，而是通过深入领悟来激发进一步的创造力。运用不同的基准会给每一次比较提供不同的看法，并有助于使不同概念之间的相对优势和劣势更加清晰。

8）检查已选概念的改进机会。一旦最好的概念被选定之后，要考虑比基准更差的每一个准则。通过不断地对劣势要素提出问题，新的手段就会出现，负分会变成正分。你提问问题的答案通常会改进某些设计并最终得到一个最优的设计概念。

例 7.10 描述了 Pugh 法在"投篮伙伴"概念选择任务中的应用。

例 7.10　Pugh 概念选择过程

JSR 设计团队使用第 6 章叙述中的工具和方法产生了篮球自动返还装置的五个概念[⊖]。这些早期阶段的概念如图 7.7 所示。把 Pugh 法应用于这组五个概念的选择，以减少到三个最佳概念

⊖　Adapted from Josiah Davis, Jamil Decker, James Maresco, Seth McBee, Stephen Phillips, and Ryan Quinn, "*JSR Design Final Report: Shot-Buddy,*" unpublished, ENME 472, University of Maryland, May 2010.

作为以后的考察对象。注意：在例 7.8 中已经判定概念 5 在功能上不可行。但在此还是包含了概念 5 以展示 Pugh 法。

选择过程的决策标准由例 3.8 中报告的设计投篮伙伴的质量功能屋的开发和阐释来决定。质量工程特征（CTQ ECs）的关键因素和成本一起列在下文。为了完成决策标准的列表，需要回顾产品设计需求规格说明 PDS（表 3.4），查找在这一过程中将用到的投篮伙伴的任何阈值约束（阈值约束是有稳固的目标水平的工程特征。然而，如果不同的概念以不同的量超出目标水平，该阈值约束可以被用作有效的选择标准）。PDS 包括投篮伙伴应靠电池提供能源的需求，所以 JSR 设计团队新增了能源操作篮球返还装置的标准。装置需要的能源越少，不需重新充电或更换电池所能使用的时间越长。

选择投篮伙伴概念的决策标准的列表如下所示：

- 捕获区域配置
- 低堵塞概率
- 耐气候性
- 感知投篮者的位置
- 返还球的有效性（即包含准确性和时间的测度）
- 成本
- 重量
- 安装至已有篮筐的时间（有必要的话）
- 旋转球返还机构所需要的工作
- 不使用时所需要的存储空间

没有现成的篮球自动返还装置，所以 JSR 设计决定使用资料设计中称为 RolBak™ 的简易篮球返还网系统[⊖]。RolBak 使用 10ft 高的编网，安装在篮板上，捕获和返还边框内和附近的球。然而，网伸到了球场内，妨碍了用户可能想要练习的近距离投篮，如单手上篮。RolBak 系统是市场上最简单的使用编网的系统，售价为 189.90 美元。

JSR 设计完成了 Pugh 概念选择矩阵见表 7.4。最初，没有一个概念看起来比 RolBa Gold Pro 的产品更杰出的改进。所有提出的概念的改进都是针对捕获区域和感知投篮者位置的。所有的概念都没能满足耐气候性、价格、重量和存储空间的性能需求。

表 7.4　图 7.7 所示的投篮伙伴概念的 Pugh 选择表 1

选 择 标 准	RolBak Gold Pro	概　　念				
		1	2	3	4	5
捕获区域		+	+	+	+	+
堵塞概率		S	S	+	+	+
耐气候性		−	−		−	−
感知投篮者的位置		+	+	+	S	+
回球效率		+	+	+	+	+
成本	数据	−	−	−	S	S
重量		−	−	−	−	−
安装到篮筐的时间		−	−	+	+	−
旋转功能		−	−	−	S	−
储存体积		−	−	−	−	−
正分数		3	3	5	4	4
负分数		6	6	5	3	5

⊖　"The RolBak Basketball Protecto Net," http：//www.jumpusa.com/rolbak.htm, accessed July 8, 2011.

概念4的负评价最少，与其他三个概念的正评价相匹配。把概念4与其他概念相区别的评价标准需要检查。在安装到现有篮球圈这方面上，概念4的评价等级更高（因为它竖立于球场上）。概念4是唯一不感知投篮者位置的概念。在这一评价中它没有在标准设计的基础上有任何改进。这是严重的功能实用性缺陷，如果设计团队首先核对绝对标准的话，这一缺陷本可以避免！因此，Rolbak设计对于标准而言不是很好的选择。基于图表的结果，概念4可以被剔除。使用概念3（这一概念的正分数最多）作为标准，创建新的Pugh选择表见表7.5。

第二张Pugh选择表（表7.5）表明在产生的概念中有好的概念。负评价的数量远低于此前的选择表。再次关注这些评价的不同点所在，概念5返还球的有效性相对较差。这一缺陷足以超过旋转和储存空间方面的优秀表现。团队决定排除概念5，选用概念1、2和3继续建模和开发。

表7.5　图7.7中投篮伙伴概念的Pugh选择表2

选择标准	概念			
	3	1	2	5
捕获区域		S	S	S
堵塞概率		+	S	S
耐气候性		S	S	S
感知投篮者的位置		+	+	+
回球效率		+	S	−
成本	数据	S	S	S
重量		−	+	+
安装到篮筐的时间		S	S	S
旋转功能		S	S	+
储存体积		S	+	+
正分数		3	3	4
负分数		1	0	1

7.6　加权决策矩阵

决策矩阵是评价竞争性概念的一种方法。该方法通过对带有加权系数的设计准则的排序，以及对每个设计概念满足该设计准则的程度进行评分来实现的。

要完成这些工作，需要把根据不同的设计准则获得的值转换成一系列具有一致性的数值。在各种表达设计准则的不同方法中，最简单的方法是运用点标度法。5点法通常在准则的知识不是很详细时应用，11点法主要应用于信息表较完善时（表7.6）。在评价过程中最好能有几个专家的参与。

确定准则的加权系数是一个不太准确的过程。直观地讲，一组有效的加权系数的和应等于1。因此，当 n 是一组评价标准的个数，w 是加权系数（权重因子）时，就有公式

$$\sum_{i=1}^{n} w_i = 1.0, \quad 0 \leqslant w_i \leqslant 1 \tag{7.8}$$

确定加权系数可以采用系统化方法，其中的三种方法如下。

表 7.6　设计方案或设计目标的评价框架

11 点规模	说　　明	5 点规模	说　　明
0	完全无用的方案	0	不充分
1	非常不充分的方案		
2	弱方案	1	弱
3	差方案		
4	可以容忍的方案	2	满足
5	满意的方案		
6	较少缺点的好方案	3	好
7	好方案		
8	非常好的方案		
9	优秀（超出需求）	4	优秀
10	理想的方案		

- 直接分配：团队根据准则的重要性决定如何把 100 分分配到不同的准则上，然后用每一个准则的分值除以 100，就得到标准化的加权系数。这种方法主要适用于对同一个产品有很多年工作经验的设计团队。
- 目标树：加权系数可以通过如例 7.11 所示的目标树来确定。当在同一个层次进行比较时，才能做出关于优先级的好决策，因为苹果只会与苹果比较，而橘子只会与橘子比较。这个方法也依赖于设计过程中对重要标准的一些经验。
- 层次分析法（AHP）：AHP 是一种确定加权系数随机性最小的、计算最省时的方法。这种方法将在第 7.7 节中详述。

例 7.11　一个大型起重机吊钩，用来在钢厂吊装传送装有熔融钢的钢液包，每个钢液包需要两个吊钩吊起。这种大而重的吊钩通常定制好了存放在钢厂机修车间中，一旦吊钩出现故障就及时更换。

提出的工艺概念一共有三个：①用火焰切割钢板和焊接制造；②用火焰切割钢板和铆接制造；③整体的铸钢吊钩。

第一步是提出概念评估所依据的设计准则，这类信息的来源是设计任务书。设计准则分为以下几个部分：①材料成本；②制造成本；③如果一个吊钩失效，生产一个替代品的时间；④耐用性；⑤可靠性；⑥可维修性。

第二步是确定每一个设计准则的加权系数，通过构建一个层次目标树（图 7.10）来获得加权系数。基于工程判断来直接分配加权系数。用目标树能很容易地获得加权系数的原因是，问题可以分两级。在每一层中每一个单独的项目的权重之和必须是 1。在第一级，给定成本的权重是 0.6，而服务质量的权重是 0.4。这样，在下一个层次内，与同时确定六个设计准则的权重因子相比较，确定材料成本、制造成本和修理费用三者间的权重更容易。为了获得一个低层次的加权系数，

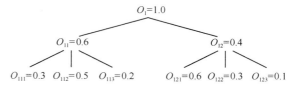

图 7.10　起重机吊钩设计的目标树

189

需要乘以上一级目标的所有权重，因此，材料成本的加权系数为

$$O_{111} = 0.3 \times 0.6 \times 1.0 = 0.18$$

决策矩阵见表7.7，加权系数由图7.10确定。注意，在表7.7中的三个设计准则用顺序标度，而其他的三个设计准则用比例标度。每一个方案对于每一个准则的评分都来自于表7.6的11点法。从一个设计概念到另一个设计概念时，比例标度的准则幅度大小可能会变化，但这并不会引起分值的线性变化。这个新的分数建立在团队对于表7.7所描述的新设计的适应性评价的基础上。

每一个准则所对应的概念的最终分值由已有分值乘以相应的加权系数得到。因此，对于焊接钢板的材料成本来说，等级分就是$0.18 \times 8 = 1.44$，概念的总分是"评价"列各等级分之和。加权决策矩阵显示，最好的设计概念是钢材铆接的起重机吊钩。

表 7.7 起重机吊钩的加权决策矩阵

设 计 准 则	权 重 系 数	单 位	焊 接 板 材			铆 接 板 材			铸 钢 吊 钩		
			量级	分数	评价	量级	分数	评价	量级	分数	评价
材料成本	0.18	美元/lb	60	8	1.44	60	8	1.44	50	9	1.62
制造成本	0.30	美元	2500	7	2.10	2200	9	2.70	3000	4	1.20
可维修性	0.12	经验	好	7	0.84	优秀	9	1.08	适当	5	0.60
耐久性	0.24	经验	高	8	1.92	高	8	1.92	好	6	1.44
可靠性	0.12	经验	好	7	0.84	优秀	9	1.08	适当	5	0.60
生产周期	0.04	h	40	7	0.28	25	9	0.36	60	5	0.20
					7.42			8.58			5.66

比较备选设计最简单的过程是对每一个设计概念进行等级分求和，总分最大的概念为胜者。一个应用决策矩阵的较好方法是仔细检查构成等级分的各个要素，看看哪些设计因素对结果有影响。这可能会为未来指明研究领域，或对数据的有效性提出质疑，或对分析时所做出的某项决策的质量提出质疑。Pugh指出[一]，一个决策矩阵的结果在很大程度上取决于准则的选定。他担心这种方法可能会使使用者过于自信，从而使设计者把整个评定等级视为绝对的。

7.7 层次分析法（AHP）

层次分析法（AHP）是在多个备选设计中做出选择的问题求解方法学，此时的选择准则是多目标的、具有自然的层次结构或者定性和定量的估量。层次分析法是萨蒂（Saaty[二]）提出的。层次分析法建立在矩阵的数学性质基础上，便于进行一致的成对比较。这些矩阵的一个重要性质是，其主特征向量可以得出合理的加权系数。层次分析法不仅在数学上根基扎实，而且它在直觉上也是正确的。

层次分析法这种决策分析工具广泛应用于多个领域，尤其是当评价准则要对没有确切的、可计算的竞争方案进行评价时。运筹学学者弗曼（Forman）和加斯（Gass[三]）这样认为，层次分析法的主要功能是可构造复杂的、可测量的和综合的。像其他数学方法一样，层次分析法基于一

⊖ S. Pugh, op, cit., pp. 92-99.

⊜ T. L. Saaty, *The Analytic Hierarchy Process*, McGraw-Hill, New York, 1980; T. L. Saaty, *Decision Making for Leaders*, 3rd ed., RWS Publications, Pittsburgh, PA, 1995.

⊜ E. H. Forman and S. I. Gass, "The Analytic Hierarchy Process——An Exposition," *Operation Research*, vol. 49, July-August 2001, pp. 469-486.

些原理和公理，如自上向下的分解、成对比较的相互性，从而确保了全部备选方案比较的一致性。

在工程设计的多个备选方案中进行选择时，层次分析法是一种合适的工具。层次分析法与以下选择类的问题相关：比较未经测试的概念；为一个新情况构建决策过程；对直接比较的要素进行评价；实施和跟踪团体决策；从不同的来源进行结果综合（例如分析计算、质量屋的相关值、团体咨询和专家意见）；进行战略决策。工程设计中的很多评估问题都可以构建为具有层级的结构或系统，其中每一个层级都包含很多元素或因素。

1. 层次分析法的过程

层次分析法要求设计团队计算层次结构中每一层级的决策准则的加权系数。层次分析法也确定了成对的比较方法，用来确定相对的重要等级程度，即备选方案中的任何一个方案满足每一个准则的重要度等级。层次分析法包括不一致性度量的计算和临界值，用来判断比较过程是否保持了一致性。

层次分析法应用于工程设计中的选择任务时，需要决策者首先创建出选择准则的层次结构。用例 7.11 起重机吊钩设计问题来阐述层次分析法的工作过程。不再需要结构的中间层级了，因为不需要设置权重，而且所有的准则都是相似的。所有的准则都是用来度量产品设计特性的，共有如下六个准则：①材料成本；②制造成本；③可维修性；④耐久性；⑤可靠性；⑥生产周期。

表 7.8 给出了两个准则下的成对比较的评价系统，并给出了每一种评价的解释。A 对 B 的比和 B 对 A 的比互为倒数。也就意味着，如果 A 很明显比 B 重要，A 对 B 的比是 5，那么 B 对 A 的比就是 1/5 或者说是 0.2。

表 7.8　层次分析法中评价准则的成对比较评价等级

等 级 因 子	选择准则 A 和 B 的相对重要性比较	解 释 评 级
1	A 和 B，同等重要	对于产品的成功，A 与 B 的贡献度相同
3	A 比 B，比较重要	对于产品的成功，A 比 B 稍微重要
5	A 比 B，很重要	对于产品的成功，A 比 B 更重要
7	A 比 B，更重要	A 比 B 的重要度已证实
9	A 比 B，非常重要	对于产品的成功，A 比 B 显示重要

2. 确定准则权重的层次分析法流程

现在可用层次分析法来建立最初的比较矩阵 C 了，见表 7.9。把这些数据输入到 Excel 表中做简单的数学运算和矩阵乘法，过程如下：

1）用表 7.8 中给出的 1 ~ 9 级等级评价完成准则比较矩阵 C。

2）将准则比较矩阵 C 标准化，得到标准化准则比较矩阵 C。

3）求各行数值的平均值，将其作为权重向量 W。

4）按表 7.10 所示，对矩阵 C 进行一致性检查。

矩阵 C 是个 n 阶方阵，n 是选定的准则数量。该矩阵是由依次的成对比较来构造的。对角线上的所有量都是 1，因为 A 和 A 比较，其重要程度相同。一旦 C 完成后，整个矩阵将通过每一列上的数除以该列的数的总和来使得矩阵标准化，标准化的矩阵称为标准化准则比较矩阵 C，见表 7.9。对每一行求平均值来计算准则的权重值，见表 7.9 的向量 W。

每一对准则都要相互比较，并赋予一个值作为矩阵中的一个单元。不同准则之间的第一个比较是材料成本（A）和制造成本（B）。它们之间的比成为 C 第一行、第二列的元素（也记为 C_{ij}）。参照表 7.8，在确定起重机吊钩设计的优良性方面得到材料成本和制造成本是同样重要的。然而，对于吊钩的设计来说，制造成本稍微重要于材料成本。因此 $C_{1,2}$ 是 1/3，对应的 $C_{2,1}$ 是 3。

现在来考虑材料成本（A）和可靠性（B）之间的评价因子，进而来确定 $C_{1,5}$。这里没有简单的标准来进行比较。在产品设计中，考虑可靠性是理所当然的。产品中各种材料对产品的可靠性都有贡献，但对于功能来说，一些材料比其他的材料更关键。起重机吊钩被设计为一个单独的零件，如果与该吊钩由五个零件装配而成相比，作为单独零件的吊钩，材料更重要。一个设计选项是铸钢吊钩，其性能依赖于铸件的完整性，即铸件是否有空穴和缩孔。这样的考虑和权衡使我们将 $C_{1,5}$ 的值设定为 3~7。另一个要考虑的因素是起重机的应用。因为起重机的吊钩用于熔钢车间，吊钩失效将是灾难性的，可能会引起停工甚至是人员伤亡。如果吊钩安装在一个小起重机上，用于将屋面板吊到一、二层的屋顶上，那么要求就没有那么高了。因此，将 $C_{1,5}$ 设定为 1/7，因为操作的可靠性对于材料成本来说更为重要。从而就意味着 $C_{5,1}$ 是 7，见表 7.9。

表 7.9　起重机吊钩的准则权重 W 的计算过程

准则比较矩阵 C						
	材料成本	制造成本	可维修性	耐久性	可靠性	生产周期
材料成本	1.00	0.33	0.20	0.11	0.14	3.00
制造成本	3.00	1.00	0.33	0.14	0.33	3.00
可维修性	5.00	3.00	1.00	0.20	0.20	3.00
耐久性	9.00	7.00	5.00	1.00	3.00	7.00
可靠性	7.00	3.00	5.00	0.33	1.00	9.00
生产周期	0.33	0.33	0.33	0.14	0.11	1.00
总计	25.33	14.67	11.87	1.93	4.79	26.00

标准化准则比较矩阵 C						
	材料成本	制造成本	可维修性	耐久性	可靠性	生产周期	权重 $\{W\}$
材料成本	0.039	0.023	0.017	0.058	0.030	0.115	0.047
制造成本	0.0118	0.068	0.028	0.074	0.070	0.115	0.079
可维修性	0.197	0.205	0.084	0.104	0.042	0.115	0.124
耐久性	0.355	0.477	0.421	0.518	0.627	0.269	0.445
可靠性	0.276	0.205	0.421	0.173	0.209	0.346	0.272
生产周期	0.013	0.023	0.028	0.074	0.023	0.038	0.033
总计	1.000	1.000	1.000	1.000	1.000	1.000	1.000

这个过程也许看起来就像前面一节讲到的二元法评价方案那样容易。然而，建立具有一致性的等级因子是很困难的。前两段所讨论的起重机设计中成对的等级因子涉及材料成本、制造成本和可靠性之间的关系。还没有讨论的是制造成本（A）与可靠性（B）对应关系 $C_{2,5}$。由于材料成本类似制造成本，所以将 $C_{2,5}$ 设定为 1/7 是可能而合理的。然而，早期的决策确定了制造成本比材料成本更重要。这两者之间的差异必须通过制造成本和材料成本相对于其他标准的关系来确定。

3. AHP 比较矩阵 C 的一致性检查流程

当准则的数量增多时，很难保证一致性，这就是为什么在 AHP 流程中需要对 C 进行一致性检查的原因。检查的过程如下：

1）计算权重综合向量 $W_s = C \times W$。

2）计算一致性向量 $\{Cons\} = W_s / W$。

3）估算 $\{Cons\}$ 中的平均值 λ。

4）评价一致性指数，$CI = (\lambda - n)/(n - 1)$。

5）计算一致性比率，$CR = CI/RI$。随机指数（RI）值是 C 中随机产生的一致性指数值。RI

的值在表 7.10 中列出。这个比较的基本原理是，一个有经验的决策者给出的矩阵 **C** 比 1 ~ 9 的随机数产生的矩阵有更好的一致性。

表 7.10　一致性检查的 RI 值

准 则 序 号	RI 值	准 则 序 号	RI 值
3	0.52	10	1.49
4	0.89	11	1.51
5	1.11	12	1.54
6	1.25	13	1.56
7	1.35	14	1.57
8	1.40	15	1.58
9	1.45		

6）如果 $CR < 0.1$，则 **W** 是有效的；否则调整 **C** 中的元素，并重复以上过程。

对于起重机吊钩的设计问题准则的权重的一致性检查见表 7.11。Excel 电子表格将会为创建 **C** 和实施一致性检查过程提供互动的可更新的工具。

表 7.11　起重机吊钩的 W 一致性检查

一致性检查		
权重综合向量 $W_s = C \times W$	准则权重 **W**	一致性向量 $\{Cons\} = W_s / W$
0.286	0.047	6.093
0.515	0.079	6.526
0.839	0.124	6.742
3.090	0.445	6.950
1.908	0.272	7.022
0.210	0.033	6.324
	$\{Cons\}$ 中的平均值 λ	6.610
	一致性指数，$CI = (\lambda - n)/(n-1)$	0.122
	一致性比率，$CR = CI/RI$	0.098[2]
	$CR < 0.10$?	是

注：1. 该列中的数值是 **C** 和 **W** 的矩阵直积。Excel 的 MMULT（array1，array2）可以很方便地用来计算矩阵直积。**C** 的列数必须等于 **W** 的行数，计算出来的矩阵直积是一个行数与 **C** 相同的单列矩阵。在使用 Excel 的 MMULT 函数时，输入数组公式时要按 < Ctrl + Shift + Enter > 组合键。

2. 如果 $CR \geq 0.01$，那么必须重新设定 **C**。

AHP 的过程并没有停止在准则的权重上，它会继续提供一个相似的评价设计方案的比较方法。只有继续整个过程，才能认识到 AHP 的数学优势。

在使用 AHP 评价每一个设计方案前，要检查权重因子。设计团队中的成员对因子的顺序应该有深刻的认识。在接受这些权重因子之前，他们会将其经验用在检查过程中。如果有一个准则相比于其他准则来说一点都不重要，那么设计团队应该在进一步评价时删除这个准则，然后再根据评价准则来评价设计方案。

4. 确定对应于每一个准则的设计方案的等级

AHP 的两两比较步骤和在第 7.3.2 节的测量标准中介绍的简单两两比较是不同的。在 AHP

的两两比较中，根据一些原则，决策者必须判断两个选项中（A 和 B）中哪一个更优，并判断出更优的那个比另一个优越多少（比较值没有单位）。AHP 允许决策者用 1~9 个等级来评价。在这种情况下，AHP 的评价因子就不是区间值了，可以在评价竞争性设计方案时进行加法和除法运算[一]。

表 7.12 显示了 A 和 B 之间相对于特定的工程选择标准来说的两两比较的评价系统。每一个选项的等级都给出了等级描述。其标度与表 7.8 中的描述是一致的，为了评价设计方案的性能而把解释进行了调整。这些性能上的不同可能是小部分的改进，比如 0.01 美元/lb 的成本下降。

表 7.12　设计方案的两两之间进行比较的 AHP 评价等级

等级因子	备选 A 和 B 的性能比较	评级解释
1	A = B	二者相同
3	A 略优于 B	决策者略倾向于 A
5	A 优于 B	决策者倾向于 A
7	A 确定优于 B	A 比 B 的重要度已证实
9	A 绝对优于 B	非常显然 A 优于 B

注：当决策者需要比较表中的两个位置时，使用偶数等级 2、4、6、8。

根据每一个选择标准的性能，应用 AHP 的过程最终会得出一个设计方案的优先向量 P_i。它与第 7.6 节中给出的排序方法相同，实施过程总结如下：

1）用表 7.12 中 1~9 个等级完成比较矩阵 C，成对地评价设计方案。

2）标准化比较矩阵 C。

3）对行值取均值，这就是设计方案等级的优先向量 P_i。

4）对比较矩阵 C 的一致性进行检查。

注意步骤 2）、3）和 4）与确定标准权重因子的步骤是一样的。

对于起重机吊钩设计方案的案例如下：①焊接板材；②铆接板材；③整体铸钢件。对于材料成本标准，设计团队使用其标准的成本估算方法和经验来确定每一个设计方案的材料成本。这些成本见第 7.6 节中的表 7.7。已知材料成本对于板材设计为 0.60 美元/lb，对于铸钢件为 0.50 美元/lb。由于要比较三个设计方案，因此比较矩阵 C 是一个 3×3 的矩阵（表 7.13）。所有对角线上的单元都是 1，而且对角阵的对应单元互为倒数，那么就只剩下三个比较对象了。

- $C_{1,2}$ 是焊接板材方案的材料成本（A）和铆接板材方案的材料成本（B）的比值，该值为 1，因为其成本相同。

- $C_{1,3}$ 是焊接板材方案的材料成本（A）和整体铸钢方案的材料成本（B）的比值，A 的材料比 B 的材料略微昂贵，所以比值被定义为 1/3（如果 0.10 美元/lb 成本差距对于决策者来说很明显的话，这个比值可能会被定义为 1/5，1/6，…，1/9）。

- $C_{2,3}$ 是铆接板材方案的材料成本（A）和整体铸钢方案的材料成本（B）的比值，因为铆接板材方案与焊接板材方案的材料成本相同，所以比值 $C_{2,3}$ 应该和 $C_{1,3}$ 都是 1/3，这也同时体现了矩阵的一致性。

对于设计方案材料成本的矩阵 C 和 P_i 的建立见表 7.13。注意到本例中一致性检查是不重要的，因为设定矩阵 C 的数值时，其关系是很明显的。

依次对其他五个设计准则进行评价，得到所有方案的优先权向量 P_i。见表 7.14，向量 P_i 将按如下方法来确定［FRating］决策矩阵。

[一]　T. L. Saaty, *Journal of Multi-Criteria Decision Analysis*, vol. 6：324-335，1997.

表 7.13　材料成本设计准则的方案评价

材料成本比较矩阵 *C*			
	焊接板材	铆接板材	铸钢
焊接板材	1.000	1.000	0.333
铆接板材	1.000	1.000	0.333
铸钢	3.000	3.000	1.000
总计	5.000	5.000	1.667

标准化成本比较矩阵 *C*			
	焊接板材	铆接板材	铸钢	选项优先向量 *P_i*
焊接板材	0.200	0.200	0.200	0.200
铆接板材	0.200	0.200	0.200	0.200
铸钢	0.600	0.600	0.600	0.600
总计	1.000	1.000	1.000	1.000

一致性检查		
权重综合向量 $W_s = C \times P_i$ [①]	选项优先向量 *P_i*	一致性向量 $\{\text{Cons}\} = W_s / P_i$
0.600	0.200	3.000
0.600	0.200	3.000
1.800	0.600	3.000
	{Cons} 中的平均值 =	3.000
	一致性指数，*CI* =	0
	一致性比率，*CR* =	0
	是否一致？	是

注：$n=3$，$RI=0.52$，λ 估计；$(\lambda-n)/(n-1)$；CI/RI；$CR<0.10$。
① 权重综合向量 W_s 可在 Excel 中使用函数 MMULT 计算。

表 7.14　决策矩阵

[**FRating**]			
选择准则	焊接板材	铆接板材	铸钢
材料成本	0.200	0.200	0.600
制造成本	0.260	0.633	0.106
可维修性	0.292	0.615	0.093
耐久性	0.429	0.429	0.143
可靠性	0.260	0.633	0.105
生产周期	0.260	0.633	0.106

5. 确定最佳设计方案

一旦所有设计方案的等级确定了，就可以获得每个设计方案独立的、一致的优先权矩阵，接下来就用 AHP 法来选择最佳设计方案。该过程总结如下：

1）编制最终的评价矩阵 [FRating]。每一个 P_i 都会被转置而成为评价矩阵 [FRating]。表 7.14 是一个 6×3 阶矩阵，用于描述每一准则所对应备选设计方案的相对优先权。

2）计算评价矩阵 $[\text{FRating}]^T \{W\} = \{$选项值（Alternative Value）$\}$。矩阵的乘法是可行的，因为是 3×6 阶的矩阵乘以 6×1 阶的矩阵，这就会得到一个列向量，即设计方案的分值。权重向量 *W* 在表 7.9 中计算。

3）在备选设计方案中选择最高分值的设计方案。

显然三个方案中铆接方案分值最高，见下表。

	选 项 值
焊接板材设计	0.336
铆接板材设计	0.520
整体铸造	0.144

既然这个结论与表 7.7 中所用的权重设计矩阵方法得出的结论是相同的，有些人可能会质疑 AHP 的价值。AHP 的优势在于设计准则的权重是用更系统的方式确定的，并且要进行一致性检查。此外也建立了设计选择过程的模板（假设使用 Excel 软件），同时，决策者不同的假设可以用来测试方案选择的灵敏度。

本节用 Excel 来实施 AHP。本议题的补充参考信息见穆尔（Moore）等人著作⊖中的决策模型部分。AHP 的普及程度可以由提供 AHP 培训和软件工具的咨询公司的数量看出，例如，一个称为"专家选择"的商业软件包（http://www. expertchoice. com）。

7.8　本章小结

在设计过程的所有阶段中，都需要从一组备选方案中做选项决策。做决策的过程包括理解决策和决策者的本质。这些主题由决策理论和效用理论处理。设计中的决策需要产生选项，预测每个选项对结果的期望，决定按照一组标准评价备选方案的方式，实施数学上有效和一致的选择过程。

对设计备选方案的物理行为进行建模是进行良好工程决策的前提条件。第 7.4 节论述了设计者可用的各种模型，并提供整个工程设计阶段可用的逻辑建模方法。这一节所给出的例子经过定制以与模型相匹配，这一模型具有在概念设计阶段可用的概念细节。

设计备选方案的第一次评估应该是基于满足绝对标准的筛选过程（例如功能可实现性、技术准备、约束满足）。本章给出了三种常用的用于决策的设计工具：Pugh 法、权重决策矩阵和 AHP。每种工具都可以进行备选方案的比较以做出选择。

有必要特别指出的是 Pugh 法的使用事项。这种评价工具在工科学生中被频繁使用。然而，学生通常没有意识到：创建 Pugh 图所得到的数字，其重要性弱于在这一过程中活跃的团队参与所带来的对问题和方案概念的洞察。创建 Pugh 图是一项集中的团队训练，通常会产生改进的概念。

现代工程的现实是，在备选设计方案中做出选择时，仅有工程性能的分析是不够的。越来越需要工程师们早在概念设计阶段就把一些其他影响结果（例如，市场特性和按期发布产品的风险）的因素考虑在决策过程中。

新术语和概念

绝对比较	预期值	优先权
层次分析法（AHP）	评价	Pugh 概念选择法

⊖　J. H. Moore（ed.），L. R. Weatherford（ed.），Eppen，Gould，and Schmidt，*Decision Modeling with Microsoft Excel*，6th edition，Prentice-Hall，Upper Saddle River，NJ，2001.

基于决策的设计	边际效用	比例标度
决策树	最大化策略	相对比较
确定性决策	最小化策略	效用
风险性决策	目标树	价值
不确定决策	顺序标度	加权决策矩阵

参 考 文 献

Clemen, R. T.: *Making Hard Decisions: An Introduction to Decision Analysis,* 2nd ed.,
    Wadsworth Publishing Co., Belmont, CA, 1996.
Cross, N.: *Engineering Design Methods,* 2d ed., John Wiley & Sons, New York, 1994.
Dym, C.I. and P. Little: *Engineering Design,* 3rd ed, Chap. 3, John Wiley & Sons, Hoboken,
    NJ, 2008.
Lewis, K.E., W. Chen, and L.C. Schmidt: *Decision Making in Engineering Design,* ASME
    Press, New York, 2006.
Pugh, S.: *Total Design,* Addison-Wesley, Reading, MA, 1990.
Starkey, C. V.: *Engineering Design Decisions,* Edward Arnold, London, 1992.

问 题 与 练 习

7.1 建立一个简单的个人决策树（不含概率的）来确定在一个多云的天气你是否要带伞去上班。

7.2 你是某公司的所有者，公司决定投资以研发一种家用产品。而且你已经知道有其他 2 家公司也正在试图进入这一市场，这 2 家公司的产品与本公司的一款产品很类似。第 1 个公司名为 Acme，定位于该家用产品的基本型，第 2 个公司名为 Luxur，其家用产品增加了辅助特性，而一些终端用户并不需要 Luxur 公司产品的辅助功能。当本公司发布产品时，这两个公司已经推出其产品。你要设计本产品的三个型号，然而，资源的局限性使你只能发布某一型号来投放市场。

a_1 型是不带任何附加功能的基本功能型，你设计的 a_1 型产品在质量上远远超过了 Acme 公司的产品，但却增加了成本。

a_2 型增加了控制功能以改变输出量，Acme 公司的产品没有该功能，而 Luxur 公司的产品具有该功能；a_2 的价格介于两者之间。

a_3 型是豪华的、高品质的高端产品，它拥有超过 Luxur 公司产品的所有功能特性，其价格也高于 Luxur 公司的产品。

本公司优秀的营销团队已经得出下面表格中的数据，总结了本公司及两个竞争公司的预期市场占有率。然而，不知道本公司发布产品时，竞争公司的产品是否已投放市场。

本公司产品的预期的市场占有率图

投 放 型 号	当产品 a_x 投放市场的竞争者		
	Acme	Luxur	Acme 和 Luxur
a_1	45%	60%	25%
a_2	35%	40%	30%
a_3	50%	30%	20%

你必须确定要研发和发布哪一种型号的产品：a_1，a_2，a_3？

（a）假定你知道哪一个竞争对手未来会出现在市场上。在三个可能条件下，请选择所要发布的产品型号。

（b）假定你有竞争对手可能要进入市场的内部消息。你知道，本公司发布产品时，Acme 的产品单独投放市场的可能性是 32%，Luxur 的产品单独投放市场的可能性是 48%，两公司的产品同时投放市场的可能性是 20%。

(c) 假定你没有竞争对手行动的任何信息，要求你做决策时非常保守，这样即使竞争很激烈，本公司也能获得最大的市场份额。

7.3 下面的决策涉及是否开发某微处理器控制的机床。配有微处理器的高技术机床的开发费用达 400 万美元，而低技术机床需要 150 万美元开发费。但是用户选择低技术机床的概率很低（$P = 0.3$），而高科技机床的概率很高（$P = 0.8$）。预期的回报（未来收益的现在价值）如下表所示：

	较强市场认可度	较小市场认可度
高技术	$P = 0.8$	$P = 0.2$
	预期的回报 = 1600 万美元	预期的回报 = 1000 万美元
低技术	$P = 0.3$	$P = 0.7$
	预期的回报 = 1200 万美元	预期的回报 = 0

如果低技术机床不能很好地满足市场的认可（其较低的价格与其性能相比的优势也是一个优势），升级为微处理器控制的费用是 320 万美元。那么它将有 80% 的市场接受度，并产生 1000 万美元的回报。而不升级的机床只有 300 万美元的净利润。画出决策树，并确定在预期净利润值和机会损失的基础上你会怎么做。机会损失是每一个策略的回报和成本的差值。

7.4 连杆的原型被设计为 10ft 长，有一个矩形的十字部分宽 $w = 2in$ 和 $b = 1in$。材料是热处理钢，弹性模量为 $30 \times 10^6 \, lbf/in^2$。连杆将承担轴向的拉伸负载。连杆将被建模并测试，使用软的、易加工的铝合金，弹性模量为 $10 \times 10^6 \, lbf/in^2$。模型在测试中必须维持有弹性的。铝合金的屈服强度是 20000psi（或 lbf/in^2）。因此，模型不能像原型一样加载。可以判断模型上的每一磅加载都等于原型上的 10lb。现在我们需要基于比例关系决定模型的尺寸。

(a) 获得预测的原型挠度 δ_p 与模型挠度 δ_m 间的比例关系。

(b) 决定模型在最大可能挠度时的几何、负载、拉伸比例因数和 δ_p。

7.5 在追求环保设计中，在很多快餐店用纸杯代替了泡沫塑料杯。但纸杯隔热性差，常常很烫手。一个设计团队正在研究一个更好的可回收的咖啡杯。该设计方案有：（a）标准的泡沫塑料杯；（b）有把手的刚性注塑杯；（c）具有厚纸板套的纸杯；（d）有能拿出来把手的纸杯；（e）具有蜂窝网壁的纸杯。

评价杯子的工程设计特征如下：

1）手的温度。

2）杯子外面的温度。

3）材料的环境影响。

4）使杯子壁产生凹陷的压力。

5）杯子壁的孔隙率。

6）制造工艺的复杂程度。

7）杯子便于叠放。

8）客人使用方便。

9）咖啡温度的时间损失。

10）大批量生产时杯子的预估制造成本。

运用以上快餐用咖啡杯的知识，用 Pugh 法来选出最好的设计。

7.6 下图是右直角电钻的开关的四个改进设计的概念草图。选择一组开关的标准。使用这一信息来准备 Pugh 图，并从给出的备选方案中选出最佳选择。概念 A（图 a）对现有开关做出的更改最小，并且将其作为数据。概念 B（图 b）增加了三个按钮和反向开关。概念 C（图 c）是一个轨道和滑道设计。概念 D（图 d）是一个使操作现有开关更容易的附件。

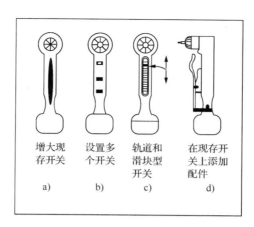

增大现存开关 a)　　设置多个开关 b)　　轨道和滑块型开关 c)　　在现存开关上添加配件 d)

7.7　对于运动型多用途乘用车（SUV）的四种初步的设计的特征如下表所示。首先，看看你是否能得到相同的权重因子？然后运用加权决策矩阵计算哪一个设计方案有最大的优势？

特　　征	参　数	权　重　因　子	方案 A	方案 B	方案 C	方案 D
耗油量	mile/gal	0.175	20	16	15	20
范围	mile	0.075	300	240	260	400
舒适性	等级	0.40	差	非常好	好	平均
易于切换	等级	0.07	非常好	好	好	差
四轮驱动						
承载能力	lb	0.105	1000	700	1000	600
维修成本	5 件平均	0.175	700 美元	625 美元	600 美元	500 美元

7.8　使用层次分析法重新做 7.7 题。根据 AHP 方法为特征决定你自己的权重因数。然后继续应用 AHP 直到能够使用你的权重因数为顾客推荐最佳设计。

第8章 实体设计

8.1 引言

前面章节已经介绍了工程设计过程的概念设计阶段，该阶段形成了一些设计概念，通过评估生成了用于进一步开发的单个或一小部分概念集合。该阶段初步确定了产品的部分主要尺寸，并尝试性地选定了主要零件和材料。

设计过程的下一个阶段通常称为实体设计。在这个阶段中，将形成设计概念的物理形式，以此为依据，就像"为骨架填上血肉"一样进行后续的设计过程。这里，将实体设计阶段分为以下三个部分（图8.1）：

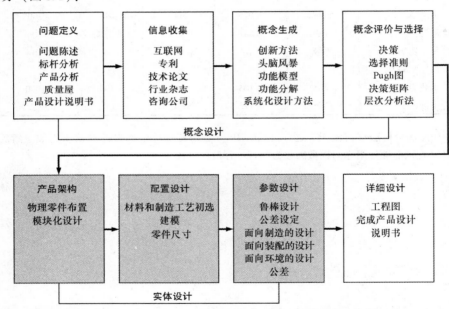

图8.1 设计过程的基本步骤表明实体设计包括建立产品架构、进行配置设计和参数设计

- 产品架构——确定设计主体的物理部件的组织方式并形成分类，这些分类称为模块。
- 配置设计——设计特殊部件以及选用标准零部件（如泵或发动机）。
- 参数设计——确定零件或零件特征的准确值、尺寸或公差等与质量关键点相关的参数。

同时，本章还讨论了诸如确定零件尺寸、通过设计以提高美学价值和完成既用户友好也环境友好的设计等重要内容。这些内容仅仅是一个好设计需要满足的一小部分要求。因此，本章列出了一系列完成设计过程中需要考虑的其他因素并告诉读者本书哪些部分详细介绍上述内容。

8.1.1 设计过程各阶段相关术语的解释

描述工程设计的作者使用不同术语来命名设计过程的各阶段，理解这一点是很重要的。几乎所有人都同意，设计的第一个步骤是问题定义或者需求分析。一些作者认为"问题定义"是设计过程的第一阶段，但与绝大多数设计者相同，本书将"问题定义"视为概念设计的第一阶段（图 8.1）。本章所述的设计阶段称为实体设计，通常也称为初步设计。在图 2.1 所示的产品设计流程（PDP）中也称为系统级设计。实体设计这一术语是由帕尔（Pahl）和贝茨（Beitz）[一]提出的，并且为大部分欧洲和英国的设计作者所采纳。延续这一用法，使用诸如概念设计、实体设计和详细设计等术语，因为这些术语能更形象地描述其各自代表的设计阶段将具体开展哪些工作。

然而，对设计阶段做这样的划分随之带来了新的问题，就是设计过程的第三阶段（详细设计）具体需要做哪些设计工作。虽然设计的最后一个阶段都称为详细设计，但所涉及的设计活动却不尽相同。在 20 世纪 80 年代以前，详细设计需要完成的是确定最终的尺寸与公差，并且将设计的所有信息收集起来制成"施工图"和物料清单。然而为了在设计过程中尽早做出决策，缩短产品研发周期，随着计算机辅助工程方法的运用，尺寸与公差的确定前移，归属到实体设计中。与在设计流程的最后阶段——详细设计过程中发现设计错误而返工所造成的损失相比，这样不仅节省了时间，而且还节约了设计更改成本。大部分零件的设计细节是在参数设计过程中确定的，然而详细设计阶段仍然需要为生产加工的准备工作提供所有零件完整和准确的信息。正如第 9 章将要介绍的，详细设计不仅仅是详细的工程图，而是越来越多地集成到信息管理中。

再次回到对于设计术语的讨论，需要认识到，除了机械工程，其他工程学科常常使用不同的术语来描述设计过程的各阶段。例如，对于钢结构建筑和桥梁，有的教材使用概念设计、设计开发和施工设计来描述，而有的教材用概念设计、初步设计和最终设计来描述。由于化学工艺系统设计的重点是把诸如管路和蒸发器等标准零部件组合在一个经济的工艺系统中，因此在一本长期使用的描述化学工艺设计的教材中，就使用术语初步（快速测算）设计方案、详细测算设计方案以及最终工艺设计方案来描述本书中的三个设计阶段。

8.1.2　理想化的设计过程模型

需要认识到，图 8.1 所示内容至少在两个方面没有充分反映设计过程的复杂性。图 8.1 对设计过程的描述是按顺序进行的，每两个阶段之间有明显的界线。如果待解决问题的设计过程可以被简单地描述成为连续的步骤，那么工程就简单多了，而事实往往并非如此。图 8.1 中每一个阶段都应该连接一个箭头到它之前的阶段。这样才更贴近实际，也说明了实际上在设计过程中发现更多的信息时需要进行设计变更。例如，经过失效模式及后果分析后，需要额外增加零部件重量，这一要求所带来的系统重量增加，就需要回过头来去加强支撑件。信息的收集与处理也不是离散的事件，它出现在设计过程的每一个阶段，而且在设计过程后期所获得的信息也需要对在设计过程前期已做出的决策进行必要的修改。

图 8.1 给出的第二个简化意味着设计过程是线性的。为了便于学习，把设计过程按时间段划分，但是在第 2.4.4 节的并行工程中也提到，同时开展某些设计工作是缩短研发周期的关键。因此，这就使下列现象的存在成为可能。在设计团队中，一部分成员在对已完成设计的分总成进行试验验证，一部分成员还在确定管径，另外一部分成员在设计其他零部件的工装模具。不同团队成员时常同时开展不同设计阶段中的工作。

[一]　G. Pahl and W. Beitz, *Engineering Design: A Systematic Approach*, First English edition, Springer – Verlag, Berlin, 1996.

不是所有的工程设计都具有同样的方式或者难度级别[一]。很多设计都是常规设计，所有可能的解决方案都已知，并且常常在法规和标准中给出。因此，常规设计中，确定设计的属性及其达到该属性的策略和方法都已经明确。对于适应性设计，并非所有的设计属性都可提前获得，但产生设计方案的知识是已知的，尽管不用增加新知识，但解决方案也是新颖的，也同样需要用新策略和方法来获得新的解决方案。对于原创性设计，起初既不知道设计的属性，也不知道获得该属性的明确策略。

概念设计阶段是原创性设计的核心。而另一极端对应的是选择性设计，它是常规设计的中心任务。选择性设计包括从同类产品序列中选择标准件，如轴承和致冷风扇。这听起来好像很容易，但实际上可能会十分复杂，因为同类别的标准件非常多，其特性和规格的差异又很小。在此类设计中，这些零件具有明确特性的"黑箱"，设计人员选择满足需求的最合适零件即可。而在选择具有动力学特性的零部件（电动机、变速器和离合器等）时，其特性曲线和传动功能也必须得到充分细致的考虑[二]。

8.2 产品架构

产品架构是指实现其功能需求的实体零件之间的组织结构形式。产品架构在概念设计阶段就开始出现了，例如功能结构图、概念草图或者概念验证模型。然而，在实体设计阶段，产品的布局与架构是通过确定产品的基本结构单元及其接口来建立的（一些机构也将其称为系统级设计）。需要注意的是，产品架构与其功能结构相关，却没有必要与之相匹配。在第6章中，功能结构以生成设计概念的形式来确定。一旦选择了某设计概念，就要选定产品架构以得到实现功能的最优系统。

构成产品的物理结构单元通常称其为模块，也可以称为子系统、分总成、簇或者组块。每个模块都由可以实现其功能的一系列零件组成。产品架构是根据产品中零件间关系以及产品功能而确定的。产品架构有两种截然不同的形式，一个是模块化的，另一种是集成化的。模块化架构的系统是最常见的，此类系统通常是一些标准化模块和定制零部件的混合体。

模块间的连接接口（或称为界面）对于实现产品功能非常重要。这些接口往往会出现腐蚀和磨损。除非接口设计得很合理，否则将引起残余应力、额外变形和振动。例如，内燃机活塞与燃烧室的连接，计算机显示器和中央处理器的连接等。接口的设计应尽可能简洁和稳定（第8.4.2节）。在设计中，应尽可能选用设计者和零部件供货商都非常了解的标准接口。个人计算机就是一个非常突出的使用标准接口的例子。个人计算机可以从不同的供货商那里获得不同的零件，按照使用者的需要逐个组装。USB接口可以将各种控制器、打印机和个人掌上电脑（PDAs）连接到计算机上。

8.2.1 集成化架构

在集成化架构中，产品功能通过一个或少量几个模块来实现。在集成化产品架构中，一个零件要实现多种功能，这样就减少了零件的数量，在不增加零件的复杂度到一定的程度时，也会降低成本。以简易撬棍为例，一个零件既提供了杠杆功能，又起到了把手的作用。一个复杂点的例子，如宝马R12005型号摩托车变速器，它还在结构中起到支撑作用，这样既降低了重量也节省

⊖ M. B. Waldron and K. J. Waldron（eds.），*Mechanical Design：Theory and Methodology*，Chap. 4，Springer-Verlag，Berlin，1996.

⊖ J. F. Thorpe，*Mechanical System Components*，Allyn and Bacon，Boston，1989.

了成本。具有超过一个功能的零件实现了功能共享。

当产品在受到重量、空间或者成本的约束下很难达到所需性能时，就可采用集成化产品架构。零件集成的另一个主要原因是面向制造和装配的设计（DFMA），它要求产品零件数量最少化（第 13 章）。最小化成本驱动的零件集成与集成化产品架构之间存在着自然的平衡关系。因此，产品架构对制造成本就有着很重要的影响。在确定集成化结构以及上述平衡关系的设计初期，就应进行 DFM（面向制造的设计）研究。这种平衡关系是，由于零件需要提供多种功能，那么外形和特征就会变得更加复杂，同时又需要平衡集成化架构设计，因此会给制造增加更多成本。

8.2.2　模块化架构

模块化架构使得产品升级变得容易很多。不同用户可以通过增减不同的模块来满足自己的需求。如果产品退化了，可以更换磨损或报废的零件；产品在使用寿命结束后，还可用于再制造。模块化设计甚至可用于多种使用相同基础零件的产品，以形成产品族。这种标准化模式使零件的产量更高，也有可能由于适当经济模式而达到节约成本的目的。一个典型的多用途模块零件的例子是可充电电池组，常用在手持电动工具、园艺工具以及其他类型的仪器中。

在模块化架构中，每一个模块具备一个或几个功能，而且模块间的相互作用清晰明确。以个人计算机为例，不同的功能可以通过外部的存储设备或特殊的驱动程序而获得。

模块化架构也可以缩短产品研发周期，这是因为明确制定的接口并为相关方所接受时，各模块就可以独立研发了。一个模块的设计可以交付给个人或者小的设计团队去完成，因为其作用关系以及约束方式的决策都仅限于模块内部。这种情况下，不同设计小组之间的交流就主要集中在模块间的接口上。然而，如果一个功能需要由两个或更多模块共同完成的话，那么接口问题就变得更具有挑战性了。这也解释了为什么常常将高度模块化子系统分包给外部供货商，或者给本公司其他区域的分支机构，如汽车座椅。

根据模块连接到产品主体的界面类型的不同，模块化架构可以分为三种形式：槽型、总线和组合型。对于任何一种模块化架构类型，其功能单元和物理产品是一一对应的，而且有定义明确的接口。三种模块化架构形式的不同之处就在于模块间的接口不同，从图 8.2 中可以看到这些差异。

　　槽型模块架构　　　　　总线模块架构　　　　组合模块架构

图 8.2　三种模块化架构

- 槽型模块架构。任意两个零件的接口类型不同。这是最常见的模块化架构类型，因为不同的零件为了在产品中发挥自己的作用对接口的连接方式有着不同的要求。例如，汽车收音机与 DVD 播放器无法互换插口。
- 总线模块架构。在该架构类型中，零件可以安装在通用的接口或者"总线"上。这样，零件间可简单地进行互换。如在电子产品中普遍应用的电源插板就属于此类架构。在机械系统中也同样存在此类模块架构，例如货架系统。
- 组合模块架构。在该架构类型中，所有零件的连接接口都是通用的，但两个模块并不接触，模块是通过另一个连接件的接口连接的，如管道系统。

8.2.3 模块化与大规模定制

人类社会在大批量生产的探索中获得了巨大利益，面向庞大的同质化消费者市场，大规模生产使得大部分消费产品的单价大幅降低。然而，当前市场竞争环境使得上述情况越来越难以维系，顾客越来越倾向于选择多样化、独特的产品。因此，人们开始寻找价位合理、样式足够多、定制化（大规模定制）的产品的方法，以使得每个人都可以买到自己真正需要的产品。此类产品同时具备范围及规模经济效应。设计具备模块化架构的产品是实现大规模定制的最优方法之一。

在产品设计和制造中，应用模块化有以下四种不同策略：

- 零件共享模块化。当使用相同零部件来制造一系列相似产品时采用该模块化方式。例如，在设计电池驱动的系列手动工具时，使用相同的充电电池，通过制造的经济规模降低了成本，同时也是营销的一个卖点，因为用户在使用不同的手动工具时，只需一个充电器即可。
- 零件交换模块化。当更换一个零件或部件即可得到系列产品时采用该模块化方式。汽车是个典型的例子。消费者购买了同一款式的汽车时，通过挑选不同的配置使各自的汽车互不相同。用户可以订购或选择电动车窗、电动门锁和电动座椅调节的电动套装。一旦汽车开始使用，再想把自动门更换为手动门锁模块就困难多了。模块选择必须在总装前确定。另一个例子如某些冰箱，它们提供了取水和取冰选项。通过开发模块设计架构，制造过程就出现了不同的变化。
- 量体裁衣式模块化。这是一种定制策略，即在一定范围内调整零件的参数和特征以得到系列产品。衣服裁剪就是此类模块化的一个实例。其他的还有如百叶窗、货架和房屋板壁等。
- 平台模块化。当产品由装配在同一基础构件上的许多模块组成，并与总线模块类似时采用该模块化方式。汽车就是个例子。现在，汽车厂商常常选用相同的车架来设计不同的汽车。在汽车行业，采用通用平台进行设计是必要的，因为制造车架的工艺装备需要大量投资，同时每年生产商还要为新车型进行不断的市场宣传。

8.2.4 可预算资源

在任何设计中，至少存在一种稀缺资源需要仔细分配或预算。若成本或者性价比成为首要考虑因素，通常其他的设计变量也适用于此范畴，例如重量、容积、计算机芯片的温度上升、电池寿命以及油耗等。

建立产品架构是设计过程中的首要任务，同时也要完成资源预算工作。为了达到有效的资源预算，需要设计团队根据资源预算的需求做出决定。此外还需要专人负责分配跟踪资源。所有的设计成员必须清楚地知道他们各自的配额，定期地通知他们还有多少限额资源可以使用。

8.3 构建产品架构的步骤

实体设计的第一项任务是确定产品架构。产品子系统，即模块或组块将被定义，各模块间的组合细节将被确定。要确定产品的架构，设计人员需要定义产品的几何边界，并且把设计元素布置在产品内部。设计元素既包括功能元素也包括物理元素。功能元素是指产品设计说明书要求实现的功能。物理元素是指实现功能所需的零件、标准件以及专用件等。下文中将会提及，在产品架构的构建阶段，并不是所有的产品功能都能在零件层级上得到合理实现，因此要求设计人员必须在架构上为功能的物理实现留下空间。功能元素以占位符方式分布在设计布局中。

产品架构的构建过程是将物理元素和功能元素聚类成组（通常称为组块），以实现特定功能或一系列功能。然后在产品总体物理约束限制下，根据组块之间的关系确定每个组块的相互位置和方向。

乌尔里希（Ulrich）与埃平格（Eppinger）[○]提出了构建产品架构的四步流程：

- 创建产品示意图。
- 对示意图中各元素进行聚类。
- 创建初步的几何布局。
- 确定模块间的作用关系。

8.3.1 创建设计原理图

原理图可以确保整个团队了解生产一个可操作的设计产品所需要的基本元素。其中，部分元素是为了完成设计所需要的零部件，例如篮球返回弹床。其他元素有可能仍然以功能性形式存在，这主要是因为此时设计团队还没有确定此功能性的具体体现零件，例如篮球弹床返回机制。详见图 8.3 所示投篮伙伴的原理图。

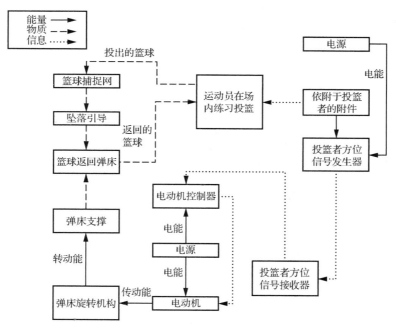

图 8.3 投篮伙伴组件间能量流、物质流和信息流的原理图

原理图的构建可以从功能结构开始，如图 6.8 及图 7.7 所示。需要注意的是，在功能性分析中所用到的能量流、物质流及信息流在整个原理图中都可追踪。

在确定原理图的详细程度时需要进行判断。总体来说，确定初始产品架构使用的元素一般不超过 30 个。同时，要认识到原理图不是独一无二的。在设计中要考虑方方面面，探究的选择方案越多（即迭代次数越多），获得良好解决方案的机会就越大。

○ K. T. Ulrich and S. H. Eppinger, *Product Design and Development*, 4th ed., McGraw-Hill, New York, 2008.

8.3.2　原理图元素的聚类

确定产品架构的第二步骤是将原理图的元素聚类成组。其目的是完成设计元素（组块）的分配排列以形成相应的模块。如图8.4所示，已经建立的模块包括：①篮球捕捉模块；②篮球返回模块；③返回定位模块；④返回控制模块；⑤投篮者方位模块；⑥红外线接收器模块。图8.4中另一有意思的特征是两个模块之间（返回定位与返回控制）共用一个供电电源。这说明模块3和4之间存在设计交集，这也是工程设计的本质。当然，原理图中也可以罗列出两个单独的供电电源，但设计师依然会不可避免地只选择用一个。

一种形成模块的方法是，先假设所有设计元素是独立的模块，然后再聚类以实现其优势或共性。元素聚类的原因包括：①需要有相近的几何关系或精确的定位；②元素间可共享一个功能或接口；③需要外包；④接口的可移植性。例如，数字信号比机械运动更容易转换，更易于配送。对相同流的元素进行聚类是很自然的事情。其他影响聚类的因素有：标准零部件或标准模块的使用，将来产品定制的可能性（制造产品族），或技术升级的可能性。

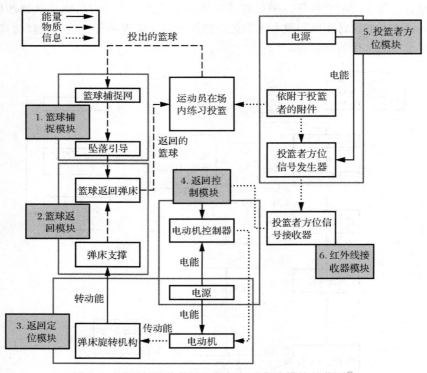

图8.4　展现投篮伙伴的组件如何聚集成模块的草图

8.3.3　创建初步几何布局

几何布局的构建要求设计者研究模块间是否有几何、热或者电子方面的干涉。初步布局是在可能的物理配置中确定模块的位置。对于一些问题而言，二维图就足够用了（图8.5），但是对于其他一些问题来说，就需要使用三维模型（实物模型或计算机模型均可）。

─ 改编自 Josiah Davis, Jamil Decker, James Maresco, Seth McBee, Stephen Phillips, and Ryan Quinn, "*JSR Design Final Report: Shot - Buddy*," unpublished, ENME 472, University of Maryland, May 2010.

图 8.5 所示投篮伙伴的几何布局显示投
篮者方位模块与产品其他模块之间都没有接
口界面。篮球捕捉模块与其他零部件也没有
连接结构,但它是安装在篮筐和篮板上的
(这在布局图中没有显示)。以下三个模块之
间存在接口界面:篮球返回模块、返回定位
模块和返回控制模块。这些模块之间的相互
作用必须进行分析、设计。为避免对感应器
或者定位零件产生有害影响,在设计过程中
必须充分考虑振动和电磁干扰。公差和几何
也需要考虑,以保证所有零部件互相良好匹
配。从能量流和材料流的角度,与其他三个
模块的相互关系同样需要考虑,但是不能存在直接的干涉问题。

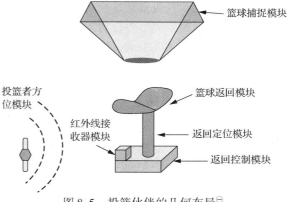

图 8.5　投篮伙伴的几何布局 ⊖

在一个可接受的布局图中,所有的模块(已初步定义尺寸的)需要适合于最终设计的范围。
如果在使用环境中存在与最终设计相互影响的目标,那么在布局图中就需要将其展示出来。在
布局图的评审过程中,设计人员需要指出系统的运动方向,以保证系统在运行过程中没有物理
干涉的现象发生。有时即使尝试了多种选择,可能也得不到可行的几何结构布局。这就意味着需
要返回到上一步,重新安排模块中的元素,直到得到可接受的布局为止。

8.3.4　交互方式及性能特征的确定

确定产品架构过程中最关键的任务是准确地构建模块间的交互作用方式以及设定各模块的
性能特征。功能主要发生在模块的界面间,除非对每个模块进行仔细考究,否则确定接口将十分
复杂。因此在产品开发过程实体设计阶段的结尾,所有的产品模块都需要有完整的细节描述。每
一个模块的文档都需要包括如下信息:
- 功能需求。
- 模块及其零件的图样或草图。
- 构成模块的元素的初选。
- 产品内部布置的详细描述。
- 相邻模块接口的详细表述。
- 相邻模块间所期望的作用方式的准确模型。

模块描述中最重要的问题是接口的描述以及相邻模块作用方式的构建。模块间存在的相互
作用形式有四种:空间、能量、信息和物质。
- 空间作用关系描述了模块间的物理接口,存在于配合件和活动件之间。其描述空间作用
  关系的工程细节包括几何配合、表面粗糙度和公差。两个活动件之间空间接口的一个典
  型例子是,汽车座椅头枕与滑槽金属支架的连接关系。
- 模块间的另一重要的作用关系类型是能量流。能量流可以是按要求设计和转换的,例如
  将电流从开关传输到电动机;也可以是不可避免的,比如电动机转子与外壳间接触产生
  的热量。无论是主动的、还是被动的能量作用都应事先做出预测并进行描述。

⊖　改编自 Josiah Davis, Jamil Decker, James Maresco, Seth McBee, Stephen Phillips, and Ryan Quinn, "*JSR Design Final Report:Shot – Buddy*," unpublished, ENME 472, University of Maryland, May 2010.

- 模块间的信息流常常是控制产品运行的信号或反馈信号。有时，这些信号还需要多路输出以同时触发多个并行功能。
- 如果有产品功能需求，物料也能在产品模块间流动。例如，激光打印机中有的纸张要通过打印机中诸多不同的模块才能打印出来。

建立产品架构后，模块的具体设计通常可以独立进行。这样，可以将某个特殊子系统模块的设计任务分配给专业团队去完成。例如，电动工具的主流厂商将电动机设计视为公司的核心技术之一，组建了经验丰富、精通小型电动机设计的设计团队。在这种情况下，电动机模块说明书便成为设计团队的设计规范。产品设计被分解成一些模块设计任务的原因是重新强调承担独立模块设计任务的团队间进行清楚的沟通。

在模块的布置方面需要注意两个重要问题。一是要确保模块之间的接口设计可以使得邻近零件功能运转正常；二是确保零部件的接口可以正常装配，相关内容见第8.5.2节。面向装配的设计见第13章。

8.4 配置设计

配置设计中需要确定组件的形状和总体尺寸。详细的尺寸和公差在参数设计阶段确定（第8.6节）。组件这个术语是指专用件、标准件和标准部件⊖。零件是一个在制造过程中不需要装配的设计单元。零件用其孔、槽、壁、筋、凸起、倒角和斜面等几何特征来描述。特征的布置包括几何特征的位置和方向两个方面。图8.6中给出了将两块板材垂直连接起来时可能存在的四种物理结构。注意图中多种多样的几何特征以及每个形式的不同布置方式。

a)   b)   c)   d)

图8.6   直角支架可能存在的四种特征配置

a）平板弯曲而成   b）实心块机加工而成   c）三件焊接而成   d）铸造而成

标准件是具有通用功能的零件，它按规范制造，而不考虑特定的产品。例如，螺栓、垫圈、铆钉和工字梁。专用件是在特定生产线上为特定需求而设计加工的零件，如图8.6所示。装配体是两个或更多个零件的组合。子装配体是其他装配体中或子装配体中的零件组合。标准装配体是具有通用的功能、按规范制造的装配体或子装配体，例如，电机、水泵和减速器。

在前面章节中已经多次指出，零件形状或构形源于其功能。然而，形状的实现多取决于所用材料及其加工工艺。另外，可行的形状还依赖于产品运行及架构范围内的空间约束。这些关系如图8.7所示。

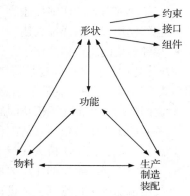

图8.7   功能、形状以及物料和生产
方式的相互关系（来自 Ullman）

⊖ J. R. Dixon and C. Poli, *Engineering Design and Design for Manufacturing*, pp. 1-8, Field Stone Publishers, Conway, MA, 1995.

总体来说，零件设计不可能在不考虑材料及其加工工艺的情况下进行。相关重要内容将在第 11 ~ 13 章中分别介绍。

进行配置设计时，要遵循以下几步[⊖]：

- 评审产品设计规范以及组件所属的子装配体的任何要求。
- 确定所设计的产品或子装配体的空间约束。大部分空间约束在产品架构中已经确定（第 8.3 节）。除了物理空间约束外，还要考虑人员操作需要（第 8.9 节）、产品生命周期相关的约束，如维护、维修或者回收拆解的途径。
- 建立和改善零件间的接口或者连接方式。同样，产品架构对该工作也应提供很多指导。很多设计工作都倾注在零件间的连接上，因为零件间的连接处经常发生失效。需要辨识转换最重要功能的接口，并且给予特别关注。
- 在花很多时间来进行设计之前，需要回答以下问题：该零件是否可以省略，或者是否可以归到其他零件中？从面向制造的设计（DFM）的学习中可以知道，大多数情况下，生产和装配数量更少、复杂度更高的零件比使用更多数量零件的产品节约成本。
- 是否能使用标准件或者子系统呢？通常，一个标准件的成本要低于一个专用件，但是两个可被一个专用件替换的标准件就不一定比它便宜了。

总体来说，开始配置设计最好的方法是绘制零件的可选配置结构。不要低估手绘草图的重要性[⊖]，草图对构思、将无关联的想法拼接到设计概念中起到非常重要的辅助作用。接下来，依据草图绘制一定比例的工程图，细节逐步增加，在工程图中补齐了所缺失的尺寸与公差数据，并为产品仿真（三维实体模型，见图 8.8）提供了载体。工程图对于设计工程师与设计师及制造人员之间的沟通是十分必要的，而且也是关于几何尺寸与设计目的的法律文件。

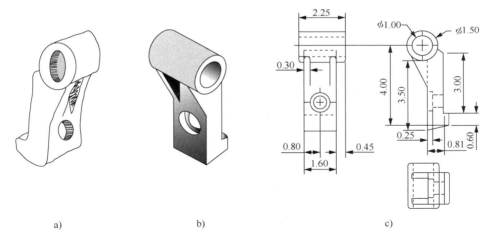

a)　　　　　　　b)　　　　　　　c)

图 8.8　草图到工程图的设计过程（注意在该过程中细节的增加）

a) 草图　b) 三维计算机模型　c) 详细工程三视图

考虑这样一项任务，应用配置设计来创造一个用螺栓连接两个平板的专用件。图 8.9 给出了有经验的设计师们可能考虑到的解决方法。注意，可供选择的螺栓类型、连接处的应力分布、螺栓与周围零件的关系、装配和拆卸能力等都是需要考虑的问题。设计师头脑中重点考虑的则可

⊖　J. R. Dixon and C. Poli, op. cit., Chap. 10; D. G. Ullman, *The mechanical Design Process*, 4th ed., McGraw-Hill, 2010.

⊖　J. M. Duff and W. A. Ross, *Freehand Sketching for Engineering Design*, PWS Publishing Co., Boston, 1995; G. R. Bertoline and E. N. Wiebe, *Technical Graphics Communication*, 5th ed., McGraw-Hill, New York, 2007.

能是形象描述设计如何被实际制造出来。

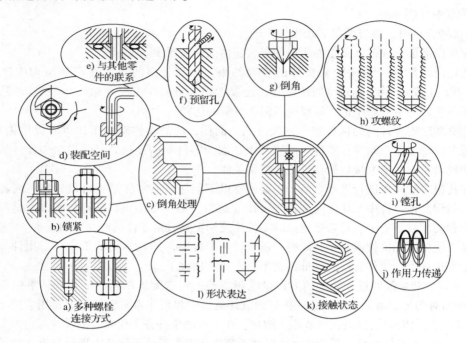

图 8.9　设计螺栓连接时设计人员所考虑的内容

（来自 Y. Hatamura，*The Practice of Machine Design*，Oxford. University Press，Oxford，UK，1999，p. 78. Used with Permission. ）

8.4.1　备选配置方案的生成

　　与概念设计一样，首次尝试的配置设计通常也无法获得最优设计方案，因此为每一个零部件提供多个备选方案是重要的。乌尔曼（Ullman）将配置设计描述为完善与修正设计[⊖]。完善设计是一项贯穿设计过程的自然活动，在该过程中不断为设计对象添加特性，将一个抽象的描述演变为一个高度详细的设计。图 8.8 给出了设计完善过程中细节是怎样添加的。图 8.8a 是一个托架的草图，图 8.8c 则是一个标有加工后详细尺寸的图样。修正设计是一项不改变设计的抽象概念而对设计进行改变的活动。完善与修正设计将改进上一步设计的缺点和不足，最终成功完成配置布置。

　　第 6 章表 6.2 中的头脑风暴法有助于修正设计工作的进行。

- "取代" 是指寻找其他可以替代当前想法的其他概念、零件或者特征。
- "组合" 是指使用一个组件来替换多个组件或提供多个功能。这样将得到整体化架构，减少零件数量，从而降低生产和装配成本。
- "分解" 是指与组合相对应的方法。新的零件和部件可以通过分解得到，充分考虑新结构是否会影响你对约束和零件间的连接方式的理解，是非常重要的。
- "放大" 指的是相对邻近组件，将组件的一些特征放大。
- "缩小" 指的是将组件的一些特征缩小。在极限情况下，这就意味着如果零件的功能可以从别处获得，那么就取消该组件。

　⊖　D. G. Ullman，op. cit.，pp. 260-264.

- "重置"是指重新配置组件结构或其特征。形状上的变化迫使设计人员要重新考虑如何实现组件的功能。另一个激励新想法的方法是重组功能在功能流过程中的顺序。

另一种激励修正设计的方法是应用第 6.7 节中介绍的 TRIZ 的 40 个创新原理。

尽管修正设计是获得好设计的必用方法，但是值得注意的是，如果在设计中有过多的修正设计，则会使设计工作遇到麻烦。如果你卡在某个特殊组件或功能的设计上，而且通过几次反复仍然得不到满意的结构，那么就值得去重新检查组件或功能的设计规范了。设计规范中的指标可能定得过高，经过重新考虑，在不严重影响产品性能时，也可以降低指标要求。如果这也不可行，那么最好返回到概念设计阶段，并着手构思新概念。由于已经有了对问题的深入理解和洞察力，就可能更容易想出更好的概念构思。

8.4.2 配置设计分析

对某个零件进行配置设计分析的第一步是确定零件满足功能需求和产品设计规范的程度。需要考虑的典型因素是强度和刚度，也包括可靠性、操作安全性、易用性、可维护性和可维修性等。表 8.1 完整地列出了"功能性设计"因素和其他关键设计问题。

表 8.1 典型的功能性设计和其他重要设计问题

因　　素	问　　题
强度	所设计零件尺寸是否可以保证应力低于屈服水平？
疲劳	如果循环加载，可以保持低于疲劳极限应力吗？
应力集中	零件的构形设计可以降低应力集中吗？
屈曲	压缩载荷下，零件的构形设计可以阻止屈曲吗？
冲击载荷	材料和结构有足够的抗断裂韧性吗？
应变和变形	零件是否有所需要的刚度和柔韧性？
蠕变	如果发生蠕变，是否将导致功能性失效？
热变形	热膨胀是否损害功能？可以通过设计解决吗？
振动	是否已设计新特征来减小振动？
噪声	噪声的频谱是否已确定？设计是否已考虑噪声控制？
热传递	热的产生和传递是不是性能退化的一个原因？
流体输送/存储	设计是否已充分考虑该项因素？是否满足全部法规要求？
能效	设计是否已考虑能耗和能效？
耐久性	评估服务寿命吗？腐蚀和磨损导致的退化是否已处理？
可靠性	预期的平均失效时间是多少？
可维护性	所规定的维护是否适用于该设计类型？用户可以操作吗？
可服务性	针对该因素是否开展特殊的设计研究？维修成本合理吗？
生命周期成本	是否已针对该因素进行了可信的研究？
面向环境的设计	是否已在设计中清晰地考虑了产品的再利用和处置？
人为因素/工效学	是否所有控制和调整功能标签已按逻辑布置？
易用性	所有写下来的安装和操作说明是否清晰？
安全性	设计是否高于安全法规以阻止事故？
款式/美学	款式顾问是否已充分确定款式满足用户品味且是用户想要的？

注意，前 14 个功能性因素设计通常被称为性能因素设计。如果是应力问题、流体力学问题、热传递问题或者传送问题，则要通过基于材料力学和机械设计基础的分析来解决这些技术问题。

绝大多数此类问题可以用手持计算器计算，或者使用标准或简单功能或性能模型个人计算机程序求解。对于重要零件的更进一步分析则在参数设计阶段加以解决，特别是用有限元法的场映射以及其他更高级的软件工具。除了前14个功能性因素外的因素是关于产品或设计特性的，需要根据其含义和测度加以专门解释。上述全部因素在本书中的其他各个部分都有相应详细的解释与说明。

8.4.3　配置设计评价

零件的备选配置设计方案应该在相同的抽象层次上进行评估。已经知道面向功能因素设计的重要性，因为需要用它们来保证最终设计的成功。应用于该决策的分析是初步的，因为本阶段的目标还只是在几个可行的结构方案中选择最优的方案。更多细节的分析则要推迟到参数设计阶段。评估的第二个重要准则是回答下面的问题："是否可以用最低成本生产高质量零件或部件？"理想的情况是设计过程的早期就能够预测零件的生产成本。但由于成本取决于生产零件的原材料和加工工艺，而且更大程度上取决于功能所要求的公差和表面粗糙度，因此在所有产品特性确定前预测成本是十分困难的。因此，根据面向制造和面向装配的最佳设计实践，人们提出了大量的指导原则来辅助该领域设计人员。第13章将讨论该话题，而第17章则是从细节上讨论成本评估。

第7章中讨论的 Pugh 图或加权决策矩阵，对于选出备选设计中的最优方案有很大帮助。标准的确定是管理人员或者设计团队根据从表8.1中选出的功能性设计因素确定的，这些因素是与质量以及面向制造的设计和面向装配的设计的成本相关的因素。由于上述因素不是同等重要的，因此权重决策矩阵是解决该问题的最佳方法。

8.5　配置设计的最佳实践

与概念设计相比，给出适合配置设计的方法要更困难，因为确定产品架构和零件性能的问题过于多样复杂。实际上，本书的剩余部分就是讨论这些问题，例如材料的选择、面向制造的设计、鲁棒设计等。然而，很多人认真仔细地思考过哪些因素构成了最优的实体设计最佳实践。下面列出了部分观点。

设计的实体设计阶段的总体目标是满足技术功能、经济可行的成本以及保障用户和环境安全性的需求。帕尔和贝茨给出了实体设计的基本原则，比如明确性、简洁性和安全性[⊖]。

- 明确性是指各个功能以及合理的能量流、物质流和信息流输入与输出之间的清晰明确的关系。这意味着不同的功能需求仍然保持独立状态，并在不需要的方式下不出现交互作用，就如同汽车制动和方向操纵功能。
- 简洁性是指设计不复杂以及易于理解、便于生产。这个目标通常以最小信息量设计来表现。一种最小化信息量的办法是减少零件的数量和复杂程度。
- 安全性是指应该通过直接设计加以保障，并非采用诸如防护装置或警示标签等辅助手段来解决。
- 最小环境影响是越来越重要的一个因素，因此被列为第四个基本指导原则。

⊖　G. Pahl and W. Beitz, *Engineering Design: A Systematic Approach*, 2nd ed., English translation by K. Wallace, Springer-Verlag, Berlin, 1996.

8.5.1 设计指南

帕尔（Pahl）和贝茨（Beitz）[一] 提出了大量的实体设计原理与指南，并且辅以详细的例子。特别是以下四点：

- 力传递。
- 任务分解。
- 自助。
- 稳定性。

1. 力传递

机械系统中很多零件的功能是在两点间传递力和力矩。这通常是由零件间的物理连接实现的。总体来说，作用力应该均匀分布在零件横截面上。然而，由于几何约束的原因，设计的构形通常造成作用力分布不均匀。一个可以看到力在零件和装配件之间如何传递的方法被称为力流可视化，它将力视为流动的线，与低湍流或磁通量类似。在这种模型中，力会选择有最小阻力的途径在零件中传递。

图 8.10 给出了叉杆连接的作用力流线。用线条描绘出力在结构中的流动路径，然后用材料力学的知识来确定在某个位置上主要的作用力类型是张力（T）、压力（C）、剪切力（S）或弯矩（B）。图 8.10 中用虚线描绘出流过各个连接点的力，沿着从左到右的路线，关键区域用锯齿线和数字连续标注：

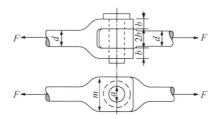

叉杆连接的侧视图和俯视图，由叉头（左）、销（中）、拉杆（右）组成

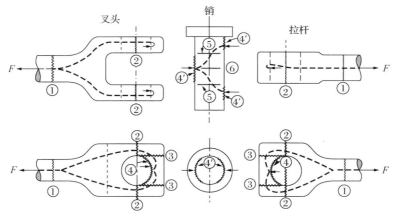

图 8.10 叉杆连接的作用力流线和危险截面

（R. C. Juvinal, *Engineering Considerations of Stress*, *Strain*, *and Strength*, McGraw-Hill, New York, 1967, p. 12. Used with Permission.）

一 G. Pahl and W. Beitz, op. cit., pp. 199-403.

　　a. 叉杆截面 1 处为张力载荷。如果在连接处有充足的材料和足够大的半径，那么下一个关键区域就是截面 2。

　　b. 在截面 2 处，由于孔的存在致使此处材料变薄，引起力流线聚集在一起。注意，由于对称设计，力 F 可以被平均分解到四个方向，每个方向上的力在关键截面上的作用面积都为 $(m - a) b$。截面 2 的载荷除了张力外还有弯矩（由形变引起）。弯矩载荷大小取决于零件材料的刚度。同样，销的弯曲也会造成叉头尖端的内边缘出现应力集中。

　　c. 截面 3 处为剪切力，有将用锯齿线标注的末端区域"挤"出去的趋势。

　　d. 截面 4 上是挤压载荷。如果分布在截面 1~4 的力足够大，那么力就会传递给销。销外部表面 4′ 上的力与面 4 上受到的力相同。挤压载荷的分布取决于材料的挠性。在任何情况下，接触区域内部的载荷最大。同样，承压应力出现在面 4′ 的与拉杆相连的销的中间段。由于销的形变，内部面 4′ 上的承压载荷在边缘处最大。

　　e. 区域 4′ 的承压载荷在销上就如同载荷在梁上一样，这使得最大剪切力出现在两个截面 5 处，而最大的弯矩出现在截面 6 的中心处。在力从销开始传送到拉杆后，它将逐步穿过 4、3、2、1 区域，对应于叉杆的连续数字标注的截面。

　　上述步骤提供了一个检查结构找到潜在薄弱截面的系统化方法。这些作用力流线聚集或者突然变向的区域一般是失效易发区域。力流和材料力学分析又引出了下面的减小弹性形变（增加刚度）的设计指南：

- 使用最短和最直接的力传递路径。
- 材料所受应力均匀的结构形状其刚性最好。使用四面体或三角形结构可以使拉、压应力均匀分布。
- 机器零件的刚度可通过增加横截面积或缩短零件得以提高。
- 为了避免力流线的突然变向，应该避免横截面的突然变化并使用大半径的边缘、槽和孔。
- 如果结构中出现间断处（应力集中源），比如孔，那么应该将其布置在低载荷的区域。

　　连接零件间的形变不匹配会造成不均匀的应力分布和不期望的应力集中。这种情况一般出现在冗余结构上，比如焊点。在冗余结构中，即使消除某个载荷路径仍然可以达到结构的静平衡态。如果出现了冗余的载荷路径，那么载荷将根据载荷路径的刚度按比例进行分解，刚度高的路径承担更大比例的载荷。如果要避免非均匀分布载荷问题，就要在设计中使得每个零件所受的力大体与其刚度成比例。注意，如果匹配件在形变上差别过大，那么刚度的不匹配会造成大的应力集中。

　　2. 任务分解

　　在机械设计中，经常提到如何严格地坚持功能明确原则。当某功能被认定为核心功能时，应设计一个独立完成该功能的组件，同时进行设计优化使其具备鲁棒性。一个零件承担几个功能（整体化架构）可以减轻重量，节省空间和成本，但是会影响某个单独功能的性能，而且也有可能为设计带来不必要的复杂性。

　　3. 自助

　　自助的理念是通过零件间的相互作用来改善功能。自增强组件的特性是当某项性能要求提高或环境变化时，零件会自动满足其需求。例如 O 形密封圈，压力越大密封效果越好。自损效应则恰恰相反。自我保护零件用于过度载荷情况下保障安全性。要达到这个目的，一个方法是在高载荷情况下提供一个额外的力传输途径，或者通过机械制动来限制挠曲。

　　4. 稳定性

　　设计稳定性在于当系统出现扰动后是否可以很好地恢复。船舶在高海浪下的稳定是一个经典案例。有时，不稳定性设计是有意的。例如，灯具开关的双向装置，该装置根据情况变化处于开或者关的状态，而不会出现中间态。稳定性问题应该使用失效模式与影响分析方法进行检测，见第 8.6.4 节和第 14.5 节。

5. 其他设计建议

本节给出了一些关于如何进行设计实践的补充建议[一]：

- 根据压力或荷载分布确定形状。弯矩和扭矩将导致应力的分布不均。例如，在自由端施加载荷的悬臂梁，在固定端获得最大应力，而在载荷点则没有应力存在。由于梁的大多数材料几乎都不承载，在这种情况下，就要考虑改变横截面的尺寸以达到应力的平均分布，这样可最小化材料的使用，从而降低重量、减少成本。

- 避免易于出现弯曲的结构。对于给定的长度，弯曲发生处的欧拉载荷与惯性矩（I）积成正比。但是，如果在横截面上的绝大多数材料都尽可能地远离弯曲轴线时，I 将会增加。例如，同等横截面的管材的抗弯能力是圆柱体的 3 倍。

- 应用三角形形状和结构。当零件需要强化或提高刚度时，最有效的方法是使用有三角形的结构。图 8.11 所示的箱形结构如果没有"抗剪腹板"将力 A 从顶部移到地面，那么就会破裂；三角形加强筋对力 B 起到了相同的作用。

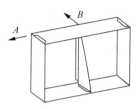

图 8.11　三角形结构在提高刚度中的应用

- 设计中不能忽视应变。在材料力学和机械设计的课程中对于应力的强调要多于应变。要记住，即使其他方面设计得很好，抖动的主轴或颤振的面板也会造成重大事故。在存在力传导的零件界面上，零件的构形应该是在承载作用后，发生形变的零件与其他相匹配零件的形变在大小和方向上都一致。图 8.12 所示为一根与径向轴承匹配的轴。在图 8.12a 中，当轴受载荷发生弯曲的时候，轴承对轴的支撑主要发生在点 a，因为此处轮缘较厚，仅允许轴承轴向上发生最小的形变。然而，如图 8.12b 所示，轴的弯曲与轴承的形变匹配较好，原因是轴承 b 点的刚度低。这样，轮毂和轴承在承载时共同发生形变，这就使得载荷分布更加均匀。

著名的奥古斯丁法则（Augustine's Laws）[二]的其中一条就是，10% 的产品性能将耗费 1/3 的成本，并将产生 2/3 的问题。尽管这是从军用飞机的设计中引申出来的法则，但对民用产品或系统的设计也有指导意义。

8.5.2　界面与连接

本章多次提及要对零件间的界面给予足够的重视。界面是指两相邻物体间形成的共同表面。界面是因为两个物体的连接而产生的。界面必须确保力的平衡以及能量流、物质流和信息流的稳定。零件间的界面和连接方式的设计工作需要付出更多的努力。

零件间的连接方式可以分为如下几类[三]：

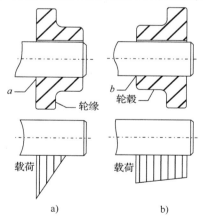

图 8.12　径向轴承的匹配和不匹配形变
（来自 J. G. Skakoon，"Detailed Mechaical Design," ASME Press, New York, 2000, p. 114.）

[一]　J. A. Collins, *Mechanical Design of Machine Elements and Machines*, John Wiley & Sons, 2003, Chap. 6.

[二]　N. R. Augustine, *Augustine's Laws*, 6th ed., American Institute of Aeronautics and Astronautics, Reston, VA, 1997.

[三]　D. G. Ullman, op. cit., pp. 249-253.

- 固定式、不可调式连接。通常是一个物体起到支撑另一个物体的作用。这些连接通常通过钉、螺钉、螺栓、胶接或者焊接等永久性方法实现。

- 可调式连接。这种类型的连接允许至少一个自由度可以被锁定。这种连接可以是现场调整，也可以只允许厂家调整。如果是现场调整的方式，那么调整的功能需要设计的清晰、可达。可调整的间隙范围可能会增加空间约束。通常可调整连接一般用螺钉或螺栓实现。

- 可分解式连接。如果连接必须被分开，那么就需要更加仔细地研究相关功能。

- 定位连接。在许多连接中，界面决定了相关零件的定位和方向。进行定位连接设计时需要注意连接误差是会累积的。

- 铰接或转动连接。很多连接有一个或多个自由度。具备传输能量和信息能力的自由度通常是设备功能的关键所在。与可分解连接一样，这些连接的功能应给予充分考虑。

在设计界面连接方式的时候，需要重点理解几何如何决定界面的一个或多个约束。约束连接是指仅允许在给定方向上移动的连接。在一个界面上的每一个连接都有潜在的六个自由度，即沿 x 轴、y 轴和 z 轴的移动以及绕三个轴的转动。如果两个零件有一个平面接触，六个自由度就减少到了三个：沿着 x、y 方向的移动（正向与负向）和沿着 z 轴的转动（任何角度）。如果一块板在 x 轴的正向上被一个圆柱固定，板柱受夹紧力保持接触，将失去一个自由度（图 8.13a）。然而，该板仍可以沿 y 轴自由移动、沿 z 轴自由转动。如图 8.13b 所示，再增加一个圆柱体，就为旋转增加了一个约束，如果像图 8.13c 那样增加圆柱体，则沿 y 轴的移动受到了约束，但仍然可以绕 z 轴旋转。只有当三个约束（圆柱体）都设定并且夹紧力足够抵消任何外力时，板才会被很好地固定在一个二维平面上，而且自由度为零。夹紧力是一个力向量，其法线从接触点开始，垂直于接触面。夹紧力通常由零件的自重、锁定螺钉或弹簧提供。

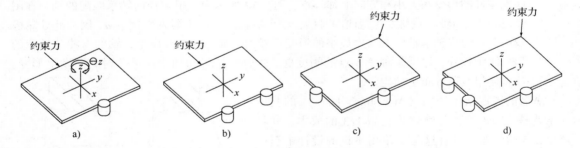

图 8.13　二维空间几何的几何约束

（来自 J. G. Skakoon, *Detailed Mechanical Design*, ASME Press, New York, 2000.）

图 8.13 阐述了一个重要事实，即平面上需要三个点来完成完整的约束。另外，任何两个夹紧力的方向都不应作用在同一条直线上。在三维空间，需要六个约束来固定一个物体的位置[⊖]。

假设在图 8.13a 中，通过在现有圆柱相反位置再增加一个圆柱来限制 x 轴方向的运动。这时，板在 x 轴上的运动受到了约束，不过这个约束是过度约束。由于加工精确尺寸的零件必须以高成本为代价，所以加工过的金属板就会出现要么过宽以至于不能放在圆柱体中，要么过窄以至于造成松动配合的情况。过度约束会造成很多设计问题的出现，例如，由于振动造成的零件松动、零件紧固过紧造成的表面破损、运动不精确、零件装配困难等。通常，很难发现这些问题的

⊖　当然，在运动机械中，不能把自由度减到零。这时必须为一个或多个自由度留为非约束状态以满足设计所需的运动。

根源在于过度约束的设计[一]。

常见的机械系统中有很多过度约束的设计，比如法兰管螺栓和汽缸盖上的螺钉。多个紧固件用于分配载荷。这些设计是可行的，因为接触面是平面，所有平面上的偏差在配合件紧固后将被塑性变形所弥补。在转化过度约束过程中，形变扮演着重要作用。一个更极端的例子是，在机器结构中使用压力装配销钉。该方法用一定的力使销钉嵌入零件，嵌入时造成的变形填满了零件间的空隙。然而需要注意的是，对于易碎材料，比如一些塑料和所有的陶制品来说，它们的塑性变形不可用来弥补过度约束的设计所造成的影响。

出乎意料的是设计约束这个问题在大多数机械设计文章中并未提到。有两个非常好的参考文献介绍了几何方法[二]和矩阵方法[三]。

8.5.3 配置设计检核表

本节作为表 8.1 的扩展，列出了在配置设计时需要考虑的问题的检核表[四]。大多数条目在配置设计阶段就应该满足，而有一些直到参数设计阶段和详细设计阶段才能完成。

1. 确定零件工作中可能的失效方式

- 过度的塑性变形。确定零件尺寸，以保证其应力低于屈服应力。
- 疲劳失效。如果有循环载荷，确定零件尺寸，以保证预定使用寿命中强度在疲劳极限或疲劳强度许用范围。
- 应力集中。使用足够大的倒角和半径，以减小应力。这在容易发生疲劳断裂或脆性断裂的使用环境情况下尤其重要。
- 弯曲。如果可能出现弯曲，改变零件的几何形状使其尽量避免发生弯曲。
- 冲击或撞击载荷。要注意这种情况出现的可能性，若出现，则要改变零件的几何形状，并且选择合适的材料来降低冲击载荷。

2. 确定零件功能性可能受到的影响方式

- 公差。是否有过多的紧公差要求以保证零件正常工作。检查装配中是否有公差累积。
- 蠕变。蠕变是指在长期高温下出现的尺寸改变。多数聚合物在高于100℃时发生蠕变。零件是否有出现蠕变的可能性，如果有，在设计中是否给予了考虑。
- 热形变。检查以确定热膨胀或收缩是否会干涉零件或部件的功能。

3. 材料与加工问题

- 所选材料是否是能够避免零件失效的最佳材料？
- 在本次或类似应用中，是否有以前使用该材料的历史信息？
- 零件的外形和特征是否可用已有的生产设备完成？
- 材料的标准性能和指标能否适合该零件？
- 所选材料和加工工艺能否达到零件成本预算的目标？

4. 设计知识库

- 针对上述零件设计问题，设计人员或设计团队在设计时是否具备足够的知识基础？设计团队有关力学、流体、热力学、环境和材料的知识是否充分？

[一] J. G. Skakoon, *The Elements of Mechanical Design*, ASME Press, New York, 2008, pp. 8-20.

[二] D. L. Blanding, *Exact Constraint：Machine Design Using Kinematic Principles*, ASME Press, New York, 1999.

[三] D. E. Whitney, *Mechanical Assembly*, Chap. 4, Oxford University Press, New York, 2004. （见 knovel. com. ）

[四] 改编自 J. R. Dixon, *Conceptual and Configuration Design of Parts*, ASM Handbook Vol. 20, Materials Selection and Design, pp. 33-38, ASM International, Materials Park, OH, 1997.

- 是否考虑过任何可能出现的不幸、不情愿或不幸运的事情会危害到设计结果？是否使用了类似失效模式与影响分析（FMEA）的规范方法进行了检查？

8.5.4 设计目录

设计目录是已知且已验证的设计问题解决方案的集合。它包括各种对设计有用的信息，例如，实现某项功能的物理原理，特定机械设计问题的解决方案，标准件和材料的属性等。该目录与零件和材料供货商所提供的产品目录在目的和应用范围上有本质的区别。设计目录为设计问题提供更快、更以问题为导向的解决方法和数据；另外，由于设计目录相对全面，所以可以在设计目录中找到各种设计建议和解决方案。有些设计目录，如图 8.14 中给出的示例一样，针对某个具体问题给出的特定设计建议，这样的设计目录在实体设计中是十分有用的。德国已经开发了很多可用的设计目录，但尚未翻译成英语[⊖]。帕尔和贝茨列出了 51 个有关设计目录的德语文献[⊖]。

功能	结构示例		特点
轴的固定	螺杆 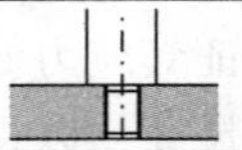		简单、零件少；通过螺杆粗略对中
	螺杆和螺母 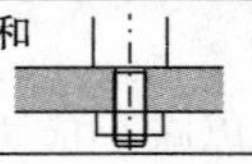		涉及更多的零件；轴易于拆卸或更换
轴与块状体的固定	螺栓 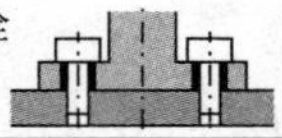		螺栓用于固定块状物体
轴、管、线缆的固定	夹钳 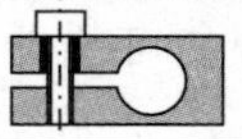		常用的方法
	简夹		通过紧缩来固定两同轴物体
	金属环和橡胶 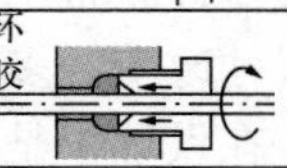		常用于固定管、电缆和电线

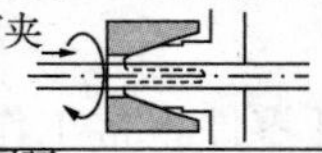

图 8.14　两个零件的固定和连接设计

（来自 Y. Hatamura, The Practice of Machine Design, Oxford University Press, Oxford, 1999. ）

8.6　参数设计

在配置设计中，重点是从产品架构开始，然后为每个零件确定最佳形态。物理原理和加工工艺的定性推理在这时扮演了主要的角色。尺寸和公差暂时确定，采用分析方法"确定零件尺寸"时，零件还是相对粗糙、不够详尽或精细的。接下来设计进入实体设计的下一个步骤：参数设计。

在参数设计中，配置设计阶段确定下来的零件属性就成为参数设计中的设计变量。设计变

⊖ 虽然它们不是严格意义上的设计目录，但其中的两本书很具参考价值，即 R. O. Parmley, *Illustrated Sourcebook of Mechanical Components*, 3rd ed., McGraw-Hill, New York, 2005；N. Sclater and N. P. Chironis, *Mechanisms and Mechanical Devices Sourcebook*, 4th ed., McGraw-Hill, New York, 2007. （见 knovel. com）
⊖ G. Pahl and W. Beitz, op. cit.

量是零件的一个属性，它的数值由设计人员确定。典型的变量是零件的尺寸或公差，也可能是零件的材料、热处理或者表面粗糙度。与概念设计或配置设计相比，这方面的设计更具分析性。参数设计的目标是确定设计变量的值，以获得既考虑了性能又考虑了成本（通过可制造性证明）的最具可行性的设计。

将参数设计和配置设计区分开来还只是近期的事。整个工业系统为了改进产品质量付出了巨大的努力，主要通过鲁棒设计来实现。鲁棒性是指在更广泛的使用条件下确保产品性能优越的能力。所有投入市场的产品都在理想（实验室）条件下运行良好，而鲁棒设计确保在使用条件与理想条件相差很远的情况下仍然可以良好运行。

8.6.1　参数设计的系统化步骤

系统化参数设计有如下五个步骤[一]：

第 1 步：明确参数设计问题。设计人员应对所设计零件需要完成的功能有清晰明确的理解。这些信息可以回溯到产品设计说明书和产品架构设计阶段。表 8.1 在这方面给出了一些建议，但是产品设计说明书（PDS）应作为指南。从这些信息中，选出达到功能特性时的工程特征。这些方案评估参数（SEPs）通常用成本、质量、效率、安全性和可靠性来度量。

接下来确定设计变量。设计变量（DVs）是由设计人员确定的、能够决定着零件性能的参数。设计变量主要影响零件的尺寸、公差或材料的选择。设计变量应该用变量的名称、符号、单位和取值的上下限等进行定义。

同样，要确定已了解和记录下问题的定义参数（PDPs）。这些参数指的是零件或系统运行的操作或环境工况条件，例如载荷、流量和温度增加等。

最后，制定问题求解计划。该计划包括诸如应力分析、振动分析或热传导分析。工程分析方法多样，包括从聪明且经验丰富的工程师的有根据的推测，到耦合了应力、流体和热传递的复杂有限元分析等一系列方法。在概念设计阶段，设计人员应用的是基础物理学和化学知识，并且"直觉判断"设计是否可行。在配置设计阶段，设计人员应用的是工程学中的简单模型；而在参数设计阶段，则需要应用更加精确的模型，包括对关键零件进行有限元分析等。影响分析中详细程度的因素可能是：时间、资金、可用的分析工具和给定的约束，以及分析结果是否足够可信和有用等。通常，设计变量太多，而无法用一个解析模型确定所有的设计变量，这就需要进行全尺寸模型测试。设计测试在第 8.11.5 节讨论。

第 2 步：生成备选设计方案。为设计参数设定不同的值以获得不同的候选设计方案。切记，在配置设计阶段，已经确定了配置设计的唯一方案。此时，需要做的是针对该配置的质量关键点来确定最优的尺寸和公差。设计变量的取值源自设计者或公司的设计经验、工业标准或实践。

第 3 步：分析备选设计。使用分析模型或者实验模型来预测每一个设计方案的性能。要检查每一个设计是否满足所有的性能约束和期望值。这些设计称为可行性设计。

第 4 步：评估分析结果。对所有可行的设计方案进行评估，以确定最佳方案。通常，选取某项关键性能特性作为目标函数，然后使用优化方法来确定最大值或最小值。同样，也可以将设计变量进行合理组合给出优良指数（品质因数），其数值用来确定最佳方案。注意，如同第 8.6.2 节中的例子一样，通常需要在分析和评估之间进行多次反复。

第 5 步：改进/优化。如果候选设计中没有一个是可行的，那么就必须制定一系新的设计方

◯　J. R. Dixon and C. Poli, op. cit., Chap. 17；R. J. Eggert, *Engineering Design*, Pearson/Prentice Hall, Upper Saddle River, NJ, 2005, pp. 183-199.

案。如果存在可行的设计，就可以通过有计划地改变设计变量的值来最大化或最小化目标函数，以优化设计方案。有关优化设计的重要议题将在第 15 章中讨论。

值得注意的是，参数设计的流程与整个产品设计流程相同，但是其范围相对较小。设计过程的递归性本质十分显著。

8.6.2 参数设计实例：螺旋压缩弹簧

1. 明确设计问题

图 8.15 给出一个用在螺旋压缩弹簧驱动的电动升降机上的制动闸[⊖]。要求制动闸提供不少于 8500lbf·ft[⊖] 的制动转矩。制动轮鼓的几何尺寸和闸皮的摩擦特性已给出，现确定弹簧需要提供的压力为 $P = (7160 \pm 340)$ lbf。弹簧允许闸片有 1/8in 的磨损，而闸皮与制动轮鼓间距要超过 1/8in。

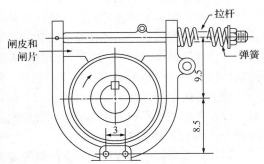

图 8.15 起重机制动闸示意图，闸瓦（顶部）对制动轮鼓施加压力

问题情景描述了使用环境以静载荷为主。但是，闸片的磨损会造成弹簧长度的改变。假设在更换闸片前发生了 1/8in 的最大磨损，弹簧长度变化偏差为 $\Delta\delta = [(9.5 + 8.5)/8.5] \times 0.125\text{in} = 0.265\text{in}$，同样在磨损期间，弹簧力的应力改变为 $\Delta P = (7160 + 340)\text{lbf} - (7160 - 340)\text{lbf} = 680\text{lbf}$。这样，所需的弹性常数（弹性系数）为 $k = \Delta P/\Delta\delta = (680/0.265)\text{lbf/in} = 2560\text{lbf/in}$。另外，闸皮与制动轮鼓间距必须大于 1/8in。这造成弹簧又被额外压缩了 0.265in。因此，弹簧必须释放的力为 $P = (7160 + 340)\text{lbf} + 2560 \times 0.265\text{lbf} = 8200\text{lbf}$。

弹簧上的几何约束如下：弹簧的内径必须与 2in 直径的连接杆稳定匹配。为了达到这个目的，使用了 10% 的间隙余量。这对于弹簧的长度变化是充足的，并且压缩长度还没有到达弹簧接近"压紧螺旋"的临界程度。弹簧的外径可以达到 5in。

2. 方案评估参数

表 8.2 中列出了决定设计是否完成其预定功能的评价指标。

弹簧几何尺寸的上下限根据弹簧旋绕比 $C = D/d$ 而确定。在静态载荷、常温、常规磨损状态下，对安全系数的要求不高。更多有关安全系数的问题见第 14 章。同样，既然载荷基本上是静态的，所以不需要考虑疲劳应力或者由于振动引起的共振情况。可能出现的失效模式是在弹簧的内表面出现结构屈服（见后续关于应力的讨论）。

表 8.2 螺旋压缩弹簧的方案评估参数

参 数	符 号	单 位	下 限	上 限
弹簧力	P	lbf	8200	
弹簧变形量	δ	in		0.265
弹簧旋绕比	C		5	12
弹簧内径	ID	in	2.20	2.50
安全系数	FS		1.2	

⊖ D. J. Myatt, *Machine Design*, McGraw-Hill, New York, 1962, pp. 181-185.

⊖ 为了计算方便，取 $g = 10\text{m/s}^2$，则 $1\text{lbf} = 1\text{lb} \times 10\text{m/s}^2$。——译者注。

3. 设计变量

定义如下设计变量。

弹簧几何尺寸：d，弹簧线径；D，弹簧中径。D 的长度为一侧螺旋线的中心到对侧螺旋线中心的距离在垂直于弹簧回转轴平面上的投影长度，如图 8.16a 所示。

C 为弹簧旋绕比：$C = D/d$。弹簧旋绕比一般介于 5 ~ 12 之间。旋绕比小于 5 的弹簧由于弹簧线直径较大而不易加工。而旋绕比大于 12 的弹簧的弹簧线直径过小，会造成弹簧在使用中容易变弯，在储存中容易搅在一起。

弹簧外径：$OD = d(C + 1) = D + d$

弹簧内径：$ID = d(C - 1) = D - d$

N 为有效圈数：有效圈数指的是在弹簧工作时起作用的螺旋数。由于弹簧尾部的几何形态需要调整以保证弹簧的固定，因此需要有 0.5 ~ 2 个螺旋线处于未启动状态并且不介入弹簧的工作。

N_t 为总圈数：有效和无效螺旋数量的总和。

L_t 为弹簧的压并长度：该长度为弹簧总圈数乘以弹簧线径，是弹簧被压紧时的长度（高度）。

K_w 为华氏系数：华氏系数用于修正弹簧线中的扭剪力，该力产生于轴向力和螺旋曲率引起的横剪力，见式（8.5）。

弹簧材料：由于弹簧的使用环境相对温和，因此只考虑使用冷拉钢材料。这种材料是成本最低的弹簧线材料。

4. 问题求解计划

设计中涉及的约束在明确设计问题部分中阐述过。已选用最廉价的材料，若设计需要，还可能对材料进行升级。开始时，最初选用的是 $C = 7$ 的弹簧钢线，C 的取值处于许用值的中间范围。接下来需要检查有没有违反约束要求，特别是弹簧载荷是否在许用范围之内。初始设计标准是弹簧产生的力不超过临界失效点，如此便获得一个可行方案。然后，需要检查弹簧是否被压缩到压紧状态或者有出现弯曲的可能。设计目的是在满足所有设计约束的前提下使弹簧的重量（成本）最小。

5. 通过分析生成备选设计方案

这一分析遵循权威的机械设计教材给出的方法[一]。图 8.16 中给出了螺旋压缩弹簧受轴向力时的压力分布，包括扭转应力和横向切应力。

应力主要来自扭矩 $T = PD/2$，扭转时在弹簧钢丝外表面产生扭转切应力。

$$\tau_{\text{torsion}} = \frac{Tr}{J} = \frac{(PD/2)\dfrac{d}{2}}{\dfrac{\pi d^4}{32}} = \frac{8PD}{\pi d^3} \tag{8.1}$$

另外，弹簧钢丝的轴向压力造成横向切应力。该切应力在弹簧中部的弹簧钢丝横截面处达到最大值，大小由式（8.2）给出[二]。

$$\tau_{\text{transverse}} = 1.23 \frac{P}{A_{\text{wire}}} \tag{8.2}$$

同样，由于弹簧螺旋线的曲率，一个稍微大一点的切应力在螺旋线的内面上产生。这个弯曲

[一] J. E. Shigley and C. R. Mishke, *Mechanical Engineering Design*, 6th ed., McGraw-Hill, New York; J. A. Collins, *Mechanical Design of Machine Elements and Machines*, John Wiley & Sons, New York, 2003.

[二] A. M. Wahl, "Mechanical SPRINGS," McGraw-Hill, New York, 1963.

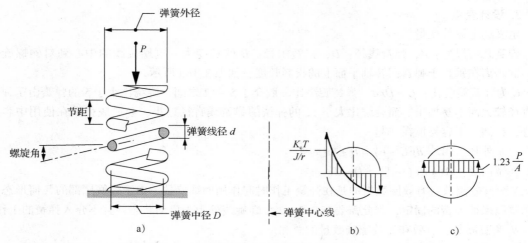

图 8.16　螺旋弹簧受轴向力时的压力分布

a）弹簧详图　b）扭转应力分布　c）横向切应力分布

系数 K_c 由式（8.3）给出。

$$K_c = \frac{4C - 1}{4C - 4} \tag{8.3}$$

式中，C 为弹簧直径比。

如此，临界失效点就出现在弹簧中部的内径上。由于两种切应力在内表面平行，因此可以将两者相加以求得最大切应力为

$$\tau_{\max} = \frac{4C - 1}{4C - 4}\frac{8PD}{\pi d^3} + 1.23\frac{P}{A} \tag{8.4}$$

上式也可写成

$$\tau_{\max} = \frac{4C - 1}{4C - 4}\frac{8PD}{\pi d^3} + 1.23\frac{P}{\pi d^2/4}\frac{D}{D}\frac{d}{d} = \left(\frac{4C - 1}{4C - 4} + \frac{0.615}{C}\right)\frac{8PD}{\pi d^3} \tag{8.5}$$

若将上式括号中的部分记为华氏系数 K_w，最大切应力可写成

$$\tau_{\max} = \frac{8PD}{\pi d^3} \times K_w \tag{8.6}$$

6. 解决方案

1）初始准则。最大载荷下不发生屈服。

为弹簧确定设计参数必然是个反复的过程。从选择 $C = 7$ 和 $D = 5\mathrm{in}$ 开始。这样，首先用到的是弹簧线径 $d = D/C = 0.714\mathrm{in}$。使用式（8.6）来确定冷拉弹簧钢丝是否能够防止失效。钢材牌号选择 ASTM 标准 A227。A227 是高碳碳素钢片材，适用于冷拔条件。其最大抗拉强度最合适做弹簧钢，但是要使用式（8.6），则需要知道屈服切应力。由于加工工艺，这个应力随着弹簧钢丝的尺寸增加而不断减小。

幸运的是，机械设计教材给出了弹簧钢丝属性与弹簧线径的关系数据，但是大多数弹簧线径都小于 0.6in。因此，折中选取 $d = 0.5\mathrm{in}$，赋值 $C = 10$。同时，0.50in 也是市场上现有冷拉线材的上限。通过经验公式给出拉伸力 S_u 与弹簧线径的关系式为 $S_u = 140 d^{-0.190}$，基于文献[⊖]，其值为160ksi，扭转产生的应力是最大抗拉强度的50%，为80000psi（$1\mathrm{psi} = 1\mathrm{lbf/in^2}$）。若将安全系

⊖　J. E. Shigley and C. R. Mischke, op. cit. , p. 600.

数选为1.2，通过式（8.6）可知，许用应力不能超过（80000/1.2）psi = 66666psi。

现在可以使用式（8.6）算出弹簧的许用载荷。由表8.2可知，弹簧必须能够承担8200lbf的载荷且不发生弯曲。表8.3列出了最初三次迭代的相关结果。注意，在三次迭代中，基于弹簧承载能力，得到了一个 $C = 6$，$D = 3.0$in，$d = 0.5$in 的"可行设计方案"。

表 8.3　根据式（8.6）计算的屈服载荷[一]

迭 代 次 数	C	$D/$in	$d/$in	K_w	$P/$lbf
1	10	5.0	0.5	1.145	5720
2	7	3.5	0.5	1.213	7710
3	6	3.0	0.5	1.253	8700

2）准则二。弹簧的变形。

由力 P 引起的弹簧变形如下

$$\delta = \frac{PD^2 L}{4JG} = \frac{PD^2(\pi DN)}{4\left(\dfrac{\pi}{32}d^4\right)G} = \frac{8D^3 PN}{d^4 G} \tag{8.7}$$

式中，$L = \pi DN$ 为弹簧有效长度；G 为切变模量，对于冷拔弹簧钢，其值为 115×10^6 lbf/in[二]。

有效圈数 N 为

$$N = \frac{d^4 G \delta}{8D^3 P} = \frac{d^4 G}{8D^3 k} \tag{8.8}$$

式中，k 为弹性常数，$\dfrac{1}{k} = \dfrac{\delta}{P}$。

将其代入式（8.8）以得到有效圈数为

$$N = \frac{0.5^4 \times (115 \times 10^6)}{8 \times 3.0^3 \times 2560} = 13 \tag{8.9}$$

由于需要固定弹簧来保证轴向载荷，额外需要两圈弹簧，所以弹簧的总圈数为 $N_t = N + N_i = 13 + 2 = 15$。

当弹簧被完全压紧后，弹簧压并高度为

$$L_t = N_t d = 15 \times 0.5\text{in} = 7.5\text{in} \tag{8.10}$$

为了保证弹簧工作在 P-δ 曲线上的线性部分，压并高度增加10%。增加的部分通常称为"碰撞余量"，这种情况下弹簧长度称为载荷高度，$L_p = 1.10 \times 7.5\text{in} = 8.25\text{in}$。接下来确定从初始长度到达最大载荷8200lbf时发生的弹簧形变，$\delta_p = P/K = (8200/2560)\text{in} = 3.20\text{in}$。如果将形变加到压缩高度上，就可得到弹簧在空载情况下的原始长度。这个长度称为"自由长度"。

$$L_f = L_p + \delta_p = (8.25 + 3.20)\text{in} = 11.45\text{in} \tag{8.11}$$

3）准则三。压缩载荷时的曲率。

弹簧尾部做了固定处理以辅助承受轴向载荷。如果考虑弯曲问题，那么可以采用更昂贵的固定端。柯林斯（Collins）[三]给出了一系列临界挠度 δ/L_f 和长径比 L_t/D 的对比。弹簧设计中的第三次迭代时，上述数据如下：

临界挠度：3.20/11.45 = 0.28

长径比：11.45/3.00 = 3.82

[一]　表格中补充单位。——译者注。

[二]　新版中未标注参考文献出处。——译者注。

[三]　J. A. Collins, op. cit., p.528.

上述数值对于端部固定的弹簧均在稳定范围内。如果端部由于某些原因容易滑动，将置弹簧于弯曲区域；但是，因为连接杆使得弹簧上的力都要通过弹簧中心线，因此它也可以被视为最小化弯曲变形的导向杆。

7. 设计规范

最后得到了一个具有如下指标的可行的螺旋压缩弹簧设计方案。

材料：ASTM227 冷拔弹簧钢。

弹簧线径 d：$d = 0.50$ in。这是 ASTM227 号弹簧钢的标准尺寸。

外径 OD：$OD = D + d = (3.00 + 0.50)$ in $= 3.50$ in。

内径 ID：$ID = D - d = (3.00 - 0.50)$ in $= 2.50$ in。

旋绕比 C：6。

内径和导杆间隙：$(2.5 - 2.0)$ in$/2 = 0.25$ in。

安全系数 1.2 时的屈服最大载荷 8700lbf。

总圈数 N_t：15（13 个有效螺旋和 2 个由于固定而失效的螺旋）。

自由长度 L_f：11.45in。

压并高度 L_t：7.5in。

最大载荷时压缩长度 L_p：8.25in。

弹性常数 k：2560lbf/in。

临界挠度：0.28。

长径比：3.82。

8. 完善

虽然已找到一个可行方案，该方案也能满足问题定义，但该方案也可能不是最好的设计。在获取该设计方案时，一直将弹簧线径定义为常数。通过改变弹簧线径和其他设计变量可能可以获得更优秀的方案。评价深化设计的显著标准就是弹簧的成本。弹簧成本的替代词汇是弹簧的质量，这是因为在一类弹簧和材料中，弹簧的成本直接与其材料的使用量成正比。弹簧质量计算公式为

$$m = 密度 \times 体积 = \rho \frac{\pi d^2 L}{4} = \rho \frac{\pi d^2 \pi D N_t}{4} = \rho \frac{\pi^2}{4} C d^3 N_t \tag{8.12}$$

既然式（8.12）中的前两个参数适用于描述所有弹簧钢，那么可定义一个品质指数：f.o.m. $= C d^3 N_t$ 来评估弹簧的设计方案。注意，评估中应优选较小数值的 f.o.m. 。从式（8.12）中可以看到，质量（成本）小的弹簧的弹簧线径也小。式（8.6）也可以写成

$$P = \frac{\tau_{max} \pi d^2}{8 C K_w} \tag{8.13}$$

如果决定继续使用最便宜的弹簧线材 ASTM227，那么式（8.13）为

$$P = \frac{26189 d^2}{C K_w} \tag{8.14}$$

因为 K_w 的变化不大，式（8.14）表明要获得最大载荷能力的弹簧需要具备较大的弹簧线径和较小的弹簧旋绕比 C。d 与载荷能力［式（8.13）］和成本［式（8.12）］之间存在权衡。不管怎样，减小 C 对两者均有好处。前面提到过，弹簧线径由于加工能力的原因，需要小于 0.5in 才不会产生额外费用，基于前述原因 C 只能取 4～12 或者 5～12。

另外，弹簧内径也有一个约束。因为需要安装一个直径为 2in 的导杆，将导杆直径的间隙由 0.25in 减小到 0.10in，间隙 $=$（内径 $- 2.0$in）$/2 = 0.10$in，最小的内径（ID）为 2.20in。或者可以保留原有的间隙，减小导杆的直径。这说明通过适当的更改规范，经常可以改善设计。

表 8.4 列出了设计中变量 C 值与弹簧设计变量和问题定义参数之间的关系。

表 8.4　最大许用载荷（不发生弯曲）与相应成本

迭代次数	C	D/in	d/in	$(ID = D - d)$/in	K_w	P/lbf	N_t	f. o. m/in³
1	10	5.00	0.5	4.5	1.145	5720	16	20
2	7	3.5	0.5	3.0	1.213	7710	15	13.13
3	6	3.00	0.5	2.5	1.235	8700	15	11.25
4	4	2.00	0.5	1.5	受限于内径约束			
5	7	2.80	0.4	2.40	1.213	4930	9	4.03
6	6.5	2.60	0.40	2.20	1.213	5230	10	4.16
7	6.03	2.637	0.437	2.20	1.251	6630	13	6.54

　　如前文所述，第一个可行的设计是迭代 3。该方案是唯一可以满足载荷 8200lbf 无屈服的方案。然而，所选的 D 和 d 表明，这是个相当大的弹簧，其内径为 3.5in，总圈数为 15 条。由于这个原因，弹簧的相应成本也高。接下来降低 d 到 0.40in，相应成本也如预想那样有大幅降低，尽管 P 随着 C 的减小增加了，但是很快又碰到了内径的约束问题。在迭代 7 中，选择 0.4 ~ 0.5in 的标准弹簧线线径，看是否能得到一个折中的办法。

　　显然，对内径的约束限制了载荷能力的提高。迭代 7 是弹簧线径小于 0.5in 的最后一个方案。方案接近了 8200lbf 载荷的目标，但是仍未达到目标。

　　当认识到是内径准则引起的限制时，应去掉只选用冷拔弹簧钢丝这一设计限制。接下来看一下增加弹簧钢丝成本、增大屈服强度是否可以通过使用较小的弹簧线径去满足许用载荷来实现，这样就会得到一个比表 8.4 中迭代 3 成本更低的方案。

　　比冷拔弹簧钢丝具备更高刚度的材料系列为淬火弹簧钢丝和回火弹簧钢丝，ASTM 的牌号为 A229。标准机械设计教材[⊖]中将其抗拉强度作为弹簧线径的因变量给出，$S_u = 147d^{-0.187} = 174$ksi。屈服切应力为最大抗拉强度的 70%，然而却是冷拔弹簧钢丝最大抗拉强度的 50%。这样，$\tau_{max} =$ 121.8ksi，同时安全系数选为 1.2，τ_{max} 工作值为 100ksi。将新值 $\tau_{max} = 100/66.7 = 1.5$ 代入式 (8.13)，它超出了表 8.4 中 P 值的 50%。A229 的成本是 A227 的 1.3 倍。这种新材料的选择使得我们找到了比迭代 3 更好地满足载荷条件的设计参数。

　　首先，大幅缩减弹簧径至标准尺寸 0.312in，即表 8.5 中的迭代 8。然而，尽管弹簧钢丝的强度增加 50%，该尺寸在屈服前只能提供 4010lbf 的力。因此，再次加大弹簧线径超过 0.4in，并选择该系列上最小弹簧线径的标准值 0.406in（迭代 9）。此时，载荷能力达到了 8150lbf，仅比需求载荷 8200lbf 小了 0.6%。下一个标准弹簧线径尺寸为 0.437in，能提供 9940lbf 的承载能力，很好地满足了载荷需求，并且在品质系数上提高了 30%，相对成本低于迭代 3。表 8.5 记录了上述结果。

　　由于大幅降低了设计成本，迭代 10 比迭代 3 更具吸引力。该设计还需要在细节上进一步完善，首先检查的是弹簧的曲率以及其他关键参数，如压并高度和自由长度等。然后通过可选的供货商的报价充分评估生产成本。

表 8.5　淬火和回火弹簧钢丝最大许用载荷（不发生屈服）与相应成本（f. o. m.）

迭代次数	C	D/in	d/in	$(ID = D - d)$/in	K_w	P/lbf	N_t	f. o. m/in³
8	8.03	2.512	0.312	2.20	1.183	4010		8.59
9	6.42	2.606	0.406	2.20	1.236	8150	20	8.59
10	6.03	2.637	0.437	2.20	1.251	9940	13	6.55

　　⊖　J. E. Shigley and C. R. Mischke, op. cit., p. 600.

8.6.3 面向制造的设计（DFM）和面向装配的设计（DFA）

将涉及形状、尺寸和公差的实体设计决策与制造和装配方面的决策集成是绝对必要的。通常，在设计团队中引入一名制造方面的人员来解决这个问题。有时可能无法引入该制造人员，所以所有设计工程师都必须熟悉制造和装配方法。为了解决这个问题，人们总结了面向制造的设计（DFM）和面向装配的设计（DFA）的总体指南，有很多公司在其设计手册中也给出了详细指南。辅助此类工作的设计软件也已经被开发了出来，并且应用日益广泛。第13章将详细介绍面向制造的设计和面向装配的设计，在实体设计活动中应予以参考。

如此着重强调面向制造的设计和面向装配的设计重要性的原因在于，20世纪80年代美国制造商们发现，获得高质量、低成本的产品应该将制造需求与设计过程联系起来。此前，设计和制造部门在制造企业中是独立分开的。这种分割文化可以从设计工程师的一句玩笑话中看出："我们做完设计后，把它抛到墙的另一面，然后制造工程师们对我们的设计为所欲为。" 如今，人们重新意识到只有将两个职能部门联合起来才是唯一出路[⊖]。

8.6.4 失效模式与影响分析（FMEA）

失效是指设计和制造过程中任何造成零件、部件或系统无法实现预定功能的情况。失效模式与影响分析（FMEA）是确定所有零件失效的可能性并确定失效对系统状态影响程度的方法学。失效模式与影响分析通常在实体设计阶段就可以完成。有关失效模式与影响分析的更多知识将在第14.5节中给出。

8.6.5 面向可靠性和安全性的设计

可靠性用来评价零件或系统在工作时不出现失效的能力。可靠性可以用零件在给定工作期限内不出现故障的概率来表示。第14章将详细介绍预测和提高可靠性的方法。耐久性指的是人们在产品退化前使用产品的次数，这也是衡量产品使用寿命的一种方法。耐久性像可靠性一样，也用失效来度量，是比可靠性更加综合的概念，是一个应用概率和高级统计学建模的技术概念。然而，相对于可靠性，耐久性更有可能用来评估产品的使用寿命。

产品设计引入安全性概念的目的是避免伤害到人或造成财产损失。安全性设计会使用户树立信心，以避免造成产品信任损失。研发安全设计产品时，设计人员必须首先明确哪里存在潜在危险，然后设计出使用户远离危险的产品。安全设计过程中，设计人员需要对安全性设计和所需功能进行权衡。有关安全性设计的相关细节见第14.8节。

8.6.6 面向质量和鲁棒性的设计

欲获得高质量的设计，就要着重理解消费者的需求和需要，但是要做的远远不止这些。在20世纪80年代，人们意识到，唯一能保证产品质量的方法是将质量设计到产品中，而不是当时人们普遍认为的在制造过程进行认真的检测来确保质量。质量运动以外对设计的贡献是第4章中介绍过的、简单的全面质量管理工具，它简单易学，且可以帮助简化人们对设计过程中各种相关问题的理解；还有在第6章中介绍过质量功能配置（QFD），用于将用户的需求和设计变量联系起来。质量和设计之间的另一个重要联系是使用统计学知识来确定设计的公差，以及它与完成特定质量（缺陷）等级的生产线能力之间的关系。该议题将在第15章中讨论。

⊖ 事实上，在日本所有大学的工程专业毕业生非常普遍地选择制造公司的车间现场作为职业生涯的开始。

鲁棒设计是指性能对制造过程和使用环境影响变化不敏感的设计。与质量相关的一个基本原理是各种变化是质量的敌人，那么避免变化就是获得高质量的一个指导性原则。以获得鲁棒性为目的设计方法称为鲁棒设计。该方法是由日本工程师田口玄一（Genichi Taguchi）与其同事提出的，现已被世界范围内的制造公司所采用。他们设计了一系列基于统计学的试验，试验中研究了许多设计方案并分析了它们对条件变化的敏感度。在参数设计阶段，就应该把鲁棒设计方法用于质量关键点的参数确定上。鲁棒设计方法将在第 15 章进行介绍。

8.7　尺寸与公差

尺寸用于在工程图中标注大小、位置和方向等零件特征。因为产品设计的目标是获得一个有市场效益的产品，而且设计又必须能制造、加工出来，这就需要用工程图对设计进行详细的描述。图样上的尺寸与工程图所传达的几何信息一样重要。每一张图样都必须包含以下信息：

- 每一个特征的大小。
- 特征之间的相对位置关系。
- 确定特征大小和位置所需的精度（公差）。
- 材料类型以及获得预期力学性能的加工工艺。

公差是指可以接受的尺寸变化。公差必须被标注在零件的尺寸或几何特征上来限制许用变化，因为实际加工过程中不可能重复制造完全相同尺寸的零件。小（紧）公差使零件的互换性更好，功能改进相对容易。相对运动零件间更小的公差可以减少运动件的振动出现。然而，公差越小，加工成本越高。较大（松）的公差降低了制造成本，并且使零件的装配更加容易，但也付出了系统性能下降的代价。设计人员的一个重要责任就是反复权衡成本和性能间的关系来选择合适的公差。

8.7.1　尺寸

工程图上的尺寸标注必须清晰地标明每一个零件所有特征的大小、位置和方向。美国机械工程师协会（ASME）⊖颁布了尺寸标注的标准。

图 8.17a 给出了零件总体尺寸的标注方法。这些信息对于确定如何加工零件十分重要，因为

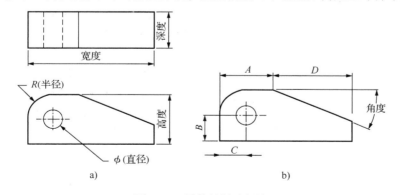

图 8.17　零件的尺寸标注
a）尺寸和特征的正确标注方法　b）特征位置和方向的正确标注方法

⊖　ASME Standard Y14.5M 2009；P. J. Drake Jr.，*Dimensioning and Tolerancing Handbook*，McGraw-Hill，New York，1999.（见 knovel. com）

它给出了加工零件所用材料的大小和质量。接下来，给出特征的尺寸：圆角的半径用 R 表示，孔的直径用希腊字母 ϕ 表示。图 8.17b 中孔的中心线由尺寸 B 和 C 标出。A 和 D 标出了斜面倾角顶点的水平位置。斜面倾角的尺寸由零件顶部水平线以及斜线夹角给出。

剖视图假想零件的一部分被切掉，这对于描述零件隐藏部分的细节特征很有帮助。图 8.18 所示的剖视图清晰地表达了设计人员的意图，该意图清晰地传达给了使用机器加工零件的操作人员。剖视图对于位置尺寸的标注也很有效。

图 8.19 阐明了从尺寸链中去除多余和不必要标注的重要性。由于给出了总长度，因此就没有必要再给出最后一个定位尺寸。如果四个定位尺寸都进行了标注，那么由于累积公差的原因零件就出现过度约束。图 8.19 同样阐明了在标注零件总体尺寸时如何使用基准平面，在该图的例子中，基准平面的 x 和 y 轴相交于零件左下角的点。

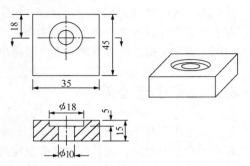

图 8.18　用剖视图来阐明内部特征的尺寸
（由马里兰大学的 Guangming Zhang 教授提供）

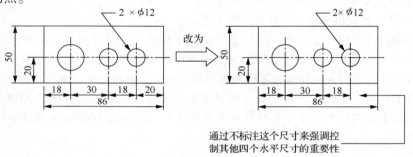

图 8.19　冗余尺寸不标注
（由马里兰大学的 Guangming Zhang 教授提供）

8.7.2　公差

公差是给定尺寸的许用变化量。在保证零件功能的前提下，设计人员必须确定零件基准尺寸的许用变化量。设计目标是在零件满足功能需求时，尽可能选定大公差，因为过小的公差会增加生产成本，并且装配困难。

零件上的公差指的是"公称尺寸"上下极限偏差的界限。注意，尺寸在公差带内的零件是可用、"合格"的。公称尺寸是理论尺寸，通常是一个零件计算得到的尺寸。一般来说，孔的公称尺寸是孔的最小直径，而其配合轴的公称尺寸是轴的最大直径。公称尺寸不一定与"名义尺寸"一致。比如，一个 1/2in 螺栓的名义直径为 1/2in，但是它的公称尺寸不同，例如 0.492in。美国标准学会（ANSI）给出了标准尺寸优先系列，该表在所有机械零件设计手册中都可以找到。规定常用系列公称尺寸的目的是使用标准件和工具[⊖]。

公差有以下几种表达形式：

- 双边公差。极限偏差出现在公称尺寸的两个方向上，即上限超过基本值，下限低于基本值。

⊖ 在机加车间要想保证工具库中每个十进制尺寸的增量都为 0.001in 是不现实的，使用标准尺寸可以使其保持在可控数量内。

- 对称双边公差。公称尺寸的上下极限偏差值相同，如 2.500 ± 0.005。这是最简单的公差标注形式。许用偏差的上下限也可以用 $\frac{2.505}{2.495}$ 表示。

   - 不对称双边公差。公称尺寸的上下极限偏差值不同，如 $2.500^{+0.070}_{-0.030}$。

- 单边公差。公称尺寸作为一侧的极限，极限偏差只出现在另一侧，如 $2.500^{\ 0}_{-0.010}$。

每一种制造工艺都有一个固有的保证某种公差范围的能力，并且可以加工出特定的表面粗糙度。超出普通工艺才能获得的公差需要特殊的加工工艺，这将造成加工成本的大幅增加。进一步将介绍在第 13.4.5 节中给出。因此，实体设计阶段对所需公差的确定对于加工工艺的选择以及生产成本有非常重要的影响。幸运的是，并不是所有的零件尺寸都需要小的公差。通常那些与产品质量关键点密切相关的功能参数才需要小公差。对非重要尺寸的公差，选择常规工艺所能达到的公差值即可。

工程图要给出所有尺寸的公差。通常，只有关键尺寸才需要标注公差。其他尺寸都使用共同（默认）的公差描述，比如 "未注尺寸极限偏差为 ± 0.010"。这条信息通常在工程图的明细栏中给出。

公差信息的第二个用处是为加工程序的质量控制设定上下限。图 8.20 给出了数控车床加工轴的质量控制图。每小时抽取 4 根轴进行测量，并记录下 4 根轴的轴径，将均值标注在质量控制图上。这些样本的直径都被测量并记录下来，平均值也被标注在图表上。上、下控制限是基于公差利用统计学的相关乘子来调整的。当某个样本平均值样本超过控制极限时，操作

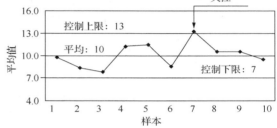

图 8.20 轴直径抽样质控图

人员就会被告知，加工过程已经不在控制之内了，可能是刀具磨损，这时就必须进行必要的调整。这种监控程序可以帮助加工出最小的尺寸偏差的产品，但是却永远不能替代质量设计的鲁棒设计，详见第 15 章。更多质量控制相关信息见第 15.3 节。

参数设计中，组合在一起的零件公差问题大概可分为两类：第一类问题是讨论 "配合"，即公差控制在什么程度才能保证两个零件在装配过程配合良好。第二类问题是讨论 "公差累积"，具体是当需要将几个零件装配在一起时，由于个体零件的公差叠加可能会造成装配干涉。

1. 配合

关注配合的典型机械部件，如在轴承中旋转的轴或在气缸中运动的活塞等。轴和轴承的配合用两个零件间的间隙表达，这对机器的正常运转非常重要。图 8.21 示出了这种情况。

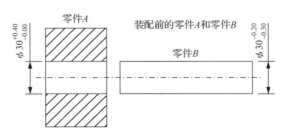

图 8.21 装配前的轴承（零件 A）和轴（零件 B）

配合中的 "间隙" 是指轴和轴承内表面间的距离。由于两个零件存在公差，因此间隙既有上限（当轴承内径达到最大值、轴外径达到最小值时），也有下限（当轴承内径达到最小值、轴

外径也达到最大值时）。从图 8.21 中可以看到：

最大间隙 $= A_{max} - B_{min} = (30.40 - 29.70)\text{mm} = 0.70\text{mm}$

最小间隙 $= A_{min} - B_{max} = (30.00 - 29.80)\text{mm} = 0.20\text{mm}$

既然公差指的是尺寸上限与下限之间的许用差值，那么轴与轴承间的间隙公差为 $(0.70 - 0.20)\text{mm} = 0.50\text{mm}$。与配合相关的公差带有以下三类：

- 间隙配合。如上所示，间隙的最大和最小间隙均为正数。这样的配合总能提供正间隙并且允许自由旋转或滑动。ANSI 确定了九类间隙配合，范围包括特小间隙滑动配合（RC1）到松动配合（RC9）。

- 过盈配合。此类配合的轴径总是大于孔径，因此最大和最小间隙均为负数。这类配合可以通过加热内表面的零件和/或冷却轴类零件，或者压紧来实现装配，这样可以获得非常牢固的装配体。ANSI 有五个级别的过盈配合，包括从轻度紧密配合的 FN1 到重度过盈配合的 FN5。

- 过渡配合。此类配合中，最大间隙为正数，最小间隙为负数。过渡配合为轻微间隙或干涉提供准确位置。ANSL 将此类配合分为 LC、LT 和 LN 三个级别。

另一个给出间隙配合的方法是给定加工余量。有加工余量的配合可能是两个装配零件间最紧密的配合，有最小的间隙或最大的干涉。

2. 公差累积

公差累积出现在两个或多个零件必须接触装配在一起的情况下。累积源于多个公差的叠加。称之为累积是因为尺寸及其公差都被"叠加"起来，加大了总体偏差。累积分析的典型应用是对没有公差要求的尺寸制定公差，或用于计算间隙（或干涉）的上下限。这一分析可以帮助设计人员确定装配体中单一零件或部件中两个特征间出现的最大可能偏差。

参考图 8.19 中左侧图。假定每个孔在 x 轴方向的位置偏差为 $\pm 0.01\text{mm}$。那么尺寸从左到右分别为 $A = 18 \pm 0.01$，$B = 30 \pm 0.01$，$C = 18 \pm 0.01$，$D = 20 \pm 0.01$。如果所有长度都取偏差的上限，那么总长度为

$$L_{max} = (18.01 + 30.01 + 18.01 + 20.01)\text{mm} = 86.04\text{mm}$$

如果所有长度都取偏差的下限，那么总长度为

$$L_{min} = (17.99 + 29.99 + 17.99 + 19.99)\text{mm} = 85.96\text{mm}$$

总长度的公差为

$T_L = L_{max} - L_{min} = (86.04 - 85.94)\text{mm} = 0.08\text{mm}$，长度为 $L = (86 \pm 0.04)\text{mm}$ 即为公差的"累积"。尺寸链（装配体）公差为

$$L_{assembly} = T_A = T_B + T_C + T_D = (0.02 + 0.02 + 0.02 + 0.02)\text{mm} = \sum T_i \qquad (8.15)$$

现在认识到不标出所有尺寸中所有尺寸的原因和好处了，见图 8.19 的右侧。假设给长度尺寸设定偏差，$L = (86 \pm 0.01)\text{mm}$。在保证其他三个尺寸的公差不变的情况下，确定 L 的尺寸在其公差带内便可得到右端的尺寸 D 的公差带：

$$D_{min} = (85.99 - 18.01 - 30.01 - 18.01)\text{mm} = (85.99 - 66.03)\text{mm} = 19.96\text{mm}$$

$$D_{max} = (86.01 - 17.99 - 29.99 - 17.99)\text{mm} = (86.01 - 65.97)\text{mm} = 20.04\text{mm}$$

$$T_D = (20.04 - 19.96)\text{mm} = 0.08\text{mm} \text{ 和 } D = (20.00 \pm 0.04)\text{mm}$$

D 的公差是其他孔定位公差的 4 倍。

注意，如果以左端为基准面，将三个孔的中心线依次向右排列，公差累积就不同了。

如果定义 $L_3 = A + B + C$，则 $T_{L_3} = (0.02 + 0.02 + 0.02)\text{mm} = 0.06\text{mm}$，且 $T_D = T_L - T_{L_3} = (0.08 - 0.06)\text{mm} = 0.02\text{mm}$。

但是，如果首先标注左侧的第一个孔，然后标注最右侧的孔，可能就会遇到需要改变公差才能完成设计意图的公差累积问题。因此，需要将所有尺寸投射到一个基准面上来消除公差累积并保障设计意图。

3. 极限最差公差设计

在极限最差公差设计情况下，假设每个零件的尺寸为最大或最小。这是个非常极端的假设，因为在实际加工过程中，正常加工的零件尺寸接近公称尺寸的零件的情况要远多于零件尺寸达到极限值的情况。图 8.22 给出了系统控制公差累积的一种方法。

例 8.1 图 8.22 给出了一组装配体，由右至左包括，固定在右边的墙面上的柱销，零件垫圈、套筒和挡圈卡环。图上已给出尺寸和公差。使用极限公差法确定墙面与挡圈卡环间隙 *A-B* 的均值及其极限值。

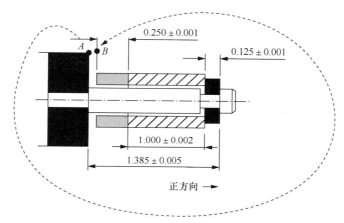

图 8.22 用二维尺寸链方法来确定公差累积（单位：in）

解决此类问题的步骤如下[⊖]：

1）选择需要确定偏差的间隙或尺寸。

2）标出间隙 *A* 和 *B* 的端点。

3）选择一个横跨需要分析间隙的尺寸。确定正方向（一般向右）并在图中标出。

4）沿着点 *A* 到点 *B* 的尺寸链条顺序而行，见图 8.22 中的虚线。这样就可以得到一条连续的路线。本实例中为：墙面到柱销的界面，垫圈的右侧面到其左侧面，套筒的右端到其左端，挡圈卡环的右端到点 *B*，点 *B* 到点 *A*。

5）如果非双边对称，将所有尺寸和公差转换成双边对称形式。

6）创建表 8.6，认真记录链条中所有的尺寸和它们的公差并注意其方向。

注意，若使用该公差分析方法就必须将公差变成双边对称形式。要想将非双边对称或者单边公差转换成双边对称形式，首先需要找出公差范围的极限。例如，$8.500^{+0.030}_{-0.010}$ 的范围为 $8.530 - 8.490 = 0.040$。将此公差范围除以 2，然后将其加入到偏差下限以获得尺寸 $8.490 + 0.020 = 8.510 \pm 0.020$。

4. 统计法公差设计

一种用于确定装配公差的重要方法是基于统计学的可交换性理论。该方法假设某个生产工艺生产的零件尺寸符合正态分布，均值为 μ，标准差为 σ。这样，绝大部分可用零件是可互换的。因此，该方法以损失小部分无法进行初装配的匹配零件为代价获得更大的许用公差。该方法

⊖ B. R. Fischer, *Mechanical Tolerance Stackup and Analysis*, Chap. 7, Marcel Dekker, New York, 2004.

还需要遵守如下附加条件：

表 8.6　基本间隙尺寸及其公差的确定　　　　　　　　　　（单位：in）

	方　　向		公　　差
	正向 +	负向 −	
墙到垫圈	1.385		±0.005
穿过垫圈		0.125	±0.001
穿过轴套		1.000	±0.002
穿过止动环	————	0.250	±0.001
总计	1.385	1.375	±0.009
正向总计	1.385	间隙公差	±0.009
负向总计	1.375	最大间隙 = 0.010 + 0.009 = 0.019	
基本间隙	0.010	最小间隙 = 0.010 − 0.009 = 0.001	

- 制造零件的加工工艺可控，所有的零件都不会超出统计学控制范围。因此，加工的公称尺寸与设计的公称尺寸相同。同样，还需要公差带的中值与机加工的公称尺寸平均值一致。更多有关加工能力的内容见第 15 章。
- 采用生产工艺加工的零件尺寸符合正态分布或高斯分布。
- 装配时零件随机选取。
- 产品制造系统必须允许小部分生产零件不能轻松地装配到产品中。这可能导致这些零件的选择性装配、返工或者报废。

工艺能力指数 C_P 一般用来表达零件的公差限与加工这些零件所用工艺的可变性之间的关系。可变性由该工艺加工出的关键尺寸的标准差 σ 给出。也认为"许用公差限"是尺寸分布的平均值加上或减去 3 倍标准差。对于正态分布，当设计公差极限依据许用公差限进行设定时，99.74% 的尺寸将在公差限内，其余 0.26% 则在公差限外。更多信息见第 15.5 节。

$$C_P = \frac{期望的加工范围}{实际的加工范围} = \frac{公差}{3\sigma + 3\sigma} = \frac{USL - LSL}{6\sigma} \tag{8.16}$$

因此这里用 USL 和 LSL 分别表示特定的上限和下限。相应地，可行加工工艺的 C_P 值至少等于 1。式 (8.16) 给出一个依据生产线上所制造零件的标准差来计算公差的方法。

"零件装配体"尺寸的标准差与"独立零件"尺寸的标准差关系如下

$$\sigma_{assembly}^2 = \sum_{i=1}^{n} \sigma_i^2 \tag{8.17}$$

式中，n 为装配体中零件的数量；σ_i 为每个零件的标准差。

由式 (8.16) 可知，当 $C_P = 1$ 时，公差由 $T = 6\sigma$ 给出，并且装配体的公差为

$$T_{assembly} = \sqrt{\sum_{i=1}^{n} T_i^2} \tag{8.18}$$

因为装配体的公差变化与各零件公差平方和的平方根成正比，所以公差的统计学分析通常被认为是平方和的根，即 RSS 法。

例 8.2　本例用上述方法解决图 8.22 所示的公差设计问题。采用与例 8.1 完全一样的步骤确定方向，然后记录尺寸链及其公差。唯一的不同点是需要增加一列公差平方，见表 8.7。

可以看到，使用了统计法公差设计后，与极限公差方法相比，所得的间隙公差明显地减小了，即 0.012，后者为 0.018。使用此类方法的风险是装配时可能有 0.24% 的零件有出现问题的可能性。

假如设计人员认定该公差间隙根本就不是质量关键点，但她仍可以采用统计法公差设计，从而放宽装配体中零件的公差要求，同时满足间隙公差值 ± 0.009in。只要间隙宽度不为负值，就不会影响功能。问题是，装配体中哪个零件的公差是可以增加的？快速浏览一下各个公差就可发现柱销长度的公差是最大的，但是要确定哪个公差在保证间隙公差存在时起到了最大作用，还需要进行灵敏度分析。表 8.8 给出了相应的方法和结果。

表 8.7　采用统计法确定公差设计的间隙和公差 （单位：in）

	方　　向		公　差	公差的平方
	正向 +	负向 −		
墙到垫圈	1.385		± 0.005	25×10^{-6}
穿过垫圈		0.125	± 0.001	1×10^{-6}
穿过轴套		1.000	± 0.002	4×10^{-6}
穿过止动环	____	0.250	± 0.001	1×10^{-6}
总计	1.385	1.375	± 0.009	
正向总计	1.385	$T_{\text{assembly}} = (31 \times 10^{-6})^{1/2} = 5.57 \times 10^{-3} = \pm 0.006$		
负向总计	1.375	最大间隙 = 0.010 + 0.006 = 0.016		
基本间隙	0.010	最小间隙 = 0.010 − 0.006 = 0.004		

表 8.8　确定装配中各零件的偏差贡献率

零　件	T	公　差　带	σ	σ^2	偏差贡献率（%）
销	± 0.005	0.010	1.666×10^{-6}	2.777×10^{-6}	80.6
垫圈	± 0.001	0.002	0.333×10^{-6}	0.111×10^{-6}	3.2
轴套	± 0.002	0.004	0.667×10^{-6}	0.445×10^{-6}	13.0
止动环	± 0.001	0.002	0.333×10^{-6}	0.111×10^{-6}	3.2
				3.444×10^{-6}	

与式（8.16）一致，零件的标准差通过公差除以 6 获得。每个零件偏差贡献率通过将标准差的总平方分配到每个零件而获得。计算结果毫无疑问地表明，柱销的长度公差对间隙存在的影响最大。

接下来，设计人员需要确定在柱销与卡环不发生干涉的情况下，柱销的公差最多能放宽到多少。考虑到安全因素，设计人员决定保持间隙长度为 0.009in 不变，该值来自例 8.1。接下来设定 $T_{\text{assembly}} = 0.009$（表 8.7），并计算柱销长度的新公差，结果是公差可以从 ± 0.005 增加到 ± 0.008。公差的增加正好适合便宜的冷锻工艺的要求，这样就可以替代用于获得原始柱销长度公差的机床工艺加工。这是工程设计中存在妥协的常见实例，即用实际的模型分析来替代原有模型（极限情况与允许小缺陷存在的情况）进行分析，通过该附加的分析来解释成本节约的合理性。

统计公差设计还有最后一个步骤。确定间隙的平均值和公差之后，接下来需要判断在加工过程中有多少零件会出现缺陷。给定一个平均间隙为 $\bar{g} = 0.010$，公差为 ± 0.009，标准差由式（8.16）得出，$C_P = 1 = \dfrac{0.019 - 0.001}{6\sigma}$，其中 $\sigma = 0.003$in。既然尺寸是符合正态分布的随机变量，那么当问题可以转化为"标准正态分布"变量 z 时，参考式（8.19），就可以用表格来描述该正态分布区域。

$$z = \frac{x - \mu}{\sigma} \tag{8.19}$$

式中，μ 是间隙的平均值。

在该例中，$\bar{g}=0.010$in，$\sigma=0.003$，且 x 是 z 轴上的任意截断点。共有两个截断点造成了设计失效。第一个点是当 $x=0$ 时，间隙消失。如图 8.23 所示，该点为 $z=-3.33$。

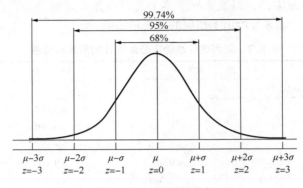

图 8.23　z 的正态分布

当 $x=\bar{g}=0$ 时，$z=\dfrac{0-0.01}{0.003}=-3.33$。$z\leqslant-3.33$ 的概率非常低。从表中 z 分布区域（附录B）可以看到，概率为 0.00043 或 0.043%。

当 $x=\bar{g}=0.009$ 时，$z=\dfrac{0.09-0.010}{0.003}=3.0$。再次，超过 0.019 的概率非常小，为 0.14%。至此，可以得出由于间隙的均值和公差造成上述类型设计失败的概率非常小的结论。

5. 高级公差分析

图 8.22 给出的例子是一个相对简单的问题，该例只有沿 x 轴方向上的四个尺寸偏差的累积。如果你见过汽车的变速器，就会领会到很多机械系统有多复杂。当涉及很多尺寸且机械系统明确为三维结构时，拥有能够追溯设计过程的好方法是十分有帮助的。为实现这一目的，人们开发出了"公差图表"⊖。该方法基本上是对尺寸和公差进行加加减减，与例 8.1 中类似，但增加了更多的细节。公差图表可通过电子表格编辑并计算，但是对于复杂的问题则建议使用计算机程序。

对于三维问题的公差分析，基本上必须使用特定的计算机程序。有一些软件是公差分析专用的，但是大多数 CAD 系统都有公差分析软件包。上述软件通常都支持几何尺寸和公差系统，相关内容将在下一节讨论。

8.7.3　几何尺寸与公差

本节到目前为止，所介绍的内容用于标注特征的大小和位置，但并不考虑零件形状的变化形式，包括诸如平面度和直线度等几何方面的因素。例如，图 8.22 中的柱销直径尺寸没有超出公差极限，但仍没有办法装入套筒里面，因为柱销有一点弯曲，所以超出了直线度的公差带范围。在工程实践中，这些公差基于 ASMEY14.5M—2009 标准的"几何尺寸与公差"（GD&T）来描述。GD&T 是一种能够准确传达设计内容的通用设计语言。它避免了只使用尺寸公差造成的模棱两可情况的出现。

形状公差涉及工程图的两条重要信息：①图中需要清晰地标注出尺寸测量的"基准面"；②图中还需要详细说明所有几何特征的"公差带"。

⊖　D. H. Nelson and G. Schneider, Jr., *Applied Manufacturing Process Planning*, Chap. 7, Prentice Hall, Upper Saddle River, NJ, 2001；B. R. Fischer, op. cit., Chap. 14.

1. 基准

基准是理论上确定零件几何特征起始位置的最佳的点、线和面。在图 8.19 中，使用的基准是 $x-z$ 平面和 $y-z$ 平面，其中 z 方向垂直于纸面。然而，绝大多数工程图不会像图 8.19 那样简单，因此建立一个能清晰指定基准面的系统非常必要。基准存在的目的就是明确地告诉加工人员或者检查人员从哪里开始测量。在选定零件基准时，设计人员需要考虑如何加工和检验该零件。例如，基准面可以用作加工零件的工作台，或用于加工零件，或者是用作检查用的精密平台。

一个零件在空间上有六个自由度，它可以上下、左右和前后移动。根据零件形状的复杂程度，可以有多达三个基准面。第一个基准面 A 通常是主导装配体中零件与其他零件如何连接的重要平面。其他基准面之一，B 或 C，必须与主基准面垂直。工程图的基准面由基准特征标识符标出，其中三角形代表平面，方形中的字母代表基准面的顺序，如图 8.24 所示。

2. 几何公差

几何公差可由如下几何特征的特性加以定义：

- 形状——平面度、直线度、圆度、圆柱度。
- 轮廓——线轮廓度或面轮廓度。
- 定向——平行度、倾斜度。
- 定位——位置度、同心度。
- 跳动——圆跳动或全跳动。

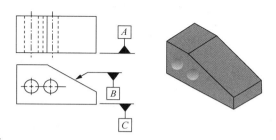

图 8.24　基准特征标识

图 8.25 给出了每个几何特征的符号和几何公差如何在工程图上的标注。图中右侧草图给出了所描绘的公差条件。

例如，如果平面度公差设定为 0.005in，这就意味着受该公差控制的平面需要保持在由两个距离为 0.005in 的平行平面所组成的公差带区域内。除几何公差以外，零件还需要同时满足其尺寸公差要求。圆度是指圆形的程度，其公差带用两个同心的圆环表示。在图 8.25 所示的例子中，第一个圆环超出基准尺寸 0.002in，第二个圆环小于基准尺寸 0.002in。圆柱度是圆度的三维版本，其公差带位于两个同轴且平均半径等于公差的圆柱之间。圆柱度是多种公差的组合，同时控制了圆柱体的圆度、直线度和锥度。另一个复合几何公差是圆跳动。测量跳动时，将圆柱体零件沿其轴向进行旋转，并且测量零件的"摆动"以察看其是否超过了公差要求，该公差既控制了圆度也控制了同心度（同轴度）。

3. 实体状态修正方法

几何尺寸与公差（GD&T）标准的另一特点是允许根据特征尺寸修改公差带。有以下三种可行的实体状态修正方法：

- 最大实体状态（MMC）：对轴类零件，MMC 是指外部特征取其许用尺寸公差的最大值；对孔类零件，MMC 意味着内部特征取其最小许用尺寸。MMC 的代表符号为内有 M 的圆圈。
- 最小实体状态（LMC）：是与 MMC 的相反情况，LMC 对轴类零件取其最小许用尺寸，而对孔类零件取其最大许用尺寸。LMC 的代表符号为内有 L 的圆圈。
- 忽略特征尺寸（RFS）意味着无论什么特征都使用相同的公差带。当没有修正符 M 或 L 时，优先选用该实体状态。

随着特征尺寸增加而增加的公差带通常称为"补偿公差"，因为它为加工提供了额外的柔性。设计人员需要注意识别，在一些情况下这的确是个补偿，不过在其他情况下将造成更大的不稳定性[⊖]。

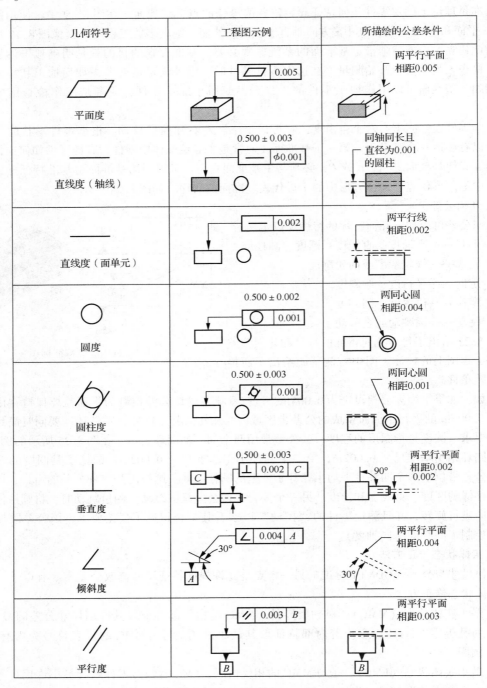

图 8.25　几何尺寸、公差符号和标注

⊖ B. R. Fischer, *Mechanical Tolerance Stackup and Analysis*, Chap. 12, Marcel Dekker, New York, 2004. G. Henzold, *Geometrical Dimensioning for Design, Manufacturing, and Inspection*, 2nd ed., Butterworth-Heinemann, Boston, 2006.

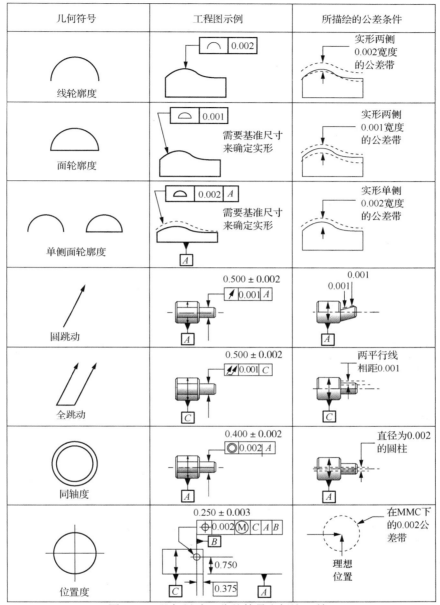

图 8.25　几何尺寸、公差符号和标注（续）

（来自 D. H. Nelson and G. Schneider, Jr., *Applied Manufacturing Process Planning*, Prentice-Hall, Inc., Upper Saddle River, NJ, 2001, p. 95. 已获许可）

4. 特征控制框

几何公差在工程图中是用特征控制框来指定的。图 8.26 中所示为实心圆柱，圆柱长度的尺寸为（1.50 ± 0.02）in。左上角的矩形线框是一个控制框。在第一格中给出了特征控制符号，两平行线表明圆柱的左端面必须与作为基准的右端面平行；第二格表明公差带的值是 0.01in。由图 8.25 可知，

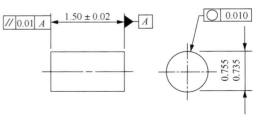

图 8.26　特征控制框的使用示例

左端面必须控制在间距为 0.01in 的两条平行线之间且平行于作为基准面 A 的右端面。

第二个控制框用于圆柱直径的控制。直径的尺寸上下极限尺寸分别为 0.755in 和 0.735in。特征控制框表明，圆柱不得偏离基准圆 0.010in。

例 8.3 在图 8.24 中，左边孔的尺寸为 2.000 ± 0.040。另外，该孔公差也由一个特征控制框来规定。尺寸公差表明，孔的尺寸可以小到 $\phi 1.960$（最大实体状态），也可以大到 2.040（最小实体状态）。特征控制框显示，几何公差规定孔必须位于直径为 0.012in 的圆柱公差带内（图 8.25 的最后一行）。Ⓜ符号同样规定公差在最大实体状态（MMC）时有效。

$$\boxed{\oplus \; | \; \phi 0.012 \; | \; Ⓜ \; | \; A \; | \; B}$$

如果孔的尺寸小于 MMC，就需要允许孔位置的额外公差存在，即补偿公差。如果孔径为精确的 2.018，那么孔位置的总体公差应为：

孔的真实尺寸	2.018
小于最大实体状态	−1.960
补偿公差	0.058
特征（孔）的几何公差	+0.012
总体公差	0.070

注意，对几何公差进行了最大实体状态修正，这使得设计人员可以利用所有可用公差。

还有很多其他可由几何尺寸与公差（GD&T）准确确定的几何特征。GD&T 虽很详细，但直接易懂。限于篇幅，将不再展开讨论。任何一个从事详细设计或制造的设计人员都要充分掌握该信息。快速搜索图书馆或互联网获得很多关于 GD&T 下的培训课程以及自学手册⊖。

8.7.4 公差设计指南

下面是本章设计指南的总结：

- 聚焦于影响装配和功能最大的质量关键点尺寸。此处，主要工作应该集中在公差累积分析上。
- 对于非关键尺寸，使用商业推荐的满足为零件的加工工艺的公差。
- 当遇到一个非常困难的公差问题时，可以重新设计零件，或将其变成非关键类别中的零件。
- 非常严重的公差累积问题通常表明设计中出现了过度约束，引发装配体零件间的非预期作用。应返回到配置设计阶段，尝试用新设计来缓解该情况。
- 如果公差累积不可避免，那么通常可以通过认真设计装配夹具来减小公差累积的影响。
- 当关键零件分在较窄的尺寸范围内装配时使用选择装配法。在开始工作之前，要充分考虑日后维修问题对顾客造成影响的可能性。
- 在使用统计法公差设计前，需要确保已与加工部门达成一致，以保证零件都能用合适的工艺进行加工，且加工过程受控良好。
- 认真考虑基准面的选择，因为在零件的加工和检验中要使用相同的基准面。

⊖   G. R. Cogorno, *Geometric Dimensioning and Tolerancing for Mechanical Design*, McGraw-Hill, New York, 2006. G. Henzold, *Geometrical Dimensioning and Tolerancing for Design*, *Manufacturing, and Inspection*, 2nd ed., Butterworth-Heinemann, Boston, 2006, A short, well illustrated description of the GD&T control variables, including how they would be measured in inspection, is given in G. R. Bertoline, op. cit., pp. 731-744.

8.8　工业设计

8.8.1　引言

工业设计也常称为产品设计，关注的是产品视觉效果以及其与用户的交互。这一术语定义并不准确。直到现在，所谓的产品设计，主要是进行功能设计。然而，在如今高度竞争的市场上，仅凭性能是卖不出去产品的。多年以来，消费品的美学设计和可用性设计已被普遍认可，但它们在现今更受重视，并越来越多地应用在面向技术的工业产品上。

工业设计[一]主要解决产品与用户相关的方方面面。首先，也是首要的，就是美学诉求。美学主要处理产品和人的感官的交互——产品看起来怎样、触觉如何、闻起来怎样或者听起来怎样等。对于大多数产品而言，视觉吸引是最重要的。即产品的各组成部分的外形、比例、平衡和色彩要整体上令人愉悦。通常此类问题称为风格。在设计中充分体现美学可以为产品注入拥有产品的自豪感、品味和威望。适当的风格特性可用于区分同类产品。另外，风格也是产品包装设计的一个重要方面。最后，为了宣传生产和销售该产品的公司形象，也需要对工业设计给予适度的重视。很多公司深知其重要性，已建立了体现在其产品、广告和公司办公用品等方面的公司风格。这类风格要素包括色彩、色调和形态等[二]。

工业设计第二个重要角色是确保产品能够满足用户界面相关的所有需求，该领域常被称为工效学或可用性工程[三]。用于处理用户和产品的交互问题，并确保产品易于使用和维修。用户界面将在第8.9节中讨论。

工业设计师通常是按艺术家或建筑师来培养的。这与工程师的培养文化显著不同。当工程师可能将色彩、形状、舒适性和便利性视为设计中的小问题时，工业设计师更注重这些特性在满足用户需求上的本质作用。这两个群体的风格大致是相反的。工程师由内至外进行设计。他们所受的训练使其用技术细节进行思考。而另一方面，工业设计师由外至内进行设计。他们从一个被用户采纳的完整产品概念开始，然后回过头来解决实现这个概念的细节问题。虽然一些大型公司拥有工业设计师，但工业设计师通常在独立的咨询公司工作。无论怎样，在项目的初始阶段引入工业设计师是十分重要的，因为如果在细节设计后才找到他们，就没有他们提出适用概念的空间了。

因为卓越的工业设计，苹果计算机在相当长的一段时间里一直在个人计算机和数码产品领域保持盈利。在成为软件技术的领导者后，正是工业设计使苹果公司持续获利。在20世纪90年代后期，亮丽的半透明的iMac计算机使苹果公司瞬间获得成功。接下来是Power Mac G4 Cube，它看起来更像是一款后现代的雕塑作品而不是一件办公设备，自然成了高品位人士的必备品。但是，最成功的还是iPod和iPhone。

8.8.2　视觉美学

美学与情感相关。因为审美情感是人的本能，是满足人类的基本要求之一，是在没有意识到的状况下发展起来的。审美价值可视为视觉刺激时人类反应的一个层次[四]。视觉美学的最低层是

[一]　P. S. Jordan. *Design of Pleasurable Products.* Taylor & Francis, 2000；B. E. Burdek. *Design：History，Theory and Practice of Product Design*，Birkause Publishers，Basel，2005

[二]　可以在搜索引擎的图片搜索中键入工业设计来探索工业设计世界。

[三]　A. March，"Usability：The New Dimension of Product Design"，*Harvard Business Review*，September-October 1994，pp. 144-149.

[四]　Z. M. Lewalski，*Product Esthetics：An Interpretation for Designer*，Design & Development Engineering Press，Carson City，NV，1988.

视觉形态的条理性、简洁性与清晰性，即人们的视觉整齐性。这些感觉源自人们对事物辨识和理解的需求。人们更易于感知边界闭合外形的对称性。视觉感知会随视觉元素的重复而加强，例如相似外形、位置或色彩（韵律）的重复。另一个加强感知的视觉特性是外形的均匀性和标准化。例如，相对不规则的四边形，人们更加喜欢正方形。设计产品应使其具备易于认知的几何外形（几何图形），这样易于人们的视觉辨认。同样，减少设计元素以及将其聚集在更加紧凑的形体中也有助于辨认。

视觉美学的第二个层次与设计的功能性或效用性相关。人们对于周围世界的日常知识使得人们对于某些视觉形式与相应功能的联系有所理解。例如，有宽大底部的对称形意味着不活泼或者稳定。看起来有离开底部趋势的形状意味着机动性或运动（图8.27）。流线外形代表着速度。环顾四周，你能观察到很多功能视觉符号。

视觉美学的最高层次与从时尚、品味或文化中凝练的一组美学价值相关。这些价值通常与风格相关，也与技术水平有着密切的联系。例如，钢梁和钢柱的出现使得建造高层建筑成为可能，而高强度的钢缆使得优雅的悬索桥成为可能。传统上，流行视觉品味的强大推动力是拥有权力和财富的人。当今社会中，这种影响最有可能来自媒体明星。另一个强大的影响则来自人的求新需求。

图8.27　注意此四驱农用拖拉机设计图是如何展现其强悍动力的
直线网格体现了统一，略微前倾的垂线体现了行进感

（来自 Z. M. Lewalski，Product Esthetics，Design & Development Engineering Press，Carson City，NV.）

8.9　人因工程设计

人因学研究人与其所使用的产品或系统及其生活或工作环境的相互作用，这一领域通常也称为人因工程学或功效学。人因学设计应用与人的特征相关的信息来创建人们使用的物品、设施和环境[注]。人因学将产品视为人机系统的一部分，该系统中的操作员、机器及其工作环境必须都高效地运行。人因学研究远远超出了为易于维修和安全而设计的可用性相关问题。出自工业设计师的人因学专家，其工作聚焦于产品的易于使用上；出自工业工程师的人因学专家，他们将设计的重心放在提高制造系统的生产率上。

可以将人与产品的交互作为第6章中所描述的设计功能结构的输入。人通过其肌肉力量所提

　　㊀　From the Greek words *ergon*（work）and *nomos*（study of）.

供的力和扭矩为系统提供能量；通过视觉、听觉、触觉以及一定范围内的味觉和嗅觉来提供信号；当人体必须包括在系统中时（门的宽度必须大于人的肩宽，或人能够触及灯的开关），人也作为物料输入。因此，为实现与人的和谐交互更加深入理解人因设计是非常重要的。在人因工程方面投入多的产品其品质通常很高，因为用户认为它们使用良好。表 8.9 给出了如何通过研究人因学的关键特性而可以得到的各种重要的产品特性。

表 8.9 人因学属性和产品性能间的关系

产 品 性 能	人因学属性
使用舒适	用户与产品在工作空间匹配良好
易于使用	要求最小人力且使用方式清晰
操作条件易于感知	人们可感知
产品用户友好	控制顺序符合人的操作逻辑

8.9.1 人体的体力

对一个人在手工劳动中所能完成的材料处理（人工铲煤）和装卸物品时的身体能力进行测试是人因工程学最早的研究之一。这些研究中不仅测试了韧带和肌肉可以提供的力，同时也测量了人体心血管和呼吸系统的相关数据，以此评价持续工作中生理感受（能量消耗）。现如今，在机械化车间，有关人体能够提供多大的力或者扭矩等的相关信息已经不再那么重要了，如图 8.28 所示。

图 8.28 只是可用信息的例子之一[一]。注意，图中案例是 5 百分位数的男性，表示只代表力量最弱的 5% 的男性群体。数据的特点是人员的绩效与平均值偏差较大。女性的数据与男性的不同。另外，可用的力或扭矩的大小取决于动作的幅度以及人体不同关节的位置。例如，图 8.28 表明可用力的大小取决于肘和肩所成的角度。这实际上涉及生物力学领域内容。力的大小也同样取决于人是坐、是站还是平躺。因而，这里的参考值需要查阅与特定动作或运动相关的数据。

人体肌肉输出通常作用在机器的控制界面上，像制动踏板或切换开关。这些控制界面可以有很多样式：方向盘、旋钮、拨轮开关、滚动球、操纵杆、控制杆、拨动开关、摇臂开关、踏板或滑动键。这些设备都已被研究过[二]，确定了操作所需的力或扭矩，以及它们是否适合开-关模式的控制或更精确的控制。

在控制界面的设计中，非常重要的是要避免使产品用户感到不方便、避免达到生理极限的动作。除非在紧急情况，控制应不需要特别大的作用力。特别重要的是设计控制器的位置，避免操作时弯腰和移动上肢，特别是当这些动作需要重复时。这样的动作可能导致人的累积损伤，而压力会引起神经或其他部位损伤。这些情况将诱发操作疲劳和失误。

8.9.2 感官输入

人类对光 、触觉、听觉、味觉和嗅觉的感觉主要用于设备或系统的控制。它们为用户提供

[一] *Human Engineering Design Criteria for Military Systems and Facilities*，MIL-STD 1472F，http：//hfetag. dtic. mil/docs-hfs/ mil-std-1472f，pdf；*Human Factors Design Guide*，DOT/FAA/CT-96/1，www. asi. org/adb/04/03/14/faa-hf-design- guide. pdf；N. Stanton et al. ，*Handbook of Human Factors and Ergonomic Methods*，CRC Press，Boca Raton，FL，2004；M. S. Sanders and E. J. McCormick，*Human Factors in Engineering and Design*，7th ed. ，McGraw-Hill，New York，1993. J. H. Burgess，*Designing for Humans：Human Factors in Engineering*，Petrocelli Books，Princeton，NJ，1986.

[二] G. Salvendy（ed. ），*Handbook of Human Factors*，3rd ed. ，John Wiley & Sons，New York，2006.

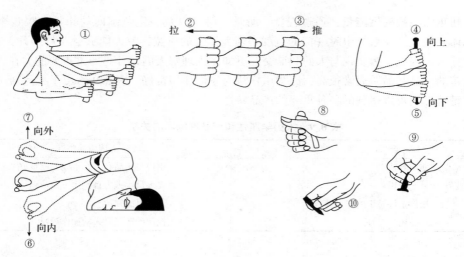

手臂力量/lbf													
(1)	(2)		(3)		(4)		(5)		(6)		(7)		
	拉		推		向上		向下		向内		向外		
肘部弯曲角度/ (°)	左	右*	左	右	左	右	左	右	左	右	左	右	
180	50	52	42	50	9	14	13	17	13	20	8	14	
150	42	56	30	42	15	18	18	20	15	20	8	15	
120	34	42	26	36	17	24	21	26	20	22	10	15	
90	32	37	22	36	17	20	21	26	16	18	10	16	
60	26	24	22	34	15	20	18	20	17	20	12	17	

手和拇指的力量/lbf				
	(8)		(9)	(10)
暂时握持	手握住		拇指握住	拇指尖夹住
	左	右		
持续握持	56	59	13	13
	33	35	8	8

图 8.28　5 百分位数男性手臂、手和拇指的肌肉力量（来自 MIL-STD-1472F, p. 95）

信号。视觉显示是最常用的，如图 8.29 所示。在选择视觉显示设备时，要记住不同人的观察能力有所不同，因此要提供充足的照明。如图 8.30 所示，不同类型的视觉显示设备提供开-关模式信息，或提供准确数值和变化率信息的能力不同。

人耳的有效感知频率范围是 20 ~ 20000Hz。听觉通常是第一个感觉到问题的感官，比如漏气轮胎的砰砰声或磨损了的制动装置的摩擦声。设备中使用的典型听觉信息有铃声、哔哔声（提示收到动作信号）、嗡嗡声、号角声和警报声（用于发出警报），还有电子语音提示等。

人体对触觉特别敏感。触觉刺激使人们可以分辨表面是粗糙的或光滑的，热的或冷的，尖的或钝的。人体还具有肌肉运动记忆能力，能感觉到关节和肌肉的运动。这种能力在伟大的运动员身上高度发达。

1. 用户友好设计

认真对待以下设计问题将会产生用户友好的设计：

● 简化任务：控制操作应该有最少的操作步骤且动作直接。用户学习精力必须减少。将微

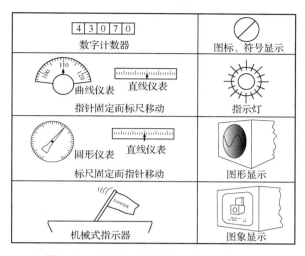

图 8.29 视觉显示的类型（来自 Ullman）

	准确值	变化率	变化的趋势和方向	离散信息	调整到期望值
数字计数器	●	○	○	●	◐
标尺固定而指针移动	●	●	●	●	◐
指标固定而标尺移动	●	●	○	○	○
机械式指示器	○	○	○	●	○
图标、符号显示	○	○	○	●	○
指示灯	○	○	○	●	○
图形显示	◐	◐	●	●	●
图像显示	◐	●	●	●	●

○ 不合适 ◐ 可接受 ● 建议采用

图 8.30 常用视觉显示的特性（来自 Ullman）

机集成到产品中会起到简化操作的作用。产品应简单易于操作，应尽可能少地使用控制器和指示器。

- 使控制器及其功能显而易见：将控制某功能的控制器放置在所控制设备的附近。将所有的按钮排成一排可能看起来很漂亮，但并非用户十分友好的。
- 使控制器简单易用：为不同功能的控制旋钮和把手设计不同的外形，这样从外观或触觉上就可以区分。将控制器组织和分类以降低复杂性。有几个布置控制器的策略：①按照使用顺序从左到右排列；②关键控制器位于操作员的右手边；③最常使用的控制器位于操作员双手附近。
- 使人的意图与系统所需动作相匹配：人的意图与系统动作之间要有清晰的联系。设计应该做到当人与设备发生交互时，只有一个明显正确的事情可做。
- 使用映像：让控制器反应或映像出机械系统的动作。比如，汽车上的座椅位置控制器应该有车椅的形状，并且将其向上推时座椅也会被抬起。目的是使操作足够清晰，没有必要参看标志牌、标签或者用户操作手册。

- 显示要清晰、可见、大到足够轻易阅读并且方向一致：类比显示适用于快速阅读和显示条件变化情况。数字显示可提供更加准确的信息。将显示布置在期望看到的位置。

- 提供反馈：产品必须对用户正在实施的动作给出准确、及时的响应。这种反馈可以是灯光、声音或显示信息。滴答声和仪表盘的闪动灯光对汽车转向的反馈就是一个很好的例子。

- 利用约束预防错误动作：不要指望用户永远会做出正确的操作。控制器的设计应使错误的操作或操作顺序不能实现。例如，为汽车前进时自动变速器不能反转。

- 标准化：控制器的布置与操作应予以标准化，因为这样可以增加用户的知识。例如，在早些时候，汽车制动装置、离合器和节气门踏板的布置是随意的，但是在它们被标准化后，它们的排列方式成为人们的知识基础，并不再会改变了。

诺曼（Norman）主张要想设计出真正的用户友好产品，必须基于绝大部分用户具备的基本知识[⊖]。比如，红灯代表停，刻度上的数值顺时针表示增加等。确保不要假设用户拥有很多的知识或技巧。

2. 反应时间

反应时间是指感觉信号被接收后做出反应的时间。反应时间由几个动作组成。人们以感觉信号的形式接收信息，然后将其转化为一组可做出选择的形式，接着预测每个选择的输出，评估每个输出的结果，最后做出最好的选择，上述动作都将在200ms内完成。为了达到这一目标，产品必须提供清晰的视觉和听觉信号。对于简单产品，控制必须是凭直觉就可以完成的。在复杂系统中，如核电站，人员控制界面必须以本节中所提到的概念形式加以认真设计，此外，操作人员必须服从纪律且训练有素。

8.9.3 人体测量学数据

人体测量学是人因学中测量人体数据的领域。人类的尺寸多样。通常，儿童比成人矮，男性比女性高。人体尺寸变化如站立时的高度、肩宽、手指长度与宽度、臂展（图8.31）和坐立时的视线高度等因素在产品设计中均应考虑。这些信息可从MIL-STD-1472F在线获得和从美国联邦航空局（FFA）的人因设计指南中查得。

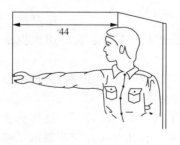

44 指尖的作用范围和延伸。左肩紧贴墙壁，右肩尽量向外延伸，测量指尖到墙壁的距离。

样本			百分比				
---	---	---	1%	5%	50%	95%	99%
A	男性	cm	77.9	80.5	87.3	94.2	97.7
		(in)	(30.0)	(31.7)	(34.4)	(37.1)	(38.5)
B	女性	cm	71.2	73.5	79.6	86.2	89.0
		(in)	(28.0)	(28.9)	(31.3)	(33.9)	(35.0)

图8.31 男性和女性单臂伸展长度的人体测量学数据

⊖ D. A. Norman, *The Design of Everyday Things*, Doubleday, New York, 1988. This book is full of good and poor ways to practice human factors design.

在设计中，不存在诸如"平均人体"的概念。设计中选择多少百分位的人体尺寸取决于具体的设计任务。如果设计任务是决策在拥挤的飞机驾驶舱中放置一个重要的紧急情况控制杆，使用最小可达尺寸，即女性 1% 百分位的可达尺寸。如果设计的是潜艇中的逃生舱，那么就要选择男性 99% 百分位的肩宽尺寸。服装制造商则倾向于采用最匹配设计方法而不是极限尺寸设计方法。厂商为各种身材的顾客提供现成的、仅供选择的基本合身的尺寸范围。而其他的一些产品，通常可以做到可调节匹配。可调节汽车座椅、办公座椅和立体声耳机是常见案例。

8.9.4 面向可服务的设计

人因学问题与本章中提到的很多面向 X 的设计策略有关（第 8.12 节）。可服务性涉及产品维修的便捷性[○]。很多产品都需要维护或服务以保障其正常功能。产品通常都有易于磨损且在固定周期中需要更换的零件。有两类维修形式。预防性维修是预防工作失效的常规服务，例如汽车更换机油；故障维修是在运行出现故障或老化时必须提供的服务。

在产品设计中就考虑预期的服务操作需求是很重要的。维修可能仅仅是要求更换一个垫片或过滤器，但如果更换上述零件需要拆开整机的大部分才能实现，那么维护成本将很高。不能出现像汽车中先拆卸轮胎后才能更换蓄电池这种情况的设计。另外，要牢记这些服务不是在装配车间进行的，通常没有专用工具和夹具。面向现场服务的设计只有在成功模拟一个零件如何在现场被修好或替换掉才算完成。

改善可服务性的最佳方法就是通过提高可靠性来降低对维修服务的需求。可靠性指的是系统或零件在给定时间内不出现故障的概率（第 14 章）。考虑这一点，产品就必须设计得使易磨损、易失效或者需要定期维修的零件便于观察和操作。这就意味着盖板、面板和外壳都要易于拆卸和更换。也意味着要将被服务零件布置在便于操作的位置上。要避免维修作业中需拆卸零件的紧压配合、粘接、铆接和焊接等固定方式。模块化设计对可服务性设计有很大的帮助。与可服务性密切相关的一个概念是可测试性。这一概念关注的是易于区分和识别故障零件或分总成。在复杂的电子或机电产品中，可测试性是需要设计到产品中的。

8.9.5 面向包装的设计

包装与视觉美学相关，因为有吸引力、独特的产品包装通常用于吸引顾客和识别产品品牌非常有效。但是精心设计包装的理由不仅如此，包装为产品的运输和存储提供物理保护，以避免机械冲击、振动和极端温度等的影响。液体、气体和粉末物品所需要的包装与固体的包装不同。大型机械装备，如喷气发动机，需要特殊的、通常可重用的包装。

运输包装上提供收件人、物流跟踪信息以及关于有害材料及其处置的声明。许多类型的包装都提供防止篡改偷窃和盗窃的功能。运输包装的尺寸大到钢铁集装箱，小到个人消费者的包裹。

随着塑料材质包装使用的不断增加，如塑料收缩包装盘，因为填埋的塑料不会降解，因此如何以环境安全的方式处置将会是一个问题。像纸壳、木板或板条箱这些传统的包装材料环境更友好，而且可以回收或者作为燃料使用。包装设计的一般原则是，应以尽可能低的成本提供所需的安全保护要求。对于某些需要包装的物品，如有害材料和药品，其包装有严格的法规要求。关于包装和包装设计的更多信息，请参考 K. L. Yam, *The Wiley Encyclopedia of Packaging*, 3rd ed., 2009.

○ J. C. Bralla, *Design for Excellence*, Chap. 16, McGraw-Hill, New York, 1996; M. A. Moss, *Designing for Minimum Maintenance Expense*, Marcel Dekker, New York, 1985.

8.10 生命周期设计

全球变暖以及与之相随的能源供应和稳定性问题正在引起全世界的关注，这也使得面向环境的设计成为所有工程系统和消费品设计需要考虑的首要问题。对于环境的关注体现在设计任务书中并强调生命周期设计。生命周期设计强调在实体设计阶段对影响产品长期有效服务寿命的相关问题进行设计。生命周期设计与产品生命周期不同，后者是指产品从出厂到被更好的或有竞争力的产品取代之间的那段时间。生命周期设计是指设计要考虑产品易于用户使用，保证服役期的功能性，以环境友好方式报废处理。生命周期设计相关的主要因素包括：

- 面向包装和运输的设计（第8.9.5节）。
- 面向可服务和维护的设计（第8.9.4节）。
- 面向可测试性的设计。
- 面向处置的设计。

面向处置的设计与面向环境的设计密切相关（第10章）。然而，在一个自然资源有限的世界里，任何能够维持产品继续使用的设计修改最后对环境都是有益的，因为产品不需要处置，也就不需要消耗额外的自然资源。下面是延长产品使用寿命的各种设计策略。

- 耐久性设计：耐久性是指产品在出现故障或维修替换前的使用时间。耐久性取决于设计人员对工作条件的理解、应力应变分析和选择材料最小化因腐蚀或磨损造成的产品退化的技能。
- 可靠性设计：可靠性是产品在给定时间段内不出现故障也不出现失效的能力。可靠性是比耐久性更强的技术性特征，可以通过概率方法测量产品在特定期间是否发生故障或失效。更多细节见第14章。
- 适应性设计：模块化设计使得各种功能的连续改进成为可能。
- 维修：考虑到未来维修的便利性，设计时应尽可能地考虑非功能性组件的可更换性。尽管不总是经济划算的，但是仍然有很多情况需要设计传感器来告知操作员在零件失效前何时对其进行更换。
- 再制造：旧损零件恢复到新零件的性能水平。
- 再利用：在产品的原始使命完成后，寻找产品的新用途。喷墨硒鼓的再利用就是一个常见的例子。

8.11 快速成型和测试

本节已是实体设计阶段的尾声了。至此，产品架构已经确定，零件已配置，特征的尺寸和公差已确定，并对质量起决定性作用的几个零件或分总成进行了参数设计。使用了DFM、DFA和DFE方法对材料和生产工艺的选择进行审慎决策。使用失效模式与影响分析（FMEA）方法检查了设计可能存在的失效模式，还与供应商讨论了几个关键零件的可靠性，而人因设计专家也提出了他们的审核意见。面向质量和鲁棒性的设计概念在几个重要参数的确定中也得到了应用。通过初步成本评估检查了实际成本是否不高于目标成本。

那么，还剩下什么没有做呢？需要确保产品能够正常工作实现预期功能。这就是原型需要发挥的作用。

原型是产品的物理模型，对其进行一些测试来验证设计过程中所做的设计决策。在整个产品设计过程中，原型有多种样式并用于不同用途，这将在下一节中讨论。原型是产品的物理模型，是与计算机模型（CAD 模型）或其他仿真模型相对应的概念。计算机模型与物理模型或原型相比具备提供结果快和建造成本低的优势，因此更受重视。同样，使用有限元分析方法或其他 CAE 工具可以给出许多其他方法无法给出的技术答案。原型和计算机模型在产品设计过程中都非常有用。

8.11.1　设计全过程中的原型和模型测试

到目前为止，本书并没有就模型和原型在设计过程中如何使用给予太多介绍。下面将从产品开发过程的最初阶段（零阶段）进行介绍，该阶段就是市场和技术人员理解顾客对新产品的兴趣以及需求，并且全力以赴得到产品在市场切入点的阶段。

- 零阶段：产品概念模型。制作一个与最终产品相似的全比例或缩小比例的新产品模型。这项工作通常由技术设计人员和工业设计师合作完成。重点是将用户反应变成可行性方案的产品外形。例如，某位国防承包商为了激发需求方对新型战斗机的兴趣，就会制作一个非常炫目的模型，然后传给将军们和政客们看。

- 概念设计：概念验证原型。这是一种用于展示概念是否能表现满足顾客的功能需求以及是否符合工程特性的物理模型。有一系列的概念验证模型，有的是实体模型，也有草绘模型，它们在获得最终的概念验证原型前起到学习工具的作用。不需要将概念验证模型做得与产品的尺寸、材料或加工方法一致。重点在于展示概念能够提供所需的功能。有时称为"嚼口香糖"模型。

- 实体设计：α 原型测试。实体设计阶段的最后通常以产品原型测试结束。这些模型称为 α 原型，因为模型中的零件按照最终设计图样并选用相同材料制作，但是其加工工艺与最后零件的生产线加工工艺不同。例如，原本在生产线上可能用铸造或锻造工艺完成的零件，将用板材或棒料采用机加工方式完成，因为用于生产零件的工艺装备还在设计中。

实体设计常常需要在各种设计任务中使用计算机辅助工程（CAE）工具。确定零件尺寸可能需要用有限元分析来获得整个零件中的应力分布，或者设计人员可以使用疲劳设计软件包来确定轴的尺寸，或者使用公差累积设计软件。

- 详细设计：β 原型测试。该测试是对使用与生产相同材料和加工工艺的全尺寸零件或产品进行功能测试。这是工艺验证原型。通常，需要召集用户来帮助进行测试。β 原型测试的结果用于对产品进行最后的更改，完成生产计划，并测试工艺装备。

- 制造：试制原型测试。该测试是指派生产人员在实际的生产线上先加工出几千个样品。之后，这些产品将很快地运走并卖给用户。这些产品的测试是用来检验和证明设计、加工和装配流程的质量的。

用于产品设计和测试的原型数量需要与产品成本和开发周期进行权衡。虽然原型可以用来检测产品，但是它们需要耗费大量成本和时间。一方面，由于仿真模拟既便宜又快捷，现在有一种显著趋势是用计算机模型（虚拟原型或虚拟样机）替代物理模型，特别是在大公司里。另一方面，虽然计算机建模已经走得太快太远，但由许多有经验工程师承担的、通过仔细规划和执行的仿真服务测试和极端条件下的全尺寸测试是不能取消的。

计算机模型唯一不能取代物理模型的地方就是概念设计的初级阶段[⊖]。这里的目标是对设计决策进行深入了解，途径是使用普通结构材料实体制作一个粗略的快速物理模型，而不需要模

⊖　H. W. Stoll, *Product Design Methods and Practices*, Marcel Dekker, New York, 1999, pp. 134-135.

型公司来制作模型。手工制作方法是理解和改进概念开发的最佳方法，被高度推荐，采用该方法设计人员可以积极地制作出很多简单的原型。这种方法被非常成功的产品设计公司 IDEO 称为"只管去构建"，其他公司则称其为"设计-建造-测试-循环"[一]。

8.11.2　制作原型

强烈推荐设计团队制作自己的实体模型来进行概念原型验证。另外，产品概念模型通常都通过手工制作来获得出色的视觉效果。这些模型传统上都是由市场上的专业公司或者设计团队中的工业设计师完成的。计算机模型正在快速地取代实体模型，仅就概念验证方面而言，模型本质上是静态的。而三维计算机模型可以从各个角度展示产品并提供动画，所有文件都可以保存在一张 DVD 上，并很容易按数量需要生产。然而，有魅力的实体模型对于一些重要顾客仍极具吸引力。

用于 α 原型测试的模型通常都在模型车间进行制作，一个小型的模型车间通常配有专业的工艺匠人、微机控制的机床和其他精密加工设备。为了效率，使用与数控机床交互性良好的 CAD 软件非常重要，同时对车间工作人员进行良好的培训也非常重要。用数控机床加工原型的大部分时间都消耗在工艺规划和数控编程上，而不是金属切削上。近期技术的发展已经缩减了上述操作时间，在加工简单几何体方面，数控加工正面临着快速原型方法带来的竞争压力。β 原型和预制造测试原型都是由加工车间采用用于生产成品的实际材料和工艺进行制作的。

8.11.3　快速成型

快速成型（RP）是一项直接利用计算机辅助设计（CAD）模型制作原型的技术，所用时间比机加或铸造工艺少很多[二]。快速成型也称为实体自由制造。快速成型用于制作最终概念验证模型，在实体设计阶段大量使用，用于检查产品外形、匹配和功能。最早的快速成型模型应用在外观模型上，但是当尺寸精度可以控制在 ±0.005in 以内时，还可用于匹配和装配相关问题。快速成型模型通常用于检查运动学功能，但通常强度不足以用于强度要求高问题的检验原型。

快速成型工艺的步骤如图 8.32 所示。

- 创建 CAD 模型。任何快速成型工艺都始于三维 CAD 模型，三维模型也可以被视为零件的一个可视原型。对用于快速成型方法的模型的唯一要求是，模型必须是封闭的形体。因此，即便向模型中注水，也不会出现泄漏。

- 将 CAD 模型转换为 STL 格式。在这种格式中，零件的表面通过曲面细分将被转换成非常小的三角面。当这些三角面组合在一起形成网格后，就可以近似零件表面。CAD 软件具有将 CAD 文件转换成 STL 格式的功能。

- 将 STL 文件切割成薄图层。网格划分的 STL 文件被传送给快速成型机，机器的控制软件就会将文件切割成许多薄图层。这个步骤是必需的，因为大多数快速成型方法是一层一层构建实体模型的。例如，如果一个零件高 2in，并且每层厚 0.005in，那么它就需要使用材料加工 400 个层。因此，大多数快速成型方法都很慢，要花很长时间来加工一个零件。快速成型技术与数控加工相比，相对节省时间，因为采用数控加工时，在金属切削开始前需要更多的时间来设计工序并进行计算机编程。

- 制作原型。一旦完成切片的计算机模型导入快速成型设备计算机中，快速成型设备就会

⊖　D. G. Ullman，4th ed.，p. 217.

⊜　R. Noorani，*Rapid Prototyping*：*Principles and Applications*，John Wiley & Sons，New York，2006.

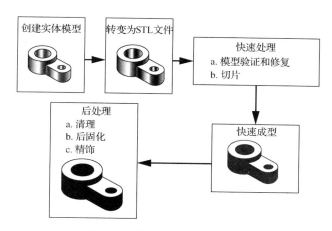

图 8.32　快速成型工艺的步骤

（来自 R. Noorani，*Rapid Prototyping*，John Wiley & Sons，New York，2006，pp. 37. 获得许可）

开始制作零件的模型，这期间不需要做任何操作。

- 后处理。所有从 RP 机器上取下的物体都需要后处理。该过程包括清洗、除去所有支撑结构以及通过表面精饰除去锐边。快速原型获得的对象所需要的后处理方式取决于所用材料，可能需要用固化、烧结或聚合物渗透法获得强度。

需要注意，快速原型模型的加工时间可能需要 8～24h，所以"快速"一词可能有点用词不当。但是，从详细的图样到获得原型所需时间与模型车间根据生产日程和机加工编程相比，通常短多了。另外，快速成型方法可以一次性加工非常复杂的形体，尽管这些模型通常是由塑料而不是金属制成的。

8.11.4　快速成型工艺

目前有一些快速成型工艺，它们的主要区别在于采用液体、固体还是粉末系统，以及它们的可加工材料是聚合物、金属还是陶瓷。

第一种商业应用的快速成型工艺是光固化快速成型（SL）。该工艺使用一个紫外线激光器，扫描光敏感聚合物表面来创建固体聚合物层。当激光照射在液体聚合物上时，聚合物快速聚合并且形成固体的网络聚合体。当液体层被扫描一次后，模型的基座平台就会下降一个层的厚度，然后激光再次扫描，这样一层又一层直到原型物体制作完毕，如图 8.33 所示。激光束由记录在快速成型机内存中的已切分 STL 文件控制。这样获得的原型模型（图 8.34）比由数控机床加工的金属原型模型脆弱，但是却拥有完美的尺寸控制和光滑表面精度。早期快速成型技术展现的发展前景引导着其他快速成型系统的研究开发。

选择性激光烧结（SLS）快速成型工艺技术使用比聚合物坚硬、熔点高的材料。图 8.33 给出了该工艺的基本布局。原则上，可以使用任何可以通过烧结熔合到一起的粉末。一薄层粉末在平台上铺开，然后高能激光束对粉末进行烧结。接着，平台下降，重新铺上一层粉末进行烧结，如此反复一层一层进行加工。选择性激光烧结工艺最常使用热固树脂聚合颗粒，或表面附有便于黏合的塑料的金属颗粒。

分层实体建模（LOM）是一种传统方法，因所需设备简

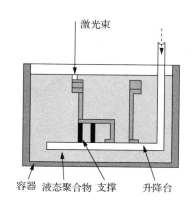

图 8.33　光固化（SL）快速成型
（注意悬空零件需要支撑，来自 Schey）

易仍被继续使用。一层薄纸、聚合物或薄铁片由数控刀具或激光切割好，然后胶合在一起形成层合板。制作后，需要修理边角。所有 RP 机都有一定的尺寸限制，而 LOM 是最适合制作大型零件原型的技术。

熔融沉积成型建模（FDM）是将几种液体通过沉积成型工艺建立原型的一种方法。连续的热塑性聚合体细丝被加热，然后通过喷嘴挤出，喷嘴的运动由计算机控制，沿三轴运动。聚合体在离开喷嘴时刚好在其熔点上并熔化，一接触到上一层就马上冷却固化。通过准确的控制，挤压出的液滴与上一层模型黏合在一起。硬度和强度好的工程聚合物像 ABS 和聚碳酸酯可用于 FDM 工艺，而且这样制作出的模型比光固化快速成型制作的模型力学性能更好。

三维打印（3DP）是一种应用喷墨打印机原理的快速成型方法[一]。一薄层金属、陶瓷或聚合物粉末散布在零件加工基座上。应用喷墨打印机技术，根据三维零件数据切片的二维几何形体将黏合剂的细小雾滴沉积在基座上。粉末的喷射与前述其他工艺一样由计算机控制。雾滴将粉末聚集在一起，将其黏合成原始体单元或体素。黏合剂雾滴同样将体素黏合成一个平面并与下面的平面黏在一起。一旦沉积完一层，加工基座和零件就会降低，再铺上一层粉末，然后喷出黏合剂。这种一层又一层的过程不断重复直到零件打印完成并从基座上取下为止。

因为在 3D 打印加工过程中粉末间没有机械作用，所以零件很脆弱，从底座上拆卸下来时必须小心。打印零件的密度是真实零件密度的 40% ~ 60%。接下来对零件进行热处理，以除去黏合剂和熔渣，提高强度并且降低多孔性，与典型的粉末冶金相似。这样处理会造成零件收缩，这在设计时必须考虑。通常的处理方法是将熔点比零件金属低的金属熔化并添加到零件空隙中（渗透）。一个例子是，不锈钢用 90Cu-10Sn 的青铜进行渗透。

图 8.34 给出了一些由学生制作的快速原型。图 8.34a 所示零件（黑色的）是原始的注塑模型零件。零件右侧进行了处理，使得与其他零件的连接处防漏性更好。图 8.34b、c 所示两个零件是快速成型加工的。图 8.34b 所示是采用分层实体建模方法制作的纸模型。注意，外部细节与右侧 RP 模型比起来，粗糙且边缘不够精细。图 8.34c 所示零件是采用熔融沉积成型法加工的塑料模型。制作原型的能力允许进行真实的实验室测试以确定新设计方案的功能性。

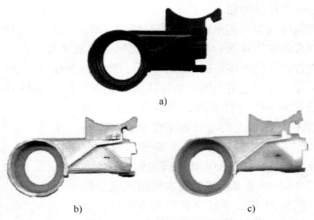

a)

b)   c)

图 8.34　学生制作的原型

a）注射成型零件　b）通过分层实体成型制作的纸质原型　c）通过熔融沉积成型制作的塑料原型

（来自 David Morgan）

〇　E. Sachs, et al., "Three Dimentional Printing", *ASME Jnl. of Engineering for Industry*, vol. 114, 1992, pp. 481-488.

快速成型技术已经成功应用到了实际零件的制造中。最常见的是将快速成型技术应用在金属铸造或聚合物成型上[1]。通常，模具加工的延迟是产品开发过程延误的一项主要原因。RP 技术的运用，提高了模具加工的速度，也使得在产品研发进程中进行多次模具设计迭代成为可能。铸造工艺需要使用零件的试样来构建空腔，然后填充流体浇铸材料。试样通常是用木头、塑料或金属制作的。制作试样十分耗时。应用 RP 技术，试样可以在一天或两天内完成。同样，使用快速成型的积层方法可以获得槽、悬空、空腔以及传统机加无法获得或需要很高成本才能得到的试样的特征。

8.11.5 测试

第 8.11.1 节中讨论了产品开发流程中可供使用的一系列典型原型。这些原型测试用于验证产品开发以及工程系统应用的设计决策。市场可以验证消费品的可接受性，而对很多其他类型的工程产品而言则需要进行一系列规定的验收测试。例如，很多军用设备和系统就需要按照合同的规定完成具体的测试要求。

测试计划是在重要的设计项目开始前就需要制订的重要文件之一。测试计划详细描述了需要进行的测试类型，在哪个阶段进行以及测试的成本等。它应该是产品设计说明书（PDS）的一部分。所有管理人员和工程师都需要知晓测试计划，因为它是设计项目的一项非常重要的组成部分。

在一个设计项目中需要进行多种类型的测试。一些例子如下所示：

- 设计原型测试，如第 8.11.1 节所述。
- 建模与仿真，见第 7.4 节。
- 测试所有机械和电子失效模式，见第 14 章。
- 设计规定的密封、热冲击、振动、加速度或防潮等特定测试。
- 加速寿命实验。评估质量关键点零件的使用寿命。
- 环境极限测试。针对规定的极限温度、压力、湿度等进行测试。
- 人机工程学和维修测试。用真实的用户测试所有的用户界面。检查用户环境中的维修程序和辅助设备。
- 安全性和风险测试。确定用户受伤害的可能性并且购买产品的责任保险。检查以确保遵守产品在销售地国家所有的安全要求和标准。
- 机内测试与诊断。评估机内测试、诊断和维修系统的能力和质量。
- 制造供应商资格。确定供应商的产品质量、运输准时度以及成本。
- 包装。评估包装保护产品的能力。

测试有两个主要原因[2]。第一个目的是确定设计是否满足规格或合同的要求（验证）。例如，温升不超过室温 70°F 时，电机在 1000r/min 的转速时必须提供 500lbf·ft 的转矩，那么认为测试成功。如果电机没有达到上述要求，就必须重新设计电机。上面列出的测试内容大部分都是这种类型的。

另一大类测试是按计划获得失效状态。大多数材料测试最后都要达到失效点。同样，子系统和产品的测试也要附加过载直到失效。采用这种方法，可以获得真实失效模式并深入探索设计的弱点所在。最经济的方法是使用加速实验方法。这类测试使用比预期工作中更严格的条件。最

---

[1] R. Noorani, op. cit., Chap. 8.

[2] P. O'Connor, *Test Engineering*, John Wiley & Sons, New York, 2001.

常用方法是分阶段测试来完成这项工作，在加速测试中，测试级别按一定的量不断提高直到失效出现。加速实验是最经济的测试形式。产生失效的时间可以设计得大幅短于最差预期服役条件下的测试时间。

加速实验用以下方法改进设计。首先，确定在服役条件下期待出现什么类型的失效状态。质量功能配置（QFD）和失效模式与影响分析（FMEA）将会有帮助。从设计的最宽泛级别开始进行测试，按步骤不断提高级别直到失效出现。使用第 14 章中的失效分析方法来确定失效原因并采取措施来加强设计，以使得产品能够承受更严格的测试条件。继续试验直到再次出现失效。在成本和可行性允许范围内，重复上述过程直到所有瞬态和永久的失效模式都被检测出来。

8.11.6　测试的统计学设计

讨论到这一点，显然测试只检验了一个设计参数的变化。然而，可能有两个或更多参数需要测试，比如应力、温度及加载速率，这些也都是非常重要的参数，需要开发测试计划以一种最经济的方式将这些因素联合起来同时进行测试。统计学学科为人们提供了开展称为试验设计（DOE）的工具。与不进行试验计划相比的最大好处是，使用统计学设计实验可以在每次实验中获得更多的信息。第二个好处是，统计学设计用结构化方法来收集和分析信息。统计学设计实验得到的结论通常不必过多使用统计学分析就非常清楚直接，反之，缺少规划的方法，即使进行详细的统计学分析也很难从实验中获得结果。统计学规划测试的另一优点是当统计学分析明确了变异和误差来源时，实验结果具备可信度。最后，统计学设计的一个重要的好处是能够确认和量化实验变量之间的作用关系。

图 8.35 给出了两个参数（因素）x_1 和 x_2 在给定的响应 y 下的不同方式。在本例中，响应 y 是某种合金的屈服强度，它受两个因素影响，一个是温度 x_1，另一个是时效处理时间 x_2。在图 8.35a 中，两个因素对响应没有作用。在图 8.35b 中，只有温度 x_1 对 y 有作用。在图 8.35c 中，温度和时间都影响屈服强度，但是它们以相同的方式进行作用，表明两个因素无关。然而，在图 8.35d 中，当温度 x_1 不同时，时效处理时间 x_2 对屈服应力 y 的影响是不同的，表明这两个因素相关。两个因素的作用关系是在统计学控制下同时改变两个因素而得到的，而不是一次只变一个因素。

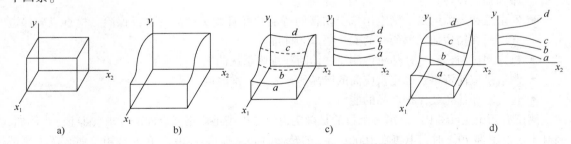

图 8.35　函数 y 对参数 x_1 和 x_2 的不同响应

a）x_1 和 x_2 对 y 没有影响　b）x_1 对 y 有影响，x_2 对 y 没有影响

c）x_1 和 x_2 均对 y 有影响，但 x_1 和 x_2 之间没有相互作用　d）x_1 和 x_2 的主要影响，且 x_1 和 x_2 之间有相互作用

统计学实验设计有以下三类[⊖]：

⊖　G. E. P. Box, W. G. Hunter, and J. S. Hunter, Statistics for Experimenters, John Wiley & Sons, New York, 1978; D. C. Montgomery, *Design and Analysis of Experiments*, 7th ed., John Wiley & Sons, Hoboken, NJ, 2009. (Available online at knovel. com) 1996.

- 多因素实验设计是指每个因素的各个水平与其他因素各水平组合起来进行实验。该实验方法导致需要进行的测试次数急剧减少，但也损失了一些因素间交互作用的信息。
- 分组设计从实验误差中去除基本变量的影响。最常用设计是随机分组设计和平衡不完全分组设计。
- 响应面设计用于确定因素（自变量）和响应（因变量）之间的经验关系。复合设计和旋转设计是经常使用的方法。

市面上很多统计学应用软件使实验设计变得容易多了。然而，除非设计人员在实验设计方面非常有经验，否则建议在开发实验计划的时候咨询统计学顾问，以确保测试上的投入可以获得一个最不可能有偏差的实验数据。现如今的工程师如果想要有效地利用这些软件就需要对实验设计原则有基本的了解。

8.12　面向 X 的设计（DFX）

成功的设计除了满足功能、外观和成本需求以外，还需要满足许多其他的要求。可靠性，多年以来一直被认为是必须满足的需求属性。随着人们对改进设计过程的日益重视，人们也在努力提升诸如可制造性、可维护性、可测试性和可服务性等"质量特性"。随着全生命周期相关主题研究的增多，用来描述它们的设计方法学的术语就变成了为人所知的面向 X 的设计，X 代表设计的一方面性能指标，例如面向制造的设计（DFM）、面向装配的设计（DFA）和面向环境的设计（DFE）。

DFX 方法学随着对并行工程重视程度的不断提高而得到加速发展⊖。可以回忆一下第 2.4.4 节并行工程需要跨功能团队、并行设计和供应商参与。同时也强调，要从产品设计工作开始，就要考虑产品全生命周期的各个方面。计算机软件工具的开发与使用为开展并行工程提供了很多便利。DFX 工具有时也称为并行工程软件。

在 20 世纪 80 年代，各公司引入并行工程策略来缩短产品开发周期时，最早广泛使用的两个概念就是面向制造的设计（DFM）和面向装配的设计（DFA）。随着这种方法的成功应用日益增多，在产品开发流程中需要考虑的"X"的数量也随之增加。现今，设计改进目标通常被冠以"面向 X 的设计"，其中的 X 因素的范畴很宽泛，涵盖诸如环境的可持续性、工艺规划、专利侵权规避设计等。面向 X 的设计可应用于产品开发过程的诸多方面，但往往集中在实体设计阶段中的子系统设计与集成步骤。

实施 DFX 策略的步骤如下：
- 确定需要考虑的目标因素（X）。
- 确定聚集点。整个产品、单个零件、分总成或工艺规划。
- 明确衡量 X 因素特性和改进的技术方法。这些技术可能包括数学或实验方法、计算机建模或某种探索方法。
- DFX 的策略是通过产品开发团队尽可能早地在设计过程中将重点放在 X 因素上并使用参数化测试和改进技术来实施的。

本章中已介绍了一些 DFX 的相关主题，本书剩余章节的大多数内容用于更详细地解释有关 DFX 的主题。当然也包括其他不在 DFX 主题下的其他设计主题。关于本书所讨论的各种设计主题及其所在章节位置，请读者参考下面的列表。

⊖　G. Q. Huang（ed.）, *Design for X: Concurrent Engineering Imperatives*, Chapman & Hall, New York, 1996.

讨论主题	所在章节
产品成本评估	第 16 章、第 17 章
面向 X 的设计	
面向装配的设计	第 13 章
面向环境的设计	第 10 章
面向制造的设计	第 13 章
面向质量的设计	第 15 章
面向可靠性的设计	第 14 章
面向安全性的设计	第 14 章
面向服务性的设计	第 8.9.4 节
面向公差的设计	第 8.7 节
失效模式与影响分析（FMEA）	第 14.5 节
人因设计	第 8.9 节
工业设计	第 8.8 节
法律法规	英文版第 5 版 第 18 章（参见 www.mhhe.com/dieter）
生命周期成本	第 8.10、第 17.5 节
材料选择	第 11 章
预防错误	第 13.8 章
产品责任	英文版第 5 版第 18 章（参见 www.mhhe.com/dieter）
鲁棒设计	第 15 章
设计和制造标准化	第 13.7 节
测试	第 8.11.1 节
用户友好设计	第 8.9 节

8.13　本章小结

实体设计是设计过程中将设计概念转换成物理形式的阶段。这也是设计的 4F［功能（function）、外形（form）、匹配性（fit）和完成度（finish）］得到充分考虑的阶段。实体设计是为了确定构成系统的零件的物理形态和参数配置进行分析最多的阶段。根据设计领域的发展趋势，将实体设计分为以下三个部分：

- 产品架构的建立：将产品的功能元布置到实体单元上，主要考虑设计的模块化程度或整合程度。
- 配置设计：包括确定零件的形状和主要尺寸，材料和加工工艺的初步选择。用面向制造的设计原则最小化加工成本。
- 参数设计：通过大量的细化工作来设定关键设计参数以提高设计的鲁棒性，包括优化关键尺寸和设定公差。

在实体设计的最后阶段需要建立并测试一个全尺寸的工作原型。该原型是一个具备完整的技术和视觉特征的工作模型，用于确定产品是否满足所有的客户需求及性能标准。

成功的设计需要考虑很多因素。正是在实体设计阶段开展满足这些需求的研究。设计的物理外观将影响到消费品的销售，针对外观的设计通常称为工业设计。人因设计决定着设计的用户界面及其使用方式，当然也通常会影响销售，有时也会影响安全性。产品的公众接受度的增加与否取决于其是否是环境友好型设计，政府也通过法规推动环境友好型设计。

还有很多其他问题将在本书的剩余部分予以介绍。其中相当一部分是在 DFX 范畴下，例如面向装配和面向制造的设计。

新术语和概念

加速试验	工业设计	细化（在配置设计中）
装配体	过盈配合	自助
间隙配合	生命周期设计	专用件
配置设计	模具	累积
面向 X 的设计	过约束零件	标准装配体
试验设计（DOE）	参数设计	标准件
特征控制框	改进	分总成
力传递	初步设计	公差

参 考 文 献

实体设计

Avallone, E. A. and T. Baumeister, eds., *Marks' Standard Handbook for Mechanical Engineers,* 11th ed., McGraw-Hill, New York, 2007. (Available online at knovel.com.)

Dixon, J. R., and C. Poli: *Engineering Design and Design for Manufacturing,* Field Stone Publishers, Conway, MA, 1995, Part III.

Hatamura, Y.: *The Practice of Machine Design*, Oxford University Press, New York, 1999.

Pahl, G., W. Beitz, J. Feldhausen, and K. H. Grote: *Engineering Design: A Systematic Approach,* 3d ed., Springer, New York, 2007.

Pope, J. E. ed., *Rules of Thumb for Mechanical Engineers, Elsevier,* 1997. (A place to find practical design methods and calculations, written by experienced practicing engineers on such topics as drive motors, pumps and compressors, seals, bearings, gears, piping, stress analysis, finite element analysis, and engineering materials. Available online at knovel.com.)

Skakoon, J. G.: *The Elements of Mechanical Design,* ASME Press, New York, 2008.

Stoll, H. W.: *Product Design Methods and Practices*, Marcel Dekker, New York, 1999.

Young , W. C. and R. G. Budynas, *Roark's Formulas for Stress and Strain*, 7th ed., McGraw-Hill, New York, 2001. (Available online at knovel.com.)

问 题 与 练 习

8.1　在你身边找到一些常用的消费品，辨别哪些是模块化的、整体化的以及混合的产品架构。

8.2　标准的指甲刀是整体化产品架构的优秀例子。指甲刀由四个单独零件组成：杆（A）、销（B）、剪刀上臂（C）和剪刀下臂（D）。草绘一个指甲刀，标出四个零件，并描述每个零件的功能。

8.3　设计一款新指甲刀使其具备模块化架构，画出草图并且标注每个零件的功能。将新设计的零件数与常用的标准指甲刀进行比较。

8.4　查看图 8.6 所示直角托架的各种配置设计，按照如下形式或特征画出草图并做出标注：（a）实体；（b）加强筋；（c）焊缝；（d）开口；（e）倒角。

8.5　右图给出了一个冗余载荷路径结构。力 F 引起结构伸长 δL。因为连接杆的横截面不同，其刚度 $k = \dfrac{\delta P}{\delta L}$ 也不同。显然载荷分配与其路径的刚度成比例。

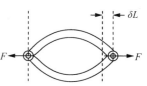

8.6　为炼钢熔炉设计一个与传动柄同时使用的柄钩。钩的最大承受质量为

150t。柄钩必须与下图所示的钩柄配合良好。柄钩孔应该可以放入与起重机连接的 8in 销钉。

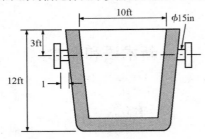

8.7 徒手绘制图 8.19 所示结构的三维草图。

8.8 给出下图中 AB 的尺寸及其公差。

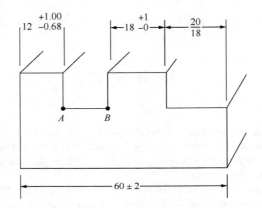

8.9 在例 8.1 中，从 B 点开始沿顺时针方向计算壁面的间隙及其公差。

8.10 使用图 8.21，轴承（零件 A）的内径尺寸和公差是 $\phi30^{+0.20}_{-0.00}$，轴（零件 B）的尺寸是 $\phi30^{+0.35}_{-0.25}$。计算装配体的间隙和公差，给出装配体草图。

8.11 下图中零件两孔间的最小距离是多少？

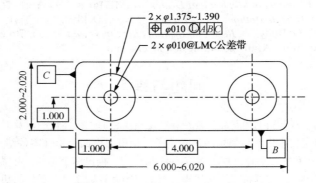

8.12 对图 8.19 中最左面的孔，若孔位置的偏差是 ±2mm：

(a) 如果应用普通的定尺寸系统（non-GD&T），那么公差带是多少？

(b) 如果使用标准的"几何尺寸与公差"（GD&T），公差带是多少？

(c) 画出 (a) 和 (b) 的公差带。

(d) 写出 (b) 的特征控制框并且讨论其相对普通定尺寸系统的优点。

8.13 根据例 8.3，制订一个表格，给出在最大实体状态（MMC）下，孔的位置公差带随孔径的变化情况。从孔的最大实体状态开始，然后以 0.020in 为步长不断减小直径，直到孔达到最小实体状态。提示：确定孔的虚拟条件，就是用最大实体状态（MMC）孔直径减去最大实体状态（MMC）的位置公差。

8.14 拍摄某个消费产品照片，或者从旧杂志上剪下一张，展示吸引你的工业设计，指出你认为需要改进的地方。要确保你的观点从美学价值出发。

8.15 考虑木工磨砂机的设计。（a）产品的功能取决于人们用什么。（b）某用户希望的一个特性是重量轻以减轻长时间使用时的手臂疲劳。除了减轻实际重量外，设计者还可以使用什么方法减轻用户的使用疲劳？

8.16 登录网址 http://www.baddesigns.com/examples.html，了解用户友好设计的不良实例。然后，从日常生活中找出五个其他例子。如何将这些设计变成用户友好的？

8.17 以柴油动力货车改烧天然气为目标，深入探究这个议题，找到其原因。

第 9 章 详细设计

9.1 引言

本章已经进入详细设计，即设计过程三个阶段中的最后一个阶段。在计算机辅助工程（CAE）的推动下，人们开始强调通过并行工程的方法（面向 X 的设计）来缩短产品开发周期，这使得实体设计与详细设计之间的界限逐渐变得模糊，并适时前移。在许多工程组织中，再将详细设计作为一个完成所有尺寸、公差以及细节设计的设计阶段来看待是不对的。尽管如此，详细设计仍是指将所有的细节整合在一起，做出所有的决策，并由管理部门做出将设计进行投产决定的阶段。

图 9.1 给出了本书所组织的设计过程的各个阶段，同时将第 8 ~ 17 章用数字在相应的位置标出，用于表明相应知识在该阶段应用。详细设计位于抽象设计层次的最底层，是一项非常明确且具体的工作。在该阶段，需要做出大量的决策。这些决策中的大部分对于所设计的产品十分重要，对其进行修改将费时费力。拙劣的详细设计会使一个杰出的设计构思黯然失色，也会导致制造缺陷、较高成本及较差的运行可靠性。反之亦不乐观，即使优秀的详细设计同样无法挽救拙劣的概念设计。然而，顾名思义，详细设计⊖主要涉及确认细节、提供缺少的细节等内容，以确保

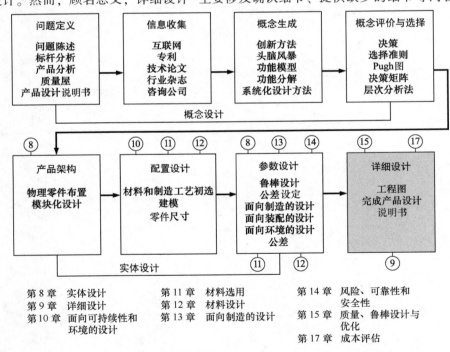

图 9.1 设计过程的步骤（展示了第 8 ~ 17 章的主要侧重点）

⊖ 此处"详细"为名词。整个团队齐心协力，确认所有的细节部分。一些作者错误地将这一阶段称为"细节的设计"，暗示它像具体设计阶段。这种观点是不正确的，特别是在当前的商业环境下。

已经经过验证和测试的设计可以被制造成质量合格而且成本效益好的产品。详细设计的另一项同样重要任务是针对这些决策及数据与负责产品开发过程的商业组织的各部门进行交流。

9.2 详细设计中的活动和决策

图 9.2 给出了在详细设计阶段各项活动需要完成的任务。这些步骤是在零阶段,即产品规划(图 2.1)的后期所做出的决策成果,即随产品开发项目来分配资金。如图 9.2 所示,虚线以下的内容表示产品开发过程中,当设计信息传递给公司中的其他部门时,必须由这些部门来完成的主要活动,见第 9.5 节。详细设计阶段的各项活动如下:

1. 自制或外购决策

在所有零部件的设计及所有的设计图都完成前,要召开会议来决定零部件是由企业内部自行生产还是从外部供应商处购买。这次决策将主要以成本和生产能力作为基础,同时适当考虑零部件的质量问题及交货的可靠性。有时决定内部生产某一关键零部件,仅仅是出于保护某一关键的制造工艺的商业秘密的目的。尽早做出这个决定的一个重要原因是这样你就可以把供应商纳入设计工作作为扩展的团队成员。

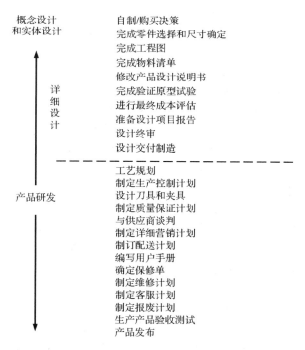

图 9.2 详细设计的主要活动和成果(虚线以下的条目是详细设计以后直到产品发布的活动)

2. 完成零件选择和尺寸确定

虽然大部分零部件的选择和尺寸的确定是在实体设计时完成的,特别是对那些其参数与产品质量密切相关的零部件,但仍有一些零部件尚未选定或进行设计。这些零部件可能是从外部供应商处购买的标准部件,或是像紧固件之类的常用标准件,也可能有重要的零件需要实验数据或有限元分析结果的辅助验证。无论什么原因,都必须在设计结束前完成这些工作。

如果产品设计十分复杂,在完成设计之前的某一时间点实行“设计冻结”。如果不借助外界手段加以阻止,这意味着除非设计管理部门的正式审核,否则超出这一特定时间节点的任何设计变更都不允许。人们总是倾向于不停地做一些小修小补，这样的改进工作是永无止境的。借助"设计冻结"，只有真正影响产品性能、安全和成本的关键变更才被允许。

3. 完成工程图

详细设计阶段中的一项重要任务就是完成工程图。在完成每个部件、子装配和装配的设计时，都以工程图的形式作为设计文档（第9.3.1节）。零件图一般称为详细图。零件图给出了零件的几何特征、尺寸和公差。有时，图样上还给出零件制造时的特殊工艺要求，例如热处理要求或整理步骤。装配图给出了如何将各零件装配起来构成产品或系统。

4. 完成物料清单

物料清单（BOM）或零件目录表列出了产品中的每一个零件，见第9.3.2节。它用于制定生产规划、确定产品成本的最佳预算。

5. 修改产品设计说明书

在第3.7节中介绍产品设计说明书时，曾强调PDS是一个"动态文件"。当设计团队获得更多有关产品设计的知识时，产品设计说明书也会随之发生改变。在详细设计阶段，产品设计说明书要不断更新，使之包含设计所要满足的全部最新需求。

零件说明书和产品设计说明书需要加以区分。对于零件个体而言，其图样和说明书通常是同一个文件。零件说明书通常涵盖零件的技术性能、尺寸、测试要求、材料要求、可靠性要求、设计寿命、包装要求和营销装运等信息。另外，零件说明书还应足够详细，以避免供应商产生误解。

6. 完成验证原型试验

一旦设计完成就需要制定β原型，并进行验证试验，以保证设计满足产品设计说明书中的要求，并且安全可靠。回顾第8.11.1节中可知，β原型需要所使用实际产品材料和生产工艺来制造，但并不采用实际的生产线上来生产。随后，在产品投产前要对生产线上生产出的正式产品进行测试。如何测试，需依据产品的复杂程度。一般情况，简单的验证试验可能只是产品在某一预定工作循环内的超负荷条件下运行，也可能是使用一系列基于统计检验方案的测试。

7. 进行最终成本评估

基于详细设计图可以进行最终的成本评估，因为此时用于确定各部件材料、尺寸规格、公差和表面形貌等方面的知识已具备。利用物料清单（第9.3.2节）可以进行成本核算。成本分析还需要知道制造每个零件所需的特定机床和工艺步骤的特定加工信息。需要注意的是，在产品设计过程中，成本评估每一步的误差量都是很小的。

8. 准备设计项目报告

项目的后期，通常要撰写设计项目报告，描述承担的任务并详细讨论设计。这是一个重要的文档，它可以把该设计的know-how传授给将来从事该产品再设计的项目团队。另外，日后产品涉及产品责任或专利诉讼时，设计项目报告也是一个重要文件。第9.3.3节就如何准备设计项目报告给出了一些建议。

9. 设计终审

在设计终审之前，将进行多次正式会议或评审。其中包括开始制定产品设计任务书时召开的产品初步概念会议，在概念设计后期用于决定是否继续进行全面产品开发的评审，以及实体设计之后是否进行详细设计的评审。后续评审可以采取详细的单独评审（会议）的形式来决定诸如面向制造的设计、质量问题、可靠性、安全性或初步成本评估等重要问题。然而，设计终审是设计过程中最具组织性且最为全面的评审活动。

管理部门根据设计终审结果来决策是否将产品设计投产，是否承担为此所需的主要财政投入。设计终审将在第9.4节中进行讨论。

10. 设计交付制造

把产品设计方案提交给制造部门，标志着设计人员主要产品设计活动的结束。设计发布可能是无条件的，也可能是在推出新产品的压力的条件下进行的。在后一种情况下，要提前开发工装，同时设计人员也加紧工作来修正一些设计缺陷。缩短产品开发周期的并行工程方法的大量应用，模糊了详细设计和制造之间的边界。设计发布经历两三个"波次"十分常见，对那些设计与研制工装需要最长研制周期的零件设计，要率先发布。

如果某产品是由项目经理在一个重量级的矩阵式组织中进行管理的，如在第2.4.3节中所讨论的那样，那么这个经理将继续管理该项目，从设计到制造，直至产品发布。此外，即便是已经开始生产，设计输入也没必要停止，因为在质量保障、保证条款以及维修要求的确定等领域还需要设计人员的技术知识。

图9.2中虚线以下的活动发生在详细设计之后。这些活动是完成产品开发过程所必需的，这些活动将在第9.5节中讨论。

9.3 设计和制造信息的交流

设计项目产生的数据量是十分庞大的。一辆普通汽车大约有10000个零件，每个零件包含多达十个几何特征。另外，对零件上每一个必须要加工的几何特征，大约就有1000个几何特征与生产设备和夹具等辅助装置相关。用CAD描述零件已经变得很普遍，这使得可以通过因特网把设计图从设计中心传送到世界各地的工具制造商和制造工厂。设计数据包括各种不同用途的工程图、设计说明书、物料清单、最终设计报告、进度报告、工程分析、工程变更通知、原型测试结果、设计评审备忘录和专利应用等。然而，在这种内容广泛的设计数据库内，数据的互操作性和交换性远未达到最佳效果。"还不存在一个通用数据架构能够包含和交换技术信息，这些技术信息包括零件形状、物料清单、产品配置、功能需求、物理性能，以及其他一些用于虚拟制造的进一步开发信息[⊖]。"无论基于计算机的设计、绘图、刀具规划多么成熟，工程师之间总是需要书面和口头交流。

9.3.1 工程图

传统上，详细设计的目的是提供包含产品生产信息的图样。这些图样应该足够清晰明确，不留被人曲解的余地。一个详细的工程图样包括以下信息：

- 三视图——俯视图、主视图、左视图。
- 辅助视图——如断面图、局部放大图或辅助观察零件整体和细节的轴测图。
- 尺寸——按美国标准学会以 ANSI Y14.5M 规定的几何尺寸与公差（GD&T）标准进行标注。
- 公差。
- 材料规格以及特殊加工说明。
- 制造细节，如划线位置、拔模斜度、表面粗糙度。

有时明细单所包含的信息可以代替图样上的说明。图9.3给出了一个杠杆的详细图示例。注意GD&T的使用。如果是在CAD系统下进行的数字化设计，那么数字模型对于零件定义起决定性作用。

⊖ *Retooling Manufacturing*: *Bridging Design*, *Materials*, *and Production*, National Academies Press, Washington, DC, 2004, p. 10.

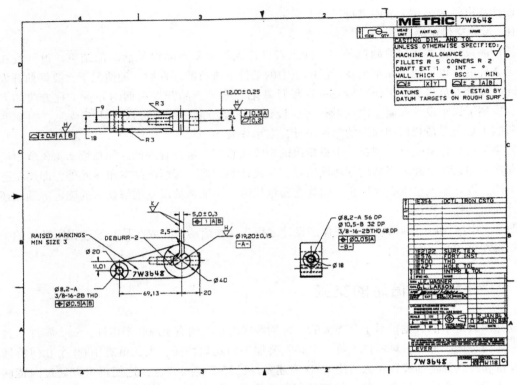

图 9.3　杠杆的零件图

　　工程图的另外两种常见类型是布局图和装配图。设计布局图展示了装配好的产品（系统）中所有部件之间的空间关系。设计布局工作是在实体设计的产品架构阶段全面展开的。它使产品的功能可视化并确保所有部件都有相应的物理空间。

　　装配图是在详细设计中产生的，是向生产部门和用户传递设计意图的工具。装配图给出了相关零件间的空间关系，以及与其他零件之间的连接关系。装配图中的尺寸信息仅限于描述装配的必要信息。可以根据每个零件的零件图号去参考零件图，它给出了零件尺寸规格和公差等方面的全部信息。图 9.4 是一个齿轮减速器的装配爆炸图。

　　详图完成后，必须对其进行审核以确保该图能够准确地描述设计的功能并符合要求$^{\ominus}$。审核工作应该由一开始就没有参与设计项目但经验丰富的人担任，他们能带来新鲜独特的观点。由于设计的迭代特征，因此记录项目过程信息及所做的变更是十分重要的。这些内容应记录在工程图标题栏和修订项中。必须建立一个正规的图样发布程序，从而使每个相关人员都知晓设计方面的变更。使用数字模型设计零件的一个优点是，虽然仅仅在零件图上修改，但随后所有可以访问该模型的人就可以获得模型的最新信息。

　　详细设计中的一个重要问题是管理设计过程产生的大量信息、控制版本，并确保信息的可追溯性。产品数据管理（PDM）软件提供了产品设计与生产之间的联系。PDM 软件通过多用户的数据检入和验出提供了对设计数据库（CAD 模型、图样、物料清单等）的控制，管理着工程变更的同时控制零件图和装配图所有版本的发布。由于数据安全可以由 PDM 系统来保障，这使

　　$\ominus$　G. Vrsek. "Documenting and Communicating the Design," *ASM Handbook*, vol. 20, ASM International, Materials Park, OH, 1998, pp. 222-230.

得所有经授权的用户在产品开发过程中通过电子设备来查阅设计数据成为可能。大多数的 CAD 软件都有内置的 PDM 功能。

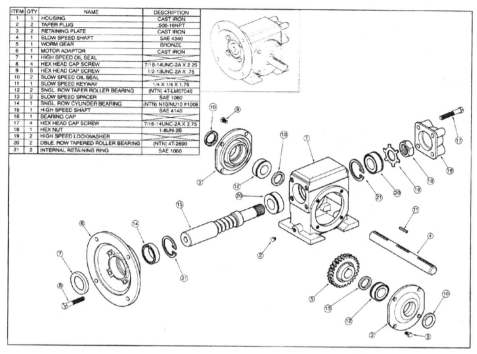

ITEM	QTY	NAME	DESCRIPTION
1	1	HOUSING	CAST IRON
2	2	TAPER PLUG	.500-16NPT
3	2	RETAINING PLATE	CAST IRON
4	1	SLOW SPEED SHAFT	SAE 4340
5	1	WORM GEAR	BRONZE
6	1	MOTOR ADAPTOR	CAST IRON
7	1	HIGH SPEED OIL SEAL	
8	4	HEX HEAD CAP SCREW	7/16-14UNC-2A X 2.25
9	8	HEX HEAD CAP SCREW	1/2-13UNC-2A X .75
10	1	SLOW SPEED OIL SEAL	
11	1	SLOW SPEED KEYWAY	1/4 X 1/4 X 1.75
12	2	SNGL. ROW TAPER ROLLER BEARING	(NTN) 4T-LM67048
13	1	SLOW SPEED SPACER	SAE 1060
14	1	SNGL. ROW CYLINDER BEARING	(NTN) N10/NU10 #1008
15	1	HIGH SPEED SHAFT	SAE 4140
16	1	BEARING CAP	
17	4	HEX HEAD CAP SCREW	7/16-14UNC-2A X 2.75
18	1	HEX NUT	1-8UN-2B
19	2	HIGH SPEED LOCKWASHER	
20	2	DBLE. ROW TAPERED ROLLER BEARING	(NTN) 4T-2690
21	2	INTERNAL RETAINING RING	SAE 1060

图 9.4　齿轮减速器的装配爆炸图

9.3.2　物料清单

物料清单（BOM）或零件明细表是一个包含产品中每个零件的列表。如图 9.5 所示，该图中列举了装配中所需的零件描述、零件数量、零件编号、零件来源以及外包给供应商的零件订单号等信息。该版本的物料清单中还列举了负责每一个零件详细设计的工程师的姓名，以及负责追踪各零件生产和装配情况的项目工程师的姓名。

Qty / Engine	PART DESCRIPTION	PART NUMBER				Source	Delivery Date	RESPONSIBILITY	
		Prefix	Base	End	P.O. #			Design	Engineer
	PISTON								
6	PISTON (CAST/MACH)	SRLE	6110	24093	RN0694	Ace	11/17/95	S. LOPEZ	M. Mahoney
6	PISTON RING - UP COMPRESSION	SRLE	6150	AC	RN0694	Ace	rec'd FRL	S. LOPEZ	M. Mahoney
6	PISTON RING - LOWER COMPRESSION	SRLE	6152	AC	RN0694	Ace	rec'd FRL	S. LOPEZ	M. Mahoney
12	PISTON RING - SEGMENT OIL CONTROL	SRLE	6159	AC	RN0694	Ace	rec'd FRL	S. LOPEZ	M. Mahoney
6	PISTON RING - SPACER OIL CONTROL	SRLE	6161	AB	RN0694	Ace	rec'd FRL	S. LOPEZ	M. Mahoney
6	PIN - PISTON	SRLE	6135	AA		BN Inc.		S. LOPEZ	M. Mahoney
6	PISTON & CONNECTING ROD ASSY	SRLE	6100	AG				S. LOPEZ	M. Mahoney
6	CONNECTING ROD - FORGING	SRLE	6205	AA		Formall		S. LOPEZ	M. Mahoney
6	CONNECTING ROD ASSY	SRLE	6200	CI		MMR Inc.		S. LOPEZ	M. Mahoney
12	BUSHINGS - CONNECTING ROD	SRLE	6207	AE		Bear Inc.		S. LOPEZ	M. Mahoney
12	RETAINER - PISTON PIN	SRLE	6140	AC		Spring Co.		S. LOPEZ	M. Mahoney

ENGINE PROGRAM PARTS LIST
DOCUMENTING THE DESIGN

图 9.5　物料清单实例（ASM 手册，20 卷：第 228 页，ASM International）

物料清单的用途很多。它对确定产品成本起着决定性作用。作为检查产品成本是否与产品设计说明书中产品成本要求相一致，在实体设计阶段初期，当产品结构确立之后，就要开始编制物料清单了。最终的物料清单将在详细设计阶段完成，并用于详细的成本分析。物料清单对于追踪各部件的生产和装配信息至关重要。因此，作为设计过程中重要的归档文件，物料清单需要妥善保存并且方便检索。

9.3.3 书面文件

刚从事设计工作的工程师对与设计项目相关的书面文件工作所花费的时间往往会感到吃惊。设计是一个多利益方参加的复杂过程。有许多团体为设计过程提供输入，还有一些团体参与设计过程中的决策。在设计过程中，新的决策往往要基于前期工作的评审后才能做出。对于复杂的项目，设计团队成员可能需要重温设计过程的前期工作，才能进入新的设计阶段。在设计中，不能过分强调收集可获得的、正确无误的所有信息。

由于对准确而且正规的文件的迫切需求，这使得设计工程师们都善于撰写技术文件。书面文件是撰写人的永久记录，无论好坏，它都会为工作质量和撰写人技能留下永久的印记。

作为日常工作的一部分，设计工程师要准备正式的和非正式的文件。非正式文件包括电子邮件信息、简洁的备忘录以及日常的设计日志。正式的书面文件形式通常有信件、正式的技术报告（如进度报告、实验报告、工艺描述）、技术论文和建议书。

1. 电子邮件

没有任何沟通方式像电子邮件（email）那样发展得如此之快。每年电子邮件信息的发送总量都会超过 8 万亿条。电子邮件在很多方面都有极高的价值，常见的几例应用有：会议计划，与各大洲的工程师进行沟通，旅行时与办公室取得联系，确认做出的决策和行动项目以及参与专业学会的活动。

恰当地使用电子邮件是非常重要的。电子邮件不能代替传统的面对面会议或电话沟通。由于无法确保收件人阅读了电子邮件，如果需要确保收件人在某时间段必须收到该信息时，就不宜使用电子邮件的方式。

以下是专业的电子邮件的书写指南：

- 正式的商业信函要采用商业书信的格式书写。恰当使用大写字母、拼写及句子结构。
- 写邮件时，要使用言简意赅的主题行。
- 信息要简短。
- 对比较大的附件要进行压缩，在告知同事之前不要把大的附件发送给他们。
- 不要使用表情符号和其他非正式的图像，这些图像更适合用于私人信息中的即时信息和文本信息。
- 除了非正式签名外，还需使用正式签名档，其中包含的联系方式要与名片上的相一致。
- 回复邮件时，若所回复的邮件中包含接收邮件中的原始信息，那么在回复时，要删除不必要的和重复的信息。
- 若回复邮件中不包含接收邮件中的原始信息，那么回复时，邮件中要包括相关细节。

电子邮件具有即时性和私人性的特点，因此有必要将其与其他书面交流方式区别对待。人们常常认为电子邮件与电话一样不正式。人们可以自由地书写和发送他们从不在商业书信中呈现的内容。电子邮件似乎要把人们从常规的束缚中解放出来。在不考虑结果的情况下"回复"信息是很容易的。商业伙伴在互通邮件时开玩笑的例子确实很多，但由于无意间使其传播信息过多时，他们才意识到很尴尬。要谨记，邮件是可以像报纸一样可以被保存和取得的。当然，网上有许多关于使用在线交流时的礼节方面的资源，绝大多数的技术写作手册也有介绍电子邮件的章节。写电子邮件要保持良好的心态，"要预料到邮件中的任何信息都有可能失控而被传播和复制。"因此，写电子邮件时要认真思考。

2. 备忘录报告

备忘录报告（又称备忘录）通常写给与某一特定主题相关的特定的个人或人群，通常作者和收件人较为熟悉。备忘录是写给同一组织内一个或一组同事的信件。备忘录以内部方式（不含美国邮电业）传送给收件人。备忘录报告是一种有效的沟通方式，它可以将同一信息传递给整个企业部门或同一群体的全体成员。既然备忘录是在组织内发布的，就不需要每个收件人的个人地址。当考察竞争对手的新产品时，或当有了改良产品的新想法时，或要传达设计团队的会议记录时，就适合使用备忘录。

备忘录报告很简短（1~3页）。书写备忘录的目的是使有关当事人尽可能快地获得简洁的报告。备忘录强调的重点包括结果、讨论以及包含少量细节的结论（当然，这些细节要对数据分析具有至关重要的作用）。

3. 设计笔记

遗憾的是，在设计过程中，较少有记录决策和捕捉设计意图的优良传统。这些优良传统不仅能防止相关设计知识的丢失，也能让新手从中学到经验。这些信息通常记录在设计笔记中。设计笔记应该是 $8\text{in} \times 11\text{in}$ 的装订本（非螺旋装订），最好带有一个硬封皮。设计笔记是一个知识库，它能储藏全部的计划（包括未被执行的计划）、全部的分析计算、全部的实验数据记录、全部信息的来源，以及项目的全部有价值的构思。

这些信息应该直接写在笔记中，而不是从粗略的草稿中抄写。另外，写入笔记中的信息要加以整理。要使用主标题和副标题，对关键的事实和想法要进行标记，对自己的材料可以任意进行交叉引用，并且在笔记的前面加入索引以便管理。页码的编号要连续。大约每一周的时间，要审查所做工作并撰写重点突出的进展总结。每当有一点工作有可能申请专利时，要请知识渊博的同事阅读并验证一下你的设计笔记。

以下是做好设计笔记的规则[一]。

- 笔记的前面部分要有索引。
- 用钢笔书写条目且字迹清晰。
- 一边工作一边编好条目。无论结果好坏都要记录，即便是当时不太理解的东西也要记录下来。如果有错误，把它们划出来就行，不要擦掉，更不要撕掉那几页。
- 所有的数据都要以最初的原始形式保存（条形图、示波图片、显微镜照片等），不要重新计算或转换。
- 草图要直接画在设计笔记中，但是更加经精心准备绘制在方格纸上的图也要记录在设计笔记中。
- 对于书籍、杂志、报告、专利以及其他信息要给出完整的参考文献出处。

一个好的设计笔记应具备以下特点：项目完成后的若干年依然完好，重要的决定显而易见，行动的原因经得起事实的考验。项目正式报告中的每个图表、陈述以及结论，都可以在设计笔记中找到原始的条目。

设计工程师撰写的正式书面文件有两种基本类型。工程师们按照标准的商务写作指南要求，给组织之外的其他人写信。这方面的材料可以在相关的书面资料中获取。工程师还需要撰写技

[一] 改编自 T. T. Woodson "Engineering Design", Appendix F, McGraw-Hill, New York, 1996.

术报告。技术写作的定义是：基于视觉和书面数据以分析结果，为特殊受众所撰写的简洁且准确的报告。工程写作的目的是提供信息，不是娱乐，也不是以天花乱坠的语言使人不知所云。因此，在书面文件中的相关信息应该让人能够轻易找到。当书写报告时，头脑中常常要考虑到阅读报告的人很忙，时间有限。设计项目报告是项目结束时撰写的一个规范的技术报告。它对承担的任务进行描述，并详细讨论设计。它是正式技术报告的一个重要类型。

4. 正式技术报告

正式技术报告通常是在项目完成时撰写的。通常，正式技术报告是一个完整而独立的文件，其目标群体的背景复杂多样。因此，与备忘录报告相比，正式技术报告需要更多的细节。一个典型的专业报告⊖的大纲可能包括以下内容。

- 附函（转送函）：提供附函，使事前没有得到通知但可能会收到报告的人对该报告有所了解。
- 标题页：标题页包含报告名称、单位及作者地址。
- 概要（包含结论）：摘要篇幅通常不超过一页，由三段组成。第一段，简要描述研究的目的及研究的问题；第二段，描述问题的解决方案；最后一段，从节约成本、改善质量或新的机遇等方面阐明其对企业的重要性。
- 目录：包括图表清单。
- 引言：引言中要包含可能不被读者所知的，但会在报告中使用的相关技术事实。
- 技术问题部分（分析或实验程序、相关结果和结果讨论）：
  - 实验程序部分通常包括以下内容：说明数据是如何获得的，如果数据是使用非标准的方法或技术获得的，需要对获取的方法或者技术进行描述。
  - 结果部分描述研究结果以及相关的数据分析。实验的误差范围也要包括在内。
  - 讨论部分描述数据分析：通过分析数据，提出具体的论点，把数据转换成更富有意义的形式，或把数据与引言中的理论联系起来。
- 结论：结论要尽可能以简洁的形式陈述，要能够从研究过程中推导出来。总体来说，这部分是工作和报告的核心。
- 参考文献：参考资料用来支持报告中的论述，还可以使读者获得更多关于某个议题的深入信息。
- 附录：附录可以包含数学推导、样本计算等信息；它与报告的主题没有直接联系，但如果将这些内容放在报告的正文中，可能会严重打乱思考的逻辑顺序。附录中推导出的最终方程要置于报告正文中，并标注相应的附录号。

9.3.4 技术文件写作中的常见问题

下面给出了技术文件写作的一些建议，作为指南有助于避免一些最为常见的错误。在技术文件写作中，也应避免个人先入为主的风格⊖。

1. 时态

动词时态的选择经常使人感到困惑。有经验的撰稿者通常会使用以下简单规则。

过去时：用于描述已完成的工作或者过去发生的事件。例如，"所有试样的硬度读数都做了记录（Hardness readings were taken on all specimens）。"

⊖ The contribution of Professor Richard W. Heckel for much of the material in this section is acknowledged.

⊖ W. Strunk and E. B. White, "The Elements of Style," 4th ed., Allyn & Bacon, Needham Heights, MA, 2000; S. W. Baker, "The Practical Stylist," 8th ed., Addison-Wesley, Reading, MA, 1997.

现在时：用于描述与报告本身的内容和想法。例如，"图 4 中的数据清晰地表明，控制发动机速度并不容易（It is clear from the date in Figure 4 that the motor speed is not easily controlled）。"或者"小组建议重新试验（The group recommends that the experiment be repeated）。"

将来时：用于基于数据预测未来。例如，"表 Ⅱ 中的市场数据表明，新的产品线在未来十年中将持续增加（The market data given in Table Ⅱ indicate that the sales for the new product line will continue to increase in the next ten years）。"

2. 参考文献

参考文献一般位于书面文本的尾部。参考文献没有公认的格式，每个出版机构都有自己偏爱的格式。下述例子给出了作者引用的技术文献（这些技术文献可以在订阅的材料中方便地获取，也可以在图书馆的馆藏书目中找到）及参考期刊的格式（经常省略文章的标题）。

- 技术杂志文章：C. O. Smith, Transactions of the ASME, Journal of Mechanical Design, 1980, vol. 102, pp. 787-792.
- 书籍：Thomas T. Woodson："Introduction to Engineering design," pp. 321-346. McGraw-Hill, New York, 1966.
- 私人通信：J. J. Doe, XYZ Company, Altoona, PA, unpublished research, 2004.
- 内部报告：J. J. Doe, Report No. 642, XYZ Company, Altoona, PA, February, 2001.

许多工程类期刊都使用由 IEEE⊖所开发的引用风格指南。

9.3.5 会议

商业领域经常举办不同层次和主题的会议，进行信息交流。大多数会议将进行事先准备好的口头汇报，参见第 9.3.6 节。设计团队的会议位于整个会议层级的最底层。会议内容集中在一个共同的目标上，而且通常有相同的背景。召开会议的目的是共享已取得的进展，明确问题，并期望获得用以解决问题的支持和帮助。设计团队会议是一种小组讨论，它有会议议程及可能的可视化手段，但这种汇报是非正式的，不用预先演练。关于如何有效组织设计团队会议的细节已在第 4.5 节中给出。

在设计团队会议之上的会议是设计简报或设计评审。与会人员的规模和多样性取决于项目的重要程度，可以是 10 ～ 50 人不等，包括公司经理和高级管理人员（高管）。对于高管而言，设计简报必须简短而且要切中要点。高管很忙，对于工程师热衷讨论的技术细节并不都感兴趣。这种类型的汇报需要精心的准备工作和练习。通常向最高的管理者陈述要点通常只有 5 ～ 10min。如果陈述的对象是技术经理，他们对重要的技术细节更感兴趣，但也不要忘了汇报进度和成本方面的信息。通常，他们会给你 15 ～ 30min 把问题讲清楚。

与设计简报相似的技术细节方面的汇报是在专业协会或技术学会上发言。这种汇报通常发言时间为 15 ～ 20min 的时间，与会人数为 30 ～ 100 人。在这种会议场合发言（无论是国内会议还是地方会议）对于职场拓展、专业声誉的获得都是至关重要的。

9.3.6 口头表达

听众对口头表达的反应会很快形成或好或坏的印象和声誉。大多数情况下，你是应邀发言。口头交流有一些特别的特征：提问和对话可以得到快速反馈，个人激情、可视化手段，以及语调、重音和手势都会起到重要作用。与冰冷的、有距离感的、易使人避开回答问题的书面文字相

⊖ *IEEE Editorial Style Manual*［Online］. Available：http://www.ieee.org/documents/stylemanual.pdf

比，熟练且富于技巧的口头表达显得更为亲切，能够更有沟通成效。另一方面，与书面沟通相比，口头交流对发言的组织和逻辑性的要求更高。口头交流时，听众没有任何机会通过书面阅读来搞清楚发言要点，更何况口头交流中会存在很多"噪声"。发言者的准备以及发言情况，会议室的环境和可视化手段的优劣等，都会对口头交流的效果产生影响。

设计简报：发言的目的可以是展示在过去 3 个月内某 10 人设计小组的工作情况，也可以用 CAD 平台向上层管理人员介绍新的构思（因为他们对投资巨大的 CAD 的应用效果有疑虑）。无论是什么原因，都应考虑清楚发言的目的，并且熟知都有哪些人会参加会议。如果你想要准备一个有效的汇报，这些信息是至关重要的。

对于面向商务的发言，最恰当的发言方式是有准备的脱稿发言。要全面考虑发言的全部要点并详细规划。但是，发言要以书面大纲为本；或者先写出完整的发言稿，再据此提炼出发言所用的大纲。该类型的发言可以与听众建立起一种更为紧密且自然的关系，因为它比宣读发言稿更可信。

就听众感兴趣的材料做些拓展。组织材料要经过深思熟虑，而不是用简单的语言堆砌而成。先写出结论，这样更有利于对所掌握的材料进行分类，并且只选择支持结论的信息。如果发言的目的是要推广某一想法或创意，应列出其全部优缺点，这样有助于与不接受该想法的人辩论。

前几分钟的开场白很重要，它决定着你是否能吸引住听众的注意力。可通过解释发言的原因来介绍发言的内容。背景材料的准备要细致充分，以便听众理解发言的主要内容。做好发言规定时间内的时间安排，以便能留出提问时间。如果不是非常善于讲故事和开玩笑，发言时不要加入这些内容。同时，发言中要避免使用专门的技术术语。为了避免听众对发言者想要传递的信息感到混乱，发言结束前，总结一下主要观点及结论。

对于所有技术发言而言，可视化手段都是重要的组成部分，好的可视化手段可以将听众的注意力提高 50%。采用哪种类型的可视化手段取决于发言内容和听众的特点。对于由 10 人或 12 人参加的小型非正式会议，分发印有提纲、数据及图表的材料通常很有效。对于 10～200 人的听众，使用顶置式投影机用的投影胶片或用数字投影仪播放的 PPT 幻灯片都能起到较好的作用。对于具有大量听众的发言，幻灯片是优先选择的可视化手段。

一般来说，技术发言效果不好的原因多是准备得不够充分。如果不经过练习，很少有人能给出精彩的发言。一旦发言稿准备完毕，第一阶段就是自己练习。在一个空房间里大声练习，整理思路，核对所用的时间。有时，你可能还需要记住开场白和结束语。若有可能，就录下练习的过程。排练是在较少的听众前进行彩排。如果条件允许，就在你将来发言的地方进行排练。排练时，要使用你将要发言的可视化手段。排练的目的是帮你解决说话方式、语言组织和时间安排等方面的问题。排练后会得到一些批评意见，发言的内容要经过多次修改和重复排练，直至能够正确完成发言任务为止。

发言时，如果没有被正式介绍，应先介绍自己和团队中的其他成员。这些信息还应放在幻灯片的第一页中。发言时，声音要洪亮，使听众能够听清楚。如果听众很多，就可能需要使用传声器。发言要尽量平和且充满自信，不要过分激进，以免引起听众的抵触情绪。要避免那些令人讨厌的坏习惯，如将口袋里的零钱弄得哗啦响或在讲台上下来回走动。如果可能，要避免在黑暗的环境中发言，因为在黑暗的环境中，听众可能会昏昏欲睡，最糟糕的是可能会溜走。在交流过程中，与听众保持目光的交流是获得反馈信息的重要途径。

发言后的提问是口头表达过程中的重要组成部分，从提问的情况可以看出听众是否对发言内容感兴趣，是否认真听取了发言。如果可能的话，尽量不要让提问打断你的发言。如果是"大人物"提出问题而打断了发言，要赞扬其敏锐的洞察力，并且说明该问题将在随后的发言中解释。千万不要为结果的不完备而道歉。不要打断发问者的提问，待问题提完后再做出回答。要避免陷入争论或让发问者看出你认为他提的问题很愚蠢。如果没有必要的话，不要延长提问时间；如果问题较少，发言就应该结束了。

9.4 设计终审

设计终审是在所有的详细图都完成后，准备发布生产信息时进行的。在多数情况下，这时原型测试已经完成。设计终审的目的是将设计与最新的产品设计任务书和设计检核清单做比较，以决定该设计是否可以投放生产。

设计评审所需的一般条件已在第 1.8 节中讨论过。既然设计终审是设计发布前的最后一次评审，各部门的人员都应出席。另外，还应包括与该项目无关的设计专家，他们可以对设计是否符合产品设计任务书的要求做出具有建设性的评审。其他的专家则来评价设计的可靠性和安全性、质量保证、现场服务工程以及购买情况。营销人员或客户代表可能会出席，生产人员一定要出席，特别是负责该设计生产的车间管理人员，以及面向制造的设计方面的专家。视需要还可能邀请其他专家，包括法律方面、专利方面、人机工程方面以及研发方面的代表，也希望供应商代表参加。这样做的目的是将具有不同专业技能、兴趣爱好和研究领域的人组成评审团。根据产品的重要性，设计终审的主席应该是公司的重要官员，如工程的副总监、产品开发部主任或有经验的工程经理等。

有效的设计评审由三部分组成[⊖]：①用于评审的文件；②有效的会议过程；③恰当的评审结果。

9.4.1 输入文件

用于评审的输入包含许多文件，如产品设计说明书、质量功能配置分析、关键技术分析（如有限元分析、计算流体力学、失效模式与影响分析），质量规划，还包括鲁棒性分析、测试计划和验证测试的结果、详细设计图和装配图、产品规格书和成本预测等。这类文件数量可能很大，最终审查不能全部包括。重要的部分将提前评审，而且要保证设计终审令人满意。对于评审会而言，另一项输入信息是选择参加评审的人员。他们必须获得授权才可以对有关设计方面的问题做出决定，还应有能力采取正确的行动并对其负责。

在开会之前，必须保证所有参加设计评审的人员都能收到相关信息。理想的进行方式是至少在正式评审前 10 天召开一个简短的会议。设计组成员对要评审产品设计任务书和设计评审的检核清单的情况进行介绍，确保评审组对设计要求达成共识。然后要给出设计概述，描述设计评审信息与设计之间的关系。最后，对设计评审检查清单中存在的需要予以特别关注的问题进行标记。这是一个信息通报会，对设计方面的批评要等到正式的设计评审会议才提出。

9.4.2 评审会过程

设计评审会议的组织要正规，要有计划好的议程。与注重于功能解决方案早期的评审相比，设计终审涉及的是更多的审计工作。评审会议是结构化的，这样才能得到设计评审文件。评审要用到相关项目的检核清单。每个项目都要经过讨论以决定其是否能通过评审。图样、仿真、测试结果、失效模式与影响分析和其他内容都可以用来支持评估。有时采用 5 分制打分，但是在最终审计中要做出"高或低"的决定。任何未通过审核的项目都要作为行动要点被标注出来，还要加上负责修正该项目的责任人姓名。图 9.6 是一个设计终审的简化清单。每个新产品都要有一个

⊖ K. Sater-Black and N. Iverson, *Mechanical Engineering*, March 1994, pp. 89-92.

新的清单。但是图9.6并不详尽，只是给出了要在设计终审中加以考虑的细节性问题。

1. 总体要求是否满足：
   客户需求
   产品设计说明书
   适用的行业和国家标准
2. 功能要求是否满足：
   机械、电气、热负荷
   大小和质量
   机械强度
   预期寿命
3. 环境要求是否满足：
   运行和储存的温度极限
   湿度极限
   振动极限
   冲击
   异物污染
   腐蚀
   户外暴露极限（紫外线辐射、雨、冰雹、风、沙）
4. 制造要求是否满足：
   标准组件和部件的使用
   与工艺和装备一致的公差
   明确且与性能要求一致的材料
   材料尽量减少库存
   关键的控制参数是否已经确定
   制造工艺使用现有装备
5. 操作要求
   现场安装是否简易
   需要经常维护的地方是否容易进入
   是否考虑了维修人员的安全
   设计中是否已经充分考虑人因工程设计
   维修说明是否清楚，是否根据失效模式与影响分析和故障树分析得到的
6. 可靠性要求
   有危险的地方是否已经进行充分研究
   失效模式是否经过研究及记录归档
   是否经过全面的安全性分析
   整体寿命测试是否已经成功完成
   关键组件是否已做降级处理
7. 成本要求
   该产品是否满足成本目标
   是否已经与有竞争的产品做了价格比较
   业务保修成本是否已经量化和最小化了
   是否做了可能降低成本的价值工程分析
8. 其他要求
   关键部件是否做了提高鲁棒性的优化
   是否做了相关调查以免专利侵权
   是否已经迅速采取申请专利保护的行动
   产品外观是否体现了产品的技术质量和成本
   是否已在产品开发过程中做了充足的记录来防御可能的产品责任诉讼
   该产品是否符合相关法律和机构要求

图 9.6　设计终审检核清单中的典型条目

设计评审建立了一系列的会议记录，每个设计需求的决策和评分等级，以及一个由何人何时来完成设计缺陷修正的执行计划。这些重要的文件在未来出现产品责任或专利诉讼时是有用的，还可以为产品再设计提供指导。

9.4.3 评审结果

设计评审的结果决定着是否向生产部门发布制造产品的决策。有时要执行的决策是暂时性的，需要解决开放性的问题，但就管理而言，可以在产品投产前加以改进。

9.5 详细设计以外的设计和商务活动

图 9.2 给出了在详细设计结束后，为了投产所必须进行的大量活动。本节将从每个业务活动都必须有工程信息来满足商业目的要求的观点出发，简短地讨论每项活动。这些活动可以分成两组：技术类的（制造和设计）和商业类的（营销和购买）。

1. 技术活动

- 工艺规划：为了设计终审可以做出成本评估，对在企业内部加工的零件，必须决定需要什么样的制造工艺和工艺步骤。额外的工艺规划将在制造还是购买决策后完成并做出调整。该活动需要有包含最终尺寸和公差的详细工程图。

- 制定生产控制计划：生产控制包括产品的零件、组件及装配体的流动工序、进度、调度和实施，以便于生产车间能以有序且有效的方式进行连续运行。制定生产控制计划需要每个零件的物料清单和工艺规划信息。目前进行生产控制的普遍方法是准时生产。通过购进少量的、正好是车间所需的零件和组件，可以减少库存量。在该生产方式中，供应商成为生产线的扩展。很显然，准时生产需要与供货公司建立密切和谐的关系。所选供应商必须可靠、诚信，能够提供质量合格的零件。

- 设计刀具和夹具：刀具是用来成形或切割零件的，夹具用来固定零件，从而简化安装难度。在并行设计中，应在详细设计阶段开始刀具和夹具的设计且在设计终审前结束。

- 制定质量保证计划：该计划描述如何应用统计过程控制来保证产品质量。做质量保证计划需要提供关键质量点信息、失效模式与影响分析等方面的信息，以及对该质量问题的原型测试结果。

- 制定维修计划：所有具体的维修工作都由设计团队制定。其范围很大程度上依赖于产品本身。像飞机发动机和地面上的汽轮机这种大型昂贵产品，通常由制造者来进行维修及功能检查。对于这类具有较长生命周期的设备来说，维修工作是一笔利润丰厚的业务。

- 制定报废计划：正如第 10 章所讨论的，当产品的使用寿命结束时，设计团队有责任开发安全、环境友好的产品退役或报废方式。

- 生产产品验收测试：所测试的产品是在真实的生产线上生产的，测试由设计团队成员协助完成。

2. 商务活动

- 与供应商谈判：生产与采购过程共同决定哪些零件和组件应该外包。购买时，依据零件规格和图样与供应商协商。

- 制定配送计划：一般观点认为，产品的配送体系是最初营销计划的一部分，而营销计划催生了该产品的开发过程。市场/销售会对仓库、供货点及产品运送方式做出详细的计划。设计组需要提供有关产品运输中任何可能出现的损坏和产品货架期方面的信息。

- 编写用户手册：通常，用户手册由销售部门负责根据设计团队提供的技术信息进行撰写。
- 确定保修单：产品保修单的内容由销售部门来决定，因为这需要与顾客沟通。有关产品耐久性和可靠性方面的资料可从设计团队获得。
- 制定客服计划：同样，客服计划也由销售部门负责确定，因为它也与顾客相关。经销商网络可以为产品（如汽车等）提供养护。顾客还可以把产品送到维修站进行维修。通过为客户提供服务而收集到的产品故障和缺陷方面的信息，可以为设计服务，这样在产品再设计时就可以把这些因素考虑进去。如果发现严重的缺陷，就需要进行设计改良。

如果说鉴定样机的测试成功标志着产品设计阶段的结束，那么小批试产的成功就标志着产品开发过程的结束。一旦达到了说明书要求并具备了在成本预算内制造产品的能力，就可以向公众发布新产品或将新产品运送给顾客。在新产品投放到市场后，产品开发小组通常要保留约6个月，以解决新产品中出现的不可避免的"缺陷"。

9.6　基于计算机方法提升设计与制造水平

工程设计是一个复杂的过程，会产生大量的数据和信息。此外，我们认识到，非常有必要去缩短产品设计周期，提高产品质量，并降低生产成本。对于这些目标的实现，计算机辅助工程（CAE）的重要作用与日俱增。显然，通过制作计算机模型、进行计算机仿真能够极大地提高确定零件尺寸的效率以及改善零件耐久性的能力。鲁棒设计（第15章）可以提高产品质量。但是，在详细设计阶段及其后的各个阶段，有大量各类任务要完成，此时计算机辅助工程对经济性的影响最大。传统上，在设计的三个阶段当中，由于详细设计阶段要做大量的工作，因此它需要的人员最多。计算机辅助工程极大地减少了工程图样的绘制任务。在CAD系统中，可以对设计进行快速修改，这使得在重新绘制零部件细节上节省了大量的时间。同样，CAD系统通过提供常用的零部件细节，供查阅使用，如果需要使用，就可以节省大量绘图工作。

许多公司都有通用的产品线，但要定制出满足顾客特殊要求的产品，就需要进行工程决策。例如，某工业风机制造商根据所需要的流量、静压力及输送管尺寸来改变电机转速、桨距及支撑结构。为了向顾客提供报价，通常情况下，需要有标准的工程计算、工程图和物料清单。运用传统方法，这一过程大约需要两星期，而使用现代的CAD软件可以使计算过程自动化，自动绘图并生成物料清单，仅仅一天时间就可以给出报价[⊖]。

CAD发展迅速，已涵盖诸如在台式工作站上构建三维实体模型，并与强大的CAE工具相结合实现有限元分析（FEA）和计算流体力学（CFD）之类的功能。协同设计，即世界各地的工程师们合作共同完成一项CAD已成为现实。同时，将观察者变成设计模型中活跃部分的虚拟现实技术，在办公室就可以使用。另外，CAD建模使得在任何设计办公室都能够进行快速成型开发。

产品生命周期管理

产品生命周期管理（PLM）是一系列基于计算机的工具。这些工具可以协助公司更有效地管理从产品概念设计到退役整个过程中的产品设计和生产活动，如图9.1和图9.2所示。这些软件对从产品设计开始到结束的整个工作流进行了完整的集成。

产品生命周期管理有以下三个主要的子系统：

- 产品数据管理（PDM）软件将产品设计与生产联系起来。该软件可以使不同用户通过读写数据来控制设计数据库（CAD模型、工程图、物料清单等），完成工程设计变更，对

⊖　T. Dring, *Machine Design*, Sept. 26, 1994, pp. 59-64.

发布各个版本的零件及装配设计进行版本控制。由于产品数据管理系统提供了数据安全保障，使得经授权的用户可以在产品开发过程中，获得电子设计数据。大多数 CAD 软件都内置了产品数据管理功能模块。

- 制造过程管理（MPM）将产品设计与生产控制联系起来。制造过程管理包括诸如计算机辅助工艺规划（CAPP），计算机辅助制造（数控加工 NC 和直接数字控制 DNC），以及计算机辅助质量保证［失效模式与影响分析（FMEA）、统计过程控制（SPC）、公差累积分析］等技术，还包括使用物料需求计划软件（MRP 和 MRP II）进行生产计划和清单控制。

- 客户关系管理（CRM）软件为产品营销、出售及客服功能提供完整支持。它提供的这些功能里，不仅包含了基本客户联络自动化的功能，还可以对从顾客处收集的数据进行分析等工作，通过这样的工作就可以获得诸如市场细分、顾客满意度及客户忠诚度等方面的信息。

产品生命周期管理系统（PLM）是为提高产品设计过程的有效性而专门设计的，企业资源计划（ERP）系统是为实现组织内部业务流程的集成。最初，企业资源计划系统是用来处理诸如订单录入、采购实施、库存管理和物料需求计划等生产事宜的。如今，企业资源计划系统的应用范围非常广泛，已经涉及企业的各个方面，包括人力资源、薪酬、会计、财务管理和供应链管理等多个方面。

9.7　本章小结

设计过程中，详细设计是这样的一个阶段：各方面的细节都集中在一起，需要进行各种决策，并由管理部门决定是否发布产品设计。详细设计的首要任务是完成配置与参数设计和工程图制作。这些资料再加上设计任务书，要包含正确无误的制造产品的信息。在实体设计阶段中没有完成的图样、计算和决策都需要在这个阶段完成。为了完成这些大量的细节工作，实行"设计冻结"是必要的。一旦实行冻结，除非获得了正式设计控制的权限批准，对设计做出任何改动都是不允许的。

详细设计阶段还包括原型验证测试，根据装配图生成的物料清单，最终的成本预测，以及某个零件是企业内部生产还是外购的决定。使用计算机辅助设计工具可以使这些活动变得十分容易。

当设计经过审查并通过正式的设计终审过程时，详细设计就结束了。评审中需要将设计文件［图样、分析、仿真、测试结果、质量功能配置（QFD）、失效模式与影响分析（FEMA）］与设计需求清单做比较。

详细设计仅仅标志着设计过程的结束，并不代表产品开发过程的完结。有些工作必须在产品发布前完成，如工艺规划、工装设计、与供应商谈判、制定质量保证计划、营销计划、配送计划、客服计划、技术维护计划以及产品退役计划。产品发布取决于从生产线上下来的第一批产品，这些产品要通过制造样机的验收试验。为了使产品及时地投放到市场，产品生命周期管理软件逐渐被应用于完成许多相关工作。

工程设计过程，尤其是详细设计阶段，设计团队成员在沟通过程中要有相当的技巧，并要下足够的功夫。无论是书面还是口头交流，成功的最关键原则是：①了解受众；②练习、练习、再练习。在撰写技术报告时，不仅意味着要对将要阅读报告的各类读者进行充分的了解，并依此组织报告内容；还意味着要经过多次的重写来将初稿变为精练的表达；在做口头发言时，意味着要

去了解听众，并依此组织发言，而且还要经过努力的练习直到可以掌握整个发言为止。

新术语和概念

装配图	生产过程管理软件	企业资源计划软件
设计冻结	协同设计	生产数据管理软件
布局图	细节图	设计简报
物料清单	备忘录报告	装配爆炸图
设计评审	客户关系管理软件	产品生命周期管理软件

参 考 文 献

详细设计

AT&T: *Moving a Design into Production,* McGraw-Hill, New York, 1993.

Detail Design, The Institution of Mechanical Engineers, London, 1975.

Hales, C. and S. Gooch: *Managing Engineering Design,* Springer, New York, 2004.

Vrsek, G.: "Documenting and Communicating the Design" *ASM Handbook,* vol. 20: *Materials Selection and Design*, pp. 222–230, ASM International, Materials Park, OH, 1997.

书面交流

Brusaw, C. T. (ed.): *Handbook of Technical Writing,* 5th ed., St. Martin's Press, New York, 1997.

Eisenberg. A.: *A Beginner's Guide to Technical Communication,* McGraw-Hill, New York, 1997.

Ellis, R.: *Communication for Engineers: Bridge the Gap,* John Wiley & Sons, New York, 1997.

Finkelstein, L.: *Pocket Book of Technical Writing for Engineers and Scientists,* 3rd ed., McGraw-Hill, New York, 2006.

McMurrey, D., and D. F. Beer: *A Guide to Writing as an Engineer,* 2nd ed., John Wiley & Sons, New York, 2004.

口头沟通

Goldberg, D. E.: *Life Skills and Leadership for Engineers,* Chap. 3, McGraw-Hill, New York, 1995.

Hoff, R. : *I Can See You Naked: A Fearless Guide to Making Great Presentations,* Simon & Schuster, New York, 1992.

Wilder, L.: *Talk Your Way to Success,* Eastside Publishers, New York, 1991.

问题与练习

9.1 对附近制造企业设计的一个产品的详细图进行研究。直到你能识别实际的形状、尺寸和公差。说明图样上还包括哪些其他信息。

9.2 找一本汽车机械手册，选定像燃油喷射系统和汽车前悬减振器等部件，根据装配图写出物料清单。

9.3 对 OEM 来说，与供应商保持稳固的正向关系很重要。实现这一点关键在于理解该供应商的业务目标并和他们一起调整自己的组织。列出制造业供应商的四个典型的目标。

9.4 过去十年里，制造业转移到海外（从美国到一些亚洲国家）已经形成了一个上升的趋势。准备一份有关离岸外包问题的利弊清单。

9.5 与目前相比，设想一下，当计算机辅助工程（CAE）将以更加数字化的方式互联时，详细设计实施将会怎样变化？

9.6　为你的设计项目拟定设计终审检核清单。

9.7　从你感兴趣的领域期刊中找一篇技术论文来认真阅读，并评论其是否与第 9.3.3 节讨论的技术报告的提纲相一致。如有明显的不同，解释其原因。

9.8　写一个备忘录交给指导教师，来解释你的项目超期三周，并请求延期。

9.9　为你所在团队准备一个项目第一次设计评审用的 PPT。

9.10　为你的设计项目准备最终陈述海报。海报是一种含有一系列的图形、文字描述的可视化展示，并贴在较大的展板上；海报是一个独立的整体，技术人员可以通过它能够了解所做的工作。

第10章 面向可持续性和环境的设计

人类是地球上生态系统的主宰。人类的生活水平很大程度上取决于人们运用科技知识改造自然的能力。实际上，与地球上的其他物种被动地适应环境不同，人类已找到了各种各样的方法来根据他们的需求改造周围环境。于是，人类对地球面貌的改变如此巨大，以至于一些科学家开始宣称当今这个时代代表了一个新的地质时期：以人类为中心的时期，或称为人类的时代[一]。

人们期待着今天的设计师和工程师们能够将传统的产品设计推向可循环性、环保性和可持续性的新型产品设计——一种新的、突破传统产品物理行为和物理生命周期的设计理念或设计模式。产品设计的可持续性影响着产品的整个供应链，并且这种影响会沿着供应链辐射到与之相关的社会生活的方方面面。如今，可持续性发展也被大致定义为一种能够与环境相协调的经济增长模式[二]。

本章首先介绍了环境保护运动（可持续性发展理念的前身），之后引出了"产品设计的可持续性"这个话题。接下来，第10.2节里提供了一份联合国大会文件中对"可持续性"的定义；然后，在第10.3节中介绍了可持续性发展的理念对于企业商业活动的影响（企业对可持续性发展的反应）；最后，本章剩下的内容介绍了从强调"设计的环境影响"到"设计的可持续性"过程中，产品工程设计方法相应发生的一些变化。

10.1 环保趋势

为了对比可持续性发展的研究范围并阐述其主要原则，本节将简略介绍环保运动相关的背景术语。对涉及新研究领域术语的理解主要来自"在线生物学词典"[三]上相关的定义。例如，生态系统是指"一个区域内所有有机生物和自然环境（包括大气层）相互作用的总系统"。生物圈是指地球上所有生态系统的总和。地球生物圈是地球的一部分，也是地球生物赖以生存的条件，包括地壳、大气层和水域等。

10.1.1 生态系统和生态平衡

生态系统在工程学中可理解为物理空间内的可控容积，包括有机生物、自然元素（例如，地表、地壳、空气和水），人类以及人工建筑等。通过信息传输，生态系统内的生物相互进行能量和物质交换，达到平衡后，系统才能持续发展。生态系统内的生物如同一组相互之间不断地和环境进行能量、物质和信息交换的机构（第6.5节）；生物生态学就是研究这些能量、物质和信息的学科。

一个生态系统的持续性在于其内部资源能够维持其有机生物的生存。这些资源可能来自于系统内外其他元素或者通过系统自身的某种循环作用恢复。通过阳光和三种自然循环（碳循环、氮循环和水循环），地球为动植物提供必要的资源输入。但这些输入如果中断将导致生态系统失

○ B. R. Allenby, *The theory and Practice of Sustainable Engineering*, Prentice Hall, Upper Saddle River, NJ, 2011.

○ M. R. Chertow, The IPAT Equation and Its Variants, *Journal of Industrial Ecology*, October 2000, vol 4, 4：13-29.

○ Biology-Online. org, http：//www. biology-online. org/dictionary.

衡，从而最终影响系统内生物的可持续性生存。

通过遵循以下原则，生态系统可以维持基本平衡，这些原则是在不断的生物进化中形成的[一]。

1）废物利用，资源再生。

2）互相协作，多样充分利用环境。

3）有效地搜集和利用资源。

4）优化利用而非最大化利用资源。

5）节约利用资源。

6）不要污染环境。

7）不要竭尽利用资源。

8）与生物圈保持平衡。

9）保持信息互相交换。

10）本地采购。

原则 4 "优化利用而非最大化利用资源" 可能令人费解。这里的 "优化利用" 是指资源的利用应全面地考虑对生态系统的整体影响，而非只是最大化地利用系统中某一部分资源。另外，为了维持生物生态系统的平衡，系统内的生物（尤其是有人类居住的生态系统）会不断产生新的资源，这点是以上原则所缺失的。

10.1.2　美国环保运动

多年来，许多美国自然主义者、科学家、社会工作者和政治家们致力于推广保护公共环境卫生（例如，美国前总统西奥多·罗斯福）和自然资源，改善不合理治理废物和环境污染等问题。然而，这些问题通常只有在对大众的生活产生了严重的影响后才受重视和解决。蕾切尔·卡森于 1962 年出版的《寂静的春天》[二]一书启蒙了美国环保运动。该书记录了杀虫剂（尤其是 DDT）对环境的污染。这本书的名字则是描绘了环境污染后鸟类灭绝，春天再听不到鸟叫的寂静景象。

1970 年，在理查德·尼克松总统的授意下，美国环境保护署（www.epa.gov）升至政府局级机构。从此以后，环境保护署可以依据立法进一步制定和推行环境保护方面的规章制度。于是，20 世纪 60 年代后期至 20 世纪 70 年代，很多曾经的环保立法方面代表性的机构逐渐消失了，由环境保护署取而代之。环境保护署网站上提供了对所有为保护人类健康和生存环境而制定的法律、法规的立法解释。另外，像 www.energystar.gov 这样的网站也因为鼓励使用各种经济节能型的商品而为广大消费者所熟知。同时，介绍美国[三]乃至世界范围内[四]环境保护运动方面的文献和著作也非常丰富。

10.1.3　环境影响评估

如今，既有公共的，也有私人的以保护和改善人类的居住环境为目标的组织。这些组织的规模不一，包括地方级、国家级，甚至世界级。环境科学和环境工程学科也开始广为设立，从历史、科学、政策和产品设计等层面教导学生如何应对环境保护方面的问题。

对环保问题进行跨学科的研究也广泛兴起，这方面一个关键的概念是如何量化人类活动及

[一]　J. M. Benyus, *Biomimicry*, Morrow, New York, 1997.

[二]　R. Carson, *Silent Spring*, Houghton Mifflin, Boston, 1962.

[三]　参考例子：P. Shabecoff, *A Fierce Green Fire：The American Environmental Movement*, Hill and Wang, New York, 1993.

[四]　参考例子：R. Guha, *Environmentalism：A Global History*, Oxford University Press, New Delhi, 2000.

科技发展对环境造成的影响。20 世纪 70 年代，人口与环境之间的相互关系被模型化为一个简单的 IPAT 公式[一]：

$$I = PAT \tag{10.1}$$

式中，I 代表环境影响；P 代表人口；A 代表富裕度[二]；T 代表科技水平。

这个公式中也表明每个要素对其他要素都存在一定的影响。艾伦比（Allenby）对 IPAT 公式进一步的阐释如式（10.2）所示：

$$整体的环境影响 = 人口 \times \frac{资源消耗}{人} \times \frac{环境影响}{单位能耗} \tag{10.2}$$

技术水平（T）代表了人造系统对环境的影响。从式（10.2）中可以直接看出减少人类活动对环境影响的策略包括：①减少人口或降低人口的增速；②减少人均能源消耗；③降低单位能耗。设计师和工程师们则主要考虑如何通过提高产品的技术水平来减小其环境影响。

碳排量是另一个衡量环境影响的重要因素。梅里亚姆-韦伯斯特（Merriam-Webster）给出了以下定义：

碳排量——一定时期内温室气体和二氧化碳（来自于人类活动或产品的制造和运输）的排放总量[三]。

碳排量这个术语最早于 1999 年提出，如今已广泛使用。

2007 年，碳排放标准开始出现在英国的一些产品上[四]。衡量产品碳排放量的过程很复杂，需要沿着供应链向上追溯产品的生产制造过程，并设定一个用于计算（碳排放量）的基线。国际标准化组织（ISO）于 2012 年提供了这方面的一个标准（ISO 14067）。确定碳排放量的好处在于产品生产制造过程的每个阶段都要考虑其环境影响。

很多环境影响的评价标准都是二氧化碳的排量，这绝非偶然。二氧化碳是除水蒸气以外最主要的温室气体成分，并对其他温室气体有很多不利的影响。二氧化碳产生于化石燃料的燃烧——直接关系到人类在生物圈的行为。广为人知的气候变化（全球变暖）就是人类活动对环境造成影响的佐证。

10.1.4 能源消耗对环境的影响

现代社会建立在对化石燃料的依赖性之上，包括煤炭、石油和天然气。化石燃料燃烧产生的二氧化碳是温室气体的主要成分。目前需要持续关注的不仅仅是化石燃料长期持续的供给问题以及高额的成本，还有由于环境污染而引起的降低对化石燃料依赖性的需求。

对能源（尤其是石油）供给能力的考虑还来自于经济方面。20 世纪 70 年代人们环保意识的觉醒与 1973 年美国第一次石油危机不经意地巧合。当时，作为对于美国支持以色列举措的报复性反应，OPEC 组织中的阿拉伯国家成员，以及坦桑尼亚、叙利亚和埃及等国共同宣布对美国、日本、英国、加拿大和荷兰实行石油禁运，并减少了他们的石油生产。这段石油禁运时期从 1973 年 10 月持续到了 1974 年 3 月中旬。这段时期结束时，美国的原油价格为 12 美元/桶，是一年前的四倍，此时，对进口石油依赖性的巨大风险已显而易见[五]。1973 年的石油危机是第一次由

[一] M. R. Chertow, "The IPAT Equation and Its Variants," *Journal of Industrial Ecology*, 2000, 4：9, pp. 13-29.

[二] 富裕度表示某种事物的流量或供给量。在 IPAT 公式里，它表示对人均价值的衡量。

[三] www. merriam-webster. com/dictionary, accessed July 27, 2011.

[四] "Following the Footprints," *The Economist Technical Quarterly*, June 4, 2011, pp. 14-18.

[五] R. Mabro, "On the Security of Oil Supplies, Oil Weapons, Oil Nationalism and All That," *OPEC Energy Review*, March 2008, vol. 32：1, pp. 1-12.

于一系列政治原因导致石油供给的中断。当然，也可能由于自然灾害如 2005 年的卡崔娜飓风，或技术灾难如 2010 年的深海石油泄漏造成石油供给中断和油价暴涨。

环保和经济增长的双重压力使人们对生物燃料、太阳能、风能和潮汐能等可持续性能源的需求呼声越来越高。另外，很多人相信，当核废料处理能够得到有效解决后，核能将在未来能源供给方面扮演重要角色，因为核能不会产生温室气体。然而，2011 年由于地震引发的日本福岛核泄漏事故给公众造成的恶劣影响给核能的未来蒙上了一层阴影。

10.1.5　美国环保运动的变化

环境保护运动已经给美国的公众、政府、企业（对环境）的态度和行为产生了巨大的影响。环保科学也已纳入教育体系并开始出现在小学 K-12 年级的课堂上。小学生们开始学习全球变暖、温室气体、臭氧层面临的威胁，以及哪些宇宙射线对我们的星球是有害的等知识。家庭垃圾回收处理的公共意识就产生于环保运动中。

大多数美国市民将垃圾回收视为对生产和生活垃圾的分类处理⊖。环境保护组织采用一种质量平衡的方法，通过分析来自于供应商、相关工业企业、政府部门及其他机构（如美国人口普查局和商业部门等）的大量数据，追溯固体废弃物垃圾的产生来源及其后续的处理。图 10.1 中显示了 2009 年全美固体废弃物垃圾的构成及分类处理情况。根据环境保护组织的数据，该年中，地方政府和一些废弃物回收企业的行为和举措产生了近 9000 项垃圾回收项目。大约一半的（47.8%）包装类垃圾得到了回收处理；容器类垃圾中，66.2% 的铁、62.4% 的纸板、51% 的铝罐、37.5% 的铝、31% 的玻璃、22% 的木头和 14% 的塑料得到了回收处理。第 10.4 节中将具体介绍这些固体废弃物垃圾如何根据需要重新成为工业企业的原材料。

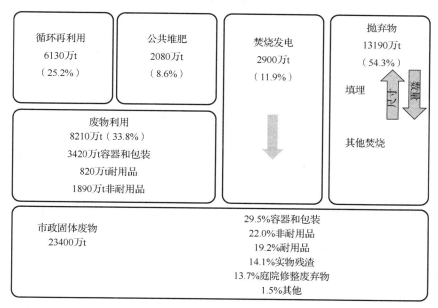

图 10.1　2009 年美国市政固体废弃物（MSW）处置数据⊜（图框的大小不代表该类别数量的多少）

⊖　美国在第二次世界大战时有回收利用钢铁的历史。

⊜　"Municipal Solid Waste Generation, Recycling, and Disposal in the United States: Facts and Figures for 2009," EPA-530-F-010-012, U. S. EPA, December 2010, www. epa. gov/wastes.

美国政府颁布的法律法规继续敦促企业通过改进技术和工艺减少排放的废气、废水和产生的固体废弃物垃圾。在环保法规方面欧盟更加严苛，由于世界贸易的发展，很多美国企业不得不去适应欧洲的标准。在这一激励下，产品设计师和工程师们必须不断研究新的技术手段来减少空气、水和固体废弃物污染。第 10.5 节中介绍了在既定的环境保护目标下发展起来的为环保而实施的产品设计策略。

10.2　可持续性

"可持续性"是指（现状）能够支持或持续到未来，且这个过程中一般不会发生什么大的变化。"可持续性"这个术语由于常出现于国家财政政策、个人预算和环境政策的内容里而为大家所熟知。但对于"可持续性发展"（在很多文献中和"可持续性"是同义词）的正式定义则来源于一份名为《我们共同的未来》的报告[一]，该报告由联合国环境与经济发展组织（WCED）提供，报告中称"可持续性发展是一种既满足当代人的需求，又不损害后代人满足其需求的能力的发展模式[二]。"这也是一份保障子孙后代和我们当代人在生存、发展方面公平和平等的声明。这份声明中措辞清晰，但其背后真正的含义，以及如何在这份声明的基础上进一步提炼、细化出具体可实施的细则，还需要很多工作。

10.2.1　WCED 报告中的可持续性

1983 年，联合国的组织机构中诞生了 WCED（环境与经济发展组织），该组织通过评估、监测全球经济发展与环境健康状况，进而提出有效利用全球资源并实现环境保护的发展策略以应对日益膨胀的全球人口。这个组织一度由格罗·哈莱姆·布伦特兰（Gro Harlem Brundtland）担任主席，并于 1987 年正式发布了广为人知的"布伦特兰报告（Brundtland Report）"。

该 WCED 报告详细描述了采用怎样的行为方式/发展模式才能够实现资源、环境的可持续性利用，以实现可持续发展。从这一观点出发制定的环境保护方面的政策和支持可持续性发展的政策包括以下要点：

- 从经济性的角度上实现增长——尤其对于发展中国家，不断增长的人口蕴含了巨大的人力资源。
- 提高经济增长的质量——可持续性发展"……提高经济增长的质量，减少对材料密集型和能源密集型工业的依赖性，并尽量降低经济增长对环境的消极影响[三]。"经济增长要平衡财富的积累和它可能对环境和人口造成的不利影响。
- 满足必要的工作机会、食物、能源、水和卫生需求——这个目标重申了马斯洛的"人的基本需求"（第 6 章）学说，当然这里附加了一个"工作机会"的需求。WCED 报告中进一步称世界上贫困人口的基本需求应该得到优先满足。
- 保证适度的人口规模——每个生态系统都有其能够支持的最大人口数量的上限。
- 保存地球资源——地球上有很多资源是有限的（如饮用水、化石燃料、矿产），也有一些资源是可再生的（如森林），还有一些资源是无限的（如阳光、空气和水）。虽然某些资源可重复利用，但可能由于其使用量超过了生态系统中的现存有量而造成暂时性的枯竭。最好的保存自然资源的方式是降低人均消耗。

⊖　The World Commission on Environment and Development, *Our Common Future*, Oxford University Press, 1987.

⊜　The World Commission, op. cit., paragraph 1.

⊜　The World Commission, op. cit., paragraph 35.

- 重新定位技术和管理的风险——在这个以人类为中心的时代，技术发展必须考虑其可能引起的可持续性发展问题。实际上我们必须承认的是发达国家的技术发展已经造成了很多环境问题。发达国家正在采纳很多新的方法和技术手段，建设了很多新的基础设施以改善其发展的可持续性。但很多发展中国家目前还不愿或经济上不允许采用能够支持可持续性发展的技术手段。最后，很多贫穷国家甚至连往可持续发展方向上靠近的社会或环境资源都没有。所以，世界上这些经济脆弱地区的人们往往是环境灾害发生后最先遭殃的人群。

- 决策时要同时考虑环境和经济状况——这一条对于决策者们具有直接的指导意义。决策活动中的环保要求一般都包括对地方、地区的影响评估，但不会考虑对全球范围内可持续发展的影响。WCED 报告中称经济发展和生态保护的目标本质上并不矛盾，但决策者们必须得调节好它们之间的关系。

WCED 报告中提出的可持续发展的理念对于一些新兴的、以市场经济为基础的国家来说似乎是不切实际的，似乎只有那些能够平衡好经济发展和环境保护的发达工业化国家才能实现可持续性发展，比如美国。实际上，实现可持续性发展很大程度上取决于决策者们能否从制定（国家）政策的层面对经济活动施加影响，而与国家的发展程度无关。

10. 2. 2　WCED 的可持续性报告发布 20 年后

2011 年，一场关于增加美国国债上限的公开争论催生了可持续性的概念，并显现出其潜在的阻力。美国国债的日益增加是由于每年在老人、失业者和残疾人福利预算方面的财政赤字，这项支出每年都在增加。因此，财政保守派认为政府当前的政策是"不可持续的"，不应当再增加国债上限，相反应该降低。但自由派持反对观点，他们认为政府应该通过增加税收的手段，尤其是向富人多征税来改变这一现状。支持者们认为对那些富有的市民（拥有的财富远超过其自身需要）多征税以补偿和平衡贫苦者的生活是非常合理的。但实际上政府还是倾向于采纳保守派的观点。

1987 年，WCED 报告的作者们强调了实行可持续性发展方针的紧迫性。自那之后 20 年过去了，影响可持续性发展的因素并没有大的变化。但不同的是，随着全球化的发展，世界范围内关于可持续性发展的认识和思考越来越普遍。此外，由于通信方式的增加（如互联网、社交网络、移动电话）也在很大程度上提高了人们对社会经济发展不平衡性的了解和认识。影响可持续性发展的一些因素发生的改变如下[⊖]：

- 如今世界人口增长率是 1.2%，而不是过去的 1.7%（但这样下去仍将超过地球的最大人口承受能力）。
- 营养不良的贫穷人口有所增加。
- 艾滋病患者从 1000 万人增加到了 4000 万人。
- 二氧化碳气体质量浓度从过去的 325mg/L 增加到现在的 385mg/L，并呈现加速上升的趋势。

与以上变化相应的是，人口的健康状况也面临比以前（报告中）更严峻的形式。

10. 2. 3　可持续性的量度

可持续性的量度需要将人口状况相关的信息整合到一个矩阵中，而不仅仅是第 10.1.3 节中环境矩阵包含的信息。那个矩阵更多的代表一个模型，帮助人们理解可持续性的影响，而不仅仅

⊖　A. J. McMichael, "Population, Human Resources, Health, and the Environment: Getting the Balance Right," *Environment*, 2008, vol. 50, no. 1, pp. 48-59.

是一个用于计算的公式。艾伦比将之前矩阵包含的信息进行提炼，在式（10.2）的基础上进一步形成了以下用于计算可持续性影响的公式。[一]

$$\text{可持续性影响的量度} = \text{人口} \times \frac{\text{生活质量}}{\text{人（单元）}} \times \frac{\text{实现可持续性的成本}}{\text{生活质量（单元）}} \qquad (10.3)$$

式（10.3）与之前的公式相比有两处变化：①影响可持续性影响的量度因素从最初仅考虑资源消耗扩大到一个新的术语"（人们的）生活质量"；②这个术语的内涵更为广泛，这种变化体现了可持续性发展的社会性本质。艾伦比解释得很明白：高品质的生活需要合理水平的物质生活条件（或称为周围环境），包括健康状况和个人的经济状况。这里尤其考虑到了技术发展水平对实现可持续性发展的重要作用，技术条件可以有效降低实现可持续性的成本。

WCED 报告中再现了全球关于发展的各种观点，各种观点不约而同地增加了人们对于资源有限性、全球气候变暖等问题的担忧，因为这很可能会影响人们未来的生活。全球化是事实，社会经济发展的不平衡性也是事实，人们生活品质的差异也是显而易见的。在这种背景下，可持续性发展代表了一种改变，一种会对人们未来生活产生深远影响的改变，并且这种影响比环境保护运动带来的影响大得多。

10.3　可持续性对商业的挑战

发达国家的城市居民对于地球环境的保护尤其起着重要作用。如今，投资公司往往都设有专门的股票和基金用于履行企业的社会责任（环境保护等）。根据企业社会责任对公司行为进行分类的举措包括（但不局限于）：有毒或有害物质排放的环境影响评估；对于一些环保法规的符合或违反程度的评估；生产现场的环保措施（如环境管理系统）[二]。

目前，大多数企业都认识到早期规划中对环境保护方面的考虑对于企业的长远发展是有益的。所以，很多公司的网站和年度报告中往往都包含该企业的环保目标，以及为支持可持续性发展而制定的公司政策[三]。一些公司甚至会具体介绍已采取的环保措施。例如，GE 就提供了一份详细的年度居民生活报告[四]。

尽早考虑环保措施可以在后面及时调整公司相关政策的底线。以下是一个新产品研发案例，在其早期研发中考虑到了产品未来的可回收性。

例 10.1　按照美国的相关标准，典型的打印纸（复印机用）质量为 20lb，光洁度（brightness）为 92。满足此标准但难以回收的打印纸每包（5000 张）网上建议零售价为 39.99 美元[五]，可回收利用率为 30% 的打印纸每包价格为 45.99 美元，100% 可回收的打印纸每包价格为 55.99 美元（光洁度为 90）。FSC（一个非盈利性的森林保护组织）正在用这种 100% 可回收的纸张打印它们的标语，以宣传和推广可持续性发展的理念[六]。以上描述了可持续性对于产品质量和成本的影响，至于为什么提高纸张的可回收性会增加其价格的原因留到课后习题中去调查。

上例描述了一种能够循环利用的纸张的定价机制，这种纸比普通纸张要贵。因此，这种可循环性纸能否获得商业利润很大程度上取决于顾客是否愿意为其环保性支付高于普通纸的额外费

㊀　B. R. Allenby, *The Theory and Practice of Sustainable Engineering*, Prentice Hall, Upper Saddle River, NJ, 2011, p. 55.

㊁　M. Delmas and V. D. Blass, "Measuring Environmental Performance: The Trade-Offs of Sustainability Ratings," *Business Strategy and the Environment*, 2010, vol. 19, 245-260.

㊂　"Sustainability," Stanley Black & Decker, 2011, www.stanleyblackanddecker.com.

㊃　"Sustainable Growth: GE 2010 Citizenship Report," July 24, 2011, www.gecitizenship.com.

㊄　www.staples.com 网站 2011 年 7 月 23 日公布的价格。

㊅　"Forest Stewardship Council," www.fsc.org.

用。当然，并不是所有环保性产品都比其同类型的（非环保性）产品贵。商家必须制定相应的销售策略，并持续地改进生产工艺以降低这种环保性产品的成本。

在美国，商业活动必须遵守相关立法，当然也包括不断详尽、完善的环保规定。跨国公司还必须遵守其他国家的相关规定。由于不同国家的环保标准不同，可能造成同一公司的产品在不同国家市场上环保性方面的差异。因此，很多大的跨国公司都有一个产品的环境健康与安全性评估部门（EHS），以监控不同地区、不同国家在产品环保立法方面的差异。这类部门还必须关注其他国家这方面法规的发展变化，以分析其可能对美国未来造成的影响。

可持续性发展的要求给公司的商业活动带来了新的挑战，它们需要去平衡其产品的环保性、社会性和盈利性三个要素。如果公司都能够处理好这三者之间的关系，那么实现可持续性发展是很容易的事情。但事实上公司往往都是以获得最大的经济效益（产品的盈利性）为首要考虑的要素[一]。

大部分企业在面对如何平衡产品的环保性、社会性和盈利性三者之间的关系时都是采取一定程度上牺牲一个方面以保全另外两个方面的策略。下面给出一个风力发电公司 Cape Wind 的例子来说明在实际商业活动中实践可持续发展的策略会面临哪些方面的困难。

例 10.2　Cape Wind 项目

Cape Wind 是美国第一个离岸风力发电场，计划安装 130 座风力发电机组，在楠塔基特岛（Nantucket Sound）的马蹄湾地区占地 24 acer（1acer = 4046.856m^2）。每座风力发电机组约 258ft 高，基座的直径大约 16ft，推进器顶部距离海平面 440ft 高。这座风力发电场的预计最大发电量为 450MW，平均发电量为 170MW，这意味着每年将减少 1130 万 USgal 的燃油消耗。总计投入成本约 25 亿美元。

马萨诸塞州政府和联邦政府都已批准了这个风电项目及其所必需的基础设施建设。感兴趣的读者可以去 Wikipedia[二] 和 eCape[三] 的网站上关注这一项目的开发进展情况。但这个项目还是遭到了一些环保人士的反对，因为他们认为项目可能对当地的鱼类、渔业、房地产和旅游业带来消极影响。

一位知名的环保记者罗伯特·肯尼迪（Robert F. Kennedy）在华尔街日报上撰文[四]称这个风电项目是"偷窃"，因为该项目导致当地的电价为 0.25 美元/kW·h，而水电的价格仅为 0.06 美元/kW·h。此外，文中还称当地一家名为 NSTAR 的公司为满足总用电量的 3.5% 来自于绿色能源的联邦法规而不得不向 Cape Wind 购买电力。此文一出立即遭到反击，eCape 网站上提供了很多驳斥肯尼迪文章的材料。一篇报道称马萨诸塞州政府的公共事务部门估计用户每月的平均用电费用消耗为 1.25 美元；另一篇来自于美国风力能源协会（AWEA）博客[五]上的文章称开发风电从经济性的角度上来说利大于弊。

例 10.2 说明一些看起来对可持续性发展有利的举措推行起来却可能面临很大的复杂性和阻力。

WCED 报告的目的是为了说明如 Cape Wind 这类项目实际上包含了很多可以量化的结果。例如从经济影响的角度上讲，报告中提到增加了当地的供电来源，创造了更多的就业机会，同时也评估了对当地旅游业和地产业造成的一定损失。理想情况下，项目对人们的生活质量会有很多积极的影响。然而，可持续发展的理念毕竟很新也很模糊，一直也没有一个统一的定义。在如何

〇　R. B. Pojasek, "Sustainability: The Three Responsibilities," *Environmental Quality Management*, Spring 2010, pp. 87-94.

〇　Cape Wind, http://en.wilcipedia.org/wiki/Cape_Wind.

〇　"Cape Wind: Energy for Life," eCape, Inc., http://www.capewind.org, accessed July 30, 2011. (Note: It seems that the website company eCape, Inc. is affiliated with Cape Wind Associates, LLC, the company that set up the joint business venture.)

〇　Robert F. Kennedy, Jr., "Nantucket's Wind Power Rip-Off," *Wall Street Journal*, *Opinion Section*, July 18, 2011. Retrieved from http://www.wsj.com.

〇　T. Gray, "Why Cape Wind? Investing in America's Energy Future Not Just Canada's," *Into the Wind*, posted July 20, 2011, http://www.awea.org/blog.

量化可持续性发展模式对公司影响方面的研究已取得了一定的进展。

例如，"TBL（triple bottom line）"的概念最早由约翰·艾尔金顿（John Elkington）于1994年提出[1]，它是指用一种统计学的方法来衡量可持续性发展的三个目标：经济、环境状况和社会生活的改善[2]。通常它被用作衡量公司的经济效益，对环境及对人们生活影响情况的工具。约翰·艾尔金顿的观点是公司的商业活动应尽量维持三者的平衡，这三者每一方都会影响利益相关者的行为。"TBL"的概念刚被提出的时候并没有打算用于衡量可持续发展的影响，实际上是一个称为"平衡计分卡"的工具推动了这个概念的实施。平衡计分卡（a balanced scorecard）是一种对不相称规模的目标对象行为评估的方法。GE是最早使用这种方法监测非盈利性项目进展情况的公司之一。GE公司在其2010年城市居民生活报告中就包括一项针对企业承诺表进行的环境健康及安全（EHS）分析，表中包含的部分承诺事项如下：

2010年承诺："长期致力于减少GHG和能源的使用并争取达到2015年提高50%能源利用率的目标。"

进展情况："GE持续致力于这些目标，相对于2004年的基线，GHG的使用减少了24%，能源利用率提高了33%。"

2011年承诺："针对可能会降低企业环保目标的行为采用平衡计分卡的方式记录和评估企业内部环保措施的执行情况。"

上例中给出了GE公司是如何践行其企业可持续性发展目标的。

10.4 退役产品的处理

本质上，所有产品、设备和系统最终都会面临性能下降直至报废，之后必须能够易于回收处理以支持产品设计可持续性的目的。填埋是一种最不理想的废品处理方法。这方面，阿什比（Ashby）有个很形象的说法："当物料有用时，我们尊其为原料；当物料没用了之后，我们弃之为废品[3]。"实际上，处理废品的方式很有限，主要有重用、再制造、再循环、燃烧或填埋，如图10.2所示。

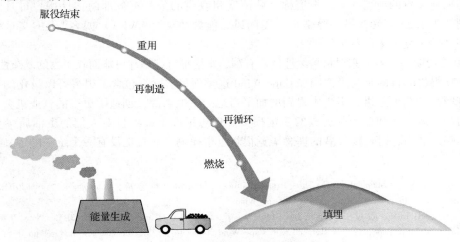

图10.2 产品服役结束后的转化选项

[1] J. Elkington, *Cannibals with Forks*: *The Triple Bottom Line of 21st Century Business*, Capstone, 1997.

[2] "Triple Bottom Line," *The Economist*, November 17, 2009.

[3] M. F. Ashby, *Materials and the Environment*: *Eco-Informed Material Choice*, Elsevier, Boston, 2009, p. 65.

10.4.1 重用

"重用"意味着从之前用户认为是废品的材料中找到其可以被重新利用的价值。艾伦比将产品全生命周期中的这个节点称为产品"第一生命的终点",而想把产品报废之前和之后的阶段统一起来将面临很大的挑战。资本主义的支持者们认为当产品报废之后,报废的产品还可以在不同的买方和卖方之间用于换钱或用于交易其他货品时,一个市场就形成了。

人们用于交易物品的集会一般会被称为交易会,通常这种集会会被安排得便于交易者们面对面的讨价还价。如今已有更多的产品交易场所,不管是一手货还是二手货。它们包括废弃物销售、杂物销售(经常由非营利性机构来组织),以及一些通过捐赠或慈善组织获取物品的零售活动(例如,国际人道主义组织进行的二手捐赠品的销售)。

不管是对于某些组织还是个人而言,互联网都极大地拓展了二手物品的交易范围。其中,最有名的二手物品交易网站之一就是 eBay。eBay 公司成立于 1995 年,旨在为国际范围内的买家和卖家建立一个可以提供持续性商品交易服务的网上平台⊖。网上图书零售商也可利用这个平台为买家提供二手书的交易场所,包括从卖家那里获得二手书的版权,向买家发布图书销售信息。

报废产品的某些零部件也可重用,当然,这包括该产品的拆解以及下一个潜在用户的确定。这种情况常常由一个第三方机构来实施:向上家购买弃用的零部件,寻找合适的买主并卖给下家。这在二手车的零部件重用方面非常常见,如报废汽车的交流电动机和化油器,以及制动片材料、车厢内的木质地板等都可重复利用。

10.4.2 再制造

再制造是废物循环利用的一种方式。所谓再制造是指对已有系统(产品)进行的更新处理,可以理解为通过替换损坏的零部件延长产品的使用寿命,也可以理解为将还能用的组件用于某个新零件的生产制造。因此,再制造可以节省部分由原材料到加工成新产品过程中的部分能耗。

空墨盒填充是再制造方面典型的例子,办公用品供应商称之为空墨盒的"回收再循环",实际上是将其填满后重新用于打印机。这种情况中,从产品制造商的角度讲,以上再制造过程也有一些不利之处,例如:①这样将减少新产品的市场份额;②再制造产品的性能可能不如新产品,因而可能会导致产品制造商不愿去从事废旧产品的再制造,而将这部分市场让与第三方机构。其他情况中的产品制造商或许乐意从事产品的再制造,如复印机和打印机的生产商,以及其他一些大型工程产品的生产商,如柴油机和建筑设备生产商。

10.4.3 再循环

再循环是指从废弃的产品、货物中寻找某些能够用于同种类型产品生产的原材料。再循环是产品生命周期结束后对其进行的一种处理手段,旨在通过废物利用实现价值的回收。再循环增加了原材料的供应,并同时减少了自然资源的消耗和固体垃圾的产生。另外,再循环减少了由原材料加工成成品过程中的能源消耗,所以也有利于环境保护。虽然再循环过程中也会涉及能源消耗,并伴随着废气废料的产生,但相对于由原材料加工成成品的能耗还是比较低的。例如,回收铝的能耗大约是从铝矿石开始加工的 5%。美国每年有 10% ~15% 的能耗来自于铁、铝、塑料、纸张等生产过程中化石燃料的燃烧,因此降低了能耗也就意味着降低了废气的排放,减少了污染。如利用废铁生产熔炉的排气管可以减少重污染并获得可观的经济效益。

⊖ "Who We Are," eBay Inc., http://www.ebayinc.com.

材料回收的过程包括：①收集和运输；②分离；③识别和分类[一]。

1. 收集和运输

在材料回收循环中，收集和运输取决于废弃材料是在哪里被发现的。"家庭废弃物"作为一种原始材料的残余物，如废旧铁器或碎盘子等，都可直接投入材料的二次生产过程。"工业废弃物"是指生产制造过程中产生的废料，如零件机械加工时产生的边角料等。当数量积攒到一定程度时，此类废弃物可直接卖给原材料生产商。"旧废弃物"是指一些报废的产品，如汽车、冰箱等，虽然使用寿命结束了，但还可以卖给原材料生产商做回收处理。从消费者手中回收可再循环的材料是一件很麻烦的事情，因为材料实在太分散。经济性的回收，只有在建立了高效的回收系统的基础上才能实现。回收的方法包括拾捡、回购（比如易拉罐），继而在回收中心做分类处理，如哪些可以用于再循环利用，哪些可以燃烧取能。

2. 分离

从废弃物中分离出有经济价值的材料需要遵循一到两个原则。原则一：有选择性地区分。例如，有毒材料（如发动机机油）应当被去除；一些高价值的金属材料（如金和铜）应被单独隔离出来。选择性地区分材料可以使物以类聚。原则二：复杂产品应被拆解为各种小的零部件之后再进行回收。例如，报废汽车常常要经过切割处理，切割本身就会形成一种特殊的材料形状有利于其分类；铁质金属材料可以通过大型磁铁进行分离，留下的废料通常要丢弃，有时可以进行焚化处理。

3. 识别和分类

废弃材料的回收经济价值很大程度上取决于不同材料成分的识别和分类情况。回收来的材料通常称为二次材料，将二次材料添加到原材料中一起冶炼，如果未能很好地控制二次材料中某些化学成分的比例，可能会影响原材料的品质。例如，钢材中如果含有超过 0.2%（质量分数，下同）的铜或 0.06% 的锡，都可能导致钢材在热处理时发生断裂。所以，在废旧钢材的回收处理时就要格外注意这些附加元素的含量，纯度较高的废旧钢材，回收价格也相对高些，这取决于对附加元素识别、分离过程的效果。

二次材料中，相对于金属材料，塑料材料的处理更为困难，因为很难保证不同类型的高分子聚合体不会混在一起。只有热塑性高分子塑料才能循环利用。通常，回收再利用的塑料只会用于一些次要的场合。这是由于塑料材料的回收技术急待改进，因为这种材料经过三到四次循环使用之后其强度往往会下降 5% ~ 10%。

其他难以经济性回收的材料有镀锌的钢材、陶瓷材料（玻璃除外），以及一些通过胶水黏合的不同材质的材料。由玻璃和高分子聚合体构成的复合材料尤其难以回收。

不同类别的金属材料可以通过化学测试、磁性或荧光检测分析等手段来确定；不同类型的钢材可以通过滚压轮碾压时产生的火花来区分。不同类型塑料材料的识别比较困难，好在塑料行业的制造商们都遵循共同的行业标准，会在不同的塑料件上加上类型标识。标识包括一个三角形及其中间的一个数字来共同确定塑料的类型[二]。这方面更多的工作在于开发能够快速识别塑料化学分子结构的仪器，每秒能够处理 100 片，类似于条形码扫描仪。

含铁材料可以利用磁铁来分离。对于不含铁材料，如塑料和玻璃，分离的方式多种多样，如振动分离、气流分离、水浮力分离等。当然，有时手工分离也是必要的。分离和分类之后，这些

[一] "Design for Recycling and Life Cycle Analysis," *Metals Handbook*, *Desk Edition*, 2nd ed., ASM International, Materials Park, OH, 1998, pp. 1196-1199.

[二] 分类方案如下：1. 聚乙烯；2. 高密度聚乙烯；3. 乙烯基塑料；4. 低密度聚乙烯；5. 聚丙烯；6. 聚苯乙烯；7. 其他。这个编码方案已经扩展成能表示广泛的聚合物和共混聚合物。参见 Ashby, pp. 79-81.

材料就被卖给二手材料生产商。铁被融成铁锭，塑料被压平后加工成圆球。之后，作为回收来的二次材料被进一步卖给产品生产商。

10.4.4 通过燃烧进行的能量回收

焚化处理通过燃烧的方式有效地减少了本应去做填埋处理的固体废弃物的数量。燃烧将固体废弃物中残存的能量先转化为热能，然后进一步转化为电能。固体废弃物的体积通过燃烧可以减少50%~90%，这个过程中，体积减小的效率取决于之前垃圾分拣的过程。燃烧之后的产物是灰烬（及不能燃烧的物质）、烟气和热能。

如今的城市垃圾焚化场往往采取某些技术以减少垃圾焚烧而造成的污染。焚化设施应能够应对大量输入的废料流，并产生可控的高温。燃烧产生的烟气中含有大量重金属颗粒、二噁英、呋喃、SO_2、CO_2、HCl。因此，烟气控制是减少污染的关键，方法包括温度控制、颗粒物过滤和气体净化。

10.4.5 填埋

填埋[一]并不是简单的垃圾倾倒。填埋需要事先将固体垃圾压缩、密封、打包后形成紧实的固体，然后将其埋入地下，隔绝与环境要素的交互（如空气、雨水、地下水和动物）。因此可以保持其原有的形状，并且其降解的速度非常慢[二]。某些填埋的废料用陶土材料封装，完全可以与其周围的物理环境隔离。

填埋工作面临的两大挑战是控制液体渗透和沼气的产生。液体渗入填埋物往往是难以避免的，当液体流过填埋的废料之后，会被有机质、重金属离子等污染，形成一种沥出液。所以，填埋处往往建立在一种能够收集、引导沥出液的处理系统之上，以使这些被污染的沥出液能够得到有效处理。如果沥出液通过填埋物密封材料上的破损渗漏出去（而未经处理）的话，这一片区域将会被严重污染。

填埋固体废料的分解过程是一个由厌氧细菌作用的过程。这个过程中会产生一些混合气体，包含大约50%的甲烷/沼气和另外50%的二氧化碳（都属于温室气体），这些气体必须通过管道系统释放出去。在美国，固体废弃物填埋产生的甲烷在由于人类活动造成的沼气排放中排在第三位[三]。

当然，由填埋废弃物产生的可燃性气体（LFGs，Land-Fill Gases）也可以作为一种能源[三]。目前，已有多种方法将这些LFGs用于发电或驱动某些重型设备。甲烷也是液化天然气的主要组成部分，并可从LFGs中分离出来单独使用。自然地，LFGs可以通过加工成为燃料，其燃烧也必然会造成污染。因此，将LFGs转化为燃料或热能需要通过满足一些条件实现经济上的可行性，当这些条件得以满足时，废弃物填埋处理也会成为一种可持续性能源的来源。

10.5 面向环境设计中材料选择的规则

在产品环保设计的方法、工具和实践中，材料选择扮演着特殊的角色。环保设计往往在产品设计的早期阶段就已开始考虑产品的整个生命周期，因为产品材料的选择会涉及自然资源的取用和消耗，以及产品使用寿命结束后的报废处理等，这些都对环境有着重大的影响。

⊖ C. Freudenrich, "How Landfills Work," 2008, http：//science. howstuffworks. com.

⊜ A composting site is designed to decompose its waste quickly. This is the opposite of a landfill.

⊜ "Landfill Methane Outreach Program," U. S. EPA, July 25, 2011, http：//www. epa. gov/lmop/basic-info.

10.5.1 材料的生命周期

在产品投入使用之前，产品材料的生命周期就已经开始了（图 1.7）。材料的生命周期始于从地球上被开采出来，到接下来的冶炼、加工成型，之后成为工程原材料。这些原材料被进一步加工成最终的产品并投入使用。产品的使用寿命一旦结束之后，其组成材料必须以一种对环境无害的方式进行报废、分解处理。

在主体的设计方案确定之后，设计师可以利用其对材料的了解，按照某种材料选择方法（第 11、12 章）为产品设计方案选择合适的材料。

例 10.3 多项联邦法规在车辆油箱的选材设计要求上有着多次重大变化，首先是平均燃油经济性法案提出了通过车身轻量化降低百公里油耗的激励措施；接下来是 1988 年发布的发动机可替代性燃料法案和 1990 年发布的空气清洁法案修正案，要求汽车制造商提供的油箱必须能够允许多种可替代性燃料的使用，以降低传统燃油的使用量，同时提高可循环性燃料（如乙醇）的使用比例。最终，EPA（环境保护署）推出了燃油渗出性标准，该标准挑战了传统油箱的设计及选材。传统油箱是采用镀铅锡钢板（含量为 8% 的锡-铅镀层）制成，测试表明镀铅锡钢板不管是否增加涂层都无法在油箱 10 年左右预期寿命期限内抵抗乙醇燃料的腐蚀效应[⊖]。在车辆油箱的选材方面，以下因素是至关重要的：可制造性、成本、重量、耐蚀性、耐渗透性和可循环性。另外的一个重要因素是安全性和抗碰撞能力。

材料选择	优　势	劣　势
镀铅锡钢板	高容量低成本 中等材料成本 满足渗透性要求	造型柔顺性差 循环燃料的腐蚀保护性差 铅锡涂层的回收处理存在问题
电镀锌镍钢板	高容量低成本 有效腐蚀保护 满足材料成本要求 满足渗透性要求	焊接性差 形状柔顺性差
不锈钢	高耐蚀性 可回收 满足渗透性要求	任何体积下成本高 成形性差 焊接性差
HDPE（高密度聚乙烯）	造型柔顺性好 低容量低工装成本 重量轻 耐蚀性好	高容量高工装消耗 高材料成本 不满足渗透性和可回收性要求
多层隔离 HDPE	与 HDPE 相同 满足渗透性要求	与 HDPE 相比： 高容量高工装消耗 高材料消耗 很难回收

两种有竞争力的材料可以取代镀铅锡铁板：电镀锌镍铁板和高密度聚乙烯（HDPE）。电镀锌镍钢板需要双面喷涂环氧铝，环氧涂层的作用是提供对腐蚀作用的额外防护。在这方面，不锈钢的耐蚀性尤其显著，然而成本大约是镀铅锡铁板材料的五倍。高密度聚乙烯采用吹塑成型的方式，能够保持长时间的结构稳定性，但它无法满足耐渗透性需求。这个问题可以采用两种方法克服：一种是多层技术，即在高密度聚乙烯内层黏附一层聚酰胺作为隔离层；另一种是对高密度

⊖　P. J. Alvarado, "Steel vs. Plastics: The Competition for Light-Vehicle Fuel Tanks," *JOM*, July 1996, pp. 22-25.

聚乙烯进行加氟处理从而形成永久的隔离层。

产品选材的第一步是进行备选材料的竞争性分析，即列出每种备选材料的优缺点，下一步则是采用第 7 章中矩阵的方法选出最合适的材料。三大汽车制造商中，两家已经开始采用电镀锌镍铁板作为燃油箱的材料，还有一家则将采用高密度聚乙烯燃油箱。实际上，由于如今各种各样的竞争性问题，很难说哪种材料的选择更优越。

10.5.2 环保材料的选择

金属类和陶瓷类材料来自于地球上的矿石，需要利用能源进行提炼和加工。聚合体材料则来自于化石燃料，主要是石油和天然气，也需要利用能源将其转化为工程塑料。

可以将产品的生命周期分为五个阶段：①材料生产阶段；②零部件生产阶段；③各阶段之间材料的转移和运输；④供用户使用阶段；⑤报废处理阶段。在这五个阶段的循环中都涉及能源的消耗，并会有某些废物排出（热量、液体、固体废料和废气，主要指 CO_2）。一般来说，这些阶段中某个阶段的能耗将会占到产品全生命周期能耗中的大部分比例。例如，对于铝制饮料罐，大部分能耗来自于从矾土中提取铝元素（阶段①）；对于一架运输机，大部分能耗则来自于其服役过程中的油料消耗（阶段④）。

在产品全生命周期中的每个阶段，材料选择都起着重要的作用：

1）材料生产阶段。减小材料质量并尽量选择环境影响小的材料。

2）零部件生产阶段。选择能耗低且 CO_2 产生量小的加工工艺。

3）运输阶段。较小的质量能够降低能量消耗。

4）供用户使用阶段。热能和电能的损失往往非常重要，并且跟选用的材料有很大关系。轻量化对于运动类产品（如车辆）就非常重要。

5）报废处理阶段。较高的可重复利用性无疑是很大的优势，并且材料燃烧和循环利用过程中不允许有有毒物质的产生。

全生命周期评估（LCA）：LCA 对于评估替代性材料在产品设计中的环境影响和可持续性考虑是一种理想的方法。LCA 考虑了产品材料所有相关的能源消耗和废弃物排放，然后对其潜在的环境影响进行评估，如全球变暖、臭氧损耗、河流酸化及对人类的毒害等。建立 LCA 需要大量数据的收集和解析，并需要某一领域的专业知识才能得到有意义的评估结果[⊖]。

LCA 的进行需要经过以下三个阶段：

1）目录列表分析。列出产品生命周期中所有可能的能量流和物质流，并进行相应地定量分析。

2）影响分析。所有上一步中列出的能量流和物质流的环境影响必须被考虑。

3）改进分析。根据第一步和第二步的结果采取必要的行动以降低产品及其生产加工工艺对环境的影响。

LCA 经常被用于对现有产品进行改进的决策过程，以及企业的扩大再生产活动（如工厂生产中的产品换模）。然而，LCA 并不适于产品工程设计中的设计决策。因此，必须寻找一些相对简单的方法/因素作为 LCA 的替代，用于产品材料选择的评估。

在工程设计中，产品选材方面首先要考虑的因素是"单位构成能耗"，或称为"单位生产能耗"，即从矿石或给料中每生产出单位质量的材料所消耗的能源。这里，阿什比（Ashby）[⊜]给出

⊖ T. E. Graedel and B. R. Allenby, *Design for Environment*, Prentice Hall, Upper Saddle River, NJ, 1996.

⊜ M. F. Ashby, op. cit., Chapter 12.

了 47 种常用材料在生产和再循环过程中的单位能耗及单位 CO_2 排放量。

第二位考虑的因素是 CO_2 排放量，即每生产 1kg 的材料所排放出的 CO_2 的质量，也以千克计。之所以选择二氧化碳是由于它对全球变暖和气候变化的重要影响。通过将全球每年的生产总值乘以碳排放系数，可以列出四种 CO_2 排放量最严重的材料生产行业[一]，它们是：①钢铁业；②炼铝业；③水泥业；④造纸业。

关于如何简化 LCA[二] 已经有很多种方法和工具被提出来，其中一种最常用的、也相对比较简单的方法是阿什比（Ashby）[三] 提出的"环境影响审查法"。该方法通过小规模的、简化的计算来估算产品全生命周期中每个阶段的能源消耗和 CO_2 的排放情况，从而评估产品的环境影响。

在零部件生产阶段，环境影响因素是一些仍处于研究中的、可能会对产品加工过程造成影响的因素；在运输阶段，环境影响是将运输能耗乘以待运输产品的质量；在供用户使用阶段，有一个已建立的工程模型来描述产品最耗能的工作模式及其相应的排放情况；在报废处理阶段，如果一个产品将被再制造或再循环利用，那必然会产生不利的环境影响因素。在这方面，Granta 设计公司开发的一款叫做 CES EduPack™ 的商用软件收集、整理了各种环境影响因素，这款软件的使用可以有效地推进"环境影响审查"的准备工作。

10.6　面向环境和可持续性设计的辅助工具

目前最先进的工程设计实践已经将对产品的设计拓展到其整个生命周期过程中。产品设计的可持续性需求迫使设计师们除了考虑产品的生产、使用阶段（第一生命阶段），还必须考虑产品报废后已使用过的零部件或材料如何经再循环后用于新产品。如今，"面向 X 的设计"（第 8.12 节）作为传统产品设计的进一步延伸和拓展已被大家广泛接受，虽然这方面还没有一个明确的定义，尤其是将产品设计拓展到"可持续性设计"及其子分支"面向环境保护的设计"这么广阔的领域[四]。图 10.3 中以图形化的方式描述了本节中的"可持续性设计"和其他"面向 X 的设计"策略之间的关系。本节中也简要介绍了其他设计策略并提供了相应的参考文献。

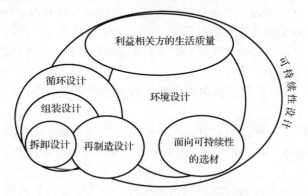

图 10.3　可持续性设计示意图及其与其他设计策略之间的关系

[一] M. F. Ashby, *Materials and the Environment*, Butterworth-Heinemann, Boston, 2009, p. 118.

[二] K. Ramani, D. Ramanujan, W. Z. Bernstein, F. Zhao, J. Sutherland, C. Handwerker, J-K. Choi, H. Kim, and D. Thurston, "Integrated Sustainable Life Cycle Design: A Review," *Journal of Mechanical Design*, September 2010, vol. 132, 091004.

[三] M. F. Ashby, op. cit., Chapter 7.

[四] M. Kutz, ed., *Environmentally Conscious Mechanical Design*, John Wiley & Sons, Hoboken, NJ, 2007.

10.6.1　产品生命周期设计

产品的生命周期设计着眼于产品组成结构设计中那些可能会影响到其使用寿命或服务期限的一些问题和因素，这也意味着设计中需考虑产品最终的报废及新产品的替换情况。虽然这可能造成产品设计方案的修改，但是从长远来看对环境是有利的，因为延长了产品的使用期限，并由此减少了生产新产品所消耗的环境成本。下列产品生命周期设计策略可以保护环境并提高产品设计的可持续性。

- 最小化产品制造过程中排放的废气和废物，检查产品生产中所有可能会对环境造成消极影响的方方面面，并尽量通过改进产品设计以消除或减小这些不利影响。毕竟一个污染环境的产品是有缺陷的产品。
- 尽量选用可循环、可替代的材料用于产品生产，并且在设计阶段就应该考虑产品的可拆解性以便于其回收再利用。
- 提高产品的使用寿命，因而可以尽量推迟通过生产新产品（消耗资源、环境）来取代现有产品的时间，尽管产品的使用寿命可能会由于磨损、腐蚀、损坏（有意或无意的）或技术进步而不断的缩短或降级。当然，也有一些产品生命周期设计所无法顾及的、造成产品更新换代的因素，如产品的技术过时或者样式过时。

本文的其他章节中还陆续介绍了一系列延长产品使用寿命的设计方法或策略。例如，第8.12 节中介绍了可供产品设计选用的材料列表；第 14 章中介绍了产品的可靠性设计和耐久性设计，以及第 8 章中的产品适用性设计等都属于这类方法或策略。

10.6.2　产品概念设计中的可持续性设计

新产品的设计需要通过生产商的技术水平、企业规章制度和商业政策的支持来尽量满足产品设计的可持续性标准。当然，企业也必须提供相应的产品设计工具以帮助满足此类标准，另外还包括制定一系列的原则或指南来指导新产品的设计。表 10.1 中是本章第 10.2 节中布伦特兰（Brundtland）提供的一组为满足可持续性目标而提出的方法，很多新方法是在现有方法的基础上根据可持续性目标进行了改进之后形成的（例如相似性设计⊖）。

表 10.1　面向概念设计的可持续性设计指南建议

建议的设计指南	产 品 样 例
1. 通过优化速率和耐久性来最小化资源消耗量	• 急热式热水器（按需加热） • 低流量（限时）喷头
2. 结合自动化或手动操作功能	• 具有湿度传感器的干衣机 • 多冲洗功能马桶 • 可编程恒温器
3. 为终端用户提供当前状态的反馈机制	• 带有温度探测器读数的烤箱
4. 为行为需求冲突提供独立的模块	• 混合动力汽车

注：本表改编自 C. Telenko and C. C. Seepersad，"A Methodology for Identifying Environmentally Conscious Guidelines for Product Design," *Journal of Mechanical Design*, vol. 132, 2010, 091009.

⊖ D. P. Fitzgerald, J. W. Hermann and L. C. Schmidt, "A Conceptual Design Tool for Resolving Conflicts Between Product Functionality and Environmental Impact," *Journal of Mechanical Design*, 2010, vol. 132, 091006.

10.6.3 产品结构设计指南

1. 最小化材料和能源消耗设计

首先，在不影响产品质量、性能和成本的前提下减轻产品重量。在这方面，汽车制造商们都已制订了提高燃油经济性并实现车身轻量化（一般通过材料替代）的长期目标。其次，降低各种形式的浪费，如生产制造过程中的废料、装配过程中的瑕疵零件、运输过程中损坏的产品等。一项好的产品设计是能够降低材料消耗的设计。最后，严格要求产品设计并对产品进行包装。重视包装材料方面发生的变化：从使用传统的聚合体材料到现在能够再循环重复利用的材料，一个典型的例子是快餐的包装从传统的泡沫聚苯乙烯到现在的纸板。因此，要寻找能够让货箱能够重复利用的方法。

2. 拆卸设计

为提高产品设计的经济性，当产品将报废时，其重要零部件应该能够拆卸下来以重复利用。

- 尽量减少粘接和焊接方式的产品零部件连接。
- 采用可拆解且不易破损（例如突然断裂）的固定装置。
- 提高固定装置的耐蚀性。

3. 可维护性设计

大多数产品应该能够被打开（部分地拆卸），以便于维护。因此，可维护性指南包括之前介绍的易拆卸设计和易服务性设计（第8.9.4节）。

10.6.4 产品报废回收指南

工程师们设计的产品都是为了在其有限的使用期限内实现一种行为。像环保设计、绿色设计、可持续性设计等都是要求在产品生命周期结束时能够实现（产品的）一种有利于环境保护的行为。当然，这些设计方法和产品性能并无必要的关联，但强调工程师在产品设计时应考虑产品报废后的回收再利用（第10.4节）。

1. 面向再制造的设计

再制造设计面临的挑战之一就是产品设计的初衷并不是为了产品的再制造，并且不是每种产品都适合于再制造。一个MIT的研究小组曾做过对25种产品的调查，正如预期，通过再制造生产出的产品比从头开始生产出一个同样的新产品节省很多能源消耗。但是，产品再制造过程中的能源利用率却低于生产一个新产品或其替代品的能源利用水平。这项调查中大约一半的案例表明：能源的节约并不是绝对的；另一半案例则表明虽然节约了能源，但这种节约也是很有限的[1]。

产品的某些利于其再制造的特性如下[2]：

- 生产产品的技术在7~10年内保持稳定。
- 产品再设计的循环周期为1~4年。
- 产品投入再制造的概率大于或等于15%（一些公司采用的指标）。
- 有50%~75%的零部件可以被重新制造。
- 具有模块化的架构，产品的组成可以被很容易地分为不同的模块。

产品初始设计时应遵循的、能够有利于其再制造的设计指南如下：

---

[1] "When is it worth remanufacturing?" *Advanced Material and Process*, July 2011, p. 14.

[2] P. Zwokinski and D. Brissaud, "Remanufacturing Strategies to Support Product Design and Redesign," *Journal of Engineering Design*, vol. 19, no. 4, August 2008, pp. 321−355; B. Bras, "Design for Remanufacturing Processes," in M. Kutz, ed., *Environmentally Conscious Mechanical Design*, John Wiley & Sons, Hoboken, NJ, 2007.

- 提高产品整个生命周期中的抗损坏能力。
- 使易磨损的位置容易被检测到。
- 采用一般工具就能够装配的产品零部件。
- 减少使用容易藏灰和碎屑的零件。

可惜的是，以上的一些准则和装配设计指南中的一些准则（第 13.6 节）是冲突的，因此必须有一些折中的方式。

2. 可循环设计

设计师可以通过遵循一些产品设计的步骤以提高产品设计的可循环性。

- 使产品易拆卸，进而利于其零部件的分离回收。
- 减少同一产品中使用不同材料的种类以简化其分类回收。
- 选择彼此兼容性好的材料，使它们在回收之前不需要单独的分离步骤（例如，铁制零件上镶有青铜材料的衬套，会导致钢铁回炉时不易与青铜材料分离）。
- 在零件上标记其使用的材料，塑料件尤其要做特殊标记。

应用以上介绍的各种设计指南/准则必将造成设计过程的反复或设计方案的折中。比如尽量减小产品中材料的使用种类可能会使产品无法达到其最佳性能，一个包裹金属外层的板材或一块铬板可能可以提供零件最佳的表面性能，但是却不利于回收再循环。过去，此类问题的解决主要取决于成本。

3. 加工过程中的废物回收和重用设计

与产品相关的废弃物可能是产品加工过程中产生的碎片等。所以，应重视如何减少产品加工过程中产生的废弃物，避免使用危险或不理想的材料，关注政府发布的危险材料列表，例如，避免使用含氯氟烃制冷剂，使用水溶性的洗剂而不要使用含氯洗剂，并尽量使用可降解的材料。

10.7 本章小结

到这里，问题产生了，可持续性设计的要求一般对设计师有什么影响呢？答案取决于设计师所从事行业的类型。如果是政府政策导向型的企业，如石油生产、化学制剂或汽车制造等，那么政府制定的环境保护或公共安全方面的政策对于这些产品的设计、制造将起着重要影响。如果是能源生产行业的企业，那么化石燃料面临淘汰，全球气候变暖威胁生物生存等问题对其影响就会很大。以上情况对于设计师而言是挑战也是机遇。很多其他行业也逐步认识到可持续性设计的重要性，并将其视为将传统产品转型为绿色产品的重要途径。因此，可以肯定的是，产品的可持续性设计在未来将变得越来越重要。

目前得到普遍认可的是，改善生存环境是政府、企业也是广大市民共同的职责。其中，政府扮演着重要的角色，尤其是通过政策手段保证所有行业的企业在环境保护方面承担相同的成本。由于企业成本的上涨最终将转嫁到消费者头上，所以政府的政策手段必须尽量谨慎和明智。这里，企业的技术团体也起着重要的作用，他们的技术水平也是政府进行决策的重要依据。最后，很多有远见的人都会看到，将来的世界将是可持续发展的世界，自然资源将不会耗竭，因为资源的消耗和资源再生将会维持一种平衡。

新术语和概念

碳排放量	IPAT	再制造

生态系统	全生命周期评估	重用
单元能耗	市政固体废弃物	可持续性
环境影响	回收	TBL

参 考 文 献

"20 Years: Into Our Common Future," *Environment,* 50(1), 46–59, 2008.

Allenby, B. R: *The Theory and Practice of Sustainable Engineering,* Prentice Hall, Upper Saddle River, NJ, 2011.

Ashby, M. F.: *Materials and the Environment: Eco-Informed Material Choice,* Elsevier, Boston, 2009.

Azapagic, A. and P. Slobodan: *Sustainable Development in Practice: Case Studies for Engineers and Scientists,* 2nd ed, John Wiley and Sons, New York, 2011.

de Steiguer, J. E.: *The Origins of Modern Environmental Thought,* University of Arizona Press, Tucson, 2006.

Graedel, T. E. and B. R. Allenby: *Design for Environment,* Prentice Hall, Upper Saddle River, NJ, 1996.

Kates, R. W., T. M. Parris, and A. A. Leiserowitz: "What Is Sustainable Development?," *Environment,* 47(3), 8–21, 2005.

Kutz, M. ed.: *Environmentally Conscious Mechanical Design,* John Wiley and Sons, Hoboken, NJ, 2007.

问题与练习

10.1 数一下你住所的电灯数目，并计算它们每天的能耗。留意一下在一年内你的住所使用白炽灯和使用荧光灯在能耗方面的差异，并看看在哪里可以安全地丢弃废旧荧光灯泡？

10.2 例 10.1 中给出了目前市面上的标准打印纸在使用不同环保程度的原材料之后的成本情况，进一步调查一下不同的生产率对纸张成本的影响。

10.3 沃尔玛在小型社区开连锁超市的商业模式具有可持续性吗？写篇文章回答这个问题。

10.4 制造外包经历了由美国本土转移到其他国家的重大转变，消极影响之一就是产生了假冒商品，包括假冒电子元器件和假冒机械部件。针对这种现象找一个例子并写一篇短文。

10.5 采用力场图（第 4 章）的概念分析帮助或阻碍产品生产过程中节能降耗的主要因素（提示：产品的小型化可以看作是对节能降耗的一种"帮助"，世界财富的增加是节能降耗的一种"阻碍"）。

10.6 一些环保主义者认为站在拯救世界的立场上，产品应被设计得尽可能耐用，并尽量模块化，使损耗的部件易于更换。讨论这种产品设计观点的利弊。

第 11 章 材料选用

11.1 引言

本章将全面讨论制造设计中材料的选用进行全面的讨论。第 12 章将深入讨论材料的力学性能，这些内容与设计相关，但通常不在材料力学课程中讲授。这里假定读者具备材料力学性能的应用知识。其他一些关于产品和零件制造的内容将在第 13 章中讨论。

材料和将其转化为有用零件的制造工艺是所有工程设计的基础。目前可供选用的工程材料超过 100000 种。一名优秀的设计工程师应该掌握 30 ~ 60 种自己涉及领域的材料的信息。

近些年人们对于工程设计中材料选用的重要性的认识逐步加深。并行工程的实施要求材料专家介入到产品设计的早期阶段。在当前的产品设计中，质量及成本的重要性凸显了材料和工艺与产品最终性能的紧密联系。此外，全球化竞争的压力大大提高了加工过程的自动化水平，使材料成本在大多数产品成本中的比例达到或超过 60%。最后，世界范围内材料科学的深入研究创造了各种各样的新材料，将我们的注意力集中在六大类材料的相互竞争上，它们是：金属、高分子、弹性体、陶瓷、复合材料和电子材料。因此，可供工程师选用的材料比以前任何时期都要广泛得多。这为工程设计的革新提供了契机，通过进行合理的材料选用，可以用更少的成本得到更佳的性能。

11.1.1 设计与选材之间的关系

选材不当不仅会引起零件的失效，还会过度提高生命周期成本。为零件选用最好的材料不仅仅包含提供必要的服役性能和可用于加工零件的方法（图 11.1），不当的选材还会增加加工成本。加工工艺可能增强或减弱材料的性能，进而影响零件的服役性能。第 13 章将集中讨论材料制造工艺和设计之间的关系。

面对大量的可选材料和加工工艺的组合，只能通过简化和系统化来实现有效的材料选用。随着设计由概念设计到配置设计和参数设计（具体化设计）再到施工设计的推进，材料和工艺的选择变得越来越具体[○]。在概念设计阶段，基本上所有的材料和工艺手段都可以考虑。由阿什比（Ashby）[○]发展完善的材料选用图表和方法论非常适合该阶段设计的需要（第 11.3 节）。其目的是确定每个设计概念是由金

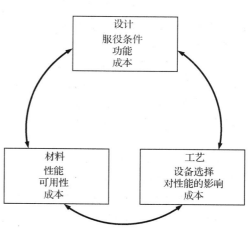

图 11.1　设计、材料和（产品生产）工艺的相互关系

属、塑料、陶瓷、复合材料或者木材中哪种材料制造的，并将选择范围缩小到材料家族中某一类

○　M. F. Ashby, *Met. Mat. Trans.*, 1995, vol. 26A, pp. 3057-3064.

○　M. F. Ashby, *Materials Selection in Mechanical Design*, 4th ed., Elsevier Butterworth-Heinemann, Oxford, UK, 2010.

材料，对于材料性能数据的精度要求相对较低。注意，如果要选择一种创新型材料，一定要在概念设计阶段完成，因为在以后的设计阶段会有太多已经做出的决定而不允许巨变。实体设计阶段的重点是利用工程分析来确定零件的形状和尺寸。设计者将会确定材料的种类和加工工艺，比如铝合金、锻造和铸造，对材料性能要有更清楚的了解。在参数设计阶段，可供选择的材料和加工工艺将被具体到一种材料和仅仅数种加工工艺。此时的重点是确定临界误差，为鲁棒设计（第 15 章）进行优化，并利用质量工程和成本模型方法来选择最佳的加工工艺。根据零件重要性的不同，对材料性能需要更加精确的了解。这需要基于大量材料测试程序的详细数据库的发展。因此，材料和工艺的选择是一个由众多可能性到某一特定材料和工艺的渐进过程。

11.1.2 选材的一般原则

材料的选择基于下列四项基本准则：
- 性能特征（性能）
- 工艺（加工）特征
- 环境属性
- 商业考量

基于性能特征的选择是一个材料的性能价值与由设计所带来的要求约束相匹配的过程。本章的大部分和第 12 章主要讨论这个方面。

基于工艺特征的选择意味着寻求从原材料到成型的最优加工方法，使其产生的缺陷最少、成本最低。第 13 章将对该方面进行专门讨论。

基于环境属性的选择致力于预测材料在整个生命周期中对于环境的影响。环境考量的重要性日益增加，因为全球气候变暖和能源生产利用在其中扮演的角色引起了更广泛的社会认知，政府出台的规章制度也相应增加。这已在第 10 章中进行过讨论。

影响材料选择的主要商业考量是由这种材料所制造的零件的成本。这包含购买材料的成本和零件加工成本。更精确的选材依据是生命周期成本，包括更换失效零件的成本和服役完毕后的处理成本。关于材料成本将在第 11.5 节进行讨论，第 13 章将介绍预估成本的一些内容以帮助选择最佳加工工艺，第 17 章将对成本评估进行更详细的讨论。

在第 11.2 节将探讨材料选用中的重要话题，确定合适的材料性能以实现部件的无故障运行。同等重要的任务是针对选定的材料确定最佳的零件加工工艺，这将在第 13 章中进行讨论。尽管这些考量都很重要，但它们不是材料选择内容的全部，接下来的商业考量也很重要。材料若不满足下列要求中的任意一条，即可从选择列表中删除。

1）可用性。
a. 有多个供应源吗？
b. 未来可用的可能性有多大？
c. 材料是否具有需要的形态（管材、板材等）？
2）可用材料形态的尺寸限制和容许偏差，例如板材厚度、管壁同心等。
3）性能上的多种变化。
4）对环境影响小，包括材料循环利用的潜力。
5）成本。材料选用归根结底是用最合适的价格买来理想的性能。

11.2 材料的性能需求

材料的性能需求通常用物理性能、力学性能、热学性能、电学性能或化学性能来表示。材料性能是材料的基本结构和组成与零件的服役表现之间的映射关系（图11.2）。材料的性能需求由零件的功能决定。例如，内燃机连杆的功能是连接活塞与曲轴，它的性能需求是在内燃机的使用生命中无故障地传递所需的动力，基本的材料性能是抗拉屈服强度、疲劳强度和对运行环境足够的抗性以保证这些性能在服役期间不会衰退。

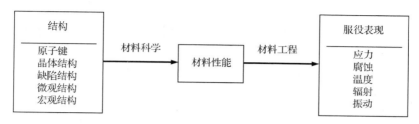

图 11.2　设计过程示意图

材料科学通过认识如何控制材料的结构来预测如何提高材料的性能。结构的尺寸可以在原子尺度到数毫米尺度之间变化。改变结构的主要方法是成分控制（合金化）、热处理以及加工工艺控制。关于结构决定固体材料性能的背景知识通常可以在材料科学或者工程材料基础课程中获得⊖。材料工程师凭借对材料性能和材料工艺的深刻理解而擅于建立材料性能与设计之间的联系。

既然结构决定性能，因此所有关于材料的事情都离不开结构。从不同的领域进行观察，术语"结构"具有不同的意义。对于材料学家，结构描述原子和原子基团的排列方式；而对于工程设计人员，结构指构件的组成形式及其受力情况。在原子水平上，材料科学家考虑原子间的基本作用力，该作用力决定了材料的密度、固有强度和弹性模量。在大一些的观察尺度上，他们研究原子在空间的排列情况，即晶体结构。晶体类型和晶格结构决定了滑移平面和易塑性变形区。叠加在晶体结构上的是缺陷结构或是理想三维原子结构上的缺陷。例如，是否存在原子缺失（空位）的晶格？是否存在缺失或多余的原子平面（位错）？所有这些偏离理想周期性原子排列的情况都可以通过像电子显微镜这样精密的仪器进行研究。缺陷结构极大地影响了材料的性能。在更大的观察尺度上，比如通过光学显微镜进行观察，可以看到晶粒尺寸、个别结晶相的数目及分布等显微组织特征。最后，在低倍显微镜下，可以看见孔隙、裂纹、焊缝、夹杂物和其他宏观结构特征。

11.2.1　材料的分类

我们可以将材料分为金属材料、陶瓷材料和高分子材料，进一步细分为弹性体、玻璃和复合材料，最后从技术应用上可以划分为光学材料、磁学材料和半导体材料。工程材料是用来满足某种技术功能需求的材料，而不只是用于装饰。在工程结构中通常用于抵抗外力和变形的材料称为结构材料。其他材料的作用主要体现在材料的电学性能、半导体性能或磁性上。

工程材料通常不是由某种单一的元素或分子组成的。在金属中加入多种元素可形成具有特定性能的合金。例如，纯铁（Fe）很少以单质的形态进行应用，但当它与微量的碳合金化形成钢的时候，它的强度得到很大的提高。这是由于在整个固体中形成坚硬的金属间化合物渗碳体

⊖　W. D. Callister, *Materials Science and Engineering*, 8th ed., John Wiley & Sons, New York, 2010; J. F. Shackelford, *Introduction to Materials Science for Engineers*, 7th ed., Prentice Hall, Upper Saddle River, NJ, 2009; W. E. Smith and J. Hashemi, *Foundation of Materials Science and Engineering*, 5th ed., McGraw-Hill, New York, 2010; M. Ashby, H. Shercliff, and D. Cebon, *Materials*: *Engineering Science*, *Processing*, *and Design*, 2nd ed., Butterworth-Heinemann, Oxford, UK, 2009; T. H. Courtney, "Fundamental Structure-Property Relationships in Engineering Materials," *ASM Handbook*, vol. 20, pp. 336-356.

Fe_3C 颗粒的结果。钢的强化效果与渗碳体含量正相关，而渗碳体含量与碳含量正相关。但是，最主要的影响还是铁基体中渗碳体的分布和尺寸。热轧、锻造以及淬火或退火等热处理工艺决定钢材料中渗碳体的分布。因此，对于给定类型的合金，可以通过处理获得不同的性能。这同样适用于高分子材料，它的力学性能取决于构成高分子链的化学基团的类型、基团沿着链的排列以及链的平均长度（分子量）。

因此，材料分类的层次结构[⊖]为：材料王国（所有材料）→家族（金属、高分子等）→类别（对于金属：钢、铝合金、铜合金等）→子类（对于钢：碳素钢、低合金钢、热处理钢等）→成员（某种特定合金或聚合级）。一种属于某家族、某类别和某子类的特定材料拥有一系列特定的性质，称之为材料性能。材料分类并未到此结束，对大多数材料而言，其力学性能取决于最终的机械加工（塑性变形）或热处理。例如，AISI 4340 钢的屈服强度和韧性强烈地依赖于高温油淬后的回火温度。

图 11.3 列出了一些常用的具有结构用途的工程材料。有关这些材料的常规性能和用途可以参考材料科学图书或其他专业资料[⊖]。

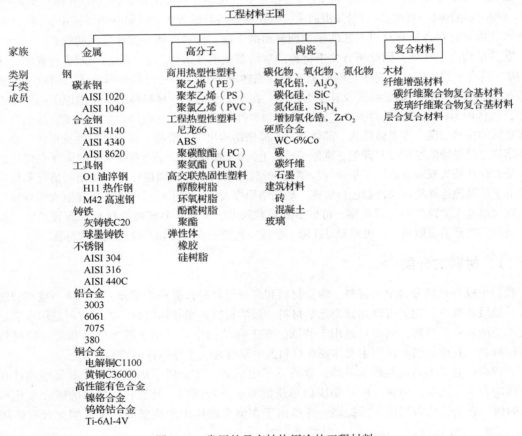

图 11.3　常用的具有结构用途的工程材料

⊖ M. F. Ashby, *Materials Selection in Mechanical Design*, 4th ed., Elsevier Butterworth-Heinemann, Oxford, UK, 2011.

⊖ K. G. Budinski and M. K. Budinski, *Engineering Materials*, 9th ed., Prentice Hall, Upper Saddle River, NJ, 2010; P. L. Mangonon, *The Principles of Materials Selection in Design*, Prentice Hall, Upper Saddle River, NJ, 1999; *Metals Handbook*, *Desk Edition*, 2nd ed., ASM International, Materials Park, OH, 1998; *Engineered Materials Handbook*, *Desk Edition*, ASM International, Materials Park, OH, 1995.

11.2.2 材料性能

材料的性能或功能通常由一系列明确定义的可测量的材料性能给出。选材的首要任务是确定哪种材料性能与应用相关。寻求的材料性能应该可通过廉价的、可重复的方式测量，并且与材料在服役过程中所表现出的、明确定义的行为相关。为了技术上的可操作性，通常不测量材料最基本的性能。例如，弹性极限是对材料首次显著偏离弹性行为的度量，但它难以测量，因此用更易于测量、更具有可重复性的 0.2% 残余变形屈服强度来进行替代。但是，这需要精心加工的试样，才能使所获得的屈服应力与相当廉价的硬度试验的结果相接近。

材料性能首先可分为结构不敏感性能和结构敏感性能，见表 11.1。这两类性能都取决于原子结合能以及原子在固体中的排布方式，但结构敏感性能同时受缺陷（位错、溶质原子、晶界、夹杂物等）数量、尺寸以及分布的强烈影响。该表中除了弹性模量和腐蚀率以外，其他的结构不敏感性能都属于材料的物理性能。列出的所有结构敏感性能都属于力学性能，即它们描述材料对于某种外力的响应。

表 11.1　材料的典型性能

结构不敏感性能	结构敏感性能
熔点，T_m	强度，σ_f，f 为某种失效模式
玻璃化温度，对于聚合物，T_g	韧性
密度，ρ	断裂韧性，K_{IC}
孔隙度	疲劳性能
弹性模量，E	阻尼性能，η
线胀系数，α	蠕变
热导率 κ	抗冲击性
比热容，c_p	硬度
腐蚀速率	磨损率或腐蚀率

通过材料力学课程或者第 8.6.1 节弹簧设计的例子知道，机械零件的设计是基于应力水平不超过预期失效模型的极限值的，或者保证挠度或变形不超过某个极限。对于延展性金属或者高分子材料（这些材料在断裂时有超过 10% 的伸长率），其失效模式为总体塑性变形（弹性行为的丧失）。对于金属，合理的材料性能指标为屈服强度 σ_0，基于拉伸试验产生 0.2% 永久塑性变形时的应力，即在图 11.4 中线弹性部分的平行偏置线在应变为 0.002 处所对应的应力值。对于延展热塑性塑料，其屈服强度的偏移值一般取更大的 0.01 应变处。

对于脆性材料，比如陶瓷，最常用的强度测试值为断裂强度 σ_r——扁平梁弯曲断裂时的拉应力。用这种方法获得的强度值要比直接拉伸测量的强度值高 30% 左右，

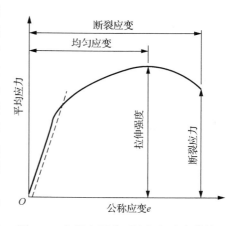

图 11.4　韧性金属典型的应力-应变曲线

但是数据的一致性较好。对于纤维增强复合材料，屈服通常在偏离线弹性行为 0.5% 时发生。由于纤维的屈曲，纤维增强复合材料的抗压强度要小于其抗拉强度。同时，纤维增强复合材料具有高度的各向异性，施加于纤维的载荷方向改变，材料性能也发生极大变化。

- 极限抗拉强度 σ_u，是拉伸试验中材料所能承受的最大拉应力，由载荷除以试样的初始横

截面积得到。尽管该性能与设计几乎无关，但因为不需要任何仪器来测量变形，所以它很容易由拉伸试验获得。因此，它经常被使用并和其他性能相关联以表示材料的总强度。对于脆性材料，它与断裂强度相同，但对于韧性材料，由于应变强化的作用，它是断裂强度的 1.3～3 倍。

- 弹性模量 E，为图 11.4 中应力-应变曲线初始线性阶段的斜率。E 较高的材料比 E 较低的材料更硬，抵抗弯曲或扭转的能力更强。

- 延展性是与强度相对的指标，为材料断裂前发生塑性变形的能力。通常用拉伸试样测试区标称长度的伸长率或拉伸试样断裂时横截面积的减少量来表示。

- 断裂韧度 K_{IC}，是材料抵抗裂纹扩展的能力的度量。在第 12.2 节中介绍了这一重要工程性能在设计中的应用。其他稍简单的测量材料脆性破坏倾向的方法为夏比 V 形缺口冲击试验以及其他形状缺口的拉伸试验。

- 疲劳性能表征材料抵抗循环交变应力作用的能力。各种形式的疲劳失效（高周疲劳、低周疲劳以及腐蚀疲劳）是导致机械失效的第一原因，详见第 12.3 节。

- 阻尼性能为材料通过内摩擦将机械能转换为热能而耗散振动能量的能力，用损耗因子 η 来表示，该物理量表征在一个应力应变周期中的耗散能量的比例。

- 蠕变为材料在温度高于其熔点温度一半时，在恒定应力或恒定载荷情况下应变随时间变化的行为。

- 抗冲击性是材料抵抗瞬间冲击而不发生断裂的能力。通过夏比冲击试验或各种落锤试验进行测量。具有高抗冲击性的材料也具有高韧性。

- 硬度是对材料抵抗表面压入能力的度量。它由在给定载荷下尖角金刚石压头或钢球压入材料表面的程度所决定[一]。可以在任意尺度下利用洛氏、布氏和维氏硬度试验进行硬度测量。硬度可作为屈服强度的表征，硬度值越高，屈服强度大体就越高。硬度测试作为一种质量控制测试手段，因其简便、快捷，并且可以在成品上直接进行而到了广泛的应用。

- 磨损率是材料从两个相互接触的滑移表面脱离的速率。磨损是一种重要的机械系统失效方式，将在第 12.5 节进行介绍。

表 11.2 给出了在各种服役环境下最常见失效方式的概况。为了确定某个零件适当的失效模式，首先要确定载荷是静态的、重复性的（周期性的），还是动态的（冲击的），然后确定应力状态主要是拉伸、压缩还是剪切，工作温度是高于还是低于室温。这将缩小失效机理或失效模式的可能范围，通常情况下会得出一种确定的失效模式。这需要材料专家提供咨询，或者设计团队进行深入研究。[二]

表 11.2 最右侧栏中列出了与每种失效模式对应相关的力学性能。但是，材料的服役条件通常要比材料性能的测试环境更加复杂。材料的应力水平不可能保持不变，相反会随着时间随机变化。或者服役环境是某些情况的复杂叠加，比如高温（蠕变）、氧化氛围（腐蚀）下的交变应力（疲劳）状态。针对这些苛刻的服役条件，研究人员开发了专业的可视化仿真测试方法来选材。最后，最佳候选材料还必须进行样机试验或者现场试验来评价它们在真实服役条件下的表现。

一 *ASM Handbook*, vol. 8, *Mechanical Testing and Evaluation*, ASM International, Materials Park, OH, 2000, pp. 198-287.

二 G. E. Dieter, *Mechanical Metallurgy*, 3rd ed., McGraw-Hill, New York, 1986; N. E. Dowling, *Mechanical Behavior of Materials*, 3rd ed., Pearson Prentice Hall, Upper Saddle River, NJ, 2007; *ASM Handbook*, vol. 8, *Mechanical Testing and Evaluation*, ASM International, Matenals Park, OH, 2000; *ASM Handbook*, vol. 11, *Failure Analysis and Prevention*, ASM International, Materials Park, OH, 2002.

表 11.2　基于可能断裂模式、载荷、应力类型和工作温度的选材原则

失效机制	载荷类型			应力类型			工作温度			材料选择的一般标准
	静态	交变	冲击	拉伸	压缩	剪切	低温	室温	高温	
脆性断裂	X	X	X	X	...	...	X	X	...	夏比 V 形缺口转变温度 缺口断裂韧度 K_{IC} 测试
韧性断裂（a）	X	...	...	X	...	X	...	X	X	抗拉强度，抗剪屈服强度
高周疲劳（b）	...	X	...	X	...	X	X	X	X	典型应力集中下期望寿命的疲劳强度
低周疲劳	...	X	...	X	...	X	X	X	X	预期寿命期内，静态延展性和周期性塑性应变峰值满足应力增长要求
腐蚀疲劳	...	X	...	X	...	X	...	X	X	相同时间下金属和杂质的腐蚀疲劳强度
屈曲	X	...	X	...	X	X	X	X	X	弹性模量和抗压屈服强度
总体屈服（a）	X	...	X	X	X	X	X	X	X	屈服强度
蠕变	X	...	...	X	X	X	...	...	X	预期温度和寿命下及持久应力破坏强度下的蠕变率（c）
腐蚀脆性或氢脆	X	...	...	X	...	...	...	X	X	在应力、氢气或其他化学环境共同作用下的稳定性
应力腐蚀裂纹	X	...	...	X	...	X	...	X	X	残余应力或外应力的环境腐蚀，应力腐蚀断裂韧度 K_{ISCC} 测试（c）

注：K_{IC}—平面应变断裂韧度；K_{ISCC}—临界应力导致的应力腐蚀开裂。（a）仅用于韧性金属；（b）百万次循环；（c）强烈依赖时间。

（来自 B. A. Miller，"Materials Selection for Failure Prevention," Failure Analysis and Prevention, ASM Handbook, vol. 11, ASM International, Materials Park, OH, 2002, p.35.）

表 11.3 给出了选自图 11.3 的几种工程材料在室温下典型的力学性能。通过考察它们使我们明白加工工艺和材料结构是如何影响材料力学性能的。

首先考察表 11.3 给出的所有材料的弹性模量 E。E 的值从碳化钨钴合金的 $89 \times 10^6 \, psi$ 变化到硅橡胶的 $1.4 \times 10^2 \, psi$。弹性模量取决于原子间的结合力，E 之间巨大的差别显示出碳化物陶瓷之间强烈的共价键和高分子弹性体之间微弱的范德华力。

表 11.3　一些材料的典型室温力学性能

材料类别	牌号	热处理或条件	弹性模量/10^6 psi	屈服强度/10^3 psi	伸长率（%）	硬度
钢	1020	退火	30.0	42.8	36	111HBW
	1040	退火	30.0	51.3	30	149HBW
	4340	退火	30.0	68.5	22	217HBW
	4340	1200F 调质	30.0	124.0	19	280HBW
	4340	800F 调质	30.0	135.0	13	336HBW
	4340	400F 调质	30.0	204.0	9	482HBW
铸铁	灰铸铁 C20	铸态	10.1	14.0	0	156HBW
	球墨铸铁	ASTM A395	24.4	40.0	18	160HBW
铝	6061	退火	10.0	8.0	30	30HBW
	6061	T4	10.0	21.0	25	65HBW
	6061	T6	10.0	40.0	17	95HBW
	7075	T6	10.4	73.0	11	150HBW
	A380	压铸	10.3	23	3	80HBW

（续）

材料类别	牌　号	热处理或条件	弹性模量/10^6psi	屈服强度/10^3psi	伸长率（%）	硬　度
热塑性聚合物	聚乙烯 LDPE	低密度	0.025	1.3	100	10HRR
	聚乙烯 HDPE	高密度	0.133	2.6	170	40HRR
	聚氯乙烯 PVC	刚性	0.350	5.9	40	
	ABS	中度冲击	0.302	5.0	5	110HRR
	尼龙 6/6	未填充	0.251	8.0	15	120HRR
	尼龙 6/6	30% 玻璃纤维	1.35	23.8	2	
	聚碳酸酯 PC	低黏弹性	0.336	8.5	110	65HRM
热固性塑料	环氧树脂		0.400	5.2	3	
	聚酯	铸	0.359	4.8	2	
高弹体	丁二烯	未填充	0.400	4.0	1.5	
	硅树脂		1.4×10^{-4}	0.35	450	
陶瓷	氧化铝	热压烧结	55.0	71.2	0	
	氮化硅	热压	50.7	55.0	0	
	碳化钨钴（6%）	热压	89.0	260	0	
	混凝土	硅酸盐水泥	2.17	0.14	0	
复合材料	木材	松树 – 顺纹理	1.22	5.38	2	
	木材	松树 – 垂直纹理	0.11	0.28	1.3	
	环氧基玻璃纤维	平行于纤维	6.90	246	3.5	
	环氧玻璃纤维	垂直于纤维	1.84	9.0	0.5	

注：HBW 为布氏硬度；HR 为洛氏硬度；HRR 为用 R 标定的洛氏硬度测试；HRM 为用 M 标定的洛氏硬度测试；金属材料数据来源于 *Metals Halldbook*，*Desk Edition*，2nd ed.，ASM International，Materials Park. OH，1998. 其他数据来源于 Cambridge Engineering Selector software，Granta Design，Cambridge，UK. 如果性能值为某一范围，则取最小值。1psi = 1lbf/in² = 6895 Pa = 6895 N/m²；10^3psi = 1ksi = 1kip/in² = 6.895 MPa = 6.895 MN/m² = 6.895 N/mm²。

接下来考察屈服强度、硬度以及伸长率。碳素钢 1020 和 1040 的性能差别很好地说明了显微组织对力学性能的影响。随着碳含量由 0.2% 升高到 0.4%，软铁（铁素体）基体中硬质碳化物颗粒的含量增加，由于位错难以穿过铁素体晶粒移动，材料的屈服强度升高而伸长率下降。在合金钢 4340 中，可以观察到同样的影响，4340 钢被加热到 Fe-C 相图的奥氏体区，然后迅速淬火以形成硬而脆的马氏体相。对淬火钢回火可导致马氏体分解为散布的细小碳化物颗粒。回火温度越高，颗粒尺寸越大，彼此间的距离越远，这意味着位错可以更容易地移动。因此，屈服强度和硬度随着回火温度的升高而下降，伸长率（延展性）的变化趋势则相反。注意，弹性模量不随碳含量或热处理而改变，因为它是结构不敏感性能，只与原子间的结合力有关。这说明材料工程师可以通过显著改变材料的结构而改变材料的性能。

观察表 11.3 有利于考察屈服强度和伸长率在不同材料家族之间如何变化。陶瓷材料具有很高的强度，因为复杂的晶体结构导致位错运动（滑移）产生的塑性变形难以发生。不幸的是，这也意味着它们非常脆，不能作为整体的结构材料用于机器零件的制备。与金属相比，高分子材料强度非常低，在室温范围内容易发生蠕变。但是，由于具有许多优异的性能高分子越来越多地应用于消费产品和工程产品。针对塑料应用于设计中必须要注意的事项将在第 12.6 节讨论。

复合材料是将两类材料的最优性能结合在一起的混合物。最常见的复合材料将高弹性模量的玻璃纤维或碳（石墨）纤维与高分子基体相结合，以同时提高其弹性模量和强度。复合材料已经获得极大的发展，波音公司最新型客机的大部分由高分子基复合材料制造。然而，纤维增强复合材料（FRP）在平行于（纵向）纤维和垂直于（横向）纤维方向表现出的性能差异很大，见表 11.3。这种力学性能的各向异性存在于所有材料之中，在纤维增强复合材料中最为明显。

为了抵消这种现象，可将复合材料薄板沿不同的方向叠加在一起，形成如同胶合板一样的层合板。由于复合材料性能的各向异性，基于它的设计需要特别的方法，一般的设计课程中不会涉及[⊖]。

11.2.3　材料的规格

每个零件对于材料的性能需求通常以规格的形式而标准化。有时，这可以通过列出材料的牌号（比如 AISI 4140 钢）、零件的详细图样，以及工艺说明（例如热处理温度和时间）来完成。这种情况下，设计者依靠由某些权威组织［如汽车工业协会（SAE）、ASTM 或者 ISO］制定的被广泛接受的规范来给出关于材料的化学成分、品粒尺寸、表面粗糙度和其他描述。

这些通用标准虽被广大材料制造工业所认可，但是经常有些公司发现利用这些通用标准不能为他们提供特别敏感的加工制造所需的高质量材料。例如，他们可能在经历一系列痛苦的生产失败后，认识到如果想要使某个关键点焊零件的产量提高到可接受的程度，就必须将某种微量元素的含量限定在更小的范围内。该公司就会发布他们自己对于材料的标准，从法律上要求供货方提供具有更小成分偏差的材料。如果该公司是这种材料的主要买家，供货方通常会接受交易并交付符合其标准的材料，但如果该公司仅是小买家，它将不得不为更严格的材料标准支付"质量保障金"。设计者必须在零件生产中残次品的费用与高级材料的费用之间进行权衡。

11.2.4　Ashby 图表

阿什比（Ashby）创建了材料选择图表，它非常适用于概念设计阶段对大量材料进行对比[⊖]。这些表是基于一个庞大的计算机化的材料性能数据库[⊜]。图 11.5 是一个典型的材料选择图表，它显示了高分子、金属、陶瓷以及复合材料的弹性模量与密度之间的关系。注意，固体的弹性模量跨越七个区，从柔软的泡沫塑料到坚硬的陶瓷。注意理解不同种类的材料是如何被划进相同区域的，陶瓷和金属在右上方，高分子在中间，多孔材料（如泡沫塑料和软木）在左下方。虽然很难用肉眼区分图中密集区域材料的细微差别，但当使用计算机时就不存在这一问题了。

在图 11.5 所示的 Ashby 图表的右下角有许多不同斜率的虚线。不同斜率适用不同类型的载荷，读完第 11.7 节的内容后就会更明白这一点。如果想要寻找最轻的承受轴向拉力的抗拉伸材料，应该选择 E/ρ 为常数的线。从图表的右下角开始，向对角方向移动平行于该斜线的直尺，在任意时刻，所有位于直尺上的材料具有同样的候选资格，所有位于直尺下方的材料都应被排除，所有位于直尺上方的材料都是更好的候选者。

例 11.1　将图 11.5 中的虚线向上移动四个数量级到 $E = 10^{-1}$ GPa。这已经超出了大部分高分子材料和铅合金的性能，而锌基合金和碳纤维增强复合材料（GFRP）正好位于线上。钢、钛合金以及铝合金处于线的上方，进一步考察图表可发现钛合金是最好的选择。实际数据显示，碳素钢、铝合金以及钛合金的 E/ρ 值分别为 104.9、105.5、105.9。这表明承受相同的弹性变形，钛合金拉杆将是最轻的。但是，它们之间的差异如此之小，相对更便宜的碳素钢将是最好的选择。请考虑为什么 E/ρ 值高达 353 的 Al_2O_3 没有成为被选材料呢？

⊖　*ASM Handbook*, vol. 21, *Composites*, ASM International, Materials Park, OH, 2001.

⊜　M. F. Ashby, *Materials Selection in Mechanical Design*, 4th ed., Butterworth-Heineman, Oxford, UK, 2011.

⊜　Cambridge Engineering Selector, Granta Design, www.grantadesign.com.

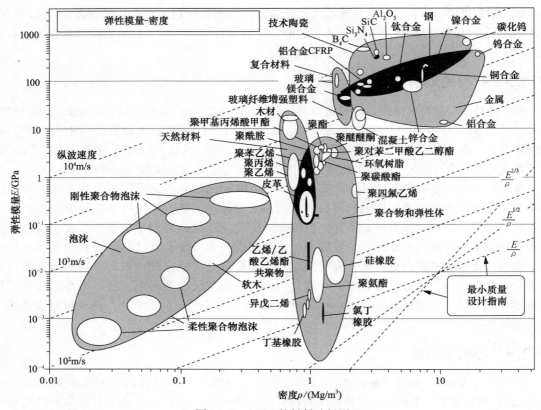

图 11.5　Ashby 的材料选择图

（来自 M. F. Ashby, *Materials Selection in Mechanical Design*, 3rd ed., p. 51, Copyright Elsevier, 2005.）

11.3　选材过程

材料的选择由材料性能和制造工艺决定。然而，新产品开发的材料选择过程与基于已有产品的材料替换过程几乎没有差别。本节对两种过程进行概述。

1. 为新产品或新的设计进行选材

在这种情况下选材步骤为：

1）定义新设计的功能表现，并将其转化为所需的材料性能，比如刚度、强度、耐蚀性以及材料的成本和便利性等商业因素。

2）定义加工参数，如零件的生产量、零件的尺寸和复杂度、公差、表面粗糙度、总体质量水平以及全面的材料工艺性能。

3）将所需的性能和参数与材料性能数据库（通常存储于计算机中）中的信息进行对比，选择具有应用前景的几种材料。在初选阶段，确立一些筛选性能是非常有用的。筛选性能可以是任意一种可以确定绝对下限（或上限）的材料性能。对于超出此限的材料不予考虑，这是取舍的条件。选材筛选步骤就如同在询问："是否需要对此材料进行进一步的应用评估？"这通常在设计过程中的概念设计阶段进行。

4）对候选材料进行更详细的考察，尤其要在产品的性能、成本、可加工性以及应用所需的等级和尺寸保障方面进行权衡。通常在这一步要进行材料性能试验和计算机仿真模拟，目的是将材料的选择范围缩减至一种，并且确定少量几种可能的加工工艺。这通常在实体设计阶段进行。

5）形成设计数据和（或）设计规范。设计数据的属性为所选材料在加工后的性能，对此必须有足够的信心确保零件在设定的可靠度水平上运行。第 4 步的结果是确定设计所需的一种材料以及制造零件的参考工艺。大多数情况下的结果是依据通常的材料标准（如 ASTM、SAE、ANSI 或者 MIL 的细则）定义的材料来确定性能下限。第 5 步的执行程度取决于应用的性质。在大多数生产领域，服役条件并不苛刻，像 ASTM 制定的商业标准可以不经过大量的测试而直接应用。在另外一些生产领域，比如航空航天或核工业领域，或许需要进行大量的测试以形成统计上可置信的设计数据。

2. 基于现有设计的材料替换

下面的步骤适用这种情况：

1）对现用的材料从性能、工艺要求和成本方面进行描述。

2）确定必须提高哪种性能以增强产品功能。在该阶段，失效分析报告通常扮演重要的角色（第 14.6 节）。

3）寻找替代材料和（或）加工工艺。把筛选性能的概念应用到其中去。

4）简要列出候选材料和加工路线，并由此估计零件的生产成本。这要用到第 13.9 节中的方法或第 16.11 节中的价值分析方法。

5）评估第 4 步的结果，给出推荐的替代材料。利用材料规格或试验来确定临界性能，与新产品或新设计的步骤5）相同。

一般来说，人们不可能了解一种新材料的全部潜能，除非对产品进行重新设计以探索这种新材料的性能和加工特性。也就是说，在不改变设计的情况下，仅仅用一种新材料进行替换很难说是对材料的最佳利用。选材的关键不是材料之间的对比，而是材料的生产制造工艺之间的对比。比如，锌合金的压力模铸与高分子材料的注射模塑之间的比较，或者由于将金属板材激光焊接为工程零件的工艺进步，使得锻造钢材被金属板材所取代。因此在全面学习第 13 章内容之前，对于材料选用的讨论还没有结束。

11.3.1 两种不同的选材方法

有两种可以将零件的材料和工艺结合起来进行选材的方法[⊖]。一种是材料优先法，设计者先选择某一类材料，根据前面讲述的那样确定其中的一种，然后再考虑和评估与所选材料相配的加工工艺，主要的考虑因素为产品的体积、零件的尺寸和形状以及复杂度等信息。另一种是工艺优先法，设计者先根据上面的几个因素确定加工工艺，然后再依据材料的性能需求考虑和评估与所选工艺相配的材料。两种方法都结束于相同的决策点。大多数设计工程师和材料工程师都本能地使用材料优先法，因为这种方法是在材料强度和机械设计课程中教授的。制造工程师与那些深入涉及工艺的工艺师则倾向于工艺优先法。

11.3.2 实体设计阶段的选材

图 11.6 所示即为实体设计阶段的选材过程，比概念设计阶段的选材过程更具综合性。在最初阶段，材料选择和零件设计处于并行路径上。选材过程的输入是一小部分在概念设计阶段基于 Ashby 图表和第 11.4 节描述的数据源挑选出来的试验性材料。同时，在实体设计的配置设计

⊖ J. R. Dixon and C. Poli, *Engineering Design and Design for Manufacturing*, Field Stone Publishers, Conway, MA, 1995.

阶段，形成满足产品功能需求的试验性零件设计，结合材料的性能通过应力分析来计算应力和应力集中。两种设计路径交汇于一个检测点——最佳材料通过预期的加工工艺制成的零件，能否承受预期的载荷、力偶和转矩。通常，现有的信息不足以令人们做出自信的决定，这时需要借助有限元模型或其他计算机辅助预测工具来获取所需知识，或者制作样机并进行测试。有时可以确信最初选择的材料不合适，选材过程要迭代回头重新开始。

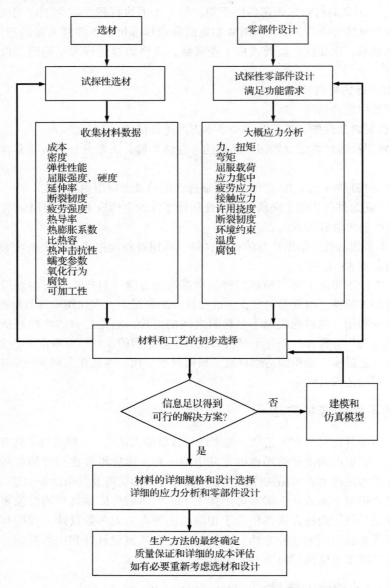

图 11.6　实体和详细设计阶段的选材步骤

　　在根据第 11.6 ~ 11.9 节描述的筛选和排序方法确定最终选材之前，务必确保你的选材不会产生任何不利影响。这需要建立涉及材料的失效分析、应用案例研究、潜在腐蚀问题、价格、能否提供所需尺寸等信息的文件。这些信息非常有用，但一般不会储存在数据库中。信息资源获取将在第 11.4 节讨论，也可从供应商那里获取。

　　一旦证实所选的材料工艺组合适用于设计，就需要对材料和设计进行详细的说明，这就是

第 8 章所讨论的参数设计阶段。在该阶段需利用鲁棒设计方法（第 15 章）对零件的临界尺寸和公差进行优化，使零件在服役条件下具备鲁棒性。接下来的步骤是确定生产方法，这主要基于对零件生产成本（第 13 章和第 17 章）的精确计算。材料的成本以及材料的可加工性和可成形性（降低零件废品率）是主要的考虑因素。另一个重要的考虑因素是零件的质量，同样受到选材的强烈影响。另外还需要考虑的因素有：热处理工艺、表面精加工，以及可能用到的连接方法。

一个常用的选材捷径是参考具有相似应用的零件的材料。利用这种仿照法可以迅速做出决定，但对于服役环境稍有改变、材料改进或材料加工成本改变等情况来说，这可能不会生成一个优化设计。附录 D 列出了各种零件的常用材料，以帮助开展选材过程。

11.4 材料性能信息源

大多数工程师会发表一些商业文献、技术文章或公司报告之类的文件（纸质或电子版）。这些个人数据系统是材料性能数据的重要组成部分。另外，许多大型企业或者政府机构编写了他们自己的材料性能数据纲要。

本节的目的就是提供一个已发表技术文献中现成的材料性能数据指南。当使用手册或其他公开文献中的性能数据时，需要明确一些注意事项。对于每项性能通常只给出一个值，必须假定该值为"典型值"。如果考虑结果的分散性和可变性，真实值可用一定范围（最大值和最小值）的性能值表格或分散频带图表示。遗憾的是，很少发现某项性能数据符合具有确定平均值和标准差的统计分布。显然，对于那些注重可靠性的关键应用场合，需要确定材料性能和服役性能参数的频数分布情况。如图 11.7 所示，当两个频数分布发生重叠时，就可以从统计学上预测出失效的概率。更多材料性能可变性信息见第 14.2.3 节。

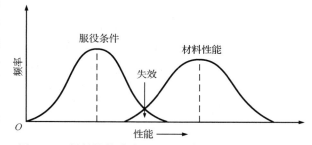

图 11.7 材料性能分布和服役需求分布之间的重叠

工程师只有掌握可靠的材料性能和成本数据，才能将一种新材料应用于设计。这就是为什么那些经过实验证明是可靠的材料在设计中被不断重复使用的原因，即使某种先进材料可能具有更好的性能。在设计之初，需要的数据会比较粗略，但是一定要广泛。

在设计的最后阶段，仅需要某一材料的数据，但必须要准确详尽。下面是一些常用的材料性能信息源。人们在材料数据库信息化以及将手册数据转变为方便检索的 CD – ROM 数据方面已经迈出了重要的一步。

11.4.1 概念设计

Metals Handbook Desk Edition，2nd ed.，ASM International，Material Park，OH，1998. 金属、合金以及工艺的缩编本。

Engineered Materials Handbook Desk Edition，ASM International，Materials Park，OH，1995. 陶瓷、高分子和复合材料数据的缩编本。

M. F. Ashby，*Materials Selection in Mechanical Design*，4th ed.，Butterworth-Heinemann，Oxford，UK，2011. 对 Ashby 图表和材料选择进行了详细的讨论，附有性能数据表，很适合在概念设计阶

段进行材料筛选。本书的附录 D 有 25 页关于材料性能数据信息源。

Cambridge Materials Selector CES 06, Granta Design Ltd. , Cambridge, UK. 该软件按照 Ashby 选材方案进行设计，并提供了 3000 种材料的数据。http://www. granta. com. uk。

K. G. Budinski and M. K. Budinski, *Engineering Materials：Properties and Selection*, 9th ed. , Pearson Prentice Hall, Upper Saddle River, NJ, 2010. 面向实用的、广泛的数据源。

11. 4. 2 实体设计

在实体设计阶段，需要确定零部件的布局和尺寸。设计计算需要某材料子类成员的性能，但需具体到特定热处理工艺或加工工艺。这些数据通常从手册或计算机数据库中获得，也可从材料生产行业协会公布的数据表中获得。下面列出了一些工程图书馆中常见的手册。由 ASM International, Material Park, OH 所发布的系列手册是金属和合金方面最完整和最具权威性的资料。

1. 金属

ASM Handbook, vol. 1, *Properties and Selection：Irons, Steels, and High-Performance Alloys*, ASM International, 1990.

ASM Handbook, vol. 2, *Properties and Selection：Nonferrous Alloys and Special-Purpose Alloys*, ASM International, 1991.

SAE Handbook, Part 1, "Materials, Parts, and Components," Society of Automotive Engineers, Warrendale, PA, Published annually. 类似但不相同的欧洲设计许用值可在 ESDU （ESDU 00932）中查到。

MMPDS-04：*Metallic Materials Properties Development and Standardization.* 这是 MIL-HDBK-5 的后续版本，是有关航空材料设计许用值权威的数据源。由美国联邦航空管理局授权美国巴特尔学院出版，MIL-HDBK-5 的网络链接：http：//www. barringerl. com/mil. htm。

Woldman's Engineering Alloys, 9th ed. , L. Frick（ed. ）, ASM International, 2000. 拥有约 56000 种合金的参考资料。如果你知道合金的牌号，可以利用此手册来查询合金的信息，有电子版。

2. 陶瓷

ASM Engineered Materials Handbook, vol. 4, *Ceramics and Glasses*, ASM International, 1991.

R. Morrell, *Handbook of Properties of Technical and Engineering Ceramics*, HMSO, London, Part1, 1985, Part 2, 1987.

C. A. Harper, ed. , *Handbook of Ceramics, Glasses, and Diamonds*, McGraw-Hill, New York, 2001.

R. W. Cahn, P. Hassen, and E. J. Kramer, eds. , *Materials Science and Technology*, vol. 11, *Structure and Properties of Ceramics*, Weinheim, New York, 1994.

3. 高分子

ASM Engineered Materials Handbook, vol. 2, *Engineered Plastics*, ASM International, 1988.

A SM Engineered Materials Handbook, vol. 3, *Adhesives and Sealants*, ASM International, 1990.

A. B. Strong, *Plastics：Materials and Processing*, 3rd ed. , Pearson Prentice Hall, Upper Saddle River, NJ, 2006.

J. M. Margolis, ed. , *Engineering Plastics Handbook*, McGraw-Hill, New York, 2006.

Dominic V Rosato, Donald V. Rosato, and Marlene G. Rosato, *Plastics Design Handbook*, Kluwer Academic Publishers, Boston, 2001.

4. 复合材料

ASM Handbook, vol. 21, *Composites*, ASM International, 2001.

"Polymers and Composite Materials for Aerospace Vehicle Structures," MIL-HDBK-17, U. S. Department of Defense.

P. K. Mallick, ed., *Composite Engineering Handbook*, Marcel Dekker Inc., 1997.

S. T. Peters, ed., *Handbook of Composite*, 2nd ed., Chapman & Hall, New York, 1995.

5. 电子材料

C. A. Harper, ed., *Handbook of Materials and Processes for Electronics*, McGraw-Hill, New York, 1970.

Electronic Materials Handbook, vol. 1, Packaging, ASM International, 1989.

Springer Handbook of Electronic and Photonic Materials, Springer-Verlag, Berlin, 2006.

6. 热力学性能

Thermophysical Properties of High Temperature Solid Materials, vols. 1 to 9, Y. S. Touloukian (ed.), Macmillan, New York, 1967.

7. 化学性能

ASM Handbook, vol. 13A, *Corrosion*: *Fundamentals*, Testing, and Protection, ASM International, 2003.

ASM Handbook, vol. 13B, *Corrosion*: *Materials*, ASM International, 2005.

ASM Handbook, vol. 13C, *Corrosion*: *Environment and industries*, ASM International, 2006.

R. Winston Revie, ed., *Uhlig's Corrosion Handbook*, 2nd ed., John Wiley & Sons, New York, 2000.

8. 因特网

在因特网上，许多网站提供了材料和材料性能的信息。这类网站大多仅对注册会员开放。提供一些免费信息的网站如下：

www. matdata. net：提供 ASM 手册和材料数据库以及 Granta 设计数据库的链接。这些网站大部分为会员服务，但该网站提供 22 卷 ASM 手册中特定材料的数据。大多数工程图书馆都有这些手册。

www. matweb. com：免费提供超过 80000 种材料的数据表。注册用户可以免费检索材料。更高级的检索需要会员资格。

www. campusplastics. com："Computer Aided Materials Preselection by Uniform Standards" 是由国际塑料树脂生产商赞助的高分子材料性能数据库。为了使不同生产商提供的数据之间具有可比性，要求每一位参与者利用统一的标准来生成数据，该数据库是免费的。

www. custompartnet. com：提供众多金属和塑料的多种性能数据库。

11. 4. 3　详细设计

在详细设计阶段，需要精确的数据。这些数据最好由材料供应商提供的数据表或通过内部机构的试验获得。尤其是对于高分子材料，它们的性能紧密依赖于生产工艺。对于关键零件的所有材料，实际测试是必要的。

在详细设计阶段，可能需要大量的材料信息。这不仅仅包含材料性能信息，还包括工艺信息，如最终表面粗糙度、公差、成本，以及该材料在其他方面的应用情况（失效报告），能否提供所需的尺寸和形状（薄片、薄板、线状等），以及材料性能的可重复性和质量保证。经常被忽略的两个因素有，加工工艺是否会导致零件在不同方向上具有不同的性能，以及在加工后零件是否包含有害的残余应力状态。上述因素以及其他影响零件加工成本的因素需要在第 13 章中进行详细讨论。

许多数据库附有不要把数据用于设计的免责声明，这只是法治社会的一种表现形式。事实上，大多数数据是可靠的，可以用于筛选。然而，如果有关于材料性能测试方法的问题，或如果给出的数值范围太大（对高分子材料尤为重要），需要在做出最终决定之前联系材料供应商。本书提供的数据是真实的，但它仅用于教育目的而不适合用来决策。

11.5　材料的成本

最终，确定某设计的材料－工艺组合归根结底是在性能与成本之间进行权衡。产品应用的情况很广泛，从性能至上（如航天和国防工业）到成本至上（比如家用电器和低端电子消费品）。在后一种应用情况下，制造商不需要提供高性能的产品，即使技术上是可行的。当然，制造商需要提供与竞争对手相比不错或更好的价值－成本比。价值是指与应用相适应的性能指标的满足程度，成本是指为实现该性能所必需的付出。

11.5.1　材料的成本

成本在大多数选材情形中是压倒性因素，因此不得不给予其额外的关注。材料的成本主要取决于：①稀有度，这由矿物中金属的浓度或制造高分子材料的原料成本决定；②加工这些材料所需能源的成本和数量；③材料的基本供求关系。通常，像石头和水泥这些用量巨大的材料价格较低，而像工业用钻石这样的稀有材料价格较高。图11.8所示为一些常用工程材料的价格范围。

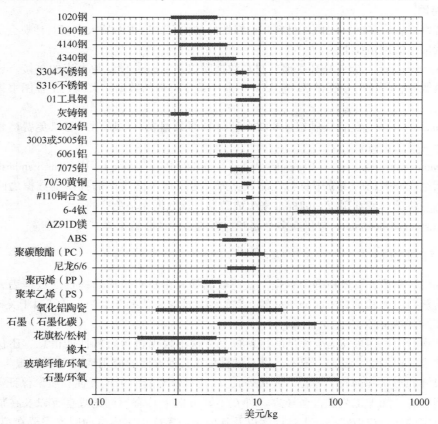

图 11.8　2007 年不同散装材料的价格幅度

（来自 K. T. Ulrich and S. D. Eppinger, *Product Design and Development*, 4th ed., 2008.）

对于任何商品，成本随着材料加工工艺投入的增多而增多。各种钢材的相对价格随着深加工程度的增加而增加，见表 11.4。组分的改变和深加工工艺可改变材料的结构，而结构改变可以实现材料性能（如屈服强度）在基本材料基础上的提高。例如，钢强度的提高是通过添加贵重的合金元素（如镍），或通过热处理工艺（如淬火和回火），或通过对钢液进行真空处理除去气态杂质而得到的。然而，合金的成本不仅仅是组成元素的平均加权，很大一部分通常是由将一种或多种杂质的含量控制在非常低的水平造成的，这意味着需要额外的精炼工艺或使用昂贵的高纯原材料。

因为大多数工程材料是由矿石、石油或天然气等不可再生资源生产出来的，所以随着时间的推移，成本呈持续上升的趋势。材料作为一种商品，短期来看，价格随供应的多少而波动；长期来看，材料成本的增速通常要比货物和服务成本的增速高 10%。因此，节约用材已经越来越重要。

很难通过公开的渠道来获得材料的当前价格。有些网站提供这方面的信息，但对注册会员开放。对于学生设计项目来说比较有用的两个资源是"Cambridge Engineering Selector"软件和 www.custompartnet.com 网站。为了抵消时间对材料价格的影响，材料成本通常用相对于某种常用的廉价材料（比如钢筋或碳素钢板）的成本表示。

表 11.4　不同钢产品的相对价格

产　品	相对生铁的价格	产　品	相对生铁的价格
生铁	1.0	热轧碳钢板	3.2
钢坯、钢块、钢板	1.4	热轧薄板	2.6
热轧碳钢棒	2.3	冷轧薄板	3.3
冷加工碳钢棒	4.0	镀锌板	3.7

11.5.2　材料的成本构成

为许多工程材料定价确定材料的成本结构是一件相当复杂的事情，材料的真实价格只能从供应商的价目表上获得。参考资料一般只能给出名义价格或底价。除了基本价格以外，真实价格还取决于一系列额外价格（就像购买一辆新车一样）。对于不同的材料其真实情况也不同，钢产品的情况可以作为一个好的实例[⊖]。其额外价格可由以下因素评估：在标准化学成分上的任意变化，真空熔炼或脱气，特别型号或形状，更严格的尺寸公差，热处理或表面处理，等等。

从这份额外价格的清单可以看出设计者不经意地选择是如何显著影响材料成本的。要尽可能选用标准化学成分的材料，合金的等级号应该标准化以减少存储许多级别钢材的费用。那些生产率低而不能大量采购原料的生产者应该将他们应用的材料限制在当地钢材服务中心的存货级别内。应尽量避免特殊的截面尺寸和公差，除非详细的经济分析表明额外成本是合理的。

11.6　选材方法概述

至今，还没有一种更好的选材方法。部分原因是材料之间的权衡比较非常复杂，通常所对比的某些性能不具备可以由此直接做出决定的地位。

设计者和材料工程师采用各种各样的选材方法。常用的方法是用批判的眼光考察服役环境

⊖　R. F. Kern and M. E. Suess, *Steel Selection*, John Wiley & Sons, New York, 1979.

与新设计相似的现有的设计。使用中的失效信息非常有用，加速实验室筛选试验和试验工厂短期试验的结果也可以提供有用的信息。通常遵循最短的革新路径，基于已经投入运营或竞争对手的产品进行选材。附录 D 对此给出了一些建议。

下面是一些常见的选材分析方法：

- 性能指标法（第 11.7 节）
- 决策矩阵（第 11.8 节）
  Pugh 决策法（第 11.8.1 节）
  加权性能指标（第 11.8.2 节）
- 计算机辅助数据库（第 11.9 节）

这些选材方法尤其适用于在实体设计阶段做出最终的选材决定。

一种合理的选材方法是利用材料性能指标（第 11.7 节）。该方法可作为在概念设计阶段利用 Ashby 图表进行初始筛选时的一个重要辅助手段，也可以作为对比不同应用情况下材料性能的设计准则。

在第 7 章引入了几种不同类型的决策矩阵来评价设计概念。当需满足多种性能需求时，使用这些方法进行选材拥有巨大的优势。在第 7.6 节讨论的加权性能指标是最常用的方法。

随着计算机辅助材料数据库的发展，越来越多的工程师通过计算机寻找他们所需的材料。第 11.9 节将对这种流行的选材方法进行讨论，并且指出一些需要注意的事项。

另一种合理的选材方法是确定实际零件或与新设计相似的零件在服役过程中的失效方式，然后基于这些知识选择那些不易失效的材料。失效分析的普通方法将在第 14 章进行介绍。

无论对材料特征的表征多么精确，性能需求多么明确，产品开发过程安排得多么详细，材料表现出的性能通常还是会有一定程度的不确定性。对于失效后果非常严重的高性能系统，基于风险分析的选材尤为重要。第 14 章将讨论一些关于风险分析的概念。

11.7　材料性能指标

材料性能指标是确定零件某方面功能的一组性能集合，即需求的最优解决方案是实现性能指标最大化[一]。考察自行车的管状框架[二]。设计需要一个轻便、牢靠且外径固定的管状梁，功能是承受弯矩，目标是减小梁的质量 m，单位长度的质量 m/L 可以表示为

$$\frac{m}{L} = 2\pi r t \rho \tag{11.1}$$

式中，r 为管的外径；t 为壁厚；ρ 为材料的密度。

式（11.1）就是需要最小化的目标函数。优化受限于几个约束条件。第一个约束条件是管的强度必须足够高，保证不会失效。失效方式可能是屈曲、脆性断裂、塑性塌陷或由周期载荷引起的疲劳。如果疲劳是可能的原因，那么使管具有无限寿命的周期性弯矩 M_b 为

$$M_b = \frac{I \sigma_e}{r} \tag{11.2}$$

式中，σ_e 为疲劳载荷下的耐久极限；$I = \pi r^3 t$，为薄壁管的第二转动惯量。

第二个约束条件是 r 固定。但管壁的厚度为自由变量，为了能够承受弯矩 M_b，需要选择合适的壁厚。将式（11.2）代入式（11.1）中，得出单位长度的质量与设计参数和材料性能之间

〇　M. F. Ashby, *Acta Met*, 1989, vol. 37, p. 1273.

〇　M. F. Ashby, *Met. Mat. Trans.*, 1995, vol. 26A, pp. 3057-3064.

的关系为

$$m = \frac{2 M_b L}{r} \frac{\rho}{\sigma_e} = 2 M_b \frac{L}{r} \frac{\rho}{\sigma_e} \tag{11.3}$$

式中，m 为设计零件（自行车管状梁）的性能标度。

零件的质量越小，成本就越低，在蹬车过程中消耗的能量就越少。为了阐明性能标度的一般特征 P，将式（11.3）写成第二种形式

$$P = [(功能需求)，(几何参数)，(材料性能)] \tag{11.4}$$

本例中，功能需求是承受一定的弯矩，但在其他问题中可能是承受一定的压曲力，或者传导一定的热量。在该例子中，几何参数是 L 和 r。式（11.3）的第三个组成部分是两种材料参数——密度和耐久极限的比值。可以看出，为了减小 m，该比值应该尽可能小，这就是材料指标 M。

通常，性能标度的三个部分为可分离函数，因此式（11.4）可以写为

$$P = f_1(F) \times f_2(G) \times f_3(M) \tag{11.5}$$

这样，只要材料指标在功能和几何形状上具有合适的形式，为优化函数 P 而进行的选材就不依赖于功能 F 或几何形状 G 了，从而可以在不需要详细了解 F 和 G 的情况下寻找最优的材料。

11.7.1 材料性能指标

式（11.3）表明，当质量比较小时材料具有最好的性能表现。这要求在寻找最优材料时选择那些 M 值较小的材料。然而，通常做法是选择那些具有最大指标的材料，这些指标称为材料性能指标 $M_1^\ominus$，这里 $M_1 = 1/M$。

然而，材料性能指标的形式取决于功能需求和几何形状。表 11.5 简要列出了不同类型载荷下的一些设计目标以及与热力学相关的一些材料性能指标。阿什比提供了更详细的清单$^\ominus$。

表 11.5 材料性能指标

设计目标：不同形态和载荷下的最小质量	最大强度	最大刚度
拉伸杆：载荷、刚度、长度固定；截面积可变	σ_f/ρ	E/ρ
扭转杆：扭矩、刚度、长度固定；截面积可变	$\sigma_f^{2/3}/\rho$	$G^{1/2}/\rho$
弯曲梁：承受外力或自重；刚度、长度固定；截面积可变	$\sigma_f^{2/3}/\rho$	$E^{1/2}/\rho$
弯曲板：承受外力或自重；刚度、长度、宽度固定；厚度可变	$\sigma_f^{1/2}/\rho$	$E^{1/3}/\rho$
内部受压的圆柱容器：弹性变形、压力和半径固定；壁厚可变	σ_f/ρ	E/ρ
其他设计目标如下：	最大值	
热绝缘：稳定状态下热流量最小，给定厚度	$1/\kappa$	
热绝缘：一定时间后的温度最小，给定厚度	$c_p\rho/\kappa$	
最小热变形	k/α	
热冲击抵抗性最大	$\sigma_f/E\alpha$	

注：σ_f——失效强度（屈服应力或断裂应力）；E——弹性模量；G——切变模量；ρ——密度；c_p——比热容；α——热膨胀系数；κ——热导率。

$\ominus$ 材料性能指标常常大于 1。

$\ominus$ M. F. Ashby, *Materials Selection in Mechanical Design*, 4th ed., Butterworth-Heinemann, Oxford, UK, 2011, Appendix C, pp. 559-564.

例 11.2 汽车上冷却风扇的材料选择[一]。

1. 问题描述（设计空间的选择）

汽车中的散热风扇一般是由发动机主轴通过传动带驱动的。发动机突然加速，会导致风扇叶片承受极高的弯矩和离心力。偶尔会发生叶片断裂的情况，对工作在发动机上的机器构成严重的损伤。我们的目标是寻找比钢板更好的叶片材料。

2. 问题边界

再设计局限于选择一种成本效益好的材料，与当前材料相比，能够更好地抵抗微小裂纹的扩展。

3. 现有信息

已出版的 Ashby 图表以及 CES 软件使用的材料性能数据库。

4. 物理定律（假定）

将遵循基本的材料力学关系。假定风扇的直径由所需的空气流量决定，因此风扇毂和叶片的尺寸在整个设计选项中保持不变。并且假定所有叶片都会因碎片的冲击而产生损伤，因此一些叶片将包含微裂纹或其他缺陷。因此，决定服役表现的基本材料性能是断裂韧度 K_{IC}（第 12.2 节）。

5. 建立材料性能指标模型

图 11.9 给出了安装了叶片的风扇毂的草图，其离心力为

$$F = ma = \left[\rho(AcR) \right] (\omega^2 R) \tag{11.6}$$

式中，ρ 为材料的密度；A 为叶片的横截面面积；c 为叶片半径的分数；R 为到风扇轴中心线的半径；$\omega^2 R$ 为角加速度。

叶片可能发生失效的位置在根部，此处的应力为

$$\sigma = \frac{F}{A} = c\rho \, \omega^2 \, R^2 \tag{11.7}$$

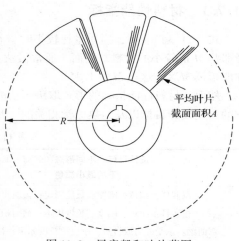

假定在叶片与毂相结合部出现的起始裂纹是引发叶片断裂的最可能原因，这些裂纹可能是由碎片冲击或加工缺陷造成的，超过某个临界点后该裂纹将发展成为快速扩展的脆性裂纹。因此，应力的临

图 11.9 风扇毂和叶片草图

界值取决于叶片材料的断裂韧度，见第 12.2 节。断裂韧度 $K_{IC} = \sigma \sqrt{\pi a_c}$，其中 a_c 为导致断裂的临界裂纹长度，K_{IC} 是材料平面应变断裂韧度。因此，当所受的离心应力小于裂纹扩展所需的应力时，叶片是安全的。

$$c\rho \, \omega^2 \, R^2 \leqslant \frac{K_{IC}}{\sqrt{\pi \, a_c}} \tag{11.8}$$

应防止风扇在超速运转时叶片的失效。式（11.7）表明离心应力与角速度的平方成正比，因此 ω 可作为合适的性能标度，因此

$$\omega \leqslant \left(\frac{1}{\sqrt{\pi \, a_c}} \right)^{1/2} \left(\frac{1}{\sqrt{c}R} \right) \left(\frac{K_{IC}}{\rho} \right)^{1/2} \tag{11.9}$$

———
⊖ M. F. Ashby and D. Cebon, *Case Studies in Materials Selection*, Granta Design Ltd, Cambridge, UK, 1996.

R 和 c 为固定参数。临界裂纹长度 a_c 因材料不同而产生微小差异，但是如果将它定义为可以利用涡流探伤等无损检测方法检测的微小裂纹，就可以认为它是一个固定的参数。因此，材料性能指标为 $(K_{IC}/\rho)^{1/2}$。当然，在对一组材料进行对比时，我们可以简单地使用 K_{IC}/ρ，因为它们的排序是相同的。在这个例子里，不需使用 M 的倒数，因为该比值大于 1。

6. 分析

在这种情况下，分析的首要步骤是检索材料性能数据库。在初选阶段，图 11.10 所示的 Ashby 图表能提供有用的信息。要注意，该表为覆盖大范围的性能数据而使用对数坐标系进行绘制的，材料性能指标为 $M_1 = K_{IC}/P$。对两边同时取对数得 $\log K_{IC} = \log\rho + \log M_1$，是斜率为 1 的直线。在图 11.10 中直线上的所有材料具有相同的材料性能指标，可以看出铸铁、尼龙和高密度聚乙烯（HDPE）都可作为候选材料。将此直线向左上角移动，可得铝合金或铸造镁合金也是候选材料。

正如本章前面所指出的，最终的选材取决于在性能和成本之间的权衡。对于金属叶片，最好采用铸造工艺，对于高分子叶片则采用注塑工艺。

叶片的成本由 $C_b = C_m\rho V$ 给出，其中，C_m 为材料成本（美元/lb），密度单位为 lb/in^3，体积单位为 in^3。但是材料的体积主要由 R 决定，而 R 又取决于所需的空气流量，因此在成本决策中 V 不是一个变量。从成本的角度考虑，最佳的材料应具有最小的 $C_m\rho$ 值。注意，这里讨论的成本仅仅是材料的成本。既然所有的材料都可以通过铸造或注塑工艺进行加工，因此假定所有候选材料的加工成本相同。更详细的分析需要用到在第 13 章中讨论的方法。

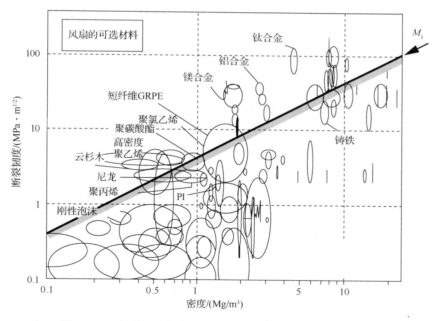

图 11.10　断裂韧度与密度的关系图（来自 Cebon 和 Ashby）

为了将成本因素引入材料性能指标，用 M_1 除以 C_m 得到 $M_2 = K_{IC}/C_m\rho$。

可以从 CES 数据库获得材料性能和成本的典型值，结果见表 11.6。基于主要性能标准，铸造铝合金是最佳的风扇叶片材料。可能的关注点是它能否在满足尺寸、翘曲和表面粗糙度的情况下铸造成叶片所需的薄截面形状。基于成本性能效益，含 30% 短切玻璃纤维的注塑尼龙和铸造镁合金可作为第二候选材料。

表 11.6 候选材料分析

材　料	K_{IC}/ksi·$\sqrt{in}$	ρ/(lb/in³)	C_m/(美元/lb)	$M_1 = K_{IC}/\rho$	$C_m\rho$	$M_2 = K_{IC}/C_m\rho$
球墨铸铁	20	0.260	0.90	76.9	0.234	85.5
铸造铝合金	21	0.098	0.60	214	0.059	355
铸造镁合金	12	0.065	1.70	184	0.111	108
HDPE – 未填充	1.7	0.035	0.55	48	0.019	89.5
HDPE – 30% 玻璃纤维	3	0.043	1.00	69	0.043	69.7
尼龙 6/6 – 30% 玻璃	9	0.046	1.80	195	0.083	108

7. 确认

显然，不论最终确定的是哪种材料，都需要进行全面的样机试验。

本节通过利用材料性能指标来优化选材，说明了如何用式（11.5）中的材料指标 M 来提高性能标度 P。因为 P 由式（11.5）中三项的乘积决定，可以通过改变几何形状和材料性能来增强性能标度。由材料力学可知，工形截面梁比矩形截面梁有更好的刚度。这引出了形状因子的概念，它可以作为提高结构件承受载荷、扭矩或者抗屈曲能力的另一条途径[⊖]。详细信息请查看 www.mhhe.com/dieter 网站上关于形状因子的内容。

11.7.2　环保生态选材

材料性能指标的概念可以延伸至考虑第 10 章所述的环境问题[⊜]。在材料的生命周期里，必须考虑以下四个阶段：①材料生产；②产品制造；③产品使用；④产品报废。

1. 材料生产过程中的能耗和排放

材料生产过程对环境产生的危害最大。在该过程使用的能源大多是化石能源：石油、天然气和煤炭。在许多情况下，这些化石能源直接用于生产过程；在其他情况下，化石能源先转变成电能再投入到生产中去。在材料生产过程中产生的污染以非期望气体排放物的形式存在，主要是 CO_2、NO_x、SO_x 和 CH_4。用化石能源每生产 1kg 铝将会产生 12kg CO_2、40g NO_x、90g SO_x。而且，个别过程可能产生有毒废物和粉尘，这些污染物应该在生产现场进行处理。

每生产 1kg 材料所需的化石能源能耗称为生产用能。表 11.7 列出了一些材料生产用能 H_p 的典型值和每生产 1kg 材料所排放的 CO_2 量。

2. 产品制造过程中的能耗和排放

产品制造过程的能耗至少比材料生产过程的能耗小一个数量级。像轧制或锻造等金属变形工艺的能耗一般在 0.01~1MJ/kg，高分子材料模塑工艺的能耗为 1~4MJ/kg，金属铸造工艺的能耗为 0.4~4MJ/kg。从环保生态的角度看，节能在制造过程中很重要，但消除有毒废物和污染排放更重要。

3. 产品使用过程中的能耗

产品使用过程中的能耗取决于产品设计所能实现的机械效率、热效率和电效率。提高汽车燃油效率主要通过减小汽车质量、提高变速器传动效率、降低空气动力学损耗来实现。

4. 产品报废中的能耗和环境问题

生产材料过程中消耗的能源有一部分储藏在材料中，可以在循环或报废过程中加以利用。木、纸制品可以在焚烧炉中燃烧，能量得以回收再用。循环过程需要一定的能耗，但远低于 H_p。

⊖　M. F. Ashby, op. cit., Chap. 11.

⊜　M. F. Ashby, op. cit., Chap. 16.

再生铝熔炼所需的能耗远低于从矿石中提取铝所需的能耗。

表 11.7 生产用能和 CO_2 排放量

材　料	生产用能 H_p/(MJ/kg)	CO_2 排放量［CO_2］/(kg/kg)
低碳钢	22.4 ~ 24.8	1.9 ~ 2.1
不锈钢	77.2 ~ 80.3	4.8 ~ 5.4
铝合金	184 ~ 203	11.6 ~ 12.8
铜合金	63.0 ~ 69.7	3.9 ~ 4.4
钛合金	885 ~ 945	41.7 ~ 59.5
硼硅玻璃	23.8 ~ 26.3	1.3 ~ 1.4
多孔砖	1.9 ~ 2.1	0.14 ~ 0.16
碳纤维增强塑料（CFRP）复合材料	259 ~ 286	21 ~ 23
聚氯乙烯 PVC	63.5 ~ 70.2	1.85 ~ 2.04
聚乙烯（PE）	76.9 ~ 85	1.95 ~ 2.16
尼龙（PA）	102 ~ 113	4.0 ~ 4.41

选择一种环境友好型材料时，需要知道以下重要信息：

- 是否有一个经济上可行的材料循环市场？这可以通过查询循环材料网站和通过确定循环材料市场份额来断定。
- 重要的是要知道循环材料添加到纯净原材料中而不对性能产生副作用的难易程度。材料性能无损才是真正的循环，有些材料只能再生成低等级品质的材料。
- 尽管大多数不可循环的废弃材料被填埋，有些材料可以在填埋场通过生物降解作用而降解。然而，像铅、镉等一些重金属材料是有毒的，在分散状态下毒性尤甚，必须通过有毒材料处理方法来处理。

5. 材料性能指标

一些环境问题可以很容易地引入到材料性能指标中。假设我们要选择一种具有最小生产用能且满足给定刚度的梁材料。从第 11.7.1 节可知，最小的梁质量可由候选材料中最大的 $M = E^{1/2}/\rho$ 值给出。为了满足决策中的最小生产用能，材料性能指标可写为

$$M = \frac{E^{1/2}}{H_p \rho} \tag{11.10}$$

为给定强度的梁选择一种具有最小 CO_2 排放量的材料，材料性能指标可写为

$$M = \frac{\sigma_f^{2/3}}{[CO_2]\rho} \tag{11.11}$$

生产用能 H_p 或熔炼材料的 CO_2 排放量可以包含在表 11.6 中任意一个材料性能指标中。因为约定要求大的 M 值决定选材，所以这些条目都被置于分母上。

11.8 决策矩阵选材法

在大多数情况下，所选材料需满足多项性能需求。换言之，在选材过程中需要做出妥协以平衡各方面的需求。我们可以将性能需求分成三类：①通过/不通过参数；②不可区别参数；③可区别参数。通过/不通过参数是指那些性能需求必须满足某一最小值的参数，任何超过该值的优点也不能弥补其他参数的缺陷，例如耐蚀性或机械加工性。不可区别参数是那些任何情况下材料都必须满足的性能需求，比如可用性和一定的延展性。和前一类一样，这些参数不能进行比较

或量化。可区别参数是那些可以量化的性能需求。

第 7 章所述的决策矩阵法非常适用于选材，它可以对选材任务进行组织和阐述，提供选材过程的书面记录（可用于再设计），增进对候选方案相对优点的认知。

任何正式的决策过程都包含三个重要因素：候选方案、评判标准和评判标准的权重。在选材过程中，每一种候选材料或材料 – 工艺组合就是一个候选方案。选择标准就是材料性能或满足功能需求所必需的要素。权重因子就是每个标准相对重要性的数值表示。正如第 7 章所讲，通常选择的权重因子要满足总和为 1。

11.8.1 Pugh 选材法

由第 7 章的讨论可知，Pugh 概念选择法是最简单的决策方法。该方法对候选项与参考选项或基准选项按照每一标准进行逐个定性对比。通过/不通过参数不能用作决策标准，它们已经用于剔除那些不可行的候选方案。Pugh 概念选择法在概念设计阶段非常有用，因为它仅需要极少量的详细信息。在再设计中该方法同样有用，此时，现用的材料自动作为基准材料。

例 11.3 利用 Pugh 决策方法为发条玩具火车的螺旋钢弹簧选择一个替代材料[一]。当前所用材料为 ASTM A227 一级冷拔钢丝，候选材料分别为具有不同设计尺寸的同种材料，ASTM A228 乐器用优质弹簧钢丝，以及经淬火和油回火的 ASTM A229 一级钢丝。在下面的决策矩阵中，如果断定某一候选材料性能优于基准材料，则赋值 +；劣于基准材料，则赋值 –；如果与基准材料基本相同，则赋值 S，表示"Same"[二]。最后合计 +、– 和 S 并讨论结果。

利用 Pugh 决策矩阵对螺旋弹簧进行再设计

	选项 1 当前材料 冷拔钢 ASTM A227	选项 2 冷拔钢 一级 ASTM A227	选项 3 乐器用钢丝 优质钢 ASTM A228	选项 4 油回火钢 一级 ASTM A229
线径/mm	1.4	1.2	1.12	1.18
弹簧直径/mm	19	1.8	18	18
弹簧圈数	16	12	12	12
材料相对成本	1	1	2.0	1.3
抗拉强度/MPa	1750	1750	2200	1850
弹簧常数	D	—	—	—
耐久性	A	S	+	+
质量	T	+	+	+
尺寸	U	+	+	+
疲劳强度	M	–	+	S
储能			+	+
材料成本（单个弹簧）		+	S	S
加工成本		S	+	–
Σ +		3	6	4
Σ S		2	1	2
Σ –		3	1	2

⊖ D. L. Bourell, "Decision Matrices in Materials Selection," in *ASM Handbook*, vol. 20, *Materials Selection and Design*, ASM International, Materials Park, OH, 1997.

⊖ 注意：不要把 + 与 – 相加，虽然它们表示 +1 分和 –1 分，否则该方法就无效了，因为这时假设所有的准则具有同样的重要性，它们不能相加。

乐器用优质弹簧钢丝和油回火钢丝都优于原设计的选材。最终选用乐器用弹簧钢丝，因为它比当前材料具有更大的优势，尤其对于加工成本。

11.8.2 加权性能指标

第 7 章介绍的加权决策矩阵适用于具有可区别参数的材料选择[一]。在此方法中，每种材料性能根据对所需服役性能的重要程度而被赋予某一权重。分配权重因子的方法已在第 7.6 节中介绍。由于不同的性能用不同范围的数值或单位表示，所以最好的方法就是通过比例因子将这些差异标准化，否则那些数值最高的性能将对选择结果产生不利影响。由于不同的性能在数值上具有巨大差别，所以必须对每项性能进行标准化使最大值不超过 100。

$$\beta_i = 标度性能\ i = \frac{第\ i\ 个性能的数值}{所考虑的第\ i\ 个性能的最大值} \times 100 \qquad (11.12)$$

对于那些期望获得更小值的性能，比如密度、腐蚀损失、成本以及电阻，标度性能可用下式表示

$$\beta_i = 标度性能\ i = \frac{所考虑的第\ i\ 个性能的最小值}{第\ i\ 个性能的数值} \times 100 \qquad (11.13)$$

对于那些不便用数值表示的性能，比如焊接性和耐磨性，需要进行主观评定。通常利用 5 分制，性能极好的为 5，很好的为 4，好的为 3，中等的为 2，差的为 1；标度性能为优秀（100）、很好（80）、好（60）、中等（40）、差（20）。加权性能指标 γ 由下式给出

$$\gamma = \sum \beta_i w_i \qquad (11.14)$$

式中，β_i 为第 i 个标度性能（标准）；w_i 为第 i 个性能的加权因子。

在这种分析方法中，有两种处理成本的方法。第一，成本可以作为一种性能，通常具有很高的加权因子。第二，用加权性能指标除以单位质量（或体积）材料的成本，这种方法主要强调成本这一选材标准。

例 11.4 液化天然气低温贮存罐的选材方案的评估基于下列性能的评价：①低温断裂韧度；②低周疲劳强度；③刚度；④热膨胀系数（CTE）；⑤成本。由于贮存罐处于绝热环境中，在选材过程可忽略其热力学性能。

首先，通过两两比较的方法确定这些性能的权重因子。总共有 $N = 5 \times (5-1)/2 = 10$ 种可能的比较对。对于每个比较对，确定哪种性能更重要（决策标准）。给更重要的性能赋值为 1，另一种性能赋值为 0。在本例中，因为低温贮存罐的脆性断裂会造成灾难性的后果，所以断裂韧度更为重要，即使是与成本相比。如果在（1）（2）处为 1，那么在（2）（1）处就为 0，其他类推。在对比疲劳强度和刚度时，刚度更加重要，因此在（2）（3）处为 0，而（3）（2）处为 1。

性能之间的两两比较

性　　能	（1）	（2）	（3）	（4）	（5）	总　　计	权重因子 W_i
①断裂韧度	—	1	1	1	1	4	0.4
②疲劳强度	0	—	0	1	0	1	0.1
③刚度	0	1	—	0	0	1	0.1
④热膨胀	0	0	1	—	0	1	0.1
⑤成本	0	1	1	1	—	3	0.3
					总计	10	1.0

○　M. M. Farag, *Materials Selection for Engineering Design*, Prentice Hall Europe, London, 1997.

通过两两比较表明，在 10 种选择中，断裂韧度得到四个 1，因此其权重因子为 $w_1 = 4/10 = 0.4$。同样，其他性能的权重因子分别为 $w_2 = 0.1$；$w_3 = 0.1$；$w_4 = 0.1$；$w_5 = 0.3$。

用两两比较的方法来确定权重因子虽然快捷，但有两个不足：①难以用完全一致的方式做出一些列比较；②每一个比较都是二元判定（没有程度差异）。在第 7.7 节我们知道，在此类的决策中，层次分析法（AHP）是更好的方法。当在例 11.4 中利用 AHP 确定权重因子时，从断裂韧度到成本，其权重因子分别为 0.45、0.14、0.07、0.04 和 0.30。

表 11.8 给出了基于加权性能指标的选材表。经过初始筛选确定四种候选材料，包括几种通过/不通过筛选参数。进一步考察，发现无法获得所需板厚的铝合金，因此从中剔除铝合金。该表的主体给出了原始数据和加权后的数据。韧度、疲劳强度和刚度的 β 值由式（11.12）确定；热膨胀系数和成本的 β 值由式（11.13）确定，这两个值越小越好。因为候选材料没有可用于对比的断裂韧度数据，因此用从 1~5 的相对值表示。由上面过程确定的权重因子也在每一性能的旁边逐个列出。

在该应用情况下，最佳的材料选择是含 9% 镍的钢，它具有最大的加权性能指标。

表 11.8　低温贮存罐选材的加权性能指标

材　料	通过/不通过筛选			韧度 (0.4)		疲劳强度 (0.1)		刚度 (0.1)		热膨胀 (0.1)		成本 (0.3)		加权指标
	腐蚀	焊接性	厚板	相对标度	β	ksi	β	10^6psi	β	μin/in °F	β	美元/lb	β	γ
304 不锈钢	S	S	S	5	100	30	60	28.0	93	9.6	80	3.0	50	78.3
9% 镍钢	S	S	S	5	100	50	100	29.1	97	7.7	100	1.8	83	94.6
3% 镍钢	S	S	S	4	80	35	70	30.0	100	8.2	94	1.5	100	88.4
铝合金	S	S	U											

注：S—满意；U—不满意。相对标度：5—优秀；4—很好。计算实例：对于 304 不锈钢，$\gamma = 0.4(100) + 0.1(60) + 0.1(93) + 0.1(80) + 0.3(50) = 78.3$。

11.9　计算机辅助数据库选材

计算机辅助工具的应用使得工程师能尽量减少选材信息过载，利用计算机进行材料检索能在几分钟内完成手工检索几个小时或几天时间的工作量。全世界有 100 多个材料数据库，都允许用户通过对比一些性能参数（指定在某个值以下、以上或处于一定区间内）来搜寻与之相匹配的材料。一些数据库可用来衡量不同材料性能的重要性。最先进的数据库可以将材料性能直接导入设计软件包，比如有限元分析软件。因此，材料性能的改变对于零件结构和尺寸的影响可以直观地展现在显示器上。

大多数现有数据库仅提供量化的材料性能而不是定性评价，通常覆盖材料的力学和腐蚀性能，却很少涉及磁性、电学以及热学性能。既然没有一个数据库能够为特定用户提供足够全面的信息，那么有必要将检索系统设计成可以让用户简便添加数据的形式，随后将这些数据与整个数据集一起进行搜索、操作和对比。

为了利用计算机数据库来比较不同材料，需对性能加以限制。例如，如果要选择坚硬、轻质材料，需设置弹性模量的下线和密度的上限。经过筛选后，剩下的就是那些性能高于下限且低于上限的材料。

例 11.5　在概念设计阶段选择一种材料，其屈服强度至少为 60000psi，且具有良好的疲劳强度和断裂韧性。剑桥工程选择软件（CES）涵盖 3000 多种工程材料的广泛数据，是一个非常有用的信息源[一]。进入软件的 Select Mode，单击 "All bulk materials" 后进入 "limited stage"，按要求设置上限和下限。在选择框中输入下列值：

一 般 性 能	最 小 值	最 大 值
密度/（lb/in^3）	0.1	0.3
力学性能		
弹性极限/ksi	60	
持久极限/ksi	40	
断裂韧度/ksi·$\sqrt{\text{in}}$	40	
弹性模量/10^6psi	10	30

这些决策将可选材料从 2940 个减少到 422 个，大多数为钢和钛合金。接下来，设定价格上限为 1.00 美元/lb，排除了钢以外的其他材料，减少到仅剩 246 种选择。

引入最大碳含量 0.3% 以降低焊接或热处理过程中出现裂纹的问题，将选择减少到 78 种钢，包括碳素钢、低合金钢和不锈钢。因为应用不要求对仅为室温和油雾服役环境的抗性，通过设定不超过 0.5% 的铬含量将不锈钢排除掉，现在仅剩 18 种碳素钢和低合金钢。选择正火状态的 AI-SI 4320 钢，因为它比碳素钢具有更好的疲劳强度和断裂韧性，并且该材料可以在正火状态保持这些性能，这意味着除轧钢厂工艺外不需要对材料进行进一步的热处理，具有最小价格差价。另外，发现当地钢材供应仓库有符合品质要求、合适直径的棒材存货。

就其本质而言，计算机辅助数据库使用设定上限或下限值的筛选性能检索材料，一旦确定候选材料，需使用第 11.8 节讨论的决策方法确定最终选材。决策过程需要用到材料性能，可利用材料性能指标来构建所需性能的表单，详见第 11.7 节。

11.10　设计实例

工程系统包含很多构件，对于每一个构件都要进行选材。汽车是人们最熟悉的工程系统，展现了制造材料的巨大变化。选材的趋势反映了人们在降低燃油消耗方面所做的巨大努力——缩小设计尺寸，采用轻质材料。在 1975 年以前，钢和铸铁的质量占到汽车质量的 78%，铝合金和塑料都略小于 5%。今天，铁基材料占汽车总质量的 57%，塑料约占到 20%，铝合金约占到 8%。铝合金与钢材激烈竞争，逐步取代钢材在结构框架和薄板零件中的位置。

在一个构件中采用多种材料才能经济可行地满足复杂苛刻服役条件的要求。利用渗碳或渗氮[二]来实现齿轮或其他汽车零部件的表面硬化就是一个很好的例子。这样就在延展性和韧性较好的低碳钢表面形成了高硬度、高强度、耐磨的高碳钢薄层。

例 11.6　复杂材料系统

汽车制造商通常把高档的、高性能的汽车作为应用新材料和新制造工艺的试验台。雪佛兰 Z06 Corvette 可作为一个好的例子，其在材料上的重大变化促成了速度、加速度和耗热率性能的提高[三]。这些提高得益于对车体和传动系统架构的显著改善，包括大量减小汽车质量，改进汽车质量前后分布，以及引入新设计的高性能 7L 小缸体发动机。

[一] Cambridge Engineering Selector, v. 4 from Granta Design Ltd, Cambridge, UK, 2006. www. grantadesign. com. uk.

[二] *Metals Handbook*: *Desk Edition*, 2nd ed., "Case Hardening of Steel," ASM International, 1998, pp. 982-1014.

[三] D. A. Gerard, *Advanced Materials and Processes*, January 2008, pp. 30-33.

1. 结构改善

标准 Corvette 汽车的钢材料立体框架主要由冲压零件焊接而成，改进后该框架被 21 件经液压成型的 6063 铝合金挤压制品所取代。该框架的关键部件是一根长为 4.8m、质量为 24kg 的轨道——世界上最大的液压成型铝合金部件[一]，其他部件包括 8 个 A356 铝铸件，1 根 6061 T6 铝合金挤出梁，几个 5754 铝冲压件。整个立体框架的质量比钢材料框架减少了 33%[二]。

由于铝的弹性模量（E）只有钢的 1/3，因此主要的再设计是满足汽车的刚度要求。另外，铝的成本大约是钢的 3 倍，在可接受成本范围内使用铝合金材料的关键是进行有限元分析（FEA）。有限元分析促成的一个重要设计突破是通过转移部分载荷到质轻的镁合金顶盖骨架来减小铝合金框架的受力。并且，在设计新的铝合金框架过程中，有限元分析促进了从车头到车尾的质量再分配。

Z06 汽车在业界首先使用大型镁模铸发动机支架，比先前的铝合金框架减重 35%。这是一个主要结构部件（10.5kg），不仅支撑发动机和前保险杠，而且连接滑枕导轨并作为特定前悬架系统的安装点。由于支架与几种不同金属接触，解决潜在的不同金属的接触腐蚀问题和连接问题十分重要。因为镁比铝的密度低，它用作发动机支架受向车尾转移质量的设计目标所驱动。为实现设计目标，也对其他几种材料做出了改变，前挡泥板和驾驶室的金属构件被聚合物碳纤维所取代，金属底盘被外覆碳纤维的波萨轻木平板所取代。

2. LS 7 发动机

LS 7 发动机是一种全新高性能内燃机，提供 505hp 的功率和 7100r/min 的转速，EPA 公路评级为 24mpg（公里每加仑燃油）。它是美国第一款免除燃油税的 500hp 的以上功率的发动机。新材料和新工艺的运用造就了这款性能强大的发动机。

- 进气歧管由三件高分子复合材料经摩擦焊接而成，能降低 20% 的空气阻力，为大马力发动机提供更高的空气流量。
- 发动机有配备数控气门的气缸盖，提供所需的足够高的空气流量。气缸盖按照发动机进气口和排气口的轮廓修饰过程配流，以提高气流的质量与数量。这通常用于 5 轴数控机床[三]。
- 进气阀材料是 Ti-6Al-2Sn-4Zr-2Mo，一种高强度、高弹性模量、低密度的材料。505hp 功率需要增大进气面积以提供所需的空气流量，更小的进气阀质量允许加大阀头，满足增大进气面积的需要。更小的阀门质量保证了在 7100r/min 转速时不发生应力超限。
- 排气阀由两个不锈钢零件经摩擦焊接而成，排气阀上端的阀杆是 422 不锈钢（12 Cr，1Ni，1 Mo，1.2 W），排气阀下端（包括阀头）较热的部分是由高温阀门钢 SAE J775 制成。上端的阀杆中空，内部充钠（熔点 140℃）。填充的钠作为传热媒介，从较热的阀头向阀杆传递热量，阀杆经由气门导管传到气缸盖，散失热量。
- 其他材料技术的应用进一步提高了传动系统的性能。铝合金活塞表面镀了一层高分子抗咬死膜，起到降磨减噪的作用。4140 钢锻造曲轴取代了模铸曲轴，提供了更大的刚度，增强了对发动机高速转动引起的载荷增加的控制能力。Ti-6Al-4V 合金锻造连杆取代了钢制连杆，在保证抗拉强度、疲劳强度和刚度的同时使得质量减小 30%。更轻的钛合金连杆对关节轴承和主轴承产生更低的载荷，由此可实现最小摩擦的轴承设计，有望显著提

一 http：//en. wikipeclia. org/wiki/Hydroforming.

二 B. Deep, L. Decker, E. Moss, M. P. Kiley, R. Thomure, and J. Turczynski, SAE Technical Paper 2005-01-0465, Society of Automotive Engineers, 2005.

三 http：//en. wikipedia/wiki/Cylinder_head_porting.

高轴承寿命。

● 最后，利用计算流体力学模型对排气歧管进行再设计，增大了进入催化转化器的气流量。基于计算流体力学，液压成型技术可生产具有复合纹样内径的不锈钢排气管，有效控制泵气损失，减小气流阻力。

例11.7 材料替换。

本例阐述了利用新材料代替已用一段时间的旧材料时常见的问题。它表明除非对设计有合理的改进，否则不应该对材料进行替换。同时也阐述了为确保新材料和设计在服役过程中充分发挥性能必须采取一些实际措施。

铝合金已取代灰铸铁作为整马力电动机（图11.11）的外部支撑部件[⊖]。材料的改变是由于灰铸铁成本的上升和货源的缩减。灰铸铁铸造厂大量减少，部分原因是政府机构强制实施的更加严厉的环境污染和安全条例导致成本的增加。由于新技术的采用提高了铸造铝合金的质量，导致铸造铝合金的供货能力增强。相对于铸铁来说，铝合金可以在更低的温度下进行铸造，所以开办铝合金铸造厂的门槛更低。

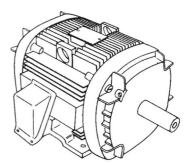

图11.11 卧式铝合金电机

铸造铝合金多种多样[⊖]。在本应用的服役要求中，强度和耐蚀性尤为重要。为抵抗水蒸气腐蚀，需要对铜的含量进行限制，只需保证足够的强度就够了。实际的合金选择取决于制造零件的加工工艺，这样又主要取决于零件的形状和需求数量（第13章）。表11.9提供了本应用中合金选择的详细信息。

表11.9 应用于电机外部的铝合金

零 件	合 金	成 分			铸 造 工 艺
		Cu	**Mg**	**Si**	
电动机机架	365	最大0.2	0.35	7.0	金属铸型
端罩	365	最大0.2	0.35	7.0	金属铸型
风扇罩	365	最大0.2	0.35	7.0	金属铸型
接线盒	360	最大0.2	0.50	9.0	压力铸造

既然多年来灰铸铁已经成功地应用于制造电动机框架和端罩，那么对铝合金和灰铸铁的力学性能进行对比就显得非常重要了（表11.10）。

表11.10 典型力学性能的比较

材 料	屈服强度/ksi	极限抗拉强度/ksi	抗剪强度/ksi	伸长率（2%）
灰铸铁	18	22	20	7.0
合金356（铸态）	15	26	18	7.0
合金360（铸态）	25	26	45	7.0
合金356-T61（解决热处理和人工）	28	38		9.0

铝合金的强度几乎与灰铸铁相同，甚至超过它。如果356合金的屈服强度稍低而无法满足要

⊖ T. C. Johnson and W. R. Morton, IEEE Conference Record 76CH1 109-8-IA, Paper PCI-76-14, General Electric Company Report GER-3007.

⊖ *Metals Handbook*: *Desk Edition.*, 2nd ed., "Aluminum Foundry Products," ASM International, 1998, pp. 484-496.

求，可以通过固溶热处理和时效处理（T6 状态）以显著提高其性能，代价仅仅是成本的略微增加和耐蚀性能的略微降低。既然铝合金与灰铸铁的屈服强度和抗剪强度几乎相同，它们支撑载荷所需的截面厚度也相同。然而，铝合金的密度几乎是灰铸铁的 1/3，因此会明显减小质量。整个铝合金电动机框架的质量比相同设计的铸铁要小 40%。此外，灰铸铁本质上是脆性材料，而铸造铝合金具有足够的延展性，可将弯曲的散热片在不折断的情况下矫直。

铝合金的抗压强度要次于铸铁。铝合金与大多数合金相同，其抗压强度与抗拉强度相近，但是灰铸铁的抗压强度是抗拉强度的几倍。这对轴承座中尤为重要，如果载荷不对称，轴承会对周围的和支撑它的材料施加相当可观的压缩载荷，从而导致铝合金端罩的严重磨损。

为了减小此问题，在铸造铝合金端罩时添加一个钢制内嵌环。该设计可消除钢和铝合金之间的间隙配合，钢制内嵌环和铸铁一样，能抵抗轴承运动导致的磨损。更加柔软的铝合金允许使用比铸铁更薄、更多的散热片。另外，铝的热导率约为铸铁的 3 倍。这些因素使电机内的温度分布更加均衡，从而提高了电机的使用寿命和可靠性。由于热导率的提高和散热片面积的增大，所需的冷却空气相应减少，随之可以使用较小的风扇，降低了噪声。

铝的热膨胀系数要比铸铁高，使得更易于保障机芯与框架之间的紧密配合。铝合金框架仅需中等温度的升温膨胀就足以装入机芯，在冷却过程中框架收缩与机芯紧密接合。这使得铝合金框架和机芯的配合更紧密，热量可以更好地传导到散热片上。当用铝合金替换铸铁时，需要进行详细的设计计算，以确保由于热膨胀而引起的间隙和过盈量在适当的范围内。

由于是对已正常服役多年的电机设计进行重大改进，有必要对再设计的电机进行各种各样的模拟服役试验验。需要进行以下试验：

- 振动测试
- 军标冲击试验（MIL-Std-901）
- 盐雾试验（ASTM B 1 17-57T）
- 端罩轴向和横断向强度测试
- 铸件吊环强度试验
- 铝合金零件和钢螺栓之间的电化学腐蚀实验

本例说明了在材料替换中将设计和加工结合起来考虑的重要性。

11.11　本章小结

本章表明，对于选材而言没有什么奇妙公式。更确切地说，解决选材问题与设计过程其他方面的问题一样具有挑战性，并且遵循相同的解决问题和做出决策的方法。成功的选材取决于对下列问题的回答：

1）是否恰当完整地描述了性能需求和工作环境？

2）用于评价候选材料的性能指标是否与性能需求相匹配？

3）是否对材料的性能及其在随后加工过程中的改变进行了全面的考虑？

4）材料能否以所要求形状和配置以及合理的价格进行供货？

选材的步骤是：

1）确定设计必须实现的功能，并将其转换为对材料性能的要求，以及成本和供货能力等商业因素。

2）确定加工参数，比如零件的需求数量、零件的尺寸和复杂度、公差、质量水平以及材料的可加工性。

3）将所需的性能和工艺参数与大型材料数据库中的信息进行对比，选择几种具有应用前景的材料。利用几种筛选性能来确定候选材料。

4）更加细致地考察候选材料，尤其要在性能、成本和工艺性上进行权衡，做出最终的选材决定。

5）制定设计数据和设计规范。

材料选择永远都不可能忽视其加工工艺。第 13 章将对该议题进行讨论。在概念设计阶段，Ashby 图表对于从大量材料中进行材料筛选非常重要，同时也要使用材料性能指标。在实体设计阶段，广泛采用计算机来筛选材料数据库。在第 7 章中介绍的许多评价方法可以用于缩小材料的选择范围。Pugh 选择方法和加权决策矩阵最为适用。当对设计进行修改时，失效分析数据（第14 章）是非常重要的选材信息。还要考虑材料的生命周期问题，尤其是对那些与循环利用和报废处理有关的材料。

新术语和概念

各向异性	缺陷结构	标度性能
美国试验与材料学会（ASTM）	通过/不通过材料性能	二级循环材料
复合材料	材料性能指标	结构敏感性能
晶体结构	高分子材料	热塑性材料
阻尼性能	循环	加权性能指标

参 考 文 献

Ashby, M. F.: *Materials Selection in Mechanical Design,* 4th ed., Elsevier, Butterworth-Heinemann, Oxford, UK, 2011.

"ASM Handbook," vol. 20, *Materials Selection and Design,* ASM International, Materials Park, OH, 1997.

Budinski, K.G.: *Engineering Materials: Properties and Selection,* 8th ed., Prentice Hall, Upper Saddle River, NJ, 2010.

Charles, J. A., F. A. A. Crane, and J. A. G. Furness: *Selection and Use of Engineering Materials,* 3rd ed., Butterworth-Heinemann, Boston, 1997.

Farag, M. M.: *Materials Selection for Engineering Design,* Prentice-Hall, London, 1997.

Kern, R. F., and M. E. Suess: *Steel Selection,* John Wiley, New York, 1979.

Kurtz, M. ed.: *Handbook of Materials Selection,* John Wiley & Sons, 2002

Mangonon, P. L.: *The Principles of Materials Selection for Engineering Design,* Prentice Hall, Upper Saddle River, NJ, 1999.

问题与练习

11.1 请考虑为什么用纸来印书。给出一些可用的替代材料，在什么条件（成本、可用性等）下替代材料更具吸引力？

11.2 将软饮料罐看作材料系统，列出该系统所有的组成部分，并考虑每个部分的替代材料。

11.3 如果某构件的主要性能指标为：（a）抗弯强度；（b）抗扭强度；（c）板材拉伸为复杂曲面的能力；（d）低温下抗裂纹断裂的能力；（e）坠地抗摔碎的能力；（f）抵抗快速冷热交替的能力，在选材过程中你会选择哪种材料性能作为指南？

11.4 对下列用于汽车散热片的材料进行排序：铜、不锈钢、黄铜、铝合金、ABS、镀锌钢。

11.5 选择一种用于软钢螺栓的螺纹滚制工具材料。在问题分析中应该考虑以下几点：①良好工具材料的功能需求；②良好工具材料的临界性能；③候选材料的筛选过程；④选择过程。

11.6 表 11.3 提供了 6061 铝合金一系列的拉伸性能。查找该合金的信息，写一个简短的报告，说明利用什么样的工艺步骤可以获得这些性能，包括对材料结构变化的简要论述，它对于拉伸性能的改变起主要作用。

11.7 请确定一个质轻、坚固梁的材料性能指标。假设该梁简支，中间承受集中载荷。

11.8 为跑车高性能发动机的连杆制定材料性能指标。最可能的失效模式是在临界截面发生疲劳断裂和弯折，截面的厚度为 b，宽度为 w。在概念设计阶段利用 CES 软件来确定最可能的候选材料。

11.9 为储能飞轮制定材料性能指标。飞轮可视为固体圆盘，半径为 r，厚度为 t，以角速度 ω 旋转。飞轮储存的动能为

$$U = \frac{1}{2} J \omega^2 = \frac{1}{2} \left(\frac{\pi}{2} \rho \, r^2 t \right) \omega^2$$

式中，J 为极惯性矩。需要最大化的量是单位质量的动能。旋转圆盘的最大离心应力为

$$\sigma_{max} = \left(\frac{3 + v}{8} \right) \rho \, r^2 \, \omega^2$$

对比不同的候选材料：高强度铝合金、高强度钢材和复合材料，对结果进行讨论。在混合动力汽车中，飞轮被认为是一种增程器，试比较它和汽油的能量密度（汽油约为 20000kJ/kg）。

11.10 在注重导电性的应用中考虑两种材料。强度和电导率的权重因子分别为 3 和 10。基于加权性能指标哪种材料更好？

材　　料	许用强度/（MN/m^2）	电导率（%）
A	500	50
B	1000	40

11.11 依据下列参数对飞机挡风玻璃进行评估，括号中为权重因子。

抗破碎性（10）　　　候选材料为：
加工性（2）　　　　A. 平板玻璃
质量（8）　　　　　B. PMMA
耐划伤性（9）　　　C. 钢化玻璃
热膨胀性（5）　　　D. 特殊的高分子层合板

经过技术技术专家组的评估，将这些材料的性能表示为可获得的最大性能的百分比。利用加权性能指标选择最优材料。

性　　能	候 选 材 料			
	A	B	C	D
抗破碎性	0	100	90	90
加工性	50	100	10	30
质量	45	100	45	90
耐划伤性	100	5	100	90
热膨胀性	100	10	100	30

11.12 产品使用的材料可显著影响产品的审美表现。例如，金属因其高热导率而给人以寒冷的感觉，高分子材料因其低热导率而给人温暖的感觉。通过填写描述性的属性来完成视觉、触觉和听觉矩阵（添加更多的条目），并给出材料实例。对每个矩阵尝试添加 3 个或 4 个额外属性。

视 觉		触 觉		听 觉	
光学清晰的 有纹理结构的	光学玻璃 胶合板	温暖的 坚硬的	铜 钢板	听不清的 低沉的	塑料泡沫 煤渣砖

11.13　某悬臂梁的自由端受载荷 P，产生挠度 $\delta = PL^3/3El$，圆形截面 $I = \pi r^4/4$。在给定的刚度 (P/δ) 下，制定一个性能系数，使梁的质量最小。利用下面的材料性能，分别基于（a）性能和（b）成本与性能选择最佳材料。

材　　料	E			近似成本/（美元/t）
	GN·m^{-2}	ksi	ρ_1/（Mg/m^3）	（1980 年价格）
钢	200	29×10^3	7.8	450
木材	9 ~ 16	1.7×10^3	0.4 ~ 0.8	450
混凝土	50	7.3×10^3	2.4 ~ 2.8	300
铝合金	69	10×10^3	2.7	2000
碳纤维增强塑料（CFRP）	70 ~ 200	15×10^3	1.5 ~ 1.6	200000

11.14　为贮存氮气的球形压力容器选择最经济的钢板。设计压力为 100psi，周围最低气温为 $-20°F$。压力容器的半径为 138in。选材需基于下表列出的钢材，并表示为每平方英尺材料的成本，钢材的密度为 489lb/ft^3。

ASTM 规范	等级	许用应力/psi	价格 （欧元/lb）（1997 年估价）						
			基本价	特殊等级	附加质量	附加厚度	测试	热处理	合计
A-36		12650	29.1	0.40	—	3.0	—	—	32.5
A-285	C	13750	29.1	4.00	—	3.0	—	—	36.1
A-442	60	15000	29.1	—	4.0	4.0	0.70	—	37.8
A-533	B	20000	40.0	15.60	3.20	6.2	3.00	18.2	83.9
A-157	B	28750	40.0	11.70	3.20	8.2	3.00	18.2	84.3

第 12 章 材 料 设 计

12.1 引言

本章主要讨论那些机械设计师必须熟悉而又通常不在材料强度课程中讲授的内容。特别地，将讨论下列议题：

- 面向脆性断裂的设计（第 12.2 节）。
- 面向疲劳失效的设计（第 12.3 节）。
- 面向耐蚀性的设计（第 12.4 节）。
- 耐磨损设计（第 12.5 节）。
- 塑料零件设计（第 12.6 节）。

本章对材料设计进行了全面的讨论，但并不详细考察所有可能发生的失效机理。在预测设计性能时，最容易忽略的因素是高温蠕变和断裂[一]、氧化[二]以及各种各样的脆化机理[三]。在一般的工程实践中，造成这些失效机理的环境因素发生的频率要少于本章后面讨论的情况，但是如果要设计高温设备，就必须首先考虑这些因素。希望参考文献和一些综述文章能提供有用的信息。

12.2 面向脆性断裂的设计

脆性断裂是指伴有少量塑性变形和能量吸收的断裂。脆性断裂通常开始于微小的裂纹，这些裂纹或在加工过程中产生，或形成于疲劳或腐蚀。微裂纹逐渐扩展形成裂缝的过程通常很难察觉，直至到达临界尺寸，才迅速扩展产生灾难性断裂。裂纹临界尺寸取决于载荷条件。

韧性是材料的一种重要性能，表示材料在没有失效时吸收能量的能力。在缓慢加载的拉伸试验中，韧性就是应力-应变曲线下的面积。缺口韧性是指材料在由缺口形成的复杂应力状态下吸收能量的能力。按照惯例，通常采用夏比 V 型缺口的冲击试验来确定材料的缺口韧性，这种方法适应于描述钢或其他材料随温度降低过程中的韧-脆转变行为，但不适用于定量分析。工程知识的一大进步就是利用断裂力学[四]来预测裂纹或裂纹状缺陷对于脆性断裂的影响。断裂力学起源于格里菲思（Griffiths）的观点，他指出脆性材料（例如玻璃）的断裂强度与裂纹长度的平方

○ D. A. Woodford, "Design for High-Temperature Applications", *ASM Handbook*, vol. 20, pp. 573-588, ASM International, Materials Park, OH, 1997.

○ J. L. Smialek, C. A. Barrett, and J. C. Schaeffer, "Design for Oxidation Resistance," *ASM Handbook*, vol. 20, pp. 589-602, 1997.

○ G. H. Koch, "Stress-Corrosion Cracking and Hydrogen Embrittlement," *ASM Handbook*, vol. 19, pp. 483-506, 1997.

○ S. T. Rolfe and J. M. Barsom, *Fracture and Fatigue Control in Structures*, 2nd ed., Prentice Hall, Englewood Cliffs, NJ, 1987; T. L. Anderson, *Fracture Mechanics Fundamentals and Applications*, 3rd ed., Taylor & Francis, Boca Raton, FL, 2005; R. J. Sanford, *Principles of Fracture Mechanics*, Prentice Hall, Upper Saddle River, NJ, 2003; A. Shukia, *Practical Fracture Mechanics in Design*, 2nd ed., Marcel Dekker, New York, 2002.

根成反比。欧文（Irwin）提出断裂产生于断裂应力 σ_f，断裂应力与临界裂纹扩展力 G_c 之间的关系为

$$\sigma_f = \left(\frac{EG_c}{\pi a}\right)^{1/2} \tag{12.1}$$

式中，G_c 为裂纹扩展力（lbf/in^2）；E 为材料的弹性模量（lbf/in^2）；a 为裂纹长度（in）。

一个重要的概念是裂纹尖端（图 12.1a）附近的弹性应力可以用应力场参数 K 来表述，K 称为应力强度因子。

裂纹端部的应力场可以表示为

$$\sigma_x = \frac{K}{\sqrt{2\pi r}}\cos\frac{\theta}{2}\left(1 - \sin\frac{\theta}{2}\sin\frac{3\theta}{2}\right)$$

$$\sigma_y = \frac{K}{\sqrt{2\pi r}}\cos\frac{\theta}{2}\left(1 + \sin\frac{\theta}{2}\sin\frac{3\theta}{2}\right) \tag{12.2}$$

$$\tau_{xy} = \frac{K}{\sqrt{2\pi r}}\sin\frac{\theta}{2}\cos\frac{\theta}{2}\cos\frac{3\theta}{2}$$

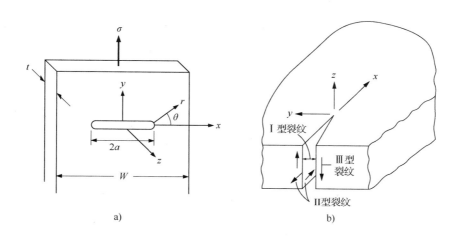

图 12.1
a）裂纹附近某点应力模型　b）裂纹表面位移的基本模型

式（12.2）表明裂纹尖端附近的正应力和切应力仅取决于距裂纹尖端的距离 r、角度 θ 以及应力强度因子 K。因此，这些应力在给定点的大小完全取决于 K。然而，K 值取决于载荷类型（拉伸、弯曲、扭曲等），受力物体的构形，以及裂纹位移方式。图 12.1b 给出了三种裂纹模式，分别是：Ⅰ 型裂纹（张开型，裂纹沿 y 方向张开，沿 x-z 平面扩展），Ⅱ 型裂纹（沿 x 方向剪切），Ⅲ 型裂纹（沿 x-z 平面撕裂）。Ⅰ 型裂纹是由 y 方向的张力载荷引起的，另外两种类型是由沿不同方向的剪切载荷引起的。工程上大多数脆性断裂问题是由 Ⅰ 型裂纹扩展的拉伸应力引起的。依照式（12.3），在由 K_{Ic} 确定的临界应力状态下，材料中的裂纹或裂缝将像快速扩展的脆性裂纹一样突然扩展。

若无限宽薄板中心处存在一长度为 $2a$ 的裂纹，承受均匀的拉应力 σ，其应力强度因子为

$$K = \sigma\sqrt{\pi a} = GE \tag{12.3}$$

式中，K 的单位为 ksi $\cdot$ $\sqrt{\text{in}}$ 或者 MPa $\cdot$ $\sqrt{\text{m}}$；σ 为总截面上的名义应力。

利用弹性理论，结合数值方法和试验技术可确定各种情况下的 K 值[⊖]。对于是给定类型的载荷，式（12.3）通常写为

$$K = \alpha\sigma \sqrt{\pi a} \tag{12.4}$$

式中，α 是取决于试样、裂纹几何结构和载荷类型的参数。

例如，对于厚度为 w、中心有长度为 $2a$ 的贯穿裂纹（图 12.1a），K 值为

$$K = \left(\frac{w}{\pi a}\tan\frac{\pi a}{w}\right)^{1/2} \sigma \sqrt{\pi a} \tag{12.5}$$

断裂力学适用的常见几何结构有：

- 薄板或板材上的裂纹。可以是贯穿裂纹、表面裂纹或嵌入板厚的裂纹，每种情况对应式（12.4）中 α 的不同关系。
- 同样地，形状从板材变为梁、实心或空心圆柱体，或锥形吊耳，将会形成新的 α 关系。
- 另外，施加在裂纹位置的弯曲载荷、扭转载荷或点拉伸载荷都会导致与远离裂纹的单轴均匀拉伸载荷不同的 α 关系。

12.2.1 平面应变断裂韧度

既然可用应力强度因子 K 来描述裂纹尖端应力，那么就可利用 K 的临界值来明确产生脆性断裂的条件。常用的试验是在裂纹前缘处于平面应变状态下，使试样承受裂纹张开型载荷（Ⅰ型）。记 K_{IC} 为产生断裂的临界 K 值，即平面应变断裂韧度（下标 Ⅰ 表示 Ⅰ 型断裂）。大量的工程研究已采用标准试验来测量断裂韧度[⊖]。如果 a_c 为断裂时的临界裂纹长度，那么

$$K_{IC} = \alpha\sigma \sqrt{\pi a_c} \tag{12.6}$$

该公式与式（12.4）相同，只是 $a = a_c$，$K = K_{IC}$，应力强度因子要足以引起快速扩展的脆性断裂。

K_{IC} 是一种基本的材料性能的度量，称为平面应变断裂韧度或简称断裂韧度。表 12.1 提供了一些材料断裂韧度的典型值。注意金属合金、高分子材料、陶瓷材料氮化硅之间 K_{IC} 的巨大差别，同时要注意对于钢和铝合金来说，断裂韧度和屈服强度的变化趋势相反。这是一个普遍性的规律：随着屈服强度的升高，断裂韧度下降。对于高性能机械设备的选材来说，这是一个主要的约束条件。

表 12.1　室温下材料平面应变断裂韧度的典型值

	K_{IC}		屈服强度	
	MPa·$\sqrt{m}$	ksi·$\sqrt{in}$	MPa	ksi
碳素钢	54.0	49.0	260	37.3
合金钢				
500℉回火	50.0	45.5	1500	217
800℉回火	87.4	80.0	1420	206
铝合金 2024-T3	44.0	40.0	345	50
铝合金 7075-T651	24.0	22.0	495	71

⊖　G. G. Sih, *Handbook of Stress Intensity Factors*, Institute of Fracture and Solid Mechanics, Lehigh University, Bethlehem, PA, 1973; Y. Murakami et al., (eds.), *Stress Intensity Factors Handbook*, (2 vols.), Pergamon Press, New York, 1987; H. Tada, P. C. Paris, and G. R. Irwin, *The Stress Analysis of Cracks Handbook*, 3rd ed., ASME Press, New York, 2000; A. Liu, "Summary of Stress-Intensity Factors," *ASM Handbook*, vol. 19, *Fatigue and Fracture*, pp. 980-1000, ASM International, Materials Park, OH, 1996.

⊖　J. D. Landes, "Fracture Toughness Testing," *ASM Handbook*, vol. 8, *Mechanical Testing and Evaluation*, ASM International, 2000, pp. 576-585; The basic procedure for K_{IC} testing is ASTM Standard E 399, "Standard Test Method for Plane Strain Fracture Toughness of Metallic Materials."

（续）

	K_{IC}		屈 服 强 度	
	MPa·$\sqrt{m}$	ksi·$\sqrt{in}$	MPa	ksi
尼龙 6/6	3.0	2.7	50	7.3
聚碳酸酯（PC）	2.2	2.0	62	9.0
聚氯乙烯（PV）	3.0	2.2	42	6.0
氮化硅-热压	5.0	4.5	800	116

　　虽然 K_{IC} 和屈服强度一样，但它受一些重要变量（如温度和应变速率）的影响而改变。材料的 K_{IC} 强烈地依赖于温度和应变速率，通常随着温度的下降和应变速率的提高而降低。对于给定合金，其 K_{IC} 取决于材料的热处理、组织结构、熔炼操作、杂质水平以及夹杂物含量等变量。

　　在设计防断裂的结构部件时，必须考虑式（12.6）包含的三个设计变量，即断裂韧度、外加应力以及裂纹尺寸，图 12.2 给出了它们之间的关系。若材料选定，则 K_{IC} 已知，就可能计算出给定裂纹尺寸下，为防止脆性断裂的最大许用应力。裂纹尺寸通常可通过实际测量确定，或者通过可用的无损检测方法的最小检测极限来确定[⊖]。如图 12.2 所示，对于存在确定尺寸裂纹的材料，其许用应力与断裂韧度 K_{IC} 成正比；对于给定应力的材料，其许用裂纹尺寸与断裂韧度的平方成正比。因此，提高断裂韧度对于许用裂纹尺寸的影响要大于对许用应力的影响。

　　为了获得 K_{IC} 的本征值，必须在平面应变状态下进行测试以获得最大的约束或材料脆性。图 12.3 显示所测的断裂应力如何随着试样的厚度 B 而变化。对于薄试样会发生带有 45°的剪切唇的韧性脆性断裂，这属于混合类型。一旦试样的尺寸达到材料韧性的临界厚度，断口将成为平的，断裂应力不随厚度增加而改变。获得平面应变状态和有效 K_{IC} 测量值的最小厚度为

$$B \geqslant 2.5 \left(\frac{K_{IC}}{\sigma_y} \right)^2 \tag{12.7}$$

式中，B 为截面厚度；σ_y 为许用设计应力，通常为屈服强度除以某一安全系数。

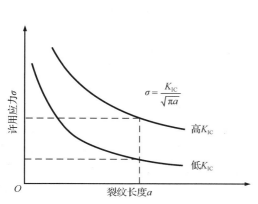

图 12.2　许用应力和裂纹尺寸与
断裂韧性之间的关系

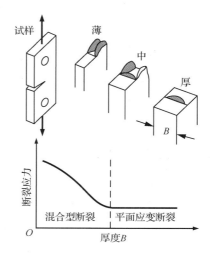

图 12.3　试样厚度对断裂应力和失效模式的影响
（草图描绘了断裂面的形貌，注意剪切唇的产生）

⊖　裂纹检测的灵敏度从磁粉法的 0.5mm 到涡流法、声发射法和液体渗透法的 0.1mm，见 ASM Handbook，vol. 17，p. 211.

例 12.1 将要用 7075-T651 铝合金制造商用客机的蒙皮薄板（简称蒙板）。在飞机建造过程中，检查员发现沿着蒙板一条剪切边缘方向有一条 10mm 深的表面裂纹。蒙板 20cm 宽，100cm 高，50mm 厚。承受 200MPa 的拉应力。由表 12.1 可知，材料的力学性能为

$$K_{IC} = 24 MPa \cdot \sqrt{m}, \qquad 屈服强度 \sigma_y = 495 MPa$$

在进行断裂设计分析时，首先要检查平均应力是否小于材料的屈服强度。

$\sigma_{applied} \leqslant \sigma_y$ 吗？本例中，$200 MPa < 495 MPa$，但是裂纹可能导致应力集中，$K_t \approx 2$，因此在裂纹处可能发生局部屈服。可是，蒙板整体上处于弹性状态。

对于受拉板材的单边裂缝公式，参见 ASM Handbook 17 的第 983 页。该公式与式（12.4）格式不同，用 φ 代替 α 作为几何因子。

$$\varphi = \sec\beta \left[\frac{\tan\beta}{\beta} \right]^{1/2} \left[0.725 + 2.02 \left(\frac{a}{w} \right) + 0.37 \left(1 - \sin\beta \right)^3 \right]$$

其中
$$\beta = (\pi a / 2w)$$

将 $a = 10$ mm；$w = 20 \times 10^2$ mm $= 2000$ mm；$a/w = 0.005$ 代入，得 $\varphi = \alpha = 1.122$。利用式（12.4）计算应力强度因子

$$K = 1.122\sigma \sqrt{\pi a} = 1.122 \times (200 \sqrt{\pi \times 0.01}) MPa \cdot \sqrt{m} = 39.8 MPa \cdot \sqrt{m}$$

因为 $K \geqslant K_{IC}$，即 $39.8 > 24$，因此蒙板将会因快速脆性断裂而失效，尤其是在高海拔 $-50\,°F$ 低温下，材料的 K_{IC} 值将比此处的室温断裂韧度值低很多。

解决办法：转而考虑强度较低韧性较高的 2024 铝合金材料，其断裂韧度为 $K_{IC} = 44 MPa \cdot \sqrt{m}$。2024 铝合金的屈服强度为 345MPa，高于平均应力 200MPa，因此不会发生总截面屈服。该合金更高的延展性容许在裂纹处产生更多的塑性变形，并能钝化裂纹，因此应力集中不会那么严重。

最后，利用式（12.7）检测蒙板是否符合平面应变状态。

$$B \geqslant 2.5 \left(\frac{K_{IC}}{\sigma_y} \right)^2 = 2.5 \left(\frac{44}{345} \right)^2 m = 0.041 m = 41 mm$$

这说明蒙板的厚度必须大于 41mm，才能保证平面应变状态的最大约束。50mm 厚的蒙板优于这一条件。

另一种检测方法是确定在 200MPa 平均应力下裂纹扩展所需的临界裂纹长度。根据式（12.6），当 $\alpha = 1.122$ 时，7075 铝合金的临界裂纹长度为 3.6mm，2024 铝合金的为 12.2mm。这意味着在施加 200MPa 的应力时，含有 10mm 长表面裂纹的 7075 铝合金板会发生脆性断裂失效，因为其临界裂纹长度小于 10mm。然而，含有 10mm 长裂纹的 2024 铝合金不会断裂，因为其临界裂纹长度为 12.2mm。

12.2.2 断裂力学的局限性

断裂力学理论仅对线弹性材料（在断裂前不发生屈服的材料）严格成立。回顾式（12.2），当 r 趋近于零时，裂纹尖端的应力趋于无穷大。因此，除了最脆的材料以外，在裂纹尖端都会发生局部屈服，需要对弹性解进行修正以解释裂纹尖端的塑性变形。但是，如果裂纹尖端塑性变形区域的尺寸 r_y 相对于局部几何尺寸很小的话，例如，r_y/t 或 $r_y/a \leqslant 0.1$，那么裂纹尖端的塑性变形对于应力强度因子的影响很小。这使得断裂力学的严格应用仅局限于高强材料。另外，正如式（12.17）所述，由于有效测量 K_{IC} 时的宽度限制，使线弹性断裂力学（LEFM）不适用于低强度材料。LEFM 行为的标准由下式给出⊖

⊖ N. E. Dowling, *Mechanical Behavior of Materials*, 2nd ed., Prentice Hall, Upper Saddle River, NJ, 1999, p. 333.

$$a, (w - a), h \geqslant \frac{4}{\pi} \left(\frac{K}{\sigma_y} \right)^2 \qquad (12.8)$$

式中，a 为裂纹长度；w 为试样宽度；$(w - a)$ 为未断裂的宽度；h 为试样顶部到裂纹的距离。

每一个参数都必须满足式（12.8）。否则塑性区域扩展到试样的边界，就太接近整体屈服状态了。超出线弹性断裂力学适用范围的 K 值会低估裂纹的严重性。

某些材料由于延展性过大而不允许使用线弹性断裂力学试验方法来测量其断裂韧度，为此人们进行了大量的探索研究[一]。最好的方法是 J 积分方法，通过测量裂纹载荷对应的位移来实现[二]。这些试验能有效测量断裂韧度 J_{IC}（在线弹性材料中与 K_{IC} 作用相同）。

12.3 面向疲劳失效的设计

材料受周期或脉动循环应力作用，导致其失效的应力将远低于单独载荷下引起断裂的应力。在脉动应力或应变作用下发生的失效称为疲劳失效[三]。在机器中，疲劳失效是主要的机械故障。

疲劳失效是一种局部失效，裂纹开始于有限的区域，随着应力或应变循环的增加而不断扩展，直至增大到零件不能承受外加载荷而发生断裂。疲劳过程中包含塑性变形，但具有高度局部性[四]。因此，疲劳断裂的发生不伴有整体塑性变形的征兆。疲劳通常起源于几何形状突变（应力集中）、温度差异、拉伸残余应力或材料缺陷引起的局部过高的应力或应变处。虽然已经掌握了有关疲劳失效机理方面的大量知识，但目前预防疲劳的主要时机存在于工程设计阶段。可以通过恰当的选材，控制残余应力，精心设计以减小应力集中来达到预防疲劳的目的。

主要的疲劳数据以 S-N 曲线的形式给出，即应力 S 与疲劳循环次数 N 之间的关系图[五]。图 12.4 给出了两种典型材料的疲劳行为。铝合金的曲线具有除黑色金属（钢）以外所有材料的特性。

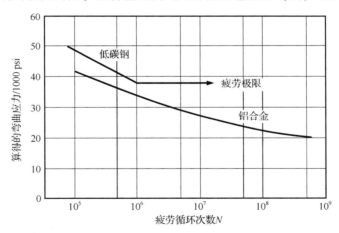

图 12.4　黑色金属和有色金属典型的疲劳曲线

[一] A. Saxena, *Nonlinear Fracture Mechanics for Engineers*, CRC Press, Boca Raton, FL, 1998.

[二] ASTM Standard E 1820.

[三] L. Pook, *Metal Fatigue: what it is, why it matters*, Springer, 2007; S. Suresh, *Fatigue of Materials*, 2nd ed., Cambridge University Press, Cambridge, 1998; N. E. Dowling, *Mechanical Behavior of Materials*, 2nd ed., Chaps, 9, 10, 11, Prentice Hall, Englewood Cliffs, NJ, 1999; ASM Handbook, vol. 19, *Fatigue and Fracture*, ASM International, Materials Park, OH, 1996.

[四] ASM Handbook, vol. 19, *Fatigue and Fracture*, pp. 63-109, ASM International, Materials Park, OH, 1996.

[五] 在疲劳研究中，通常用 S 表示名义应力，而不用 σ 表示。

S-N 曲线主要与高周疲劳（$N > 10^5$）失效有关。在这种情况下，虽然疲劳失效是由于高度局部化的塑性变形引起的，但是整体应力仍然处于弹性状态。图 12.4 表明在失效之前，材料所能承受的应力循环次数随着应力的减小而增加。对于大多数材料，随着应力的下降，S-N 曲线的斜率朝着增加失效应力循环次数的方向逐渐减小。在任一应力水平，大量的应力循环次数最终都会导致失效，该应力称为疲劳强度。然而，对隔离腐蚀环境的钢来说，在某一极限应力下，S-N 曲线变成水平线。低于该应力（称为疲劳极限或者耐久极限），材料可以承受无限的应力循环。

12.3.1 疲劳参数

图 12.5 给出了产生疲劳失效的典型应力循环。图 12.5a 是完全对称正弦应力循环，这是实验室为获取大多数疲劳性能数据而经常采用的疲劳循环方式[⊖]，常见于匀速无过载运转的旋转轴。对于这种应力循环，其最大和最小应力相等。按照惯例，最小的应力是循环周期中代数值最小的应力。拉应力为正，压应力为负。图 12.5b 示例给出了最大应力 σ_{max} 和最小应力 σ_{min} 不相等的交变应力循环。在该图中，最大和最小应力都是拉应力，但是交变应力循环的最大和最小应力可具有相反的符号或者都为压缩应力。图 12.5c 是复杂应力循环，这种情况可能发生在像机翼这样的零件中，机翼由于阵风而承受周期性的不可预测的过载。

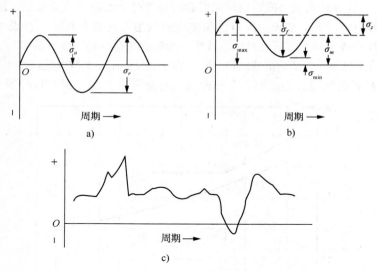

图 12.5 典型的疲劳应力循环
a) 交变应力 b) 重复应力 c) 不规则或随机应力

交变应力循环可以看为由两部分组成：平均应力或静应力 σ_m，交变应力或变应力 σ_a。同时还需考虑应力幅度 σ_r。如图 12.5b 所示，应力幅度是一个周期中最大应力和最小应力的代数差

$$\sigma_r = \sigma_{max} - \sigma_{min} \tag{12.9}$$

交变应力是应力幅度的一半

$$\sigma_a = \frac{\sigma_r}{2} = \frac{\sigma_{max} - \sigma_{min}}{2} \tag{12.10}$$

平均应力是一个周期中最大应力和最小应力的代数平均值

⊖ 常用类型的疲劳试验机的介绍见本章参考文献以及 ASM Handbook, vol. 8, pp. 666-716, ASM International, 2000.

$$\sigma_m = \frac{\sigma_{\max} + \sigma_{\min}}{2} \tag{12.11}$$

表示疲劳循环的一个简便方法是应力比 R

$$R = \sigma_{\min} / \sigma_{\max} \tag{12.12}$$

对于对称应力循环，$\sigma_{\max} = -\sigma_{\min}$，$R = -1$，并且 $\sigma_m = 0$。对于 $\sigma_{\min} = 0$ 的全拉伸交变应力循环，$R = 0$。平均应力对 $S\text{-}N$ 图形的影响可以用（Goodman）公式表示

$$\sigma_a = \sigma_e \left(1 - \frac{\sigma_m}{\sigma_{uts}}\right) \tag{12.13}$$

式中，σ_e 为完全对称应力循环下疲劳试验得到的耐久极限；σ_{uts} 为最终抗拉强度。

疲劳是一个复杂的材料失效过程。零件的疲劳性能取决于下面几个重要的工程因素：

1. 应力循环

- 重复的或者随机施加的应力。
- 平均应力。大多数疲劳测试数据都是通过平均应力为零的纯交变应力试验获得的。安全交变应力随平均应力的增大而减小，如式（12.13）所示。
- 复合应力状态。见 ASM Handbook，vol. 19，pp. 263-273.
- 应力集中。大多数疲劳裂纹开始于高应力点，材料对于应力集中的敏感性可通过应力集中因子（几何形状）和切口灵敏度来表示。
- 疲劳寿命和疲劳极限的统计差异。材料的疲劳寿命比其他的力学性能具有更大的离散度。通常需要用概率方法来描述，见 ASM Handbook，vol. 19，pp. 295-313。
- 累计疲劳损伤。传统的疲劳测试使试样承受固定幅度的应力直至试样失效。但在实际应用中，有许多循环应力不保持恒定的情形，在有些周期内，应力高于或低于某一平均设计水平。考虑循环问题中的不规则应力是疲劳设计的一个重要领域，为此需要引入新的概念。
- 在没有外部作用力时，疲劳失效可由时变的热梯度产生的循环热应力引发，这就是热疲劳。热应力是由热膨胀和收缩产生的张力引起的。

2. 零件或试样相关因素

- 尺寸影响。零件的截面尺寸越大，其疲劳性能越低，这与大体积材料更容易产生临界初始裂纹有关。
- 表面粗糙度。大多数疲劳裂纹起源于零件的表面。表面粗糙度值越小，材料的疲劳性能越好。
- 残余应力。残余应力是零件在未受外部载荷时已存在于其内部的应力，在承受载荷时与外加应力叠加在一起。在零件表面形成残余压应力分布是提高疲劳性能最有效的方法。获得这种状态的最好方法是对试样的表面进行喷丸或辊轧处理，使其发生局部塑性变形。
- 表面处理。如上所述，通过表面处理增加表面的残余压应力是有益的。通过渗碳或渗氮工艺提高表面硬度通常可以提高钢零件的疲劳性能。但是，不恰当的热处理工艺会导致钢表面碳的损失，损害零件的疲劳性能。见 ASM Handbook，vol. 19，pp. 314-320。

3. 环境影响

- 腐蚀疲劳。循环应力和化学侵蚀的同时作用称为腐蚀疲劳。在无应力作用下的腐蚀作用通常会在金属表面产生点蚀。点蚀坑就像缺口那样使疲劳强度降低。然而，当腐蚀作用和疲劳载荷同时作用时，疲劳性能急剧下降，比先前单纯的表面腐蚀严重得多。当腐蚀和疲劳同时发生时，化学作用显著加速了疲劳裂纹的扩展。钢材在室温空气中测得的疲

劳极限不能表征腐蚀疲劳的疲劳极限。见 ASM Handbook, vol. 19, pp. 193-209。

- 微动磨损。微动磨损是在相互接触的两个表面发生轻微的周期性相对运动而导致的表面损伤。相对于腐蚀疲劳来说，这种现象与磨损的关系更密切。然而，与磨损不同是微动磨损两个接触表面的相对速度更低，同时由于两个表面没有脱离接触，腐蚀产物无法去除。微动磨损常见于与毂或轴承压入配合的轴的表面。表面点蚀或劣化的发生通常伴随着氧化磨粒（对于铁是红色的，铝是黑色的）的生成，疲劳裂纹通常形成于该损伤区。见 ASM Handbook, vol. 19, pp. 321-330。

12.3.2　有关疲劳设计的信息源

有大量关于如何防止疲劳失效的设计方法方面的文献。大多数机械设计课程都会辟出一章对这一主题进行介绍，下面这些专门的书籍提供了详细的论述。

无限寿命疲劳设计可以参考的书籍有：

R. C. Juvinall, *Engineering Consideration of Stress, Strain, and Strength*, McGraw-Hill, New York, 1967. 该书的第 11 ~ 16 章详细介绍了疲劳设计。

L. Sors, *Fatigue Design of Machine Components*, Pergamon Press, New York, 1971. 该书译自德语，很好地总结了欧洲的疲劳设计实践。

C. Ruiz and F. Koenigsberger, *Design for Strength and Production*, Gordon & Breach Science Publishers, New York, 1970. 该书在第 106 ~ 120 页对疲劳设计程序进行了概述。

关于应力集中因子和在机械设计如何尽量减少应力的详细信息可以在下列书籍中找到：

W. D. Pilkey and D. F. Pilkey, *Peterson's Stress Concentration Factors*, 3rd ed., John Wiley & Sons, New York, 2008.

R. B. Heywood, *Designing Against Fatigue of Metals*, Reinhold, New York, 1967.

关于疲劳设计最全面的书籍，包括应变寿命设计和损伤容限设计的更新工作进展有：

R. I. Stephens, A. Fatem, R. R. Stephens, and H. O. Fuchs, *Metal Fatigue in Engineering*, 2nd ed., John Wiley & Sons, Hoboken, NJ, 2000.

Fatigue Design Handbook, 3rd ed., *Society of Automotive Engineers*, Warrendale, PA, 1997.

E. Zahavi, *Fatigue Design*, CRC Press, Boca Raton, FL, 1996.

关于疲劳数据和计算器的有用信息请参考网站：www. fatiguecalculator. com。该网站也提供确定应力强度因子（第12.2 节）的计算器。

为了更好理解大量的疲劳设计文献，需要明确几种不同的疲劳设计策略。接下来的三节将依次讨论应力寿命设计、应变寿命设计和损伤容限设计。

12.3.3　应力寿命设计

应力寿命疲劳设计的准则是保持名义应力在疲劳强度之下，或更一般地，在钢的耐久极限之下。这是最古老的疲劳设计方法学，常见于大多数机械设计教材[⊖]。该方法首先获得基于光滑（无缺口）试样疲劳试验的疲劳寿命值或疲劳极限值，然后调整第12.3.1 节解所述的所有参数使疲劳极限值减小（降低）。尤为重要的参数是疲劳缺口因子[⊖]、尺寸影响、平均应力、表面粗

⊖ 例如，R. G. Budynas and J. K. Nisbett, *Shigley's Mechanical Engineering Design*, 9th ed., pp. 286-348, McGraw-Hill, 2011.

⊖ N. E. Dowling, *Mechanical Behavior of Materials*, 2nd ed., Chap. 10, Prentice-Hall, 1999；Y-L Lee, J. Pan, R. B. Hathaway, and M. E. Barkey, *Fatigue Testing and Analysis*, Chap. 4, Butterworth-Heinemann, 2005.

糙度和变幅载荷修正（见 ASM Handbook Vol. 19，p. 110）。对疲劳缺口因子的讨论以及应用应力寿命策略的设计实例，请参考网站 www. mhhe. com/dieter 中第 12 章的 "Example for Infinite-Life Design"。

12. 3. 4 应变寿命设计策略

基于有限周期疲劳的应变寿命设计以应变寿命曲线为基础。由于这些数据大多数是在 10^5 次循环以下获得的，因此通常称为低周疲劳曲线。当疲劳发生在相对较少的周期内时，产生疲劳的应力通常要高于屈服强度。即使总体应力保持弹性，缺口处的局部应力仍然呈非弹性状态，在这种情况下最好进行恒应变幅度（应变控制）疲劳试验而不是恒应力幅度疲劳试验。典型试验在推挽式拉伸机上进行，图 12.6 展示了应变控制循环内的应力应变回线。注意，在约前 100 个循环周期内，环状应力应变曲线的密封区域或者增大（应变硬化）或者减小（应变软化），直至达到图 12.6 所示的稳定区域。应变幅度由下式确定

$$\varepsilon_a = \frac{\Delta\varepsilon}{2} = \frac{\Delta\varepsilon_e}{2} + \frac{\Delta\varepsilon_p}{2} \tag{12.14}$$

式中，$\Delta\varepsilon$ 为总应变，是弹性应变和塑性应变之和，应变幅度是总应变的一半。

不同应变幅度下应力应变回线顶点（B 点）的应力数据形成的图像就是实际循环应力应变曲线。在双对数坐标下，应力-塑性应变曲线是一条直线。应力幅度由下式确定

$$\frac{\Delta\sigma}{2} = k'\left(\frac{\Delta\varepsilon_p}{2}\right)^{n'} \tag{12.15}$$

式中，k' 为循环强度系数（曲线在单位塑性应变上的截距）；n' 为直线的斜率，是循环应变硬化指数。将式（12.15）代入式（12.14），得

$$\frac{\Delta\varepsilon}{2} = \frac{\Delta\sigma}{2E} + \left(\frac{\Delta\sigma}{2k'}\right)^{1/n'} \tag{12.16}$$

由式（12.16）可计算循环应力应变曲线。E、k' 和 n' 等材料性能数值可以从文献中获得[⊖]。

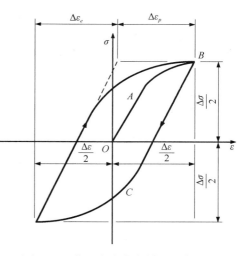

图 12.6 典型应力应变循环回线

应变寿命曲线描绘了总应变幅度与疲劳应变反转数（1 个循环等于 2 个反转）的关系，如图 12.7 所示。注意，应变反转数等于两倍的应变循环数。弹性曲线和塑性曲线近似为直线。在小应变或长寿命段，弹性应变占主导地位；在大应变和短寿命阶段，塑性应变占主导地位。塑性曲线有负曲率 c，且截距 $2N = 1$。弹性曲线有负曲率，且截距为 σ'_f/E。弹性线的表达式为

$$\log\left(\frac{\Delta\varepsilon_e}{2}\right) = \log\left(\frac{\sigma'_f}{E}\right) + b\log(2N_f) \quad \text{或} \quad \frac{\Delta\varepsilon_e}{2} = \frac{\sigma'_f}{E}(2N_f)^b$$

类似地，塑性曲线由 $\frac{\Delta\varepsilon_p}{2} = \varepsilon'_f(2N_f)^c$ 确定。但由式（12.14）得

$$\varepsilon_\alpha = \frac{\Delta\varepsilon}{2} = \frac{\sigma'_f}{E}(2N_f)^b + \varepsilon'_f(2N_f)^c \tag{12.17}$$

对于不同材料，指数 b 的取值范围为 $-0.06 \sim -0.14$，典型值为 -0.1。指数 c 的取值范围

⊖ *ASM Handbook*，vol. 19，pp. 963-979.

为 −0.5 ～ −0.7，典型值为 −0.6。ε'_f 称为疲劳延性系数，约等于在拉伸试验中测得的真实断裂应变。同样，疲劳强度系数 σ'_f 约等于真实断裂应力。

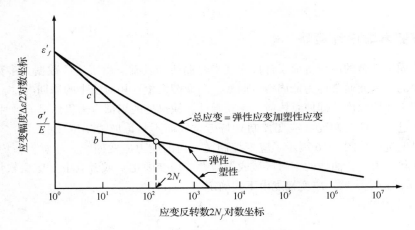

图 12.7　中碳钢的典型应变寿命曲线

低周疲劳方法的一个重要应用是预测机器零件缺口处裂纹萌生前的寿命，在这里名义应力处于弹性范围，但是在缺口根部的局部应力和应变都处于塑性状态。若发生塑性变形，就必须考虑应变集中因子 K_ε 和应力集中因子 K_σ。与之相关的诺伊贝尔（Neuber）规则如下

$$K_f = (K_\sigma K_\varepsilon)^{1/2} \tag{12.18}$$

式中，K_f 为疲劳缺口因子。

图 12.8 描述了这种情形，其中 ΔS 和 Δe 为远离缺口处弹性应力和弹性应变的增量，如图 12.8b 所示，$\Delta\sigma$ 和 $\Delta\varepsilon$ 为缺口根部局部应力和应变。

$$K_\sigma = \frac{\Delta\sigma}{\Delta S}, \quad K_\varepsilon = \frac{\Delta\varepsilon}{\Delta S}$$

$$K_f = \left(\frac{\Delta\sigma\Delta\varepsilon}{\Delta S\Delta e}\right)^{1/2} = \left(\frac{\Delta\sigma\Delta\varepsilon E}{\Delta S\Delta e E}\right)^{1/2}$$

$$K_f(\Delta S\Delta e E)^{1/2} = (\Delta\sigma\Delta\varepsilon E)^{1/2} \tag{12.19}$$

对于名义弹性载荷，$\Delta S = \Delta e E$，且

$$K_f\Delta S = (\Delta\sigma\Delta\varepsilon E)^{1/2} \tag{12.20}$$

因此，由式（12.20）可利用远离缺口处测量的应力来预测缺口处的应力和应变。将式（12.20）重新整理得到

$$\Delta\sigma\Delta\varepsilon = \frac{(K_f\Delta S)^2}{E} = 常数 \tag{12.21}$$

这是一个直角双曲线方程（图 12.8c）。如果在缺口试样施加名义应力 S_1（图 12.8b），那么只要知道了 K_f，则式（12.21）右边的项就为已知量。在图 12.10c 中同时画出了循环应力应变曲线（实曲线），它与式（12.21）所对应曲线的交点给出了缺口根部局部的应力和应变的大小。

求解缺口处的应力和应变的 Neuber 分析法连同应变寿命曲线（图 12.7），广泛应用于预测裂纹萌生所需要的疲劳循环数。基本假定为临界区域（通常在裂纹或几何缺口处）的疲劳响应，与承受相同的循环应变应力的小尺寸、光滑实验室试样的临界区域的疲劳响应相似。

利用预测模型的必要条件如下：
- 利用有限元分析计算局部应力应变，包括平均应力和应力范围。

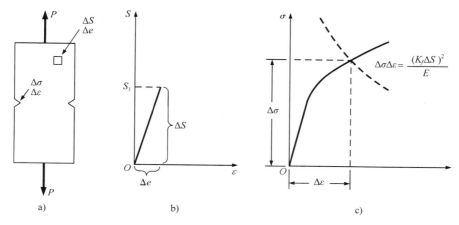

图 12.8　缺口应力的 Neuber 分析法

- 统计循环数以及相应的应力和应变的平均值与区间范围。
- 应力循环平均值为非零时，必须转化为等价的对称交变应力循环。
- 选用合适的材料性能来计算每个周期内的疲劳损伤。
- 计算损伤之和，预测裂纹萌生所需要的循环数。

在更加复杂的设计环境中使用该方法时，考虑到平均应力的影响，同时还要处理疲劳应力的不规则循环[⊖]，需要对结果进行校正。

应变寿命分析广泛应用于汽车和航空工业中零部件实体设计的早期阶段。在对试样进行实际疲劳测试之前，应用此方法可对其疲劳寿命进行合理预测，减少了重复设计的次数，加快了产品研发速度。有大量可用的计算机程序可用于辅助此类设计分析。请参考网站 www.efatigue.com，应用实例请参考 www.mhhe.com/dieter 中第 12 章的 "Example for Strain-Life Design"。

12.3.5　损伤容限设计策略

在零件包含已知尺寸和形状的疲劳裂纹的前提下，损伤容限设计对裂纹扩展到可引发灾难性失效的尺寸之前的有效服役循环次数 N_p 进行预测。因此，重点在于疲劳裂纹扩展。图 12.9 展示了长度为 a_0 的初始裂纹扩展到长度为 a_cr 的临界裂纹的裂纹扩展过程。裂纹扩展速率 da/dN 随着交变载荷循环次数的增长而增长。

疲劳设计的一个重要进步就是认识到疲劳裂纹扩展速率 da/dN 与应力强度因子范围有关；对疲劳循环来说，$\Delta K = K_\text{max} - K_\text{min}$。由于应力强度因子 $K = \alpha\sigma\sqrt{\pi a}$ 在压缩时没有定义，若疲劳循环中的 σ_min 为压应力时，取 K_min 为零。

图 12.10 给出了裂纹扩展速率与 ΔK 之间的典型关系图。典型曲线呈 S 形，可以分为三个明显不同的区域。区域 I 包含阈值 ΔK_th，低于此值观察不到裂纹扩展，疲劳裂纹为非扩展性裂纹。阈值对应的裂纹扩展速率约为 10^{-8} in/次，K 值也非常小，比如 $8\text{ksi} \cdot \sqrt{\text{in}}$。区域 II 本质上展示了 $\log da/dN$ 与 $\log K$ 之间的线性关系，因此

$$\frac{da}{dN} = A(\Delta K)^n \tag{12.22}$$

式中，n 为区域 II 中曲线的斜率；A 为将直线延伸到 $\Delta K = 1\text{ksi} \cdot \sqrt{\text{in}}$ 得到的系数。

⊖　Y-L Lee, J. Pan, R. Hathaway, and M. Barkey, *Fatigue Testing and Analysis*, Chap. 5, Elsevier, Boston, 2005.

区域Ⅲ是裂纹迅速扩展区，断裂随后发生。

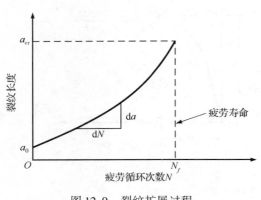

图 12.9　裂纹扩展过程

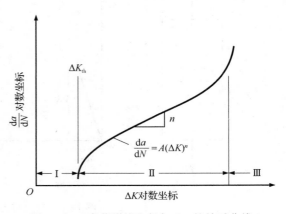

图 12.10　疲劳裂纹生长与 ΔK 的关系曲线

由式（12.22）所表示的疲劳裂纹扩展与 ΔK 之间的关系，将疲劳设计[⊖]与线弹性断裂力学（LEFM）紧密联系起来。弹性应力强度因子适用于疲劳裂纹生长过程，即使对于那些低强度、高延展性的材料也一样适用，因为引起疲劳裂纹生长的 K 值非常低，尖端塑性区域的尺寸非常小，可以使用线弹性断裂力学方法。通过关联裂纹扩展与应力强度因子，就可以将由简单试样在恒定应力幅度下获得的数据用于更广泛的可以计算出 K 值的设计领域。在相关载荷情况下零件的 K 值已知时，可以通过对式（12.22）在起始裂纹尺寸和最终裂纹尺寸之间积分得到零件的疲劳裂纹扩展寿命。应用实例请参考 www. mhhe. com/dieter 中第 12 章的 "Example for Damage-Tolerant Design"。

12.3.6　疲劳寿命预测的深入讨论

前面三小节简明扼要地阐述了设计中处理疲劳失效问题的主要方法。在使用这些设计策略时，可能需要对如下问题进行深入研究：

- 考虑几何应力集中和应力梯度。
- 考虑残余应力的存在，不论是为了提高疲劳性能而故意引入的残余压应力，还是由加工过程引起的有害的残余拉应力。
- 进一步讨论平均应力不为零的情况。
- 二维或三维疲劳应力状态的计算。
- 考虑不规则应力循环和随机应力循环。

本节提供的大量参考文献会有助于获取这些知识。同时，使用疲劳设计软件会省去这些计算中的繁杂过程。

通过融合断裂力学和疲劳，疲劳设计已取得长足进步。然而，多种变量的交互作用是真实疲劳情形所固有的，依靠仅通过理论分析而得到的设计是不明智的。全面的样机试验，通常称作模拟服役试验，应该作为所有疲劳设计的关键一环。在设计中识别不出的故障点可通过这些试验检出。模拟真实的服役载荷需要足够的技巧和经验，通常需要对试验进行加速，但加速可能产生误导性的结果。例如，当用加速方法对时间进行压缩时，腐蚀疲劳或微动磨损的整体影响并不计

⊖　R. P. Wei, *Trans. ASME*, Ser. H., *J. Eng. Materials Tech.*, vol. 100, pp. 113-120, 1978；A. F. Liu, *Structural Life Assessment Methods*, ASM International, Materials Park, OH, 1998.

算在内，或者过载应力可能显著改变残余应力。另外，惯用的方法是从载荷谱中剔除诸多小载荷循环，但是这些小载荷循环可能对疲劳裂纹扩展有重要影响。

12.4　面向耐蚀性的设计

对于金属零部件，由腐蚀造成的失效与由脆性断裂或疲劳等机械原因造成的失效一样常见。据美国国家标准与技术研究院估计，在美国每年由腐蚀所造成的损失高达 700 亿美元，其中至少有 100 亿美元损失可以通过更好的选材和设计方法得以避免。虽然可以通过合理的选材、利用热处理和加工工艺谨慎地控制金相组织来尽可能减少腐蚀失效，但是，恰当地理解造成腐蚀的基本原因与设计细节之间的相互关系就可以避免许多与腐蚀相关失效的发生[一]。

12.4.1　腐蚀的基本形式

金属腐蚀是由金属回归氧化物或硫化物状态的基本热力学力所驱动的，但它与金属在电解质溶液（电解液）中发生的电化学反应更为相关。有以下八种基本的腐蚀形式[二]。

（1）均匀腐蚀　最常见的腐蚀形式为均匀腐蚀。其特点是材料与所处环境在暴露表面上均匀进行化学或电化学反应。金属变得越来越薄，最终导致完全破坏。

（2）电偶腐蚀　当两种不同金属浸没于腐蚀性或导电溶液中时，相互之间会形成电位差，电偶腐蚀由此发生。相对于阴极金属，弱抗性金属（阳极）发生腐蚀。表 12.2 简要给出了一些商用合金在海水中的电位序。在该表中，对于任意两种在海水中发生接触的金属或合金，阳极性更强（电位序中越靠下）的金属将被腐蚀。注意，电位序的相对位置取决于电解液环境和金属的表面化学（钝化膜的存在）。

小面积阳极金属接触到大面积惰性金属会产生电偶腐蚀，利用在电位序中靠得比较近的金属对可以减轻电偶腐蚀，避免这种情况的发生。如果一定要将电位序中相隔甚远的两种金属连接在一起，则必须保持两者之间的电学绝缘。不要采用涂层来保护阳极表面，因为大多数涂层都容易发生点蚀。涂层的阳极表面在与大面积阴极表面接触时会迅速发生腐蚀。如果电偶不可避免，则考虑采用牺牲第三种阳极性更强的金属来保护这两种金属。

表 12.2　商用金属和合金在海水中的电位序

惰性（阴极）		活性（阳极）
珀	镍	铝
金	钼	锌
钛	白铜	镁
银	铜-锡青铜	
316 不锈钢	铜	
304 不锈钢	铸铁	
410 不锈钢	钢	

（3）隙间腐蚀　在腐蚀作用下，缝隙或金属表面的其他隔离区域常常会发生强烈的局部腐蚀。这种类型的腐蚀通常伴随着少量滞留在如孔、垫圈表面、搭接处以及螺栓和铆钉头处的缝隙等设计特征处的电解质积液。

[一]　V. P. Plidek, *Design and Corrosion Control*, John Wiley & Sons, New York, 1997.

[二]　P. R. Roberge, *Corrosion Engineering*: *Principles and Practice*, McGraw-Hill, 2008.

（4）点蚀　点蚀是一种极其局部化，能在金属表面形成孔的腐蚀。这是一种特别隐蔽的腐蚀形式，因为仅仅很小一部分的腐蚀质量损失就使设备发生失效。

（5）晶间腐蚀　沿晶界发生、在晶面上仅造成轻微损伤的局部腐蚀，称为晶间腐蚀。常见于经 950～1450℉ 热处理而敏化的奥氏体不锈钢。这通常发生于焊接或应力释放的热处理中。在焊接中发生的通常称为焊缝腐蚀。

（6）选择性析出　通过腐蚀过程从固溶合金中去除某种元素称为选择性析出。最常见的例子就是从黄铜中选择性地去除锌（脱锌），但是铝、铁、钴以及铬也可以被去除。当发生选择性析出时，剩下的合金将变得脆弱、多孔。

（7）冲刷腐蚀　由腐蚀液体与金属表面的相对运动引起的腐蚀加剧现象称为冲刷腐蚀。流体速度通常较高，可能包含机械磨损和磨粒磨损，尤其是当液体中含有悬浮固体颗粒时。冲蚀破坏了保护膜，加剧了化学侵蚀作用。设计者可通过改变产品形貌以降低流体速率，消除直接冲击情况，尽量减少流体方向的突变等手段来控制冲蚀。某些冲蚀问题很顽固，不论是选择合适的材料还是改变设计都不可能使问题得到改善。此时，设计的任务是提供简便的损伤检测手段，并迅速地更换损坏零件。

气蚀是一种特殊的冲刷腐蚀，由金属表面附近的蒸汽气泡的形成和破裂引起。气泡的快速破裂可以产生冲击波，导致金属表面的局部变形。

微动腐蚀是另一种特殊的冲刷腐蚀，它发生于两个相对往复运动的承载表面。微动磨损使表面分解产生氧化磨屑，形成表面微坑和引起疲劳的裂纹。

（8）应力腐蚀断裂　由张应力和特定的腐蚀介质的共同作用形成的断裂破坏称为应力腐蚀断裂（SCC）。应力可以是外加应力或是内在的残余应力。只有特定合金和化学环境的组合才会导致应力腐蚀断裂的形成，但是应力腐蚀仍然很常见，比如铝合金与海水、铜合金与氨水、中碳钢和氢氧化钠以及奥氏体钢和盐水⊖。已知有超过 80 种合金与腐蚀性环境的组合可以导致应力腐蚀断裂。抗应力腐蚀断裂设计包括选择在服役环境中不易发生断裂的合金，如果不行，就需将应力保持在较低水平。断裂力学的概念已经应用到抗应力腐蚀断裂设计中。

12.4.2　腐蚀防护

1. 选材

显然，防腐的第一步是选择在相应环境中具有较低腐蚀速率的材料。通常，金属的惰性越强，其腐蚀速率越缓慢（表 12.2）。第 12.4.1 节对腐蚀机理进行了简要介绍，但关于腐蚀方面的文献有很多，大部分以手册⊜或数据库⊜的形式编辑呈现。金属最容易发生腐蚀，而塑料具有较好的耐蚀性。有些高分子材料会吸收水分，导致膨胀和力学性能的退化。

对于防腐来说，虽然有些方面的选材非常直接，比如，避免选用在腐蚀性环境中易被腐蚀或者易产生应力腐蚀断裂的材料。但是，其他方面的选材可能非常微妙。在金属合金中，由于合金元素的显微偏聚（尤其是在晶界的偏聚），局部冷加工区域，或多相合金中的不同相之间的电位差等原因而可能形成微电池。腐蚀环境的微小变化可能会显著改变腐蚀环境中材料的行为。这些环境变化包括温度、溶氧量或者液体中的杂质等。

⊖　G. H. Koch, *ASM Handbook*, vol. 19, pp. 483-506, ASM International, Materials Park, OH, 1996.

⊜　*ASM Handbook*, vol. 13：vol. 13 A, *Corrosion Fundamentals, Testing, and Protection*；vol. 13B, *Corrosion：Materials*（该部分提供了关于金属和非金属腐蚀性能的广泛资料）；vol. 13C, *Corrosion：Environments and Industries*（重点是特殊环境和特殊工业的腐蚀问题）. 对腐蚀性能的初步了解可以先浏览一下 Cambridge Engineering Selector 软件。

⊜　完整的资料汇编可参见手册 ASM Handbook, vol. 13A, pp. 999-1001.

2. 阴极保护

阴极保护通过向需要保护的阳极金属提供电子来减少电偶腐蚀。将阳极金属与阳极性更强的牺牲阳极（比如 Mg 或 Zn）连在一起，达到保护阳极金属的目的。牺牲阳极必须与被保护金属贴得足够近。牺牲阳极将会被逐渐腐蚀掉，因此需要定期进行更换。另一种替代方法为在腐蚀区域施加直流电压，抵消由电偶腐蚀的电化学反应产生的电压。

3. 缓蚀剂

在腐蚀性溶液中添加特殊的化合物可以减缓离子向金属－电解液界面的扩散。大多数情况下，缓蚀剂在阴极和阳极表面形成防渗透的绝缘薄膜，在散热器防冻液中添加铬酸盐就是一个很好的例子。另一些缓蚀剂则作为清除剂减少电解液中溶解氧的含量。

4. 保护涂层

常用的防腐方法是在金属表面涂上防护涂层以隔绝腐蚀环境。常见的例子有搪瓷、油漆和聚合物涂层。像铬这样的电镀金属涂层能同时起到防腐和装饰作用。在装运和存储过程中，油脂、油或者蜡通常作为临时的保护涂层。涂层最常见的问题是阳极的不完全覆盖，通常是由涂层中的"气孔"或者服役过程中的损伤所致。这会导致阳极对阴极的面积比失调，引起涂层穿透区更加迅速地腐蚀。

某些金属在特定的环境中会形成钝化层，这是一种特殊形式的保护涂层。在空气中铝合金表面会形成 Al_2O_3；在更高的腐蚀电位下，铝合金表面会形成坚韧厚实的阳极氧化膜。不锈钢良好的耐蚀性来自于非常薄的氧化物保护膜的形成。

5. 防腐蚀设计

前面介绍了一些预防腐蚀失效的一般设计规则。基本策略是防止腐蚀性溶液与易蚀表面的接触。对容器来说，应该设计成易于排空和清理。焊接比铆接的容器更不容易发生隙间腐蚀。如果可能，应进行排气设计，除去氧气后，腐蚀通常会减少或被抑制。钛合金和不锈钢不适用于此规则，它们对含有氧化剂的酸的耐蚀性要强于不含氧化剂的。

- 阳极与阴极的面积比是抗腐蚀的金属零件设计的一个重要因素。为了降低阳极的腐蚀，它相对于阴极的面积应越大越好。这将使阳极的电流密度降低，从而其腐蚀速率也降低。例如，在镀锌钢中，即使镀锌层（阳极）受到刮擦而露出钢（阴极），由于阳极的面积仍然远大于阴极的面积，镀锌层仍能为钢提供保护。但是，如果利用镀铜来对钢进行保护，按照表 12.2，铜相对于铁是阴极，刮擦将导致钢内形成很高的电流密度，加速钢的腐蚀。
- 需要注意尽量减少电解液与金属的接触途径。接触途径可以是直接浸入、暴露于雾气中、干湿的周期性交替，就像下雨时与潮湿土壤的接触，或者与空气中的湿气接触。在设计中应尽量减少缝隙，排净管内的所有液体保证没有残留液体留下导致腐蚀。要用高弹性材料将不可避免的缝隙密封起来。与粗糙表面相比，光滑的表面留存更少的液体，引起的腐蚀更小。
- 在设计中，要考虑预防措施以清洗暴露于泥浆、污垢、腐蚀性气氛以及盐雾中的设备。腐蚀性物质与污垢或泥浆结合将产生电化学反应。
- 腐蚀的严重程度随温度以指数方式增长。过高的温度梯度和流体速度同样会加快腐蚀的速度。
- 腐蚀裕度的设计是另一个策略。在很多情况下，比如在化工厂的设计中，相对于选用昂贵且耐蚀性好的材料来说，更经济的方法是选用廉价且耐蚀性差的材料，并使零件具有更大的尺寸（腐蚀裕度）。零部件持续服役，直到某一关键尺寸（比如壁厚）腐蚀到某个预设值时，就更换零件。这一设计策略要求零部件易于更换，并且进行严格有效的监测和维护。

其他设计细则的案例请参考 Pludek[一] 和 Elliott[二] 的著作。

12.5 耐磨损设计

磨损是由机械原因引起的表面损伤，导致材料逐渐损耗。随着时间的流逝，磨损通常会导致零部件质量损失和尺寸改变。严重情况下，疲劳可能会导致断裂，这通常是起源于表面的疲劳裂纹。当两固体材料相互紧密接触时，无论滑动还是转动，都将典型地发生磨损。材料的磨损与滑动表面的摩擦密切相关，其磨损程度强烈受润滑剂存在的影响。比如，无润滑轴承的磨损率是适当润滑轴承的 100000 倍。研究摩擦、磨损以及润滑的科学称为摩擦学，磨损问题的力学分析则被称为接触力学。磨损、腐蚀和疲劳是机械零件失效最主要的原因。

磨损不是真正的材料性能，它是由接触材料、几何参数（形状、尺寸和表面粗糙度）、相对运动以及载荷幅度、润滑类型以及环境等构成的摩擦系统特性。

12.5.1 磨损的类型

就像腐蚀一样，磨损也可以分为许多类型。在磨损设计中，首要的任务是确定详细设计中发挥作用的主要磨损类型。通常随着磨损的发展，一个给定的磨损机理让位于另一个不同的磨损机理，或者几种磨损机理同时起作用。磨损主要有下列四种类型：

- 粘着磨损，当两个接触固体发生相互运动时产生粘着磨损。运动方式可以为滑动、旋转或冲击。
- 磨粒磨损，当硬质颗粒在压力作用下沿表面滑动或滚动时发生磨粒磨损。
- 冲蚀，是由于流体与固体表面的相互作用而导致的固体表面材料的损耗。流体可以是像蒸汽这样的多组分液体，也可以是固体颗粒流[三]。
- 表面疲劳，是在循环应力作用下金属颗粒从表面分离出来而造成点蚀或剥落的损伤形式。表面疲劳最常发生在滚动接触系统中[四]，比如在齿轮齿、轴承中，同时也发生在表面间有小幅振动的磨损疲劳中[五]。

在本节仅讨论粘着磨损和磨粒磨损这两种最常见的磨损。

1. 粘着磨损

粘着磨损是接触固体的局部粘合导致材料的转移或损失。图 12.11 显示了高放大倍数下的两个接触表面。两表面在表面微凸体处接触，产生很高的接触应力和局部粘合。当一个表面沿另一表面滑动时，图 12.11a 中的粘合点在剪力的作用下发生撕裂，形成磨屑颗粒，如图 12.11c 所示。该颗粒从表面剥离或者转移到相对的表面上。不论哪种方式，表面的完整性都受到了损坏。

通过肉眼或显微镜检查磨损表面，可以确定磨损的程度是轻微还是严重。轻微粘着磨损的典型特征是显微划痕与运动方向一致。严重磨损通常称为刻痕或擦伤，表面呈现一定的粗化和固相焊接点，这表示磨损率过大。极端粘着磨损称为咬合，材料从表面向上流动，最终发生咬死导致相对运动停止。一旦观察到严重磨损必须马上采取措施，例如改变材料或调整载荷、形状等

㊀ V. R. Pludek, op. cit.

㊁ P. Elliott, "Design Details to Minimize Corrosion," in *Metals Handbook*, vol. 13A, *Corrosion*, pp. 910-928, ASM International, Metals Park, OH, 2003.

㊂ 更多内容参见 *ASM Handbook*, vol. 18, *Friction, Lubrication, and Wear Technology*, ASM, 2002, pp. 199-235.

㊃ *ASM Handbook*, vol. 18, pp. 257-262.

㊄ *ASM Handbook*, vol. 18, pp. 242-256.

设计参数使其变为轻微磨损。注意，当载荷、速度或温度提高时，轻微磨损通常会急剧转变为严重磨损。

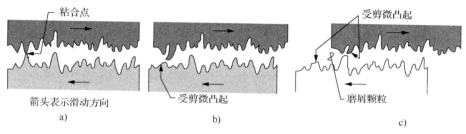

图 12.11　粘着磨损机理的示意图

2. 磨粒磨损

磨粒磨损是由施加在软质表面的硬质尖锐颗粒的运动造成的。一些磨粒磨损是有意为之的。例如，磨料砂轮和钢制工件之间的磨损是为了加工出光滑高精度的表面，这是两体磨损。最常见的磨粒磨损形式是三体磨损，硬质尖锐颗粒作为第三体，夹持在接触表面之间。

磨粒磨损通常分为低应力磨粒磨损和高应力磨粒磨损。在低应力磨粒磨损中，磨粒在表面犁出的磨痕就像浅浅的犁沟或划痕，但磨粒不会破裂。在高应力磨粒磨损中，应力足以使磨粒碎裂，产生大量尖锐的棱边，在表面犁出深深的划痕并去除材料。通常来说，磨粒磨损伴随着粘着磨损，但磨粒的存在导致更高的磨损率（单位时间去除材料的量）。

12.5.2　磨损模型

人们已经提出了很多关于磨损过程的模型，最常用的模型是利用产生的磨屑量 V 来描述磨损。

$$V = k\frac{FS}{H} \tag{12.23}$$

式中，V 为磨损体积（mm^3）；k 为无量纲比例常数，称为磨损系数；F 为正压力（N）；S 为滑动距离（mm）；H 为相对较软接触表面的硬度[⊖]（kg/mm^2）。

该模型同时适用于粘着磨损和磨粒磨损。但是对于后者，需要在式（12.23）中乘以一个表示磨粒锐度的系数。式（12.23）表明磨损量与正压力和滑动距离（或等同于滑动速度的量）成正比，与被磨损材料的硬度成反比[⊜]。一般来说，表面硬度越高，磨损量越小。应用于磨损中的典型材料是回火马氏体钢以及表面经渗碳硬化、涂装钴合金或陶瓷材料的钢。磨损模型在抗磨损设计中非常有用[⊜]，但是篇幅有限，在此不做进一步举例说明。

12.5.3　磨损预防

减少磨损的设计指南可划分为分析方法、产品设计细节、润滑剂的应用和合适的选材等几个部分。

⊖　布氏硬度、维氏硬度和努普（Knoop）硬度（显微硬度）单位可以用 kg/mm^2 表示，乘以 9.81 后单位就变成 MPa 了。

⊜　金属材料的硬度与屈服强度成正比，$H \approx 3\sigma_y$。

⊜　R. G. Bayer, "Design for Wear Resistance," *ASM Handbook*, vol. 20, 1997, pp. 604-614；R. G. Bayer, *Engineering Design for Wear*, 2nd ed., Marcel Dekker, New York, 2004.

1. 分析方法

- 在确定预期的磨损类型时，仔细观察相似情况下磨损失效的表面损伤情况[一]，利用扫描电镜观察磨损表面。对磨屑进行显微观察，对润滑油（可能包含磨屑）进行光谱分析，有助于揭示发生的磨损过程的本质。
- 模型化方法可以为减磨设计提供帮助。

2. 产品设计细节

- 抗磨损设计的总体目标是降低接触应力。一种方法是添加有助于保持接触面对齐的细节。
- 滚动接触要优于滑动接触，避免产生微动磨损。
- 如果不能用其他方法满足磨损寿命的要求，则使用牺牲性设计，使用一种较软的接触单元并进行定期更换。
- 对滤清器、空气过滤器、防尘罩和密封圈的设计给予足够的重视，对于减少磨粒的生成是非常重要的。

3. 润滑剂的应用

- 处理过度磨损问题最常用的方法是润滑。润滑剂在接触表面间形成隔离层，减少了摩擦和磨损。润滑剂通常是液体，有时是聚合物固体，很少是气体。
- 润滑有几种形式，最常见的是边界润滑（每个表面都被化学键合的流体所覆盖，可能不会形成连续覆盖）和弹性流体动力润滑。在弹性流体动力润滑中，摩擦力和油膜厚度取决于运动表面的弹性和润滑剂的黏性。
- 对于依靠润滑来控制磨损的设计，润滑剂的失效是灾难性的。润滑剂的化学分解或污染，由于过热导致的性能改变，润滑剂的损耗都可能导致润滑剂失效。

4. 合适的选材

- 一种材料的表面硬度与弹性模量的比越高，其抵抗粘着磨损的能力越强。应避免相近材料（尤其是金属）之间的无润滑滑动。
- 一硬一软两种金属表面间滑动比两种硬金属表面间滑动产生的磨损更严重。硬金属（650BHN）与软金属（250BHN）结合在一起不会使硬金属避免磨损。
- 两个硬表面（>650BHN）的结合能实现最低的金属-金属粘着磨损，并能抵抗相互咬合。
- 硬材料的断裂韧度通常较低。一个经济有效的方法是在低硬度材料的表面覆盖一高硬度层。根据基体材料的不同，可以通过扩散处理、表面硬化（钢）、硬表面堆焊以及热喷涂层等方法制备硬化层[二]。
- 在钢中通常采用扩散处理。通过扩散碳原子（渗碳）或氮原子（渗氮）到零件的表面层，可以使得低碳钢表面坚硬抗磨损。在汽车工业中普遍采用这种表面处理工艺。
- 扩散处理需要在高温中维持数小时，以使原子扩散形成 0.010~0.020 in 厚的壳层。表面成分的变化对尺寸的改变很小。也可以通过局部淬火来对钢表面进行硬化，仅零件的外表面被加热到奥氏体区，然后快速冷却，在软韧的芯部外面形成硬的马氏体层。对于大零件，利用气焊枪（火焰淬火）在表面进行加热；对于小零件则采用感应线圈或激光束进行加热，这可以更精确地控制表面层的厚度。
- 硬表面堆焊是一种使用焊接技术的表面硬化应用。表面层厚度通常为1/8 in。硬表面堆焊

⊖ "Surface Damage," *ASM Handbook*, vol. 18, pp. 176-183.
⊖ *ASM Handbook*, vol. 5, *Surface Engineering*, 1994.

的典型焊料是工具钢、铁铬合金，以抵抗高应力磨粒磨损；钴基合金则应用于涉及咬合的场合。

- 热喷涂，将材料熔化形成液滴，然后高速喷涂到表面来制备表面涂层。液滴迅速冷却形成大量颗粒的连锁涂层。典型的工艺为火焰喷涂和等离子喷涂，这些工艺可以喷涂所有的耐磨金属材料；高速喷涂工艺可以沉积陶瓷材料，比如铬和铝的氧化物以及碳化钨。热喷涂工艺还可以应用于增强和修复磨损零件。

12.6 塑料设计

大多数机械设计都隐含这样的假定，零件是由金属制成的。然而，塑料由于其质量较小、外观漂亮、不会发生腐蚀，以及许多零件可以很容易地由高分子材料加工而成等原因，在设计中的应用越来越多。

高分子与金属明显不同，这在设计时需要特别注意[⊖]。就力学性能而言，钢的弹性模量是高分子的100倍，屈服强度是它的10倍。另外，高分子材料的强度性能在室温范围内具有时间依赖性，需依时间而区别对待其许用强度极限。高分子的密度是金属的1/7，而导热性是钢的1/200，热膨胀性是钢的7倍多。导热性和热膨胀性两种性能对高分子材料的加工工艺有重要影响（第13.18节）。因此，在塑料设计中必须允许这些性能上的差异。

12.6.1 塑料的分类及其性能

大多数塑料为合成材料，其特征是有一条被其他侧链基团修饰的碳-碳主链。塑料由成千上万个小分子单元（单体）聚合成的长链高分子构成，这就是科学术语聚合物的由来。根据组分和加工工艺的不同，高分子链可以有不同的形态（卷曲、交联、结晶态），聚合物的性能随之改变[⊖]。

高分子材料分为两大类：热塑性塑料（TP）和热固性塑料（TS）。这两类塑料的差别在于结合键的性质和它们对温度升高的反应。当热塑性塑料被加热到足够高的温度时，就呈现出黏性和软化。在这种状态下可以加工成可用的形状，并在冷却到室温时保持该形状。如果重新加热到相同温度，则又呈黏性，可以被重塑并在冷却后定形。当加热热固性塑料或者添加催化剂时，高分子链间产生共价键，形成刚性交联的结构。这种结构就"固定下来"，因此如果将热固性塑料从冷却状态重新加热，它不会回到流体黏性状态，而是随着继续加热发生降解和烧焦。

很少有高分子材料在纯净状态被使用。共聚物由两种或更多的不同单体聚合而成，因此高分子链中的重复单元就不只是一种单体，可以将它们看成"聚合物合金"。常见的例子有苯乙烯-丙烯腈共聚物（SAN）和丙烯腈-丁二烯-苯乙烯共聚物（ABS）。共混物是由高分子机械混合而成的组合材料，它们不像共聚物那样依靠化学键结合，但是它们需要添加化学增容剂来防止

⊖ "Engineering Plastics," *Engineered Materials Handbook*, vol. 2, ASM International, Materials Park, OH, 1988; M. L. Berins, ed., *Plastics Engineering Handbook of the Society of Plastics Industry*, 5th ed., Van Nostrand Reinhold, New York, 1991; E. A. Mucco, *Plastic Part Technology*, ASM International, Materials Park, OH, 1991; Dominic V. Rosato, Donald V. Rosato, and Marles G. Rosato, *Plastics Design Handbook*, Kluwer Academic Publishers, Boston, 2001; G. Erhard, *Designing with Plastics*, Hanser Gardner Publications, Cincinnati, 2006.

⊖ A. B. Strong, *Plastics: Materials and Processing*, Prentice Hall, Englewood Cliffs, NJ, 1996; G. Gruenwald, *Plastics: How Structure Determines Properties*, Hanser Publishers, New York, 1993 N. Mills, *Plastics: Microstructure and Engineering Applications*, 3rd ed., Butterworth-Heinemann, Woburn, MA, 2005.

共混物组分分离。共聚物和共混物的研发是为了在不降低其他性能的情况下，提升高分子单方面或多方面的性能，比如抗冲击性。

市场上销售的塑料大约有 3/4 是热塑性塑料。因此，将集中研究这类塑料。从商业角度讲，热塑性塑料可以分为日用塑料和工程塑料。日用塑料通常用于低承载领域，比如包装、壁板、水管、玩具和家具。例如聚乙烯（PE）、聚苯乙烯（PS）、聚氯乙烯（PVC）和聚丙烯（PP）。这些塑料通常与玻璃、纸和木材发生使用竞争。工程塑料与金属竞争，因为它们可以长时间承受重载荷。比如聚甲醛（POM）或乙缩醛、聚酰胺或尼龙（PA）、聚酰胺-酰亚胺（PAI）、聚碳酸酯（PC）、聚对苯二甲酸乙二酯（PET）和聚醚醚酮（PEEK）。

图 12.12 比较了聚碳酸酯和软低碳钢、高碳钢的拉伸应力-应变曲线。注意，塑料的强度较低，屈服和断裂发生在较大应变处。应力应变曲线的水平强烈依赖于应变速率（加载速率）。增加应变速率使得曲线的位置升高，材料延展性降低。表 12.3 列出了一些金属和塑料在室温下的短时力学性能。由于许多高分子的应力-应变曲线没有真正的线性初始部分，很难确定其屈服强度，因此以通常报道的抗拉强度为准。同时，因为应力-应变曲线的初始曲率，通常用割线模量[⊖]来确定弹性模量。有些高分子材料的玻璃化转变温度高于室温，所以在室温下呈脆性。脆性强弱可由冲击试验进行测量。注意，引入玻璃纤维可显著改善材料脆性。表 12.3 的数据主要用于阐述金属和高分子的性能差异，不能用于设计。另外，要认识到塑料的力学性能相对于金属更容易受到混合和工艺的影响。

除了拉伸和冲击试验以外，科研人员也开展其他关于塑料的试验，生产商将这些数据写进产品说明中以辅助聚合物的选材。弯曲试验就是其中之一，在弯曲试验中塑料梁承受弯曲载荷直至断裂。

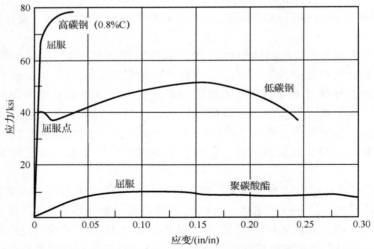

图 12.12　热塑性塑料（聚碳酸酯）与低碳钢和高碳钢的应力-应变曲线

聚合物的耐热性由热变形温度（HDT）来表示。将一条承受 264psi 恒定弯曲载荷的塑料棒置于油浴环境中，油浴温度由室温逐渐上升，当试样产生 0.010in 挠曲变形时所对应的温度就是热变形温度。该试验可用于塑料性能排序，但不能用于预测塑料在给定温度和应力下的结构性能。

⊖　从应力应变曲线的原点到曲线上的给定点画一直线，其斜率就是割线模量。例如：2%。

表 12.3　一些聚合物和金属性能的比较

材　料	弹性模量/ ×10⁶psi	抗拉强度/ksi	冲击/(ft-lb/in)	密度/(g/cm³)
铝合金	10	20 ~ 60		2.7
钢	30	40 ~ 200		7.9
聚乙烯	0.08 ~ 0.015	3 ~ 6	1 ~ 12	0.94
聚苯乙烯	0.35 ~ 0.60	5 ~ 9	0.2 ~ 0.5	1.1
聚碳酸酯	0.31 ~ 0.35	8 ~ 10	12 ~ 16	1.2
聚甲醛	0.40 ~ 0.45	9 ~ 10	1.2 ~ 1.8	1.4
玻璃纤维增强聚酯	1.5 ~ 2.5	20 ~ 30	10 ~ 20	1.7

塑料是绝缘体，因此不会像金属那样发生腐蚀，但是它们容易发生各种各样的环境老化。有些塑料会受到有机溶剂和汽油的侵蚀；有些很容易吸收水蒸气，产生膨胀并降低力学性能；有许多塑料易受紫外线的影响，导致裂解、褪色或透明度降低。

为了提高性能，聚合物中混入了许多添加剂。木粉、矽砂粉和细黏土等作为填充剂添加到聚合物中，在不严重影响聚合物性能的同时，降低塑料树脂的用量，从而降低了成本；短玻璃纤维通常用来提高塑料的刚度和强度；增塑剂用来提高加工过程的柔韧性和熔体流动性；阻燃剂用来降低塑料的可燃性，但是有很多阻燃剂被证明是有毒的；色素或染料等着色剂用来赋予塑料颜色；紫外线吸收剂用来保持颜色，延长产品在阳光下的寿命。静电消除剂用来减少静电电荷在绝缘塑料表面的聚集。

塑料基复合材料作为一种工程结构材料，其重要性逐渐提高。在这些材料中，高弹性模量、高强度的脆性纤维被嵌入到热固性塑料基体内[⊖]。最常用的纤维是石墨或玻璃纤维。由于复合材料的高额成本和复杂加工工艺，复合材料一般应用于那些可以为轻质、高强结构支付高额费用的领域。复合材料结构是由一个个单层叠加起来的，代表了材料设计的极限。由于复合材料的强度和刚度取决于纤维，而纤维又具有高度的方向性，因此在设计中应该特别注意性能的方向性（各向异性）。

12.6.2　刚度设计

塑料的弹性模量要比金属低得多，因此在使用塑料时经常关注其抵抗变形的能力（刚度）。结构的刚度取决于材料的弹性模量和零件的几何结构。比如，长度为 L 末端承受集中力 P 的悬臂梁的最大挠度为

$$\delta_{max} = \frac{PL^3}{3EI} \tag{12.24}$$

式中，$I = \frac{bh^3}{12}$；b 为梁宽；h 为梁厚。

由式（12.2）可知，通过增大弹性模量 E 或惯性矩 I（或两者）可提高刚度。表 12.3 表明在模塑尼龙中添加短玻璃纤维可以提高其弹性模量。在环氧树脂中添加长玻璃纤维来制备复合材料，可大幅度提高其弹性模量，但性能方向性（各向异性）的引入使其更加复杂。

提高悬臂梁刚度的第二种方法是增大惯性矩 I 的值。一种显著有效方式是增大厚度 h，式（12.24）表明惯性矩正比于 h 的三次方。如果一种高分子的 E 为 300000psi，一种金属的 E 为 10000000psi，

⊖　*ASM Handbook*, vol. 21, *Composites*, ASM International, Materials Park, OH, 2001；D. Hull, *An Introduction to Composite Materials*, Cambridge University Press, Cambridge, 1981；R. J. Diefendorf, "Design with Composites," *ASM Handbook*, vol. 22, pp. 648-665, 1997.

那么高分子梁的厚度必须是铝合金梁的 3 倍多，才能具有和铝合金梁相同的抗弯刚度。这使得除增加额外成本外，还产生了其他问题。高分子的导热性较差，因此在注射成型机这样的产品成型机器中，如何保证厚截面产品的快速冷却是一个问题。事实上，壁厚极限一般为 4~5mm。

但是，可以通过调整截面的形状，将材料移到远离中性轴的位置来显著地提高 I。这由形状因子表示。为达到这个目的，常用的结构单元为肋板和瓦楞结构，如图 12.13 所示。虽然瓦楞表面可以在相同的质量和厚度下提供更好的刚度（形状因子为 1.8），但是通常由于审美原因和比肋板更高的模具成本而不予采用[一]。

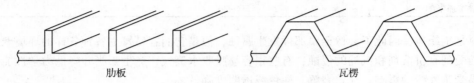

肋板　　　　　　　　　　　　　　　瓦楞

图 12.13　结构刚度的实例

形状最简单的加强肋板类似于梁结构[二]。它们通常被置于零件的内部并紧贴承载表面，沿着最大应力和挠度的方向起作用。如图 12.14 所示，它们可以横贯整个零件，也可以仅有一小段。如果肋板没有贯穿垂直壁，就应该做成锥形以有助于高分子熔体的流动，避免应力集中。用于支撑壁的短肋板通常称为角撑板。肋板应该逐渐锥化（脱模斜度）以有助于从模具脱模，还应该在与板连接处设计足够大的圆角避免应力集中。关于肋板和瓦楞结构的设计信息请参考网站：www. dsm. com/en_US/html/dep/ribsandprofiledstructures. htm。更详细的信息请参考网站：http://plastics. dupont. com/plastics/pdflit/americas/general/H76838. pdf。

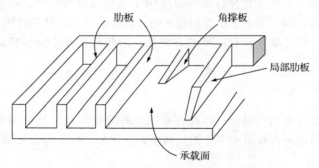

肋板　　　　角撑板

局部肋板

承载面

图 12.14　提高注塑板刚度的典型肋板设计

12.6.3　零件性能的时间依赖性

塑料的力学性能是黏弹性[三]。这意味着其性能随着加载时间、加载速率和温度而变化。材料的这种性能主要体现在蠕变和应力松弛现象中。蠕变是材料在恒温、恒载条件下永久变形随时间增加的现象。应力松弛是在恒温下维持恒定应变所需的应力随时间下降的现象。比如，搭扣配

⊖　G. Erhard, *Designing with Plastics*, Chap. 10, Hanser Gardner Publications, Cincinnati, OH, 2006.

⊜　确定 I 的方法参见以下材料：R. A. Malloy, Plastic Part Design for Injection Molding, Hanser Gardner Publications, Cincinnati, OH, 1994, pp. 213-230. 关于塑料件（肋板、凸台、缩孔和翘曲）设计问题的更多讨论，请参考 Design Guide at DSM Engineering Plastics-Design.

⊜　J. G. Williams, *Stress Analysis of Polymers*, 2nd ed., John Wily-Halsted Press, New York, 1980；A. S. Wineman and K. R. Rajagopal, Mechanical Response of Polymers, Cambridge University Press, New York, 2000.

合随时间的松动、自攻螺钉的松动都是应力松弛的结果。

利用描述塑料蠕变的黏弹性公式来计算应力和应变是一个高端议题。然而，设计工程师已经开发了简单有效的塑料设计方法，其过程如下：

1）确定最高服役温度和恒定应力的加载时间。

2）使用普通的材料力学公式计算设计中的最大应力。

3）从应变对时间的蠕变曲线中找出适当温度和应力下的应变值。

4）用应力除以这些应变值得到名义蠕变模量。

5）该蠕变模量可以应用于材料力学公式，以计算变形和挠度。

例 12.2 塑料的蠕变设计。

由体积分数为 30% 的短玻璃短纤维增强的聚对苯二甲酸乙二酯（GF-PET）简支梁，在中间承受静态载荷 10lb。梁长 8in，厚 1in，惯性矩 $I = 0.0025 \text{in}^4$。在跨距中点承载的梁的弯矩为

$$M = \frac{PL}{4} = \frac{10 \times 8}{4} \text{lb} \cdot \text{in} = 20 \text{lb} \cdot \text{in}$$

梁的中心外层纤维的弯曲应力为

$$\sigma = \frac{Mc}{I} = \frac{20 \times 0.5}{0.0025} \text{psi} = 4000 \text{psi}$$

图 12.15 给出了 30% 短玻璃短纤维增强的 GF-PET 材料的弯曲蠕变曲线（双对数坐标系）。因为我们对长期性能感兴趣，所以查看在压力为 4000psi（27.6MPa）、室温为 73℉（23℃）环境条件下 1000h 所对应的材料蠕变应变。该图给出的应变为 0.7%，即 0.007in/in。因此名义模量为

$$E_a = \frac{\sigma}{\varepsilon} = \frac{4000}{0.007} \text{psi} = 5.71 \times 10^5 \text{psi}$$

对于跨距中点受载的简支梁，最大挠度为

$$\delta = \frac{PL^3}{48 E_a I} = \frac{10 \times 8^3}{48 \times 5.71 \times 10^5 \times 0.0025} \text{in} = 0.075 \text{in}$$

如果工作温度达到 250℉（120℃），1000h 时的蠕变应变为 1.2%，即 0.012in/in。E_a 变为 $3.33 \times 10^5 \text{psi}$，承载点的挠度变为 0.13in。这表明了塑料蠕变对温度高度敏感。

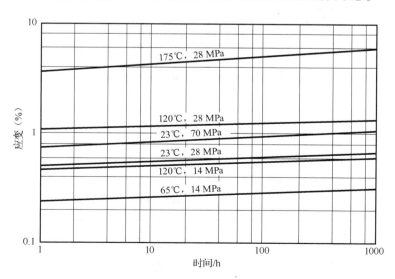

图 12.15　GF-PET（30% 短玻璃短纤维增强）材料的弯曲蠕变曲线

（*Engineering Materials Handbook*, vol. 2, p. 173, ASM International, Materials Park, OH, 1988.）

由拉伸试验获得的该材料在室温下的静态弹性模量为 $1.3 \times 10^6 \, \text{psi}$。如果将该数值用于挠度方程，得到的挠度值为 0.033 in。因此，忽视聚合物的黏弹特性将严重低估产生的挠度。

12.7　本章小结

本章对材料失效类型进行了介绍，这些知识通常不会出现在材料基础课程和材料力学课程中。讲述的方法相当基础，没有考虑复合应力状态下的失效问题。本章提供了充足的参考资料，学生们可以由此扩展他们的知识。诺曼·道林（Norman Dowling）的著作以及所参考的各卷 ASM 手册将非常有帮助。

新术语和概念

磨粒磨损	耐久极限	缺口敏感性因子
粘着磨损	失效安全设计	平面应变断裂韧度
名义模量	疲劳失效	应力腐蚀断裂
蠕变失效	断裂力学	黏弹性行为
损伤容限设计	低周疲劳	磨损

参 考 文 献

ASM Handbook, vol. 19, *Fatigue and Fracture,* ASM International, Materials Park, OH, 1996.

ASM Handbook, vol. 20, *Materials Selection and Design,* ASM International, Materials Park, OH, 1997.

Budynas, R. G., and J. K. Nisbett: *Shigley's Mechanical Engineering Design*, 9th ed., McGrawHill, New York, 2011.

Derby, B., D. A. Hills, and C. Ruiz: *Materials for Engineering: A Fundamental Design Approach*, John Wiley & Sons, New York, 1992.

Dieter, G. E.: *Mechanical Metallurgy,* 3rd ed., McGraw-Hill, New York, 1986.

Dowling, N. E.: *Mechanical Behavior of Materials,* 3rd ed., Prentice Hall, Englewood Cliffs, NJ, 2006.

Jones, D. R. H.: *Engineering Materials 3: Materials Failure Analysis,* Pergamon Press, Oxford, 1993.

问题与练习

12.1　试比较 A 和 B 两种钢材在建造内径为 30 in、长为 12 ft 的压力容器中的优劣。压力容器必须承受 5000 psi 的内压。屈服强度安全系数为 2。对于每种钢材，确定：（a）临界裂纹尺寸；（b）破裂前发生泄漏情况下的裂纹尺寸，即裂纹贯穿壁厚但没有导致脆性断裂。

钢　　材	屈服强度/ksi	$K_{\text{IC}}/\text{ksi} \cdot \sqrt{\text{in}}$
A	260	80
B	110	170

12.2　某高强度钢的屈服强度为 100 ksi，断裂韧度为 $K_{\text{IC}} = 150 \, \text{ksi} \cdot \sqrt{\text{in}}$。使用某种无损检测技术，其可以常规检测到的最小裂纹尺寸为 0.3 in。假定结构中最危险的裂纹结构为单边切口，$K =$

$1.12\sigma \sqrt{\pi a}$。结构承受循环疲劳载荷，$\sigma_{max} = 45\text{ksi}$，$\sigma_{min} = 25\text{ksi}$。钢的裂纹扩展速率为 $da/dN = 0.66 \times 10^{-8}(\Delta K)^{2.25}$。估算结构可以承受的疲劳应力循环次数。

12.3 有一条直径为 3in 的承受稳定弯曲载荷的钢轴。在轴的两端，直径减小以装配轴承，这使得该处的理论应力集中因子为 1.7。旋转梁试验得到此钢材的疲劳极限为 48000psi，疲劳缺口敏感因子为 0.8。因为疲劳极限接近耐久性的 50%，因此将该梁的可靠度设计为 99%。请问梁中哪一点最容易发生失效？这一点的最大许用应力是多少？

12.4 一根直径为 1.5in 的钢筋承受轴向循环应力，拉应力 $P_{max} = 75000\text{lb}$，压应力为 25000lb。$R = -1.0$ 的应力循环下，疲劳极限（耐久极限）为 75ksi。最终抗拉强度为 158ksi，屈服强度为 147ksi。

（a）式（12.13）表达了在疲劳中交变应力与平均应力之间的关系，即 Goodman 线。在 σ_a（y 轴）和 σ_m（x 轴）坐标系中绘出式（12.13）的曲线，并在图上标明临界点。

（b）给定的应力循环对疲劳极限的降低幅度有多大？

12.5 有一种高碳钢用于制作货车的板簧。货车的服役载荷可以认为是在最大拉应力和零之间变化（$R = 0$）。基于完全对称疲劳载荷试验，热处理后板簧的疲劳极限为 380MPa。表面粗糙度会使板簧的疲劳极限降低 20%。钢的最大抗拉强度为 1450MPa。在组装前，对板簧进行喷丸处理，在表面产生 450MPa 的残余压应力。计算在无限疲劳周期下板簧所称承受的最大应力幅度。

12.6 一个直径为 6in 的塑料梁用于向水平伸出建筑物 8ft 的阁楼上运送小负荷物品。如果梁是由玻璃纤维增强 PET 制备而成，当在 23℃下，承受 900lb 时梁的弯曲幅度是多少？

12.7 不锈钢 304 和不锈钢 306 的再循环管的应力腐蚀失效是沸水反应堆（BWR）的主要问题。指出形成应力腐蚀断裂的三个必要条件？提出补救措施。

12.8 塑料齿轮的主要优缺点是什么？讨论如何利用材料的结构和加工工艺来提高其性能？

第 13 章　面向制造的设计

13.1　制造在设计中的作用

　　设计的加工实现是从创意到产品成功上市全过程这一链条中的关键环节。在现代科技条件下，制造所发挥的作用不再那么简单。相反，设计、选材和工艺是紧密相连的，如图 11.1 所示。

　　关于制造这个术语，在工程功能的定义上有混淆之处，材料工程师使用术语"材料加工"来表示半成品的转换，如把钢方坯或钢坯之类的半成品制成成品，如冷轧板或热轧圆钢。而机械工程、工业工程或制造工程师更愿意把这样的过程称为制造，如将板料处理成车身板件。"加工"一词与"制造"相比，前者含义更加泛化，后者则相对常见通用。在欧洲，生产工程学一词的含义等同于美国的制造一词的含义。本书使用的术语"制造"是指将设计转化为成品的过程。

　　20 世纪上半叶，西方国家的制造技术发展日益成熟，由于生产规模和速度的提升，生产率有了大幅度提高，制造成本却在工资和生活水平提高的同时得以降低。通过对材料基础成分的定做可以有选择性地改善材料特性，使得可利用性的材料不断出现。这一时期最主要的贡献之一是发明了生产线，用于大规模生产汽车、器械装备和其他消费用品。在美国，由于制造技术的显著发展，人们开始普遍认为制造的功能不会有任何问题。制造技术的学习在培养工程师的过程中已不再被重视。制造业往往被认为是工业中平淡无奇和缺乏挑战的，这使得与制造相关的工作无法吸引工程专业的优秀毕业生。幸运的是，亚洲制造业的飞速发展已经严重威胁到西方制造业劳动力就业，这才使以上这一境况得以改善。而且，制造的性质和人们对于制造业内涵的认识也随着自动化技术与计算机辅助制造技术的发展而改变。

　　制造业企业面临的一个严重问题是设计和制造由不同的机构各自完成并正在形成一种趋势。正如在并行工程中所讨论的（第 2.4.4 节），设计和制造决策间的隔阂阻碍了它们之间原本应有的紧密交互。在当前技术逐渐复杂且瞬息万变的情况下，研究、设计和制造人员间的紧密合作是十分必要的。

　　固态电子器件开发的例子就很好地佐证了这一点。由于半导体器件取代了真空管，所以电子器件的设计和加工很显然不再是分离的、独立的过程。使用真空管时，电子器件的设计过程本质上是线性的，材料专家将他们的材料传递给器件专家，器件专家将他们的器件传递给电路设计师，然后电路设计师再与系统设计师进行交流。随着晶体管的横空出世，材料、器件构造以及电路功能设计日益联系紧密。之后，随着大规模集成电路技术的革新，使从材料到系统设计的整个过程交叉融合，设计和制造也变得紧密关联。这促使了技术的迅猛发展，同时也就要求工程师要具有很强的创新性、灵活性和渊博的知识。人们付出了巨大的代价使得个人计算机和工作站成为现实，虽然人类的生产率从来没有像微电子技术革命期间那样飞速前进，但是这一案例表明，研究、设计与制造的紧密结合也可以产生巨额的回报。

　　现在，消除设计和制造间障碍的迫切性已成为人们的广泛共识，利用并行工程，以及让制造工程师进入产品设计和发展团队的方式可以解决这个问题。另外，对改善制造和设计间的联系的关注促使一系列实践准则的产生，基于这些准则，设计师可以拿出更易于制造的设计。面向制造的设计（DFM）就是本章所强调的主题。

13.2 制造的功能

传统制造的功能可以分为以下五个方面：①工艺工程；②工具工程；③工作标准；④设备工程；⑤管理控制。工艺工程是指开发逐一进行的生产操作步骤。整个产品将被分解为零件和配件，然后将加工生产每个零件的步骤，按照逻辑顺序排列起来。另外，确定所需的工装也是工艺工程的一个重要环节。在工艺工程中，两个重要的参数指标是生产率和零件的制造成本。工具工程主要关注的是生产零件的工具、可移动的夹具、固定夹具和量具的设计。其中，可移动的夹具不仅能在加工制造过程中夹紧零件，还能引导刀具完成加工，而固定夹具只能夹紧零件使其完成连接、装配或处理操作。刀具完成加工或成形操作；量具用来检测零件尺寸是否符合要求。工作标准是指每个加工操作所需的时间，进而确定加工零件的标准成本。在制造业中，还有其他标准，如工具标准和材料标准。设备工程主要负责制造过程中所需的车间设备（空间、设备工具、物流和仓储等）。管理控制处理生产计划、调度和监督，以确保加工零件所需的原材料、设备、工具和工人能够在指定的时间按照指定数量各就各位。

计算机自动控制机床系统，其中包括工业机器人和用作调度及库存管控的软件，已经证明机床可将机器的使用时间由平均的 5% 提高到 90%。由计算机控制的加工中心可以在单个机床中完成许多操作，这大大提高了机床的生产率。计算机自动化工厂将此更往前推进一步，零件加工的所有步骤都通过软件系统进行优化。这样，至少一半的机床具备了能够在工作站间自动搬运零件等的多种加工能力。与传统的自动装配线不同，自动化工厂是一个灵活的制造系统，在计算机控制下，它可以加工多种类型零件。通过不断的努力，业界终于将计算机与制造的各个方面紧密联合，产生了一项新的技术——计算机集成制造（CIM）。

图 13.1 给出了制造所包括的广泛内容。制造过程始于步骤 4，此时设计工程师将设计的完整信息交给工艺规划师。正如上文所说，很多工艺规划工作与细节设计同时完成。工艺选择和工装设计是这个步骤中的主要内容。步骤 5 调整工艺过程，通常采用计算机建模或优化操作流程的方法来进行优化过程，进而提高吞吐量或成品量（减少废品），或降低生产成本。步骤 6 涉及实际加工零件过程，还包括培训和动员加工人员。在许多情况下，需要处理大量的原材料。为了实现有效的加工操作，步骤 7 涉及的许多问题至关重要。最后，步骤 8 是将产品发货并销售给客户。步骤 9 是最后的售后服务环节，主要负责保修和维

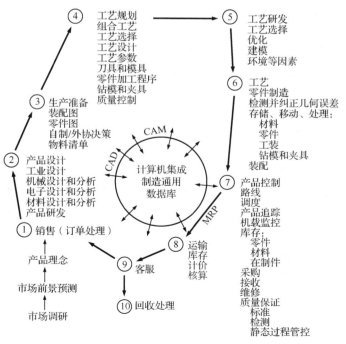

图 13.1 制造所包括的内容

修，直至最终产品不再服务用户，以期被循环利用。通过用户售后反馈收集有用信息，然后返回步骤 2 的新产品设计，至此，整个周期得以完成。

13.3 制造工艺分类

对种类繁多的制造工艺进行分类并非易事。图 13.2 是商业和工业的层次分类。服务业包括教育业、银行业、保险行业和医疗行业等，服务业为现代社会提供了重要服务，但并不通过加工原材料来获得财富。加工业将原材料（矿产材料、天然产品或者化石燃料）利用能源、机械和技术知识等手段转化为产品来满足社会需求。配送业的功能是将产品输送给大众，例如销售业和运输业。

现代工业化社会的一个特点是越来越小的人群所创造的财富使得整个社会变得富裕成为可能。正如 20 世纪，美国从一个以农业为主的社会转变为农业人口只占人口总数 3% 的社会，现在美国制造业的从业人员的比例也在不断降低。1947 年在美国，从事制造业的劳动力大约占到总人口的30%，1980 年占大约 22%，到了 2004 年，这个比例降到大约 15%，而如今，这一比例已经在 10% 以下。

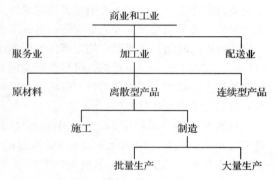

图 13.2　简单的商业和工业层次分类

可将加工业简单地分为三类：原材料生产工业（矿业、石油和农产品）、离散型产品工业（汽车、电子产品等）和连续型产品工业（汽油、纸张、钢铁和化工产品等）。离散型产品的两个主要种类是建筑业（房屋、道路和桥梁等）和制造业。同时，制造业又包括批量生产（低批量）和大量生产。

13.3.1 制造工艺的类型

制造过程是将原材料转换为零件或产品成品。由于加工改变了零件的几何尺寸，影响了零件内部的微观结构，进而也影响了材料的性能。例如，将铜板制作成子弹弹壳状的圆筒后，材料的强度有所提高，但是由于在滑面上存在错位滑动，材料的延展性就降低了。

如第 6 章所述，一个设计的功能分解可用能量流、物质流和信息流来描述。这三方面因素也同样适用于描述制造。因此，制造工艺要求由能量流引起物质流，从而改变原材料的形状；包含工件形状信息和材料属性信息的信息流取决于材料类型和所使用的工艺，如选择的是机械加工、化学处理或热处理，刀具的特点和工件相对刀具的运动形式等都会影响信息流。

在上百种的制造工艺中，有一种最传统的区分方式是它们分为工件质量不变的制造工艺和工件质量减小的制造工艺。对于工件质量不变的制造工艺而言，工件加工前后的质量差异不大。大部分的制造工艺属于此类。形状复制工艺是一种工件质量不变的制造工艺，它通过外力使零件具有了模具型腔的表面形状，使零件能够复制工装所保存的信息，例如铸造、注射成型和闭式模锻。对于工件质量减小的制造工艺而言，起始时工件的质量大于完工后的工件质量。这类工艺类型属于成型工艺，因为零件的形状是由刀具和工件间的相对运动生成的。材料去除可以由可控的材料断裂、熔化或化学反应来完成。例如加工工艺中的铣削或钻孔就在此例。

制造工艺还可以分为另外三大类：①基础工艺；②辅助工艺；③修饰工艺。

- 基础工艺将原材料处理成一定的形状，主要包括铸造工艺、聚合物工艺、成型工艺、变形工艺和粉末工艺。
- 辅助工艺通过添加特定的特征修改工件的形状，如添加键槽、螺纹和槽。各种切削加工工艺是辅助工艺的主要类型，其他类型还包括将零件紧固成一个整体的连接工艺和改变工件机械属性的热处理工艺。
- 修饰工艺加工出产品的最终外观并决定了产品的体验价值，主要通过添加镀层、涂装和抛光等工艺过程实现。

第 11.2.1 节所使用的材料分类结构也同样适用制造工艺的分类。例如，成型工艺族包括铸造工艺类、聚合物成型工艺类、变形工艺类和粉末工艺类。变形工艺类又可细分为轧制、拉伸、冷成型、挤锻压加工、金属薄板成型和旋转处理。此外，对于每种工艺，还需要确定其属性或工艺特性（PC），例如工件适用的特定尺寸范围、工艺加工过程中通常能得到的工件最小厚度、工艺所能允许的最小尺寸公差和表面粗糙度，以及最具经济效益的批量大小等。

13.3.2　各类制造工艺简介

本节进一步介绍主要的制造工艺类型。

1. 铸造（凝固）工艺

将溶液倒入模具中，凝固成模腔的形状。液体在自身重量或适当的压力作用下流动充填模具。铸件形状的设计要确保金属液体流能够充满模腔的各个部分，并且凝固过程要逐步进行，从而保证凝固的壳体中不会含有残留的液体。这就要求液体要有低黏性，因此铸造工艺一般使用金属或金属合金材料。由于模具的制作和筹备差异，不同的铸造工艺和它们的成本也各不相同。通过计算机模型来预测和控制液体材料的流动和凝固过程可以减少铸造缺陷，这极大地推动了铸造工艺的进步。

2. 聚合物工艺（成型工艺）

聚合物的广泛应用促进了适用于其高黏性的工艺类型的发展。在大部分此类工艺中，热而黏的聚合物被压入或注射到模具中。铸造和成型工艺的区别在于加工材料的黏性大小。成型工艺可采取比较与众不同的方式，例如将熔化的塑料制粒压入热模中或将塑料管吹成模具壁的奶瓶形状。

3. 变形工艺

变形工艺可以提高材料（常为金属）的特性或改变其形状，通常采用热处理或冷处理方式来完成。变形工艺也称为金属成型工艺。典型的变形工艺包括锻造、滚压、挤压和拉丝。金属薄板成型作为一种特殊的变形工艺，它是在二维压力状态下变形的，而不是三维状态下。

4. 粉末工艺

作为一个快速发展的制造领域，粉末工艺包括金属粉末的凝固工艺、制陶工艺、聚合物的压制和烧结工艺、热压实工艺和塑性变形工艺，还包括复合材料加工工艺。对于不需要切削或修饰处理的高尺寸精度的小零件，也可利用粉末工艺来完成。粉末工艺对于不适合铸造或变形工艺加工的材料来说是最好的加工方法，例如具有很高熔点的金属和陶瓷等材料。

5. 材料去除或切削工艺

多种方式通过坚硬锋利的刀具去除工件上的材料，例如车削、铣削、磨削和刨削。通过可控断裂来去除材料，这期间会产生切屑。切削作为最古老的制造工艺之一，可以追溯到车床才刚问世的工业革命早期。基本上通过一系列的切削操作可以实现任何形状。由于切削操作始于已被加工过的零件，例如坯料、铸件或锻件，所以切削工艺属于辅助工艺。

6. 接合工艺

接合工艺包括所有类型的焊接、软钎焊、硬钎焊、扩散连接、铆接、螺栓连接和胶接。这些操作使零件互相连接。紧固操作在制造的装配阶段进行。

7. 热处理和表面处理

此类工艺包括改善工件的力学性能的热处理工艺，还包括改善工件表面特性的扩散工艺，如使用渗碳、渗氮等方法，也可以通过其他方法如喷敷、热浸镀、电镀和喷涂工艺。此外，还包括进行表面处理前的表面清理操作。此类工艺有些属于辅助工艺，有些属于修饰工艺。

8. 装配工艺

一般情况下，制造过程的最后一步就是装配，通过装配工艺将一定量的零件装配组合成产品组件或成品。

13.3.3 制造工艺的信息源

本书无法详细介绍现代制造业所采用的各种工艺。表 13.1 列出了几本容易获取的教材，里面涵盖了材料的属性、设备和工装方面的知识，有助于更好地理解各种工艺是如何工作的。

表 13.1　关于制造工艺的主要教材

J. T. Black and R. Kohser, *DeGarmo's Materials and Processes in Manufacturing*, 10th ed., John Wiley &Sons, Hoboken, NJ, 2008.

M. P. Groover, *Fundamentals of Modern Manufacturing*, 4th ed., John Wiley & Sons, New York, 2010.

S. Kalpakjian and S. R. Schmid, *Manufacturing Processes for Engineering Materials*, 5th ed., Pearson Prentice Hall, Upper Saddle River, NJ, 2008.

J. A. Schey, *Introduction to Manufacturing Processes*, 3rd ed., McGraw-Hill, New York, 2000.

Also, Section 7, Manufacturing Aspects of Design, in *ASM Handbook* vol. 20 gives an overview of each major process from the viewpoint of the design engineer.

The most important reference sources giving information on industrial practices are *Tool and Manufacturing Engineers Handbook*, 4th ed., published in nine volumes by the Society of Manufacturing Engineers, and various volumes of *ASM Handbook* published by ASM International devoted to specific manufacturing processes, see Table 13.5. In general, the *ASM Handbooks* have been updated more recently than the *Manufacturing Engineers Handbooks*. More books dealing with each of the eight classes of manufacturing processes are listed below.

铸造工艺 （Casting Processes）

M. Blair and T. L. Stevens, eds., *Steel Castings Handbook*, 6th ed., ASM International, Materials Park, OH, 1995.

J. Campbell, *Casting*, 2nd ed., Butterworth-Heinemann, Oxford, UK, 2004.

H. Fredriksson and U. Å. kerlind, *Material Processing During Casting*, John Wiley & Sons, Chichester, UK, 2006.

Casting, *ASM Handbook*, vol. 15, ASM International, Materials Park, OH, 2008.

聚合物工艺 （Polymer Processing）

E. A. Muccio, *Plastics Processing Technology*, ASM International, Materials Park, OH, 1994.

A. B. Strong, *Plastics: Materials and Processing*, 3rd ed., Prentice Hall, Upper Saddle River, NJ, 2006.

Plastics Parts Manufacturing, *Tool and Manufacturing Engineers Handbook*, vol. 8, 4th ed., Society of Manufacturing Engineers, Dearborn, MI, 1995.

J. F. Agassant, P. Avenas, J. Sergent, and P. J. Carreau, *Polymer Processing: Principles and Modeling*, Hanser Gardner Publications, Cincinnati, OH 1991.

Z. Tadmor and C. G. Gogas, *Principles of Polymer Processing*, 2nd ed., Wiley-Interscience, Hoboken, NJ, 2006.

变形工艺 （Deformation Processes）

W. A. Backofen, *Deformation Processing*. Addison-Wesley, Reading. MA, 1972.

W. F. Hosfortd and R. M. Caddell, *Metal Forming: lvlechanics and Metallurgy*, 2nd ed., Prentice Hall, Upper Saddle River, NJ, 1993.

E. Mielnik, *Metalworking Science and Engineering*, McGraw-Hill, New York, 1991.

R. H. Wagoner and J-L Chenot, *Metal Forming Analysis*, Cambridge University Press, Cambridge, UK, 2001.

（续）

K. Lange, ed., *Handbook of Metal Forming*, Society of Manufacturing Engineers, Dearborn, ML 1985.

R. Pearce, *Sheet Metal Forming*, Adam Hilger, Bristol, UK, 1991.

Metalworking: Bulk Forming, *ASM Handbook*, vol. 14A, ASM International, Materials Park, OH, 2005.

Metalworking: Sheet Forming. *ASM Handbook*, vol. 14B, ASM International, Materials Park, OH, 2006.

z. Marciniak and J. L. Duncan, *The Mechanics of Sheet Metal Formillg*, Edward Arnold, London, 1992.

粉末工艺（Powder Processing）

R. M. German, *Powder Metallurgy Science*, Metal Powder Industries Federation, Princeton, NJ, 1985.

R. M. German, *Powder Metallurgy of Iron and Steel*, John Wiley & Sons, New York, 1998.

J. S. Reed, *Introduction to the Principles of Powder Processing*, 2nd ed., John Wiley & Sons, Hoboken, NJ, 1995.

ASM Handbook, Vol. 7, *Powder Metal Technologies and Applications*, ASM International, Materials Park, OH, 1998.

Powder Metallurgy Design Manual, 2nd ed., Metal Powder Industries Federation, Princeton, NJ, 1995.

材料去除工艺（Material Removal Processes）

G. Boothroyd and W. W. Knight, *Fundamentals of Machining and Machine Tools*, 3rd ed., Taylor & Francis, Boca Raton, FL, 2006.

E. M. Trent and P. K. Wright, *Metal Cutting*, 4th ed., Butterworth – Heinemann, Boston, 2000.

H. El-Hofy, *Fundamentals of Machining Processes*: *Conventional and Nonconventional Processes*, Taylor& Francis, Boca Raton, FL, 2007.

S. Malkin, *Grinding Technology*: *Theory and Applications*, Ellis Horwood, New York, 1989.

M. C. Shaw, *Metal Cutting Principles*, 2nd ed., Oxford University Press, New York, 2004.

Machining, *Tool and Manufacturing Engineers Handbook*, vol. 1, 4th ed., Society of Manufacturing Engineers, Dearborn, MI, 1983.

ASM Handbook, vol. 16, *Machining*, ASM International, Materials Park, OH, 1989.

接合工艺（Joining Processes）

S. Kuo, *Welding Metallurgy*, John Wiley & Sons, New York, 1987.

R. W. Messler, *Joining of Materials and Structures*, Butterworth-Heinemann, Boston, 2004.

Engineered Materials Handbook, vol. 3, *Adhesives and Sealants*, ASM International, Materials Park, OH, 1990.

R. 0. Pam1ley, ed., *Standard Handbook for Fastening and Joining*, 3rd ed., McGraw-Hill, New York, 1997.

ASM Handbook, vol. 6A, *Welding Fundamentals and Processes*, ASM lnternationaI, Materials Park, OH, 2011.

Welding Handbook, 9th ed., American Welding Society, Miami, FL, 2001.

Heat Treatment aiid Surface Treatment

Heat Treating, *ASM Handbook.* vol. 4, ASM International, Materials Park, OH, 1991.

ASlVI Handbook, vol. 5, *Swface Engineering*, ASM International, Materials Park, OH, 1994.

Tool and Manufacturing Engineers Handbook, vol. 3, *Materials*, *Finishing*, *and Coating*, 4th ed., Society of Manufacturing Engineers, Dearborn, Ml, 1985.

装配工艺（Assembly Processes）

G. Boothroyd, *Assembly Automation and Product Design*, Marcel Dekker, New York, 1992.

P. H. Joshi, *Jigs and Fixtures Design Manual*, McGraw-Hill, New York, 2003.

A. H. Redford andl Chai, *Design for Assembly*, McGraw-Hill, New York, 1994.

Fundamentals of Tool Design, 5th ed., Society of Manufacturing Engineers, Dearborn, MI, 2003.

Tool and Manufacturing Engineers Handbook, vol. 9, *Assembly Processes*, 4th ed., Society of Manufacturing Engineers, Dearborn, MI, 1998.

13.3.4　制造系统的类型

　　制造系统主要可分为单件生产、批量生产、装配线生产和连续生产四大类[⊖]。它们各自的特点见表 13.2。单件生产的特点是小批量生产，但每年零件都种类繁多。由于没有固定的工作流，

⊖　G. Chryssolouris, *Manufacturing Systems*, 2nd ed., Springer, New York, 2006.

所以半成品常常要排队等待机器加工。单件生产的加工能力很难被衡量，因为它的加工能力很大程度上受产品间的差异程度影响。批量流或解耦流可应用在产品的设计相对比较稳定并且可以周期性地批量生产时，但是单一产品的产量仍无法保证专用设备的成本，例如重型设备的制造或成衣的设计生产。在装配线生产中，按照使用顺序布置设备。大量的装配工作被细化为更小的步骤，在一系列连续的工作台上进行，例如生产汽车和消费电器。连续流工艺是最专业化的制造系统，其中高度专用且多自动化的设备被布置成一个电路。材料连续地从输入端流向输出端，例如汽油精炼和造纸。

表 13.2　制造系统的特点

特　征	单 件 生 产	批 量 生 产	装配线生产	连 续 生 产
设备和物理布局：				
批量大小	低量(1～100件)	中等（100～10000件）	大量(1万～100万件/年)	大量，以吨、加仑等计算
工艺流程	少量主导流模式	一些流模式	刚性的流模式	定义良好的僵化的
设备	一般用途	混合用途	特殊用途	特殊用途
安排	频繁	偶尔	量少且昂贵	稀有且昂贵
为新产品改变工艺	增加	经常增加	多样化	通常激进
信息控制：				
生产信息需求	高	多样化	中等	低
原材料库存	小	中等	多样化，频繁交付	大
半成品	大	中等	小	很小

　　若一个工艺是由动力机械而不是手工完成的话，那么此工艺被称为机械化工艺。在发达国家，几乎所有的制造工艺都是机械化的。当一种工艺的所有步骤以及材料的运输和零件的检测都是由自动化器械控制并完成的，称此种工艺为自动化工艺。自动化不仅包含机械化，还包括传感能力和控制能力（可编程序逻辑控制器和PC）。硬自动化由硬连接实现，是由硬连线控制的；而软自动化能够通过编程适应各种变化的条件状况。

13.4　制造工艺的选择

　　在加工零件时，影响工艺选择的因素如下：
- 所需工件的数量。
- 复杂性——零件的形状、尺寸和几何特征。
- 零件的材料。
- 零件的质量。
- 加工成本。
- 零件的可用性、完工时间和交付时间表。

正如第11章所强调的，材料选择和工艺选择相互影响密切。

选择制造工艺的步骤为：
- 根据零件的具体要求，确定材料种类，零件的加工数量，零件的尺寸、形状、最小厚度、表面粗糙度和重要尺寸的公差，它们是工艺选择的限制条件。
- 确定工艺选择的目标。一般情况下，目标为使工件的加工成本最小化。然而，将零件质量实现最大化或加工时间最小化也可以作为工艺选择的目标。
- 使用已确定的限制条件筛选众多的工艺方法，删除不满足条件的制造工艺。可以使用本章所述内容来筛选，或者使用"M. F. Ashby，*Materials Selection in Mechanical Design*，4th ed.，Butterworth-Heinemann，Oxford，UK，2011"中介绍的筛选表进行筛选。英国剑桥的 Granta Design 公司于 2010 年开发了软件 The Cambridge Engineering Selector（剑桥工程筛选器），此软件可以极大地促进工艺筛选过程，它连接了材料选择和所有可能的制造工艺，并且提供了关于每种工艺的详细信息。图 13.3 是该软件中介绍的一个工艺实例。

热塑性塑料的注塑成型等同于金属的压模铸造。熔化的聚合物在高压下注入冷却的钢模中。聚合物在压力作用下凝固，取出成型件。

虽然市面上有很多种类的注塑成型机，但是目前最常用的注塑成型机是交互螺旋注塑机（如图所示）。该种机器的资金投入和工装成本都非常高。它的生产率也相当高，尤其适合加工小型定型件，常被用于加工内部多腔的定型件。注塑成型专门用于大量生产。可以使用较便宜的材料以低成本的方式制作单腔模具来制造原型件。如果想使产品的质量得到提升就有可能要牺牲生产效率。注塑成型也可以用于加工热固塑料和橡胶零件，此时需要分别对工艺做些许修改。此工艺可以加工形状复杂的零件，虽然在零件上增加一些几何特征（比如凹槽、螺纹、内嵌特征等）可能会增加工装成本。

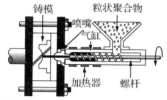

铸模　喷嘴　粒状聚合物　气缸　加热器　螺杆

物理属性

邻接截面比	1	—	2	
纵横比	1	—	250	
质量大小	0.02205	—	55.12	lb
最小孔径	0.02362	—		in
最小圆角半径	0.05906	—		in
截面厚度范围	0.01575	—	0.248	in
表面粗糙度	7.874e-3	—	0.06299	mil
品质因子（1~10）	1	—	6	
公差	3.937e-3	—	0.03937	in

经济属性

经济批量大小（以质量算）
经济批量大小（以件数算）

成本模型

相对成本指数（每件）	18.16	—	113.3	

参数：材料成本=4.309美元/lb，零件质量=2.205lb，批量大小=1000。

投资成本	3.77e4	—	8.483e5	美元
交付时间	4	—	6	week(s)
材料利用率	0.6	—	0.9	
生产率（以质量算）	66.14	—	2205	lb/h
生产率（以件数算）	60	—	3000	件/h
刀具寿命（以质量算）	1.102e4	—	1.102e6	lb
刀具寿命（以件数算）	1e4	—	1e6	

其他信息

设计准则
可加工复杂形状零件，不适合加工厚壁件或者截面厚度变化很大的零件，适用于加工小凹角的零件。

技术节点
绝大多数的热塑性塑料可以用注塑成型加工。但是一些高熔点的聚合物（比如聚四氟乙烯）不适宜用此法加工。基于热塑性塑料的复合材料（内部填充短纤维和颗粒状物质）也可以采用此法加工。注塑成型件通常是薄壁的。

典型应用
应用场合相当广泛。外壳、容器、盖、旋钮、工具手柄、管道配件和镜片等。

经济性
工装成本范围可由涵盖小型简易件到大型复杂件。生产率由零件复杂程度和成型件型腔数量决定。

环境因素
热塑性塑料的浇口可被循环利用。此工艺需要抽出易挥发的气体，在树脂成形时会暴露在大量粉尘之中。如果发生温度调节控制故障将会非常危险。

图 13.3 典型工艺数据表

（来自 CES EduPack，2006 Granta Design Limited，Cambridge，UK，2006）

- 通过筛选减少了可选工艺的数量，然后根据加工成本对筛选后的工艺进行排序。基于经济批量可以得到一种快速的排序方法（第13.4.1节），但此种方法在最后决定前需要使用成本模型（第13.4.6节）。然而，在做最后决定前，还需要从表13.1和本章的其他部分查找支持信息。寻找案例研究和工程实例能够提高决策的可靠性，为决策提供良好的支撑。

下面各节将介绍影响特定工件工艺选择的各种因素。

13.4.1　零件的需求量

影响工艺选择的两个重要因素是单位时间段内的零件加工数量和加工速度。每种制造工艺都有限制它的最小零件加工数量，最小加工数量能够检验工艺选择是否合理。有些工艺，如自动滚丝机，由于其装备时间比加工单个零件时间要长，所以适合大批量生产。其他的工艺，如用于制造玻璃塑料船的手糊成型工艺，是小批量工艺，此工艺装备时间很短，但零件制作时间较长。

由于生产的产品总量少，生产设备常常不需要一直工作，因此批量或大规模生产的产量有时仅表示产品年产量的一部分。批量大小受成本、在特定设备上装备新产品的不便性以及生产周期间零件维护的仓储成本等影响。

图13.4通过比较加工铝制连接杆时砂型铸造和拉模铸造两种工艺在使用成本方面的差异，说明了工装成本、装备成本和零件数量在单件加工时的相互作用。砂型铸造虽然所用的设备和工装比较便宜，但需要更多的人力来制作砂型。相反，拉模铸造所用设备和金属型的成本都较高，但所需人力相对较少。原材料成本在砂型铸造和拉模铸造两种工艺中是相同的。若所需零件数量较少，那拉模铸造的单件成本比砂型铸造高，主要是由于前者工装成本较高。然而，若所需工件数量很大，由于它们分担了工装成本，所以单件成本减少了。当工件加工数量为3000时，拉模铸造的单件成本小于砂型铸造的单件成本。值得注意的是，砂型铸造工艺在工件数量大约为100时，达到平衡状态，单件成本则保持不变，此时单件成本由材料成本加上人工成本决定。拉模铸造也是同样情况，只不过相对于材料成本来说，人工成本较低。

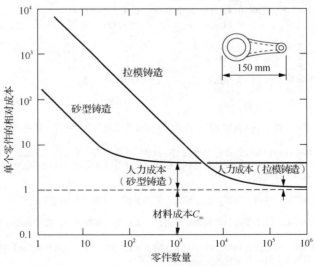

图13.4　采用砂型铸造和拉模铸造加工一个零件的相对成本与零件数量的对应关系

（来自 M. F. Ashby, *Materials Selection in Mechanical Design*, 2nd ed., p.278, Copyright Elsevier, 1999.）

当工艺的单件加工成本低于其他竞争者时，此时的零件数量被称作经济批量。在本例中，砂型铸造的经济批量为 1 ~ 3600，拉模铸造的经济批量是 3600 以上。经济批量可以很好地指导人们确定工艺成本结构，也是一个能够区别候选工艺的筛选参数，如图 13.5 所示。可以使用更加详细的成本模型来对最好的几种工艺的排序进行改良（第 13.4.6 节）。

工艺的灵活性与经济批量息息相关。制造工艺的灵活性决定了制造过程中是否容易修改工艺类型从而加工不同的产品或同一种产品的不同变型。更换和设置工装所需的时间很大程度上影响制造的灵活性。随着产品定制越来越重要，工艺的灵活性也受到了重视。

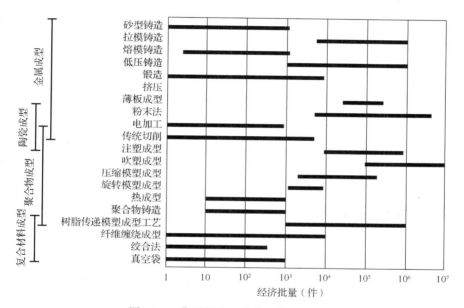

图 13.5　典型制造工艺的经济批量大小

（来自 M. F. Ashby, *Materials Selection in Mechanical Design*, 3rd ed., p.205, Copyright Elsevier, 2005.）

例 13.1　为了减轻汽车的自重，人们对塑料保险杠产生了很大兴趣。保险杠必须有好的刚度来限制尺寸、忍受低温影响（为了实现防撞性），在工作温度范围内能够很好地稳定尺寸[⊖]。此外，加工完成后，它还必须能够与周边喷涂过的金属零件连接成一体。为了能够满足上述关键质量特性的要求，在众多的工程塑料中选出了四种聚合材料。

- 短切玻璃纤维聚酯树脂材料，通过增加玻璃纤维提高韧性。
- 玻璃鳞片填料的聚氨酯材料，通过添加玻璃鳞片来提高硬度。
- 橡胶改性聚丙烯材料，使韧性到脆性的转变温度降低到 30 ℃ 以下。
- 聚碳酸酯和聚酯树脂混合而成的聚合物，兼有前者的耐溶解性和后者的强韧性。

为了将上述材料加工成保险杠，现在考虑这四种聚合物的成型工艺。虽然每种工艺都能很好地加工所选的工程塑料，但是它们在工装成本和灵活性上有很大差异。

工　艺	模具费用/美元	人工输入/单位
注塑成型	450000	3 min = 1 美元
反应注塑成型	90000	6 min = 2 美元

⊖　L. Edwards and M. Endean, eds., *Manufacturing with Materials*, Butterworth, Boston, 1990.

（续）

工　艺	模具费用/美元	人工输入/单位
压缩模塑成型	55000	6 min = 2 美元
触压成型	20000	1 h = 20 美元

每个零件的成本是模具成本加上人力成本，在材料成本忽略不计的情况下，以上四种材料的零件成本基本一致。

（单位：美元/件）

工　艺	1000 件	1 万件	10 万件	100 万件
注塑成型	451	46	5.50	1.45
反应注塑成型	92	11	2.90	2.09
压缩模塑成型	57	7.50	2.55	2.06
触压成型	40	22	20.20	20.02

注意随着所需零件加工数量的变化，单件成本是怎样大幅变化的。在加工数量较少的时候，采用触压成型中的手糊工艺的成本最小；相反，当加工数量最多的时候，采用低循环周期的注塑成型工艺的成本最小。假设单件保险杠的材料成本为 30 美元，随着零件数量的增加，可以看到材料成本是如何在总成本中实现最大比例的。

13.4.2　形状和特征的复杂性

零件的复杂性是指其形状和类型以及它所包含的特征的数量。一种表达零件复杂性的方法是信息量 I，它用一定数目的二进制数表示零件的复杂性。

$$I = n \log_2\left(\frac{\bar{l}}{\overline{\Delta l}}\right) \tag{13.1}$$

式中，n 为部件尺寸的数量；$\bar{l} = (l_1 \cdot l_2 \cdot l_3 \cdots l_n)^{1/n}$ 为尺寸的几何均方；$\overline{\Delta l} = (\Delta l_1 \cdot \Delta l_2 \cdot \Delta l_3 \cdots \Delta l_n)^{1/n}$ 为公差的几何均方；$\log_2(x) = \frac{\lg(x)}{\lg(2)}$。

简单的形状只用少数的几位二进制信息来表示。复杂形状，如集成电路，需要很多位信息才能够表示。铸造发动机机体需要 10^3 位信息，但当加工完各种不同的特征后，发动机机体的复杂性提高。因为增加了新的尺寸 (n)，并提高了其精度（$\overline{\Delta l}$ 减小）。

虽然金属薄板件基本为二维零件，但是大多数机械零件都是三维的形状。图 13.6 所示为一个不错的形状分类系统。在此分类系统中，等截面形状的复杂性为 0。

在图 13.6 中，形状复杂性从左往右依次增加，因为几何复杂性不断提高，特征也在增加，即增加了更多的信息量。注意，信息量的微小增加会对选择制造工艺产生很大的影响。与硬实的形状 R0（R 行 0 列）相比，空心形状 T0（T 行 0 列）只是额外增加了一个尺寸（孔的直径），但这一点变化却导致一些工艺却不再是适合加工此零件的最佳工艺，或需要在其他工艺中增加额外的操作步骤。

不同的制造工艺在加工复杂形状方面有不同的限制。例如，很多工艺都不能加工图 13.6 最后一行所示的凹穴。如果没有复杂、昂贵的工装，带有凹穴的零件将无法从模具中取出。还有些工艺有其他限制，如限制零件的壁厚尺寸（不能太小），或要求零件具有均匀的壁厚尺寸。挤压工艺要求零件具有轴对称性。粉末冶金所加工的零件不能有尖角或锐弯，因为未烧结的粉末在从模具中取出时会粉碎。车削工艺要求零件具有圆柱对称性。表 13.3 给出了能够加工图 13.6 中各种形状的制造工艺种类。

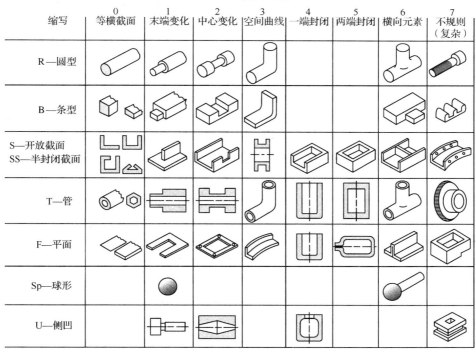

图 13.6　设计中的基本形状的分类系统

（根据 J. A. Schey）

表 13.3　生产图 13.6 中产品形状的制造工艺及其具体加工能力

工　艺	形状加工能力
铸造工艺	
砂型铸造	全部形状
石膏型铸造法	全部形状
熔模铸造	全部形状
金属铸模	除 T3、T5、F5、U2、U4、U7 以外的全部形状
拉模铸造	与金属铸模相同
变形工艺	
开式模锻	最适合 R0 ~ R3，全部 B 形状，T1，F0，Sp6
热压模锻	最适合 R、B 和 S 形状，T1，T2，Sp
热挤压	所有 0 形状
冷锻/冷挤压	与热压模锻和挤压相同
冲压成型	所有 0 形状
滚压成型	所有 0 形状
钣金工艺	
冲裁	F0 ~ F2，T7
折弯	R3、B3、S0、S3、S7、T3、F3、F6
拉伸	F4、S7
深冲压	T4、F4、F7
旋压	T1、T2、T4、T6、F4、F5

（续）

工 艺	形状加工能力
聚合物工艺	
挤压	所有 0 形状
注射成型	适当取芯可加工所有形状
压缩模塑	除 T3、T5、T6、F5、U4 以外其他形状
板材热成型	T4、F4、F7、S5
粉末冶金工艺	
冷压和烧结	除 S3、T2、T3、T5、T6、F3、F5 以外其他形状和所有 U 形状
高温等静压	除 T5、F5 以外的其他形状
粉末注射成型	除 T5、F5、U1、U4 以外的其他形状
粉末锻造	与冷压和烧结形状限制相同
机加工	
车床车削	R0、R1、R2、R7、T0、T1、T2、Sp1、Sp6、U1、U2
钻孔	T0、T6
铣削	所有 B、S、SS 形状，F0 ~ F4，F6，F7，U7
磨削	与车削和铣削相同
珩磨、研磨	R0 ~ R2，B0 ~ B2，B7，T0 ~ T2，T4 ~ T7；F0 ~ F2，Sp

注：本表来自 J. A. Schey，*Introduction to Manufacturing Processes.*

13. 4. 3 尺寸

零件在尺寸方面差异很大。由于不同制造工艺所用装备的本质不同，每种工艺都有适合其加工的零件尺寸范围，零件的尺寸在此范围内时使用这种工艺类型才节省成本，如图 13.7 所示。

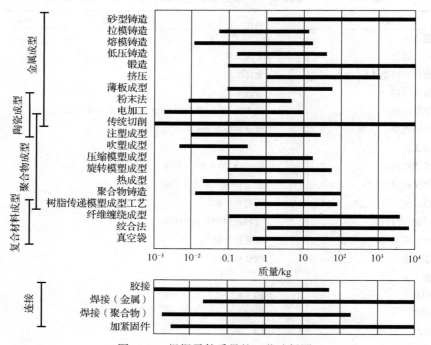

图 13.7 根据零件质量的工艺选择图

（来自 M. F. Ashby，*Materials Selection in Mechanical Design*，3rd ed.，p. 199，Copyright Elsevier，2005.）

注意切削工艺（如通过切割去除金属材料）可加工任何尺寸的零件，并且切削、铸造和锻造能加工出最大质量的零件。但是，世界上只有极少数的工厂能够加工极大尺寸的零件。因此，为了制造大尺寸的产品，如飞机、轮船和压力容器，需要通过如焊接或铆接等的连接工艺将很多零件组装起来。

在选择工艺的时候，通常一个限制性的几何因素是截面厚度。图 13.8 所示为各工艺类型可加工的零件的截面厚度范围。重力铸造能够加工的零件壁厚最小，因为表面张力和热传导因素会对它产生影响，薄壁部分有可能先于铸件其余部分固化。使用拉模铸造可以扩大零件的最小壁厚。受压力吨位的可及性和金属存在摩擦等因素的影响，金属变形工艺也有类似的最小截面厚度限制。在注塑成型中，聚合物零件在从注模机中取出前需要足够长的时间才能固化。人们想得到高的生产率，但聚合物材料缓慢的热传导速率严重地限制了可获得的最大壁厚。

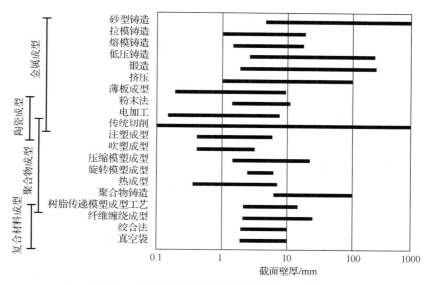

图 13.8　不同工艺类型提供的可用截面厚度范围

（来自 M. F. Ashby, *Materials Selection in Mechanical Design*, 3rd ed., p. 200, Copyright Elsevier, 2005.）

13.4.4　材料对工艺选择的影响

正如形状要求会限制可选工艺的种类一样，材料的选择也会在一定程度上限制可选制造工艺。材料的所有限制因素中，材料的熔点、变形耐力的水平和延展性是最主要的。材料的熔点决定了适用的铸造工艺种类。很多铸造工艺都可以加工低熔点金属，但是随着金属熔点的增高，金属液与模具发生的化学反应，再加上空气污染等问题，限制了可选工艺的类型。有些材料，如陶瓷，由于太脆不适用变形工艺。其他的材料，由于电抗性过高导致焊接性太差。

图 13.9 所示的表格列出了一些能够加工最常用的工程材料的制造工艺，还可根据经济批量所需的零件数量对此表进行细分。在最终的工艺评估和选择阶段，可以根据此表来筛选可选的制造工艺，得到少数几种较好的可操作的制造工艺。此表是制造工艺选择方法——制造工艺信息图（PRIMA）的一部分⊖。

⊖　K. G. Swift and J. D. Booker, *Process Selection*, 2nd ed., p. 23, Copyright Elsevier, 2003.

材料 数量	铁	碳钢	工具钢 合金钢	不锈钢	铜和 铜合金	铝和 铝合金	镁和 镁合金	锌和 锌合金	锡和 锡合金	铅和 铅合金	镍和 镍合金	钛和 钛合金	热塑性塑料	热固性塑料	FR复合材料	陶瓷	难熔金属	贵金属
1~100	[1.5] [1.6] [1.7] [4.M]	[1.5] [1.7] [3.10] [4.M] [5.1] [5.5] [5.6]	[1.1] [1.5] [1.7] [3.10] [4.M] [5.1] [5.5] [5.6] [5.7]	[1.6] [1.7] [3.7] [3.10] [4.M] [5.1] [5.5] [5.6]	[1.5] [1.7] [3.6] [4.M] [5.1]	[1.5] [1.7] [3.7] [3.10] [4.M] [5.5]	[1.6] [1.7] [3.10] [4.M] [5.1][5.5]	[1.1] [1.7] [3.10] [4.M] [5.5]	[1.1] [1.7] [3.10] [4.M] [5.5]	[1.1] [3.10] [4.M] [5.5]	[1.5] [1.7] [3.10] [4.M] [5.1] [5.5] [5.6]	[1.1] [1.6] [3.7] [3.10] [4.M] [5.1] [5.5] [5.6] [5.7]	[2.5] [2.7]	[2.5] [3.7]	[2.2] [2.6] [5.7]	[1.5] [5.1] [5.5] [5.6] [5.7]	[1.1] [5.7]	[5.5]
100~1000	[1.2] [1.5] [1.6] [1.7] [4.M] [5.3] [5.4]	[1.2] [1.6] [1.7] [1.10] [4.M] [5.1] [5.3] [5.4] [5.5]	[1.1] [1.2] [1.7] [4.M] [5.1] [5.3] [5.4] [5.5] [5.6] [5.7]	[1.2] [1.7] [3.7] [3.10] [4.M] [5.1] [5.3] [5.4] [5.5]	[1.2] [1.3] [1.5] [1.7] [1.8] [3.3] [3.6] [4.M] [5.1] [5.3] [5.4]	[1.2] [1.5] [1.7] [1.8] [3.7] [3.10] [4.M] [5.3] [5.4] [5.5]	[1.6] [1.7] [1.8] [3.10] [4.M] [5.5]	[1.1] [1.7] [1.8] [3.10] [4.M] [5.5]	[1.1] [1.7] [1.8] [3.10] [4.M] [5.5]	[1.1] [1.8] [3.10] [4.M] [5.5]	[1.2] [1.5] [1.7] [3.10] [4.M] [5.1] [5.3] [5.4] [5.5] [5.6]	[1.1] [1.6] [3.7] [3.10] [4.M] [5.1] [5.3] [5.4] [5.5] [5.6] [5.7]	[2.3] [2.5] [2.7]	[2.2] [2.3]	[2.2] [2.3] [2.6] [5.7]	[5.1] [5.3] [5.5] [5.6] [5.7]	[5.7]	[5.5]
1000~10000	[1.2] [1.3] [1.5] [1.6] [1.7] [3.11] [4.A] [5.2]	[1.2] [1.3] [1.5] [1.7] [3.1] [3.3] [3.10] [3.11] [4.A] [5.2] [5.3] [5.4] [5.5]	[1.2] [1.5] [1.7] [3.1] [3.4] [3.11] [4.A] [5.2] [5.3] [5.4] [5.5]	[1.2] [1.5] [1.7] [3.1] [3.2] [3.7] [3.10] [3.11] [4.A.] [5.2] [5.3] [5.4] [6.0]	[1.2] [1.3] [1.5] [1.8] [3.1] [3.2] [3.10] [3.11] [4.A] [5.2] [5.3] [5.4]	[1.2] [1.3] [1.4] [1.5] [3.1] [3.3] [3.7] [3.10] [3.11] [4.A] [5.3] [5.4] [5.5]	[1.3] [1.5] [1.8] [3.1] [3.3] [3.4] [3.10] [4.A] [5.5]	[1.3] [1.8] [3.3] [3.10] [4.A] [5.5]	[1.3] [1.5] [3.2] [3.10]	[1.3] [1.5] [3.3] [3.10]	[1.2] [1.3] [1.5] [1.7] [3.1] [3.2] [3.11] [4.A] [5.1] [5.3] [5.4] [5.5] [3.10]	[3.1] [3.7] [3.10] [3.11] [4.A] [5.2] [5.3] [5.4] [5.5]	[2.3] [2.5] [2.6] [2.7]	[2.2] [2.3] [2.4]	[2.1] [2.2] [2.3]	[5.2] [5.3] [5.4] [5.5]		[5.5]
10000~100000	[1.2] [1.3] [3.11] [4.A]	[1.0] [2.1] [3.3] [3.4] [3.5] [3.11] [3.12] [4.A] [5.2] [5.5]	[3.1] [3.4] [3.5] [3.11] [3.12] [4.A] [5.2]	[1.0] [3.1] [3.3] [3.4] [3.5] [3.11] [3.12] [4.A]	[1.2] [1.4] [1.8] [3.1] [3.3] [3.4] [3.5] [3.11] [3.12] [4.A]	[1.2] [1.3] [1.4] [1.8] [3.1] [3.3] [3.4] [3.5] [3.11] [3.12] [4.A] [5.5]	[1.3] [1.4] [3.1] [3.3] [3.4] [3.5] [3.12] 4.A]	[1.3] [1.4] [3.3] [3.4] [3.5] [3.12] [4.A]	[1.3] [1.4] [3.3] [3.4] [3.12]	[1.3] [1.4] [3.3] [3.4] [3.8] [3.12] [4.A]	[3.1] [3.3] [3.5] [3.4] [3.11] [3.12] [4.A] [5.2] [5.5]	[3.1] [3.4] [3.11] [3.12] [4.A] [5.2] [5.5]	[2.1] [2.3] [2.6] [2.7] [2.8]	[2.1] [2.3] [2.9]	[2.1] [2.3]	[3.11]	[3.12]	[3.5]
100000+	[1.2] [1.3] [3.11] [4.A]	[1.9] [3.1] [3.2] [3.3] [3.4] [3.5] [3.12] [4.A]	[4.A]	[1.9] [3.2] [3.3] [4.A]	[1.2] [1.M] [3.1] [3.2] [3.3] [3.4] [3.5] [3.7] [3.8] [3.11] [3.12] [4.A]	[1.2] [1.3] [1.4] [1.6] [3.1] [3.2] [3.3] [3.4] [3.5] [3.8] [3.12] [4.A]	[1.3] [1.4] [3.1] [3.3] [3.4] [3.8] [3.12] [4.A]	[1.4] [3.2] [3.3] [3.4] [3.5] [4.A]	[1.4] [3.3] [3.4] [4.A]	[1.4] [3.2] [3.3] [3.4] [4.A]	[3.2] [3.3] [4.A]	[4.A]	[2.1] [2.6] [2.8]	[2.1] [2.3] [2.4] [2.9]		[3.7] [3.11]		[3.5]
所有数量	[1.1]	[1.1] [1.5] [3.0] [3.0] [3.0]	[1.6] [3.6]	[1.1] [1.6] [3.6] [3.8] [3.9]	[1.1] [1.6] [3.6] [3.8] [3.9] 5.5]	[1.1] [1.6] [3.4] [3.5] [3.6]	[1.1] [3.5] [3.6] [3.8]	[3.6] [3.8] [3.9]		[3.5]	[1.1] [1.6] [3.4] [3.5] [3.8]	[3.8] [3.9]				[5.5]	[1.5]	[1.6]

制造工艺PRIMA选择表中各符号的含义：

铸造工艺
[1.1]砂型铸造
[1.2]壳模铸造
[1.3]重力拉模铸造
[1.4]压铸
[1.5]离心浇铸
[1.6]熔模铸造
[1.7]陶瓷铸造
[1.8]石膏模型铸造
[1.9]挤压铸造

塑料和复合材料工艺
[2.1]注塑成型
[2.2]反应注塑成型
[2.3]压塑成型
[2.4]传递模塑
[2.5]真空成型
[2.6]吹塑成型
[2.7]旋转模塑成型
[2.8]接触成型
[2.9]连续挤压成型(塑料)

成型工艺
[3.1]封闭模锻
[3.2]滚轧
[3.3]拉深
[3.4]冷成型
[3.5]冷镦
[3.6]模锻
[3.7]超塑成形
[3.8]金属薄板剪切
[3.9]金属薄板成型
[3.10]旋压
[3.11]粉末冶金
[3.12]连续挤压（金属）

切削工艺
[4.A]自动化切削
[4.M]人工切削

上述内容所涉及的切削工艺及其控制技术范围很广，详细信息请参考单个工艺介绍。

特种加工工艺
[5.1]电火花加工（EDM）
[5.2]电解加工（ECM）
[5.3]电子束加工（EBM）
[5.4]激光加工（LBM）
[5.5]化学加工（CM）
[5.6]超声加工（USM）
[5.7]磨料喷射加工（AJM）

图13.9　PRIMA工艺选择表展示了常用的材料与工艺类型的组合

（来自K. G. Swift and J. D.Booker, *Process Selection*, 2nd ed., p. 23, Copyright Elsevier, 2003.）

除了退火（软）状态的金属材料，还可以购买到经过不同冶金处理的钢、铝合金和其他金属合金，如调质钢棒料，经过溶解处理、冷加工的变陈的铝合金，冷拔和解应力的铜棒。每个零件加工完成后再对其独自进行热处理相比由材料供应商来对材料进行冶金强化会更节省成本。

如果零件的几何形状十分简单，如直轴或螺栓的形状，选择材料和制造方法是十分容易的。然而，由于零件的形状变得更加复杂，使用几种形式的材料和多种制造工艺是有可能完成零件加工的。例如，体积较小的齿轮可用棒料来加工，或者用更节省的方法，就是精锻齿轮毛坯来加工。根据完成零件的总成本，从多种可选工艺中进行选择（成本估算方法的详细介绍参见第 16 章）。一般情况下，零件加工数量是比较成本大小的重要因素，如图 13.4 所示。存在一个节点，在此点以后，用精锻来加工齿轮的单件成本要低于用棒料加工的成本。随着产量的增加，起初在工装或专用加工设备上增加投资可以减少单件成本就显而易见了。

13. 4. 5　零件的质量要求

三个相关的特征集决定零件的质量：①避免内部和外部缺陷；②表面粗糙度；③尺寸精度与公差。材料的可加工性和可成型性在很大程度上影响上述三个方面能否获得好的质量[一]。对于给定的制造工艺，不同材料表现出不同的可加工性，而同一种材料在不同的工艺下也可能表现出不同的可加工性。例如，在变形工艺中，随着工艺所提供的流水静力压程度的增大，材料的可加工性也随之提高。因此，钢在挤压工艺中的可加工性要比在锻造工艺中强，而在拉拔工艺中的可加工性更差，这是因为按照所列工艺的顺序，压力中流水静力成分依次减少。

1. 缺陷

缺陷可能存在于零件的内部或主要集中在零件表面上。内部缺陷包括焊接空隙、内缩孔、裂纹或含有不同的化学成分的区域（偏析）等。表面缺陷包括表面裂纹、氧化物压入、表面异常粗糙、表面污渍或腐蚀。用于制造零件的材料总量应保证足够多于成品零件的材料总量，因为之后要通过切削或其他表面处理工艺去除材料表面的瑕疵。所以为了保证可以对表面进行切削加工并达到零件专业要求，铸造的零件要有多余的材料，或者为了去除脱碳层，经过了热处理的钢质零件的尺寸也应稍大一些[二]。

通常，有些制造工艺需要使用一些额外材料，例如铸件含有浇口和冒口，锻件和成型件需要飞刺。在其他工艺中，多余的材料也用于运送、定位和测试零件等。虽然去除多余的材料要消耗成本，但是购买一个稍微大一些的工件的代价要比损失一个废弃零件小很多。

为了减少缺陷的产生，基于计算机的工艺建模技术正在有效地被用来进行工装设计和分析材料流。同时，改进的无损坏缺陷检测技术可以在零件使用前检测出其缺陷。如焊接空隙这样的缺陷，可通过高强度流水静压来消除，水压可以达到 $15000 lbf/in^2$，此工艺称为热等静压技术（HIP）[三]。由于热等压技术的有效使用，使得以前锻造加工的零件可以被铸件所代替。

2. 表面粗糙度

表面粗糙度决定了零件的外观，影响零件与其他零件的装配及其自身的耐蚀性和耐磨性。鉴于表面粗糙度对疲劳失效、摩擦、磨损和与其他零件的装配的影响，因此，必须指定和控制零件的表面粗糙度。

⊖　G. E. Dieter, H. A. Kuhn, and S. L. Semiatin, *Handbook of Workability and Process Design*, *ASM International*, Materials Park, OH, 2003.

⊜　在变形工艺中，缺陷形成的图像和讨论见文献：ASM Handbook, vol. 11, *Failure Analysis and Prevention*, pp. 81-102, ASM International, Materials Park, OH, 2002.

⊜　H. V. Atkinson and B. A. Rickinson, *Hot Isostatic Pressing*, Adam Huger, Brisol, UK, 1991.

没有任何一个零件的表面可以像在工程图上画的直线那样光滑平整。如图 13.10 所示，当在很高的放大比例下观察时，零件的每一个表面都是粗糙的。零件的表面粗糙度用轮廓仪来测量，它是一种精度很高的测量仪器，主要是用仪器细小的测头沿一条直线扫描（一般扫描长度是 1mm）。下面一些参数用于表示零件的表面粗糙度的大小[a]：

Rt 是最高峰与最低谷间测量所得到的高度差。虽然 Rt 不是表征表面粗糙度最常用的参数，但是当粗糙表面需要进行抛光处理时，Rt 是一个重要参数值。

Ra 是平均表面中线偏差的绝对值的算数平均值。平均表面中线以上到峰顶之间由轮廓线围成的面积和其下到谷底之间由轮廓线围成的面积相等。Ra 也称为中线平均值。

$$Ra = \frac{y_1 + y_2 + y_3 + \cdots + y_n}{n} \qquad (13.2)$$

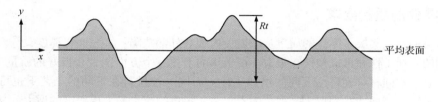

图 13.10　垂直方向放大后的表面粗糙度的截面轮廓

Ra 是工业界通常使用的表面粗糙度度量方法，但在评定轴承表面粗糙度时不是十分有效[b]。Rq 是与平均表面间的均方根差。

$$Rq = \left(\frac{y_1^2 + y_2^2 + y_3^2 + \cdots + y_n^2}{n}\right)^{1/2} \qquad (13.3)$$

由于 Rq 给予了表面粗糙度中轮廓较高峰更大的权重，所以有时 Rq 可以替换 Ra。近似情况下，$Rq/Ra \approx 1.1$。

常用的表面粗糙度单位为 μm（微米）或 μin（微英寸）。1μm = 40μin，1μin = 0.025μm = 25nm。

零件表面除了表面粗糙度以外还有其他重要特征。因精饰工艺，表面通常呈现方向性的划痕特性，这就是表面加工纹理。表面可能含有随机的纹理，也可能是具有一定角度或圆形图案的标志符号。其他表面参数特征还有表面波纹度，与粗糙度的峰值和谷值不同，波纹度反映的是更长范围内表面轮廓的特征。上述表面参数特征在工程图样中的限制值如图 13.11 所示。表面粗糙度的截止长度被用来从表面粗糙度的变化中分离出表面波纹度。表面粗糙度的截止长度是一个特定的长度，被用来衡量表面粗糙度的大小。例如某截止长度为 0.030in，则一般就可以将波纹度从表面粗糙度中分离出。

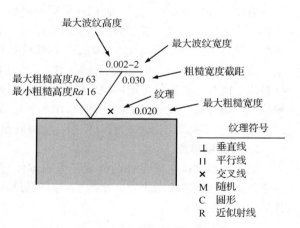

图 13.11　工程图中的表面粗糙度符号
（表面粗糙度值的单位是 μin）

⊖　见表面纹理，ANSI Standard B46.1，ASME，1985.

⊜　N. Judge，*Manufacturing*，Oct. 2002，pp. 60-68.

需要了解的一点是，通过指定平均粗糙高度值来确定表面粗糙度不是一个理想的方法。两个表面可能有相同的 *Ra* 值，但是这两个表面在轮廓细节上或许千差万别。

表面纹理不能全面地描述一个表面的情况。例如，表面纹理层下面存在变质层。变质层的特性与在生成表面时所施加的能量的性质和量值相关，变质层有可能含有微小的裂纹、残余压力、刚度差异或其他的变化。对受工艺影响的表层和次表层进行的控制称为表面完整性[○]。

表 13.4 描述了表面粗糙度的不同等级，并举例介绍了一些在不同种类的机械零件上指定的表面粗糙度。表面粗糙度的定义是用文字写就的，其具有优选的推荐值，ISO 表面粗糙度标准给出了推荐值 *N*。

在工程设计上的许多领域中，对于表面粗糙度的控制尤为重要。

1）多种配合面对精度有要求，比如垫片、密封件、刀具和模具等。

2）粗糙表面表现为缺口，可减少耐损寿命。

3）粗糙度在摩擦、磨损和润滑等方面的摩擦学研究中扮演重要角色。

4）表面粗糙度可用于改变表面的电阻和热阻。

5）粗糙表面会残留腐蚀性液体。

6）表面粗糙度影响着产品的外表，使之表面光亮或者黯淡。

7）表面粗糙度对产品表面涂料的粘附性能有很大影响，例如油漆以及电镀层。

表 13.4　表面粗糙度的典型值

描　　述	*N*　值	*Ra*/μin	*Ra*/μm	典型设计应用
非常粗糙	N11	1000	25.0	非压力表面，粗糙铸造面
粗糙	N10	500	12.5	非关键零件，车削
中等	N9	250	6.3	最为常见的零件表面
平均光滑度	N8	125	3.2	适合于非运动面的配合
好于平均值	N7	63	1.6	用于紧密配合滑动面，除了轴和振动条件下的承压件
好	N6	32	0.8	用于高集中压力的齿轮等
很好	N5	16	0.4	用于承受疲劳载荷的零件，精密轴
非常好	N4	8	0.2	高质量轴承，需要珩磨和抛光
超级光滑	N3	4	0.1	最高级别精密零件，需要研磨

3. 尺寸精度和公差

不同工艺在满足精密公差要求方面有差异。如果不能满足精密公差要求，零件的性能和互换性会受到影响。一般情况下，具有良好加工性的材料能够得到更精密的公差。材料和工艺的性质共同决定能否实现尺寸的精度。凝固工艺必须考虑到熔化金属凝固时会发生收缩，聚合物工艺必须考虑到聚合物比金属具有更高的热膨胀性，金属的热处理工艺必须考虑零件表面的氧化反应。

每种制造工艺都能够在不花费额外成本的情况下加工一个具有特定的表面粗糙度值和公差范围的零件。图 13.12 显示了表面粗糙度和公差之间的大致关系。对于所有的制造工艺来说，应用于尺寸大小为 1in 上的公差不能扩展应用到更大或更小的尺寸上。从经济角度考虑，应指定满足设计功能的、最大的公差和最高的表面粗糙度值。如图 13.13 所示，随着所要求的公差和表面

○　A. R. Marder, "*Effects of Surface Treatments on Materials Performance,*" *ASM Handbook*, vol. 20, pp. 470-490, 1997; E. W. Brooman, "*Design for Surface Finishing,*" *ASM Handbook*, vol. 20, pp. 820-827, ASM International, Materials Park, OH, 1997.

质量越加苛刻，工艺加工成本也将随之呈指数增长。

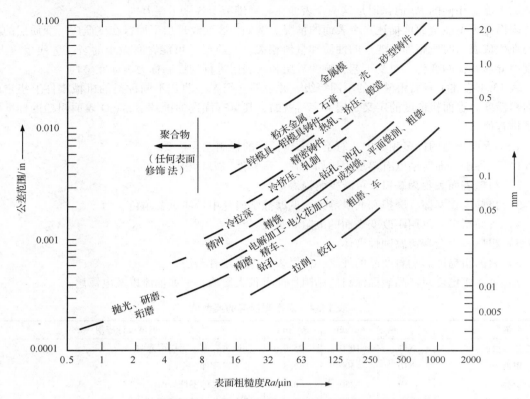

图 13.12　不同制造工艺可获得的大致表面粗糙度和尺寸公差值

（来自 J. A. Schey, *Introduction to Manufacturing Processes*, 3rd ed. McGraw-Hill, 2000）

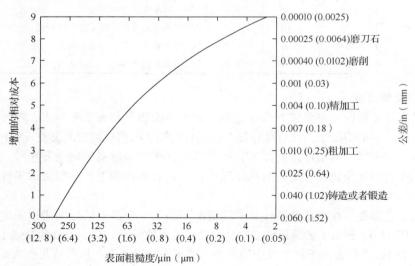

图 13.13　表面粗糙度和公差对加工成本的影响原理图

13.4.6　制造成本

制造工艺最终方案的确定往往是基于控制零件制造成本的，这被称为单位成本。前面已经讨论过影响工艺选择的主要因素，这里将提供一个可有效估算单位制造成本的成本模型[⊖]。关于加工成本的更为详细的介绍参见第 17 章。

零件的单件加工成本由材料成本 c_m、从事零件加工的工人的工资（人工成本）c_w、工装成本 c_t、设备投资在时间上的回收成本（资本消耗）c_e 和间接费用 c_{OH} 组成。其中，c_{OH} 包括许多合在一起的车间成本，不能简单地计入单个零件的成本中。

单位材料成本 C_M 等于材料质量 m 与材料成本 c_m 的乘积。材料成本需要用参数 f 进行调整，它代表以废料的形式被去除的材料部分，如铸件或成型件上要切除的浇口和冒口、切削工艺中产生的碎屑，或由于某种缺陷而被退回的零件。

$$C_M = \frac{mc_m}{1-f} \quad \frac{\text{lb}}{\text{unit}} \frac{\text{美元}}{\text{lb}} = \frac{\text{美元}}{\text{unit}} \tag{13.4}$$

加工零件所需的单位人工成本 C_L，由单位时间的工资和福利 c_w、单位时间内生产的零件数量以及生产率 $\dot{n}$ 构成。

$$C_L = \frac{c_w}{\dot{n}} \quad \frac{\text{美元}}{\text{h}} \frac{\text{h}}{\text{unit}} = \frac{\text{美元}}{\text{unit}} \tag{13.5}$$

单位工装成本 C_T 由以下参数确定，它们是用于加工此零件的生产线数量 n，用于体现工装由于磨损而需要更换的参数 k。k 乘以工装寿命再除以 n，并扩大至最近的整数，得到工装成本。

$$C_T = \frac{c_t k}{n} \quad \frac{\text{美元}}{\text{unit}} \times (\text{integer}) \tag{13.6}$$

工装成本是加工零件的直接成本，但单位设备资本成本 C_E 一般无法直接分摊到特定零件的加工成本中。注塑成型机通过安装不同的模具，可以加工多种不同的零件。可以通过贷款或直接由公司用于设备采购的账户来支付设备采购的成本，无论采用何种支付方式，都需要通过设备加工零件来一点一点地抵消设备采购成本。对于这一部分成本最简单的计算方法是确定偿还设备成本需要的时间，资本销耗时间 t_{wo}，通常单位是年。然后将其分解为设备资本消耗 c_e[⊖]。此外还需要两个其他的调整参数。首先，设备不可能在工作时间内被 100% 地有效利用，所以成本需要除以载荷分数 L，代表设备能有效生产的时间段。同样，在设备能生产的时间段里，一些零件共同使用该设备，因此特定产品所分担的设备成本等于设备投资的总成本乘以一个适当的分数 q。最后，以美元/h 为单位的成本通过除以生产率 $\dot{n}$，就可以转换为以美元/unit 为单位的单位设备资本成本，即

$$C_E = \frac{1}{\dot{n}} \left(\frac{c_e}{L t_{wo}} \right) q \quad \frac{\text{h}}{\text{unit}} \frac{\text{美元}}{\text{h}} = \frac{\text{美元}}{\text{unit}} \tag{13.7}$$

由于加工成本分解的复杂性和耗费性，在产品制造中有很多无法直接计入单个零件或产品成本中的其他成本，如工厂维修、管理刀具库、监管或工艺研发方面的成本，因此，间接成本就用来表示这方面的成本。将上述间接花费加到一起，然后以间接成本的形式将其均摊到每个零件或产品中。通常都以十分随意的方式展开，即将单位时间的加工成本乘以零件加工所需的小时数或秒数。然后，再将所有的间接成本累加起来再除以加工的小时数，得到每小时监管效率 c_{OH}，单位为美元/h。再次将此结果除以生产率，就得到了单位间接费用成本。

$$C_{OH} = \frac{c_{OH}}{\dot{n}} \quad \frac{\text{美元}}{\text{h}} \frac{\text{h}}{\text{unit}} = \frac{\text{美元}}{\text{unit}} \tag{13.8}$$

⊖ A. M. K. Esawi and M. F. Ashby, "*Cost Estimates to Guide Pre-Selection of Processes*," Materials and Design, vol. 24, pp. 605-616, 2003.

⊖ 该方法没有考虑资金的时间价值，详见第 16 章。

于是，零件的单位总成本为这五项之和：$C_U = C_M + C_L + C_T + C_E + C_{OH}$，即

$$C_U = \frac{m\,c_m}{1-f} + \frac{c_w}{\dot{n}} + \frac{c_t k}{n} + \frac{1}{n}\left(\frac{c_e}{Lt_{wo}}\right)q + \frac{c_{OH}}{\dot{n}} \quad \frac{\text{美元}}{\text{unit}} \tag{13.9}$$

这一方程表明单位总成本由下列成本决定：

- 材料成本，与零件的加工数量无关，由零件质量决定。
- 工装成本，与零件数量成反比。
- 劳动力成本、设备投资的成本和间接成本，与生产率成反比。

上述成本相互影响，因此引出了如第 13.4.1 节所述的经济批量的概念。

13.4.7 可用性、交付时间和输送

除了成本以外，影响工艺选择的另一些重要因素包括加工设备的可用性、工装的交付时间、外购零件在预定交货期交付的可靠性。由于设备要求很高，大型的结构件，例如发电机的转子、战斗机的主要结构锻件，在世界上只有极少数的工厂可以加工。应细心筹划设计周期使其与生产调度协调一致。复杂的锻造模具和塑料注射成型模具需要一年时间才能交货。显然，上述问题对制造工艺的选择会产生影响，在具体设计阶段应给予重视。

13.4.8 工艺选择的步骤

沙伊（Schey）所著图书[一]和手册[二]的相关章节中对各种制造工艺进行了对比，十分有用。表 13.5 对各种制造工艺进行了对比。这是以英国开放大学（Open University）[三]出版的系列数据卡片为根据的。

表 13.5 有两个方面的用途。首先，该表可用于快速检查制造工艺的某些明确特性。

- 形状——每种工艺能够加工出的形状的性质。
- 周期——每个零件的加工周期所耗时间（$1/\dot{n}$）。
- 灵活性——加工不同的零件时更换工装所需的时间。
- 材料利用率——最终成为成品零件的材料占总材料的比例。
- 质量——避免缺陷和保证制造精度的能力。
- 设备/工装成本——设备支付和工装成本的大小。

表 13.6 是根据上述特性对工艺进行排序得到的结果（Schey 根据更加详细的工艺特点建立了另一个排序系统[四]）。

表 13.5 按通用制造工艺特点的排序结果

工　艺	形　状	周　期	灵活性	材料利用率	质　量	设备工装成本	手册参考内容
铸造							
砂型铸造	3D	2	5	2	2	1	AHB，vol. 15，p. 523
蒸发泡沫	3D	1	5	2	2	4	AHB，vol. 15，p. 637

[一] J. A. Schey, *Introduction to Manufacturing Processes*, 3rd ed., McGraw-Hill, New York, 2000.

[二] J. A. Schey, "Manufacturing Processes and Their Selection," *ASM Handbook*, vol. 20, pp. 687-704, ASM International, Materials Perk, OH, 1997.

[三] 数据图表来源于 L. Edwards and M. Endean, eds., *Manufacturing with Materials*, Butterworth, Boston, 1990.

[四] J. A. Schey, "Manufacturing Processes and Their Selection," *ASM Handbook*, vol. 20, pp. 687-704, Materials Park, OH, 1997.

（续）

工　艺	形　状	周　期	灵活性	材料利用率	质　量	设备工装成本	手册参考内容
熔模铸造	3D	2	4	4	4	3	AHB，vol. 15，p. 646
金属型铸造	3D	4	2	2	3	2	AHB，vol. 15，p. 687
压力铸造	3D 实体	5	1	4	2	1	AHB，vol. 15，p. 713
挤压铸造	3D	3	1	5	4	1	AHB，vol. 15，p. 727
离心铸造	3D 镂空	2	3	5	3	3	AHB，vol. 15，p. 665
注射成型	3D	4	1	4	3	1	EMH，vol. 2，p. 308
反应注射成型	3D	3	2	4	2	2	EMH，vol. 2，p. 344
压缩模塑	3D	3	4	4	2	3	EMH，vol. 2，p. 324
旋转成型	3D 镂空	2	4	5	2	4	EMH，vol. 2，p. 360
单体铸造接触成型	3D	1	4	4	2	4	EMH，vol. 2，p. 338
成型							
锻造、开模	3D 实体	2	4	3	2	2	AHB，vol. 14A，p. 99
锻造、热封闭模	3D 实体	4	1	3	3	2	AHB，vol. 14A，p. 111，193
薄板成型	3D	3	1	3	4	1	AHB，vol. 14B，p. 293
滚压	2D	5	3	4	3	2	AHB，vol. 14A，p. 459
挤压	2D	5	3	4	3	2	AHB，vol. 14A，p. 421
超塑性成型	3D	1	1	5	4	1	AHB，vol. 14B，p. 350
热成型	3D	3	2	3	2	3	EMH，vol. 2，p. 399
吹塑	3D 镂空	4	2	4	4	2	EMH，vol. 2，p. 352
冷压烧结	3D 实体	2	2	5	2	2	AHB，vol. 7，p. 326
等静压	3D	1	3	5	2	1	AHB，vol. 7，p. 605
注浆成型	3D	1	5	5	2	4	EMH，vol. 14，p. 153
机械加工							
单点切削	3D	2	5	1	5	5	AHB，vol. 16
多点切削	3D	3	5	1	5	4	AHB，vol. 16
磨削	3D	2	5	1	5	4	AHB，vol. 16，p. 421
电火花加工	3D	1	4	1	5	1	AHB，vol. 16，p. 557
连接							
熔焊	全部	2	5	5	2	4	AHB，vol. 6，p. 175
铜焊和锡焊	全部	2	5	5	3	5	AHB，vol. 6，p. 328，349
黏合剂	全部	2	5	5	3	5	EMH，vol. 3
紧固件	3D	4	5	4	4	5	…
表面处理							
喷丸加工	全部	2	5	5	4	5	AHB，vol. 5，p. 126
表面硬化	全部	2	4	5	4	4	AHB，vol. 5，p. 257
化学气相沉积/物理气相沉积	全部	1	5	5	4	3	AHB，vol. 5，p. 510

注：评分标准，1 为最低，5 为最好。来自 *ASM Handbook*，vol. 20，p. 299，ASM International. 已获使用许可。

表 13.6　加工工艺等级排序

等　级	周　期	灵　活　性	材料利用率	质　量	设备工装成本
1	>15min	不易转换	浪费大于成品的100%	很差	很高
2	5~15min	转换缓慢	浪费50%~100%	平均	代价高
3	1~5min	平均转换速率和准备时间	浪费10%~50%	介于平均到好	相对不高
4	20~60s	快速转换	浪费小于成品10%	介于好到优秀	工装成本低
5	<20s	无需准备时间	无明显浪费	优秀	很低

等级量表：1 为最差；5 为最好

表 13.5 的第二个有用的特点是它参考了大量的美国金属协会（ASM）手册（AHB）和工程材料手册（EMH），这些手册介绍了各种工艺的详细特点，实践性强。

制造工艺信息图（PRIMA）提供了对初步选择制造工艺十分有用的信息[注]。PRIMA 工艺选择列表（图 13.9）为不同的材料和零件数量的组合提供了 5~10 种可选的工艺。然后，PRIMA 给出了下列信息，它们对做出好的工艺选择所需的知识要点做了很好的总结，具体包括：

- 工艺介绍。
- 材料：加工工艺通常用的材料。
- 工艺变型：基本工艺的常用变型。
- 经济因素：周期、最小产量、材料利用率、工装成本、劳动力成本、交付时间、能源成本和设备成本。
- 典型应用：通常由此工艺加工的零件实例。
- 设计方面：形状复杂度、尺寸范围、最小厚度、出模角度、退刀槽和其他特征限制等一些大致信息。
- 质量问题：介绍应注意避免的缺陷、表面粗糙度的期望范围、显示尺寸公差作为尺寸功能的工艺性能表。

如果手头上没有剑桥的材料选择软件，《工艺选择》（Process Selection）是一本很好的关于工艺选择的书。

例 13.2　如例 11.2 所示，选择汽车风扇材料时，假设每种材料的加工成本都大致相同，因为使用的工艺类型是铸造或注塑成型。最好的三种材料分别是：①铸铝合金；②铸镁合金；③含有 30% 短切玻璃纤维的强韧性尼龙 6/6。该例主要考虑铸造或注射成型制造工艺，因为希望能够制造出叶片和轮毂整合在一起的部件。

现在需要为年产量为 50 万件的零件考虑更加广泛可能的制造工艺。可使用图 13.9 和表 13.5 对可选工艺进行初选；然后通过式（13.9）计算每种工艺的制造成本，最后根据计算结果做出最终的决策。表 13.7 列出了由图 13.9 给出的适用于加工铸铝合金、铸镁合金和具有强韧性尼龙 6/6 的制造工艺。

表 13.7　备选工艺的初选

备 选 工 艺	铝 合 金 是/否 (Y/N)	铝 合 金 拒绝 (R)	镁 合 金 是/否 (Y/N)	镁 合 金 拒绝 (R)	尼龙 6/6 是/否 (Y/N)	尼龙 6/6 拒绝 (R)	取消的原因
1.2 壳型铸造	Y		N		N		

⊖　K. G. Swift and J. D. Booker, *Process Selection*, 2nd ed., Butterworth-Heinemann, Oxford, UK, 2003.

（续）

备 选 工 艺	铝 合 金		镁 合 金		尼龙 6/6		取消的原因
	是/否（Y/N）	拒绝（R）	是/否（Y/N）	拒绝（R）	是/否（Y/N）	拒绝（R）	
1.3 重力压铸	Y		Y		N		
1.4 压力铸造	Y		Y		N		
1.9 挤压铸造	Y		Y		N		
2.1 注射成型	N		N		Y		
2.6 吹塑成型	N		N		Y	R	用于 3D 镂空形状
2.9 挤塑模铸	N		N		Y	R	需要扭叶片
3.1 闭模锻造	Y		Y		N		
3.2 滚压成型	Y		N		N		用于板材成型的 2D 工艺
3.3 拉深成型	Y	R	Y	R	N		用于大 L/D 比成型
3.4 冷成型	Y	R	Y	R	N		用于镂空 3D 形状
3.5 冷镦	Y	R	N	R	N		用于生产螺栓
3.8 剪/冲裁成型	Y	R	Y	R	N		2D 成型工艺
3.12 金属挤压	Y	R	Y	R	N		需要扭叶片
4A 自动机床	Y	R	Y	R	N		根据指令加工

为了解释表 13.7，首先要考虑图 13.9 是否说明了对某工艺适合加工其中一种材料。可选工艺和材料的对应列表中，铸铝合金的可选工艺数量最多，而尼龙 6/6 的则最少。根据每种工艺能够加工出的主要形状对可选工艺进行初选。因此，吹塑成型工艺可以排除，因为它主要用于加工薄的空心件；挤压和拉拔也可以排除，因为它们主要用于加工长度直径比较大的、直的零件，而风扇叶片的形状有轻微的弯曲；也可排除薄板工艺，因为它主要用于加工二维形状的零件，此外，可根据要加工的形状，通过查询表 13.3 来检查剩余的工艺是否应被排除。叶片轮毂与图 13.6 中的 T7 形状最为相似，尽管有些工艺的信息尚不可知，但是没有备选工艺被排除；切削工艺也应排除，原因是从管理上来说，它的成本太高。经过初步筛选后，可以进一步考虑的备选工艺种类如下所示：

铝 合 金	镁 合 金	尼 龙 6/6
壳型铸造	重力压铸	注射成型
重力压铸	压力铸造	
压力铸造	闭模锻造	
挤压铸造	挤压铸造	
闭模锻造		

显然，注射成型是适合加工尼龙 6/6 这种材料的唯一可行的工艺。可用于加工铸铝合金和铸镁合金的工艺有几种铸造工艺和闭式模锻工艺。可根据表 13.5 给出的选择标准对剩余的工艺进行比较选择。此外，精密铸造是额外增加的备选工艺，因为它能够加工出高质量的铸件。虽然表 13.5 没有列出壳型铸造的相关数据，但根据《工艺选择》（Process Selection）这本书给出的数据，表 13.8 也可查询到它的相关数据。重力铸造通常被称为金属型铸造，表 13.5 中有关金属型铸造的数据也显示在表 13.8 中，各工艺的每种指标的评级结果在表 13.8 中汇总。

表 13.8　备选工艺的二次筛选

工　艺	时间周期	工艺灵活性	材料利用率	质　量	装备和工具成本	总　计
壳型铸造	5	1	4	3	1	14
低压永久模铸造法	4	2	2	3	2	13
压力铸造	5	1	4	2	1	13
挤压铸造	3	1	5	4	1	14
熔模铸造	2	4	4	4	3	17
热闭模锻造	4	1	3	3	1	12

　　工艺排序的结果并没有十分明显。除了熔模铸造以外，所有铸造工艺的等级都是 13 或 14。热锻造的等级稍低，为 12。此外，设计能够加工 12 个叶片与轮毂为一体的锻造模具比设计同样形状的铸造模具要复杂得多。对于这个例子来说，锻造与铸造相比，并没有优势。

　　确定制造工艺的下一步（即例 13.3）是根据式（13.9）比较零件加工成本的估算值。以下是进行比较的工艺：加工尼龙 6/6 的注射成型，加工金属合金的低压金属型铸造、精密铸造和挤压铸造工艺。挤压铸造与壳型铸造和压力铸造相比，能够加工出低孔隙度和细节做得更好的铸件，所以也将挤压铸造作为备选工艺。

　　例 13.3　现在，使用式（13.9）来确定加工 50 万个风扇的估算成本。无论是采用铸造工艺还是成型工艺，都希望加工出叶片和轮毂为一体的风扇。尽管需要额外加入平衡工艺步骤，但这样做可以省略叶片和轮毂的装配过程。

　　如图 11.9 所示，风扇半径为 9in；轮毂厚度为 0.5in，直径为 4in。轮毂上共铸有 12 个叶片，每个叶片的底部宽度为 1in，端部宽度为 2.3in，叶片厚度为 0.4in，从底部到端部叶片厚度逐渐变薄。轮毂和叶片约占整个风扇体积的 70%。风扇铸件的体积大约是 $89in^3$，若铸件材料选用铝，那么风扇的质量为 8.6lb(3.9kg)。

　　因为要求叶片和轮毂的一体化，所以只考虑铸造工艺和成型工艺。低压金属铸造（重力铸造）是压铸的一个变种，熔化的金属在低压的作用下向上流入模具腔中进入铸造过程。由于模具型腔被填充的速度较慢，液体中没有截留的气体，所以铸件很少有缺陷。挤压铸造将铸造工艺和成型工艺的特点融合，首先将金属液输入到下型模腔中，在金属液凝固过程中，通过在上型模腔中施加高压来将半凝固的金属压制成型。

　　为了减少磨损，叶片的表面粗糙度必须达到 N8 以上（表 13.4），叶片的宽度和厚度公差为 0.50mm。图 13.12 表明包括压铸和精密铸造的多种金属铸造工艺都能够满足上述加工质量要求。此外，注射成型是加工 3D 热塑性塑料的一种备选工艺。由于挤压铸造能够加工出具有高精度的高质量铸件，所以它作为创新性的铸造也被作为备选工艺。

　　表 13.9 对汽车风扇的要求与四种相似制造工艺的加工能力进行了对比。其他三种工艺的相关数据是通过 CES 软件得到的，挤压铸造数据摘自斯威夫特（Swift）和布克（Booker）所著的书籍[一]。注意熔模铸造的数据并没有包括在内，因为其经济批量大小（低于 1000 件或者 2000 件），而计划的零件年产量是 50 万件。

　　上述候选工艺都能够加工对称的三维形状。第一个筛选参数是经济批量。首先将熔模铸造排除，因为它的经济批量小于 1000 件，而汽车风扇的预期年产量为 50 万件。其他三种工艺虽然在加工能力方面也有所重叠，但是通过进一步分析可知这些问题不足以将它们排除在外。例如，通过注射成型的尼龙材料零件的厚度可能达不到最大的 13mm 要求，但是通过在壁薄的轮毂处添

　㊀　K. G. Swift and J. D. Booker, *Process Selection*, 2nd ed., Butterworth-Heinemann, Oxford, UK, 2003.

378

加加强肋可以解决这个问题。参见第 12.6.2 节，低压金属铸造可能无法实现要求的尺寸精度和公差。可以通过对工艺变量进行试验来确定低压金属铸造是否存在问题，如测试熔化温度和冷却温度。

表 13.9   根据风扇的要求比较各工艺的特性

工 艺 需 求	风 扇 设 计	低压金属型铸造	熔 模 铸 造	注 塑 成 型	挤 压 铸 造
尺寸范围、最大质量/kg，图 13.7	3.9	80		30	4.5
截面厚度/mm，最大，图 13.8	13	120		8	200
截面厚度/mm，最小，图 13.8	7.5	3		0.6	6
公差/mm	±0.50	±0.5		±0.1	±0.3
表面粗糙度 Ra/μm	3.2	4		0.2	1.6
经济批量/件，图 13.5	5×10^5	$>10^3$	$<10^3$	$>10^5$	$>10^4$

现在已将备选工艺缩减到三种，最后在确定最终工艺类型之前，使用第 13.4.6 节介绍的成本估算模型来计算加工一个叶片和轮毂一体式风扇的成本。

计算结果表明，2 台设备、3 班倒、工作 50 周才能达到生产 50 万个风扇的要求，在工装和资本成本中已经考虑过这些因素。根据每台机器一个工人来计算劳动力成本。A357 铝合金用于金属型铸造和挤压铸造。注塑成型使用的材料是含 30% 短切玻璃纤维的强韧性尼龙 6/6。

从表 13.10 可以清楚地看出主要的成本种类是材料成本。基于对三种工艺的研究，材料成本占总成本的比例从 54%～69% 不等。生产速度也是一个重要的工艺参数。与金属型铸造相比，挤压铸造的劳动力成本和间接成本更高。使用第 4 章介绍的全面质量管理（TQM）方法进行工艺工程研究虽然能够提高生产速度。然而，还存在一些物理因素大大限制生产速度，那就是上述三种工艺都受热传导速度的限制，而热传导速度决定了零件完全凝固到能够从模具中取出的时间。

显然，低压金属型铸造是加工风扇轮毂和叶片的最佳选择。唯一可以排除这种工艺的因素只可能是其无法保证所要求的尺寸和公差，或者有可能存在气孔。挤压铸造也是一个有吸引力的选择，因为附加的机械压力使金属液在冷却过程中少有变形，虽然单件成本略有增加，但是能够得到更精确的公差。而由于高分子化合物的成本很高，尼龙 6/6 的注塑成型是最不被提倡的选择。

在使用计算机数据库的条件下，例 13.2 和例 13.3 中展示的工艺选择过程可以达到更高的效率并且有更多的初选方案。在 CES EduPack 2010 中包含了很多类似于图 13.3 所示的数据表，它们囊括了数百种工艺选项。

表 13.10   按第 13.4.6 节所述的成本估算模型确定三种工艺的单位成本

成 本 构 成	低压金属型铸造法	注 塑 成 型	挤 压 铸 造
材料成本 c_m/（美元/lb）	0.60	1.80	0.60
工艺废料所占比例 f	0.1	0.05	0.1
零件质量 m/lb	8.6	4.1	8.6
单位材料成本 C_M/美元，见式（13.4）	5.73	7.77	5.73
人工成本 c_w/（美元/h）	25.00	25.00	25.00
生产率 $\dot{n}$/（units/h）	38	45	30
单位人工成本 C_L/美元，见式（13.5）	0.66	0.55	0.83
工装成本 c_t/（美元/set）	80000	70000	80000
总生产运行 n/units	500000	500000	500000
工装寿命 n_t/units	100000	200000	100000

（续）

成本构成	低压金属型铸造	注塑成型	挤压铸造
工装需求量 k	5×2	3×2	5×2
单位工装成本 C_T/美元，见式（13.6）	1.66	0.84	1.60
资本消耗 c_e/美元	100000×2	500000×2	200000
资本消耗时间 t_{wo}/年	5	5	5
载荷分数 L	1	1	1
载荷共享分数 q	1	1	1
单位设备资本成本 C_E/美元，见式（13.7）	0.17	0.74	0.44
间接费用 c_{OH}/（美元/h）	60	60	60
单位间接费用成本 C_{OH}/美元，见式（13.8）	1.58	1.33	2.00
单位总成本/美元 $= C_M + C_L + C_T + C_E + C_{OH}$	9.74	11.23	10.60

13.5　面向制造的设计（DFM）

在过去的 20 年里，工程师们为了降低加工成本及改善产品质量，在产品设计与制造的集成上进行了大量的尝试。在这方面已经提出的步骤和方法被称为面向制造的设计或可制造性设计（DFM）。与其紧密联系的领域是面向装配的设计（DFA），它们的结合经常被缩写为 DFM/DFA 或 DFMA。DFMA 方法应用于具体设计阶段。

面向制造的设计说明人们意识到了在设计时就综合考虑加工的所有步骤是很重要的。为了最好地实现目标，需要使用并行工程中团队合作的方式（第 2.4.4 节），这要求制造方面的代表（包括外部供应商）从一开始就是设计团队中的成员。

面向制造的设计原则

面向制造的设计原则是从多年工程实例中总结出的良好设计实践[⊖]。使用这些原则有助于锁定可用设计方案的数量，从而使必须考虑的细节数量在设计者所能处理的能力范围之内。

1）减少零件的总量。去除零件可以节省大量成本。去除了某零件，就不用再支付用于该零件的加工、装配、运输、仓储、清洗、检验、修改和服务所需的费用。如果一个零件与其他零件没必要有相对运动以及随后的调整动作，也没必要使用不同的材料来制作，就可以考虑去除它。然而，不能过多地去除零件，因为可能会使保留下来的零件过重或过于复杂，导致加工成本增加。

去除零件的最好方法是在产品的概念设计阶段就提出最少零件的设计要求。另一种方法是将两个或多个零件组合为一个集成的设计架构，塑料零件就特别适合集成设计[⊜]。紧固件通常是零件去除的主要对象。塑料加工零件的另一个好处是不用螺钉，而是可以使用卡入式连接，如图 13.14a 所示[⊜]。

⊖　H. W. Stoll, Appl. Mech. Rev, vol. 39, no. 9, pp. 1356-1364, 1986; J. R. Bralla, *Design for Manufacturability Handbook*, 2nd ed., MCGraw-Hill, New York, 1999; D. M. Anderson, *Design for Manufacturability*, 2nd ed., CIM Press, Cambria, CA, 2001.

⊜　W. Chow, *Cost Reduction in Product Design*, chap. 5, Van Nostrand Reinhold, New York, 1978.

⊜　P. R. Bonnenberger, *The First Snap-Fit Handbook*, 2nd ed., Hanser Gardener Publications Cincinnati, OH, 2005.

2）标准部件。在设计中使用可买得到的商业标准件可以降低成本并提高质量。若企业制定自己工厂内部生产的零件设计（尺寸、材料和工艺）的最小数量的标准，也会带来相应经济效益。标准件具有已被认可的寿命和可靠性，所以这样可以减少零件数量、缩减设计步骤、避开加工设备和工装成本并且更加易于仓储，从而使得成本降低。

3）在不同产品线中使用通用件。在不同的产品中使用通用件被认为是具有商业智慧的做法。应尽可能多地在每个产品中使用相同的材料、零件和部件。这样提供了规模经济，可以降低单位成本，简化人员的操作培训和过程控制。产品数据管理（PDM）系统可加快检索相似的产品设计。

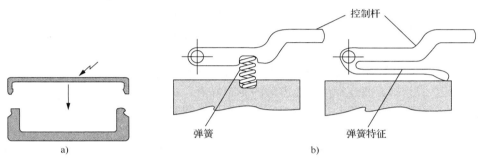

产品利用按扣配合原理连接顶盖，不需要螺栓紧固。由于顶盖是用塑料成型加工而成的，并且按扣配合有一定锥度，故此例也展示了材料对于结构功能的顺应性

该图描述了一个多功能零件，通过在控制杆上引入有弹簧功能的特征，省去了一个单独安装的螺旋弹簧

图 13.14　面向制造设计技术的一些应用实例

4）标准化的设计特征。对设计特征设置一定的标准，如钻孔的尺寸、螺纹类型和导角半径，从而减少刀具库中所需要维护的刀具数量。这样做可以降低制造间接成本。大批量生产是一个例外，因为使用专用工装可能会更加符合成本效益。

在机加工零件、铸件、注塑件以及冲压件上采用空间孔可以在一次操作中完成多个孔的加工，从而避免工装缺陷。由于孔和孔之间薄片的支撑力有限，所以它们之间间距有一个限定值。

5）以确保设计功能和简单为目标。实现产品的功能是最重要的，但不要指定高于需要值的性能指标。在普通碳钢经过更为仔细的分析即可实现性能要求的情况下还使用经热处理的合金钢的话，那么这就不是一个好的工程处理行为。给零件增加设计新特征的时候，要有充分的理由。制造成本最低的产品是具有最少的零件、最简单的结构形状、最少的精度修正和最少加工步骤的产品。并且，最简单的设计常常最具有可靠性，并且最易于维护。

6）设计零件使具备多个功能。设计时，使零件具有多种功能是减少零件数量的好方法，这使零件具有集成的结构。如图 13.14b 所示，零件既能当结构构件，也能作为弹簧使用。设计零件时可以使之在装配时具有定向、校准和自我固定的特征。如果过分执行此原则，那么可能与原则 5 相矛盾并违反原则 7。

7）设计易于加工的零件。正如第 11 章所讨论的，在满足产品功能要求的前提下，应选择最低成本的材料。一般情况下，较高强度的材料具有较差的可加工性或可塑性。因此，不仅要花更多的钱购买材料，还要花更多的钱才能将较高强度的材料加工成所要求的形状。因为使用切削加工将零件加工成所需形状往往是昂贵的，所以无论什么时候只要有可能减少或最小化切削操作都应该优先选择能将零件加工成接近成品形状的其他制造工艺。

能否预知一个操作工加工一个零件所需的步骤很重要，所以设计人员必须将生产操作步骤尽量缩减。例如，在切削前，零件的夹固是一个费时的操作，所以设计时应该减少操作人员为了完成切削任务在机床上重新调整零件的次数。二次夹固也是几何误差的主要来源。设计师必须考虑是否需要使用夹具，以及在零件上设计含有大且坚固的安装表面和平行的装夹表面的可能性。

务必在铸件、注塑件、成型件以及机加工零件上使用大的圆角和半径。详情请见 J. R. Bralla，*Design for Manufacturability Handbook*，2nd ed.，McGraw-Hill，New York，1999。

8）避免过高的公差要求。设定公差时需要十分小心。所指定的公差若高于所需的公差将导致成本增加，如图 13.13 所示。在下列情况下容易出现这种情况：要求二次修饰操作，如磨削、珩磨和研磨；工装额外精度所需的成本；因为工人采用小的进给量而要求更长的加工周期；要求技术更好的工人。在选择制造工艺之前，一定要保证所选工艺能够加工出符合要求的公差和表面质量。

作为设计师，确保制造出所需的公差对于保持设计师信誉十分重要。如果对制造能否实现公差存有疑问，设计师必须经常与制造方面的专家协商。永远不要在没有文件记录的情况下口头同意制造人员可以放松公差要求或改变零件的图样。同时，应当注意如何写就图样上未做要求的公差，并且当心制造方将其错误理解。

9）尽可能减少采用辅助工艺和修饰操作。必须尽可能减少使用辅助工艺，如热处理、切削和连接操作；避免修饰操作，如去毛刺、喷涂、电镀和抛光操作。只有存在功能性或安全性原因的时候，才进行上述操作。只有当存在功能性要求或美观要求的情况下才进行表面加工处理。

10）利用工艺的特殊性质。设计师必须对许多工艺产生的特殊设计特征保持警惕。例如，经模塑成型工艺处理后的聚合物材料具有"内置"的颜色，这与金属零件需要喷涂或电镀才能具有颜色的情况相反。铝合金的挤压操作可以在复杂的截面区域进行，然后通过切割得到短的零件。在严格控制气孔的条件可以加工金属粉末零件，用来提供自润滑轴承。

上述原则正在成为每个工程设计课程和工程实践中的常规内容。

13.6　面向装配的设计（DFA）

一旦零件制造完成后，它们需要被装配成部件和产品。装配工艺包含两个步骤：第一步为搬运，包括抓取、定向和定位；紧接下来是插入和紧固。根据自动化程度，可将装配工艺分为三种类型。在手工装配中，在工作台前的工人从托盘上抓取一个零件，然后为了插入操作移动、定向和重定位零件。接下来工人通常使用电动工具将所有零件集中并紧固成一体，在自动化装配中，搬运由零件送料机完成。它就像振动盘，将朝向正确插入方向的零件输送到自动工作头处，然后工作头将其装入工件[⊖]。在机器人装配中，在计算机控制下，机器人完成零件的搬运和装入操作。

装配成本由装配的零件数量以及零件搬运、插入和紧固的难易程度决定。产品的设计对于这两个方面都有很大的影响。减少产品的零件数量可以通过去除零件的方式进行（例如，用压嵌合或压入配合代替螺钉和垫圈，以及将多个零件组合成一个单独零件）。简化搬运和装入操作可通过设计实现，从而确保零件不紊乱、不互相嵌套，而且零件应被设计成对称的结构。在可能

⊖　G. Boothroyd，*Assembly Automation and Product Design*，2nd ed.，CRC Press，Boca Raton，FL，2005；"Quality Control and Assembly，" *Tool and Manufacturing Engineers Handbook*，vol. 4，Society of Manufacturing Engineers，Dearborn，MI，1987。

的情况下，应使用在插入之前不需要首尾两端定位调整的零件，例如螺钉。围绕装入轴线旋转对称的零件是最好的，如垫圈。如果使用自动搬运系统，则无法将零件设计成对称结构，那么最好把它设计成极不对称的形状。

为了方便装入，零件应该有导角或凹槽从而易于对齐，应有充分的间隙从而减少装配阻力。如果零件有自定位特征，则不会遮挡视线并且给人手装入提供操作空间，所以很重要。图 13.15 举例说明了一些上述问题。

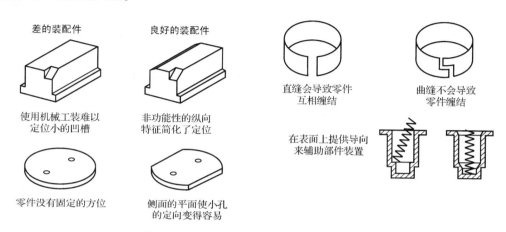

图 13.15　可以改进装配性的一些设计特征

13.6.1　面向装配的设计原则

面向装配的设计原则可分为三类：一般原则、搬运原则和装入原则。

1. 一般原则

1）最小化零件总数。不需要装配设计中没有要求到的零件。检查装配中的零件列表，确定那些对产品正常功能来说必要的零件，所有其他的零件都是备选去除零件。必要零件，也就是理论零件的确定标准为：

- 必须与其他必要零件有相对运动的零件为必要零件。
- 零件由与所有其他零件不同的材料制成，则该零件为必要零件。事实上，这是确定某零件为必要零件的根本原因。
- 如果不拆除该零件就无法装配或者拆卸其他零件，也就是说该零件是其他零件之间的必要连接，则该零件为必要零件。
- 若对产品进行的维护工作要求将某零件拆卸或者替换掉，则该零件为必要零件。
- 仅用于紧固或连接其他零件的零件一般都是要去除的备选零件。

可以应用式（13.10）计算产品的装配效率，根据装配效率来评价设计。在式（13.10）中，装配一个"理论"零件所需的时间为 3s[⊖]。

$$设计的装配效率 = \frac{3 \times "理论"零件的最小数量}{所有零件的装配时间} \qquad (13.10)$$

由于理论零件是为了满足产品功能性要求的，所以不能从设计中删除它。在典型情况下，初次设计的装配效率为 5% ~ 10%，在经过面向装配的设计分析以后，装配效率一般可达到 20% ~ 30%。

⊖ 对于家用产品或电子产品的小型零部件，装配时间为 2 ~ 10s；对于汽车装配线，装配时间一般为 45 ~ 60s。

2）最小化装配面个数。简化设计，以减少在装配中需要准备的装配面。并且保证当一个装配面上的所有工作都完成以后，再进行其他表面的工作。

3）使用部件。由于部件在最终装配时的接口较少，所以在装配中使用部件能够节约成本。构成部件的各个零件要在没有拆卸的情况下能够重新定位调整，并且保证部件能够很容易地与其他已装配的部分相连接。部件可在另外的场所进行制造和测试，然后再被运送到最终装配区。如果部件是外购的，那么在运送到最终装配区前应是完整装配好并经过测试的。由部件组成的产品更易于维修，若出现故障，只需更换故障的部件。

4）设计和装配的防错。面向装配的设计的一个重要目标就是确保装配过程是明确的，从而使装配工人在装配零件时不会发生错误。设计时要保证零件的装配方法只有一种，抓取零件时朝向零件的方向应显而易见。零件应被设计成不能从相反的方向被装配起来。在装配中，常用的防错方式是定向缺口、不对称的孔和挡块。有关防错的更多内容参见第 13.8 节。

2. 搬运原则

1）避免使用分散的紧固件或减少紧固件成本。紧固件虽然可能只占产品材料成本 5%，但是为了在装配中完成正确的操作，它们所需的劳动力成本却可达到装配成本的 75%。在装配中，螺栓的费用较高，所以在可能的情况下应尽量使用压嵌合配置。当设计要求允许时，尽量不要用多数较小的紧固件，而用少量较大的紧固件，这样可以减少紧固件的数量。通过对几种紧固件的类型和尺寸、紧固工具和紧固力矩数值进行标准化，可以减少紧固件成本。当产品只使用一种螺栓紧固装置进行装配时，可以使用自动螺钉旋具进行装配。

2）减少装配中搬运操作。零件的设计应保证易于实现装入和连接的定位。有的设计特征对零件起到引导和定位作用，所以可以使用它们来帮助确定零件的方位。使用机器人进行搬运的零件应具有用于真空夹持器夹持用的平整而光滑的顶面，或用于夹持器的内孔，或用于爪形夹持器的圆柱外表面。

3. 装入与紧固原则

1）最小化装配方向的数量。设计产品时都应确保可以从单个方向完成所有产品的装配。转动装配件需要花费额外的时间和操作来完成，同时可能需要额外的传输站和夹具。零件按照从上向下进行装配，从而建立一个沿 z 轴方向的零件组，这是装置中最好的情况。

2）设法使零件和工具能自由进出。所设计的零件不仅要保证尺寸适合它所规定的位置，并且必须要有足够宽敞的装配路径，使得零件能移动到规定位置。还要为工人的手臂和安装工具预留所需的空间，安装工具除了螺钉旋具外，还包括扳手和焊枪。如果工人必须通过弯下身体才能完成装配操作，那么在工作了几个小时以后，加工效率和产品质量可能将会降低。

3）增大装配中的适应性。当零件不完全一致或加工得较差时，需要额外的装配力。在设计中应标明装配力的量额。设计的适应性特征包括使用大量的锥度、凹槽和圆角。如果可能，可将产品中的某个部件设计成能装配支架和底架的零件，可将其他的零件添加到底架上，这样做可能会要求额外设计的特征不具有产品功能的作用。

13.6.2　面向装配的设计分析

应用最为广泛的面向装配的设计方法莫过于布斯罗伊德-杜赫斯特（Boothroyd-Dewhurst）DFA 法[一]。该方法一步步地运用面向装配的设计原则中的相关内容来减少手工装配的成本开销。

⊖　G. Boothroyd, P. Dewhurst and W. Knight, *Product Design for Manufacture and Assembly*, 2nd ed., Marcel Dekker, New York, 2002. DFA and DFM software is available from Boothroyd-Dewhurst, Inc. www.dfma.com.

该方法分为两个阶段，第一个阶段为分析阶段，第二个阶段为再设计阶段。在第一阶段，设计者根据表格中的数据来查询在装配中运送和安装各个零件所需的时间，这些表格是基于对装配中的时间和空间运动所进行的试验研究的基础上制作而成的。表中的数据来自于零件的尺寸、重量以及几何特征。某零件在运送之后要被重新定向的时间也被计入。同样地，每个零件被定义为必要零件或者"理论零件"（无论它是否是在再设计阶段的备选去除零件）。理论零件的最小数量取决于对第 13.6.1 中的准则 1 下面所列的标准的引用。从而可以确定装配所需的总时间，以分钟为单位记录。有了这个数据，再结合式（13.10）就可以确定设计装配效率。这提示了设计者所设计产品的装配难易程度，以及再设计阶段为了提高装配效率需要改进到哪一步。

例 13.4 需要设计一个安装在两个钢制导轨上做垂直运动的电动机驱动装配[一]。电动机要求全封闭，并且有可拆卸的外壳以便安装位置传感器。主要的功能要求是设计一个在导轨上能上下移动的硬性基座用于支撑电动机和传感器。电动机要求全封闭并且有可拆卸外壳，这样位置探测传感器才能被调试使用。

图 13.16 给出了该电动机驱动装配的初始设计方案。硬性基座能够在导轨上做上下移动（未在图中显示）。它支撑着直线电动机以及位置传感器。在基座与钢制导轨接触处嵌入两个黄铜衬套，以改善运动过程中的摩擦和磨损特性。上部底盘上安装有索环，以便连接电动机和传感器的连接线得以通过。箱型的外壳从基座下方装入，覆盖住整个装置，并且以四个外壳螺钉固定，其中两个旋入基座，另外两个通过通孔旋入上部底盘。另外，有两个绝缘支撑杆撑着基座和配套螺钉。这样，整个装置由 8 个零件和 9 个螺钉组成，一共 17 个零件。电动机和传感器是外购部件。两根导轨由直径为 0.5in 的不锈钢棒冷拔制成。导轨是设计的重要部分并且没有可替代品，因此分析中不用考虑。

下面使用第 13.6.1 节中的面向装配的设计原则来确定不可消除的理论零件以及用于替换的可选零件。

- 基座显然是个很重要的零件。它必须沿着导轨移动，是进行任何重新设计的"前提"。但是，如果将基座换成其他材料而不用铝可减少零件数量。铝制零件在不锈钢导轨上运动的设计不太合理，黄铜衬套安装在基座内部，用以减小接触面的摩擦。然而，众所周知的是尼龙（一种热塑性聚合物）与铝相比，在不锈钢上滑动时摩擦因数低得多。使用尼龙来制作基座可以去掉两个黄铜衬套。

- 现在考虑螺栓。我们不禁要问，它们存在的意义是连接两个零件吗？答案是肯定的，故它们是可去除的备选零件。然而，一旦它们被去除，则上部底盘需要重新设计。

- 上部底盘的作用是保护电动机和传感器。这是一个重要功能，因此重设计之后的上部底盘将会是一个外罩并且是一个理论零件。该零件必须可拆卸以便于调试电动机和传感器。根据要求外罩可以是一个塑料成型件，并且可以简单地卡入基座。这样做可以去掉四个外壳螺钉。因为外罩是个塑料件，孔环也就没有存在的意义了，因为它的作用仅仅是防止通入箱体的电线磨损。

- 电动机和传感器均不可消除。显然它们对于整个装置来说是必要零件，并且它们的装配耗时以及装配成本将被计入面向装配的设计分析中。然而，购买它们的成本将不被计入，因为它们是从外部供应商购入的。这部分成本属于产品的材料成本。

- 最后，固定传感器用的紧定螺钉以及将电动机固定在基座上的螺钉理论上说不是必需品。

⊖ G. Boothroyd, "Design for Manufacture and Assembly," *ASM Handbook*, vol. 20, p. 676, ASM International, Materials Park. OH, 1997.

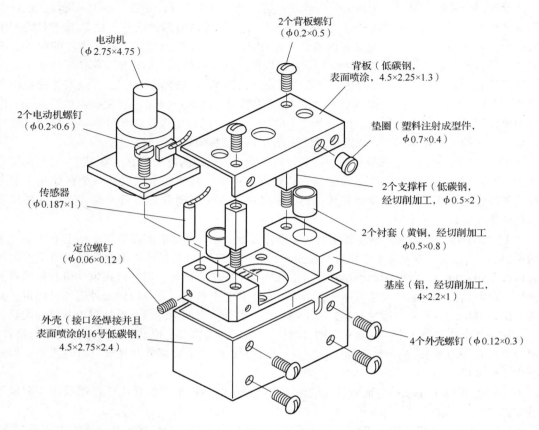

图 13.16　电动机驱动装配的初始设计

（来自 *ASM Handbook*，vol. 20，p. 680，ASM International，Materials Park，OH，1997.）

　　手工装配的时间可通过查表⊖来估计并确定，包括：①每个零件的处理时间，包括抓取和定向；②装入和紧固。例如，零件的处理时间表列出了一系列的数值，根据零件的对称性、厚度、尺寸、重量，以及安装时需要单手还是双手抓取和操作等来得出该处理时间。一些零件由于有特殊情况，譬如多个零件缠结在一起，或者零件有伸缩性，外表很滑，或者需要调整零件的光学放大倍率，以及需要使用特殊工具操作等，导致装配处理时有困难，所以要计入额外的耗时。对于由许多零件组装而成的产品，这一过程显得尤为费力。而使用面向装配的设计软件不仅对于减少额外耗时有实质性的帮助，而且对确定工艺类型也有启发性的提示和帮助。

　　安装所需的时间表根据该零件是否可以立即装入以及是否在其安装前要先进行其他操作而有所区分。后一种情况主要是根据零件是否需要先紧固及其对齐的难易程度而有所区分。

　　表 13.11 给出了初始方案的面向装配的设计分析结果。正如先前所讨论的，基座、电动机、传感器以及上部底盘是必要零件，所以在总共 19 个零件当中理论零件的个数是 4。故根据式（13.10），这个装配的设计效率是相当低的，只有 7.5%，说明应该有很多零件应当被排除。

　　在表 13.11 中，装配的总成本是由装配总时间乘以每小时装配成本而得。在此例中每小时装配成本是 30 美元/h。

⊖　G. Boothroyd, et al., op. cit., Chap. 3.

表 13.11 电动机驱动装配体的可制造性分析（初步设计）

零 件	序 号	理论零件数	装配时间/s	装配成本/美分
基座	1	1	3.5	2.9
衬套	2	0	12.3	10.2
电动机装配体	1	1	9.5	7.9
螺杆马达	2	0	21.0	17.5
传感器装配体	1	1	8.5	7.1
定位螺钉	1	0	10.6	8.8
支座绝缘子	2	0	16.0	13.3
端板	1	1	8.4	7.0
端板螺钉	2	0	16.6	13.8
塑料衬套	1	0	3.5	2.9
螺纹导程	…	…	5.0	4.2
再定位	…	…	4.5	3.8
面板	1	0	9.4	7.9
面板螺钉	4	0	31.2	26.0
总计	19	4	160.0	133.0

注：装配体设计效率为 $(4 \times 3)/160 \times 100\% = 7.5\%$。

图 13.17 所示的电动机驱动装配再设计的面向装配的设计分析结果在表 13.12 中列出。注意零件个数从 19 个降低至 7 个，同时装配效率由 7.5% 上升至 26%。而在装配总成本方面也有相应的下降，从 1.33 美元降至 0.384 美元。三个不必要零件均是螺钉，理论上它们可以被排除，但是出于可靠性和产品质量方面的考虑还是将它们保留了下来。下一步就是做制造分析设计，来看看在材料和设计方面所做出的改变有没有导致零件成本的下降。

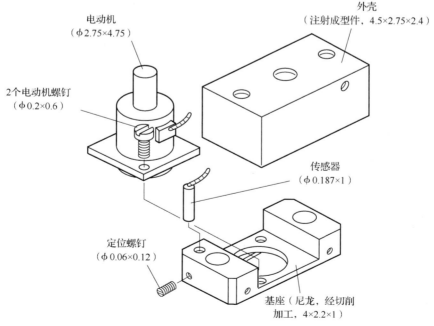

电动机
（φ2.75×4.75）

外壳
（注射成型件，4.5×2.75×2.4）

2个电动机螺钉
（φ0.2×0.6）

传感器
（φ0.187×1）

定位螺钉
（φ0.06×0.12）

基座（尼龙，经切削
加工，4×2.2×1）

图 13.17 基于可装配性设计分析之后对电动机驱动装配件所进行的改进
（来自 ASM Handbook. vol. 20, p. 680, ASM International, Materials Park, OH, 1997.）

表 13.12　再设计电动机驱动装配体的可制造性分析

零件	序号	理论零件数	装配时间/s	装配成本/美分
基座	1	1	3.5	2.9
电动机装配体	1	1	4.5	3.8
螺杆马达	2	0	12.0	10.0
传感器装配体	1	1	8.5	7.1
定位螺钉	1	0	8.5	7.1
螺纹导程	…	…	5.0	4.2
塑料面板	1	0	4.0	3.3
总计	7	4	46.0	38.0

注：装配体设计效率为 $(4 \times 3)/46 \times 100\% = 26\%$。

　　例 13.4 说明了设计中采用面向装配的设计的重要性。尽管装配是在零件制造之后进行，此设计分析还是可以大大减少装配成本，使之几乎不会超过产品成本的 20%。面向装配的设计最主要的贡献是使得设计团队在重新设计阶段严肃认真地考虑零件的去除问题。多消除一个零件就意味着少生产一个零件。

　　面向制造的设计指南作为所谓的"经验法则"已经流传了几个世纪。面向装配的设计方法学是在面向制造的设计软件诞生之前得到发展的理论，这些软件将在第 13.9.1 节中介绍。面向装配的设计往往在时间顺序上领先于面向制造的设计而得到发展，这主要是因为人们在面向装配的设计中强调要减少零件，这驱动着人们进行面向制造的设计。当前普遍认为，这两种方法学是同一种方法学互补的两个部分，也就是面向制造和装配的设计（DFMA）。其中面向装配的设计着眼于构成产品的宏观零件系统，而面向制造的设计则专注于微观的单个零件。

13.7　标准化在面向制造和装配设计中的角色

　　第 1.7 节已经介绍了设计规范和设计标准在工程设计中所起的重要作用。介绍的重点是在保护公众安全和帮助设计师高质量地完成工作方面标准化起到怎样的作用。在本章中，将进一步讨论标准化，介绍零件标准化在面向制造和面向装配的设计中的重要作用。

　　零件种类过剩是制造领域特有的问题，必须采取措施来避免这种情况的发生。一个大型的汽车制造厂商发现仅在一个汽车型号系列中就使用了 110 种不同的散热器、1200 种地毯和 5000 种紧固件。减少有相同功能的零件的种类将为产品制造企业带来很多好处。零件种类过剩所引起的成本增加难以精确统计，但据估计大约一半的制造间接成本与管理如此多的零件有关。

13.7.1　标准化的优点

　　标准化所带来的好处包括四个方面：成本减少、质量提高、增强加工灵活性和制造的响应能力⊖。关于标准化的具体收益概述如下：

1. 减少成本

- 采购成本：零件的标准化和紧接着的零件数量的减少可以节约大量外购成本，因为会购入更多同种零件的数量⊜，而且零件的标准化也有利于减少零件采购量、实现灵活的运输调度及减轻采购部门的工作量。

⊖ D. M. Anderson, *Design for Manufacturability*, 2nd ed., Chap. 5, CIM Press, CA, 2001.
⊜ 零件号是一个零件的标识（常常与图号相同），不要与零件数量的概念相混淆。

- 通过对原材料的标准化减少成本：如果对原材料实行标准化，比如只使用一种尺寸的棒料、管子或薄板，那就能减少自制零件的加工成本。此外，金属铸造和注塑成型工艺可以被限制成只加工一种材料的零件。上述在标准化方面所做的工作还可以提高自动化设备的使用率，同时最小化工具成本，并且减少更换和设置夹具的次数。
- 特征标准化：零件特征的加工，如钻孔、扩孔、螺纹孔、金属薄片上的折弯半径等都需要专业工具。除非每种尺寸都有专用加工设备，否则当特征尺寸不同时工具也要随之改变，这就需要花费相应的设置成本。当标准的孔径也能很好地加工的时候，设计者经常任意指定孔的尺寸。如果车削或铣削的半径尺寸没有标准化，那么车间就要额外准备大量的切割工具。
- 减少对仓库和车间占用空间的要求：通过减少机床调整步骤，上述减少成本的方法也有利于减少仓储成本或进料库存，或减少半成品库存。通过对零件进行标准化，厂家可以更方便地根据客户需求进行生产，而这也将大幅减少成品库存。减少库存的好处是减少了所需的工厂占地面积。所有的这些优点，即减少库存、工厂占地面积、工装成本、采购成本和其他管理成本，都导致制造间接成本的减少。

2. 提高质量

- 产品质量：减少某种零件类型的数量可以使在装配中使用错误零件的概率大幅降低。
- 零件的资格预审：标准件的使用意味着积累了更多使用某种零件的经验，这意味着当下一次使用的时候，标准件无须进行大量测试就能被用于新产品开发。
- 供应商数量的减少意味着质量的提高：零件的标准化意味着外部零件供应商数量的减少，而剩余的供应商应能保证零件具有高质量。给少数几家供应商更多的订单，可以与他们形成更加牢固的关系。

3. 加工灵活性

- 物流：减少需要预定、接收、储存、发放、装配、测试和记录的零件数量有助于使厂房内的零件流通更加便利。
- 重视低价标准件的运送工作：与供应商签订长期订购协议可以使得低价标准件在需要时直接进货，这点很像往超市中供应食品，这样可以使采购和运送材料的间接成本得以降低。
- 柔性制造：免掉设置设备这一步骤使得工厂可以以任意的批量加工产品，允许根据订单来制造产品或用户大规模定制产品。这样做减少了成品的仓库储量，并且让工厂只加工订货产品。

4. 制造的响应能力

- 零件的可用性：缩减大量使用的零件种类数量可以使零件短缺和延误生产的概率降低。
- 更快的供货速度：零件和材料的标准化会加快供应商库存有标准化的工具和原材料的供货速度。
- 更有经济实力的供应商：原始设备制造商（OEM）的零件供应商的利润日趋下降，而且许多供应商已经不再供应。由于更大的订货数量和更少零件种类可以使供应商的商业模型合理化，使其简化供应链管理，减少制造间接成本，这样供应商就能够提高零件的质量和运作的效率。

虽然标准化的益处是如此令人瞩目，但其并不总是最好的做法。例如，标准化要求有可能限制产品的设计方案或市场营销方案的选择，这都不是我们愿意看到的。斯托尔（Stoll）[一] 介绍了

○ H. W. Stoll, Product *Design Methods and Practices*, Chaps. 9 and 10, Marcel Dekker, New York, 1999.

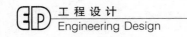

标准化带来的积极和消极的影响。

13.7.2 零件标准化的实现

许多工程师并没意识到，除了零件的成本以外，真正的成本还体现在订货、运输、接收、检验、仓储、将零件运送到装配线上的操作地点等。因此，不仅考虑标准化便宜的零件很重要，如紧固件、垫圈和电阻等，对复杂形状的零件进行标准化也很重要。对于实现最小成本设计的一个普遍性的误解是产生一个最小质量的设计。当然，这一设计理念对于飞机和航天器这些特别关注质量的设计可能是正确的，然而如果需要使用非标准件，那大多数的产品就不能遵循原理来设计。最节约成本的方法是选择稍大于标准尺寸的电动机、水泵或角钢，从而获得足够的强度或性能。特殊尺寸的零件只有在特殊的情况下才使用。

重复设计零件的常见原因是设计师不知道相同的零件已经存在了。即使他/她知道相同的零件已经存在，但是找到该零件的型号和图样比设计一个新的零件还要困难。此问题将在第13.7.3 节中讨论。

13.7.3 成组技术

成组技术（GT）是指将相似零件集中到一组，然后利于它们的共性进行研究。根据设计特征的共性，将零件分为零件族。同样地，制造工艺和工艺步骤分组成制造工艺族和工艺步骤族（图 13.6）。表 13.13 列出了成组技术分类中需要考虑的典型设计和制造特征。

表 13.13 成组技术分类中需要典型考虑的设计和制造特征

零件的设计特征		零件的制造特征	
外部形状	功能	外部形状	年产量
内部形状	材料类型	主要尺寸	工装夹具
主要尺寸	公差	长/径比	操作顺序
长/径比	表面抛光	基本工艺	公差
原材料形状	热处理	辅助工艺	表面抛光

1. 成组技术的优点

- 成组技术使零件设计的标准化成为可能，减少了零件的重复设计。由于只有大约 20% 的设计属于原创设计，所以设计新产品时，可以使用原有的相似设计，这样可以大大节省成本和时间。
- 通过借鉴设计师或工艺师以前的成果，经验较少的新工程师可以很快从中取经。
- 可以标准化零件族的制造工艺过程以备将来所用。这样做减少了设备设置时间，并且使产品质量具有一致性。此外，由于在加工同一族的零件时经常共用夹具和工具，零件的单件成本也降低了。
- 以这种方式进行生产数据的统计可以使设计者更加容易基于过往经验来进行成本评估，而且评估精度也更高。

成组技术的另一个优点是迎合了消费者对产品多样化需求的趋势，这使得很多消费产品从大批量生产转为批量生产。在批量生产中，一般按照功能布局组织生产设备，其中按照常用类型安排工艺设备，即将车床排列在一个共用区域，铣床和磨床等的布置也是这样。根据加工操作顺序，零件从一个功能区域运到另一个区域。结果，每当零件类型变化时工装也需要变化，或者当设备等待新的一批零件到达时会处于闲置状态，这就导致零件加工时间延长。这种按照设备功能的布局方式很难适合批量生产。

相比之下，制造单元布局是一种好得多的设备布局方法，此布局充分利用了零件族的相似性。加工一个零件族所需的所有设备组成一个单元。例如，一个单元可能由车床、铣床、钻床和外圆磨床组成，或仅由一台 CNC 加工中心构成，这是一台受计算机控制并能完成上述所有操作的机床。通过使用单元布局，可以使零件从单元中的一个部分移到另一个部分所需的时间和操作实现最小化。而成组技术分析确保了分散在产品中的零件具有足够生产所用的数量，所以加工设备保持持续工作，使得单元布局在经济上具有可行性。

2. 零件的分类

成组技术取决于将零件分成零件族的能力。对零件进行分类从表面上看很容易，但需要积累很多的经验并付出很多汗水才能从成组技术中获得真正的益处。对零件类型的分类可以在四个层次上展开。

1）基于经验的判断。最简单的零件分类方法是组建一个由有经验的设计师和工艺规划师组成的小组，他们根据零件形状和制造零件的工艺步骤顺序将零件划分为零件族。此法限制了使用者对零件进行搜索，且有可能无法保证获得最优的工艺顺序。

2）生产流分析（PFA）。生产流分析使用加工操作顺序来制造零件，这些操作信息来自工厂流程表或计算机辅助的工艺规划。由相同加工操作形成的零件组成一个零件族，通过建立零件型号（行）与机器/操作型号（列）列表完成这个工作。通常在计算机的帮助下列表的行和列被再进行排列，直到使用相同工艺操作的零件在列表中被分组到一块，通过这种方式确保使用相同工艺的零件作为同一制造单元加工的候选零件。

因为生产流分析法不能快速处理庞大的列表，所以此法的实际应用上限是几百个零件和 20 台不同机器。并且，当以往的工艺路线不始终如一的话，生产流分析法在使用上也有困难。

3）分类和编码。上述两种方法都旨在改进加工操作，而分类和编码是以面向制造和装配为目标的更加正规的方法。设计师指定一个零件码，如图 13.6 所示，零件码包含的要素有零件的基本形状、外部形状特征、内部特征、平面、孔、轮齿、材料、表面特征、制造工艺和操作顺序。目前，还没有被广泛采用和认可的分类和编码系统。有些成组技术系统使用多达 30 位的编码。

4）工程数据库。随着大型关系数据库的出现，许多企业开发了可直接应用于自己产品线的成组技术应用系统。工程图样上的所有信息和工艺信息都可以归档保存起来。

市场上的成组技术软件一般采用下列三种方法中的一个：

- 设计师在计算机上草绘出零件形状，计算机搜索与此形状相似的所有的零件图样。
- 软件能够快速浏览图样库中数以百计的图样，设计师标记出感兴趣的图样。
- 设计师用文本描述符来注解零件图样，例如使用表 13.13 所示的零件特性来标注。然后人们查询计算机，例如检索所有长/径（L/D）比在一定范围间的所有零件图样，或者检索描述符组合。

在 CAD 得到广泛应用的条件下，零件分类是一个研究热点领域。将计算算法和 CAD 系统的性能相结合将确保不断改善零件自动分类方法。

13.8 防错

面向制造和装配的设计的一个重要作用是在产品设计阶段提前采取防范措施来预测和避免制造过程中出现简单的人为错误。一个日本制造工程师神户（Shingo），在 1961 年提出了这个被他称之为防差错技术[a]的思想，英文常称为 mistake-proofing 或 error proofing。防错的基本原则是不应将制造过程中出现的人为错误归咎于单个工人，而应看作是工程设计不完善导致的系统错误。防错的目标是呈现零缺陷的状态，而缺陷的定义是任何偏离设计和加工规定的变化。

加工操作中的常见错误包括：

- 在机床或夹具上错误地安装了工件和工具。
- 在装配中，装配了错误的零件或漏装了零件。
- 加工了错误的工件。
- 对设备错误的操作和调整。

注意，不仅在加工过程中会出现错误，在设计和采购中也会产生错误。例如在 1999 年，往火星发射的人造卫星存在一个后来声名狼藉的设计错误，导致卫星在进入火星大气层时发生了爆炸。因为美国国家航空航天局（NASA）所用材料的承包商在设计和制造控制火箭时使用的是传统美制单位，而不是指定的国际通用单位，而且直到悲剧发生，这个错误始终没有被使用国际通用单位来设计控制系统的工程师发现。

13.8.1 通过检验来发现错误

提到排除错误，人们首先会想到让加工零件的操作工人和组装产品的装配工人加大检查的力度来排错。然而，如例 13.5 所示，即使是对每个工艺环节的输出做最严格的检查也不能消除所有由于失误而引发的错误。

例 13.5 通过自检和逐次检查的方式筛选。

假设在加工的一个零件具有较低的平均缺陷概率，为 0.25%。为了进一步减少缺陷，对全部零件都要进行 100% 的检验。每个工人自检每个零件，然后由生产线中的下一个工人检验前一个工人的零件完成情况。

0.25% 的缺陷概率说明每 100 万个零件中就有 2500 个缺陷零件，两个工人依次检查每个零件，如果自检发生错误的概率为 3%，那么在两次连续的检查中漏掉的缺陷零件数量为 $2500 \times 0.03 \times 0.03 = 2.25$ 个。此缺陷率（2.25×10^{-6}）是很低的，实际上比 6σ 质量等级所实现的不可思议的 3.4×10^{-6} 的缺陷率还要低（第 15.4 节）。

但是，一个产品是由很多零件装配而成的。如果每个产品含有 100 个零件，每个零件的完好率为 999998×10^{-6}，那么此产品的完好率为 0.999998^{100} 或 999800×10^{-6}，装配后的产品含有缺陷的概率为 200×10^{-6}。如果产品含有 1000 个零件，那么每 100 万个产品中有 1999 个缺陷零件。但是，如果产品只含有 50 个零件，那么每 100 万个产品中缺陷数量降到 100 个。

上例表明，即使在采取极端而昂贵的 100% 的零件检验，并且产品也不是很复杂的情况下，要实现无缺陷产品达到很高的比例也是很难的。例 13.5 也说明减少产品缺陷的主要因素是降低产品的复杂度（零件数量），如神户（Shingo）[b]所说，要想实现产品的低缺陷率除了检验产品以外，还需要找到其他的方法。

13.8.2 常见错误

在零件生产中存在四类错误，包括设计错误、缺陷材料错误、加工错误和人为错误。

---

[a] 发音为 POH-kah YOH-kay.

[b] S. Shingo, *Zero Quality Control: Source Inspection and the Poka-yoke System*, Productivity Press, Portland, OR, 1986.

以下所列的各种错误可以归为设计过程中的错误：

- 工程图样或工程设计书中有歧义信息：错误地使用几何尺寸与公差（GD&T）。
- 错误信息：由单位转换或完全错误的计算造成的错误。
- 拙劣的设计概念导致没有提供所需的全部功能：草率的设计决定导致产品的性能差、可靠性低、对人身安全有隐患或对环境有害。

缺陷材料是另一类错误，这些错误包括：

- 由于在选择时没有全面考虑所有材料的性能要求，所以错误地选择了材料。最为常见的错误是设计者往往会忽略一些材料的长期性能要求，如腐蚀性和耐损性。
- 不满足要求的材料被投入生产，或者采购部件不满足质量标准。
- 零件由于拙劣的模具设计，或者不正确的加工条件（如温度、变形速度、不良的润滑效果）而形成的难以发现的缺陷，如内部气孔或表面裂纹。

在零件加工或装配过程中最常见的错误如下所示（按照发生频率降序排列[一]）：

- 忽略操作：没有执行工艺规划所需的步骤。
- 忽略零件：忘记安装螺栓、密封垫或者垫圈。
- 零件的错误定向：将零件装入到了正确的位置，但是方位不对。
- 零件错位：零件的对齐精度不够，无法正确配合或实现自身功能。
- 零件位置错误：虽然零件的定向正确，但所处位置不对。例如，把短螺栓安装在了该放置长螺栓的地方。
- 零件选择错误：许多零件看起来非常相似。例如，将 1in 的螺栓当成了 $1\frac{1}{4}$ in 的螺栓来使用。
- 误调：当前操作被错误地调整。
- 做了被禁止的事情：常常是意外，如扳手掉在地上，或者违反安全要求，或者没有切断电源就连接电动机。
- 多余的材料和零件：没有清除材料，例如将材料留在了保护罩上或型芯材料留在了铸型内。加入了多余的零件，例如螺钉掉进了装配件里。
- 误读、误测和误解：在仪器读数、尺寸测量和信息理解时发生错误。

人为错误的起因及预防措施见表 13.14。

表 13.14 人为错误的起因及预防措施

人 为 错 误	预 防 措 施
疏忽	纪律，工作标准化，工作指令
遗忘	定期检查
缺乏经验	技能提升，工作标准化
理解错误	培训，预检，标准工作实践
识别能力差	培训，注意力提升，警惕

减少人为错误最好的方法是进行有益的错误检查和改正，加上培训和工作的标准化。但是，消除错误最根本的方法还是改进产品设计和制造，此过程请参见第 13.8.3 节。

[一] C. M. Hinckley, *Make No Mistake*, Productivity Press, Portland, OR, 2000.

13.8.3　防错过程

防错过程的步骤与一般的问题求解过程相同。

- 确定问题：错误并不是一眼就能看出的。人们自然的想法是掩盖错误。应设法使员工坦诚相待并建立质量意识。通过采样的正常检验不能在短时间内提供足够的缺陷采样数量，所以无法确定有问题的零件和工艺。为此，在查找错误原因时，应对零件进行 100% 的检查。
- 优先级：一旦错误源被确定以后，用帕雷托图对它们进行分类，从而找出发生最频繁的错误和对企业利润有最大影响的错误。
- 使用原因查找法：使用因果图全面质量管理（TQM）工具、原因图表和关联图法（第 4.6 节）确定发生错误的根本原因。
- 确定错误并执行措施：第 13.8.4 节介绍了设计防错方案的一般方法。虽然许多方法都能降低零件加工的缺陷率和零件装配的失误率，但是如果在具体设计阶段没有严格遵守面向制造和装配的设计（DFMA）原则，那么造成错误发生的最大因素还是在零件的初始设计阶段。
- 评估：明确问题是否已经解决。如果解决方法效果不佳，应重新进行防错工艺设计。

13.8.4　防错措施

广义上讲，防错就是通过引入控制手段来防范错误、检查错误或查明由错误造成的缺陷。显然，与其错误发生后再采取措施，不如通过适当的设计和过程控制来避免错误。

防错主要在三个控制领域中进行：

- 变动性控制：比如在一个制造工艺中所加工零件的直径随零件的不同而变化。变动性控制在高质量产品的制造过程中起非常重要的作用。此方面的内容在第 15 章鲁棒设计部分有详细介绍。
- 复杂度控制：复杂度控制主要是通过面向制造和装配的设计原则得到阐述，并且它通常可追溯到在具体设计中产品结构方面的决策问题。
- 错误控制：主要通过设计和使用防错装置⊖来控制错误，正如最初由 poka-yoke 方法学所指出的那样。

防错方法可分为以下五大类：

1）检核表。检核表是手写的或使用计算机制作的工艺步骤表，或为了完成操作而需要完成的任务组成的工艺任务表。例如，商业飞机飞行员在起飞前所使用的检核表。有时要使用重复操作的方法，来查找工作中的错误，如计算机开机时需要输入两遍密码。在手工装配过程中，操作指南必须附有清晰的图片。

2）导向销、导轨和槽。这些设计特征用于在装配中确保零件的位置和朝向均正确。在配合重要的特征之前，导向特征是否与相关零件对齐是很重要的。

3）专用的夹具和固定装置。这些装置处理多数的几何问题与朝向问题，特别适用于查找制造工艺步骤间的任何错误。

4）限位开关。限位开关或其他传感器可用于检测位置错误，也可以用于检测某问题是否存在。出现问题时，这些装置引发警报、关闭操作，还可使系统继续运行。通常，传感器与其他工

⊖　200 个预防错误的方法实例见附录 A ~ C。M. Hinckley, op. cit.

艺设备是互联的。

5）计数器。计数器，不论是机械式、电子式或光学类都可用于计数，从而校对所执行的机器操作次数或所加工的零件数量是否正确。计时器则用于核实生产任务持续的时间。

虽然上面介绍的是制造工艺中的防错方法和实例，但是这些方法也可以用于销售、订单记录和采购等领域，在这些领域中，发生错误的代价可能要高于制造中发生错误的代价。与之前的方法很类似，但又相对比较正式的一种防错方法称为失效模式与影响分析（FMEA），它被用于确定和改进设计中潜在的错误模式，详情参见第 14.5 节。

13.9　制造成本的早期估算

在产品的概念设计和实体设计阶段所确定下来的产品所使用的材料、产品形状、产品特征以及公差决定了产品的制造成本。产品一旦开始生产以后，想要使产品成本大幅降低是不太可能的，因为产品发展阶段的任何变化都会造成产品成本的骤增。因此，需要一种方法能够在设计阶段尽早确定较耗费的产品设计。

在产品的设计团队中安插经验丰富的制造技术人员是实现此目标的一种方法。虽然此法的重要性不容置疑，但是从时间安排上可能存在冲突，或者设计人员和工艺人员身处两地等实用角度考虑，此法并不总是可能实现的。

读者可以使用第 13.4.6 节所介绍的方法，并根据估计出来的单件成本在两种备选工艺中选择一种。然而，该方法需要使用相当多的信息，而信息的详尽程度并不足以支持做出比竞争的制造工艺的相对排序更好的选择。英国赫尔大学（University of Hull）开发了一个用于在设计的早期阶段进行有效的成本评估的系统[⊖]。系统中的数据来源于英国的汽车制造业、航空业和轻工业。对于产品设计细节变化或因使用的制造工艺不同而造成零件成本的变化，系统都能合理地计算出零件成本。作为第 13.4.6 节所述方法的重要扩展，零件形状复杂度对成本的影响也被纳入了考虑范围。

面向装配和制造的设计工作可以在图样上手工完成，而计算机方法的使用通过提供提示和帮助菜单给予设计师极大便利，使他们方便地存取文献中经常出现的数据，并且能很容易观测到设计中某个变化所产生的效果。面向制造和装配的设计（DFMA）软件的使用还能给予学习者以很好的设计实践上的训练。无论设计者采用什么方法，始终严格按照标准的分析方案来开展工作，有助于提出更有建设性的问题，从而得到对问题更好的解答，这也是使用 DFMA 分析所带来的最大的好处。

13.9.1　并行成本核算

由 Boothroyd-Dewhurst 公司（www. dfma. com）研制的制造成本核算软件允许设计者对零件成本进行实时估算，它所采用的方法比第 13.4.6 节中的方法使用了更多的细节处理。在通常情况下，软件首先下载正在设计的零件的 CAD 文件。若此阶段还没有建成零件的 CAD 图，可仅输入包含零件各尺寸的形状描述文件。下面用一个简单的例子来展示一下该软件的威力。

例 13.6　本例介绍如何使用该软件完成塑料盖的设计和成本核算，通过下拉菜单选取零件的材料和制造工艺，通常先通过此菜单选取材料类型。在选取了一类材料后，软件将给出设计师

⊖　K. G. Swift and J. D. Booker, *Process Selection*, 2nd ed. , Butterworth-Heinemann, Oxford, UK, 2003；also A. J. Allen and K. G. Swift, *Proc. Instn. Mech. Engrs.* , vol. 204, pp. 143-148, 1990.

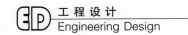

可选择的特定材料。材料的选择极大地限制了工艺种类的选择。例如，使用热塑性聚丙烯塑料制造空心长方体外壳，首选是注塑成型工艺。

如图 13.18 所示是选择了材料和工艺以后的程序界面。各参数值是根据输入的图样上的零件几何形状和注塑成型工艺的默认参数值确定的。由于注塑成型属于成型工艺，所以模具成本决定了大部分加工成本。面向制造的设计输入主要与设计细节方面的决策如何在工装制造成本中得到反映有关。

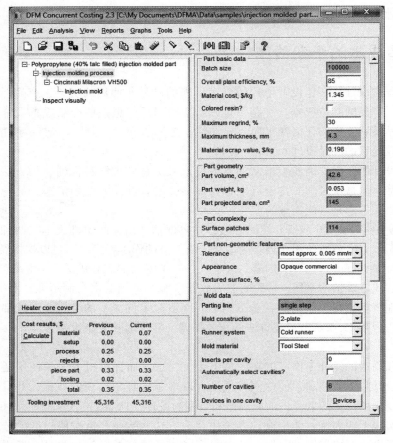

图 13.18　用于确定注塑面板加工费用的设计参数（Boothroyd-Dewhurst, Inc.）

设计参数列表下方是零件复杂度，用描述零件三维 CAD 模型内外表面所需面片的数量来度量。由于塑料盖的内表面有棱纹和用于加工螺纹接口的凸台，所以面片的数量相当大。为了进一步确定模具成本，需要输入下面的参数：

- 公差：高公差要求加工时更加细致认真。
- 外观：如果工件是透明的，需要对模具表面进行高精度的抛光处理。
- 纹理：如果工件需要具有颗粒状或羽毛状的外观表面，则要求在模具表面进行精细地雕刻。
- 分型线：指分开模具取出零件的面的形状。直分型面的成本最低，但如果零件的外表面是阶梯形或曲线形的，模具成本将大幅提高。
- 模具的建立：二板模、定凹模和动芯板是最简单的模具系统。
- 流通道系统：为了获得高的生产率，在固定板中设计了热流通道。这使得流道和浇口不需要从零件上切除。但此模具特征增加了模具成本。

- 模具的材料：模具材料的选择将决定模具的寿命。
- 型腔的数量：根据零件的尺寸大小，可以一次注射加工多个零件。这就需要模具有多个型腔，这样做虽然生产率提高了，但加工时间和模具成本也相应增加。
- 一个型腔中的装置：如果有必要在零件内部塑造凹槽或咬边，需要在芯板内部设置心销牵引装置。此操作既难且成本极高。

软件使用者需要一些注塑成型结构和操作方面的知识，从而不用使用基本默认参数值，更好地调整各参数，将零件设计与模具建造成本联系起来[⊖]。

注意图 13.18 的左下角给出了分配到每个零件中的先期零件成本和工装成本。此表中的任何参数都可以修改，并且软件能够快速地重新计算成本，显示出参数值变化对成本的影响。例如，确定使用 30% 的可回收塑料树脂会降低零件的性能，那么可以将此值设为 10%，这个变化提高了材料成本。接下来，可断定零件的尺寸足够小从而两个零件可以在同一模具中加工，因此将型腔的数量从 1 变为 2。这样做虽然提高了工装的成本，但零件成本降低了。因为单位时间内所加工的零件数量翻了一番。

此外，还可以调整的参数包括注塑机参数（包括夹紧力和注射功率等）、工艺操作成本（包括工人的数量、工人单位时间的工作速度和机器加工速度）、废品率、设置设备和模具的成本和成型工艺数据（包括型腔寿命、填充时间、冷却时间和模具重置时间）。制作模具的成本还包括制作预制板、支柱和衬套等的成本，以及制作模具型腔和型芯的成本，这些参数也可以在软件中修改。第 13.4.6 节介绍了上述参数是如何在总成本计算公式中体现的。

有些免费的、限定工艺类型范围的成本评估软件可以在 www.custompartnet.com 上下载。

这一案例介绍了设计者进行可靠的产品成本核算所需要考虑的细节，特别是对于工装和工艺操作成本。由于零件具有很高的复杂度以及工艺参数之间存在着耦合关系，因此只有基于计算机的成本核算模型才能够快速、准确地对制造加工成本进行核算。在产品配置设计阶段，在决定购买工装之前，可使用假设法来探究设计细节对工装成本的影响。

13.9.2 工艺建模和仿真

由于计算机科技以及有限元分析方法的快速发展，使得工业界广泛地采用了计算机制造加工建模的方法。正如有限元和有限差分分析以及 CFD 能够通过优化部件设计来减少实物模型测试成本，计算机工艺建模同样能够减少产品开发时间以及工装成本[⊖]。在铸造、注塑成型、有飞边模锻、金属板材成型工艺等方面，计算机工艺建模有着最广泛的应用。

由于绝大多数的生产工艺使用到了大型设备及昂贵的工装，工艺改进研发将会是相当耗时且代价不菲的工作。一个典型的问题是，针对模具的改进要能够实现铸造和注塑成型零件的物质流完全充满各个区域。像锻造以及挤压变形等形变工艺中，人们也面临着一个典型的问题，那就是如何改进模具以防止零件承受高压区域的破裂。如今，付费仿真软件可以快速解决此类问题以及其他很多方面的问题。通过查看某个工艺参数（例如温度）的一系列彩图可以获知仿真结果。使用动画实时展现金属的固化过程是极其平常的。对于铸造和其他形变加工时产生的缺陷和微结构的建模已经十分贴近现实情况了。本章接下来的几节将会介绍好几种加工工艺面向制造的设计原则，同时还会介绍一些常用的工艺建模软件。

⊖ H. Rees and B. Catoen, *Selecting Injection Molds*, Hanser Gardner Publications, Cincinnati, OH, 2005.

⊖ ASM Handbook, Vol. 22A, *Fundamentals of Modeling for Metals Processing*, 2009; ASM Handbook, vol. 22B, *Metals Process Simulation*, 2010, ASM International, Materials Park, OH.

13. 10　关于工艺特性的面向制造和装配的设计原则

第 13.5 节讨论了通用的面向制造的设计原则，第 13.6 节讨论了通用的面向装配的设计原则。也见识到了面向装配的设计如何通过减少零件数量来影响面向制造的设计的。正如布思罗伊德（Boothroyd）[⊖]所强调的，这两种方法实际上是互补的，而且将它们理解成一种统一的方法是完全合理的，那就是面向制造和装配的设计，即 DFMA。

本章其余内容将针对某些主要加工方法的面向制造和装配的设计问题展开讨论。其中有许多问题是零件形状方面的，解决它们有利于将某些制造缺陷最小化，也有许多是设计者需要注意的零件加工过程中的材料特性问题。

限于篇幅，这里不会给读者过多介绍加工设备和工装。幸运的是，读者可以从网上找到这方面的精确描述。推荐的两个网站是：①www. custompartnet. com，该网站有相当好的加工设备和工装的三维模型，同时还附有零件在特定加工方法下加工的详尽文字描述；②http：//aluminium. matter. org. uk，该网站有很多制作精良的动画，能够帮助读者理解加工过程中一些主要的工艺变量是如何影响零件加工的。进入网站②后单击表格右上方的 "Processing（加工）" 按钮，可以找到您想要查找的加工方法。另外一个有用的网站（www. engineersedge. com/manufacturing_. design. shtml）包含了更多的加工方法，而且在介绍中包含了更多关于这些工艺的变种工艺。相比之下，另一个网站（www. npd-solutions. com）则列出了 15 种常见的加工方法的面向制造的设计原则。

许多工程图书馆都可以借阅到的那种厚重的《ASM Handbooks》，这是查阅制造工艺方面详细信息的有价值的资源。网站 knovel. com 上提供了上述手册的电子版。表 13.5 列出了该系列中的相关卷册。

13. 11　铸件设计

从毛坯到成品间工艺路线最短的工艺之一就是铸造工艺。在铸造中，金属熔液被倒入与成品形状大体相同的模具或型腔中（见 www. custompartnet. com，www. diecastingdesign. org 网站也给出了关于铸造的有用信息），热量通过模具被提取（砂型铸造即是此例），金属熔液凝固成最终的固体形状。铸造模具的主要设计问题是：为金属熔液进入型腔提供通道，使液体能形成连续层状形式在浇口和流道中流动；在模具中合适的位置上放置一个液态金属源，确保金属液把所有空间都充满后才开始凝固；将型芯置于能制造中空零件的位置。

上述看起来简单的铸造工艺其实是非常复杂的金相变化过程[⊖]，因为金属经历了从过热的液态转变成固态的完整转变。液态金属在凝固时会收缩，所以铸件和模具必须设计成能够用于补偿体积收缩的液态金属的结构。可采用冒口来提供液态金属，从而补偿体积收缩的部分，但是最后要从最终铸件上切除冒口。在铸件设计阶段必须提供金属凝固后所允许的收缩和热收缩的体积范围。由于当金属液凝固时被溶解在液体中的气体的溶解性会突然降低，所以铸件常含有内嵌的气泡，从而导致气孔的产生。

⊖　G. Boothroyd, P. Dewhurst, and W. Knight, *Product Design for Manufacture and Assembly*, 3rd ed., Taylor & Francis, Boca Raton, FL, 2010

⊖　H. Fredriksson and U. Åkerlind, *Materials Processing During Casting*, John Wiley & Sons, Ltd., Chichester, UK, 2006.

铸件的力学性能在凝固过程和随后的热处理就已被决定。铸件的晶粒结构和性能由其凝固速度决定。凝固时间大致与铸件的体积和表面积的比值的平方成正比。因此，体积庞大的铸件比薄壁的铸件凝固得慢很多，并且性能较差。同体积时，球体比薄板的凝固速度慢，因为薄板有更多的表面积将热量传递给模具。

铸件的设计必须保证在充满型腔前，金属液的流动不能受阻于已经凝固的部分金属液。铸件应逐步凝固，离金属液源最远的部分最先凝固，从而冒口可以提供金属液来补偿凝固时的体积收缩。凝固模式设计可以通过有限元模型建立温度随时间的分布函数来完成[⊖]。有些区域的收缩原因是缺少金属液补偿，并且与铸件的晶粒尺寸（铸件的一种属性）分布也有关系，有限元分析能够预测这样的收缩区域。

有很多铸造工艺的种类，最好的分类方法是根据所使用的模具类型对这些工艺进行划分（图 13.19）。两大类铸造工艺分别是：消耗性铸造，每个零件制造完成以后，损坏模具；金属型铸造，多个零件在同一个模具中进行制造。更多详细信息请参见 Custompartnet. com。

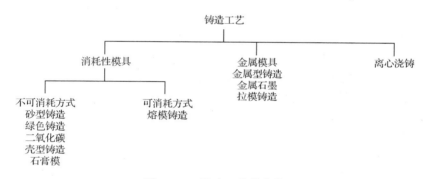

图 13.19　铸造工艺的分类

13.11.1　铸件设计原则

适当关注设计细节可以最小化铸造问题，从而减少成本[⊖]。因此，设计师和铸造工程师间的紧密合作很重要。在这种铸件合作设计过程中，推荐使用计算机辅助的凝固模型。

最重要的铸件设计原则是铸件的形状应允许液体有秩序的凝固，通过这种方式凝固过程从距离浇口最远的地方开始到金属液被注入的地方依次完成。尽量保证铸件壁厚均匀。大质量的金属会形成热点，造成凝固速度减慢，这样周围的金属液先凝固，就会在铸件上形成缩孔。

图 13.20 举例说明了一些可以解决缩孔问题的设计特征。图 13.20a 表明表面厚度不同的两个截面间的过渡要平缓。一般来说，相邻截面的厚度比不能超过 2∶1。在楔形的壁厚变化处，锥度不能超过 1∶4；图 13.20b 表明凸台的厚度要小于连接凸台的截面厚度，并且它们之间过渡要平缓。图 13.20c 表明拐角处因忽略外部圆角而产生的大的局部断面，应当消除。为了很好地进行液体收缩的控制，圆角的半径应在 $1/2 \sim 1/3$ 截面厚度的范围内。图 13.20d 表明两条棱纹交叉处会有很强的热点产生。交点周边截面较薄的部分凝固以后，这些区域才开始凝固，因为收缩部分无法被注入金属熔液，所以铸件上形成了缩孔。这个问题可以通过错开两条棱纹来

⊖　商用软件包括 Magmasoft、MAVIS-FLOW、ProCAST 和 SOLIDcast。

⊖　*Casting Design Handbook*, American Society for Metals, 1962; *ASM Handbook*, vol. 15, American Society for Metals, Materials Park, OH, 1988; T. S. Piwonka, "Design for Casting," *ASM Handbook*, vol. 20, pp. 723-729, ASM International, Materials Park, OH, 1997.

解决，如图 13.20d 所示。用于评估大质量的金属熔液在何处形成热点的一个较好的方法是在截面交叉处雕刻出一个圆。此圆的直径越大，热质量效应就越强，从而就越容易形成缩孔。

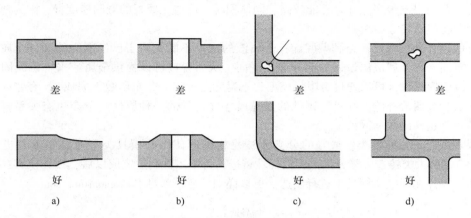

差　　　　　　差　　　　　　差　　　　　　差

好　　　　　　好　　　　　　好　　　　　　好

a)　　　　　　b)　　　　　　c)　　　　　　d)

图 13.20　可以减少缩孔形成的一些设计细节

　　铸件的设计必须保证模型板能够从模具中取出，铸件能够从金属型具中取出。垂直表面上应有 3°~6° 的斜度或锥度，从而保证模型板能够从模具中被取出。铸件应避免含有凸出细节特征或凹穴，因为它们的制造需要额外的型芯。有许多型芯的模具的成本较高，在铸件设计时应把型芯减至最少。此外，应制定往模具型腔放置和固定型芯的规则，从而确保当金属液被注入时型芯处于正确的位置。

　　当铸件不同部分以不同的时间和速度凝固时，凝固应力就会产生。当合金凝固时的温度处于固液状态并存的温度范围时，铸件将会产生内部裂纹，这被称作热裂。此时，如果随着温度的下降铸件发生不均匀冷却，那么将会导致铸件的严重变形或弯曲。

　　有些铸造工艺，如压力铸造、金属型铸造和精密铸造等能够加工具有高尺寸精度和光滑表面的铸件。它们所加工的零件都属于净成型工件，使用前不需要再进行切削加工。而砂型铸件为了获得所需的尺寸精度和表面粗糙度，在铸造完成之后，还需要进行切削加工。因此，有必要为砂型铸件添加额外的材料，使其作为切削加工的加工余量，在加工时被去除。

13.11.2　生产优质铸件

　　铸造工艺能够在合理成本下提供特殊的形状设计灵活性。铸造是一种古老的金属加工工艺，但是并不总被人们看好能够加工出高质量的零件。设计师总是误解的一点是：因为晶粒的形状和大小决定了铸件的力学性能，所以铸件的力学性能取决于它的设计。晶粒形状和大小由凝固速度决定，凝固速度反过来又受零件不同截面的厚度影响。此外，大部分铸造工艺都在大气中完成，所以热的金属熔液将与空气发生反应并形成氧化层和杂质。杂质是一种非金属颗粒，是由金属熔液与模具或金属熔液成分间发生化学反应生成的。氧化层和杂质能够引发裂纹，其中氧化层自身的表现形式就很像裂纹。

　　铸件上可能存在各种各样来源的孔。前面已经介绍了当铸件冷却时由于金属熔液注入不充分所产生的宏观孔隙问题[一]，要解决这个问题可以改进铸件形状和调整冒口使其到更合适的位置。计算机凝固模型可以有效地确定缩孔可能出现的位置。第二类气孔是微孔，它更难以被消除。当金属熔液凝固时，会形成微小的、互相交叉的、树状的、叫作枝晶的结构。当枝晶体积占

___

　　㊀　宏观孔隙是在射线照相探查时大到足以用肉眼看到的也孔隙，显微疏松则是不放大就观察不到的孔隙。

到铸件体积的 40% 时，将会堵塞液体进一步流动的通道，形成小气孔网络。气孔形成的第二种机理是，随着温度的下降，在金属熔液中的气体溶解度急剧下降，溶解的气体会从金属液中释放出来，形成气泡，进而形成体积大的气孔。

选择合适的合金材料可以减少微孔的数量，但微孔数量并不是设计师能通过铸件设计来左右和干预的。在真空环境下微孔通过熔化和倾倒金属几乎可以完全消除（真空熔铸）。例如，飞机涡轮叶片就是采用此法制造的，但是成本很高。另一种方法是采用热等静压技术（HIP）来闭合残留的微孔，首先将工件封闭放入一个压力容器内，然后在高温下施加几个小时的静压，压力范围为 15 ~ 25ksi。此种技术几乎可以完全消除微孔，但这是一种高成本的辅助工艺。

成功地铸造具有高质量金相组织性能的零件是复杂的，这要求设计师能够预测铸件的凝固过程及其加工完成后的金相结构。这说明至少在浇注铸件之前，设计师需确定铸件是如何凝固的，并且能够不断改变零件的设计，直到得到不含缩孔的铸件。若能够绘制关键点的"温度-时间"曲线将对制造大有益处，这需要与先进的铸造厂合作，并且它们拥有经验丰富的精于操作凝固模型软件的工程师。最先进的软件能够预测铸件的晶粒尺寸和结构，因此能够推断铸件的力学性能，此外软件还能预测发生在浇注过程中的铸件变形。

铸造厂需要使用最新的铸造技术才能生产出高质量的铸件[○]。许多较新的技术用于实现铸件缺陷的最小化。高级铸造师应通晓并操作的知识包括：

- 能使用合适的方法减少金属液中杂质和气体含量。
- 合理设计冒口、流道和内浇道，从而减少金属液的流动距离，或防止金属液填充入模具型腔以外的地方。
- 模具的设计必须保证金属液前端始终保持流动状态。
- 合理设计以减少金属液中夹杂的气泡。
- 避免需要克服重力从下向上填充金属液的设计。
- 确保通过计算或经验来制订填充要求。
- 确保热辐射方向与重力方向一致，而不是需克服重力的方向，从而避免对流问题。
- 使用过滤器来减少铸件中的杂质。

上述知识虽然不是设计师要掌握的，但是设计师至少要了解它们，这样才能够在对铸件供应商的技术能力做合理评估的基础上进行设计。

使用铸造仿真软件来设计铸件和模具，以及从秉持着现代铸造技术理念的供货商处购买铸件，都可以生产出在许多应用领域有很好表现的铸件。减少缺陷可以使铸件具有更好的可再生力学性能，而这些性能比通常所期望的铸件性能好得多。

13.12 锻件设计

锻造工艺是最重要的加工高级别应用零件的方式之一。锻造是典型的体积变形工艺，其中在高压的冲击下，实心坯料发生了强烈的塑性变形，并形成接近成品的形状[○]。其他的变形工艺

○ J. Campbell，"Casting Practice-Guidelines for Effective Production of Reliable Castings，"*ASM Handbook*，vol. 15，*Casting*，pp. 497-512；J. Campbell，*Castings Practice：The Ten Rules of Castings*，2nd ed.，Butterworth-Heinemann，Oxford，UK，2004.

○ B. L. Ferguson，"Design for Deformation Processes，"*ASM Handbook*，vol. 20，pp. 730-744，ASM International，Materials Park，OH，1997.

包括：挤压，用力挤压金属坯料使其通过模具，形成大长/径（L/D）比的长的物体形状；拉伸，用力拉金属坯料使其通过模具；轧制，厚板通过卷轴形成薄板。图 13.21 中展示了用于将铸造件加工为半成品或者成品的一些体积变形工艺。

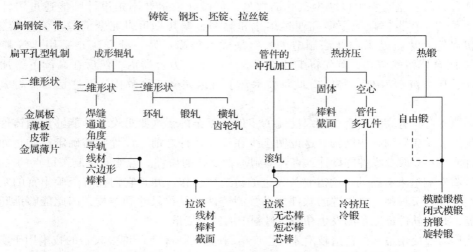

图 13.21　将铸件金属转变成半成品或者成品的主要变形工艺

（来自 J. A. Schey）

　　锻造工艺通常处理高温工件，而其他的变形工艺，如冷挤压或冲击挤压，根据材料的不同，也可以在低温下进行加工。由于在锻造工艺中，工件发生了强烈的塑性变形，所以金属材料的金相组织发生了变化。所有孔隙被封闭，晶粒结构和第二相发生了变形，并在锻压的主要方向上被拉长，形成了"纤维结构"。由于经过了加热处理，锻坯具有轴向纤维结构，但是纤维结构方向根据锻件几何尺寸的不同被重新分配，如图 13.22 所示。

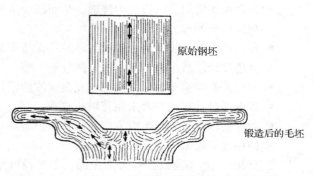

原始钢坯

锻造后的毛坯

图 13.22　工件锻造过程中纤维结构方向的再分配

　　机械纤维的结构敏感特性，如韧性、疲劳强度、断裂韧性等都具有方向性（各向异性），这是因为在加工方向上夹杂物、孔洞、偏析和第二相粒子存在优先对齐排列的顺序。这些特性在加工的主方向上表现得最为明显，主方向即为对齐"机械纤维"的方向，但相对于纵向它们在横向更为明显。设计者要意识到在锻造时有些特性并非在所有方向都保持一致。因此，在设计锻造加工工艺时，最大塑性变形所在的方向（纵向的）应该和工件承受最大压力的方向一致。

　　锻造可以分为开式模锻和闭式模锻两类。开式模锻通常是指自由锻，为使坯料逐步变形并形成简单的形状而对其局部施压，就像铁匠使用锤子和铁砧来加工材料一样。闭式模锻是对金属施加机械压力或用锤子使其流进封闭型腔，从而加工出具有高尺寸精度的复杂形状。各种形状、不同尺寸、不同材料的工件都可以用锻造来加工。通过适合的锻模设计，可以控制晶粒流，并使其在主要受压区域获得最优的性能。

　　闭式模锻很少能一步完成。坯料，通常是一块棒料，首先加工成粗锻模的形状，使材料适当成型（图 13.23a），这样才能够使材料完全地填满终锻模的型腔（图 13.23b）。要额外使用一些材料来保证模腔完全被充满。余料会逸入工件四周的飞边里，它们不会进一步变形。这就对工件其他部分施加了压力，迫使工件材料到达模腔最深处。通过这种方法，锻件在细节方面的要求也就达到了。最后将飞边从成品锻件上去除并回收。

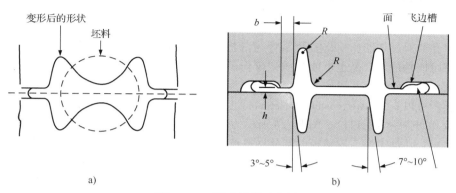

图 13.23　闭式模锻示意图

a）粗锻模　b）终锻模

13.12.1　面向制造闭式模锻件的设计原则

像铸造一样，锻造本质上是一个成形过程，只不过锻造用固态塑性变形材料替代低黏度液体。因此，锻造的设计原则与面向铸造的设计原则非常相似[一]。设计锻件的详细规则参见 *ASM Handbook*，vol. 14A，pp. 701-823。锻造工业协会（FIA）为了向工程专业学生展示设计和使用锻造的方法，创办了一个优秀的网站：www. forging. org/engineer/Design_engineer. cfm。进入网站后单击"产品设计指导"（Product Design Guide，电子版），然后参见第 3.5.4 节。

13.12.2　计算机辅助锻造设计

材料从棒料到被锻造成复杂、无缺陷的零件要经历一系列的形状变化，模具设计师必须具备娴熟的技能才能熟练洞悉这些变化。30 年来应用有限元分析技术来分析变形过程的研究对于完成上述复杂的工程任务有很大帮助。目前，利用台式计算机的计算机软件[二]，设计师不仅可以精确地确定压力载荷和模具应力，还可以确定包括应力、应变、工件变形过程中的温度分布和自由表面轮廓等的其他重要参数。这类软件的一个重要特征是，它们能够可视化地给出完成每一步工艺模具关闭后工件的几何变化。设计师可以改变工装的设计，通过随后的仿真观察这些变化是否引起材料流的改善、是否消除了像凸起和不完全成型这样的流缺陷。由于变形工艺仿真软件能够节省修模和试模的成本，在工业界得到了广泛的应用。当零件在高温条件下锻造时，配套软件可对晶粒尺寸的变化进行建模。

13.13　金属薄板成型设计

因为金属薄板具备弯曲和成型为复杂形状的能力，其在工业和消费品零件中的应用十分广

⊖　J. G. Bralla, *Handbook of Product Design for Manufacturing*, Sec. 3. 13, McGraw-Hill, New York, 1986.

⊜　DEFORM® from Scientific Forming Technologies, Columbus, OH and FORGE from Transvalor, Inc.

泛。薄板件在汽车制造、农业机械和飞机的部件中占很大比例。优质的薄板成型加工取决于是否选择了有足够成型能力的材料、是否对零件和工装进行合理设计、薄板表面情况的好坏、润滑剂的选择使用，以及成型压力的速度。

13.13.1　薄板冲压和弯曲成型

带状或片状金属板件使用的冷冲压工艺模具可以分为切除工艺和成型工艺$^{\ominus}$。切除工艺用于在薄板上穿孔或通过切断操作将整个零件与薄板分离。切除工艺在可控性断裂时集中发生，切断成的工件可能是最终产品也可能是成型操作的第一步结果，此操作中最终的形状还要通过塑性变形得到，通常使用弯曲操作。单个金属薄板件通常是采用点焊或者激光焊接固定到相应的组件上。读者可以查看 www.custompartnet.com 上关于冲压弯曲成型的详细介绍，该网站还有关于弯曲系数和回弹系数的讨论。图 13.24 所示为薄板金属加工工艺的分类。

进行薄板穿孔加工时，仅薄板的部分材料被完全切掉了；也就是说，此操作会形成一个带有部分锥形边缘的孔。如果此孔是用来当支撑面的，那么还要通过下一步工序得到孔边缘的平行壁。冲孔直径不能小于薄板的厚度且最小值为 0.025in。孔较小会导致大的冲压裂纹，而且小孔应该采用钻孔操作。孔之间，或孔和薄板边缘间的最小距离应当大于，至少要等于薄板的厚度。如果孔上还要有螺纹，则薄板厚度至少是螺纹直径的一半。

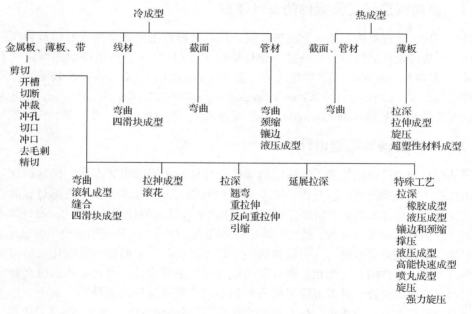

图 13.24　薄板金属加工工艺的分类
(来自 J. A. Schey)

当采用弯曲工艺时，若板的弯曲方向穿过金属晶粒，将使金属弯曲也不会产生裂纹的能力提高（例如，弯曲线与薄板滚动的方向垂直）。应该采用尽可能大的弯曲半径来防止裂纹，并且

$\ominus$　*ASM Handbook.* vol. 14B, *Metalworking*：*Sheet Forming*，ASM International, Materials Park, OH. I. Suchy, *Handbook of Die Design*, 2nd ed., McGraw-Hill 2006；J. A. Schey, *Introduction to Manufacturing Processes*, 3rd ed., Chap. 10. McGraw-Hill, New York, 2000.

弯曲半径应大于薄板厚度 t。用薄板厚度的倍数来表示薄板的弯曲可成型能力。比如，对于可成型能力来说，一个厚度为 $2t$ 的材料要比一个最小弯曲半径为 $4t$ 的薄板的好。

13.13.2 拉伸和深拉深

薄板经常被加工成大波浪的形状，比如汽车的顶棚或挡泥板。加工这样的形状需要使用拉伸和深拉深。拉伸时，沿边缘薄板被夹紧，在拉力作用下使薄板变长变薄。变形极限是薄板的局部发生颈缩变形。在拉伸试验中，薄板的变形能力由材料的统一伸长能力来决定，材料承受应变硬化的能力越强，它在拉伸过程中出现颈缩的可能性越小。

深拉深是薄板拉深的典型例子，比如杯子的加工[⊖]。如图 13.25 所示，深拉深时，通过冲头将板坯拉深进入模具中。在深冲压工艺中，当板坯被迫和较小的冲头直径一致时，板坯的周长减小。周向压应力使板坯变厚并在外圆周上形成褶皱，除非压实环或黏合剂能提供充足的压力，此状况才有可能缓解。然而，由于金属被深拉进入模具且大于模具半径，金属先弯曲然后在拉力的作用下被拉直。这使得冲头和模壁之间的薄板变得很薄。拉伸和深拉深的变形条件有着实质区别。深拉深的成功操作由限制薄板变薄的因素而得以加强：模具半径约为薄板厚度的 10 倍，使用较大的冲头半径 R_p，冲头与模具之间要留足间隙。薄板的晶体结构和板件晶粒相对于弯曲方向的方位十分重要。由滑移的机理可知，如果薄板的质地结构有利于宽度方向上的变形，而不利于厚度方向上的变形，那么就推动了此金属的深拉深加工。可通过拉伸试验中的塑压应变比 r 来衡量材料的该特性。

$$r = \frac{\text{拉力试验样品在宽度方向上的应变}}{\text{在厚度方向上的应变}} = \frac{\varepsilon_w}{\varepsilon_t} \qquad (13.11)$$

具有最佳深拉深性能的薄板材料的塑压应变比 r 约为 2.0。

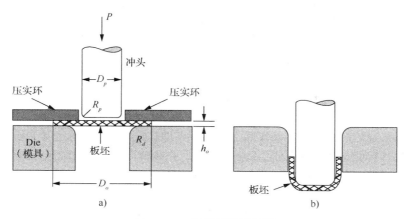

图 13.25　圆筒杯的深拉深

a）拉深前　b）拉深后

薄板成型操作的一个重要工具是 Keeler-Goodman 成型极限图（图 13.26）。其中，每个薄板材料在变形前，要在薄板上放置一个圆圈栅格来确定它的成型。当薄板变形时，圆圈被扭曲成椭圆形。椭圆的长轴和短轴分别代表了冲压过程中的两个主个主应力的方向。测量金属薄板刚开始断裂时候的应力值。最大应力 ε_1 沿 y 轴绘制，而较小的应力 ε_2 沿 x 轴绘制。标记测量不同几何

⊖　拉深的动画模拟见 aluminium. matter. com 中 "Sheet Forming" 目录下的内容。

形状的各个冲压过程的失败点的应力值，制成图表。曲线之上的应力值会引起冲压失败，而曲线之下的应力值不会引起失败。图中的拉伸-拉伸区域基本上是拉伸状态，而拉伸-挤压区域更接近于深拉深状态。举个例子说明如何应用 Keeler-Goodman 图，假设点 A 代表一种特定金属薄板冲压过程中的临界应力。可以通过改变模具或零件的设计，从而改变金属流动状态，将应力状态移动到 B 点，达到消除此缺陷的目的，避免了部件的断裂破损。另一种方法是采用具有更好成型能力的材料，此材料的成型极限图的参数值更高。

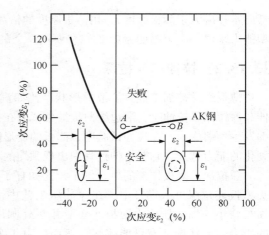

图 13.26　Keeler-Goodman 成型极限图的应用实例

13.13.3　计算机辅助钣金设计

一些在钣金成型[⊖]工艺中用于模具设计的计算机辅助设计工具已经被广泛应用于汽车工业[⊜]。比如 PAM-STAMP 2G[⊜]软件提供了一个完全集成的钣金成型仿真技术，其应用领域相当广。在 Diemaker 模块中导入零件的 CAD 模型，在数分钟内就能生成模具的参数几何模型。接下来 Quickstamp 模块读取几何模型，利用不同钢和铝板材料的弹-塑性模型，确定出成型设计是否可行。此方法是运用类似于图 13.26 所示的成型极限图来完成的。有可能要对模具设计以及薄板所用材料进行修改，在那之后，零件的可加工性就确定下来了。然后，将设计信息传送到 Autostamp 模块，再对虚拟模具展开详细的试验。仿真试验过程能够显示出裂痕及卷曲等缺陷发生的位置，以及为了改变金属的变形流，拉深压边筋应该被放置的位置。可以通过改变模具压实力以及表面润滑力等操作参数来观察它们对工件成型能力的影响。设计者能利用内置的回弹预测功能在工装生产出来之前修正工装的几何形状，无论工装多么价格不菲。利用此软件，以及先前提到的其他软件，工装在几天之内就能被开发完成，而用传统的"试凑法"可能需要几个月的时间。

13.14　切削工艺设计

切削操作是最通用的制造工艺。实际上，每个零件在最终加工阶段都会经历某种切削加工操作。切削的工件可能是铸件或锻件，只需要钻一些孔和精饰即可，若所需工件数量较少，那么切削工件可能就是原始的棒料或板材。

切削工艺的种类繁多，设计工程师要熟悉这些工艺种类[⊕]。切削工艺可以根据刀具是平移、旋转，或者工件旋转而刀具固定等情况进行分类。据此可得切削工艺的分类，如图 13.27 所示。

所有切削工艺都是使用坚硬而锋利的切割工具从工件上连续切去小块的切屑，从而加工出一定的工件形状。通过切削成形切除材料的方式有很多。有些工艺用单切削刃的刀具（比如车床、牛头刨床和龙门刨床），而大多数则使用多刃刀具（铣削、钻削、锯削和磨削）。成

⊖　C-Y. Sa, "Computer-Aided Engineering in Sheet Metal Forming," *ASM Handbook*, vol. 14B, pp. 766-790.

⊜　www. autoform. com；www. dynaform. com.

⊜　www. csi-group. com.

⊕　更多案例见 *ASM Handbook*, vol. 16, ASM International, Materials Park, OH, 1989；J. T. Black and R. Kohser, *DeGarmo's Materials and Processes in Manufacturing*, 10th ed., John Wiley & Sons, Hoboken, NJ, 2008.

型法和展成法在切削方法上完全不同。成型法指具有工件最终形状轮廓的切割工具直接进给到（一般是插入）工件中，加工出所需的形状。工件可动可静，如钻孔。

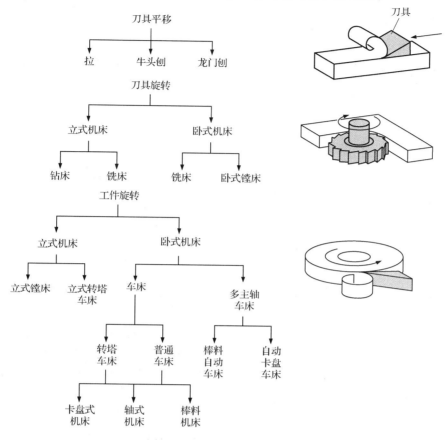

图 13.27　金属切削工艺分类

　　大多数切削工艺通过刀具和工件间的相对运动加工出工件的形状，即属于展成法。主运动将切割工具移动到工件中，进给运动移动刀具接触点使其沿着工件运动。

　　图 13.28 给出了一些示例。读者可以登录 www. custompartnet. com 查看车削加工、磨削加工以及钻孔加工的相关操作。请读者特别注意它们的设备、工艺循环、潜在缺陷以及设计准则。也可以登录 www. aluminium. matter 并在 Machining-Cutting 一栏依次单击 Processing、Machining、Fund 查看相关信息。建议您依次查看序号为 1、2、7、8、10 的相关主题。想要了解更多关于某种加工方法的介绍还可以单击 Cutting Processes 按钮查看磨削、车削、钻孔、攻螺纹、铰孔等。

13. 14. 1　可加工性

　　大多数的金属和塑料都可以进行切削加工，但其可被加工的难易程度，即可加工性，却大不相同。可加工性是一个很难被精确定义的复杂技术特性。在特定的制造工艺中，某种材料的可加工性通常以相对标准材料的方式来衡量。如果某种材料在切削加工过程中对刀具造成的磨损较低，切削所需力度较小，产生细碎的切屑而不是形成长的切屑，并且表面粗糙度在可接受范围之内，那么可以说此材料具有较好的可加工性。

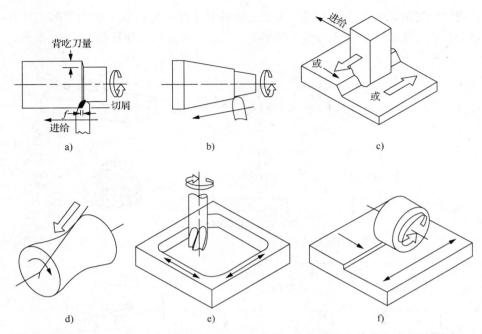

图 13.28 展成法刀具进给编程的重要性（图中主运动均以空心箭头标出，进给运动以实心箭头标出）
a) 车圆柱　b) 车圆锥　c) 刨平面　d) 双曲面成型　e) 铣凹槽　f) 磨平面

可加工性是一个取决于工件材料，刀具材料及几何形状，切削加工的类型，以及加工条件等因素的系统特性[○]。表 13.15 以递减的顺序列出了一些金属合金的可加工性。表的右侧一列以递减的顺序列出了各种制造工艺的可加工性。例如，对于任何材料来说，当其他切削加工工艺都不能达到要求的时候，磨削工艺通常可以得到好的结果。对于加工轮齿来说，铣削比展成法更容易。

表 13.15　金属类型和加工工艺分类按照可加工性降序排列

金属类型	加工工艺
镁合金	磨削
铝合金	锯削
铜合金	单点旋转加工
灰铸铁	钻削
球墨铸铁	车削
碳素钢	高速、轻进给、丝杠加工
低合金钢	带有成型工具的丝杠加工
不锈钢	钻孔
高合金钢	插齿
镍基超合金	攻螺纹
钛合金	扩孔

○ D. A. Stephenson, "Design for Machining," *ASM Handbook*, vol. 20, *Materials Selection and Design*, pp. 754-761, 1997; I. S. Jawahir, "Design for Machining: Machinability and Machining Performance Considerations," *Handbook of Metallurgical Process Design*, Chap. 22, pp. 919-959, Marcel Dekker, New York, 2004.

　　工件材料的可加工性对加工成本和加工质量的影响是最大的。因此，加工零件时要选择具备最好可加工性的材料来满足加工工艺的要求。一般而言，工件材料的硬度越大可加工性就越差。因此，通常都在退火条件下切削钢件，然后随即对钢件进行热处理和磨削修整。留有磨削加工余量来去除热处理产生的任何工件变形是很有必要的。

13.14.2　面向制造切削加工的设计准则

　　以下是切削加工零件的一般设计原则[一]。

　　在切削加工工艺中，应只在工件的功能需要用到该表面的情况下才对此表面进行切削加工，因为这样做非常经济。图 13.29 给出了两个减少切削量的设计实例。一个与此相关的问题是要确定工件的尺寸，因此只需要知道去除材料的最小量。

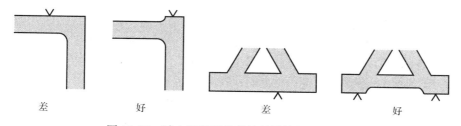

差　　　　　　　　好　　　　　　　　　差　　　　　　　　好

图 13.29　减少切削面量的铸件设计细节的例子

- 在设计一个零件时，一定要牢记零件的切削加工顺序，从而使易加工的设计细节得以体现[一]。计算机建模软件可以验证加工时的数控刀路是否正确，检查成品形状和尺寸，检查切割刀具和机床是否会干涉，并计算材料去除率。有些加工用软件甚至能优化切割速度和切削进给量，使切削加工时间最小化。绝大多数的主流 CAD 软件商能提供切削加工软件[三]。

- 工件必须含有一个参考面，以方便夹持使其固定在机床或者夹具上。因为在三点支撑情况下工件更平稳，所以三点支撑面要比大平面好。有时必须增加一个支撑足或支撑耳（凸起）来支撑毛坯铸件，它们在最后精加工零件上都会被去除。

- 零件的设计应尽可能允许零件的切削加工不需要在二次夹固工件的情况下进行。如果零件需要第二次在不同位置装夹，应选择一个已切削加工表面来作为参考。

- 零件的设计应尽可能保证在现有刀具基础上就能完成加工操作。尽量使几何特征的圆角半径与切割工具半径一致，如图 13.30a 所示。

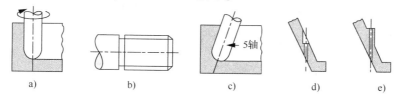

　　a)　　　　　　b)　　　　　　c)　　　　　d)　　　　　e)

图 13.30　影响切削加工的设计细节

⊖　G. Boothroyd, and W. A. Knight, *Fundamentals of Machining and Machine Tools*, 2nd ed., Chap. 13, Marcel Dekker, New York, 1989; "Simplifying Machining in the Design Stage," *Tool and Manufacturing Engineers Handbook*, vol. 6, *Design for Manufacturability* SME, Dearborn, MI, 1992.

⊜　http://techtv.mit.edu/genres/24-how-to-videos/142-machine-shop-1. Also look at Fundamentals of Machining at aluminium.matters.

⊜　C. E. Fischer, "Modeling and Simulation of Machining," *ASM Handbook*, vol. 22B, *Metals Process Simulation*, ASM International, 2010, pp. 361-371.

- 设计工件时要保证工件被工夹具夹紧时，无需对其内表面进行切削加工。
- 确保工件在切削过程中，刀具、刀座、工件以及夹具间的操作不会被相互阻碍。
- 注意，必须保证有一个退刀空间，因为切割工具不可能瞬间退出，如图 13.30b 所示。
- 调整切削条件，减少锋利毛刺产生。毛刺是指附着在切削工件边缘的一小部分金属突起。如果毛刺厚度超过 0.4mm，通过吹沙或滚光的方法就不能去除它，必须通过切削才能去除。

以下原则与钻孔相关：

- 孔加工的成本与孔的加工深度成正比。当孔的深度超过自身直径的 3 倍时，加工孔的成本会急剧增长。
- 当钻床加工时，所有切削刃应该受相等的阻力。当切削刀具进入和退出表面与刀具轴线垂直时就会满足此要求。
- 孔与工件边缘的距离不能太近。如果工件材料又薄又脆，如铸铁，工件将会发生断裂。另一方面，钢质材料会在薄面上弯曲，然后回弹产生一个不圆的孔。
- 如果允许的话，孔应被设计为通孔而不是不通孔。

以下是与车削加工或铣削加工有关的原则：

- 为避免加工过程中换刀具，应将圆角半径设计成与铣刀切削刃的半径相同（图 13.30a）或与车床切割刀具的刀尖半径相同。当然，本原则不能与为了减少应力集中而设计适当圆角的需要相矛盾。
- 当镗内孔或铣内孔对孔的深度与直径比设限时，刀具会发生变形。
- 如果退刀槽的深度不是太深的话是可以加工的。如果零件设计需要内螺纹或者外螺纹，那么必须使用退刀槽。
- 设计特征与主刀具的运动方向成一定角度时，需要使用特殊的机床或附加装置，如图 13.30c 所示。因为此操作需要中断加工，将工件转运到另一台机床上，所以这种设计的制造成本很高。
- 位置特征与加工表面成一定角度时会使刀具变形，使加工的公差精度下降，如图 13.30d 所示。图 13.30e 给出了一个避免此类问题的可行设计图。

13.15　焊接设计

将大型零件连接成复杂的装配件或结构时，焊接是其中最重要的工艺。焊接是零件装配的一个重要领域。由于焊接是不可拆连接，因此通过焊接相连接的零件常称为焊接件。

13.15.1　连接工艺

随着技术的进步，出现了许多连接工艺，如图 13.31 所示。可以直接方便地将连接工艺分为永久性连接和非永久性连接两类。对于那些必须拆开来保养、维修或者回收的装配件，要使用非永久性连接。

螺栓和螺钉⊖连接以及搭扣⊖（尤其是在塑料零件中）是最常用的连接方法。其他的非永久性连接方法包括收缩和按压配合、扣环、栓销，以及许多种如固定钳和夹子的机械性快速拆卸装置。

⊖　在机械设计教材中，一般都会包括螺栓和螺钉的设计，参见 R. G. Budynas and J. K. Nisbet *Shigley's Mechanical Engineering Design*，8th ed.，Chap. 8，McGraw-Hill，New York，2008.

⊖　P. R. Bonenberger，*The First Snap-Fit Handbook*，2nd ed.，Hanser Gardner Publications，Cincinnati，OH，2005.

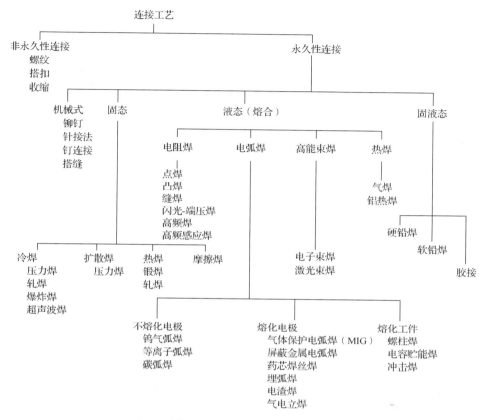

图 13.31　连接工艺的分类

　　永久性机械连接方法包括铆接、拼接和薄壁材料的钉连接，以及弯曲压实钣金产生的接缝。有时要用到密封剂，如聚合物或者焊锡来确保接缝是不渗透的。

　　永久性连接的主要工艺都涉及熔化，无论是在连接处（焊接）发生两种金属的熔化（熔融），或者是在连接处的金属还没有到达熔化的温度时添加熔融材料（钎焊、软钎焊和黏合剂）。

　　面向连接工艺，目前已开发了一种扩展制造工艺信息图（PRIMA）选择列表和数据表[㊀]。

13. 15. 2　焊接工艺

　　图 13.31 充分说明了所有永久性连接工艺当中，焊接占举足轻重的地位。焊接工艺可以分为几个阶段[㊁]。首先是固态焊接，在此阶段，待焊接件和基座工件都呈固态；然后是熔融焊接阶段，分为两种，即液态熔融和固液两态熔融，后者包括软焊和铜焊以及粘接，铜焊使用熔点较低的焊接金属材料，使得基座工件不会熔化，而粘接操作则使用高分子胶黏剂来连接。

1. 固态焊接

　　在固态焊接中，在两种待连接材料都没有熔化的情况下进行连接。最古老的焊接工艺是称为锻焊的固态焊接。这是以前铁匠使用的技术，他们将两片钢或铁加热，通过点接触连接在一起进行锻造。将熔渣和氧化物挤出，并在金属间形成原子结合键。在现代锻焊工艺中，生产钢管首

㊀　K. G. Swift and J. D. Booker, *Process Selection*, 2nd ed. , pp. 31-34 and pp. 190-239, Butterworth-Heinemann, Oxford, UK, 2003.

㊁　*ASM Handbook*, *Welding Fundamentals and Processes*, ASM International, Materials Park, OH, 2011.

先是钢板被变形成一个气缸，然后通过缝焊将边缘焊接起来。其中，需要将钢板拉伸通过锥形模具或者在成形的卷轴中通过加热的带钢。

顾名思义，冷焊工艺在不需要对金属进行任何外部加热的室温下进行。焊接材料表面必须非常整洁，局部压力必须足够大才能产生充分的冷变形。当被连接表面保持足够的相对运动时，界面膜的不良作用就会实现最小化。此运动是通过将金属经过轧机或者使界面承受切向超声振动的方法来产生的。在爆炸焊工艺中，界面处存在高的压力以及大量的涡流以产生锁定效应。

在扩散焊工艺中，要使粘接区域产生快速扩散需要有足够高的温度。但是温度仍须低于连接金属的熔点。热轧焊是扩散焊和轧焊的组合。

摩擦焊（惯性焊接）利用两物体摩擦产生的热量来进行焊接操作。在操作时，通常固定其中一个零件，另一个零件（常为轴或圆柱）高速旋转，同时在固定件的轴向施压压合。摩擦使相邻表面快速产生热量，只要达到适当的温度，旋转会马上停止，直到焊接完成才去除轴向压力。杂质被挤出形成飞边，但事实上并没有发生熔化过程。因为加热区域非常窄，所以不同金属间更容易实现连接工作。

2. 液态焊接（熔融焊接）

在大多数焊接工艺中，通过两材料的熔化来实现粘接，通常还需要在底座相连的连接处添加填充金属。在焊接过程中，工件材料与连接处的填充材料的成分和熔点相似。相比之下，在软钎焊和硬钎焊操作中，所选填充材料的熔点要比工件低，两者成分差别很大。

液态焊接实际上是在一个模具中生产小型的铸件，这个模具由几个待焊接的板子之间围成的空间构成。因此这种工艺会造成铸件的缺陷（气孔、热裂），而这些缺陷是由于零件几何形状以及施工环境方面的约束造成的，因此显得更为棘手。这种工艺的冷却速度很快，而且相当多的建筑用焊接在室外进行。

焊接工艺的能源要可控并且往往还要便于携带，这样才能够产生足够热量熔化基底金属，同时也保护熔化的金属不被外部环境氧化。图13.31列出了很多焊接工艺的最新创新成果。最开始使用的能源是由乙炔和氧气燃烧生成的热气焰。屏蔽金属电弧焊（SMAW）是一个重大突破，能量由可消耗金属电极以及基底金属之间激发的电弧产生。电极被涂上一层熔剂材料，它燃烧后会在焊件周围产生保护性气体，同时还能让焊接熔池覆盖上一层熔渣。此焊接工艺通过使用一种浸没在焊剂层中的弧和一种被惰性气体氩包围的金属弧（MIG）而得到改进。另外一种方法是使用不可消耗的钨电极以及金属填充棒（TIG）。高能粒子束的出现是一个重大突破，一开始是电子束，如今是高能激光束。这使得对在任何材料中的又深又窄的区域实现高精度的焊接成为可能。不要忘了还有电阻焊，即利用两块相接触的金属在通以大电流时产生的热量作为热源进行的焊接。点焊及其变种工艺，缝焊和凸焊在汽车行业以及家用电器行业得到广泛应用。

读者可以在网上找到对于焊接工艺及其使用方法的详细而精准的介绍。建议读者首先访问www. weldingengineer. com 来了解上文提到的熔融焊接法。然后登录 www. twi. co. uk，依次单击 Technologies、Welding and Joining Technology，以了解关于电弧焊接、摩擦焊接、电阻焊电子束工艺以及塑料焊接等的相关信息。维基百科上有一篇介绍焊接的长篇文章（http://en. wikipedia. org/wiki/Welding），里面会介绍更多焊接方法。

13.15.3　焊接设计

设计焊件时，必须考虑的因素包括材料的选择、接头的设计、焊接工艺的选择以及焊件需要承受的应力。在液态焊接工艺中，工件的接头处受到的温度超出材料的熔点。在局部快速升温条件下，在熔池里形成了一个小型铸件。通常设定的焊接路线是接连不断的。临近焊缝的原金属材料，即热影响区（HAZ），因为在快速加热和冷却的交替作用下，其原始微观结构和性质会发生变化，如图 13.32 所示。图 13.32 显示了在焊接连接处铸件的粗柱状晶粒特性。在原金属材料内部，拉长后的冷处理的晶粒已经再结晶，并在初始连接缘旁边形成了大尺寸晶粒，同时经过整个热影响区的晶粒尺寸也各不相同，因为加热时间和温度有差异。直到焊接工艺被合理地实施，才不会出现大量的焊接缺陷。

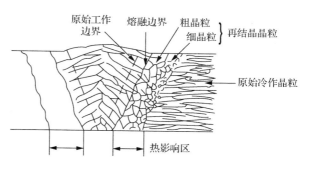

图 13.32　用电弧焊连接两块金属轧制板所形成的局部晶粒结构示意图

1. 材料的选择及其特性

既然熔融焊接是一个熔化过程，必须施加适当的控制才能加工出高质量的铸件。使用惰性气体、熔渣或者在真空室进行焊接可以避免熔池与大气发生反应。在进行焊接之前，要清洗焊接接头表面的污垢和油脂。焊接结构在热量作用下发生热膨胀，紧接着发生凝固收缩，这会产生强烈的内部拉应力，从而形成裂纹或者扭曲变形。在焊接中，快速冷却合金钢会形成脆的马氏变形体和随之而来的裂纹，因为马氏体的硬度随着含碳量上升而升高，因此通常规定用于焊接的碳钢要低于 0.3% 的含碳量，如果是合金钢，其碳当量 C_{eq}[⊖] 要低于 0.3%。当有很高的强度要求时，必须使用含碳量为 0.3% ~ 0.6% 的钢材料时，在焊前对焊接件进行预热并在焊缝沉积后再加热也能得到没有马氏体裂纹的焊接件。这些热处理操作降低了焊件以及热影响区的冷却速度，使得形成马氏变形体的可能性降低。

用于焊接的材料必须具有良好的焊接性。焊接性与可加工性一样，也是一种由许多基本特性组合而成的复杂的技术特性。材料的熔点、比热容以及熔融潜热，决定了熔融所需要输入的热量。高的热导率会使热量散发，因此需要更快速的热量输入。具有高热导率的金属具有更快的冷却速度，同时也有很多焊接裂纹问题。较大的热扩张会造成更严重的形变，同时使残余应力升高而使形成焊接裂纹的风险更高。一般无法确切地将金属的焊接性划分为三六九等，原因在于对不同的焊接工艺，材料所表现出的焊接性也不同。

2. 焊接接头设计

图 13.33 所示为焊接接头的基本类型。根据使用的焊边缘预操作类型的不同，接头的基本类型还存在许多可行的变种。平边缘对接接头所需的焊边缘预操作最少。然而，影响焊接裂纹的一个重要参数是焊缝宽度与深度的比值，比值应接近 1。最经济的减少裂纹的方法就是在板材的焊边成型上下功夫，使加工出的接头的宽深比更令人满意，因为窄深的焊缝易产生裂纹。理想情况下，对接接头应该是一种在深度方向上使焊料完全填满接头

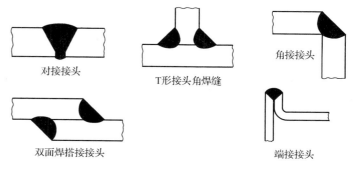

图 13.33　焊接接头的基本类型

⊖　$C_{eq} = C + \dfrac{Mn}{6} + \dfrac{Cr + Mo + V}{5} + \dfrac{Ni + Cu}{15}$。

的全熔透焊缝接头。当对接接头间的空隙较宽时，应在接头的底部使用垫板。角焊接头（在图13.33 的顶行中间位置）是结构设计中最常用的焊接接头，它的强度低于全熔透对接接头。角焊接头不能有效地抵抗剪切力的作用。设计焊接结构需要设计者先学习机械设计的相关课程以及焊接设计教材中所讨论的专业知识[⊖]。

3. 焊接变形

因为焊接要对局部区域快速加热，随即快速冷却，所以在焊接过程中工件经常会发生变形。消除焊接变形最好的方法是，设计者能够在确定焊接顺序时考虑热变形。如果由于零件的几何形状使得变形不可避免，那么产生收缩变形的力要用夹具和夹钳提供的力来平衡。可以在焊接后通过焊后退火处理以及消除应力来去除收缩。使焊接实现最小化变形的方法是在设计中指定必须焊接的金属。过焊不仅使收缩力增加，成本也会提高。

4. 面向焊接的设计原则[⊖]

以下是在设计焊接件时通常要考虑的原则：

- 焊接设计应该反映出焊接工艺内在的灵活性和经济性。不要简单复制基于铸造或者锻造所进行的设计。
- 设计焊接接头时，要为操作提供直力导流线。除非有强度要求，否则应避免使用焊接带、搭焊和加强肋。将焊缝使用数量控制在最少。
- 尽量焊接相同厚度的零件。
- 在最少承受关键应力或者弯曲的区域设置焊缝。
- 仔细考虑零件的焊接顺序并写入工程图。
- 确保焊工或者焊接器（用于自动焊接）自由到达焊接接头处，从而保证焊接质量。设计应尽量使焊接在平面或者水平位置进行，避免仰焊。

13.15.4 连接成本

可以通过将第 13.4.6 节中所列出的制造模型的成本公式稍做修改，使其也能够用于计算连接件的成本。装配的连接成本 C_{unit} 由式（13.12）给出[⊜]

$$C_{unit} = \sum_{1}^{n_p} \left[c_{com} + (c_w \times t_{process}) + \frac{c_t}{n} + \left(\frac{c_e}{Lt_{wo}} + c_{OH} \right) \left(t_{process} + \frac{t_{setup}}{n_{batch}} \right) \right] \tag{13.12}$$

式中，c_{com} 为一次连接消耗材料的成本（包括焊条、助焊剂、乳合剂或紧固件的成本），单位为美元/接头；c_t 为专用工模与夹具的成本（美元）；n_p 为构成零件（或单位）所需的连接数量；n 为整个加工过程中零件或者焊接件要用到的连接数量；n_{batch} 为每批连接头的数量，每一批都有一次安装；$t_{process}$ 为完成单独一条焊缝或一次胶接，置入或者扭动一个紧固件所需要的时间；t_{setup} 为安装一次工装所需的时间（h）。

式（13.12）中 c_w、c_t、t_{wo}、L、c_e、c_{OH} 的含义与第 13.4.6 节所给出的符号含义相同。

括号内表达式的单位是美元/接头。所有 n_p 项求和之后量纲为美元/单位。注意在零件的每

⊖ R. G. Budynas and J. K. Nisbet, op. cit., Chap. 9; *Design of Weldments*, O. W. Blodgett, *Design of Welded Structures*, The James F. Lincoln Arc Welding Foundation, Cleveland, OH, 1963; T. G. Gray and J. Spencer, *Rational Welding Design*, 2nd ed., Butterworths, London, 1982; www. engineersedge. com/weld_design_menu. shtml.

⊖ 焊接模拟软件可辅助焊接设计。可辅助焊接材料选择，在给定条件下确定温度分布，估计 HAZ 的属性。此类软件的重要特征是具备确定工艺产生的残余应力和由此导致的扭曲变形的能力。应用最为广泛的焊接软件是 Sysweld（www. esi-group. com）。

⊜ A. M. K. Esawi and M. F. Ashby, *Materials and Design*, vol. 24, pp. 605-616, 2003.

个连接接头上 c_{com} 和 t_{setup} 会不同。

13.16 设计中的残余应力

残余应力是零件在没有外力作用下，可能存在的一种应力系统，有时也可称为内应力或内锁力[○]。残余应力的产生原因是固体的不均匀塑性变形，产生不均匀塑性变形的主要原因是体积或形状的不均匀变化。

13.16.1 残余应力的来源

残余应力源自不均匀的变形。为了理解残余应力的产生过程，想象一下由心轴和密封缸连接的零件的装配过程。（图 13.34a）[○]。两个部件来自相同材料横截面面积也相同。心轴的长度大于缸的长度，在将它们焊接起来之前，心轴由于受到夹具的压力而变成与缸相同的长度（图 13.34b）。在焊接以后，除去压制心轴的夹具，装配体的新长度介于心轴和缸的原始长度之间。现在，心轴和缸都要恢复到原始长度，但是它们已被连接成为一个单独的装配件，所以单个零件无法移动。缸零件要承受拉伸残余应力，因为相对于原始长度，缸零件被伸长；相对原始长度心轴被压缩，所以受到压缩残余应力。装配件虽然不受外力，但它的表面受拉伸残余应力，而心部受到压缩残余应力（图 13.34c）。由于在配合面两个零件的面积相同，所以应力大小相同，并且平均分布于各区域。当达到最终状态（图 13.34c）以后，装配件所受到的残余应力系统必须处于平衡静态。因此，作用在装配件上的合力和合力矩必须为 0。从图 13.34 所示的纵向残余应力分布图可知，受压缩残余应力的区域必须与受拉伸残余应力的区域保持平衡。

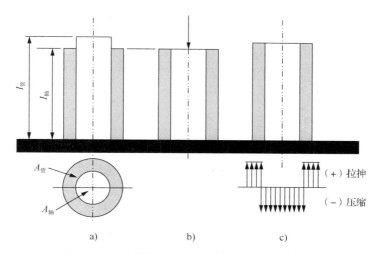

图 13.34 由不均匀变形而产生残余应力的实例

针对残余应力产生的情形并非都像图 13.34 所示的那样简单。在变形工艺中，残余应力通常会存在于大塑性变形区与小塑性变形区相接区域。此时，虽然这两个变形区域的交界面不像上

○ W. B. Young, ed., *Residual Stresses in Design*, *Process and Materials Selection*, ASM International, Materials Park, OH, 1987; U. Chandra, "Control of Residual Stresses," *ASM Handbook*, vol. 20, pp. 811-819, ASM International, Materials Park, OH, 1997.

○ J. A. Schey, *Introduction to Manufacturing Processes*, 3rd ed., pp. 105-106, McGraw-Hill, New York, 2000.

例那么简单，与上例体积也不同，但结果是相同的。受压要变形的零件也要承受压缩残余应力，反之亦然。在一些情况下，三个坐标轴方向上的残余应力值都要知道。零件上任何一点的残余应力状态是三个坐标轴方向上所受残余应力的结合值。通常，因为具有对称结构，只需要考虑零件一个方向上的残余应力。要想完全确定三个方向上的残余应力状态需要花费极大的工夫。

零件所受残余应力小于材料的屈服强度。如果残余应力大于屈服强度，在没有外力去克制它的情况下，零件将通过塑性变形来释放应力，直到应力值和屈服强度相等。残余应力和外力产生的应力代数相加，只要它们的代数和不超过材料的屈服强度，材料就不会发生形变。例如，外力产生的最大拉应力为 60000psi，零件已经含有 40000psi 的残余拉应力，那么在关键应力区域，总的应力值为 100000psi。然而，若零件经过喷丸产生了大小为 40000psi 的压应力，在零件所受外力不变的情况下，它实际受到 20000psi 的应力。

在图 13.34 中，如果将把两个零件连接起来的接头部分切削掉，两个零件都将自由地恢复到原始长度过程中。装配件产生了变形，这种情况也会发生在残余应力分布比较复杂的零件上。如果它们被切削加工，在建立新的应力平衡过程中零件也会发生变形，因为切除材料改变了残余应力的分布。

无论是切削工艺、热处理工艺还是化学工艺等任何制造工艺，只要零件的形状或体积发生了永久性的不均匀变化，残余应力就会产生。在实际生产中，由于存在不均匀塑性流，所有的冷处理操作都会产生残余应力。在表面处理操作中，如喷丸、表面滚压或者抛光，表面会发生很浅的变形。并且内部变形少的材料层会压缩外部扩张变形的表层。

在减少疲劳破坏发生的概率方面，表面残余压应力发挥了有效作用。

由热处理产生的残余应力可分为是否只由热辐射引发的，还是在热辐射的同时伴随着相变而引发的应力两类，后者实例如钢的热处理。残余应力大多产生自淬火或者铸造和焊接中零件的加热处理和冷处理等状态下。

要想有效控制残余应力，首先需要确定应力本质的来源和识别对残余应力有影响的加工参数。然后，加工参数可以通过试验来改变，使制造出的零件的残余应力保持在可控范围内。可以利用有限元模型来有效地预测如何减少残余应力[⊖]。

13.16.2　由淬火产生的残余应力

在实际生产中，对钢材料的零件在淬硬过程中产生的残余应力所进行的研究是最令人感兴趣的。引起钢材料的零件在淬硬过程中产生残余应力的原因是热体积变化加上在奥氏体到马氏体转化过程中零件的体积变化。首先考虑较简单的情况，即应力仅由热体积的变化产生。在金属淬火时就会出现热体积变化，而且金属材料在冷处理时不发生相变，例如铜。这种情况也同样会发生在钢的淬火温度在临界温度 A 以下时。

大部分金属在冷却时会发生收缩，此时淬火棒料纵向、切向和径向的残余应力分布如图 13.35a 所示。图 13.35c 所示是如果金属冷却条件下体积膨胀时得到的棒料的应力分布情况。大家可以看到此时与收缩的情况正好相反（只有少数材料会发生这种情况）。如图 13.35a 所示，形成应力的过程如下：温度相对较低的棒料表面趋于收缩成一个长度和直径都小于原始大小的环形。这就挤压了温度和塑性更高的棒料中心，使其变成比原来长且细的形状。如果棒料更中心的部分形状可以自由变化且独立于外部区域，在淬冷时它的形状会变得又短又细。材料力学原理要求棒料必须保持连续性，所以棒料的外环在纵向、切向和径向上被压缩，同时在相同方向上

⊖　U. Chandra, op. cit.

延长棒料心部，应力图如图 13.35a 所示。

材料的应力应变关系和淬火产生的失配应力决定了淬火残余应力值的大小。对于给定的失配应力，金属的弹性模量越大，残余应力也越大。并且由于残余应力小于材料的屈服强度，所以屈服强度越大，材料可以承受的残余应力越大。金属材料的屈服强度与温度的关系曲线也很重要。如果屈服强度随着温度的升高而急剧下降，那么失配应力在高温时也会变小，因为塑流可以补偿金属的热体积变化。在高温下也具有高的屈服强度的金属材料，如镍基高温合金，会在淬火时产生应力失配，导致产生高的残余应力值。

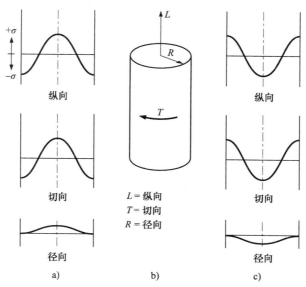

图 13.35　棒料淬火后由于热应变产生的残余应力形式

a）金属冷却收缩　b）方向指示　c）金属冷却延展

在淬火时，材料若具有下列物理属性会导致较高的应变失配度：

- 低的热导率，κ。
- 高的比热容，c。
- 高的材料密度，ρ。
- 高的热膨胀系数，α。

前三个物理因素组合成热扩散率，$D = \kappa/\rho c$，低的热扩散率会导致高的失配应力值。在其他工艺条件下，如果棒料的表面和中心温度差别很大，那么零件的淬火残余应力会提高，它们包括：①棒料直径很大；②原始温度和淬火池的温度间温差很大；③在固液界面处的热传导速度很快。

在钢的淬火过程中，一旦棒料的局部温度降到 M_s，奥氏体（钢在高温时的结构）转换为马氏体。在温度由 M_s 降到 M_f 过程中，由于棒料体积的增加伴随着相变过程，持续发生马氏体反应，紧接着零件的体积也开始膨胀⊖。在上述过程中，产生了图 13.35c 所示的残余应力分布图，由于热收缩和马氏体转变时体积膨胀两者竞争的结果，导致了淬火钢质棒料的残余应力形成。以上所形成的残余应力取决于钢的转化特性，且转化特性主要取决于材料的化学组成、淬火性⊖、系

⊖　M_s 和 M_f 分别是淬火过程中马氏体开始发生和结束时的温度。

⊖　淬火性是用来衡量在指定介质中钢的硬化深度的参数。

统传热性和淬火的剧烈程度。

  图 13.36 以图表的形式阐明了淬火钢质棒料可能含有的残余应力图。左边的图是奥氏体分解的恒温变化图。为了形成马氏体，棒料必须快速冷却，以免进入形成软珠光体的区域。在图中分别用曲线 o、m、c 表示棒料表面、中部和心部的冷却速度。如图 13.36a 所示，在冷却速度足够快的情况下，棒料可以全部转化为马氏体。当中心区域的温度达到 M_s 时，棒料表面的转化过程就完全结束。表层设法收缩来抵抗膨胀的心部区，因此表面受到拉伸应力，心部受到压缩应力。如图 13.36b 所示。可是，如果棒料的直径相当小，并且在盐水中进行彻底的淬火，那么表面和心部大约同时发生转化，表面在达到室温时含有残余压应力。如果棒料是经过调质淬火的，那么棒料外部转化为马氏体，而中部和中心区转化为珠光体，如图 13.36c 所示，在马氏体表面形成过程中，既热又软的中心区不限制此转化过程，并且中心区适应外层的膨胀。中部和中心区的珠光体区一般都会在冷却时开始收缩，此时其应力图表现为表面的压应力以及心部的拉应力，如图 13.36d 所示。

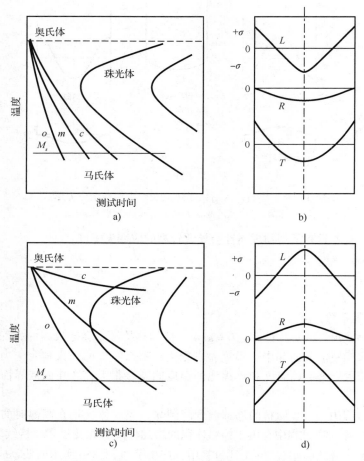

图 13.36 钢的相变特性（a 和 c）和导致的残余应力分布（b 和 d）

13.16.3 与残余应力相关的问题

  前两小节主要涉及由于不一致的塑性变形而产生的残余应力，其中塑性变形是由机械力、约束、热膨胀和固液状态转变时的体积变化所导致的。本节主要讨论另外几个与残余应力有关的重要问题。

- 铸件中的残余应力常用淬火过后的圆柱形零件来近似模拟。铸造的情况变得更加复杂。因为模具的机械限制作用阻止了收缩的铸件。此外，铸件的设计能产生不同的冷却速度，因为不同的截面尺寸和冷铁方式的引入使铸件不同地方的冷却速率不同。冷铁是增放在砂型模具中用于人为提高冷却速度的金属板。

- 即使在材料不发生相变的情况下，焊接也能产生相当大的残余应力。当焊料和热影响区冷却收缩时，周围温度较低的板材限制了它们的收缩过程。结果就是焊接区域含有残余拉应力，且被未受热影响区域的残余压应力所制衡。由于焊接时的热辐射很高，残余应力的辐射也很高。焊接中产生的残余应力是常导致焊接裂纹的原因之一。

- 化学工艺，如氧化、腐蚀和电镀，如果生成的新表面仍与下层金属材料保持一致的话，将会产生大量的表面残余应力。其他的表面化学处理工艺，如渗碳或渗氮也会产生残余应力，因为在表面扩散了其他原子，导致零件的局部体积变化。

残余应力的测量方法可分为破坏性和非破坏性方法两种[⊖]。破坏性方法通过去除一层材料来释放内应力，比如通过计算释放应力后的材料变形来确定切削前存在的残余应力。非破坏性方法所依据的事实是应力能够改变结晶材料的原子平面分布从而来确定残余应力值。这一变化可以通过衍射 X 光束来精确地确定。虽然衍射 X 光方法是非破坏性的，但是只能用来测量表面残余应力值。

13. 16. 4　残余应力的释放

残余应力释放是指彻底消除或减少残余应力的强度。残余应力的释放可通过热处理或机加工操作完成。虽然残余应力在室温下将缓慢消失，但残余应力的释放速度可以通过将零件热处理至高温来获得很大的提高。用退火来释放残余应力的原因有两方面。首先，因为残余应力要小于屈服强度，所以塑性流可以在应力释放温度上将残余应力减小到与屈服强度大小持平。在应力释放温度上，只有大于屈服强度的那部分残余应力才能被直接的塑性流消除。其次，通过时效蠕变或应力释放来消除大部分残余应力，因为应力释放过程在很大程度上是取决于温度的，所以提高温度可以极大地减少消除应力的时间。在高温条件下虽有利于消除残余应力，但也需要对产生的冷作效应进行退火，所以这时通常选择折中办法。

差应变所产生的高残余应力在室温环境下通过塑性变形也可以消除。对于如金属片、金属板和挤压成型件等产品，通常将其拉伸得超过其自身屈服强度的几个百分点，从而来消除由屈服产生的差应变力。在其他情况下，特定加工操作产生的残余应力分布可叠加在材料的初始残余应力图上。零件可通过滚压或喷丸等表面处理工艺将表面的残余拉应力转化为有益的压应力。然而，在使用此类应力释放方法时，选择能完全抵消原始应力分布的表面处理条件是很重要的。

若很小的滚压力作用在含有原始拉伸应力的零件表面上，那么只能减小表面的拉应力，而表面以下的材料仍可能有很高的残余拉应力，这是十分危险的。

13. 17　热处理设计

热处理广泛用于通过改变零件金相组织结构来提高力学性能。常用的热处理工艺介绍如下：

⊖　A. A. Denton, *Met. Rev.*, vol. 11, pp. 1-22, 1996；C. O. Ruud, *J. Metals*, pp. 35-40, July 1981.

- 退火是将金属或合金加热到一定的高温，保持此温度足够的时间，使其产生所需的金相变化，然后再将其缓慢冷却至室温。退火操作可以消除残余应力，均质处理铸件结构可以使铸件化学成分的偏析实现最小化，或消除冷作效应造成的硬化现象，通过生成无应变力的晶粒（再结晶）来生成具有足够延展性又方便对零件进行其他处理的结构。

- 上文已经提到，钢淬件能够产生硬但较脆的马氏体。进行淬火后，要对钢件进行热处理且温度必须低于转化温度（A_1），从而使马氏体回火生成细微的碳化物沉淀。例如，淬回火的钢件（Q&T）是一种具有较高强度和韧性极好的工程材料。

- 对于许多有色合金来说，特别是铝合金，通过首先将其加热到溶解温度以便合金元素能溶解到固溶体中，然后快速冷却至时效温度来增强合金材料的强度。在这过程中，合金必须保持在时效温度一段时间，以便能形成增强合金强度的微细相。

13. 17. 1　与热处理有关的问题

　　热处理操作需要能量支持。它还需要在金属表面置保护膜或者表面包裹层来防止金属发生氧化或与加热炉中气体发生其他化学反应。长时间置于高温作用下，金属零件将会软化、蠕变，最终形成凹陷，所以在热处理过程中金属零件需要使用专用夹具来作为支撑。因为热处理工艺属于辅助工艺，所以能不采用就尽量不采用。有时候由经冷作处理的板材或棒料加工而成的零件可以代替经过热处理操作的零件来实现所需的强度特性。热处理可以获得材料的柔韧性和（或）高性能，所以使得热处理得到很多设计者的喜爱。

　　使钢材料获得高强度和高韧性的方法是首先将钢在奥氏体温度区（1400 ~ 1650 ℉）内加热，然后快速淬火形成硬度高的脆性马氏体（图 13.36）。然后在奥氏体区温度以下进行再加热，马氏体在柔软的铁素体（铁）基体中分解（回火）形成微小的碳化物沉淀。实现适当的淬回火微观结构需要足够快的冷却速度，这样珠光体或其他非马氏体才不会形成。这就要求零件的热传导（主要由零件几何形状决定）、淬火冷却介质（盐水、水、油和空气）的冷却能力和钢的转换速度（受合金的化学成分控制）间要处于平衡状态。上述性质均通过材料的淬硬性而相互关联[一]。

　　在奥氏体化热处理过程中，要当心的是零件所在加热炉中的温度要保持恒定。不恒定的温度容易导致长且薄的零件发生变形。如果零件从上个工艺操作中获得的残余应力仅得到部分释放，则零件在热处理时有可能发生变形。

　　淬火是施加在钢件上的一种剧烈的处理[二]。在淬火时，零件的表面突然冷却。由于热收缩，零件体积必须迅速收缩（钢在淬火前，比在奥氏体化温度时每英尺至少要大 0.125in），但在相对较低温度下，奥氏体转变成马氏体时，零件体积会膨胀。正如第 13.16.2 节所述和图 13.36 所示，经过热处理的零件表面会产生很高的残余应力。局部集中的拉应力足够高时会产生断裂，这种现象即为淬裂。在淬火过程中，即使不发生淬裂，也会导致局部塑性变形，从而使零件发生翘曲或扭曲变形。

　　产生淬裂和扭曲变形的主要原因是由于设计的零件几何形状导致零件上不均匀的温度分布。因此，对零件正确合适的设计可以预防许多热处理问题。最重要的结构设计原则是使零件交叉截面尽量均匀一致。对于热处理来说，理想的设计是零件所有截面有相同的吸收和释放热量的

　⊖　*ASM Handbook*, vol. 4, *Heat Treating*, ASM International, Materials Park, OH, 1991. C. A. Siebert, D. V. Doane, and D. H. Breen, *The Hardenability of Steels*, ASM International, Materials Park, OH, 1977.

　⊖　A. J. Fletcher, *Thermal Stress and Strain Generation in Heat Treatment*, Elsevier Applied Science, New York, 1989.

能力。但是，设计的功能常会被相同的厚度和截面面积干扰。

13.17.2 面向热处理操作的设计原则

以下是一些防止在热处理时出错的一些好的建议：

- 减少应力集中从而预防疲劳的设计细节同样有利于减少淬火裂纹。
- 对称的设计结构可以使热处理中的零件变形实现最小化。轴上的单一键槽是一种在淬火中难以处理的设计特征。
- 在淬火时，具有严重变形问题的零件必须使用特殊夹具防止变形超过公差限制。齿轮常常就是这样做硬化处理的。
- 零件的设计要确保淬火液能够接触到所有必须硬化的关键区域。当淬火液与钢的高温表面接触后，淬火液会生成蒸气膜，所以在零件设计时添加排气孔或淬火液入孔是很有必要的。

Sysweld 是一款针对热处理和焊接的设计仿真软件[一]。该软件有助于钢材和淬火介质的选择。Sysweld 软件通过计算硬化性来确定零件的硬度分布，还可以用于确定裂纹产生的风险和变形是否可以接受。此外，Sysweld 软件还可以评估零件是否具有足够大的残余压应力，以及是否在零件上的正确位置。DICTRA（www.thermcaic.com）是一款应用于合金系统的扩散工艺仿真软件，比如热处理中的扩散等。可以用它来模拟合金件的同质化过程、渗碳变形，或者模拟粗化析出相的过程。

13.18 塑料工艺的设计

用于塑料的制造工艺必须能够适应聚合物特有的流动属性。与金属相比，塑料零件的流动应力非常小，但与应变率有很大关系，比金属熔液的黏度和可成型性高得多。第 12.6 节介绍了在设计塑料件时应注意哪些性质。大体上可以将塑料分为：①热塑性聚合物（TP），这种聚合物加热后变软熔化，冷却后则变硬，而且可以通过加热改变零件形状；②热固性聚合物（TS），这种聚合物通过交联后加热而成，它遇热被烧焦而不是熔化，故不能通过加热改变形状；③组合聚合物，是指在 TS 或 TP 的基础上再添加玻璃纤维或石墨纤维加固而得到的材料。热塑性聚合物的聚合过程发生在初级加工步骤中，并以小颗粒或者小球树脂的形式开始进行塑料成型加工。热固性聚合物是在工艺过程中被聚合而成的，通常需要添加催化剂或仅辅以简单加热来帮助聚合过程。

本节所要介绍的聚合物制造工艺包括[二]：

- 注射成型（大部分针对 TP）。
- 挤压成型（TP）。
- 吹塑（TP）。
- 旋转成型（TP）。
- 热成型（TP）。
- 模压成型（大部分针对 TS）。
- 铸造工艺（大部分针对 TS）。

一 见 esi-group.com。

二 关于聚合物工艺装备的彩色图样见 www.me.gatech.edu/jonathan.colton/me4210/polymer.pdf

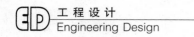

• 复合材料工艺（大部分针对 TS）。

塑料制造工艺在生产具有较高表面精饰度和精细结构细节的零件方面做得很出色[一]。通过给零件添加染料和着色剂进行上色，这样就不需要二次喷涂操作。但是，它所需的加工周期通常比金属制造工艺要长。根据塑料制造工艺的不同，加工周期的长短从 10s 到 10h 不等。在通常情况下，加工用于消费产品和电子产品的中小尺寸零件时塑料制造工艺是首选，这些中小尺寸零件所受的机械应力不是很高。通过调整热塑性树脂可以使得它们在特定加工操作中有最佳性能。例如，某种树脂因为有很高的相对分子质量并且在挤压之后有良好性能，会被标上"挤压级"的标签。

13. 18. 1　注射成型

注射成型是加热塑料制品并对其施压将其压入模具型腔中的一种工艺，如图 13.3 所示。它是一种快速运作的工艺方法（加工周期为 5～60s），当批量大于 10000 个零件时，它是很经济的加工方式。注射成型非常适合加工具有精密细节要求的三维零件，如孔、环或表面花纹等零件细节。注射成型工艺处理塑料的过程类似于金属压铸加工工艺。比起其他任何一种塑料成型加工，注塑成型的设备是被最广为使用的。可参见 custompartnet. com 查看设备和成型加工设计的相关细节，以及对于可制造加工准则的精确解释。

模具浇口和浇注系统的设计要确保塑料充分填充模腔，这是十分关键的[二]。如同铸造工艺的设计，注射成型中的模具设计也十分重要，要确保凝固的塑料不会阻碍塑料完全注满模腔。浇口作为聚合物进入模腔的入口，其设计和位置都是重要的设计细节。对大型零件来说，可能需要多个浇口，使得树脂可从多个通道流入模腔。当多股树脂流在模腔中汇合的时候就会生成熔合线，它们可能会导致零件强度变差或表面有缺陷。

模具必须被设计以确保取出的凝固件没有扭曲变形。因此，模具闭合的方向、模具的分型面以及零件的设计都要充分考虑。通过充分考虑零件在模具中的方向，可以避免模具成本过高，如侧边抽芯的成本等。零件的设计应尽量确保取零件时沿模具闭合的方向进行。

除了工艺的经济性以外，面向制造的设计主要关心某种工艺是否具备实现所要求的尺寸公差的能力[三]。在大多数情况下，面向制造的设计主要处理收缩问题，而聚合物的收缩要比金属的大得多。随着聚合物从液态冷却成固态，零件体积减小（密度增加）。不同聚合物表现出不同的收缩程度。为了减小收缩，像玻璃纤维、木粉或者天然纤维等的纤维可以被浇注在模具内。收缩也会受液态聚合物注入模具的速度和方向影响。最好在零件处于模具中的时候发生收缩。

13. 18. 2　挤压成型

挤压成型通过挤压聚合物使之通过模具来制造长条形的轴对称工件，例如棒、管、纤维以及薄板。挤压成型常用于熔化聚合树脂，常常需要混合填充剂、着色剂和其他添加剂，比如抗氧化剂。随后均匀的混合物被压制成细杆，并被剪切成颗粒。读者可以在维基百科上搜索塑料挤压查看相关信息。在挤压成型工艺中，面向制造的设计主要解决的问题是离模膨胀和分子定向。离模

⊖　*Tool and Manufacturing Engineers Handbook*, vol. 8, *Plastic Part Manufacturing*, Society of Manufacturing Engineers, Dearborn, MI, 1996; "Engineering Plastics," *Engineered Materials Handbook*, vol. 2, Sec. 3, ASM International, Materials Park, OH, 1988; E. A. Muccio, "Design for Plastics Processing," *ASM Handbook*, vol. 20, pp. 793-803, 1997.

⊜　大部分三维 CAD 软件都配置了模具设计模块，并绘出了关于工艺限制的实用建议，最常用的软件是 Moldflow（www. moldflow. com）。

⊜　R. A. Malloy, *Plastic Part Design for Injection Molding*, Hanser Publishers, New York, 1994.

膨胀是指零件从模具中取出后体积膨胀得比它进入的模具还大得多。因此，零件的设计必须能够补偿零件体积膨胀的部分。在挤压成型过程中，聚合物分子都朝向一个或两个方向，因为工艺固有的高强度方向流产生的作用。如果聚合物分子的朝向可以被控制，那么就可以改善材料特性。

13.18.3　吹塑

吹塑方法制造的是中空的零件。加热的热塑性管子（称为型坯）被放置于模具内部，在空气压力的作用下扩张成模腔的形状。零件冷却、变硬后，从模具中取出。吹塑制造的零件的尺寸由外部尺寸决定，但内部表面并不受控制，牛奶瓶和汽车燃料箱是吹塑工艺的例子。吹塑工艺不能将细节包含在设计中，例如孔、尖角、窄肋等都无法实现。关于吹塑的更多细节可查看 www.custompartnet.com。

13.18.4　滚塑

滚塑与吹塑类似，制造出的也是中空零件。滚塑工艺使用细 TP 粉末，这些粉末被放置于加热的空心金属模具中，模具绕两个垂直轴缓慢旋转。模具表面的涂层是由重力而非离心力作用导致的。在旋转的同时，模具在旋转期间冷却，零件随之凝固、变硬。滚塑成型法可生产大型零件，例如达到 500USgal 容量的储罐。因为滚塑成型是低压工艺，塑料不会在外力的作用下通过窄缝流道，所以滚塑加工不会诱发大量残余应力，因此零件显示出很高的尺寸稳定性。更多细节可通过查阅维基百科获得。

13.18.5　热成型

热成型或真空成型，是一种板材成型工艺。在工艺过程中，TP 板材被夹在模具中，然后被加热至软化，再放到真空环境中被拉至成模腔形状。冷却以后，它就会保持模腔的形状。传统意义上，仅使用一个模具就能完成热成型。但是如果要使零件尺寸更加精确，则需要使用两个匹配的凸凹模，就像板材成型的做法一样。关于热成型的更多细节可以查看 www.custompartnet.com。

13.18.6　模压成型

最古老的塑料成型工艺就是模压成型。它与粉末冶金类似，把聚合物的预制件（常为 TS）放置在加热的模腔中，然后活塞施压使聚合物填满模腔。塑料固化后，将它从模具中取出。由于与注射成型和挤压成型相比，模压成型中聚合物的流量要少得多，所以生产出的零件中残余应力也较低。

模压成型的一个变型是传递成型。在此工艺中，塑料首先在传递模具中预热，然后使用转移柱塞将塑料以黏性液体形式"注射"到模具中。柱塞使塑料保持在压力作用下直到其开始固化，然后柱塞缩回，零件完成固化周期，从模具中被取出。模压成型周期为 40 ~ 300s，而传递成型的周期仅为 30 ~ 50s。并且因为在传递成型中液态塑料进入模腔，所以在内嵌情况下进行成型或封装零件都是有可能的。然而，传递成型生产出的零件具有造成材料屈服强度低的冒口和浇口，必须切除它们。上述工艺流程图可以登录 www.substech.com 查看 Compression molding of polymers 以及 Transfer molding of polymers 的相关内容。

13.18.7　铸造

塑料零件的铸造不像金属铸造那样使用广泛，有机玻璃板、有机玻璃棒和电子器件中使用的环氧"陶瓷"的铸造是最早的应用。大量铸造树脂的发展使人们考虑到将铸造作为加工原型机和小批量零件的方法。铸造加工出的零件残余应力低，尺寸稳定性高。由于聚合物的黏性高（流动性低），如果不施加压力，仅依靠重力很难令聚合物填满模腔，并得到精致细节，这种情况与注射成型是相同的。

13.18.8 复合材料加工

最常见的复合材料是添加了玻璃、金属或者碳纤维强化的塑料[⊖]。增强材料可以是长且连续的丝状物、短纤维或薄片。TS 聚合物是最常用的基体材料。除了例如在火箭发动机中的纤维缠绕外，纤维和基材料都是在加工之前以某种初步形式混合的。模塑料由 TS 树脂和随机分布的短纤维构成。片状模塑料（SMC）是 TS 树脂和融进 1/4in 厚的薄板的短切纤维的组合。团状模塑料（BMC）的构成物与 SMC 相同，是方坯状聚合物而不是板状聚合物。SMC 用于大型结构件的铺放。BMC 用于模压成型。预浸料坯即由部分凝固的 TS 树脂中的长纤维组成，用于制造磁带、交错叠加的薄板或织物。

复合材料既可由开模工艺也可由闭模工艺制造而成。在手糊工艺中，在树脂被滚压进纤维的前提下，手工将连续的树脂层和纤维层糊在模具中。另一种方法是开模工艺，在此工艺中，液态树脂和短切玻璃纤维被喷射在模具表面。在气胎施压成型中，塑料板或弹性袋被夹紧在模具中，然后通过将模腔抽成真空或者输入压缩空气的方式施压。

闭模复合材料工艺与模压成型工艺十分相似，区别在于复合材料中的纤维的位置和朝向更好。在树脂转移模塑工艺（RTM）中，首先将玻璃预制件或垫子置于模具中，然后通过适当的压力将 TS 树脂转移到模腔中，从而浸透垫子。

13.18.9 面向塑料制造工艺的设计原则

第 12.6 节已经讨论过塑料件的设计问题。这些问题的主要原因在于聚合物的硬度和刚度低于金属，从而限制了塑料零件的应用范围，使其只能用于低应力的情况，也必须在零件内部结构中设计许多加强特征。在考虑面向制造的设计原则时，必须意识到：①聚合物的热膨胀系数更高；②聚合物的热传导性比金属低很多。第一个问题意味着必须仔细设计模具才能实现紧公差。第二个问题意味着由于热传导性较低，零件从液态到冷却成固体，从模具中拿出来的时间太长，以至于加工周期不会很短，这不是我们希望看到的。这使得许多塑料零件都被设计成薄壁的，壁厚常小于 5mm。

既然许多面向制造的设计原则对所有塑料制造工艺通用，那么可将其整理如下：

- 壁是塑料零件最重要的设计特点。零件的壁厚应保持均匀一致，这是所有设计准则中最重要的。根据工艺和塑料种类，零件的名义壁厚从 4~30mm 不等。名义壁厚的变化率应平缓，以确保模具填充。避免厚壁，因为厚壁除了需要更多塑料，更为重要的一点是，也需要更久的成型时间，从而降低了生产的周期时间。
- 成型壁内表面的典型凸出物包括肋、腹板和凸台。肋和腹板用来增强零件的刚度而非厚度。肋是一段在两个近似垂直的特征间起加固作用的材料。腹板是在两个近似平行的特征间起支撑作用的材料。凸台是一段从壁上凸出来的短材料块，用于使螺栓通过或支撑设计中的某些特征。所制造的肋的厚度比肋所加强的壁薄一点点，从而避免壁的外表面出现缩痕（凹陷）。

⊖ *ASM Handbook*, vol. 21, *Composites*, ASM International, Materials Park, OH, 2001.

- 尽可能多地在设计中把所需的特征添加到零件上（如孔、用于安装紧固件的埋头孔、搭扣和活动折叶），而非通过二次加工来添加是十分重要的。塑料制品具有吸引力的很大一部分原因在于它将二次加工降到了最小化。

- 零件的设计和工艺选择对零件中形成的残余应力有所影响。残余应力源于聚合物分子流在经过模具流道时流动不均匀。大的圆角、较高的熔化温度（这导致周期时间延长）以及可以使聚合物流动降到最低的工艺（例如滚塑工艺）均能够降低残余应力。较低的残余应力会使得尺寸稳定度提高。

- 塑料零件是常用的消费品，所以外观特别重要。塑料的一个有吸引力的特点在于可以在混合聚合物树脂时添加色精给塑料上色。模塑零件将复制模具的表面粗糙度。通过腐蚀模具表面，凸出零件表面 0.01mm 的文字或商标可被加工出来。但是，在零件上模铸凹陷的文字是很昂贵的，应尽可能避免。

- 与锻造和铸造工艺一样，应该选择分型面来避免模具不必要的复杂性。当分型面不是平面时，实现分型面的完美配合是很难的。这会造成零件分型面周边上会存在小的闪光。如果分型面的位置好，闪光就会很小，则可以通过滚磨而非成本更高的切削工艺消除。由于侧凹特征的加工需要使用价格昂贵的可移动冷铁衬垫和型芯，所以零件应避免含有侧凹特征。

- 虽然圆角较小的特征可以被成型加工出来，但是大的圆角特征有利于更好的聚合物流动，所以要延长模具的寿命，减少应力集中，最小的特征半径应在 1~1.5mm。但是，大的特征半径易导致热点和凹陷。

- 成型加工的零件需要有一定锥度（拔模斜度）来起模。外表面适当的拔模斜度应在 0.5°~2°，肋和凸台上的要更大些。

- 在塑料零件中常制作金属芯棒模具以起到像连接螺钉或电子接线柱的作用。模具中这些区域的塑料流动必须要经过仔细设计来防止产生熔合痕。当两个或两个以上的液态流相遇且没有达到完全的分子间渗透时就形成了熔合痕。通常液态流相遇时，空气就会进入液体。这不仅会降低该区域的力学特性，也会影响零件表面的外观。由于金属和塑料的表面之间没有黏合，所以必须在金属芯棒上添加机械自锁特征来使金属和塑料相嵌合，如滚花。

以下网络资源为面向塑料制造的设计提供了有用的信息。

- http://engr. bd. psu. edu/pkoch/plasticdesign/e-frames. htm：该网站提供了塑料零件加工的设计细节。

- http://www. protomold. com/DesignGuidelines-UniformWallThickness. aspx：该网站提供了有关应用于注塑成型的快速成型方法的面向制造的设计原则。

13. 19　本章小结

本章完整呈现了全书的核心主题，即设计、材料选择和制造工艺是密不可分的。关于零件加工的决策应在设计过程中（即实体设计阶段）尽早给出。我们认识到设计者要明智地做出这些决策需要大量的信息。为此本章阐述了如下内容：

- 对最常用的制造工艺做了一个综述，其中强调了在面向制造的设计中要加以考虑的因素。

- 经过精心挑选，列出一系列书和手册作为参考，它们不仅详细介绍了工艺的原理，也提供了产品设计所需的具体数据。同样，所列出的网站清晰阐明了工艺流程，并深入介绍了各种工艺的设计原则。
- 介绍了一种基于单位成本对制造工艺进行排序的简单方法，这种方法可用在设计过程的早期。
- 介绍了一些用于面向装配的设计和面向制造的设计的应用最广泛的计算机仿真工具。

制造零件的材料和工艺必须同时进行选择。决定两者选择的总体因素是制造一个高质量产品的成本问题。在确定使用何种材料时，必须考虑以下因素：
- 材料成分：合金或者塑料的等级。
- 材料成本。
- 材料形状：棒料、管材、线材、带材、板材、颗粒和粉末等。
- 大小：尺寸和公差。
- 热处理条件。
- 力学性能的方向性（各向异性）。
- 质量等级：对杂质、夹杂物、裂纹、微观结构等的控制。
- 易制性：可加工性、焊接性等。
- 可回收性。

对于制造工艺的决策应基于以下因素：
- 制造零件的单位成本。
- 单件的生命周期成本。
- 所需零件的数量。
- 关于零件的形状、特征和大小几方面的零件复杂性。
- 制造工艺与备选材料的兼容性。
- 连续制造无缺陷零件的能力。
- 经济可行的表面粗糙度。
- 经济可行的尺寸精度和公差。
- 设备利用率。
- 工装的到货时间。
- 自制或外购决策，即应该自己制造零件还是从供应商处购买。

设计对制造成本有决定性影响，这就是必须设法将制造知识融入实体设计的原因。包含经验丰富的生产制造技术人员的集成产品设计团队可以很好地达成这一目标。面向制造的设计原则是另一种实现方式。下面是一些通用的面向制造的设计原则：
- 使设计中的零件数量最小化。
- 将零部件标准化。
- 在生产线上使用通用零件。
- 设计多功能零件。
- 设计易加工的零件。
- 避免过于紧密的公差。
- 避免二次加工和精加工。
- 利用工艺特性。

根据以往经验，只有首先通过严格的面向装配的设计分析尝试减少零件数量，才能充分实现面向制造的设计。这会促成对工艺的严格审查，随后对关键零件进行假设分析来降低制造成本。应当使用制造仿真软件来指导零件设计，从而提高零件的易制性和减少加工成本。

新术语和概念

批量流工艺	整理工艺	主要制造工艺
给料	成组技术	加工周期
连续流工艺	热影响区	工艺柔性
深冲压	作业车间	辅助制造工艺
面向装配的设计（DFA）	可加工性	焊条电弧焊
面向制造的设计（DFM）	防误	凝固
经济批量	近终形	工装
切削中的进给运动	分型面	侧凹

参 考 文 献

制造工艺（表 13.1）

Benhabib, B.: *Manufacturing: Design, Production, Automation, and Integration,* Marcel Dekker, New York, 2003.

Creese, R.C.: *Introduction to Manufacuring Processes and Materials,* Marcel Dekker, New York, 1999.

Koshal, D.: *Manufacturing Engineer's Reference Book,* Butterworth-Heinemann, Oxford, UK, 1993.

Kutz, M., ed.: *Environmentally Conscious Manufacturing,* John Wiley & Sons, Hoboken, NJ, 2007.

面向制造的设计（DFM）

Anderson, D. M.: *Design for Manufacturability and Concurrent Engineering,* CIM Press, Cambria, CA, 2010.

Boothroyd, G., P. Dewhurst, and W. Knight: *Product Design for Manufacture and Assembly,* 3d ed., Taylor & Francis, Boca Raton, FL, 2010.

Bralla, J. G., ed.: *Design for Manufacturability Handbook,* 2nd ed., McGraw-Hill, New York 1999.

"Design for Manufacturability," *Tool and Manufacturing Engineers Handbook,* Vol. 6, Society of Manufacturing Engineers, Dearborn, MI, 1992.

Dieter, G.E., ed.: *ASM Handbook,* Vol. 20, *Materials Selection and Design,* ASM International, Materials Park, OH, 1997.

Poli, C.: *Design for Manufacturing,* Butterworth-Heinemann, Boston, 2001.

下列网站可链接到许多 DFM 工艺：

www. engineersedge. com/manufacturing_design. shtml.

www. npd-solutions. com.

问题与练习

13.1　根据零件是形状生成还是形状复制，分类下列制造工艺：

(a) 珩磨圆柱上的孔。

(b) 粉末冶金齿轮。

(c) 粗车铸轧辊。

(d) 挤压成型室内用聚乙烯壁板。

13.2　用易切削的黄铜加工小五金配件。为了方便，假设加工成本由三部分组成：①材料成本；②劳动力成本；③间接管理成本。假设五金配件的生产批量分别为 500 件、50000 件和 5×10^6 件，加工设备为卧式车床、靠模车床和自动螺杆压出机。各批量的材料、劳动力和间接管理成本的相对比例用表格绘出。

13.3 产品加工周期是指将原材料制成零件成品所花费的总时间。某公司每天制造 1000 件产品。在将这些产品出售之前，每件产品的材料和劳动力成本是 200 美元。

 （a）如果周期为 12 天，那么半成品库存占用的资金是多少？如果公司的内部利率为 10%，那么半成品库存上的每年成本是多少？

 （b）如果由于加工水平的改善，将加工周期缩短为 8 天，那么每年将节省多少资金？

13.4 你作为一个用于汽车发动机的曲轴的设计者，关于制造这个零件的方法你已经决定采用浇注球墨铸铁的方式。在设计过程中，你经常与一个铸造工程师探讨这个零件在哪里制造。加工成本取决于哪些设计方面的因素？铸造决定哪些成本？设计者主要决定哪些成本？

13.5 试确定图 13.6 中形状 R0 的形状复杂度，并与形状 R2 比较。形状 R0 的直径为 10mm，长度为 30mm。形状 R2 的总长度为 30mm，每个轴肩的长度为 10mm，大直径为 10mm，小直径为 6mm。用式（13.1）来确定零件的形状复杂度。每个零件尺寸的偏差为 ±0.4mm。

13.6 列举出来可以衡量一个装配操作复杂度的四个指标。

13.7 检查例 13.2 中的各个工艺。在第二轮的筛选中其中一个工艺被淘汰，此工艺非常适合用铝合金制造叶片和轮毂一体式的风扇。如果使用此工艺，需要再设计一个新模具，这需要增加额外成本。找出这个工艺，并简述下淘汰它的技术原因。

 放弃"轮毂和叶片是一体化"这个想法是加工风扇的另外一个途径。可取代它的方法是：轮毂和叶片是分开的，单独被加工，然后它们被装配成风扇。这样哪种加工工艺合适？

13.8 呈现一个有关热等静压技术（HIP）工艺的文献综述，讨论一下此工艺的特点和它的优劣势，大体上归纳一下 HIP 在改善常规工艺以及影响设计方面是如何进行的。

13.9 对于金属板，由于受拉伸率的限制，坯料的直径与深冲罐的直径比率通常要小于 2。那么如何加工出来两部件的软饮料罐子呢？要求由圆柱形的罐体和顶部组成此罐子，而且不能采用纵向焊接工艺。

13.10 有一个产品加工工艺，它包含 10 个独立过程。在每个过程中，平均生产 10000 个零件就会发生一次错误，那么该产品的废品率是多少（以每百万个零件中的废品数来表示）？

13.11 在下列情况中，在使用何种防错装置或者装配方法上面，你的建议是什么？

 （a）检查装配某产品是否具有足够的所需螺栓数量。

 （b）计算在一个板件上钻孔的合适数量。

 （c）保证三根线与正确的末端相连。

 （d）找一个简单方法来确保产品标签没有被粘贴颠倒。

 （e）找一个简单方法确保插头能从合适的方向插入插座。

13.12 作为一个团队课外习题，对比第 13.18 节所列塑料加工工艺，并创建对比表格。列出塑料加工工艺的共有特性，要求涵盖所使用的设备工装和工艺的操作过程，并绘制操作示意图。

第14章 风险、可靠性和安全性

14.1 引言

本章首先针对一些公众经常混淆但有着确切技术含义的术语给出明确定义。危险性是一种会损害人、财产或环境的潜在特性。有裂缝的转向连杆、泄漏的燃料管路或不结实的楼梯，都是危险性的表现。危险性也被称为不安全条件，如果不加以修正改进，则有可能导致失效和伤害。

风险是潜在的危险性的可能性，也可表达为概率或频率。当且仅当危险性存在，且有价值的东西暴露在危险中时，才有风险。风险存在于个人生活中以及由个人所组成的社会中。风险问题贯穿儿童时期的教育。例如，"不要碰火炉""不要在街上踢球"。成年以后，通过每天的报纸和新闻广播，我们对社会生活中的风险有了更深的认识。每周的特别新闻报道使我们认识到，诸如全面的核战争、恐怖分子袭击或者飞机坠毁事件等风险的存在。在高度复杂的科技社会里，风险的类型无穷无尽。风险可以量化成事件发生的频率和事件影响程度的乘积，表示在一段特定时间内事件发生的可能性，通常时间单位取一年，而事件可以是意外事故死亡或财产损失等。

$$\text{风险}\left(\frac{\text{后果}}{\text{单位时间}}\right) = \text{频率}\left(\frac{\text{事件}}{\text{单位时间}}\right) \times \text{影响程度}\left(\frac{\text{后果}}{\text{事件}}\right) \tag{14.1}$$

举例说明，假设美国一年发生1500万起交通事故，平均每300起交通事故会导致1起死亡事件，那么年度死亡风险计算如下。

$$\text{风险}\left(\frac{\text{死亡}}{\text{年}}\right) = 15 \times 10^6 \frac{\text{交通事故}}{\text{年}} \times \frac{1\text{ 死亡}}{300\text{ 交通事故}} = 50000 \frac{\text{死亡}}{\text{年}}$$

表14.1列出了6类社会危害。第3和第4类风险与工程师职责直接相关，在很多情况下第2、5类也可能包括第6类风险提供了设计约束条件。

表14.1　社会危害分类

危 险 类 别	实　　例
1. 传染病和变性疾病	流行性感冒、心脏病、艾滋病
2. 自然灾害	地震、洪水、飓风
3. 主要的技术系统失效	水坝、发电站、航空器、船舶、建筑物失效
4. 个别的小型事故	汽车事故、动力工具、消费品和体育用品
5. 低水平、延迟效应危害	石棉、PCB、微波辐射、噪声
6. 社会政治的混乱	恐怖主义、核武器扩散、石油禁运

注：本表来自 W. W. Lawrance, in R. C. Schwing and W. A. Albus (eds.), *Social Risk Assessment*, Plenum Press, New York, 1980.

随着工程系统复杂性的增加，在工程设计中风险评估也愈发重要。由于风险规避程序常常被忽略，与工程系统相关的风险并不总会产生。一类工程风险起因于外部要素，在设计时这种外部要素被认为是可接受的，但后续研究表明它们对健康或安全产生危险。举个例子，在石棉纤维具有毒性被证实前，其作为可以绝缘和耐火的喷涂石棉涂层被广泛应用[一]。

第二类风险来源于反常情况，在正常的操作模式下，这些条件不属于基本设计概念的一部分。尽管可能危害操作人员，但通常这些反常情况只对系统运行有影响没有对公众产生伤害。其他系统，例如客机或者核电站，对更广泛的人群构成了潜在风险和成本损耗。工程系统中的风险经常与操作错误相联系。尽管可以运用防错方法来消除风险（第 13.8 节），但仍然难以预见所有可能发生的事件。这一问题将在第 14.4 节和第 14.5 节中讨论。最后，有些风险与决策失误、设计错误和偶发事故相关联。显然，上述风险应该被消除，但是，既然设计是一种人类活动，那么错误和事故就在所难免[二]。

大多数理智的人都同意生活中不可能毫无风险，也不可能达到如此程度[三]。然而一个人在风险面前的反应取决于以下三个主要因素：①此人是否感觉到风险是可以控制的，或取决于其他某些外部因素；②风险是否涉及一个大事件（如飞机失事），或很多细小、独立的事件（如汽车碰撞）；③这些危险是否是常见的，或陌生的、令人迷惑的风险，如核反应堆。通过大众传播媒介，公众对社会上风险的存在有了更普遍的认识，但他们并没有被教导需要接受何种程度的风险，并且在风险规避与成本之间取得平衡。因此，当试图确定何为可接受的风险时，不同的利益群体之间必然会产生冲突。

可靠性是衡量零件或系统在规定期限内，在使用环境中无故障运行能力的指标。它通常用概率表示。例如，可靠性 0.999 是指在 1000 个零件中可能有 1 个出现故障。数学中关于可靠性的描述将在第 14.3 节中介绍。

安全性是指免受灾害的相应保护措施。如果一个事物的风险被判定为是可以接受的，那么它是安全的[四]。因此判定一个设计的安全程度，应包括以下两个不同过程：①风险评估，即概率问题；②风险可接受性判定，即社会价值判断。

14.1.1 风险管理法规

在民主政治中，当公众对风险的认知程度足够强时，可以通过立法来控制风险。这通常意味着成立一个监督管理委员会来负责监督这项法案的实行。在美国，第一个监督管理委员会是美国州际商务委员会（ICC），以下联邦组织在技术风险管理上发挥了重要作用：

- 美国消费品安全委员会（CPSC）。
- 美国环境保护署（EPA）。
- 美国联邦航空局（FAA）。
- 美国联邦公路管理局（FHA）。
- 美国联邦铁路管理局（FRA）。
- 美国核管理委员会（NRC）。
- 美国职业安全与健康管理局（OSHA）。

涉及产品安全的联邦法样本见表 14.2。各种监管法律的立法日期表明了对于消费者安全立法关注度的迅速上升。一旦联邦法规颁布，其将产生法律效应。美国 60 多个联邦署一年要颁布 1800 多条法规；美国联邦法规（CFR）超过了 130000 页[五]。

[一] M. Modaress, *Risk Analysis in Engineering*, Taylor & Francis, New York, 2006.
[二] T. Kletz, *An Engineer's View of Human Error*. 3rd ed. , Taylor & Francis, New York, 2006.
[三] E. Wenk, *Tradeoffs: Imperatives of Choice in a High-Tech World*, Johns Hopkins University Press, Baltimore, 1986.
[四] W. W. Lawrance, *Of Acceptable Risk*, William Kaufman, Inc. , Los Altos, CA, 1976.
[五] *The Economist*, Aug. 2, 1997, p. 2; for CFR see www.gpo.gov/nara/cfr/index.html.

表 14.2　涉及产品安全的联邦法样本

年　　份	法　　规	年　　份	法　　规
1893	铁路设备安全法案	1970	铅油漆中毒预防法案
1938	食品、药品和化妆品法案	1970	职业安全卫生法
1953	易燃织物法	1972	消费品安全法
1960	联邦危险物质法案	1982	核废料政策法案
1966	国家交通及机动车安全法	1990	石油污染法
1968	火灾安全研究和行动法案	1996	含汞和可充电电池管理法案
1969	儿童保护和玩具安全条例		

立法最重要的结果是它促使所有产品的制造者都必须承担相应的成本，以满足产品安全法规的要求。因此，就不会出现大多数生产商为产品安全付出成本，而少数不法生产商为节约成本在安全性方面偷工减料的情况。然而，对于复杂工程系统法规，制定出使其相互之间不产生冲突，并在不同利益群体都行之有效的法规，是很困难的事情。汽车的例子很能说明上述问题[⊖]。此处，不同的机构为了推进燃料的节约措施、减小尾气排放和确保碰撞安全性颁布相关规定。限排法律也把燃油效率降低了7.5%。但燃油效率的法令推动了更小型汽车的发展，却导致汽车事故死亡人数逐年增加，直到安全气囊的使用减缓了这一趋势。这个例子清楚地表明，雄厚的技术投入对于法规的制定是十分必要的。

对于法规制定的普遍批评主要是决定做得过于武断。但考虑到管制机构经常颁布国会指令来保护公众免受"不合理风险"的危害，这就变得容易理解了。由于对不合理风险的定义还没有统一的认识，因此管理者经常被指责对于限制性产业过于严厉或过于宽松，其决策往往取决于其个人主观因素。有时管理机构会规定技术规格来满足不同的目标风险水平。不过也因此消除了开发更为有效的控制风险的措施的创新动力。

14.1.2　标准

有关设计标准的问题最先在第1.7节中涉及，在那一章节主要讨论规范和标准的差异，不同类型的标准，以及制定标准的组织机构的类型。第5.8节讨论了标准的价值是作为一种信息来源。本章从更广泛的角度入手，关注标准和规范对于风险最小化的作用。确定社会所能接受的最低级别的安全性和性能时，标准就是其中最重要的方法之一。

19世纪中叶在工程界，标准在保护公众安全中发挥的作用初次显现出来。那时，蒸汽动力被迅速应用到铁路和船舶运输上。但蒸汽锅炉爆炸事件频繁发生，直到美国机械工程师协会（ASME）制定了《锅炉与压力容器规范》后情况才有所改变。在规范中，详细规定了关于材料、设计、制造方面的标准。这种锅炉规范很快被各个州立法采用。其他公众安全标准包括了火灾安全、建筑物结构规范，以及电梯设计、建造、维护和检查的规范。

为保护公众一般的健康与福利，还制定了其他的标准。例如，为了保护公众健康，针对发电站和汽车废气制定了排放标准来降低空气污染，以及控制污水排放的标准。

强制性标准和自愿性标准

标准或是强制性的，或是自愿性的。强制性标准由政府机构颁布，违规行为将作为犯罪行为处理，可能处以罚款或者监禁。自愿性标准通常在技术社团或商业协会的支持下由利益相关团体的委员会制定，这些团体包括工业厂商、用户、政府、普通公众。新标准的批准通常几乎需要委员会里

⊖ L. B. Lave, Science, vol. 212, pp. 893-899, May 22, 1981.

全体成员同意才可以。因此，自愿性标准即为共识性标准。这些标准通常只规定了被标准委员会所有成员接受的最低性能等级。因此，自愿性标准表明该行业在产品生产过程中趋向提供的最低安全等级；相反，强制性标准代表政府能够接受的最低安全等级。因为强制性标准比自愿性标准制定的要求更为严格，它们强制生产商革新并提高工艺水平，但提高的成本都转嫁给了消费者。

监管机构经常采纳现存的自愿性标准。它们可能通过引证自愿性标准作为规章的参考，也可能在采纳前对自愿性标准进行修改，或者监管机构可以决定忽略自愿性标准，自行编写标准。

14.1.3　风险评估

风险评估是一个包含判断和直觉的不严密的过程。然而，受消费者安全运动和公众对核能的关注所引发，相关的文献资料正在不断完善[一]。根据个人和公众的认知程度，风险的等级可以分为可容许的、可接受的和不可接受的[二]。

可容许风险：人们准备好承受的风险等级，但是仍然在不断回顾风险的诱因，企图寻找降低风险的方法。

可接受风险：人们能够接受的合理的风险等级，并且以后不会花费更多的资源来减少这种风险。可接受风险符合大众的要求，它的界限划分经常受政府立法机构的影响。

不可接受风险：人们不能够接受的风险等级，并且不会加入或不准许别人加入有此风险等级的项目。

大多数规则都是基于风险的"最低合理可行原则（ALARP）"。这就意味着所有合理的措施都会被采纳，以降低在所有可容许风险范围内所存在的风险，直到为了降低更深层次的风险所消耗的成本与其收益完全不成比例。

表征风险的数据具有相当程度的不确定性和多变性。通常，以下三类统计数据是可以利用的：①财务损失（主要指保险行业）；②健康信息；③事故统计。一般要区分伤亡情况。风险通常表述为每年人均意外死亡，或用事故概率来表示。通常，每年人均意外死亡率超过 $1/1000$ 时，这种风险被认为是不可接受的，当人均的比率低于 $1/100000$ 就可以忽略不计[三]。$1/1000 \sim 1/100000$ 是可容许的范围。然而，每个人对风险的认识与环境息息相关。人们对自愿性发生的风险（如吸烟和开车）的接受程度远比非自愿性发生的风险（如乘火车旅行和吸二手烟）高。个体风险与社会风险有着巨大的差异。表 14.3 给出了不同风险通常所能够接受的致死率。

表 14.3　致死率

致 死 原 因	每年人均事故致死率	致 死 原 因	每年人均事故致死率
吸烟（每天20支）	5×10^{-3}	工业机械事故	1×10^{-5}
癌症	3×10^{-3}	航空旅行	9×10^{-6}
赛车驾驶	1×10^{-3}	铁路旅行	4×10^{-6}
摩托车驾驶	3×10^{-4}	加利福尼亚州地震	2×10^{-6}
火灾	4×10^{-5}	闪电	5×10^{-7}
中毒	2×10^{-5}		

〇　C. Starr, *Science*, vol. 165, pp. 1232-1238, Sept. 19, 1969; N. Rasmussen, et al., *Reactor Safety Study*, WASH-1400, U. S. Nuclear Regulatory Commission, 1975; W. D. Rowe, *An Anatomy of Risk*, John Wiley & Sons, New York, 1977; J. D. Graham, L. C. Green, L. C. Green, and M. J. Roberts, *In Search of Safety*, Harvard University Press, Cambridge, 1988; M. Modarres, *Risk Analysis in Engineering*, CRC Press, Boca Baton, FL, 2006.

〇、〇　D. J. Smith, *Reliability, Maintainability, and Risk*, 5th ed., Butterworth-Heinemann, Oxford, 1997.

14.2 设计中的概率方法

传统工程设计运用的是确定性方法。该方法忽略了诸如材料性质、零部件尺寸以及外部载荷等因素的变化。传统设计通过应用安全系数对这些不确定性进行处理。但在飞机、火箭以及核能设施等关键设计的情况中，常需要采用概率方法来量化这种不确定性以提高可靠性[⊖]。

14.2.1 基于正态分布的基本概率方法

许多物理测量都按照正则的对称钟形曲线或高斯频率分布。在拉伸试验中，屈服强度、抗拉强度以及还原区域都在一定误差范围内近似满足正态曲线。正态曲线的方程为

$$f(x) = \frac{1}{\sigma \sqrt{2\pi}} \exp\left[-\frac{1}{2}\left(\frac{x-\mu}{\sigma}\right)^2\right] \tag{14.2}$$

式中，$f(x)$ 是任意 x 值所对应的频率曲线的高度；μ 是总体均值；σ 是总体标准差。

正态分布以均值 μ 为对称轴并从 $x = -\infty$ 向 $x = +\infty$ 延伸。由于负值以及"长尾"的存在，正态分布在描述某些工程问题时并不是一个良好的模型。

为使所有正态分布都基于一个共有标准化的方式，正态曲线通常都可以通过标准正态变量（或 z 变量）表示出来。

$$z = \frac{x-\mu}{\sigma} \tag{14.3}$$

则标准正态曲线方程为

$$f(z) = \frac{1}{\sqrt{2\pi}} \exp\left(-\frac{z^2}{2}\right) \tag{14.4}$$

对于标准正态曲线，$\mu = 0$，$\sigma = 1$。标准正态曲线在前面第 8 章图 8.2.3 已给出过。曲线下方的总面积等于单位值。某一点落在 $-\infty$ 到 z 区间内的概率值等于区间内曲线下方的面积。概率是指事件可能性的数值描述方法。概率 P 介于 $P=0$（不可能事件）和 $P=1$（确定事件）之间。

从 $z = -\infty$ 到 $z = -1.0$ 区间内曲线下方的面积为 0.1587，因此落在这个区间内的概率值为 $P = 0.1587$（或 15.87%）。由于曲线是对称的，所以落在 $z = -1 \sim 1$ 或 $\mu \pm \sigma$ 的区间内的概率值为 $1.0000 - 2(0.1587) = 0.6826$。通过类似的方法，可以看出在 $\mu \pm 3\sigma$ 区间内包含了全值的 99.73%。

在 z 曲线下方的面积的某些典型值见表 14.4。完整的数值表格见附录 A。例如，如果 $z = -3.0$，则某一值小于 z 的概率为 0.0013 或 0.13%；而大于 z 的百分比为 100% − 0.13% = 98.87%。小于 z 的概率用分数表示为 0.0013 = 1/769。从表 14.4 中同样可以看出，如果想要排除总体值中的 5%，应当将 z 设为 −1.645。

表 14.4 标准正态频率曲线下的面积

$z = \frac{x-\mu}{\sigma}$	面 积	z	面 积
−3.0	0.0013	−3.090	0.001
−2.0	0.0228	−2.576	0.005
−1.0	0.1587	−2.326	0.010
−0.5	0.3085	−1.960	0.025

⊖ E. B. Haugen, *Probabilistic Mechanical Design*, Wiley-Interscience, Hoboken, NJ, 1980; J. N. Siddal, *Probabilistic Engineering Design*, Marcel Dekker, New York, 1983.

（续）

$z=\dfrac{x-\mu}{\sigma}$	面 积	z	面 积
0.0	0.5000	-1.645	0.050
+0.5	0.6915	1.645	0.950
+1.0	0.8413	1.960	0.975
+2.0	0.9772	2.326	0.990
+3.0	0.9987	2.576	0.995
		3.090	0.999

例 14.1 某个高度自动化工厂生产球轴承。平均滚珠直径为 0.2512in，标准差为 0.0125in。这些尺寸符合正态分布。

（a）直径小于 0.2500in 的零件所占百分比是多少？注意，目前为止，本书一直用 μ 和 σ 来表示均值和标准差。分别表示均值和标准差的采样值。本例中从数百万的滚珠中进行抽样，这些采样值基本相同。

确定标准正态变量

$$z = \frac{x-\mu}{\sigma} \approx \frac{x-\bar{x}}{s} = \frac{0.2500 - 0.2512}{0.0125} = \frac{-0.0012}{0.0125} = -0.096$$

根据附录 A，$P(z < -0.09) = 0.4641$ 和 $P(z < -0.10) = 0.4602$，则通过差值可以得到 $z = -0.096$ 时，z 分布曲线下的面积等于 0.4618。因此，46.18% 的球轴承的直径低于 0.2500in。

（b）直径介于 0.2512～0.2574in 之间的滚珠所占百分比是多少？

$$z = \frac{0.2512 - 0.2512}{0.0125} = 0.0 \quad \text{介于} -\infty \sim z=0 \text{ 区间内的曲线包围的面积是 0.5000}$$

$$z = \frac{0.2574 - 0.2512}{0.0125} = \frac{0.0062}{0.0125} = +0.50 \quad \text{介于} -\infty \sim z=0.5 \text{ 区间内的曲线包围的面积是 0.6915}$$

因此，滚珠直径介于 0.2512～0.2574in 之间的百分比为 0.6915 - 0.5000 = 0.1915 或 19.5%。

14.2.2　统计表来源

所有的统计文本都包含以下表格：z 分布、均值的置信限度、t 与 F 分布，但工程中所必需的更深奥的统计表可能更难理解。在此将会提到两个便捷的统计表和信息来源。

微软公司的电子表格程序 Excel 提供了使用大量特殊的数学和统计学函数的功能。在 Excel 软件上方的编辑栏中，单击插入函数按钮 f_x，就可以展开函数菜单，在此函数框中可以找到所需要的特殊函数。通过单击该函数的名称可以了解其说明和使用范例。表 14.5 简短地列出了一部分常用的统计学函数。

The NIST/SEMATECH e-Handbook of Statistical Methods 是 Experimental Statistics（《试验统计学》）的现代版本，由 M. G. Natrella 所编，于 1963 年由美国国家标准局作为手册 91 分册出版。在网址 www.itl.nist.gov/div898/handbook 可以查找到此书。

表 14.5　Excel 中的某些常用的统计学函数

函 数	Excel 函数的描述
NORMDIS	根据式（14.2），给定 x、μ 和 σ，返回 $f(x)$
NORMINV	根据式（14.2），根据给定 $f(x)$、μ 和 σ，返回 x
NORMSDIST	根据式（14.4），z（概率）、返回面积
NORMSINV	给定概率 $[f(z)$ 下的面积]，返回标准正态变量 z

（续）

函　数	Excel 函数的描述
LOGNORMDIST	当 $\ln x$ 服从正态分布，返回 $f(x)$ 分布
EXPONDIST	返回指数分布
GAMMADIST	返回伽马分布值（威布尔分布中有用）
WEIBULL	给定 x 值、形状和范围参数，返回威布尔分布
ZTEST	在 z 测试中，返回双尾概率
TDIST	返回 t 分布值
FDIST	返回 F 分布值
FINV	返回 F 概率分布的反转

14.2.3　材料性能的可变性

工程材料的力学性能具有可变性。与屈服强度和抗拉强度的静态抗拉性能相比，断裂和疲劳性能具有更大的可变性（表 14.6）。绝大多数已经发布的力学性能数据没有提供均值和标准差。豪根（Haugen[一]）介绍了大多数已经发表的统计数据。MMPDS-02 手册介绍了大量飞机制造材料性能的统计数据[二]，其他统计数据属于公司和政府机构所有。

表 14.6　变异系数的典型值

变量 x	典型值 δ	变量 x	典型值 δ
金属弹性模量	0.05	金属断裂韧度	0.15
金属抗拉强度	0.05	疲劳失效周期	0.50
金属屈服强度	0.07	机械零件的设计载荷	0.05 ~ 0.15
抗弯强度	0.15	结构系统的设计载荷	0.15 ~ 0.25

注：本表来自 H. R. Mill water and P. H. Wirsching，"Analysis Methods for Probabilistic Life Assessment," *ASM Handbook.* vol. 17, p. 251, ASM International, Materials Park, OH, 2002.

已经出版的力学性能数据中没有统计属性，通常只提供均值。如果值的范围是给定的，下限值通常用于设计的保守量。尽管不是所有的力学性能数据都呈正态分布，但正态分布作为良好的第一次近似值，通常会使设计趋于保守。当得不到统计数据时，该样本的上限值 x_U、下限值 x_L 为均值的 ±3 倍的标准差，因此得出

$$x_U - x_L = 6\sigma, \quad s \approx \sigma = \frac{x_U - x_L}{6} \tag{14.5}$$

当属性值范围没有给定时，可以利用变异系数 δ（均值不确定性测度）得出近似的标准差

$$\delta = \frac{s}{\bar{x}} \tag{14.6}$$

不同力学性能参数的变异系数都不相同，但是在一系列均值的范围内，变异系数趋向相对恒定。因此，可以运用此方式来估算标准差。变异系数值见表 14.6。

例 14.2　50 个合金钢拉伸试样样本的屈服强度均值是 $\bar{x} = 130.1\text{ksi}$。屈服强度值的范围为 115 ~ 145ksi。标准差反映了强度值测量中的变化情况，其估算公式为 $s = \dfrac{x_U - x_L}{6} = \dfrac{145 - 115}{6}\text{ksi} =$

[一]　E. B. Haugen, op. cit., Chap. 8 and App. 10A and 10B.

[二]　*Metallic Materials Properties Development and Standardization Handbook*，5 volumes, 2005. 这是美国国防部（DOD）出版的军标 MIL-HDBK-5 的完善和补充，该手册 2003 版可以在 www. mmpds. org 查看。

5ksi。假定屈服强度数据符合正态分布，估算屈服强度值，使得99%的合金钢屈服强度值都满足要求大于此值。由表14.4可知，$z_{1\%} = -2.326$，并用式（14.2）得

$$-2.326 = \frac{x_{1\%} - 130.1}{5}, \quad x_{1\%} = 118.5\text{ksi}$$

注意，如果屈服强度范围未知，可以通过表14.6和式（14.6）估算标准差，即

$$s = \bar{x}\delta = 130.1 \times 0.07\text{ksi} = 9.1\text{ksi}, \quad 结果 x_{1\%} = 108.9\text{ksi}$$

实例14.2中，样本均值和标准差都是用来确定概率极限的。但是该确定方法并不准确，除非样本量 n 非常大，例如达到 $n = 1000$。原因在于 x 和 s 只是真实总体的 μ 和 σ 的估算值。如果运用公差极限的话，在应用样本值估算总体时产生的误差就可以校正。由于通常致力于测算性能下限，使用的都是单侧公差极限。

$$x_L = \bar{x} - (k_{R,C})s \tag{14.7}$$

在查找 $k_{R,C}$ 统计表时[⊖]，首先要确定置信概率 c。置信度通常为95%，表明运用此方法计算得出准确的性能下限的可靠性为95%。R 是时间的预期值，表示 x_L 值将超出使用时间的百分比。通常 R 被给定为90%、95%或99%。不同的样本量 n 对应不同的 $k_{R,C}$ 值，见表14.7。

表 14.7　基于95%置信度的单侧公差极限

n	$k_{90,95}$	$k_{99,95}$
5	3.41	5.74
10	2.35	3.98
20	1.93	3.30
50	1.65	2.86
100	1.53	2.68
500	1.39	2.48
∞	1.28	2.37

例14.3　现在用单侧公差极限重做例14.2。当样本容量 $n = 50$，置信概率是95%，$R = 0.99$ 时，$k_{R,C} = 2.86$。因此，$x_L = [130.1 - 2.86(5)]\text{ksi} = 115.8\text{ksi}$。注意，当用样本统计量代替总体统计量时，$x_L$ 值从118.5下降到115.8。如果 n 由10个样本组成，那么 x_L 将等于110.2ksi。

14.2.4　安全系数

在风险和可靠性分析中，一个重要的概念是危险是通过障碍来控制、削弱或消除的。障碍可以是物体，例如管道、墙壁或是保护壳，也可以是其他的动态障碍，例如车间工人或是计算机控制系统。在更抽象的层面上，用来制造零件的材料的性能也可以看作是一种障碍，这种情况在应力-强度模型这一类问题中被考虑到，详见第14.2.5节。这种模型假定如果材料的应力（机械的、热的、电气的等）超过了材料的许用载荷，障碍将失效，通常用材料性能，如屈服强度作为衡量标准。

安全系数 SF 是一种最古老也最简单的应力–强度模型的应用。把 SF 定义为强度 S 与应力 σ 的比值或是系统容量与载荷的比值，即

$$\text{SF} = \frac{S}{\sigma} = \frac{强度}{应力} = \frac{容量}{载荷} \tag{14.8}$$

⊖ J. Devore and N. Farnum. Table V, *Applied Statistics for Engineers and Scientists*, Duxbury Press, Pacific Grove, CA.

安全系数的概念有时也可以通过安全边际 MS 来表示

$$MS = 容量 - 载荷 \qquad (14.9)$$

安全边际表示设计容量超出系统实际载荷的部分。如果已有强度与应力的均值，那么通过式（14.8）可以计算安全系数，但是通常情况下这些数据难以准确获得。

确定安全系数需要经验。通常，设计标准或规范会规定使用何种安全系数。下面将展示在没有设计指导的情况下如何确定安全系数[一]。在不使用式（14.8）的情况下，把安全系数分为五部分，这五部分表示你对设计中的设计容量与实际载荷的理解程度。估计你对材料性能的熟悉程度、载荷以及应力状态、制造公差、基于有效验证的断裂理论设计所达到的程度以及应用中对可靠性的要求。这些影响因素都需要分开评估，然后相乘即可得到总体的安全系数 SF。

$$SF = SF_{材料} \times SF_{应力} \times SF_{公差} \times SF_{失效理论} \times SF_{可靠性} \qquad (14.10)$$

所有的安全系数影响因子按下面列表测算：

估计来自材料的贡献

$SF_{材料} = 1.0$ 材料属性被熟知，或已从零件设计所用相同材料的试验中获得

$SF_{材料} = 1.1$ 材料属性来源于手册或制造商给出的数值

$SF_{材料} = 1.2 \sim 1.4$ 材料属性未完全熟知

估计来自载荷或应力的贡献

$SF_{应力} = 1.0$ 载荷很好地定义为静态或脉动。未出现过载或冲击载荷。已使用准确的应力分析方法

$SF_{应力} = 1.2 \sim 1.3$ 平均过载 $20\% \sim 50\%$。应力分析方法导致的误差小于 50%

$SF_{应力} = 1.4 \sim 1.7$ 载荷未完全熟知或应力分析方法的准确性值得怀疑

估计来自（几何）公差的贡献

$SF_{公差} = 1.0$ 制造公差配合紧密保持性好

$SF_{公差} = 1.0$ 制造公差为平均水平

$SF_{公差} = 1.1 \sim 1.2$ 制造公差保持性差

估计来自失效分析的贡献

$SF_{失效理论} = 1.0 \sim 1.1$ 基于静态单轴或多轴应力状态，或完全逆转单轴疲劳压力的疲劳分析

$SF_{失效理论} = 1.2$ 同上，但包括完全逆转多轴疲劳应力或单轴非零平均疲劳应力

$SF_{失效理论} = 1.3 \sim 1.5$ 疲劳分析不完善，伴随疲劳累计损伤

估计来自可靠性的贡献

$SF_{可靠性} = 1.1$ 零件的可靠性不必高，小于 90%

$SF_{可靠性} = 1.2 \sim 1.3$ 可靠性均值为 $92\% \sim 98\%$

$SF_{可靠性} = 1.4 \sim 1.6$ 可靠性必须为 99% 或更高

以下各节给出了如何应用概率来表达安全系数。

14.2.5 基于可靠性的安全系数

设想一个结构上的静态载荷所产生的应力 σ。载荷或是局部区域的变动导致应力分布情况如图 14.1 所示，样本的应力均值为 $\overline{\sigma}$，样本应力值的标准差[二]为 s，材料的屈服强度 S_y 用均值 $\overline{S_y}$ 和标准差 s_y 来表示。然而这两种频数分布有所重叠，当 $\sigma > S_y$ 时，即为失效情况。失效的概率表示如下

㊀ D. G. Ullman, *The Mechanical Design Process*, 4th ed., pp. 405-406, McGraw-Hill, New York, 2010.
㊁ 注意，概率设计涉及两个工程学科的交叉：机械工程和工程统计学。因此，符号混乱是个问题。

$$P_f = P(\sigma > S_y) \tag{14.11}$$

可靠性 R 表示为

$$R = 1 - P_f \tag{14.12}$$

如果强度分布中减去应力分布，则得到另一种分布 $Q = S_y - \sigma$，见图 14.1 的左边部分。

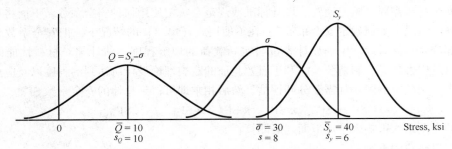

图 14.1　屈服强度 S_y 和应力的分布

通过对两个独立随机变量 x 和 y 进行代数运算 $Q = x \pm y$ 能够确定 Q 分布的均值以及标准差。省略统计计算的细节[⊝]，结果见表 14.8。现在参考图 14.1 并使用表 14.8 中的结果，可知 $Q = S_y - \sigma$ 的分布中，均值 $\overline{Q} = 40 - 30 = 10$，标准差 $\sigma_Q = \sqrt{6^2 + 8^2} = 10$。在 $Q = 0$ 左侧的区域分布表示 $S_y - \sigma$ 为负值，即 $\sigma > S_y$，产生了失效。如果转换为标准的正态分布，$z = (x - \mu)/\sigma$，在 $Q = 0$ 时，有

$$z = \frac{0 - Q}{\sigma_Q} = -\frac{10}{10} = -1.0$$

从表 14.4 可看出 0.16 的区域落在 $-\infty$ 和 $z = -1.0$ 之间。因此，失效的概率 $P_f = 0.16$，此时可靠性 $R = 1 - 0.16 = 0.84$。显然，这并不是一个性能令人特别满意的系统。如果选用更结实的材料 $\overline{S_y} = 50\text{ksi}$，$\overline{Q} = 20$，$z = 2.0$，那么系统的失效概率为 0.02。不同失效概率下 z 的取值见表 14.9。

表 14.8　基于 95% 信任水平的单侧公差极限

代数函数	均值 $\overline{Q}$	标准差
$Q = C$	C	0
$Q = Cx$	$C\overline{x}$	$C\sigma_x$
$Q = x + C$	$\overline{x} + C$	σ_x
$Q = x \pm y$	$\overline{x} \pm \overline{y}$	$\sqrt{\sigma_x^2 + \sigma_y^2}$
$Q = xy$	$\overline{x}\,\overline{y}$	$\sqrt{\overline{x}^2\sigma_y^2 + \overline{y}^2\sigma_x^2}$
$Q = x/y$	$\overline{x}/\overline{y}$	$(\overline{x}^2\sigma_y^2 + \overline{y}^2\sigma_x^2)^{1/2}/\overline{y}^2$
$Q = 1/x$	$1/\overline{x}$	$\sigma_x/\overline{x}^2$

表 14.9　不同失效概率下的 z 取值表

失效概率 P_f	$z = (x - \mu)/\sigma$
10^{-1}	-1.28
10^{-2}	-2.33
10^{-3}	-3.09
10^{-4}	-3.72
10^{-5}	-4.26
10^{-6}	-4.75

14.3　可靠性理论

可靠性是指在特定工作条件和时间内，系统、零件或者设备的无事故运行的概率。可靠性工程学是一门主要研究失效的成因、分布和预测的学科。如果 $R(t)$ 是时间段 t 的可靠性概率，那么 $F(t)$ 即是同样时间 t 的不可靠概率（失效概率）。因此，失效和非失效是互斥型结果。

⊝　E. B. Haugen, op. cit., pp. 26-56.

$$R(t) + F(t) = 1 \tag{14.13}$$

假定用 N_0 个零件进行测试，那么在时间 t 时，不失效数量是 $N_s(t)$，在 $t = 0$ 到 $t = t$ 区间内的失效数量为 $N_f(t)$，即

$$N_s(t) + N_f(t) = N_0 \tag{14.14}$$

通过可靠性定义得

$$R(t) = \frac{N_s(t)}{N_0} = 1 - \frac{N_f(t)}{N_0} \tag{14.15}$$

就时间进行求导

$$\frac{dR(t)}{dt} = -\frac{1}{N_0}\frac{d(N_f)}{dt} \tag{14.16}$$

或

$$\frac{dN_f}{dt} = -N_0\frac{dR}{dt} \tag{14.17}$$

由式（14.17）可以求得失效概率，但这并不能成为一个有效的标准，因为这样得出的数值取决于样本大小。对于同样的两组零件测试，在单位时间内样本数量大的试验组失效零件更多。因此，对失效概率更有效的测量手段是危险率或者瞬态失效概率 $h(t)$。

$$h(t) = \frac{dN_f}{dt}\frac{1}{N_s(t)} = \frac{f(t)}{1 - F(t)} = \frac{f(t)}{R(t)} \tag{14.18}$$

式（14.18）的后面部分运用统计学术语定义危险率 $h(t)$。危险率在形式上是失效率的概率密度函数除以可靠性的累积概率分布函数，它表示在给定试验中，尽管在时刻 t_1 前工作正常，却在 t_1 到时刻 $t_1 + dt_1$ 内发生失效。

如果将式（14.17）除以总数 N_s，并与式（14.18）综合起来会有

$$h(t) = \frac{dN_f}{dt}\frac{1}{N_s} = -\frac{N_0}{N_s}\frac{dR}{dt}$$

由 $R(t) = \frac{N_s}{N_0}$ 可简化为

$$h(t) = -\frac{1}{R}\frac{dR}{dt}, \quad h(t)dt = -\frac{dR}{R}$$

形式归一化有 $\int_0^t h(t)dt = -\int_l^R \frac{dR}{R}$，取可靠性（正常工作率）在 $t = 0$ 时为 1。

$$-\int_0^t h(t)dt = \ln R \quad 或 R(t) = \exp\left[-\int_0^t h(t)dt\right] \tag{14.19}$$

当一个试验中危险率函数已知时，可以利用式（14.19）计算得出可靠性函数。对可靠性做出正确的评估取决于一个合适的模型来表达危险率函数。本章会重点介绍恒定失效率模型以及威布尔模型。

在试验中会给出危险率或失效率，通常以 1% 每千小时或 10^{-5} 每小时的形式表达。当失效率处于 $10^{-5} \sim 10^{-7}$ 每小时的范围内时，该构件具有了良好可靠的商业等级。

常规失效曲线如图 14.2 所示，由三部分构成：①早期失效过程；②偶然失效过程；③老化失效过程。图 14.2a 表示了典型的电子元器件的三阶段失效曲线。由于设计错误、制造缺陷和安装缺陷产生的早期故障，直接造成了短期内的高失效率。这是一个对失效进行查找和调试的阶段。通过提高生产质量控制，销售前对零件进行验收试验，或者在发出工厂前进行设备磨合的手段可以把早期失效率降到最小。当早期失效的因素被排除出系统后，失效频率会越来越低，直到

失效率最终达到恒定值。当系统处于恒定失效周期，由于随机超载或随机缺陷的产生，可以认为失效也是随机发生的。这些失效形式毫无试验模型可以预测。最后，预期经过很长一段时间的稳定运行后，材料和零件开始老化并迅速磨损，失效加速，老化时期开始。机械设备构件的失效曲线并没有恒定失效率时期，如图 14.2b 所示。在初始试验性操作阶段完成后，磨损老化情况持续发生，直到失效阶段产生。

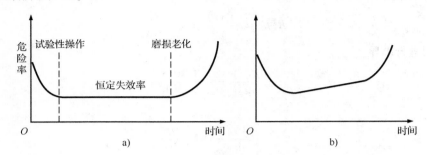

图 14.2　失效曲线形状

a）电子构件典型的三阶段（淋浴管道）失效曲线　b）机械设备构件典型的失效曲线

14.3.1　定义

以下概念对于理解可靠性十分重要。

失效前累积时间（T）：在 t 时间段内，N_0 个零件正常运行，无失效零件进行替换或维修。

$$T = [t_1 + t_2 + t_3 + \cdots + t_k + (N_0 - k)t] \qquad (14.20)$$

式中，t_1 是首次失效发生的时间，以此类推；k 是失效零件的数目。

平均寿命：当 N_0 个零件投入测试或使用时，检测其不包括磨损在内的全部寿命曲线，所得的平均寿命。

平均失效时间（MTTF）：所有零件有效时间的总和除以失效数。此计算方法适用于构件寿命的任何时期。MTTF 适用于两种情况：一是不可维修零件，如灯泡、晶体管、轴承；二是系统包含大量零件，如印制电路板、航天飞行器。当不可维修系统中某一零件失效时，系统就失效了，因此，首个零件失效函数就是系统可靠性。

故障间平均时间（MTBF）：指连续发生两次零件故障间的时间平均值。MTBF 与 MTTF 类似，但是其针对可维修的系统和零件。

表 14.10 列出了不同工程零件和系统中的一部分平均失效率。

表 14.10　各种零件和系统的平均失效率

零　件	失效率：每 1000h 的失效数	零　件	失效率：每 1000h 的失效数
螺栓、轴	2×10^{-7}	系统：	
垫圈	5×10^{-4}	离心压缩机	1.5×10^{-1}
导管接头	5×10^{-4}	柴油发电机	$1.2 \sim 5$
塑料软管	4×10^{-2}	家用冰箱	$(4 \sim 6) \times 10^{-2}$
阀门漏泄	2×10^{-3}	大型计算机	$4 \sim 8$
		个人计算机	$(2 \sim 5) \times 10^{-2}$
		印制电路板	$(7 \sim 10) \times 10^{-5}$

14.3.2　恒定失效率

对于恒定失效率的特殊情况，即 $h(t) = \lambda$ 时，式（14.19）可写成

$$R(t) = \exp\left(-\int_0^t \lambda \, \mathrm{d}t\right) = \mathrm{e}^{-\lambda t} \qquad (14.21)$$

针对上述情况，可靠性的概率分布呈负指数分布。

$$\lambda = \frac{失效数}{面临失效的所有产品经历的时间单位数}$$

λ 的倒数，即 $\overline{T} = 1/\lambda$，为故障间平均时间（MTBF）。

$$\overline{T} = \frac{1}{\lambda} = \frac{面临失效的所有产品经历的时间单位数}{失效数}$$

因此

$$R(t) = \mathrm{e}^{-t/\overline{T}} \qquad (14.22)$$

注意，如果某个零件运行的时间等于 MTBF，那么存活概率为 $1/\mathrm{e} = 0.37$。

尽管个体零件的可靠性可能无法呈现指数分布，但在多零件的复杂系统中，总体的可靠性可看作是一系列的随机事件，因而系统的可靠性将会符合指数分布。

例 14.4 如果某设备的失效率为 2×10^{-6}/h，那么在运行 500h 的时间段内，该设备可靠性是多少？如果在测试中有 2000 个单独零件，那么在 500h 内的失效数预期是多少？假定通过严格的质量管理消除了早期失效，可得假定的恒定失效率为

$$R(500) = \exp(-2 \times 10^{-6} \times 500) = \mathrm{e}^{-0.001} = 0.999$$

$$N_s = N_0 R(t) = 2000 \times 0.999 = 1998$$

$$N_f = N_0 - N_s = 2 \text{ 为预期失效}$$

如果设备的故障间平均时间（MTBF）为 100000h，那么在设备正常运行 100000h 的可靠性是多少？

$$t = \overline{T} = 1/\lambda$$

$$R(t) = \mathrm{e}^{-t/\overline{T}} = \mathrm{e}^{-100000/100000} = \mathrm{e}^{-1} = 0.37$$

由此可得，在运行时间与 MTBF 相等的条件下，设备的可靠性仅为 37%。

如果恒定失效率周期为 50000h，那么在这段时间内运行的可靠性是多少？

$$R(50000) = \exp(-2 \times 10^{-6} \times 5 \times 10^4) = \mathrm{e}^{-0.1} = 0.905$$

如果零件仅进入使用寿命期，那么使其正常工作 100h 的概率是多少？

$$R(100) = \exp(-2 \times 10^{-6} \times 10^2) = \mathrm{e}^{-0.0002} = 0.9998$$

如果零件已经工作了 49900h，那么使其再正常工作 100h 的概率是多少？

$$R(100) = \exp(-2 \times 10^{-6} \times 10^2) = \mathrm{e}^{-0.0002} = 0.9998$$

由此可得，只要设备可靠性处于恒定失效率（使用寿命）期间内，其可靠性在等间隔时间段内保持不变。

14.3.3 威布尔频率分布

正态频率分布是一种无界对称分布，其定义域为 $-\infty$ 到 $+\infty$。然而，大多数的随机变量的分布都有界并且非对称。威布尔分布描述了零件寿命情况，其所有值均为正（这里不存在负寿命），并且存在偶发的长寿命结果[⊖]。威布尔分布能很好地描述脆性材料的断裂概率以及在给定应力水平条件下的疲劳寿命。

⊖ W. Weibull, *J. Appl. Mech.*, vol. 18, pp. 293-297, 1951；*Materials Research and Srds.*, pp. 405-411, May 1962；C. R. Mischke, *Jnl. Mech. Design*, vol. 114, pp. 29-34, 1992.

双参数威布尔分布函数表达式为[○]

$$f(x) = \frac{m}{\theta} \left(\frac{x}{\theta} \right)^{m-1} \exp \left[- \left(\frac{x}{\theta} \right)^m \right] \quad x > 0 \tag{14.23}$$

式中，$f(x)$ 为随机变量 x 的频率分布函数；m 为形状参数，有时也称为威布尔模数；θ 为尺度参数，有时也称为特征值。

形状参数不同值的变化趋势如图 14.3 所示。该图反映了威布尔分布在应用中的广泛性以及灵活度。在给定 m 和 θ 的威布尔分布中，x 小于或等于给定值 q 的概率表示为

$$P(x \le q) = \int_0^q f(t) \mathrm{d}x = 1 - \mathrm{e}^{-(q/\theta)^m} \tag{14.24}$$

威布尔分布均值可以表示为

$$\bar{x} = \theta - \Gamma \left(1 + \frac{1}{m} \right) \tag{14.25}$$

此处的 Γ 是伽马函数。在很多统计文本和电子表格中均附有伽马函数表。威布尔分布的方差可以表示为

$$\sigma^2 = \theta^2 \left\{ \Gamma \left(1 + \frac{2}{m} \right) - \left[\Gamma \left(1 + \frac{1}{m} \right) \right]^2 \right\} \tag{14.26}$$

威布尔分布的累积频率分布函数为

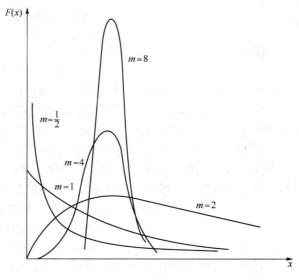

图 14.3　$\theta = 1$ 和不同 m 值时的威布尔分布

$$F(x) = 1 - \exp \left[- \left(\frac{x}{\theta} \right)^m \right] \tag{14.27}$$

式（14.27）可改写为

$$\frac{1}{1 - F(x)} = \exp \left(\frac{x}{\theta} \right)^m$$

$$\ln \frac{1}{1 - F(x)} = \left(\frac{x}{\theta} \right)^m$$

$$\ln \left(\ln \frac{1}{1 - F(x)} \right) = m \ln x - m \ln \theta = m(\ln x - \ln \theta) \tag{14.28}$$

$y = mx + c$ 是一条直线方程。依照式（14.28），可使用专门的威布尔概率纸帮助分析。以 x 轴表示寿命，绘制出累积失效率随 x 变化的值，则在威布尔概率纸上得到一条直线，如图 14.4 所示。威布尔模数 m 是直线的斜率，在随机变量 x 中，斜率越大，离散程度越小。

θ 是威布尔分布的特征值。如果 $x = \theta$，那么

$$F(x) = 1 - \exp \left[- \frac{\theta}{\theta} \right] = 1 - \mathrm{e}^{-1} = 1 - \frac{1}{2.718} = 0.632$$

对于任何威布尔分布，小于或等于特征值的概率都是 0.623。在威布尔图中，概率为 63% 所对应的 x 值就是 θ。

如果数据在威布尔概率纸上不能绘制成直线，要么是因为采样样本数据本身不符合威布尔分布，要么是威布尔分布有最小值 x_0，该值大于 0。这催生了如下三参数威布尔分布

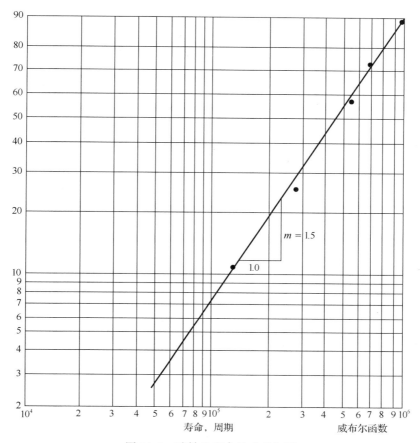

图 14.4 球轴承寿命的威布尔图

（来自 C. Lipman and N. J. Sheth，Statistical Design and Analysis of Engineering Experiments，p. 41，1974.）

$$F(x) = 1 - \exp\left[-\left(\frac{x - x_0}{\theta - x_0}\right)^m\right] \tag{14.29}$$

例如，在恒定应力条件下的疲劳寿命分布中，期望寿命最小值为零是不现实的。寻求 x_0 最简单的方法是运用威布尔概率图。首先，在两参数威布尔分布数据图中绘制数据，取 $x_0 = 0$。然后，在 0 到 x_0 最小可见正值中选取任意 x_0 值，并从每个可见值 x 中减去该值。在威布尔图纸中持续调整 x_0，并绘制新的 x-x_0 图像直到获得直线。

14.3.4 具有可变失效率的可靠性

机械故障和某些电子构件的故障并没有如图 14.2a 所示的那样一段恒定失效率时期。但却可以用图 14.2b 所示的曲线来表示。由于失效率为时间的函数，所以简单的指数关系难以描述可靠性。相反，威布尔分布可以表达可靠性，参见式（14.27）。可靠性为 1 减去失效概率，表达如下

$$R(t) = 1 - F(t) = e^{-(t/\theta)^m} \tag{14.30}$$

例 14.5 对于图 14.4 所描绘的球轴承，$m = 1.5$，$\theta = 6 \times 10^5$ 转。寿命小于 50 万转的轴承比例可由图 14.3 所描述的威布尔分布的曲线中 $x = 5 \times 10^5$ 左侧曲线下的面积给出，对于 $m = 1.5$，$\theta = 6 \times 10^5$，计算如下。

$$F(t) = 1 - \exp\left[-\left(\frac{t}{\theta}\right)^m\right] = 1 - \exp\left[-\left(\frac{5 \times 10^5}{6 \times 10^5}\right)^{1.5}\right] = 1 - e^{-0.760}$$

$$= 1 - \frac{1}{(2.718^{0.760})} = 1 - 0.468 = 0.532$$

计算得出，有53%的轴承在达到50万转前会失效。轴承寿命小于10万转的失效概率为8.5%。显然，这是在低速运行下的重载轴承。

将式（14.29）代入式（14.18）中，得到用三参数威布尔分布表示的危险率

$$h(t) = \frac{m}{\theta}\left(\frac{t - t_0}{\theta}\right)^{m-1} \tag{14.31}$$

对于特例，$t_0 = 0$，$m = 1$，式（14.31）简化为 $\theta = $ MTBF的指数分布。当 $m = 1$ 时，危险率为常数；当 $m < 1$ 时，$h(t)$ 随着 t 的增加而减少，如同三阶段失效曲线中的试验性操作阶段。当 $1 < m < 2$ 时，$h(t)$ 随着时间而增加。当 $m = 3.2$ 时，威布尔分布转变为近似正态分布。

例14.6 90个零件（N）经过总时间为3830h的测试。在不同的时间点停止测试，并且记录失效的零件数为 n。通过使用平均排序来估算 $F(t) = n/(N+1)$，而不是绘制随时间变化的失效百分比[注]。

（a）在表14.11中绘制数据，并且通过式（14.29）来估算参数。

（b）计算在正常工作700h的概率。

（c）通过式（14.31）计算瞬时危险率。

表 14.11　某零件的失效数据

时间 $t/\times10^2\text{h}$	累积失效总数 n	累积失效概率 $F(t) = n/(90+1)$	可靠性 $R(t) = 1 - F(t)$
0	0	0.000	1.000
0.72	2	0.022	0.978
0.83	3	0.033	0.967
1.0	4	0.044	0.957
1.4	5	0.055	0.945
1.5	6	0.066	0.934
2.1	7	0.077	0.923
2.3	9	0.099	0.901
3.2	13	0.143	0.857
5.0	18	0.198	0.802
6.3	27	0.297	0.703
7.9	33	0.362	0.638
11.2	52	0.571	0.429
16.1	56	0.615	0.385
19.0	69	0.758	0.242
38.3	83	0.912	0.088

（a）在威布尔概率纸上，以时间为横轴绘制威布尔概率分布图 $F(t)$，如图14.5所示。数据在威布尔概率纸上为一条直线，显示出数据遵循了威布尔分布。由表14.11可得，$t = 0 = t_0$。因而，$R(t) = \exp[-(t/\theta)^m]$。当 $t = \theta$ 时，$R(t) = e^{-1} = 0.368$，$F(t) = 1 - 0.368 = 0.632$。由 $F(t) = $

注　另一种绘制标准是中位数等级，$M = (n - 0.3)/(N + 0.4)$。参见 C. R. Mischke, "Fitting Weibull Strength Data and Applying It to Stochastic Mechanical Design," *Jnl of Mech. Design*, vol. 114, pp. 35-41, 1992. 关于 Weibull 失效统计数据库和其他一些可靠性分析文档，参见 http://www.barringer1.com.

0.632 的水平线与通过所绘直线相交，得到 t 值，再由 t 值得到尺度参数 θ。由图 14.5 可知，$\theta = 1.7 \times 10^3 \mathrm{h}$。形状参数 m 与直线的斜率有关。直线的方程是 $\ln\left[\ln\dfrac{1}{1-f(x)}\right] = m\ln(t-t_0) - m\ln\theta$。

已知该线通过点（100，0.04）和点（2000，0.75），经过计算，求出直线斜率如下。

$$m = \frac{\ln\left(\ln\dfrac{1}{1-0.75}\right) - \ln\left(\ln\dfrac{1}{1-0.04}\right)}{\ln 2000 - \ln 100}$$

$$m = \frac{\ln(\ln 4.00) - \ln(\ln 1.0417)}{7.601 - 4.605}$$

$$m = \frac{0.327 - (-3.198)}{2.996} = \frac{3.525}{2.996} = 1.17$$

$$R(t) = \exp\left[-\left(\frac{t}{1700}\right)^{1.17}\right]$$

（b）
$$R(700) = \exp\left[-\left(\frac{700}{1700}\right)\right]^{1.17} = \exp[-(0.412)^{1.17}]$$

$$= \exp[-(0.354)] = 0.702 = 70.2\%$$

（c）
$$h(t) = \frac{m}{\theta}\left(\frac{t-t_0}{\theta}\right)^{m-1} = \frac{1.17}{1.7\times10^3}\left(\frac{t-0}{1.7\times10^3}\right)^{1.17-1}$$

$$= 6.88\times10^4\left(\frac{t}{1700}\right)^{0.17}$$

失效率随时间的变化而缓慢增加。

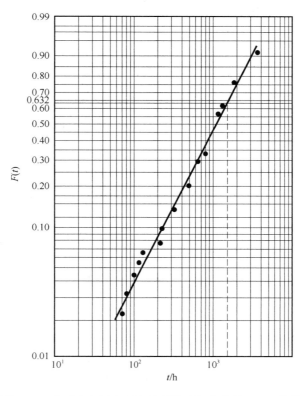

图 14.5　在威布尔概率纸上绘制随时间变化的 $F(t)$ 曲线

14.3.5 系统可靠性

多数的机械和电子系统都包含一系列零部件。系统整体的可靠性取决于各独立组件与其失效率的排列关系。

当任何一个组件失效都会促使系统故障时，这样的排列方式称为串联系统。

$$R_{system} = R_A \times R_B \times \cdots \times R_n \tag{14.32}$$

显然，如果系统中存在过多的串联组件，那么系统可靠性会变得很低。举例说明，如果串联系统中有 20 个构件，每个构件的可靠性 $R = 0.99$，可得系统可靠性为 $0.99^{20} = 0.818$。绝大多数的消费产品都表明串联系统的可靠性。

如果处理一个恒定失效率系统的话，得到

$$R_{system} = R_A \times R_B = e^{-\lambda_A t} \times e^{-\lambda_B t} = e^{-(\lambda_A + \lambda_B)t}$$

系统的 λ 值是每一个独立构件 λ 值的总和。

组件之间还有一种更好的排列方式，在这种方式中，只有在系统中所有构件都失效的情况下系统才会发生故障。这种更好的排列方法称为并联系统。并联系统的可靠性为

$$R_{system} = 1 - (1 - R_A)(1 - R_B) \cdots (1 - R_n) \tag{14.33}$$

假定系统具有恒定失效率

$$R_{system} = 1 - (1 - R_A)(1 - R_B) = 1 - (1 - e^{-\lambda_A t})(1 - e^{-\lambda_B t})$$

$$= e^{-\lambda_A t} + e^{-\lambda_B t} - e^{-(\lambda_A + \lambda_B)t}$$

由于形式上并不是 e^{-const}，所以并联系统具有可变的失效率。

组件并联排列系统产生的并联可靠性是多余的。因为对于系统函数来讲，实施的机制不止一个。在完整的主动冗余系统中，每一个组件可能在系统失效前就失效。

其他系统中只存在部分主动冗余机制，在这种机制中某些组件失效也不会引起系统失效。但必须保证多余一个的组件能够保持正常工作状态以保证系统正常运行。举个简单的例子，拥有四个发动机的飞机在只有两个发动机工作的时候仍可以飞行，但是如果只有一个发动机工作，飞机将失控。这种情况就是从 m 个单元网中选出 n 个单元进行工作。要保证系统正常运行，至少 n 个单元的功能必须正常，而不是在并联情况下只要求有某一单元运行和串联情况下要求所有的单元都运行。假定每个 m 单元都独立并且相同，"从 m 中选出 n 系统"的可靠性表示为二项分布。

$$R_{n|m} = \sum_{i=n}^{m} \binom{m}{i} R^i (1-R)^{m-i} \tag{14.34}$$

其中

$$\binom{m}{i} = \frac{m!}{i!(m-i)!}$$

例 14.7 复杂工程设计可以用可靠性框图来描述，如图 14.6 所示。在子系统 A 中，至少两个组件必须运行才能保证该子系统的功能正常。子系统 C 具有真实并联可靠性。计算每个子系统的可靠性和综合系统的可靠性。

子系统 A 属于"m 中选出 n"的模型，且 $n = 2$，$m = 4$，应用式（14.34）得

$$R_A = \sum_{i=2}^{4} \binom{4}{i} R^i (1-R)^{4-i}$$

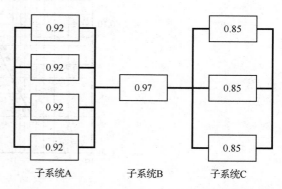

图 14.6 描述复杂设计网络的可靠性框图

子系统A　　　子系统B　　　子系统C

$$\binom{4}{2} R^2 (1-R)^2 + \binom{4}{3} R^3 (1-R) + \binom{4}{4} R^4$$

$$6 R^2 (1 - 2R + R^2) + 4 R^3 (1-R) + (1) R^4$$

$$3 R^4 - 8 R^3 + 6 R^2 = 3 \times (0.92)^4 - 8 \times (0.92)^3 + 6 \times (0.92)^2 = 0.998$$

由于子系统 B 只存在单独组件，那么 $R_B = 0.97$。

子系统 C 是并联系统，应用式（14.33）得

$$R_C = 1 - (1 - R_1)(1 - R_2)(1 - R_3) = 1 - (1-R)^3$$

$$= 1 - (1 - 0.85)^3 = 1 - (0.15)^3 = 1 - 3.375 \times 10^{-3} = 0.9966$$

通过观察，系统可简化成串联的三个子系统，并且 $R_A = 0.998$，$R_B = 0.97$，$R_C = 0.997$。由此计算，通过式（14.33）可得

$$R_{system} = R_A \times R_B \times R_C = 0.998 \times 0.970 \times 0.997 = 0.965$$

另一种冗余方法是使用备用系统，备用系统只有在需要时才被激活，如医院的应急柴油发电机组[⊖]。在分析备用冗余系统时采用泊松分布。由两部分组成，且其中一个为备用系统的整个系统的可靠性为

$$R(t) = e^{-\lambda t}(1 + \lambda t) \tag{14.35}$$

如果这两个单元不相同，并且失效率分别为 λ_1 和 λ_2，那么系统可靠性为

$$R(t) = \frac{\lambda_1}{\lambda_2 - \lambda_1}(e^{-\lambda_1 t} - e^{-\lambda_2 t}) + e^{-\lambda_2 t} \tag{14.36}$$

由理论分析可知，备用冗余系统的可靠性比主动冗余系统的高。然而备用冗余系统的灵活性完全取决于传感和转换单元的可靠性，因为这个单元负责激活备用单元。当把此关键因素考虑在内时，备用系统可靠性并不比主动冗余系统好多少。

14.3.6 维护和维修

可靠性问题的一个重要范畴涉及系统的维护和维修。如果在失效组件维修时冗余组件能够替代其在系统中工作，那么系统整体可靠性将提高。如果磨损组件在失效前被更换，那么系统可靠性也会提高。

预防性维护旨在使系统失效最小化。尽管缺乏常规维护会导致早期失效，但常规维护通常不能提高系统的可靠性，例如润滑、清洗、调整。在磨损前进行替换是基于失效时间的统计分布，组件的替换时间早于其正常的失效时间。牺牲一小部分的使用寿命换取更高的可靠性。如果能找到一些反映组件性能是否退化的指标并实时监控它们，那么预防性维护的应用将更加容易。

维护串联系统中的失效组件并不能增加串联系统的可靠性，因为系统已经停止运行。然而，减少维修时间可以缩短系统不能工作的时间，从而提升可维护性和有效性。

当组件失效时，冗余系统继续运行，但也处于易损的状态，并可能停工，除非此组件被修理好并重新安装运行。考虑到这个因素，一些附加术语定义如下。

$$MTBF = MTTF + MTTR \tag{14.37}$$

式中，对恒定失效率而言，MTBF 为故障间平均时间，$MTBF = 1/\lambda$；MTTF 为平均失效时间；MTTR 为平均维修时间。

如果维修率 $r = 1/MTTR$，那么对于主动冗余系统而言

$$MTTF = \frac{3\lambda + r}{2\lambda^2} \tag{14.38}$$

⊖ C. O. Smith, *Introduction to Reliability in Design*, pp. 50-59, McGraw-Hill, New York, 1976.

举例说明维修的重要性，令 $r = 6 h^{-1}$，$\lambda = 10^{-5} h^{-1}$。维修时，MTTF $= 3 \times 10^{10}$ h；但在不维修时，MTTF $= 1.5 \times 10^5$ h。

可维护性是指失效的组件或系统在给定的时间内恢复运行的概率。MTTF 和失效率测量可靠性，但 MTTR 和维修率测量可维护性。

$$M(t) = 1 - e^{-rt} = 1 - e^{-t/\text{MTTR}} \qquad (14.39)$$

式中，$M(t)$ 为可维护性；r 为维修率；t 为实施所需维修的可允许时间。

在工程系统设计期间，可维护性预测非常重要[⊖]。可维护性的内容包括以下几项：①确定失效和诊断制订必要维修行为所需的时间；②实施必要维修行为的时间；③检测单元以确定维修有效且系统正常运作所需的时间。工程设计中，一个重要的决策是确定最少维修组件的构成，即装配单元，若数量超出，则只能简单替换部件却无法进行诊断。MTTR 和成本间的设计权衡很重要，如果相对于劳动时间来说，MTTR 被设定得太短以至于不能按时实施维修，那么增加大量检修人员将大幅增加成本。

有效性概念综合了可靠性和可维护性。当系统处于一个较长的工作周期时，有效性是系统在线工作时间与总周期时间的比值。

$$\begin{aligned}
\text{有效性} &= \frac{\text{总在线时间}}{\text{总在线时间} + \text{总停机时间}} \\
&= \frac{\text{总在线时间}}{\text{总在线时间} + (\text{失效数} \times \text{MTTR})} \\
&= \frac{\text{总在线时间}}{\text{总在线时间} + (\lambda \times \text{总在线时间} \times \text{MTTR})} \\
&= \frac{1}{1 + \lambda \text{MTTR}}
\end{aligned} \qquad (14.40)$$

如果 MTTF $= 1/\lambda$，那么

$$\text{有效性} = \frac{\text{MTTE}}{\text{MTTE} + \text{MTTR}} \qquad (14.41)$$

14.3.7 深入讨论

第 14.3 节重点讨论了连续变量，它在相当大的数据范围可取任意值。但是，还未涉及如何通过检验大量数据来测定集中趋势和可变性的特征，或测定何种概率分布可以最好描述数据。同样也没有讨论如何确定两个试验所测定的数据之间是否具有显著的统计学意义。此外，文中除了附带提及二项分布和泊松分布外，并未过多关注离散变量的统计。对于这些及其他的工程课题，建议读者阅读开始部分的相关篇章[⊖]或学习统计学的正规课程。

可靠性工程作为一个动态且丰富的学科而言，刚刚接触到的只是皮毛。在可靠性随时间变化的现实问题上，模型的选择显得尤为重要。同样，在截断频率分布或截尾频率分布中，当超出失效规定数量的情况发生时，这些模型的寿命试验将会终止。另一种对模型研究的扩展基于以下两种情况，一是系统中每个单元的失效都由两个相互排斥的失效模式引发，二是由共因引发的失效需要进一步细化。共因失效是指由某简单事件导致了多重失效，这种失效经常来自于零件的位置故障，如当飞机涡轮盘粉碎时，溅射的碎片会影响飞机其他的独立液压控制系统。当维

⊖ B. S. Blanchard, *Losgistics Engineering and Management*, 2nd ed., Prentice Hall, Englewood Cliffs, NJ, 1981；C. E. Cunningham and W. Cox, *Applied Maintainability Engineering*, John Wiley & Sons, New York, 1972；A. K. Jardine, *Maintenance*, *Replacement and Reliability*, John Wiley & Sons, New York, 1973.

⊖ W. Navidi, *Statistics for Engineers and Scientists*, 2nd ed., McGraw-Hill, New York, 2008.

修条件应用到以上的可靠性模型时，问题将变得复杂许多。这些课题都超出了本书的范畴，感兴趣的读者可以查找本章结尾的参考文献目录。

14.4　面向可靠性的设计

确保可靠性的设计策略分为两种极端情况。失效安全方法是通过识别系统或组件中的薄弱点，并提供监控弱点的方法。当薄弱环节发生故障时，对其进行替换，就像更换家庭供电系统的熔丝一样。另一种极端情况可以称为"一匹马拉的两轮马车"法，这种设计的目的是使所有组件都具有相等的寿命，这样，当所有组件使用寿命结束时，系统就会崩溃，就像传说中的一匹马拉的两轮马车一样。绝对最坏情况法也被频繁应用，这种情况识别最坏的参数组合，以所有组件同时发生故障为前提。这是一种非常保守的方法，经常导致超安全标准设计。

工程活动中两个重要方面决定了工程系统的可靠性。第一，可靠性准则必须在设计概念阶段确定下来，并在详细的设计开发阶段严格遵循；在大规模生产环节阶段，适当修改可靠性规定。第二，一旦系统正常运行，必须就后期持续维护对可靠性规定做出相应的修改[一]。

在设计中，可靠性的构建步骤如图 14.7 所示。该过程始于概念设计之初，通过明确列出成功设计的标准，评估所需的可靠性与工作循环，并仔细考虑构成使用环境的所有因素。在实体设计的配置阶段，组件的物理排列对可靠性有严重影响。在建立功能框图时，要考虑到这些对可靠性有强烈影响的区域，在每个框里列出了各部分的名单。这一步是用来考虑多种冗余性的，并保证这样的物理布局不会影响日后的维护工作。在实体设计的参数化步骤中，要选用可靠性高的组件。构建并测试计算机模型和实体原型。这些要适应环境条件的宽广范围。确立失效模型、估算系统和子系统的 MTBF。细节设计是对规范的最终修订，有助于构建以及测试样机原型，并且为制备工程图样做准备。当设计被投放到生产机构中，设计机构的工作仍未结束。这些生产模型会接受进一步的环境测试，以便帮助确立质量保证体系（第 15.2 节）和检修计划。当顾客购买产品并投入使用时，关于现场故障和 MTBF 的持续反馈有助于对产品进行改进以及后续产品的研发。

14.4.1　不可靠性的原因

工程系统可能面临的故障可分为以下五大类[二]：

1）设计失误。常见的设计失误包括未考虑全部的运行要素、负载以及环境因素信息的欠缺、错误计算和材料的选用不规范。

2）制造缺陷。尽管设计可以没有失误，但在生产制造某个环节产生的缺陷也会降低系统的可靠性。常见的实例有：①表面抛光差或锐边（毛刺）会导致疲劳断裂；②热处理钢的脱碳或淬火裂纹问题。在制造过程中消除缺陷是制造工程领域的人员最关键的责任，但也需要研发（R&D）部门人员的通力合作。因生产劳动力造成的制造失误的主要原因如：缺乏正确的指导和规章、监管不力、工作环境恶劣、不现实的生产定额、训练不充分和工作动力不足等。

　㊀　H. P. Bloch and F. K. Gleitner, *An Introduction to Machinery Reliability Assessment*, 2nd ed., Gulf Publishing Co., Houston, TX, 1994; Bloch, *Improving Machinery Reliability*, 3rd ed., Gulf Publishing Co., 1998; H. P. Bloch and F. K. Geither, *Machinery Failure Analysis and Troubleshooting*, Gulf Publishing Co., Houston, TX, 1997; C. Hales and C. Pattin, *ASM Handbook.* vol. 11, *Design Review for Failure Analysis and Prevention*, pp. 40-49, ASM International, 2003.

　㊁　W. Hammer, *Product Safety Management and Engineering*, Chap. 8, Prentice Hall, Englewood Cliffs, NJ, 1980.

设计阶段	设计行为
概念设计	问题定义 评估可靠性需求 确定合适的服务环境
实体设计	配置设计 调查冗余 为维护提供可达性 参数设计 选择高可靠性的组件设计 构造和测试由物理和计算机构造的原型 完全的环境测试 确定失效模式/FMEA 评价MTBF 用户试验/修改
详细设计	生产和测试试制的原型 可靠性的最终评价
生产	生产模型 进一步的环境测试 确立质量保证体系
服务	交付顾客 现场失效和MTBF给设计者的反馈 维修和替换 退役

图 14.7　贯穿设计、生产、服务之中的可靠性行为

3）维护。大多数工程系统都是按照要在规定周期中接受适当维护的条件设计的。当忽略维护或操作不当时，使用寿命会大打折扣。由于消费者购买产品后不会实时提供适当的维护，因此良好的设计战略就是设计不需要维护的产品。

4）超过设计极限。操作时，如果温度、速度及其他变量超过了设计的允许值，设备将会发生故障。

5）环境因素。如果在设计时没有考虑环境状况，如下雨、湿度大和冰冻等，通常会严重影响产品的使用寿命。

14.4.2　失效最小化

在工程设计实践中，可应用多种方法来提高可靠性。通常重点讨论失效概率为 $P_f < 10^{-6}$ 的结构应用和失效概率为 $10^{-4} < P_f < 10^{-3}$ 的非应力应用这两种情况。

1. 安全余量

由第 14.2.4 节可知，材料强度特征的可变性以及载荷条件的可变性会引起重叠统计分布，从而导致失效。其中材料强度性能的可变性对失效率影响尤为重大，因此如果强度可变性降低，失效率也会降低，且均值不变。

2. 降低额定值

与结构设计中的安全系数方法类似的是在电气、电子及机械设备中降低定额值。如果最大的运行条件（功率、温度等）低于其铭牌额定值，设备可靠性将提升。当设备的负载条件降低，失效率同样降低。反之，如果设备超额运行，那么失效率会迅速上升。

3. 冗余性

提高可靠性最有效的方法之一就是运用冗余性。在并联冗余设计中，即使不需要联合输出，相同的系统功能也是有两个或两个以上的组件同时完成。并联路径的存在可以分担负载，因此

每个组件的负载都将减少，其寿命明显延长。

另外一种提高冗余性的方法是在系统单元发生故障时，使用闲置的备用装置，让其迅速地切入取代故障部位。备用部件的磨损远比操作单元缓慢。因此，操作策略经常是在全负荷和备用服务之间进行单位替换。备用单元必须装备有传感器和交换连接装置，分别用来检测失效和使系统投入运行。在备用冗余系统中，传感器和交换连接装置常常是薄弱环节。

4. 耐久性

材料选取和设计细节应该考虑各种可能降低耐久性的因素，如腐蚀、侵蚀、外来物损伤、疲劳及磨损，这样才能合理设计系统抵制这些因素的影响。这需要决定大幅度提高成本，采购高性能材料以增加使用寿命并降低维护成本。一般寿命周期成本是调整这种决策的手段。

5. 损伤容限

随着断裂力学方法在设计中的应用（第 12.2 节），裂纹检验和扩展变得更为重要。具有损伤容限的材料或结构是指当裂缝产生时，能够马上检测出来，因而超过剩余强度下运行概率非常小。损伤容限的某些概念如图 14.8 所示。材料本身固有的细微缺陷的原始群体如图 14.8 最左端所示，这些是微裂纹、夹杂物、孔隙度、表面凹痕及划痕。如果它们的规模小于 a_1，在使用中这些缺陷不会明显增长。但在制造过程中会产生额外缺陷。当其大于 a_2 时，通过检测来检验并作为废弃部件而淘汰。然而，在使用期间，部件可能会产生裂痕，并会持续增长到 a_3 的尺寸，此时通过无损评价技术（NDE）可以检测出来，该种技术可在工作条件下使用。许用设计应力必须保证在工作条件下大于 a_3 尺寸的缺陷数量会减少。此外，材料必须有确定的损伤容限以减缓裂痕扩展到临界裂纹尺寸 a_{cr} 的过程。

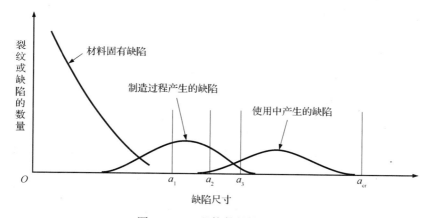

图 14.8　工程构件的缺陷分布

在传统断裂力学分析中（第 12.2 节），临界裂纹尺寸是由无损评价技术（NDE）在使用条件下所能检测的最大裂痕尺寸所决定的。材料断裂韧度值可以用来作为最小的合理取值。该种方法很安全，但过于保守。最坏情况假设可以适当缓解，并可以通过采用概率断裂力学（PFM）考虑现实工作条件进行分析[⊖]。

6. 便于检测

检验裂纹的重要性如图 14.8 所示。理想上应该采用可视化的裂纹检测技术来检测裂纹，但要想实现这一方法，就必须提供特殊的结构设计特征。在临界应力结构中可能需要设计特殊的

⊖　H. R. Millurter and P. H. Wirsching, "Analysis Methods For Probabilistic Life Assessment," *ASM Handbook*, vol. 11, pp. 250-268, ASM International, Materials Park, OH, 2002.

结构使之能应用超声或涡流技术等可靠的无损评价技术。如果结构不能够接受预备检测，那么在结构寿命期间，应力水平必须降低到使初始裂纹不会扩展到临界尺寸的水平以下。在此种情况下，检测成本将会很低，但由于过低的应力水平，结构承重能力将降低。

7. 特异性

特异性程度越高，设计的固有可靠性越高。对于材料的特点，供应来源，制造过程的公差和特点，材料和组件条件所需的试验，安装、维护和使用程序，只要有可能都要关注它们的特殊性。明确标准内容有利于提高可靠性。这通常意味着材料和组件已经有使用过的历史，因此其可靠性是已知的。此外，零件的更换也要相对简化。如果在设计中必须使用高失效率组件，那么在设计时要保证这种零件的更换方式简单可行。

14.4.3　可靠性数据来源

生产商对产品的可靠性数据有高度的所有权。美国国防以及空间探索组织对可靠性有很浓厚的兴趣，因此编写了大量关于失效率和失效模式的数据。由美国国防部（DOD）防御信息分析中心资助的可靠性信息分析中心（RIAC），多年来一直在收集电子构件的失效数据[一]。关于电子组件的广泛可靠性数据可以在网上进行有效的查询，MIL-HDBK-217 之后的数据需要付费。非电子组件类可靠性数据可在压缩光盘 NPRD-95 中查找。可靠性数据的欧洲资源信息可以查找 Moss 的书籍[二]。本书附录 G 中给出了 20 页失效率的列表。机械构件中广泛选用的数据和失效率 λ 由 Fisher and Fisher 提供[三]。

14.5　失效模式与影响分析（FMEA）

失效模式与影响分析（FMEA）是基于团队方法论来识别出新设计或已有设计中的潜在问题[四]。FMEA 首次被用来识别和纠正安全危害。FMEA 可以识别系统中每个组件的失效模式，并确定每个潜在故障对系统功能的影响程度。此处所说的失效指的是产品不能满足用户的需求，而不是指实际工程中由于材料损耗引起的灾难性破坏。

因此，失效模式是指导致零件无法按设计功能运行的机制。例如，经常用来提升工字形钢梁的电缆可能因摩擦而磨损，错用而扭结，或过载而断裂。注意，磨损或扭结可能导致断裂；但如果没有正确估算电缆强度，或电缆能够支持的载荷而产生设计错误，也会造成断裂。关于失效模式的更多细节将在第 14.7 节中讨论。

在 FMEA 方法论细节方面还有许多变化，但是这些旨在完成三件事情：①预测发生何种失效；②预测失效对系统功能的影响；③制定措施来预防失效，或预防失效对系统功能的影响。在需要冗余组件和改善可靠性的设计中，FMEA 可以有效地识别设计的临界区域。FMEA 是一种自下而上的过程，以所需功能开始，确定能够提供相应功能的组件，对每个组件列出其可能的失效模式。

[一]　http://quanterion.com/RIAC/index.asp

[二]　T. R. Moss, *The Reliability Data Handbook*, ASME Press, New York, 2005.

[三]　F. E. Fisher and J. R. Fisher, *Probabilistic Applications in Mechanical Design*, Appendix D, Marcel Dekker, New York, 2000.

[四]　R. E. McDermott, R. J. Mikulak, and M. R. Beauregard, *The Basics of FMEA*, 2nd ed., CRC Press, New York, 2009; D. H. Stamatis, *Failure Mode and Effects Analysis: FMEA from Theory to Execution.* ASQ Quality Press, Milwaukee, WI, 1995; *ASM Handbook*, vol. 11, *Failure Analysis and Prevention*, pp. 50-59, ASM International, 2003. MIL-STD-1629.

建立 FMEA 时，考虑如下三个因素：

1）失效的严重程度。失效严重性级别详见表14.12。当潜在失效等级在9级或10级的时候，很多机构要求马上进行再设计。

表 14.12 失效严重性级别

等　级	严重性描述
1	客户未意识到影响
2	客户意识到轻微的影响，不会给客户带来烦恼或不便
3	轻微影响，给客户造成烦恼，但不会请求售后服务
4	轻微影响，客户可能返回产品给销售
5	中度影响，客户要求立刻进行售后服务
6	重大影响，客户不满意；可能违反设计法规或规章
7	严重影响，系统可能不能运行；客户投诉；可能引起伤害
8	极端影响，系统不运行并有安全问题；可能引起严重伤害
9	危急影响，整个系统停工；安全风险
10	危害；未预警的失效发生；危及生命

2）失效发生概率。失效发生概率等级见表14.13。所给概率是近似值，取决于制造过程中的失效机制、设计的鲁棒性、制造标准。

3）产品投入使用之前，在设计过程或制造过程中检测出失效的可能性。失效检测等级见表14.14。显然，这个因素的等级划分取决于在系统中质量审查制度的重要程度。

表 14.13 失效发生概率等级

等　级	失效概率	特征描述
1	$\leqslant 1 \times 10^{-6}$	极端微乎其微
2	1×10^{-5}	细微、很不可能
3	1×10^{-5}	发生机会非常轻微
4	4×10^{-4}	发生机会轻微
5	2×10^{-3}	偶尔发生
6	1×10^{-2}	适度发生
7	4×10^{-2}	频繁发生
8	0.20	高发生率
9	0.33	非常高的发生率
10	$\geqslant 0.50$	极高的发生率

表 14.14 失效检测级别

等　级	严重性描述
1	几乎可以确定地检测到
2	检测到的机会非常高
3	检测到的机会高
4	检测到的机会中高
5	检测到的机会中等
6	检测到的机会低
7	检测到的机会轻微
8	检测到的机会微弱
9	检测到的机会非常微弱
10	无法检测；无法检查

常用的实践经验是通过将三种要素等级相结合，得到风险优先数（RPN）。

$$RPN = （失效的严重程度）\times（失效发生概率）\times（检测等级） \qquad (14.42)$$

RPN 值的变化范围很大，从最大值1000，即最大风险，到最小值1。由式（14.42）得出的值常用于选择"关键少数"问题的解决。这一问题可通过设定阈值来解决，例如，设定 RPN = 200，并致力于解决所有潜在失效性高于200的问题。另一种方法就是在帕雷托图中进行 RPN 值的排列，并且关注那些最高等级的潜在失效。下文将会介绍另一种方法。

在决定如何使用 FMEA 提供的信息时，不要盲目地以 RPN 值作为基础。思考表 14.15 中的 FMEA 分析结果。

表 14.15　FMEA 分析结果

失效模式	严重性	发生	检测	风险优先数
A	3	4	10	120
B	9	4	1	36
C	3	9	3	81

比较失效模式 A 和 B，A 的 RPN 值几乎是 B 的 4 倍，然而 B 的失效严重性会造成安全风险和系统的完全停工。由 A 引起的失效仅会给产品性能带来轻微的影响。由于不可能检测到引发失效的缺陷，因此 A 的 RPN 值很高。当然，B 比 A 的失效更严重，所以在产品设计时应该给予及时的关注。失效模式 C 的 RPN 值是 B 的两倍多，尽管其失效发生现象频繁，但因其失效的严重程度低，与 B 相比优先级略弱一级。

哈普斯特（Harpster）是解释 FMEA 分析结果的合理方式，如图 14.9 所示[○]。通常产品规格应该包括一条要求，即如果 RPN 值超出了某些数值（如 100 或 200）时，将会采取必要措施。如果高 RPN 值由非常难以检测的缺陷造成，或由于使用中缺乏检测过程造成可检测性分数高，那么重新设计就显得不合理了。使用诸如图 14.9 之类的图表能够更好地指导我们看出哪种设计细节（失效模式）需要补救措施，而非仅仅依靠 RPN 值做决策。

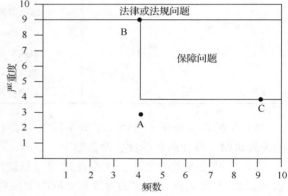

图 14.9　解释 FMEA 结果的合理方式

14.5.1　制作 FMEA 表格

把 FMEA 开发作为团队共同努力的结果时，会取得最好的效果，在此过程中采用的大量问题解决工具在已在第 4.7 节进行过介绍。FMEA 可在设计、制造过程、使用时完成。尽管不像 HOQ 一样有一个明确定义的格式，FMEA 的开发通常运用电子表格形式[○]。首先，要能够清楚地识别想要检查的系统或组件。然后，完成接下来的步骤，并在电子表格中记录结果，见例 14.8。

1）设计审查是为了确定装配体的相互关系及每个子装配体之间的相互关系，确定每个零件可能由于何种原因而失效。准备好每个装配体中的零件及每个零件功能的完整清单。针对每个功能都要问："如果功能失效会怎样？"然后通过以下提问进一步明确问题：

- 如果在需要的时候功能失效会怎样？
- 如果功能未按照预定顺序产生会怎样？
- 如果功能完全失效会怎样？

2）更宏观来看，并讨论在步骤 1）中检测的每种失效对系统产生的后果。对于子系统并不独立的系统来说这个问题很难回答。危险性失效的常见原因是一个子系统中明显无害的失效通过无法预料的方式导致了另一个子系统的过载。

3）列出每个功能的潜在失效模式（第 14.7 节）。每一种功能都有可能与多种失效模式有关。

4）针对步骤 3）中确定的各个失效模式描述其失效的后果或影响。首先列举出失效对个别

○　R. A. Harpster, *Quality Digest*, pp. 40-42, June 1999.

○　FMEA® 软件可以提供有效的帮助。举两个例子，一个是 Item Software 中的 FailMode®；另一个是 FMEAplus®，由福特汽车公司开发并在 Adistra 公司及汽车工程协会中得到应用。

部件造成的局部影响，然后扩展到从子装配体到总系统的深度效应分析。

5）使用失效严重程度表（表 14.12）并代入数值。如若在团队中采用一致性同一表决法将取得更好的效果。

6）确定失效模式的可能成因。通过运用 why-why 图和关联图确定根本原因，详见第 4.7 节。

7）使用失效发生表（表 14.13），代入每个失效发生原因的概率值。

8）确定如何检测潜在失效。这可以通过设计检核表、详细的设计计算、可视化的质量检测或无损检测来完成。

9）使用表 14.14，输入等级值，该值可以反映出检测出步骤 8）中列举的潜在失效成因的能力。

10）通过式（14.42）计算风险优先数（RPN）。具有最高 RPN 值潜在失效风险获得优先考虑权。关于决定在何处配置资源时，也可参考图 14.9。

11）对每个潜在失效而言，确定纠正措施来消除在设计、制造或运行中潜在的故障。这些行为可以看作是"无行为需求"。为消除每个潜在失效分配所有权。

例 14.8 步枪的钢制枪栓是通过粉末锻造工艺生产的。首先要获得粗加工产品，接着进行冷轧和烧结，然后用热锻的方法获得所需形状和尺寸。完整的 FMEA 分析步骤图表如下图所示。需要指出的是，该分析是通过使用状态下的性能对零件的设计及过程进行评价，然后对设计和加工提出建议，以改善风险优先数（RPN）。

枪栓断裂造成步枪失去功能是最严重失效类型，但更重要的是，它使人陷入险境。最精密的无损检测方法是运用 3D X 射线断层摄影术对制作完成的零件进行全方位扫描，这种矫正措施可以查出金属件内部的任意零件的细小裂纹。这种扫描技术非常昂贵，因为粉末锻造技术中细小裂痕的产生来源还有待研究。如果不能消除这些问题，那么必须采用其他制造程序来生产无裂痕零件。需要指出的是，使用矫正措施也并不能改变事情的严重性，因为零件失效的后果仍有百万分之一的机会发生。

枪的另一种失效是由枪栓卡在枪膛中。此时步枪无法射击，但是与断裂引起的失效相比，给人的生命造成的威胁要低得多。在设计手册中列出的检测显示，这是由于在设计公差时没有考虑到热膨胀的影响，因为快速射击产生的热量会造成枪栓的热膨胀。当发生失效时，针对严格的质量尺寸管理的统计过程控制（SPC）开始启动，预期通过此过程可消除干扰引起的失效。

失效模式与影响分析

失效模式与影响分析				制表：					图标 No. ＿＿ of ＿＿				
产品名称：				零件名称：枪栓					设计责任：				
产品代码：				零件编号：					设计期限：				
1	2	3	4	5	6	7	8	9	10	11	12	13	14
功能	失效模式	失效影响	失效成因	检测	S	O	D	RPN	推荐的纠正行为	S	O	D	RPN
1. 枪膛与射击的环节	脆性断裂	毁坏枪、伤到人	内在纤细裂纹	染料渗透试验法	10	4	8	320	X 射线断层摄影术扫描所有零件	10	1	2	20
2. 抵御气体后坐力的密封性													
3. 找出弹匣	连续射击 4 发后卡住	无法继续射击	CTQ 尺寸超出规范	用量规检测尺寸	8	6	3	144	重新设计包括热膨胀的公差，进行统计过程控制（SPC）	3	4	2	24

FMEA 是强大的设计工具，但步骤冗长，耗时长。只有获得了顶层的支持，才能确保其按步进行。然而，由于避免了质保问题、服务需求、顾客不满意、产品召回和声誉受损等方面的成本，FMEA 降低了全寿命周期成本。

14.6 故障树分析

故障树分析（FTA）是确定系统中不理想事件（故障）的一种系统化分析方法。故障是指系统表现出非预期设计的功能或无法完成设计既定的功能目标。这些故障问题经常表现为可靠性或安全问题。

故障树分析法从最希望避免的故障开始，通过树状的列表形式列举出所有造成该故障的潜在风险。它涉及部件失效、子装配体失效（模块）、操作条件和人为失误。FTA 的一个重要属性是确定影响恶性故障的事件组合的能力。它与 FMEA 刚好相反。FMEA 是一种自下而上的方法，确定所有对独立系统可能产生影响的失效机制。构建 FTA 是从概念设计中的功能结构开始的。

基本上，故障树就是一个逻辑框图，用逻辑门来决定输入事件与输出事件之间的关系[⊖]。一个完全定量的 FTA 在逻辑分析中利用布尔代数，并对每个单独的事件计算失效概率。然而更深入的本质关系还要从故障树呈现的图表关系中得出。在此定性地讨论一下 FTA 的组成。

每一个故障树都针对一个独特的事件，例如草坪割草机的发动机起动故障（图 14.10）。FTA 是一个自上而下的过程，首先考虑顶层事件，然后确定促成顶层事件的其他原因。大多数顶层事件可通过初步的风险分析后得到，要么是硬件故障，要么是人为故障。

在故障树中，不同种类的事件用不同的符号标注。

输出事件▢是一件应该做进一步分析以确定它是如何发生的事件。它是故障树中唯一一个有逻辑门和输入事件在其下方的标记。除了表示不希望发生的顶层事件外，这个矩形还可以表示针对输出事件的输入事件。

独立事件◯是不受系统中其他组件影响而发生的事件。一个常见的独立事件例子是系统组件的失效。

常规事件◻是系统运行中的预期事件。只要系统正常运行，常规事件就会随之发生。

未探明事件◇是指由于缺少相关信息或者还没造成足够后果而未被进一步了解的事件。

转移符号△在故障树同一个分支上转向另一个部分的连接符号。

与门⬡是逻辑条件，用来表示所有在与门下方的输入事件必须全部在输出事件（与门上方）前发生。

或门⬡是用来表示任一输入事件都能够导致输出事件发生的情况。

这些符号都被应用在了图 14.10 中，该图给出了草坪割草机发动机起动故障的故障树。故障树的底层分支是由失效事件或错误的起动事件组成。这些事件都是 FMEA 应该解决的事件。从顶事件开始顺着分支往下，我们可以看到原因层级关系。每一个事件分支都能衍生出另一个事件。在构建

⊖ J. B. Fassell, *Nuc. Sci. Eng*., vol. 2, pp. 433-438, 1973；G. J. Powers and F. C. Tompkins, Jr., *AIChE J.*, vol. 20, pp. 376-387. 1974；W. E. Vessey et al., NASA Fault Tree Handbook with Aerospace Applications, NASA, Washington DC, 2002；W. Vesely, et al., *Fault Tree Handbook with Aerospace Applications*, see www.hq.nasa.gov/office/codeq/doctree/fthb.pdf.

故障树时，要缓慢进展，谨慎地从顶层事件逐一向下层考虑分析，在分析下级的故障起因之前，一定要列出每条直接起因。用来描述每一层事件的语言必须仔细斟酌以精确反映事件的本质。

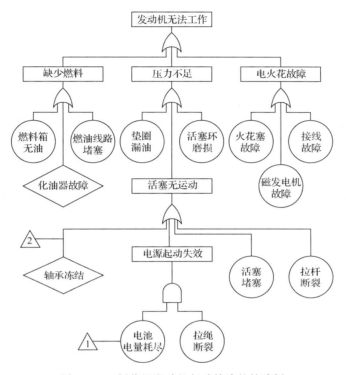

图 14.10　割草机发动机起动故障的故障树

　　故障树清晰地显示了需要采取矫正措施的环节。例如，故障树表明了发动机无法起动时需要拆开活塞和轴承进行检查，同时平时的预防性维修工作，电池和电线的检修也是必不可少的。
　　总之，FTA 指出了复杂系统当中的临界区域，在这些方面需要对失效模式分析与工程可靠性分析做更深入的研究。它也可以被用作检修设备不能正常工作的工具。FTA 在事故调查与失效分析方面都十分有用。由于规划故障树模型时需要考虑整个系统的各个细节，所以只有在系统搭建设计完成以后才能进行故障树模型分析。但是故障树模型能够在可靠性和安全性方面协助改善设计。

14.7　缺陷和失效模式

导致工程设计和系统失效的原因主要分为以下四大类：

- 硬件失效——组件失效，未执行设计功能。
- 软件失效——计算机软件失效，未执行设计功能。
- 人为失误——操作人员未按指令操作或对紧急情况处理不当。
- 组织失效——组织机构未能恰当支持系统。例如，可能会忽视有缺陷的零件，不及时采取补救行动，或对坏消息不闻不问。

14.7.1　硬件失效原因

由设计错误或缺陷引起的失效有以下几类：

1）设计缺陷。未充分考虑缺口影响，对工作载荷和环境缺乏充分的了解，在复杂零件和载荷中应力分析困难。

2）选材不当。使用条件和选取标准不够匹配，材料性能数据不充分，过分强调成本而忽视质量。

3）由于制造加工而产生的材料缺陷。

4）不当的测试或检查。

5）使用中的过载和其他违规操作。

6）维护、维修不充分。

7）环境因素。环境条件超出设计许用标准；随着时间的推移，暴露在环境当中而产生的性能退化。

设计过程的缺陷、材料缺点或工艺过程选择不当可以分为以下几个等级：最低水平是指设计不符合规定的标准。例如，尺寸超出规格或强度特性低于标准要求。接下来是严重性级别，指未达到消费者或用户的满意程度。这可能是因为关键性能指标取值不当，或可能是材料性能快速退化而造成的整个系统的问题。最高一级的缺陷是产品失效。失效可能是明显的断裂或组件连续性破坏，或是系统结构不能正确地完成设定的功能。

14.7.2 失效模式

工程组件特有的失效模式通常分为以下四级：

1）过量的弹性变形。

2）过量的塑性变形。

3）断裂。

4）腐蚀和磨损所造成的零件几何尺寸变化。

最常见工程组件的失效模式见表14.16。某些失效模式与标准力学性能试验直接相关，但是绝大多数更加复杂，需要综合两个或两个以上的性能进行失效预测。然而，不是所有的失效都与材料性能有关。表14.17列出了一些常用工程组件的失效模式实例。

表 14.16 工程组件的失效模式

1. 弹性变形	b. 电偶腐蚀	e. 变形磨损	13. 蠕变
2. 屈服	c. 缝隙腐蚀	f. 冲击磨损	14. 应力开裂
3. 剥蚀	d. 点蚀	g. 微动磨损	15. 热冲击
4. 延性失效	e. 晶闸腐蚀	9. 冲击	16. 热松弛
5. 脆性断裂	f. 选择性浸出	a. 冲击断裂	17. 疲劳和蠕变
6. 疲劳	g. 冲蚀磨损	b. 冲击变形	18. 屈曲
a. 高周疲劳	h. 气蚀	c. 冲击磨损	19. 蠕变屈曲
b. 低周疲劳	i. 氢损伤	d. 冲击微动	20. 氧化
c. 热疲劳	j. 生物腐蚀	e. 冲击疲劳	21. 辐射损伤
d. 表面疲劳	k. 应力腐蚀	10. 微动	22. 连接失效
e. 冲击疲劳	8. 磨损	a. 微动疲劳	23. 层离
f. 腐蚀疲劳	a. 黏着磨损	b. 微动磨损	24. 侵蚀
g. 微动疲劳	b. 磨粒磨损	c. 微动腐蚀	
7. 腐蚀	c. 腐蚀磨损	11. 擦伤	
a. 直接化学侵蚀	d. 表面疲劳磨损	12. 刻痕	

表 14.17　工程组件失效模式实例

组　　件	失　效　模　式	导致失效的可能原因
电池	没电	过期
止回阀	黏结闭合	腐蚀
管道	管道下沉	支撑设计不当
阀门	泄漏	包装缺陷
润滑剂	不流动	由碎屑导致阻塞/无过滤
螺栓	螺纹剥落	拧紧力矩过大

14.7.3　失效的重要性

从人性倾向方面讲，人们不愿意讨论失效或出版关于失效的信息。严重的系统失效已经引起了公众的关注，例如塔克马海峡吊桥（Tacoma Narrow Bridge）的风毁事故，"挑战者"号航天飞机的固体火箭助推器的密封件失效引起的爆炸，但是绝大多数都未被记录，被人遗忘○。这是令人羞愧的事实，要知道，工程领域的进步都是通过对故障分析取得的。对试制样机的仿真模拟试验和证明试验都是生产出成功产品的重要步骤。尽管关于工程失效的文献不算很多，但仍有一些有用的参考书目○。关于进行失效分析的内容○参见失效分析技术网址 www. mhhe. com/dieter。

14.8　面向安全性的设计

安全性可以说是产品设计最重要的问题○。通常具有安全性被认为是理所当然的事情，但就产品责任诉讼、产品替换或声誉受损而言，召回一个不安全的产品成本太高。在制造、使用及用后处理的过程中，产品都必须是安全的○。同样，存在人员死亡的严重事故对当事人而言是痛苦的，而且也可能终结相关责任工程师的职业生涯。

安全的产品是指其不会造成人员伤害和财产损失的产品。同样，也不会对环境造成损害。达到安全标准不是偶然的，它来源于设计过程中对安全性的重视，以及了解和遵循某些基础规则。安全性设计分为四个方面：

1）为了使产品安全，设计时要在产品中剔除所有的危险。

2）如果不能保证产品自身安全，那么在设计时，为了减轻危险，应该使用保护装置，如防护罩、自动中止开关、压力释放阀门等。

3）如果步骤2）中提到的方法都不能消除所有危险，那么要通过适当的警告来提醒用户，如标签、闪灯和大声提示音。

○　关于飞行器、桥梁、工程机械和结构以及软件方面失效的案例参见 Wikipedia 中的工程失效。

○　*Case Histories in Failure Analysis*，ASM International，Materials Park，OH，1979；H. Petroski，*Success through Failure：the Paradox of Design*，Princeton University Press，Princeton，NJ，2006；V. Ramachandran，et al.，*Failure Analysis of Engineering Structures：Methodology and Case Histories*，ASM International，Materials Park，OH，2005；*Microelectronics Failure Analysis Desk Reference*，5th ed.，ASM International，Materials Park，OH，2004；A. Sofronas，*Analytical Trouble-shooting of Process Machinery and Pressure Vessels*，John Wiley & Sons，Hoboken，NJ，2006.

○　关于进行失效分析的大量信息可以在此手册中查找：*ASM Handbook*，vol. 11：*Failure Analysis and Prevention*，2002，pp. 315-556.

○　C. O. Smith，"Safety in Design，"*ASM Handbook*，vol. 20，pp. 139-145，ASM International，Materials Park，OH，1997.

○　全面的安全性问题见网站 http：//www. safetyline. net。

4）为设备用户或操作员提供安全培训和防护服、防护设备（眼镜、耳塞）。

故障-安全设计可以尽量确保失效时既不会影响产品，也不会将产品改变到无损害发生的状态。故障-安全设计存在以下三种形式：

- 被动失效设计。当失效发生时，系统降低到最低能量状态，直到采取矫正措施后产品才重新运行。例如，断路器就是这种设计的范例。
- 主动失效设计。当失效发生时，系统保持通电状态并处于安全操作模式。例如，处于备用状态的冗余系统就是主动失效设计。
- 运行失效设计。该设计指尽管某零件失效，设备仍旧能够提供重要功能。例如，阀门在失效时仍旧能保持在开启状态的设计。

14.8.1　潜在危险

下面列出了在设计中需要注意的一些常见安全危害的类型：

- 加速/减速——下落的物品、突然移动、冲击损伤。
- 化学腐蚀——人体接触或材料降解。
- 电——电击、烧伤、电压不稳定、电磁辐射、停电。
- 环境——雾、湿度、光照、雨夹雪、极端温度、风。
- 人机工程——疲劳、错误标签、不可存取性、控制不当。
- 爆炸——灰尘、易爆炸液体、气体、水蒸气、粉尘。
- 火——易燃的材料、高压下的氧化剂和燃料、明火来源。
- 人为因素——违反操作指令、操作失误。
- 泄漏或溢出。
- 生命周期因素——频繁的起动和关闭、维护较差。
- 材料——腐蚀、风化侵蚀、润滑剂故障、磨损。
- 机械原因——断裂、偏心率、锐利的边缘、稳定性、振动。
- 生理学原因——致癌物质、人体疲劳、刺激物、噪声、病原体。
- 压力/真空——动力载荷、内破裂、容器破裂、管道移位。
- 辐射——电离（α、β、γ 及 X 射线）、激光、微波、热量。
- 结构——空气动力学或声负载、裂纹、应力集中。
- 温度——改变材料特性、灼伤、可燃性、挥发性。

产品的危害性通常是由政府法规限定的，美国消费品安全委员会就承担该项职责[一]。为儿童使用设计的产品比为成年人使用设计的产品遵循更高的安全标准。设计师应该认识到，除了为顾客提供安全产品，产品在制造、销售、安装和使用过程中一定也要安全。

在当今社会，造成伤害的产品无一例外地导致基于产品责任法的损害赔偿诉讼。设计工程师必须要了解这些法律的后果，以及如何把安全危害问题和诉讼案件降到最低值。在第 18 章将会讨论该话题，参见网址 www. mhhe. com/dieter。

14.8.2　面向安全性的设计指南[二]

1）识别或确认实际或潜在的危险，进而设计产品使其功能不受影响。

○　见 CPSC website, www. cpsc. gov.

○　C. O. Smith, op. cit.; J. G. Bralla, *Design for Excellence*, Chap. 17, McGraw-Hill, New York, 1996.

2）彻底检测产品试样以发现在最初设计中被忽视的任何危险。

3）设计产品使其能被简单、安全地使用。

4）如果现场试验发现安全性问题，确定根本原因并重新设计以消除危险。

5）人类会犯错，在设计中需要考虑这一点。更多的产品安全性问题是由于产品使用不当造成的，而不是由于产品本身缺陷造成的。用户友好型产品通常也是安全的产品。

6）好的人机工程设计和安全性设计是紧密联系的，例如：

- 布局好控制器，使操作者不必通过移动来操作。
- 保证杠杆或其他设计特征不会夹到手指。
- 避免锐利的边缘和转角。
- 操作点的防护装置不应干扰操作者的活动。
- 在设计重的或需要拖拉使用的产品时，应避免累计创伤失调，如腕管综合征。这意味着避免使手、腕关节、胳膊处于不舒服的位置，并避免重复性的动作和振动。

7）避免使用易燃性材料，包括包装材料。

8）涂料和其他装饰材料的选择应该遵守美国环境保护署（EPA）和职业健康标准（OSHA）的规定，控制产品使用期间对消费者的毒性，并确保产品在焚烧、再利用以及废弃期间的安全性。

9）需考虑维修、服务和维护的需求，为维修者提供充足的维修条件且没有被夹伤或刺伤的危险。

10）电类产品应保证接地导线正确到位以防止电击。提供电类联动装置，保证在没有安全防护装置的情况下高压电路不会导通。

14.8.3 警告标识

随着产品责任成本的迅速增长，制造商通过为产品粘贴警告标签作为措施。警告标签应作为与安全相关的设计特征的补充，指出如何避免危害的伤害或破坏。这些危害难以在设计中消除，但不会对产品性能有太大影响。警告标签的目的是为了引起用户对危险的警觉，并告知用户如何避免危险带来的伤害。

警告标识若想起到作用，用户就必须接收信息、理解信息并按照操作规程操作。工程师必须合理设计标签，使得用户必须满足前两项要求，才能接着完成第三项指标。标签必须要在产品的显著位置标出。绝大多数警告标签用双色印刷在坚韧和耐磨材料上，并用黏合剂固定在产品上。依据危险程度，通过印刷危险、警告、注意字体标识来提醒人们注意。通过警示传达的信息必须谨慎排版以传达危害性质和所需采取的措施。以六年级文化水平来书写标签，不用长词句或专业术语。针对在不同国家使用的产品，警告标签必须使用当地语言。

14.9 本章小结

在坚持延长产品使用时间、减少产品维修需求同时，现代社会非常重视规避风险。这需要极其关注三个方面的风险评估：概念设计方面，决定失效模式的方法方面以及采用能够增强系统可靠性的设计手段方面。

危害是潜在伤害，风险是使危害具体化的可能性，危险是不能被接受的危害和风险的组合。安全性则是危险的对立面，因此工程师必须能够识别出设计中的危害，评估所采用的技术手段或措施中的风险，了解在什么条件下会构成危险。能够减轻危险的设计方法造就了安全可靠的设计。达成此目标的常用方法之一便是在设计时遵循规范和标准。

可靠性是指在确定的时间内，系统或组件正常运行不失效的概率。绝大多数系统遵循三段式失效曲线：①在早期的老化或磨合阶段，失效率随时间推移迅速减小；②接近恒定失效率（使用寿命）的长期阶段；③失效率迅速增长的最终磨损阶段。失效率通常用每 1000h 的失效数量来表示，或者通过其倒数，即用故障间平均时间（MTBF）表示。系统可靠性是由组件的排列方式来确定的，即串联和并联两种方式。

设计对系统可靠性影响重大。产品设计规格应该包含可靠性要求。系统的设计结构决定了系统的冗余度。设计细节则决定了缺陷等级。通过 FMEA 对潜在失效模式进行早期评估有助于完成更可靠的设计。其他增加系统可靠性的手段包括使用非常耐用的材料和组件，降低组件定额值，缩减零件数及简化设计，采用损伤容限设计及实时检查。对试制样机进行大量试验找出其中的漏洞所在也是一种有效的方法。所有用于进行失效根源分析的方法都是提高系统可靠性的重要手段。

安全设计是指可以给顾客使用信心的设计，是不会承受产品责任成本的设计。在发展安全设计的时候，首要目标就是识别潜在危害，然后提出避免危害的设计方案。如果在保证原设计功能性的前提下无法实施，那么接下来最好的方法是提供保护装置来保护人不受危害影响。最后，如果以上都不能做到，那么必须使用警告标签、灯或报警器。

新术语和概念

有效性	失效模式与影响分析	可靠性
试验性操作阶段	危害	风险
共因失效	危险率	根本原因分析
降低额定值	可维护性	安全性
设计冗余	强制性标准	安全系数
故障－安全设计	故障间平均时间	磨损阶段
失效模式	平均失效时间	威布尔分布

参 考 文 献

风险评估

Haimes, Y. Y.: *Risk Modeling, Assessment, and Management,* 2nd ed., Wilex-Interscience, Hoboken, NJ, 2004.

Michaels, J. V.: *Technical Risk Management,* Prentice Hall, Upper Saddle River, NJ, 1996.

Schwing, R. C. and W. A. Alpers, Jr. (eds.): *Societal Risk Assessment: How Safe Is Enough?* Plenum Publishing Co., New York, 1980.

失效和失效预防

Booker, J. D., M. Raines and K.G. Swift, *Designing Capable and Reliable Products,* Butterworth-Heinemann, Boston, 2001.

Evan, W. M. and M. Manion: *Minding Machines: Preventing Technological Disasters,* Prentice Hall, Upper Saddle River, NJ, 2003.

Evans, J. W. and J. Y. Evans (eds.): *Product Integrity and Reliability in Design,* Springer-Verlag, London, 2000.

Petroski, H.: *Success through Failure: The Paradox on Design,* Princeton University Press, Princeton, NJ, 2006.

Witherell, C. E.: *Mechanical Failure Avoidance: Strategies and Techniques,* McGraw-Hill, New York, 1994.

可靠性工程

Bentley, J. P.: *An Introduction to Reliability and Quality,* John Wiley & Sons, New York, 1993.

Ebeling, C. E.: *Reliability and Maintainability Engineering,* McGraw-Hill, New York, 1997.

Ireson, W. G. (ed.): *Handbook of Reliability Engineering and Management,* 2nd ed., McGraw-Hill, New York, 1996.

O'Connor, P. D. T.: *Practical Reliability Engineering,* 4th ed., John Wiley & Sons, New York, 2002.

Rao, S. S., *Reliability-Based Design,* McGraw-Hill, New York, 1992.

Smith, D. J.: *Reliability, Maintainability, and Risk,* 7th ed., Butterworth-Heinemann, Oxford, 2005.

安全性工程

Brauer, R. L. and R. Brauer, *Safety and Health for Engineers,* 2nd ed., John Wiley & Sons, New York, 2005.

Covan, J.: *Safety Engineering,* John Wiley & Sons, New York, 1995.

Hunter, T. A.: *Engineering Design for Safety,* McGraw-Hill, New York, 1992.

Wong, W.: *How Did That Happen?: Engineering Safety and Reliability,* Professional Engineering Publishing Ltd., London, 2002.

问题与练习

14.1 假定你是 1910 年成立的联邦委员会委员，考虑由高易燃性汽油作为动力的汽车的广泛使用给社会带来的风险。不考虑事后的利益，你能思考到潜在的危险是什么？运用最坏情况设计准则。现在，结合汽车推广这么多年的当今形势，对评估未来科技的危害方面，你从中有何启示？以小组团队形式作答。

14.2 举出自愿性标准被合作企业采纳的例子，并列举由于受到竞争压力而强制采纳的自愿性标准的例子。

14.3 钢制拉杆的屈服强度均值为 $\bar{S}_y = 27000 \mathrm{psi}$，强度的标准差 $S_y = 4000 \mathrm{psi}$。变化的外加应力的平均值 $\bar{\sigma} = 13000 \mathrm{psi}$，标准差 $s = 3000 \mathrm{psi}$。

（a）发生失效的概率是多少？绘制详细的频率分布来描述。

（b）安全系数就是平均材料强度除以平均外加应力的比值。如果可允许的失效率为 5%，那么要求的安全系数是多少？

（c）如果绝对不容许失效发生，那么安全系数的最低值是多少？

14.4 机器组件的平均寿命是 120h，假定服从指数失效分布，求组件在失效前至少运行 200h 的概率。

14.5 对已知恒定失效率的 100 个电子构件进行非替换性测试，失效历史如下：

第一次失效发生前运行 93h

第二次失效发生前运行 1010h

第三次失效发生前运行 5000h

第四次失效发生前运行 28000h

第五次失效发生前运行 63000h

第五次失效以后终止测试。假定该测试给出了失效率的精确评估，那么确定这些组件中的一个组件持续到 $10^5 \mathrm{h}$ 和 $10^6 \mathrm{h}$ 的概率是多少。

14.6 一组机械组件的失效遵循威布尔分布，其中 $\theta = 10^5 \mathrm{h}$，$m = 4$，$t_0 = 0$，那么求这些组件中的一个寿命达到 $2 \times 10^4 \mathrm{h}$ 的概率。

14.7 某复杂系统由 550 个组件串联而成。对 100 个构件的样本进行测试，发现 1000h 后，2 个组件失效。如果假定失效率是恒定的，那么工作 1000h 的系统可靠性是多少？如果要求在 1000h 内整个系统可靠性为 0.98，那么每个构件的失效率是多少？

14. 8 某系统中某组件的 MTBF = 30000h，备用组件的 MTBF = 20000h。如果系统必须运行到 1000h，在没有备用的条件下要求具有在备用系统条件下的同等可靠性，那么单一组件（恒定失效率）的 MTBF 是多少？

14. 9 工程系统的可靠性框图如图 14.11 所示，确定整个系统的可靠性。

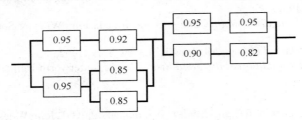

图 14.11 可靠性框图（问题 14.9）

14. 10 某电子组件的恒定失效率 $\lambda = 100 \times 10^{-6}/\text{h}$。

（a）计算在一年内的 MTBF 值。

（b）计算服务一年后的组件可靠性。

（c）系统无效性 $\overline{A}$ 等于 1 减去 A，如果平均停工时间（MDT）是 10h，计算其无效性。MDT≈MTTR。

（d）如果 MTTR 增加一倍，对无效性的影响是什么？

14. 11 做一个圆珠笔的失效模式与影响分析。

14. 12 列出测定产品寿命在工程设计中很重要的原因。

14. 13 应用材料力学的原理，分析在延性材料和脆性材料中发生的扭转失效。

14. 14 阅读下列详细解释失效分析的文献：

（a）C. O. Smith, "Failure of a Twistdrill," *Trans. ASME, J. Eng. Materials Tech.*, vol. 96, pp. 88-90, April 1974.

（b）C. O. Smith, "Failure of a Welded Blower Fan Assembly," ibid., vol. 99, pp. 83-85, January 1977.

（c）R. F. Wagner and D. R. McIntyre, "Brittle Fracture of a Steel Heat Exchanger Shell," ibid., vol. 102, pp. 384-387, October 1980.

14. 15 参考美国消费品安全委员会主页，确定什么产品最近接受了规定。在团队中分工，然后整合，总结出一套详细的安全产品设计方针。

14. 16 讨论如何应用消费者投诉来确定某个产品有危害，应被召回。

第 15 章　质量、鲁棒设计与优化

15.1　全面质量的概念

20 世纪 80 年代，许多来自美国和西欧的制造商开始受到来自日本企业生产的高质量产品的威胁。这些产品不仅优质，价格也有竞争优势。这种威胁促使了对日本制造商夺取市场份额秘诀的疯狂探寻。然而，调查人员发现的只是一个持久的质量改善系统，称为改进式企业经营原则（Kaizen），该系统利用简单的统计学工具，强调团队合作，关注消费者的满意度。本书先前已经介绍过许多诸如此类的概念，由第 3 章中的质量功能配置（QFD）开始，又在第 4 章中介绍了团队方法及大多数解决质量问题的工具。从日本人那里所学到的概念作为全面质量管理（TQM）被西方世界所认知。近来，TQM 理念已经扩展，通过运用一个更为严密的统计学方法，并集中针对六西格玛（6σ）质量体系的新产品收益的增加。

从日本所学到的一条很重要的经验是：一件产品获得高质量的最佳途径就是在其设计之初就把高质量的理念贯穿其中，然后保证在整个制造过程中对这一理念的遵循和贯彻实施。一条更进一步的经验是由田口玄一（Genichi Taguchi）博士所提出的：产品质量的最大敌人是产品性能及制造过程中的可变性。一个鲁棒设计建立在一个设计工具系统之上，这个设计工具系统能够降低产品的可变性或是过程的可变性，而且它同时能使产品性能达到近乎最优的状态。鲁棒设计指导下的产品就算是在使用过程中的极端环境下也能满足用户的需求。

15.1.1　质量的定义

质量是一个具有多重含义的概念，取决于个人视角。一方面，质量意味着产品或服务满足明确或隐含需求的能力；另一方面，优质产品或服务应该没有缺点或缺陷。在第 3.3.1 节中，已经讨论了加文（Garvin）对于工业产品质量的八个基本要求[一]，这些要求已经成为优质产品的基本规格。

在另一篇基础性论文中，Garvin 确定了关于实现产品质量的五种不同方法[二]：

- 先验方法：这是一种哲学方法，认为质量是某种绝对的、不能妥协的、人们只能通过经验去察觉的高标准。
- 基于产品的方法：这种方法和先验法完全相反，它将质量看成是精确的、可测量的参数。典型的质量参数可能是产品特性数目或预期寿命。
- 基于制造的方法：在该观点中，质量的定义与要求或规格一致。高质量等同于"第一次就将产品做好"。
- 基于价值的方法：在该观点中，质量是按照成本或价格来定义的。高质量的产品价格合理，性能优越。这种方法认为质量（优点）等同于价格（价值）。

[一]　D. A. Garvin, *Harvard Business Review*, November-December 1987, pp. 101-109.

[二]　D. A. Garvin, "What Does Product Quality Really Mean?" *Sloan Management Review*, Fall 1984, pp. 25-44.

- 基于用户的方法：该方法从旁观者的角度审视质量问题。每一个个体都被认为对质量具有高度个人的与主观的看法。

相比简单地在零件下线后检测其缺陷而言，全面质量$^{\ominus}$是一个关于质量的更广泛概念。通过提升设计、制造及过程控制来避免产品缺陷的理念在"全面质量"中具有重要作用。一般把上面所提到的第一个方面称为离线质量控制，后者则称为在线质量控制。为了达到全面质量的目标，质量必须在体系中居于第一优先的地位。在一项研究中，通过品质认知度指标对各个公司进行了排序，排名前三位公司的平均资产回报率达到了 30%，而排名最后的三家公司只能够获得 5%。

质量应当始终满足消费者的需求。为了做到这一点，我们必须知道谁是我们的顾客和他们需要什么。这种态度不应当仅仅局限于外部顾客，那些与我们互动的都是我们的顾客，组织内部也不例外。也就是说，如果某制造部门为另一个部门提供零件进行进一步加工，在此过程中该制造部门对零件缺陷的关心程度应当与直接将零件交付给消费者时一样。

实现全面质量的目标需要利用事实和数据对决策进行指导。因此，在辨识存在的问题和帮助决定何时或者是否该采取某个行动的时候，应当利用数据。由于工作环境的复杂性，这需要在利用统计方法进行数据采集、分析方面具有相当的技巧。

15.1.2 戴明的 14 条观点

20 世纪 20 年代和 30 年代，沃尔特·休哈特（Walter Shewhart）、W. 爱德华兹·戴明（W. Edwards Deming）及约瑟夫·朱兰（Joseph Juran）等人开创了将统计学运用到控制生产质量中。在第二次世界大战中，美国陆军部命令所有的军火制造都必须采取上述质量控制的方法，事实证明这些方法是非常有效的。战后，由于日常用品的被抑制需求，以及相对廉价的劳动力和材料成本，这些统计学质量控制（SQC）方法因为不必要且附加的成本开销而被大量弃用。

然而在日本，情况截然不同。由于遭受空中轰炸，日本工业被大幅度摧毁。1950 年，日本科学家与工程师协会邀请戴明博士到日本教授他们统计学质量控制（SQC）的方法。戴明博士的观点被积极采纳，SQC 也成为日本工业重建中不可或缺的一部分。在如何引进统计学质量控制（SQC）方法方面，美国与日本的一个重要区别就是：日本是由高层管理者最先采纳，然而美国则主要是广大工程技术人员首先采用。日本人一直大力倡导统计学质量控制（SQC）方法并对其进行了拓展与改进。如今，日本产品被认为具有很高的质量。在日本，一项在工业质量方面很有声望的国家级的奖励被称为戴明质量奖（Deming Prize）。

戴明博士认为质量是管理学中一类广泛的基本原理$^{\ominus}$，他的 14 条基本观点表述如下：

1）树立坚定不移的目标并持之以恒地提高产品和服务的品质。以在行业中具有竞争优势、能够提供就业岗位为目标。

2）采取新经济时代中的价值体系。西式的管理必须在挑战面前保持清醒，必须明确其责任并在变革中居于领导地位。

3）停止依靠审查制度来保证质量。通过将生产优质产品的理念纳入产品设计，消除对流水线上检测的需要。

4）停止仅仅基于价格对企业进行奖励的惯例。目标应该是使全部成本最小化，而不只是令购置成本最小化。每一个项目都应只有一个供应商，创建与供应商之间忠诚可信的相互关系。

$\ominus$ A. V. Feigenbaum, *Total Quality Control*, 3rd ed., McGraw-Hill, New York, 1983.

$\ominus$ W. E. Deming, *Out of Crisis*, MIT Center for Advanced Engineering Study, Cambridge, MA, 1986; M. Tribus, *Mechanical Engineering*, January 1988, pp. 26-30.

5）不断探究系统中的问题并寻求改进的途径。

6）建立现代职业培训体系。管理者与工人都应当了解统计学。

7）监管的目的应当是帮助人员和设备更好地完成工作。为人员提供工具和技术，从而使他们能够为自己工作的技艺感到自豪。

8）消除恐惧，这样能够令每个人工作更加高效。鼓励双向交流。

9）打破部门之间的障碍。研发、设计、销售及生产等部门必须作为一个团队进行工作。

10）消除对员工所使用的量化指标、口号及标语海报。在造成质量和生产率降低的原因中，整个系统的失误占80% ~ 85%，然而工人的原因仅仅只占15% ~ 20%。

11）在工厂中消除作业定额，并减少领导人员。消除目标管理和数字管理，去除过多的管理者与领导人员。

12）消除障碍，加强工人对于制造工艺的自豪感。

13）建立一种生机勃勃的教育和培训计划，使人员了解材料、方法和技术等方面最前沿的发展状况。

14）令公司中的每个人都为完成这一变革而努力。这并不仅仅是管理者的责任，而是每个人的责任。

15. 2　质量控制与保证

质量控制[⊖]是指在工程设计及产品制造过程中所采取的防止和检测产品缺陷和危及产品安全的危害的措施。根据美国质量协会（ASQ）的定义，质量就是产品或服务所具有的满足指定需求的能力相关的全部特性和属性。狭义来讲，质量控制（QC）是指在产品抽样或监测产品可变性中所采用的统计学技术。质量保证指的是那些为项目或服务满足规定需要提供至关重要的满意置信度的系统性措施。

质量控制最初是在美国被推动的。在第二次世界大战期间，那时军工生产由于质量控制方法而得到控制和发展。质量控制传统意义上的作用是用来监管原材料的质量、控制制造过程中零件的尺寸、消除生产线上有缺陷的零件以及保证产品的性能表现。随着对更严格的耐受水平、压缩的利润空间及法院对责任法更为严格的解读等因素的重视程度的提高，质量控制问题已经变得更加突出。由于受到侧重产品质量的国外生产商的激烈竞争，美国生产商因此更加注重质量控制的作用。

15. 2. 1　适用性

工程设计上质量的恰当定义是考虑产品的适用性。消费者可能会把质量与奢侈混为一谈，但是在工程设计方面，质量就是产品满足设计和性能要求的程度。大多数的产品故障都能够追溯到设计过程中找到原因。研究发现，75%的缺陷的根源来自产品开发与规划过程，而且这其中80%的缺陷则直到最终产品测试或投入使用后才被检测到[⊖]。

在制造过程中采用独特技术对质量具有重要影响。由第13章可知，每一个制造过程都具备固有的维持公差、成型以及表面光洁的能力。这些已经成为一种系统化的方法，称为一致性分

⊖　J. A. Defeo, ed., *Juran's Quality Handbook*, 6th ed., McGraw-Hill, New York, 2010; F. M. Gryna and R. C. H. Chura, *Juran's Quality Planning and Analysis for Enterprise Quality*, 5th ed., McGraw-Hill, New York, 2007.

⊖　K. G. Swift and A. J. Allen, "Product Variability, Risks, and Robust Design," *Proc. Instn. Mech. Engrs.*, vol. 208, pp. 9-19, 1994.

析[1]。使用这一技术旨在确定给定设计的零件加工及其装配过程中潜在的加工能力问题，并估计潜在的损失成本。

由于计算机辅助制造的普及，自动化检测趋势增强。这使得更大批量零件检测成为现实，并且消除了检测过程中的人为可变性。在人工和自动化检测两方面的质量控制中的一个重要方面就是检测夹具和量规的设计[2]。

生产工人的技术及态度对质量影响很大。只要对产品的质量有自豪感，就能在生产中对质量更加重视。质量循环理论是在日本成功应用的一项技术，并已越来越为美国企业所接受。在这个理论中，生产工人中的小群体定期开会对改进生产过程中的产品质量提出建议。

管理者必须对全面质量进行严格把关，否则全面质量将无法得到实现。获得高质量与以最少成本完成生产计划之间的冲突是固有的。这也是短期目标与长期目标之间长期存在的冲突的另一个体现。人们普遍认为：管理机构中的质量职能自主性越强，则产品的质量等级越高。通常质量控制部门与生产部门是各自独立的，质量控制经理与生产经理都向厂长汇报。

现场服务包含了在产品交付给使用者以后制造商所能提供的所有服务：设备安装、操作培训、修理服务、质保及索赔。对消费者而言，现场服务的等级是建立产品价值的一个重要因素，因此这是质量控制的适用性概念中真真切切的一部分。消费者与现场服务工程师的联系是产品质量等级的重要信息来源之一。从现场得到的信息完善了质量保证体系并为产品的重新设计提供了所需要的数据。

15.2.2 质量控制的概念

质量控制的一项基本信条是：可变性是任何工业制品所固有的属性。在降低产品可变性及制造成本之间存在着某种经济平衡[3]。统计学质量控制认为可变性一部分是源自材料与过程的固有特征，并只能通过改变上述因素来改变其可变性。其余的可变性则是由于确定性因素产生的，如果能够识别出来，则这一部分可变性也是能够降低或消除的。

建立质量控制（QC）策略包含以下4个基本问题：①检验对象；②检验手段；③检验时间；④检验场合。

1. 检验对象

检验的目的在于把重点放在那些关键质量参数上，这些参数拥有少数可对产品的性能进行全面描述的重要特性。这主要是一种基于技术的决策。是否进行破坏性检验则是另一类决策方法。显然，非破坏性检验（NDI）技术的主要价值在于它允许制造者对将要实际销售的零件进行检验。同样，顾客在使用前也能够对同一零件进行检验。破坏性测试（如拉伸测试）则是基于以下假定：样本测试结果对于总体具有典型意义。通常，有必要用破坏性测试来证明非破坏性测试所检验的是期望的特征。

2. 检验手段

对于检验手段的基本决策问题在于被监测的产品性能是否需要进行连续测量（计量型检验），或者零件是否通过极限检测。后者就是通常所说的特性检验。计量型检验采用正态分布、对数正态分布或类似的频率分布；特性检验采用二次分布及泊松分布。

---

[1] K. G. Swift, M. Raines, and I. D. Booker, "Design Capability and the Costs of Failure," *Proc. Instn. Mech. Engrs.*, vol. 211. Part B, pp. 409-423, 1997.

[2] C. W. Kennedy, S. D. Bond, and E. G. Hoffman, *Inspection and Gaging*, 6th ed., Industrial Press, Inc., New York, 1987.

[3] I. L. Plunkett and B. G. Dale, *Int. J. Prod. Res.*, vol. 26, pp. 1713-1726, 1988.

3. 检验时间

检验时间的确定决定了所要使用的质量控制方法。既可在过程运行中（过程控制阶段），也可在过程结束后（验收抽样阶段）进行检验。当非破坏性检验的单位成本较低时，通常使用过程控制方法。过程控制可以在检测数据的基础要求上降低缺陷百分比，从而使制造条件持续调整，这是其重要的益处。在高单位成本时，抽样验收检验方法经常包括破坏性检验。由于不用检验所有的零件，必须预计到小比例的缺陷零件将通过检验过程的情况。针对不同的情况，制定不同的抽样方案 ⊖，抽样计划的制定是统计质量管理中的重要方面。

4. 检验场合

检验场合的确定与制造过程中检验步骤的数量和位置有关。检验成本与转移有缺陷的零件到生产工序的下一阶段或消费者之间存在某种经济平衡。当某个检验的边际成本超过了通过某些缺陷零件的边际成本时，检查站的数量是最佳的。检查工作一定要在不可逆的产品使用阶段之前进行。换言之，产品使用阶段成本昂贵也不可能重做。对于生产过程中原料的检验就是为了达到这样的目的。那些最有可能产生缺陷的工作步骤应该被检测到。在一个新过程中，每个过程步骤后都可能需要进行检验，但是在积累了一定经验后，仅对显示出重要性的步骤进行检验。

15.2.3　质量控制的较新方法

日本在设计和生产高质量产品方面所取得的成功引发了关于质量控制的新观念的发展。与其让大量检验员充斥在收货车间，由他们建立引入原材料和零件的质量标准，更廉价更省时的方法不如要求供应商提供所要引入原材料应满足的质量标准的统计文件。但是这种情况只有在买卖双方处于良好的合作和信任关系中才可行。

在传统质量控制（QC）中检验员每小时做多轮检验，拾取几个零件，拿回检验区检查。当得到检验结果时，劣质零件可能已经被制造出来了，也有可能进入到了生产线或是和其他合格零件一起被存箱。如果出现后者的情况，质量控制的工作人员必须进行 100% 的检验来分开合格零件和劣质零件。最后把产品分为四个等级：一等品、二等品、再加工产品和废品。为了达到接近实时控制的水平，检验必须作为制造过程的一个完整部分而存在。理想情况下，为制作零件负责的人也将应该为取得过程运行数据负责，这样一来他们就可以做适当的调整。这些都促使了电子数据收集器的使用，以此来消除人为错误并加速数据的分析。

15.2.4　质量保证

质量保证与所有的公司措施有关，这些措施影响消费者对产品质量的满意程度。必须要设立充分独立于制造部门的质量保证部门来维持质量。该部门负责诠释关于采购订单的国内国际规范标准，开发操作实践的成文规则。重点是要使成文的程序清晰而简明扼要。采购订单会催生出大量公司内文件，这些文件必须准确而迅速地传达到每个车间。大多数文件的流动通过计算机处理，但必须形成系统，以使需要的人能够准时获得这些资料。在运行的不同阶段，也必须要制定相应的程序来维持材料及半成品零件的识别性和可追溯性。在处理缺陷材料和零件上，必须要有明确的方针和程序。在判定零件废弃、再制作或性能下降到某个低质量水平的时间上，必须制定相应方法。质量保证系统必须能够鉴别哪些记录应保存，并建立程序来进行对所需记录资料的存取。

质量控制并不是在实施之后就被遗忘的事情。必须有对检验员和其他质量控制工作人员进

⊖　见 MIL-STD-JOSE and MIL-STD-414. 见 http：//www. sqconline. com/acceptance-sampling-plans. html.

行培训、授权及颁发证书的程度。对于更新检验、试验设备，以及对仪器的频繁校正，资金必须到位。

15.2.5　ISO 9000

质量保证的一个重要方面就是依靠现有标准对某一组织的质量系统进行审查[○]。使用最普遍的质量标准是由国际标准化组织（ISO）出版的 ISO 9000 及配套标准。在欧盟经商的公司必须要遵守 ISO 9000，由于市场全球化，世界各地的公司都开始进行 ISO 9000 认证。要想获得 ISO 9000 认证，必须要由权威认证机构提交一份审计报告。

本书列出了 ISO 9000 体系，见表 15.1。而 ISO 9001 是最完整的体系，因为它规定的范围从设计扩展到现场使用[○]。条款4.4 即设计控制，列出了许多本书中讨论的问题，相关主题见表 15.2。

表 15.1　ISO 9000 标准

标　准	主　题
ISO 9000	选用和使用指南
ISO 9001	设计、生产、安装和服务中的质量保证
ISO 9002	生产、安装和服务中的质量保证
ISO 9003	最后检验中的质量保证
ISO 9004	实施准则指南

表 15.2　设计控制（ISO 9001 的 4.4 条款）

子条款	主　题	子条款	主　题
4.4.1	常规	4.4.6	设计评审
4.4.2	设计与开发计划	4.4.7	设计确认
4.4.3	组织与技术接口	4.4.8	设计验证
4.4.4	设计输入	4.4.9	设计变更
4.4.5	设计输出		

15.3　统计过程控制

收集制造过程的性能数据，并根据这一数据制作图表是工厂中的普遍操作实践。Walter Shewhart[○]展示了通过一个简单但数据上可靠的方法，这些数据可以解释很多东西，十分有用。这种方法就是控制图表。

15.3.1　控制图表

控制图表的使用基于以下观点，即每个制造过程都受两种变化来源的影响：①随机变化，通常也被称为普遍变化的因素；②预期变化，或是那些由特殊原因导致的变化。随机变化起因于过程操作中的大量因素，这些因素单独来看都不是很重要。这些可以被认为过程中的干扰因素。它们是可预期到的但并不可控的变化。预期变化是可以被检测出来和被控制的一种变化。这归因于特殊因素，类似于被培训的不是很好的操作者或是破旧的生产工具。控制图表[○]是一种重要的用来检测预期因素存在的质量控制工具。

在制作一张控制图表时，要在固定时间间隔对过程采样，而且要测量每个样本中适合于产品的变量。样本容量（n）总体来说很小，在 3～10 之间。典型的样本数（k）通常超过 20。控制图表背后的理论是所挑选的样本所有的可变性都应该可能由普通因素所致，而且无特殊因素。因此，当一个样本显示了一种非典型行为，可以假设它是由特殊因素所致。挑选样本通常有两种

○　D. Hoyle, *ISO 9000：Quality System Assessment Handbook*, 5th ed., Butterworth-Heinemann, Oxford, 2006.
○　F. P. Dobb, *ISO 9001：2000 Registration Step-by-Step*, Elsevier Butterworth-Heinemann, Boston, 2004.
○　W. A. Shewhart, *Economic Control of Quality in Mamifactured Product*, Van Nostrand Reinhold Co., New York, 1931.
○　D. Montgomery, *Introduction to Statistical Quality Control*, 6th ed., John Wiley & Sons, New York, 2009.

方法：①每个样本中的所有项都代表了临近采样时被制造出来的零件；②这个样本代表了在上一个采样结束之后被制造出来的所有零件。两种方法之间的选择基于工程师的观点，那就是哪一种更有可能检测出特殊因素导致的变化，而这种因素存在于最可疑因素列表中。

例 15.1 考虑工业热处理操作时，在持续运转 24h 的输送带炉里，轴承套圈将淬火回火。每小时内，测量 10 个轴承座圈的洛氏硬度⊖以确定该产品是否符合规格。样品的平均值 ($\bar{x}$) 近似等于过程均值 μ。样本值的范围 ($R = x_{max} - x_{min}$)，通常被用于近似过程标准差 σ，一个可变的硬度被假定为遵循正态频率分布。

如果过程处于统计控制，不同样本之间均值和范围的值将不会有很大的变化，但如果过程失控的话，它们就会有很大的变化。控制限制需要被引入进来以说明发生多少变化才能构成一种失控的行为，这种行为表明了非随机原因的存在。

通常情况下，首先绘制 R 的控制图来确定样本之间的变化不太大。如果 R 控制图中的几点超出控制极限，那么 x 控制图上的控制界限就会膨胀。图 15.1 是基于该范围的控制图。R 控制图的中心线 $\bar{R}$ 是通过对 k 个样本取平均而得到的。

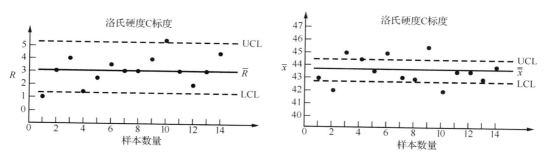

图 15.1　R 和 $\bar{x}$ 的控制图

$$\bar{R} = \frac{1}{k} \sum_{i=1}^{k} R_i \tag{15.1}$$

控制上限 UCL 和控制下限 LCL 的公式为

$$UCL = D_4 \bar{R}$$
$$LCL = D_3 \bar{R} \tag{15.2}$$

常量 D_3 和 D_4 可查询表 15.3 获得。通常仅在过程变量服从正态分布时使用。检查控制图可知，有两点位于控制极限之外。基于正态分布假设，若归结于常规原因，那么 0.27% 的观测数据预计将落在 $\pm 3\sigma$ 限制之外。因此，必须检查这些点，以确定是否有非随机原因导致其发生。首先，在周一早上完成样品 1，通过发现的带状图确定炉子还未达到适当温度。这是一个操作错误，且这些数据下降的原因可寻。未发现样品 10 是超过 UCL 的原因。这引起了对某些结果的怀疑。但是当计算基于均值的控制图时，规定的数据也有所下降。

$\bar{x}$ 控制图的中心线为 "x 双杆"（k 个样本均值的总体平均值）。

$$\bar{\bar{x}} = \frac{1}{k} \sum_{i=1}^{k} \bar{x}_i \tag{15.3}$$

同样，UCL 和 LCL 设定在平均值 $\pm 3\sigma$ 处。如果知道人口均值和标准差，等式 UCL = μ + $3(\sigma \sqrt{n})$ 给出答案，此时括号中是均值的标准误差。但是由于不知道这些参数，所以控制极限的

⊖　洛氏硬度的测试方法是通过硬度计压入金属表面一定深度测得的。

近似值是

$$UCL = \bar{\bar{x}} + A_2 \bar{R}$$
$$LCL = \bar{\bar{x}} - A_2 \bar{R} \tag{15.4}$$

需要注意，控制界限的上下限不仅取决于总体平均值，也取决于样本的大小（通过 A_2 得出）和样本范围的平均值。

表 15.3　用于确定控制图表中控制极限的因子

样本数，n	D_3	D_4	B_3	B_4	A_2	A_3	d_2	c_4
2	0	3.27	0	3.27	1.88	2.66	1.13	0.798
4	0	2.28	0	2.27	0.73	1.63	2.06	0.921
6	0	2.00	0.030	1.97	0.48	1.29	2.53	0.952
8	0.14	1.86	0.185	1.82	0.37	1.10	2.70	0.965
10	0.22	1.78	0.284	1.72	0.27	0.98	2.97	0.973
12	0.28	1.71	0.354	1.65	0.22	0.89	3.08	0.978

即便通过重新计算控制极限来消除那两个不受控制的样本，如图 15.1 所示的 $\bar{x}$ 控制图仍然显示了许多偏离控制范围之外的平均值。据此可知，该特定批次的钢不具备合金的充分均匀性，在范围如此小的规格限定内不能满足热处理要求。如果这是意外，那么应该调查此过程，以了解是否有缺乏质量控制的一些特殊原因。

15.3.2　其他类型的控制图

$\bar{R}$ 和 $\bar{x}$ 控制图是最早应用于质量控制的类型。该范围被选为测量可变性是因为在电子计算器（能快速方便地计算标准差）被发明之前，它运算简便。此外，对于小样本而言，它的范围是比标准差更为有效的统计值。

如今，在控制图中使用标准差更为方便。k 个样本的平均标准差（$\bar{s}$）可表示为

$$\bar{s} = \frac{1}{k} \sum_{i=1}^{k} s_i \tag{15.5}$$

式（15.5）表示 s 图的中心线。为了使样本标准差符合等式（15.6），上下控制限设定在 $\pm 3\sigma$ 之间。

$$UCL = B_4 \bar{s}, \quad LCL = B_3 \bar{s} \tag{15.6}$$

一个控制图经常被用来检测生产过程中工艺均值的波动。6 ~ 10 个点连续在图表中心线上侧或下侧出现表明均值的波动。检测均值移动的灵敏度可以提高，通过从中心线选取每个样本与中心线的偏差，并在每个随后的样品中以累积的方式添加这些偏差以形成 CUSUM 图[1]。

前面对于控制图的讨论是基于用连续定量量表对变量的测量。通常在检测中，基于通过/不通过的标准可以更快、更便宜地检验产品。该部分"没有缺陷"或"有缺陷"是基于量具或预定的规范。在这类的属性测试中，处理的是样本中缺陷的分数或是比例。以二项式分布为基础的 p 图处理的是在组样本中的一个样本的缺陷部分的分数。基于泊松分布的 c 图，监控的是每个样品的缺陷的数量。在统计质量控制中的其他重要问题是抽样规划的设计和抽样部分对生产线的复杂性的考量[2]。

---

[1] W. Navidi, *Statistics for Engineers and Scientists*, 2nd ed., pp. 782-784, McGraw-Hill, New York, 2008.

[2] D. H. Besterfield, *Quality Control*, 5th ed., Prentice Hall, Upper Saddle River, NJ, 1998; A. Mitra, *Fundamentals of Quality Control and Improvement*, 2nd ed., Prentice Hall, Upper Saddle River, NJ, 1998.

15.3.3 从控制图确定过程统计

由于控制图通常是为了制造过程而建立的，因此它们是确定工艺能力指数的过程统计数据的有用来源，见第 15.5 节。在式（15.3）中，k 个样本均值的总平均值 $\bar{\bar{x}}$，式（15.3）是最佳评估公式，其中 $\hat{\mu}$ 代表真正过程均值 μ。

过程标准差的估计值可由式（15.7）给出，这取决于 R 图或 s 图是否已被用来测量过程的可变性。

$$\hat{\sigma} = \frac{\bar{R}}{d_2} \quad \text{或} \quad \hat{\sigma} = \frac{\bar{s}}{c_4} \qquad (15.7)$$

所有用于确定过程参数的公式都是建立在它们服从正态分布假设的基础之上的。

15.4 质量改进

与质量有关的四种基本成本如下：

- 预防成本——在计划、执行、维修质量体系时产生的成本。包括为了确保最高质量产品，在设计和制造中的额外花费。
- 鉴定成本——测定质量与质量要求的一致性程度时产生的费用。检验成本是最主要的因素。
- 内部故障成本——当给材料、零件、构件未能达到送往客户的运输质量要求时产生的成本。这些零件将被扔弃或再加工。
- 外部故障成本——当产品未能达到顾客期望时产生的成本。这些导致了保证索赔、未来生意的流失或产品责任诉讼。

仅仅收集失效零件的数据，并把其从装配线上剔除对于质量改进和成本缩减而言是不够的。必须提前做出努力确定问题的根本原因，这样才能使改正具有永久性。在第 4.6 节介绍的解决问题工具中，帕雷托（Pareto）图表和因果图（cause-and-effect）是查找原因最常用的方法。

15.4.1 帕雷托图

1897 年，意大利经济学者维尔弗雷多·帕雷托（Vilfredo Pareto）做了一项关于意大利土地占有分布的研究，他发现 80% 的土地掌握在 20% 的人口手中。该研究结果发布后，成为广为人知的帕雷托定律。第二次世界大战后不久，库存控制分析者观察到大约 20% 的存货项目占据了大约 80% 的美元值。1954 年，约瑟夫·朱兰（Joseph Juran）把帕雷托定律归纳为 "80/20 法则"，也就是说，80% 的销售由 20% 的消费者产生，80% 的产品缺陷由 20% 的零件导致，诸如此类。尽管 80/20 法则还没得到广泛证明，它就已经作为一个有用的原理被广泛引证。当然，约瑟夫·朱兰的告诫 "把重点放在少数重要点上，而非琐碎的大多数" 是一个非常好的改进质量的建议，对于生活中的其他方面也同样有效。

15.4.2 因果图

如图 15.2 所示，因果分析运用 "鱼骨图" 或 "石川图"（Ishikawa）来确定问题的可能成因[⊖]。质量差与以下四类原因相关：操作员、机器、方法和材料。在这四大类原因之下又列出了

⊖ K. Ishikawa, *Guide to Quality Control*, 2nd ed., UNIPUB, New York, 1982.

相关可能因素。可能的原因由制造工程师、技术员与生产工人共同开会来商讨给出。使用因果图为可能的成因提供了图解展示。

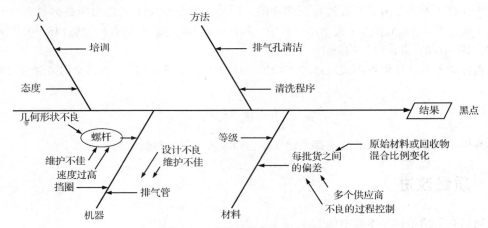

图 15.2　汽车护栅黑点的因果图

（来自 Tool and Manufacturing Engineers Handbook，4th ed.，vol. 4，p. 2-23，1987，courtesy of Society of Manufacturing Engineers，Dearborn，MI.）

例 15.2　某制造商生产注射成型的汽车护栅[⊖]。其生产过程最近设置过，而生产的零件存在一些缺陷。因此，一个由操作员、装备人员、制造工程师、生产管理人员、质量控制全体人员及统计员组成的质量提高团队被组建起来共同完成改进任务。首要任务是就缺陷种类和确定缺陷的方法达成一致。然后，对 25 个护栅的采样来检查缺陷。图 15.3a 是所生产的汽车护栅的控制图表（关于控制图表的更多细节请参照第 15.3.1 节）。由图可以看出，每个零件平均有 4.5 个缺陷。这是典型的过程失控的例子。

图 15.4 所示的帕雷托图用来展示不同类型缺陷出现的相对频率，这是基于图 15.3a 的数据。该图显示出黑点缺陷（表面退化的聚合物补片）是最普遍的缺陷类型。因而，决定把重点放在这种缺陷上。

对黑点缺陷成因的关注如图 15.2 所示的鱼骨图说明。成因根据制造业中的"4M"标准被划分成组。要注意到，某些项目如注塑螺杆、细节层次都是较为重要的。团队决定螺杆由于使用频繁造成了磨损，需要替换。

当螺杆被替换以后，黑点缺陷完全消失了（图 15.3b）。然而几天后，黑点缺陷重新出现且和之前的强度一样。因此，可以推断出黑点问题的根本原因还未被识别出来。质量团队继续开会讨论黑点缺陷问题。他们注意到在注射成型机器容器上的排气管易受堵塞并很难清洁。由此产生了两个假设：聚合物要么堆积在排气管端口，变得过热而周期性喷发继而继续沉淀在容器内，要么它在清洁期间被推回容器内。将这两种可能性降到最小的新排气管设计方案被设计出来，当它安装时黑点缺陷消失了，如图 15.3c 所示。

解决了最普遍的缺陷问题之后，团队将注意力转向了划痕，它是第二频繁发生的缺陷。机器操作人员认为划痕是由于热塑性零件落在输送带的金属带上时造成的，因此建议使用没有金属带的传动带。然而该种类型的传送带的价钱是原来的 2 倍，因此又提议做试验，用乳胶涂料覆盖金属带看是否可行。这样做之后划痕消失了，但是当乳胶涂料磨掉以后，划痕又出现了。根据试

⊖　案例基于 *Tool and Manufacturing Engineer's Handbook*，4th ed.，Vol. 4，pp. 2-20 to 2-24，Society of Manufacturing Engineers，Dearborn，MI，1987.

验结果，不仅在当前进行研究试验的机器中，也在所有在售的机器中，用传动带替代金属带。

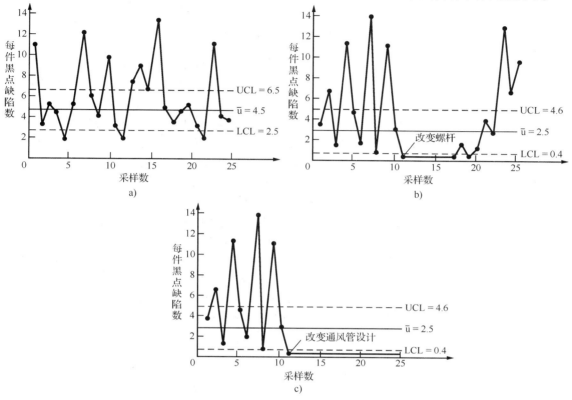

图 15.3　注塑成型护栅的缺陷数量控制图

a）失控过程　b）注塑螺杆被替换后的过程　c）新排气系统安装后的过程

（来自 *Tool and ManufacturingEngineers Handbook*，4th ed.，vol. 4，p. 2122，1987，courtesy of Society of Manufacturing Engineers，Dearborn，ML）

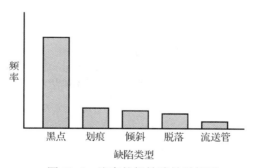

图 15.4　汽车护栅缺陷帕雷托图

（来自 *Tool and Manufacturing Engineers Handbook*，4th ed.，vol. 4，p. 2-22，1987，courtesy of Society of Manufacturing Engineers，Dearborn，ML.）

15.5　工艺能力

本书在第 13.4.5 节中讨论了关于选择一个可以使零件保持在需要的公差范围内的制造工艺的重要性。设定公差范围时的工艺能力知识不仅重要，它也是决定哪个外部供货商可以得到制造零件合同的重要信息。本节将向读者展示机器或工艺生产出的零件的统计信息如何被用来决定落在指定公差带以外零件的百分比。

工艺加工能力可由工艺能力指数C_p测量：

$$C_p = \frac{可接受的零件变化}{机器或工艺变化} = \frac{公差}{\pm 3\hat{\sigma}} = \frac{USL - LSL}{3\hat{\sigma} - (-3\hat{\sigma})} = \frac{USL - LSL}{6\hat{\sigma}} \tag{15.8}$$

式（15.8）适用于在数据控制状态下的工艺过程中呈正态分布的设计参数。控制表中的数据通常被用来描述工艺过程的实施方式（第 15.3 节）。对于诸如关键质量点的尺寸参数，总体均值近似于$\hat{\mu}$，可变性用标准差$\hat{\sigma}$来测量。公差限度通过规格上限（USL）和规格下限（LSL）表示。这种情况除非仔细调整机器否则通常难以达到，但这是所能实现的理想状态，因为在不缩减工艺标准差的情况下，它能激发最大性能。机器变量的限度通常设为$\pm 3\sigma$，当$C_p = 1$而且工艺目标均值在 LSL 和 USL 之间时，得出缺陷为 0.27%。

图 15.5 显示出，与公差上下限相比，该工艺过程生产的零件，其设计分布有三种情况。图 15.5a 表示工艺可变性比可接受零件变化（公差范围）更大的情况。依照式（15.8），当$C_p \leqslant 1$时，工艺无法完成。为使其有效，必须减小工艺过程中的可变性或放宽公差。图 15.5b 表示公差范围与工艺可变性恰好匹配的情况，此时$C_p = 1$。这种情况很少有，因为工艺过程均值的任何改变，例如，向右变化，都会导致缺陷零件数的增加。最后，图 15.5c 表示了工艺可变性要远远小于公差范围的情况。这种情况提供了相当强的安全性，因为在分布达到 USL 或 LSL 之前，工艺均值可以移动相当多。对于大规模生产来说，缺陷百分比是至关重要的，所以C_p的可接受等级需要超过 1.33。

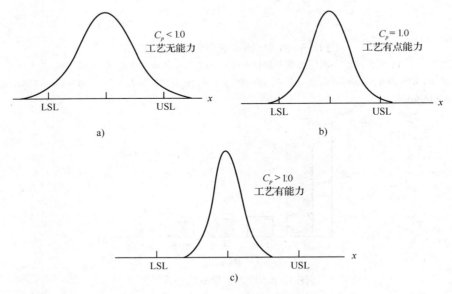

图 15.5　不同工艺能力情况举例

例 15.3　（a）某机床主轴的规格（公差）直径为(1.50 ± 0.009)in。假定$C_p = 1.0$，求通过外圆磨床生产的主轴标准差。

$$C_p = 1.0 = \frac{(1.509 - 1.451)\text{in}}{6\hat{\sigma}} \qquad \hat{\sigma} = \frac{0.018\text{in}}{6 \times 1.0} = 0.003\text{in}$$

（b）为达到 1.33 的工艺能力指数，标准差应为多少？

$$1.33 = \frac{0.018\text{in}}{6\hat{\sigma}} \qquad \hat{\sigma} = \frac{0.018\text{in}}{7.98} = 0.0026\text{in}$$

$C_p = 1.33$ 时，对于每个规格界限来说，过程均值为 4 倍标准差。这种情况被认为是很好的生产实践。

例 15.4 如果 $C_p = 1.33$，工艺均值位于公差范围的中部，根据例 15.2（b）的说明，在磨削主轴时预期有多少零件超过尺寸？（注：例 14.1 讨论过同样类型的问题）

通过图 15.5c 的帮助，可以使问题形象化。应用标准正态变量 z

$$z = \frac{x - \mu}{\sigma} \approx \frac{\text{USL} - \hat{\mu}}{\hat{\sigma}} = \frac{1.509 - 1.500}{0.0026} = 3.982$$

z 值在 z 分布右端外很远的位置。大多数表在 $z = 3.9$ 时就终止了，但在 Excel 中，应用 NORMDIST 函数得到 0.999966。这是在 $-\infty \sim 3.982$ 区间内曲线下方的面积。因此，位于右侧尾端非常小的一段下的面积是 $1 - 0.999966 = 0.000034$ 或 0.0034%。

该问题求的是超过尺寸的零件百分比，但也有不够尺寸参数的零件。因为 z 分布是对称的，那么缺陷总百分比（超过尺寸的和不够尺寸的）为 0.0068%，或每生产 100 万个零件中含有 68 个缺陷零件。

在先前的例子中，工艺均值在上下限规格的中间。但在实际生产中不易达到和保持。假定工艺开始于中间，随着时间的增加，均值因工具磨损和加工变化产生偏离中心的趋向。公差带中点 $(\text{USL} - \text{LSL})/2 = m$（工艺均值目标）。实际公差均值间的距离为 $\hat{\mu}$，中点为 $\hat{\mu} - m$，此时 $m \leqslant \hat{\mu} \leqslant$ USL 或 $\text{LSL} \leqslant \hat{\mu} \leqslant m$。

参数 k 为实际工艺过程均值从 m 到半公差带的偏移率。k 值在 $0 \sim 1$ 之间。

$$k = \frac{|m - \hat{\mu}|}{(\text{USL} - \text{LSL})/2} = \frac{\left| \frac{\text{USL} + \text{LSL}}{2} - \hat{\mu} \right|}{(\text{USL} - \text{LSL})/2} \tag{15.9}$$

当工艺均值不处于中心时，工艺能力指数通过 C_{pk} 得出

$$C_{pk} = \min\left[\frac{\text{USL} - \hat{\mu}}{3\hat{\sigma}}, \frac{\hat{\mu} - \text{LSL}}{3\hat{\sigma}} \right] \tag{15.10}$$

C_{pk} 通过更小的范围（均值到特定极限）定义工艺能力指数。C_p 与 C_{pk} 的关系如下

$$C_{pk} = (1 - k)C_p \tag{15.11}$$

当 $k = 0$ 时，均值位于中间，并且 $C_p = C_{pk}$。

表 15.4 显示了合格零件和缺陷零件的百分比如何随工艺标准差 $\hat{\sigma}$（可调整在公差带范围内）改变的变化情况。该表同时也显示了缺陷零件的急剧增加，这是由工艺均值的 $1.5\hat{\sigma}$ 变化导致的。此数量的工艺均值的变化在一般制造工艺中也具有代表性。

表 15.4 关于失效率在工艺均值中偏移的影响

公差范围	工艺居中			工艺均值距中心为 $1.5\hat{\sigma}$	
	C_p	合格零件比率（%）	缺陷零件比率（$\times 10^{-6}$）	合格零件比率（%）	缺陷零件比率（$\times 10^{-6}$）
$\pm 3\hat{\sigma}$	1.00	99.73	2700	93.32	697700
$\pm 4\hat{\sigma}$	1.33	99.9932	68	99.605	3950
$\pm 6\hat{\sigma}$	2.00	99.9999998	0.002	99.99966	3.4

注：$\hat{\sigma}$ 的倍数要落在公差带范围内。

例 15.5 工艺均值从公差带中点移动 $1.5\hat{\sigma}$。由例 15.3 可知，$\hat{\sigma} = 0.0026\text{in}$，$k = 1.5 \times 0.0026\text{in} = 0.003\text{in}$ 向着 USL 方向偏移。

现在 $\hat{\mu} = 1.500 + 0.003 = 1.503$。由式（15.10）求得

$$C_{pk1} = \frac{USL - \hat{\mu}}{3\hat{\sigma}} = \frac{1.509 - 1.503}{3(0.00226)} = 2.655$$

$$C_{pk2} = \frac{\hat{\mu} - LSL}{3\hat{\sigma}} = \frac{1.503 - 1.491}{3(0.00226)} = 1.770$$

计算结果表明$C_{pk1} \neq C_{pk2}$，因此工艺均值不处于中心。然而，工艺能力指数 1.77 表明工艺可行。使用标准正态变量 z 来确定预期缺陷零件的百分比，即

$$z_{USL} = \frac{USL - \hat{\mu}}{\hat{\sigma}} = \frac{1.509 - 1.503}{0.00226} = 2.655, \quad z_{LSL} = \frac{LSL - \hat{\mu}}{\hat{\sigma}} = \frac{1.491 - 1.503}{0.00226} = -5.31$$

落在公差范围外的零件概率为

$$P(z \leq -5.31) + P(z \geq 2.665) = 1 - (0 + 0.99605) = 0.00395$$

因此，概率大约为 0.0039 或 0.39%，或 3950×10^{-6}。尽管缺陷率仍旧较低，但当工艺处于公差带中间的中心位置时，概率已经从 68×10^{-6} 开始增长，参见例 15.4。

15.5.1 六西格玛质量计划

表 15.4 显示如果工艺可变性很低导致 ±6 标准差（$12\hat{\sigma}$ 宽）符合规格限度（如图 15.5c 所示），那么合格零件百分比会非常高。这就是质量计划被称为六西格玛的起源，许多世界级的公司正在积极地执行它。一般认为，表 15.4 显示的达到每十亿个零件存在 2 个缺陷零件的级别是不现实的，因为大多数工艺过程都显示出均值变化。因而，缺陷零件的实际的六西格玛目标通常是 3.4×10^{-6}，见表 15.4。但是要达到这个目标是极其困难且少有发生的。

六西格玛被认为是第 4 章讨论的全面质量管理（TQM）过程的重要扩展，它把 TQM 和书中提到的其他问题解决工具诸如 QFD、FMEA、可靠性、试验设计，还有大量统计分析工具结合在一起[○]。与 TQM 相比，六西格玛更关注金融而不是顾客，强调成本削减和利润提升。它非常侧重培养专业团队，应用更优的结构化方法和制定弹性的目标[○]。由以上可见，六西格玛观点来源于工艺能力的概念，所以它的主要关注点——通过系统地降低工艺可变性来减少工艺缺陷，就显得不足为奇了。然而，随着对成本削减的强烈侧重，六西格玛项目中绝大多数可观的结果都来自于工艺的简化和非增值活动的减少。

六西格玛应用规范化的五阶段流程（缩写为 DMAIC）来指导改进过程。

- 界定问题（Define the Problem）：在此阶段中，团队工作致力于识别顾客并确定他们的需求。确定问题不管对消费者需求还是经营目标来说都很重要，且具有可追溯性是十分必要的。团队定义项目范围、时间框架、潜在利润，上述内容被记入团队章程。

- 测量（Measure）：在第二阶段期间，团队制订允许他们评估工艺性能的标准。此阶段需要精确测量当前工艺性能，如此才能与预期性能相比。对此阶段而言，开始了解在过程中导致显著变化的过程变量是很重要的。

- 分析（Analyze）：团队通过分析由前一阶段得到的数据来确定问题的根源，并识别任何非增值的工艺步骤。团队应确定哪些工艺变量实际上影响到了顾客，并确定影响的程度。团队也应研究工艺中变量组合的可能性，以及每个工艺变量的变化如何影响工艺性能。在这个阶段，应用过程建模比较有利。

- 改进（Improve）：这是关于产生解决方案并实施的时期。它涉及挑选可以解决根本原因

○ R. C. Perry and D. W. Bacon, *Commercializing Great Products with Design for Six Sigma*, Pearson Education, Upper Saddle River, NJ, 2007.

○ G. Wilson, *Six Sigma and the Development Cycle*, Elsevier Butterworth-Heinemann, Boston, 2005.

的方案。采用的工具类似于成本/利益分析中运用的财务工具，如净现值。完善清晰的执行计划以及与管理层的沟通是这个阶段的本质任务。

- 控制（Control）：最后这一阶段把改变制度化并开发监测系统，这样一来，随着时间的变化，也能保持利润的提高。针对防误措施来修订过程。计划的某个部分可以视为本项目所发现的机遇，虽然它超出了当前公司整体的组织范围。项目应该安全文档化，这样一来，其他六西格玛团队在以后可以使用该结果来制定改善方案。

15.6 田口方法

在日本，在 Genichi Taguchi（田口玄一）博士的领导下，面向产品和工艺改进的系统化统计方法被开发出来[⊖]。该方法侧重全部质量，但十分独特，并有一套专门的术语。该方法强调要将质量问题溯源到设计阶段，并集中精力改进工序，预防缺陷发生。田口博士把重点放在变量的最小化作为改进质量的首要手段。其理念是在产品设计时给予特别关注，以保证产品性能对工作环境的变化（也称作噪声）不敏感。要达到上述目标需通过应用统计的试验设计，即鲁棒设计（第 15.7 节）。

15.6.1 质量损失函数

田口博士将产品的质量级别定义为对社会造成的全部损失，这些损失源自产品未达到预期性能，产品的有害副作用，包括产品运行成本。这种定义看似逆序，因为质量这个词通常隐含令人满意之意，而"损失"传达了一种令人不满意的印象。在田口的概念里，某些损失是不可避免的，因为从产品被运送给顾客到投入使用的过程中，自然世界的现实情况十分复杂。因此，所有的产品都会产生质量损失。损失越小，产品越令人满意。

能量化损失是很重要的，这样就能够比较候选产品设计和制造过程。可通过二次损失函数来量化损失（图 15.6a）

$$L(y) = k(y - m)^2 \tag{15.12}$$

式中，当质量特性是 y 时，$L(y)$ 为质量损失；m 为 y 的目标值；k 为常数，即质量损失系数。

图 15.6a 体现了一般情况下的损失函数，此处的规格设定为目标值 m 且有双向公差带 $\pm \Delta$。关于质量的常规方法认为，所有尺寸都落在公差范围内的是合格零件，而任何尺寸超出 USL-LSL 区域的则是缺陷零件。可以进行这样的类比：在足球场上，即使球射入球门正中央，也只是得一分而已（没有附加分）。

田口坚持认为用这种常规方法定义质量并不现实。尽管在足球比赛中，只要球落在 2Δ 范围内即为合理，可得相同的分数，但是对于质量工程方法而言，可变性是质量的大敌，设计目标的任何偏差都是会不合质量要求并降低质量等级的。此外，将质量损失函数定义为二项式而不是线性表达式，突出了接近目标值的重要性。

显然，由图 15.6a 可知，当 $L(y) = A$ 时，y 超出公差 Δ。当产品落入公差范围之外并被抛弃，或使用中的零件需要维修或替换时，A 为蒙受的损失。当上述情况发生时，把 $y = \text{USL} = m + \Delta$ 代入式（15.12），得

$$L(m + \Delta) = A = k[(m + \Delta) - m]^2 = k\Delta^2$$

⊖ G. Taguchi, *Introduction to Quality Engineering*, Asian Productivity Organization, Tokyo, 1986, available from Kraus Int. publ., White Plains, NY; G. Taguchi, *on Robust Technology Development Taguchi*, ASME Press, New York, 1993.

$$k = A/\Delta^2$$

代入式 (15.12) 得到

$$L(y) = \frac{A}{\Delta^2}(y - m)^2 \qquad (15.13)$$

这就是质量损失方程的表达式，最常用于以下情况：当质量特性几乎与目标值一致，并且是关于目标对称的，可以实现最高质量（最低损失）。注意，仅当 $y = m$ 时，$L(y) = 0$。零件的质量关键点尺寸就是名义上合格的设计参数的例子。

另外两种常见情况连同关于损失函数的合理方程如图 15.6 所示。图 15.6b 表明，当理想值为 0，目标的最小偏差产生最高质量，以 y 代表某汽车尾气的污染就是这个例子。图 15.6c 表明相反的情况，即远离 0 的最大偏差产生最低损失函数，某零件的强度设计属于此类。

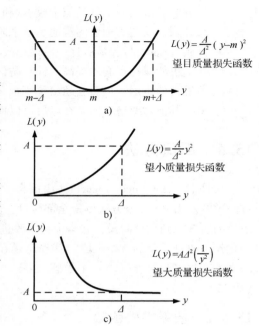

图 15.6　三种常见情况的损失函数图

例 15.6　某电子产品的电源额定输出电压为 115V。当输出电压超出额定电压 20V 时，客户会面临性能下降或产品损毁的情况，并且维修费用的平均成本将达到 100 美元。如果产品电源具有 110V 的输出电压，会有什么样的损失？根据以上陈述可得

$$m = 115V, \quad y = 110, \quad \Delta = 20V, \quad A = 100 \text{ 美元}, \quad k = \frac{A}{\Delta^2} = \frac{100}{20^2} = 0.25 \text{ 美元}/V$$

$$L(110) = k(y - m)^2 = 0.25(110 - 115)^2 \text{ 美元} = 6.25 \text{ 美元}$$

当电源传递为 110V 而不是 115V 时，这就是客户感知的质量损失。

例 15.7　假使生产商在产品生产线末端能够重新校准电源并使其接近目标电压。以经济角度来看，是否执行该项决策的依据是维修成本是否小于客户认知质量损失。在此情况下，让 $A =$ 重新制作成本 $= 3$ 美元/件。在生产商重做电源前，距离目标的偏差有多大？

客户损失通过例 15.6 可得

$$L(y) = 0.25(y - m)^2, \quad y = m - \Delta$$

$L(y) = 3$ 美元，为决策点。

$$3 = 0.25(m - \Delta - m)^2 = 0.25\Delta^2, \quad \Delta = \sqrt{\frac{3}{0.25}}V = \sqrt{12}V = 3.46V$$

倘若输出电压在目标（115V）的 $\pm 3.5V$ 范围内，那么生产商将不必为重新校准单位而花费 3 美元/每件。该值就是生产商的经济耐受极限。超过该点的话，客户损失就会增长，超出可接受限度。

通过对个体损失求和并除以个体总数，得到产品样本的平均质量损失[⊖]

$$\bar{L}(y) = k[\sigma^2 + (\bar{y} - m)^2] \qquad (15.14)$$

式中，$\bar{L}(y)$ 是平均质量损失；由于工序中的普遍原因，σ^2 是 y 的总体方差，一般通过样本方差来估算；$\bar{y}$ 是样品中所有 y_i 的均值，或为 $\hat{\mu}$；由于指定的变化，$(\bar{y} - m)^2$ 是 $\bar{y}$ 距离目标值 m 的误差平方。

⊖　W. Y. Fowlkes and C. M. Creveling, *Engineering Method for Robust Product Design*, Chap. 3, Addison-Wesley, Reading, MA, 1995.

480

式（15.14）是重要的关系式，因为它把质量损失分为两部分，一部分是由产品或过程可变性引起的部件损失，另一部分是从目标值中取出的样品均值的数量。

例 15.8 某制造过程的标准差为 0.00226in，均值为 1.503in（例 15.5）。零件的质量关键点（CTQ）的尺寸规格为（1.500 ± 0.009）in。如果 y 超过 1.5009，该零件不能在子系统中装配，并且重新加工的成本为 16 美元。

（a）该制造过程中，零件的平均质量损失是多少？

首先，需要找到制造过程的质量损失系数 k

$$k = \frac{A}{\Delta^2} = \frac{16 \ \text{美元}}{(0.009\text{in})^2} = 197531 \ \text{美元} / \text{in}^2$$

$$L(y) = k[\hat{\sigma}^2 + (\hat{\mu} - m)^2] = 197531 \times [(0.00226)^2 + (1.503 - 1.500)^2] \ \text{美元}$$
$$= 197531 \times [5.108 \times 10^{-6} + 9 \times 10^{-6}] \ \text{美元} = 2.787 \ \text{美元}$$

要注意，由于均值偏移导致的质量损失是由过程可变性引起的质量损失的 2 倍。

（b）如果过程均值处在零件目标值的中心，那么质量损失因素是什么？

现在，$(\hat{\mu} - m) = (1.500 - 1.500) = 0$，质量损失全部归因于过程变化。$\overline{L}(y) = 197531 \times (5.108 \times 10^6)$ 美元 = 1.175 美元。

第 15.7 节中将会看到，使用田口方法的通常步骤是，首先选择使产品对变化敏感度最小的设计参数，然后找出最佳参数组合，调整工艺条件使产品均值和过程均值达到一致。

15.6.2 噪声因素

影响产品或工艺质量的输入参数可以分为设计参数和干扰参数。设计参数可由设计者自由制定。设计者有责任选取最优水平的设计参数。干扰因素是本身无法控制，或不能有效实行控制的参数。

田口用噪声因素这个术语来指代那些在产品处于使用过程中或零件制造过程中太难或成本太高而无法控制的参数。噪声因素分为以下四个范畴：

- 变异噪声是指由于其组件和装配的差异导致名义上相同的产品之间的差异。
- 内部噪声是指由于衰退和磨损，产品特性随时间增长的长期变化。
- 设计噪声是指由于设计过程而引入产品的可变性，其主要由实用设计的局限性造成的公差可变性组成。
- 外部噪声也称外噪声，指在产品运行环境中造成变化的干扰因素。例如，温度、湿度、尘埃、振动及生产操作员的技巧。

田口方法是试验研究中不太常用的方法，因为它过分强调每项试验设计中都应包括噪声因素。田口是第一个直接明确表达在设计决策中要考虑外部噪声重要性的人。

15.6.3 信噪比

无论何时实施一系列试验，都有必要确定测量什么响应或输出量。通常试验的本质是提供自然的响应。例如，在对硬化钢支座的热处理效果进行评估的控制图 15.1 中，自然的响应是指洛氏硬度测量法。田口方法运用了特殊的响应变量，即信噪比 S/N。此响应的使用存在些许争议，但由于基于其在同一种参数中包括了均值（信号）和变化（噪声），正如质量损失函数所做的那样，它的应用被证明有效[⊖]。

[⊖] 田口博士是日本国家电话系统的一名电子工程师，因此他非常熟悉信噪比以及通信线路中信号强度与有害干扰之间的比值等概念。

下面是与图 15.6 中的三种形式的损失函数曲线相对应的三种 S/N 形式。

对于标准质量损失类型的问题

$$\frac{S}{N} = 10\lg \left(\frac{\mu}{\sigma}\right)^2 \qquad (15.15)$$

式中

$$\mu = \frac{1}{n} \sum_{i=1}^{n} y_i, \quad \sigma^2 = \frac{1}{n-1} \sum_{i=1}^{n} (y_i - \mu)^2$$

n 是用于每个设计参数矩阵组合（内部数组）的外部噪声观察组合数量。例如，做了 4 次测试来允许控制参数中的每个组合的噪声，那么 $n=4$。

对于望小质量损失类型的问题

$$\frac{S}{N} = -10\lg \left(\frac{1}{n} \sum y_i^2\right) \qquad (15.16)$$

对于望大质量损失类型的问题，质量性能特点是持续和非负的。希望 y 尽可能大。为了找出信噪比，通过使用性能特性的倒数使其变成望小问题

$$\frac{S}{N} = -10\lg \left(\frac{1}{n} \sum \frac{1}{y_i^2}\right) \qquad (15.17)$$

15.7 鲁棒设计

鲁棒设计是发现设计因素最佳值的系统化设计方法，产生了低可变性的经济性设计。田口方法则是通过以下步骤达到该目标的：首先实施参数设计，如果仍不能得到最优结果，那么就实施公差设计来完成该目标。

参数设计⊖是确定设计参数或工艺变量的方法，从而降低设计对变化源的敏感性。它由两个步骤构成。首先，识别控制因素。这些因素是主要影响信噪比的但不是均值的设计参数。通过应用统计计划试验，可以发现将响应可变性降到最小化的控制因素等级。其次，一旦方差降低，通过使用适当的设计参数，即信号因子来调节平均响应。

15.7.1 参数设计

参数设计充分使用计划试验。该方法涉及基于部分析因设计的统计设计试验。与在详尽的测试程序中一次改变一次参数的传统方法相比，部分析因设计仅仅是试验总数中的一小部分⊖。图 15.7 表明了部分析因的意义。假设识别出三个影响设计性能的控制因子 P_1、P_2 和 P_3。想要确定它们对设计变量的影响。响应在两种设计参数水平上被测量，一种是低水平，另一种是高水平。在传统方法中每次只改变一个因子，那么需要进行 $2^3 = 8$ 次测试，如图 15.7a 所示。然而，如果使用部分析因试验设计（DOE），本质上仅需 4 次测试即可获得相同信息，是传统试验所需次数的一半，如图 15.7b 所示。所有常规的部分析因设计为正交阵列。这些阵列具有平衡特性，表现在每设置一个设计参数时，其他设计参数也需同时以相同次数设置。当把测试数最小化时，它们仍能够保持其平衡特性。田口提出了便于使用的正交阵列方法，即仅使用部分析因设计试验计划的一部分。试验数量确实达到了最小化，但也牺牲掉关于交互作用的详细信息。

⊖ 专有名词划分有些过于细致。被称为参数设计的过程完全建立在鲁棒设计中的田口方法之上。这一工作通常在参数设计阶段的具体化设计过程中加以实施。

⊖ W. Navidi, op. cit., pp. 735-738.

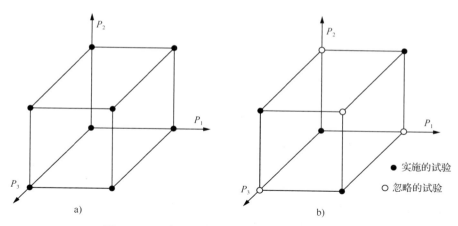

图 15.7 三个因子在两种水平上的设计试验计划
a) 所有试验组合　b) 部分析因设计

图 15.8 展示了两种常用的正交阵列。列代表控制因素 A、B、C、D，行代表每个试验运行的参数设置。L4 阵列处理的是两种水平上的 3 个控制因素，而 L9 阵列考虑到三种水平的 4 个控制因素，注意，L9 阵列把需要 $3^4 = 81$ 个的试验缩减到仅运行 9 个试验。这种缩减是通过混淆相互作用效应（AB 等）和主要效应（A、B 等）实现的。同时也要注意控制因素水平之间的平衡。每个控制因素的每种水平出现相同的运行次数。举例来说，B 的水平 1 出现在 1、4、7 中，水平 2 在 2、5、8 中，水平 3 在 3、6、9 中，控制因素水平间的平衡允许去计算分离每个因素影响的平均值。

L4阵列			
运行数量	A	B	C
1	1	1	1
2	1	2	2
3	2	1	2
4	2	2	1

L9阵列				
运行数量	A	B	C	D
1	1	1	1	1
2	1	2	2	2
3	1	3	3	3
4	2	1	2	3
5	2	2	3	1
6	2	3	1	2
7	3	1	3	2
8	3	2	1	3
9	3	3	2	1

图 15.8　正交阵列

正交阵列的选择取决于控制因素和噪声因素的数量[⊖]。决定是否使用含有在 2 或 3 水平上的某个因子的阵列，取决于是否对结果寻求更多的解释，尤其是当你感觉响应将是非线性时。当然，控制因素和噪声因素的数量决定了调查所需的资源。

假定测量 9 次的响应结果分别为 y_1，y_2，…，y_9。当 B 处于 L9 阵列的水平 1 时，让响应平均水平超过其他次数；当 B 处于水平 2 时，让平均水平超过其他次数，依次类推。然后可以得到如

⊖ G. Taguchi, *System of Experimental Design*：*Engineering Methods to Optimize Quality And Minimize Cost*，2 vols.，Quality Resources，White Plains，NY，1987；M. S. Phadke，*Quality Engineering Using Robust Design*，Prentice Hall，Upper Saddle River，NJ，1989；W. Y. Fowlkes，and C. M. Creveling，op. cit.，Appendix C.

下公式

$$\overline{y}_{B1} = \frac{(y_1 + y_4 + y_7)}{3}$$

$$\overline{y}_{B2} = \frac{(y_2 + y_5 + y_8)}{3} \qquad (15.18)$$

$$\overline{y}_{B3} = \frac{(y_3 + y_6 + y_9)}{3}$$

由类比式（15.18）可以得出类似的 $\overline{y}_{Ai}$、$\overline{y}_{Ci}$ 和 $\overline{y}_{Di}$ 的方程。

田口设计试验通常包括两部分。第一部分是设计参数矩阵，控制参数的影响由一个适当的正交矩阵确定。第二部分是噪声矩阵，它是由噪声参数构成的较小型正交阵列。通常第一种矩阵称为内阵列，噪声矩阵则被称为外阵列。针对内阵列，通常使用 9 次的 L9 阵列，对于外阵列，则使用 4 次的 L4 阵列。对于 L9 阵列的 1 次试验（所有因子都处于低水平），在噪声矩阵另有 4 种试验，每种对应一种噪声因素组合。针对 2 次试验，也有另外 4 种试验，以此类推，所以总共有 9 × 4 = 36 种测试情况需要评估。在第一次运行时，对 4 种试验的每一个响应进行评估，并且确定像均值和标准差这样的统计数据。这项评估是针对设计参数矩阵的 9 次试验中的每一次试验。

运用田口方法依照以下六个步骤进行鲁棒设计：

1）定义问题，包括待优化的参数和目标函数的选取。

2）选择设计参数，通常称为控制因素和噪声因素。控制因素是由设计者控制并可以通过试验来计算或确定的参数。噪声因素是指由环境引发变化的参数。

3）通过选择合适的部分析因阵列（图 15.8）来设计试验，所使用的水平数量和参数范围要符合该水平。

4）依据试验设计（DOE）来进行试验。既可以是实际的物理试验也可以是计算机仿真试验。

5）通过计算如第 15.6.3 节所示的信噪比（S/N）来分析试验结果。如果分析不能得到确切的最优值，则用新的设计水平值或改变的控制参数，重复步骤 1）~ 4）。

6）当所使用的方法得出了一系列最优参数时，进行验证试验来证实结果的有效性。

例 15.9 第 4.6 节的例 4.1 针对某款新游戏机的样机的指示灯失灵问题，给出了如何使用 TQM 工具来发现导致该设计问题的根本原因。在该例中可以发现，不合格焊接的根本原因是使用由焊球和焊剂构成的不合适焊膏。为了加固焊接点，使用田口方法来确定最佳条件，以此来改善当前境况。确定了 4 个控制参数和 3 个主要噪声参数。因此，针对参数矩阵使用 L9 正交阵列，针对噪声参数使用 L4 阵列是合理的，如图 15.8 所示。

L9 正交阵列控制因素和范围的选取

控 制 因 素	水 平 1	水 平 2	水 平 3
A—焊球尺寸	30 μm	90 μm	150 μm
B—丝网直径	0.10 mm	0.15 mm	0.20 mm
C—焊料活性	低活性	中等活性	高活性
D—温度	500 °F	550 °F	600 °F

上面列出的控制因素属于变化的噪声因素。研究目的是为了发现在这些因素影响下零件间差异最小化的工序条件。

L4 正交阵列噪声因素的选择

噪 声 因 素	水 平 1	水 平 2
A—保质期粘贴寿命	新罐	1 年前开启
B—表面清洗方法	水冲洗	氯碳化合物溶剂
C—清洗程序	水平喷射	浸泡

第一个噪声因素是内噪声因素，而另两个是外噪声因素。

现在依据试验设计来开展试验。例如，包括噪声矩阵在内的 L9 中的运行次数 2 被执行 4 次。第一次试验中条件为：$30\mu m$ 焊球、0.15mm 直径的丝网、中等活性的焊剂、550℉、一罐新膏剂、水冲洗和水平喷射。后三个因素来自 L4（噪声）阵列中的运行次数 1。在运行次数 2 的第 4 次验证中，L9 将处于同等条件，但噪声因素改变：使用一罐一年前开启的膏剂，氯碳化合物溶剂作为清洁药剂，并使用水平喷射来清洁。针对运行次数 2 的 4 个试验中的每一个而言，测量代表最优化目标函数的响应。在此情况下，响应就是指室温测量下焊点的剪断强度。通过 4 次试验，使强度测定达到平均水平并确定标准差。运行次数 2 的结果为

$$\bar{y}_2 = \frac{(4.175 + 4.301 + 3.019 + 3.3134)}{4}ksi = 3.657ksi$$

$$\sigma = \sqrt{\frac{\sum (y_{2i} - \bar{y}_2)^2}{n - 1}} = 0.584$$

在鲁棒设计中，合适的响应参数就是信噪比。因为要努力找到使焊点的剪断强度最佳化的条件，所以选择望大类型的信噪比。

$$\frac{S}{N} = -10\log\left(\frac{1}{n}\sum \frac{1}{y_i^2}\right)$$

计算 L9 阵列中的每个运行次数的信噪比。对于运行次数 2 为

$$(S/N)_{run2} = -10\log\left\{\frac{1}{4}\left[\frac{1}{(4.175)^2} + \frac{1}{(4.301)^2} + \frac{1}{(3.019)^2} + \frac{1}{(3.134)^2}\right]\right\} = 10.09$$

下表显示了所有参数矩阵中运转的相似计算结果[一]：

运 行 序 号	控 制 矩 阵				信噪比 S/N
	A	**B**	**C**	**D**	
1	1	1	1	1	9.89
2	1	2	2	2	10.09
3	1	3	3	3	11.34
4	2	1	2	3	9.04
5	2	2	3	1	9.08
6	2	3	1	2	9.01
7	3	1	3	2	8.07
8	3	2	1	3	9.42
9	3	3	2	1	8.89

接下来，很有必要针对 3 个水平中 4 个控制参数的每一个确定平均响应。前面已经指出响应结果是通过平均那些运行结果得到的，如当 A 处于水平 1，或 C 处于水平 3 时，依次类推。根据前表，显然 B 处于水平 2 的 S/N 均值为（10.09 + 9.08 + 9.42）/3 = 9.53。

⊖ 需要指出的是，这些数字仅用来说明设计方法，并不是有效的设计数据。

通过计算 3 个水平上的 4 种因素将得到如下的响应表：

水　平	平均信噪比 S/N			
	A	**B**	**C**	**D**
1	10.44	9.00	9.44	9.29
2	9.04	9.53	9.34	9.05
3	8.79	9.75	9.49	9.93

如图 15.9 所示，针对 4 个控制参数中的每个参数，画出在不同测试水平的平均信噪比如下。这些线性图显示因素 A—焊球尺寸，因素 B—丝网直径，对于焊点的抗剪强度影响最大。此外，因素 C—焊料活性，不是一个重要的变量。由这些图显示的结果来看，可以推断出控制参数的最佳设置：

控 制 因 素	优 化 水 平	参 数 设 置
A—焊球尺寸	1	30 μm
B—丝网直径	3	0.20 mm
C—焊料活性	—	没有趋势表明将选择中等活性
D—温度	3	600℉

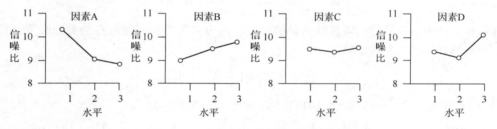

图 15.9　4 个控制参数的信噪比线状图

需要注意，这些试验条件与控制矩阵中的 9 次运行中的任何一次都不同。为了证实该结果，在前面测试条件的基础上实施另外 4 组试验。当计算信噪比为 11.82，比在 36 个测试点中测量取得的任何信噪比都大时，就验证了优化的有效性。

例 15.9 使用相对少量的试验来研究大量的设计变量（4 个控制参数和 3 种噪声因素），进而得到一套新的控制参数，这些参数比基于一定信息的猜测更接近最佳条件，并对噪声因素具有鲁棒性。

15.7.2　公差设计

如例 15.9 所示，参数设计通常引起便于得到鲁棒性和低可变性的设计。然而，可变性很大的情况是存在的，这时，就有必要减小公差来降低可变性。通常用方差分析（ANOVA）来确定每个控制参数的相对作用，以此来识别那些针对公差缩紧、改良材料的替换、改善质量的其他方法等问题应该被考虑在内的因素。由于这些方法通常增加额外成本，关于公差设计，田口提供了平衡改进质量（低质量流失）和成本关系的详细方法。公差设计方法学超出了本书的范围，但有另外一本很好的书可以利用，也十分易懂⊖。

⊖ C. M. Creveling, *Tolerance Design*: *A Handbook for Developing Optimal Specifications*, Addison-Wesley Longman Reading, MA, 1997.

随着许多大制造公司在质量工程中采用田口方法，此方法在美国已经引起巨大关注。尽管损失函数概念和鲁棒设计很新颖、很重要，但很多统计学技术已经存在了 50 多年。统计学家指出[一]，存在更简单和更有效的方法，能够达到田口方法所能完成的任务。然而，在田口把这些想法系统化并延伸到工业领域之前，该方法并未被大量工业广泛使用。认识到这一点尤为重要。由于田口方法对很多工业问题都具有普适性，且并不需要使用高超的数学技巧来得到有用的结果，因此人们对田口方法的接受程度日益增长。

15.8 优化方法

在前一节中所举的例子是在预期结果明确的情况下，使用统计试验的方法寻求设计参数的最优组合。一个设计问题不止一个解决方案，而第一种解决方案不一定是最好的。因此，最优化是设计过程的固有属性。一个关于优化的数学理论已经得到了高度的发展并且已经被运用于设计函数可以表达为数学公式的设计之中。数学方法的适用性通常取决于是否存在连续可微的目标函数。当无法用微分方程进行表示时，通常用计算机辅助计算来进行优化。这些优化方法需要大量深层次的知识以及数学技巧来选择合适的优化技术并且在求解过程中加以运用。

优化一直是工程设计的一个目标。但是，直到最近 10 年，发展出了寻求近似最优解的方法，设计人员才有计算能力来进行数学意义上的真正优化。这些优化方法可分为以下几大类[二]：

- 进化法：技术进化和生物进化十分相似。过去的大多数设计都是通过改进已有的相似设计得到优化的。由此产生的变化是否被接受，取决于用户认可的自然选择。
- 直觉法：工程的艺术是无需精确的数学论证就能做出正确决策的能力。直觉是在不知道为什么的情况下就知道做什么。直觉的天赋似乎与潜意识密切相关。在技术的发展史上充满了大量的工程师利用直觉取得重大进步的例子。虽然当今可用的知识和工具是如此强大，但是毫无疑问，直觉依然在优秀的设计开发中起到很重要的作用。这种直觉的展现形式常常是对过往工作经验的记忆。
- 试错法建模：该优化方法是指工程设计中通常存在的情况，即发现第一个可行的设计并不是最好的。因此，设计模型要经过几次反复迭代以期找到改进的设计。当设计师有丰富的经验能够对初始设计值做出相对可靠的选择时，该方法最有效。第 8.6.2 节中的弹簧参数设计就是该方法的一个例证。然而，这种处理方法并未真正意义上的优化。与优化方法相对，有人称这种方法为满意法，意味着一项完成迅速、可能经济实用、技术上也可接受的工作。这样的设计不应该被称为最佳设计。
- 数值算法：这种优化方法使用数学策略寻求优化，运算快速、功能强大的数字计算机为该方法提供了保证。该方法已成为当前一个活跃的工程研究领域。

术语"最佳设计"是指所有可行设计中的最好设计。优化是期望最大化和非预期最小化的过程。优化理论以数学为主体来处理最大化和最小化的特征并研究寻求最大值和最小值的数值方法。在典型的设计优化情况中，设计者已经针对独立变量数值未定的情况定义了一个通用的构型。就 n 个设计变量（通常用一个向量 x 表示）规定了所有设计值的目标函数表示如下[三]

[一]　R. N. Kackar, *Jnl of Quality Tech.*, vol. 17, no. 4, pp. 176-209, 1985.

[二]　J. N. Siddall, *Trans. ASME*, *J. Mech. Design*, vol. 101, pp. 674-681, 1979.

[三]　也称为准则函数、支付函数或成本函数。

$$f(\boldsymbol{x}) = f(x_1, x_2, \cdots, x_n) \tag{15.19}$$

可以用这个典型的目标函数表示成本、质量、可靠性以及材料特性指标或这些因素的综合。按照惯例，目标函数通常以最小化函数的值写下来。但是，使函数 $f(\boldsymbol{x})$ 最大化与函数 $-f(\boldsymbol{x})$ 最小化是相同的。

通常在选择设计数值时，并没有在设计空间任意选择某点的自由。目标函数很可能受到特定约束，这些约束主要来于物理规律和限制或来于独立变量之间的相容性条件。"等式约束"规定了变量间必须存在的关系

$$h_j(\boldsymbol{x}) = h_j(x_1, x_2, \cdots, x_n) = 0, \quad j = 1 \sim p \tag{15.20}$$

例如，如果对某一个长方体油罐的体积进行优化，其边长为 $x_1 = l_1$，$x_2 = l_2$，$x_3 = l_3$，则等式约束为 $V = l_1 l_2 l_3$。等式约束的数目不得多于设计变量的数目，即 $p \leqslant n$。

"不等式约束"也称为区域约束，是问题的特殊细节导致的

$$g_i(\boldsymbol{x}) = g_i(x_1, x_2, \cdots, x_n) \leqslant 0, \quad i = 1 \sim m \tag{15.21}$$

在不等式约束的数量上没有限制⊖。在设计环境里自然产生的一类不等式约束是以规格为基础的。规格定义了与系统其他部分之间的相互作用情况。通过对一个设计变量设置固定值来进行系统局部优化而做出的决定是规格的来源。

一个存在于设计优化中的普遍问题是：经常存在不止一个对用户而言有价值的设计特性。解决优化方案制定的问题的一个方法就是选择某个主要的特征来作为目标函数，并将其他特征降为约束条件，这些约束条件常常表现为严厉或严格界定的规格。在实际中，这些规范可以协商（软规范），而且应该被认为是目标数值，直到设计推进到某一时刻，这时可能确定为达到规格要求权衡之后付出的代价。西多尔（Siddal⊜）已经给出了在设计优化过程中通过使用交互曲线来实现这一目标的方法。

例 15.10 本例有助于进一步明确前文中的相关定义。我们希望设计一个圆柱形容器来存储一定体积 V 的液体。该容器由薄钢板冲压焊接而成，因此其成本取决于所用板材面积。

设计变量是容器的直径 D 及其高度 h。因为该容器有盖，所以其表面积为

$$A = 2\left(\frac{\pi D^2}{4}\right) + \pi Dh$$

选择目标函数 $f(x)$ 作为制作容器所需材料的成本

$$f(x) = C_m A = C_m\left(\frac{\pi D^2}{2} + \pi Dh\right)$$

式中，C_m 为钢板的单位面积成本。

由于要求容器必须有一定体积，引入等式约束

$$V = \pi D^2 h / 4$$

由于要求容器需要适合特定的地点或容器不能不合尺寸，引入不等式约束

$$D_{\min} \leqslant D \leqslant D_{\max} \quad h_{\min} \leqslant h \leqslant h_{\max}$$

并不存在工程设计通用的优化方法。如果问题能够用解析的数学表达式明确表达，那么计算方法就是最直接的途径。然而，大多数设计问题太过复杂而无法使用这些方法，同时多种优化方法也已经被开发出来。表 15.5 列出了大多数优化方法。设计者的任务就是了解问题是线性的还是非线性的，是无约束的还是有约束的，然后选择针对问题最适合的方法。以下章节会简要介绍设计优化的各种方法。想要深入了解优化理论请参考表 15.5 中给出的相关文献。

⊖ 通常习惯将式（15.21）写成≤0的形式。如果约束条件为≥0类型，则通过乘以 -1 的方法变换为本形式。

⊜ J. N. Siddall and W. K. Michael, *Trans. ASME*, *J. Mech. Design*, vol. 102, pp. 510-516, 1980.

表 15.5　优化问题中应用的数值方法

算 法 类 别	示　　例	参考文献（见表注）
线性规划	单一法（Simplex method）	1
非线性规划	戴维森 – 弗莱彻 – 鲍威尔法（Davison-Fletcher-Powell）	2
几何规划		3
动态规划		4
变分方法	里兹法（Ritz）	5
微分方法	牛顿 – 拉普森法（Newton-Raphson）	6
同步模式设计	结构优化法（Structual optimization）	7
分析图方法	约翰森多学科优化法（Johnson's MOD）	8
单调分析		9
遗传算法		10
模拟退火		11

注：1. W. W. Garvin, *Introduction to Linear Programming*, McGraw-Hill, New York, 1960.

2. L. T. Biegler, *Nonlinear Programming*, Society of Industrial and Applied Mathematics, Philadelphia, 2010.

3. C. S. Beightler and D. T. Philips：*Applied Geometric Programming*, John Wiley & Sons, New York, 1976.

4. S. E. Dreyfus and A. M. Law, *The Art and Theory of Dynamic Programming*, Academic Press, New York, 1977.

5. M. H. Denn, *Optimizcition by Variational Methods*, McGraw-Hill, New York, 1969.

6. F. B. Hildebrand, *Introduction to Numerical Analysis*, McGraw-Hill, New York, 1956.

7. L. A. Schmit(ed.), *Structural Optimization Symposium*, ASME, New York, 1974.

8. R. C. Johnson, *Optimum Design of Mechanical Elements*, 2nd ed., John Wiley & Sons, New York, 1980.

9. P. Y. Papalambros and D. J. Wilde, *Principles of Optimal Design*, 2nd ed., Cambridge University Press, New York, 2000.

10. D. E. Goldberg, *Genetic Algorithm*, Addison-Wesley, Reading, MA, 1989.

11. S. Kirkpatrick, C. D. Gelatt, and M. P. Vecchi, "Optimization by Simulated Annealing," *Science*, vol. 220, pp. 671-679, 1983.

当约束已知，线性规划是应用最广泛的优化方法，特别是在商业、产品制造领域。然而大多数机械设计问题都是非线性问题，如例 15.10 所示。

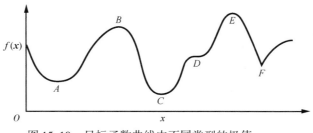

图 15.10　目标函数曲线中不同类型的极值

15.8.1　微分优化

我们很熟悉使用微积分确定函数的最大值和最小值。图 15.10 列出了不同类型的极值。极值的一个固有特性就是在该点处函数导数为 0。$f(x)$ 暂时固定。平稳点的常见情况如下。

$$\frac{\mathrm{d}f(x)}{\mathrm{d}x} = 0 \qquad (15.22)$$

如果曲率为负，那么平稳点为最大值点。如果曲率为正，平稳点为最小值点。

$$\frac{\mathrm{d}^2 f(x)}{\mathrm{d}x^2} \leqslant 0，即为本地最大值 \qquad (15.23)$$

$$\frac{\mathrm{d}^2 f(x)}{\mathrm{d}\,x^2} \geqslant 0, \text{即为本地最小值} \tag{15.24}$$

点 B 和点 E 都是数学极值。点 B 是两个极大值中的较小点，称为局部最大值。点 E 为全局最大值。点 C 为全局最小值。点 D 为拐点。在拐点处斜率为 0，曲线为水平，但其二阶导数为 0。当 $\frac{\mathrm{d}^2 f(x)}{\mathrm{d}\,x^2}=0$ 时，必须利用更高阶的导数来求某阶导数值不为零的情况，如果零值导数的阶为奇数（如 3 阶、5 阶导数），那么该点为拐点；如果阶数为偶数，那么该点就是局部最优值。因为目标函数在点 F 处不连续，所以点 F 不是最小值点。它仅仅是目标函数的一个尖点。仅在函数连续的情况下，利用函数导数来推断极大值、极小值才有效。

将这一简单的优化方法应用到例 15.10 的容器问题中。根据等式约束 $V=\frac{\pi D^2 h}{4}$，目标函数为

$$f(x) = \frac{C_m \pi D^2}{2} + C_m \pi Dh = \frac{C_m \pi D^2}{2} + C_m \pi D\left(\frac{4}{\pi} V D^{-2}\right) \tag{15.25}$$

$$\frac{\mathrm{d}f(x)}{\mathrm{d}D} = 0 = C_m \pi D - \frac{4 C_m V}{D^2} \tag{15.26}$$

$$D = \left(\frac{4V}{\pi}\right)^{1/3} = 1.084\, V^{1/3} \tag{15.27}$$

由式（15.27）所得到的直径值可使成本最低，因为式（15.26）的二阶导数为正。要注意，尽管有些问题要遵循使用目标函数是单变量的解析式，但绝大多数工程问题的目标函数包含不止一个设计变量。

拉格朗日乘子法：拉格朗日乘子法是解决包含等式约束的多变量寻优问题的非常有效的方法。将原始目标函数 $f(\boldsymbol{x})=f(x,y,z)$ 代入等式约束 $h_1=h_1(x,y,z)$ 和 $h_2=h_2(x,y,z)$ 中，所得到新的目标函数就是拉格朗日表达式（Lagrange Expression，LE）

$$LE = f(x,y,z) + \lambda_1 h_1(x,y,z) + \lambda_2 h_2(x,y,z) \tag{15.28}$$

式中，λ_1 和 λ_2 为拉格朗日乘子。

在最优点处必须满足以下条件：

$$\frac{\partial LE}{\partial x} = 0, \quad \frac{\partial LE}{\partial y} = 0, \quad \frac{\partial LE}{\partial z} = 0, \quad \frac{\partial LE}{\partial \lambda_1} = 0, \quad \frac{\partial LE}{\partial \lambda_2} = 0 \tag{15.29}$$

例 15.11 本例介绍了在优化中确定拉格朗日乘子的方法[⊖]。在某一热交换器中必须要安装总长 300in 的散热管来提供足够的传热面积。全部的安装成本包括：①700 美元的散热管成本；②$25 D^{2.5} L$ 的壳体成本；③热交换器所占的 $20DL$ 地板成本。在热交换器管壳内部，每平方英尺横截面积内布置 20 根散热管。

把采购成本 C 当作目标函数。最优化就是要确定热交换器直径 D 以及长度 L 来使采购成本最小化。

目标函数是这三种成本的总和

$$C = 700 + 25 D^{2.5} L + 20DL \tag{15.30}$$

成本 C 的最佳化受到等式约束，此等式约束是以管壳总长度和横截面积为基础的。

散热管总体积$(\mathrm{ft}^3) \times 20/\mathrm{ft}^2 = $ 总长度(ft)

$$\frac{\pi D^2}{4} L \times 20 = 300$$

⊖ W. F. Stoecker, *Design of Thermal Systems*, 2nd ed., McGraw-Hill, New York, 2008.

$$5\pi D^2 L = 300, \quad \lambda = L - \frac{300}{5\pi D^2}$$

则拉格朗日方程为

$$LE = 700 + 25\pi D^{2.5}L + 20DL + \lambda\left(L - \frac{300}{5\pi D^2}\right)$$

$$\frac{\partial LE}{\partial D} = 2.5 \times 25D^{1.5}L + 20L + 2\lambda\frac{60}{\pi D^3} = 0 \tag{15.31}$$

$$\frac{\partial LE}{\partial L} = 25D^{2.5} + 20D + \lambda = 0 \tag{15.32}$$

$$\frac{\partial LE}{\partial \lambda} = L - \frac{300}{5\pi D^2} = 0 \tag{15.33}$$

由式（15.33）可得：$L = 60/\pi D^2$；由式（15.32）可得：$\lambda = -25D^{2.5} - 20D$。
将以上两式代入式（15.31），得

$$62.5D^{1.5}\left(\frac{60}{\pi D^2}\right) + 20\left(\frac{60}{\pi D^2}\right) + 2(-25D^{2.5} - 20D)\left(\frac{60}{\pi D^2}\right) = 0$$

$$12.5D^{1.5} = 20, \quad D = 1.6^{0.666}\text{ft} = 1.37\text{ft}$$

将结果代入在 D 和 L 之间的约束函数中可得 $L = 10.2$ft。将 D 和 L 的优化值代入目标函数式（15.30）中，可得最优成本为 1538 美元。

以上是针对含有 2 个设计变量 D 和 L 的单目标函数、单等式约束的闭式优化示例。

就其本质而言，设计问题倾向有很多变量，很多约束限制了某些变量的取值，也倾向有很多目标函数来描述设计的预期结果。可行的设计就是能同时满足所有设计约束条件并达到功能需求最小化的系列变量的结合。工程设计问题通常约束不足，也就是说，没有足够的相应约束来设定每个变量的值。相反，每个约束可取很多值，也就意味着有很多可行的解决方案。正如形态学方法所指出的那样（第 6.6 节），可行方案的数量与多值变量的数量呈指数增长关系。

15.8.2　搜索方法

当明确了设计问题具有多个可行的解决方案时，有必要利用某种方法在设计空间里寻求最优解。但寻求设计问题的全局最优解（绝对最优解）是一件很困难的事情。虽然一直能够选择采用大量计算来确定所有设计方案，但不幸的是，设计选项成百上千且评估设计性能需要大量复杂的目标函数。综合这些逻辑因素，问题空间的全面搜索是不可能实现的。同样，有些设计问题并不是只有一个最优解。相反，它们可能有一大串设计变量数值，通过综合一个嵌入目标函数表示的性能的所有等级，这些变量数值都能产生同样的总体性能。在这种情况下，寻求最优解的集合，这个集合被称为帕雷托（Pareto）解集。

可以把搜索问题分为以下几种类型：①确定性搜索，搜索过程几乎不存在可变性，所以所有问题参数都为已知；②随机搜索，搜索过程存在一定程度的随机性，可能导致不同的解决方案，这种搜索可以是仅包括单个变量的搜索或是包括多个变量的更复杂、更实际的搜索；③同时搜索，该方法需要明确规定每个实验的条件，也必须在判断最优位置之前完成所有观察；④顺序搜索，该方法中即将进行的试验是建立在过去的结果之上的。多数的搜索问题都牵涉约束优化，其中某些变量组合禁止出现。线性规划和动态规划是擅长处理该情况的方法。

1. 黄金分割搜索

黄金分割搜索是针对单变量情况的有效搜索方法，具备不需要进一步确定尝试次数的优势。该搜索方法主要建立在以下事实的基础上：两个连续的斐波那契（Fibonacci）的比值 $F_{n-1}/F_n =$

$0.618(n>8)$。斐波那契数列是以 13 世纪的一位数学家而命名的，表达为：$F_n = F_{n-2} + F_{n-1}$，此处 $F_0 = 1$，$F_1 = 1$。

n	0	1	2	3	4	5	6	7	8	9 ...
F_n	1	1	2	3	5	8	13	21	34	55

欧几里得（Euclid）发现了同样的比值，并称之为黄金分割（Golden Mean）。根据他的定义，黄金分割是把一条线段分成不相等的两部分，其中较长的部分与总长之比应该等于较短部分与较长部分之比。古希腊人认为 0.618 是最完美的矩形的宽长比，他们将此应用到建筑设计中。

应用黄金分割搜索时，最初的两个试算值取在距离被搜索量 x 范围两端各 $0.618L$ 的位置，如图 15.11 所示。目标是找出函数或响应的最小值。在第一次试算中，$x_1 = 0.618L = 6.18$ 且 $x_2 = (1-0.618)L = 3.82$。由于要找 x 的最小值且假设目标函数为单调函数，因此如果 $y_2 > y_1$，则可以排除 x_2 左边的部分。

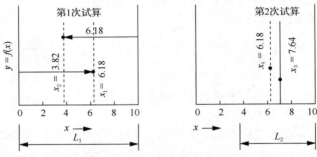

图 15.11　黄金分割搜索应用举例

对于第二次试算，搜索区间 L_2 的范围为 $x = 3.82 \sim 10$，其长度为 6.18。计算两点值为 $x_3 = 0.618 \times 6.18 + 3.82 = 7.64$（从 0 点到右端），$x_4 = 10 - 0.618 \times 6.18 = 10 - 3.82 = 6.18$（从 0 点算起）。可以看出 $x_4 = x_1$，因此只需重新计算一点的函数值。同样，如果 $y_4 > y_3$，则可以排除 x_4 左边的部分。新的搜索区间长度为 3.82。重复以上过程，将搜索点置于距离搜索区间终点 0.618 倍区间长度的位置，直到获得预期的最小值。需要注意，黄金分割搜索不能处理区间内具有多个极值的函数。如果发生这一情况，则应从区间某一端点开始，在界限内以相等的间隔进行搜索计算。

2. 多变量搜索方法

当目标函数取决于两个或者更多变量时，其几何表征为响应面的形式（图 15.12a）。通过在定值 y 处插入平面并将其与曲面的交线向 x_1x_2 面进行投影，更容易得出等高线（图 15.12b）。

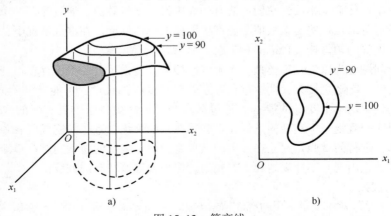

图 15.12　等高线

a）x_1x_2 平面所形成的等高线　b）等高线在 x_1x_2 平面上的投影

3. 格点搜索法

格点搜索法与单变量搜索法类似，是在等高线投影区域中叠加二维网格，如图 15.13 所示。在不确定最大值时，在区域近中心处选择起始点，即点 1 位置，计算点 1 周围 1 ~ 9 点处的目标函数，如果在点 5 处的函数值就是最大值，那么在下一步搜索中就以点 5 作为中心点。继续以上步骤直到在所确定的位置，其中点处的函数值大于其周围 8 个点处的函数值。一开始通常使用粗糙的网格，而在逼近最大值时采用更为精细的网格。

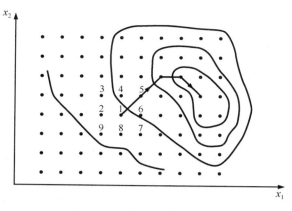

图 15.13　格点搜索过程

4. 单变量搜索

单变量搜索是一次只考虑一个变量的搜索方法。除了一个变量之外，其他的变量都保持恒定，通过该变量的变化来得到目标函数的最优值。将这一最优值代入目标函数里，找到另一个变量的最优值。按顺序得到与每个变量有关的最优值，将某一变量的最优值代入目标函数来优化其余变量。该方法要求变量间相互独立。

图 15.14a 给出了单变量搜索流程。首先，从 0 点沿 $x_2 = $ 常数这一路径在点 1 处可得到最大值。接下来，沿 $x_1 = $ 常数的路径，从点 1 出发可以在点 2 处得到最大值；再沿 $x_2 = $ 常数这一路径，从点 2 出发可在点 3 处得到最大值。重复以上过程，直到两次移动的距离小于某一规定值。如果响应曲面包含脊线，如图 15.14b 所示，那么利用单变量搜索将不能得到最优解。如果初始值选在点 1 处，则沿 $x_1 = $ 常数路径就会在脊线处达到最大值，但该点同样也是 $x_2 = $ 常数这一路径上的最大值。因此，得到一个错误的最大值。

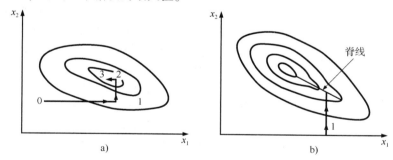

图 15.14　单变量搜索过程

图 15.14 给出了一种交替单变量搜索方法，当有多个设计变量时，需要借助计算机电子表格[⊖]。搜索从设计变量 1 开始进行循环，即改变某一变量值的同时令其他变量取常数。利用黄金分割搜索，变量 1 的目标函数首先得到最优解，其次就是变量 2、3 等。需要重复几次变量搜索的循环。当设计变量在某一循环中的改变对目标函数值的影响极小时，就可测得最优解。

5. 梯度法

一种常见的局部搜索方法是按照响应面上的最快上升路径搜索（爬坡）。试想在黑暗中上山，在昏暗的月光下，以所能看到上方足够远的地方来确定局部最陡斜坡。因此倾向于垂直于等

⊖　J. R. Dixon and C. Poli, *Engineering Design and Design for Manufacture*, pp. 18-13 to 19-14, Field-stone Publishers, Conway, MA, 1995.

高线的最短路径，同时根据视野范围内的地形不断调整攀登方向。梯度方法与数学有关。把搜寻方向转为求最大斜率，但这必须在有限的直线段内完成。

使用梯度法需先猜测一个最佳位置，并根据梯度向量确定方向，梯度向量定义是垂直于等高线的最短路径。梯度向量由描述面的函数偏导数与单位向量 **i**、**j** 和 **k** 构成

$$\nabla f(x,y,z) = \frac{\partial f}{\partial x}\mathbf{i} + \frac{\partial f}{\partial y}\mathbf{j} + \frac{\partial f}{\partial z}\mathbf{k} \tag{15.34}$$

如果目标函数为解析式，则通过计算可求出偏导数。如果不是解析式，那么必须利用数值方法（如有限差分法）求解。步长的选择是重要的考量因素。步长太短，使求解过程很慢，而步长过大则会造成折形路径，因为它超出了梯度矢量方向的变化范围。当搜索所需时间有限时，因梯度法相对简单而时常被采用。该方法的主要缺点是，最陡爬坡只能找到局部最大值。该方法还取决于搜索的起点。梯度下降采用相同方法寻求局部最小值，通过调整步骤比例直到获得负梯度矢量。

15.8.3 非线性优化方法

前文所讨论的方法并非解决有大量设计变量和约束的工程设计问题的实用优化方法。数值方法在求解过程中也十分必要。该求解过程要先估计一个设计最佳值，并用此值对目标函数、约束函数及它们的导数进行计算。这样设计就会移向不同的新位置点，直到满足最优条件或是其他终止标准。

1. 多变量优化

非线性问题的多变量优化已经成为一个非常活跃的领域，大量基于计算机的方法都适用于该领域。限于篇幅，仅介绍几个较为常用的方法。由于深度理解需要大量数学运算说明，限于空间这里只能简要介绍，感兴趣的学生可以参考阿罗拉（Arora）的著作[⊖]。

首先，讨论无约束多变量优化的方法。牛顿法是一种采用函数二阶逼近的间接方法。该方法具有非常好的收敛特性，但并不太有效，因为要计算 $n(n+1)/2$ 个二阶导数，此处 n 为设计变量的数目。因为，仅需要计算一阶导数并利用前次迭代的信息来加快收敛速度的新方法已被开发出来。DFP（Davidon、Flecher、Powell）就是最有效的方法之一[⊖]。

对具有约束条件的非线性问题的优化是一个更加困难的领域，最常用的方法是依次对非线性问题中的约束以及目标函数进行线性化，并利用线性规划技术解决。该方法称为序列线性规划法（SLP）。该方法的缺陷在于缺乏鲁棒性。一个鲁棒性算法无论起始点如何，结果都会相同。在确定步长时通过利用二次规划（QP）能够改变这一问题[⊜]。通常认为序列二次规划算法（SQP）是所有非线性多变量优化方法中的最好的方法，因为它实现了效率（最小的 CPU 时间）和鲁棒性之间的平衡。

目前很多种进行多变量优化的计算机程序已经被开发出来。在维基百科中输入约束非线性优化标题，可得到 80 条结果。

- 由于时常使用有限元分析方法（FEA）搜索设计空间，因此许多有限元软件包中都包含了优化软件。Vanderplaats 研究与发展公司（www.vrand.com）是结构优化领域的早期开拓者，提供与有限元分析相连接的优化软件。

- iSIGHT，由 Enginuous Software 公司（www.engenious.con）开发，鉴于其所具有的广泛功

⊖ J. S. Arora, *Introduction to Optimum Design*, 2nd ed., Elsevier Academic Press, San Diego, CA, 2004.

⊖ R. Fletcher and M. J. D. Powell, *Computer J.*, vol. 6, pp. 163-180, 1963; Arora, op. cit., pp. 324-327.

⊜ J. S. Arora, op. cit., Chaps. 8 and 10.

能和易用的 GUI 界面，因而在工业领域应用广泛。

Excel 和 MATLAB 都提供优化工具。微软的 Excel 求解器利用一种广义简约梯度算法来搜索非线性多变量问题的最大值或最小值[○]。要想获得进一步的信息，可以登录 www. office. microsoft. com 并搜索 Excel Solver。

例 15. 12 Excel 求解器。

Excel 求解器或许是最常用的优化软件程序。第 8. 6. 2 节已经展示了如何利用试凑过程进行迭代计算以得到一个螺旋压缩弹簧的最优直径。进行所需设计决策和用电子计算器计算的时间总共约为 45min。本例将介绍如何利用 Microsoft Excel 中的求解函数在 15min 内求取出更好的计算结果。

在第 8. 6. 2 节中，首要设计任务是确定弹簧钢丝的直径 d 以及螺旋弹簧的外径 D，要求能够承受 8200lbf 的轴向力而不发生屈服。其中最主要的约束条件是弹簧的内径 ID 至少为 2. 20in，以使连杆能够方便地从弹簧中间穿过。

图 15. 15 的左侧是完成优化过程后的 Excel 工作表。顶端是用 D 对 d 进行表示的方程式，显示在单元格 C6 中。在单元格 C5 中，选择初始值 $D = 3. 00$。

接下来，在求解器对话框中将单元格 C6（＄C＄6）置于目标单元格设定栏中。求解器设定为最小化钢丝直径 d，弹簧直径 D 则在单元格 ＄C＄5 中发生变化。所有这些都针对约束 ＄C＄9 > 2. 20。

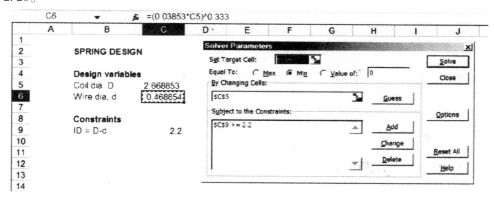

图 15. 15 左侧为 Excel 工作表、右侧为求解器对话框

D 与 d 的优化结果可从工作表中看出。正如在第 8. 6. 2 节中已经讨论过的一样，该设计的优值系数（f. o. m.）为 Dd^2N_i，这一系数值越小越好。本例中优化系数为 9. 38，由于迭代 3 次所得到的最优值为 11. 25，但这个值没有使用更牢固也更昂贵的调质弹簧钢丝所得到的优化系数 8. 5 好（表 8. 5，迭代 10 次）。

MATLAB 的优化工具箱具有许多优化能力，见表 15. 6。要了解这些函数的更多信息，进入 MATLAB，在命令提示符中函数名称的下列各项中，键入帮助即可。

表 15. 6 MATLAB 提供的优化函数

问 题 类 型	MATLAB 函数	注 释
线性规划	linprog	
非线性优化		

○ J. S. Arora, op. cit. , pp. 369-373.

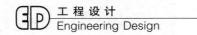

（续）

问 题 类 型	MATLAB 函数	注　　释
单目标、无约束	fminuc	可设置最快下降
多变量	fminsearch	采用 Nelder-Mead 单纯形搜索，不要求梯度
单目标、有约束		
单变量	fminbnd	
多变量	fmincon	采用梯度基于有限差分
多目标	fminimax	

关于上述函数的使用范例见 Arora[⊖] 和 Magrab[⊜]。

2. 多目标优化

多目标优化是指使用不止一种的目标函数来解决问题的优化方法。这些问题里的设计目标本身就存在固有的冲突。考虑一个承受扭矩的轴，有强度最大化和质量（成本）最小化两个设计目标。当通过使用减小轴直径的方法来减小质量时，应力就会提高，反过来也是如此。这是设计权衡的典型问题。在优化过程中，设计达到某一点时，两个设计目标都不能得到改善。这些点为帕雷托（Pareto）点，且这些点的轨迹界定了 Pareto 边缘，如图 15.16b 所示。

在 Pareto 边界的所有点都具有相同的目标函数值，即使该变量的值是不同的。为了解决这类问题，优化设计方法确定了一套 Pareto 解集。实际决策者可就自己选择接受质询并由设计者进行排序。

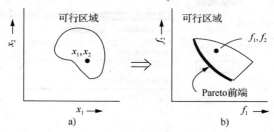

图 15.16　可行域

a）设计变量空间　b）Pareto 边缘的目标函数空间

15.8.4　其他优化方法

1. 单调性分析

单调性分析是一种可以应用到单调性质的设计问题中的优化方法。具有单调性质的设计问题是指目标函数和约束的变化在设计空间中呈平稳增长态势。这种情况在设计问题中十分常见。工程设计有被物理约束强烈限制的趋向。当这些规格和限制在设计变量中呈单调性时，单调性分析通常可以向设计者展示出哪种约束在优化中起作用。主动约束是指对优化位置有着直接影响的设计需求。这一信息可以被用来确定在可行域被修改的情况下可以达到的进步，这有利于为技术改进指明方向。

单调性分析的概念是由王尔德（Wilde）首次提出的[⊜]。在之后的工作中，Wilde 和 Papalambros

⊖　J. S. Arora, op. cit., Chap. 12.

⊜　E. B. Magrab, et al. *An Engineer's Guide To MATLAB*, 2nd ed., Chap. 13, S. Azarm, "Optimization", Prentice Hall, Upper Saddle River, NJ, 2005.

⊜　D. J. Wilde, *Trans. ASME*, *Jnl. of Engr for Industry*, vol. 94, pp. 1390-1394, 1975.

把这个方法应用到很多工程问题中[一]，并开发了基于计算机的解决方法[二]。

2. 动态规划

动态规划是一种非常适用于分段优化的数学方法。这种方法中"动态"一词的含义与其通常所用来表示"随时间的变化"含义无关。动态规划与变量计算有关，与线性和非线性规划方法无关。这种方法非常适用于分配问题，如，当某资源的 x 个单位必须被分配到 N 个活动中且 N 为整数。这种方法也被广泛应用到化工领域中的问题，如化学反应器的最佳设计。动态规划把巨大复杂的优化问题转变为一系列相互关联的小问题，每个小问题仅包含几个变量。这样做的好处就是实现了局部优化，只需要较少努力就能找到最佳值。动态规划是 Richard Bellmann[三] 在 20 世纪 50 年代提出的。它是一种制定得很完善的优化方法[四]。

3. 遗传算法

遗传算法（GA）是一种计算设计方式，它用生物进化模拟作为其搜索策略。遗传算法是随机过程，原因在于存在概率参数支配遗传算法操作。遗传算法也是迭代过程，因为它包括产生设计和检验最优选的多重循环。

遗传算法模仿了生物进化。其基本观点是把问题转化成如同自然科学所定义的进化能够解决的问题。经过了自然选择进化，适者（也就是在环境中最能大量存活的）生存并繁育后代。导致父母存活的特性很可能遗传给后代。随着时间流逝，种群的平均适应性将随着自然选择活动而提高。这种遗传原则允许在种群中发生小概率的随机突变，这就是为什么某些新特性会随着时间而产生。

遗传算法最独特的贡献就是每个设计都以一串二进制的计算机代码来表示。创造下一代的新设计很复杂，因为模拟基因遗传要遵守几条准则。使用二进制的计算机代码来表示设计可以使操作设计中的计算捷径抵消其复杂性，并为 100 个设计中每一种的数十代种群迭代提供了可能性。遗传算法在机械设计优化中并未得到广泛应用，但它潜力巨大，很多人都希望普及这一方法。想了解关于遗传算法全面的信息（如研究论文、MATLAB 代码），可以访问国际遗传和进化计算学会（ISGEC）的网站 www. isgec. org。

对于目前设计优化方法和参考文献的综述，见 A. Vander Velden, P. Koch, and S. Tiwari, *Design Optimization Methodologies*, *ASM Handbook*, vol. 22B, pp. 614-624, ASM International, Materials Park, OH, 2010.

4. 优化中的进化原则

本书主要将优化作为基于计算机的数学方法的集合进行了介绍。然而，比知道如何使用优化技术更重要的是知道在设计过程中何处使用。在许多设计中，一个单一的设计标准就能推动优化。这个标准在消费品中通常是成本，在航空器中是质量，在可植入医疗设备中则是功耗。策略应该是首先优化这些"瓶颈因素"。一旦最大化满足了基本需求，就要花时间来改进设计的其他方面，但是如果未满足基本需求，那么设计就会失败。在某些设计方面，可能并没有严格的规定。在设计会说话、能行走的泰迪熊玩具时，工程师要最大限度地在成本、能量消耗、现实性和可靠性之间做出权衡。设计者和市场专家将通过共同工作来确定产品特性的最佳组合，但最后

[一] P. Papalambros and D. J. Wilde, *Principles of Optimal Design*, 2nd ed., Cambridge University Press, New York, 2000.

[二] S. Azarm and P. Papalambros, *Trans. ASME, Jnl. of Mechanisms, Transmissions, and Automation in Design*, vol. 106, pp. 82-89, 1984.

[三] R. E. Bellman, *Dynamic Programming*, Princeton University Press, Princeton, NJ, 1957.

[四] G. L. Nernhauser, *Introduction to Dynamic Programming*, John Wiley & Sons, New York, 1960; E. V. Denardo, *Dynamic Programming Models and Applications*, Prentice Hall, Englewood Cliffs, NJ, 1982.

这是否是一个最优设计将由四岁的消费者来决定。

15.9 优化设计

计算机辅助工程分析（CAE）和基于计算机优化算法的仿真工具的结合是自然的发展过程[⊖]。优化与分析工具的结合创建了CAE 设计工具，从而用系统化的设计搜索方法取代了传统的试错法。该方法将设计者的能力从能够运用 FEA 来量化详细设计的性能扩展到可以增加关于如何改进设计来更好实现关键性能标准的信息。

图 15.17 是基于 CAE 最优化的一般框架图。在该图中，优化始于初始设计（尺寸和形状参数），在设计中运用数值分析仿真（如 FEA）来计算性能标准（例如冯·米塞斯应力）以及设计参数的性能敏感度。接着，应用优化算法来计算新的设计参数，并且持续这个过程直到优化设计完成。通常，这并不是数学意义上的最优，而是一组目标函数表明其改善可接受的设计变量。

绝大多数 FEA 软件包都提供优化过程，这种优化过程将设计仿真、优化和设计灵敏度分析融合进一个综合设计环境中。用户输入初步设计数据并规定可接受变量和所要求的约束。优化算法生成连续模型连同网格重建过程，直到最后收敛于最优设计。例如，涡轮盘的结构优化设计使其质量减少了 12%，应力减少了 35%。

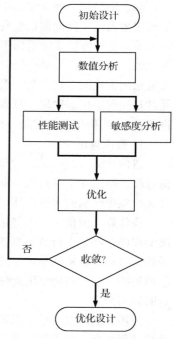

图 15.17　基于 CAE 的设计最优化的一般框架图

（来自 D. E. Smith, *ASM Handbook*, vol. 20, p. 211.）

15.10 本章小结

本章介绍了很多关于设计的现代观点。但首要概念是在产品设计中要囊括质量这一要求。生产制造无法弥补设计错误。另外，已经强调过在制造和使用过程中出现的可变性对质量设计来说是一种挑战。应力求达到对过程中产生的变化和极端的使用环境不那么敏感的鲁棒设计。

从全面质量管理（TQM）的视角看，必须将质量视为整个系统。全面质量管理以客户为中心，并用数据驱动的方法（采用简单却有效的工具）解决问题（第3.6节）。全面质量管理强调持续完善，即随着时间推移，很多小的改进最终促成了大的进步。

统计学在实现质量和鲁棒性方面起着重要作用。控制图表明了过程的可变性是否处于合理的范围。过程能力指数 C_p 表明所选择的公差范围是否易于通过特定的制造工艺完成。

田口博士介绍了看待质量的新方法。与传统围绕均值的公差上下容限的方法相比，失效函数是一种看待质量的更佳方法。信噪比（S/N）是探究使设计可变性最小化的有效衡量标准。正交试验设计是一种有效的并被广泛采用的寻求最佳鲁棒设计或过程条件的方法论。

多年来，寻找优化条件成为设计的目标。第15.8节介绍了优化方法的广泛选择。

⊖　D. E. Smith, "Design Optimization", *ASM Handbook*, vol. 20, pp. 209-219, ASM International, Materials Park, OH, 1997.

新术语和概念

设计优化	多目标优化	鲁棒设计
等式约束	噪声因素	信噪比
遗传算法	目标函数	六西格玛质量
黄金分割搜索	过程能力指数	统计过程控制
不等式约束	质量	最速下降搜索
ISO 9000	质量保证	田口方法
格点搜索	质量控制	非线性搜索
损失函数	极差	控制上限

参 考 文 献

质量

Besterfield, D. H.: *Total Quality Management,* 3rd ed., Prentice Hall, Upper Saddle River, NJ, 2003.

Gevirtz, C. D.: *Developing New Products with TQM,* McGraw-Hill, New York, 1994.

Kolarik, W. J.: *Creating Quality,* McGraw-Hill, New York, 1995.

Summers, D. C. S.: *Quality,* 5th ed., Prentice Hall, Upper Saddle River, NJ, 2009.

鲁棒设计

Ealey, L. A.: *Quality by Design,* 2nd ed., ASI Press, Dearborn, MI, 1984.

Fowlkes, W. Y., and C. M. Creveling: *Engineering Methods for Robust Product Design,* Addison-Wesley, Reading MA, 1995.

Roy, K. R.: *A Primer on the Taguchi Method,* 2nd ed., Society of Manufacturing Engineers, Dearborn, MI, 2010.

Wu, Y., and A. Wu: *Taguchi Methods for Robust Design,* ASME Press, New York, 2000.

优化

Arora, J. S.: *Introduction to Optimum Design,* 3rd ed., Elsevier Academic Press, San Diego, CA, 2011.

Papalambros, P. Y., and D. J. Wilde: *Principles of Optimal Design,* 2nd ed., Cambridge University Press, New York, 2000.

Park, G. J.: *Analytic Methods for Design Practice,* Spriner-Verlag, London, 2007.

Ravindran, A., Ragsdell, K. M., and G. V. Reklaitis: *Engineering Optimization,* 2nd ed., John Wiley & Sons, Hoboken, NJ, 2006.

问题与练习

15.1 分小组讨论戴明（Deming）的 14 个要点如何应用于高等教育。

15.2 分组并运用第 4.6 节中介绍的 TQM 问题解决过程来确定如何改进课题中的质量（每组一题）。

15.3 讨论质量循环的概念。在工业中贯彻质量循环计划应包括哪些内容？这些概念如何应用到课堂教学中？

15.4 应用统计假设检验来识别错误，并将这些在质量控制检验中出现的错误分类。

15.5 深入研究控制图的主体并找出识别失控过程的一些规律。

15.6 对于图 15.1 所示的控制图，确定 C_p 值。注意，把仅当硬度最接近 0.5RC 的情况记录下来。

15.7 某产品的规格限定为（120 ± 10）MN，目标值为 120MN。生产线下线产品的标准差为 3MN。强度均值的初始值为 118MN，但在可变性不变的前提下，先偏移到 122MN，然后是 125MN。确定

C_p 和 C_{pk} 的值。

15.8 在第 15.5 节中列出的过程能力指数方程适用于具有双侧公差的目标值参数。如果设计参数是断裂韧度 K_{IC} 呢？如果只考虑低于目标值的单侧公差，求 C_p 的方程。

15.9 某磨削机器正在磨制工作盘上的燃气轮机叶片的根部。根部的临界尺寸必须为 $(0.450 \pm 0.006)\,in$。如果叶片关键尺寸超出 $0.444 \sim 0.456in$ 的规格范围，则被废弃，所需成本为 120 美元。

(a) 该情况的田口损失方程是什么？

(b) 从研磨机采样的偏差依次为：0.451，0.446，0.449，0.456，0.450，0.452，0.449，0.447，0.454，0.453，0.450，0.451。那么该机器制造的零件的平均损失函数是多少？

15.10 密封车门用的密封条规定宽度为 $(20 \pm 4)\,mm$。三个密封条供应商生产结果如下表所示：

供 应 商	均 宽	方差 s^2	C_{pk}
A	20.0mm	1.778	1.0
B	18.0mm	0.444	1.0
C	17.2mm	0.160	1.0

从使用经验看，当密封条宽度低于目标值 5mm 时，密封开始泄漏，大约 50% 的顾客将投诉并坚持替换，耗费成本为 60 美元。当封条宽度超过 25mm 时将难以关门，此时顾客将要求重换密封条。从以往来看，三家供应商在已经交付的 25 万件零件中，生产超出规格的零件数量百分比分别为：A，0.27%；B，0.135%；C，0.135%。

(a) 比较三家供应商的损失函数。

(b) 基于缺陷单位成本，比较三家供应商。

15.11 汽车发动机排污控制系统部分由插入柔性橡胶接头的尼龙管构成。管子已经松弛，因此采取试验计划来改善设计的鲁棒性。通过把尼龙管从接头处连续地强制拔离来测量设计效果。该设计的控制因素如下：

A——尼龙管和橡胶接头间的干扰

B——橡胶接头的壁厚

C——管子在接头中插入的深度

D——接头预浸表面黏合剂的体积百分比

能料想到会影响粘接强度的环境噪声因素与预浸条件有关，在预浸中，接头尾端要在插入管子前被浸没。以下三组数据为：

X——在罐中的预浸时间为 24h 和 120h

Y——预浸温度为 72℉ 和 150℉

Z——相对湿度为 25% 和 75%

(a) 针对三种水平的控制因素（内阵列）和噪声因素（外阵列）设立正交阵列，完成测试时需要多少次？

(b) 针对控制矩阵的 9 个试验条件中强行拔出管子的信噪比（S/N）的计算结果依次为：①24.02；②25.52；③25.33；④25.90；⑤26.90；⑥25.32；⑦25.71；⑧24.83；⑨26.15。应使用哪种类型的信噪比？确定最佳设计参数。

15.12 进行一个鲁棒设计试验来确定纸飞机的最佳鲁棒设计。控制参数和噪声参数如下表所示：

控 制 参 数

参 数	水 平 1	水 平 2	水 平 3
纸的质量 A	一张表	2 张表	3 张表
构形 B	设计 1	设计 2	设计 3
纸的宽度 C	4 in	6 in	8 in
纸的长度 D	4 in	8 in	10 in

噪 声 参 数

参　　　数	水　平　1	水　平　2
发射高度 X	立于地面	立于椅面
发射角 Y	水平于地面	与水平成45°
地面	混凝土	抛光砖

均由同一人在密闭的房间或无空气流通的走廊里完成所有飞机的发射。当发射飞机时，肘部必然会接触身体，但仅使用前臂、手腕和手来进行飞机发射。飞机由普通复印纸制作。此种类将决定三种设计方式，一旦确定下来，贯穿整个试验的设计不会改变。飞机飞行距离及在地板上滑翔停止的距离是优化的目标函数，测量飞机的噪声。

15.13 需要设计热水管来将大量的热水从热水器输送到使用处。所需全部成本为以下四项的总和：①抽水的成本；②管道的热量损失成本；③管道成本；④管道隔热成本。

（a）运用基本的工程原理，得出系统的成本是

$$C = K_p \frac{1}{D^5} + K_h \frac{1}{\ln[(D+x)/D]} + K_m D + K_i x$$

式中，x 是内径为 D 的管道隔热层的厚度。

（b）如果 $K_p = 10.0$，$K_h = 2.0$，$K_m = 3.0$，$K_i = 1.0$，并且 x 和 D 的初值都为 1.0，计算使系统成本最小化的 D 和 x 值。运用单变量交互搜索方法。

15.14 针对某个不确定的原区间 $0 \le x \le 10$，运用黄金分割搜索方法计算 $y = 12x - x^2$ 的最大值。执行搜索，直到计算出的两个最大的 y 值的差异是 0.01 或更小。应用 Excel 求解器计算同样的问题。

第16章 经济决策

16.1 引言

本书一再强调，工程师是一个决策者，而工程设计是一段时间内进行一系列决策的过程。本书从一开始就强调过，工程学涉及科学在社会实际问题中的应用。在这种真实的背景下，一个无法回避的事实是，在工程设计的决策过程中，与技术因素相比，经济学的作用可能同样甚至更加重要。

支撑了这个国家的重大基础设施建设——铁路、重要水坝、水路——需要一种方法来预测成本并使其在其他方案中脱颖而出。在任何一个工程项目中，成本和收益可能在未来不同时间点发生。处理这类问题的方法论被称为工程经济学或工程经济分析，熟悉工程经济学的概念和方法通常被认为是标准工程工具箱的一部分。事实上，所有国家、所有学科的职业工程师都必须通过工程经济学基本原理考试。

工程经济学的主要概念是货币具有时间价值。现在支付 1 美元与一年后支付 1 美元相比代价更大。现在投资的 1 美元等价于一年后的 1 美元加上利息。工程经济学认为货币的使用是有价资产。货币可以如同公寓一样被租用，但使用货币需要支付的费用被称为利息而不是租金。货币的时间价值使得尽可能将成本延迟到将来发生和使收益在现在实现更加有利可图。

在进行工程经济学数学运算介绍之前，重要的是了解工程经济学和相关学科，如经济学和会计学有什么区别。相对于工程经济学，经济学通常涉及的是更广泛、更全面的问题，比如对货币供应量和国家间贸易的控制；而工程经济学则使用经济学中已建立的利率来解决更具体、更详细的问题。但是，涉及未来可选择性成本时，往往会出现问题。会计师更专注于精确的并且往往很详细地确定过去已经发生的成本。人们可能会说，经济学家是圣人，工程经济师是预言家，而会计师则是历史学家。

16.2 货币时间价值中的数学

如果现在以单利率 i 借一笔钱或本金 P，则年利息成本为 $I = iP$。如果这笔钱在 n 年末以数额 F 偿还，那么需要的数额为

$$F = P + nI = P + nPi = P(1 + ni) \qquad (16.1)$$

式中，F 为未来价值；P 为现值；I 为年利息成本；i 为年利率；n 为年数。

如果以 10% 的单利率借 1000 美元，为期 6 年，必须在第 6 年末偿还

$$F = P(1 + ni) = 1000 \times (1 + 6 \times 0.10) \text{ 美元} = 1600 \text{ 美元}$$

因此可以看到，现在得到的 1000 美元不等于 6 年后得到的 1000 美元。实际上，在 10% 的单利率下，现在手里的 1000 美元仅仅与 6 年后的 1600 美元等值。

还可以看出，若以 10% 的利率投资，6 年后 1600 美元的现值为 1000 美元。

$$P = \frac{F}{1 + ni} = \frac{1600 \text{ 美元}}{1 + 0.6} = 1000 \text{ 美元}$$

在计算过程中，将未来的一笔钱折算到了现在。在工程经济学中，术语"折现"定义为将货币价值折算回现在。

16.2.1 复利

你可以从个人的银行经验中得知，金融交易通常使用复利。在复利的条件下，在一个周期末的利息不会立即支付，而是被加入到本金中。在下一个周期，银行会对总额支付利息。

第 1 期：$F_1 = P + Pi = P(1 + i)$

第 2 期：$F_2 = P(1 + i) + iP(1 + i) = P(1 + i)(1 + i) = P(1 + i)^2$

第 3 期：$F_3 = P(1 + i)^2 + iP(1 + i)^2 = P(1 + i)^2(1 + i) = P(1 + i)^3$　　　　(16.2)

第 n 期：$F_n = P(1 + i)^n$

可以用简短的符号简写等式（16.2），以便在工程经济学关系式更为复杂时使用。

$$F_n = P(1 + i)^n = P(F/P, i, n) \qquad (16.3)$$

在式（16.3）中，函数 $(F/P, i, n)$ 有如下意义：给定数值 P，并在 n 个计息周期内以利率 i 进行复利运算，求解等价数值 F。

例 16.1　若每年复利一次，年利率为 10%，需要多长时间能使一笔钱数额加倍？

$$F = P(F/P, 10, n)，但是 F = 2P（想找到数值加倍的时间）$$

$$2P = P(F/P, 10, n)$$

因此，答案可以在一次性支付复利因子表格中通过查找计息年数 = n 时 $(F/P) = 2.0$ 得到。在 www.mhhe.com/dieter 中查看附录 F2，可看到，对于 $n = 7$，$F/P = 1.949$；对于 $n = 9$，$F/P = 2.144$。使用线性插值法可以得到 $(F/P, 10, 7.2) = 2.000$。我们可以通过推广这个结果建立一个金融法则，即投资加倍的年数为 72 除以年利率（用整数表示）。

通常在工程经济学中，n 用年表示，i 是年利率，但是在银行业界，利息可能不是每年复利一次而是每个周期复利一次。在更短的周期期末计算复利，比如每天，会提高实际利率。如果定义 r 为名义年利率，p 为每年计息期数，那么每个计息周期的利率为 $i = r/p$，n 年的计息期数为 pn。使用这个定义，式（16.2）变成

$$F = P\left[\left(1 + \frac{r}{p}\right)^p\right]^n \qquad (16.4)$$

注意当 $p = 1$ 时，式（16.4）将退化为式（16.2）。为 $p = 1$ 准备的标准复利表可以在非年周期的条件下使用。为了做到这一点，查表时代入 $i = r/p$，年数 = pn；或者代入年数 n，实际年收益率等于 $(1 + r/p)^n - 1$。

表 16.1 给出了每年的计息期数对实际收益率的影响。

表 16.1　复利周期对实际收益率的影响

复利频率	年计息期数	周期利率（%）	实际年收益率（%）
每年	1	12.0	12
每半年	2	6.0	12.4
每季度	4	3.0	12.6
每月	12	1.0	12.7
连续	∞	0	12.75

16.2.2 现金流量图

工程经济学的发展是为了处理未来不同时间点发生的金融交易。从现金流量的角度，这一

说法可以得到最好的理解。有些现金流是现金流入（收入），像产品销售、营业成本下降、旧机器卖出，或者是税收减少产生的收益；有些是现金流出（支出），像产品设计成本、制造产品时的运营成本和保证工厂运行的周期性维护费用。净现金流量由下式给出

$$净现金流量 = 现金流入（收入）－ 现金流出（支出）\tag{16.5}$$

现金流量会频繁的在问题发生的时间内的不同时间点产生。在现金流量图（图16.1）中，横轴表示时间，纵轴表示现金流。现金流入为正，在 x 轴的上方用箭头标出。现金流出为负，在 x 轴下方标出。

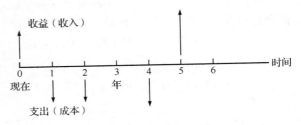

图16.1　现金流量图

前文已经提到，工程经济学主要用于进行工程项目的未来财务决策。由于未来现金流的预测很可能是不精确的，因此不值得在现金流量图上及时认真地标注每一笔现金流。对此，有一个期末惯例，即假定每个计息周期内产生的现金流量都发生在计息期末。

16.2.3　年交易的不同类型

很多情况下，我们关心的是在每期末都发生的等额收入或支出系列。例如偿还设备安装计划产生的债务，拨出一笔款项用于未来某时间更换设备，退休年金，这些例子都是等额支付系列，而不是一次性支付。这里用 A 表示构成等额年现金流的等额期末支付值。

图16.2显示，如果三年中每年末投资一笔数值为 A 的资金，最终第三年末总额 F 是每笔投资 A 复利值的总和。即

$$F = A(1+i)^2 + A(1+i) + A$$

对于 n 年的更一般的情形

$$F = A(1+i)^{n-1} + A(1+i)^{n-2} + \cdots + A(1+i)^2 + A(1+i) + A$$

进而简化成

$$F = A\frac{(1+i)^n - 1}{i}\tag{16.6}$$

式（16.6）给出了利率为 i 时，n 笔金额为 A 的等额支付的未来值。式（16.6）也可以写成

$$F_n = A(F/A, i, n)\tag{16.7}$$

式中，$(F/A, i, n)$ 是将现金流 A 转化成未来值 F 的等额支付复利因子。

已知未来值 F，复利利率为 i，由式（16.6）求解 A，我们可以得到等额期末支付系列因子

$$A = F\frac{i}{(1+i)^n - 1}\tag{16.8}$$

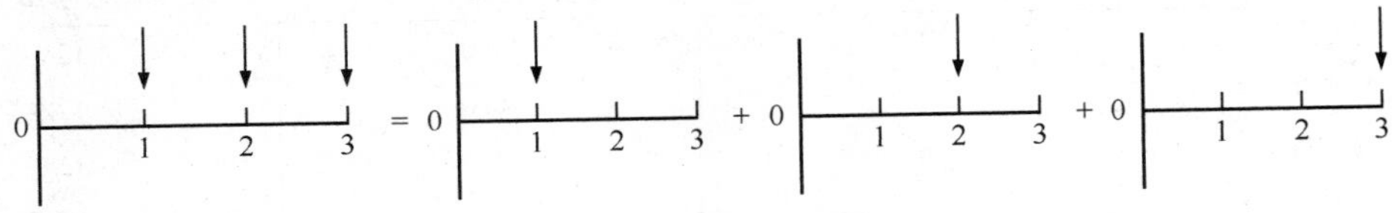

图16.2　等额年支付系列等价图

这种计算方式经常用于拨出一笔钱作为偿债基金来为更换磨损的设备或者为孩子上大学提供资金。即

$$A = F(A/F, i, n)\tag{16.9}$$

式中，$(A/F, i, n)$ 是偿债基金因子，它通过在每个计息周期 n 内以利率 i 投资 A 建立了一个未来基金 F。

结合式（16.2）和式（16.6），得到等值支付 A 系列的现值的关系式

$$P = A\frac{(1+i)^n - 1}{i(1+i)^n} = A(P/A, i, n) \tag{16.10}$$

由式（16.10）求解 A 可得到资本回收的重要关系式

$$A = P\frac{i(1+i)^n}{(1+i)^n - 1} = P(A/P, i, n) \tag{16.11}$$

式中，$(A/P, i, n)$ 是资本回收因子；式（16.11）中的 A 是为了回收初始资本投资 P 和 n 年间利率为 i 时投资产生的利息所需的年支付额。

资本回收是工程经济学的一个重要概念。理解资本回收和偿债基金之间的差别十分重要。思考以下例子：

例 16.2 利率为 10%，为给 20 年后更换一个 10000 美元的设备提供资金，每年需要投资多少？

$A = F(A/F, 10, 20) = 10000 \times 0.01746$ 美元 $= 174.60$ 美元每年投入到偿债基金中。

利率为 10%，为期 20 年数额为 10000 美元的投资的资本回收年成本是多少？

$A = P(A/P, 10, 20) = 10000 \times 0.11746$ 美元 $= 1174.60$ 美元每年用以资本回收。

可以看到

$$(A/P, i, n) = (A/F, i, n) + i$$
$$0.11764 = 0.01746 + 0.10000$$
年资本回收成本 = 年偿债基金成本 + 年利息成本
$$1174.60 \text{ 美元} = 174.60 \text{ 美元} + 0.10 \times 10000 \text{ 美元}$$

偿债基金中，每年存放一笔钱，n 年后，这些钱加上累积的复利利息，等于未来所需的金额 F。在资本回收中，每年存放足够的钱用于支付 n 年后的设备更换成本以及对已投资资本付的利息。资本回收的使用是一个保守但有效的经济策略。投资于资本设备的钱（例 16.2 的 10000 美元）是有机会成本的，因为已放弃了 1000 美元投资有息证券能获得的收益。

表 16.2　复利因子总结

项目	转化	几何关系式	因子	因子名称	Excel 因子
1	P 到 F	$F = P(1+i)^n$	$(F/P, i, n)$	一次性支付，复利因子	$= FV(i, N_{per}, 0, 1, 0)$
2	F 到 P	$P = F\dfrac{1}{(1+i)^n}$	$(P/F, i, n)$	一次性支付，现值因子	$= PV(i, N_{per}, 0, 1, 0)$
3	A 到 P	$P = A\dfrac{(1+i)^n - 1}{i(1+i)^n}$	$(P/A, i, n)$	等额支付，现值因子	$= PV(i, N_{per}, 1, 0, 0)$
4	P 到 A	$A = P\dfrac{i(1+i)^n}{(1+i)^n - 1}$	$(A/P, i, n)$	资本回收因子	$= PMT(i, N_{per}, 1, 0, 0)$
5	A 到 F	$F = A\dfrac{(1+i)^n - 1}{i}$	$(F/A, i, n)$	等额系列，复利因子	$= FV(i, N_{per}, 1, 0, 0)$
6	F 到 A	$A = F\dfrac{i}{(1+i)^n - 1}$	$(A/F, i, n)$	偿债基金因子	$= PMT(i, N_{per}, 0, 1, 0)$

表 16.2 总结了 F、P、A 之间的复利关系式。表 16.2 给出了等额支付和收入系列的关系式。工程经济学还经常使用两个级数：一个是等差级数，即每个时间周期现金流增加（或减少）一个固定增量的级数；一个是等比级数，即每个时间周期现金流以固定百分比变化的级数。

表 16.2 的最后一列说明如何直接从 Microsoft Excel 直接获得复利因子，其中 i 是以小数计的周期利率，N_{per} 是周期数。当 i 是年利率时，N_{per} 是年数。

考虑一个每年以常值 G 变化的算术梯度。G 的大小是第 2 年与第 1 年数值之差；G 从第 2 年，即基准年开始出现。式（16.12）将 n 年间的梯度转化成位于现金流量图第 0 年处的现值 P。

$$P = \frac{G}{i}\left[\frac{(1+i)^n - 1}{i(1+i)^n} - \frac{n}{(1+i)^n}\right] \qquad (16.12)$$

式（16.13）将年梯度 G 转化成了等价的年等额支付 A 系列。如果梯度始于第 2 年并出现 n 年，那么等额支付系列将始于第 1 年，并分布在 n 年中

$$A = G\left[\frac{1}{i} - \frac{n}{(1+i)^n - 1}\right] \qquad (16.13)$$

使用表 16.2 所示的象征符号，简化了书写等式的步骤并有助于计算。例如，很多复利表不包含已知 F 确定 A（偿债基金因子）的表格，但使用符号因子时，将因子简单地相乘就能得到。

$$A = F(A/F) = F(P/F)(A/P) \qquad (16.14)$$

16.2.4　不规则现金流

1. 计息期初支付

处理等额支付或收入 A 系列时，按传统惯例假定 A 发生在每期期末。但是，有时支付开始就立刻发生，导致支付 A_b 发生在每期期初。

如图 16.3 所示，计息期初支付等价于将每笔年支付加上一个周期内累计获取的利息。因此，式（16.6）可改写成

$$F = A_b(1+i)\left[\frac{(1+i)^n - 1}{i}\right] \qquad (16.15)$$

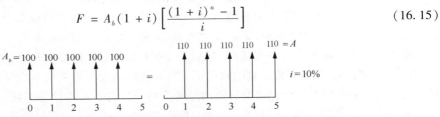

图 16.3　计息期初支付的等额系列与计息期末支付的等价系列

2. 隔年支付

图 16.4 的左侧展示了 $i = 10\%$ 下的隔年等额支付。求解现值 P 的一种方法是，将其看成三笔未来支付并按下式确定 P

$$P = 100(P/F,10,2) + 100(P/F,10,4) + 100(P/F,10,6)$$
$$= (82.64 + 68.30 + 56.45) 美元 = 207.39 美元$$

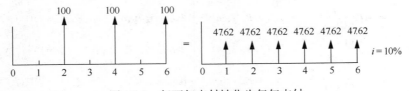

图 16.4　每两年支付转化为每年支付

另一种可选择的方法是将第一笔支付额视为两年期的未来支付额，然后确定能产生 100 美元的年支付额（偿债基金因子）。这将是为期 6 年的年支付流，因为支付发生在每两年的年末，总共是 6 年。$A = 100(A/F, 10, 2) = 100 \times 0.4762$ 美元 $= 47.62$ 美元，并且如图 16.4 中的右图所

示。等价现值 207.39 美元也可以计算如下

$$P = 47.62(P/A, 10, 6) = 47.62 \times 4.3553 \text{ 美元} = 207.39 \text{ 美元}$$

3. 不延续到 0 时刻的等额支付

如图 16.5 所示，考虑从第 4 年延续到第 10 年的等额支付 A，求解现值得 $P = A(P/A, i, 7)$。这个现值位于第 3 年末，因为含有 P/A 因子的复利公式假定 P 先于系列中第一笔支付 A 一个计息周期，那么为了求解 0 时刻的现值，P_3 必须折算到现在。$P = F(P/F, i, 3)$，其中 $F = P_3$。

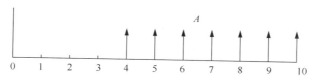

图 16.5　求解不延续到 0 时刻的等额系列的现值

16.3　成本比较

讨论了一般的复利关系式后，现在要使用它们做出经济决策。考虑货币的时间价值，两种做法哪种更划算就是一个典型的决策。通常在这些计算中将使用的利率设定为最低可接受收益率（MARR），它是一个公司所能接受的最低投资收益率。MARR 由公司财务总监基于当前市场投资机会或项目对公司发展的重要性来确定。

16.3.1　现值分析

当两种方案具有相同的时间周期时，基于现值的比较是有优势的。

例 16.3　两种机器都有五年的使用期限，如果货币价值为 10%，哪种机器更合算（单位：美元）？

	A	B
初始成本	25000	15000
年维修成本	2000	4000
第 3 年末重置成本	—	3500
残值	3000	
更高质量的生产带来的年收益	500	

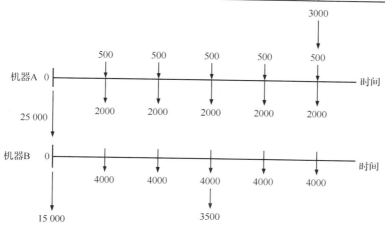

从上面的成本图可以看出，两种方案的现金流明显不同。为了让它们在相同的基础上比较，将所有成本折回现在：

$$P_A = 25000 + (2000 - 500)(P/A, 10, 5) - 3000(P/F, 10, 5)$$
$$= (25000 + 1500 \times 3.791 - 3000 \times 0.621) \text{美元} = 28832 \text{美元}$$
$$P_B = 15000 + 4000(P/A, 10, 5) + 3500(P/F, 10, 3)$$
$$= (15000 + 4000 \times 3.791 + 3500 \times 0.751) \text{美元} = 32793 \text{美元}$$

机器 A 更合算，因为基于现值分析，它的成本更低。在这个例子中，考虑了因报废率下降而产生的成本和收益（节余）以及在使用期期末的变卖价值。所以，真正地确定了两种方案的净现值。还要指出净现值分析不仅仅局限于两种方案的比较，可以考虑任意数量的方案并从中选择出成本的净现值最小的一种。

例 16.3 中的两种方案具有相同的期限。于是，两种方案的时间周期是相同的，现值可以毫无争议地确定。假设在以下情况下，想要使用现值分析法。

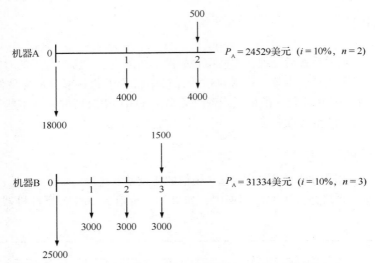

不能直接比较 P_A 和 P_B，因为它们基于不同的时间周期。解决该问题的一种方法是共同使用 6 年周期，在这期间机器 A 更换 3 次而机器 B 更换 2 次。当各个方案周期的公倍数可以很容易找到时，这种方法的确有效，但更直接的方法是通过以下等式[⊖]，将周期为 n_1 的现值转化为与周期为 n_2 的现值等值的 P。

$$P_{n_2} = P_{n_1} \frac{(A/P, i, n_1)}{(A/P, i, n_2)} \tag{16.16}$$

本例中将 P_B 从 3 年周期转化成了 2 年周期。

$$P_{B_2} = P_{B_1} \frac{(A/P, i, n_1)}{(A/P, i, n_2)} = 31334 \frac{(A/P, 10, 3)}{(A/P, 10, 2)} = 31334 \times \frac{0.40211}{0.57619} \text{美元} = 21867 \text{美元}$$

由于 $P_A = 24529$ 美元，若基于相同时间周期的现值进行比较，机器 B 更合算。

16.3.2 年成本分析

在年成本法中，现金流量被转化为等价的等额年成本或年收益。在这种方法中，即使每种方

⊖ For a derivation of Eq. (16.16), see F. C. Jelen and J. H. Black, *Cost and Optimization Engineering*, 2nd ed., p. 28, McGraw-Hill, New York, 1983.

案的时间周期不同，也不需要特殊处理，因为所有的比较都基于年度（$n = 1$）。

例　　子	机　器　A	机　器　B
初始成本	10000	18000
预计使用期限	20 年	35 年
预估残值	0	3000 美元
年运转成本	4000 美元	3000 美元

$$A_A = 10000(A/P,10,20) + 4000 = (10000 \times 0.1175 + 4000) \text{ 美元} = 5175 \text{ 美元}$$

$$A_B = (18000 - 3000)(A/P,10,35) + (3000 \times 0.1 + 3000) = 4855 \text{ 美元}$$

机器 B 年成本更低，所以更合算。注意在计算机器 B 年资本回收成本时，利用了初始成本和残值的区别，因为只有这笔钱是必须回收的。但是，即使有残值收益，也必须等到机器使用期限结束的时候才能得到。因此，投资中随残值一起产生的年利息成本被作为年成本分析的一部分。

在先前的例子中，能更直接地解决机器 B 案例的方法可能是基于年现金支出减去未来变卖价值产生的年收益来确定等价年成本，结果是相同的。

$$A_B = 18000(A/P,10,35) + 3000 - 3000(A/F,10,35)$$

$$= (18000 \times 0.1037 + 3000 - 3000 \times 0.0037) \text{ 美元} = 4855 \text{ 美元}$$

16.3.3　资本化成本分析

资本化成本分析是现值分析的一个特殊案例。一个项目的资本化成本是项目为永久项目（$n = \infty$）时的现值。这一概念最初由公共工程发展而来，例如使用期限很长而且必须提供永久服务的大坝和水道等。资本化成本后来被更加广泛地应用于经济决策中，因为它提供了独立于不同方案的时间周期的一种决策方法。

因为资本化成本是 $n = \infty$ 时的现值，可以使用式（16.16），设定 $n_1 = \infty$ 和 $n_2 = n$，简化后，作为一个现值的资本化成本 K 为

$$K = P \frac{(1+i)^n}{(1+i)^n - 1} = P(K/P,i,n) \tag{16.17}$$

为了求解等额支付 A 系列的资本化成本，从 P 和 A 的关系式开始运算。

$$P = A \frac{(1+i)^n - 1}{i(1+i)^n}，如果分子分母同时除以 (1+i)^n$$

$$P = A \frac{1 - \dfrac{1}{(1+i)^n}}{i}，当 n 趋向于 \infty 时,等式退化为 P = \frac{A}{i}$$

当 $n = \infty$ 时，资本化成本为 P，所以

$$K = A/i \tag{16.18}$$

16.3.4　使用 Excel 函数计算工程经济问题

工程经济学计算所需的复利因子可以由计算器确定或者在所有工程经济教科书的工具表中查找[⊖]。微软 Excel 提供了一张包含货币的时间价值函数和其他金融函数的广泛功能表。当与 Excel 的计算特点和它的"如果"功能结合时，这一功能为工程经济决策提供了优秀的通用工具。

⊖　关于 F、P、A 以及它们的组合的表格在本章的附录中给出。

表 16.3 对复利计算中常用的 Excel 函数给出了简要描述。对于使用这些函数的具体细节，请参考 Excel 中的帮助页面或者工程经济文本[○]。

表 16.3 复利计算中常用的 Excel 函数

函 数	描 述
FV(i, n, A, PV, type)	给定每期利率，计息周期数，固定支付额 A，现值 PV，type = 0 表示期末支付，type = 1 表示期初支付，计算未来值，FV
PV(i, n, A, FV, type)	给定 i, n，每期支付（−）或收入（+），未来一次性支付或收入，计算现值 PV
NPV(i, Inc1, Inc2, …)	计算每期利率为 i 时，一系列不规则未来收入（+）或支出（−）的净现值 NPV
PMT(i, n, PV, FV, type)	基于现值和（或）未来值，计算等额支付额 A
RATE(n, A, PV, FV, type, g)	计算每期利率，g 是 i 的一个猜测值，大约为 10%
NORMINAL(effect, i, npery)	给定实际利率和每年的复利期数 npery，计算名义年利率
EFFECT(non, i, npery)	给定名义利率和 npery，计算实际利率

16.4 折旧

固定设备一段时间后会有价值损失，这可能在设备腐蚀、磨损、性能退化或报废时发生，其中报废是由于技术进步而产生的经济效率损失。因此，公司应该每年计提足够的积累资金来更换报废或磨损的设备。这种对价值损失的备抵称为折旧。折旧在公司的损益表中属于财务费用，它作为一种营业成本从毛利润中扣除，是一种非现金支出。在资本密集型产业中，折旧对必须支付的纳税额有很大影响。

$$应税收入 = 总收入 − 免税收入 − 折旧$$

关于折旧需要回答的基本问题有：①多长时间可以计提一次折旧？②如何将折旧总额分摊在资产使用期间？显然，折旧期越短，任意给定年度的折旧费越多。

美国税法允许使用两种折旧计算方法：直线折旧法和加速折旧法。1981 年的经济复苏法案引入加速折旧法（ACRS）作为在美国避税必要的折旧法。这种折旧法在 1986 年的税收改革法案中改良成为修正后的加速折旧法（MACRS）。该成文法基于预期的使用年限设定了折旧回收期。例如：

- 特殊的制造设备、某些机动车辆：3 年。
- 计算机、货车、半导体制造设备：5 年。
- 办公室家具、铁路轨道、农业用建筑：7 年。
- 耐用品制造设备、石油精炼：10 年。
- 污水处理工厂、电话系统：15 年。

住宅性租赁所有权折旧回收期为 27.5 年，非住宅性租赁所有权折旧回收期为 31.5 年。土地是非折旧资产，因为它永远不会耗尽。

16.4.1 直线折旧法

在直线折旧法中，每年计提等额资金。年折旧费 D 为

○ L. T. Blank and A. J. Tarquin, op. cit., Appendix A.

$$D = \frac{初始成本 - 残值}{n} = \frac{C_i - C_s}{n} \qquad (16.19)$$

式中，n 为以年为单位的回收期。

资产的账面价值随时间变化。账面价值等于初始成本减去已发生的折旧费总和。对于直线折旧法，第 j 年末的账面价值 B 为

$$B_j = C_{i.} - \frac{j}{n}(C_i - C_s) \qquad (16.20)$$

式中，n 为回收期。

16.4.2 修正的加速折旧法（MACRS）

在修正的加速折旧法中，年折旧费的计算用到以下关系式

$$D = qC_i \qquad (16.21)$$

式中，q 为从表 16.4 得到的回收率；C_i 为初始成本。

在加速折旧法中，即使可能存在真正的残值，资产价值也完全折旧。回收率开始时基于余额递减法（参考任意工程经济学文本），后来转变为直线折旧法，这时折旧会加快。加速折旧法使用半年期惯例，即假设所有资产在第一年的年中投入使用。所以，只有第一年折旧费的 50% 用于税收目的（即第一年只计提半年折旧费），剩余半年折旧费必须在第 $n+1$ 年计提。

表 16.5 比较了两种计算方法的年折旧费。

表 16.4　修正的加速折旧法使用的回收率 q

年　度	回收率 q（%）				
	$n = 3$	$n = 5$	$n = 7$	$n = 10$	$n = 15$
1	33.3	20.0	14.3	10.0	5.0
2	44.5	32.0	24.5	18.0	9.5
3	14.8	19.2	17.5	14.4	8.6
4	7.4	11.5	12.5	11.5	7.7
5		11.5	8.9	9.2	6.9
6		5.8	8.9	7.4	6.2
7			8.9	6.6	5.9
8			4.5	6.6	5.9
9				6.5	5.9
10				6.5	5.9
11				3.3	5.9
12~15					5.9
16					3.0

注：n 表示回收期，单位为年。

表 16.5　折旧法比较

$C_i = 6000$ 美元，$C_s = 1000$ 美元，$n = 5$					
年　度	直　线　法	加速折旧法	年　度	直　线　法	加速折旧法
1	1000	1200	4	1000	690
2	1000	1920	5	1000	690
3	1000	1152	6	—	348

16.5 税收

税收是工程经济决策中要考虑的一个重要因素。

对厂商征收的税主要有以下几种类型：

1）财产税。基于公司所有的财产（土地、建筑物、设备、存货）价值。这些税不随利润变化，而且通常数值不太大。

2）销售税。对产品销售征收的税。销售税通常由零售商支付，所以它们通常与对买卖的工程经济学研究无关。

3）特种消费行为税。对汽油、烟草、酒精等特殊产品加工征收的税。也通常转移到消费者身上。

4）所得税。对公司利润或个人收入征收的税。出售资本所有权的所得也是所得税征收的对象。

通常，联邦所得税对工程经济决策有重要影响。虽然这里不能深入研究税法的复杂性，但大致将所得税纳入研究也很重要。

所得税率深受政治和经济条件影响。2011 年美国公司累进税表如下：

应税收入/美元	税 率	应税收入/美元	税 率
1～50000	0.15	335001～10M	0.34
50001～75000	0.25	10M～15M	0.35
75001～100000	0.34	15M～18.3M	0.38
100001～335000	0.39	18.3M 以上	0.35

注：M 表示百万，$1M = 10^6$。

大多数州和一些市县也有所得税。为简便起见，在经济研究中经常使用单一的有效税率，通常从 35% 到 50% 不等。由于州税从联邦税中扣除，有效税率计算如下

$$有效税率 = 州税率 + (1 - 州税率) \times 联邦税率 \tag{16.22}$$

公司所得税的主要影响是减少了项目或投机的收益率

$$税后收益率 = 税前收益率 \times (1 - 所得税率)$$

$$r = i(1 - t) \tag{16.23}$$

式中，t 是式（16.22）计算所得的有效税率。

注意，只有当没有应折旧资产时，这个关系式才是正确的。通常情况下，有折旧、资本利得或损失，或者投资税收减免时，式（16.23）只是一个粗略的估计。折旧在降低税金时的重要性如图 16.6 所示。折旧费用明显降低了毛利润，进而降低税金。然而，由于折旧留存在公司里，它可以用于企业增长。

例 16.4 High-Tech Pumps 公司一年毛收入 1500 万美元，营业费用（工资、材料等）为 1000 万美元，折旧费为 260 万美元。同时，这一年一种不再需要的专门数控机床以高于账面价值的价格卖出，因此有了 80 万美元的折旧回抵。

（a）计算公司的联邦所得税。

（b）平均联邦税率是多少？

（c）如果州税率是 11%，总共要支付多少所得税？

图 16.6 企业收益分配

（a）应税收入（TI）＝ 毛收入 − 营业费用 − 折旧 ＋ 折旧回抵

$$TI = (1500 - 1000 - 260 + 80) \text{万美元} = 320 \text{万美元}$$

税金 ＝ TI 区间 × 边际税率

$$= [50000 \times 0.15 + 25000 \times 0.25 + 25000 \times 0.34 +$$
$$235000 \times 0.39 + (3.2 - 0.335) \times 10^6 \times 0.34] \text{美元}$$
$$= (7500 + 6250 + 8500 + 91650 + 974100) \text{美元} = 1088000 \text{美元}$$

（b）平均联邦税率 $= \dfrac{1088000}{3200000} = 0.34$

（c）由式（16.22）得

$$\text{有效税率} = 0.11 + (1 - 0.11) \times 0.34 = 0.11 + 0.3026 = 0.4126$$
$$\text{所得税总额} = 32000000 \times 0.4126 \text{美元} = 1320320 \text{美元}$$

可以看到计入州税收，税金发生了变化。

考虑一个应计折旧的资本投资 $C_d = C_i - C_s$。每年末，可利用总计 $D_f C_d$ 的折旧额来减少数额为 $D_f C_d t$ 的税收，其中 t 是税率。

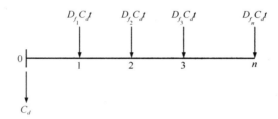

注意，每年的折旧费 D_f 可能在不同年份有所不同，这取决于构建折旧时间表时使用的方法，见表 16.5。这一系列成本和收益的现值为

$$P = C_d - C_d t \left[\frac{D_{f_1}}{1 + r} + \frac{D_{f_2}}{(1 + r)^2} + \frac{D_{f_3}}{(1 + r)^3} + \cdots + \frac{D_{f_n}}{(1 + r)^n} \right] \tag{16.24}$$

方括号里期限的确切估计将取决于所选的折旧法。

例 16.5　一个中型制造公司正在考虑投资节能电动装置来降低它每年庞大的能源成本。初始成本为 12000 美元，预计 10 年间公司每年将节省 2200 美元电费。该装置的残值预计为 2000 美元。确定税后收益率。

解： 首先求解税前收益率。需要确定每年的现金流量。在本题背景下，现金流量就是每年的净利润或节余。用直线折旧法确定折旧费。表 16.6 展示了现金流量结果。税前收益率是税前现金流节余等于电动装置购买成本时的利率。

$$12000 = 2200(P/A, i, 10) + 2000(P/F, i, 10)$$

通过尝试复利表中 i 的不同值找到收益率。

当 $i = 14\%$ 时

$$12000 = 2200 \times 5.2161 + 2000 \times 0.2697$$
$$= 11475 + 539 = 12014$$

因此，税前收益率比 14% 高一点。为了找到税后收益率，使用表 16.6 中的税后现金流量。由式（16.23），估计税后收益率大约为 7%。

$$12000 = 1600(P/F, i, 10) + 2000(P/F, i, 10)$$

当 $i = 6\%$ 时

$$12000 = 1600 \times 7.3601 + 2000 \times 0.5584$$

$$= 11776 + 1117 = 12893 \quad i \text{ 太低}$$

当 $i = 8\%$ 时
$$12000 = 1600 \times 6.7101 + 2000 \times 0.4632$$
$$= 10736 + 926 = 11662 \quad i \text{ 太高}$$

在 6% 和 8% 之间插值得

$$i = 6\% + 2\% \times \frac{12893 - 12000}{12000 - 11662} = 6\% + 2\% \times 0.72$$
$$= 6\% + 1.44\% = 7.44\%$$

表 16.6　例 16.5 的现金流量计算　（单位：美元）

年　　　度	税前现金流量	折　　旧	应 税 收 入	50% 所得税	税后现金流量
0	-12000				-12000
1 ~ 9	2200	1000	1200	-600	1600
10	2200	1000	1200	-600	1600
残值	2000				2000

税收考虑：出于税收的目的，经营业务产生的支出主要分为两大类。使用期限超过一年的设施和生产设备支出被称为资本性支出，这些支出在经营业务会计记录中被称为"资本化支出"。其他营业费用，像劳动力和材料成本，直接和间接成本，使用期限在一年或一年以下的设施和设备支出，都是普通营业性支出。通常这些费用的总额比资本性支出要多。在会计记录中，它们被称为"费用化支出"。这些营业性支出和折旧直接从毛利润中扣除以确定应税收入。

当出售资本资产时，资本利得或损失由售价减去资产的账面价值确定。如果资本资产以高于当前账面价值的价格出售，这就确立了一项称为折旧回抵的收入。不论是资本利得还是折旧回抵都要添加到毛收入中。在现代历史中，资本利得经常受到特殊对待，它的税率通常比普通营业收入要低。

资本投资是拉动国家财富增长的创新过程中关键的一步。因此，联邦政府经常使用税收制度来刺激资本投资。这经常以税收减免的形式出现，税收减免率通常为 7% 或者在 4% ~ 10% 之间浮动。这意味着符合条件的设备的购买价格的 7% 可以从公司需要向政府缴纳的税金中扣除。而且，设备的折旧费基于它的全价计提。

16.6　投资效益

工程经济学的一个主要应用是确定拟议项目或投资的盈利能力。项目的投资决策通常基于以下三条不同的准则：

1）盈利能力分析。由本节即将讨论的工程经济分析方法确定。盈利能力分析用以评估一项投资是多么的有利可图。

2）财务分析。如何获得必需的资金，融资成本是多少。投资资金有三大来源：①公司的留存收益；②从银行、保险公司和养老基金获得的长期商业借款；③通过发行股票从股票市场获得。

3）无形资产分析。法律、政治、社会考量和公司形象在决定开展哪些项目的过程中常常比财务因素更重要。例如，虽然在 1000mile 外投资建设新厂更合算、更有吸引力，但公司可能因为其让员工能继续就业的责任选择对老厂的现代化建设进行投资。

但是，在自由企业制度下，业务公司的主要目标是利润最大化。为实现利润最大化，公司会融资成立似乎有利可图的合资企业。如果投资者得不到足够有吸引力的利润，他们会将资金转投到其他项目，那么公司的增长甚至生存将受到威胁。

有四种方法经常用于评估盈利能力。会计收益率和回收期法是简单的方法，很容易理解，但这两种方法没有考虑货币的时间价值。净现值法和贴现现金流量法是衡量盈利能力最常用的方法，它们考虑了货币的时间价值。在讨论这些方法之前，需要更密切关注一下现金流量的概念。

现金流量衡量项目的资金流入或流出。资金流入构成正现金流，资金流出是负现金流。一个典型工厂投资周期中的现金流量如图 16.7 所示。

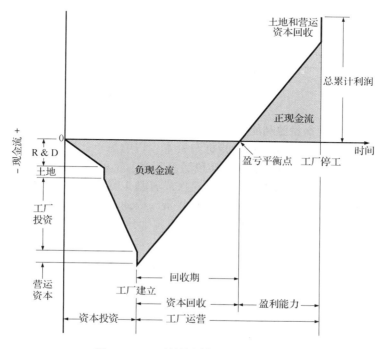

图 16.7　工厂投资周期中的现金流量

严格来说，折旧不是现金流项目，因为它不是真正的现金流动。对于安装了数十亿美元的设备的工厂，折旧在减少应税投资方面起着重大的作用。可看到，折旧在税后现金流量（CFAT）的计算中很重要。从税收管理者的角度来看，应税收入（TI）由下式给出

$$TI = 总收益 - 营业费用 - 折旧$$
$$= GI - OE - D \tag{16.25}$$

从工程经济分析的角度来看，折旧只有在它影响税收时加入。因此，税前现金流量（CFBT）由下式给出

$$CFBT = 总收入 - 营业费用 - 资本投资 + 残值$$
$$= GI - OE - P + S \tag{16.26}$$

折旧通过其在应税收入中的作用影响税后现金流量（CFAT）。为了确定 CFAT，首先将式（16.25）乘以有效税率 t_e，即式（16.22），来给出已支付的税收，再从 CFBT 减去该值得到 CFAT。

$$CFAT = (GI - OE - P + S) - (GI - OE - D) t_e \tag{16.27}$$

表 16.7 显示了一个确定 CFAT 的步骤。

表 16.7　税后现金流量（CFAT）的计算　　　　　　　　（单位：美元）

(1) 收益（1 年期间）	500000
(2) 营业成本	360000
(3) (1) − (2) = 毛利润	140000
(4) 年折旧费	60000
(5) (3) − (4) = 应税收入	80000
(6) (5) × 0.35 = 所得税	28000
(7) (5) − (6) = 税后净收入	52000
净现金流量（税后）	
(7) + (4) = 52000 + 60000	112000
使用式（16.27）将得到相同的税后现金流量值	

16.6.1　收益率

投资收益率（ROI）是衡量盈利能力最简单的方法。它严格从会计角度计算，没有考虑货币的时间价值。它是某利润或现金收入衡量指标与资本投资的简单比值，有很多方法来估计资本投资收益率。ROI 可能基于年税前净利润、年税后净利润、年税前现金收入或年税后现金收入。这些比率，通常表示为百分比，可以每年计算一次或者基于整个项目运营过程中的平均利润或收入进行计算。此外，资本投资有时表示为平均投资。因此，虽然 ROI 是一个简单的概念，但在任何给定的情况下清晰地理解它是如何被确定的也是十分重要的。

例 16.6　初始资本投资为 360000 美元，期限 6 年。营运资本为 40000 美元，6 年间总税后净利润预计为 167000 美元，求 ROI。

解：

$$年净利润 = \frac{167000}{6} 美元 = 28000 美元$$

$$初始资本投资 ROI = \frac{28000 \ 美元}{(360000 + 40000) \ 美元} = 0.07$$

16.6.2　回收期

回收期是现金流完全偿还初始总资本投资所需的时间周期（图 16.7）。虽然回收期法使用了现金流，但它没有将货币的时间价值考虑在内。这种方法强调的是投资的迅速回收。此外，这种方法不考虑回收期后的现金流或利润回收。

考虑表 16.8 所示的回收期案例。由回收期准则，项目 A 三年可以回收初始资本投资，更为可取。但是项目 B 累积现金流回报 110000 美元，明显整体上更有利可图。

表 16.8　回收期案例

年　　度	现金流/美元	
	项　目　A	项　目　B
0	− 100000	− 100000
1	50000	0
2	30000	10000
3	20000	20000
4	10000	30000

(续)

年　度	现金流/美元	
	项 目 A	项 目 B
5	0	40000
6	0	50000
7	0	60000
	10000	110000
回收期	3 年	5 年

16.6.3 净现值

在第 16.3 节中，作为成本比较的一种方法，引入了净现值（NPW）准则。其计算公式为

净现值 = 收益现值 – 成本现值

这种方法将项目运营过程中的预期现金流（有 + 有 –）以最低可接受资本收益率，即 MARR 贴现到 0 时刻。优先选择具有最大正 NPW 值的项目。NPW 取决于项目期限，所以严格来说，如果具有不同的期限，两个项目的净现值不应被比较。

显然，NPW 值将取决于计算时使用的利率。对于一组给定的现金流，低利率会使 NPW 更趋向于正数，而高利率将使得 NPW 趋向于负数。一定存在某个 i 值，使得贴现现金流的总和为 0，即 NPW = 0。这个 i 值被称为内部收益率（IRR）。

16.6.4 内部收益率

在本章的开始探讨了以给定利率投资，确定与一个未来时间较大金额等值的当前资金数额的计算方法。现在通过内部收益率，找到了使现值和未来值等值的利率值。这个利率值被称为内部收益率（IRR）。它是净现值等于 0 时的收益率。

例如，内部收益率为 20%，意味着除了项目将产生足够的资金偿还初始投资外，这个项目投资每年还将获利 20%。根据本章之前讨论的现金流的定义，折旧被认为隐含在 NPW 和 IRR 计算中。

由于盈利能力在 IRR 法中表示为收益的百分率，相对于产生一笔钱作为答案的 NPW 法，工程师和业务员更容易理解和接受这种方法。NPW 法计算过程中需要选定一个利率，这可能是一件困难且有争议的事情。但是使用 IRR 法，我们可以根据现金流计算出收益率。一种情况下 NPW 更具有优势，那就是一系列子项目的单独的 NPW 值可以加和得到整个项目的 NPW，但 IRR 法得到的收益率不能这么做。

例 16.7　一种机器的初始成本为 10000 美元，5 年后残值为 2000 美元，设备使用产生的年收益（节余）为 5000 美元，年运转成本为 1800 美元。税率为 50%。求解 IRR。

解：使用直线折旧法，年折旧费为

$$D = \frac{C_i - C_s}{n} = \frac{10000 - 2000}{5} \text{ 美元} = 1600 \text{ 美元}$$

年税后现金流量为净收入和折旧费的总和。

$$(CF)_a = [(5000 - 1800)(1 - 0.50) + 1600 \times 0.50] \text{ 美元}$$
$$= (1600 + 800) \text{ 美元} = 2400 \text{ 美元}$$

年　　度	现金流/美元
0	−10000
1	2400
2	2400
3	2400
4	2400
5	2400 + 2000（C_s）

$$NPW = 0 = -10000 + 2400(P/F,i,5) + 2000(P/F,i,5)$$

若 $i = 10\%$，NPW $= +340$；若 $i = 12\%$，NPW $= -214$。可以由此求解括号里的 IRR，插值得到

$$i = 10\% + (12\% - 10\%) \times \frac{340}{340 + 214}$$

$$= 10\% + 2\% \times \frac{340}{564} = 10\% + 1.2\% = 11.2\%$$

可以使用微软 Excel 中的 IRR 函数迅速确定内部收益率。使用 IRR 时，在一列单元格中输入净收益或成本（−），每期一个数值，如果某期没有现金流动，则输入 0。最终，输入一个估测值作为运算初始值。例如：= IRR（A2：A8，5）。

工程经济学中有一个重要的法则：每个投资资本增量必须是合理的，即投资增量需要赚取最低要求的收益率。

例 16.8　一个公司可以选择投资下表所示的两种机器中的一种。哪种投资更加合理？

	机　器　A	机　器　B
初始成本 C_i/美元	10000	15000
使用期限	5 年	10 年
残值 C_s/美元	2000	0
年收益/美元	5000	7000
年成本/美元	1800	4300

解：假定税率为 50%，最低可接受收益率为 6%。机器 A 的情形与例 16.7 的情形完全相同，即 $i = 11.2\%$，计算机器 B 的 IRR，IRR 值略高于最低的 6%。但是，这个问题不正确，相反，应该问**投资增量**（15000 − 10000）是否是合理的。此外，因为机器 B 使用期限是机器 A 的两倍，应该把它们放到相同的时间基础上讨论。

例 16.8 的现金流见表 16.9。

表 16.9　例 16.8 的现金流　　　　　　　　　　　　（单位：美元）

年　　度	机　器　A	机　器　B	差值，B − A
0	−10000	−15000	−5000
1	2400	2100	−300
2	2400	2100	−300
3	2400	2100	−300
4	2400	2100	−300
5	2400 − 10000 + 2000	2100	−300 + 8000
6	2400	2100	−300

（续）

年　度	机　器　A	机　器　B	差值，B - A
7	2400	2100	-300
8	2400	2100	-300
9	2400	2100	-300
10	2400 + 2000	2100	-300 - 2000

$$NPW = 0 = -5000 - 300(P/A, i, 10) + 8000(P/F, i, 5) - 2000(P/F, i, 10)$$

但是，即使 $i = \frac{1}{4}\%$，$NPW = -2009$，所以没有办法使机器 B 的额外投资在经济上合理。

当只有成本——不是收入（节余）——已知时，仍然可以对投资增量，而不是一个项目使用 IRR 法。在不能确定内部收益率的情况下，假定最低资本投资是合理的，然后确定额外投资是否合理。

例 16.9　基于下表数据，确定应该购买哪种设备。

	机　器　A	机　器　B
初始成本/美元	3000	4000
使用期限	6 年	9 年
残值/美元	500	0
年运转成本/美元	2000	1600

解：该问题的解答将基于税前现金流。为了将两种设备放在相同的时间范围内，采用相同的 18 年使用期限。

例 16.9 的现金流见表 16.10。

表 16.10　例 16.9 的现金流　　　　　　（单位：美元）

年　度	机　器　A	机　器　B	差值，B - A
0	-3000	-4000	-1000
1 ~ 5	-2000	-1600	+400
6	-2000 - 2500	-1600	+400 + 2500
7 ~ 8	-2000	-1600	+400
9	-2000	-1600 - 4000	+400 - 4000
10 ~ 11	-2000	-1600	+400
12	-2000 - 2500	-1600	+400 + 2500
13 ~ 17	-2000	-1600	+400
18	-2000 + 500	-1600	+400 - 500

$$NPW = 0 = -1000 + 400(P/A, i, 18) + 2500(P/F, i, 6) + 2500(P/F, i, 12)$$
$$- 4000(P/F, i, 9) - 500(P/F, i, 18)$$

反复试验得到 $i \approx 47\%$，显然说明购买机器 B 是合理的。

我们已经展示了评估投资盈利能力的四种最主要的方法。投资收益率法具有简单、易操作的优点，但是它没有考虑货币的时间价值和现金流。回收期法也是一种简便的方法，这种方法对正在经历快速技术变革的产业特别有吸引力。像收益率法一样，它没有考虑货币的时间价值，过分强调能实现快速回报的项目。净现值法同时考虑了现金流和货币的时间价值，但是在设定所需的收益率方面这种方法显得模棱两可，而且当比较期限不同的项目时也会出现问题。内部收益率的优点在于产生的答案是真正的内部收益率，这种方法可以很容易地比较不同选择，但是它假定项目产生的所有现金流可以以相同的收益率再投资。

16.7 盈利能力的其他方面

除了在第 16.6 节中讨论的数学表达式，还有无数因素影响项目的盈利能力。本节的目的是为了完善我们对盈利能力关键课题的思考。

需要认识到，利润和盈利能力是不同的概念。利润由会计师衡量，在任意一年，其数值可以通过多种方法操纵。盈利能力本质上是经济决策中的一个长期参数。因此，利润短期变量不会对它有太大影响。近几年，过分强调快速获利和短回收期的态势强劲，这一趋势对工程项目的长期投资不利。

盈利能力的评估需要对未来现金流进行预测，而这又需要营销人员对销售量和销售价格，以及材料价格和可用性进行可靠估计。原油价格在 2005 年上涨四倍就是一个原材料成本变化趋势能极大影响盈利能力预测的一个生动案例。同样，我们必须仔细关注运营成本变化趋势，特别是通过增加投资，如自动化方面，来降低运营成本是否更有利可图。

许多技术决策与投资政策和盈利能力密切相关。在设计阶段，确保产品的优势，即产品水准超过当前市场所需水平是可能的。后来，当竞争对手进入市场时，这种优势将被证明是有用的，但这如果没有初始成本难以实现。经济学普遍青睐于市场可以吸收多少，就建造多大的生产设施。然而，这种盈利能力的提高存在一定程度的风险，如果设施关闭维修，必须保持产品供应的连续性。因此，常常要在运营若干较小的生产设施分散运营风险、提高可靠性和运营一个盈利能力稍高的大工厂之间做出权衡。

特定生产线的盈利能力可能受成本分配决策影响。这些因素像管理费用、电费、大公司部门间的转让价格或残值，往往需要在各种产品之间任意决定分配。因此，由于成本分配政策，这种情形往往有利于某些产品，而对其他产品形成歧视。有时，为了刺激新的发展前景好的生产线增长，公司有时决定投资一个前景有限的已建造的生产线（"现金牛"）。另一个有利可图的决策是，是将一个特定项目费用作为当期费用还是未来支出。通货膨胀时期，公司面临通过资本化将成本推迟到未来以提高当前盈利能力的强大压力。有人认为，从未来货币的角度看，将固定数额的金钱延迟到将来支付的后果很小。

政府对盈利能力的影响很大。在更广泛的意义上，政府通过制定货币供给政策，税收和外交政策，创造了整体经济形势，通过提供补贴来刺激经济的特定部门。由于污染控制、职业健康和安全、消费者保护和产品安全、联邦土地的使用、反垄断、最低工资和工时限制等，政府的监管权力已对某些部门的盈利能力产生了越来越大的影响。

16.8 通货膨胀

因为工程经济处理的是基于未来资金流的决策，所以在总体分析中考虑通货膨胀十分重要。1980 年，10 美元能购买的产品和服务在 2011 年需要 27 美元。虽然在过去的 20 年间美国消费品的通货膨胀率 f 明显低于 5%，但在 20 世纪 80 年代初期，通货膨胀率有三年高达两位数。

当价格上涨时，随时间流逝，一定数额的货币只能购买越来越少的产品和服务，通货膨胀发生。利率和通货膨胀密切相关，基础利率比通胀率高 2% ~ 3%。所以，在高通胀期间，不仅每个月美元购买的东西少了，而且借钱的成本也会升高。

经济分析可能考虑也可能不考虑价格变化。为了得到有意义的结果，收益和成本必须以可比较的单位进行计算。以 2012 年的货币计算成本，以 2017 年的货币计算收益没有意义。

通货膨胀由消费价格指数（CPI）的变化衡量，该指数由美国劳工部的劳工统计局确定[一]。CPI 每月报告一次，基于对消费者购买的一揽子产品和服务价格的调查。1984 年 CPI 重新定位到 100，除去了食品和能源等价格剧烈波动的项目，创建了核心 CPI。2011 年 1 月 CPI 为 220，相对的 1984 年 CPI 为 100。这意味着要购买与 1984 年 100 美元相同的产品和服务，在 2011 年需要花费 220 美元。由于设计目的，CPI 不如将在第 17.10.1 节中讨论的生产价格指数（PPI）重要。

例 16.10　1984 年 CPI 是 100.0，2011 年为 220.2，求解 27 年间的通货膨胀率。

解：　$F = P(F/P, i, n)$，　$220.2 = 100(F/P, i, 27)$，　$(F/P, i, 27) = 2.202$
在 $i = 0.02$ 和 $i = 0.03$ 之间插值可得 $i = 0.0291$。

另一种求解通货膨胀率的方法是使用年化收益率公式。

$$\text{年化收益率} = \left(\frac{\text{当期价值}}{\text{原始价值}}\right)^{\frac{1}{n}} - 1$$

$$= \left(\frac{220.2}{100.0}\right)^{\frac{1}{27}} - 1 = 1.0297 - 1.000 = 0.0297 = 3\% \tag{16.28}$$

通过下式，在一个时期 t_1 的货币可以转化成具有相同价值的另一时期 t_2 的货币

$$\text{时期 } t_1 \text{ 的美元} = \frac{\text{时期 } t_2 \text{ 的美元}}{t_1 \text{ 到 } t_2 \text{ 的通货膨胀率}} \tag{16.29}$$

定义以下两种情形是十分有用的：当期货币和不变价值的货币。定义时期 t_1 的美元为不变价值的美元。不变价值指在任何未来时间点都具有相同的购买力。当期货币，即在时期 t_2 的货币，指随时间变化购买力下降的普通货币单位。例如，如果一件商品在 1998 年要花费 10 美元，前一年间的通货膨胀率为 3%，若以 1997 年的当期货币计，需要花费 10 美元/1.03 = 9.71 美元。

处理通货膨胀问题时，要考虑以下三种不同的利率：

1）普通利率或不计通胀的利率 i。这是忽略通胀影响的利率，也是直到本章这里一直使用的利率。

2）市场利率 i_f。这是每天商业新闻报道的利率。它是实际利率 i 和通胀率 f 的结合，也被称为通胀利率。

3）通货膨胀率 f。它用来衡量货币价值变化率。

考虑计算以当期货币计的未来一笔钱 F 的现值的等式。F 首先一定要以实际利率，再以通货膨胀率贴现。

$$P = \frac{F}{(1+i)^n} \frac{1}{(1+f)^n} = F \frac{1}{(1+i+f+if)^n} = \frac{F}{(1+i_f)^n} \tag{16.30}$$

式中，$i_f = i + f + if$ 是市场利率，也被称为通胀利率。

例 16.11　一个项目需要 10000 美元的投资，预计以未来或"当期"货币计，第 1 年年末回报为 2500 美元，第 2 年年末为 3000 美元，第 3 年年末为 7000 美元，货币（普通）利率为 10%，通货膨胀率为每年 6%。求解这个投资机会的净现值。

解：通胀利率为 $0.10 + 0.06 + 0.10 \times 0.06 = 0.166$，为简化将使用 $i_f = 0.17$。

[一]　www.bls.gov/cpi/cpifaq.htm.

当期美元法

年 度	现金流/美元	$(P/F, 17, n)$	现值/美元
0	−10000	1.00	−10000
1	2500	0.8547	2137
2	3000	0.7305	2191
3	7000	0.6244	4971
			NPW = −701

不变价值的美元法

年 度	现金流[1]/美元	$(P/F, 10, n)$	现值/美元
0	−10000	1.00	−10000
1	2358	0.9091	2144
2	2670	0.8264	2206
3	5877	0.7513	4415
			NPW = −1235

[1] 已调整，将每个以当期美元计的现金流除以 $(1+0.06)^n$ 得到以通胀美元计的现值。

当期美元法使用通胀利率将现金流贴现，而在不变价值的美元法中，现金流通过下式调整

$$不变(实际)美元 = 当期(现行)美元(1+f)^{-n}$$

两种处理方法的净现值不同的原因在于使用了近似的联合贴现率而不是更精确的$i_f = 0.166$。但从预测通胀率的不确定性来看，这种近似是合理的。应该注意的是，在这个例子中，若不考虑通货膨胀，净现值为 10 美元，这强调了忽视通货膨胀的影响会错误估计盈利能力。

当用内部收益率i衡量盈利能力时，考虑通货膨胀率f会得到一个基于不变价值货币有效收益率i'[⊖]

$$1 + i = (1 + i')(1 + f)$$
$$i' = i - f - i'f \approx i - f \tag{16.31}$$

式（16.31）表明，作为一次近似，内部收益率要减去平均通胀率。

报告给投资者的利率i以当前货币计，但是投资者一般希望覆盖掉所有的通胀趋势，仍能获得一个可以接受的回报。换句话说，投资者希望获得一个不变价值的利率i'。如果使用不变价值的货币进行计算，应该使用名义利率i贴现；如果使用当前货币计算，则贴现率应该为$i_f = i + f$。

注意，当使用不变货币估计盈利能力时，折旧的税收优惠会减少。根据法律，折旧以当期货币定义，因此，在不变货币更适用的高通胀情况下，折旧的税收优惠不会完全实现。

通胀的另一个影响是通胀增加了现金流，这是由于货币价值下降，产品和服务的报价上升。即使使用不变价值的货币时，年现金流也应该反映当期货币状况。

16.9 敏感性和盈亏平衡分析

敏感性分析能确定在经济决策中哪些因素是经济决策中的最关键因素。由于预测将来事件，如销售量、残值和通货膨胀时，很大程度上具有不确定性，了解经济分析多大程度上依赖于估计值的大小十分重要。进行敏感性分析时，一个因素在合理范围内变动，其他因素维持在平均（期望）值。工程经济学问题敏感性分析的运算次数可能是相当大的，但是计算机的应用使得敏

[⊖] F. A. Holland and F. A. Watson, *Chem. Eng.*, pp. 87-91, Feb. 14, 1977.

感性分析更加实际。

经济学研究中，盈亏平衡分析在其中一个因素有特定的不确定性时经常使用。盈亏平衡点是当项目刚好合理时因素的大小。

例16.12 考虑一笔为期 5 年的 20000 美元的投资，残值为 4000 美元，最低可接受收益率为 8%。投资每年产生收益 10000 美元，运营成本为 3000 美元。假设新设备是否能持续使用 5 年有很大的不确定性，找到使项目在经济上刚好可行性的以使用期限表示的盈亏平衡点。

解：使用年成本法

$$10000 - 3000 - (20000 - 4000)(A/P, 8, n) - 4000 \times 0.08 = 0$$

$$(A/P, 8, n) = \frac{6680}{16000} = 0.417$$

在利率表中插值得到 $n = 2.8$。因此，如果机器不能持续使用 2.8 年，这项投资就不合理。

盈亏平衡分析经常被用来处理分步施工的问题。通常的问题是决定开始就在不使用的产能上投入更多的资金，还是在以后需要时以更高的单位成本增加需要的产能。

例16.13 一个新工厂第一阶段将花费 100×10^6 美元，第二阶段将在未来 n 年时花费 120×10^6 美元，如果现在进行全部产能建设，需要花费 140×10^6 美元。所有设施预期使用 40 年，残值忽略不计。找出更好的行动方案。

解：假设现在全部产能建设和两阶段建设的年运转成本和维修成本是一样的。以 10% 的利率计算现值（PW）。对于现在全部产能建设，PW $= 140 \times 10^6$ 美元。对于两阶段建设

$$\text{PW} = 100 \times 10^6 \text{ 美元} + 120 \times 10^6 (P/F, 10, n) \text{ 美元}$$

$$n = 5 \text{ 年：PW} = (100 + 120 \times 0.6201) \times 10^6 \text{ 美元} = 174 \times 10^6 \text{ 美元}$$

$$n = 10 \text{ 年：PW} = (100 + 120 \times 0.3855) \times 10^6 \text{ 美元} = 146 \times 10^6 \text{ 美元}$$

$$n = 20 \text{ 年：PW} = (100 + 120 \times 0.1486) \times 10^6 \text{ 美元} = 118 \times 10^6 \text{ 美元}$$

$$n = 30 \text{ 年：PW} = (100 + 120 \times 0.0573) \times 10^6 \text{ 美元} = 107 \times 10^6 \text{ 美元}$$

这些结果绘制在了图 16.8 中。盈亏平衡点（12 年）是两种方案具有相同成本的点。如果需要在 12 年之前建设全部产能，现在完成全部产能建设是更好的方案。

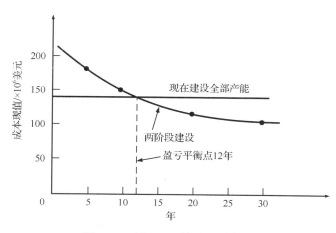

图 16.8　例 16.13 的盈亏平衡图

16.10　经济性分析中的不确定性

在先前的几节中，讨论了工程经济学主要基于未来成本和收益估计值的处理决策问题。由

于没有人拥有透明水晶球，这些估计值很可能有相当大的不确定性。在本章之前呈现的所有例子中，已经计算了未来值的最优估计值，没有考虑不确定性。

现在我们愿意承认未来的估计值可能不是非常精确的，有一些方法可以防止这些不精确。最简单的过程是用一个乐观值和一个悲观值补充你估计的最可能值，这三个估计组合成一个加权平均值。

$$加权平均值 = \frac{乐观值 + 4 \times 最可能值 + 悲观值}{6} \tag{16.32}$$

在式（16.32）中，假设各值服从 β 随机分布。由该式确定的平均值在经济分析中使用。

更高层次改进模型的方法是在经济分析中将概率和确定因素相结合。从某种意义上来说，通过这种方法，将数值本身的不确定性转化成了概率的选择。

例 16.14　一件采矿设备的预期使用期限不确定性很高，机器成本为 40000 美元，残值预计为 5000 美元。新机器每年将节省 10000 美元，但每年运转和维修成本为 3000 美元，机器使用期限估计为

$$3 年, 概率 = 0.3$$
$$4 年, 概率 = 0.4$$
$$5 年, 概率 = 0.3$$

解：若使用期限为 3 年（基于资本回收）

净年成本 $= (10000 - 3000) - (40000 - 5000) \times (A/P, 10, 3) - 5000 \times 0.10$
$\qquad = (7000 - 35000 \times 0.4021 - 500)$ 美元 $= -8573$ 美元

若使用期限为 4 年

净年成本 $= (7000 - 35000 \times 0.3155 - 500)$ 美元 $= -4542$ 美元

若使用期限为 5 年

净年成本 $= (7000 - 35000 \times 0.2638 - 500)$ 美元 $= -2733$ 美元

净年成本期望值 $= E(AC) = \sum AC \times P(AC)$
$\qquad = [-8573 \times 0.3 + (-4542 \times 0.4) + (-2733 \times 0.3)]$ 美元 $= -5207$ 美元

16.11　效益成本分析

一类重要的工程决策涉及在经济资源有限时，选择更优的系统设计、材料、购买子系统等。在这类情况下，第 16.3 节和第 16.6 节中的成本比较和盈利能力分析方法是重要的决策工具。

比较经常基于将想得到的效益和产生效益所需的资本投资联系起来的效益成本比率。政府机构最常使用这种选择方案的方法来确定公共工程项目是否有利。如果实现的净收益超过其相关成本时，一个项目被认为是可行的。效益是公众（或所有者）得到的有利因素。如果项目对所有者有不利因素，那么这些损失必须从效益中减去。成本被认为包括建造、运营和维修费用减去残值。效益、损失和成本必须使用现值或年成本的概念以相同的货币形式表示。

$$效益成本比率(BCR) = \frac{效益 - 损失}{成本} \tag{16.33}$$

BCR < 1 的设计或项目不能覆盖产生设计花费的资本成本。一般来说，只有 BCR > 1 的项目才是可行的。BCR 用到的效益可能是改进的组件性能，重量减轻提升的负载能力，增加的设备可用性等因素。效益被定义为有利因素减去不利因素，即净效益。同样，成本是总成本减去所有节余。成本应该代表初始资本成本以及运营和维护成本。

在从几个备选方案之间选择的问题中，与变化相关的增量或边际效益和成本应当高于基础水平或参考计划。方案按照成本进行排序，将最低成本方案作为最初的参考方案。计算效益增量（方案 2 效益 – 方案 1 效益）和成本增量（成本 2 – 成本 1），将参考方案与下一个更高成本的方案进行比较。如果 $\Delta B/\Delta C < 1$，则拒绝方案 2，因为第 1 个方案更优。现在再将方案 1 与方案 3 进行比较。如果 $\Delta B/\Delta C > 1$，则拒绝方案 1，方案 3 成为当前最优方案。比较方案 3 与方案 4，如果 $\Delta B/\Delta C < 1$，那么方案 3 是最佳选择。应该注意到这可能不是整体效益成本比率最大的方案。

例 16.15　你被要求对一个小型水电站的选址做出建议。下表给出了不用选址的建造成本，成本因地势和土壤条件而异。每个估计值包括 3×10^6 美元的涡轮机和发电机费用。不同选址每年电力销售的收益也因水流速度而不同。

要求年收益率为 10%，为了计算简便，水坝的使用期限无限，所以这应该将其视为第 16.3.3 节的资本化成本来处理。水电设备（$H-E$）使用期限为 40 年。

选　　　址	建造成本/ $\times 10^6$ 美元	设备成本/ $\times 10^6$ 美元	水坝成本/ $\times 10^6$ 美元	年收入/ $\times 10^6$ 美元
A	9	3	6	1.0
B	8	3	5	0.9
C	12	3	9	1.25
D	6	3	3	0.5

由于效益（收入）在年度的基础上统计，也要将成本转化成以年度为基础。此外，还将在增量基础上做出决策。表 16.11 将方案按照资本回收的年成本增加的顺序排列（从左到右）。

例如，选址 A 资本回收的年成本为 $A = P_D i + P_{H-E}(A/P, 10, 40)$，其中 P_D 为水坝的建造成本，P_{H-E} 为水电设备成本。

$$\text{选址 } A \text{ 资本回收的年成本} = (6000000 \times 0.10 + 3000 \times 0.1023) \text{ 美元}$$
$$= (600000 + 306900) \text{ 美元} = 907000 \text{ 美元}$$

可以注意到当与不建造水坝的方案比较时（成本 0、效益 0），选址 D 的 $\Delta B/\Delta C$ 小于 1。下一个较低成本的水坝选址 B 的 $\Delta B/\Delta C$ 大于 1，因此相对于不建造水坝，应选择在选址 B 建水坝。选址 A 和 C 的效益成本比率也大于 1，但现在，有了一个低成本的可行的选址（B），需要比较方案的效益和成本增量是否优于 B。可以看到，根据 $\Delta B/\Delta C$，A 和 C 不是优于 B 的选择。因此选择选址 B。

表 16.11　例 16.15 的选址效益成本分析

	D	B	A	C
资本回收年成本/ $\times 10^3$ 美元	607	807	907	1207
年效益/ $\times 10^3$ 美元	500	900	1000	1250
比较	D 和不建造	B 和不建造	A 和 B	C 和 B
Δ 资本回收/ $\times 10^3$ 美元	607	807	100	400
Δ 年效益/ $\times 10^3$ 美元	500	900	100	350
$\Delta B/\Delta C$	0.82	1.11	1	0.87
选择	不建造	B	B	B

如果在严格工程环境下帮助选择替代性材料时使用，效益成本比率是一个有用的决策工具。然而，它通常用于税金融资、旨在服务于整体公共利益的公共项目。相对于内部收益率，BCR 有心理优势，避免了政府从公共资金中获利的暗示。这里，超越经济效率的问题成为决策过程的一部分。许多更广泛的问题是很难以货币量化的。更大的困难是如何将金钱成本与社会实际价

值联系起来。

考虑水电设施的例子。大坝产生电力，但它也将需要防洪控制和占用休闲划船的区域。所有产值应该被包括在效益里。成本包括建造、运营和维护费用。然而，这可能造成社会成本，像原始森林和优美风景的损失。围绕环境和美学问题的成本分摊存在很大争议，这些争议成了可持续性计划（第10章）讨论的广泛话题。

虽然效益成本分析是一种广泛使用的方法，它并不是无懈可击的。这种方法基于成本和效益相对独立的假设。某种程度上，它基本上是不需要处理不确定性的确定性方法。与大多数方法一样，最好不要尝试把它推得太远。虽然式（16.33）提供的定量比率应该最大限度地被利用，但它们不应该优先于常识的使用和良好的判断力。

16.12 本章小结

工程经济是促进理性决策如何在不同时间点、通过不同方式分配一定数目资金的方法论，例如分成在一段时间内相等的现金流或在将来一次性支付。因此，工程经济学考虑货币的时间价值。

基本工程经济学关系式是将以利率 i 将相隔 n 年的未来值 F 和现值 P 联系在一起的复利计算公式。即

$$F = P(1 + i)^n$$

如果求解等式中的 P，可将未来值折算到了现在。如果在每期期末都出现数值为 A 的资金，那么

$$F = A \frac{(1 + i)^n - 1}{i}$$

如果用这个等式求解 A，就得到了为更新磨损机器设置的偿债基金的年支付额。更重要的是，年支付额要偿还初始资本投资和支付投资中本金 P 的利息，其中 CRP 是资本回收因子

$$A = P \frac{i(1 + i)^n}{(1 + i)^n - 1} = P(\text{CRP})$$

工程经济学考虑在涉及资金的一些可供选择的行动方案中做出理性决策。为了做出最优选择，所有方案都要放在相同的基础上。有以下四种决策方法：

- 现值分析法：所有成本或收入都折算到现在来计算净现值。所有方案时间周期相同时，这种方法效果最好。
- 年成本分析法：一段时间内的现金流转化成等价的年成本或年收益。方案的时间周期不同时，这种方法仍有效。
- 资本化成本分析法：这是现值分析法在项目永久存续时的特殊情况（$n = \infty$）。
- 效益成本比率：这种方法在以上三个方法的基础上分析项目的成本和效益，如果效益成本比率大于 1.0，可以决定投资项目。

现实经济分析需要考虑税收，主要是联邦所得税。精确定量应税收入，要求备抵折旧，即由于磨损、分裂或报废引起的所有资产的价值损耗。现实经济分析还要求备抵通货膨胀，即货币价值随时间的下降。

工程经济学的一个重要应用在于确定提议项目或投资的盈利能力。这通常以估计项目产生的现金流量开始。

现金流量 = 净年现金收入 + 折旧

两种常用的评估盈利能力的方法是投资收益率法（ROI）和回收期法。

$$ROI = \frac{平均年净利润}{资本投资 + 运营资本}$$

回收期是累积现金流可以完全偿还初始总资本投资的时间周期。这些方法都没有考虑货币的时间价值。更好的衡量盈利能力的方法是净现值法。

$$净现值 = 收益净现值 - 成本净现值$$

使用这种方法时，项目实施过程中的预期现金流量（有 + 有 – ）以代表资本最低可接受收益率的利率折算到 0 时刻。内部收益率（IRR）是净现值等于 0 时的利率。

$$净现值 = PW（收益） - PW（成本） = 0$$

由于估计未来收入流和成本时有相当大的不确定性，工程经济研究经常估计一系列数值，并使用平均值。另一种方法是在分析中设定这些数值的概率并使用期望值。

新术语和概念

年成本分析	折现	净现值
效益成本分析	实际利率	名义利率
资本化成本	未来值	回收期
资本回收因子	通货膨胀率	现值
现金流量	内部收益率	现值分析
当期货币	加速折旧法（MACRS）	偿债基金因子
税后现金流	边际增量收益	货币的时间价值
折旧	最低可接受收益率（MARR）	等额年现金流

参 考 文 献

Blank, L. T., and A. J. Tarquin: *Engineering Economy,* 7th ed., McGraw-Hill, New York, 2012.

Canada, J. R., W. G. Sullivan, D. J. Kulonda, and J. A. White: *Capital Investment Analysis for Engineering and Management,* 3rd ed., Prentice Hall, Englewood Cliffs, NJ, 2005.

Humphreys, K. K.: *Jelen's Cost and Optimization Engineering,* 3rd ed., McGraw-Hill, New York, 1990.

Park, C. S.: *Contemporary Engineering Economics,* 2nd ed., Addison-Wesley, Reading, MA, 1996.

White, J. A., K. E. Case, D. B. Pratt: *Principles of Engineering Economic Analysis,* 5th ed., John Wiley & Sons, New York, 2010.

问题与练习

可以使用 www. mhhe. com/dieter 的利率表来帮助你解决这些问题。同时，注意电子表格软件可以提供本章讨论的大多数函数。建议使用电子表格解决这些问题。

16.1 （a）年存款 1000 美元，复利率为 10%，计算第 7 年末得到的存款金额。

（b）若每半年复利计息一次，存款金额会是多少？

16.2 一个年轻女性购买了一辆旧车。首付和折让之后，需要支付的金额为 8000 美元。如果钱可以以 10% 的利率借到，那么为了 4 年还清借款，每月支付额为多少？如果利率为 4% 呢？

16.3 一个机床成本为 15000 美元，5 年后残值为 5000 美元。利率为 10%。年资本回收成本为折旧费（使用直线折旧法）加上等价年利息费。在年度基础上求解年资本回收成本，并说明结果等于使用资本回收因子迅速得到的数值。

16.4 一个父亲想要为新生儿的大学教育建立一个基金。他估计目前大学教育一年成本为20000美元，而且这个成本将每年以4%的速度增长。

(a) 这个孩子18岁、19岁、20岁、21岁生日的时候，需要多少钱来提供4年大学教育的学费？

(b) 如果一个富有的姨母在孩子出生那天给了孩子10000美元，在1~17岁生日那天，若利率为4%，还必须预留多少额外的资金来建立这个大学基金？

16.5 一个主要的工业化国家使用这种方式来管理其财政状况，它每年对其他国家的贸易逆差为1000亿美元。如果借贷的成本是10%，多长时间后债务（累积赤字）达到10000亿美元？如果不采取措施，要花多长时间积累第二个10000亿美元的债务？

16.6 机器A的成本为8500美元，每年运转成本为4500美元。机器B的成本为7000美元，每年运转成本为4800美元。每台机器的经济使用年限为10年。如果所需的最低收益率为10%，通过以下方法比较机器A的优势。

(a) 现值法。

(b) 年成本法。

(c) 投资收益率。

16.7 比较两个运输原材料的输送系统的成本。

	系　统　A	系　统　B
安装成本/美元	25000	15000
年运转成本/美元	6000	11000

每个系统的使用期限是5年，注销期是5年。使用直线折旧法，假设两个系统都没有残值。在税后收益率为多少时，系统B会比A更有吸引力？

16.8 重铺地板的成本为5000美元，并将持续2年。如果货币价值10%，成本为19000美元的新地板必须使用多长时间，换新地板在经济上才是合理的？使用资本化成本法进行分析。

16.9 你想购买一个热处理炉对钢制零件气体渗碳。炉A将耗资325000美元，能使用10年；炉B将耗资400000美元，能使用10年。然而，炉B将对渗碳层深度提供更密切的控制，即炉B能使渗碳层深度达到规格范围的下限。这将意味着炉B的生产率为2740 lb/h，而炉A为2300 lb/h。年度总产量必须达到15400000 lb。炉A的循环时间为16.5h，炉B为13.8h，每小时运转成本为64.50美元。

基于以下条件证明购买炉B的合理性。

(a) 回收期。

(b) 贴现现金流税后收益率。

(c) 假设货币价值10%，税率为50%。

16.10 资本成本对投资长期项目的管理意愿具有很强的影响力。在20世纪90年代初，美国的资本成本是10%，日本是4%。在两种情况下，一个为期2年、成本为100万美元的项目，2年后收益必须为多少才能实现投资的可接受收益率？重复分析一个20年期项目。解释你的结果怎么支持这个问题。

16.11 根据下面的成本估计值，求出一个新的燃料电池试验项目的现值。

初始设备成本	350000美元
发展周期	5年
固定费用	每年为初始设备成本的20%
可变费用	第一年为40000美元，从 $t=0$ 起因通胀每年增加6%
MARR	$i=10\%$

16.12 在以下的条件下，确定重大建设项目成本的净现值：

（a）3 年内估计成本为 3 亿美元（基准方案）。

（b）通货膨胀率为 4%，利息成本为 10%，项目推迟 3 年。

（c）通货膨胀率为 4%，利息成本为 10%，项目推迟 6 年。

16.13 作为一个新职工，你需要担心你很多年后的退休金。构建一个表说明，为了提供 100 美元的月收入，在 4%、8%、12% 的年收益率下，你需要投资多少钱？假设通货膨胀每年将增加 3%，因此计算的数值以经通货膨胀调整后的美元计。计算退休期为 25 年、30 年、35 年、40 年时，每月所需的金额。假设在免税的账户进行投资。

16.14 年里程数为多少时，给公司的商务代表配车比支付 0.55 美元/mile 让他们使用自己的车更便宜？提供一辆车的成本如下：

购买价格	20000 美元
使用年限	4 年
残值	3000 美元
停车费	400 美元/年
维修费	0.15 美元/mile

（a）假设 $i = 10\%$。

（b）假设 $i = 16\%$。

16.15 均匀化开支指的是创建一系列相等的年末支付流，使其现值与一系列不规则的年末支付流相等。为了说明这一点，考虑一个预计为期 5 年开发实验室项目的维护预算。假设 $i = 0.10$，年通胀水平增加 5%，建立均匀化的成本。

年 度	维护费用预算估计/美元
1	25000
2	150000
3	60000
4	70000
5	300000

16.16 营销部门对四种不同的产品计划做出以下估计。使用效益成本分析法，以确定采纳哪个计划。

计 划	单位制造成本/美元	售价/美元	预计年销售额/美元
A	12.50	25.00	250000
B	22.00	40.00	200000
C	15.00	25.00	250000
D	15.00	20.00	300000

16.17 你要以每股 40 美元的价格购买 QBC 公司的 100 股股票。这次购买很值，因为你 4 年 3 个月后能以每股 148 美元的价格出售这些股票。这次幸运的投资的年投资收益率是多少？

第 17 章　成　本　评　估

17.1　引言

实现设计方案或生产出产品需要一定的成本，直到对该成本有清楚的了解时，工程设计才算完成。一般来说，在功能等同的可选方案中，最低成本的设计将会在自由的市场环境下取得成功。虽然把成本评估这一章放在本书末尾，但这并不表示成本评估不重要。

企业乃至国家之间的竞争日趋激烈，因此正确理解构成成本的要素显得至关重要。世界已变成一个巨大的市场，拥有廉价劳动力的新兴发展中国家正积极引进技术，在与老牌工业化国家的竞争中占得先机。想要保住市场，不仅需要具备成本方面的详细知识，还要了解新技术如何降低成本。

在产品设计过程中做出的决策决定了产品 70% ~ 80% 的成本。绝大多数的产品成本形成于概念设计和实体设计阶段。因此，本章重点讲述在设计过程中如何尽早得到精确的成本评估。

成本评估通常用于以下几个方面：

1）为确定产品售价、产品报价或维修报价提供必要的参考信息。
2）为产品制造确定最经济的方法、工序或材料。
3）为成本削减计划奠定基础。
4）为用于控制成本的产品性能确定标准。
5）为新产品的盈利情况提供输入信息。

可以确信，成本评估必定是一种十分细致且基本的活动。成本分析的详细资料很少刊登在技术文献中，部分原因是它缺乏阅读趣味，更重要的原因是成本分析的数据具有高度专有性。因此，本章的重点是成本构成要素的鉴别和一些通用成本评估方法的介绍。在特定的产业或政府组织内进行成本评估需要遵守该组织所特有的具有高度专业化和标准化的程序。然而，本章描述的成本评估的一般概念仍然有效。

17.2　成本分类

可以将所有的成本分为两大类：产品成本和期间成本。产品成本是指随着每个产品单元的生产而变化的那部分成本，例如原材料成本和劳动力成本。期间成本是指在一段时期内产生的成本，与生产或出售的产品数量无关。例如工厂设备的保险费或产品的营销费用。产品成本也称为可变成本，因为该成本随产品的数量变化而变化。期间成本也称为固定成本，因为该成本不随产品的数量而变化。固定成本不能轻易分配给任何特定的产品或附加的服务。

成本还可以分为直接成本和间接成本。直接成本是指与加工出的特定产品单元直接相关的成本。在大多数情况下，直接成本也是一种可变成本，如原料成本。当广告费用可以分配给某个特定的产品或产品线时，它是一种直接成本，但不是可变成本，因为该成本不随产品的数量而变化。间接成本不与任何特定的产品直接相关。例如，厂房租金、水电费或车间主管的工资等都属于间接成本。直接成本和间接成本之间的界限往往比较模糊。例如，如果机器仅用于生产单一产品，则其维修费可视为直接成本；但是如果机器用于生产多种产品，其维修费会被认为是间接成本。

对于固定成本和可变成本的分类，举例说明如下：

1. 固定成本

（1）工厂间接成本

（a）投资成本

资本投资的折旧费。

资本投资和库存的利息。

财产税。

保险费。

（b）营业成本（负担）

经理和主管人员不直接与特定产品或制造过程相关。

公用设备和电信费用。

非技术性服务费用（行政人员、安保人员等）。

一般物资供应。

设备租金。

（2）行政管理成本

（a）企业高管人员的工资。

（b）法律和审计服务的费用。

（c）企业研发人员的工资。

（d）市场营销人员的工资。

（3）销售成本

（a）销售人员的工资。

（b）运输和库存成本。

（c）技术服务人员的工资。

2. 可变成本

1）原料成本。

2）直接劳动成本（包括附加福利）。

3）直接生产监督成本。

4）维护成本。

5）质量控制人员工资。

6）知识产权许可费用。

7）包装和存储成本。

8）废品损失和损坏。

固定成本，如市场营销成本、法律费用、安保费用、财务工作人员费用和管理费用往往集合为一个整体，称为总务及管理费用（G&A 费用）。上面列出的固定成本和可变成本仅用来说明主要的成本类别，并不是详尽的。

图 17.1 显示了通过成本要素确立销售价格的方法。直接材料成本、直接劳动力成本以及其他直接费用等主要成本要素构成了初始成本。初始成本加上照明、动力、维修、供给以及工厂间接劳动等间接制造成本，就构成了工厂成本。工厂成本加上资产折旧、工程开支、税收、职工工

资以及采购费等一般固定成本，就构成了制造成本。制造成本加上销售费用就构成了总成本。最后，在总成本的基础上加上利润就构成了销售价格。

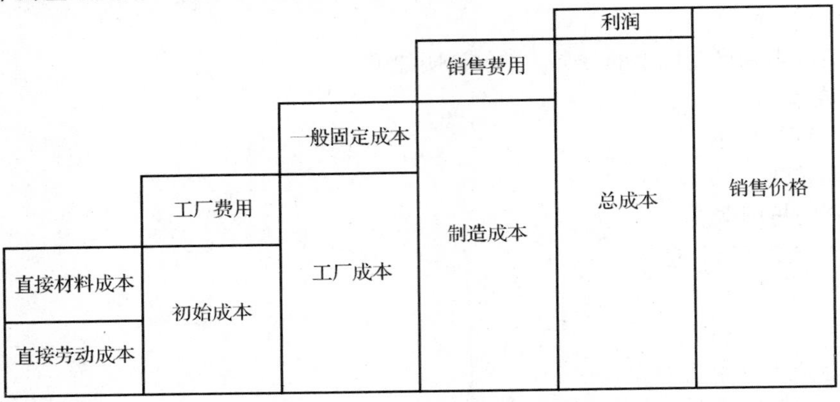

图 17.1 构成销售价格的成本要素

另一个重要的成本类别是营运资金，用于除固定资本和土地投资之外的项目启动以及偿还后续的到期债务。营运资金包括现有原料成本、加工过程中的半成品成本、库存成品成本、应收账款[⊖]和日常运作所需要的现金。营运资金伴随工厂运行过程的始终，但它被认为在项目完成之后是完全可收回的。

3. 盈亏平衡点

将成本分成固定成本和可变成本，由此引出了盈亏平衡点（break-even point，BEP）的概念，如图 17.2 所示。盈亏平衡点是销售额与成本平衡时的销售量或生产量。运营产量超过盈亏平衡点意味着盈利，运营产量低于盈亏平衡点意味着亏损。设 P 是单位产品售价（美元/单位），v 是可变成本（美元/单位），f 是固定成本（美元），Q 是产品的生产量或销售量。毛利润 Z 由下式给出[⊖]

$$Z = PQ - (Qv + f)$$

在盈亏平衡点处，$Q = Q_{\text{BEP}}$ 并且 $Z = 0$，得

$$Q_{\text{BEP}}(P - v) = f$$

因此

$$Q_{\text{BEP}} = \frac{f}{P - v} \qquad (17.1)$$

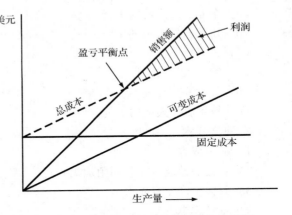

图 17.2 显示固定成本、可变成本和税前利润之间关系的盈亏曲线

例 17.1 某新产品运营超过一个月之后具有以下成本结构。试确定盈亏平衡点：

劳动力成本	2.5 美元/件	材料成本	6.0 美元/件
总务及管理费用	1200 美元	设备折旧	5000 美元
工厂费用	800 美元	销售和配送开支	1000 美元
利润	1.70 美元/件		

⊖ 应收账款是尚未收取的已售产品的款项。

⊖ 毛利润是扣除管理费用和税金前的利润，即销售收入减去销售成本。

$$总的可变成本 v = (2.50 + 6.00) 美元 / 件 = 8.50 美元 / 件$$
$$总固定成本 f = (1200 + 5000 + 800 + 1000) 美元 = 8000 美元$$
$$销售价格 P = (8.50 + 1.70) 美元 = 10.20 美元$$

$$Q_{BEP} = \frac{f}{P - v} = \frac{8000}{10.20 - 8.50} 件 = 4706 件$$

什么样的销售价格才能够满足产量为 1000 时的盈亏平衡呢?

$$P = \frac{f + Q_{BEP}v}{Q_{BEP}} = \frac{8000 + 1000 \times 8.50}{1000} 美元 / 件 = \frac{16500}{1000} 美元 / 件 = 16.50 美元 / 件$$

17.3 拥有成本

前面已经讨论了不同的成本分类方式,本节将从买主和卖主的视角,讨论他们对产品成本的基本贡献。在下一节,将从产品制造商的角度来考察成本[-]。

进货价格:面向买主的售价 S_p 可表示为

$$S_p = (nC_U + C_s + P_x)/n \tag{17.2}$$

式中,n 为产品生命周期中生产的产品单元总数;C_U 为单位产品的制造成本,见式(13.9);C_s 为产品营销的总成本(市场、广告、配送、销售人员薪水以及回扣);P_x 为所有利润的总和,包括分销链、从制造商开始的利润以及分销商(批发商)和零售商的利润。

从产品卖家的视角来看,真实成本要大于式(17.2)给出的销售价格。在一次交易中,计算 n_p 个产品单元对应的总体拥有成本 C_T 时,需要考虑诸多拥有成本因素,如式(17.3)所示

$$C_T = n_p(S_p + C_x + C_o + C_{ps}) + C_{sp} + C_t + C_Q \tag{17.3}$$

式中,S_p 为每个产品的单价;C_x 为与产品相关的税,例如每个产品单元的销售税、进口税或关税;C_o 为每个产品单元的运行成本;C_{ps} 为每个产品单元的维持费用(技术支持、维修合同等);C_{sp} 为为保障 n_p 个产品单元而所需的备件的成本;C_t 为员工培训费用;C_Q 为资格认证(ISO 9000、UL 认证等)费用。

注意,产品的销售价格常常取决于订购量,对于大的订单,卖家一般乐于减少利润来促成出售。

17.4 制造成本

本节延伸扩展了第 13.4.6 节对于制造成本的讨论。从制造商的视角来看,总体产品成本 C_{TM} 由下式给出

$$C_{TM} = n(C_M + C_L + C_T + C_E + C_W + OH_f) + C_D + C_{WR} + C_Q + OH_C \tag{17.4}$$

和式(17.2)一样,n 是产品生命周期中销售的产品单元总数。括号中的前四项是 13.4.6 节定义的材料、劳动力、工具和资产设备的单位成本;C_W 是处置制造过程产生的有害或无害废弃物的单位成本,包括循环再利用的成本;OH_f 是单位间接制造成本。这些都是可变成本,因为它们都取决于产品生产量。

剩下的各项都是固定成本。C_D 是一次性设计和开发成本,包括详细设计费用、可靠性测试

[-] E. B. Magrab, S. K. Gupta, F. P. McCluskey, and P. A. Sandborn, Integrated Product and Process Design and Development, 2nd ed., Chap. 3, CRC Press, Boca Raton, FL.

成本、软件开发成本、知识产权保护成本等。C_{WR}是取决于制造商的生命周期成本，主要是保修成本。C_Q已在第17.2节中定义，是资格认证（ISO 9000、UL 认证等）费用。OH_C是公司管理费用，取决于制造活动之外的公司运营成本，包含企业高管、市场营销人员、会计财务人员、法律人员、研发人员、企业工程设计人员的薪酬和福利津贴，以及企业总部大楼的运行费用等。这些成本可分配到企业内产生收入的单位中去。

零部件成本可分为两类：定制零件的成本和标准零件的成本。定制零件是企业按照设计由半成品材料（例如，棒料、金属板或塑料颗粒）制成的；标准零件是从供应商那里采购的。定制零件在企业自己的工厂里生产或外包给供应商生产；标准零件由标准件（例如，轴承、电动机、电子芯片和螺钉等）组成，但也可能包括 OEM 组件（供应商为原始设备制造商生产的零部件），如为货车制造的柴油机、为汽车制造的座椅和仪表盘。无论零件制造起始于什么地方，其制造成本一定包含材料成本、劳动力成本、机床成本、机床调整和设置成本。对于外包的零件，这些成本与供应商的利润一起包含在进货价格之中。

制造一个产品的成本包含：①零件成本（由零件的设计图和产品的材料清单决定）；②组装成本；③营业成本。组装成本通常由装配劳动、专用夹具和其他设备的成本构成。营业成本是一类不直接与每个产品单元相关的制造成本。这将在第17.5节进行讨论。

制造商的利润可表示为：利润＝售价－成本，见第17.9节。利润率（收益率）取决于产品在市场中的接受程度和竞争程度。对于个别产品，利润率可能达到40%～60%；但对大多数产品，利润率为10%～30%。

17.5 管理成本（间接成本）

对于年轻的工程师来说，大概没有哪方面的成本评估比管理成本的评估更容易引起混淆和挫败感。许多工程师认为管理成本不是一种必要且合理的成本，而是一种施加在他们的创造力和积极性上的负担。管理成本的计算方法有很多。因此，应该了解一些关于会计人员如何分配企业管理费用的知识。

管理成本⊖是指所有与可识别的商品（或服务）的生产不直接（或不明确）相关的成本。工厂管理成本（间接制造成本）和企业管理成本是管理成本的两个主要类别。工厂管理成本包括那些不与特定产品相关的制造成本，企业管理成本则是基于制造或生产活动之外的企业运营成本。由于许多制造类企业经营不止一家工厂，因此能够确定每家工厂的工厂管理成本显得非常重要，其余的管理成本可一并归入到企业管理成本中去。

如何分配管理成本是由会计人员负责实施的。管理成本可被分摊到整个工厂中去，但更一般的做法是为不同的部门或者成本中心指定不同的管理成本分摊率。

$$\text{管理成本分摊率 = OH} = \frac{\text{管理成本}}{\text{基础成本}} \tag{17.5}$$

按照惯例，在管理成本分配中最常用的基础成本是直接劳动力成本或工时成本。这在结算之初就已被选定了，因为大多数制造业是高度劳动密集型的，并且劳动力成本是构成总费用的主要部分。其他管理成本分配的基础成本是机器运行时间、物料成本、雇员数量以及占地面积。

⊖ 用"在头顶上的"（overhead）这个术语来称谓管理成本，是因为在20世纪初的工厂中，老板们通常在车间上面二楼的办公室中工作。

例 17. 2 某中等规模的企业经营三家工厂，其直接劳动成本和工厂管理成本分配如下：

成　　本	工厂 A	工厂 B	工厂 C	总　　计
直接劳动成本/美元	750000	400000	500000	1650000
工厂管理成本/美元	900000	600000	850000	2350000
总计/美元	1650000	1000000	1350000	4000000

另外，企业管理、工程、销售、会计等成本总计为 1900000 美元。

基于直接劳动力成本的企业管理成本分摊率为

$$企业管理成本分摊率 = \frac{1900000}{1650000} = 1.15 = 115\%$$

那么分配到工厂 A 的企业管理成本为 750000 美元 ×1. 15 = 862500 美元

在下一个管理成本的例子中，考虑利用工厂管理成本来确定制造过程所需的成本。

例 17. 3 一批零件有 100 个，每个零件的切齿操作需要 0.75h 的直接劳动。假设直接劳动成本是 20 美元/h，管理成本分摊率是 160%，试确定加工这些零件的总成本。

加工该批次零件的成本：100 ×0. 75 ×20. 00 美元 = 1500 美元

工厂管理成本（间接制造成本）：1500 美元 ×1. 60 = 2400 美元

该批次 100 个零件的切齿成本为：加工成本 + 管理成本 = （1500 + 2400）美元 = 3900 美元。单位成本是 39.00 美元。

对于特定成本中心或再制造过程，其管理成本分摊率通常以单位直接工时所需的费用（美元/DLH）来表示。在例 17.3 中，管理成本分摊率是 （2400 美元/DLH）/（100 ×0. 75）= 32 美元/DLH。在改进工艺提高生产率的情况下，对于实际成本的核算，以直接工时为基础的管理成本分配方法有时会引起混淆。

例 17. 4 将高速钢切削刀具更换成新的碳化钨涂层刀具，可使得机器加工时间减半。这是因为新的硬质合金刀具可以在不损害切削刃的情况下更快地进行切削。在下表中，旧刀具和新刀具的相关数据分别列在第 1 列和第 2 列中。由于管理成本是以直接工时为基础的，显然会随着直接劳动的减少而减少。每件产品表面上节省的成本是 （200 – 100）美元 = 100 美元。然而，稍想一下就会发现，构成管理成本的要素（监管、工具库、维修等）不会因为直接工时的降低而发生改变。由于管理成本表示为单位直接工时的费用，如果直接工时减少一半，管理成本实际上将增加一倍。第 3 列数据为真实的成本。由此，每件产品实际上节省的成本是 （200 – 160）美元 = 40 美元。为了充分发挥新技术的优势，有必要探索减少管理成本的创新方法，或用更符合实际的方法来定义管理成本。

	（1） 旧刀具	（2） 新刀具 （表面成本）	（3） 新刀具 （真实成本）
机加工时间/DLH	4	2	2
直接劳动率/（美元/h）	20	20	20
直接劳动成本/美元	80	40	40
管理成本分摊率/（美元/DLH）	30	30	60
管理成本/美元	120	60	120
直接劳动和管理成本/美元	200	100	160

在许多生产环境下，使用直接工时以外的管理成本分配指标更为恰当。假设一个工厂的主要成本中心包括一个机械车间、一个涂装生产线和一个装配车间。可以看出，由于每个成本中心的功能各不相同，理应具有不同的管理成本分摊率。

成 本 中 心	估计工厂管理成本/美元	估计单位数量	管理成本分摊率
机械车间	250000	40000 DLH	6.25 美元/DLH
涂装生产线	80000	15000 USgal 油漆	5.33 美元/USgal 油漆
装配车间	60000	10000 DLH	6.00 美元/DLH

前面的例子表明，以直接工时为基础可能不是最好的管理成本分配方式。尤其是在自动化生产系统中，管理成本已成为主要的制造成本。在这种情况下，管理成本分摊率往往在500% ~ 800%。在极限情况下，无人制造过程的管理成本分摊率将是无穷大。

17.6 作业成本分析法

在传统的成本核算体系中，利用直接工时或其他一些单位化的衡量方法将间接费用分配给产品，进而确定管理成本。通过例17.4可见，当大幅提高生产率时，传统的成本核算方法不能计算出准确的成本。由成本核算体系引起的其他类型的成本偏差与计时方式有关，例如，未来产品的研发费用来源于现在生产的产品，越复杂的产品需要的研发费用就越多，需要生产更多的当前产品来支持。为此，人们发明了一种分配间接成本的新方法——作业成本分析法（ABC）[一]。

与将成本分配到直接工时或者机器运行时间等任意参考基准不同，作业成本分析法认为产品成本是由设计、制造、销售、交付和服务等作业引起的。反过来，这些作业通过消费工程设计、生产规划、设备安装、产品包装和运输等支持服务而产生成本。为将作业成本分析法系统付诸实施，必须确定支持部门开展的主要作业及其作业成本动因，典型的作业成本动因可能是工程设计工时、测试工时、出货订单数量或已签采购订单数量。

例17.5 某公司将电子元件组装成为专门的测试设备。A75 和 B20 两种产品所需的组装时间分别为 8 min 和 10.5 min，直接劳动成本是 16 美元/h。产品 A75 消耗的直接材料成本为 35.24 美元，产品 B20 消耗的直接材料成本为 51.20 美元。

使用传统的成本核算体系，所有管理成本以 230 美元/DLH 分配到直接工时，则单位产品的成本为

$$单位产品成本 = 直接劳动成本 + 直接材料成本 + 管理成本$$

产品 A75 的成本为：$[16 \times (8/60) + 35.24 + 230 \times (8/60)]$美元 = $(2.13 + 35.24 + 30.59)$ 美元 = 67.96 美元

产品 B20 的成本为：$[16 \times (10.5/60) + 51.20 + 230 \times (10/60)]$美元 = $(2.80 + 51.2 + 40.25)$ 美元 = 94.25 美元

为了得到更准确的成本评估，该公司转而使用作业成本分析法。该制造系统有 6 个作业成本动因[二]。

[一] R. S. Kaplan and R. E. Cooper, *Cost and Effect*: *Using Integrated Cost Systems to Drive Profitability and Performance*, Harvard Business School Press, Boston, MA, 1998.
[二] 与本例相比，在实际的作业成本分析法（ABC）研究中，会存在更多的作业和成本动因。

作　业	成　本　动　因	比　率
工程	工程服务时数	60.00 美元/h
生产设置	设置的数量	100.00 美元/设置
物料输送	组件的数量	0.15 美元/组件
自动装配	组件的数量	0.50 美元/组件
检验	测试时数	40.00 美元/h
包装与运输	订单的数量	2.00 美元/订单

各作业成本动因的活跃水平必须从成本记录中获得。

	产品 A75	产品 B20
组件的数量	36	12
工程服务时数	0.10	0.05
生产批量大小	50	200
测试的时数	0.05	0.02
每份订单的产品数	2	25

为了比较两种产品的成本，从直接劳动成本和直接材料成本出发，先使用传统的成本核算方法，然后再使用作业成本分析法来分配管理成本。

将作业成本动因的活跃水平应用到动因成本率中。例如，对于产品 A75：

工程服务：（0.10h/件）×（60 美元/h）=6.00 美元/件

产品调试：（100 美元/设置）×$\left(\frac{1}{50}设置/件\right)$=2.00 美元/件

由于每次安装的件数等于批量的大小。

材料处理：（36 组件/件）×（0.15 美元/组件）=5.40 美元/件

包装和运输：（2.00 美元/订单）×$\left(\frac{1}{2}订单/件\right)$=1.00 美元/件

两种产品基于作业成本分析法的比较

	A75	B20
直接劳动/美元	2.13	2.80
直接材料/美元	35.24	51.20
工程/美元	6.00	3.00
生产设置/美元	2.00	0.50
物料输送/美元	5.40	1.80
组装/美元	18.00	6.00
测试/美元	2.00	0.80
包装与运输/美元	1.00	0.80
总计/美元	71.77	66.90

通过使用作业成本分析法，可以发现产品 B20 的生产费用较少。这种变化完全是由于管理成本的分配方式不同造成的——从以直接工时为基础的分配方式，变为以基于主要作业的动因成本为基础的分配方式。B20 产品的管理成本较低，主要是因为该产品相对简单，使用的部件较少，所需的工程服务、材料处理、装配和测试费用都比较少。

作业成本分析法因其更为精确的成本数据，使得基于产品的决策得以改进。当制造间接成本在制造成本中占很大比例时，这一点尤为重要。通过将财务成本与作业联系起来，作业成本分析法为像质量这类无财务指标的性能提供了成本信息。以上数据清晰地表明，需要减少部件的数量以降低材料处理及装配的费用。另一方面，仅使用单个成本动因来表示一项作业过于简单。可以使用更为复杂的成本动因，但在复杂的作业成本分析体系中这需要相当多的费用。

基于作业成本分析法的成本核算更适用于产品结构多样化的公司，该方法可根据诸如产品的复杂性、成熟度、生产量或批量大小、技术支持需求等因素进行分析。计算机集成制造是应用作业成本分析法的好例子，因为其对技术支持要求较高，直接劳动成本低。

作业成本分析法比传统的成本核算方法需要更多的工作量，但使用计算机技术收集成本数据可以减少部分工作量。在应用中，作业成本分析法的一大优势是该方法所指向的间接成本领域可以产生大量的成本节约。因此，在旨在改善加工工艺、降低成本的全面质量管理程序中，作业成本分析法是一个重要的组成部分。

17.7　开发成本的评估方法

开发成本的评估方法分为三类：①类比法；②参数和因子法；③详细的成本评估方法。

17.7.1　类比法

用类比法评估成本时，一个项目或设计的未来成本是以相似项目或设计的过去成本为基础的，并同时考虑涨价和技术改变的影响。因此，该方法需要过往经验的数据库或已公布的成本数据。这种成本评估方法通常用于对化工厂和工艺设备的可行性研究[一]。当用类比法评估成本时，未来成本必须基于相同状态的已有产品。例如，根据波音 777 喷气运输机的成本数据来评估更大型号的波音 777 的成本是合理有效的，但如果使用该数据预测波音 787 飞机的成本则是不正确的，因为波音 787 的主体结构已经从铆接铝合金结构变成了高压黏结聚合物碳纤维结构。

用类比法评估成本的关键是要确保使用相同的评估基础。设备成本往往是指制造工厂所在地的离岸价格（Free On Board，FOB），所以在成本评估时需要加上运输费用。虽然设备成本通常由航运点的离岸价格给出，但有时候给出的设备成本不仅要包括运输到工厂的费用，而且还包括安装费用。

17.7.2　参数和因子法

在使用参数法或统计方法进行成本预算时，要用到回归分析等技术来建立系统成本和系统关键参数之间的关系，如质量、速度和功率之间的关系。这一方法涉及高度综合的成本评估，因此它对概念设计的问题定义阶段帮助最大。例如，开发一个涡扇航空发动机的成本可以通过下式给出

$$C = 0.13937\, x_1^{0.7435}\, x_2^{0.0775}$$

式中，C 的单位是百万美元；x_1 为发动机最大推力，单位是 lb；x_2 为公司生产的发动机数量。

这种经验形式的成本数据在概念设计阶段的比较研究中很有用。参数成本研究通常用于大型军事系统的可行性研究。研究人员必须注意不能将此类成本评估模型用于数据适用范围之外。

⊖　M. S. Peter, K. D. Timmerhaus, and R. E. West, *Plant Design and Economics for Chemical Engineers*, 5th ed., McGraw-Hill, New York, 2003.

因子法与参数法相近，都使用基于成本数据的经验关系来挖掘有用的预测关系模型。式 (17.6)表示确定一种零部件单位生产成本的因子法[一]

$$C_u = VC_{mv} + P_c (C_{mp} \times C_c \times C_s \times C_{ft}) \tag{17.6}$$

式中，C_u 为一个零件单元的制造成本；V 为零件体积；C_{mv} 为每单位体积零件的材料成本；P_c 为通过特定工艺加工一个理想形状的基本费用；C_{mp} 为通过特定工艺将材料加工成所需形状的相对难易程度的成本因子；C_c 为与形状复杂度相关的相对成本因子；C_s 为与实现最小截面厚度相关的相对成本因子；C_{ft} 为实现规定的表面粗糙度或公差的成本因子。

重要的是要认识到，这个基于成本因子的公式不是随意拼凑而成的。在对数据进行经验分析之前，要尽可能遵循基本物理规律和工程逻辑。式 (17.6) 旨在评估概念设计阶段零件的生产成本，此时零件的许多细节特征还没有成形。它包含比第 13.4.6 节的制造成本模型更多的设计细节，目的是把零件成本作为选择最佳加工工艺的方法。式 (17.6) 表明材料成本往往是零件的主要成本动因，因此将其从与加工过程相关因素中分离出来。式 (17.6) 引入了因子 P_c，表示用一种普通工艺加工一个 "理想形状" 的基本费用。该因子汇集所有的生产成本（劳动、加工、资本设备、管理费用）作为生产量的函数。注意，对于一个确定的公司，P_c 可以被分解为一个表示实际成本数据的等式。括号内的部分是导致成本比理想情况高的全部因子[二]。其中，形状复杂度和公差（表面粗糙度）对成本要素的影响最大。

这些用于评估制造成本的模型按照物理学原理来确定诸如力、流量或温度等相关工艺参数。最终在处理工艺细节时，要使用经验性的成本因子。例如，机加工一个用于注射成型的金属模具所需的工时可以通过经验公式 $M = 5.83 (x_i + x_o)^{1.27}$ 来计算[三]，其中 x_i 和 x_o 分别表示模具的内、外表面轮廓，令 x_i 或 $x_o = 0.1 N_{SP}$，其中 N_{SP} 表示表面片数或表面的斜率（或曲率）的突变次数。

在实体设计阶段初期，常用因子法来评估成本。另外，第 13.9.1 节介绍的并行成本核算软件也采用因子法。获取更多关于参数成本模型的详细信息，请参考 Parametric Cost Estimation Handbook，cost. jsc. nasa. gov/pcehhtml/pceh. htm。

17.7.3　详细的成本评估方法

一旦走完详细设计阶段并准备好零部件的详细图样时，就可以筹划完成一份精度为 ±5% 的成本评估报告。这种方法也被称为分析法、工艺流程法或工业工程法。成本评估不仅需要对生产零件的每一个操作进行详细分析，而且还需要对完成该操所需的时间有一个准确的估算。在建筑和土木工程中也使用类似的方法来确定成本[四]。

开始进行成本评估时需要用到以下信息：

- 将要生产的产品总量。
- 生产进度安排。
- 详细图样或者 CAD 文件。

[一] K. G. Swift and J. D. Booker, *Process Selection*, 2nd ed., Butterworth-Heinemann, Oxford, UK, 2003.

[二] 在工程建模中常用的方法是先建立理想情形的模型并分析单一因素的影响。在第 12 章 12.3.4 节轴的疲劳极限计算中，就先考虑理想情况，然后通过应力集中、直径和表面粗糙度来降低其数值。

[三] G. Boothroyd, P. Dewhurst, and W. Knight, *Product Design for Manufacture and Assembly*, 2nd ed., pp. 362-364, Marcel Dekker, New York, 2002.

[四] R. S. Means 公司以及 Dodge Digest of Building Costs 杂志（或期刊）中每年均发布以前的成本数据，也可参见 P. F. Ostwald, *Construction Cost Analysis and Estimating*, Prentice Hall, Upper Saddle River, NJ, 2001.

● 物料清单（BOM）。

复杂产品的物料清单可能有几百行，因此务必确保所有零件都记录在案，在成本分析过程中不要遗漏任何零件[一]。物料清单应该按层次编排，从装配好的产品开始，然后是第一层的组件，再然后是构成第一层组件的部件，以这种方式向下分解，直到分解成为单独的零件为止。在一个装配好的产品中，某种零件的总数等于最底层中该零件的数量乘以每个装配层所用组件（包含目标零件）个数。需要制造或采购的每种零件总数等于一个产品中该零件的数量乘以产品的总产量。

详细的成本评估分析通常由工艺策划师或成本工程师承担。他们必须对工厂中使用的机械、加工以及工序非常熟悉。一个零件的制造成本可通过如下过程确定：

1）确定材料成本。由于在许多产品中材料成本占总成本的50% ~ 60%，因此最好从材料成本开始评估。材料成本通常是基于质量来计算的，但是有时也基于体积。在其他的情况下，比如加工棒料时，材料成本也可能是基于尺寸来计算的。有关材料成本的问题已经在第11.5节和第13.4.6节中讨论过了。

在确定材料成本时，有必要解释一下以废料形式损失的材料成本。大多数制造过程存在固有的材料损失。在铸件或者模制品上必须去掉用于引导熔铸材料进入模具的浇口或冒口处的材料；所有的机加工工艺中都会产生切屑；金属冲压会产生不用的废片。尽管多数废料可以回收利用，但是总会造成经济上的损失。

2）确定操作路线图。操作路线图是一张顺序表，依次列出了零件生产过程中所需的所有操作。一项操作是指对处于机器或夹具中的工件做出的最小类别的功。一项操作（也可称为工步）可以加工出几种不同的工件表面。例如，机动车床中的一项操作是"对准棒材末端"，粗加工可得到0.610in 的直径，而精加工可得到0.600in 的直径。工序是指该过程的操作序列：从原料中取出工件时开始，到完成加工并将工件放置到成品库里为止。建立操作路线图的部分原因是用来选择车间内的实际机器来执行加工过程。这通常要根据机器的可用性、力传输能力、切割深度或零件设计的要求精度来选择。

3）确定每项操作的执行时间。每当在机器上第一次加工一个新零件时，必须有一个换掉旧刀具、安装和调试新刀具的准备期。由于工序的不同，准备期可能是几分钟或者数天，但普遍的准备期时间是2h。每道工序都有一个循环时间，包括加载工件、执行操作和卸载工件。反复执行这一工序循环，直到加工完成整个批次的零件。在此过程中由于交接班或对机器、刀具等进行维修，经常会出现停工期。

一项操作包括许多小的操作要素，对于一些典型操作的操作要素，其标准执行时间可在数据库中查到[二]。包含此数据库并具有成本计算能力的计算机软件，可用于处理大多数工序。如果通过这些渠道仍找不到所需的信息，就得实施精细控制的工时研究[三]。表17.1 抽取了一些操作要素，并给出了其标准执行时间。这些操作要素的标准执行时间还有另一种用途，那就是用来计算在工序的物理模型中完成一项操作所需的时间。这些用来模拟机加工工序[四]和其他制造工序的

───────

⊖ P. F. Ostwald, *Engineering Cost Estimating*, 3rd ed., pp. 295-297, Prentice Hall, Upper Saddle River, NJ, 1992.

⊜ P. F. Ostwald, *AM Cost Evaluator*, 4th ed., Penton Publishing Co., Cleveland, OH, 1988；W. Winchell, *Realistic Cost Estimating for Manufacturing Engineers*, 2d ed., Society of Manufacturing Engineers, Dearborn, MI, 1989.

⊜ B. Niebel and A. Freivalds, *Methods, Standards, and wprk design*, 11th ed., McGraw-Hill, New York, 2003.

⊛ G. Boothroyd and W. A. Knight, *Fundamentals of Machining and Machine Tools*, 2nd ed., Chap. 6, Marcel Dekker, New York, 1989.

模型已经发展得很成熟了[⊖]。在第 17.13.1 节中给出了使用该方法对金属切削过程进行成本评估的例子。

4）将时间转换为成本。在一道工序中，将每项操作中各操作要素的执行时间累计起来，就可得到完成每项操作所需的总时间。然后用该时间乘以满负荷工资率（美元/h），就可得到劳动力成本。一件产品通常由不同工序制造的零件组成，并且一些零件是从外部采购的而不是自己生产的。通常情况下，工厂的不同成本中心具有不同的人工费率和管理成本分摊率。

表 17.1　操作要素循环时间

操 作 要 素	时间/min
设置机床操作	78
设置钻床夹具	6
刷去碎屑	0.14
开启或停止机床	0.08
改变主轴转速	0.04
转塔车床的刀架转位	0.03

例 17.6　现要以球墨铸铁为原材料批量生产 600 个安装在传动轴上的 V 带轮。单位产品的材料成本是 50.00 美元。表 17.2 给出了工时、人工费率以及管理成本的评估。试确定单位产品成本。

表 17.2　球墨铸铁 V 带轮的工艺规划（600 件）

成本中心	操　　作	（1） 调试时间/ （h/批次）	（2） 周期/ （h/百件）	（3） 总时间/h	（4） 工资率/ （美元/h）	（5） 劳动成本/ 美元	（6） 管理成本/ 美元	（7） 劳动力和 管理成本/ 美元	（8） 单位 成本/ 美元
外包	购买 600 件毛坯、粗铸、零件号 437837								50
车床车间	总加工成本 1. 端面加工 2. V 形槽加工 3. 轮毂粗加工 4. 钻孔精加工	2.7	3.5	212.7	32	6806	7200	14006	23.34
钻孔车间	钻 2 孔并攻螺纹	0.1	5	30.1	28	843	1050	1893	3.15
精加工车间	总加工成本 1. 喷丸处理 2. 涂装 3. 安装 2 个螺钉	6.3	12.3	80.1	18.5	1482	3020	4502	7.5
合　计		9.1	52.3	322.9		9131	11616	20401	84.05

列（2）中的数据是每项操作的标准成本评估值（用每 100 件产品的循环时间来表示）。同样，列（1）中的数据是每个成本中心对应的单批次准备成本评估值。将列（2）的数据乘以 6（批量为 600 件），再加上单批次的准备成本，就可以得到生产 600 件产品所需的时间。通过这些数据以及工资率［列（4）］，就可确定单批次劳动力成本［列（5）］。列（6）为每个成本中心的管理成本（基于批量为 600 件）。将列（5）和列（6）相加，就可得到该批次零件的所有作业成本［列（8）］。注意，从外部铸造厂购买的毛坯铸件的单位成本为 50.00 美元，其中包括厂家的管理成本和利润。在表 17.2 中列出的已完成零件的单位成本不包括任何利润，因为利润取决于整个产品，而 V 带轮只是其中的一个零件。

⊖　R. C. Creese, *Introduction to Manufacturing Processes and Materials*, Marcel Dekker, New York, 1999.

通过累计的方法评估成本需要大量的工作，但计算机数据库和计算机辅助计算的应用使得工作量大为减少。如前所述，成本分析需要一个详细的加工计划，所有的设计特征、公差以及其他参数都不可或缺。这种详细加工计划的缺点是：如果发现某个零件的成本过高，可能无法通过设计变更来修正。因此，人们对在设计过程进行的同时确定和控制成本的成本评估方法做了大量的研究工作，这部分内容称为成本设计，将在第 17.12 节讨论。

17.8　自制或外购决策

如例 17.6 中描述的那样，详细成本评估方法的用途之一是判断内部生产（自制）的零件是否比从外部供应商处购买（外购）的零件成本低。在这个例子中，毛坯铸件购自外部铸造厂，这是因为制造商的铸件用量与装备工厂和聘请铸造专家所投入的成本不对等。

构成产品的全部零件按照自制或外购可以分成以下三种类型：

- 外购零件。靠内部加工能力无法加工，需要从供应商处购买的零件。
- 自制零件。对产品质量起关键作用，涉及专有生产方法或材料，或涉及核心技术，需要自己生产的零件。
- 介于两者之间的零件。大部分零件在上述两种类型之外，没有令人信服的理由来决定是自己生产还是从供应商处购买。决策通常基于在保证零件质量的前提下哪种方法成本最低。

如今，自制或外购决策不只是要考虑制造商工厂附近的供应商，而是要考虑全世界任何具有廉价劳动力和可靠生产技能的地方。快捷的互联网通信和廉价的集装箱船水运使得这种离岸外包现象成为可能。这促成了中国和亚洲其他地区消费品低成本制造业的繁荣景象。

除了成本之外，在自制或外购决策过程中还要考虑其他许多因素。

1. 外购（外包）的优点

- 外购供应商，特别是海外供应商，能提供更低的制造成本，从而形成更低的初始成本（材料成本和劳动力成本）。
- 在设计和制造方面，供应商可以提供产品开发者所不具备的特殊专业技术。
- 由于外购减少了固定成本，从而能够增强产品的制造柔性。这降低了产品的盈亏平衡点。
- 在国外生产可能会使该产品打开国外市场。

2. 外购的缺点

- 外购导致制造商内部设计和制造知识的缺乏，而这些知识被转移到供应商也可能是竞争对手那里。
- 失去内部制造能力时，很难对加工设计进行改进。
- 可能得不到令人满意的质量。
- 离岸外包的供应链更长，经常会因为报关延迟、港口罢工以及运输中的恶劣天气等原因而产生供货延期的风险。
- 外购可能造成诸如货币兑换、跨语言文化交流、与外部供应商协调费用增加等问题。

17.9　产品收益模型

式（17.4）给出了制造 n 个产品单元的总成本。牢记式（17.4），可以建立一个简单的产品收益模型。

（1）净销售额 = 产品销售数量 × 销售价格
（2）售出产品的成本 = 产品销售数量 × 单位成本
    注：单位成本即式（17.4）括号内的部分。
（3）毛利润 =（1）-（2）= 净销售额 - 售出产品的成本
（4）营业开支 = 式（17.4）括号外的部分
（5）营业收入（利润）=（3）-（4）= 毛利润 - 营业开支
    利润率 =（利润/净销售额）× 100%

单位成本可以通过式（17.4）或第 17.7 节中讨论的方法获得；销售数量将由市场营销人员进行评估；其他成本可由成本核算或公司的历史记录给出。

注意，由该收益模型确定的利润不是公司年报中损益表中所显示的"底线"净利润。净利润是许多产品开发项目的利润总额。若要从一家公司的营业收入中获得净利润，必须扣除许多额外款项，主要包括借款利息以及国家和地方税款。

使用以计算机电子制表程序可以很方便地建立利润模型。图 17.3 展示了某种消费品的典型成本预测。注意，当竞争对手进入市场时，销售价格预计将略有下降；但销量在产品的绝大部分生命周期中将有望增加，这是因为通过客户使用和广告投入，产品逐渐获得认可。这使得产品在整个生命周期内，毛利润几乎不变。

在图 17.3 中，开发成本作为一个单独的项目被分离出来。该产品的开发期为两年，从 2012 年至 2014 年。之后，每年都会有适度的投资用来支持对产品进行微小的改进。令人兴奋的是，该产品一上市就获得热卖，并在 2014 年（上市当年）收回了开发成本。这清晰地表明，产品开发团队能充分了解顾客的需求，并用新产品满足了客户的需求。

自产品进入市场的当年起，大量的市场营销和销售活动就开始了，并在产品的预期生命周期内保持较高的水平。这时不仅反映了激烈的市场竞争，同时也反映了一个公司必须积极地将其产品呈现在客户面前。电子数据表中的"其他"种类主要包括工厂和企业的管理费用。

权衡研究：开发一个新产品有以下四个关键目标：

- 达成的产品成本不超出商定的目标成本。
- 生产超出客户预期的优质产品。
- 采取高效的产品开发过程，使产品能按计划推向市场。
- 在获批的预算范围内完成产品的开发过程。

产品开发团队必须认识到开发进程不总是一帆风顺。工具设备可能会延期交付，高能耗可能会导致外包组件成本增加，或几个零件没有按照规格连接起来等。无论什么原因，面对这些问题时，能预估出补救计划对产品收益能力的影响会很有帮助。这可以通过使用电子表格成本模型建立的权衡决策规则来解决。

如果一切按计划进行，那么基准盈利模型就如图 17.3 所示。若计划实施遇阻（产生的差额如下所示），由此权衡决策规则可以很容易地确定其他成本模型。

- 开发成本超支 50%。
- 单位成本超支 5%。
- 由于性能不佳、顾客认可度低，销售额萎缩了 10%。
- 产品延迟 3 个月进入市场。

表 17.3 显示了基准条件的变化对累计营业收入的影响。

	年　份								
	2012	2013	2014	2015	2016	2017	2018	2019	2020
销售价格/美元			180.00	178.00	175.00	173.00	170.00	168.00	165.00
销量			100000	110000	120000	130000	130000	120000	110000
净销售额/美元			18000000	19580000	21000000	22490000	22100000	20160000	18150000
单位成本/美元			96.00	95.00	94.00	93.000	92.00	92.00	92.00
售出产品的成本/美元			9600000	10450000	11280000	12090000	11960000	11040000	10120000
毛利润/美元			8400000	9130000	9720000	10400000	10140000	9120000	8030000
毛利率/美元			46.67%	46.63%	46.29%	46.24%	45.88%	45.24%	44.24%
开发成本/美元	750000	1500000	750000	350000	350000	250000	250000	250000	250000
营销成本/美元			2340000	2545400	2730000	2923700	2873000	2620800	2359500
其他/美元			2160000	2349600	2520000	2698800	2652000	2419200	2178000
总运营成本/美元	750000	1500000	5250000	5245000	5600000	5872500	5775000	5290000	4787500
营业收益（利润）/美元	(750000)	(1500000)	3150000	3885000	4120000	4527500	4365000	3830000	3242500
营业收益率			17.50%	19.84%	19.62%	20.13%	19.75%	19.00%	17.87%
累计营业收入/美元	(50000)	(2250000)	900000	4785000	8905000	13432500	17797500	21627500	24870000

累计销售额/美元	141480000
累计毛利润/美元	64940000
累计营业收益/美元	24870000
平均毛利率	45.90%
平均营业收益率	17.58%

图 17.3　某消费品的成本预测

表 17.3　基于偏离基准条件的权衡决策规则

差额类型	基线运行成本/美元	减少运行收入/美元	对收益的累积影响/美元	单凭经验的方法
超出开发成本 50%	24870000	23370000	−1500000	30000 美元每 1%
超出产品成本 5%	24870000	21043000	−3827000	765400 美元每 1%
性能问题导致销售减少 10%	24870000	21913000	−2957000	295700 美元每 1%
产品推向市场延期 3 个月	24870000	23895000	−957000	975000 美元每 1%

权衡经验法则基于如下假设：变化是线性的，每个差额是相互独立的。例如，如果销售量减少 10% 导致累计营业利润减少 2957000 美元，那么销售量减少 1% 会导致营业利润将减少 295700 美元。注意，此权衡规则只适用于本研究特例，不是普遍的经验法则。

例 17.7　某工程师预计，忽略对该产品（相关数据见表 17.3）风扇的平衡操作，每单位产品可节约成本 1.50 美元。但是，这将导致产品振动和噪声增加，预计会使销售量损失 5%。试用权衡规则确定这种成本节约方式是否合适。

潜在利益（收益）：单位成本是 96.00 美元。节省的百分比是 1.50/96 = 0.0156 = 1.56%

1.56 × 765400 美元（单位成本变化 1% 对营业收入的影响）= 1194000 美元

潜在成本（损失）：5 × 295700 美元 = 1478500 美元

收益与损失接近，但销售损失造成的潜在成本超过了节约的费用。另一方面，销售量损失 5% 的估计仅仅是一个经验性的猜测。应对之策可能是要求工程师做更详细的成本节约预测。如果预测结果良好，就在有限的地理区域内进行试销，密切监控投诉和退货情况。但在此之前，要根据职业安全与健康条例（OSHA）的相关要求，仔细研究无平衡风扇产品的噪声和振动情况。

收益提高

提高收益通常可采取三种策略：①涨价；②增加销售量；③降低售出产品的成本。例 17.8 利用前文描述的收益模型，显示了这些因素的变化对收益的影响。

例 17.8 案例 A 显示了产品成本要素的当前分配状况。

案例 B 显示了如果价格竞争允许在不损失销量的基础上涨价 5% 后将会发生的情况。增加的收入接近账本底线。

案例 C 显示了如果销售量增加 5% 后将会发生的情况。四个成本要素将增加 5%，而单位成本保持不变。成本和利润增长程度相当，利润率保持不变。

案例 D 显示了工艺改进导致生产率提高 5%（直接劳动成本减少 5%）后将会发生的情况。为了提高生产力而安装新设备致使管理费用有小幅增加。注意，每单位产品的利润增加了 10%。

案例 E 显示了材料或外购组件的费用降低 5% 后将会发生的情况。材料费用约占该产品总费用的 65%。材料成本的降低可能由允许使用廉价材料或淘汰外购组件的设计变更造成的。在此案例中，除昂贵的研发方案之外，所有的成本节约都到达了底线，使得单位利润增长了 55%。

	案 例 A	案 例 B	案 例 C	案 例 D	案 例 E
售价/美元	100	105	100	100	100
销售数量	100	100	105	100	100
净销售额/美元	10000	10500	10500	10000	10000
直接劳动成本/美元	1500	1500	1575	1425	1500
材料成本/美元	5500	5500	5775	5500	1225
行政费用/美元	1500	1500	1575	1525	1500
产品销售成本/美元	8500	8500	8925	8450	8225
毛利/美元	1500	2000	1575	1550	1775
总经营费用/美元	1000	1000	1050	1000	1000
税前利润/美元	500	1000	525	550	775
利润率	5%	9.5%	5%	5.5%	7.75%

第四种提高收益的策略（没有在该例中说明）是升级公司制造和销售的产品组合。通过这种策略，利润率较高的产品会得到强化，利润率较低的产品线会逐步遭到淘汰。

17.10　成本分析方法改良

多年以来，为了得到更为精确成本评估数据，人们对成本的估算方法进行了若干改进。在本节中将讨论：①为应对通货膨胀而采取的调整；②产品或零件尺寸与成本之间的关系；③通过学习使制造成本下降。

17.10.1　成本指数

货币购买力随时间的推移而下降，因此所有公布的成本数据都是过时的。为了弥补这一缺点，使用成本指数将过去的成本转换为当前的成本。时刻 2 的成本是时刻 1 的成本乘以两者成本指数之比。

$$C_2 = C_1 \frac{时刻\ 2\ 的成本指数}{时刻\ 1\ 的成本指数} \tag{17.7}$$

最容易得到的成本指数是：

- 消费者价格指数（CPI）——给出了消费者购买的商品和服务的价格。
- 生产者价格指数（PPI）——对美国商品制造商的全部市场产出的衡量。PPI 的制成品价格指数（The Finished Goods Price Index）大致分为耐用品（不在 CPI 之内）及生活消费品。PPI 不能用来衡量任何服务。CPI 和 PPI 都可在 www.bls.gov 中查阅到。
- 《工程新闻记录》（*Engineering News Record*）杂志提供了总体工程成本指标。
- 《化学工程》（*Chemical Engineering*）杂志中的 Marshall 和 Swift 指数提供了工业设备成本指数。该杂志还公布了化工厂固定设备指数，其中包括热交换器、泵、压缩机、管道及阀门等设备。

许多行业协会和咨询公司也提供专业的成本指数。

例 17.9 一种油田柴油机在 1982 年时的购买价格是 5500 美元，在 1997 年更换该柴油机需花费多少？

解： $C_{1997} = C_{1982} \dfrac{I_{1997}}{I_{1982}} = 5500$ 美元 $\times \dfrac{1156.8}{121.8} = 5500$ 美元 $\times 1.29 = 7095$ 美元

2006 年油气田机械的制成品价格指数为 210.3，在 2006 年再次更换该柴油机需花费多少？

$$C_{2006} = C_{1997} \frac{210.3}{156.8} = 7095\ \text{美元} \times 1.34 = 9516\ \text{美元}$$

可看到，前 15 年价格年平均增长 1.9%，在后 9 年价格年平均增长 3.8%，这反映了近来石油和天然气业务的迅速增长。用类似的方法计算汽车零部件业务，发现自 1997 年以来几乎没有任何价格上涨，表明在这个相对萧条的市场内存在激烈的竞争。

在使用成本指数时，要意识到它存在一些固有的缺陷。首先，必须确保拟使用的指数适用于需要解决的问题。《工程新闻记录》中的成本指数不能用于评估计算机零件的成本。此外，这些成本指数是累计值，一般不适用于某一特殊地理区域或劳动力市场。更需注意的是，这些成本指数反映的是过去的技术和设计方法的费用。

17.10.2 成本与规格（尺寸）之间的关系

大部分固定设备的成本不与设备的规格或能容直接成比例。例如，发动机功率增加一倍，其成本大约只增加一半。这种规模经济在工程设计中是一个重要因素。成本与尺寸（能容）的关系通常表示为

$$C_1 = C_0 \left(\frac{L_1}{L_0}\right)^x \tag{17.8}$$

式中，C_0 是尺寸或能容为 L_0 的设备的成本；指数 x 的变化范围为 0.4~0.8，对于许多类工艺设备可近似取为 0.6。

因此，式（17.8）表示的关系通常称为"6/10 准则"。在表 17.4 中列出了不同类型设备对应的 x 的取值。

表 17.4 不同设备对应的 x 指数的典型取值

设　　备	规格范围	能容单位	指　数　x
单机风箱	1000~9000	ft^3/min	0.64
同型号离心泵	15~40	hp	0.78

（续）

设　备	规格范围	能容单位	指　数 x
旋风式集尘器	2 ~ 7000	ft^3/min	0.61
相同壳体和管路的热交换器	50 ~ 100	ft^2	0.51
风扇冷却的440V电动机	1 ~ 20	hp	0.59
非加热碳钢压力容器	6000 ~ 30000	lb	0.68
卧式碳钢油箱	7000 ~ 16000	lb	0.67
三相变压器	9 ~ 45	kW	0.47

注：本表来自 R. H. Perry and C. H. Chilton, *Chemical Engineers' Handbook*, 5th ed., p. 25-18, McGraw Hill, New York, 1973.

按理说，成本指数可与成本-尺寸关系结合起来，以应对成本膨胀和规模经济。

$$C_1 = C_0 \left(\frac{L_1}{L_0}\right)^x \left(\frac{I_1}{I_0}\right) \tag{17.9}$$

"6/10准则"只适用于大型工艺设备或工厂型设备，并不适用于单个机械零件或如变速器等小型机械系统。大致上，零件的材料成本（MtC）与零件体积成正比，而零件体积又与特征尺寸 L 的立方成正比。因此，材料成本是其特征尺寸的幂函数。

$$MtC_1 = MtC_0 \left(\frac{L_1}{L_0}\right)^n \tag{17.10}$$

对于钢齿轮而言，直径在 50 ~ 200mm 范围内时，取 $n = 2.4$；直径在 600 ~ 1500mm 范围内时，取 $n = 3$[一]。

机械加工的生产成本（PC）也可作为一个研究成本增长规律的例子，它以完成某项操作的时间为基础，可能会随零件表面积 L 的变化而变化，例如与 L^2 成正比。

$$PC_1 = PC_0 \left(\frac{L_1}{L_0}\right)^p \tag{17.11}$$

同样，p 取决于加工条件：对精加工和研磨，$p = 2$；对切削深度较大的粗加工，$p = 3$。

关于加工成本如何依赖于零件的尺寸和几何形状的信息非常缺乏。这些信息有助于在设计过程的早期探索不同的几何形状和零件尺寸时，找到更好的零件成本评估方式。

17.10.3　学习曲线

一个在制造中常见的现象是：随着工人获取更多的工作经验，他们能够在规定的单位时间内制造或组装出更多的产品。显然，这会降低成本。这种知识的获得归因于工人技术水平的提升，随时间不断改进的生产方法，以及与排程调度和其他生产计划相关的更好的管理办法。生产率改进的程度和速度还取决于生产工艺的特点、产品设计的标准化、生产运行时间的长度、劳资关系的和谐程度等因素。

这种改进现象通常通过"学习曲线"来表示，学习曲线也称为产品改进曲线。图 17.4 显示了 80% 的学习曲线的典型特征。每当累计产量增加一倍（$x_1 = 1$，$x_2 = 2$，$x_3 = 4$，$x_4 = 8$，等）时，生产时间（或生产成本）将变为累计产量倍增前的 80%。60% 的学习曲线表示累计产量增加一倍时生产时间变为倍增前的 60%。从而，每当产量增加一倍时的生产时间减少恒定的比

　　㊀ K. Erlenspiel, et al., *Cost-Efficient Design*, p. 161, Springer, New York, 2007.

例[⊖]。当将此明显的指数曲线绘制在双对数坐标系中时，它将变成直线（图 17.5）。注意，60%
的学习曲线比 80% 的学习曲线生产成本减少得更多。

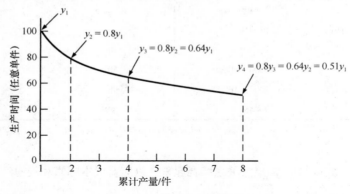

图 17.4　一个 80% 的学习曲线

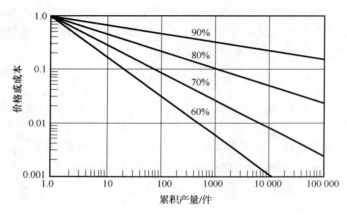

图 17.5　标准学习曲线

学习曲线表示为

$$y = kx^n \tag{17.12}$$

式中，y 为生产付出［小时/单位产品（h/unit）或美元/单位产品（美元/unit）］；k 为制造第一
件产品的付出；x 为单位数，即 $x = 5$ 或者 $x = 45$；n 为学习曲线的斜率（负值），用小数表示，n
的值在表 17.5 中给出。

n 值可通过如下方式求出：对于 80% 的学习曲线，$y_2 = 0.8y_1$，$x_2 = 2x_1$。因此

$$\frac{y_2}{y_1} = \left(\frac{x_2}{x_1}\right)^n$$

$$\frac{0.8y_1}{y_1} = \left(\frac{2x_1}{x_1}\right)^n$$

$$n\log2 = \log0.8$$

$$n = \frac{-0.0969}{0.3010} = -0.322$$

表 17.5　典型学习曲线百分比的指数取值

学习曲线百分比 P	n
65	−0.624
70	−0.515
75	−0.415
80	−0.322
85	−0.234
90	−0.152

⊖　学习曲线也可以按产量增加 3 倍或其他任意倍数来构建，但通常是按产量增加 1 倍来建立。

注意，学习曲线的百分比用浮点数表示为 $P = 2^n$。

例 17.10 一组机器共 80 台，加工并组装第一台需要付出 150h。如果你期望获得一个 75% 的学习曲线，那么完成第 40 台机器和最后一台机器的加工组装分别需要多长时间？

$$y = kx^n$$

当 $P = 75\%$，$n = -0.415$，$k = 150$ 时

$$y = 150(x^{-0.415})$$

当 $x = 40$ 时，$y_{40} = 150 \times 40^{-0.415}$ h/件 = 32.4h/件

当 $x = 80$ 时，$y_{80} = 150 \times 80^{-0.415}$ h/件 = 24.3h/件

学习曲线可以表示为生产一定数量的产品单元所需要的生产时间（以 h 表示），或者生产 N 个产品单元的累计平均生产时间。后者在成本评估中更有价值。这两种表示产量的方法之间的差别见表 17.6。值得注意的是，对于给定产品单元数的产量，累计平均生产时间要大于单位生产时间。然而，适用于单位生产时间的学习提高百分比（80%）却不适用于累计平均生产时间。同样，如果单位值来自于累计值，则百分比将不保持恒定。在使用历史数据构建学习曲线时，更有可能找到累计总时间的记录而不是单位生产时间的记录。

表 17.6 基于 80% 学习曲线的相关数据

x/件	y/(h/件)	累计总时数/h	y/累计均值小时/件
1	100.00	100.00	100.00
2	80.00	180.00	90.00
3	70.22	250.22	83.41
4	64.00	314.22	78.55
5	59.56	373.78	74.76
6	56.16	429.94	71.66
7	53.44	483.38	69.05
8	51.19	534.57	66.82

累计生产 N 件产品单元所需要的总时间 T_c，可由下式给出

$$T_c = y_1 + y_2 + \cdots + y_N = \sum_{i=0}^{n} y_i \tag{17.13}$$

生产 N 件产品单元的平均时间 T_a 为

$$T_a = \frac{T_c}{N} \tag{17.14}$$

当 N 大于 20 时，式（17.14）可近似为

$$T_a \approx \frac{1}{(1-n)} kN^n \tag{17.15}$$

17.11 质量成本

在第 15.4 节中讨论了 4 种基本的质量成本。在本节将给出其中三种质量成本的计算公式。第四种质量成本是为预防缺陷而在设计和制造中使用质量强化方法而造成的成本，本节提出的公式不适用于此种成本。通常来说，为了让员工熟练掌握质量控制方法，需要对他们进行培训以提供所需的知识和实践经验，这要付出一定的培训成本。但是，务必确保培训成本远小于由此带来的高质量产品和消费者认可度所创造的利润。

1. 内部失效

内部失效是因材料、零件和模块不符合发货要求而造成的成本。这些零件需被废弃或重新加工，由此会增加成本。此外，如果缺陷发生率很高，比如经常发生在复杂的集成电路芯片上，有必要超额生产以确保有足够的合格零件。

在某一生产操作下，合格的无缺陷的零件数N_a与总零件数N的比值，称为成品率Y_{op}。

$$Y_{op} = \frac{N_a}{N} \tag{17.16}$$

Y_{op}的大小表示该生产操作加工出一个无缺陷零件的概率。如果制造工艺有p个独立的操作，则整个制造工艺的成品率为

$$Y_{\text{process}} = \prod_{i=1}^{p} Y_{op} \tag{17.17}$$

例如，如果制造工艺包含3个操作，每个操作的成品率分别是90%、85%和95%，则整个工艺的成品率将是$0.90 \times 0.85 \times 0.95 = 0.73$，生产一个零件的单位成本是$C_U/0.73$。

2. 测试成本

对于内部失效成本，式（17.18）的表述更为详细[二]。对于有的制造工艺，在各种操作之后会有一系列的测试，该式顾及了这些测试成本。

$$C_{out} = \frac{C_{in} + C_{test}}{Y_{in}} \tag{17.18}$$

式中，C_{out}为测试合格零件的单位成本；Y_{in}为零件进入第$p+1$个测试工作站（已完成p项测试）时的成品率，由式（17.17）得到；C_{test}为单位零件的测试成本。

3. 外部失效

质量保证书是制造商向买家承诺产品能像广告中描述的那样运行的合同。制造商需要对质保成本进行评估，以确保维修成本能恰当地包含在产品的售价或维修协议中。对于免费包换保修这一最简单的质量保证，在一段时期t_w内的保证金金额C_{WR}由下式给出[二]

$$C_{WR} = C_{fc} + nM(t_w)\ C_{rc} = C_{fc} + n\lambda t_w C_{rc} \tag{17.19}$$

式中，C_{fc}为维持保修系统的固定成本；n为售出产品的数量；C_{rc}为替换或维修的平均经常成本，以单位产品为基础；$M(t_w)$为在0到t_w这一时期内，预计需要的替代产品的数量，t_w是执行保修之前的时间；λ为恒定失效率，第14.3.2节。

17.12　成本设计

成本设计，也称为目标成本法，该方法在产品开发项目开始时就为产品成本确立了一个目标值（有时也称为"应该成本"数据）。在设计过程中，需检验每一个设计决策对保持低于目标成本的影响。这与详细设计阶段中更一般性的做法（等待完成一个完整的成本分析）不同。如果检验发现成本超限，那么唯一可行的办法就是尝试挤掉制造过程中的超额费用或换用较廉价的材料，这往往以牺牲产品质量为代价。

完成成本设计的步骤[三]是：

㊀ P. Sandborn, *Course Notes on Manufacturing and Life Cycle Cost Analysis of Electronic Systems*, CALCE EPSC Press, College Park, MD, 2005.

㊁ E. B. Magrab, S. K. Gupla, F. P. McCluskey and P. A. Sandborn, *Integrated Product and Process Design and Development*, pp. 51-52, CRC Press, Boca Raton, FL, 2010.

㊂ K. Ehrlenspiel et al., op. cit., pp. 44-63.

- 建立一个实际可靠的目标成本。目标成本是对顾客出价的合理估算与预期利润之间的差额。这需要实际有效的市场分析和灵活快捷的产品开发过程，使产品能在最短时间内进入市场。
- 分解目标成本。分解目标成本可以基于：①相似设计中的子系统和组件的成本；②依据竞争对手的组件成本进行分解，就像剖析参考竞争对手的产品一样[一]；③预测顾客愿意支付的产品功能和特点，以此进行分解。
- 确保符合成本目标。成本设计的主要不同点是在每个设计阶段结束后和生产开始前都要对成本预测进行评估。要想让这种评估有效，就必须有能够应用在早于详细设计阶段的成本评估方法。此外，还必须要有能够快速进行成本比较的系统化方法。

17.12.1 量级估算

在产品开发的早期阶段对新产品进行市场调研时，通常要与市场上已有的类似产品进行对比，这就给出了预期销价的界限。产品成本往往只基于一个因素进行评估，其中最常用参考因素是质量。例如，产品可大致分为以下三类[二]：

1）大型功能性产品。汽车、前端装载机、拖拉机。

2）机械/电气产品。小家电和电气设备。

3）精密产品。照相机、电子测试设备。

每一类产品在某一质量基础上成本大致相同，但类别之间的成本增加因数大约为10。

一个稍微复杂的成本评估方法是以材料成本在总成本中所占的比例为基础[三]。例如，汽车的材料成本约占总成本的70%，柴油机的材料成本约占50%，电工仪表的材料成本约占25%，瓷制餐具的材料成本约占7%。

例17.11 质量为300lb 的柴油机的总成本是多少？已知铸造该柴油机的球墨铸铁成本为2美元/lb，材料成本占发动机总成本的0.5。

$$总成本 = （300 \times 2）美元 / 0.5 = 1200 美元$$

另一条经验法则是1-3-9 法则[四]，它规定材料成本、制造成本和销售价格之间的相对比例是1:3:9。在本规则中，考虑废料和模具成本，材料成本会提高20%。

例17.12 一个质量为2lb 的零件，由成本为1.50 美元/lb 的铝合金制成。评估其材料成本、零件成本以及销售价格各是多少？

$$材料成本 = 1.2 \times 1.5 \times 2 美元 = 3.60 美元$$
$$零件成本 = 3 \times 材料成本 = 3 \times 3.60 美元 = 10.80 美元$$
$$销售价格 = 3 \times 零件成本 = 3 \times 10.80 美元 = 32.40 美元$$

或

$$销售价格 = 9 \times 材料成本 = 9 \times 3.60 美元 = 32.40 美元$$

17.12.2 概念设计阶段的成本核算

在概念设计阶段，几乎没有确定任何设计细节，成本核算方法要能够对具有相同功能的不

[一] K. T. Ulrich and S. Peterson, *Management Science*, vol. 44, no. 3, pp. 352-369, 1998.

[二] R. C. Creese, M. Adithan, and B. S. Pabla, *Estimating and Costing for the Metal Manufacturing Industries*, Marcel Dekker, New York, 1992, p. 101.

[三] R. C. Creese et al., op. cit., op. 102-105.

[四] H. F. Rondeau, *Machine Design*, Aug. 21, 1975, pp. 50-53.

同类型的设计进行直接比较，且能到达 ±20% 的精度。

相对成本常用来比较不同的设计配置、标准组件和材料的成本。基准成本通常是最低费用或最常用项目的成本。与绝对成本相比，相对成本的优势是其尺度随时间变化较小。另外，相对成本较少产生专利问题，公司更有愿意发布相对成本的数据。

参数化方法在设计发生变更时仍能发挥很好的效果。在概念设计阶段，可用的成本信息通常由同类产品的历史成本构成。例如，由此已经建立了双发动机小型飞机的成本评估等式[一]，类似的成本关系还存在于火力发电厂和许多类型的化工厂中。然而，对于多样化的机械产品而言，很少发布此类关系的信息。这些信息无疑存在于大多数产品制造公司内。

概念设计阶段的成本核算一定会迅速完成，并且不包含例 17.6 中使用的大量成本细节。此过程的一个优点是并非所有的产品零件都需要成本分析。有些零件可能与其他成本已知产品中的零件相同；其他标准组件或外购零件的费用可以通过公司报价获取；还有一些零件是仅仅增加或减少了一些物理特征相似零件，这些相似零件的成本是用原始零件的成本加上或减去创建不同特征所需的操作成本。

对于那些需要成本分析的零件，要使用"快速成本核算法"。快速成本核算法正处于发展之中，主要在德国开展该方面的研究[二]。该方法涵盖广泛，在此无法详述，仅给出一个公式示例，以 L_0 尺寸的零件为基准，换算出 L_1 尺寸的零件的单位生产成本 C_u。

$$C_u = \frac{PCsu}{n} \left(\frac{L_1}{L_0}\right)^{0.5} + PCt_0 \left(\frac{L_1}{L_0}\right)^2 + MtC_0 \left(\frac{L_1}{L_0}\right)^3 \tag{17.20}$$

式中，$PCsu$ 为刀具调试成本；PCt_0 是基于总操作时间的初始零件加工成本；MtC_0 是 L_0 尺寸零件的材料费用；n 是批量大小。

功能成本法是在设计的早期阶段确定成本的理智方法[三]。该方法背后的理念是：一旦确定了要实现的功能，设计的最低成本就已经固定。由于是在概念设计阶段，我们可以识别所需的功能，并用一种候选方案来实现，将功能和成本联系起来，开辟出了一种成本设计的直接方法。功能成本法起始于技术相对成熟、成本颇有竞争力的标准组件，如轴承、电动机以及线性执行器等。将功能与成本联系起来是价值分析的基本思想，有关内容将在下节讨论。

使用专用软件进行成本预算，可能是在设计过程早期确定成本的最大进步。有许多将快速设计计算、加工成本模型和成本目录集为一体的软件程序可以使用。通过以下信息源可以找到更多的附加资料：

- Galorath 公司的 SEER-MFG 软件[四]应用先进的参数化建模技术在设计的早期对生产成本进行估计。该软件可以处理以下生产工艺：机械加工、铸造、锻造、成型、金属粉末、热处理、涂层、金属板制造、复合材料、印制电路板、组装。SEER-H 软件能为从工作分解结构到运行维护成本的产品开发过程提供系统水平的成本分析和管理。
- Boothroyd Dewhurst Inc（BDI）公司的 DFM Concurrent Costing 软件[五]，已在第 13.10.2 节讨论过。该软件仅需少量的零件细节就能评估出相对成本，为工艺选择提供参考。

[一] J. Roskam, *J. Aircraft*, vol. 23, pp. 554-560, 1986.

[二] K. Ehrlenspiel, op. cit., pp. 430-456.

[三] M. J. French, *Jnl. Engr. Design*, vol. 1, no. 1, pp. 47-53, 1990; M. J. French and M. B. Widden, *Design for Manufacturability 1993*, DE, vol. 52, pp. 85-90, ASME, New York, 1993.

[四] www.galorath.com.

[五] www.dfma.com.

- CustomPartNet[一]软件是为材料选用和工艺选择提供免费成本评估工具的仅有的网络在线资源。它能处理的工艺是注射模塑、砂型铸造和压模铸造以及机械加工。它也为常见的设计和制造问题提供一些称为"widgets"的特殊计算器。
- MTI Systems 公司的 Costimator 软件[二]可以为机械加工的零件提供详细的成本评估。作为该领域的研究先驱，其软件包含大量的成本模型、劳动力标准以及材料成本数据，专门致力于提供一个快速、准确、一致的方法，帮助生产车间进行循环周次和成本方面的评估，为报价做好准备。

17.13 成本评估中的价值分析

价值分析[三]或价值工程是一个问题解决过程，旨在为消费者提升产品的价值。价值的定义是：一个零件、一项功能或与成本相关的组装所具有的价值。价值分析通常是产品再设计的第一步，其目标是在成本不变的前提下提高产品功能，或在功能不变的前提下降低产品成本。

价值分析方法学通过回答下列问题来寻求提升设计水平：

- 是否可以不用该零件？（使用 DFA 分析）
- 该零件的表现是否超出预期？
- 该零件是否物有所值？
- 是否有某种替代物能更好地完成此工作？
- 是否有一种更廉价的零件生产方式？
- 是否能用一个标准件代替该零件？
- 在不降低质量和按期交货的前提下，有没有一个外部供应商可以提供更廉价的零件？

价值分析的第一步是确定零件的成本，并将其与所实现的功能联系起来，如例 17.13 所示。获取更多关于价值分析的信息，请浏览 Society of Value Engineers[四] 的主页，或在线阅读价值分析创始人 Lawrence Miles[五] 的经典著作。

例 17.13 表 17.7 列出了离心式水泵的成本结构[六]。该表将泵的组件按其生产成本分为 A、B、C 三类。A 类组件占总成本的 82%，要重点考虑和关注这些"关键的少数"零件。

表 17.7 一种离心泵的成本结构

成本类型	零件	制造成本		成本类型（%）		
		美元	（%）	材料	生产	装配
A	机架	5500	45	65	25	10
A	叶片	4500	36.8	55	35	10
B	轴	850	7	45	45	10
B	轴承	600	4.9	购买	购买	购买
B	密封件	500	4.1	购买	购买	购买

[一] www.custompartnet.com.

[二] www.mtisystems.com.

[三] T. C. Fowler, *Value Analysis in Design*, Van Nostrand Reinhold, New York, 1990.

[四] www.value-eng.org/education_publications_function_monographs.php.

[五] http://wendt.library.wisc.edu/miles/milesbook.html.

[六] M. S. Hundal, *Systematic Mechanical Design*, ASME Press, New York, 1997, pp. 175, 193-196.

（续）

成本类型	零件	制造成本		成本类型（%）		
---	---	美元	（%）	材料	生产	装配
B	磨损环	180	1.5	35	45	20
C	紧固件	50	<1	购买	购买	购买
C	注油器	20	<1	购买	购买	购买
C	键	15	<1	30	50	20
C	垫圈	10	<1	购买	购买	购买

注：本表来自 M. S. Hundal, *Systematic Mechanical Design*, ASME Press, New York, 1997.

现在集中精力关注泵的每个组件所实现的功能（表17.8）。这张功能表添加到成本结构表上就构成表17.9。注意，每个组件对每个功能的贡献度已得到评估。例如，轴60%的功能用于能量转移（F2），40%的功能用于支撑零件（F6）。各组件的成本乘以其对给定功能的贡献度就可得到实现该功能的总成本。例如，支撑零件的功能（F6）由机架、轴和轴承共同提供。

表17.8　离心泵中每个元件的功能

功能	描述	组件
F1	防水	外壳、密封装置、垫圈
F2	能量传递	叶轮、轴、键
F3	能量转换	叶轮
F4	连接零件	螺栓、键
F5	增加寿命	磨损环、注油器
F6	支撑零件	外壳、轴、轴承

F6 的成本 ＝（0.5 × 5500 + 0.4 × 850 + 1.0 × 600）美元 ＝ 3690 美元

表17.10汇总了这些计算结果。该表显示离心泵昂贵的功能是储水、能量转换和支撑零件。由此知道，在探索用以降低泵的设计和制造成本的创造性解决方案时应重点关注什么地方。

表17.7以降序排列的方式列出了各种零件的成本，就像帕雷托图一样。因此，外壳和叶轮将是寻求成本降低的理想对象。外壳在提供防水功能（F1）和提供结构支撑功能（F6）方面的贡献度大致相等。这两个功能的成本分别列第2位和第1位，合计共占功能成本的57%。由于叶轮是最构成水泵的最关键部件，因此外壳将是成本降低的主要对象。可以想象，通过使用先进的铸造工艺（比如熔模铸造）和有限元分析，可以在不损失水泵结构刚度的前提下设计出更轻、更廉价的外壳。

表17.9　离心泵的功能成本分配结构

成本类	零件	制造成本		成本类型（%）			功能分配（%）			
---	---	美元	（%）	材料	生产	装配				
A	机架	5500	45	65	25	10	F1	50	F6	50
A	叶片	4500	36.8	55	35	10	F2	30	F3	70
B	轴	850	7	45	45	10	F2	60	F6	40
B	轴承	600	4.9	购买	购买	购买	F6	100		
B	密封件	500	4.1	购买	购买	购买	F1	100		
B	磨损环	180	1.5	35	45	20	F5	100		
C	紧固件	50	<1	购买	购买	购买	F4	100		
C	注油器	20	<1	购买	购买	购买	F5	100		
C	键	15	<1	30	50	20	F2	80	F4	20
C	垫圈	10	<1	购买	购买	购买	F1	100		

表 17.10　离心泵的功能成本计算

功　　能	零　件	零件成本/比例（%）	零件成本/美元	零件功能成本/美元	总功能成本	
					美　元	%
F1：容纳液体	外壳	50	5500	2750		
	密封	100	500	500		
	垫圈	100	10	10	3260	26.7
F2：传递能量	叶轮	30	4500	1350		
	轴	60	850	510		
	键	80	15	12	1872	15.3
F3：转换能量	叶轮	70	4500	3150	3150	25.8
F4：连接零件	键	20	15	3		
	螺栓	100	50	50	53	0.4
F5：增加寿命	磨损环	100	180	180		
	注油器	100	20	20	200	1.6
F6：支撑零件	外壳	50	5500	2750		
	轴	40	850	340		
	轴承	100	600	600	3690	30.2

注：本表来自 M. S. Hundal, *Systematic Mechanical Design*, ASME Press, New York, 1997.

17.14　制造成本模型

本书从头到尾一直强调设计过程中建模的重要性。通过建模可以看出哪些设计元素对成本的贡献最大；也就是说，建模可以识别成本驱动因素。在成本模型的帮助下，可以确定使生产成本最小化或产量最大化的条件（成本优化）。

17.14.1　机加工的成本模型

对于金属切削过程的成本模型[⊖]，人们已做了大量的研究工作。关于机加工的背景知识，请参考第 13.14 节。如图 17.6 所示，一个机加工过程可以分解成一些最简单的成本要素。A 所指

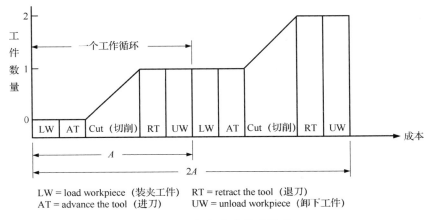

　　LW = load workpiece（装夹工件）　　RT = retract the tool（退刀）
　　AT = advance the tool（进刀）　　　UW = unload workpiece（卸下工件）

图 17.6　机加作业构成要素

⊖　E. J. A. Armarego and R. H. Brown, *The Machining of Metals*, Chap. 9, Prentice Hail, Englewood Cliffs, NJ, 1969; G. Boothroyd and W. A. Knight, *Fundamentals of Machining and Machine Tools*, 3rd ed., CRC Press, Beca Raton, FL, 2006.

的时间是每个工件的机加工成本与工件装卸成本之和。如果 B 是刀具成本（美元/件），包括更换刀具和刀具磨削的成本，则

$$成本 / 件 = \frac{nA + B}{n} = A + \frac{B}{n} \qquad (17.21)$$

式中，n 是每把刀具切削的工件数量。

现在考虑一个更详细的成本模型，用于在车床上车削一个棒材（图 17.7）。每次切削的机加工时间 t_c 是

$$t_c = \frac{L}{v_{feed}} = \frac{L}{fn} \qquad (17.22)$$

式中，v_{feed} 为进给速度（in/min）；f 为加料速度（in/r）；n 为旋转速度（r/min）。

式（17.22）仅给出了车削圆柱形棒材的加工时间，对于其他几何形状或其他工艺（如铣或钻），L 或 v_{feed} 将有不同的表达形式。

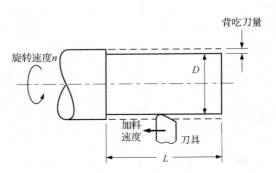

图 17.7　车床车削细节

一个机加工零件的总成本 C_u 是机加工成本 C_{mc}、切削刀具的成本 C_t 和材料成本 C_m 三者之和：

$$C_u = C_{mc} + C_t + C_m \qquad (17.23)$$

机加工成本 C_{mc}（美元/h）取决于加工时间 t_{unit} 以及机器成本、劳动力成本和管理成本。

$$C_{mc} = [M(1 + OH_m) + W(1 + OH_{op})] t_{unit} \qquad (17.24)$$

式中，M 为机器成本率（美元/h）；OH_m 为机管理成本分摊率；W 为机床操作的人工费率（美元/h）；OH_{op} 为操作员管理成本分摊率。

机器成本包括利息、折旧和维修所产生的费用。在第 16 章介绍的方法中，这些费用是以年度为基准确定的，然后基于机器一年内使用的时间，将这些费用转换成单位时间（h）费用。机器管理成本包括电费、其他服务费和按比例分摊的厂房费用、税收、保险费以及其他此类费用。

单位产品的生产时间是加工时间 t_m 与非生产时间或者空闲时间 t_i 之和：

$$t_{unit} = t_m + t_i \qquad (17.25)$$

机加工时间 t_m 是进行一次切削的机加工时间 t_c 乘以切削的次数：

$$t_m = t_c \times 切削的次数 \qquad (17.26)$$

空闲时间由下式给出

$$t_i = t_{set} + t_{change} + t_{hand} + t_{down} \qquad (17.27)$$

式中，t_{set} 为工件设置的总时间数除以该批次的零件数量；t_{change} 为更换切削刀具的按比例分配的时间$\left(单次刀具更换时间 \times \dfrac{t_m}{刀具寿命}\right)$；$t_{hand}$ 为操作员在机床上进行装卸作业所花费的时间；t_{down} 为由于机床或者刀具故障、等待材料或者刀具、维修操作而造成的停工期损失，停工期是单位产量按比例分配的时间。

切削刀具的成本是一个重要的成本组分。在刀具和金属的接触面上，由于极端磨损和高温，会使得刀具失去切削刃。工具成本是切削刀具的成本加上按比例分配用于固定刀头的特殊装置的成本。每个工件所耗费的切削刀具的成本为

$$C_t = C_{tool} \frac{t_m}{T} \qquad (17.28)$$

式中，C_{tool} 为一个切削刀具的成本（美元）；t_m 为机加工时间（min），由式（17.26）给出；T 为

刀具寿命（min），由式（17.29）给出。

刀具寿命通常用泰勒刀具寿命方程表示，该方程将刀具寿命 T 和表面（切向）速度 v 联系起来。在一个旋转机床中，切向速度（切削速度）$v = \pi D n$，其中，πD 是周长（in），n 是转速 r/min。

$$v T^p = K \tag{17.29}$$

在双对数坐标系中，刀具寿命（min）与表面速度（in/min）的关系是一条直线。K 是在 $T = 1$min 时的表面速度，p 是（负）斜率的倒数。

对于在一个刀槽上镶嵌一个刀头的切削刀具：

$$C_{\text{tool}} = \frac{K_i}{n_i} + \frac{K_h}{n_h} \tag{17.30}$$

式中，K_i 为一个刀头的成本（美元）；n_i 为一个刀头的切削刃数；K_h 为一个刀槽的成本（美元）；n_h 为一个刀槽在寿命期内所固定的切削刃数。

将从式（17.29）中得到刀具的寿命 T 代入式（17.28）中得到

$$C_t = C_{\text{tool}} \, t_m \left(\frac{v}{K} \right)^{1/p} \tag{17.31}$$

更换刀具所需的时间可能会很显著，所以将该部分时间作为 t_{tool}，从式（17.27）中所列的其他时间中分离出来，并用式（17.32）来表示 t_{change}

$$t_{\text{change}} = t_{\text{tool}} \left(\frac{t_m}{T} \right) \tag{17.32}$$

式（17.27）中其他三项和刀具的寿命无关，用 t_0 表示。机加工一个工件的时间 [如式（17.25）所示] 现在可以写成如下公式

$$t_{\text{unit}} = t_m + t_i = t_m + t_{\text{change}} + t_0 = t_m + t_{\text{tool}} \frac{t_m}{T} + t_0 = t_m \left(1 + \frac{t_{\text{tool}}}{T} \right) + t_0 \tag{17.33}$$

将式（17.24）、式（17.33）和式（17.28）代入式（17.23）可得到

$$C_u = \left[M(1 + OH_m) + W(1 + OH_{op}) \right]$$
$$\left[t_m \left(1 + \frac{t_{\text{tool}}}{T} \right) + t_0 \right] + C_i \frac{t_m}{T} + C_m \tag{17.34}$$

式（17.34）给出了机加工零件的单位成本。由式（17.22）、式（17.26）和式（17.29）可知：机加工时间 t_m 和刀具寿命 T 都取决于切削速度。如果绘制出单位成本与切削速度的关系图（图 17.8），将会发现有一个使单位成本最小化的最佳切削速度。这是因为机加工时间随着切削速度增加而减少；但是随着切削速度的增加，刀具磨损和刀具费用也会增加。因此，存在一个最佳的切割速度。另一种可选策略是选择获得最高生产率的切削速度。还可以选择获得最大利润的切削速度。这三个标准会导致不同的工作点。

制造成本模型阐述了如何利用工序物理模型和各操作要素的标准时间来确定实际的零件成本。此外，该问题展示了如何将管理成本分配到劳动力成本和材料成本上去。可将此方法与第 17.5 节给出的使用单一工厂管理成本的方法进行比较。

机加工成本模型主要基于物理模型。当没有一个好的可用的物理模型时，可将工序分解为离散的步骤，每个步骤都有完成它所需的时间和成本。该过程可以在本书网站 www.mhhe.com/dieter 上的 Process Cost Modeling

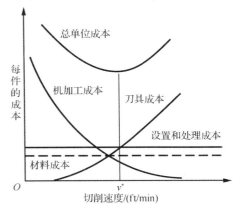

图 17.8　单位成本与切削速度的关系图

中找到。

17.15　生命周期成本

生命周期成本法（LCC）是一种旨在获取所有与产品整个生命周期有关的费用的方法[一]。一个典型的问题是：高价买一个运营维护成本较低的产品更经济，还是低价买一个运营维护成本较高的产品更经济？生命周期成本法用更仔细的分析方式来评估所有相关的成本，无论是现在的还是未来的。

在生命周期成本法中，成本可以分为以下 5 个类别：

- 原始成本——设备或工厂的购买成本。
- 一次性成本——固定设备的运输、安装费用，操作人员的培训费用，起动费用，有毒有害材料清理费用和退役设备处理费用。
- 运营成本——生产操作人员的工资，公用设施、日用品、材料以及危险材料处理的费用。
- 维护成本——保养、检查、修理或更换设备的费用。
- 其他成本——税款和保险。

生命周期成本也称为"全寿命成本"，最早是在军事采购领域中得到广泛提倡，用于比较相互竞争的武器系统[二]。通常来说，维持设备所需的成本是其购置成本的 2～20 倍。

生命周期成本已经和生命周期内其他费用的评估结合在了一起（第 10 章），包括在生产和服务过程中能源消耗和污染的费用，以及在产品达到使用寿命期限时的退役费用。涵盖污染和处置费用的扩展成本模型超越了传统模型的界限，是一个活跃的研究领域，将引导设计工程师做出更佳的关键权衡决策。

产品生命周期中的典型要素如图 17.9 所示。该图强调了被忽视的对社会成本的影响（OISC），这些成本很少被量化，也不纳入产品生命周期分析[三]。从设计开始，实际发生的费用仅占生命周期成本的一小部分，但在设计中投入的成本大约占产品生命周期中可避免成本的 75%。此外，在设计阶段做出更改或修正，其成本约是在制造过程中的 1/10。获取原材料（采矿或开采石油）和对材料进行加工，会产生大量的环境成本。这些领域往往也存在很大的库存和运输成本。在前几节中已经集中讨论了产品制造和装配的成本。

产品的拥有成本是生命周期成本的传统组成部分，式（17.3）列出拥有成本在生命周期成本中主要起作用的部分。使用寿命通常用运行循环次数、运行时间或保质期来衡量。在设计中，通过使用耐用材料和可靠组件来尝试延长产品的使用和服役寿命。产品报废通过模块化体系结构逐步进行。

维护成本，尤其是维护劳动力成本，通常在其他使用/服务成本中占首要地位。大多数成本分析将维护成本划分为计划或预防性维护成本与非计划或故障检修成本。根据可靠性理论（第

- R. J. Brown and R. R. Yanuck, *Introduction of Life Cycle Costing*, Prentice Hall, Englewood Cliffs, NJ. 1985；W. J. Fabrycky and B. S. Blanchard, *Life-Cycle and Economic Analysis*, Prentice Hall, Englewood Cliffs, NJ. 1991；B. S. Dhillon, *Life Cycle Costing for Engineers*, CRC Press, Boca Raton, FL, 2010；NIST-HDBK-135, *Life-Cycle Costing Manual for the Federal Energy Management Program*, February 1996, available online at www. barriagerl. com , listed under Military Documents.
- MIL-HDBK 259, Life Cycle Costs in Navy Acquisitions.
- N. Nasr and E. A. Varel, "Total Product Life-Cycle Aanlysis and Costing," *Proceedings of the 1997 Total Life Cycle Conference*, P-310, pp. 9-15, Society of Automotive Engineers, Warrendale, PA, 1997.

14.3.6 节），平均无故障工作时间和平均维修时间是影响生命周期成本的重要参数。其他在运行和维持阶段必须预测出的成本有：配套设备的维护成本、维护设施的成本、辅助人员的薪酬和附加福利、保修成本以及劳务合同等费用。

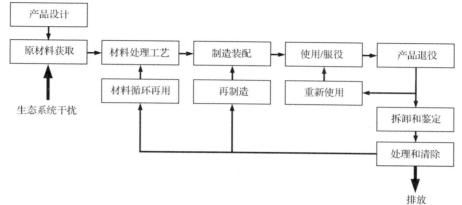

图 17.9　产品全生命周期

一旦产品达到了使用寿命极限，便进入了生命周期的退役阶段。高附加值的产品可能会应用于再制造。所说的附加值是指用于创建产品的材料、劳动力、能源和生产操作的成本。具有可观回收价值的产品可在此回收利用，其回收价值是由市场规律和从产品中分离出不同材料的难易程度决定的。重用的组件是产品中还未耗尽使用寿命的子系统，可在另一个产品中重复使用。不能重用、再造或回收的材料要以对环境安全的方式销毁，在处置之前可能需要通过人力或工具进行拆卸或处理。

例 17.14　生命周期成本。

有一产品开发项目旨在设计和制造一个小转弯半径的割草机，其成本和收益如下表所示。假设该产品自开发项目开始 10 年之后被淘汰，公司的盈利率是 12%，税率为 35%。应用第 16 章中货币的时间价值概念来确定该项目的净现值（VPN）以及基于销售额的年平均利润率。

（单位：百万美元）

类　别	年　度										平　均
	1	2	3	4	5	6	7	8	9	10	
1. 开发成本	0.8	1.90	0.4	0.4	0.4	0.4	0.4	0.2	0.2	0.2	
2. 销售成本			12.0	13.5	15.0	16.1	16.8	16.0	15.2	15.3	14.8
3. 销售和市场			2.1	3.0	3.5	2.8	2.7	2.8	2.9	2.6	2.8
4. 管理费			0.8	1.5	2.0	2.0	2.0	2.0	2.0	2.0	1.7
5. 专用装备 P		4.1									
6. 销售价格 S										0.5	
7. 装备折旧			0.4	0.4	0.4	0.4	0.4	0.4	0.4	0.4	4
8. 环境清理										1.1	
9. 销售净额			28.2	31.3	36.2	39.8	40.0	39.1	38.0	35.0	35.95

1. 成本的现值

1）开发成本的现值 = 0.8(P/F,12,1) + 1.90(P/F,12,2) + 0.4(P/A,12,5) + (P/F,12,2) + 0.2(P/F,12,3)(P/F,12,7) = 3.47 百万美元

2）售出产品成本的现值 = 14.8(P/A,12,8)(P/F,12,2) = 58.70 百万美元

3）销售和营销成本的现值 $= 2.8(P/A,12,8)(P/F,12,2) = 11.17$ 百万美元

4）总务和管理费用以及管理成本的现值 $= 1.7(P/A,12,8)(P/F,12,2) = 6.73$ 百万美元

5）专用生产设备在第 2~10 年的年均直线折旧费用 $= (P-S)/n = (4.1-0.5)$ 百万美元$/9 = 0.40$ 百万美元

6）折旧成本的现值 $= 0.4(P/A,12,9)(P/F,12,1) = 1.90$ 百万美元⊖

7）环境清理成本的现值 $= 1.1(P/F,12,10) = 0.35$ 百万美元

总成本的现值 $= (3.47 + 58.70 + 11.17 + 6.73 + 1.90 + 0.35)$ 百万美元 $= 82.32$ 百万美元

2. 收入或存款现值

净销售额的现值 $= 35.95(P/A,12,8)(P/F,12,2) = 130.80$ 百万美元

出售残值设备的现值 $= 0.5(P/F,12,10) = 0.16$ 百万美元

减税的现值 0.35×1.90 百万美元 $= 0.66$ 百万美元

总收入或存款现值 $= 131.60$ 百万美元

净现值 = 收入现值 - 成本现值 $= (131.6 - 82.3)$ 百万美元 $= 49.3$ 百万美元（10 年内），或年均 4.93 百万美元。

年利润率 $= 4.93/35.95 = 13.7\%$

注意，平均年收入和成本是用于简化计算的。使用电子数据表将得到更精确的数字，但评估的精度不能保证此精确计算。

例 17.14 是一个产品开发项目的典型生命周期分析。另一个常见的应用是评估一个重要外购资产设备的生命周期成本。由于在此类应用中没有收益流，所以将会根据最小化的生命周期成本做出评判。利用第 17.3 节的拥有成本模型，可将拥有成本分为只发生在第一年的一次性成本（S_p、C_x、C_t 和 C_Q）和发生在未来的经常性成本（C_o、C_{ps} 和 C_{sp}），一次性成本已在第 17.11 节讨论过。

设备的运行成本 C_o 取决于员工等级（依照供应商的推荐）、操作员的工资水平和运行时间。

设备的维持成本 C_{ps} 主要是维修保养费用，这在很大程度上取决于运行的临界条件和设备的可靠度。对于故障检修，可以根据故障间平均时间（MTBF）预测出每年的维护次数。请参考第 14.3.1 节和第 14.3.6 节关于 MTBF 的讨论。

$$维护次数 = （计划运行时数/年）/平均无故障工作时间$$

故障检修成本等于维护次数、平均维修时间（MTTR）和每小时劳动力成本的乘积。预防性维护的成本则基于月度劳动力成本评估。

备件的成本 C_{sp} 在很多情况下不可忽视，它包括备件的购置成本、购置的辅助成本、库存成本和运输到维修地点的成本。通常来说，停工设备导致的产量损失是最大的成本。每种成本都代表在现值计算（如例 17.14 所示）中需新增一行。

17.16　本章小结

成本是设计的一个主要因素，任何工程师都必须重视。理解成本评估的基本知识对于得到高功能、低成本的设计至关重要。成本增加开始于概念设计阶段，贯穿于实体设计和详细设计之中。

要想精通成本评估，你需要了解一些概念的意义，如一次性成本、经常性成本、固定成本、可变成本、直接成本、间接成本、管理成本以及作业成本分析法等。

⊖　第 6 项给出了 9 年折旧成本的现值。年度收入的税率为 35%，而这些折旧费减少了年度收入，就意味着节省了 $0.35 \times$ 第 6 项的成本。

成本评估通常通过以下三种方法实现：

- 通过对比以往产品或项目进行成本评估。此方法需要以往的经验或已公开的成本数据。由于这种方法使用的是历史数据，因此需对评估结果进行修正，使用成本指数来修正物价上涨的影响，使用成本-能容指数来修正数值范围差异的影响。这种方法通常用于概念设计阶段。

- 参数或因素法利用回归分析建立起过往成本与关键设计参数的联系。这些关键设计参数包括质量、功率及速度等。使用参数间关系和成本数据库的软件越来越多地应用在概念设计和实体设计阶段的成本计算中。

- 对生产某一零件的全部步骤进行详细的分解来确定该零件的生产成本，分析每一步骤和每项操作的材料成本、劳动力成本和管理成本。这种方法通常用于详细设计阶段的最终成本评估中。

成本有时可能会与设计所要实现的功能有关。这是一种理想情形，因为它允许通过优化设计构思来缩减成本。

随着时间的推移，人们会获得越来越多的生产经验，生产成本通常也会随之降低。这就是所谓的学习曲线。

计算机成本模型能准确描述出生产过程中那些可以实现成本节约的步骤，因此正获得越来越多的应用。简单的电子数据表模型不仅可用于确定产品的收益能力，还可用于权衡市场环境的不同方面。

生命周期成本法旨在获取全生命周期内（从设计到退役）与产品相关的全部成本。最初，生命周期成本只注重产品在使用过程中产生的费用，比如维护和维修费用；现在，更多的生命周期成本正试图获取产品在环境问题和能源问题方面的社会成本。

新术语和概念

作业成本分析法	总务及管理费用	期间成本
盈亏平衡点	间接成本	初始成本
成本投入	学习曲线	产品成本
成本指数	生命周期成本	目标成本法
成本设计	自制或外购决策	价值分析
固定成本	管理成本	功能成本法

参 考 文 献

Creese, R. C., M. Aditan, and B. S. Pabla: *Estimating and Costing for the Metals Manufacturing Industries,* Marcel Dekker, New York, 1992.

Ehrlenspiel, K, A. Kiewert, and U. Lindemann: *Cost-Efficient Design,* Springer, New York, 2007.

Malstrom, E. M. (ed.): *Manufacturing Cost Engineering Handbook,* Marcel Dekker, New York, 1984.

Michaels, J. V., and W. P. Wood: *Design to Cost,* John Wiley & Sons, New York, 1989.

Ostwald, P. F.: *Engineering Cost Estimating,* 3rd ed., Prentice Hall, Englewood Cliffs, NJ, 1992.

Ostwald, P. F. and T. S. McLaren, *Cost Analysis and Estimating for Engineering and Management,* Prentice Hall, Upper Saddle River, NJ, 2004.

Winchell, W. (ed.): *Realistic Cost Estimating for Manufacturing,* 2nd ed., Society of Manufacturing Engineers, Dearborn, MI, 1989.

问题与练习

17.1 在对一个生产棒材的小钢铁厂进行环境升级时发现，必须购买一个大型旋风除尘器。由于正值本年度资金预算的提交时间，所以没有时间从供应商处获取报价。上一次购买该类型装置是在 1985 年，价格为 35000 美元，该除尘器的排气量为 100 ft^3/min。在 2012 年，新装置需要的排气量为 1000 ft^3/min。此类设备每年成本上涨约 5%。为制定预算，评估购买该除尘器所需的费用。

17.2 目前，许多消费品是在美国设计，在劳动力成本低得多的海外地区生产。一款名牌制造商的中档运动鞋，在美国的售价为 70 美元。美国鞋业公司从境外供应商处购买一双鞋需要 20 美元，出售给零售商为 36 美元。在整个供应链中单位产品的利润率分别为：供应商 9%，鞋业公司 17%，零售商 13%。对供应链中单位产品的主要成本类型进行评估，通过团队的形式完成这个问题，并在全班比较所得到的结果。

17.3 用于某一制造工艺中的模具类型取决于预期的零件总生产量。与用硬化钢制成的常规模具（硬模）相比，加工一个用标准件和低耐磨性材料制成的模具（软模）具有更快的加工速度和更低的加工成本。使用盈亏平衡点的概念确定与软模加工相适应的生产量。具体数据如下：

	软 模	硬 模
工具成本/美元	C_S 600	C_H 7500
安装成本/美元	S_S 100	S_H 60
单件成本/美元	C_{ps} 3.40	C_{pH} 0.80

预计总产量为 5000 件，零件以每批次 500 件制造。

17.4 一家小型水轮机制造商的年度成本数据如下，计算一台水轮机的制造成本和销售价格。

（单位：美元）

原材料和零件成本	2150000
直接劳动成本	950000
直接花费	60000
工厂管理和行政人员	180000
工厂设施	70000
税费和保险	50000
工厂和设备折旧	120000
仓储花费	60000
办公设施	10000
工程的薪酬	90000
工程的花费	30000
行政人员薪酬	120000
销售人员薪酬和佣金	100000
年销售总额：60 件	
利润率：15%	

17.5 CD 盒是由聚碳酸酯（2.20 美元/lb）经热塑性成型加工制成的。每个 CD 盒使用 20g 塑料，将在 10-型腔中生产，每小时可以生产 1400 个 CD 盒，运行成本是每小时 20 美元。生产管理成本是 40%，由于产品销量大，总务及管理费用只有 15%，利润是 10%。试估算每个 CD 盒的售价。

17.6 生产高质量真空熔炼钢的两项竞争工艺是真空电弧熔炼工艺（VAR）和电渣重熔工艺（ESR）。

每项工艺的成本评估如下：

一个 VAR 系统的资金成本是 130 万美元，一个 ESR 系统的资金成本是 90 万美元。每个熔炼系统的使用寿命都是 10 年，占地面积都是 $1000ft^2$，每平方英尺的费用是 40 美元。假设两个熔炉每周都运行 15 个 8h 轮班制，一年运行 50 周。估算每项工艺熔炼 1t 优质钢所需的成本。

成 本 构 成	VAR	ESR
直接劳力成本，熔炼工和帮手各一名	89000 美元	89000 美元
制造管理成本，140% 直接人力成本	124600 美元	124600 美元
熔炼功耗	$0.3kW \cdot h/lb$　1000lb/h　10 美元/kW·h	$0.5kW \cdot h/lb$　1250lb/h　10 美元/kW·h
冷却水（年度费用）	5500 美元	6800 美元
炉渣	—	42000 美元

17.7 下表是会计部门给出的在给定时间内生产 X 和 Z 两种产品所需的成本。

项　目	产品 X	产品 Z
数量/件	3000	5000
机时数/h	70	90
直接工时数（DLH）/h	400	600
工厂占地面积/ft²	150	50

（a）举一个典型成本的例子，可以插入到列出的每个成本类别中。

（b）根据直接劳动成本，确定每个产品的管理费用和单位成本。

（c）基于直接工时（DLH），确定每个产品的管理费用和单位成本。

（d）确定每直接工时的总管理成本分摊率，并用它来确定产品 X 的单位成本。

（e）基于直接材料成本的比例，确定每个产品的管理成本和单位成本。

	人力费率/（美元/h）	人力数量/h	材料成本/（美元/件）	材料数量/件	成本/美元
产品 X					
直接劳动	18.00	400			7200
直接材料			6.5	3000	19500
产品 Z					
直接劳动	14.00	600			8400
直接材料			7.5	5000	37500

（单位：美元）

成本类别	产品 X	产品 Z	工　厂	行　政	销　售	总成本
直接劳动	7200	8400				15600
间接劳动			3000			3000
直接材料	19500	37500				57000
间接材料			7000			7000
直接工程	900	2500				3400
间接工程			1500			1500
直接花费	1000	700				1700
其他间接制造费用			5500			5500

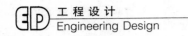
（续）

成本类别	产品 X	产品 Z	工 厂	行 政	销 售	总 成 本
管理费用				11000		1100
销售与配送						
直接	900	1100				2000
间接					8000	8000
	29500	50200	17000	11000	8000	115700

17.8 使用作业成本分析法，确定生产产品 X 和 Z（问题 17.7 中）的单位成本。利用例 17.5 中的成本动因，忽略自动化装配部分，基于每批产品的数据如下：

	产品 X	产品 Z
组件数量/件	18	30
工程服务时数/h	15	42
生产批量/件	300	500
测试时数/h	3.1	5.2
单位订货量/件	100	200

17.9 一家高性能水泵制造商的成本和利润数据如下表所示。该公司投资 120 万美元进行一项两年期的设计和研发计划，旨在降低 20% 的制造成本。当这项工作完成时，对利润有何影响？还有哪些方面的业务因素需要考虑？哪些问题尚未得到回答？

	现有产品	改进产品
售价/美元	500	500
销售量/件	20000	20000
营业收入/美元	10×10^6	10×10^6
直接劳动成本/美元	1.5×10^6	
材料成本/美元	5.0×10^6	
行政费用/美元	2.0×10^6	
产品销售成本/美元	8.5×10^6	
毛利/美元	1.5×10^6	
总经营费用/美元	1.0×10^6	
税前利润/美元	0.5×10^6	
利润率	5%	

17.10 某公司已收到生产 4 个尖端太空装置的订单。在第一年年底，买方将提取一个装置，并在以后连续 3 年每年年底分别提取一个装置。买方将在收到产品后立即付款，不提前付款。然而，制造商可以提前生产产品并库存起来直到日后交货，库存成本可忽略不计。

该空间装置的主要成本组分是劳动力成本，为 25 美元/h。可以利用 80% 的学习曲线在同一年内制造完成所有产品，第一件产品需要 100000h。学习只能在一年内发生，不能带到下一年。如果资金在除去 52% 的税率之后的值为 16%，确定是在第一年制造四套装置并库存起来更经济，还是在连续的四年中每年制造一套装置更经济。

17.11 建立一个成本模型，用来比较使用标准高速钢钻头和镀氮化钛高速钢钻头在钢板上钻 1000 个孔的成本。钻孔深度为 1in，钻头进给量是 0.010 in/r，机加工时间成本是 10 美元/min，更换刀具的费用是 5 美元。

	钻头单价/美元	刀具寿命（钻孔数）	
		500 r/min	**900 r/min**
标准高速钢钻头	12	750	80
镀氮化钛高速钢钻头	36	1700	750

（a）固定转速为 500 r/min 的前提下，比较两者成本的大小。

（b）刀具寿命恒为 750 孔的前提下，比较两者成本的大小。

17.12 基于生命周期成本，确定哪个系统更经济。

	系 统 A	系 统 B
初始成本/美元	300000	240000
安装费用/美元	23000	20000
使用寿命	12 年	12 年
运营需求	1	2
运行时数/h	2100	2100
运行工资率	20 美元/h	20 美元/h
零件及供应商成本（占初始成本比例%）	1%	2%
功率	8 kW，10 美元/kW·h	9 kW，10 美元/kW·h
运行费用增长率	6%	6%
平均失效时间	600h	450h
平均维修时间	35h	45h
维护工资率	23 美元/h	23 美元/h
维护增长率	6%	6%
期望回报率	10%	10%
税率	45%	45%

17.13 依据生命周期成本的概念，讨论汽车安全标准和空气污染标准。

附　　录

附录 A　累积分布函数 z 下的面积

z	0.00	0.01	0.02	0.03	0.04	0.05	0.06	0.07	0.08	0.09
−3.6	0.0002	0.0002	0.0001	0.0001	0.0001	0.0001	0.0001	0.0001	0.0001	0.0001
−3.5	0.0002	0.0002	0.0002	0.0002	0.0002	0.0002	0.0002	0.0002	0.0002	0.0002
−3.4	0.0003	0.0003	0.0003	0.0003	0.0003	0.0003	0.0003	0.0003	0.0003	0.0002
−3.3	0.0005	0.0005	0.0005	0.0004	0.0004	0.0004	0.0004	0.0004	0.0004	0.0003
−3.2	0.0007	0.0007	0.0006	0.0006	0.0006	0.0006	0.0006	0.0005	0.0005	0.0005
−3.1	0.0010	0.0009	0.0009	0.0009	0.0008	0.0008	0.0008	0.0008	0.0007	0.0007
−3.0	0.0013	0.0013	0.0013	0.0012	0.0012	0.0011	0.0011	0.0011	0.0010	0.0010
−2.9	0.0019	0.0018	0.0018	0.0017	0.0016	0.0016	0.0015	0.0015	0.0014	0.0014
−2.8	0.0026	0.0025	0.0024	0.0023	0.0023	0.0022	0.0021	0.0021	0.0020	0.0019
−2.7	0.0035	0.0034	0.0033	0.0032	0.0031	0.0030	0.0029	0.0028	0.0027	0.0026
−2.6	0.0047	0.0045	0.0044	0.0043	0.0041	0.0040	0.0039	0.0038	0.0037	0.0036
−2.5	0.0062	0.0060	0.0059	0.0057	0.0055	0.0054	0.0052	0.0051	0.0049	0.0048
−2.4	0.0082	0.0080	0.0078	0.0075	0.0073	0.0071	0.0069	0.0068	0.0066	0.0064
−2.3	0.0107	0.0104	0.0102	0.0099	0.0096	0.0094	0.0091	0.0089	0.0087	0.0084
−2.2	0.0139	0.0136	0.0132	0.0129	0.0125	0.0122	0.0119	0.0116	0.0113	0.0110
−2.1	0.0179	0.0174	0.0170	0.0166	0.0162	0.0158	0.0154	0.0150	0.0146	0.0143
−2.0	0.0228	0.0222	0.0217	0.0212	0.0207	0.0202	0.0197	0.0192	0.0188	0.0183
−1.9	0.0287	0.0281	0.0274	0.0268	0.0262	0.0256	0.0250	0.0244	0.0239	0.0233
−1.8	0.0359	0.0351	0.0344	0.0336	0.0329	0.0322	0.0314	0.0307	0.0301	0.0294
−1.7	0.0446	0.0436	0.0427	0.0418	0.0409	0.0401	0.0392	0.0384	0.0375	0.0367
−1.6	0.0548	0.0537	0.0526	0.0516	0.0505	0.0495	0.0485	0.0475	0.0465	0.0455
−1.5	0.0668	0.0655	0.0643	0.0630	0.0618	0.0606	0.0954	0.0582	0.0571	0.0559
−1.4	0.0808	0.0793	0.0778	0.0764	0.0749	0.0735	0.0721	0.0708	0.0694	0.0681
−1.3	0.0968	0.0951	0.0934	0.0918	0.0901	0.0885	0.0689	0.0853	0.0838	0.0823
−1.2	0.1151	0.1131	0.1112	0.1093	0.1075	0.1056	0.1038	0.1020	0.1003	0.0985
−1.1	0.1357	0.1335	0.1314	0.1292	0.1271	0.1251	0.1230	0.1210	0.1190	0.1170
−1.0	0.1587	0.1562	0.1539	0.1515	0.1492	0.1469	0.1446	0.1423	0.1401	0.1379
−0.9	0.1841	0.1814	0.1788	0.1762	0.1736	0.1711	0.1685	0.1660	0.1635	0.1611
−0.8	0.2119	0.2090	0.2061	0.2033	0.2005	0.1977	0.1949	0.1922	0.1894	0.1867
−0.7	0.2420	0.2389	0.2358	0.2327	0.2296	0.2266	0.2236	0.2206	0.2177	0.2148
−0.6	0.2743	0.2709	0.2676	0.2643	0.2611	0.2578	0.2546	0.2514	0.2483	0.2451
−0.5	0.3085	0.3050	0.3015	0.2981	0.2946	0.2912	0.2877	0.2843	0.2810	0.2776
−0.4	0.3446	0.3409	0.3372	0.3336	0.3300	0.3264	0.3228	0.3192	0.3156	0.3121
−0.3	0.3821	0.3783	0.3745	0.3707	0.3669	0.3632	0.3594	0.3557	0.3520	0.3483
−0.2	0.4207	0.4168	0.4129	0.4090	0.4052	0.4013	0.3974	0.3936	0.3897	0.3859
−0.1	0.4602	0.4562	0.4522	0.4483	0.4443	0.4404	0.4364	0.4325	0.4286	0.4247
−0.0	0.5000	0.4960	0.4920	0.4880	0.4840	0.4801	0.4761	0.4721	0.4681	0.4641

（续）

z	0.00	0.01	0.02	0.03	0.04	0.05	0.06	0.07	0.08	0.09
0.0	0.5000	0.5040	0.5080	0.5120	0.5060	0.5199	0.5239	0.5279	0.5319	0.5359
0.1	0.5398	0.5438	0.5478	0.5517	0.5557	0.5596	0.5636	0.5675	0.5714	0.5753
0.2	0.5793	0.5832	0.5871	0.5910	0.2948	0.5987	0.6026	0.6064	0.6103	0.6141
0.3	0.6179	0.6217	0.6255	0.6293	0.6331	0.6368	0.6406	0.6443	0.6480	0.6517
0.4	0.6554	0.6591	0.6628	0.6664	0.6700	0.6736	0.6772	0.6808	0.6844	0.6879
0.5	0.6915	0.6950	0.6985	0.7019	0.7054	0.7088	0.7123	0.7057	0.7090	0.7224
0.6	0.7257	0.7291	0.7324	0.7357	0.7389	0.7422	0.7454	0.7486	0.7517	0.7549
0.7	0.7580	0.7611	0.7642	0.7673	0.7704	0.7734	0.7764	0.7794	0.7823	0.7852
0.8	0.7881	0.7910	0.7939	0.7967	0.7995	0.8023	0.8051	0.8078	0.8106	0.8133
0.9	0.8159	0.8186	0.8212	0.8238	0.8264	0.8289	0.8315	0.8340	0.8365	0.8389
1.0	0.8413	0.8438	0.8461	0.8485	0.8508	0.8531	0.8554	0.8577	0.8599	0.8621
1.1	0.8643	0.8665	0.8686	0.8708	0.8729	0.8749	0.8770	0.8790	0.8810	0.8830
1.2	0.8849	0.8869	0.8888	0.8907	0.8925	0.8944	0.8962	0.8980	0.8997	0.9015
1.3	0.9032	0.9049	0.9066	0.9082	0.9099	0.9115	0.9131	0.9147	0.9162	0.9177
1.4	0.9192	0.9207	0.9222	0.9236	0.9251	0.9265	0.9279	0.9292	0.9306	0.9319
1.5	0.9332	0.9345	0.9357	0.9370	0.9382	0.9394	0.9406	0.9418	0.9429	0.9441
1.6	0.9452	0.9463	0.9474	0.9484	0.9495	0.9505	0.9515	0.9525	0.9535	0.9545
1.7	0.9554	0.9564	0.9573	0.9582	0.9591	0.9599	0.9608	0.9616	0.9625	0.9633
1.8	0.9641	0.9649	0.9656	0.9664	0.9671	0.9678	0.9686	0.9693	0.9699	0.9706
1.9	0.9713	0.9719	0.9726	0.9732	0.9738	0.9744	0.9750	0.9756	0.9761	0.9767
2.0	0.9772	0.9778	0.9783	0.9788	0.9793	0.9798	0.9803	0.9808	0.9812	0.9817
2.1	0.9821	0.9826	0.9830	0.9834	0.9838	0.9842	0.9846	0.9850	0.9854	0.9857
2.2	0.9861	0.9864	0.9868	0.9871	0.9875	0.9878	0.9881	0.9884	0.9887	0.9890
2.3	0.9893	0.9896	0.9898	0.9901	0.9904	0.9906	0.9909	0.9911	0.9913	0.9916
2.4	0.9918	0.9920	0.9922	0.9925	0.9927	0.9929	0.9931	0.9932	0.9934	0.9936
2.5	0.9938	0.9940	0.9941	0.9943	0.9945	0.9946	0.9948	0.9949	0.9951	0.9952
2.6	0.9953	0.9955	0.9956	0.9957	0.9959	0.9960	0.9961	0.9962	0.9963	0.9964
2.7	0.9965	0.9966	0.9967	0.9968	0.9969	0.9970	0.9971	0.9972	0.9973	0.9974
2.8	0.9974	0.9975	0.9976	0.9977	0.9977	0.9978	0.9979	0.9979	0.9980	0.9981
2.9	0.9981	0.9982	0.9982	0.9983	0.9984	0.9984	0.9985	0.9985	0.9986	0.9986
3.0	0.9987	0.9987	0.9987	0.9988	0.9988	0.9989	0.9989	0.9989	0.9990	0.9990
3.1	0.9990	0.9991	0.9991	0.9991	0.9992	0.9992	0.9992	0.9992	0.9993	0.9993
3.2	0.9993	0.9993	0.9994	0.9994	0.9994	0.9994	0.9994	0.9995	0.9995	0.9995
3.3	0.9995	0.9995	0.9995	0.9996	0.9996	0.9996	0.9996	0.9996	0.9996	0.9997
3.4	0.9997	0.9997	0.9997	0.9997	0.9997	0.9997	0.9997	0.9997	0.9997	0.9998
3.5	0.9998	0.9998	0.9998	0.9998	0.9998	0.9998	0.9998	0.9998	0.9998	0.9998
3.6	0.9998	0.9998	0.9999	0.9999	0.9999	0.9999	0.9999	0.9999	0.9999	0.9999

附录 B t 统计值

t 分布

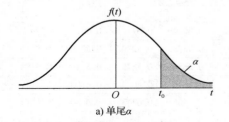

a) 单尾 α

给定 v，可由下表得到 t 分布式值：a) 单尾 t_0 面积，即 $P(t \geqslant t_0) = \alpha$；或 b) 双尾时，即 $+t_0$ 和 $-t_0$ 处 $\alpha/2$ 值，即 $P(t \leqslant -t_0) + P(t \geqslant +t_0) = \alpha$

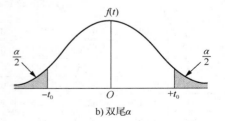

b) 双尾 α

v	单尾 α						v	单尾 α					
	0.10	0.05	0.02	0.01	0.005	0.001		0.10	0.05	0.025	0.001	0.005	0.001
	双尾 α							双尾 α					
	0.20	0.10	0.05	0.025	0.01	0.002		0.20	0.10	0.05	0.02	0.01	0.002
1	3.078	6.314	12.706	31.821	63.657	318.300	19	1.328	1.729	2.093	2.539	2.861	3.579
2	1.886	2.920	4.303	5.965	9.925	22.327	20	1.325	1.725	2.086	2.528	2.845	3.552
3	1.638	2.353	3.182	4.541	5.841	10.214	21	1.323	1.721	2.080	2.518	2.831	3.527
4	1.533	2.132	2.776	3.747	4.604	7.173	22	1.321	1.717	2.074	2.508	2.819	3.505
5	1.476	2.015	2.571	3.305	4.032	5.893	23	1.319	1.714	2.069	2.500	2.807	3.485
6	1.440	1.943	2.447	3.143	3.707	5.208	24	1.318	1.711	2.064	2.492	2.797	3.467
7	1.415	1.895	2.365	2.998	3.499	4.785	25	1.316	1.708	2.060	2.485	2.787	3.450
8	1.397	1.860	2.306	2.896	3.355	4.501	26	1.315	1.706	2.056	2.479	2.779	3.435
9	1.383	1.833	2.262	2.821	3.250	4.297	27	1.314	1.703	2.052	2.473	2.771	3.421
10	1.372	1.812	2.228	2.764	3.169	4.144	28	1.313	1.701	2.048	2.467	2.763	3.408
11	1.363	1.796	2.201	2.718	3.106	4.205	29	1.311	1.699	2.045	2.462	2.756	3.396
12	1.356	1.782	2.179	2.681	3.055	3.930	30	1.310	1.697	2.042	2.457	2.750	3.385
13	1.350	1.771	2.160	2.650	3.012	3.852	40	1.303	1.684	2.021	2.423	2.704	3.307
14	1.345	1.761	2.145	2.624	2.977	3.787	60	1.296	1.671	2.000	2.390	2.660	3.232
15	1.341	1.753	2.131	2.602	2.947	3.733	80	1.292	1.664	1.990	2.374	2.639	3.195
16	1.337	1.746	2.120	2.583	2.921	3.686	100	1.290	1.660	1.984	2.365	2.626	3.174
17	1.333	1.740	2.110	2.567	2.898	3.646	∞	1.282	1.645	1.960	2.326	2.576	3.090
18	1.330	1.734	2.101	2.552	2.878	3.611							

注：本表来自 L. Blank, *Statistical Procedures for Engineering, Management and Science*, McGraw-Hill, New York, 1980.

附录 C　工程零件常用材料

金属材料的名称来源于 SAE/AISI 的规定，如 1040，或根据 ASTM 的规格，如 A36。塑料材料则根据常用名或者缩写。最常用材料在列表中第一个位置给出。

零 件 名 称	材　　料
飞行器结构零件	铝合金 2024、6061、7075、钛合金 6-4、石墨环氧复合材料
汽车发动机缸体	灰铸铁、A356 铸铝合金
汽车内饰	ABS、聚丙烯
汽车车身	1005 钢、A619 深冲
汽车排气	409 不锈钢
轴承	52100 高 C-Cr 钢、440C 不锈钢、铜、尼龙
饮料容器	1100 铝、1005 钢、PET 塑料
医疗器械	Ti-6Al-4V、316L 不锈钢、Co-Cr-Ni-Mo 合金、钛
船壳	6061 铝、玻璃纤维
螺栓	1020、1040、4140 钢
桥梁结构	A36 钢
橱柜和住房	1010 钢板、356 压铸铝合金
化学/食品加工	304 不锈钢、CP 钛
激光唱片	聚碳酸酯塑料
计算机机箱	ABS 塑料、AZ81 镁铝合金
曲轴	锻压 1040 钢、球墨铸铁
切削刀具	高速钢（M2）、硬质合金（W-Co）
压铸模具	O1 工具钢
电触头	磷青铜、钨、钯-银-铜合金
电线	OFHC 铜、1100 铝
发动机缸套	灰铸铁
卡具	O1 和 A2 工具钢、填充料、6061 铝
垫圈、O 形圈	氯丁橡胶、天然橡胶、软金属板
齿轮	渗碳 4615 钢、火焰淬火 1045 钢、4340 Q&T 钢
热交换零件	316 不锈钢、CP 钛
软管	氯丁橡胶、丁纳橡胶 A、尼龙
常规机械零件	A36 钢、1020 钢
机械结构零件	A284 钢、1020 钢
机床基础件	灰铸铁、球墨铸铁
钉、丝	1010 钢
压力容器	4340 Q&T 钢、碳纤维、复合材料
轴、轻载	1040 冷拔钢筋、1141 表面强化自由钢
轴、重载	4140 或 4340 Q&T、8620 表面渗碳
弹簧、线圈	1080 钢（琴用钢丝）、9255 Q&T 钢
货车/火车车架	A27 和 A656 钢
货车/火车侧体	6061 铝
阀体	球墨铸铁、铸造不锈钢